Anton Schenek

Lexikon Garne und Zwirne

Anton Schenek

Lexikon
Garne und Zwirne

Eigenschaften und Herstellung textiler Fäden

Deutscher Fachverlag

Bibliografische Information Der Deutschen Bibliothek
Die Deutsche Bibliothek verzeichnet diese Publikation in der Deutschen Nationalbibliografie; detaillierte bibliografische Daten sind im Internet über http://dnb.ddb.de abrufbar.

Abbildungen, die mit „DIN 62050-1:2001-04“ gekennzeichnet sind, stammen aus einer zurückgezogenen DIN-Norm, die durch die DIN EN ISO 4921:2002-04 ersetzt wurde. Da die Abbildungen zur Veranschaulichung sehr gut geeignet sind, haben sich die Verfasser entschieden, diese zu zeigen.

ISBN 3-87150-810-1

Redaktion: Andrea Lindner, Bonn
Umschlag: Herzlichen Dank für die Fotos an Dipl.-Ing. A. Bausch und Dipl.-Ing. H. Mengel
Satz: UCMG, Kiew
Druck und Bindung: Druckerei Lokay, Reinheim

Vorwort

Die Spinnereitechnologie kann in Reutlingen auf eine lange Tradition zurückblicken. Im Jahr 2005 feierten die Hochschule Reutlingen und die textile Ausbildung in Reutlingen ihr 150-jähriges Jubiläum. Zunächst begann die Ausbildung an der Webschule, die ihren Anfang im Reutlinger Spendhaus nahm. Dieses ist heute ein Museum für Holzschnitt-Kunst, begründet von H. A. P. Greshaber, der sich in den Notzeiten nach dem Zweiten Weltkrieg den Lebensunterhalt unter anderem durch Mitarbeit in der Flachsspinnerei des Reutlinger Technikums für die Textilindustrie sicherte. Jahrzehnte nach Gründung der Webschule, ab 1879, wurde ein Spinnereidirektor, Otto Johannsen, zum Spinnereilehrer und wenig später zum Direktor des Technikums berufen. Unter seiner Leitung wurde die Spinnereiabteilung zur wichtigsten Ausbildung in Reutlingen ausgebaut. Zahlreiche spätere Spinnereileiter und Mitarbeiter des Textilmaschinenbaus aus vielen Ländern wurden in Reutlingen ausgebildet und waren weltweit tätig. Prof. Johannsen begründete zudem das Prüfamt sowie die Institute für Textil- und Faserforschung (1921), die 1980 in Denkendorf bei Stuttgart eine neue Heimat fanden.

Das Handbuch für die Baumwollspinnerei von Prof. Johannsen war über Jahrzehnte das Standardwerk der Spinnereiausbildung in Deutschland. Es wurde später von Prof. Walz und Kollegen überarbeitet und fand Ergänzungen mit Werken über die Kammgarnspinnerei von Prof. Fahrbach, die Streichgarnspinnerei von Dr. Hadwich, die Zwirnerei und Spinnerei von Prof. Oeser und die Flachs- und Leinenspinnerei von Prof. Blümcke.

Das Lexikon Garne und Zwirne knüpft an diese Reutlinger Tradition an und soll allen, die grundlegende Informationen über Garne und Zwirne benötigen, als praktisches Nachschlagewerk dienen.

Reutlingen, im Herbst 2005
Anton Schenek

Einleitung

Die Herstellung der wichtigsten Textilien, der Geflechte, Seile, Netze, der Gewebe, Gestricke, Gewirke, Spitzen und Gelege und vieler technischer Textilien erfordert geeignete Fäden oder, fachsprachlich ausgedrückt, Garne und Zwirne. Eine immer wichtiger werdende Ausnahme sind allerdings die Vliesstoffe, die direkt aus Fasern oder Filamenten hergestellt werden können.

Der Begriff Textil entstand aus dem lateinischen Wort „textere", das zusammenfügen, flechten und weben bedeutet. Damit sind die vielfältigsten Möglichkeiten der Gestaltung von Textilien benannt, für deren Entstehung Garne und Zwirne immer noch die wichtigsten Ausgangsmaterialien sind.

Die Herstellung von Garnen und Zwirnen sowie ihre Eigenschaften und ihr Anteil an der komplexen textilen Herstellungskette sind das Thema dieses Lexikons. Es soll sowohl den Verbrauchern, den Laien als auch den Herstellern der Textil- und Bekleidungsindustrie, den Mitarbeitern im Textilmaschinenbau und in der Chemiefaserindustrie, Designern in Bekleidungsfirmen, aber auch den Studierenden textiler Studiengänge, die wichtigsten Grundinformationen liefern. Auch dem textilen Fachmann in der Industrie und im Textilhandel soll dieses Nachschlagewerk Unterstützung für die berufliche Tätigkeit geben.

Von der Textilfaser zum Faden

Alle Naturfasern und ein großer Teil der Chemiefasern bestehen aus kurzen und längeren Fasern bis etwa 300 mm Länge (seltener bis etwa 600 mm bei Stängelfasern). Die am häufigsten verwendeten Fasern wie Baumwolle und ähnliche Chemiefasern sind sogar meist kürzer als 40 mm. Bei den Naturfasern besteht nur die Seide aus praktisch endlosen Fasern, die bis zu 3.000 m lang sein können. Entsprechende künstliche Endlosfasern, so genannte Filamente, werden aus den Rohstoffen der Chemiefasern, beispielsweise Polyester, Polyamid und Polypropylen, hergestellt. Direkt aus der Spinnmasse entstehen durch die Primärverspinnung endlose Fäden, die nach einigen Verarbeitungsstufen direkt zu Flächengebilden weiterverarbeitet werden können.

Um aus Fasern begrenzter Länge ein verarbeitbares Produkt, einen Faden, herstellen zu können, müssen sie mit einem Primärspinnverfahren, dem Ringspinnen, OE-Rotorspinnen oder Air-Jet-Spinnen zunächst zu einem Garn versponnen und bei Bedarf weiter gezwirnt werden.

Aus vorgeschichtlichen Funden, aus bildlichen Darstellungen und sehr frühen Berichten wissen wir, dass die Menschen seit weit mehr als 7.000 Jahren mit der Kunst des Spinnens vertraut sind. Nach frühzeitlicher Bekleidung mit Fellen wurden wahrscheinlich zuerst Tierhaare wie die Wolle zu Garnen versponnen und lange Pflanzenfasern geflochten. In Ägypten wurde schon 3.000 v. Chr. Flachs zu feinsten Leinengarnen versponnen, in Indien und Pakistan, aber auch in Südamerika, wurde sehr früh Baumwolle verarbeitet und in China stand neben Pflanzenfasern die Seide im Mittelpunkt der textilen Verarbeitung.

Jahrtausendelang war das einzige Werkzeug der Garnherstellung die Handspindel, die in verschiedensten Formen in den meisten besiedelten Regionen der Welt verwendet wurde. So konnten bei den neueren Troja-Ausgrabungen von Tübinger Wissenschaftlern zahlreiche Ton-Spinnwirtel gefunden werden, die den Schluss zulassen, dass in fast jedem Haushalt Trojas Garne gesponnen wurden. Mit diesem einfachen Werkzeug konnten in Indien Garne der Feinheit Nummer englisch 300 oder Nummer metrisch 500, heute Garnfeinheit 2 tex, von Hand hergestellt werden, ähnlich fein wie Seidengarne. Auch die Leinengarne in Ägypten waren so fein, dass ähnliche Garnfeinheiten später nicht mehr mit Maschinen herstellbar waren. Ein von Kaiser Napoleon ausgeschriebener Goldpreis zur Erzeugung ähnlich feiner Leinengarne mit Maschinen, wie er sie in Ägypten als handgesponnene Garne gesehen hatte, konnte trotz aller Bemühungen nicht eingelöst werden. Allerdings war der Zeitaufwand zur Erzeugung dieser feinen Garne enorm groß.

In allen asiatischen und europäischen Hochkulturen versuchte man die Spinnleistung dadurch zu erhöhen, dass man die Handspindel durch Spinnrädchen, die von Hand oder mit dem Fuß angetrieben wurden, ersetzte. In Europa wurden Spinnräder seit dem frühen Mittelalter verwendet und weiter verbessert. Noch bis Anfang des 20. Jahrhunderts waren sie fester Bestandteil der Ausstattung vieler Haushalte in Europa zur Erzeugung von Garnen für den Hausgebrauch. Im späten Mittelalter gab es erste Versuche, die Handarbeit durch Maschinen zu ersetzen. Die bekannteste Frühkonstruktion einer Spinnmaschine stammt von dem genialen Leonardo da Vinci (1452–1519). Seine Zeichnung wurde nachgebaut, und sein Spinnapparat erwies sich als voll funktionsfähig, er wurde allerdings noch mit Handkurbel angetrieben. In England gelang es James Hargreaves um 1760, die erste richtige Spinnmaschine, die Spinning Jenny, genannt nach seiner Tochter Jenny, zu bauen. Die Spinning Jenny bestand zum größten Teil aus Holz und wurde 1767 zum Patent angemeldet. Es wird berichtet, dass er durch den Anblick eines waagrecht liegenden Spinnrads auf seine Idee zur Spinnmaschine gekommen sei. Er war der Erste, der eine mehrspindlige Spinnmaschine baute. Mit ihr konnte gleichzeitig auf acht, später auf sechzehn Spinnstellen gesponnen werden, wodurch die Produktion eines Handspinners mit seinem Spinnrad sofort vervielfacht wurde. Das wiederum setzte in England eine Revolution der technischen Entwicklungen in Gang: die Erfindung der Webmaschine und anderer Textilmaschinen, die Erfindung der Dampfmaschine und, nicht zu vergessen, die Erfindung der Eisenbahn.

In den vergangenen 250 Jahren hat die mechanische Spinnerei eine geradezu fantastische Entwicklung durchlaufen. Brauchte man mit dem Spinnrad noch Stunden für die Herstellung eines Kilogramms Garn, so benötigt eine moderne Hochleistungs-Spinnmaschine dafür weniger als eine Minute.

Primärspinnerei

Zu Beginn des 20. Jahrhunderts entstand, beginnend in Frankreich, eine völlig neue Industrie, die Kunstseiden- oder Chemiefaserindustrie, zur Herstellung von künstlichen, endlosen Spinnfäden, die direkt zu Flächengebilden weiterverarbeitet werden können. Graf Hilaire de Chardonnet, der seine Spinnmaschine zur Herstellung von endlosen Kunstseidenfäden auf der Weltausstellung 1889 in Paris, dem Jahr der Errichtung des Eiffelturms, vorstellte, löste damit eine weitere Revolution in der Textilindustrie aus. Die Kunstfasern wurden zunächst aus natürlichen Rohstoffen wie Zellulose hergestellt. Später kamen dazu Filamente aus synthetischen Kunststoffen wie Polyamid und Polyester, zuerst aus dem Rohstoff Kohle und später aus Erdöl. Weltweit besteht heute mehr als die Häfte aller Textilprodukte aus Chemiefasern, mit stark zunehmender Tendenz.

Sekundärspinnerei

Die verschiedenen Faserstoffe, Natur- und Chemiefasern, erfordern nach ihren Eigenschaften (Länge, Feinheit, Festigkeit, Oberflächenstruktur, Kräuselung, Reinheit usw.) verschiedene, speziell auf die Rohstoffe abgestimmte Bearbeitungsverfahren, die in mehreren Stufen zum Garn oder Zwirn führen.

Der Spinnvorgang verläuft im Wesentlichen in drei Stufen:

1. Vorbereitung des meist in Ballen angelieferten Rohstoffs: Öffnen, Auflockern und Reinigen des Fasermaterials, die Vermischung verschiedener Faserqualitäten, Mischung unterschiedlicher Rohstoffe und auch die Mischung unterschiedlich farbiger Faserstoffe.

2. Das Trennen der Faserpakete zu einzeln vorliegenden Fasern, das Ordnen der Fasern aus der zunächst völlig wirren Lage bis zur Parallellage der Einzelfasern und der Bildung eines möglichst gleichförmigen Faserbands, das mehrfach gemischt (dubliert) und wieder auseinander gezogen (verstreckt) wird.

3. Das eigentliche Spinnen besteht zuerst aus einem weiteren Verziehen des Faserbändchens, teilweise schon mit Drehungserteilung, um stufenweise über das Vorgarn mit der endgültigen Feinheit und Drehungserteilung bis zum Garn mit der erforderlichen Festigkeit zu gelangen.

Die grundlegenden, unterschiedlichen Spinnverfahren hängen, wie bereits erwähnt, von den verschiedenen Faserstoffen und ihren Eigenschaften ab. Man unterscheidet die folgenden wichtigsten Spinnverfahren:

Dreizylinder- oder Baumwollspinnverfahren:

Mit diesem Verfahren wurde ursprünglich nur Baumwolle versponnen, seit der Mitte des 20. Jahrhunderts zunehmend auch Chemiefasern aus natürlichen und synthetischen Rohstoffen, die in ihren Eigenschaften (Feinheit, Länge, Festigkeit usw.) der Baumwolle angeglichen wurden (Baumwolltypen). Das dafür verwendete wichtigste Verfahren ist das Ringspinnen, das durch die Entwicklung des Kompaktspinnens kurz vor der Jahrtausendwende eine neue moderne und verbesserte Verfahrensvariante erhielt. Mit diesem Verfahren können sowohl feinste Garne als auch gröbere Garne mit unterschiedlichsten Eigenschaften hergestellt werden. Zunehmende Bedeutung erlangt das in den 1970er Jahren entwickelte OE-Rotorspinnverfahren mit seiner Vollautomatisierung für gröbere und mittlere Garnfeinheiten und in den letzten Jahren das in Japan weiterentwickelte Luftspinnverfahren, das weitere Produktionssteigerungen erlaubt.

Kammgarn-Spinnverfahren:

Dieses Verfahren diente ursprünglich nur zur Verarbeitung der Wolle und heute allgemein zur Herstellung feiner, glatter Qualitätsgarne. Die Wollfasern müssen zuvor gewaschen und gekämmt werden. Mit dem Aufkommen der Chemiefasern (Wolltypen) nahm auch hier deren Bedeutung zu. Heute werden die meisten Kammgarne aus Chemiefasern hergestellt, wofür aus Chemiefaserkabeln mit Hilfe von Reißkonvertern direkt Faserbänder hergestellt werden, ohne die mühsame Ballenöffnung und den Krempelvorgang.

Für die Kammgarne erbrachte das Kompaktspinnverfahren eine wesentliche Verbesserung: Es können wesentlich feinere Garne mit weniger Fasern im Garnquerschnitt als früher hergestellt werden.

Halbkammgarn-Spinnverfahren:

Grobe, dickere Garne, beispielsweise für die Teppichherstellung oder für Dekorationsstoffe und viele andere Anwendungen, können mit diesem Verfahren, das in seinem Ablauf der Dreizylinderspinnerei angeglichen ist und trotz der Bezeichnung keinen Kämmvorgang umfasst, hergestellt werden. Teilweise können direkt Bänder zu Garnen versponnen werden.

Streichgarn-Spinnverfahren:

Während die ersten drei Verfahren zu den Verzugs- oder Streckwerksverfahren gezählt werden und relativ glatte, gleichmäßige Garne erzeugen, liefert das auch Teilungsverfahren, Vigogne- oder Zweizylinder-Spinnverfahren genannte Streichgarn-Spinnverfahren ganz andere Garntypen. Man erhält raue, offene, weiche und weniger feste, haarige und strukturierte, ungleichmäßigere und gröbere Garne mit begrenzter Feinheit. Auch in diesem Bereich werden zunehmend neue Spinnverfahren eingesetzt, darunter im Bereich grober Garne auch das DREF-Friktionsspinnverfahren.

Einsatzgebiete für Garne

Je nach den Anforderungen des herzustellenden Textils (Wäsche, Oberbekleidung, Arbeits- und Sportbekleidung, Heimtextilien von Teppichen über Möbelbezugsstoffen bis zu Dekorationen, Technische Textilien vom Bindfaden über Geflechte bis zum Seil, vom Airbag bis zum Cabrioverdeck) benötigt man grobe oder feine, glatte oder raue, reißfeste oder weiche, anschmiegsame oder glatte Garne, die aus verschiedensten Faserstoffen mit den unterschiedlichsten Verfahren hergestellt werden.

Besonders für den technischen Einsatz, vom Reifencord bis zur Verstärkung von Flugzeugbauteilen im Airbus mit Hilfe von Carbonfasergeflechten, werden zunehmend Filamentgarne unterschiedlichster Art aus hochfesten und hochtemperaturbeständigen Rohstoffen von Aramiden bis zu Glas hergestellt. Die Filamente sind bereits nach ihrer Herstellung mit spezieller Nachbehandlung direkt zu Geweben verarbeitbar. Allerdings werden oft zur Erreichung einer höheren Festigkeit Drehungs- und Zwirnprozesse oder Flechttechniken für die Weiterverarbeitung benötigt.

Möchte man Funktionstextilen für Sport und Freizeit herstellen, benötigt man Texturierverfahren, um aus glatten Filamentgarnen feine, leichte, voluminöse und flexible, weiche Textilien herstellen zu können. In Verbindung mit elastischen Fäden können dann auch besonders flexible, angenehme Bekleidungstextilien oder Spezialprodukte für medizinische Anwendungen entstehen. Besonders die Anwendung in der Medizin wird große Bedeutung erlangen, ausgehend von resorbierbaren Nähfäden aus Polylactaten bis hin zu künstlichen Arterien und anderen Körperersatzteilen. Filamente im Nanobereich könnten ebenfalls größere Bedeutung erlangen.

Abschließend soll noch auf den weiten Bereich der Zwirne hingewiesen werden, die besonders für modische Effekte in der klassischen Bekleidung sowie für die vielen Gestaltungsmöglichkeiten der Designer unerlässlich sind.

A

Abblasvorrichtung, über den Ringspinnmaschinen angeordnete, automatisch hin- und herfahrende Blasvorrichtung, die durch Abblasen der Maschinen mit Druckluft die Streckwerke, Lieferwalzen und Ringspinnstellen von ständig entstehendem Faserstaub und Kurzfasern befreien soll. Auf diese Weise werden Ablagerungen am Streckwerk, im Ring-Läufer-System und auf den Garncopsen verhindert. Der Staub gelangt jedoch in die Umgebungsluft der Spinnmaschinen, lagert sich an Maschinen, Textilien und an anderen Stellen des Spinnsaals ab und muss über die Staubfilter der Klimaanlage entsorgt werden.

Abfall (textiler Abfall),
1. Meist pflanzliche Reste (Stängel, Blattreste, Kletten, Schäben usw.) oder anorganische Fremdbestandteile (z. B. Sand, Erde, Staub, Metallteile, Fremdkörper usw.) der textilen Rohstoffe, die nicht faseriger Natur (non-lint) und nicht mehr textil verwertbar sind. Beispiele:
a) Trash (= Abfall), Pflanzenteile, Stängel, Blätter, Samenkapselteile der Baumwolle
b) Kletten, Stroh, Pflanzenreste (Vegetabilien) bei Wolle
c) Schäben bei Flachs
Für die systematische Abfallentsorgung in der Spinnerei wurden spezielle Absaugvorrichtungen (u. a. Fa. Jungheinrich, Augsburg) entwickelt, die z. B. die gleichzeitige Brikettierung (Pressen) des nicht mehr verwendbaren Teils des Abfalls (Staub, Kurzfaseranteile, Pflanzenreste) zur thermischen Verwertung in Heizkraftwerken ermöglichen. Für die Rückgewinnung der Gutfasern wurden spezielle Aufbereitungsanlagen von den Firmen Temafa (z. B. Cleanstar-System), Trützschler und Rieter entwickelt.
2. In der gesamten textilen Verarbeitungskette entstehen außerdem Abfälle, wie Reste von Garnen, Geweben, Gestricken und Vliesstoffen, die wiederaufbereitet werden können (→ Recycling).

Abfallaufbereitung, Rohstoffrückgewinnung durch mechanische Aufbereitung von Abfällen textiler Rohstoffe oder textiler Zwischen- und Fertigprodukte. Die wiedergewonnenen Gutfasern können zum Teil dem normalen Produktionsprozess wieder zugeführt werden, wobei dies am besten kontinuierlich erfolgt (z. B. Cleanstar der Fa. Temafa). Aus den Abgängen der Spinnerei können wiederverwertbare Gutfasern zurückgewonnen und in den Produktionsprozess zurückgeführt werden (am besten parallel, on-line), wodurch erhebliche Rohstoffkostenersparnis erzielt werden kann (die Rohstoffkosten können über 50 Prozent der Garnkosten betragen, bei zunehmender Produktionsleistung noch mehr). Textilreste oder Alttextilien können als Reißwolle, Reißfasern in der Spinnerei oder der Vliesstoffherstellung wieder als textiler Rohstoff eingesetzt werden. Verwendung in der Streichgarnspinnerei (Zweizylinderspinnerei, Vigognespinnerei), OE-Rotorspinnerei, DREF-Friktionsspinnerei und zur Herstellung von Vliesstoffen. → Abgangsentsorgung.

Abfallgarn, → Vigognegarn und → Imitatgarn sind ältere Begriffe für Zweizylindergarne, die aus Baumwollspinnereiabfällen (Abgang der Reinigungsmaschinen, Kardenabgang, Deckelstrips, Kämmlinge u. a.) hergestellt werden. Diese Abgänge fallen in großen Mengen in Baumwollspinnereien an, wo sie auch teilweise wieder aufbereitet werden (z. B. für grobe OE-Rotorgarne und DREF-Garne). Die Abfallgarne sind meist sehr grob, voluminös und ungleichmäßig und werden zur Herstellung von Putztüchern, Wischtüchern, Wischmops und ähnlichen Artikeln, teilweise auch für Dekorationsmaterialien verwendet.

Abfallspinnerei, (→ Vigognespinnerei), nach dem Reißen, Reinigen und Aufbereiten von Alttextilien oder textilen Produktionsresten werden die erhaltenen Reißfaserstoffe oft zu gröberen Garnen versponnen (z. B. für Putztücher und ähnliche Produkte). Früher erfolgte die Verarbeitung meist in der Streichgarnspinnerei mit speziellen Krempeln. Moderne Aufbereitungsverfahren ermöglichen nach dem Reißen die Verarbeitung mit speziellen Hochleistungskarden mit Ganzstahlgarnituren und anschließend die Verspinnung mit dem DREF-Spinnverfahren, das auch die Zuführung eines stabilisierenden Filamentkerns ermöglicht (Coregarne).

Abführung, → Abzug.

Abgang, textile Abfälle und Fasern, die während der Verarbeitung (z. B. in der Spinnerei) abgesaugt oder auf andere Weise dem Produktionsprozess entzogen werden. Enthält immer bestimmte Anteile nicht im Textilprozess verwertbarer Verschmutzungen, oft auch Fremdkörper (z. B. Metallteile vom Läufer) sowie Kurzfasern und Staub. Der Abgang an Spinnereimaschinen enthält aber neben → Abfall auch wiederverwertbare Textilfasern, die Gutfasern.

Abgangsentsorgung, da in einer Spinnerei, vor allem in der Spinnereivorbereitung und in der Karderie/Krempelei große Mengen von Abgängen (in der Baumwollspinnerei teilweise bis zu 10 Prozent des verarbeiteten Rohstoffes) anfallen, kommt der kontinuierlichen, systematischen Abgangsentfernung an den einzelnen Spinnereimaschinen große Bedeutung zu. Mit Absauganlagen werden die Abgänge abtransportiert und gesammelt, teilweise nach Qualität getrennt, wiederaufbereitet (→ Abfallaufbereitung) und die brauchbaren Gutfasern vom absolut unbrauchbaren Abfall getrennt. Der Abfall muss entweder unter hohen Kosten auf Deponien gelagert werden (Baumwollabfall gilt als Sondermüll) oder er wird brikettiert mit Hilfe spezieller Pressen und in Heizkraftanlagen verbrannt (thermische Verwertung). Ähnliches gilt auch für nicht mehr brauchbare Chemiefaserabfälle. Den höchsten Ertrag bringen aufbereitete Fasern, die noch weiterverarbeitet werden können, entweder direkt im gleichen Verarbeitungsprozess, wenn die Qualität dadurch nicht gefährdet wird, oder zu Sekundärprodukten (z. B. zu groben Garnen für Putztücher usw. oder direkt zu Vliesstoffen mit vielen Verwendungsmöglichkeiten, wie z. B. Isoliermatten im Pkw).

Abgangskontrolle, Kontrolle der Anteile des Abgangs an textilen Reinigungs- und Verarbeitungsmaschinen bezüglich Menge (Verlust), Zusammensetzung (grobe oder kleine Verschmutzungsanteile, Staub, Fremdkörper) und Herkunft (Ernteanteile, Verpackungsreste, Metallteile) sowie Gutfaseranteil, der evtl. über Recycling (Abgangsreinigung) zurückgewonnen und dem Produktionsprozess wieder zugeführt werden kann.

Abhaspeln, Abwickeln der Garne vom Strang, von der Haspel (Garnweife) auf andere Garnspulenformate (z. B. auf Kreuzspulen). Die Strangherstellung mit der Haspel wird noch für die lockere Garnfärbung im Strang (besonders für hochwertige Rohstoffe wie Kaschmir und bei empfindlichen Farben) benötigt.

Abkochen, Heißwasser- bzw. Kochbehandlung von Baumwollgarnen oder anderen Zwischenprodukten in Laugen ohne

Druck; alkalisches Abkochen in offenen Kesseln oder Maschinen wie Haspelkufe oder Jigger (im Gegensatz zum → Beuchen). Das Abkochen erfolgt meist nach dem Entschlichten, um die natürlichen Verunreinigungen der Baumwolle (Pflanzenteile, Fette, Wachse, Pektine) zu entfernen und um die Saugfähigkeit der Ware zu verbessern.

Ablader, Bezeichnung für einen ausländischen Lieferanten im Textilrohstoff- oder Garngeschäft (Garneinkauf/Baumwolleinkauf/Wolleinkauf), der im Importland (Deutschland) ein Verkaufslager (z. B. im Freihafen) unterhält, ohne steuerrechtlich oder handelsrechtlich im Inland geführt zu werden. Der Ablader beauftragt einen Vertreter (CIF-Agenten) zur Wahrnehmung seiner Geschäftsinteressen. Dieser verhandelt mit den Abnehmern über Preise und Konditionen und tätigt Geschäfte im Namen und auf Rechnung des ausländischen Lieferanten. Diese Geschäfte unterliegen dann den Gesetzen des Importlandes (z. B. dem deutschem Recht). Damit ist der Einkäufer Direktimporteur, wenn er beim Ablader im Freihafen einkauft. Der Rechnungsbetrag kann im Importland auf ein Ausländerkonto des Abladers eingezahlt werden, was den Zahlungsverkehr erleichtert. Die Besteuerung erfolgt nach den Gesetzen des Exportlandes. Im Gegenbesteuerungsabkommen sind jedoch die im Importland erzielten Gewinne ebenfalls im Exportland zu versteuern. Die CIF-Provision muss im Importland versteuert werden.

Ablieferung (Bänder, Garne, Fasern), nach den einzelnen Verarbeitungsschritten werden textile Zwischenprodukte oft zu Zwecken des Transports, der Umkehr der Verarbeitungsrichtung, der Zwischenspeicherung oder der Vorlage für Veredlungsverfahren in Zwischenspeichern abgelegt (abgeliefert).

1. Bänder werden meist in Kannen (Rundkannen, Rechteckkannen) abgelegt, wodurch eine Richtungsumkehr im Bandablauf erfolgt, die z. B. beim Strecken eine bessere Faserausrichtung (bessere Ausnützung der Faserlänge) für den späteren Spinnvorgang erreichen kann (→ Häkchentheorie). In der Kammgarnspinnerei werden Bänder auch in Wickelform abgelegt.

2. Garne werden üblicherweise in verschiedensten Spulenformen abgeliefert (Cops, Kreuzspule usw.). In der Webereivorbereitung werden spezielle Schär- und Kettbäume für die Weiterverarbeitung hergestellt, ebenso in der Kettwirkerei sowie in der Malimo-Flächenherstellung und der Teppichherstellung. Für Färbezwecke ist die Ablieferung mit speziellen Färbespulen oder im Strang üblich. Weitere spezielle Formen sind Knäuel (z. B. für Handstrickgarne), Nähgarnspulen, Garnheftchen (Reparaturpackungen), Wickel und Gelege. Für technische Einsatzzwecke gewinnt die Aufwicklung auf Klöppel für die Herstellung von Geflechten zunehmend an Bedeutung (z. B. Verbundwerkstoffe für Flugzeugbauteile).

3. Fasern werden nach dem Transport mit Hilfe von Luft durch Rohrleitungen (Saugen oder Blasen) in Füllschächten abgelegt, die oft in Verbindung mit Wiegekastenspeisern der geordneten Zuführung der Fasern zu Mischkammern (Contimeter der Fa. Rieter), Krempeln oder Karden dienen. Eine weitere Ablageform für Fasern ist der Wickel (Flockenwickel, Wickelwatte) in älteren Baumwollspinnereien, wo der Wickel der Karde vorgelegt wird. Weiterhin werden Fasern in Vliesform abgelegt (Vliesstoffherstellung), oder das Vlies (Flor, Faserflor) wird zu einem Band zusammengefasst (Bandablage). Daneben bietet das Florteilen (Aufteilung des Vlieses in Streifen) und das anschließende Nitscheln die Möglichkeit der direkten Vorgarnherstellung (→ Streichgarnspinnerei).

Ablösung (von der Garnitur), Fasern, die von den Garniturzähnen (Ganzstahlgarnituren, Nadelgarnituren oder Drahtgarnituren) rotierender Arbeitswalzen beim Kardieren oder Krempeln vereinzelt wurden (aufgelöste Flocken) und sich zwischen den Garniturzähnen befinden, sollen möglichst problemlos (ohne Wickelbildung) an die nächste Garniturwalze oder in Vliesform abgegeben werden. Dazu müssen sich die Fasern leicht von der Garnituroberfläche und von den Garniturzähnen ablösen lassen. Die Ablösung wird begünstigt durch eine geeignete Garnitur, geeignete Walzenabstände, durch höhere Umfangsgeschwindigkeit (Luftgeschwindigkeit) der abnehmenden Walze, durch die Häkchenrichtung bzw. Zahnrichtung der abnehmenden Garnitur und durch Sogwirkung (Absaugung).
Beim OE-Rotorspinnen ist die vollständige Ablösung der Fasern von der Auflösewalze eine Voraussetzung für einen konstanten Spinnvorgang und gute Garnqualität.

Abnahmestellung, bezeichnet die gleichgerichtete Häkchenstellung (oder Garniturzahnstellung) der übergebenden und der folgenden, abnehmenden Walze. Den Gegensatz dazu bildet die → Kardierstellung, bei der die Häkchen (oder Garniturzähne) entgegengesetzt gerichtet sind. Dies widerspricht nicht der Tatsache, dass die Abnahmewalzen meist in Kardierstellung arbeiten, um die Faserverdichtung zum Vlies zu ermöglichen.

Abnehmer, eine mit einer Garnitur (Sägezahn oder Drahtgarnituren) bezogene Walze, die die Aufgabe hat, die bereits vereinzelten Fasern vom Tambour (Hauptwalze, Haupttrommel) der Karde (oder der Krempel) abzunehmen (aufzusammeln) und ein verdichtetes Faservlies (Flor) zu bilden, aus dem das erste Band (Kardenband, Krempelband) gebildet wird. Der Abnehmer läuft wesentlich langsamer (Umfangsgeschwindigkeit bis zu 15-fach geringer) als der Tambour. Er hat die Aufgabe der Faserübernahme und der Verdichtung. Die Garniturzähne des Abnehmers befinden sich in Kardierstellung, damit sie die Fasern, die vom Tambour kommen, besser auffangen können. Dies hat aber auch zur Folge, dass bereits in Arbeitsrichtung ausgerichtete Fasern wieder gestaucht werden, was die Faserorientierung im Kardenband (oder Krempelband) verschlechtert.
Bei modernen Karden wird das Vlies vom Abnehmer mit Hilfe von Abnehmerwalzen und Quetschwalzen abgenommen, wobei die Quetschwalze zur Verfestigung des Vlieses dient. Mit dem Bandformer oder Querbandabzug wird das Vlies zum Band zusammengefasst (wenn es nicht als Vlies weiterverarbeitet werden soll).
Bei alten Krempeln erfolgt die Vliesabnahme noch mit Hilfe des → Hackers (Abnehmerkamm), eines periodisch mit hoher Frequenz auf und ab bewegten Kammes, der den Faserflor (Vlies) mechanisch vom Abnehmer entfernt.

Abnehmerkamm, → Hacker.

Abreißvorrichtung, Teil der Kämmmaschine. Beim Kämmen von Textilrohstoffen (Auskämmen der kurzen Fasern, der Faserverknotungen und der Pflanzenreste) wird der Faserbart von der Zange der Kämmmaschine erfasst, geklemmt und zuerst vom Rundkamm und danach vom Fixkamm ausgekämmt. Damit die Fasern durch den Fixkamm gezogen werden können, muss der Faserbart von der Abreißvorrichtung erfasst und weggezogen werden. Die Abreißvorrichtung besteht aus einem Metall-Zylinderpaar und einem Abzugsleder, die auf dem Abzugswagen montiert sind und sich in Richtung zur Zange der Kämmmaschine hin und her bewegen.

Abrieb, während der textilen Verarbeitung sind Fasern und Garne stets mechanischer Reibung (Faser/Faser, Faser/Metall, Garn/Garn, Garn/Keramik usw.) unterworfen. Dadurch entstehen mechanische Oberflächenbeschädigungen, und kleine und größere Teile der Fasern werden abgerieben und teilweise freigesetzt (Staub, Faserflug, Faserfragmente, Ablagerungen). Größtenteils haften diese Teilchen an den Maschinenteilen oder an den Garnen und Flächengebilden. Der Abrieb stellt einen Verlust dar und ist Quelle für Störungen während der Verarbeitung in der Spinnerei, Weberei und Strickerei sowie während der Veredlung und Ausrüstung. Auch spätere Fehler der Fertigwaren können teilweise auf Abrieb zurückgeführt werden. Zur Beurteilung des Abriebs wurden Messmethoden entwickelt, → Abriebtest.

Abriebfestigkeit, Beständigkeit von Fasern, Garnen oder textilen Flächen gegen mechanischen Abrieb an der Oberfläche, wichtig für Teppichgarne, Flockgarne und zellulosische Fasern, aber auch Wolle. Messbar mit dem Staff-Tester (Zweigle) oder mit dem Reutlinger Webtester.

Abriebtest, weltweit wurden verschiedene Abriebtests für Gewebe, Gestricke, Vliesstoffe usw. entwickelt (z. B. Martindale-Gerät für die genormte Scheuerprüfung an Geweben). Für Garne wird in Europa oft der Staff-Tester der Fa. Zweigle, Reutlingen, eingesetzt. Ein Garn wird umgelenkt, über sich selbst geführt, und durch die Garn/Garn-Reibung während des Garntransports werden Faserpartikel und Staub abgerieben, fallen nach unten in eine Sammelbox und werden abgewogen. Danach bezieht man die Abriebmenge auf die Garnmenge und erhält damit Vergleichswerte. Oberflächenstrukturveränderungen bei Rotorgarnen, hervorgerufen durch unterschiedliche Abzugsdüsenformen, können mit dem Staff-Tester nachgewiesen werden. Eine weitere Prüfmöglichkeit bietet der Reutlinger Webtester, der das Verhalten der Garne beim Webprozess simuliert.

Abrisse, Kammzugreste (Faserpakete), noch brauchbare Fasern, die bei der Wollverarbeitung (z. B. beim Anlegen der Bänder an der Strecke) übrig bleiben und wiederverwendet werden können.

Abrissflamme (Einspeisflamme), Garneffekt, torpedoförmige Verdickung im Garn, die durch kurzzeitiges Einspeisen von Vorgarnen (z. B. Flyerlunte) bei der Herstellung von Zwirnen entsteht und von feineren Garnen umwickelt und zusammengehalten wird.

Abrollgatter, Gestell mit drehbaren Spulenlager-Vorrichtungen zum tangentialen Garnabzug von Kreuzspulen.

Abrollvorrichtung, Vorrichtung zum tangentialen Abzug von Garnen von Scheibenspulen (Monofilamente), Kreuzspulen oder Präzisionsspulen.

Abrutschende Garnlagen, Kreuzspulenfehler (auch bei anderen Spulenformen), der unter anderem durch zu hohe Fliehkraft (Spulgeschwindigkeit), zu hohe Reibwerte zwischen Trommel und Garn und zu niedrige Faden-Faden-Reibwerte, zu geringen Spulenauflagendruck, klemmenden Spulenrahmen, verformte Hülsen, ungedrehte Garnstücke und ungeeignetes Klima entstehen kann. Das Abspulen wird erschwert, Fadenbrüche sind die Folge.

Absaugdüse, meist in den Faserbändchenlauf des Streckwerks integrierte oder nach dem letzten Walzenpaar (Vorderzylinder) angebrachte Saugdüsen zur Reinigung bzw. zum Sauberhalten der Garne sowie zum Absaugen der Fasern bei Fadenbruch an der Spinnmaschine.

Absaugung, Luft ist als Hilfsmittel in der Spinnerei sehr wichtig und wird vielfach genutzt, entweder um Fasern zu transportieren oder um Abrieb, Staub und andere Partikel zu entfernen.
1. Absaugung am Ringspinnmaschinenstreckwerk: Die Absaugung nach dem letzten Streckwerk des Dreizylinderstreckwerks der Ringspinnmaschine sorgt bei Fadenbruch dafür, dass die frei werdenden Fasern abgesaugt werden und keine Wickel auf den Streckwerkswalzen bilden, bis der Fadenbruch behoben wird.
2. Absaugung an Kompaktspinnmaschine: Die Absaugung an zusätzlichen Walzen, Riemchen oder anderen Vorrichtungen des Streckwerks sorgt für die Zusammenfassung des Faserbändchens sowie die Unterdrückung des Spinndreiecks bei der Garnerzeugung und ermöglicht damit die Herstellung eines kompakten, glatten und festen Ringgarns (→ Kompaktgarn).
3. Absaugung an Rotorspinnmaschine: Für einen kontinuierlichen Fasertransport von der Auflösewalze in den Spinnrotor benötigt man einen Transportluftstrom, der durch Unterdruck in der Spinnkammer erzeugt wird. Der Unterdruck wird entweder durch Absaugventilatoren oder durch den rotierenden Rotor (z. B. BD-200-Rotor mit Löchern zur Unterdruckerzeugung) selbst erzeugt. Ein gleichmäßiger Unterdruck an jeder Spinnstelle ist für eine konstante Garnqualität erforderlich.

Abschirmwirkung, meist Abschirmung gegen elektromagnetische Schwingungen (z. B. Sendefrequenzen der Handys) durch Erzeugung eines Faraday'schen Käfigs mit Hilfe von Textilien, z. B. durch Gewebe, das aus leitfähigen Garnen besteht (für elektrische Stromleitung mit Erdung).

Abschlag, Kreuzspulenfehler, Fadensehne an den Stirnflächen der Kreuzspulen oder Sonnenspulen, überhängende, abgerutschte Fadenstücke, die nicht sauber aufgewickelt wurden, sondern über die Kante abgerutscht sind und zu Fehlern im Garnablauf führen (Garnabschläger, Querfäden, Überhänger, Spinnweben). Sie können verursacht werden durch zuviel Schlupf zwischen Kreuzspule und Nutentrommel, unruhigen Hülsenlauf, Trommelbeschädigungen oder Verschmutzungen, fehlerhafte Abzugsbeschleuniger, Feuchtigkeits- und Spannungsunterschiede im Garn.

Absengen (Gasieren), störende, abstehende Fasern an feineren Baumwollgarnen werden an speziellen Spulmaschinen mit Hilfe einer Gasflamme kontinuierlich abgebrannt (abgesengt). Damit erhält man sehr glatte Garne, die sehr glatte, gleichmäßige Gewebe (z. B. für Hemdenstoffe) ergeben.

Absetzspinner, → Wagenspinner.

Absolute Luftfeuchtigkeit, der tatsächliche Feuchtigkeitsgehalt der Luft, angegeben als Gewichtsanteil in Prozent.

Absorption, die Fähigkeit von Fasern, Garnen und Textilien, Feuchtigkeit (Wasser oder andere Flüssigkeiten) oder Gase über die Oberflächenporen aufzunehmen und im Material zu speichern. Die Absorption bewirkt eine Gewichtszunahme (bei Gasen durch Massenspektrometer nachweisbar) und Quellung. Grundsätzlich ist die Anlagerung von Wassermolekülen (oder anderen Molekülen) in amorphen Bereichen wesentlich leichter möglich als in kristallinen Bereichen (dort nur in Fehlerbereichen). Daher werden Farbstoffe bevorzugt von amorphen Strukturbereichen der Fasern aufgenommen (Färbeunterschiede). Die Absorptions-

menge kann über die Massezunahme der Probe bestimmt werden. Speziell für militärische Schutzkleidung (Kampfanzüge) ist die Gas- (z. B. Giftgas) oder Flüssigkeitsabsorption (Kampfmittel) eine wichtige textile Größe.
Feuchtigkeitsabsorption spielt für Bekleidungsphysiologie eine große Rolle. Sie bestimmt die Feuchtigkeitsaufnahme- und Abgabegeschwindigkeit und die Menge aufnehmbarer Feuchtigkeit. Die Absorption bestimmt die Quellung (Volumenvergrößerung) der Fasern und Garne. Die absorbierte Wassermenge kann über die Gewichtszunahme (→ Handelsgewichtszuschlag) bestimmt werden.

Abspinnvorgang, nach dem Hauptspinnen, kurz bevor der Spinncops der Ringspinnmaschine gefüllt ist, also am oberen Ende angekommen ist, wird die Drehzahl der Spindeln kontinuierlich auf null abgesenkt (Abspinndrehzahl), um einen sanften Auslauf der Spindeln, einen gleichmäßigen Copsabschluss und eine geordnete Bildung der Fadenreserve zu ermöglichen.

Abspulen, Abtransport des Garns vom Spinncops und Bildung einer Kreuzspule (oder andere Spulenform) auf der Spulmaschine, auch in Facherei und Zwirnerei.

Abspulvorrichtung, Abrollvorrichtung zum tangentialen Abzug der Garne von Spulen, oft kombiniert mit Lieferwerk (Galette, Takeup, Zuführung). Das Abspulen erfolgt

a) fadenzugkraftgesteuert (einstellbare Zugkrafttoleranz bis in den cN-Bereich)
b) mechanisch gesteuert (Zugkraftausgleich größer als die Trägheit der Spulenmasse)
c) motorgetrieben

Abstandsfadenführer, Fadenführer, der beim Spulen nicht auf der Spule aufliegt.

Absteller, Vorrichtung, die beim Auslauf oder Abbruch von Bändern an der Strecke die Maschine stoppt. (Ähnliche Vorrichtungen an Fach-, Spul- und Zwirnmaschinen möglich). Die Erkennung erfolgt meist mechanisch, kapazitiv oder optisch und löst ein elektrisches Signal aus.

Abstreifstahl, Reinigungsvorrichtung am Ring der Ringspinnmaschine, die dafür sorgt, dass am Läufer hängende Fasern abgestreift werden.

ABS-Verfahren, Ur-OE-Spinnverfahren mit innenbenadeltem Spinnrotor, entwickelt am französischen Forschungsinstitut ITF in Lille, Nordfrankreich. Herstellung von Woll-Streichgarnen wurde angestrebt (wie bei der Fa. Spinnbau Bremen, Meimberg-Patente). Keine aktuelle Anwendung bekannt.

Abwärtszwirnen (Down-Twisting), Zwirnverfahren, bei dem die Zwirndrehung bei der Abwärtsbewegung aufgebracht wird, wie beispielsweise beim Ringzwirnen, bei dem der gefachte Faden auf der Oberseite der Maschine vorgelegt (Fach-Kreuzspule) und nach unten auf die Zwirnspindel aufgewickelt wird. Dabei wird eine Ringzwirnspule (wie bei Stapelfasergarnen), eine bikonische Filamentgarnspule oder eine Scheibenspule (z. B. beim Stufenzwirnen) gebildet, deren Spulenaufbau durch die Ringbankbewegung bestimmt wird.
Im weiteren Sinne ist auch das Umwindezwirnverfahren mit Hohlspindeln ein Abwärtszwirnen (Elastangarne im Kern oder Filamentgarne außen, je nach Fadenspannung der beiden Fäden).

Abziehen (Doffen),
1. Abnahme und Abtransport der vollen Copse (Ringgarnspulen) an der Ringspinnmaschine und Nachstecken der Leerhül-

sen entweder von Hand (Abziehkolonne) oder automatisiert (Doffer).
2. Chemische Entfernung von Farbstoffen (Farbstoffteilen) vom Garn, z. B. zur Farbkorrektur.
3. Entfernung einer Faserschicht zur Griffveränderung oder Verfeinerung.

Abziehwerg, Faserabgänge der Flachs- oder Hanfverarbeitung während des Hechelns oder Schwingens der Rohstoffe. Hechelwerg oder Schwungwerg (auch Schwingwerg).

Abzug, Abführung der Garne, Bänder oder Faserstoffe mit Hilfe spezieller Vorrichtungen (z. B. Abzugswalzenpaare, Nitschelhosen, Vliesleger, Nadelstabstreckwerke).

Abzugsbeschleuniger, spezielle, trichterförmige Vorrichtung an der Spulmaschine, die den Fadenballon unterdrückt, so die Fadenspannung reduziert und eine schnellere Spulgeschwindigkeit ermöglicht (z. B. Bal-con der Fa. Murata).

Abzugsdüse (Abzugstrichter), trichterförmige Vorrichtung mit mittigem Loch im Spinnkammerdeckel der OE-Rotorspinnmaschine, durch die das Garn aus dem Spinnrotor abgezogen wird. Der Abzugstrichter ragt soweit in den Spinnrotor, dass durch ihn das Garnende problemlos entgegen der Zentrifugalkraft aus der Rotorrille abgezogen werden kann. Dabei wird das Garn auf dem Abzugstrichter zusätzlich abgewälzt, wodurch in der Rotorrille ein Falschdralleffekt (Drehungsrückstau) im Garnende erzeugt wird, der die Garnbildung im Rotor positiv unterstützt (bessere Eindrehung des in der Rille liegenden Faserbändchens). Zusätzliche Schwingungen im Garn werden durch Kerben (Rillen) im Abzugstrichter, Spiralen und Oberflächenveränderungen (Metall, Keramik, glatt oder rau) erheblich beeinflusst. Deshalb dient die Wahl des Abzugstrichters unter anderem auch der Bestimmung der gewünschten Rotor-Garnqualität.

Abzugsdüsenformen, Unterschiede im Radius des Abzugstrichters (der Abzugsdüse), in den Kerbenformen, Kerbentiefen und der Kerbenanzahl sowie in den Trichterformen (z. B. spiralförmige Trichterform) beeinflussen die Qualität des OE-Rotorgarns und ermöglichen unterschiedliche Mindestdrehungsbeiwerte im Garn. Mehr und tiefere Kerben ermöglichen eine niedrigere Drehung des Garns, verändern aber auch die Garnoberfläche. Das Garn wird haariger und voluminöser, neigt aber auch stärker zu Aufschiebern.

Abzugsgeschwindigkeit,
1. Bei Stapelfasergarnen: Die maximale Abzugsgeschwindigkeit (Spinngeschwindigkeit) bestimmt die mögliche Produktivität eines Spinnverfahrens ganz wesentlich. Höhere Abzugsgeschwindigkeiten ermöglichen neben höherer Produktivität einen schnelleren Rohstoffdurchlauf (Reduzierung der Kapitalkosten Rohstoff) in der Spinnerei und eine Reduzierung der erforderlichen Spinnstellen. So ist beispielsweise das OE-Rotorspinnen 5- bis 10-mal schneller als das Ringspinnen, das Luftspinnen 2- bis 3-mal schneller als das Rotorspinnen. Die Abzugsgeschwindigkeit beim Ringspinnen erreicht etwa 20–25 m/min, beim OE-Rotorspinnen etwa 200 m/min, beim Murata MJS-Luftspinnen bis 300 m/min und beim Murata-Vortex-Luftspinnen künftig etwa 450 m/min. Höhere Geschwindigkeiten sind in Zukunft möglich.
2. Filamentgarn-Abzugsgeschwindigkeiten (Take-up Speed): Beim Herstellen der Filamentgarne (Primärspinnen) bestimmt die Abzugsgeschwindigkeit die

Orientierung der Makromoleküle in den Filamenten und damit die Festigkeit, Dehnung, Dichte, Farbstoffaufnahme und andere Qualitätsparameter. Je höher die Abzugsgeschwindigkeit ist, desto weniger muss später verstreckt werden (Restverstreckung). Je nach Abzugsgeschwindigkeit unterscheidet man Filamentgarne mit unterschiedlicher Vororientierung:

a) → LOY bis ca. 1.500 m/min,
b) → MOY bis ca. 2.000 m/min,
c) → POY bis ca. 4.000 m/min,
d) → HOY bis über 6.000 m/min, bei Polyestergarnen sind je nach Verfahren 6.000–8.000 m/min möglich.

Abzugsrohr (Abzugsröhrchen), Maschinenelement der Spinnbox der OE-Rotorspinnmaschine. Direkt nach dem Abzugstrichter (→ Abzugsdüse) wird das Garn beim Rotorspinnen durch ein Röhrchen aus Metall oder Keramik zu den Abzugswalzen geführt. Das Abzugsrohr bildet einen weiteren Drallstau (Drehungsrückstau) nach dem Abzugstrichter, der die Garnbildung (Fasereinbindung) im Rotor der OE-Rotorspinnmaschine unterstützt. Im Knickbereich des Abzugsröhrchens kann ein zusätzliches Drallstauelement (z.B. Torque-Stopp® von Schlafhorst) die Spinnstabilität verbessern. Zusätzlich wird diese Stelle zur Messung der Fadenspannung (Garnspannung) benutzt, die eine Aussage über die Spinnstabilität (Messung des Mittelwerts und der Zugkraftspitzen während des Spinnvorgangs) und damit eine kontinuierliche Qualitätsprüfung ermöglicht.

Abzugstrichter, → Abzugsdüse.

Abzugswalzenstreckwerk, Streckwerk mit Walzenpaaren (Zylindern), jeweils aus geriffelter Metall-Unterwalze und gummibezogener Oberwalze (Druckwalze) mit zunehmender Umfangsgeschwindigkeit der nacheinander folgenden Walzenpaare zur Verstreckung der Bänder oder Vorgarne. Häufigstes Beispiel ist das → Dreizylinderstreckwerk der Kurzstapelspinnerei.

Acetat-Filamentgarne (Acetat-Endlosfäden), Filamentgarne (Multifilamentgarne oder Monofilamentgarne), hergestellt aus Zelluloseacetat/Acetylzellulose. Nach dem Verspinnen und Verstrecken erfolgt die Aufwicklung auf Präzisionsspulen. Acetat-Kabel werden auch zur Herstellung von Zigarettenfiltern verwendet.

Acetat-Seide, historische, nicht mehr zulässige Bezeichnung der → Acetat-Filamentgarne, wegen des seidenartigen Charakters früher gerne als Seidenersatz verwendet (Kunstfasern für Futterstoffe, Seidenstrümpfe, Damenunterwäsche, z.B. Bemberg-Seide).

Acetat-Spinnfasern (Acetat-Stapelfasern), Fasern aus Zelluloseacetat, die durch Schneiden der Kabel in naturfaserähnliche Längentypen (Baumwolltype, Wolltype) umgeformt werden.
Literatur: H.J. Koslowski, Chemiefaser-Lexikon, Deutscher Fachverlag GmbH, Frankfurt a. M., 1997.

AC-Garn (Air-Covering-Garn), lufttexturiertes Garn (→ Lufttexturierung).

Acryl-Filamentgarn, Filamentgarne, bestehend aus Polyacrylnitril, gelöst in Dimethylformamid, trocken oder nass versponnen und heiß verstreckt, heute eher seltener in der Textilindustrie eingesetzt.
Literatur: H.J. Koslowski, Chemiefaser-Lexikon, Deutscher Fachverlag GmbH, Frankfurt a. M., 1997.

Acryl-Spinnfasern, Stapelfasern, der Naturfaserlänge angepasst (hauptsächlich Wolltypen), bestehend aus Polyacrylnitril.

Additiv, Hilfsmittel, das der Spinnmasse von Chemiefasern zugegeben wird, um bestimmte Eigenschaften zu erreichen. Besonders wichtige Additive sind Farbpigmente zur Spinnfärbung (besonders für Polypropylenfasern) oder Mattierungsmittel, aber auch Antioxidationsmittel, antibakterielle Wirkstoffe und Antistatikmittel.

Adhäsion, Haftung von Partikeln (Farbpigmente, Staub) oder Tröpfchen (Flüssigkeiten) an der Oberfläche von Fasern, Garnen oder anderen Textilien.

Adhäsive Migration, Eindringen von Partikeln (Festkörper) oder Tröpfchen (Flüssigkeiten) von der Oberfläche in die Poren von Fasern oder Garnen.

Adsorption, Anlagerung und Aufnahme von Gasen und Flüssigkeiten an der Oberfläche von Fasern (festen Stoffen), messbar über die Massezunahme. Je größer die spezifische Oberfläche ist (Mikrofasern, Staub), desto größer ist die Adsorptionswirkung (Gasadsorption in den Kohlefiltern einer Gasmaske). Zudem wirken sich hydrophile bzw. hydrophobe Eigenschaften aus. Fasern mit Poren weisen eine größere Oberfläche auf, somit können auch Faserstoffe, die keine Feuchtigkeit aufnehmen können, Feuchtigkeit an der Oberfläche adsorbieren. (Gegensatz: → Absorption.)

Aerolen, Schnittfäden aus Polyurethan-Schaumstoff mit rechteckigem Querschnitt, mit Garnen umwunden oder umzwirnt (Schaumstoff-Schnittfäden).

Aerosol, in der Luft verteilte feste oder flüssige kleinste Teilchen, die wegen ihrer geringen Größe (Feinstaub, Mikrostaub) lange in der Luft schweben (Schwebeteilchen). Die Teilchengröße liegt etwa zwischen 0,01 und 10 µm (z. B. Zigarettenrauch, Bakterien, Feinstaub, Asbeststaub).

AFIS-Faserprüfsystem (Advanced Fiber Information System), modernes Fasermesssystem für Baumwolle, das nach dem Prinzip der optischen Messung einzelner Fasern im Luftstrom arbeitet. Die Faservereinzelung sowie Trennung der Fasern von Nissen, Trash und Staub erfolgt mit einem Auflösewalzensystem, ähnlich dem beim OE-Rotorspinnen verwendeten Auflöseprinzip. Wurde in den USA von Dr. F. M. Shofner (Schaffner Technologies, Knoxville, TN) für die schnellen Baumwollfaserprüfungen entwickelt, mit modifizierten Systemen auch bedingt für Chemiefasern verwendbar. Markenname der Fa. Uster Technologies (früher Zellweger Uster Inc.) USA. Systeme: AFIS-NEPS (Nissenmessung), AFIS-L (Faserlängenmessung), AFIS-F&M (Faserfeinheitsver-

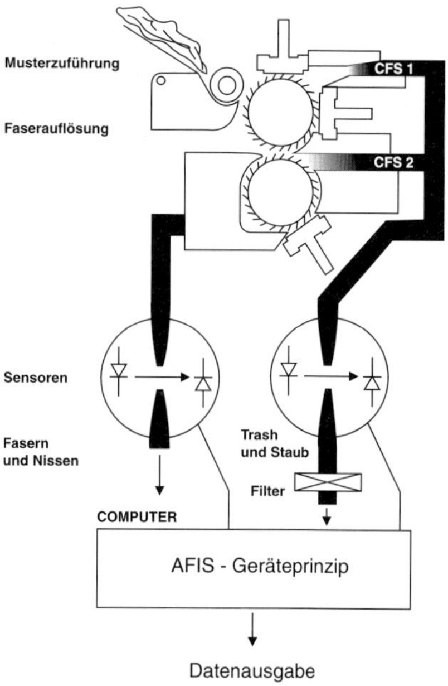

Abb.: Prinzip der AFIS-Fasermesssysteme für die Messung von Einzelfasereigenschaften (AFIS = Advanced Fiber Information System, Erfinder Dr. F. Shofner)
Quelle: Zellweger-Uster Inc., Knoxville, USA

teilung und Reifegrad). Haupteinsatzgebiet: Nissenmessung im Kardenband zur Kontrolle der Karde und der Kardiereffektivität (Garniturzustand, Einstellungen, Rohstoffqualität) und zur Optimierung der Spinnerei.

Agilon-Garn, amerikanische Bezeichnung (Du Pont u. a.) für Monofile oder Multifilamentgarne, die durch Ziehen über eine scharfe Kante texturiert werden, also eine Kräuselung erhalten (Agilon-Verfahren, Kantenkräuseltexturierung).

Ägyptische Baumwolle, qualitativ hochwertige Langstapel- und Extra-Langstapel-Baumwollen (Mako-Baumwolle, Giza-Baumwolle), die für die Herstellung feinster Baumwollgarne verwendet werden. Ägyptische Baumwolle genießt nach wie vor den Ruf der besten Baumwollqualitäten weltweit, wenn auch inzwischen in vielen anderen Ländern ähnliche Langstapel-Baumwollen (Pima-Baumwollen) mit vergleichbaren Eigenschaften angebaut werden (Peru, Kalifornien, Israel, Indien, Zentralasien, China).
Garnfeinheiten bis Nm 180, manchmal bis Nm 250 und feiner, sind industriell möglich und durchaus üblich. Bis 1999 lag der Feinheitsrekord der Baumwollgarne bei Nm 500, aufgestellt von der Firma Rieter AG in Winterthur. 1999 wurde dieser Rekord gebrochen und das feinste Baumwollgarn aus 100 % ägyptischer Giza-45-Baumwolle mit der Feinheit Nm 634 von E. Bay und Mitarbeitern von der Firma Texparts Fellbach (damals SKF in Stuttgart – Bad Cannstatt) in Zusammenarbeit mit der Hochschule Reutlingen hergestellt (Eintrag im Guiness Buch der Rekorde).
Die Preise für ägyptische Langstapel-Baumwollen sind international die höchsten, etwa 30–50 % höher als die der normalen Mittelstapel-Baumwollen.

Literatur: A. Schenek, Naturfaser-Lexikon, Deutscher Fachverlag GmbH, Frankfurt a. M., 2000.

Airbag-Garne, Filamentgarne für die Herstellung von Sicherheits-Airbags (Front-, Kopf-, Fenster-, Seiten-Airbags usw.) für den Personenschutz beim Aufprall von Fahrzeugen auf ein Hindernis. Für die Herstellung von Airbags wurden zunächst Polyamidgarne eingesetzt, wobei die Gewebe zuerst beschichtet und später unbeschichtet verwendet wurden. Auch als Nähgarne wurden zuerst PA-Garne eingesetzt (z. B. 940 dtex PA 6.6). Heute werden zunehmend Polyestergarne (z. B. PES 470 dtex f 144 PES, 235 dtex f 36, 110 dtex f 36), Polyamidgarne sowie Aramid-Garne für Gewebe ohne Beschichtung und als Nähgarn eingesetzt. Das für Airbags eingesetzte Material muss wegen der Gaszündung einen hohen Schmelzpunkt aufweisen, thermisch stabil sein (hohe Gastemperaturen und heiße Partikel) und eine hohe spezifische Wärmekapazität (Energiespeichervermögen) besitzen. Daneben muss das Material eine hohe Reißfestigkeit, genügend Dehnungsfähigkeit und ein niedriges Anfangs-E-Modul aufweisen, damit die durch die Gasexplosion entstehenden Spannungsspitzen aufgefangen werden können.
Literatur: Wegener, W., L. Coll-Tortosa, Nachweis struktureller Ungleichmäßigkeiten nicht texturierter und texturierter Endlosgarne mittels Schallgeschwindigkeitsmessung am laufenden Faden, Wirkerei- und Strickereitechnik 18, 1968, S. 363–370.

Airflow-Messung, Schnellmessmethode der Faserfeinheit von Wolle, verwendet im Wollhandel, in der Wollindustrie, in Kämmereien und Kammgarnspinnereien, geeignet für Wollkammzüge und nach spezieller Aufbereitung für gewaschene Rohwolle, genormt nach IWTO-Standards.

Literatur: A. Schenek, Naturfaser-Lexikon, Deutscher Fachverlag GmbH, Frankfurt a. M., 2000.

Air-Interlacing, → Interlacing.

Air-Jet-Garn (Murata-Air-Jet-Garn), Garn der Dreizylinderspinnerei, das mit Hilfe des Murata-Air-Jet-Verfahrens (Luftspinnverfahren, Erfinder Götzfried) hergestellt worden ist. Dabei wird die Festigkeit des Garns durch Umwindefasern erzeugt, die mit Hilfe eines Luftstroms um das Garn gewunden werden. Sie schnüren die im Kern des Garns meist parallel liegenden Fasern ein (Lasso-Effekt). Die Umwindefasern müssen lang und fest genug sein, um den Garnkern zusammenhalten zu können. Man unterscheidet je nach Herstellungsverfahren verschiedene Garntypen (es können auch Mischgarne hergestellt werden):

1. Murata-Jet-Garn (MJS-Garn): Wird mit Hilfe eines Hochleistungsstreckwerks, das die Verfeinerung (Verstreckung) des Faserbands (Streckenbands) zum Garn vornimmt und zweier nacheinander geschalteter Dralldüsen hergestellt. Der Anteil der Mantelfasern beträgt etwa 15–20 %. Die Mantelfasern müssen das Garn zusammenhalten, da die Fasern im Garnkern mehr oder weniger parallel liegen. Dies ist nur möglich, wenn die Mantelfasern lang genug sind, um mehrfach um den Garnkern herumgewunden zu werden. Deshalb wurden bei der frühen Anwendung des Verfahrens in den USA meist nur Chemiefasern (z. B. Polyester) oder Mischungen von Chemiefasern mit gekämmter Baumwolle verarbeitet. Reine Baumwolle konnte mit dem MJS-Verfahren nur mit ausgewählten Langstapel-Baumwollen ausgesponnen werden.
2. Murata-Vortex-Garn (→ MVS-Garn): Das verbesserte Murata-Vortex-Luftspinnverfahren arbeitet mit nur einer Dralldüse, die durch eine spezielle Konstruktion zur Abspreizung der Mantelfasern und damit zu einem wesentlich höheren Anteil von Umwindefasern führt (22–30 % der Fasern im Garnquerschnitt), wodurch sich eine höhere Festigkeit des Vortex-Garns ergibt. Die Garnqualität des MVS-Garns liegt zwischen Ringgarn und OE-Rotorgarn bei Produktionsgeschwindigkeiten von über 400 m/min. Der erreichbare Garnfeinheitsbereich liegt zwischen Nm 16 und Nm 120, ist also deutlich größer als bei OE-Rotorgarnen, vor allem im feinen Bereich.
3. Murata-Twin-Garn: Bei diesem Verfahren werden zwei Vorgarne parallel verstreckt, mit Dralldüsen verdreht und zu einem zwirnähnlichen Faden zusammengeführt.

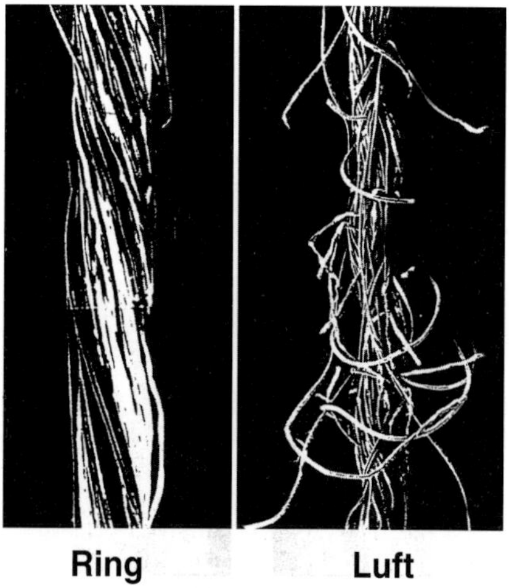

Abb. 1: Vergleich eines Murata-Air-Jet-Garns mit einem Ringgarn

Quelle: Veröffentlichung der Fa. Murata Machinery Ltd., Japan

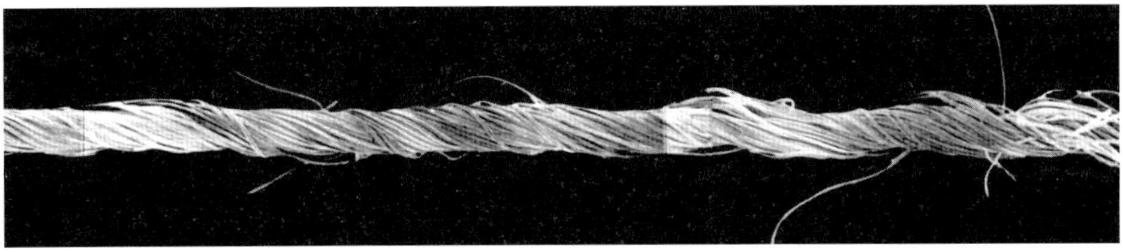

Abb. 2: Murata-Air-Jet-Garn
Quelle: Darstellung nach Veröffentlichungen der Fa. Murata Machinery Ltd., Japan

Abb. 3: Prinzipdarstellung eines Air-Jet-Garns mit parallelem Faserkern und Umwindefasern
Quelle: Veröffentlichung der Fa. Murata Machinery Ltd., Japan

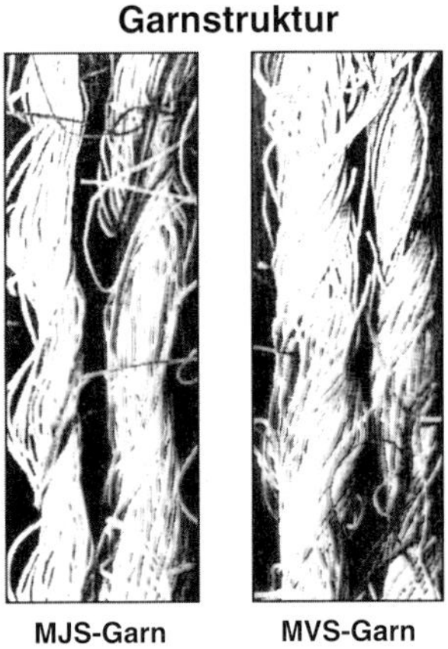

Abb. 4: Vergleich der MJS- und MVS-Garne
Quelle: Darstellung nach Veröffentlichungen der Fa. Murata Machinery Ltd., Japan

Air-Jet-Spinnverfahren, das Spinnverfahren zur Garnerzeugung mit Hilfe von Luftdüsen wurde von Götzfried erfunden und zum Patent angemeldet. Die Fa. Murata, Japan, entwickelte das Verfahren zur Serienreife und führte es vor allem als Vortex-Verfahren (MVS) in den Spinnereien ein.
Folgende Verfahren wurden von Murata eingeführt:

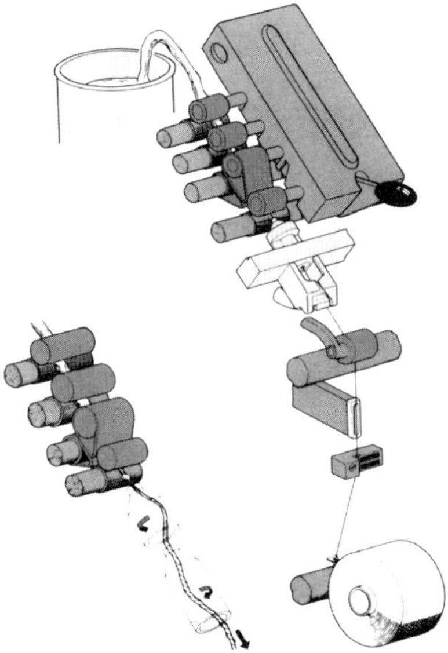

Abb. 1: Prinzipdarstellung der Herstellung eines Murata-Air-Jet-Garns (Zweidüsen-Luftspinnverfahren)
Quelle: Darstellung nach Veröffentlichungen der Fa. Murata Machinery Ltd., Japan

1. MJS – Murata-Jet-Spinnen mit zwei entgegengesetzt gerichteten (Luft-) Dralldüsen, bevorzugt für Chemiefaserverspinnung (z. B. USA). Bei diesem Verfahren wird ein Faserband (Streckenband) einem Hochleistungsstreckwerk (Fünf- oder Vierzylinderwalzenstreckwerke, teilweise Dreizylinder-Hochleistungsstreckwerke) zugeführt und nach dem Verlassen des Vorderzylinderpaars durch einen Saugluftstrom in einen Kanal gesaugt, in dem die Fasern durch eine erste Tangentialdüse einen Falschdrall erhalten (z. B. in S-Richtung). Danach kommt eine zweite Luftdüse, die entgegengesetzt dreht, das Rückdrehmoment des Garnkerns unterstützt und beim Zurückdrehen die außen liegenden Fasern um den Garnkern herumwindet (Umwindefaseranteil ca. 15–20 %). Somit bleiben die Fasern des Garnkerns des MJS-Garns parallel, nur die äußeren Mantelfasern halten den Garnverband zusammen. Es entsteht ein neuartiges Garn, das äußerlich ringgarnähnlich ist, aber eine deutlich geringere Festigkeit und größere Unregelmäßigkeiten aufweist. Da der Zusammenhalt nur durch die Mantelfasern erfolgt, sind kurze Fasern sehr störend, wodurch die Verarbeitung von reiner Baumwolle mit diesem Verfahren schwierig ist. Mit Chemiefasern wurden gute Ergebnisse bei Produktionsgeschwindigkeiten bis 300 m/min erreicht (in den USA und in Japan).
2. MVS – Murata-Vortex-Spinnen mit einer (Luft-)Dralldüse. Bei diesem Verfahren wird ebenfalls ein Faser-

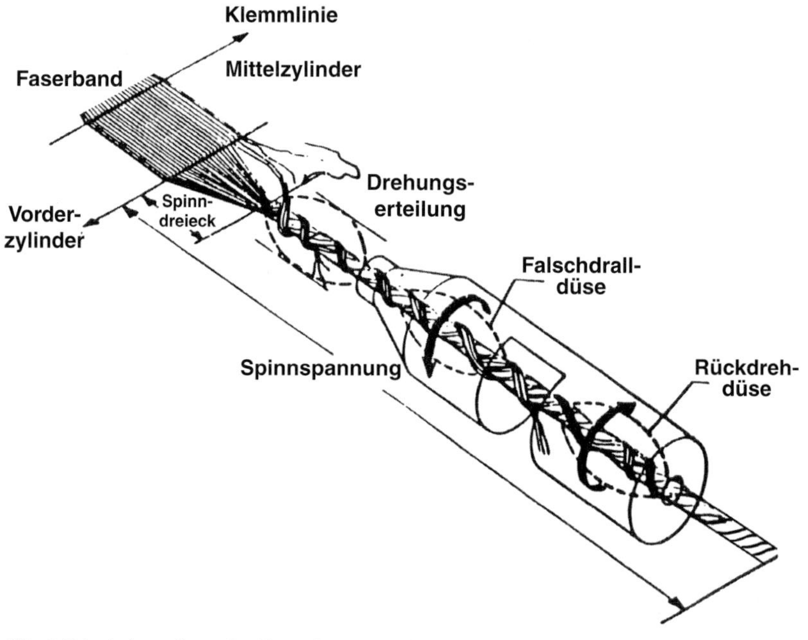

Abb. 2: Prinzipdarstellung der Herstellung eines Murata-Jet-Garns (MJS-Garn)
Quelle: Darstellung nach Veröffentlichungen der Fa. Murata Machinery Ltd., Japan

band vorgelegt, verstreckt (über Walzenstreckwerke) und dann einer speziellen Drehdüse zugeführt. Diese erzeugt ebenfalls einen Falschdrall im Faserverband, spreizt aber vor der Verdrehung einen Teil der außen liegenden Fasern ab und kann damit beim Rückdrehen, bedingt durch den Falschdrall, einen größeren Teil der Mantelfasern um den Garnkern herumwinden. Hierdurch ist eine höhere Garnfestigkeit gegeben, es ist wie reine Baumwolle verarbeitbar, und die Garne können relativ fein werden (bis ca. Nm 110). Zudem sind wesentlich höhere Produktionsgeschwindigkeiten erreichbar (ca. 400 m/min). Modernste Murata-MVS-Maschinen verfügen über Anspinnwagen mit Spleißer oder Knoter und eine aktive Fadenreservebildung, wodurch die Bildung von konischen Präzisionsspulen an der Spinnmaschine möglich wird. Neu sind Fournisseur-Speicher mit selbstständiger Einfädelung, permanenter Speicherung und gesteuerter Garnabgabe. Die Garnaufwicklung der modernen Maschinen läuft etwas schneller als die Lieferung. Ist der Speicher leer, hebt die Wickelspule kurzzeitig ab und bewirkt eine Bildstörung zur Verhinderung einer Bildwicklung. Damit können auch konische Kreuzspulen mit hoher Geschwindigkeit produziert werden. Ein Fadenbruchbehebungs- und Anspinnwagen (Spleißer) fährt von Spinnstelle zu Spinnstelle und kontrolliert die Garnqualität.

Weitere Neuentwicklungen von Luftspinnmaschinen sind zu erwarten.

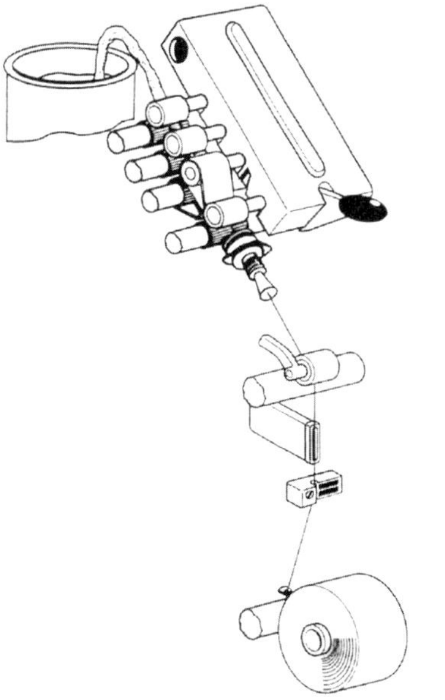

Abb. 3: Herstellungsverfahren der Murata-Vortex-Garne (Eindüsen-Luftspinnverfahren)
Quelle: Darstellung nach Veröffentlichungen der Fa. Murata Machinery Ltd., Japan

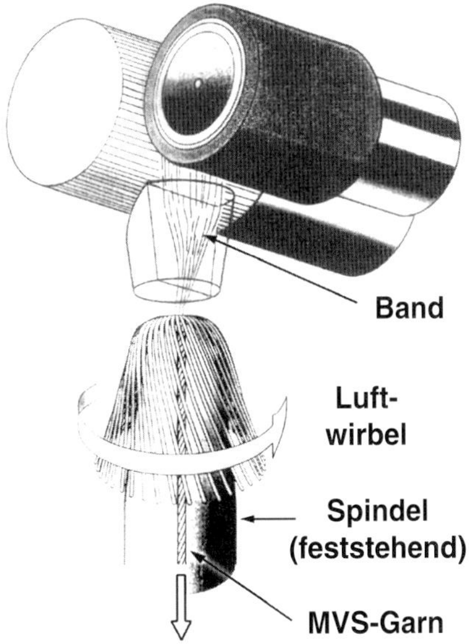

Abb. 4: Garnbildung nach dem Murata-Vortex-Spinnverfahren
Quelle: Darstellung nach Veröffentlichungen der Fa. Murata Machinery Ltd., Japan

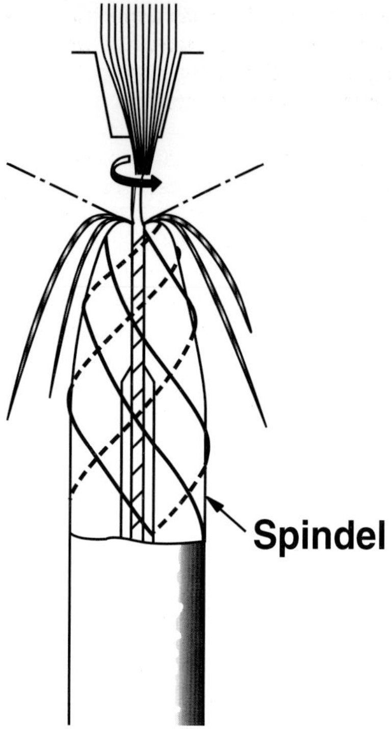

Abb. 5: Garndrehungserteilung nach dem Murata-Vortex-Spinnverfahren
Quelle: Darstellung nach Veröffentlichungen der Fa. Murata Machinery Ltd., Japan

Air-Jet-Texturierung, → Lufttexturierung.

Alginatfasergarne, aus Alginsäure (Seealgen) hergestellte Spinnfasergarne und Filamentgarne, die in Seifen- oder Sodalauge wieder löslich sind und zur Herstellung von Hintergrundgeweben für Stickmuster verwendet werden. Sie können auch zur Effektgarnherstellung oder zur Verfestigung von ungedrehten Garnen vor dem Weben verwendet werden.

Alkali-Echtheit, Beständigkeit gegenüber Laugen (wie z. B. Ätznatron, Ätzkali, Soda, Pottasche, Natriumbikarbonat, Ammoniak, Ätzkalk), pH-Wert 7,1–9 (schwach basisch), 9–12 mäßig basisch und 12–14 stark basisch (pH 7 neutral).

Alkalische Abkochung, intensive, heiße Vorbehandlung von Baumwollgarnen oder -stoffen mit Laugen für das Färben; erfolgt nach dem Weben zur Entfernung der Schlichte und der Faserbegleitstoffe (z. B. Wachs).

Alkalisieren, hydrolytische Einwirkung auf Chemiefasern (Verseifung der Faseroberfläche) nach folgenden Methoden (Beispiele):

1. Zellulosebehandlung mit Natronlauge.
2. Bei Polyester das Abschälen der äußeren Faserschicht (20–30 % des Eigengewichts) zur Verfeinerung der Fasern und zur Erzielung eines weichen, seidenartigen Griffs. Gleichzeitige Mattierungswirkung und verbesserter Feuchtigkeitstransport.
3. Bei Polyamidfasern zur Erhöhung der Seidenähnlichkeit, speziell für Damen-Unterwäsche.

Almeter-Faserlängenprüfung, Gerät zur automatischen Prüfung der Länge von Wollfasern in Wollkammzügen zur Bestimmung der Verspinnbarkeit, bestehend aus Fibroliner-Vorbereitungsgerät zur Erstellung eines endengeordneten Fasermusters und Almeter-Messgerät zur kapazitiven Messung der Faserlängenverteilung (entwickelt von J. Grignet, Verviers, Belgien). International vom Wollhandel anerkanntes Standardgerät für die Messung der mittleren Faserlänge (und Faserlängenverteilung) in Wollkammzügen (IWTO-Vorschrift). Auch verwendbar für Chemiefaserkammzüge (Konverterkammzüge). Nachfolgegeräte sind das modifizierte Almeter AL 100 TS der Fa. Woolmark Technology und das neue OFDA 4.000 der Fa. Hornik-Fibertech (CH), mit automatischer Faservorbereitung und automatischer Messung der Längenwerte sowie angeschlossener automatischer (optischer) Messung der Feinheitsverteilung des Wollkammzugmusters.

Almeter-Werte, Faserlängenmesswerte bei Wolle aus der Almeter-Faserlängenprüfung. Mittlere Faserlänge nach Hauteur L(H) (querschnittsbetont, vergleichbar mit Kammstapelmessungen), und nach Barbe L(B) (gewichtsbetont). Im Wollhandel und in der Spinnerei werden mittlere Faserlängen L(H), L(B), die Variationen der Faserlänge CV(H), CV(B) und die Kurzfaseranteile in Prozent verwendet. Die Barbe-Werte entsprechen näherungsweise den gewichtsbetonten Kammstapelwerten (Bestimmung des Kämmlingsanteils), die Hauteur-Werte eher der tatsächlichen Faserlängenverteilung, berücksichtigen also die Kurzfaseranteile besser und eignen sich zur Streckwerkseinstellung.

Alpaka-Garne, Streichgarne und Kammgarne aus der Wolle des Alpakas mit vielen Naturfarbvariationen verschiedenster Brauntöne, aber auch von weiß bis schwarz. In Südamerika Verarbeitung zu typischen einheimischen Produkten (Ponchos, Umhänge der Indios, handgewebte Wolldecken, Pullover mit speziellen Indio-Motiven und handgewebte Teppiche mit Indio-Mustern), besonders verbreitet in Bolivien, Ecuador, Nordchile und Kolumbien.

Alpakka (Reißwolle, Extraktwolle), seltenere Bezeichnung für Recyclingwollfasern aus gerissenen Wollstoffen, teilweise auch aus Wollmischgeweben, mit Faserlängen über 20 mm, zur Verarbeitung in der Streichgarnspinnerei.

alpha englisch, Drehungsbeiwert, bezogen auf die englische Garnfeinheit. Ergibt sich aus der Division der beim Spinnen aufgebrachten Garndrehungen in Drehungen pro Zoll (inch) durch die Quadratwurzel aus der Garnfeinheit Ne CO (Nummer englisch Cotton).

alpha metrisch, Drehungskonstante eines Spinnfasergarns, bezogen auf die Garnfeinheit Nummer metrisch (Nm). Sie gibt im Vergleich die Zahl der Drehungen im Garn bezogen auf die Garnfeinheit Nm 1 an. Die alpha-metrisch-Werte werden in den Spinnereien Deutschlands und Zentraleuropas verwendet. Sie ergeben sich aus der Division der beim Spinnen aufgebrachten Garndrehung in T/m durch die Quadratwurzel aus der Garnfeinheit in Nm (Köchlin'sche Drehungsformel, Grundformel der Spinnerei).

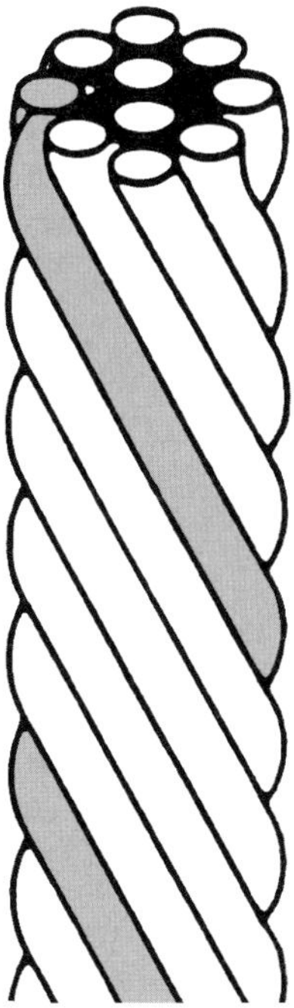

Abb. 1: Darstellung eines idealen Ringgarns mit der Fasersteigung

Quelle: Darstellung nach W. Klein, Die Kurzstapelspinnerei

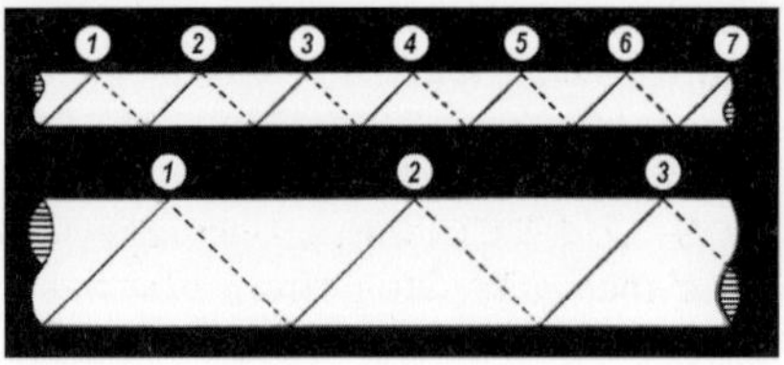

Abb. 2: Prinzipdarstellung gleicher Fasersteigung (gleicher alpha-Wert) bei unterschiedlich feinen Garnen
Quelle: Enka-Akzo AG

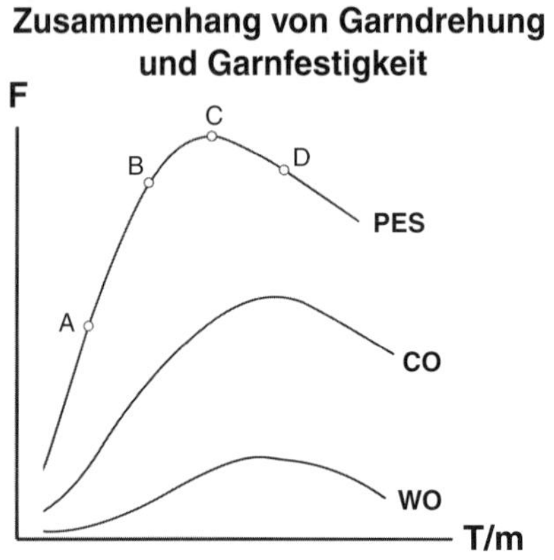

Abb. 3: Abhängigkeit der erreichbaren Garnfestigkeit vom Drehungsbeiwert des Garns
Quelle: Abbildung nach W. Klein

Die alpha-metrisch-Werte der Dreizylinderspinnerei liegen nach W. Klein (W. Klein, Die Kurzstapelspinnerei, Bände 1 u. 2, The Textile Institute, Manchester, UK 1991) in folgenden Bereichen:

Trikotgarn	75–95
Schussgarn	88–108
Mediogarn	98–114
Kettgarn	114–133
Kettgarn hart	133–155
Kreppgarn	190–270

Multipliziert man den alpha-metrisch-Wert mit der Quadratwurzel der Garnfeinheit in Nm (Grundformel der Spinnerei), erhält man die erforderliche Garndrehung in Drehungen pro Meter (T/m), z. B.:

Garn Nm 100 (feines Garn, 10 tex), alpha metrisch 120 ergibt:
120 × 10 = 1.200 Drehungen pro Meter
Garn Nm 25 (gröberes Garn, 40 tex), alpha metrisch 120 ergibt:
120 × 5 = 600 Drehungen pro Meter

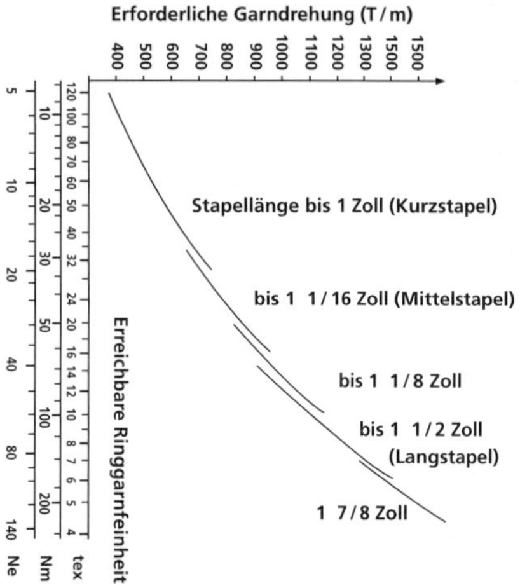

Abb. 4: Garnfeinheitsbereiche der Baumwollgarne in Abhängigkeit von der Baumwoll-Stapellänge und der Garndrehung
Quelle: Rieter AG, Winterthur, Schweiz

alpha tex, Drehungsbeiwert, bezogen auf die internationale Garnfeinheit tex. Ergibt sich aus der Multiplikation der beim Spinnen aufgebrachten Garndrehung (T/m) mit der Quadratwurzel aus der Garnfeinheit in tex.

Folgende alpha-tex-Werte sind in der Dreizylinderspinnerei üblich:

Trikotgarn	2.400–3.000
Schussgarn	2.800–3.400
Mediogarn (Halbkette)	3.100–3.600
Kettgarn	3.600–4.200
Kettgarn hart	4.200–4.900
Kreppdrehung	6.000–8.500

Literatur: W. Klein, Die Kurzstapelspinnerei, Band 2: Putzerei und Karderie, The Textile Institute, Manchester, UK.

Bei anderen Einheiten der Garnfeinheit ergeben sich andere Drehungsbeiwerte. Die Umrechnungsfaktoren ergeben sich wie folgt:
T/m = T/Zoll × 39,4
alpha metrisch = alpha englisch × 30,3
alpha tex = alpha metrisch × 31,6
alpha tex = alpha englisch × 958

alpha-Werte, (→ alpha metrisch, → alpha englisch, → alpha tex), die ermittelten alpha-Werte sind proportional zum Steigungswinkel der Fasern gegenüber der Garnachse. Ein höherer alpha-Wert ergibt einen größeren Neigungswinkel der äußeren Fasern gegenüber der Garnachse, bei gleicher Garnfeinheit eine höhere Drehung, somit eine stärkere Einschnürung (Lasso-Effekt) der inneren Fasern (Kernfasern im Ringgarn) und demzufolge eine höhere Garnfestigkeit. Bei unterschiedlicher Garnfeinheit (unterschiedlichen Garndurchmessern) ermöglicht ein gleicher alpha-Wert den gleichen Neigungswinkel der äußeren Fasern zur Garnachse (dieselbe Steigung der Fasern) und bewirkt somit bei gleichem Faserstoff und demselben Spinnverfahren dieselbe Garnfestigkeit (feinheitsbezogen).

Altern, längere Lagerzeit führt bei Garnen zur Veränderung der Faser- und Garneigenschaften (Farbveränderung, meist Verschlechterung der Festigkeit durch Abbau der Molekülketten). Sowohl Naturfasern als auch Textilfasern unterliegen Alterungseinflüssen, besonders durch Sonneneinstrahlung (UV-Lichteinwirkung), Ozoneinwirkungen, Wärmeeinwirkung, Feuchtigkeitseinwirkung, chemische Einwirkung wie Oxidation, Abgaseinwirkungen, radioaktive Strahlen und andere Umwelteinflüsse. Bei niedrig verstreckten Chemiefasern (früher bei z. B. Nylon) kommt es durch Sonnenbestrahlung zu Vergilbung (Gelbverfärbung) und Kristallisation (Brüchigkeit).

Alternierende Drehung (Texturierung mit S- und Z-Drehung), beim Zwirnen texturierter Filamentgarne, bevorzugt falschdralltexturierter Garne, werden Garne mit entgegengesetzter Falschdrallrichtung gezwirnt, um spannungsfreie, torsionsfreie, kringelfreie Zwirne zu erzeugen.

Alternierende Drehung (Zwirnen), Wechsel der Drehungsrichtung, z. B. nach Z-Drehung der Garne S-Drehung des Zwirns. Damit erhält man offene, voluminöse, weiche Zwirne, z. B. für die Pulloverfertigung. Aber auch bei festeren Zwirnen wird alternierende Drehung verwendet, um einen Spannungsausgleich der Zwirne (spannungsfreie Zwirne) zu erhalten oder besondere Strukturen zu erzeugen. S-gedrehte Garne werden z. B. wegen der besseren Verarbeitbarkeit zu dreifach Z-gedrehten Nähzwirnen verarbeitet.

Amblieren, Zwirnen von Seidenfäden.

Amerikanische Gewichtsmaße, alte amerikanische Maße wie Unze (ounce), Pfund (pound) oder Grain, die in den USA immer noch gebräuchlich sind.

Amerikanische Längenmaße, alte amerikanische Längenmaße wie Zoll (inch), Elle (yard), oder Meile (mile), die in den USA immer noch gebräuchlich sind.

Amerikanische Volumenmaße, alte amerikanische Volumenmaße, wie z. B. Gallone (gallon) oder Fass (barrel), die in den USA immer noch gebräuchlich sind.

AMK-Werte, Arbeitsminuten pro Kilogramm Garn, Vergleichsmethode zur Bestimmung der Wirtschaftlichkeit der

Spinnerei. Dafür werden die gesamten Zeiten des Personals, das für die Fertigung eines bestimmten Garns (Garnpartie, Garnmenge einer bestimmten Sorte oder der gesamten Spinnerei) erforderlich ist, addiert und durch die produzierten Kilogramm dividiert. Im englisch-amerikanischen Sprachraum werden → HOK-Werte verwendet.

Ammoniak-Verfahren, chemisches Verfahren zur Glanzerzeugung (Veredlung) bei Baumwollstoffen, eine dem Merzerisieren vergleichbare Behandlung von Garnen, Geweben oder Gestricken unter Spannung mit Ammoniak.

Analyserichtlinien, im deutschen (und europäischen) Textilkennzeichnungsgesetz (TKG) sind die Methoden zur Bestimmung der Faseranteile in Garnen oder anderen textilen Produkten genau festgelegt. Siehe Textilkennzeichnungsgesetz im Anhang, S. 537.

Ananasfasergarne (Ananasbatist), feine Garne aus ausgewählten Ananasfasern; die Fasern werden aus den Blättern und Blattscheiden der Ananaspflanzen gewonnen. Feine Ananasfasern werden zur Herstellung von Ananasbatist oder zur Mischung mit Seide verwendet, gröbere Fasern dienen auch als Juteersatz.

Anbetten, in der Streichgarnspinnerei müssen unterschiedlichste Faserstoffe sorgfältig gemischt werden. Zu diesem Zweck wurden früher oft noch von Hand Mischbetten schichtweise gefüllt. Gleichzeitig wurden Schmälzen (Fette) aufgebracht, die die Fasern vor mechanischer Beschädigung während des Öffnens und Krempelns schützen sollten. Dann ließ man die Fasern längere Zeit liegen, um die Schmälze richtig einziehen zu lassen. Diesen Vorgang nannte man anbetten. Heute werden Mischungen in ähnlicher Weise automatisch in Mischkammern vorbereitet, wobei der Fasertransport im Luftstrom erfolgt.

Andrehen (→ Spleißen),
1. Das Anspinnen beim Ringspinnen und das erneute Verbinden des Garns mit den aus dem Spinndreieck kommenden Fasern erfolgt auch heute noch von Hand, obwohl schon vor längerer Zeit Anspinnautomaten entwickelt und vorgestellt worden sind (Fa. Rieter, Winterthur). Zum Anspinnen muss das Garnende des Copses so lange festgehalten werden, bis die Spindel genügend Drehungen im Garn (ausreichendes Torsionsmoment) erzeugt hat, um das Garnende an das aus dem Spinndreieck kommende Faserbändchen andrehen zu können. Hierbei wird das Garnende so an das aus dem Vorderzylinderpaar des Streckwerks kommende Faserbändchen angesetzt, dass die parallelen Fasern angedreht und somit eingebunden werden. Dazu muss im richtigen Augenblick das an das Faserbändchen angesetzte Garnende freigegeben werden. Mit ausreichender (langjähriger) Übung kann damit ein Anspinner guter Festigkeit, aber geringer Dickenzunahme, erzeugt werden, der später nicht als Fehler im Garn gilt.
2. Garnverbindungen erfolgen durch Knoten oder durch Zusammendrehen der Garnenden. Beim Spleißen, das ursprünglich zur Verbindung von Seilen in der Schifffahrt verwendet wurde, werden die zu verbindenden Stellen des Seils aufgedreht, zusammengeschoben und erneut verdreht. Ähnliches geschieht mit textilen Garnen beim Spleißen. Die Garnenden werden mit Luft (oder Wasser) oder mechanisch aufgedreht, bis die Fasern parallel zueinander liegen. Dann werden beide Enden zusammengeschoben und von außen wieder mit Luft oder mechanisch zusammengedreht. Damit erhält man eine Verbindungsstelle mit

ausreichender Festigkeit (ca. 80–90 % der mittleren Garnfestigkeit) und geringer Dickenzunahme (im Mittel 120 % der ursprünglichen mittleren Garnmasse), die bei der Weiterverarbeitung und im Endprodukt weniger Fehler erzeugt als ein Garnknoten. Im alten Ägypten wurden feinste Leinengarne von Hand so gut zusammen gespleißt, dass ein sehr regelmäßiges, feines Leinengarn ohne größere Fehler entstand. Napoleon setzte bei seiner Eroberung Ägyptens einen hohen Goldpreis aus für ein maschinell hergestelltes Leinengarn, das genauso fein und gleichmäßig sein sollte wie die ägyptischen Garne. Dies gelang damals keiner Spinnerei Frankreichs.
3. Beim Abhaspeln der Seidenfäden von den Kokons der Seidenraupen werden die einzelnen Seidenfäden ebenfalls ständig von Hand zusammengedreht, wodurch ein endloser Rohseidenfaden entsteht.

Andreher, Garnverbindung, die durch → Andrehen entstanden ist.

Anfärbbarkeit, die Farbstoffaufnahme entscheidet über die spätere Qualität der Färbung (Egalität), weshalb der Beurteilung der Anfärbbarkeit große Bedeutung zukommt. Um die Färbbarkeit von Garnen zu beurteilen, werden Färbetests (Blaufärbetest für Chemiefasergarne, Filamentgarne) mit einem großmolekularen Farbstoff durchgeführt, der sehr ungleichmäßig aufzieht. Besonders bei Filamentgarnen spielen die unterschiedliche Verstreckung während der Verarbeitung sowie andere Verarbeitungsbedingungen und die daraus resultierende, unterschiedliche Farbstoffaufnahme (z. B. auch Strukturunterschiede amorph/kristallin) eine wichtige Rolle für die spätere Qualität der Färbung (Egalität, Farbtiefe, Ausfall). Bei synthetischen Spinnfasern führen unterschiedliche Herstellungsbedingungen (z. B. Rohstoffe, Polymerisation, Verstreckung), unterschiedliche Polymerzusammensetzungen und unterschiedliche Verstreckungsbedingungen ebenfalls zu unterschiedlichen Färbeeigenschaften der verschiedenen Lieferpartien.

Anfärbungskontrolle (Filamentgarne), die Farbstoffaufnahme (Farbaffinität) von Filamentgarnen wird durch viele Produktionsbedingungen beeinflusst, weshalb während der Produktion und bei der Weiterverarbeitung die Gleichmäßigkeit der Farbaffinität überprüft wird. Dazu werden regelmäßig Spulen entnommen und in festgesetzter Reihenfolge zu Strickschläuchen (Rundstricktestmaschine) verstrickt. Teilweise werden auch Versuchsgewebe hergestellt. Die Strickschläuche werden nach festgelegter Rezeptur mit wenig egalisierenden Farbstoffen gefärbt. Die gefärbten Muster werden visuell beurteilt.
Die Beurteilung erstreckt sich auf zwei Merkmale:
a) die Farbunterschiede zwischen den Abschnitten (Versuchsmuster)
b) die Farbstreifigkeit innerhalb der Abschnitte (z. B. Ringel)
Zur Benotung werden Ziffern von 1–10 vergeben (10 = sehr gut, 1 = sehr schlecht).
Literatur: S. Kleinhans, Textile Prüfungen, Textiltechnisches Institut Obernburg, Enka Glanzstoff AG.

Abb.: Strickschlauch zur Beurteilung der Anfärbbarkeit eines BCF-Teppichgarns

Anflug, während des Spinnens entstehen Faserabrieb, Staub und Faserreste, die sich im Raum verteilen und oft auf dem Garn (Cops) abgelagert werden. Anflug stört beim Ablauf und beim Färben und führt zu späteren Fehlern im Endprodukt. Meist besteht der Anflug aus kurzen, nicht

parallel liegenden Fasern, die sich auf dem Garn angesammelt haben, sowie aus Faserresten (Staub). Man unterscheidet:
1. Eigenanflug, aus demselben Material wie das Garn
2. Fremdanflug aus einem anderen Material als das Garn; oft durch abweichende Farbe erkennbar

Angorafeingarn, Coregarn, das mit einem feinen Filamentgarnkern und Umspinnung mit Angorafasern bis zu einer Feinheit von Nm 150 hergestellt werden kann (Entwicklung des ITR Reutlingen, Prof. G. Egbers, Dr. P. Artzt, R. Hehl).

Angoragarn, Angorakammgarne werden meist als Mischung der vom Angorakaninchen stammenden, entgrannten Haare mit Schafwolle oder Chemiefasern nach einem modifizierten Kammgarn-Ringspinnverfahren hergestellt. Sie werden u. a. zur Herstellung von Sport- und Gesundheitswäsche verwendet. Dafür sind auch Mischungen mit Viskose bzw. Modal möglich. → Angorafeingarne werden heute oft als Coregarne mit einem dünnen Filamentgarn oder mit einem Elastangarn als Träger auf der Ringspinnmaschine produziert. Dickere Streichgarne aus Angora können auch rein hergestellt sein.

Angoramischzwirn, weicher Zwirn aus Streichgarnen, die aus Angora-Wolle-Mischungen und Mischungen mit Chemiefasern bestehen.

Angorazwirn, Zweifachzwirn aus Streichgarnen mit höherem Gehalt an Angorafasern.

Anlegen, Aneinanderlegen von Fäden beim Garnablauf ohne feste Verbindung oder von Vorgarnen oder Bändern; bei Bändern teilweise Entnahme von Faseranteilen der beiden Enden, um zu große Dickstellen zu vermeiden.

Anleger, → Ansetzer.

Anlöten, → Löten.

Ansatzbildung, Herstellung einer Schmälzemischung in der Streichgarnspinnerei.

Anschmutzung, oberflächliche Verschmutzung; führt zu Fehlern im Garn durch anhaftende und teilweise in das Fasermaterial eingedrungene Substanzen, wie z. B. Teer, Öle, Signierfarben.

Ansetzer, Anlegestelle von Bändern, Vorgarnen oder Garnen, oft mit geringen Verdrehungen (Nitschelbewegung) und manuellem Masseausgleich, um Dickstellen zu reduzieren.

Anspinndrehzahl, Ringspinnmaschinendrehzahl zu Beginn des Spinnvorgangs bis zur Erreichung der Produktionsdrehzahl.

Anspinnen (Anspinnvorgang), zum Anspinnen des Ringgarns wird der gebrochene Faden vom Cops durch den Ring und den Fadenführer gezogen, man lässt die Spindel hochdrehen und setzt zum geeigneten Zeitpunkt das Garnende an das Spinndreieck an. Eine einfachere Methode ist das Ansetzen des Garnendes hinter die Druckwalze des Vorderzylinderpaars, wodurch aber ein dicker Anspinner (Garnfehler) erzeugt wird. Beim OE-Rotorspinnen war bei niedrigen Rotordrehzahlen bis 45.000 U/min das Anspinnen von Hand möglich, heute ist dies nur mit Anspinnautomaten im Hochdrehvorgang möglich, nach automatischer Reinigung des Rotors. Ähnliches gilt auch für Luftspinnmaschinen (Murata MVS, MJS).

Anspinner, Garnverdickung, die durch das Anspinnen entsteht. Beim Einlegen des Garns hinter die Vorderzylinder wird eine doppelte Dickstelle erzeugt, die aber später gut erkannt und an der Spulmaschine ausgereinigt werden kann. Beim direkten Andrehen des Garns an das Spinndreieck, was wesentlich schwieriger ist, entsteht, ähnlich wie beim → Spleißen, nur eine kleinere Dickstelle.

Anspinnware, erste, fehlerhafte Fadenstücke der Filamentherstellung.

Antibakterielle Ausrüstung, Ausrüstung gegen Bakterienbefall (z.B. Bactekiller, Kanebo). Durch Einlagerung bakterienabtötender Stoffe (z.B. Silber, Zeolith) können dauerhafte antibakterielle Wirkungen erzeugt werden.

Antimikrobielle Ausrüstung, Ausrüstung gegen Mikrobenbefall durch Zugabe von Wirkstoffen in die Spinnmasse.

Antimykotische Ausrüstung, Ausrüstung gegen Pilzbefall.

Antipillingausrüstung (Antisnagausrüstung), da die Pillingneigung auf Garnen (Gestricken, Geweben) durch Knötchenbildung elastischer Fasern entsteht, versucht man, Chemiefasern mit geringerer Festigkeit (brüchiger) herzustellen, wodurch die entstehenden Knötchen abbrechen und damit nicht sichtbar werden. Die Beseitigung der langen Haare (Faserenden) durch Sengen verbessert ebenfalls die Pillingneigung. Auch filmbildende Substanzen wie Siligene werden auf die Oberfläche der Garne aufgebracht.

Antischmutzausrüstung, Behandlung von Garnen mit Stoffen, die Schmutz nicht anhaften lassen, wie z.B. dünne Teflonbeschichtung im Nanobereich, oder die strukturierte Oberflächengestaltung vergleichbar der Lotusblume (Lotuseffekt), die dafür sorgt, dass Schmutzteilchen (mit Wassertröpfchen) abperlen.

Antiseptikausrüstung, Aufbringen entzündungshemmender oder fäulnishemmender Mittel, wie Jod, Karbolsäure (Phenol), Lyosol, Essigsaure Tonerde u.a., die auch Schlichtemittel gegen Schimmel und Fäulnis schützen sollen.

Antisnagausrüstung, → Antipillingausrüstung.

Antisoiling, → Antischmutzausrüstung.

Antistatikavivage, textile Hilfsmittel, die auf die Oberfläche der Garne aufgebracht werden und durch höheren Feuchtigkeitsgehalt die elektrische Leitfähigkeit der Garne verbessern und damit die elektrostatische Aufladung reduzieren. Sie sind nur beschränkt waschbeständig, womit ihre Wirkung verloren gehen kann.

Antistatische Garne, Filamentgarne oder Spinnfasergarne mit antistatischer Wirkung durch:
a) Beimischung von Metallfilamenten oder Fasern
b) Beimischung von Carbonfilamenten
c) Kohlenstoffeinlagerungen
d) Oberflächenmetallisierung
e) Kupfersulfide an der Faseroberfläche

Antron-Bouclé, grobe Teppichgarne, die nach dem Strick-Texturierverfahren (Knit-de-Knit) hergestellt werden. Der Strickschlauch kann vor dem Fixieren und Aufziehen auch bedruckt werden, womit man mehrfarbige, gemusterte Garne erhält.

Appretur (Ausrüstung), Finish-Behandlung von Textilien zur Erreichung eines guten Aussehens oder Griffs durch Behandlung mit synthetischen Spezialpräparaten (Appreturen, Ausrüstungsmittel, Textilhilfsmittel).

Aramidfasergarne, Spinnfasergarne oder Filamentgarne aus Aramidfasern, Aramide

(BISFA, ISO) sind aromatische Polyamide, die unterschieden werden in Para-Aramide (p-Aramide) mit paralleler Orientierung der Molekülketten und Meta-Aramide (m-Aramide) mit versetzter Orientierung der Molekülketten. Beispiele sind Nomex® und Kevlar® von Du Pont, Twaron® von Akzo Nobel Fibers, Conex® von Teijin.
Para-Aramide weisen eine besonders hohe Festigkeit in Faserachsrichtung (Zugfestigkeit) mit hohem E-Modul und niedriger Dehnung auf und eignen sich für hochfeste technische Garne. Allerdings ist die Biegefestigkeit niedrig (sehr geringe Knoten- und Schlingenfestigkeit) und die UV-Beständigkeit relativ schlecht.
Meta-Aramide weisen eine hohe Temperaturbeständigkeit auf, sind schwer entflammbar und sehr gut beständig gegen Chemikalien. Sie werden bevorzugt für Schutzkleidung, schwer entflammbare Möbelbezugs- und Vorhangstoffe, Bodenbeläge, Faserverbundwerkstoffe und Geotextilien eingesetzt.

Aramidimidgarne, hochtemperaturbeständige aromatische Polyimidamid-Garne (PAI), z. B. Kermel® von Rhone-Poulenc Fibres. Das Polymer besteht aus einer Amidverknüpfung und aus Imidstrukturen und liegt in den Eigenschaften zwischen Aramiden und Polyimiden. Die Verspinnung erfolgt nach dem Trockenspinnverfahren.
Literatur: H. J. Koslowski, Chemiefaser-Lexikon, Deutscher Fachverlag GmbH, Frankfurt a. M., 1997.

Arbeiter (Arbeiterwalze), mit Kratzengarnitur oder Ganzstahlgarnitur bezogene Walze des Krempelsystems zur Woll- oder Chemiefaserverarbeitung in der Spinnerei oder zur Vliesstoffherstellung, die gemeinsam mit der Tambourwalze die Aufgabe hat, die Fasern zu vereinzeln. Die Krempelwirkung wird durch die Kardierstellung der Zähne oder Drähte der Arbeiterwalzengarnitur zur Tambourwalzengarnitur und durch die erhebliche Geschwindigkeitsdifferenz beider Walzen (Tambour hohe Umfangsgeschwindigkeit, Arbeiterwalze niedrige Umfangsgeschwindigkeit) sowie enge Abstände beider Garnituroberflächen erzielt.

Arbeitsminuten, → AMK-Werte.

Arbeitsvermögen der Garne, Produkt aus Kraft und Dehnung. Das Integral der Kraft-Dehnungs-Kurve bzw. die Fläche unter dem Kurvenverlauf entspricht dem Betrag des Arbeitsvermögens der Garne, das entscheidend für das Belastungsverhalten im Webprozess ist.

Arkwright, Richard, Erfinder der ersten mechanischen Spinnmaschine (1792 Cromford, Spinning Jenny). Diese ermöglichte eine deutliche Produktionssteigerung gegenüber dem Handspinnrad und leitete die Industrialisierung der Spinnerei in England und Europa ein.

Aromatische Copolyestergarne (LCP, flüssigkristalline Polymere), in der Schmelze bilden sich stäbchenförmige Moleküle, die fast parallel in Faserrichtung ausgerichtet sind. Spinnt man diese flüssigkristallinen Polymere aus, entstehen extrem feste Filamente, die zunehmend für technische Garne eingesetzt werden (Polyester, aber auch Polyethylenfasern).
Literatur: H. J. Koslowski, Chemiefaser-Lexikon, Deutscher Fachverlag GmbH, Frankfurt a. M., 1997.

Asbestgarne (Asbestspinnerei), Spinnfasergarne, die mit Hilfe des Trockenspinnverfahrens oder des Nassspinnens aus Asbestfasern hergestellt werden. Nach DIN 6001 ist Asbest eine spinnbare Mineralfaser (Gesteinsfasern, Silikatfasern) kristalliner Struktur, die zur Garnherstellung verwendet werden kann. Möglich sind relativ grobe Garne bis Nm 20

Abb.: Asbestgarn, Asbestgewebestück und Asbestgestein (Mineralfasern)

(50 tex). Bis zum Verbot der Asbestverarbeitung in Europa wurden Asbestfasern in Mischungen mit Trägerfasern (z. B. Baumwolle) versponnen, aber auch Reinverspinnung zu sehr groben Garnen war möglich.
Weltweit werden immer noch Asbestgarne für technische Zwecke hergestellt. Fasereigenschaften: Asbest hat eine Dichte von 2,5–3,5 g/cm³ und eine Festigkeit von 20–65 cN/tex.

Asbestose (Asbest-Lungenerkrankung), die Asbestfaserbündel, die verspinnbar und bis zu 100 mm lang sein können, bestehen aus extrem feinen Einzelfasern (0,018–0,03 μm). Diese feinsten, spitzen und chemisch sehr stabilen Fasern entstehen bei der Verarbeitung in der Asbestspinnerei und beim Zerfall von Asbest, gelangen als kleinste, fast nicht sichtbare Partikel in die Luft (Asbeststaub) und können beim Atmen in die menschliche Lunge eindringen, da sie so klein sind, dass sie von den Haaren und Schleimhäuten der Nase nicht aufgehalten werden (Teilchen < 15 μm gelten als lungengängig, < 1μm extrem lungengängig, atembarer Staub). Die Teilchen setzen sich in den Lungenbläschen ab und reizen bei jeder Atembewegung die Lungenzellen. Teilweise werden durch die spitzen Fasern Zellen direkt aufgespießt und zerstört. Da Asbestfasern chemisch sehr stabil sind, können sie nicht wie andere Staubteilchen oder sogar Glasstaub von der Körperflüssigkeit zersetzt werden. Deshalb kommt es bei langjähriger oder intensiver Asbeststaubbelastung (Asbest in der Straßenluft durch Bremsbelägeabrieb) zu einer Berufskrankheit der Asbestarbeiter, der Asbestose (Staublungenerkrankung, Asbestlunge), die zu Krebs führen kann. Sie entsteht durch das ständige, langjährige Einatmen kleinster Asbestfaserbruchstücke.
[Zur Erinnerung an meinen Kollegen und Freund Jeoffry Wilde, Chairman des ITMF – Komitees Dust and Trash, Bremen, der Opfer der Asbestose wurde.]

Aschegehalt, der nach der vollständigen Verbrennung von Garnen oder Textilproben verbleibende anorganische Rest (z. B. bei Viskosefasern 0,2–0,25 %, bei Synthesefasern nur geringe Reste, wesentliche Reste nur bei mattierten Fasern).

Assemblé-Garne, ältere Bezeichnung für einen zweifädigen Zwirn aus Schappeseide.

Assemblieren, Herstellen von Kettbäumen aus Teilkettbäumen.

ASTM-Standards, American Standards for Testing Materials, US-Normen (vergleichbar CEN- oder DIN-Normen der Materialprüfung). Die enthalten u. a. Literatur zu Strangfestigkeit, engl.-am. Garnfeinheitsbezeichnungen, HVI-Prüfung usw.

Astro-dyeing, → Injektionsfärbeverfahren.

Atembarer Staub (Feinststaub, Mikrostaub), feinste Staubteilchen, die beim Atmen direkt in die Lunge gelangen können, ohne von den Schleimhäuten oder Haaren der Nase aufgehalten zu werden. Meist sind die Teilchen so klein, dass sie bei geringer Konzentration in der Luft nicht sichtbar sind. Der (theoretische) Durchmesser der Mikrostaub-Teilchen ist kleiner als 15 µm (ITMF-Definition). Staubteilchen können bei allen textilen Materialien entstehen.

Atmung (Spulen), wechselnde Hubverlagerung oder Hubverkürzung während des Spulvorgangs an Kreuzspulmaschinen zur Verbesserung des Spulenaufbaus und zur Vermeidung von Bildstörungen.

ATY (Air Textured Yarn), → Lufttexturierung.

Aufdrehendes Zwirnen, übliches Zwirnen entgegen der Garndrehungsrichtung.

Aufheller (optische Aufheller, Weißtöner), farblose Farbstoffe in Chemiefasern oder in Waschmitteln, die ultraviolettes Licht teilweise in sichtbares Licht umwandeln und dadurch ein besonders helles Weiß ergeben (strahlendes Leuchten unter UV-Licht, Quarzlampen, Disko-Beleuchtung). Möglichkeit zur Unterscheidung von Garnen aus natürlichen Fasern (Baumwolle) und Chemiefasern (synthetischen Fasern) in der Spinnerei.

Auflagefadenführer, Kontaktfadenführer, überwiegend an Präzisionskreuzspulmaschinen, zur Herstellung von dichten Spulenpaketen (z. B. für Nähgarne).

Auflösen,
1. Vereinzeln von Faserbändern oder Wattevorlagen zu einzelnen Fasern, nur möglich über Auflösewalzen (z. B. OE-Rotorspinnen) oder Kardieren oder Krempeln.
2. Lösen von Faserstoffen in Lösungsmitteln (Faseranalyse).

Auflösewalze, Garniturwalze oder Nadelwalze, die zum Auflösen des Faserbands bei Rotorspinnmaschinen dient. Je nach Durchmesser Drehzahlen von etwa 3.000–9.000 U/min erforderlich. Unterschiedliche Garniturtypen (Sägezahntypen) für Baumwolle und Chemiefasern.

Aufmachung (Windungsarten), Folienbändchen, Bänder, Vorgarne, Garne und Zwirne müssen für die Weiterverarbeitung, den Transport oder die Lagerung auf Hülsen oder andere Trag- und Stützkörper aufgewickelt oder in diesen abgelegt werden (z. B. Kannenablage oder Wickel, Bumps oder Strang, Cops oder Kreuzspule u. a.). Auch Garnkörper unterschiedlichster Art, die der Weiterverarbeitung in der Textilindustrie dienen (Strang, Garncopse, Kreuzspulen, Sonnenspulen, Teilkettbäume usw.) haben eine spezielle Aufmachungsart (DIN ISO 5238, Textilmaschinen und Zubehör; Aufmachungen von Garnen und Zwischenprodukten).

Aufschieber (Faseraufschiebung), feste Anhäufung von Fasern, die aus dem Garnverband stammen und in einer Richtung zusammengeschoben worden sind (z. B. an Umlenkstellen beim Spulen). Sie sind einseitig eingebunden und begrenzt in eine Richtung verschiebbar.

Aufschlussverfahren, traditionelle und neue Röstverfahren dienen dem Aufschluss (Aufbereitung) von Stängelfasern wie z. B. Flachs und Hanf. Vom Aufschlussverfahren hängt die spätere Faser- und Garnqualität (Festigkeit, Feinheit, Länge, Glanz, Biegsamkeit) entscheidend ab. Nicht aufgeschlossenes Fasermaterial (z. B. Grünflachs, nur getrocknet, gelb), lässt sich für textile Zwecke (Garnherstellung) kaum verwenden. Zu stark aufgeschlossenes Fasermaterial (überröstet) ist stark geschädigt und ebenfalls für textile Zwecke unbrauchbar (Verrottung).
Zu den traditionellen Aufschlussverfahren zählen die heute am meisten verwendete Tauröste, die Kaltwasserröste und die

Warmwasserröste. Zu den neuen Aufschlussverfahren gehören der chemische Aufschluss, der Dampfaufschluss (Reutlinger Dampfdruckaufschluss DDA) und der Ultraschall-Aufschluss.

Literatur: A. Schenek, Naturfaser-Lexikon, Deutscher Fachverlag GmbH, Frankfurt a. M., 2000.

Aufspulung (Aufspulen), das Aufwickeln von Garnen beim Spinnen oder Spulen auf Spulenkörper zur Herstellung einer Spulenform (z. B. Kreuzspule).

Aufstecken der Spulen, nach dem Auslauf der Flyer- oder Nitschelspulen an der Ringspinnmaschine werden die leeren Spulen abgenommen und neue, volle Spulen auf die Haltedorne aufgesteckt. Dasselbe gilt für die Fach- und Zwirnmaschinen oder die Schär- und Zettelgatter.

Aufsteckspindel, drehbare, kugelgelagerte Spindel, auf welcher der Garnträger (Papphülse, Kunststoffhülse) durch Aufdrücken mit Hilfe der Reibung oder durch Spannelemente rutschfrei festgehalten werden kann. Der Garnträger muss nach der Befüllung wieder problemlos abziehbar (Doffen) sein.

Aufwärtszwirnen (Uptwisting), Zwirnverfahren, bei dem die Vorlage (Fachspule oder Vorzwirn) unten vorgelegt wird und der Zwirn (Auszwirn) nach dem Zwirnvorgang auf eine Kreuzspule in Kopfhöhe oder anderer geeigneter Abnahmehöhe auf der Oberseite der Maschine aufgespult wird (z. B. Stufenzwirnen, Doppeldrahtzwirnen).

Aufwinden, Aufwickeln des Garns während des Spinnens auf den Ringspinncops oder beim Spulen auf die Kreuzspule.

Aufziehgeschwindigkeit, Geschwindigkeit der Farbstoffaufnahme von Fasern und Garnen.

Außendrehung (→ Manteldrehung), Drehungserteilung im Garn, vom Garnmantel ausgehend. Beim Ringspinnverfahren erfolgt die Drehung von außen nach innen. Dies bedeutet, dass die Drehung der äußeren Fasern um die Garnachse größer ist als die der im Kern liegenden Fasern.

Äußere Garnbeschaffenheit, Eigenschaften der Garnoberfläche, wie Haarigkeit, Glanz, Volumen, Optik, Farbe, Garnreibung, Abriebverhalten, Ausrüstung, Anschmutzverhalten.

Ausgabefeinheit (Ausgabenummer, Lieferfeinheit), Feinheit der Bänder nach dem Dublier- und Streckprozess der Vorgarne nach dem Flyer, der Garne nach dem Spinnprozess oder der Zwirne nach dem Zwirnvorgang, unter Berücksichtigung der Verluste (Absaugung, Faserflug usw.).

Ausgabenummer, → Ausgabefeinheit.

Ausgeglichene Zwirndrehung, die Drehung wird so aufgebracht, dass sie sich auf die beteiligten Garne gleichmäßig verteilt, also ein gleichmäßiger Zwirn ohne Effekte entsteht.

Ausgleichseffekte (Fadenspannung), durch gezieltes, gesteuertes Abbremsen der Garne bei der Fadenzuführung können unterschiedliche Fadenspannungen, verursacht von unterschiedlichen Vorlagespulen (unterschiedliche Spannung während der Spulenbildung bzw. Bewicklung), ausgeglichen werden (auf höherem Spannungsniveau), um einen ausgeglichenen Zwirn zu erzeugen.

Ausgleichseffekte (Masseschwankungen), da Fehler (Dickstellen, Dünnstellen) in Bändern und Garnen meist statistisch zufällig verteilt vorkommen, wird beim

Dublieren von Bändern und Garnen die Gleichmäßigkeit des Endprodukts verbessert. Der CV-Wert [→ CV-Wert (CV m)] verbessert sich im Verhältnis des Ergebnisses der Division von 1 durch die Quadratwurzel aus der Anzahl der Dublierungen.

Auskämmen (Auskämmung), Entfernen von kurzen, für die Herstellung feiner Garne unbrauchbaren Fasern, von Schmutzanteilen (Trash, Kletten, Vegetabilien) und von Staub sowie Entfernen der Faserknoten (Nissen, Noppen) und anderer unerwünschter Begleitstoffe (Fremdkörper) aus textilen Fasermaterialien zur Erzielung einer besseren Verspinnbarkeit und zur Herstellung feinerer Garne.

Auspitzvorrichtung, Vorrichtung zum Entfernen der noch nicht geöffneten Faden- oder Stoffreste (Pitzen) bei der Verarbeitung von Reißstoffen (Recycling).

Ausputz (Strippings, Deckelstrips), beim Kardieren der Baumwolle bleiben Kurzfasern, Nissen, Trash und Schmutzteile der Baumwolle in den Deckelstäben der Karde hängen. Diese Anteile müssen laufend mit Putzwalzen entfernt werden (teilweise, bis zu einer bestimmten Garniturtiefe), um eine gleich bleibende Kardierwirkung (Faservereinzelung) zu ermöglichen. Teilweise können längere Fasern aus dem Ausputz zurückgewonnen werden.

Ausrüstung, Textilveredlungsverfahren an Garnen, Geweben oder Gestricken (z.B. Sengen, Glätten, Bürsten) zur Verbesserung der Eigenschaften (z.B. Beschichtung, wasserabweisende Ausrüstung, Flammfestausrüstung) und des Gebrauchswerts, der Farbe, der Warendichte, des Glanzes usw. durch Dekatieren, Bleichen, Färben, Imprägnieren usw.

Ausspinnbarkeit (→ Ausspinngrenze), Verarbeitbarkeit eines Fasermaterials. Grobe, steife, kurze Fasern sind generell schlechter ausspinnbar als feine, lange Fasern (Flexibilität, Biegesteifigkeit).

Ausspinnen,
1. Verspinnen des Fasermaterials
2. Herstellung eines bestimmten Garns
3. Verarbeitung einer bestimmten Partie

Ausspinngrenze (Spinngrenze), feinste Garnfeinheit (Garnnummer), die unter industriellen Bedingungen (brauchbare Fadenbruchzahlen) aus einem bestimmten Fasermaterial mit einem bestimmten Spinnverfahren (z.B. OE-Rotorspinnen) herstellbar ist. Kann zur Beurteilung eines Spinnverfahrens oder der Verspinnbarkeit eines textilen Fasermaterials verwendet werden. Wird die Ausspinngrenze unterschritten, verschlechtert sich das Laufverhalten in der Spinnerei deutlich, und die Garnwerte (z.B. Festigkeit, Gleichmäßigkeit) werden schlechter.

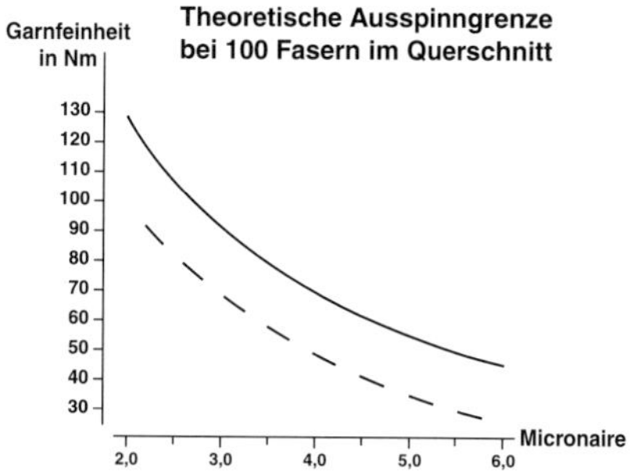

Abb.: Industriell mögliche Garnfeinheit in Abhängigkeit von einer vorgegebenen Faseranzahl im Garnquerschnitt (100 Fasern, Beispiel OE-Rotorspinnen)

Quelle: Dr. P. Artzt und Mitarbeiter, ITR Reutlingen / ITV Denkendorf

Austrocknen der Garne, Problem von längeren Lagerzeiten, die Garne trocknen aus, die Avivage (oder Schmälze) verliert ihre Funktion, die Reibwerte der Garne verschlechtern sich, das Spulengewicht wird geringer, und die Verarbeitungseigenschaften werden schlechter (bei Baumwollgarnen nimmt die Festigkeit ab, die Verflugung und der Abrieb nehmen zu), die Haarigkeit und Biegesteifigkeit der Garne verändern sich.

Auszeichnungspflicht, gesetzliche Festlegung der Angabe der verwendeten textilen Rohstoffe in allen Textilien, festgelegt im Textilkennzeichnungsgesetz.

Auszwirn, endgültiger Zwirn nach der letzten Zwirnstufe.

Auszwirnen, Herstellung des endgültigen Zwirns.

Autoconer®, Markenname der Fa. Saurer-Schlafhorst, Mönchengladbach, für die weltweit bekannte, automatisierte Kreuzspulmaschine, die in großer Anzahl gebaut wurde und in praktisch jeder Ringspinnerei in ähnlicher Form oder mit ähnlichen Fabrikaten zu finden ist. Der Autoconer ist das oft mit der Spinnmaschine verkettete Bindeglied zwischen der Spinnerei und der Weberei für den automatischen Copstransport zur Spulmaschine.

Autocoro®, Markenname der Fa. Saurer-Schlafhorst, Mönchengladbach, für verschiedene Generationen der vollautomatisierten OE-Rotor-Spinnmaschine (Spinnspulmaschine), die versandfertige Kreuzspulen, zylindrisch oder konisch, abliefert und mit automatischer Spulenabnahme und Palettierung sowie Etikettierung versehen werden kann.

Autoklav, druckfester Stahlbehälter, in dem chemische Reaktionen (Färbevorgänge, Spulenfärbung) oder Dämpfvorgänge unter höherem Druck und höherer Temperatur oder auch im Unterdruckbereich durchgeführt werden können.

Automatenhülsen, ursprünglich Spulenhülsen (Copshülsen) zur direkten Verwendung in Webautomaten (Schützenwebmaschinen); heute nicht mehr in Gebrauch, da für die modernen Webmaschinen Kreuzspulen (Spulmaschine, OE-Rotorspinnmaschine oder Luftspinnmaschine) hergestellt werden.

Automatisierung der Spinnerei (Sekundärspinnerei, Stapelfaserspinnerei), die Automatisierung in der Spinnerei ist sehr weit fortgeschritten, dabei hat die OE-Rotorspinnerei den höchsten Automatisierungsgrad erreicht. Die Automatisierung hat drei wesentliche Zielrichtungen:
- Automatisierung der Maschinenbedienung und Fadenbruchbehebung
- Automatisierung des Materialtransports
- Automatisierung der Qualitätskontrolle und der Produktionsbedingungen

1. Automatisierung der OE-Rotorspinnerei:
In der OE-Rotorspinnerei (Kurzstapel, Baumwolle und Chemiefasern) sind heute bereits alle drei Automatisierungsschritte realisiert, entsprechende baumwollverarbeitende Betriebe arbeiten seit einigen Jahren erfolgreich (z. B. Filatures Saulxures, Lothringen, Frankreich, mit Rieter-Anlage). Dementsprechend kann man von einer kompletten Vollautomatisierung sprechen, da rund um die Uhr im Dreischichtbetrieb gearbeitet wird.
Das Personal hat nur noch Überwachungsfunktionen. Allerdings werden die Baumwollballen noch mit Hilfe von Gabelstaplern den Ballenöffnungsanlagen vorgelegt. Für diese Rohstoffvorlage und Ballenmischung wäre die Automatisierung zu teuer, hier genügt pro Schicht eine Person.
Ballenabarbeitung, Mischung, Reinigung, Fasertransport zur Karde, Bandtransport zur Streckpassage und zur Rotorspinn-

maschine erfolgen automatisch. In der Spinnereivorbereitung wird das Fasermaterial in Rohrleitungen im Luftstrom transportiert. Der Bandtransport (in Kannen) erfolgt mit computergesteuerten Flurförderfahrzeugen. An der Rotorspinnmaschine wird das auslaufende Band automatisch mit dem neuen Band der nächsten Kanne verbunden. Bei Fadenbruch wird der Spinnrotor automatisch gereinigt und das Garn wieder angesponnen und mit der Kreuzspule verbunden. Während des Spinnens wird paraffiniert und am Garnauslauf die Garngleichmäßigkeit, auch schon Haarigkeit und seltene Fehler sowie Fremdfasern, gemessen (z. B. Messsystem der Fa. Loepfe, Schweiz). Falls der Garnfehler zu groß wird, kann der Spinnvorgang unterbrochen werden. Fadenbrüche werden gezählt und Wirtschaftlichkeitszahlen ermittelt. Die vollen Kreuzspulen, die bis zu 5 kg wiegen können, werden nach dem Erreichen der vorbestimmten Garnlänge automatisch gewechselt, abtransportiert und am Maschinenende durch Roboter auf Paletten gelegt. Die vollen Paletten werden mit Folien verpackt, nach Bedarf vorher befeuchtet (konditioniert), gewogen und etikettiert (mit den Produktionsdaten, Qualitätsdaten, Mengenangaben und Identifikationsangaben versehen und mit Bar-Codes bezeichnet) und in das Garnlager (Hochregallager, automatisiert) oder direkt auf Lkw zum Transport in den Verarbeitungsbetrieb verladen.

2. Automatisierung der Luftspinnerei (Murata-Air-Jet-Spinnen):
Beim Luftspinnen ist eine ähnliche Automatisierung wie beim OE-Rotorspinnen möglich, da ebenfalls mit Bandvorlage und Ablieferung der Kreuzspule an der Spinnmaschine gearbeitet wird.

3. Automatisierung der Ringspinnerei:
In der Ringspinnerei ist der Automatisierungsanteil bisher am geringsten, obwohl technisch möglich (Anspinnautomat der Fa. Rieter AG). Es gab bereits hochautomatisierte Betriebe (z. B. in Japan sowie in Europa), die aus Kostengründen und wegen mangelnder Flexibilität wieder aufgegeben wurden.

Der Materialtransport ist hingegen weitgehend automatisiert. Die Automatisierung der Maschinenbedienung, Fadenbruchbehebung und der Qualitätskontrolle, vor allem an der Ringspinnmaschine und am Flyer, ist derzeit noch zu teuer und zu aufwändig, auch weil in vielen Produktionsländern (in Asien, insbesondere in China) die Lohnkosten sehr niedrig sind.

Die Spinnereivorbereitung ist meist schon automatisiert, ebenfalls Kannen und Spulentransport. So ist die Verbindung der Ringspinnmaschine mit automatischer Copsabnahme (Doffer) und automatischem Neuanspinnen sowie dem Transport zur Spulmaschine oft schon realisiert. Die Flyerspulenabnahme und der Weitertransport zur Ringspinnmaschine oder der automatische Wickeltransport und Vorlage an der Kämmmaschine sind teilweise automatisiert. Weiterentwicklungen betreffen die Verbindung Karde/Strecke, den Kreuzspulentransport und die Verpackung (wie beim Rotorspinnen).

4. Automatisierung der Primärspinnerei:
Die Herstellung von Chemiefasern, Kabeln und Filamentgarnen erfolgt weitgehend automatisiert, vor allem bei Polyester, Polypropylen und Polyamid. Eine Automatisierbarkeit ist gegeben, wird aber oft aus Kosten- oder Qualitätsgründen nicht voll ausgeschöpft. Spulenwechselvorgänge werden auch bei hohen Spulgeschwindigkeiten noch teilweise von Bedienungspersonen mit Hilfsmitteln (Absaugung, Spulentransport) durchgeführt. Wegen der großen Garnspulengewichte (teilweise bis 50 kg) ist der Spulentransport ohne Hilfsmittel nicht mehr möglich. Auch die Verbindung verschiedener Maschinenstufen, z. B. bis zur Texturierung, Prüfung und Verpackung der Spulen ist automatisierbar. Da die Laufzeit der Spulen relativ lang ist

und der Produktionsprozess selbst automatisiert und überwacht ist und die Produktion größtenteils in Asien erfolgt, besteht derzeit weniger Bedarf an weiterer Automatisierung.

Automatisierung der Texturierung, die Texturierung bietet ebenfalls einige Möglichkeiten zur Automatisierung; hier sind aber eher die Qualitätskontrolle der wichtigsten Garn- und Texturierparameter während der Produktion und des Materialtransports gefragt. Die Texturierung selbst (z. B. Falschdralltexturierung) hängt von vielen Parametern ab, weshalb die Erfahrung des Bedienungspersonals noch sehr wichtig ist.

Automatisierung der Zwirnerei, in der Zwirnerei werden meist Spezialitäten kleinerer Partien bei längeren Spulenlaufzeiten hergestellt; deshalb ist auch in der Zwirnerei der Automatisierungsgrad noch relativ niedrig. Realisiert sind oft die Maschinenüberwachung, die Qualitätsüberwachung und Kontrolle sowie einzelne Transportvorgänge, Verpackung und Kennzeichnung.

Automotive-Garn (Fahrzeuggarn), Garn, das den hohen Anforderungen der Automobil- und Fahrzeuginnenausstattung entspricht. Folgende Anforderungen sind zu erfüllen:
- hohe Verschleißfestigkeit (Pkw, Bus, Bahn)
- höchste Reibechtheiten
- höchste Lichtechtheiten
- hoher physiologischer Sitzkomfort
- höchste Farbgenauigkeit und Reproduzierbarkeit auch über große Mengen
- höchste Scheuerbeständigkeit
- höchste Pillingresistenz
- kein Fading

Avivage (Avivierung), Aufbringen von Textilhilfsmitteln, bestehend aus Ölen, Fetten oder anderen Stoffen (z. B. Fettsäurepolyglykolester, Alkylphosphate, Glykolethergemische usw.), was im Wesentlichen durch Eintauchen der Filamente oder Garne oder oberflächliche Berührung der Filamente oder Garne mit der Avivage (Avivierwalzen), meist während der Herstellung, oft direkt beim Primärspinnen, erfolgt (Präparationen). Auch nach dem Färben ist eine Avivierung der Filamente oder Fasern erforderlich, um den Fasern die nötige Glätte und Weichheit zu geben. Die Stückavivage wird auf textile Waren zur Verbesserung des Griffs aufgebracht. Nach Wegener und Topf bestehen Avivagen aus „wasserlöslichen, meist organischen Verbindungen vorwiegend synthetischen Ursprungs. Fettsäurekondensationsprodukte und Ethylenoxid-Addukte haben sich hier besonders bewährt.“
Die Avivivagemenge liegt meist in der Größenordnung 0,1–0,2 Gewichtsprozent des Faserstoffs, kann aber auch in speziellen Anwendungen bis 0,5 % und mehr betragen. Nach dem Färbebad (Nachavivage im Färbeapparat) sind die Auftragsmengen deutlich höher (1,3 %).
Bei Stapelfasern (Chemiefasern) erfolgt die Avivierung vor dem Schneiden oder Reißen der Kabel. Die Produkte selbst können dieselben wie beim → Schmälzen sein. Ausnahmsweise werden auch Kammzüge (Chemiefasern) in der Lisseuse bzw. im Färbebad aviviert. Oft werden die Avivagen der Primärspinnerei als → Präparationen bezeichnet.
Avivagen dienen der Verbesserung des Haft-/Gleitverhaltens, der Herabsetzung der statischen Reibung, der Erhöhung der dynamischen Reibung, dem thermischen Schutz sowie der Verbesserung des Faser-Metall-Reibverhaltens (Ring/Läufer) oder des Faser-Keramik-Reibverhaltens (Garnführungsösen, Abzugstrichter).
Typische Avivagen sind (*Literatur:* Dr. Th. Böhme KG, Geretsried; Hansa Textil Chemie, Oyten/CHT Tübingen):

- Fettsäurepolyglykolester, nichtionogen
- Glykolethergemisch, nichtionogen
- Fettsäurekondensatprodukte, amphoter
- Kieselsäuredispersion
- Dialkylpolyglykolether, nichtionogen
- Oxalkyliertes Fettsäurederivat, nichtionogen
- Phosphorsäureester, anionaktiv
- Mineralöl, anionaktiv
- Wachsdispersion, nichtionogen
- Quartäres Amin, kationenaktiv

Die Wirksamkeit der Avivagen kann beurteilt werden nach:

a) elektrostatischer Aufladung der Fasern
b) elektrischem Widerstand der Fasern
c) Verzugskraft bei der Verstreckung eines Faserverbands
d) elektrische Leitfähigkeit der wässrigen Extrakte der Fasern

Avivierte Seide, Behandlung der Seide mit verdünnter Säure. Ergibt verstärkten „Seidenschrei" (Knirschen des Stoffs beim Zusammendrücken).

Avivierung, Auftrag von Hilfsmitteln (→ Avivage).

Axi-Flo (Horizontalöffner), Reinigungsmaschine der Baumwoll-Spinnereivorbereitung. Geöffnete Baumwollflocken werden in spiralförmiger Bewegung an rotierenden Stiftwalzen vorbeitransportiert. Die Stifte treffen die Baumwollflocken im Flug, führen zur Flockenöffnung und Freisetzung von Schmutzteilchen (Trash, Pflanzenteile), die der Schwerkraft folgend durch Roststäbe ausgeschieden werden. Geeignet zur faserschonenden Reinigung (da die Flocken ausweichen können) stärker verschmutzter Baumwolle.

Azurgarn, ältere Bezeichnung für Streichgarne aus Reißwolle mit höherer Drehung.

B

Babyzwirn, Zwirn aus weichen Streichgarnen.

Balancierter Zwirn (ausgeglichener Zwirn, drehungsgleicher Zwirn), Zwirn, bei dem Vorzwirn und Auszwirn dieselbe Drehungszahl, aber unterschiedliche Drehungsrichtung aufweisen (z. B. Vorzwirn S-Drehung und Auszwirn Z-Drehung). Bei ungedrehten Filamentgarnen sind für die Vorzwirnstufe und die Auszwirnstufe je mindestens drei Vorlagespulen erforderlich. Balancierte Zwirne sind spannungsfrei, können höchste Zugkräfte gut aufnehmen und sind besonders für technische Einsatzzwecke geeignet (z. B. für Reifencord).
Herstellung im Doppeldrahtzwirn- oder im Kablierverfahren, wobei oft hintereinander geschaltete Spindelreihen, auch in Etagen, auf einer Spulmaschine verwendet werden. Die langen Laufzeiten bei Filamentgarnen lassen ein wirtschaftliches Arbeiten zu. Die Vorlage bikonischer Spulen mit kleinen Durchmessern spart Energiekosten. Ein Thermofixierheizer an der Zwirnmaschine kann das Dämpfen ersparen.

Bale-Management, → EFS.

Ballenbrecher, Maschinen zur Ballenöffnung, besitzen mit groben, dicken Stiften oder Nadeln versehene Öffnungswalzen.

Ballengrößen (Ballendimensionen), für Ballen gibt es eine internationale Normung (DIN ISO 8115), aber sowohl wegen der verschiedenen Ballenpressen unterschiedlicher Konstruktion und unterschiedlichen Alters als auch aus Tradition

Produktionsland	Abmessungen (cm)	Volumen (m^3)	Bruttogewicht (kg)	Tara (kg)
Ägypten	135 × 60 × 60	0,729	320–340	3,4–4,0
Argentinien	105 × 105 × 65	0,717	205–230	1,8–2,4
Brasilien	105 × 85 × 60	0,536		
	120 × 60 × 45	0,324	180–200	2,0–3,6
	104 × 76 × 48	0,379		
China	84 × 72 × 52	0,314	190–210	3,9–4,2
	102 × 60 × 40	0,245		
Mexiko	130 × 95 × 54	0,667	220–230	2,0
	140 × 95 × 53	0,705		
Peru	110 × 70 × 54	0,416	180–275	1,6–1,2
	110 × 100 × 55	0,605		
	140 × 65 × 54	0,491		
	145 × 70 × 60	0,609		
Türkei	92 × 107 × 60	0,591	190–250	4,0–5,0
(roller-ginned)	98 × 115 × 65	0,733		
(saw-ginned)	98 × 115 × 65	0,733	200–235	4,0–5,0
	105 × 100 × 54	0,567		
	140 × 100 × 54	0,567		
USA	140 × 78 × 54	0,590	225–235	2,3–9,5
	140 × 115 × 53	0,853		
	145 × 85 × 57	0,703		
	145 × 65 × 68	0,641		
US-California	130 × 95 × 55	0,679	220–230	2,3–3,6
	136 × 74 × 53	0,533		
	138 × 82 × 53	0,600		
	140 × 64 × 53	0,475		
	140 × 90 × 54	0,680		
Zentralasien	95 × 80 × 60	0,456	205–215	2,8–3,5

Tab.: Baumwollballenabmessungen und -gewichte
Quelle: H. Drews, Fa. Trutzschler, Mönchengladbach

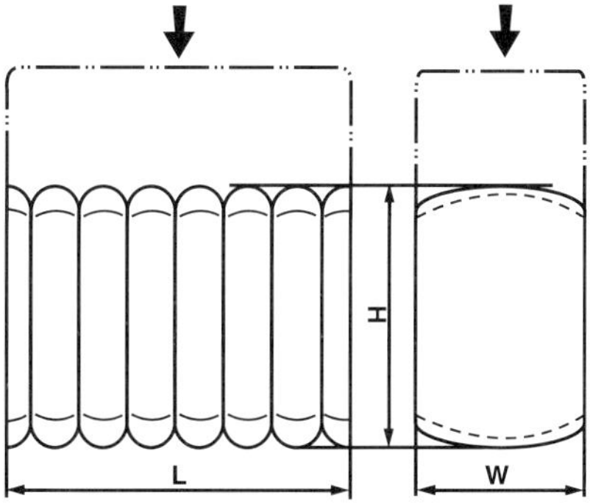

L 0–250	W max.	H max.
1.140	720	720 820 960 1.140

Abb.: ISO-Norm-Ballenmasse
Quelle: DIN ISO 8115, Beuth-Verlag, Berlin

hat fast jedes Baumwollproduktionsland seine eigenen Ballengrößen. Durch unterschiedliche Presskräfte der Ballenpressen entstehen bei Naturfaserballen unterschiedliche Ballendichten (z. B. ägyptische Exportbaumwollballen mit hoher Dichte). Das Gewicht der Baumwollballen variiert zwischen etwa 35 und 350 kg, das mittlere (statistische) Baumwollballengewicht beträgt 217,8 kg. Das Wollballengewicht liegt etwa zwischen 150 und 450 kg.

Literatur: A. Schenek, Naturfaser-Lexikon, Deutscher Fachverlag GmbH, Frankfurt a. M., 2000.

Ballenmischung, Rohstoffmischung der Spinnerei mit Hilfe der Ballenvorlage. Zusammenstellung der Baumwollballen aus verschiedenen Baumwollprovenienzen (z. B. 5–6 Provenienzen) in geeigneter Weise, damit eine möglichst gute Durchmischung für die gewünschte Garnqualität entsteht. Eine größere Zahl von Baumwollballen in der Vorlage (ab 40) verbessert die Mischungsqualität in der Spinnerei erheblich. Im Idealfall sollten bei 40 Fasern im Garnquerschnitt alle Fasern aus einem von 40 verschiedenen Baumwoll-Ballen stammen.

Mit zunehmender Internationalisierung des Chemiefasermarkts und größerer Qualitätsunterschiede bei denselben Chemiefasern (z. B. Polyester) werden zunehmend auch Chemiefaserballen gemischt, bei einheitlichen Partien wird oft noch nach Eingang (Prinzip: first in, first out) verarbeitet, um Reklamationen wie Streifigkeit bei späterer Färbung zu vermeiden.

Ballenöffnung, Abarbeiten der Ballen mit Hilfe von Öffnungsmaschinen. Die dabei entstehenden Faserflocken werden Reinigungs- und Mischmaschinen der Spinnereivorbereitung zugeführt. Die Flockengröße, die den Öffnungsgrad der Baumwolle bestimmt, wird heute bereits bei der Ballenöffnung möglichst klein gewählt, um die spätere Reinigung, Auflösung und Mischung zu erleichtern.

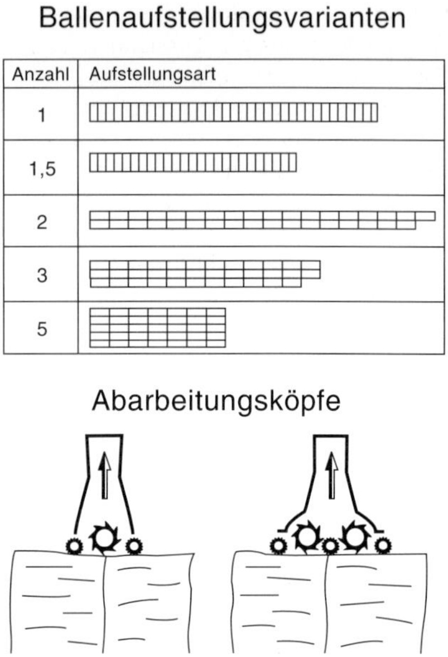

Abb.: Möglichkeiten der Ballenvorlage und des Ballenabtrags

Quelle: Veröffentlichung der Maschinenfabrik Trützschler GmbH; Mönchengladbach

Ballenverpackung, neben traditionellen Juteverpackungen werden meist Polypropylengewebe, teilweise beschichtet, und Baumwollgewebe oder -gestricke verwendet. Die aus Kostengründen verwendeten Polypropylenverpackungen sind oft Ursache für Fremdfasern im Baumwollgarn, da bei Beschädigung des Ballens fibrillierte PP-Fasern in die Baumwolle gelangen und durch unterschiedliches Färbeverhalten zu Reklamationen führen können. Im Wollhandel werden inzwischen auch weltweit Polypropylenverpackungen verwendet, mit ähnlichen Problemen wie bei der Baumwolle.

Balligwerden von Spulen, fehlerhafte Ausbuchtung von Garnspulen in der Mitte

(Tönnchenform) durch zu hohe Fadenspannung (Spulfehler).

Ballon (Fadenballon), ein durch das Ring-Läufer-System in Drehung versetzter Faden bildet durch die auf das freie Fadenstück wirkende Zentrifugalkraft (Fliehkraft) einen Rotationsraum, den man Fadenballon nennt. Er kann mit Hilfe einer Stroboskoplampe sichtbar gemacht werden. Wie bei einer schwingenden Saite können auch mehre Maxima (Ballons) entstehen.
Auch beim Abzug eines Garns von einem Cops an der Spulmaschine entsteht bei hoher Geschwindigkeit ein rotierender Fadenballon, der für einen störungsfreien Garnablauf erforderlich ist. Die auf den Faden im Ballon wirkenden Kräfte werden durch die rotierende Garnmasse, den Rotationsradius des Schwerpunkts, die Winkelgeschwindigkeit und durch den Luftwiderstand beeinflusst. Damit bestimmt der Ballon die Fadenzugkraft, die auf die Spinnzone (Spinndreieck) und die Aufwicklung im Cops wirkt. Zu hohe Ballonkräfte bei hoher Drehzahl oder großen Ringdurchmessern und schweren Läufern oder durch grobe Garne und Zwirne führen zum Fadenbruch oder beim Spulen zu Garnlagenabrissen mit anschließendem

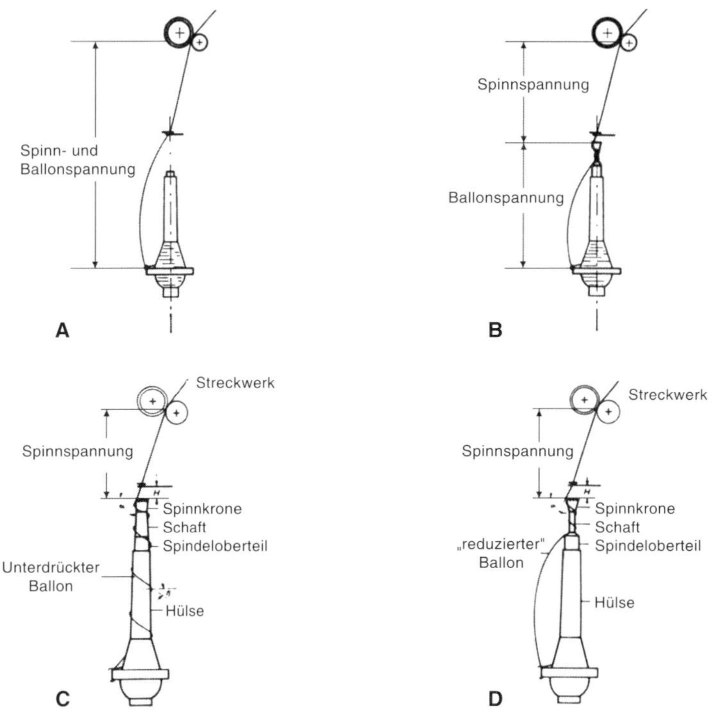

Abb.: Unterschiedliche Fadenballonformen beim Ringspinnverfahren
A – normaler Fadenballon ohne Einengung (höchste Fadenspannung beim Spinnen), B – durch Spinnkrone verkleinerter Fadenballon, C – durch Spindelumwindung völlig unterdrückter Fadenballon (niedrigste Fadenspannung), D – reduzierter Fadenballon durch Teilumwindung der Spindel
Quelle: Vorlesungsunterlagen Hochschule Reutlingen

Bruch. Eine Begrenzung der Ballonkräfte erfolgt durch den → Balloneinengungsring oder ähnliche Maßnahmen.

Ballonbegrenzung, die Ballonbegrenzung erfolgt durch Separatoren (Trennbleche) zwischen den Spinnstellen, durch → Balloneinengungsringe, die den Ballon einschnüren, oder durch trichterförmige, konisch zulaufende Hülsen (z. B. beim Spulen). Eine weitere Möglichkeit der Ballonbegrenzung, die im Langstapelbereich der Halbkammgarnspinnerei und beim Zwirnen eingesetzt wird, ist die Unterdrückung oder Vermeidung des Ballons durch Umwinden des Garns auf der Spindel (reduzierter Ballon oder unterdrückter Ballon, ballonloses Spinnen).

Balloneinengungsring (BE-Ring), im Ballonbereich etwa mittig angebrachte, einseitig offene Metallringe, die während des Spinnens den → Ballon zwangsweise einschnüren, gezielt zwei kleinere Fadenballone bilden und damit die Fadenzugkraft reduzieren. Ein Nachteil ist die Reibung des Garns während des Spinnens am Ring, der mit zunehmendem Copsaufbau von unten nach oben mitbewegt wird. BE-Ringe, oft doppelt, sind heute Standard in der Ringspinnerei oder Zwirnerei. Durch den Einsatz von BE-Ringen sind höhere Spindeldrehzahlen möglich, es können leichtere Läufer eingesetzt werden, und die Zahl der Fadenbrüche sinkt. Sie können aber zu einem Aufrauen des Garns, zu Faser- und Staubabrieb und bei synthetischen Chemiefasergarnen zu Schmelzstellenbildung beitragen. Beim Ringspinnen sind auch zwei BE-Ringe möglich.

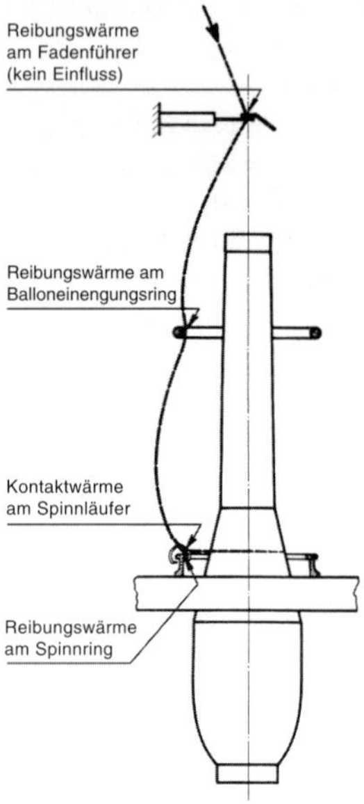

Abb.: Balloneinengungsring zur Reduzierung der Fadenspannung und Verringerung der Reibungswärme beim Ringspinnen
Quelle: Prof. Dr. G. Egbers und Mitarbeiter, ITR Reutlingen

Ballonformen, je nach Spannungsverhältnissen und Belastung des Garns oder Zwirns hat der Querschnitt des Fadenballons die typischen, nahezu symmetrischen Schwingungsformen einer schwingenden Saite mit Einfachballon, Zweifachballon, Dreifachballon usw., allerdings mit Verformungen zum Fadenführer hin. Der Einfachballon ergibt die höchste Fadenspannung. Kann der Ballon zu einem Zweifachballon verändert werden (z. B. durch einen BE-Ring), sinkt die Fadenspannung sprunghaft ab.

Ballonkurve, Verlauf der äußeren Begrenzungslinie (Hüllkurve) des rotierenden Fadenballons der Spinn-, Spul- oder Zwirnspindel als Projektion auf die Ebene. Die Ballonkurve ist bei der Rotation des Fadens nicht symmetrisch, da der Faden am Fadenführer Reibung überwinden muss und die umgebende Luft dem rotierenden Garn zusätzlich einen gewissen Widerstand entgegensetzt. Die Ballonkurve zeigt den Fadenspannungsverlauf

durch die Anzahl der Ballonbildungen (je höher die Zahl der Ballonmaxima, desto geringer ist die Fadenspannung).
Folgende Faktoren beeinflussen die Ballonkurve am stärksten:

- Fadenspannung
- Garnmasse (die sich frei drehen kann)
- Liefergeschwindigkeit des Garns
- Winkelgeschwindigkeit des rotierenden Fadens im Ballon
- Luftwiderstand (Dichte der Luft, Temperatur)
- Garndurchmesser
- Gravitationskraft
- Coriolis-Kraft

Ballonunterdrückung, ein großer, frei rotierender Fadenballon mit nur einem Maximum der Auslenkung, wie er beim Ringspinnen ohne Balloneinengung oder beim Ringzwirnen ohne Einengung auftritt, führt zur maximalen Fadenspannung im Garn oder Zwirn und damit sehr schnell zu Fadenbrüchen, die man wegen der damit verbundenen Kosten möglichst vermeiden möchte. In der Spinnerei oder Zwirnerei wird der Fadenballon durch einen oder zwei Balloneinengungsringe eingeengt, und die Zahl der Ballonmaxima wird auf zwei oder drei erhöht. Damit kann die Fadenspannung deutlich herabgesetzt werden. Für dicke Garne und Zwirne reicht dies jedoch nicht aus. In der Halbkammgarnspinnerei und in der Zwirnerei werden zusätzlich Spinnkronen und Spinnfinger eingesetzt, die nicht nur die Drehungsfortpflanzung in das Spinndreieck erleichtern und unterstützen, sondern auch noch die Möglichkeit der Unterdrückung und sogar Verhinderung der Ausbildung eines Fadenballons ergeben. Der Faden wird, ausgehend vom Ringläufer, einmal oder mehrmals um die Metallspindel herumgewunden, wodurch der Fadenballon reduziert oder verhindert wird. Ein Nachteil ist die stärkere Reibung des Garns an der Spindel, die zu Energieverlusten und Garnschädigungen führen kann. Bei sehr groben Garnen (Teppichgarne, Dekogarne) ist dies jedoch meist kein Problem. Deshalb muss die Unterdrückung des Fadenballons und die Art ihrer Erzielung von der gewünschten Garnqualität und vom Einsatzzweck des Garns abhängig gemacht werden. Eine weitere Möglichkeit ist die Vermeidung der Ballonentstehung durch teilweise Umwindung des Garns um den oberen Bereich der Spindel während des Zwirnens oder Spinnens (z. B. bei der Halbkammgarnspinnmaschine).

Band, strangförmiges, dickeres Fasergebilde, das zunächst von der Karde oder Krempel hergestellt und weiterverarbeitet wird. Die Bezeichnung erfolgt nach der jeweiligen Maschine, mit der das Band hergestellt wurde: Kardenband, Krempelband, Streckenband, Kammzug.

Bandabnahme, die Bandabnahme und -bildung erfolgt durch rotierende Abnahmewalzen an der Karde, die das Vlies abnehmen, sowie durch Transportbänder, die das Vlies im Querbandabzug von den Abnahmewalzen zusammenführen und durch Bandtrichter im Coiler in einer rotierenden Bewegung in die Kanne ablegen.

Bandansetzer, Verbindungsstelle zwischen Bändern, die automatisch durch Reiben oder Spleißen oder von Hand durch eine Nitschelbewegung der zusammengeführten Bandenden entsteht.

Bandbildung, → Bandabnahme.

Bändchen, (→ Folienbändchen), dünne Streifen einer Folie, die durch Schneiden oder Reißen (Fibrillieren) aus Folien hergestellt und anstelle von Fasern in der Textilindustrie verarbeitet werden.

Bändchengarn, Garn, das aus einem oder mehreren → Folienbändchen besteht (Folienstreifen, fibrillierte Folien, Splitfolien). Es werden folgende Typen unterschieden (nach DIN 60900):
a) Glattes Folienstreifengarn
b) Splitfolienstreifengarn
c) Fibrilliertes Foliengarn
d) Düsenbändchengarn
Einsatz z. B. als PP-Verpackungsgarne, Erntebindegarne, Teppichgrundgewebegarne, künstlicher Rasen usw.

Banddublierung, Doppelung; Zusammenführung von vier oder mehr Bändern zur Mischung der Fasern und zum Ausgleich von Masseungleichmäßigkeiten. Bei Bändern der Dreizylinderspinnerei folgt der Dublierung meist ein entsprechender Verzug.

Banden (Bandigkeit), Gewebefehler, Streifen in Längs- oder Querrichtung, die vom Schusseintrag oder vom Garn verursacht sein können.

Bandfehler, Dünnstellen, Dickstellen, Batzen, Doppelungen, Bandausfall oder Bandbrüche.

Bandfehlverzug, da die Haftkräfte im Band begrenzt sind (Faser-Faser-Reibung und -Haftung), kann beim Transport der Bänder, beim Abzug aus der Kanne oder an Umlenkstellen durch Auseinanderziehen eine Dünnstelle mit nachfolgender Dickstelle entstehen. Diese Fehlverzüge führen zu Fehlern im Garn (Dünnstellen, Dickstellen). Mit zunehmender Verstreckung und feineren Bändern (unter 4 ktex) nehmen die Bandhaftung ab und die Gefahr der Fehlverzüge zu. Aber auch mechanisches Hängenbleiben am Kannenrand oder ruckartiger Transport des Bands (langsame Zuführung) und Haft-Gleit-Wechsel bei Chemiefasern können zu Bandfehlverzügen führen.

Bandfeinheit, zur Bandfeinheitsbestimmung wird das Gewicht eines abgeschnittenen Bandstücks in Gramm gewogen und auf einen Meter Länge umgerechnet, Einheit = Gramm pro Meter (g/m) (der Zahl in Gramm pro Meter entspricht die Zahl in Kilotex).
Für eine genaue Messung werden selbstverständlich längere Stücke (z. B. 10 m) mehrfach abgeschnitten und abgewogen; dann wird der Mittelwert bestimmt und angegeben. Die exakte Methode ist in den DIN EN-Normen festgelegt.
Die Bandfeinheiten werden in g/m oder ktex angegeben und bewegen sich in folgenden Bereichen:
Dreizylinderspinnerei: 3,5–6 g/m (ktex)
Kammgarnspinnerei: 7–35 g/m (ktex)

Bandgewicht, → Bandfeinheit.

Bandgleichmäßigkeit (Bandungleichmäßigkeit), Masseschwankungen, speziell als Abweichungen vom Mittelwert der Masse des Bands, werden kapazitiv gemessen (Uster-Tester) und als Variationskoeffizient der Masse (CV m) angegeben. Die CV-m-Werte bewegen sich zwischen 2 und 6 % (Uster Statistics: www.uster-technologies.com). Bandmasseschwankungen werden an den Strecken oft mechanisch durch Abtastung gemessen und für die Regelung des Streckwerks verwendet. Messungen mit anderen physikalischen Prinzipien sind möglich (mit Ultraschall, mit Luft, optisch), aber bisher nicht robust genug für den Alltagsbetrieb in der Spinnerei.

Bandhaftkraft (Bandfestigkeit), maximale Festigkeit des Bands bis zum Auseinandergleiten. Die Bandhaftkraft liefert Informationen über die Reibungsverhältnisse zwischen den Fasern und damit indirekt über die Wirkung der Schmälzen und Avivagen und über die Faserlage/Faserorientierung (Häkchentheorie) im Band.

Bandhaftlänge, messtechnische und rechnerische Ermittlung der Bandlänge, bei der das Band unter seinem Eigengewicht auseinander gleitet. Heute meist ersetzt durch die → Bandhaftkraft, die direkt mit Zugprüfgräten gemessen werden kann.

Bandherstellung, Faserbänder (Kardenbänder, Krempelbänder) sind die ersten linienförmigen Produkte der Spinnerei, die mit Hilfe der → Karde oder → Krempel hergestellt werden. Dazu ist es notwendig, die vorgelegte Flockenmischung durch das Kardieren/Krempeln zu Einzelfasern aufzulösen, ein Vlies (Faserflor) herzustellen und das Vlies zu einem Band zusammenzufassen. Die Vliesabnahme erfolgt über Vliesabnahmewalzen (oder Hacker an älteren Krempeln), die Zusammenführung zum Band über querlaufende Bänder oder einfaches Zusammenführen des Vlieses über einen Abnahmetrichter.

Bandkomprimierung, für einen guten Zusammenhalt des Bands, der nur durch Reibschluss zwischen den Fasern des Bandes (20.000–50.000 Fasern im Bandquerschnitt) und leichtes Verhaken (Häkchentheorie) ermöglicht wird, kann ein Zusammendrücken des Bands durch Rollerwalzen günstig sein. Für die Haftung in Flachs- oder Hanfbändern ist diese Komprimierung absolut notwendig, auch um die Bänder geordnet ablegen zu können. Flachsbänder sind deshalb eher flach als rund.

Bandkontrolle, die Bandüberwachung am Einlauf der Strecke ist notwendig, um bei Auslauf oder Abbruch eines Bands die Strecke sofort abstellen zu können. Würde die Strecke weiterlaufen, entstünde eine Dünnstelle im Band und später im Garn, würde also Fehler produzieren. Läuft ein Band aus, fällt eine Metall-Druckwalze, die vom Band mitgedreht wurde, auf die untere Metallwalze und löst einen elektrischen Kontakt aus, der wiederum das Signal für den Stopp der Maschine (oder eine Fehleranzeige, Blinklicht, Rotlicht) auslöst.

Bandmischung, die Mischung der Bänder ist eine wesentliche Aufgabe der Strecken der Spinnerei (Dreizylinder- und Nadelstabstrecken).
Sie dient

a) der internen Mischung des Fasermaterials (Querdurchmischung und Längsdurchmischung von z. B. Baumwolle)
b) der Mischung verschiedener Fasermaterialien (z. B. Chemiefasern/Baumwolle)
c) der Farbmischung (Melangierung) zur Erzeugung von Effekten oder homogenen Farbmischungen in Garnen
d) der Mischung von Bändern mit unterschiedlichen Faserfeinheiten (Effektgarnerzeugung)

Bandnummer, → Bandfeinheit.

Bandprüfung, erfolgt in ähnlicher Weise wie die Garnprüfung, teilweise mit denselben Geräten (z. B. Uster-Tester zur Gleichmäßigkeitsprüfung). Folgende Prüfungen sind üblich, neben der rein visuellen Beurteilung des Bandaussehens (Volumen, Form, Haarigkeit, Unregelmäßigkeiten, Faserbatzen):

1. Bandfeinheitsbestimmung (Angabe in g/m bzw. ktex)
2. Bandgleichmäßigkeitsbestimmung:
   a) mit dem Uster-Tester (oder vergleichbaren Geräten), Angabe des CVm-Werts, Dünnstellen, Dickstellen, Gleichmäßigkeit auf große Längen (CV 100 m, CV 1.000 m)
   b) direkt an den Maschinen (Strecken) durch mechanische Dickenabtastung
   c) andere Messmethoden (Ultraschall, NIR, optische Volumenmessungen u. a.)

3. Verzugskraftmessung (z. B. Zweigle) Bandhaftkraft, Bandfestigkeit

Bandregulierung, die Bandmasseregulierung erfolgt an der Regelstrecke durch die kontinuierliche Messung der Banddicke über mechanische Tastwalzen (Bandmasse) vor dem Einlauf in das Streckwerk und Verarbeitung des Messsignals zu einem Mittelwert, mit dem die auftretenden Masseabweichungen (Dünn- und Dickstellen) ständig verglichen werden. Ab einem einstellbaren Wert der Masseverminderung (oder Massevergrößerung) verändert die Strecke die Bandfeinheit durch Verminderung oder Erhöhung der Einzugsgeschwindigkeit des Streckwerks, wobei die ersten beiden Walzenpaare zur Konstanthaltung eines an die Faserlänge angepassten Vorverzugs gemeinsam abgebremst (oder beschleunigt) werden. Dadurch lässt sich ein vorher festgestellter Fehler (in Grenzen) ausgleichen. Auch bei der Bandbildung an der Karde oder Krempel wird die Regulierung erfolgreich eingesetzt. Je früher Fehler erkannt werden können, umso weniger Fehler sind später im Garn zu erwarten. Fehler der Regulierung können durch zu frühes (Dünnstelle) oder durch zu spätes (Dickstelle) Einsetzen der Regulierung erzeugt werden, da die Reaktionszeit von der Produktionsgeschwindigkeit abhängt.

Bandtrichter, dient dazu, das vom Bandapparat zusammengefasste Vlies noch besser in eine runde Form zu bringen. Der Bandtrichter bildet den Übergang zum Bandkanal, der das Band zum Drehteller (Coiler) der Kannenbefüllungsanlage führt, wo ein weiterer umgekehrter Trichter wiederum für eine geordnete Ablage des Bands in der Kanne sorgt. Die Ablage in der Kanne erfolgt nach einer Zykloidenkurve. Dabei erhält das Band eine minimale Drehung.

Bandübertragungsapparat, Vorrichtung, die bei der Streichgarnkrempel zwischen den einzelnen Krempelsätzen für eine Querlegung des Faservlieses sorgt (Quermasseausgleich, Quermischung), wobei das Vlies zu einem schmäleren, bandähnlichen Strang zusammengelegt wird, der wiederum den Vorreißerwalzen des nächsten Krempelsatzes zugeführt wird.

Bandungleichmäßigkeit, → Bandgleichmäßigkeit.

Bandverdrehung, durch die Umdrehung des Drehtellers bei der Bandablage in die Kanne wird etwa eine Drehung pro Meter auf das Band aufgebracht (abhängig von Bandliefergeschwindigkeit, Drehung des Drehtellers und der Kanne sowie vom Abstand der abgelegten Bänder vom Drehteller). Diese Drehung wirkt stabilisierend auf die Bandablage und stört beim weiteren Verzug kaum. Sie könnte durch entgegengesetzte langsame Drehung der Kanne beim Abzug aus der Kanne wieder entfernt werden. Beim Abzug ist es aber eher hilfreich, eine leichte Verfestigung des Bands zu haben, um Fehlverzüge zu vermeiden.

Bandverzug, Bänder müssen nach der Dublierung (6–8 Bänder, in der Kammgarnspinnerei auch mehr) wieder auf eine verarbeitbare Feinheit verstreckt bzw. verzogen werden, um eine gute Weiterverarbeitung zu gewährleisten. In der Dreizylinderspinnerei liegt der Verzug des Bands in der Größenordnung der Dublierung. Allerdings ist für die Herstellung feiner Ringgarne eher ein feineres Band optimal für die weitere Verstreckung (Flyerstreckwerk), während für OE-Rotorgarne eher ein dickeres Band günstiger ist (bessere Verzugsauflösung an der Auflösewalze). In der Kammgarnspinnerei ist auch eine zunehmende Verfeinerung des Bands erforderlich, also muss der Verzug größer sein als die Dublierung der Bänder.

Der Gesamtverzug eines Streckwerks ergibt sich aus der Multiplikation aller Verzüge (Vorverzug mal Hauptverzug usw.), wobei der Vorverzug zur Überwindung der Haftreibung große Kräfte erfordert und optimal, je nach Rohstoff, zwischen 1,15 und 1,4 liegt, gelegentlich aber auch etwas höher sein kann. Den Hauptverzug erhält man durch Division des Gesamtverzugs (z. B. 6-fach) durch den fest eingestellten Vorverzug (z. B. 1,2-fach, ergibt 5-fachen Hauptverzug).

Bandvorbereitung, hierunter versteht man die Zusammenstellung der zu mischenden Bänder, der Rohstoffmischungen, also die Anpassung der Feinheiten der Bänder (z. B. wichtig für die Prozentsätze der Mischung Chemiefasern/Baumwolle 70/30) für die weitere Verarbeitung des Bands, die Bestimmung der Passagenzahl (Häkchentheorie), die Anzahl der Dublierungen und Passagenzahlen mit Quer- und Längsdublierung, die Festlegung der Verzüge (Vorverzüge an Rohstoff angepasst) und die Auswahl geeigneter Verarbeitungsmaschinen (Strecken).

Bandwickel (Kammzugwickel Wolle), in den ersten Streckpassagen der Kammgarnspinnerei werden bei der Ablieferung Wickel aus einem Band hergestellt. Dabei handelt es sich im Prinzip um eine Band-Kreuzspule. In dieser Form gelangt der Kammzug teilweise noch in den Handel; allerdings setzt sich der → Bumps immer mehr durch.

Bandwickel (Wickel Baumwolle), parallel nebeneinander aufgewickelte Bänder (Streckenbänder), die der Kämmmaschine bei der Baumwollverarbeitung als Wickel zur Auskämmung der Kurzfasern und Nissen sowie Schmutzteilchen vorgelegt werden. Bei älteren Anlagen wurden auch die Wickel nochmals gemischt (dubliert auf der Kehrstrecke bzw. Wickelstrecke). Bis zu 48 Bänder werden zusammengefasst und teilweise nachverstreckt, um das für das Kämmen geeignete Wickelgewicht zu erreichen. Wickelfeinheiten liegen bei 200 ktex und mehr.

Bandwickeln (Banddublieren), Zusammenführung mehrerer Bänder zur Vergleichmäßigung und zur Herstellung eines Wickels für die Kämmmaschine in der Baumwollspinnerei, gegebenenfalls mit Verzug auf der Bandwickelmaschine (Banddubler).

Barbe-Werte, → Almeter-Werte.

Barchent,
1. Einseitig gerautes Baumwollgewebe (Ursprung arabisch: Baarkan = grober Wollstoff), meist vierbindiger Köper mit Zweizylinder-Schussgarn (Hemden, Bett- und Wäschebarchent)
2. Alte Bezeichnung für Leinengewebe (Kette) mit Baumwollschuss, Ulmer Barchent begründete im Mittelalter den Reichtum Ulms, später den der Augsburger Kaufleute (Familie Fugger)

Barchentgarn, weichgedrehtes Zweizylinder-Schussgarn aus Baumwollabfällen, meist für Rauwaren verwendet (Flanell-Baumwollstoffe).

Barmer Artikel, Sammelbezeichnung für Schmalgewebe- und Geflechte wie Bänder, Hutbänder, Litzen, Schleifen, Kordeln, Schuhbänder, Gurte, Hosenträger, Strumpfhalterbänder, Fahnenbänder, Barmer Spitzen, Webabzeichen, Fahnenbänder u. ä. Artikel, die früher im Bergischen Land, insbesondere im Raum Barmen/Wuppertal, hergestellt wurden.

Barré-Effekt, Streifigkeit bei Geweben aus Filamentgarnen, mit folgenden möglichen Ursachen:
a) unterschiedliche Farbstoffaufnahme

b) Mattierungsunterschiede
c) Avivageunterschiede
d) Volumen-, Massedifferenzen unterschiedlicher Filamentgarne

Barrieretextilien, dichte Feingewebe (Membranen) aus Mikrofilamentgarnen oder Vliesstoffen, die in der Lage sind, undurchdringliche Schutzschichten gegen Milben oder andere Kleinlebewesen zu bilden (z. B. Matratzenbezüge).

Bastfasergarne, ältere Bezeichnung für Garne aus Stängelfasern (Weichfasern), aber oft auch irrtümlich für → Hartfasergarne:

1. Leinengarne (aus Langflachs, nass gesponnen oder aus Werg, nass und trocken gesponnen)
2. Hanfgarne
3. Ramiegarne
4. Nesselgarne
5. Jutegarne

Literatur: Schenek, A., Naturfaser-Lexikon, Deutscher Fachverlag GmbH, Frankfurt a. M., 2000.

Bastfaserspinnerei, älterer Begriff für die Langfaserspinnerei zur Verarbeitung von Flachs, Hanf, Ramie, Jute usw. vom Rohstoff bis zum Garn, mit folgenden Prozessen:

1. Reinigung vom Holz (Brechen)
2. Voröffnen
3. Schwingen
4. Hecheln (Kämmen)
5. Bandbildung
6. Bandverarbeitung auf mehreren Nadelstabstreckenpassagen
7. Vorspinnen (Vorgarnherstellung)
8. Bleichen
9. Nassspinnen oder Trockenspinnen
10. Spulen und Glätten

Generell ist in den ersten Stufen noch viel Handarbeit erforderlich, die Handvollen, die von der Schwinge kommen, müssen von Hand der Hechel vorgelegt werden. Selbst die Übergabe von der Hechel zur Nadelstabstrecke ist nur in wenigen Fällen automatisiert. Viele Nadelstabstreckenpassagen sind notwendig, um verspinnbares Material der gewünschten Feinheit zu erhalten. Modernere Flyer sind üblich. Auch die Nassspinnmaschinen sind modernisiert worden, aber sie sind immer noch wesentlich unproduktiver als die klassischen Ringspinnmaschinen für das Trockenspinnen.

Bastseide, Rohseidenfaden, wie er von der Seidenspinnerraupe ausgeschieden wird. Die beiden gemeinsam ausgesponnenen Seidenfäden sind noch vom Seidenleim (Serizin) umgeben. Mehrere Rohseidenfäden werden beim Abhaspeln vom Kokon zusammengefasst und als Grègeseidenfaden aufgewickelt (Haspelseide). Zahlreiche Rohseidenfaden-Wickel (Stränge) ergeben den Rohseidenballen, der in den Handel gelangt.

Batist (Toile, Zefir), Gewebe aus feinsten Fäden in Leinwandbindung, ursprünglich Seide und feinste Baumwollgarne, aber auch Leinen (Ägypten). Je nach Rohstoff benannt, z. B. Seidenbatist, Toile heute auch aus Chemiefaserfilamenten bestehend; Baumwollbatist, uni oder bedruckt. Gewebe, die aus gefärbten Garnen hergestellt werden, nennt man Zefir.

Batschen (Schmälze der Jute), Verarbeitungsschritt der Jutegarnherstellung. Vor dem Spinnen werden die Jutefasern durch Zugabe einer Mischung aus Wasser, Petroleum und Tran (Walöl) oder ähnlichen Ölen eingeweicht, geschlagen und auf diese Weise weich gemacht. Ergibt gelegentlich Probleme durch Reste der Öle, die von Jute-Verpackungssäcken in die transportierte Ware gelangen können.

Batzen (Verfilzung), kompakte, mehr oder weniger stark verfilzte Faseranhäufung im

Garn mit unregelmäßiger Form, Durchmesser größer als 4 mm.

Bauchbinde, (→ OE-Rotorgarn), Faserumwindung, die in größeren Abständen um das OE-Rotorgarn wie eine Schleife herumgewunden und charakteristisch für das Rotorgarn ist. Bauchbinden entstehen durch die Überkreuzung des Garnabzugs mit dem Faserstrom, der durch den Faserleitkanal in den Rotor geführt wird. Besonders längere Fasern bleiben am Garn, das bei jeder Abzugsumdrehung des Garns an der Speisestelle vorbeikommt, hängen und bilden die Bauchbinden. Die Bauchbinden tragen kaum zur Faserfestigkeit bei, sind eher störend (Einbindestelle) und können beim Garnabzug zu Aufschiebern auf dem Garn (Garnfehler) führen.

Bäumen, Umwickeln der Kettfäden von der Schärtrommel auf den Kettbaum.

Baumwolle, wichtigste textile Naturfaser, Pflanzenfaser aus der Gruppe der Samenfasern der als einjährige Büsche wachsenden Malvazeen (Gossypium-Sorten). Sie besteht größtenteils aus Zellulose (96–98 %). Seit 1960 wurde Baumwolle in der Spinnerei zunächst langsam, dann immer schneller von den Synthesefasern, vor allem von Polyesterfasern, verdrängt. Heute werden weltweit mehr Polyesterfasern produziert als Baumwolle. Allerdings überwiegen bei den Kurzstapelfasern weltweit immer noch die Baumwollfasern (ca. 60–70 % der in der Dreizylinderspinnerei verarbeiteten Fasern).

Baumwollfasereigenschaften (Spinntechnologische Fasereigenschaften),
Literatur: Schenek, A., Naturfaser-Lexikon, Deutscher Fachverlag GmbH, Frankfurt a. M., 2000.

Feinheit	üblich 1,5–2,0 dtex (möglich 1,0–4 dtex)
Micronaire	üblich 3,5–5,0 (möglich 2,5–8)
Länge	12–40 mm (möglich 6–60 mm)
Dichte	1,53–1,55 g/cm^3
Reifegrad (Anteil reifer Fasern)	75–85 % (möglich 60–90 %)
Farbe	natur-weiß, cremig (Upland-Baumwolle) gelblich-bräunlich (Pima-Baumwolle)
Glanz	matt bis seidig (gekämmt)
Bruchfestigkeit (Bündelfestigkeit feinheitsbezogen, Höchstzugkraft)	18–35 cN/tex (möglich bis 55 cN/tex)
Zugspannung	30–80 daN/mm^2
Nassfestigkeits-Verhältnis	110–120 %
Schlingenfestigkeits-Verhältnis	65–75 %
Knotenfestigkeits-Verhältnis	ca. 90 %
Dehnung (Bündel-Höchstzugkraftdehnung)	6–10 %
Nassdehnungs-Verhältnis	110 %
Bezugsfestigkeit bei 2 % Dehnung	6–8 cN/tex
bei 5 % Dehnung	10–20 cN/tex
(Durch Merzerisieren wird die Festigkeit der Baumwolle erhöht (10–20 %))	
Feuchtigkeitsaufnahme bei 65 % RLF/20 °C	6–9,5 %
95 % relative Luftfeuchtigkeit 20 °C	14–18 %
Wasserrückhaltevermögen	40–50 %

Tab.: Baumwollfasereigenschaften (Spinntechnologische Fasereigenschaften)

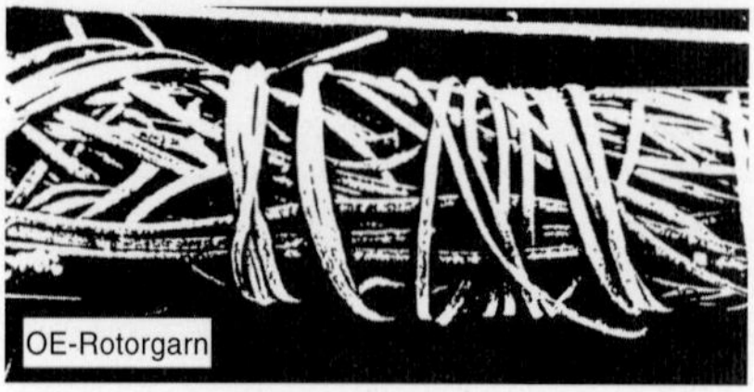

Abb.: Bauchbinde, Typische Mantelfasern eines OE-Rotorgarns
Quelle: Veröffentlichung Dr. P. Artzt, ITV Denkendorf

Baumwollgarn, mit Baumwolle ist in der Spinnerei generell der umfassendste Feinheitsbereich der Spinnfasergarne herstellbar. Der Spinnbereich reicht etwa von Nm 1 (1.000 tex) bis Nm 500 (2 tex), im Normalfall aber etwa bis Nm 250 (4 tex). Solche extrem feinen Garne sind mit Chemiefasern (Spinnfasern, Stapelfasern) noch nicht herstellbar. Dazu trägt der nierenförmige Querschnitt und die damit verbundene leichte Biegsamkeit der Fasern sowie die Verhakung der Fasern durch die Oberflächenstruktur und die Faserwindungen („Spinnsporen" nach Prof. Johannsen) bei. Feinste Verspinnung ermöglichen außerdem der hohe Schlankheitsgrad und ganz wesentlich das schützende Baumwollwachs, das während der Verspinnung noch auf der Faseroberfläche ist und die Reibung zwischen den Fasern, aber auch zwischen Fasern und Metall, herabsetzt und als Schmiermittel zwischen Ring und Läufer dient, aber auch bei der Faservereinzelung an der Karde und an der Auflösewalze hilfreich ist.

Man unterscheidet bei Baumwollgarnen zunächst Feingarne, d. h. feine, gekämmte Garne, die bei sehr feinen Garnen nur aus Langstapel-Baumwolle hergestellt werden können, und Grobgarne, d. h. gröbere, kardierte Garne, die ohne Auskämmen hergestellt werden können. Die Grenze zwischen beiden Bereichen, die jedoch fließend ist, liegt etwa bei Nm 50 (20 tex). Kardierte Garne sind noch bis Nm 70 möglich, je nach Baumwollqualität.

Weitere Unterteilungen erfolgen nach den Spinnverfahren, die unterschiedliche Garneigenschaften ergeben:

1. Ringgarne
2. OE-Rotorgarne (fein, auch gekämmt)
3. OE-Garne (grob, kardiert)
4. Luftgesponnene Garne (MJS, MVS Murata)

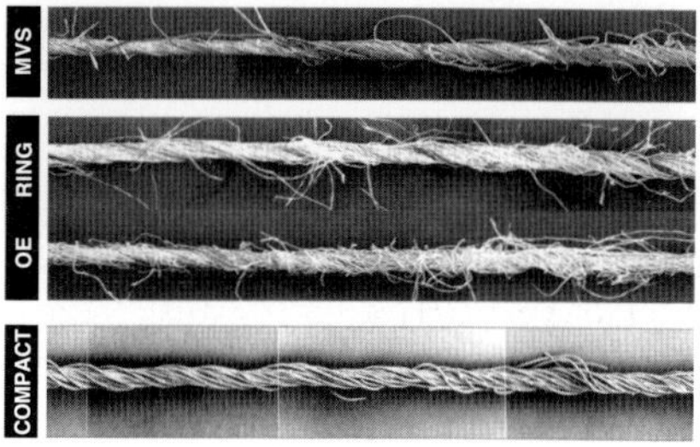

Abb. 1: Typische Baumwollgarntypen
1 – Murata-Vortex-Luftspinngarn (Air-Jet-MVS), 2 – Ringgarn, 3 – OE-Rotorgarn, 4 – Kompaktgarn
Quelle: Veröffentlichung Fa. Spindelfabrik Suessen (Spinnovation No. 20) und Murata Machinery Ltd., Japan

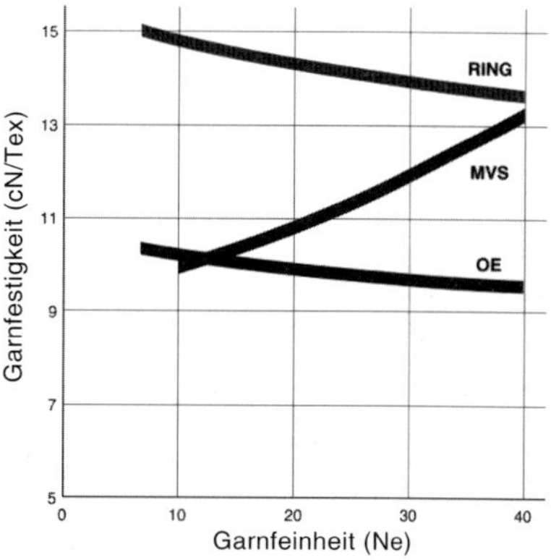

Abb. 2: Vergleich erreichbarer Garnfestigkeiten bei Verwendung unterschiedlicher Spinnverfahren (Ringspinnen, MVS-Vortex-Spinnen, OE-Rotorspinnen)
Quelle: Veröffentlichung der Fa. Murata Machinery Ltd., Japan

5. DREF-Friktionsgarne (Grobgarne, Moppgarne, Recyclinggarne)
6. Umspinnungsgarne (mit Elastanfilament im Kern, Coregarn)

Die wirtschaftliche Garnfeinheitsgrenze für OE-Rotorgarne aus reiner Baumwolle liegt derzeit etwa bei Nm 80.

Im Übrigen werden Garne nach der aufgebrachten Drehung unterteilt in:

1. Kettgarne (alpha metrisch 130–140 bei Ringgarnen, früher Watergarne)
2. Mediogarne (alpha metrisch 125–130)
3. Schussgarne (alpha metrisch 110–120)
4. Strickgarne (alpha metrisch 90–100, früher Mule-Garne)
5. Hochgedrehte Garne (alpha metrisch 170 und mehr)

Folgende Baumwollgarnbezeichnungen werden zusätzlich benutzt (Ringgarne konventionell mit Drehungsangabe): siehe Tabelle unten.

Baumwollgarn, texturiert (Lessona-Garn), zeitweilig wurde speziell in den USA versucht, Baumwollgarnen eine bleibende Kräuselung zu geben. Die Texturierung erfolgte mit Falschdrallverfahren (Stegspindeltexturierung), die Fixierung im gedrehten Zustand mit Quervernetzungsmitteln. Wird kaum mehr verwendet.

Baumwollmischgarn, Garne, hergestellt aus Mischungen von Baumwolle und Chemiefasern, hauptsächlich Baumwolle/Polyester, seltener Baumwolle/Polyamid, aber in Europa auch Baumwolle/Modal oder Baumwolle/Viskose als beliebte Garne für Bekleidung, die mit allen wichtigen Verfahren hergestellt werden können (Ringspinnen, OE-Rotorspinnen, Luftspinnen). Die Mischungsverhältnisse wechseln je nach gewünschten Garneigenschaften (Festigkeit, Pflegeleichtigkeit usw.), Mode oder Rohstoffpreis von ca. 33 % Chemiefasern bis etwa 75 % Chemiefasern.

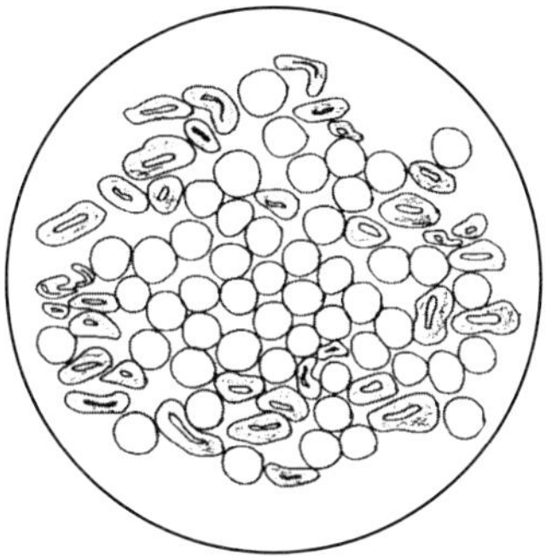

Abb.: Faserquerschnitte eines Mischgarns (Ringgarn) aus Baumwolle und Chemiefasern
Quelle: H. Mengel, FH Reutlingen

Garntyp	Drehung alpha tex	alpha metrisch	alpha englisch
Dochtgarn	2.000	63	2,1
Stopfgarn	2.500	79	2,6
Trikotgarn	2.400–2.900	76–92	2,5–3,0
Strumpfgarn	2.500–3.000	79–95	2,6–3,1
Schussgarn	2.800–3.400	87–108	2,9–3,5
Halbkette	3.100–3.600	98–114	3,2–3,8
Kettgarn, weich	3.500–3.800	111–120	3,7–4,0
Kettgarn	3.600–4.200	114–133	3,8–4,4
Kettgarn, hart	4.200–4.900	133–155	4,4–5,1
Voilegarn	5.300–6.700	167–210	5,5–7,0
Kreppgarn	6.000–8.500	190–269	6,3–8,9

Tab.: Baumwollgarn

Baumwollputzerei, Bereich der Garnherstellung (Spinnereivorbereitung), in dem die Baumwollballen zu Spinnpartien zusammengestellt, geöffnet und die entstehenden Baumwollflocken gereinigt, gemischt, weiter geöffnet und auf der Karde zu einzelnen Fasern aufgelöst werden, aus denen dann das Kardenband gebildet wird.

Baumwollspinnverfahren, → Dreizylinderspinnerei.

Baumwoll-Stretchgarn, neben dem früheren Versuch, Baumwollgarne zu texturieren (Lessona-Garn), werden heute Coregarne mit Elastankern und Baumwollumspinnung als elastische, erheblich dehnbare Baumwollgarne angeboten. Der Elastanfaden wird dem letzten Walzenpaar des Dreizylinderstreckwerks zugeführt und mit den aus dem Streckwerk kommenden Baumwollfasern umsponnen. Inzwischen ist dies auch mit Rotorgarn möglich (→ Rotona-Garn der Fa. Rieter AG).

Literatur: R. Hehl, Rotor-Coregarn – ein neuer Spinnprozess – Komplexität und Chancen, Rieter AG, Winterthur, 13. Denkendorfer Spinnereikolloquium 2004.

Baumwoll-Type, → B-Type.

Bauschgarn, → Hochbauschgarn.

Bauschigkeit, die Fähigkeit der Fasern, dem Garn durch elastische Rücksprungkräfte oder durch Kräuselung ein hohes Bauschvolumen zu verleihen.

Bauschzwirn, Zwirn aus Streichgarnen oder → Hochbauschgarnen.

Baykogarn, Garn mit Metallstaub überzogen, teilweise durch Acetatschicht oder Klebemasse gebunden.

BCF-Garn (Teppichgarn), texturiertes Filamentgarn, das mit Hilfe des Stauchkräusel-Texturierverfahrens unter Einwirkung von überhitztem Dampf aus glatten, gröberen Polyamid- oder Polypropylen-Filamentgarnen hergestellt wird. BCF ist die Abkürzung für den englisch-amerikanischen Begriff „Bulk Continuous Crimp Filament" und bezeichnet die Gruppe der nach diesem Verfahren hergestellten Teppichgarne, heute oft generell Synonym für Filament-Teppichgarne. Der Feinheitsbereich der BCF-Garne liegt etwa zwischen 1.000 und 4.000 dtex; sie werden hauptsächlich für

Abb.: Beispiele für BCF-Garnspulen

die Teppicherzeugung (Tuftingteppiche, Teppichböden als Velours-Auslegeware oder auch Schlingenteppiche) hergestellt. Wegen der bei dem Verfahren möglichen, sehr hohen Texturiergeschwindigkeit (bis 4.000 m/min und mehr) kann die Texturierung direkt an das Primärspinnverfahren und die Filamentverstreckung angeschlossen werden. Damit ist das Spinn-Streck-Texturierverfahren verwirklicht, mit der Möglichkeit der Automatisierung vom Granulat bis zum fertigen Teppichgarn.
Nach der Texturierung werden die Garne meist mit Luftdüsen verwirbelt (Intermingling), damit besondere Glanz-, Farb- oder Kräuselungseffekte entstehen. Auch Differential Dyeing kommt oft zum Einsatz, um besondere Farbmusterungen im Teppich zu erreichen. Die Verarbeitung zum Teppich erfolgt meist im Tuftingverfahren (Tuftingteppiche, Schlingenteppiche oder stabile Stehveloursteppiche, Teppichböden im Büro und Industriebereich).

Bedingungen des Baumwollhandels, → Bremer Bedingungen.

Bedingungen des Garnhandels, im Deutschen Garnkontrakt sind die Bedingungen des Garnhandels festgelegt, mit Vorschlag der in den Einheitsverträgen festgelegten Garnfeinheits- und Gewichtstoleranzen sowie Konditionierbedingungen (siehe Deutscher Garnkontrakt im Anhang, S. 529).

Bedingungen des Wollhandels, → blaues Buch der IWTO.

Bedrucken des Kammzugs, → Vigoureux-Druck.

Bedrucktes Garn, Garn, das streifenförmige Druckmuster zur Erzielung von Farbeffekten hat (Effektgarn).

Befeuchtung (Faserstoffe), für eine schonende Verarbeitung der Natur- (und Chemie-)Fasern in der Spinnerei ist eine bestimmte Feuchtigkeit erforderlich, da sonst die meisten Fasern für die Verarbeitung zu spröde sind oder sich zu stark elektrostatisch aufladen und Wickel an rotierenden Streckwerkswalzen der Spinnerei bilden und zu Garnfehlern oder Produktionsausfällen führen. Die erforderliche Feuchtigkeit ist je nach Faserstoff unterschiedlich. Die Befeuchtung erfolgt meist mit der Spinnereibelüftung über die Klimaanlage. Sie unterstützt die Abkühlung der Luft im Sommer durch Verdunstung und niedrigere Temperatur des Grundwassers, das für die Kühlung verwendet wird. Oft werden auch Befeuchtungsanlagen (Sprühanlagen, Verdampfer) in der Spinnerei verwendet, die kostengünstiger sind, aber größere Schwankungen der Luftfeuchtigkeit ergeben. Da die Feuchtigkeit in das Fasermaterial gelangen soll, wird oft die direkte Befeuchtung an der Maschine versucht, aber bisher ohne größeren Erfolg.

Befeuchtung (Garne), zur Garnberuhigung (→ Dämpfen), zur Verhinderung von Kringelbildung (Krängeln) und zur Konditionierung. Dafür verwendet man Dämpfapparate und Dämpfkammern, meist Druckkammern (Autoklav), in denen die Garnspulen auf Gattern oder auf Paletten mit gesättigtem oder überhitztem Dampf bei höheren Temperaturen behandelt werden. Größere Druck-Dämpfanlagen für Paletten stellt z. B. die Fa. Xorella in der Schweiz her.

Beflocktes Garn (Flockgarn), Filamentgarn, auf dessen Oberfläche kurze Flockfasern durch elektrostatische Aufladung mit Hilfe einer Klebstoffschicht auf der Garnoberfläche senkrecht aufgeklebt wurden, wodurch eine plüschartige Oberfläche des Flockgarns entsteht.

Beifaden, Garnfehler, loses Fadenstück am Zwirn oder am einfachen Faden, meist teilweise um das Garn gewickelt.

Beistrichgarn (Mattgarn), Appretierter, ausgerüsteter Zwirn ohne Glanz.

Bekleidungsphysiologie, untersucht die Wechselwirkungen zwischen den lebenswichtigen Funktionen des menschlichen Körpers (Temperaturkonstanthaltung, Feuchtigkeitshaushalt) und den Bekleidungstextilien bzw. Faserstoffen der Kleidung. Wichtig ist neben dem Wärmerückhaltevermögen, der Luftdurchlässigkeit, der Feuchtigkeitsaufnahme, der Feuchtigkeitsdurchlässigkeit und der Saugfähigkeit auch das Verhalten der Textilien gegenüber der menschlichen Haut, d. h. Hautverträglichkeit, Weichheit, elektrostatische Aufladung und Reiz- bzw. Allergieverhalten.
Der für die Konstanthaltung der Körpertemperatur, einer unabdingbaren Lebensvoraussetzung des Menschen, erforderliche Wärmeaustausch zwischen dem Menschen und seiner Umgebung erfolgt auf folgende Arten: durch Wärmestrahlung, Wärmeleitung, Konvektion und Verdunstung (Schweißabgabe). Diese Funktionen dürfen durch die Kleidung nicht behindert werden, sondern sollen unterstützt und gefördert werden. Hinzu kommt in kälterem Klima der notwendige Kälteschutz (Isolierwirkung der Kleidung durch eingeschlossene Luft) und in heißem Klima der Sonnenschutz (UV-Schutz). Die physiologische Aufgabe der Kleidung liegt also darin, den menschlichen Körper vor Unterkühlung und gegen Überwärmung zu schützen.
Das Kühlen erfolgt vor allem durch Verdunsten des Schweißes auf der Haut, was nur bei ständigem Abtransport der Feuchtigkeit möglich ist.

Belag (Kratzenbelag oder Ganzstahlgarnitur), Oberflächenschicht von Garnitur- oder Sägezahnwalzen, die durch Bewicklung auf die Oberfläche runder Metallwalzen (Walzentrommel, Tambourwalze usw.) unter Spannung aufgebracht, befestigt und so abgeschliffen wird, dass eine gleichmäßige Walzenoberfläche mit Garnitur- (Sägezahngarnitur) oder Drahtspitzen (Kratzengarnitur) entsteht. Das Aufwickeln erfolgt spiralförmig mit speziellen Geräten. Garniturdrähte können miteinander verkettet (ineinander am Drahtfuß verzahnt) sein (z. B. Prinzip Fa. Damgard oder Fa. Graf Schweiz).

Belagbrettchen (Handkratze), kleine Flächenelemente, die mit Kratzengarnituren bezogen sind und als Handkratze (Belagbrettchen mit Griff) in der Kammgarn- oder Streichgarnspinnerei zur manuellen Fasermischung von Mischungsproben (Melangierung) verwendet werden.

Belastung der Streckwerkswalzen, damit die Fasern während des Verzugs zwischen den Metall- und Gummiwalzen der Streckwerke festgeklemmt werden können, ist ein ausreichender Anpressdruck der Walzen erforderlich, der in der Größenordnung von 80–140 N liegen kann. Die Belastung wird durch Federdruck, pneumatisch oder hydraulisch erzeugt. Vor Inbetriebnahme des Streckwerks erfolgt das Anpressen durch Anspannung der Federn. Damit die Gummiwalzen sich nicht einseitig verformen, wird das Streckwerk während des Stillstands der Maschine entlastet.

Belastungswalze (Druckroller), obere, elastische, unter Federdruck (oder Druckluft oder Hydraulik) stehende Walze mit Gummibezug, die auf die unteren Metallwalzen (geriffelte Unterzylinder) gedrückt wird, um die für das Verstrecken des Faserbands erforderlichen Klemmkräfte zu erzeugen. Der Anpressdruck kann bis zu 12 daN und mehr betragen, liegt aber meist zwischen 6–8 daN. Er darf nicht zu schwach sein, da sonst die Fasern beim Verzug durchrutschen. Er darf aber auch nicht zu stark sein, da sonst das Faserband zu sehr gequetscht wird und es zur Schädigung der Fasern kommen kann. Die Härte des Gummibezugs, gemessen in Shore-Härte, bestimmt die Verzugsqualität, aber auch die Abnutzung der Druckroller und deren eventuelle Verformung, die zu Garnfehlern führt (periodische Dünn-/Dickstellen, Moiré). Druckroller müssen regelmäßig nachgeschliffen und lackiert werden. Wird das Streckwerk abgeschaltet, müssen die Druckwalzen entlastet werden, damit keine bleibende Verformung der Walzen auftritt.

Belcoro®-Qualitätssystem, Garn-Qualitätsmanagementsystem der Fa. Saurer-Schlafhorst für die Kunden des OE-Rotorspinnmaschinenherstellers.

Beledern (Beziehen), Druckroller der Streckwerke mit Gummi überziehen (früher mit Leder). Die Gummibezüge müssen anschließend lackiert werden, damit sie eine glatte Oberfläche bekommen.

Bemusterung (Probenahme), Entnahme von Mustern aus Garnkartons, Paletten oder Faserballen zur Prüfung (Qualitätsbeurteilung) für den Handel und die Industrie.

Benetzung (Benetzbarkeit), Aufnahme bzw. Verteilung von Wasser an der Oberfläche der Garne. Hydrophobe Garne sind schlecht benetzbar. Beurteilung mit Hilfe des Tropfentests oder Benetzungswinkels.

Benetzungswinkel, Randwinkel zwischen einer zu benetzenden Fläche und der Tropfenoberfläche. Mit Hilfe von Wassertropfen lässt sich die Benetzbarkeit von textilen Oberflächen beurteilen. Bleibt ein Wassertropfen auf der textilen Fläche rund, ist der Benetzungswinkel klein, die Benetzbarkeit ist schlecht. Breitet sich das Wasser auf der textilen Fläche schnell aus, wird der Wassertropfen sehr breit, der Benetzungswinkel ist groß und die Benetzbarkeit gut. Mit gefärbtem Wasser lässt sich die Wirkung visuell beurteilen.

Bengalseide, ungleichmäßiges, unreines Garn aus Wildseidenfäden.

BE-Ring, → Balloneinengungsring.

Beschichten, textile Veredlungsverfahren, um Garne oder Flächengebilde wasser- oder winddicht zu machen, möglichst bei Erhaltung der Wasserdampfdurchlässigkeit (wie z. B. bei Membranensystemen, die ohne Beschichtung auskommen können).
Man unterscheidet:
1. Kompaktbeschichtungen: Mit durchgehendem, geschlossenem Kunststofffilm aus Silikon oder Polyurethan, früher aus Gummi (Latex), wie beim „Friesennerz". Solche Beschichtungen sind wasser- und winddicht, lassen aber auch keine Dampfmoleküle durch.
2. Multicoating-Beschichtungen: Hierbei werden mehrere Beschichtungen übereinander gelegt.
3. Mikroporöse Beschichtungen: Ermöglichen Feuchtigkeitstransport in Dampfform durch die feinsten Poren. Hierzu zählen auch Nano-Beschichtungen mit Dünnschichten.
4. Porenlose Beschichtungen: Ermöglichen langsamen Feuchtigkeitstransport in Dampfform auf elektro-chemischem Wege entlang der Molekülketten.

Die häufigsten Beschichtungsmaterialien sind Polyvinylchlorid (PVC), Polyurethan (PU) und Silikone.

Beschichtetes Garn, mit verschiedenen Verfahren zum → Beschichten (z. B. Filamentgarne mit Silikonbeschichtung) können Spezialgarne, z. B. für medizinische Zwecke, so hergestellt werden, dass sie in der Lage sind, Arzneimittellösungen konstant zuzuführen (z. B. für die Glaukom-Therapie des Auges bei grauem Star oder ähnlichen Erkrankungen).

Beschickung der Dämpfkammer, Einbringen der Garnspulen auf Spulenwagen (Handbeschickung) oder auf Paletten in die Dämpfkammer.

Beschlag (Beschlagsarten), unterschiedliche Garniturarten auf den Walzen der Maschinen der Spinnereivorbereitung, wie z. B. dem Öffnungswolf oder der Krempel. Dazu gehören verschiedenste Varianten der Kratzenbeläge (Flexible Garnituren, Kratzenbeschläge) mit unterschiedlicher Drahtstärke, unterschiedlichem Neigungswinkel, unterschiedlicher Häkchenform, verschiedener Spitzenzahlen pro Flächeneinheit, unterschiedlicher Tiefe usw.). Weiterhin gehören heute dazu auch die verschiedenen Varianten der Ganzstahlgarnituren (Baumwollgarnitur, Chemiefasergarnitur usw.).

Beschweren, → Beschwerung.

Beschwerung (Beschweren der Seide), Aufbringen von Salzen auf entbastete Seide. Die beiden gemeinsam ausgesponnnen Seidenfäden des Seidenspinners sind bei Rohseide vom Seidenbast (Serizin) eingehüllt, der entfernt wird, um die einzelnen Seidenfäden zu gewinnen (Entbastung). Aus Handelsgründen versucht man, den dadurch entstandenen Gewichtsverlust der Seide, der mehr als 20 % betragen kann, durch Aufbringung von Salzen auszugleichen. Dieser Vorgang kann die Qualität der Seide auch verschlechtern. Die bis zum neutralen Gewichtsausgleich im Handel zulässige Beschwerung wird als „in pari beschwert" bezeichnet. Überbeschwerte Seide hat einen schlechteren Griff. Das Garn hat nicht mehr dieselben Eigenschaften wie ein unbeschwertes Seidengarn.

Beständigkeit, Stabilität von Garnen und Fasern hinsichtlich der Erhaltung der Substanz, z. B. Beibehaltung der Kettenlänge der Makromoleküle und Erhalt des DP-Grads. Werden durch äußere Einflüsse, wie UV-Licht, radioaktive Strahlen, Wärme, mechanische Krafteinwirkungen (Zug, Biegung, Torsion, Scheuerung) oder Chemikalien (z. B. Farbstoffe, Lösungsmittel, Säuren, Laugen) die Molekülketten geschädigt, gekürzt oder zerstört, verlieren die Fasern und Garne zunächst an Festigkeit, werden abgebaut und zerfallen am Ende (Zersetzungsprozess, Verrottung). Die Beständigkeit bestimmt das natürliche Abbauverhalten auf der Deponie. Für die textile Verwendung ist allerdings eine gewisse Beständigkeit absolut notwendig, um den üblichen Gebrauch zu gewährleisten. Die Beständigkeit wird mit Hilfe der → Echtheitsprüfungen beurteilt.

Beuchen, Kochen der Baumwollgarne oder Gewebe unter Druck (im Gegensatz zum → Abkochen) bei 110–130 °C mit schwacher Natronlauge, Soda oder anderen Hilfsmitteln zur Entfernung unerwünschter Begleitstoffe (Schalenteile, Wachse, Pektine, Hemizellulosen bei Baumwollgarnen). Je nach Garnqualität Gewichtsverluste zwischen 3 und 8 %, gute Reinigungswirkung. Nach dem Beuchen ist eine Heißspülung erforderlich. Bei Kontinue-Bleichverfahren kann auf die Beuche verzichtet werden.

Bewetterung, Textilien werden der natürlichen Witterung (Sonne, UV-Licht, Regen usw.) über längere Zeit (Wochen, Monate, Jahre) ausgesetzt, um die zerstörende Wirkung der Umwelteinflüsse zu prüfen. Farb- und Festigkeitsvergleiche dienen zur Beurteilung der Bewetterungswirkung. Zur schnelleren Beurteilung wird die künstliche Bewetterung mit Kunstlicht (Xenon-Lampen, z. B. zur Bestimmung der

Lichtechtheit) und agressiveren Medien (Flüssigkeiten, Gase) durchgeführt.

Bewicklungsbreite (Spulenbreite, Verlegebreite), die Bewicklungsbreite einer Kreuzspule wird vom Weg des Fadenführers zwischen den Umkehrpunkten, dem Garndurchmesser, der Spulspannung und vom Anpressdruck der Garnspule an die Nutentrommel bestimmt.

Bezüge, Gummihülsen, die auf Metallwalzen aufgezogen (oder mit Hülse aufgepresst) werden, um die elastischen Druckroller (Druckwalzen, Oberwalzen) der Streckwerke herzustellen. An Rundheit, Härte, Elastizität und Gebrauchsdauer der Gummibezüge werden in der Spinnerei besonders hohe Ansprüche gestellt, die nur durch sorgfältiges Schleifen (Nachschleifen) und Lackieren mit geeigneten Lacken erreichbar sind.

Bezugschleifen (Rundschleifen, Nachschleifen), Nachschleifen der Gummibezüge der Oberwalzen wegen der Abnutzung der Walzenbezüge durch Abrieb, Faserdurchzug sowie Beschädigung durch Fremdkörper, aber auch wegen der Verformung des Bezugs durch die ständige Walkarbeit der unter Druck rotierenden Druckwalzen. Dazu dienen spezielle Schleifmaschinen. Danach müssen die Oberflächen durch Lackierung geschützt werden.

Bezugsfestigkeit, bei der genauen Beurteilung der Garnfestigkeit, die an Hand des → Kraft-Dehnungs-Diagramm (KD-Diagramm) erfolgt, ist der untere Teil des Kurvenverlaufs, d. h. der Bereich niedriger Belastung und geringer Dehnung, im täglichen Gebrauch wichtiger als die Reißfestigkeit oder Reißdehnung, da ja die Textilien im normalen Gebrauch zunächst einmal nicht zerrissen werden. Viel wichtiger ist, ob eine Längenveränderung (Schrumpf oder Verlängerung) schon bei geringerer Belastung auftritt. Die Bezugsfestigkeit (Bezugskraft) gibt an, welche Kraft erforderlich ist, um eine bestimmte, vorgegebene Dehnung zu erreichen bzw. das Garn um einen bestimmten Betrag zu verlängern. Messmethode: Aus einem normalen KD-Diagramm wird abgelesen, welche Kraft zur vorgegebenen Dehnung gehört. Hierzu zieht man vom entsprechenden Punkt auf der Dehnungsskala eine senkrechte Linie nach oben, bis diese die KD-Kurve schneidet. Von diesem Schnittpunkt zieht man eine waagrechte Linie nach links zur Kraftskala und liest die entsprechende Kraft ab. Die Kraft (in cN) wird durch die Feinheit des Garns (in dtex) dividiert.
Im Spinnfaserbereich hat Baumwolle eine mittlere Dehnung von 8–12 %. Deshalb ist bei einem Vergleich der Spinnfasern die Bezugsfestigkeit bei 10 % wichtig:

Polyester-Spinnfasern mit hohem Modul	4–6 cN/dtex
Polyester-Spinnfasern mit mittlerem Modul	2–4 cN/dtex
Polyester-Spinnfasern mit niedrigem Modul	1–2 cN/dtex
Polyamid-Spinnfasern	0,5–1,0 cN/dtex
Baumwolle	2,5–5 cN/dtex

Bei technischen Filamentgarnen möchte man oft eine möglichst niedrige Dehnung im Anfangsbereich der Belastung haben. In diesem Fall gibt man die Bezugsfestigkeit bei 2 % oder 1 % Dehnung an (steile KD-Kurve, hohe Bezugsfestigkeit).

Bibergarn, weich gedrehtes Zweizylinder-Baumwollgarn (Baumwoll-Streichgarn).

Bicone-Spule (Pineapple-Spule), Spulenform mit zwei konisch zulaufenden Enden, meist eine Präzisionsspule, wie sie beispielsweise beim Streckzwirnprozess von Filamentgarnen hergestellt wird.

Biegebelastung der Garne, beim Verarbeiten der Garne in der Weberei, Strickerei und Wirkerei, aber auch beim Tuften und Nähen sowie bei vielen anderen textilen Verfahren, werden Garne oft erheblichen Biegebeanspruchungen ausgesetzt. Bei starker Biegung reicht die alleinige Beurteilung der Zugfestigkeit nicht mehr aus, da bei Biegung ein Teil des Garns gedehnt und ein anderer gestaucht wird. Besonders gegenüber Stauchdruck sind textile Materialien empfindlich, da die resultierenden Scherkräfte zu einer schnellen Trennung bzw. Zerstörung des Garns führen können. Besonders biegesteife Garne reagieren auf Biegung empfindlich, wie z. B. Glas-, Keramik- und Carbonfasern, aber auch hochfeste Aramid- und andere Spezialfasern. Zur praktischen Beurteilung der Biegeschädigung von textilen Garnen dienen der Schlingenzugversuch (→ Schlingenfestigkeitsprüfung) und der Knotenzugversuch (→ Knotenfestigkeit). Durch die extreme Biegung des Garns in einer Garnschlinge (kleiner Garndurchmesser, kleiner Biegeradius) oder in einem Knoten wird die Biegeempfindlichkeit hochfester Garne sehr schnell sichtbar. Bei Glasfasern ist die Schlingenfestigkeit praktisch null im Vergleich zur Zugfestigkeit des Garns, bei Aramidfasern liegt die Schlingenfestigkeit gerade noch bei 20–30 % der Zugfestigkeit. Noch empfindlicher reagieren Fasern oder Filamente und Garne bei Dauerbiegebelastung (→ Biegefestigkeit).

Biegefestigkeit (Querfestigkeit, Dauerknickbruchfestigkeit), die Querfestigkeit gibt an, nach wie vielen Doppelbiegungen um 180° das Garn oder der Faden abbricht. Damit wird die Schmiegsamkeit, Biegsamkeit oder Sprödigkeit eines textilen Materials gekennzeichnet. Sie hängt sehr stark von Art und Dicke des Garns, vom Biegeradius und von der Belastung (Spannung) ab.
Als Vergleichszahlen der Anzahl der Doppelbiegungen um 180° bis zum Bruch bei gleich feinen Garnen können folgende Werte genannt werden:

Polyamid (Filamentgarn)	30.000–80.000
Polyester (Filamentgarn)	10.000–20.000
Polyester (Spinnfasergarn, normal)	10.000–15.000
Polyester (Spinnfasergarn, mittlere Pillingresistenz)	3.000–8.000
Polyester (Spinnfasergarn, hohe Pillingresistenz)	1.000–3.000
Polyacryl (Spinnfasergarn)	200–400

Biegeprüfung, → Biegesteifigkeit.

Biegesteifigkeit, die Weichheit und Flexibilität von Textilfasern und Garnen hängt sehr stark von der Biegesteifigkeit der Fasern und von der Garnstruktur (z. B. Drehung) ab, die wiederum erheblich mit dem Verhältnis der Faserlänge zum Durchmesser (Schlankheitsgrad) und von der Querschnittsfläche und Form der Fasern (Biegemoment) zusammenhängt. Je feiner eine Faser oder ein Garn und je höher der Schlankheitsgrad, desto leichter lassen sie sich biegen, und desto weicher fühlen sie sich an. Die Biegesteifigkeit von Garnen wirkt sich auf das Maschenbild eines Gestricks erheblich aus. Das Biegeverhalten umfasst wichtige Eigenschaften wie Knitterneigung, Sprödigkeit und Dauerbiegebeständigkeit.
Bei Biegebeanspruchung enthält ein gebogenes Garn oder eine Faser eine kraftneutrale Zone, die wegen der Anisotropie der Textilfasern und Garne nicht genau in der Mitte liegt; auf der Bogenaußenseite entsteht eine mit zunehmendem Radius ansteigende Zugbelastung und auf der Bogeninnenseite eine zunehmende Druckbelastung. Dementsprechend ist die größte Faserbelastung

(oder Garnbelastung) außen am Rand, wo es zu Strukturveränderungen oder Schädigungen kommen kann, deren Ausmaß von Temperatur, Feuchtigkeit, Aggressivität der Umgebungsmedien, Beanspruchungsdauer und -art (statisch, zyklisch, periodisch) und vom Spannungszustand abhängt.
Morton und Hearle (*Literatur:* Morton, W. E. und J. W. S. Hearle, Physical Properties of Textile Fibres, Textile Institute Manchester, 1962) haben folgende Vergleichswerte für Fasern genannt: siehe Tabelle unten.

Biese, drei- bis fünffädiger Baumwollzwirn aus hochgedrehtem Kettgarn.

Bifilar, zweifädige Garnverarbeitung, z. B. beim Streckspulen.

Bikomponentenfasern, Chemiefasern und Filamentgarne aus zwei unterschiedlichen Polymeren (chemisch oder physikalisch), unterschieden in S-S-Typen (Seite/Seite), S-C-Typen (Mantel/Kern) und M-F-Typen (Matrix/Fibrillen). Durch unterschiedliches Schrumpfverhalten entsteht in den Filamenten oder Fasern eine stabile Kräuselung, die auch bei Feuchtigkeitseinwirkung erhalten bleibt. Eine weitere wichtige Variante ist die Herstellung von feinsten Mikrofibrillen (Mikrofasern) durch Aufspaltung der M-F-Typen bis hin zum Einsatz in feinstfibrillaren Strukturen für Kunstleder und Reinigungstücher.
Alternativ zu den Standard-Spinndüsen für M-F-Typen werden von der Fa. Hills Inc., USA, viele dünne Metallbleche als Spinnplatte verwendet, in denen Bohrungen und Schmelzeleitungen durch Ätzverfahren erzeugt wurden. Dieses Verfahren führt zu feinsten Mikrofilamentfibrillen in Garnen des Bi- und Multikomponententyps und kann auch für die Herstellung von Hohlfasern verwendet werden. Island-in-the-sea-Filamente mit bis zu 600 Inselfasern sind möglich. Diese neuen Spinnelemente sind keiner Limitierung des Längen-Durchmesser-Verhältnisses wie bei den konventionellen Spinndüsenbohrungen unterworfen.
Der Markt für Bikomponentenfasern liegt größtenteils in Asien, in China, Korea und Taiwan, aber auch in Japan. Bikomponentendüsen werden auch für die Herstellung von Funktionsgarnen verwendet.

Faserstoff	Biegekraft (N/tex) (mN mm 2/tex 2)	spezifische Biegesteifigkeit (kN/mm^2)	Biegemodul
Baumwolle	5,6	0,53	
Flachs	26,5		
Jute	18,3		
Sisal	12,5		
Wolle	0,4	0,24	3,9
Seide (entbastet)	1,5	0,60	
Viskose (Filamentgarn)	1,0	0,35	10,0
Acetat (Filamentgarn)	0,5	0,25	
Polyamid 6.6	1,0	0,15–0,22	2,5–3,6
Polyacryl (Spinnfaser)	0,8–2,7	0,33–0,48	6,0–8,1
Polyester (Spinnfaser)	0,9	0,30	7,7
Polyester (Filamentgarn)	1,6		
Polyester (Filamentgarn, hochfest)	2,6		

Tab.: Biegesteifigkeit

Literatur: H. J. Koslowski, Chemiefaser-Lexikon, Deutscher Fachverlag GmbH, Frankfurt a. M., 1997.

Bikomponentengarne (Hybridgarne), Garne, die aus zwei verschiedenen Materialkomponenten, z. B. zwei unterschiedlichen Filamentkomponenten unterschiedlicher Kunststoffe bestehen (z. B. Polyester und Polypropylen). So wird z. B. bei der Herstellung von Verbundwerkstoffen eine Komponente mit hochschmelzenden Fasern (z. B. PES) als Trägerfasern verwendet und die niedrigschmelzende Komponente (z. B. PP) durch Druck und Wärme geschmolzen und so die Matrix des Verbundwerkstoffs hergestellt. Damit lassen sich gezielte Materialverteilungen in der Struktur von Verbundwerkstoffen erreichen.

Bikonische Aufspulung, → Bicone-Spule.

Bildstörungsvorrichtung, Einrichtung an Kreuzspulstellen (Spulmaschine, OE-Rotorspinnmaschine), die durch verschiedene Maßnahmen die Entstehung von → Bildwicklungen verhindern oder unterdrücken soll. Dies kann durch periodische oder besser zufallsgesteuerte Veränderungen der Hubfrequenz des Fadenführers, durch Veränderungen der Antriebswellendrehzahl der Nutentrommel, durch Kombination beider Maßnahmen oder durch elastischen Wegausgleich bzw. Fadenspannungsausgleich (Patent Dr. Lehmann, K. H) erfolgen.

Bildwicklung, abhängig vom Verhältnis zwischen Drehzahl und Umfang der zu bewickelnden Kreuzspule entstehen bei der wilden Wicklung bei ganzzahligen Verhältnissen parallele Garnlagen auf der Spule, die ein „Bild“, die Bildwicklung, ergeben. Da die Garne nicht gekreuzt liegen, entstehen beim Abzug des Garns an der Webmaschine oder bei der Kettbaumherstellung Garnabschläger und Fehler. Mit Hilfe einer → Bildstörungsvorrichtung an der Spulmaschine oder Rotorspinnmaschine (oder Luftdüsenmaschine) kann die Bildwicklung unterdrückt werden.

Abb.: Baumwollgarn-Kreuzspule mit Bildwicklung

Bindegarn (Erntebindegarn), grobe Garne, früher aus Flachs, Hanf oder ähnlichen Fasern hergestellt, die in der Landwirtschaft zum Abbinden der Stroh- oder Heuballen dienen. Heute oft durch Polypropylen-Garne ersetzt.

Bindfaden, aus Leinengarnen durch Zwirnen und Polieren hergestellter dicker, fester Zwirn, der als Paketschnur oder für ähnliche Produkte Verwendung findet. Wird oft durch (billigere) Polypropylenfäden aus Folienbändchen ersetzt.

Bindfadengarn, grobes Leinengarn, nass oder trocken gesponnen, aus Werg hergestellt, verwendet zur Herstellung des → Bindfadens.

Bindung, ein Gewebe oder eine Maschenware besteht aus mehreren Fadensystemen, die untereinander verwoben oder in Maschenform verhakt sind. Zur vollständigen Beschreibung eines aus Fäden bestehenden textilen Flächengebildes gehört die exakte Beschreibung der Fadenfolge bzw. der Art

und Weise der Verwebungen und Verhakungen, die man als Bindung bezeichnet.
Zur Feststellung der Bindung wird das Gewebe oder die Maschenware in die Einzelfäden zerlegt und die Art der Verkreuzungen festgehalten. Als Hilfsmittel dienen Lupe mit Längenskala (Fadenzähler) und Zählnadel zum Freilegen der Garne. Die Bindung wird als „Patrone" nach festgelegten Systemen aufgezeichnet.

Biologische Beständigkeit, Widerstandsfähigkeit gegenüber Mikroorganismen, z. B. durch antibakterielle, antimikrobielle, antimykotische oder fäulnishemmende Ausrüstung.

Biozid-Garn, Garn mit einer Ausrüstung, die bakterienabtötend wirkt.

BISFA, Bureau Internationale pour la Standardisation de la Rayonne et de Fibres Synthétique, Organisation der europäischen Chemiefaserindustrie zur Festlegung der Qualitätsprüfungsverfahren (Prüfnormen) für Filamentgarne und Chemiespinnfasern mit Sitz in Brüssel, Belgien.

Bishrink-Garn, → Hochbauschgarn.

Blaseneffekt (Cloqué), Gewebe aus noch schrumpffähigen und bereits voll geschrumpften Garnen aus synthetischen Chemiefasern. Der Blaseneffekt wird durch einen Fixierschrumpfprozess (Heißbehandlung) des Rohgewebes ausgelöst. Die ungeschrumpften Garne ziehen sich zusammen, und das bereits geschrumpfte Material wird in Blasen nach außen gedrückt.

Blaskammer, Vorrichtung aus Metall oder Keramik mit Bohrung, durch die ein Garn hindurchgeführt wird, das durch tangentiale oder schräge Bohrungen mit Luftstrahlen unter hohem Druck verdreht oder verwirbelt wird (Interlacing).

Blasschacht, Bereich der Primärspinnmaschine (Filamentherstellung, Schmelzspinnverfahren), in dem die ausgesponnenen Spinnfäden durch den Kühlluftstrom verfestigt werden. Die Luftführung spielt eine entscheidende Rolle für die Qualität des entstehenden Filamentgarns.

Blastexturierung, → Lufttexturierung.

Blasverfahren, → Lufttexturierung.

Blaues Buch der IWTO, Bedingungen der Internationalen Wollvereinigung. Bereits 1924 gab es Bestrebungen, den internationalen Wollhandel zu vereinheitlichen. Zu diesem Zweck wurden internationale Wollkonferenzen durchgeführt. Das „Blaue Buch" der Internationalen Wollvereinigung (Originalsprache Französisch) enthält Schiedsgerichtsabkommen, Einheitskaufverträge und andere internationale Bestimmungen und Abkommen, die von den nationalen Wollvereinigungen im Laufe der Jahre anerkannt wurden. Dazu gehört auch die Festlegung der Konditionierung und der Konditioniergewichte (Standard-Feuchtigkeitszuschläge der Wolle, Toleranzen für Fette und Öle) für Kammzug- und Kammgarngeschäfte, Streichgarn- und Wollgewebehandel. Das „Blaue Buch" ist direkt von der IWTO, Sitz in Brüssel, oder von den nationalen Wollvereinigungen zu beziehen.

Bleibende Dehnung, jedes Garn verlängert sich bei Zugbelastung, d. h. unter Einwirkung von Zugkräften in Achsrichtung. Diese Verlängerung, bezogen auf die Ausgangslänge, wird als Dehnung bezeichnet. Ein Teil dieser Dehnung ist umkehrbar (elastische Dehnung), ein weiterer Teil ist nicht umkehrbar und führt zu einer bleibenden Verlängerung (plastische Dehnung). Das Verhältnis der bleibenden Verlängerung zur Ausgangslänge wird als bleibende Dehnung bezeichnet.

Bleibende Drehung, durch Nachbehandlung fixierte Drehung in Filamentgarnen.

Bleichgarn, gebleichtes Garn, Durchführung des Bleichprozesses am Garn (oder Vorgarn bei z. B. Leinen/Flachs), um die Garnfärbung besser durchführen zu können (besonders bei hellen, empfindlichen Färbungen erforderlich).

Blitzer, durch Überdrehung oder zu hohe Spannung auftretende Glanzstreifen an Filamentgarnen im Gewebe (Glanzschüsse, Banden, Spannschüsse).

Blumenkohl, Spulenaufbaufehler, ausbauchende Verformungen einer Kreuzspule, die durch zu hohe Fadenspannung oder Garnverschiebungen und Abschläger an der Spulenkante entstehen. Es entsteht eine blumenkohlartige Verformung der zylindrischen oder meist konischen Kreuzspule. Weitere mögliche Ursachen: durchgebogene, instabile Hülse, zu hoher Spulenauflagedruck oder Konizitätsfehler der Hülse. Besonders Kreuzspulen mit OE-Rotorgarnen, Wollgarnen und Kreppgarnen neigen zur Blumenkohlbildung.

Bobine, Scheibenspule der älteren Flügelspinnmaschinen, ähnliche Aufwicklung wie am Spinnrad, aus festem Material bestehend (früher Holz).

Bobtex-Garn (→ Bobtex-Spinnverfahren), Mehrkomponentengarn mit einem Filamentgarnkern und einem Mantel aus thermoplastischem Kunststoff, in den Spinnfasern eingetragen werden, damit ein Spinnfasergarn-Charakter an der Oberfläche entsteht. Der Spinnfaseranteil kann von 30–60 % variieren. Nur gröbere, aber sehr preiswerte Garne waren bisher herstellbar. Die minimale Garnfeinheit wird mit 300 dtex angegeben, die Garne sind relativ steif, die Festigkeit wird durch das Kernfilamentgarn bestimmt, die Hüllfasern bestimmen Aussehen und Griff der Textilien. Versuche wurden mit Deko-Garnen, Tuftinggrundware und Beschichtungsgewebe durchgeführt.

Bobtex-Spinnverfahren, Spinnverfahren des kanadischen Erfinders Bobkovics zur Herstellung von Mehrkomponentengarnen. Ein Filamentgarnkern (Polyethylen, Polpropylen, Glasfasern wurden erprobt) wird durch ein Polymer in geschmolzenem Zustand geführt, auf diesen Mantel werden Spinnfasern (30–60 %) kürzerer Länge aufgebracht und festgeklebt. Man unterscheidet:

1. Bobtex-ABS-Verfahren: Hier werden über Auflösewalzen vereinzelte Spinnfasern auf einen Sammelkondenser (Siebtrommel, besaugt) transportiert und von diesem in die Garnbildungszone gebracht (durch Drehung). Die Garnbildung erfolgt in einem Falschdrallgeber, der durch einen rotierenden, innen benadelten „Rotor“ (genaue Beschreibungen sind nicht bekannt) gebildet wird und ein rotierendes Garnende erzeugt, an das Fasern angebunden werden. Die Garnqualität wird mit „streichgarnähnlich“ angegeben. (Ältere Basis-OE-Rotorpatente des Erfinders Julius Meimberg und Prototypbeschreibungen der Spinnbau, Bremen/Dr. F. Hadwich, beschreiben innen benadelte Rotoren zum Sammeln der Fasern für die Herstellung von Streichgarnen).

   Literatur: W. Holtz-Honig, Vater spinnt, Wirtschaftsverlag Langen Müller/Herbig 1999, Schlafhorst AG, Mönchengladbach.
2. Bobtex-ICS-Verfahren: Ist dadurch gekennzeichnet, dass ein hitzestabiles Fi-

lamentgarn einem Extruder zugeführt und gemeinsam mit geschmolzenen Polymeren extrudiert wird. Unmittelbar danach, solange die Polymere noch thermoplastisch (klebrig) sind, werden über Streckwerke oder Auflösewalzen vereinzelte Spinnfasern in einem Luftstrom (über eine Ansaugtrommel) auf die Garnoberfläche aufgetragen. Danach wird ein Falschdrall auf das Garn aufgebracht, der die Fasern in das noch weiche Polymer drückt und einbindet. Die Spinngeschwindigkeit war bis 600 m/min möglich, das Verfahren ist kostengünstig, aber bisher aus Qualitätsgründen bedeutungslos.

Bobtex-ICS-Verfahren

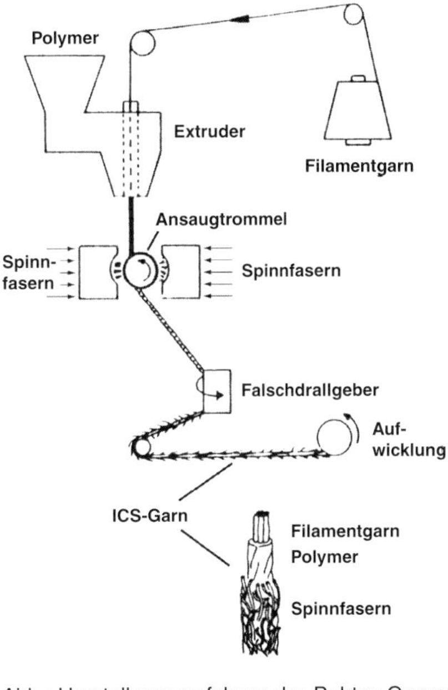

Abb.: Herstellungsverfahren der Bobtex-Garne mit Garnprinzipdarstellung
Quelle: Enka-Akzo AG, Wuppertal

Borkenkrepp, Blusen- und Kleiderstoffe mit borkenähnlichem Charakter, wobei die Strukturierung der Gewebeoberfläche nur mit hochgedrehten Kreppgarnen möglich ist.

Borsten, dicke Monofile begrenzter Länge (→ Monofilamentgarn), meist dicker als 0,1 mm, teilweise bis 1 mm Dicke, werden für die Bürstenherstellung, Besen und andere Zwecke verwendet. Sie bestehen meist aus Polyamiden, PVC, Polyethylen, Polyester, Polypropylen usw.

Bouclargent©, rundes Metalleffektgarn.

Bouclé, Gewebe mit noppiger oder flauschiger Oberfläche, aus Bouclé-Garnen hergestellt. Unregelmäßig strukturierte Oberfläche, unregelmäßige Schlingen, auch Reiskorn- oder Graupenstruktur.

Bouclé-Garn, → Bouclé-Zwirn.

Bouclé-Zwirn, Schlingenzwirn, Prozentzwirn mit unterschiedlichen Schlingen und Schleifen, charakteristisch ist die dicke, S-förmige Einzwirnung des Effektfadens. Durch unterschiedliche Fadenzuführungen und den Einsatz verschiedenfarbiger Garne als Effektfaden kann das Aussehen des Bouclé-Zwirns erheblich variiert werden. Zur Herstellung benötigt man Grund-, Effekt- und Fixierfaden. Die Zwirnmaschine (Effektzwirnmaschine) muss zwei getrennt arbeitende Lieferzylinderwerke aufweisen, die mit verschiedenen Geschwindigkeiten angetrieben werden können. Das gekräuselte Aussehen der Fäden wird neben der Effektbildung durch unregelmäßige Schlingen, ergänzt durch verschiedenfarbige, gemusterte Garne oder durch Musterfärbungen (Differential-Dyeing), mit variierendem Farbbild erzeugt.

Bourrette, noppige, unregelmäßige Gewebe, ursprünglich aus → Bourrettegarn (Bourretteseide) hergestellt, wobei das Bourrettegarn meist nur als Schussgarn eingesetzt wird. Entsprechende Effekte werden heute auch künstlich mit strukturierten Filamentgarnen (z. B. Dünn-Dick-Effekte) und Chemiefasergarnen erzeugt.

Bourrettegarn (Bourretteseide), ungleichmäßiges, gröberes Seidengarn aus kurzfaserigen Bourretteseiden-Abgängen (Kämmlinge) der Schappespinnerei (bis 70 mm Faserlänge), nach einem dem Streichgarnverfahren entsprechenden Spinnverfahren hergestellt. Bourre sind die wirren, dickeren Fadenanfangsstücke des Kokons. Bourrettegarne sind die gröbsten (bis zu mittleren Garnfeinheiten) und unregelmäßigsten (noppige) Spinnfasergarne der Seidenspinnerei. Sie sind weniger glänzend, eher matt, voluminös und haariger und ergeben eine unregelmäßigere Gewebeoberfläche mit der Optik und dem Griff der Wildseide. Auch Mischungen mit Baumwolle oder anderen Fasern sind üblich.

Bourrettespinnerei (Seidenkämmlings-Spinnerei), Stapelfaserspinnerei, meist Zweizylinder- oder Streichgarnspinnerei zur Herstellung voluminöser Garne aus Resten der Schappeseidengewinnung (Kämmlinge der Schappeverarbeitung). Öffnung und Reinigung der Schappeseidenkämmlinge (Stumba). Die Verarbeitung der Abgänge der Schappe-/Florettespinnerei (Seidenkammgarn), die meist kürzer als 70 mm sind, erfolgt nach dem Streichgarnspinnverfahren. Verarbeitet werden auch Anlegeabgänge der Schappespinnerei und Flockseide (Kokonreste, Bourre).

Boutonné-Garne, gleichmäßige Noppengarne (Knopfgarne), verwendet zur Herstellung einfarbiger, feiner Stoffe mit gleichmäßig verteilten Noppen.

Bradford-System, englisches Spinnverfahren der Kammgarnspinnerei für lange, glatte Wollen.

Brandgefahr in der Spinnerei, vor allem Baumwolle, aber auch Viskose und andere Faserstoffe sind leicht brennbar, weshalb offenes Feuer oder Rauchen in den Spinnereien grundsätzlich nicht erlaubt ist.
Feuer kann auch durch Zündfunken entstehen, wenn Metallteile gegeneinander schlagen (z. B. Spinnläufer auf der Metallgarnitur der Karden) oder wenn Faseransammlungen an rotierenden Walzen durch Reibung erhitzt werden. Auch elektrische Zündfunken in Steueranlagen können zum Brand führen, der nur schwer zu löschen ist. Eine besondere Entzündungsgefahr geht von fein verteiltem Faserstaub (Faserschmutz) in der Spinnerei aus, der durch Zündfunken explosionsartig entzündet werden kann. In den Fasertransportleitungen sind deshalb Feuersensoren (z. B. Fa. Jossi Systems, Wängi, Schweiz) zur Erkennung von Brandherden und Möglichkeiten zur Ausscheidung der brennenden Faserflocken aus der Spinnerei vorzusehen.

Brechen, Kürzen von Fasern durch Reißen, beispielsweise zur Herstellung von Stapelfasern im Wollbereich aus Kabeln oder zur Verkürzung der Länge von langen Naturfasern (Flachs, Hanf, Ramie, Jute u. a.).

Bremer Baumwollbörse, Organisation des deutschen Baumwollhandels und der deutschen, österreichischen und schweizerischen Baumwollindustrie.

Bremer Bedingungen, Handelsbedingungen der Bremer Baumwollbörse (erhältlich von der BBB in Bremen).

Brennbarkeit (Textilien), aus Sicherheitsgründen werden bei Textilien zunehmend Auflagen zur Brennbarkeit gemacht. Nicht nur der Rohstoff, sondern auch Konstruktion und Ausrüstung eines Textils beeinflussen das Brennverhalten erheblich. Lose Fasern brennen schneller

als Garne oder Gewebe. Zunehmend werden auch Ausrüstungen zur Herabsetzung der Brennbarkeit angeboten.
Die Beurteilung der Brennbarkeit erfolgt in zwei unterschiedlichen Luftzusammensetzungen:

a) In Luft mit normaler Zusammensetzung (Erdatmosphäre). Diesen Verfahren ist gemeinsam, dass die Messprobe in einer bestimmten Anordnung (senkrecht, waagrecht, schräg, bogenförmig usw., je nach Norm) durch eine genau definierte Zündquelle (Gasflamme, Zigarette usw.) beflammt bzw. entzündet wird, wobei eine vorgegebene Zündzeit einzuhalten ist. Nach Entfernen der Zündflamme wird beobachtet, wie das Brennverhalten der Probe ist. Die Beurteilung erfolgt nach verschiedenen Kriterien, u. a.
   - Brenndauer
   - Glimmdauer nach Erlöschen der Flamme
   - Abmessung der verbrannten Fläche
   - Fortpflanzungsgeschwindigkeit der Flammenfront
   - Tropfverhalten
b) In Luft mit abweichendem Sauerstoffgehalt. Hier wird das Brennverhalten der Probe in Abhängigkeit vom Sauerstoffgehalt der umgebenden Luft untersucht (LOI-Prüfung, Limiting Oxygen Index). Man erhält Sauerstoffkonzentrationen, deren untere Grenze etwas niedriger als der normale Gehalt der Atmosphäre ist (ca. 21 %), während die obere Grenze bei etwa 60 % liegt. Je höher die zur Verbrennung erforderliche Sauerstoffkonzentration ist, desto schwerer entzündbar (schlechter brennbar) ist das Material.

Brikettierung, Zusammenpressen (Komprimieren) der Spinnereiabfälle, die nicht mehr textil verwertet werden können, zu Brikettform mit der Möglichkeit der thermischen Verwertung (Verbrennung).

Brillantgarn, farbiger Stehfaden (Seide, Wolle, Baumwolle), der mit flachen Metallfäden (Lahn) so umwunden wird, dass die farbige Seele noch durchschimmert.

Brillantlitze, schmales Flachgeflecht, das aus Brillantgarnen hergestellt wird.

Briseur, alte Bezeichnung für den Vorreißer, die Vorauflösewalze der Karde.

Broché-Faden (Broschefaden, Brokat), Gold- und Silberfäden (Lahn) für die Herstellung von Priester- oder Fürstengewändern.

Brokat (Lamé-Gewebe), schwere, reich gemusterte Stoffe mit Gold- oder Silberfäden (Leonische Fäden, → Leonische Drähte), zur Verwendung als Möbelstoffe, Dekorationsstoffe oder festliche Kleiderstoffe (Königs- und Fürstengewänder, Priestergewänder usw.).

Broschieren, mit Brosché-Fäden verzieren.

Bruchdehnung, gesamte Dehnung der Garne, die bis zum Zeitpunkt des Garnbruchs gemessen wird.

Bruchfestigkeit, die zum Zeitpunkt des Garnbruchs festgestellte Zugkraft.

Brüchigkeit, Empfindlichkeit von Garnen gegenüber → Biegebelastung, die mit dem Schlingenzugversuch oder Knotenzugversuch einfach festgestellt wird. Die Bruchfestigkeit von technischen, hochfesten Garnen ist besonders gering (Glasfasergarne, Carbonfasergarne, Keramikfasergarne, Aramidfasergarne). Sie sind besonders empfindlich gegenüber Biegebelastungen, ihre Brüchigkeit ist hoch.

Noch empfindlicher reagieren diese Materialien auf Dauerbiegebelastungen (z. B. wiederholtes Umbiegen um 180°). Demgegenüber ist Polyester besonders biegestabil.

Bruchstelle, das Aussehen der Fadenbrüche an der Bruchstelle liefert Aufschlüsse über das Bruchverhalten und die Bruchursache (z. B. Trash-Teilchen an der Bruchstelle, das im Spinndreieck der Ringspinnmaschine oder im Rotor zum Fadenbruch geführt hat).

Brussaseide (Brussahseide), gleichmäßiges, weißes Grègeseidengarn (Rohseidengarn) guter Qualität.

Bruttogewicht, Gesamtgewicht der Lieferung mit Verpackung.

B-Type, Baumwolltype, Chemiefasern, die hinsichtlich ihrer Eigenschaften wie Länge, Feinheit, Kräuselung, Festigkeit und Dehnung an die Baumwollfasereigenschaften angeglichen sind. Sie dienen der Herstellung von Mischgarnen oder Chemiefasergarnen in der Dreizylinderspinnerei. Eine typische Polyester-Baumwolltype hat eine Nennlänge von 38 mm, eine Feinheit von 1,3–1,7 dtex und eine Festigkeit im Bereich von 35–40 cN/tex. Die Dehnungsbereiche liegen bei etwa 15 %.

Bulk Continuous Filament, → BCF-Garn.

Bulkgarn, → Hochbauschgarn.

Bumpgarn, dickes, festgedrehtes Baumwollabfallgarn.

Bumps, englische Bezeichnung des zusammengepressten und gebundenen Inhalts einer Streckenkanne oder Kämmmaschinenkanne der Wollkammzugherstellung. Der auf diese Weise zusammengepackte Kammzug wird in Ballen verpackt und weitertransportiert. Aus Kostengründen hat der Bumps zunehmend den Kammzugwickel abgelöst. Die Bumps werden von der Wollkämmerei geliefert und enthalten das Rohmaterial der Kammgarnspinnerei. Auf den ersten Strecken der Kämmerei werden aber meistens noch Wickel hergestellt und den Kämmmaschinen vorgelegt.

Abb.: Wollkammzug als zusammengepresster und abgebundener Kanneninhalt

Bündel (Stapelabschnitt), Garnfehler, endengleiches, geordnetes, unaufgelöstes Chemiefaserbündel im Garn (oder in der Faserflocke).

Bündelfestigkeit, in den englischsprachigen Ländern wird die → Skein-strength als Bündelfestigkeit der Garne bestimmt, d. h. statt der Einzelgarnfestigkeit (single yarn strength) wird ein Garnbündel (skein = Strang) im Zugprüfgerät gerissen und die Festigkeit des Garnstrangs als Kennwert für die Festigkeit der Garne verwendet (im Anforderungskatalog für Jeans-Stoffe der Denim-Verarbeiter wie Levi Strauss u. a.).

Bündelgarne, gehaspelte Garne, die in Strangform (z. B. im Ballen) geliefert werden (z. B. Rohseide).

Buntspinnerei, Bereich der Kammgarnspinnerei zur Herstellung und Verarbeitung (Färben, Bedrucken, Strecken, Nachkämmen) gefärbter und bedruckter Kammzüge (Wolle und Chemiefasern).

Burrs (Graupen), Spinnerei- und Kämmereiabfälle der Wolle, die nicht mehr in der Kammgarnspinnerei verarbeitbar, aber für die Streichgarnherstellung verwendbar sind.

Bürstenwalzen, Walzen mit Borstenoberfläche zum Bürsten (Polieren) der Oberfläche von Garnen (polierte Garne), bei Leinengarnen mit Wasser zur Glättung der Garnoberfläche.

C

Cablé, dicker Seidenzwirn mit auffälliger Zwirndrehung.

Cabling, → Kablierverfahren.

Canette, kleine Schussspule der früheren, traditionellen Seidenweberei (für Schützenwebmaschinen).

Carbonfasergarne, Filamentgarne mit sehr hohem Kohlenstoffgehalt (> 80 %), die durch thermische Behandlung (Karbonisierung) aus Filamentgarnen, meist aus Polyacryl oder Pech hergestellt werden. Je nach thermischer Behandlung werden hitzebeständige Filamente (1.500–3.500 °C) hoher Dichte (1,5–2,0), hoher Festigkeit und Steifigkeit hergestellt. Einsatz hauptsächlich im Verbundwerkstoffbereich für technische Produkte im Flugzeugbau (Airbus) oder im Sportgerätebereich.

CEN, europäische Normenorganisation, die europäische Normen (EN) herausgibt. Die meisten deutschen Normen sind inzwischen in DIN-EN- oder DIN-ISO-EN-Normen überführt worden.

C-Faktor der Reinigung, der Einflussfaktor der Baumwolltype auf die Effektivität der Reinigung von Baumwolle in der Spinnereivorbereitung. Dieser Faktor bezieht sich auf die Reinigungswilligkeit der Baumwolle, d. h. ob sie sich bei gleichem Trash-Gehalt gut oder schlecht reinigen lässt. Neben dem C-Faktor ist noch der T-Faktor (Trash-Anteil der Baumwolle) und der M-Faktor (Maschinenfaktor) für die Reinigungswirkung der Spinnereivorbereitung wichtig (Leifeld-Formel: Reinigungswirkung $Rg = 10 \times C \times M \times T$).

C-Fasern, → Carbonfasern.

CF-Garne (CF = continuous filament), glatte Filamentgarne ohne Kräuselung, so wie sie nach dem Spinnen und Verstrecken in der Primärspinnerei zur Verfügung stehen und direkt verarbeitet werden können (z. B. zu Futterstoffen, Regenschirmstoffen, technischen Geweben usw.).

CFK, carbonfaserverstärkte Kunststoffe, Bauteile mit geringem Gewicht und hoher Stabilität und Steifigkeit, die zunehmend im Flugzeugbau (Airbus: black body), im Fahrzeugbau (Rennwagen, Fahrzeugteile) und insbesondere im Sport (Tennis-, Squash-Schläger, Fahrradrahmen, Skisport, Skateboards, Snowboards) Metallteile (oder andere Werkstoffe) ersetzen. Als Verstärkung werden wegen der hohen Festigkeit in Filament- oder Garnrichtung neben Vliesstoffen zunehmend Rovings, Filamente, Garngelege oder Gewebe eingesetzt.

Chainette-Garn (Rundstrickgarn), Garne, die mit Hilfe von Miniatur-Rundstrickmaschinen unter Verwendung von Filamentgarnen oder Spinnfasergarnen mit 6–20 Nadeln als Schlauch gestrickt werden. Sie werden im Bereich modischer Strickwaren eingesetzt. Die Eigenschaften der Garne werden bestimmt durch Garnmaterial, Garnfeinheit, Fadenspannung, Maschendichte und Nadelzahl. Die Feinheit der eingesetzten Polyesterfilamentgarne reicht von 110–550 dtex, die der Baumwollgarne von Ne(C) 20 bis Ne(C) 30.

Changierung, maximaler Bewegungsweg (Hub) und Bewegungsgeschwindigkeit des Fadenführers (oder des durch die Schlitze der Nutentrommel geführten Fadens) zur Bewicklung der Spule. Die Changierung bestimmt die Bewicklungsbreite der Spule.

Abb.: Strickknäuel eines Chainette-Garns

Changierwalzen, seitlich verschiebbare, sich um einen Mittelwert nach links und rechts bewegende Gummiwalzen des Fadenführers, die durch Changierung dafür sorgen, dass der Faden nicht immer an derselben Stelle der Gummiwalze läuft, womit eine vorzeitige Einarbeitung (Vertiefung) und Zerstörung der Lieferwalze bzw. Andrückwalze des Lieferwerks vermieden wird.

Chappé, Schappeseide, → Schappespinnerei.

Chargierte Seide, beschwerte Seide, zum Ausgleich des durch die Entbastung entstandenen Gewichtsverlusts mit Metallsalzen schwerer gemachte Seide. Beschwerung unter, in, oder über pari. In pari bedeutet gleiches Gewicht der Seide wie vor der Entbastung.

Chemiefasergarne, Garne, die aus Chemiefasern nach dem Sekundärspinnverfahren (Ringspinnen, OE-Rotorspinnen, Luftspinnen) in reiner Form ohne Zumischung von Naturfasern ausgesponnen werden, entweder aus Baumwolltypen, Wolltypen oder Teppichtypen, d. h. aus geschnittenen oder gerissenen künstlichen Spinnfasern, die aus synthetischen (z. B. Polyester) oder natürlichen Polymeren (z. B. Viskose) hergestellt wurden.

Chemiefasern, alle Fasern, die künstlich (durch Ausspinnen aus Spinndüsen) aus synthetischen (z. B. Polyester, Polyamid, Polyacryl, Polypropylen), natürlichen (z. B. Zellulose) oder anorganischen Rohstoffen (z. B. Glas, Metalle) hergestellt werden. Sie werden als Filamente (Monofilamente, Multifilamente) hergestellt und weiterverarbeitet (z. B. als Filamentgarne) oder zu Spinnfasern (Stapelfasern) verarbeitet (durch Schneiden, Reißen, Konvertieren) und dann mit Sekundärspinnverfahren zu Chemiefasergarnen versponnen.

Literatur: H. J. Koslowski, Chemiefaser-Lexikon, Deutscher Fachverlag GmbH, Frankfurt a. M., 1997.

Chemisch-thermische Texturierverfahren, Verfahren, bei denen durch chemische Vorbereitung (z. B. Bikomponentenfasern mit zwei verschiedenen Polymeren im Filament) und anschließende Wärmebehandlung eine gezielte Texturierwirkung (beständige Kräuselung der Filamente) im Filamentgarn erzeugt wird.

Chenillegarn (Florgarn), Garn, ursprünglich ein Doppelfaden, ein fransenartiges Bändchen, mit quer zur Garnlängsachse eingebundenen, abgeschnittenen Fäden, die durch raupenartige, abstehende Garn- und Faserenden ein weiches, rundes, samtartiges Garn bilden. Ursprünglich wurden jeweils die zwei Kettfäden eines Drehergewebes von den Nachbarkettfäden in Längsrichtung der Kette getrennt, wodurch man praktisch „Zwirne“ (keine echte Drehung, sondern abwechselnde Drehung) mit quer eingebundenen, nach dem Schneiden seitlich abstehenden Garnstücken bzw. Faserbüscheln erhielt. Chenillegarne mit nicht aufgeschnittenen Schlingen

werden z.B. eingesetzt für Vorhangstoffe. Moderne Chenillegarne bestehen aus zwei feinen, festen Garnen als Seele, und quer eingelegten, geschnittenen Fasergarnen oder Filamenten als Florfäden.
Chenillegarne können durch Weben, Wirken, Zwirnen und Beflockung (Flockgarne) hergestellt werden. Während der Herstellung auf der Chenillemaschine wird das Florgarn um ein kurzes, poliertes Metallstück (Kaliber) gewickelt, durch das eine Schnittklinge geführt wird, die das Florgarn in kurze Stücke schneidet, die den Flor bilden. Die Größe des Kalibers bestimmt die spätere Dicke des Garns. Die beiden Seelengarne, die das Florgarn einklemmen, werden zur Fixierung des Florfadens hochgedreht (über eine Ringspindel mit Ring-Läufer-System mit echter Drehung), das fertige Garn (praktisch ein Zwirn mit quer eingelegten Fäden) wird dann auf eine Ringspinnspule aufgewickelt. Vor dem Eindrehen wird das Seelengarn mit Hilfe eines rotierenden Metallrädchens zwischen die Seelenfäden gepresst, damit diese gleichmäßig eingebunden werden können. Die Qualität des Chenillegarns wird bestimmt durch die Gleichmäßigkeit der Florrichtung, der Flordichte (florlose Stellen), sowie die Stabilität und die Florfestigkeit. Deshalb ist die Herstellung und Weiterverarbeitung schwierig. Einsatzgebiete sind Gardinenstoffe, dekorative Decken, Kissen, Möbelbezugsstoffe, Pullover (Handstrickgarne) und andere modische Oberbekleidungsartikel.

Abb. 1: Prinzipdarstellung eines Chenillegarns

Abb. 2: Strickknäuel eines Chenillegarns

Man unterscheidet:

1. Webchenille, entsteht durch zwei jeweils eng gestellte Kettfäden mit daneben größeren Zwischenräumen, sodass beim Schusseintrag längere Flottierungen entstehen, die nach dem Weben aufgeschnitten werden. Danach erfolgt ein Drehen (Nachzwirnen) der beiden Kettfäden, um einen Rundchenillefaden zu erhalten. Verwendet man eine Dreherbindung, muss nicht nachträglich gedreht werden, es entsteht eine andere Chenillefadenstruktur.
2. Wirkchenille, entsteht durch zwei zusätzlich eingetragene (gespannte) Schussfäden, die ebenfalls eng gestellt und durch Schlingen der Kettfäden (Fransen) zusammengehalten werden. Die Flottierungen zwischen den Fransen werden aufgeschnitten, wodurch Flachchenille entsteht. Für die Erzeugung von Rundchenille muss wie beim Webchenille anschließend nachgedreht (nachgezwirnt) werden.
3. Zwirnchenille, mit speziellen Chenillezwirnmaschinen hergestellt, bei denen einer der Fäden als Schlinge ausgebildet wird, die aufgeschnitten werden kann. Der Zusammenhalt wird durch die Zwirndrehung erreicht.
4. Fadeneinlege-Chenille (Posamenten-Chenille), ein rundes, samtartiges Garn, ein fransenartiges Bändchen, raupen-

förmig ausgebildet für die Erzeugung samtähnlicher Oberflächen und Griffeffekte, meist auf speziellen Chenillemaschinen durch Einlegevorrichtungen hergestellt.
5. Chenille-Imitation, raupenartige Effektzwirne (auch Zwirnchenille).
6. Rundchenille, Garn, das durch Beflocken eines Monofilamentgarns entsteht.

Cheviotgarn, Wollgarn, Kammgarn aus grober, glatter, langer Wolle (ca. 150–450 mm, schlichtbogig).

Chlorfasergarne, Garne aus Chlorfasern, d. h. aus Makromolekülen, die durch geradkettige Polymerisation entstanden sind und mehr als 50 % Polyvinylchlorid bzw. Polyvinylidenchlorid enthalten. Weitere Bestandteile des Monomers können Vinylacetat oder Acrylnitril sein. Die bekanntesten Chlorfasern sind PVC-Fasern (aus Polyvinylchlorid). Dies waren die ersten synthetischen Chemiefasern, die ab 1913 in Deutschland in kleinen Mengen versuchsweise hergestellt wurden.

Chrysalis, Abfallfragmente der Wildseiden, die durch Aufarbeitung zu Stapelfasergarnen (Schappegarne) versponnen werden können.

CIRFS, Abkürzung für Commité International de la Rayonne et des Fibres Synthétiques, 1950 gegründeter europäischer Verband der Chemiefaserhersteller mit Sitz in Brüssel.

Classimat-Fehler, neben den regelmäßig (statistisch verteilt) in Garnen vorkommenden Fehlern, wie Dünnstellen, Dickstellen und Nissen (Imperfections), gibt es in jedem Garn zufällige Fehler wie Doppelfäden, dicke Batzen, Knoten, aber auch sehr lange, dünne oder dicke Garnstellen u. a., die bei statistischer Überprüfung des Garns im Labor mit dem Uster-Tester nicht entdeckt werden können, aber in der Fertigware zu Fehlern und Reklamationen führen. Deshalb wurde von Zellweger Uster, Schweiz, ein Prüfsystem eingeführt, das an einer speziellen Spulmaschine die Beurteilung kompletter Copse oder größerer, umgespulter Garnlängen (100.000 m) mit Hilfe elektronischer Prüfsysteme (z. B. Garnreiniger) ermöglicht. Die Fa. Loepfe hat diese Überprüfung am laufenden Faden mit Hilfe optischer Garnreiniger frühzeitig auf die Spulmaschine der Spinnerei und konsequent auch auf die OE-Rotorspinnmaschine und Luftspinnmaschine übertragen. Inzwischen gibt es viele Systeme zur laufenden Garnüberprüfung. Das Prinzip der Fehlererkennung und anschließenden Ausreinigung (Schneiden des Garns an der Fehlerstelle, Herausschneiden des Fehlers und anschließendes Spleißen) ist heute Stand der Technik in der Spinnerei/Spulerei.
Das Classimat-System oder die Klassifizierung der seltenen Fehler nach Loepfe wurden ergänzt durch die Einbeziehung der Fremdfaserklassifizierung (Loepfe, Classification of Foreign Fibers). Classimat-Fehler (Classimat-Werte) werden unterteilt in genau definierte Dickenfehler und Längenfehler des Garns.

Classimat-Grenze, wählbare Grenze im Classimat-System (→ Classimat-Werte), die seltene Garnfehler, die ausgereinigt werden müssen, von Fehlern, die im Garn bleiben können, trennt (Kostenoptimierung).

Classimat-Werte, es wurden verschiedene Klassierungssysteme für seltene Garnfehler (→ Classimat-Fehler) festgelegt; zunächst wurden die Classimat-I-Werte von der Fa. Zellweger Uster (Uster Technologies) eingeführt. Später wurden die Classimat-II-Werte festgelegt und von anderen Garnreinigerherstellern für Spulmaschinen eigene Klassiersysteme entwickelt, wie z. B. von Fa. Peyer, Wollerau, Schweiz, und Fa. Loepfe, Wetzikon, Schweiz, aber auch japanische (Keisokki) und indische (Premier) Systeme.

1. Classimat I ist wie folgt aufgeteilt:
Dickenklassen: über 100 %, 150 %, 250 % und 400 % der mittleren Garnmasse.
Längenklassen: über 0,1cm, über 1 cm, über 2 cm und über 4 cm Fehlerlänge.

2. Im Classimat-II-System wurden zusätzlich Fehler größerer Länge und zusätzlich Dünnstellenfehler eingeführt.

Mit der Einführung eines Koordinatensystems (Zahlen 1, 2, 3, 4 für Dickenklassen und Buchstaben A, B, C, D usw. für Längenklassen) lassen sich eindeutige Fehlerkategorien für seltene Garnfehler festlegen, z. B. A1, A2 usw., D4, C3, B2 usw. Die Fehlerkategorie A1 bezeichnet alle seltenen Fehler, die im Bereich einer Verdickung des Garns um plus 100 % zur mittleren Garnmasse liegen und etwa 0,1 cm lang sind. Die Fehlerkategorie C4 bezeichnet Fehler, die um 400 % dicker sind als die mittlere Garnmasse und etwa 2 cm lang sind. Entsprechend sind auch andere Fehlerkategorien definiert.

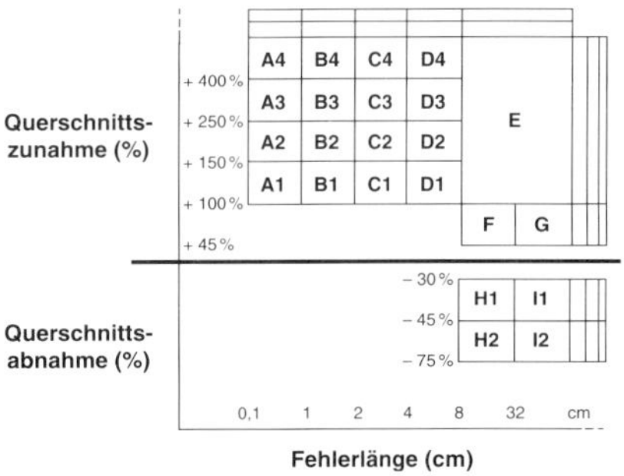

Abb.: Einteilung seltener Garnfehler nach Zellweger-Uster (Garnfehlerklassierung)
Quelle: Zellweger Uster / Uster Technologies Uster, Schweiz

Werden bei einem Garn durch kapazitive (oder optische) Prüfung Fehler festgestellt, können diese an der Spulmaschine ausgereinigt werden (Herausschneiden des Fehlers und anschließendes Verbinden des Garns durch Spleißen). Welche Fehler im Garn belassen werden und welche herausgeschnitten werden, wird durch die Classimat-Grenzen festgelegt (Vereinbarung zwischen Abnehmer und Lieferant).

C-Läufer, C-förmige Metallläufer des Ringspinnsystems, die bevorzugt in der Dreizylinderspinnerei (Baumwolle, Chemiefasern des Baumwolltyps) eingesetzt werden.

Clip-Dyeing, partieweise Garnfärbung durch Eintauchen von Garnsträngen, die stellenweise abgebunden sind, in das Färbebad.

Clips, Leitblechstützen, Führungsorgane aus Kunststoff zur Abstandsfixierung der Riemchen im Streckwerk zur Vermeidung der Riemchenschädigung und für die Zusammenführung der Lunte am Ringspinnstreckwerk.

Coir-Garne, Kokosfasergarne, grobe, dicke Garne für Bodenbeläge, Kokosläufer und andere Gebrauchsartikel.

Com4®-Garn, Garn der Dreizylinderspinnerei, hergestellt mit dem Rieter Com-4-Kompakt-Ringspinnverfahren, mit deutlich reduzierter Haarigkeit, höherer Festigkeit, besserer Gleichmäßigkeit, Rundheit und Kompaktheit des Kompaktgarns, verglichen mit konventionellem Ringgarn.

Com4®-Verfahren, erstes kommerziell verfügbares Kompakt-Spinnprinzip der Fa. Rieter AG, Winterthur, Schweiz, mit von innen besaugter, perforierter Kompaktierungswalze, die das Spinndreieck beim Kompakt-Ringspinnen verkleinert, verhindert bzw. unterdrückt. Beruht auf Patenten von Dr. E. Fehrer, Linz, Österreich.

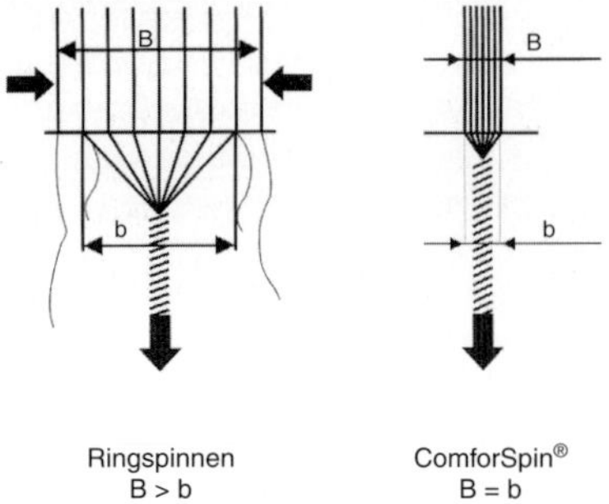

Abb. 1: Com4-Kompaktspinnprinzip nach Darstellung der Maschinenfabrik Rieter AG, Winterthur, Schweiz

Quelle: Rieter AG, Winterthur, Schweiz

Abb. 2: Absaugwalze des Kompaktspinnstreckwerks Com4 der Maschinenfabrik Rieter AG, Winterthur, Schweiz

Comingling, Verwirbeln (Tangeln) von zwei oder mehr Garnen mit Hilfe von Druckluft in Verwirbelungsdüsen. Kombinationen von Elastan- und Naturfasergarnen ergeben dehnbare Garne, die mit umwundenen Garnen oder Zwirnen verglichen werden können, diese aber bezüglich der Gleichmäßigkeit nicht erreichen, jedoch preiswerter herzustellen sind. Comingling wird oft gemeinsam mit der → Lufttexturierung durchgeführt. Eine neue Möglichkeit ist eine Verwirbelungseinrichtung am Speicherfournisseur direkt vor der Strickmaschine (Memminger IRO/Temco).

Abb. 3: Kompaktstreckwerk Com4 der Maschinenfabrik Rieter AG, Winterthur, Schweiz

Comingling-Garn, Filamentgarn mit verschiedenen Filamentanteilen, z. B. aus Glasfaser- oder Carbonfilamenten mit thermoplastischen Filamenten (z. B. Polyamid), aber auch mit anderen Filamentkombinationen, zur Herstellung von Verbundwerkstoffen, zunächst mit paralleler Filamentlage.

CompACT-3-Verfahren, Markenname der Fa. Zinser-Saurer für eine neue Version des Kompaktspinnverfahrens, wobei die Kompaktierung durch perforierte Riemchen mit Innenbesaugung erfolgt.

Compactgarn, → Kompaktgarn.

Compactspinnen, → Kompaktspinnverfahren.

Composit-Garn, Zwirn oder Garn aus zwei oder mehr verschiedenen Faserstoffen, mit unterschiedlichen Schmelztemperaturen für die Herstellung von Verbundwerkstoffen.

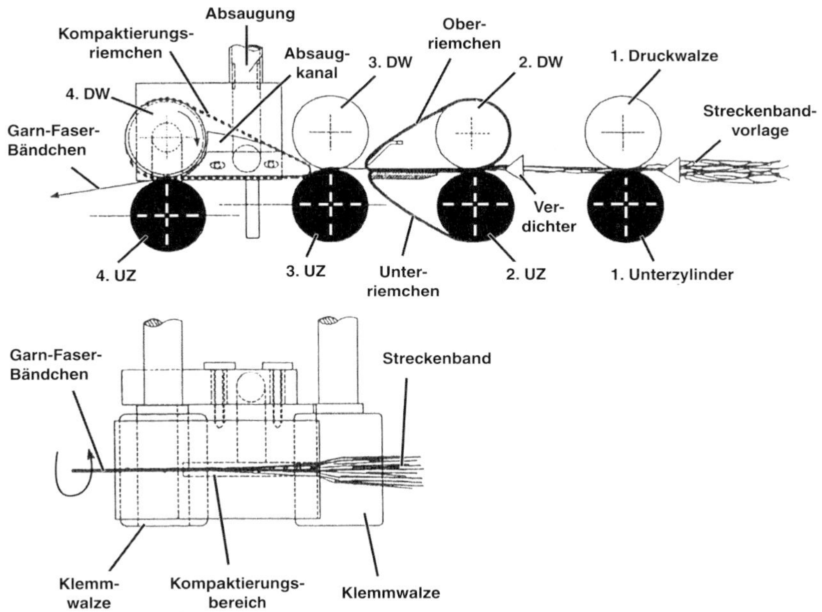

Abb. 1: Prinzipdarstellung des Kompaktspinnverfahrens der Fa. Zinser-Saurer, Ebersbach
Quelle: Patent ITV – Denkendorf, Dr. P. Artzt und Mitarbeiter

Abb. 2: Streckwerk der Zinser-Saurer-Kompaktspinnmaschine (CompACT-3-Kurzstapelstreckwerk)

Abb. 3: Absaugriemchen des CompACT-3-Zinser-Saurer-Kompaktspinnstreckwerks

Cone, konische, trapezförmige Garnspule mit unterschiedlichen Neigungswinkeln im Spulenmantel, die so optimiert werden, dass das Garn ohne Schädigung direkt über Kopf abgezogen werden kann (z. B. für Rundstricken).

Conjugate-Garn (Mischgarn), Filamentgarn, das aus zwei unterschiedlichen Filamentgarnen besteht.

Converter, → Konverter.

Cool Wool, Gütezeichen der Woolmark Company (früher IWS) für leichte Wollstoffe (unter 220 g/m²), die aus feinen, leichten Wollkammgarnen hergestellt wurden, deren Garnfeinheit im Bereich Nm 50–80 und feiner liegen. Dafür wird feine, hochwertige Merinowolle benötigt.

Cops (Kops), Spinnspule der Ringspinnmaschine mit typischem Aufbau aus konisch angeordneten Garnlagen.

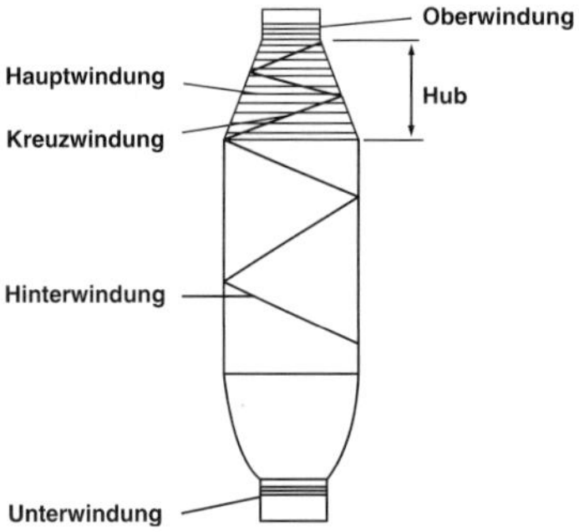

Abb. 1: Aufbau eines Ringspinncopses

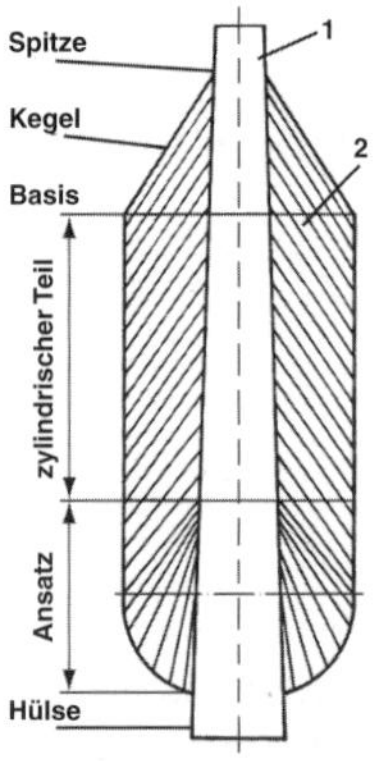

Abb. 2: Schichtaufbau eines Ringspinncopses

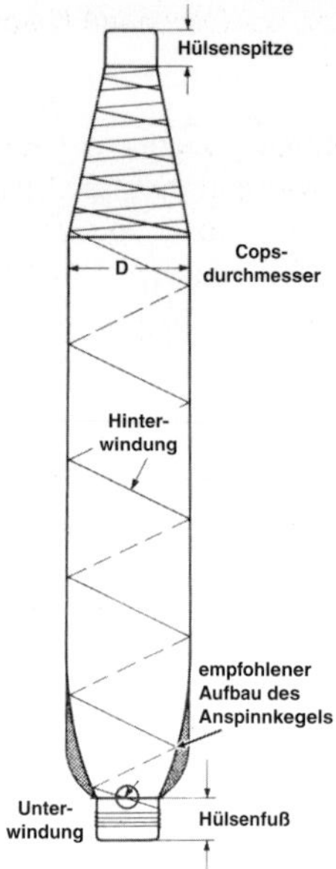

Abb. 3: Empfehlung für den Copsaufbau für Spulmaschinen der Fa. Schlafhorst-Saurer, Mönchengladbach

Copsaufbau, ein Cops besteht aus drei verschiedenen Teilen, dem gewölbten Ansatz auf der Unterseite der Hülse der Ringspindel, dem walzenförmigen Mittelteil und der konisch auslaufenden Spitze. Zu Beginn der Bewicklung werden im Ansatzbereich Garnwindungsschichten mit zunehmender Konizität aufgewickelt, bis der gewünschte Konuswinkel der Garnlagen zur Hülsenachse erreicht ist. Danach werden gleichmäßige, parallel liegende Bewicklungsschichten gebildet, die aus zwei Garnlagen, der Haupt- und der Kreuzwindung bestehen. Die Hauptwindung entsteht durch langsame Aufwärtsbewegung der Ringbank, die Kreuzwindung durch das rasche Absenken der Ringbank. Sie bildet Isolierschichten zwischen den Garnlagen der Hauptwindung, die beim schnellen Abzug des Garns an der Spulmaschine ein Abreißen ganzer Lagen verhindert und damit erst ein geordnetes

Umspulen der Copse auf Kreuzspulen ermöglicht.

Copsreise, Bewegung des gesponnenen Fadens während der Aufwicklung auf die Spinnspule (Cops). Unterschiedliche Geschwindigkeiten in der Abwärts- und der Aufwärtsbewegung.

Copsvorbereitung, Erfassen, Sortieren und geordnetes Zuführen der Copse zur Spulstelle an der Spulmaschine. Heute teilweise ersetzt durch die Verknüpfung von Ringspinnmaschine und Spulmaschine, die eine gezielte Zuführung der abgezogenen Copse (mit möglicher Spulenidentifizierung) erlaubt.

Cord,
1. Reifencord (→ Cordzwirn), durch Zusammendrehen mehrerer Vorzwirne.
2. Cordgewebe, Gewebe mit Längsrippen.

Cordonnet-Zwirn, Nähzwirn (Maschinenzwirn) aus Seide, bestehend aus drei stark gedrehten → Trama-vaga-Fäden.

Cordura®, Markenname der Fa. Invista (früher DuPont) für ein hochfestes Polyamid-Filamentgarn mit sehr guter Scheuerfestigkeit für Motorradbekleidung, Ski- und Snowboardbekleidung, Schuhe, Rucksäcke usw. Der Schmelzpunkt der Faser liegt bei ca. 210 °C.

Cordzwirn (Kablierzwirn), sehr gleichmäßiger Zwirn (balanciert, ausgeglichen), der aus Filamentgarnen gleicher Feinheit mit Hilfe des Kablierverfahrens (früher Ringzwirnverfahren) erzeugt wird. Für die Herstellung von Autoreifenverstärkungen (Karkasse des Reifens in Längs- und Querrichtung), bei Hochgeschwindigkeitsreifen aus Rayon (Viskose-Filamentgarne), aber auch zunehmend aus Nylon- (Polyamid 6.6) oder Polyestergarnen.

Coregarn, → Kern-Mantel-Garn, bei dem der Kern meist aus einem Filamentgarn besteht (z.B. Elastanfaden oder festes, glattes Filamentgarn), der direkt beim Spinnen von Spinnfasern (Stapelfasern) umwunden wird. Die Zuführung des Filamentgarns erfolgt am letzten Walzenpaar des Streckwerks (Vorderzylinderpaar) in das Spinndreieck oder durch die Hohlwelle des OE-Rotors in den Spinnrotor. Die Fasern des Spinndreiecks oder der OE-Rotorrille werden um den Filamentkern herumgesponnen.

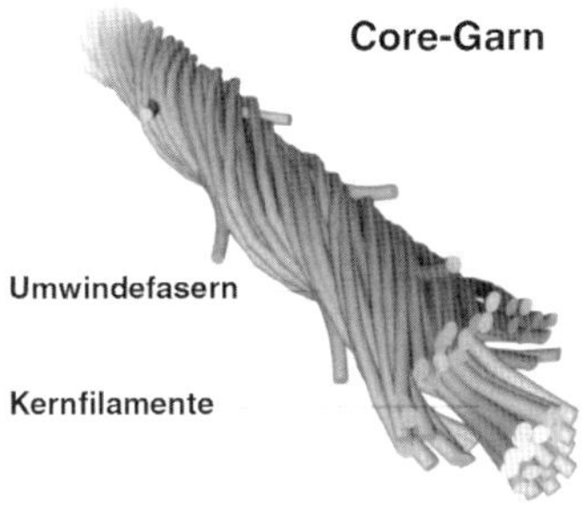

Abb.: Prinzipieller Aufbau eines Coregarns, Darstellung der Fa. Murata Machinery Ltd., Japan

Coregarn-Zwirn, Umwinden eines Garns mit anderen Garnen, in mehreren Lagen möglich, auch in unterschiedlicher Drehungsrichtung.

Core-Taslan, lufttexturiertes Effektgarn, bei dem ein Garn mit Hilfe einer Luftdüse (DuPont USA, Taslan-Verfahren) um den Kernfaden herumgewirbelt wird, wodurch ein chenilleartiger Effektfaden entsteht. Der zugeführte Effektfaden muss schneller und mit weniger Spannung zugeführt werden.

Corkscrew-Garne, Zwirne mit Korkenziehercharakter (Kräuselzwirne). Garne werden mit unterschiedlicher Drehungsrichtung verzwirnt.

Cottonisierter Flachs, technische Flachsfasern werden mechanisch oder auf andere Weise (z. B. Dampfaufschluss, Ultraschallaufschluss, chemischer Aufschluss) so aufbereitet, dass sie dem Längenbereich der Baumwolle mit Faserlängen bis etwa 40 mm entsprechen und in reiner Form oder in Mischung mit anderen Kurzstapelfasern mit Maschinen der Kurzstapelspinnerei (Dreizylinderspinnerei, Baumwollspinnerei) verarbeitet und zu Garnen versponnen werden können. In Deutschland erstmals von der ehemaligen Spinnerei Gminder in Reutlingen („Gminder Halbleinen") in den 50er Jahren des 20. Jahrhunderts in größerem Umfang eingesetzt. Wird heute wieder verwendet (Reutlinger Dampfaufschluss IAF), um modische Garne aus Flachs oder Hanf und Mischungen mit anderen Fasern rationell herzustellen (z. B. OE-Rotorgarne).

Count Strength Product (CSP), Kennziffer, Produkt aus der Strangfestigkeit der Baumwollgarne und der Garnfeinheit; wird in den USA für die Beurteilung der Verspinnbarkeit der Baumwolle und der Qualität der Baumwollgarne verwendet. → Skein-strength.

Coverspun-Verfahren, → Umwindespinnen. Ein Kerngarn wird mit Spinnfasern (Stapelfasern) umwunden (ummantelt), meist durch Umspinnen während des Ringspinnprozesses. Der Name Coverspun wurde für einen Spinnprozess der Fa. Leesona Corp., USA, geschützt, bei dem ein paralleler Faserverband von einem Filamentgarn schraubenförmig umwunden wird. Ein normales Vorgarn wird vom Ausgang des üblichen Streckwerks über eine Absauganlage durch eine Hohlspindel gesaugt. Die Hohlspindel trägt eine Filamentgarnspule, die von einem Tangentialriemen gedreht wird. Das Filamentgarn wird von oben nach unten durch die Hohlspindel gezogen. Die Spindeldrehzahl erreicht bis zu 27.000 U/min. Entsprechend wird der Filamentfaden um den Faserkern herumgewunden. Das Coverspun-Garn wird auf eine Kreuzspule aufgewickelt. Produktionsgeschwindigkeit etwa 44 m/min im Kurzstapelbereich der Dreizylinderspinnerei und ca. 60 m/min im Langstapelbereich.
Ausspinnbereich von Coverspun-Garnen zwischen Nm 8 und Nm 170 (5,9–125 tex). Der Anteil der Stapelfaserkomponente kann 85–95 % der Garnmasse betragen. Es können besonders bei Wolle feinere Garne mit gröberen Fasern erzeugt werden. Umwindefilamentgarne zwischen 22 und 60 dtex Feinheit (20–54 den). Coverspun-Garn hat eine typische Schraubenstruktur, die allerdings in der Fertigware verschwindet. Die Deckkraft der Garne im Gewebe oder Gestrick ist höher als bei Ringgarnen, da die Fasern im Kern parallel liegen.

Co-Verwirbeln, → Comingling.

Crash-Garne, Garne aus harten Fasermaterialien wie Leinen oder speziellen Filamentgarnen, mit denen beabsichtigte Knittereffekte im Gewebe erzeugt werden können (Edelknitter). Bei Filamentgarnen möglich durch Prägung, Thermofixierung und Kalandrierung. Knickstellen werden thermofixiert.

Crêpe (Krepp), Stoff, der aus Kreppgarnen, d. h. Garnen mit hoher Drehung und damit fester Struktur, hergestellt wird (ursprünglich hochgedrehte Seidengarne). Körniges, strukturiertes Warenbild des Gewebes mit knirschendem Griff, guter Knittererholung und leichter Porosität und Luftigkeit.

Crêpe de Chine (Kreppgarn, Grenadine), Garn aus Seidenfäden. Zwei oder mehr Grègefäden (Rohseidenfäden) werden mit überhöhter Drehung (1.500–3.500 T/m), in S- oder Z-Richtung gezwirnt, mit deutlicher Kringelneigung. Diese

Kringelneigung im Garn (Rückdreheffekt, Torsion im Garn) muss bis zum Rohgewebe erhalten werden, da der gewünschte Effekt im Gewebe erst durch die Ausrüstung entsteht. Durch die Verwendung von Chemiefaserfilamentgarnen ist die Bedeutung echter Kreppgarne sehr stark zurückgegangen.

Crêpe-Garn, → Crêpe de Chine.

Crepongarn, Merino-Wollgarn mit scharfer (hoher) Drehung.

Crewel-Garn, Kräuselzwirn, Perlzwirn aus hart gedrehten Kammgarnen, hergestellt durch Zusammenzwirnen von Garnen mit unterschiedlicher Drehungsrichtung (S- und Z-Garne).

Crimper, Kräuselkammer zur Verstärkung der Wollkräuselung im Band (Kammzug) nach der Strecke oder Kämmmaschine, um den Zusammenhalt und die weitere Verarbeitbarkeit zu verbessern.

Crinkle-Garn, texturiertes Garn, das nach dem Strickfixier-Texturierverfahren hergestellt wurde. Die einzelnen Filamente haben eine sehr gleichmäßige Bogenstruktur und lassen sich wegen des genau kontrollierbaren Fixiervorgangs auch mit hellen Farben gleichmäßig färben. Wird wegen hoher Kosten kaum noch verwendet.

Crinkle-Verfahren, (Strickfixier-Texturierverfahren), Texturierverfahren, bei dem aus einem glatten Filamentgarn mit Hilfe einer einsystemigen Rundstrickmaschine ein Strickschlauch hergestellt wird, der in einem Autoklaven mit überhitztem Dampf über die Glastemperatur des Fasermaterials (Thermoplaste wie z. B. Polyamid) erwärmt und wieder abgekühlt wird, um die durch das Stricken erreichte Bogenform im Garn in den einzelnen Filamenten zu fixieren. Danach wird der Strickschlauch wieder aufgetrennt und das Garn aufgespult. Nach geringfügiger Verstreckung entwickelt sich eine dreidimensionale, gleichmäßige Kräuselung im Garn.

CSP, → Count Strength Product.

Cuprogarn, Viskosefilamentgarn, bestehend aus reiner Zellulose, hergestellt nach dem Kupferoxid-Ammoniak-Verfahren.

Cusir (Cuzir), Zwirn aus zwei mit hoher Drehung gezwirnten → Trama-vaga-Fäden.

CV-Wert, Variationskoeffizient (CV = Coefficient of Variation) der statistischen Streuung, der bei allen Größenverteilungen verwendet wird.

CV-Wert (CV b), gibt Schwankungen der Garngleichmäßigkeit, bezogen auf große Garnlängen (Schnittlänge, Bezugslängen), an. Nimmt man z. B. immer Garnstücke der Länge 100 m, bestimmt deren Gewicht und vergleicht die resultierenden Abweichungen, kann der CV b-Wert, bezogen auf 100 m, Schnittlänge festgestellt werden. Große Bezugslängen ergeben grundsätzlich niedrigere CV-Werte als kleine Bezugslängen. Ein Garn kann auf kleine Bezugslängen (üblicher Uster-CV-Wert hat die Bezugslänge 0,8 cm) gute, auf große Bezugslängen (100 m oder 1.000 m) schlechte CV-Werte aufweisen und umgekehrt. Schwankungen der CV-Werte über große Garnlängen führen in der Rundstrickerei zu Qualitätsproblemen, z. B. durch Ringel im Gestrick.

CV-Wert (CV m), Variationskoeffizient der Garnmasseschwankungen, die kapazitiv mit dem → Uster-Tester (oder vergleichbaren Geräten) gemessen und zur Berechnung des CV m-Werts verwendet werden können (CV m = s/m × 100 %). Bekannt als CV-Wert (oder Uster-Wert) des Garns, angegeben in Prozent (niedriger Wert = gut, hoher Wert = schlecht, aber feinheitsabhängig). → Uster-Statistics.

D

Damast, aus feinen und mittelfeinen Garnen in Atlasbindung hergestellte Gewebe, meist in Jacquardmusterung, früher aus Baumwolle (Damaszener Stoffe, Ursprung Syrien).

Dämpfen, Dampfbehandlung, Einbringen von Feuchtigkeit in Garne und Zwirne, meist mit Hilfe von Wärme sowie Überdruck oder Unterdruck zur Entspannung der Materialien und Reduzierung der Kringelneigung, die durch hohe Drehung in Garnen entsteht (Torsionskräfte). Dient auch der Anpassung an die Konditionierfeuchtigkeit, um Gewichtsverluste der Ware zu vermeiden (z. B. Konditionierung von Wollgarnen). Dämpfen ist offen, unter Druck oder auch im Unterdruck (Vakuum) möglich.

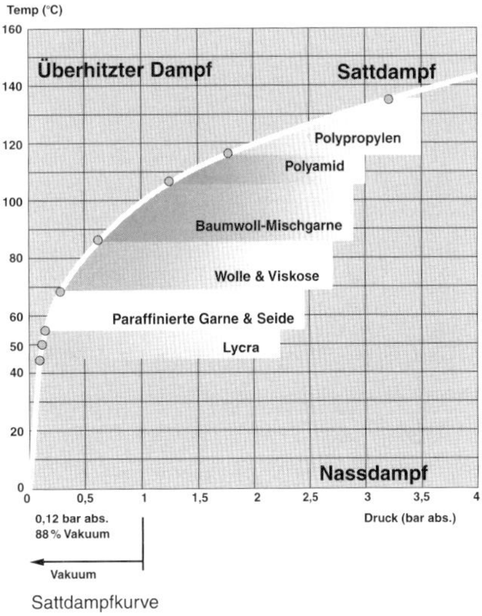

Abb.: Wasserdampf-Sättigungsdiagramm für Garne der Fa. Xorella
Quelle: Xorella AG, Wettingen, Schweiz

Datenerfassung der Spinnerei/Zwirnerei, alle modernen Spinnerei-, Spulerei- und Zwirnereimaschinen sind mit Geräten versehen, die die Erfassung der wichtigsten Produktionsdaten und zusätzlicher Qualitätsdaten ermöglicht. Datenerfassungssysteme sind in der Produktion Stand der Technik, auch wenn es noch erhebliche Schnittstellenprobleme bei der Verwendung von Maschinen unterschiedlicher Hersteller gibt. Beispiele sind:
- Yarnmaster, Slivermaster u. ä. Systeme der Fa. Loepfe, Wetzikon, Schweiz
- Uster Ringdata, Rotordata, Sliverdata u. Ä. der Fa. Uster Technologies, Uster, Schweiz

Dauerknickbruchfestigkeit, Beurteilung der Schmiegsamkeit bzw. Sprödigkeit eines Garns (Filament, Faser). Die Messprobe wird unter einer definierten Belastung so lange Doppelbiegungen um 180 ° unterworfen, bis sie bricht. Die Anzahl der Doppelbiegungen bis zum Bruch wird angegeben (Vergleichszahlen unter → Biegefestigkeit).

DD-Zwirn, → Doppeldrahtzwirn.

DD-Zwirnverfahren, → Doppeldrahtzwirnverfahren.

Deckelabstand, Abstand zwischen den Spitzen der Deckelgarnituren (Häkchenspitzen) und den Tambourgarniturspitzen der Karde (Deckelkarde). Er wird jeweils an der engsten Stelle mit Hilfe von Stahlblechlehren in entsprechender Dicke entweder manuell mit Abstandsschrauben oder automatisch mit Hilfe von optischen oder elektromagnetischen Sensoren und Stellmotoren eingestellt.

Deckelbewegung, die Deckelstäbe der Karde werden entweder entgegen oder mit Laufrichtung des Tambours in langsamer Geschwindigkeit bewegt. Da die

Differenz der Relativgeschwindigkeit zwischen Tambourumfangsgeschwindigkeit und Deckelgeschwindigkeit sehr groß ist (erforderlich für die Kardierwirkung), spielt die Bewegungsrichtung des Deckels keine große Rolle. Allerdings ergeben sich Unterschiede in der Aggressivität der Kardierung und in der Kardierwirkung in Abhängigkeit von der Bewegungsrichtung, auch durch die unterschiedliche Ausreinigung.

Deckelgarnituren, die Spitzen der Kardendeckel bestehen meist aus flexiblen Drahtgarnituren mit unterschiedlichen Spitzenzahlen, je nach dem zu kardierenden Fasermaterial. Inzwischen wurden erfolgreiche Kardierversuche mit Ganzstahlgarnituren und nachfolgender Absaugung am ITV Denkendorf (Dr. P. Artzt et. al.) durchgeführt, wie sie bereits von den Vor- und Nachkardierelementen (Cardmaster, Hollingsworth/Trützschler) bekannt sind. Mit höheren Kardierleistungen ist eine Entwicklung hin zu → Ganzstahlgarnituren im Deckel zu erwarten.

Deckelkarde (Flat Card), Bezeichnung der Karde der Dreizylinder-/Kurzstapelspinnerei zur Unterscheidung von der Walzenkarde (= Krempel, Roller Card).

Deckelputz, → Deckelstrips.

Deckelputzvorrichtung, die Deckel der Karde müssen ständig gereinigt werden, damit die Kardierwirkung gleichmäßig bleibt. Die Ausreinigung der Deckelstrips erfolgt mit Bürstenwalzen, nachdem die Deckel aus der Kardierzone herausgeführt wurden.

Deckelstäbe, einzelne, stabförmige Elemente des Kardendeckels, etwa 2–4 cm breit, bestückt mit Kratzengarnituren, die, geführt durch Zahnriemen oder Ketten, in definiertem Abstand am Tambour entlanggeführt werden und mit ihm die Kardierzone bilden.

Deckelstrips, Teil des Kardenabgangs. Trash-Teilchen, Schmutz, Staub, Nissen und Faserreste (auch teilweise mit Gutfasern) bleiben durch die Zentrifugalkräfte während des Kardierens in den Deckeln hängen. Der Deckelstrips wird ausgebürstet, und die längeren Fasern können teilweise wieder zurückgewonnen werden.

Deckungsfaktor, Faktor, der etwas über den optischen Bedeckungsgrad (Bedeckung = undurchsichtiger Bereich der textilen Fläche) eines Garns in der textilen Fläche aussagt. Texturierte Garne haben bei gleicher Garnfeinheit einen wesentlich höheren Deckungsfaktor als glatte Filamentgarne. Mikrofilamentgarne haben einen höheren Deckungsfaktor als normale Filamentgarne; haarige Spinnfasergarne haben einen höheren Deckungsfaktor als glatte Garne.

Deformation des Garns, Garnquerschnitte werden durch Druck- und Zugkräfte während der Verarbeitung ständig verformt (Biegung beim Stricken oder Weben, Blattanschlag, Spannrahmen, Schrumpfkräfte usw.) und behalten diese Form meist auch in der Fertigware, wo der Garnquerschnitt eher eine ovale Form aufweist. Wegen der leichten Deformierbarkeit der Garne ist eine Durchmesserbestimmung nur optisch sinnvoll.

Dehnung, Längenveränderung des Garns unter Einwirkung von Zugkräften, bezogen auf die Ausgangslänge, angegeben in Prozent. Sie wird mit Hilfe des Zugversuchs gemessen als Trockendehnung (bei Normalklima, 20 °C und 65 % relative Luftfeuchtigkeit) und als Nassdehnung (wichtig für Viskose, Modal u. a. zellulosische Chemiefasern). Man unterscheidet die elastische Dehnung und die bleibende Dehnung.

Die elastische Dehnung geht nach Wegnahme der Kraft wieder zurück, die bleibende Dehnung ist die nach Entlastung verbleibende Längenveränderung. Bei Garnen treten stets beide Dehnungsarten auf. Rein elastische Dehnung tritt näherungsweise nur bei Gummifäden (u. a. auch Elastan) auf. Weiterhin werden die Höchstzugkraftdehnung (Dehnung bei maximaler Kraftbelastung) und die Bruchdehnung (Dehnung zum Zeitpunkt des Bruchs) unterschieden.

Dehnungsarme texturierte Garne (SET-Garne), texturierte Garne, speziell falschdralltexturierte Garne, haben meist eine hohe Dehnungsfähigkeit (30 % und mehr) und sind als solche für die Weberei ungeeignet. Deshalb wird die Dehnungsfähigkeit durch eine Nachheizzone (Set-Zone, zweiter Heizkörper an der Texturiermaschine) deutlich herabgesetzt, das Garn schrumpft, und die Kräuselung wird teilweise herausgezogen. Es können Dehnungsbereiche bis unter 15 % erzielt werden.

Dehnungsbereiche der Chemiefasergarne, Chemiefasergarne sind, bedingt durch den meist thermoplastischen Rohstoff und die Kräuselung/Texturierung, meist stärker dehnbar als Baumwolle oder Flachs. Der Dehnungsbereich von Chemiefasergarnen entspricht mit 15–30 % einer mittleren bis hohen Dehnung von Naturfasergarnen. Technische Garne werden oft so hergestellt, dass sie eine möglichst geringe Dehnung aufweisen (oft unter 5 %).

Dehnungsbereiche der Garntypen (nach Spinnverfahren), folgende Dehnungsbereiche stellen Mittelwerte dar, die etwa der 50-%-Linie der Uster-Statistics entsprechen. Dementsprechend sind Abweichungen nach oben und unten möglich. Bei Stapelfasergarnen besteht eine stärkere Abhängigkeit von der Garndrehung und vom Fasermaterial.

1. Dehnungsbereiche von Stapelfasergarnen:
   a) Dreizylindergarne:

Baumwolle, Mittelstapel	5–7 %
Baumwolle, Langstapel	6–8 %
Mischgarne Baumwolle/ Viskose	9–13 %
Mischgarne Polyester/ Baumwolle	14–22 %
Polyester	12–25 %

   b) Leinengarne:

Langflachsgarne, ungebleicht	1,8–3 %
Werggarne, ungebleicht	1,5–3,5 %

   c) Kammgarne:

Schussgarne 100 % Wolle	6–13 %
Kettgarne 100 % Wolle	8–17 %
Zwirne 100 % Wolle	10–17 %
Mischgarne Wolle/ Viskose 70/30	6–11 %
Mischgarne Wolle/ Polyamid 80/20	14–20 %
Mischgarne Polyester/ Wolle 55/45	16–23 %
Mischgarne Wolle/ Polyacryl 50/50	14–20 %
Polyacryl 100 %	15–30 %

   d) Streichgarne:

Wolle 100 %	10–35 %
Polyester/Wolle	15–30 %

   e) Seidengarne, Stapelfasergarne:

Schappegarne	13–17 %
Bourrettegarne	8–12 %

   f) Seidengarne
2. Dehnungsbereiche von Filamentgarnen:
   a) Seide:

Rohgrège, beste Qualität	20–26 %
Rohgrège, gute Qualität	18–22 %
Rohgrège, geringe Qualität	16–20 %
Tramé	15–22 %
Organzin	15–22 %

   b) Chemiefaser-Multifilamentgarne:

Viskose, normal	15–24 %
Viskose, Reifencord	11–15 %

Acetat	18–26 %
Polyamid, normal	18–35 %
Polyamid, hochfest	15–23 %
Polyester, normal	20–30 %
Polyester, hochfest	6–16 %
Polyacryl, normal	15–20 %
Polypropylen	15–30 %
Glas	1,6–2,5 %

Dehnungsgrenze (Bruchdehnung, Reißdehnung), maximale Dehnung, die zum Zeitpunkt des Garnbruchs erreicht wird. Sie wird üblicherweise in den Dehnungstabellen angegeben.

Dehnungsmessung, zur Messung der Garndehnung wird die Längenveränderung des Garns während des Zugversuchs an der Zugprüfmaschine gemessen. Zur Vereinfachung misst man die Ausgangslänge des Garns (Einspannlänge, meist 500 mm) und die Endlänge nach maximaler Dehnung. Moderne Zugprüfgeräte zeichnen die Dehnung im Zusammenhang mit der aufgebrachten Zugkraft auf und liefern das Kraft-Längenänderungs-Diagramm oder das berechnete Kraft-Dehnungs-Diagramm. Die Dehnung wird prozentual bezogen auf die Ausgangslänge angegeben (d. h. die festgestellte Längenänderung bezogen auf die Ausgangslänge multipliziert mit 100 in Prozent).

Dehnungsverlust, bei jeder mechanischen Belastung des Garns (oder der Fasern) über die Elastizitätsgrenze hinaus, die bei den meisten Garnen sehr niedrig ist, wird das Garn (Fasermaterial) bleibend verlängert (plastische, bleibende Dehnung). Damit wird andererseits die noch zur Verfügung stehende Dehnungsfähigkeit reduziert, die verbleibende Dehnung wird geringer, es entsteht ein Dehnungsverlust.

Demitexturé-Garne, ein Kernfaden aus texturiertem Garn wird mit einem glatten Filamentgarn umwunden.

den, Kurzzeichen für → Denier.

Denier (den), Feinheit von Fasern oder Garnen in der alten französischen Seidenfeinheit Titre (Td) (= Titer = Denier, 1 den = 1,1 dtex). Denier wurde bis zur Einführung des Tex-Systems für Seiden- und Filamentgarne verwendet. Gibt das Gewicht eines Garns (oder einer Faser) bezogen auf 9.000 m Länge in Gramm (g) an. Ein Chemiefasergarn von 30 den wiegt also 30 g bei einer Länge von 9.000 m. → Nummerierungssysteme.

Denim, typischer Baumwoll-Jeansstoff (Köper-Bindung), alte amerikanische Bezeichnung, entstanden aus der französischen Bezeichnung „de Nîmes". Nîmes in Südfrankreich war im 19. Jahrhundert ein bedeutendes Textilzentrum, in dem Stoffe für Jeanshosen hergestellt und mit Indigo gefärbt wurden (auch im Auftrag von Levi Strauss). Ursprünglich war Denim ein schweres Gewebe für Berufskleidung (Goldgräberkleidung).
Der klassische Denim besteht heute aus Baumwollgarnen, oft OE-Rotorgarne im Schuss oder auch in Kette und Schuss. Denim wird ursprünglich aus blau gefärbter Kette und rohweißem Schussgarn hergestellt.
Man unterscheidet:
a) Blue Denim: Durch die Kettköperbindung erhält der Stoff leichte, diagonale Streifen. Die Stoffoberseite erscheint durch die Kettfärbung blau, auf der linken Seite durch den rohweißen Schussfaden hellblau oder weiß. Auch auf der Oberseite scheint der helle Schuss durch. Färbeungleichmäßigkeiten durch unreife Baumwolle und weiße Nissen (White Specks) sind jeanstypisch und erwünscht.
b) Broken Denim: Der Stoff besteht aus einem gebrochenen Köper oder einem Kreuzköper. Auf der linken Stoffseite bilden die weißen Schussfäden mit der

blauen Kette ein fischgratähnliches Muster. Die rechte Stoffseite ist glatt und satinähnlich.

c) Overdyed Denim: Der blaue Denim-Stoff wird überfärbt.
d) Colour Denim: Die Kette wird mit beliebigen Farben gefärbt.
e) Black Denim: Die Kette ist Schwarz gefärbt.
f) Pineweave Denim: Feinere Gewebeart mit feinerem Garn in Kette und Schuss (Gewicht bis 18 oz).

Denim-Gewichte werden in Unzen (oz) angegeben. Üblich sind 14–14,5 oz, Hemdenstoffe werden mit 6–7 oz hergestellt. Je höher das Gewicht, desto höher die Strapazierfähigkeit des Stoffs.

Dazu kommen verschiedene Vorwascharten, die das Aussehen der Blue-Denim-Jeans bestimmen:

a) Prewashed: Die Jeans werden nach der Herstellung gewaschen, bis die gewünschte Helligkeit erreicht ist.
b) Stonewashed: Spezieller Waschvorgang mit Bimssteinen in der Waschtrommel. Je länger gewaschen wird, desto getragener sieht die Jeans aus.
c) Super Stone: Besonders lange mit Steinen gewaschen, bis zu angerissen.
d) Usewashed: Jeans werden sandgestrahlt oder mit Kaliumpermanganat besprüht um ein getragenes (used) Aussehen zu erzeugen.
e) Sandwashed: Verfeinertes Stonewashed-Verfahren mit kleineren Bimssteinen.
f) Moonwashed: Waschvorgang mit Entschlichtungsmitteln, anderen Chemikalien und Bimssteinen.
g) Bleached: Bleichmittel im Vorwaschgang entzieht dem Stoff die blaue Farbe.
h) Stonebleached: Bleichmittel wird dem Waschgang zugesetzt, um den Stoff extrem hell zu gestalten.
i) Overdyed: Nach dem Stonewash-Vorgang wird überfärbt.
j) Millwashed: Der Denim-Stoff wird vor der Jeans-Herstellung gewaschen, um einen kontrollierten Einlauf (Vorschrumpf) zu erhalten.
k) Rinsewash/Preshrunk: Waschen ohne Chemikalien, um den dunkelblauen Jeans-Eindruck der 50er Jahre des 20. Jahrhunderts zu erhalten (Retro-Optik).
l) Unwashed (authentic): Jeans in der ursprünglichen Fertigungsart, ohne Vorwaschprozess, wodurch später beim ersten Waschen Schrumpf und Ausbluten auftritt. Die Jeans wird klassisch größer gekauft und in der Badewanne auf Körperformat geschrumpft.

Literatur: K. Höffner, Textile Warenkunde Teil 1, MAC Mode GmbH, Wald-Roßbach 1993.

Denim-Garne, Baumwollgarne in für → Denim geeigneten, gröberen Garnfeinheiten (Nm 10–Nm 30) und ausreichenden, höheren Festigkeiten, Ring- oder OE-Rotorgarne, je nach Mode.
Mindestfestigkeitsanforderungen der Denim-Verarbeiter beachten.

Denim-Stretch, Denim-Stoff mit Elastanbeimischung (2–5 %) oder mit FD-texturiertem Polyamidgarn

Deutscher Garnkontrakt, Bedingungen (Vertragsbedingungen) für den Handel mit rohen, düsengefärbten und veredelten, gefärbten, gebleichten, gasierten usw. Garnen und Zwirnen aus Natur- und Chemiefasern. Festlegung der Lieferungs- und Zahlungsbedingungen im Garnhandel (Kartellfassung vom 1.1.2002). (Vgl. Anhang, S. 529)

Dezitex (dtex), kleinere Einheit im → Tex-System, eingeführt, um die Denier-Feinheit bei Filamentgarnen und Chemiefasern zu ersetzen (1,1 dtex = 1 den). 1 dtex = 1 g/10.000 m. Wird vor allem in Europa verwendet. Grundeinheit → tex. 1 dtex = 0,1 tex, 1 tex = 10 dtex. → Nummerierungssysteme.

Diabolo-Garn, texturiertes Filamentgarn, das mit Hilfe des Stegspindel-Falschdrallgebers (Diabolo-Spindel) texturiert wurde (selten, da veraltet bzw. nur für spezielle Qualitäten eingesetzt).

Dichte der Fasern, wird in Gramm pro Kubikzentimeter (g/cm^3) angegeben und liegt bei Naturfasern meist zwischen etwa 1,3 und 1,5, kann aber auch wie bei Kapok (ca. 0,6) deutlich unter 1 (der Dichte von Wasser bei 20 °C) oder wie bei Asbest (2,5–3,5) deutlich darüber liegen. Bei Chemiefasern liegt die Dichte etwa zwischen 0,95 (Polypropylen) und 1,5 (Viskose 1,5, Polyester 1,37), bei Spezialfasern bis 2,5. Beispiele für die Dichte der Fasern (g/cm^3):

Polypropylen	0,90
Polyethylen	0,94–0,96
Polyamid 11	1,04
Elastan	1,14–1,30
Polyamid 6 und 6.6	1,14
Polyacryl	1,14–1,30
Polyvinylalkohol	1,20–1,30
Modacryl	1,30–1,42
Triacetat	1,30
Wolle	1,32
Acetat	1,33
Rohseide	1,37
Polyester	1,38
PVC	1,38
Jute	1,45
Flachs	1,43–1,52
Viskose	1,52
Baumwolle	1,54
Carbonfasern	1,50–2,0
Polytetraflourethylen (PTFE)	2,10–2,30
Glasfasern	2,45–2,60
Stahl	7,90

Die Dichte von Fasermischungen wird anhand der Dichte der prozentualen Fasergewichtsanteile errechnet.

Dichte von Garnen, ist wegen deren Kompressibilität sehr schwierig zu ermitteln. Sie liegt unter der Dichte der verwendeten Faserstoffe und ist abhängig von der Drehung der Garne, bei sehr hoher Drehung kommt man nahe an die Dichte der Faserstoffe heran (95–98 %), bei geringer Drehung kann die Dichte deutlich darunter liegen (50–70 % der Faserdichte).

Dick-Dünn-Garn, → Dünn-Dick-Garn.

Dickfaser, Produktionsfehler der Chemiefaserherstellung, extrem dicke Fehlfasern (Filamente) der Chemiefaserherstellung, die beim Spinnen Probleme ergeben.

Dickstelle, fehlerhafte dicke Garnstelle, deren Masse nach Uster-Imperfections-Definition (→ Imperfections) um mehr als 50 % über der mittleren Garnmasse liegt, sowohl bei Spinnfasergarnen als auch bei Filamentgarnen vorkommend.

Dickstellenmessung, Messung mit Hilfe kapazitiver oder optischer Verfahren (Garnklassierung, Garnreinigung), z. B. im Rahmen der Uster-Prüfung, Messung der → Imperfections.

Differential-Dyeing-Verfahren (DD-Färbung), Färbeverfahren, bei dem die unterschiedliche Farbaffinität von Fasern genutzt wird, um Ton-in-Ton-Färbungen und Kontrast-Effekte zu erzielen. Zum Beispiel Teppichgarne (BCF-Garne) aus unterschiedlichen Polyamid- oder Polypropylen-Typen, die durch Färbung des Garns mit Farbmischungen zahlreiche Farb- und Musterungsvariationen erhalten. Die Tuftingteppich-Herstellung erfolgt am rohweißen Garn, später können beliebige Färbungen mit Effekten durchgeführt werden. Bei Polyamiden ist die Variationsbreite der Farbaffinität für Säurefarbstoffe durch chemische Veränderung der Aminoend-

gruppen der Copolymerisate besonders groß und reicht von kaum bis tiefdunkel anfärbbar. Das Färben mit verschiedenen Farbstoffen kann gleichzeitig oder nacheinander erfolgen. Auch Polyacryl- und Polyesterfasern mit chemischer Modifikation können DD-gefärbt werden.
Das Bipol-Färbeverfahren dient in ähnlicher Weise zum unterschiedlichen Anfärben der Polspitzen eines Teppichs. Auch bei Wollgarnen ist ein unterschiedliches Anfärbeverhalten möglich, wenn man einen Teil des Fasermaterials beizt und so die Farbstoffaufnahme verändert. Beim Multi-Chrome-Verfahren wird ein Teil der Wolle mit Chromsalzen zur Veränderung der Farbaffinität behandelt (Woll-Teppichgarne). Beim Cross-Dyeing-Verfahren werden z. B. zwei Acrylfasertypen verarbeitet, von denen die eine sauer, die andere basisch gefärbt werden muss. Im Färbebad sind beide Farbstoffe enthalten, die dann eine Kontrastfärbung im Garn ermöglichen.
Folgende Fasertypen werden eingesetzt:
- Nicht färbbar (Non-Dyeing-Type)
- Leicht färbbar (Light-/Low-Dyeing-Type)
- Normal färbbar (Regular-Dyeing-Type)
- Dunkler färbbar (Deep-Dyeing-Type)
- Sehr tief färbbar (Ultra-Deep-Dyeing-Type)

Differentialschrumpfgarn (DSY, Differential Shrinkage Yarn, Peach Skin-Garn), Filamentgarn, dessen Filamente bei Wärmebehandlung unterschiedlich schrumpfen. Ähnlich wie beim → Hochbauschgarn zieht sich die eine Komponente stärker zusammen und drückt die weniger schrumpfende Filamentkomponente nach außen, es bilden sich Schlingen und bauschige Garnstrukturen, die dem Filamentgarn ein Effektgarn-ähnliches Aussehen geben. Filamentgewebe können durch Einsatz von Mikrofilamenten eine pfirsichartige, samtige Oberfläche erhalten (Peach-Skin-Effekt).

Abb.: Prinzipdarstellung eines Differenzialschrumpfgarns mit geschrumpftem Kernfaden
Quelle: Maschinenfabrik Zinser-Saurer GmbH, Ebersbach

Differential-Shrinkage-Elongation-Garn (DSE-Garn), Mehrkomponenten-Filamentgarne (glatt) mit Schrumpf- und „Verlängerungs"-Effekt in den jeweiligen Garnkomponenten. Ausgangsmaterial ist POY-Garn, bei dem eine verstreckte und eine unverstreckte Garnkomponente miteinander verwirbelt werden und eine anschließende Wärmebehandlung dazu führt, dass die unverstreckte Komponente sich definiert zusammenzieht und die verstreckte Komponente im Garnverband nach außen gedrückt wird. Es entsteht ein Verlängerungseffekt, wobei allerdings keine echte Verlängerung des Garns erfolgt, sondern nur das bereits verstreckte Garn länger erscheint, da es durch das Zusammenziehen der unverstreckten Komponente abstehende Schlingen bildet. Der Effekt ist in der Wirkung vergleichbar mit der Erzeugung von Konverter-Polyacrylgarnen als Hochschrumpfgarn.
Ein Schrumpfeffekt durch unterschiedlich verstreckte Filamentgarne kann auch im Gewebe zur Erzeugung flauschiger, weicher Oberflächen mit „Naturfasergriff" verwendet werden (z. B. Atmofil®-Garne der Fa. Dienes, z. B. bis 800 m/min Garnproduktion).

Digitaler Textildruck (Ink-Jet-Druck), textiles Druckverfahren mit piezoelektrischer Farbdüsensteuerung, das ähnlich wie der Ink-Jet-Druck in der Computerindustrie ein punktweises, digitalisiertes Bedrucken von Stoffen ohne Schablonen, direkt vom Scanner über den Computer ermöglicht. Neue Systeme (z. B. Dream von Reggiani Macchine, Bergamo, Italien) erlauben Druckgeschwindigkeiten bis 150 m/h. Allerdings ist bisher das Druckverfahren nur für gleichmäßige, glatte Stoffe (z. B. Filamentgarngewebe) geeignet, und es müssen spezielle Ink-Jet-Textildruckfarben (z. B. CIBA, BASF) verwendet werden.

Digitalwicklung, Wicklungsverfahren an der Spulmaschine, bei dem durch elektronische Steuerung eine Bewicklungsart zwischen wilder Wicklung und Präzisionswicklung erreicht wird (z. B. Digicone®-Wicklung der Fa. Schlafhorst). Bei einer wilden Wicklung, wie sie bisher an Kreuzspulmaschinen oder OE-Rotorspinmaschinen durch Umfangsantrieb der Spule üblich war, verändert sich der Kreuzungswinkel der Garnwindungen mit zunehmendem Spulendurchmesser. Bei der Präzisionswicklung wird der Kreuzungswinkel konstant gehalten, mit Vorteilen für den Spulenaufbau. Die Digicone-Wicklung ermöglicht es, den Kreuzungswinkel in bestimmten Abschnitten der Spule stufenweise konstant zu halten. Dadurch wird der Spulenaufbau der Kreuzspule gegenüber der wilden Wicklung deutlich verbessert, außerdem können die Fadenspannungen niedriger gehalten werden.
Zur besseren Fadenüberkreuzung (besseres Abzugsverhalten) wird der Verkreuzungswinkel der Fäden abwechselnd um 1 ° zunehmend und dann um 1 ° abnehmend verändert. Das Windungsverhältnis nimmt in Stufen ab, es entstehen Schichten mit gleich bleibendem Windungsverhältnis in Annäherung an die Präzisionswicklung. Damit wird die Bewicklungsdichte konstant gehalten.

Dimensionsstabilität, Beständigkeit gegen Dimensionsveränderungen. Garne verändern ihren Durchmesser (Volumen) und ihre Länge durch Aufnahme oder Abgabe von Feuchtigkeit (Wasser) oder andere Stoffe (Gase) (Quellung oder Schrumpf). Weitere Dimensionsveränderungen werden durch Wärmeeinwirkungen oder chemische Vorgänge bewirkt. Je geringer die möglichen Veränderungen der Dimensionen sind, desto stabiler ist das Material. Faserstoffe, die weniger Feuchtigkeit aufnehmen oder thermisch stabiler sind, sind auch dimensionsstabiler.

DIN-Normen, einheitliche Vorschriften der Deutschen Industrie-Norm (DIN Deutsches Institut für Normung, Berlin), die auch für textile Produkte, deren Herstellung und Prüfung gelten. Für den Bereich Textilprüfung ist der NMP (Normenausschuss Materialprüfung) des deutschen Normenausschusses zuständig. DIN-Normen werden vom Beuth-Verlag in Berlin verlegt und können von diesem direkt erworben werden.

Diolen-Sedura, Mischgarn aus Filamenten verschiedener Feinheiten und unterschiedlichem Profil.

Diolen®, Markenname der Akzo (früher Enka) für Fasern und Filamentgarne aus Polyester.

Dip-Dyeing, Tauchfärbeverfahren, stufenweises Eintauchen von Garnsträngen in Färbeflotten zur Erzielung von Farbeffekten im Garn.

Dippen,
1. Tippen: Eintauchen von Filamentgarnen in Ausrüstbäder mit Imprägniermitteln (Farbstoffen) oder Auftrag der Imprägniermittel (Farbstoffe) mit Hilfe einer Auftragswalze, speziell für die Reifencordherstellung.
2. Bei Reifencord: Vorbehandlung von Reifencordgarnen bzw. -zwirnen mit speziellen Ausrüst-/Imprägniermitteln, damit sie sich bei der Vulkanisierung besser mit dem Gummi des Reifens verbinden.

Direktaufspulung, direkte Kreuzspulenbildung beim OE-Rotorspinnen, beim Luftspinnen (MJS, MVS), beim DREF-Friktionsspinnen und beim Doppeldrahtzwirnen (Aufwärtszwirnen).

Direktkablieren, → Kablierverfahren.

Direktkordieren, → Kablierverfahren.

Direktspinnen (Direktverspinnung),
1. Verarbeitung vom Faserband zum Garn (Kurzspinnverfahren), teilweise erreicht durch Konvertieren (→ Konverterverfahren), aber auch gedacht als direkte Verarbeitung vom Chemiefaserkabel zum Band an der Spinnmaschine (Tow to Yarn, wurde versucht, aber wieder aufgegeben). Das neue Verfahren vom Filament zum Garn von Du Pont/Invista/SSM geht in eine ähnliche Entwicklungsrichtung.
2. Direkte Verspinnung von polymeren Kunststoffen nach der Polymerisation ohne Herstellung von Granulat und Einsparung des erneuten Schmelzens (technisch möglich, hat sich aber bisher aus Qualitätsgründen noch nicht durchgesetzt).

Direktspinnverfahren, wirtschaftliche Gründe führten schon vor Jahren zu Ideen, den Spinnprozess mit seinen traditionell zahlreichen Verfahrensschritten wie z. B. Spinnereivorbereitung, Kardieren, Strecken, Vorspinnen und Ausspinnen zu verkürzen. Der erste wesentliche Verkürzungsschritt wurde durch das OE-Rotorspinnen ermöglicht. Damit wurden das Vorspinnen, die Vorgarnherstellung mit dem Flyer und gleichzeitig die Spulmaschine eingespart. Oft konnte trotz Einsparung einer Streckpassage bei gröberen OE-Garnen eine ausreichende Garnqualität erreicht werden. Der nächste Schritt der Entwicklung war die Verbindung von Karde und Strecke etwa ab 1998, wie sie in ähnlicher Weise schon in der Wollspinnerei erfolgte. Die grundsätzliche Idee der Kurzspinnverfahren ist die direkte Verarbeitungsfolge Kardenband/Spinnmaschine. Entsprechende Anlagen wurden von tschechischen Herstellern bereits auf der ITMA 1995 gezeigt und teilweise schon früher in Fachzeitschriften publiziert. Grenzen werden diesen Ideen bei feineren Garnen (Ringspinnen, Luftspinnen) durch höhere Garnqualitätsansprüche gesetzt, da die Ausrichtung bzw. Orientierung der Fasern nicht mehr ausreicht, vor allem bei geringeren Faseranzahlen im Garnquerschnitt.

Diskontinuierliches Garnfärben, Garnfärbung im Strang oder als Spule, in offenen oder geschlossenen Behältern mit begrenzter Aufnahmemenge (Färbepartie). Ermöglicht für eine Garnpartie eine gleichmäßige, stabile Färbung und wird deshalb bei hohen Qualitätsansprüchen (oder kleinen Partien) und empfindlichen Farben durchgeführt.

Dispersionsspinnen, Spinnverfahren für Polymere, die weder schmelzbar noch löslich sind (technische Garne, PTFE, Keramikfasern u. a.). Die Polymere werden in einer Lösung mit Hilfsmitteln dispergiert. Nach dem Spinnen wird der Spinnvermittler herausgelöst, verdampft oder zersetzt. Bei Keramikfasern folgt ein Sinterprozess zur Filamentverfestigung.

Dochtgarn,
1. Grobes (Baumwoll-)Garn (Nm 1 und gröber) mit sehr wenig Drehungen, weich, aufsaugend für Flüssigkeitstransport, früher als Handarbeitsgarn, für Kerzendochte (Dochtwirkung, gute Saug- und Transportfähigkeit für flüssiges Wachs), Putztücher, Moppgarne verwendet.
2. Auch alte Bezeichnung für Vorgarne (Lunte).

Dochtschmierung, Ringe der Kammgarnspinnerei werden mit Öl geschmiert, wofür spezielle Aussparungen im Kammgarnring vorgesehen sind. Die Zuführung des Öls erfolgt mit Hilfe von dicken Dochtgarnen, die das Öl vom Vorratsbehälter absaugen (durch die Dochtwirkung) und in kleinsten Mengen an das Ring-Läufer-System zur Schmierung zwischen dem rotierenden Läufer und dem Ring abgeben.

Dockengarn, Garnstrang, Strickgarn oder Stickgarn in Strängen (gehaspelt).

Doffen, Spulenabzug an der Spinnmaschine oder am Flyer, manuell oder automatisch.

Doffer, automatische Abzugsvorrichtung der Ringspinnmaschine zum Abtransport der vollen Garncopse, meist stationär, auch fahrbar für Spulmaschinen oder Flyer, auch an Primärspinnmaschinen und Texturiermaschinen einsetzbar.

Doffhilfen, Greifarme, Roboterarme und Haltevorrichtungen (z. B. pneumatisch) zum Abziehen von vollen Spulen, die besonders schwer sind (beim Primärspinnen bis 50 kg).

Dolan®, Markenname für Qualitäts-Acrylspinnfasern, einsetzbar für Hochbauschgarne, Chenillegarne, Tuftingteppiche; spinngefärbt für Markisen, Gartenartikel und Abdeckplanen.

Doppelaufsteckung, Vorlage von zwei Kreuzspulen übereinander, zusammengesteckt, um beim Zwirnen (DD-Zwirnen) den Fachvorgang einzusparen.

Doppeldrahtspindel, Drehspindel der Doppeldrahtzwirnmaschine. Sie sorgt mit dem auf ihr drehbar gelagerten Drehteller und dem darauf gelagerten (durch Magnete festgehalten) Spulentopf für die Drehungserteilung am Zwirn.

Doppeldrahtzwirne, Zwirne, die mit Hilfe der Doppeldrahtzwirnmaschine hergestellt werden. Der größte Teil aller einfachen (Zweifach-)Zwirne, die aus gleich feinen Garnen hergestellt werden (Spinnfasergarne und Filamentgarne, Nähgarne und technische Zwirne) wird DD-gezwirnt.

Doppeldrahtzwirnmaschinen, heute die wichtigsten Zwirnmaschinen. Sie bieten die Möglichkeit, kostengünstig einen Einfachzwirn, ausgehend von Kreuzspulen mit gefachten Garnen oder von zwei übereinander gesteckten Kreuzspulen, herzustellen. Dasselbe gilt für das Zwirnen von Filamentgarnspulen, ausgehend von bikonischen Streckzwirnspulen. Für jede Garntype und jeden Feinheitsbereich gibt es inzwischen DD-Zwirnmaschinen verschiedenster Hersteller weltweit.

Doppeldrahtzwirnverfahren (DD-Zwirnen), Zwirnverfahren, bei dem mit einer Spindeldrehung zwei Drehungen (doppelter Draht) auf die zur Verfügung stehende Zwirnlänge (Länge der gefachten Garne zwischen Vorlage bzw. Drallbremse und der Aufwickelvorrichtung bzw. Voreilrolle) aufgebracht werden. Das DD-Zwirnverfahren ist inzwischen das wichtigste Zwirnverfahren für alle Arten von Garnen. Die Garne müssen gleich fein sein und sollten möglichst aus dem gleichen Material bestehen, um Spannungsunterschiede und damit Zwirnfehler zu vermeiden. Das Verfahren kann für Filamentgarne und Spinnfasergarne, ausgehend von unterschiedlichsten Vorlagen (Kreuzspulen, Streckzwirncopse) und bei unterschiedlichsten Garnfeinheiten, verwendet werden (von technischen Garnen bis zu feinsten Nähgarnen).
Die erste Drehung erhalten die gefachten Garne zwischen der Fadenbremse und der Austrittsöffnung an der Speicherscheibe der Spindel. Die zweite Drehung wird im rotierenden Fadenballon zwi-

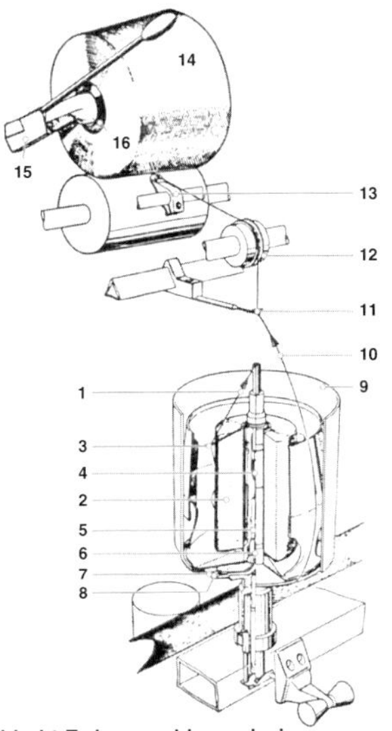

Doppeldraht-Zwirnmaschinenprinzip

01 ungezwirnetes Garn (gefacht)
02 Vorlagespule
03 Flügel mit Öse
04 Innenfadenbremse
05 Hohlachse
06 Lagerung (Spindelschaft)
07 Fadenleitkanal mit Fadenführer
08 Speicherscheibe
09 Ballonbegrenzer
10 Fadenballon
11 Fadenführer
12 Voreilrolle
13 Changierfadenführer
14 Auflaufspule
15 Spulenrahmen (spindellos)
16 Zentrierteller für die Spulenhülse

Abb.: Doppeldraht-Maschinenprinzip
Quelle: Nach Vorlesungsunterlagen von Prof. H. Buchmann, Hochschule Reutlingen

schen Speicherscheibe und Fadenführer über der Spindel bzw. Voreilrolle erteilt. Damit ist eine wesentlich höhere Produktionsleistung erzielbar als beim Ringzwirnen, das heute nur noch für Spezialfälle verwendet wird (auch für das traditionelle Streckzwirnen von Filamentgarnen). Im technischen Bereich entsteht Konkurrenz durch → Kablierverfahren.

Zwirnprinzip:

Die gefachten Garne (üblich: zweifach, gleiche Garnfeinheit) werden von der stillstehenden Vorlagespule/Kreuzspule (oder zwei übereinander gesteckten Einzelkreuzspulen) abgezogen, über einen Zwirnflügel (Campanello) geführt, gelangen über eine Fadenbremse (Drallstau) in die Hohlachse der Spindel (Einführung pneumatisch) und dann über eine Öffnung auf die rotierende, auf der drehbaren Spindel befestigte, runde Speicherscheibe mit Fadenführungsbereich nach außen und innerhalb eines feststehenden Ballonbegrenzungstopfs über einen rotierenden Fadenballon wieder zu einem Fadenführer oberhalb der Spindelspitze. Danach durchläuft der Zwirn einen Fadenwächter (Fallbügel) und eine Voreilrolle, die über ihre Geschwindigkeit die Wickelspannung und damit die Spulenhärte der Zwirnspule bestimmt. Von der Voreilrolle wird der Zwirn der Spulvorrichtung, einer Nutentrommel mit Abzugswalzen, zugeführt, und dann auf eine Kreuzspule gewickelt.

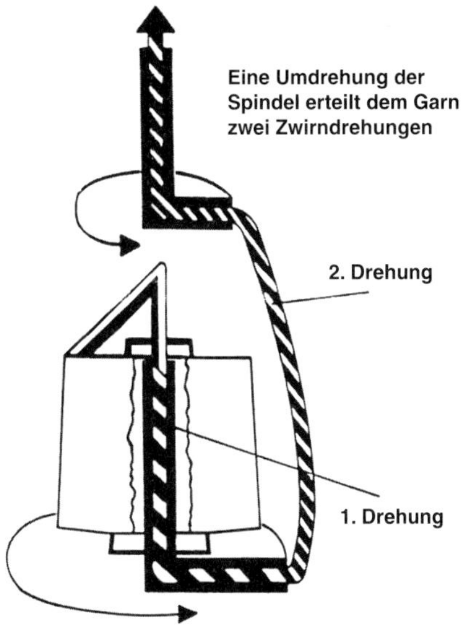

Abb.: Doppeldraht-Zwirnprinzip
Quelle: Nach Vorlesungsunterlagen von Prof. H. Buchmann

Doppelfaden, Garnfehlerbezeichnung, ursprünglich der Seidenspinnerei (Duppion, → Doupion), später auch bei Filamentgarnen verwendet, auch bei Spulfehlern.

Doppelhub, komplette Hin- und Herbewegung des Fadenführers bzw. des Fadens bei Nutentrommeln zum Aufspulen des Garns auf die Kreuzspule.

Doppelkegelspule, Spulenform, bei der durch die Bewicklungssteuerung des Hubs eine Konusform an beiden Enden entsteht. Übliche Spulenform der Filament-Streckzwirnspulen (Bicone).

Doppeln (Fachen, Dublieren), Zusammenführen von zwei Fäden, Garnen, Vorgarnen oder Bändern (beim → Dublieren von Streckenbändern mehrfach).

Doppelnadelstabstrecke (DNS, Melangeuse), → Strecke, Maschine der Woll- und Flachsverarbeitung mit Nadelstäben auf Oberseite und Unterseite im Verzugsbereich des Streckwerks, die während des Bandverzugs von oben und von unten in das Band (Kammzug, Fasermaterial) eingreifen und damit einen schonenden Verzug ermöglichen. Die Fasern werden von den in Verzugsrichtung transportierten Nadelfeldern mitbewegt, gleichzeitig parallelisiert und mit Hilfe der Abzugswalzen gegeneinander verzogen. Die DNS-Strecken dienen in erster Linie der guten Durchmischung der Kammzüge, daher der Name Melangeuse. Auch gut geeignet zur Mischung von Wolle und Chemiefaserkammzügen.

Doppelter Weberknoten, → Knoten.

Doppelumwindegarn, Umwindezwirn, der aus einem Grundfaden und zwei darauf gewundenen, meist entgegengesetzt gedrehten Umwindegarnlagen besteht. Gleichmäßiger, qualitativ hochwertiger Umwindezwirn für elastische Fäden.

Doppi, → Doupion.

Dorlastan®, Markenname der Fa. Bayer, Dormagen (Bayer Faser GmbH) für → Elastangarne verschiedener Feinheit, hergestellt auf Polyurethanbasis und Copolyester oder Polyether. Erzeugung hochelastischer Garne, Gewebe oder Gestricke, meist als Kernfaden im Garn. Garnfeinheit 17 bis ca. 1.200 dtex. Dorlastan® clear mattiert = nackter, mattierter Elastanfaden; Dorlastan® nackt, Elastangarn ohne Umhüllung, färbbar (allerdings

Doppelnadelstab-Streckwerk

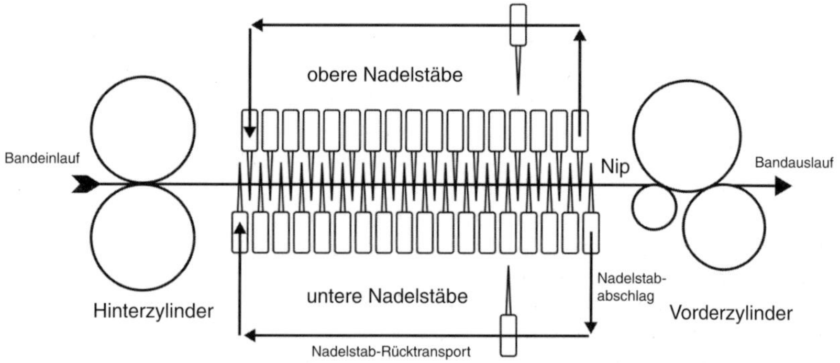

Abb.: Prinzip des Doppelnadelstreckwerks einer Kammgarn-Nadelstabstrecke
Quelle: Darstellung nach Fa. NSC Schlumberger, Guebwiller, Frankreich

nicht mit Baumwollfarbstoffen), glänzend, extrem hohe Dehnung (bis 400 %).

Dornenwagen, Spulenwagen mit abstehenden Rundstäben (Dornen), auf die Garnspulen zum Dämpfen aufgesteckt werden.

Dosenspinnverfahren, → Zentrifugenspinnverfahren.

Dosiereinrichtung (Dosieranlage), Vorrichtung mit Spezialpumpen (z. B. Zahnradpumpen) zum gezielten (dosierten) Zuführen von Hilfsmitteln, Avivagen, Schmälzen zu Sprühvorrichtungen oder Schaumerzeugern. Dosieranlagen müssen die Menge oder den Durchfluss des Dosierguts messen. Dosierung nach Masse oder Volumen ist möglich.

Doublagen, → Dublieren.

Double Density Garn (DTY, Multiple Yarn), Mehrfachgarn, gefachtes Garn mit höherer Filamentdichte, meist strecktexturierte (DTY-)Garne, auch Streckzwirnmehrfachgarnvariante mit wenig Drehung (Schutzdrehung).

Doublieren, → Dublieren.

Doupion, unregelmäßiger (z. B. teilweise doppelter) Seidenfaden (z. B. von Doppelkokons). Imitation durch Filamentgarne mit Titerschwankungen (Dick-Dünn-Stellen).

Downtwisting, Abwärtszwirnverfahren mit dem Merkmal der Spulenbildung auf einer Ringspindel. Dementsprechend ist das Ringzwirnverfahren ein Abwärtszwirnverfahren. Es wird oben eine Lieferspule (z. B. Fachkreuzspule) vorgelegt, der Zwirn erhält durch die Spindeldrehung beim Abwärtstransport des gefachten Garns (oder Filaments) seine gewünschte Drehung und wird gleichzeitig auf die Ringspindelhülse (zylindrische Hülse für bikonische Spulen oder Scheibenspulen wie bei der ersten Stufe des Stufenzwirnens) aufgewickelt. Der Spulenaufbau wird durch die Ringbanksteuerung bestimmt. Auch die Coregarnherstellung mit Elastangarnen zählt zu den Abwärtszwirnverfahren.

DP-Grad, Abkürzung für → Durchschnittspolymerisationgrad.

Draht,
1. Bezeichnung für Metalldraht, der für die Garniturherstellung verwendet wird (flexible Garnituren und Sägezahngarnituren).
2. Bezeichnung für dicke Monofilamente, Durchmesser größer als 0,5 mm (Borste), die für Bürsten, Angelschnüre, Tennis- und Squash-Schläger, Siebgewebe, Papiermaschinengewebe, medizinische Zwecke usw. Verwendung finden (PA, PP, PE, PVC, PES, PVA u. a.).
3. Alte Bezeichnung für die → Drehung eines Garns oder Zwirns.

Drahtauszähler, Drehungsprüfgerät.

Draht geben, Drehung erteilen.

Drall,
1. Ältere Bezeichnung für die → Drehung von Garnen. Findet sich z. B. noch in Begriffen wie Falschdrall, Drallgeber, Drallstau, Drallelement, Dralldüse.
2. Drallneigung, Kringelneigung, Rückdrehneigung eines Garns.

Drallberuhigung, Dämpfen zur Verminderung der Kringelneigung.

Drallelemente, → Drallgeber.

Drallgeber, Vorrichtungen zur Drehung des Garns oder Vorgarns, z. B. Spinnrotoren der OE-Rotorspinnmaschine oder

Läufer (mit der Spindeldrehung) der Ringspinnmaschine, Nitschelhosen, Luftdüsen (Dralldüsen) oder Scheibenfriktionsaggregate.

Drallstau, an jeder Fadenleitstelle, an Fadenführern, Fadenbremsen und Umlenkstellen des Garns an der Spinnmaschine wird die vom Drallgeber in das Garn eingebrachte Drehung durch Reibung abgebremst, es entstehen Drehungsrückstau vor dem Drallstauelement und fehlende Drehung im Garn (Drehungsverluste) hinter dem Drallstauelement. Der Drallstau kann durch die höhere Torsionskraft auch zur besseren Einbindung der Fasern in das Garn in der Rotorrille genutzt werden (Torque-Stopp im OE-Rotorspinnen).

Drallstauelement, Vorrichtung im Garnabzugsbereich der OE-Rotorspinnmaschine zur Erzeugung eines Drehungsrückstaus (Drallstaus), das dann eine bessere Einbindung der Fasern im Garnende ermöglicht (z. B. Torque-Stopp®).

Dralon®, Markenname für Qualitäts-Acrylfasern der früheren Bayer AG (auf Nachfolgegesellschaften übertragen), Titerbereich von 1,3–17 dtex. Für Normalgarne und Hochbauschgarne. Typen: K Bikomponentenfaser, A sauer anfärbend, C schwer entflammbar, Mikrofasern.

DREF-2-Spinnverfahren, das DREF-2-Verfahren ist ein OE-Verfahren, allerdings ohne Rotor. Die Drehungserteilung im Garn erfolgt über rotierende Siebtrommelwalzen. Ein vorgelegtes Faserband wird mit Hilfe von Auflösewalzen aufgelöst, und die Fasern werden in einem Saugluftstrom in den Zwickel zweier rotierender Siebtrommelwalzen transportiert. Der Fasertransport erfolgt über einen geschlossenen oder teilweise offenen Faserleitkanal in die Zwickelzone zwischen den Spinntrommeln (Siebtrommelwalzen). Die Siebtrommelwalzen werden von innen besaugt (mindestens eine) und drehen sich in dieselbe Richtung. Dadurch bildet sich zwischen den Walzen ein Zwickel, in dem abgelegte Fasern durch die an der Berührungsstelle entstehende, entgegengesetzte Drehrichtung der Siebtrommeln durch Reibungseinwirkung in Rotation versetzt werden und so das Garn bilden. Das fertige Garn wird in axialer Walzenrichtung abgezogen.
Ein Problem der geschilderten Faserzuführung, die vom OE-Rotorspinnen übernommen wurde, besteht in der Verzögerung der Fasergeschwindigkeit beim Auftreffen auf die Siebtrommeln. Es kommt zum Zusammenstauchen der Fasern, das sich in einer ungeordneteren Faserlage im Friktionsgarn im Vergleich zum Ring- oder OE-Rotorgarn bemerkbar macht. Damit wird die Faserorientierung in Garnachsrichtung schlechter und die erreichbare Garnfestigkeit (bei gleicher Garnfeinheit) nimmt ab. Aus diesem Grund wurde die Art der Fasereinspeisung beim DREF-3-Verfahren geändert.
Mehr als drei Viertel der DREF-2-Garne sind Recyclinggarne im gröberen Bereich (unter Nm 10), hergestellt aus wiederaufbereiteten Textilien oder Textilabfällen aus Baumwolle, Chemiefasern und Wolle.
Die wichtigsten Vorteile des DREF-2-Verfahrens sind:
- hohe Produktionsgeschwindigkeit bis über 200 m/min (6-Kopf-Maschine bei Ne 1 ca. 940 kg/Tag)
- große, knotenfreie Kreuzspulen (6–8 kg) zur direkten Weiterverarbeitung
- Direktvorlage schwerer Bänder möglich
- alle Fasermaterialien verarbeitbar (auch Glas, Carbon, Keramik)
- Grobfasern und Folienfibrillen verarbeitbar
- unempfindlicher Spinnprozess
- spätere Garnvernadelung möglich (Yarn-Puncher von Fehrer)

Das DREF-2-Verfahren ist für den Grobgarnbereich Nm 10–Nm 1,5 (30–667 tex) geeignet. Die Garne werden eingesetzt für Filterpatronen, flammhemmende Schlafdecken, Militär- und Campingdecken, Teppiche, Feuerblocker für die Flugzeugindustrie (Sitz- und Bodenbereich), Teppichgrundgewebe, Verpackungsmaterial und Kabelummantelungen, aber auch für Moppgarne (Bodenputztücher) und Recyclinggarne aus unterschiedlichsten Fasermaterialien.

Beispieltabelle für DREF-2-Garnproduktion:

Aramidfasern	Garn Nm 0,5–Nm 10 (Ne 0,3–6,0) Bandfeinheit: 5–12 g/m Produktion bis 150 m/min
Regeneratfasern	Garn Nm 0,5–8,0 Bandfeinheit: 10–15 g/m Produktion bis 180 m/min
PP-Fasern	Garn bis Nm 7 Bandfeinheit 10–15 g/m Produktion bis 160 m/min

DREF-3-Spinnverfahren, Darstellung des Verfahrens durch Dr. Fehrer: „Hierbei wird bekanntlich eine, von einem Streckwerk kommende, axial zugeführte Faserlunte im Zwickelbereich der beiden Spinntrommeln verdrillt, wobei die Drehung dieser Kernlunte durch die von einem zweiten Streckwerk kommenden, vereinzelten Fasern fixiert wird.“ Wenn der Kernverband durch die vom zweiten Streckwerk kommenden „Mantelfasern“ gleichmäßig und vollkommen abgedeckt wird, bleibt eine bestimmte, wenn auch geringe Restdrehung in der Kernlunte erhalten.

Das DREF-3-Verfahren bietet vielfache Möglichkeiten zur Variierung der Garnzusammensetzung in Kern und Mantel durch die Kombination verschiedenster Fasertypen, Titer und Stapellängen. Der Feinheitsbereich reicht von Nm 1,5–Nm 33 (30–667 tex). Folgende Zusammensetzungen des Garns sind typisch:

1. Garnkernfasern
   a) Spinnfasern
      - synthetische Fasern wie PES, PA, PAC/PAN, PP, PVC, Viskose usw.
      - Spezialfasern wie Aramide, Polyimide, Ketone, flammhemmende und Peroxidfasern
      - Baumwolle in Mischungen mit Chemiefasern
      - Recyclingfasern/Regeneratfasern

   b) Filamentgarne
      - hochfeste, glatte Multifilamentgarne
      - Monofilamente
      - texturierte Filamentgarne
      - Elastanfilamente
      - Metalldrähte (Stahl, Messing, Kupfer)
2. Umwindefasern
   - alle Chemiefasern
   - Baumwolle, kardiert

Faserdaten:
- Titer 0,6–6,7 dtex
- Länge 32–60 mm
- Bandgewichte 2,5–3,5 g/m (ktex)

DREF-Garn, Garn, das mit Hilfe des → DREF-Spinnverfahrens hergestellt wurde. Im technischen Bereich eignen sich DREF-Mehrkomponentengarne für die Herstellung von Filtergeweben, hochreißfeste Coregarne für Verpackungsmaterialien, Förderbänder, Überzüge für die Flugzeug- und Automobilindustrie sowie spezielle zivile und militärische Schutzbekleidung. Verwendet werden Aramid- und Carbonfasern, Glasfasermischungen, PVC und andere flammhemmende Fasern. Besonders wichtig ist die Möglichkeit, Filamentseelen aus verschiedensten Materialien einzusetzen, dazu gehören hochfeste Polymerfilamente, Glasfilamente, Carbonfilamente, Aramidfilamente, Drähte aus Stahl, Kupfer und anderen Metallen. Das DREF-2-System

ist für grobe Garne Nm 10–Nm 0,25 (100–4.000 tex) geeignet, das DREF-3-System für feinere Garne Nm 33–Nm 1,5 (30 tex–667 tex).
Besonders das DREF-3-Verfahren ermöglicht Garne mit verschiedenen Komponenten in verschiedenen Lagen, z. B.:

Garn Nm 2,4	Produktion 180 m/min
Kern	25 % Fasern
Mantel	25 % Fasern
Filament	50 % (2 × 1.000 den)

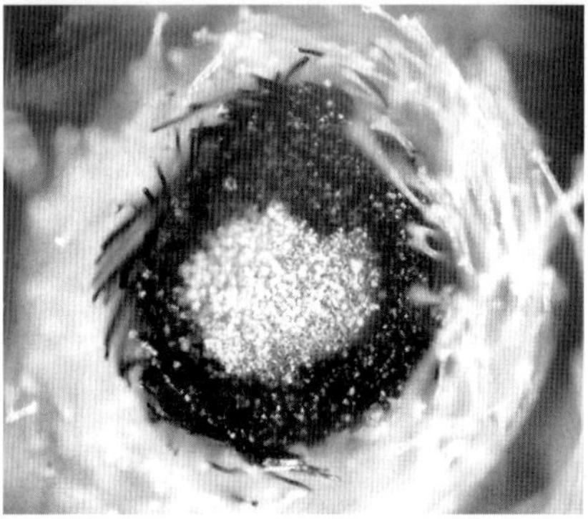

Abb.: Querschnitt eines typischen DREF-Garns für technische Einzwecke mit Filamentkern
Quelle: Fa. Fehrer-Saurer, Linz, Österreich

DREF-Spinnverfahren, Friktionsspinnverfahren der Fa. Fehrer, Linz, Österreich, meist zur Herstellung gröberer, oft technischer Garne, aber auch von Garnen aus Reißfaserstoffen (Vigognespinnerei) eingesetzt. Auch die Herstellung von Coregarnen und Kombinationsgarnen ist möglich. (DREF steht für Dr. Ernst Fehrer, den Erfinder des Verfahrens).
Nach Dr. Fehrer arbeitet das „Friktionsspinnverfahren nach dem Prinzip, wonach ein in die Zwickelzone zweier Spinntrommeln eingebrachter Faserverband durch gleichsinnige Drehung dieser Rotationskörper zu einem Garn verdrillt wird. Das dabei zur Verfügung stehende „Eindrehpotenzial" entspricht aber nicht dem Verhältnis Garndurchmesser zu Trommeldurchmesser, da etwa 60 % davon – systemimmanent – als Schlupf, also nicht drehmomentwirksam, verlorengehen. Die Herstellung eines reproduzierbaren Friktionsgarns setzt voraus, dass das zur Verfügung stehende Eindrehpotenzial konstant ist. Dazu müssen folgende Bedingungen erfüllt sein: die an beiden Berührungsflächen Garn/Spinntrommel wirksamen Reibkräfte müssen gleiche Werte aufweisen. Diese Reibkräfte sind bekanntlich nach dem Coulomb'schen Gesetz das Produkt aus den durch die Besaugung an den Berührungsflächen auf das Garn wirksam werdenden Normalkräften und den Reibungskoeffizienten der beiden Spinntrommeloberflächen.
Um aber bei beiden Berührungsflächen Garn/Spinntrommeln gleiche Normalkräfte erzeugen zu können, muss die Zwickelzone beidseitig besaugt sein. Dabei ist zu bedenken, dass es grundsätzlich nur drei Möglichkeiten zur Besaugung der Zwickelzone gibt:

a) Besaugung beider Spinntrommeln im Zwickelbereich
b) Besaugung einer Spinntrommel im Zwickelbereich, wobei sich die besaugte Spinntrommel aus dem Zwickel dreht
c) Besaugung einer Spinntrommel im Zwickelbereich, wobei sich die besaugte Spinntrommel in den Zwickelbereich dreht ..."

(Original-Ausführung von Dr. Fehrer, einem der großen Erfinder des 20. Jahrhunderts im Spinnereibereich und im Vliesstoffbereich).

Drehen, Faserverbände, Vorgarne, Garne oder Zwirne um ihre Längsachse verdrehen oder mehrere Garne miteinander verdrehen.

Dreher (Garn), abwechselnd in S- und Z-Richtung umeinander gedrehte Kettgarne, die auf der Webmaschine durch Verdre-

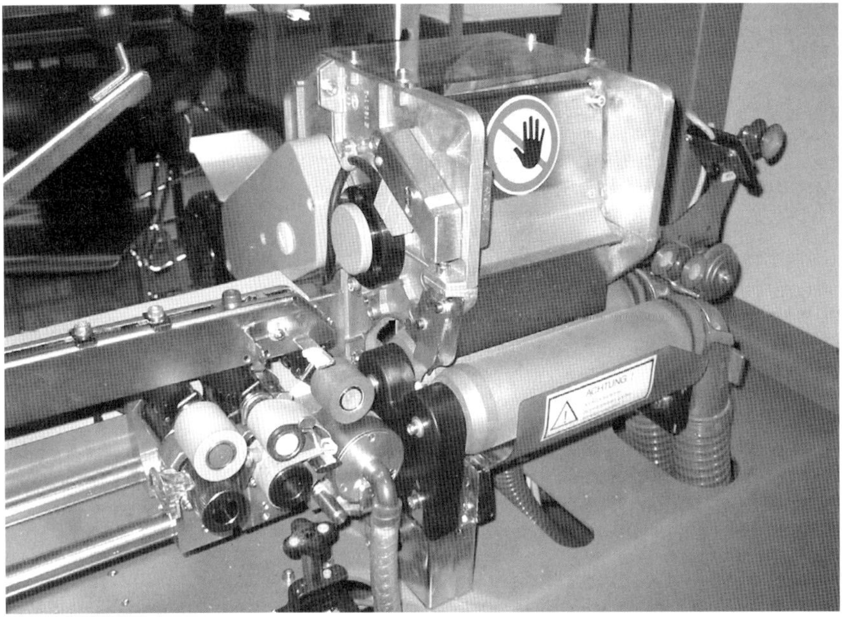

Abb.: Spinnstelle mit Streckwerk und Sammelwalzen (Spinnelemente) einer DREF-2/3-Maschinenvariante der Fa. Fehrer-Saurer, Linz, Österreich; Spinnverfahren DREF-2/3-Maschine; Hochschule Reutlingen

hen zweier benachbarter Kettfäden nach dem Schusseintrag hergestellt werden (Drehergewebe). Sie werden für die Erzeugung der Chenillegarne benötigt (wenn sie nach dieser traditionellen Methode hergestellt werden, heute eher selten). Bevorzugt für technische Gewebe und Gardinenstoffe mit hoher Schiebefestigkeit. Eine Neukonstruktion von Dr. A. Wahoud von der Fa. Dornier, Lindau, erlaubt die hochproduktive Drehergewebeherstellung auf modernen Luftdüsenwebmaschinen.

Drehrichtung, → Drehungsrichtung.

Drehröhrchen (Stegspindel, Diabolo), Drehelement der früher verwendeten Stegspindel-Falschdralltexturierung (FD-Texturierung), das für die Garndrehung sorgte, die nötig war, um die gewünschte Kräuselung im Garn zu erzeugen. Das Garn wird um einen Steg im Drehröhrchen gewunden und so eine gezielte Drehung im Garn erzeugt.

Drehsinn, → Drehungsrichtung.

Drehstreckwerk, Streckwerk der Streichgarn-Ringspinnmaschine mit rotierendem Drehkopf zur Falschdrallerzeugung im Verzugsbereich des Zweizylinderstreckwerks, erfunden von Dr. F. Hadwich und realisiert bei der Fa. Spinnbau, Bremen.

Drehteller,
1. Rotierende, tellerförmige Scheibe, die an der Kreuzspule bei Garnabzug über Kopf (Axialabzug) den Faden daran hindert, die Spulenkante zu berühren und zu beschädigen (Verhindern des Mitreißens von Garnlagen), wird entweder durch den

Fadenballon mitbewegt oder angetrieben. Auch an der Doppeldrahtzwirnmaschine befindet sich ein Drehteller, der durch Mitführen des Zwirns durch eine nach außen gehende Bohrung gegenüber den durch Magneten festgehaltenen Vorlegespulen (oder der Fachspule) die Zwirndrehung erzeugt.
2. Drehvorrichtung an Karden und Strecken zur drehenden, spiralförmigen Ablage des Bandes in der Spinnkanne. Der Drehteller besitzt eine exzentrisch angebrachte Öffnung, durch die das Band durchgeführt wird. Damit erteilt er dem Band eine kreisende, zykloidenförmige Ablageform, die durch zusätzliche Drehung der aufnehmenden Kanne für die geordnete Bandablage sorgt.

Drehung (Drall, Torsion, Draht, Torque), 1. Drehung der Spinnfasergarne (Stapelfasergarne): Bei Garnen aus Stapelfasern erfolgt ein Eindrehen der Fasern im Garnverband, um die erforderliche Garnfestigkeit zu erzeugen. Erst durch Drehung um die Garnlängsachse entsteht eine zum Garnkern wirkende Kraft, die die Fasern stärker zusammenpresst, die Reibung erhöht und den Garnverband einschnürt (Lasso-Effekt). Mit zunehmender Drehung wird der Faserverband, bei Stapelfasern bis zu einer bestimmten Grenze (kritische Drehung), die vom Faserstoff abhängt, fester. Nach Erreichen der maximalen Festigkeit, die 50–70 % der feinheitsbezogenen Faserfestigkeit (beim Kompaktgarn) erreichen kann, sinkt die Festigkeit durch Überdrehung des Garns wieder ab, die schwächeren äußeren Fasern reißen, und der Garnverband bricht zusammen, es kommt zum Fadenbruch.
Die Drehungen werden als Anzahl pro Meter (T/m, m^{-1}) oder im englischen System pro Zoll (T/Zoll) angegeben. Die erforderliche Anzahl hängt von der Garnfeinheit ab (Köchlin'sche Drehungsformel, Grundformel der Spinnerei: T/m = alpha m × Wurzel aus Nm). Der Drehungsbeiwert (→ alpha metrisch) wird definiert als Zahl der Drehungen pro Meter bei einem Garn der Feinheit Nm 1. Die Drehungsrichtung wird nach der Orientierung/Steigung der Fasern in der Garnachse im Vergleich zum Mittelteil des Buchstabens Z oder S definiert als S-Drehung oder Z-Drehung. Garne werden meist in Z-Drehung ausgesponnen. Die folgende Verzwirnung erfolgt dann meist in S-Drehung. Hierdurch dreht sich die Vordrehung der Garne um die Zwirndrehung auf, die Einzelfäden werden weicher, und der Zwirn wird voluminöser und ebenfalls weicher.
Aufgrund der unterschiedlichen Feinheit, Länge und Festigkeit der textilen Faserstoffe erfordert jeder Faserstoff im Garn unterschiedliche Drehungswerte, um gebrauchsfähiges Garn mit den gewünschten Eigenschaften zu erzielen. Als Basiswerte können die Drehungswerte bei Ringspinngarnen angesehen werden. Davon abweichend erfordern OE-Rotorgarne beispielsweise höhere Drehungswerte. Garne, die in der Strickerei eingesetzt werden sollen, erfordern meist eine geringere Drehung mit höherer Haarigkeit. Die Drehung hat Einfluss auf die Garnfestigkeit und auf andere Garneigenschaften. Bei höherer Drehung wird das Garn glatter und härter, die Haarigkeit nimmt ab, das Garn wird dünner, und das spezifische Gewicht nimmt zu. Unter dem Einfluss der Drehung verkürzt sich der Faden, und das Garn wird gröber. Bei geringer Drehung ist die Verkürzung vernachlässigbar, bei hoher Drehung (z. B. bei feinen Garnen) wirkt sie sich erheblich aus.
Kettgarne haben in der Regel eine höhere Drehung pro Meter, da die Festigkeitsanforderungen der Weberei an Kettgarne höher sind (Scheuerbeanspruchung während der Fachbildung und beim Schusseintrag). Schussgarne dagegen sollen eine geringere Drehung haben, da der weichere Faden ein höheres Volumen und

damit eine bessere Füllung des Gewebes ergibt. Kreppgarne werden zur Erzielung besonderer Effekte im Gewebe besonders hoch gedreht. Zwischen Schussdrehung, Kettdrehung und Kreppdrehung gibt es noch viele Zwischenstufen, die zu verschiedensten Garnbezeichnungen geführt haben (z. B. Medio-, Grenadine-, Voile-Garne). Dazu kommen dann noch Effektgarne mit unterschiedlichsten Drehungsstrukturen sowie Spezialgarne (Umwindegarne, Coregarne usw.).

2. Drehung der Zwirne: Beim Zwirnen werden zwei oder mehr Garne umeinander gedreht (→ Zwirndrehung), um dickere Garne mit höherer Festigkeit, besserer Gleichmäßigkeit, mit höherem Volumen oder mit anderen Eigenschaften zu erzeugen. Dazu besteht grundsätzlich die Möglichkeit, sowohl in S- als auch in Z-Richtung zu zwirnen. Zur Erzielung eines höheren Volumens oder eines ausbalancierten, spannungsfreien Zwirns muss entgegen der Garndrehungsrichtung gezwirnt werden. Da Garne meist in Z-Richtung gesponnen werden, ist die Zwirnung in S-Richtung erforderlich. Zur Herstellung eines festen, kompakten Zwirns wird auch in Z-Richtung weitergezwirnt. Dann entspricht die Zwirnrichtung der Drehungsrichtung der Garne.

3. Drehung der Filamentgarne: Filamentgarne mit parallel liegenden Filamenten aus synthetischen Rohstoffen (z. B. Polyester) neigen zur elektrostatischen Aufladung und erhalten oft eine Schutzdrehung (Schutzdrall) mit wenigen Drehungen pro Meter (→ Filamentverbund). Diese Drehung dient auch der besseren Verarbeitung der Filamentgarne in der Schlichterei und Weberei. Auch eine höhere Garnfestigkeit wird erreicht. Das Drehen von Filamentgarnen wird oft als Zwirnen bezeichnet, obwohl nur ein Garn gedreht wird (z. B. beim Streckzwirnverfahren). Oft werden statt Drehung Verwirbelungsdüsen (→ Interlacing) eingesetzt, die keine echte Drehung bewirken, sondern nur stellenweise die äußeren Filamente um die inneren herumwirbeln. Damit ist ein ausreichender Fadenschluss kostengünstiger erreichbar. Zur Herstellung von technischen Garnen werden Filamentgarne vor allem aus Festigkeitsgründen gezwirnt, auch zum Erreichen eines gleichmäßigen, drehungsstabilen Zwirns.

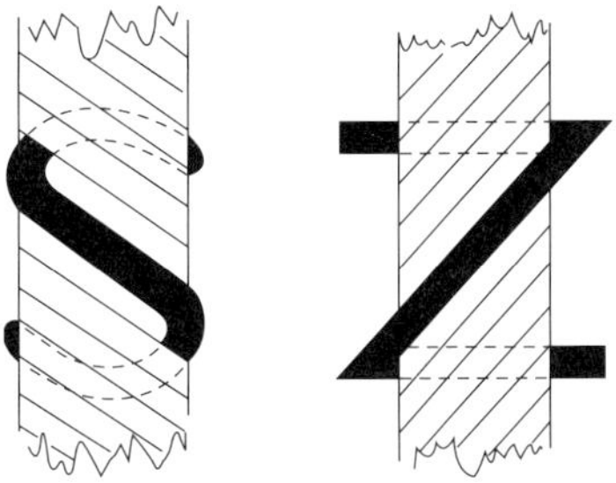

„S"-Drehung „Z"-Drehung

Abb. 1: Drehungsrichtungen in Garnen
Quelle: Anderson, Clayton u. Co., Fürst, Papenburg und Co., Bremen

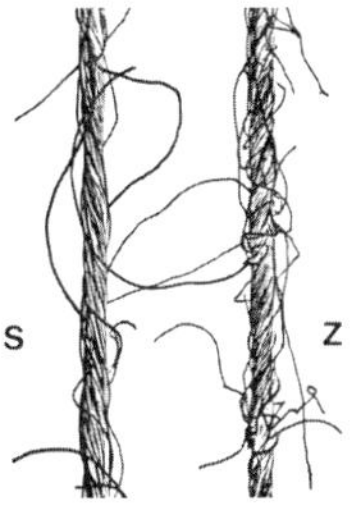

Abb. 2: Baumwollgarne mit S- bzw. Z-Drehung
Quelle: W. Grill, Saurer-Allma GmbH, Kempten

Drehungsangleichung, nachträgliche Erhöhung oder Verminderung der Garndrehung auf einer Ringzwirnmaschine.

Drehungsaufbau (Garn), der Drehungsverlauf über die Garnlänge hinweg und über den Garnquerschnitt ist abhängig vom Spinnverfahren, der Art der Drehungsverteilung im Garn und den Rohstoffeigenschaften. Die Gleichmäßigkeit oder

Ungleichmäßigkeit des Drehungsaufbaus bestimmt die Garneigenschaften, die Verarbeitbarkeit zum textilen Endprodukt und somit die Fertigwareneigenschaften.
1. Ringgarne/Kompaktgarne: Den gleichmäßigsten Drehungsaufbau hat das Ringgarn, am günstigsten ist das Verdichtungsgarn oder Kompaktgarn, bei dem das Spinndreieck durch die Kompaktierung unterdrückt wird. Durch die gleichmäßige Aufbringung der Drehung von der Garnaußenseite zum Garnzentrum durch das Ring-Läufer-System entsteht eine Drehungsstruktur, die außen am meisten Drehung aufweist, nach innen abnimmt und die Kernfaser in der Mitte des Garns theoretisch nur um die eigene Achse gedreht ist. Abweichungen von dieser idealisierten Drehungsstruktur entstehen u. a. dadurch, dass schon vor der Verdrehung nicht alle Fasern ausgestreckt und parallel waren (Häkchentheorie). Zu Ungleichmäßigkeiten kommt es außerdem, weil die einzelne Faser über die Garnlänge migriert, d. h. über die Länge mal außen, mal innen und dann abwechselnd wieder außen liegt, sowie durch Faserfeinheits- und Steifigkeitsunterschiede. Dazu kommen Drehungsunterschiede über die Garnlänge hinweg, die von den Garnmasseunterschieden herrühren (CV m), wobei Dünnstellen grundsätzlich stärker gedreht sind als Dickstellen, und durch Fadenspannungsunterschiede beim Spinnen (Drehzahlschwankungen, Liefergeschwindigkeitsschwankungen, Fadenballonänderungen), die von den Reibungsverhältnissen und den Aufwickelspannungsschwankungen abhängen. Insofern gibt es in jedem Garn Schwankungen der Drehung, die genauso mit Variationskoeffizienten erfasst werden können wie die bekannten Garnmasseschwankungen der Uster-Werte.
Mit Hilfe von Garnrundtestern der Fa. Textest in der Schweiz wurden mittlere Drehungsschwankungen für unterschiedliche Garne ermittelt und in Form von statistischen Garntabellen veröffentlicht.
2. OE-Rotorgarne: Bei OE-Rotorgarnen erfolgt die Drehungserteilung vom Garnkern aus, von der Anspinnspitze des Garns im Rotor nach außen zur Garnoberfläche hin. Die Garndrehung ist also in der Garnmitte stärker und stabiler als außen. Prinzipiell ist aber auch auf Grund der Garndurchmesserverhältnisse außen eine ringgarnähnliche Drehung erkennbar, die aber wegen der grundsätzlich schlechteren Faserausstreckung und Faserorientierung im Garn, bedingt durch Auflösewalze und Lufttransport, eine wesentlich ungleichmäßigere Drehungsstruktur über den Querschnitt hinweg ergibt („Sauerkrautstruktur"). Daher ist der Unterschied zwischen eingestellter Maschinendrehung und tatsächlich gemessener Drehung sehr viel größer als bei Ringgarnen. Ein Unterschied ergibt sich auch durch die Drehungsmessmethode (Aufdrehverfahren nicht möglich bzw. nur bei kleinsten Garnabschnitten, Doppelfühlerverfahren besser geeignet).
3. Luftspinngarne: Beim Luftspinnen liegen die Fasern im Kern mehr oder weniger parallel, die Mantelfasern umwinden den Kern und halten diesen zusammen. Wegen der Geometrie des Zylinders ist die Drehung außen stärker als in inneren Garnlagen, sodass sich durchaus eine ringgarnähnliche Struktur in den äußeren Schichten ergeben kann. Bei Drehungsmessungen ist aber der innere, drehungsarme Garnanteil mitbestimmend, sodass sich meist bei Drehungsprüfungen ein noch größerer Drehungsverlust ergibt als bei OE-Rotorgarnen.
Für andere Spinnverfahren gibt es entsprechende Unterschiede im Drehungsaufbau.
Den bisher gleichmäßigsten Garn- und Drehungsaufbau hatten die Selfaktor-

Garne (Wagenspinner), da während des Verzugs und gleichzeitiger Drehung unter geringerer Fadenspannung ein Masse- und Drehungsausgleich des Garns stattfindet. Die neuen Kompaktgarne kommen wieder näher an die Selfaktor-Garnqualität heran (allerdings nicht bezüglich der Massegleichmäßigkeit).

Drehungsaufbau (Zwirn), beim Zwirnen hängt der Drehungsaufbau des späteren Zwirns zunächst von den Vorlagegarnen, deren Gleichmäßigkeit, Drehungsstruktur, den Fadenspannungen vor und während des Zwirnens sowie vom Zwirnverfahren ab. Da es besonders bei technischen Garnen (z. B. Reifencord) auf die Gleichmäßigkeit des späteren Zwirns ankommt, werden Verfahren eingesetzt, die einen Spannungsausgleich ermöglichen (z. B. Kablierverfahren) und mit denen ein ausgeglichener (torsionsspannungsfreier) Zwirn erzeugt werden kann. Ähnliches gilt auch für Nähgarne, die möglichst gleichmäßig und fest sein sollen.

Drehungsbeiwert, → alpha metrisch.

Drehungsbereiche der Filamentgarne, folgende Drehungs- bzw. Verarbeitungsmöglichkeiten von Filamentgarnen sind üblich, je nach Titer in S- oder Z-Drehung:

a) ohne Drehung, weich, voluminös, geschmeidig, aber schwierig in der Weberei zu verarbeiten, Filamentbruchgefahr, Zieherempfindlichkeit
b) leichte Schussdrehung, 40–75 T/m, weich, guter Füllgrad
c) normale Schussdrehung, 75–150 T/m, gute Verarbeitungseigenschaften, geschlichtet auch als Kettgarn verwendbar
d) hohe (scharfe) Drehung, 300–600 T/m, bei höherer Beanspruchung gut verarbeitbar, höhere Festigkeit (Hochkette)
e) Voiledrehung, 600–1.200 T/m, harter, kerniger Griff und geschlossene Fadenstruktur
f) Kreppdrehung, 1.300–3.500 T/m, schrumpffähig und elastisch für Krepp-effekt

Drehungsdifferenzen,
1. Unterschiede der Drehung, die innerhalb eines Garns in verschiedenen Garnabschnitten auftreten können (auch auf kurzen Garnlängen).
2. Drehungsdifferenzen im Garn, auf größere Längen bezogen, die durch Drehzahlveränderungen (Strom-Spannungs-Änderungen, Erwärmungen) entstehen können.
3. Differenzen zwischen verschiedenen Spinn- oder Zwirnstellen.
4. Differenzen zwischen eingestellter (Maschinen-)Drehung und tatsächlicher Drehung im Garn (→ Drehungsverlust).

Drehungserteilung, Aufbringen einer Drehung auf Garne oder Vorgarne.

Drehungsgesetz (Köchlin'sche Drehungsformel, Grundformel der Spinnerei), zunächst bestimmt der Grad der Einschnürung des Garns durch die äußeren Fasern (und stufenweise nach innen zum Garnkern) die spätere Zugfestigkeit eines Garns. Wird bei gleichem Faserstoff ein unterschiedlich feines (unterschiedlich dickes) Garn durch Drehung des Faserbändchens hergestellt, ergibt sich zwangsläufig aus der Geometrie des Zylinders, der das Idealmodell für ein Garnvolumen darstellt, dass bei einem dickeren Garn bei einer vollen Umdrehung um die Garnachse (360°) die äußeren Fasern einen größeren Weg zurücklegen müssen als bei einem dünneren Garn. Bei einem dickeren Garn werden die äußeren Fasern stärker gedehnt, gespannt und schnüren als Gegenwirkung die dazwischen liegenden

Fasern stärker ein, das Garn wird fester (auch feinheitsbezogen!), ohne Reibkräfte, Klebekräfte und ähnliche Wirkungen zu berücksichtigen, die ebenfalls eine Rolle spielen, aber hier vernachlässigt werden sollen.
Bei einem dünnen Garn kann dieselbe Wirkung erzielt werden, wenn mehr Drehungen aufgebracht werden, wenn also die äußeren Fasern einen ähnlichen Steigungswinkel erhalten wie bei einem dickeren Garn. Letztendlich ist bei gleichem Material, aber unterschiedlicher Garndicke (Garnfeinheit) der Steigungswinkel der äußeren Fasern für die Garnfestigkeit maßgebend. Faktor, der dem Steigungswinkel der Fasern im Garn proportional ist, um vergleichende Festigkeiten zu erhalten. Dieser Vergleichsfaktor ist der Drehungskoeffizient oder Drehungsbeiwert, der mit der Köchlin'schen Drehungsformel, (auch Grundformel der Spinnerei genannt) errechnet werden kann.

Ableitung der Grundformel der Spinnerei:

Für die Geometrie zweier vergleichbarer Garne, aus demselben Fasermaterial und mit Zylinderform des Garns, gilt:

Garnlänge:	L (gleich für beide Garne)
Garndicke: (Garndurchmesser):	d1 für Garn 1 d2 für Garn 2
Drehungsanzahl im Garn (z. B. Drehungen pro Meter):	T1 für Garn 1 T2 für Garn 2

Garnstücklänge, die für eine vollständige Garnumwindung (um 360°) benötigt wird:
H1 für Garn 1
H2 für Garn 2
Aus der Zylindergeometrie kann abgeleitet werden:

$$\frac{H1}{H2} = \frac{d1}{d2}$$

$$\frac{d1}{d2} = \frac{T2}{T1}$$

Die Masse (Gewicht) des Garnkörpers ergibt sich aus:

$$M = V \times \rho$$

wobei
M = Garnmasse
V = Volumen
ρ = Dichte (spezifisches Gewicht) des Garns

Für das Volumen des Garns gilt:

$$V = A \times L$$

wobei
A = Querschnittsfläche
L = Länge des Garnstücks

Für die Querschnittsfläche A gilt:

$$A = d^2 \times \frac{\pi}{4}$$

wobei
d = Garndurchmesser (Garndicke)
π = Kreiszahl Pi (3,14...)

Für die Garnmasse ergibt dies:

$$M = d2^2 \times \pi \times L \times \frac{\rho}{4}$$

Nun werden für die Garnmassen der verschiedenen Garnstücke eingesetzt:

$$M1 = d1^2 \times \pi \times L \times \rho \text{ für Garn 1}$$

$$M2 = d2^2 \times \pi \times L \times \rho \text{ für Garn 2}$$

Setzt man die Garnmassen in die Garnfeinheitsgleichung für beide Garne ein, ergibt sich:

$$Tex1 = \frac{m}{L} = d1^2 \times \pi \times L \times \frac{\rho}{4} \times L$$

für die Garnfeinheit des ersten Garns und

$$Tex2 = \frac{m}{L} = d2^2 \times \pi \times L \times \frac{\rho}{4} \times L$$

für das zweite Garn.
Beide vereinfacht ergeben:

$$Tex1 = d1^2 \times \pi \times \frac{\rho}{4}$$

und

$$Tex2 = d2^2 \times \pi \times \frac{\rho}{4}$$

Werden nun beide Garnfeinheiten zueinander ins Verhältnis gesetzt, ergibt sich:

$$\frac{Tex1}{Tex2} = \frac{d1^2 \times \pi \times \frac{\rho}{4}}{d2^2 \times \pi \times \frac{\rho}{4}}$$

Da sowohl ρ (Dichte) als auch die Kreiszahl π für beide Garne gleich sind, kann weiter vereinfacht werden:

$$\frac{Tex1}{Tex2} = \frac{d1^2}{d2^2}$$

Zum Vergleich der Durchmesser der Garnstücke muss die Quadratwurzel gezogen werden:

$$\frac{D1}{D2} = \frac{\sqrt{Tex\ 1}}{\sqrt{Tex\ 2}}$$

Da schon festgestellt wurde, dass

$$\frac{D1}{D2} = \frac{T2}{T1}$$

ergibt sich zudem

$$\frac{T2}{T1} = \frac{\sqrt{Tex\ 1}}{\sqrt{Tex\ 2}}$$

oder anders ausgedrückt:

$$T1 \times \sqrt{Tex\ 1} = T2 \times \sqrt{Tex\ 2} = T3 \times \sqrt{Tex\ 3} \ldots$$
$$= T\,n \times \sqrt{Tex\ n}$$

wobei
n = Konstante

Diese Konstante erhält nun einen Namen, sie wird → alpha-Wert oder Drehungsbeiwert genannt, in diesem Beispiel α_{tex}, da die Garnfeinheit in Tex angenommen wurde.
Also ist

$$\alpha_{tex} = \frac{T}{\sqrt{Tex}}$$

Oder daraus die Anzahl der Drehungen pro Meter bei einem bestimmten Wert für α_{tex}:

$$T = \frac{\alpha_{tex}}{\sqrt{Tex}}$$

Für andere Garnfeinheitssysteme gilt:

Drehungen pro Meter:

$$T\,/\,m = \frac{\alpha_{tex}}{\sqrt{Nm}}$$

Drehungen pro Zoll (Inch)

$$T\,/\,Zoll = \frac{\alpha_{engl(C)}}{\sqrt{Ne(C)}}$$

Folgende Umrechnungen sind erforderlich:

1. T/m = T/Zoll × 39,4
2. alpha metrisch = alpha englisch (Cotton) × 30,3
3. alpha tex = alpha metrisch × 31,6
4. alpha tex = alpha englisch × 958

Drehungsgrad, Höhe der Drehung (Drehungsbetrag), Anzahl der Drehungen pro Meter (oder pro Zoll bei englischen Garnnummerierungen).

Drehungskoeffizient, → alpha metrisch.

Drehungskoeffizienten der OE-Rotorgarne (Erfahrungswerte), von der Firma Rieter AG, Winterthur/Schweiz werden näherungsweise folgende mittlere Drehungskoeffizienten bei typischen OE-Rotorgarnen aus unterschiedlichen Rohstoffen wie folgt angegeben (bei Chemiefasern übliche Baumwolltypen):

Rohstoff	Garnfeinheit	alpha metrisch
Baumwolle (1 Zoll Stapellänge)	Nm 50 (20 tex)	146
	Nm 33 (30 tex)	144
	Nm 20 (50 tex)	142
Baumwolle (1 1/16)	Nm 85 (12 tex)	142
	Nm 50 (20 tex)	140
	Nm 33 (30 tex)	138
	Nm 20 (50 tex)	135
Baumwolle (1 1/8)	Nm 85 (12 tex)	135
	Nm 50 (20 tex)	133
	Nm 33 (30 tex)	131
	Nm 20 (50 tex)	130
Baumwolle, recycelt, aus Abgang	Nm 33 (30 tex)	156
	Nm 20 (50 tex)	155
Viskose	Nm 85 (12 tex)	126
	Nm 50 (20 tex)	124
	Nm 33 (30 tex)	122
	Nm 20 (50 tex)	120

Polyester	Nm 85 (12 tex)	126
	Nm 50 (20 tex)	124
	Nm 33 (30 tex)	122
	Nm 20 (50 tex)	120
Acryl	Nm 85 (12 tex)	124
	Nm 50 (20 tex)	122
	Nm 33 (30 tex)	120
	Nm 20 (50 tex)	118

Drehungskoeffizienten der Ringgarne (Erfahrungswerte), von der Firma Rieter AG, Winterthur/Schweiz werden näherungsweise folgende mittlere Drehungskoeffizienten bei typischen Ringgarnen aus unterschiedlichen Rohstoffen wie folgt angegeben:

Rohstoff	Garnfeinheit	alpha metrisch
Baumwolle	Nm 40 (25 tex)	124
(Stapellänge	Nm 27 (37 tex)	122
1 Zoll)	Nm 14 (74 tex)	118
Baumwolle	Nm 60 (16,5 tex)	121
(1 1/16 Zoll)	Nm 50 (20 tex)	119
Baumwolle	Nm 85 (12 tex)	121
(1 1/8 Zoll)	Nm 68 (15 tex)	119
Baumwolle	Nm 170 (6 tex)	118
(1 1/2 Zoll)	Nm 135 (7 tex)	116
Baumwolle	Nm 250 (4 tex)	118
(1 7/8)	Nm 200 (5 tex)	116
Viskose	Nm 100 (10 tex)	112
	Nm 85 (12 tex)	110
Polyester	Nm 100 (10 tex)	112
	Nm 85 (12 tex)	110
Acryl	Nm 100 (10 tex)	112
	Nm 85 (12 tex)	110

Drehungsmessung (Drehungsprüfung), zur Feststellung wie viele Drehungen ein Spinnfasergarn, Filamentgarn oder Zwirn aufweist. Das Ergebnis der Prüfung wird als Anzahl der Drehungen pro Meter (oder im englisch-amerikanischen Bereich Drehung pro Zoll) angegeben. Zum Vergleich der Drehungen unterschiedlich dicker Garne dient der Drehungskoeffizient (→ alpha metrisch).

Prüfmethoden:

1. Aufdrehverfahren: Zwirne und Filamentgarne werden so lange entgegengesetzt der Garndrehung oder Zwirndrehungsrichtung in einem Drehungszählgerät unter Vorlast eingespannt (meist 500 mm Länge) und aufgedreht, bis die Einfachgarne oder Filamente parallel liegen. Dies wird dadurch festgestellt, dass man mit einer Nadel zwischen die Einfachgarne oder Filamente sticht und die Nadel von einer Klemme zur anderen bewegt. Die Zahl der Drehungen wird am Zähler abgelesen und auf die Einheitslänge 1 m umgerechnet.

Bei Spinnfasergarnen muss man dafür eine Einspannlänge wählen, die unter der Faserlänge liegt, da sonst das Garn den Zusammenhalt (Auseinanderschleifen) verliert. Da in Folge der Garnungleichmäßigkeit die Ergebnisse stark streuen, wird diese Methode selten verwendet (z. B. für Forschungszwecke).

2. Spannungsfühlerverfahren: Es handelt sich um indirekte Methoden für die Prüfung von Spinnfasergarnen, für die man nicht die Parallellage der Fasern als Maß nimmt, sondern andere, von der Drehung abhängige Größen, z. B. die Verkürzung oder Verlängerung des Garns, das Auseinanderschleifen oder den Torsionsbruch. Hieraus wird dann unter Anwendung bestimmter Regeln die Drehung errechnet oder abgelesen.

Man geht davon aus, dass beim Aufdrehen und weiteren Drehen über die Parallellage hinaus die Ausgangslänge des Garns erreicht wird, wenn ein Drehungsausgleich erfolgt ist. Die dann ermittelten Drehungen entsprechen theoretisch der doppelten Drehung pro eingespannter Garnlänge. Die genannten Messmethoden ergeben immer eine von der tatsächlich erfolgten Drehung abweichende, niedrigere Drehungszahl, da es zu Verschiebungen kommt, die durch die Garnstruktur (Garnaufbau) beeinflusst werden.

Aufdrehverfahren

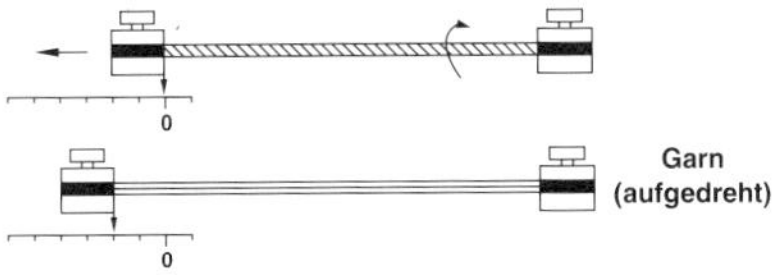

Das Garn bzw. der Zwirn wird bis zur parallelen Faser- bzw. Garnlage aufgedreht.

Spannungsfühlerverfahren

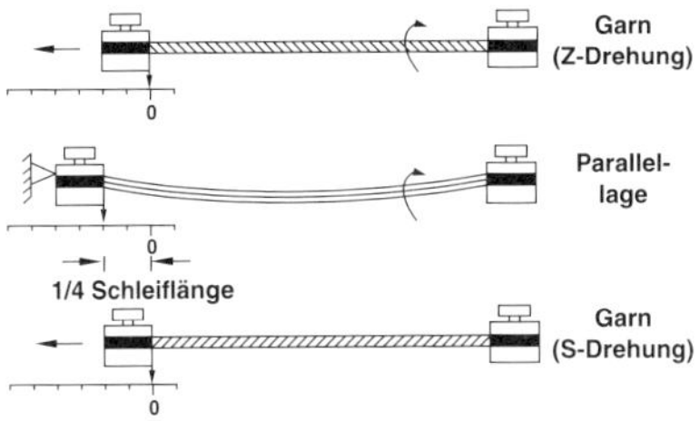

Aufdrehen des Garns über die Parallellage der Fasern hinaus, bis der Längenänderungsanzeiger wieder auf null steht.

Abb.: Die wichtigsten Prinzipien der Drehungsprüfung an Garnen und Zwirnen
Quelle: Vorlesungsunterlagen Materialprüfung, Hochschule Reutlingen

Drehungsprinzipien, die grundsätzlichen Möglichkeiten der Drehungserteilung an Garn- und Zwirnmaschinen wurden in einer Arbeit von Prof. H. Buchmann, FH Reutlingen, systematisch zusammengestellt (Buchmann, H., Darstellung von Drallorganen und Verfahren der Garn- und Zwirnherstellung, Melliand Textilberichte, 6/1975, S. 430): Buchmann unterscheidet grundsätzlich die Gruppe der Abwärtsdrallgeber und der Aufwärtsdrallgeber. Folgende Auflistung gilt heute noch:

1. Abwärtsdrallgeber
   - Ringspindel, Ringspinnen, Ringzwirnen
   - Flügelspindel (Flyer)
   - Glockenspindel
   - Zentrifuge (Spinnzentrifuge, Zwirnzentrifuge)
2. Aufwärtsdrallgeber
   - OE-Spinnrotor
   - Doppeldrahtzwirnspindel
   - Tritec-Zwirnspindel
   - 2 × 2 T-Zwirnspindel (Reggiani)
   - Kablierverfahren
   - Etagenspindel/Topfzwirnspindel (mit rotierender Hülse)
   - Luftspinnverfahren
   - DREF-Friktionsspinnen

Die Einstufung des Luftspinnens oder des DREF-Friktionsspinnens erfolgt hier nicht nach der Garnabzugsrichtung, sondern nach der Art der Aufwicklung (Kreuzspulenaufwicklung) hinter dem Drallorgan.

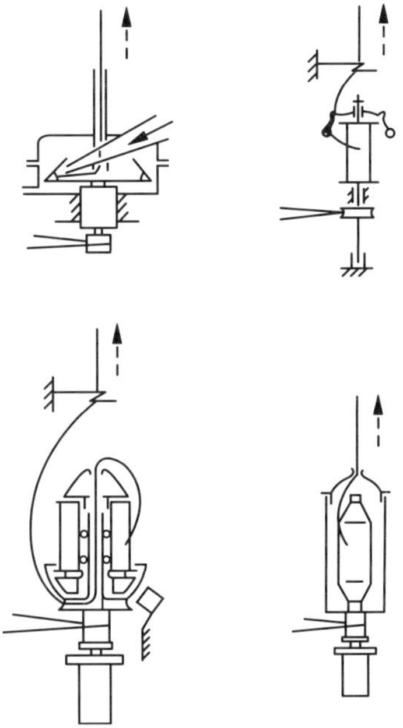

Abb. 1: Darstellung verschiedener Möglichkeiten der Erteilung einer Aufwärtsdrehung im Garn oder Zwirn
Quelle: Prof. H. Buchmann, Hochschule Reutlingen

Drehungsreduzierung, Verringerung der Drehung im Garn, ermöglicht höhere Produktionsgeschwindigkeiten, höhere Produktivität und geringere Herstellungskosten. Die optimale Garndrehung wird unterhalb der durch Drehung maximal erreichbaren Garnfestigkeit angesetzt.

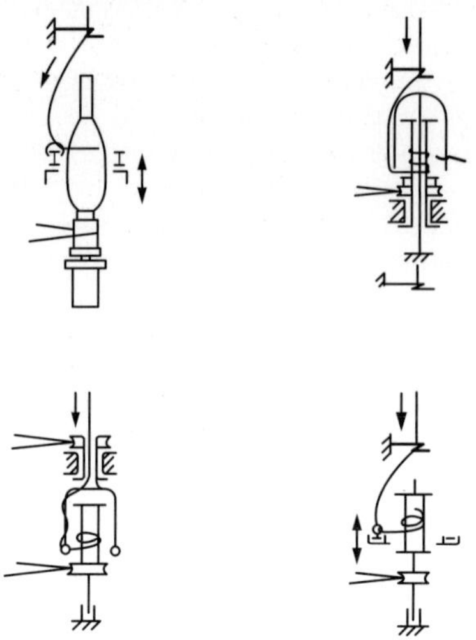

Abb. 2: Darstellung verschiedener Möglichkeiten der Erzeugung einer Aufwärtsdrehung im Garn oder Zwirn
Quelle: Prof. H. Buchmann, Hochschule Reutlingen

Drehungsrichtung, die Drehung von Garnen und Zwirnen wird mit Z- oder S-Drehung beschrieben, wobei der mittlere Bereich des Buchstabens, auf das Garn in Achsrichtung gelegt, in die Richtung der Fasern im Garn (oder der Garne im Zwirn) zeigt. Garne werden von der Herstellung her meist in Z-Richtung gedreht, für spezielle Anwendungen kann aber S-Drehung im Garn günstiger sein, z. B. für Zwirne (auch Nähzwirne) oder Kammgarnzwirne aus reiner Wolle. Wurde das Garn in Z-Richtung hergestellt, so folgt beim späteren Zwirnen meist die entgegengesetzte Drehung, also S-Richtung, wenn man einen ausgeglichenen, voluminösen Zwirn haben möchte.

Drehungsunterschiede im Garn, → Drehungsdifferenzen.

Drehungsverlust,
1. Differenz zwischen an der Maschine eingestellter Drehung und der tatsächlich im Garn vorhandenen Drehung (Drehungsdifferenz). In jedem Garn tritt ein Drehungsverlust auf, da den aufgebrachten Torsionskräften Biegewiderstandskräfte des Garns durch Gegentorsion (Torsionswiderstand) entgegenwirken. Je steifer ein Garn (Fasersteifigkeit) ist, desto stärker ist die Gegentorsionskraft, die bereits während des Spinn- oder Zwirnvorgangs zu einer gewissen Rückdrehung des Garns führt. Durch die Zugspannung im Garn wird die Rückdrehung zunächst zum größten Teil unterdrückt und auf der Garnspule fixiert. Wird das Garn dann von der Spule abgezogen und entspannt, hat es die Tendenz sich wieder aufzudrehen (Kringelneigung). Deshalb muss es unter Spannung weiterverarbeitet werden. Ein Ausgleich der Gegentorsionskräfte im Garn kann durch innere Entspannung mit Hilfe hydrothermischer Behandlung (Dämpfen) erfolgen, wobei beispielsweise Wasserstoffbrücken zwischen den Molekülketten gelöst und wieder neu gebildet werden.
2. Ein weiterer Drehungsverlust tritt unvermeidlich bei der Messung der Drehung auf, wobei der Verlust umso größer wird, je ungeordneter die Drehungsstruktur ist. Am geringsten ist der Drehungsverlust beim Kompaktringgarn, am größten beim Friktionsspinngarn.

Drehungsverschiebung, durch Umlenkstellen während des Abzugs entsteht ein Drallstau (Drehungsstau) im Garn, der nach der Staustelle zu einer Drehungsreduzierung im Garn führt. Beim Rotorspinnen wird an der Abzugsdüse durch Reibung (Abzugstrichter) ein Drallstau im Garnende erzeugt, der so groß ist, dass sogar Falschdrall im Garnende entsteht, der die Fasereindrehung in der Rotorrille verbessert. Eine ähnliche Wirkung ergeben auch Drallstauelemente im Garnabzugsbereich (z. B. Torque-Stopp). Die Drehungsverschiebung ist bleibend, wenn echte Drehung verschoben wird, sie ist reversibel, wenn Falschdrall entsteht. Im praktischen Anwendungsfall treten beide Einflüsse gleichzeitig auf.

Drehungsverzug, in den Zweizylinderstreckwerken der Streichgarnspinnerei macht man sich die Tatsache zu Nutze, dass beim Aufbringen einer Garndrehung durch Torsion der Drehungswiderstand des Garns (neben anderen Faktoren) vom Garndurchmesser, also von der Garndicke abhängt. Dünnere Garnstellen leisten weniger Widerstand gegen die Verdrehung, lassen sich also leichter drehen als dickere Garnstellen. Damit weisen die Garne in Dünnstellen mehr Drehungen pro Meter auf als in dicken Garnstellen. Da mit höherer Drehung die Dünnstellen im Garn fester sind (trotz weniger Fasern im Garnquerschnitt) als die dickeren Stellen, kann man bei gleichzeitigem Verzug die dickeren Stellen noch leichter verziehen, wodurch eine Garnmassevergleichmäßigung erreicht wird.
In der Streichgarnspinnerei erfolgt die Drehungserteilung während des Verzugs im Streckwerksbereich des Zweizylinderstreckwerks durch Drehungserteilung mit Hilfe eines angetriebenen Falschdrallröhrchens (Drehröhrchen, Drehkäfig) oder mit Hilfe eines Drehstreckwerks (oder anderer Falschdrallelemente). Nach dem Verlassen des Streckwerks ist der Falschdrall wieder aufgelöst; erst jetzt wird dem Garn echte Drehung erteilt (mit Hilfe des Ring-Läufer-Systems).
Beim früher verbreiteten Selfaktor (Wagenspinner) erfolgte die Drehungserteilung ebenfalls während des Garnverzugs, wodurch Masseverteilungsausgleich im Garn erzielt wurde. So ist die bessere Gleichmäßigkeit des Selfaktorgarns erklärbar (zusätzlich zur geringeren Fadenspannung während des Spinnens und der vom Spinnen getrennten Aufwindung des Garns auf den Kötzer (Garnspule des Wagenspinners).

Drehungswiderstand (Torsionswiderstand), Widerstand, den ein Garn gegenüber der Verdrehung beim Spinnen oder Zwirnen aufweist. Er hängt ab vom Garnradius, der Querschnittsform des Garns, der Querschnittsflächenverteilung (äußere Bereiche ergeben mehr Widerstand) sowie den Materialeigenschaften.

Drehungswinkel (Torsionswinkel), Drehungswinkel des Garns in Gradzahlen. Eine vollständige Umdrehung ergibt einen Drehungswinkel von 360° (Vollkreis).

Dreiachsiger Scheibenfriktions-Falschdrallgeber, Drehungserteilungselement der Friktionstexturierung, das am häufigsten in der Industrie für die Texturierung von Filamentgarnen verwendet wird.

Dreifachdrahtzwirnen, → Tritec-Zwirnverfahren.

Dreikrempelsatz, dreistufiges, hintereinander folgendes Krempelsystem, klassische Krempelanordnung der Streichgarnspinnerei, in dem drei Krempelsätze mit eigenen Vorreißern,Tambour- und Arbeiter-/Wenderwalzen und Abnahmewalzen hintereinander jeweils ein Vlies bilden, das danach durch Quertäfler (Kanalbandvorlage u. a.) quer gelegt wird, um eine seitliche Durchmischung des Fasermaterials in der Krempelfolge zu erreichen. Dieses zweimalige Umlegen liefert die beste Durchmischung. Inzwischen werden aus Kostengründen meist nur noch Zweikrempelsätze oder sogar einstufige Kompaktkrempeln mit jedoch schlechterer Faserquerdurchmischung und folglich schlechterer Garnqualität verwendet (wie in der Halbkammgarnspinnerei).
Unterschiedliche Krempelsätze hintereinander erlauben eine stufenweise, schonendere Faservereinzelung mit zunehmend dichteren und feineren Krempelgarnituren. Sie werden deshalb heute

noch für hochwertige, weniger feste Fasermaterialien wie Kaschmir, Cashgora und Mohair eingesetzt.

Dreiwalzenstreckwerk, Dreizylinderstreckwerk.

Dreizylindergarn, Garn der Dreizylinderspinnerei, ursprünglich Baumwollgarn, heute Multifasergarn, Mischgarne und Chemiefasergarne bei Verwendung von Faserlängen bis max. 60 mm, üblicherweise bis etwa 40 mm. Folgende Garntypen werden unterschieden:
a) Kardierte Ringgarne
b) Gekämmte Ringgarne
c) Kompakt-Ringgarne
d) Kardierte Rotorgarne
e) Gekämmte Rotorgarne
f) Luftspinngarne MJS
g) Luftspinngarne MVS

Mittlere Festigkeits- und Dehnungseigenschaften:

1. Baumwollgarne:

	Festigkeit (cN/tex)	Dehnung (%)	Drehung (T/m)
Trikotgarne, Mittelstapel	7–13	5–7	85–105
Schussgarne, Mittelstapel	7–12	5–7	90–110
Kettgarne, Mittelstapel	9–15	4,5–7	110–135
Trikotgarne, Langstapel	10–14	5–7	80–95
Schussgarne, Langstapel	11–15	5–8	75–100
Kettgarne, Langstapel	14–22	5–8	95–115
2. Mischgarne der Ringspinnerei:			
Baumwolle/ Viskose	9–13	6–9	95–115
Polyester/ Baumwolle	14–22	8–12	95–115

Dreizylinderspinnerei, ursprünglich die klassische Baumwollspinnerei, zur Verarbeitung der Kurz-, Mittel- und Langstapelbaumwollen. Der Name wurde abgeleitet vom Dreizylinderstreckwerk, mit dem alle Kurzstapelfasern verstreckt werden können.
Heute ist die Dreizylinderspinnerei die Multifaserspinnerei für Chemiefasern (vorwiegend Polyester, Viskose, Modal und Baumwollmischungen oder reine Baumwolle, aber auch Acryl, Polyamid und Lyocell sowie andere Faserstoffe als Baumwolltypen), in der Fasern bis 40 mm Länge (teilweise bis 60 mm) zu relativ gleichmäßigen, feinsten, feineren und gröberen Garnen verarbeitet werden können. Der Garnfeinheitsbereich der Dreizylinderspinnerei reicht von etwa Nm 10 bis Nm 250, in Ausnahmefällen auch gröber oder feiner, prinzipiell mit Baumwolle oder Coregarn möglich bis Nm 500.
Man unterscheidet heute folgende Bereiche:

1. Ringspinnerei, gekämmt
2. Ringspinnerei, kardiert
3. Kompaktspinnerei, gekämmt
4. OE-Rotorspinnerei, kardiert
5. OE-Rotorspinnerei, gekämmt
6. Luftspinnerei/Jet-Spinnerei MJS, gekämmt
7. Luftspinnerei MVS, gekämmt
8. Siro-Spun-Verfahren (Ringspinnen)
9. Coregarn-Spinnen, Ringspinnen
10. Coregarn-Spinnen, OE-Rotorspinnen

Ringspinnerei, gekämmt:
In der Kämmspinnerei der Ringspinnerei werden feinere Garne hergestellt, mit unterer Feinheit bei etwa Nm 50 (20 tex) und oberer Feinheit bis Nm 250 (4 tex und feiner, je nach Baumwollqualität). Die klassische Maschinenfolge der Kämmspinnerei ist bei reiner Baumwollverarbeitung wie folgt (mit Änderungen bei feinsten Garnen):

1. Spinnereivorbereitung, vom Ballen bis zur Karde automatisiert
2. Karde mit Reguliervorrichtung
3. Erste Strecke
4. Zweite Banddubliermaschine

5. Kämmmaschine
6. Zweite Strecke (Regelstrecke)
7. Flyer
8. Ringspinnmaschine
9. Spulmaschine

OE-Rotorspinnerei, kardiert (reine Baumwolle):
Der Bereich kardierter Garne ist üblicherweise gröber als Nm 50 (20 tex):

1. Spinnereivorbereitung
2. Karde mit Strecke kombiniert
3. Strecke
4. OE-Rotorspinnmaschine

Dreizylinderstreckwerk (Dreiwalzenstreckwerk), das Dreizylinderstreckwerk hat sich in der → Dreizylinderspinnerei (früher Baumwollspinnerei) und in der Kammgarnspinnerei durchgesetzt, da es sehr leistungsfähig ist und Gesamtverzüge bis 80-fach und mehr ermöglicht. Es besteht aus drei hintereinander angeordneten Klemmwalzenpaaren, Oberzylindern mit Gummiwalzenbezug und Unterzylindern aus Metall mit Riffelung, die mit Federkraft oder pneumatisch zusammengedrückt werden und das vorgelegte Faserband linienförmig klemmen. Die ersten beiden Walzenpaare bilden gemeinsam die Vorverzugszone, die dazu benötigt wird, die Haftkraft (Haftreibung) zwischen den Fasern zu überwinden, um einen Verzug (Verfeinerung) des Vorlagebands zu ermöglichen. Danach bildet das zweite Walzenpaar mit dem dritten Walzenpaar die Hauptverzugszone, in der die Fasern, zusammengehalten und geführt durch Oberriemchen und Unterriemchen, ohne weitere größere Kraftaufwendung auseinander gezogen werden können. Der Vorverzug liegt etwa bei 1,3- bis 1,4-fach, der Hauptverzug zwischen 20- und 60-fach, teilweise bei geeignetem

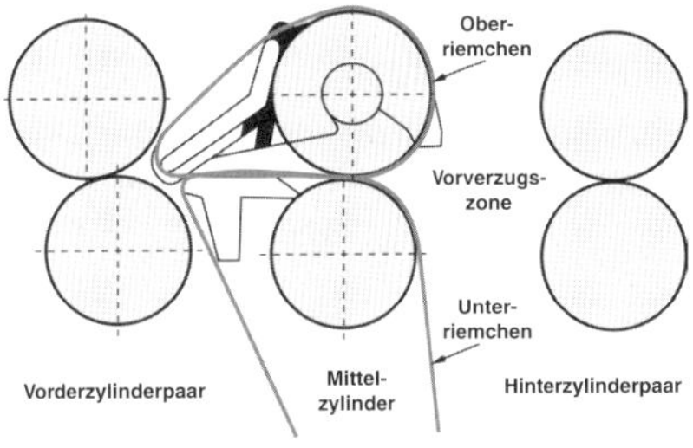

Abb. 1: Prinzipzeichnung der Zylinderanordnung eines Dreizylinderstreckwerks
Quelle: Maschinenfabrik Rieter AG, Winterthur, Schweiz

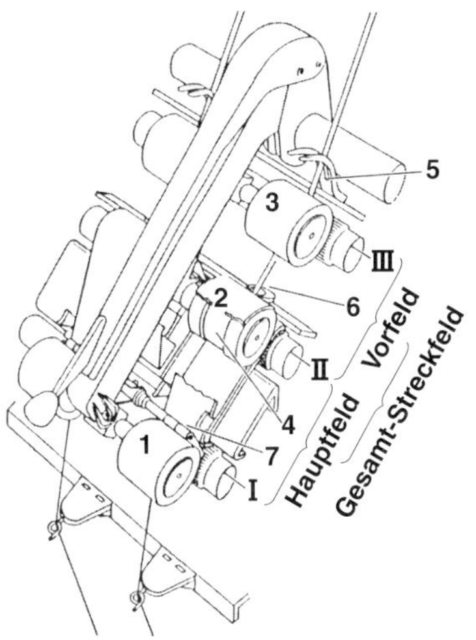

Abb. 2: Darstellung eines Dreizylinderstreckwerks der Fa. SKF
Quelle: Abbildung der Fa. SKF, Stuttgart – Bad Cannstatt

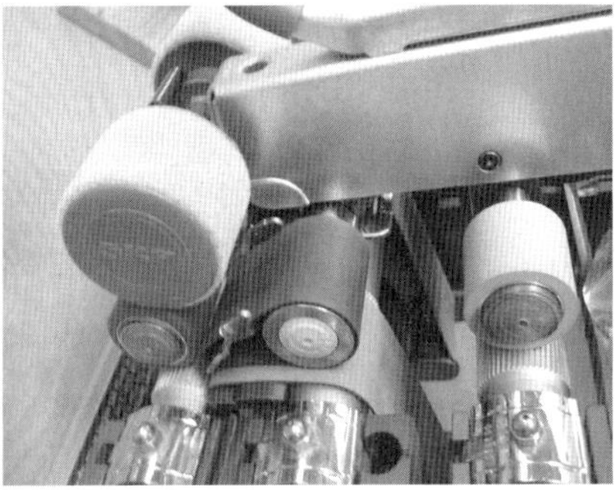

Abb. 3: Modell eines Texparts-SKF-Dreizylinderstreckwerks einer Ringspinnmaschine

Fasermaterial auch höher. Beide Verzüge miteinander multipliziert ergeben den Gesamtverzug des Dreizylinderstreckwerks.
Neben der Ringspinnmaschine ist auch der Flyer mit einem Dreizylinderstreckwerk ausgestattet, und auch bei den Strecken hat sich das Dreizylinderprinzip mit leichten Variationen durchgesetzt.

Droussierkrempel, löst zerrissene, vorgeöffnete Stoff- und Garnreste beim Recycling von Textilien weiter auf und trennt diese von unaufgelösten Stoff- und Garnresten.

Druckfestigkeit (Garne und Fasern), die meisten Fasern und Garne sind druckempfindlich und halten keine hohen Druckkräfte aus (Kunststoffe). Bei quetschend wirkenden Verarbeitungsvorgängen (Kalandern), bei Textilien, die Druckkräfte aushalten müssen (Teppiche, Bodenbeläge, Abstandstextilen) und bei Biegebeanspruchung von Garnen müssen bestimmte Druckkräfte aufgenommen werden, die man mit statischen und dynamischen Prüfverfahren (Rollstuhltest) beurteilt. Bei Faser und Garnen wird durch Zusammenpressen von Faser- oder Garnbündeln Komprimierbarkeit und Bauschelastizität geprüft. Bei Einzelfasern erfolgen Biegeprüfungen mit dem Kawabata-System, bei Garnen mit Knickprüfungen.
Druck- und Wechseldruckversuche werden auch unter Wärmeeinfluss durchgeführt. Kräuselstabilität spielt bei Druckkräften ebenfalls eine Rolle.

Drucktechnik in der Spinnerei (Band, Garn), in der Buntspinnerei ist die Drucktechnik üblich, um Farbeffekte zu erzeugen oder eine besonders gleichmäßige Melange zu erzielen.
In der Kammgarnspinnerei (Wolle, Chemiefasern) werden mit dem Vigoureuxdruck Bänder (Kammzüge) streifenförmig bedruckt. Dies ergibt eine besonders gleichmäßige Farbmischung im Garn.
Zur Effekterzeugung werden Garne kontinuierlich bedruckt.
Weiterhin ist der Garndruck auch bei stricktexturierten Garnen angewendet worden, um bestimmte Garnmusterungen zu erhalten. Dabei wird ein einsystemiges Gestrick mit Streifen bedruckt und nach der Fixierung der Kräuselung und der Farbe wieder aufgezogen.

DTY-Garne (DTY, Draw Textured Yarns), Strecktexturierte Garne, meist Herstellung über Falschdrall-Friktionstexturierung mit integrierter Verstreckung (Simultan- oder Sequenzialverstreckung, -texturierung).

Dublieren (Doppeln), Zusammenführen von Bändern (oder Garnen) zur Verbesserung der Gleichmäßigkeit und zur Vorbereitung des Verzugs. Sechs oder mehr Bänder werden zusammengeführt und um den Betrag der Dublierung (z. B. sechsfach) verstreckt, um ein gleichmäßigeres Band derselben Dicke (Feinheit) zu erhalten. Bei Wolle werden die Bänder gleichzeitig noch verfeinert. Die Verbesserung der Gleichmäßigkeit erfolgt nach dem Gesetz CV neu = 1/Quadratwurzel aus n, wobei n die Zahl der Dublierungen ist.

Duft freisetzende Garne, neue Entwicklungen von Faserstoffen, die beispielsweise über Ausrüstungen mit Cyclodextrinen (Nanotechnologie) Duftstoffe abgeben (oder aufnehmen) können.

Dünn-Dick-Garne, glatte Filamentgarne, die durch gezielte intermittierende Verstreckungs- (und Fixierungs-)unterschiede regelmäßig aufeinander folgende Dünn- und Dickstellen aufweisen (Filament-Effektgarne, auch mit variablen Längen der Dünn- und Dickstellen).

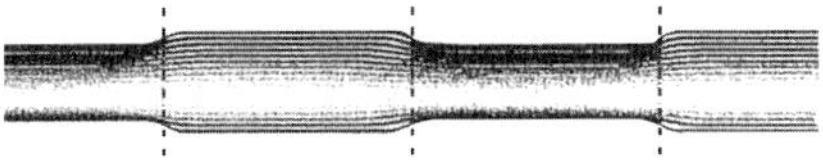

Abb.: Prinzipdarstellung eines Dick-Dünn-Filamentgarns
Quelle: Zinser-Saurer GmbH, Ebersbach

Dünnfaden, lange, dünne Garnstelle, die zu Streifenfehlern im Gewebe oder Gestrick führt.

Dünnstellen, (→ Imperfections), besonders dünne Stellen im Garn, nach Zellweger Uster (Uster Technologies) definiert als Garnstücke, deren Masse kleiner als 50 % der mittleren Garnmasse ist. Dünnstellen können auch sehr lang sein und fallen dann eher unter die seltenen Fehler bzw. Classimat-Fehler (z. B. nicht erkannter Ausfall eines Bands an der Strecke).

Duo-Karde (Tandemkarde), traditionelle Doppelkarde, wie sie von der englischen Maschinenfabrik Crosrol in großer Zahl hergestellt und weltweit in Spinnereien eingesetzt wurde. Bei stärker verschmutzter Baumwolle bessere Reinigungswirkung durch Doppelkardierung mit zwei hintereinander angeordneten Tambourwalzen.

Duo-Spun, Begriff für → Selftwist-Spinnverfahren, wie z. B. Repco-Spinnen, bei dem zwei Garne sich gegenseitig umwinden (bei Repco abwechselnd in Z- und S-Richtung).

DuPont-Verfahren (DuPont-Drallübertragungsverfahren), mehrere parallel zugeführte Faserbänder werden konventionell 20- bis 100-fach verzogen. Am Streckwerksausgang werden die Fasern vereinzelt dem Saugluftstrom einer in Garntransportrichtung angeordneten Spinnkammer übergeben, wo sie auf zwei oder mehr getrennt, am letzten Walzenpaar des Streckwerks seitlich zugeführte Filamentgarne treffen. Durch eine Falschdralldüse werden die Filamentgarne verdreht, die freien Fasern werden durch das Zurückdrehen der Filamentgarne eingebunden und winden sich um den Filamentkern herum (in Gegenrichtung des ursprünglichen Falschdralls). Dadurch wird der Filamentkern, der nun ungedreht ist, durch die Stapelfasern eingebunden. Der Filamentanteil des Garns ist größer als der Spinnfaseranteil, die Filamentgarne bestimmen die Garnfestigkeit.

Durchgangsstreckwerk, → Durchzugsstreckwerk.

Durchmesser (Garn), wegen der Weichheit der Garne ist der Durchmesser nur ungenau bestimmbar, weshalb die Garnfeinheitssysteme auf Längen- und Gewichtsbestimmungen beruhen.
Grundsätzlich können mit optischen Garnmesssystemen (z. B. Zweigle) mittlere Garndurchmesser besser angegeben werden. Bei gleicher textiler Feinheit ändert sich der tatsächliche Garndurchmesser abhängig von der Dichte des Faserstoffs (höhere Dichte, kleinerer Garndurchmesser) und bei Spinnfasergarnen abhängig von der Drehung (höhere Drehung, kleinerer Durchmesser).

Durchschnittsnummer, durchschnittliche Garnfeinheit.

Durchschnittspolymerisationsgrad (DP-Grad), die durchschnittliche Kettenlänge der Makromoleküle der textilen Fasermaterialien (Baumwolle DP-Grad 2.000–3.000, Flachs bis 7.000), entspricht der mittleren Anzahl von Monomeren (Grundbausteinen) der Makromoleküle (Kettenmoleküle), aus denen alle Naturfasern (und Chemiefasern) aufgebaut sind. Durch aggressive Färbung, chemische Behandlung (Säuren, Laugen, Oxidationsmittel), Wärmebehandlung oder mechanische Schädigung wird der DP-Grad deutlich reduziert. Je höher der DP-Grad, desto zäher ist das Material. Der DP-Grad wird indirekt über die Zähigkeit (Viskosität) des Materials gemessen (Viskosimeter). Je zäher und fester das Material ist, desto höher ist der DP-Grad. Wird ein Faserstoff geschädigt (z. B. beim Färben), geht der DP-Grad zurück, das Fasermaterial wird schwächer und zerreißt leichter.

Durchschnittstiter, durchschnittliche Feinheit in dtex oder den.

Durchzieher (Schlunze, Torpedo, Schleicher, Flamme), Garnverdickung (Garnfehler), die, ausgehend von der mittleren Garndicke, konisch zu- und wieder abnimmt. Länge üblicherweise zwischen 15 und 150 mm.

Durchzugsstreckwerk, Streckwerke mit Walzenpaaren im mittleren Verzugsbereich, die nicht vollständig klemmen, sondern durch Aussparungen der Druckwalzen unter dem Gummibezug nachgebende Bereiche aufweisen, die einen schonenden Durchzug des Fasermaterials bei gleichzeitig kontrollierter Faserführung ermöglicht. Besonders bekannt sind die Sampre-Walzen (der italienischen Firma Sampre) mit weichen Ballonbezügen. Durchzugsstreckwerke sind bei der Verarbeitung langer Fasern, z. B. in der Halbkammgarnspinnerei, erforderlich.

Düsenbändchengarn, Garn, das aus einem oder mehreren mit Düsen erzeugten Folienstreifen (Bändchen, durch Extrusion ersponnen) hergestellt wird.

Düsenblasverfahren, → Lufttexturierung.

Düsenfärbung, hierbei werden Chemiefasern bereits in der Spinnmasse gefärbt, mit hoher Farbechtheit, oder zur Färbung von schwer färbbaren Kunststoffen (z. B. PP-Färbungen).

Dynamische KD-Prüfung, Prüfung des Kraft-Dehnungs-Verhaltens von Garnen unter definierter Zugbelastung. Das am häufigsten angewandte Prinzip ist die Prüfung unter Vorspannung des Garns und zunehmender Kraftbelastung (hydraulisch/mechanisch) bei konstanter Dehnungszunahme (CRE-Prinzip, Constant Rate of Extension). Die Kraft, die zur Erreichung der konstanten Dehnungszunahme erforderlich ist, wird kontinuierlich gemessen und aufgezeichnet. Gleichzeitig wird die tatsächliche Längenveränderung zu jedem Prüfzeitpunkt gemessen. Mit dieser Messmethode erhält man ein zuverlässiges Kraft-Dehnungs- (oder Kraft-Längenänderungs-) Diagramm für textile Garne oder Fasern.

Dynamometer, Garn-Festigkeitsprüfgerät der Fa. Textechno, Mönchengladbach.

Dynamometrische Garneigenschaften, Festigkeits- und Dehnungseigenschaften der Garne.

E

Echtdraht, → echte Drehung.

Echtdrahttexturierung, Texturierverfahren, das echte Drehung des Garns zur Erzeugung der Kräuselung benutzt (z. B. Zwirntexturierung, → Echtdrahtverfahren).

Echtdrahtverfahren, ältestes Verfahren zur Texturierung von Filamentgarnen, heute kaum mehr verwendet. Verfahrensschritte:

1. Hochdrehen des Filamentgarns auf einer Zwirnmaschine (2.000–3.000 T/m)
2. Fixieren der Torsion im Garn durch Temperaturerhöhung über die Glastemperatur hinaus und anschließende Abkühlung im gedrehten Zustand (meist im Autoklav)
3. Aufzwirnen bis zur Parallellage der Filmente (Zurückdrehen)
4. Aufbringen eines leichten Schutzdralls

Echte Drehung (Echtdraht), Drehung um die Garnachse, die im Wesentlichen im Garn (oder Vorgarn) als bleibende Drehung erhalten bleibt (Gegensatz: → Falschdrall).

Echtheitsprüfungen, Prüfverfahren zur Überprüfung der verschiedenen Echtheiten, meist nach DIN, EN oder ISO genormt. Zu den wichtigsten und häufigsten durchgeführten Echtheitsprüfungen gehören die Farbechtheitsprüfungen. Zunehmende Bedeutung haben die Prüfungen auf Speichelechtheit (z. B. für Babybekleidung), Schweißechtheit (Farbstoffabgabe), Nassechtheit, Lösungsmittelechtheit usw.
Der folgende Auszug (Beispiele aus über 70 Normen) enthält die wichtigsten Echtheitsprüfungen nach DIN ISO. Diese und andere Normen können bezogen werden vom Beuth-Verlag in Berlin.

ISO 105 A01/ DIN 54000	Farbechtheitsprüfung – Allgemeine Grundsätze
ISO 105 A02/ DIN 54001	Graumaßstab zur Bestimmung der Farbänderung
ISO 105 A03/ DIN 54002	Graumaßstab zur Bestimmung des Anblutens
ISO 105 B01/ DIN 54003	Lichtechtheit: Tageslicht
ISO 105 B02/ DIN 54004	Lichtechtheit: Xenonbogenlicht
ISO 105 B03/ DIN 54070	Bewetterungsechtheit: in freier Atmosphäre
ISO 105 B04/ DIN 54071	Bewetterungsechtheit: Xenonbogenlicht
ISO 105 C01/ DIN 54014ff.	Waschechtheit von Färbungen: Verfahren 1–5
ISO 105 D01/ DIN 54024	Trockenreinigungsechtheit von Färbungen
ISO 105 E01/ DIN 54006	Wasserechtheit von Färbungen
ISO 105 E02/ DIN 54007	Meereswasserechtheit von Färbungen
ISO 105 E04/ DIN 54020	Schweißechtheit von Färbungen
ISO 105 E05/ DIN 54028	Säureechtheit von Färbungen
ISO 105 E06/ DIN 54030	Alkaliechtheit von Färbungen
ISO 105 X05/ DIN 54023	Lösungsmittelechtheit von Färbungen
ISO 105 X11/ DIN 54022	Bügelechtheit von Färbungen
ISO 105 X12/ DIN 54021	Reibechtheit von Färbungen

Die Bewertung erfolgt nach Noten (Einstufungen).

Eco-Tex®, Warenzeichen für schadstoffminimierteTextilien, Konkurrenz zu → Öko-Tex. Abstufung: Traditional, Human und Natural. Bei Natural werden etwa die Anforderungen von Öko-Tex-Standard 100 erfüllt.

Ecru, roh, naturfarbig, im Naturzustand, ungefärbt und nicht veredelt.

Ecruseide, Rohseide.

Effektfaden, → Effektgarn, → Effektzwirn.

Effektfolien, Polyesterfolie, die entweder farblos ist oder mit Aluminium bedampft wird, teilweise mit farbigen Aluminiumoxiden, aber auch mit Farbstoffen in der Klebeschicht. Silberbeschichtungen werden ebenfalls verwendet. Zur Herstellung von → Folienbändchen.

1. Einschichten-Effektgarne, nur aus einer Folie, transparent (clear), gefärbt oder bedruckt, oder aus mehreren Folien, die durch Farblackierung oder Kunstharz gefärbt werden.
2. Mehrschichten-Effektgarne, Aluminiumseele mit Metalleffekt oder Polyesterseele mit zweiseitiger Polyesterabdeckfolie, hält Temperaturen über 150 °C aus, mit Dehnungsfähigkeit von 25 % (Lurex-Standard) bis 150 % (Lurex MM). Farbe zwischen den Folien im Klebstoff oder in der Beschichtung.

Folien-Umwindungsgarne werden kreuzweise mit zwei Polyestergarnen oder Polyamidfäden umwunden. Damit erhält man eine Erhöhung der Festigkeit, aber eine unterbrochene Glanzwirkung.

Rundzwirne werden aus einer garnähnlichen, runden Folie in einfacher oder doppelter Überkreuzung hergestellt. Die Umwindung mit unterschiedlichen Filamentgarnen ergibt Mehrfarb-Effekte (Torsade) und gebrochenen Glanz. Möglich ist auch ein wellenförmiges Garn mit boucléartigem Garncharakter (Buclargent).

Effektgarn (Zier- und Fantasiegarn), strukturiertes Garn mit Noppen, Verdickungen oder anderen Effekten, die bereits in der Spinnerei erzeugt werden. Effektgarne werden meist für die Herstellung von → Effektzwirnen verwendet, können aber auch direkt verarbeitet werden, z. B. bei Baumwollgarnen mit Leineneffekt.

Häufigste Effekte im Einfachgarn sind:

- Melangeeffekte
- Noppeneffekte
- Flammeneffekte
- Leineneffekte
- Dick- und Dünnstelleneffekte (auch bei Filamentgarnen möglich)
- Texturiereffekte
- Verwirbelungseffekte (Einfachgarn mit Interlaces)
- Flockeffekte (Flockgarn)
- Materialeffekte (Materialmischungseffekte)
- Farbeffekte (z. B. Differential Dyeing)

Einsatzgebiete für Effektgarne sind meist Schussgarne, seltener Kettgarne und Garne für die Maschenindustrie. Die Garne sind meist gröber, etwa im Bereich Nm 1 bis Nm 25 (1.000 tex bis 40 tex). Die einfachsten Effekte (ohne zusätzliche Vorrichtungen an den Spinnmaschinen) sind durch Farbmischeffekte im Rohstoff (Melangegarne), Bedrucken der Bänder (Vigoureuxdruck beim Wollkammzug), durch Rohstoffmischungen (z. B. Baumwolle und cottonisierte Flachsfasern) oder durch gezielte Zumischung von Effektanteilen wie z. B. Noppen und Nissen herstellbar. Andere Effekte benötigen spezielle → Effektgarnmaschinen oder zusätzliche steuerbare Zuführaggregate.

Effektgarne können heute auch mit Rotorspinnmaschinen, Luftspinnmaschinen und Friktionsspinnmaschinen hergestellt werden. Effektgarneinrichtungen an Rotorspinnmaschinen ermöglichen beispielsweise durch Zuspeisung von Faserflammen, Flachsfasern oder Nissen und Noppen die Herstellung von Leinenimitatgarnen. Materialeffekte sind sehr beliebt in der Spinnerei, da sie einfach hergestellt werden können: Matt-/Glanzeffekte (glänzend mit mattiert), Zumischung grober Stichelfasern (Mohaireffektgarne), Raureifeffekt. Titermischungen bei Chemiefasergarnen und Farbmischungen (Melangegarne).

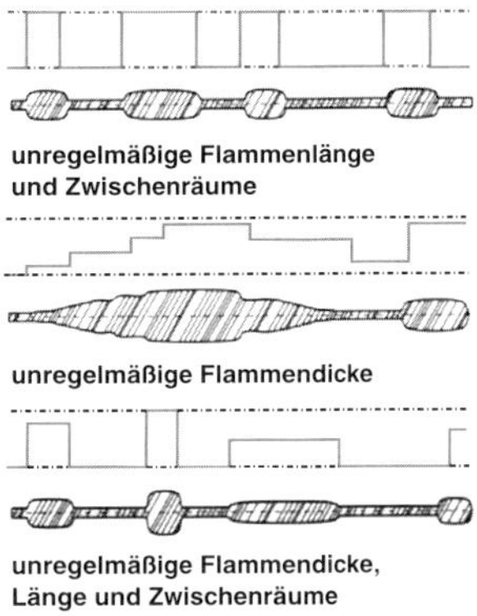

Abb. 1: Beispiele für Effektgarntypen
Quelle: Fa. Amsler-Tex AG, Zürich, Schweiz

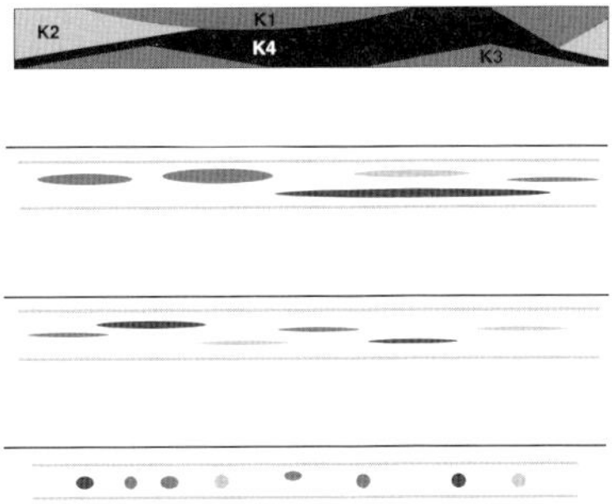

Abb. 2: Beispiele für Farbmischung im Faserband zur Herstellung von Farbeffektgarnen
Quelle: Fa. Amsler-Tex AG, Zürich, Schweiz

Effektgarnmaschinen, Effektvorrichtungen sind an der Ringspinnmaschine (spezielle Zuführvorrichtungen für Vorgarne oder Bänder), an der Rotorspinnmaschine (z. B. diskontinuierliche Einspeisung von zusätzlichen Fasern an der Auflösewalze, Modell Fa. Amsler-Iro), bei Luftspinnmaschinen (Murata-MJS mit speziellen Zuführvorrichtungen) oder auch bei DREF-Friktionsspinnmaschinen (Kern-Mantel-Garne) möglich.

Effektkombination, Kombination mehrerer Effekte (Dickstellen, Schlingen, Umwindungen) in einem Garn oder Zwirn.

Effektlänge, Länge des Effekts im Garn oder Zwirn, beispielsweise die Länge der Dickstelle, Raupe oder Umwindungszone.

Effektzwirn, Zwirn, der im Zwirnvorgang gewünschte Effekte erhält, erzielt vor allem für modische Bekleidung, aber auch für Heimtextilien und Kunstwerke, auffallende Material-, Farb- oder Struktureffekte. Mindestens zwei Fäden (Garne oder Zwirne) werden in einem oder mehreren Arbeitsgängen unter Verwendung verschiedener Faserstoffe, verschiedener Garnfeinheiten, Qualitäten oder Farben mit gleichmäßigen oder unterschiedlichen Zuführgeschwindigkeiten zusammengezwirnt. Zusätzlich können weitere Fäden unterschiedlichster Art, z. B. auch elastische Garne, Vorgarne

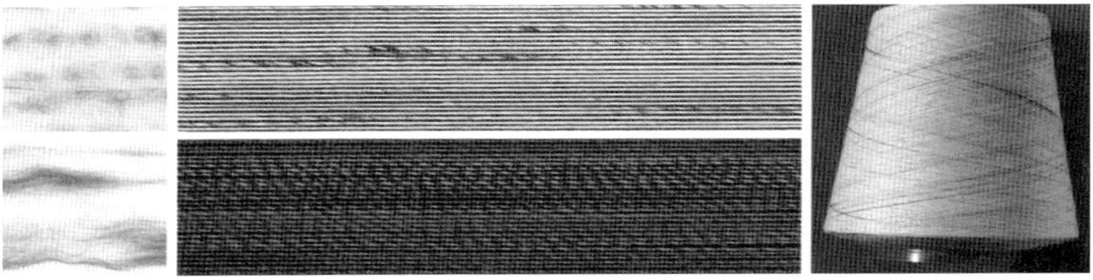

Abb. 3: Beispiel für Farbeffektgarne
Quelle: Fa. Amsler-Tex AG, Zürich, Schweiz

oder Bänder (Faserpakete) kontinuierlich oder diskontinuierlich zugeführt und eingezwirnt werden.
Eine für Praktiker in der Industrie geeignete Einteilung der Effektzwirne wurde von Haudek und Viti vorgenommen (W. Haudek und E. Viti, Textile Fasern und Flächen, Band 2, Verlag Johann L. Bondi, Wien).
Sie unterteilten in:

A) Effektzwirne niedriger Ordnung:
Zwirne, die unter Verwendung von zwei oder mehr Einfachgarnen ohne Variation der Garnzuführungsgeschwindigkeit hergestellt werden können. Der Effekt entsteht durch Farbunterschiede (z. B. Mouliné), unterschiedliche Garnfeinheiten oder -strukturen der Vorlagegarne. Die Herstellung dieser Zwirne ist mit einfachen Zwirnmaschinen (z. B. Ringzwirnmaschine oder DD-Zwirnmaschine) möglich. Effektzwirne, die überwiegend für Bekleidung, Dekostoffe, Gardinen, Möbelbezugsstoffe und Textiltapeten verwendet werden, sind hauptsächlich im Feinheitsbereich Nm 1 bis Nm 25 (1.000 tex bis 40 tex) zu finden. Meist als Schussgarn, aber auch in Filamentgarnketten.
Zu den Effektzwirnen niedriger Ordnung zählen:

- Moulinézwirne
- Ondé- oder Wellenzwirne
- Flammenzwirne
- Noppenzwirne

B) Effektzwirne höherer Ordnung:
Effektzwirne höherer Ordnung sind Zwirne, die aus mindestens drei Faden- (Garn-) komponenten bestehen, und zwar aus

a) Grund- oder Seelenfaden
b) Effektfaden
c) Kreuz- oder Fixierfaden

Entsprechend den Bezeichnungen erfüllen die Garne unterschiedliche Aufgaben. Die Herstellung erfolgt auf speziellen Effektzwirnmaschinen. Zusätzlich unterscheidet man noch drei Gruppen:

1. Prozentzwirne oder kontinuierliche Effektzwirne: Sie erhalten ihren Effekt durch das unterschiedliche Zusammenlaufen der drei Fadenkomponenten Grund-, Effekt- und Fixierfaden. Zur Herstellung benötigt man eine spezielle Zwirnmaschine, die zwei getrennte Lieferwerke hat, die mit unterschiedlicher Geschwindigkeit angetrieben werden können. Zu den Prozentzwirnen gehören:
   - Loopzwirne
   - Schlingen- oder Frotteezwirne
   - Spitzenzwirne
   - Bouclézwirne
   - Frisézwirne
   - Wilde Knoten und Raupen
   - Zwirnchenille
   - Chenille-Imitation
2. Gesteuerte Effektzwirne oder diskontinuierliche Effektzwirne: Zwirne, bei denen der Effekt nicht kontinuierlich, sondern ungleichmäßig, z. B. an- oder abschwellend, durch Materialanhäufung an bestimmten Stellen oder auch durch Zufallsgeneratoren gebildet wird. Die häufigsten gesteuerten Effektzwirne sind:
   - Knotenzwirne
   - Raupenzwirne
   - Zwirnflammen
   - Abreißflammen
3. Spinneffektzwirne: Sie entstehen durch Garnzuführung mehrerer Garne, ähnlich wie bei den gesteuerten Zwirnen, und haben zusätzlich noch Lieferwerke zur Zuführung von Vorgarnen und Bändern, die ebenfalls kontinuierlich oder diskontinuierlich zugeführt werden können. Die Effektzwirne bekommen ein voluminöseres und weicheres Aussehen.

Kombinationseffekte können selbstverständlich auch mit → Effektgarnen erzeugt werden. Zu den wichtigsten Spinneffektzwirnen gehören:

- Ondé- oder Wellenzwirne
- Noppenzwirne
- Loopzwirne

- Bouclézwirne
- Spinnknoten
- Spinnraupen
- Flammenbouclé
- Abreißflammen
- Kombinationseffekte
- Ausrüstungseffekte
- Glanzeffekte

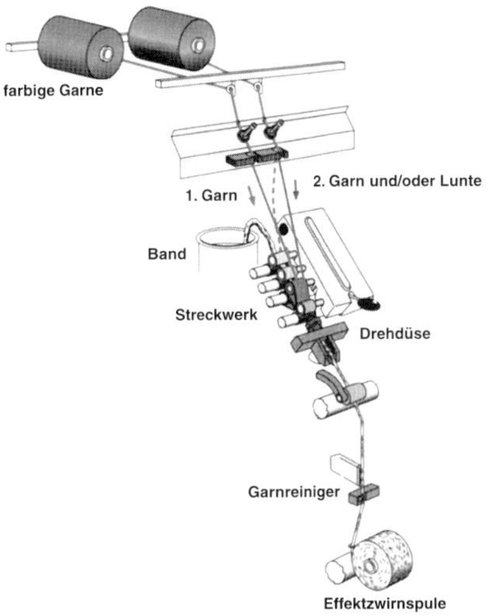

Abb. 1: Effektzwirn-Herstellungsprinzip am Beispiel einer Murata-Anlage

Quelle: Fa. Murata Machinery Ltd., Japan

Effektzwirnarten, Beschreibung der wichtigsten Zwirnarten:

- Moulinézwirn: Ein Zwirn aus zwei oder mehr verschiedenfarbigen Garnen meist gleicher Feinheit, die entgegen der Spinndrehung (wie beim Standardzwirn) zusammengezwirnt werden.
- Ondé- oder Wellenzwirn: Der wellenartige Charakter dieses Zwirns wird durch das Zusammenzwirnen je eines S- und Z-gedrehten Einfachgarnes erzeugt, wobei entweder in S- oder Z-Richtung gezwirnt werden kann. Der Effekt wird verstärkt, wenn die Garne eine unterschiedliche Feinheit aufweisen.

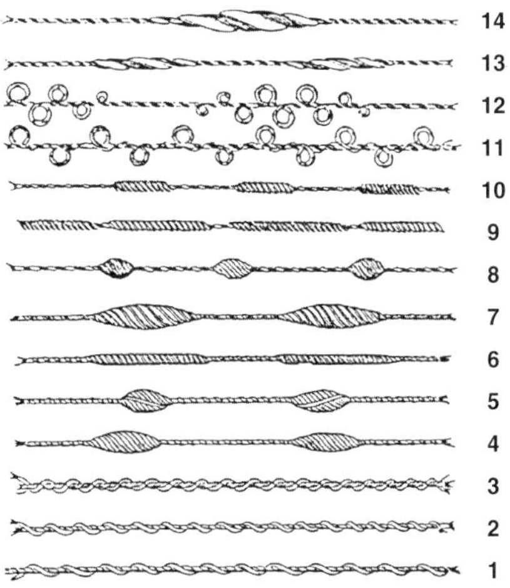

Abb. 2: Grundtypen der Effektzwirnherstellung

1. Einfacher Vorlaufzwirn
2. Vorlaufzwirn als Vorzwirn für Frottee
3. Frottee-Zwirn, zurückgezwirnt
4. Einfacher, einfarbiger Knotenzwirn
5. Knotenzwirn mit Knotenumwindung
6. Einfache Fadenraupe (Raupenzwirn)
7. Einfache Fadenflamme (Fadenflammenzwirn)
8. Wechselknotenzwirn (z. B. mit unterschiedlichen Farbknoten)
9. Wechselgarnflammenzwirn (z. B. mit unterschiedlichen Flammenfarben oder Garnarten)
10. Fadenflammenzwirn mit Zwischenstegen (z. B. unterschiedlichen Stegfarben)
11. Einfacher Schlingenzwirn mit rückgezwirntem Bindefaden
12. Schlingenzwirn mit abgesetzten Schlingen
13. Einfarbiger Vorgarnflammenzwirn
14. Vorgarn- oder Bandflammenzwirn

Quelle: Vorlesungsunterlagen der Hochschule Reutlingen

Abb. 3: Lunten-Flammenzwirn

Abb. 4: Zwirn mit geschlossener Umwindung

Abb. 5: Lunten-Noppenzwirn

Abb. 12: Zierzwirn

Abb. 13: Zierzwirn mit Hülsenwicklung

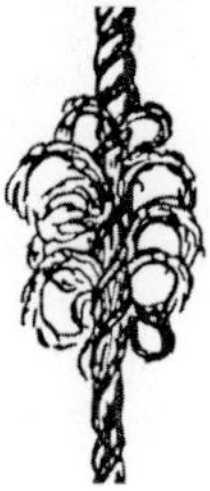
Abb. 14: Zierzwirn mit Schleifenanhäufung

Abb. 6: Noppen-Flammenzwirn

Abb. 7: Schleifen-Flammenzwirn

Abb. 15: Zierzwirn mit überhäufter Wicklung

Abb. 16: Zierzwirn mit Gespinst-Noppen

Abb. 8: Einseitiger Schleifenzwirn

Abb. 9: Zweiseitiger Schleifenzwirn

Abb. 17: Zierzwirn mit Doppelnoppen

Abb. 18: Zierzwirn mit Spinnflammen

Abb. 10: Spiralzwirn

Abb. 11: Kreuzzwirn

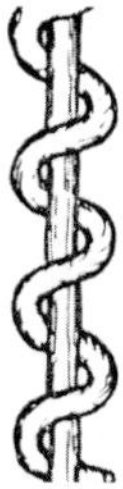
Abb. 19: Buntzwirn

Abb. 20: Krauszwirn

Abb. 21: Krimmerzwirn

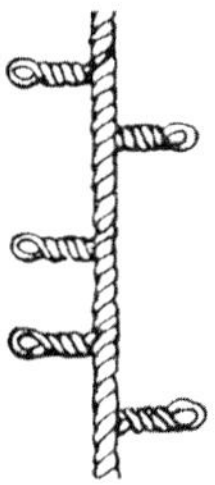

Abb. 22: Schlingenzwirn

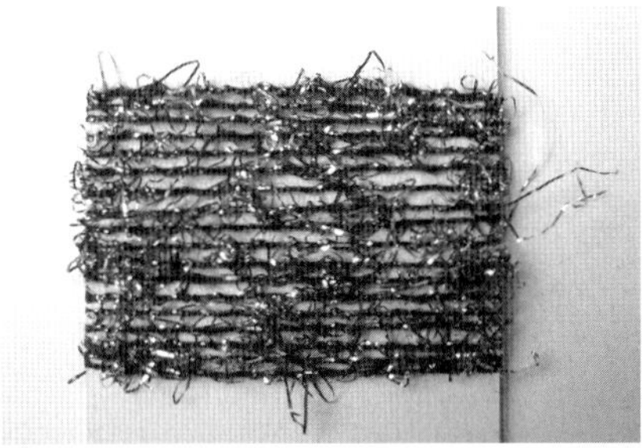

Abb. 23: Beispiel für Fantasiezwirne mit Metalleffekt
Quelle: B. Frech, Hochschule Reutlingen, Studiengang Design

- Ondé- oder Wellenzwirn: Ein Effektzwirn mit wellenartigem Charakter, der durch Zusammendrehen eines S- und eines Z-gedrehten Einfachgarns entsteht. Der Zwirn selbst kann entweder S- oder Z-Drehung erhalten. Der Effekt wird verstärkt, wenn die beiden Einfachgarne eine unterschiedliche Garnfeinheit haben.
- Flammenzwirn: Mindestens ein Garn des Zwirns enthält Spinnflammen. Dadurch wird der Zwirn ebenfalls wellenartig.
- Noppenzwirn: Die Ausgangsgarne des Zwirns sind Noppengarne der Spinnerei. Dafür werden an der Krempel mit Hilfe eines Streuapparats Fasernoppen auf das Krempelvlies aufgestreut.
- Loopzwirn: Schlingenzwirn mit besonders regelmäßigen Schlingen (loop = Schlinge, Schleife). Das dafür eingesetzte Fasermaterial muss eine hohe Biegesteifigkeit und ein hohes Rücksprungvermögen haben, wie z. B. Mohair. Zur Herstellung muss der Loopfaden beim Zwirnen periodisch kurzzeitig schneller zugeführt werden als der Grundfaden.
- Schlingen- oder Frotteezwirn: Effektzwirn mit kleinen oder größeren, unregelmäßigen, eng aneinander liegenden Schlingen, die nicht so regelmäßig sind wie beim Loopzwirn.
- Spitzenzwirn: Herstellung wie Loop- oder Schlingenzwirne, aber mit einem überdrehten Effektfaden, der sich zu einer abstehenden Spitze zusammendreht (Kringelneigung).
- Bouclézwirn: Durch unterschiedlichen Fadeneinlauf beim Zwirnen und unterschiedliche Garnfeinheit entsteht eine S-förmige Einzwirnung des Effektfadens.
- Frisézwirn: Wie der Bouclézwirn ebenfalls mit S-förmiger Einzwirnung des Effektfadens, allerdings mit kleineren und engeren Wellenbögen.
- Wilde Knoten- und Raupenzwirne: Durch unregelmäßige, an- und abschwellende Zusammenführung von Grund- und Effektfaden erhält der Zwirn eine knoten- bzw. raupenartige Struktur.
- Chenille: Ein fransenartiger Zwirn, der ursprünglich nicht mit Zwirnmaschinen hergestellt wurde und für die Erzeugung von samtähnlichen Effekten verwendet wird. Er ist herstellbar durch Weben, Wirken, Zwirnen mit Einlegevorrichtung und Beflocken (Flockgarne, Rundchenille).
- Webchenille (traditionelles Chenillegarn): Für die Herstellung werden an der Webmaschine jeweils nach zwei Kettgarnen größere Abstände gewählt, die beim Schusseintrag eine Flottierung ergeben, die nach dem Weben aufge-

schnitten wird. Die beiden Schussfäden werden durch eine Dreherbindung zusammengehalten. Die abgeschnittenen Schussfäden bilden die typischen abstehenden Fransen. Wird keine Dreherbindung verwendet, müssen die beiden Kettfäden verzwirnt werden. Für Rundchenille, bei dem die Fransen gleichmäßig in alle Richtungen abstehen sollen, müssen die beiden Kettfäden beim Zwirnen stärker gedreht werden.

- Wirkchenille: Zwei Schussfäden des Wirkverfahrens werden gespannt und mit eng gestellten Kettfäden (Fransenbildung) zusammengehalten. Die erforderlichen Flottierungen zwischen den Schussfäden werden aufgeschnitten (Flachchenille). Soll der Chenillefaden rund werden, muss er wie beim Webchenille gezwirnt und gedreht werden.
- Zwirnchenille: Auf speziellen Chenillezwirnmaschinen werden zwischen die beiden Zwirnfäden Querfäden eingetragen, die direkt nach dem Eintrag abgeschnitten werden und abstehende Fransen bilden.
- Chenille-Imitation: Mit Effektzwirnmaschinen können Chenille-Imitationen hergestellt werden, indem man eng aneinanderliegende, abstehende Schlingen (Schlingenzwirn) erzeugt, die einen chenilleartigen Zwirncharakter ergeben.
- Rundchenille (Chenille-Imitation): Rundchenille ist ebenfalls kein echter Chenillezwirn, da er durch Beflocken der Garne entsteht. Kurze Flockfasern werden durch elektrostatische Aufladung senkrecht auf die Garnoberfläche gebracht und mit Klebstoff befestigt.
- Knotenzwirn: Für die Herstellung eines Knotenzwirns benötigt man Effektzwirnmaschinen mit gezielter Steuerung unterschiedlicher Garnzuführungsaggregate. Der Knotenzwirn entsteht dadurch, dass der Grundfaden in bestimmten Abständen (regelmäßig oder unregelmäßig) abgestoppt wird, während der Effektfaden mit gleicher oder kurzzeitig höherer Geschwindigkeit weiterläuft und den Knoten bildet.
- Raupenzwirn: Für die Raupeneffektbildung wird der Effektfaden zunehmend schneller und dann wieder langsamer. Einen ähnlichen Effekt gibt es, wenn der Grundfaden abgebremst und dann wieder beschleunigt wird.
- Zwirnflammen: Weisen einen Farbwechseleffekt auf, der einem bedruckten Garn gleicht. Der Farbeffekt entsteht dadurch, dass zwei oder mehr Fäden unterschiedlicher Farbe abwechselnd so dicht umzwirnt werden, dass dadurch die Farbe des anderen Fadens stellenweise überdeckt wird.
- Abreißflammen: Zwei Grundfäden werden normal verzwirnt, und durch ein Effektlieferwerk wird ein Stück Vorgarn oder Band alternierend zugeführt und eingezwirnt. Die Effektlänge der Abreißflamme hängt von der Zulieferzeit ab.
- Glanzeffekte, Glitzereffekte, Farbvariationseffekte:
  - Sparkling-Effekt, Filamente mit trilobalem oder dreieckigem Querschnitt, Beimischung von glänzenden Spinnfasern
  - Transparenteffekte durch Folienbeimischung
  - Metallglanzeffekte durch Aluminiumbeschichtung auf Folien, Lacküberzug etc.
  - Mehrschichtglanzeffekte (Lurex, Mylar)
  - Filamente mit unterschiedlicher Lichtbrechung (Farbeffekte ohne Färbung) durch unterschiedliche Faserschichten
  - Metallfäden (Leonische Fäden, echte Gold- und Silberfäden, Brokat)

EFS (Engineered Fiber Selection), Rechenprogramm von Cotton Incorporated

(USA) zur Vorausbestimmung der in der Spinnerei zu erwartenden Baumwollgarneigenschaften (z. B. Garnfestigkeit) aus den Faserdaten der HVI-Werte, die an Ballenmustern gemessen werden. Kann von Käufern der US-Baumwolle gekauft und verwendet werden. Dient auch zur Unterstützung der Zusammenstellung der Ballenvorlage (Ballenmischung) in der Spinnerei. In den USA werden von Cotton Inc. spezielle EFS-Baumwollkonferenzen organisiert.

Egbers, Gerhard, Prof. Dr.-Ing, langjähriger Direktor des Instituts für Textiltechnik in Reutlingen (ITR), das 1980 unter seiner Leitung zum Institut für Textil- und Verfahrenstechnik (ITV), dem größten deutschen Textilinstitut, ausgebaut wurde und weltweit einen hervorragenden Ruf in der Textilforschung genießt. Es hat seinen Sitz zusammen mit den Chemiefaserinstituten in Denkendorf bei Stuttgart. Gleichzeitig hatte Prof. Egbers den Lehrstuhl für Textil- und Verfahrenstechnik an der Universität Stuttgart inne.

EIB (Electronic Inspection Board), Garnprüfsystem der Fa. Lawson Hemphill, das mit Hilfe der Messdaten ein digitales Bild einer Garntafel erstellt.

Eigenfarbe (Chemiefasergarne), üblicherweise sind Chemiefasern weiß, können aber in allen Farben spinngefärbt sein. Manche Spezialfasern haben rohstofftypische Eigenfarben, wie z. B.:

P-Aramide	Gelb
Polyamidimid (Kermel)	Ocker
Polyimid (P84)	Gelb
PBI	Braun
PPS	Elfenbein
PEEK	Muskat
Kynol	Goldgelb
Carbon	Schwarz

Eindrähtiger Zwirn, → Einfachzwirn.

Einfachgarn, Garn ohne Fachung oder Zwirnung. Üblicherweise ist ein einzelner Faden ein Einfachgarn.

Einfachverseilung, → Kablierverfahren.

Einfachzwirn (eindrähtiger Zwirn), Zwirn, der nur aus zwei Garnen gleicher Feinheit besteht.

Einheitskonditionen, Einheitsbedingungen der deutschen Textilwirtschaft für die Festlegung von Handelsverträgen.

Einkräuselung, Verkürzung eines Garns durch Kräuselung (besonders bei texturierten Garnen). → Kräuselkontraktion.

Einkräuselungsmessung, an einem markierten Garnabschnitt wird die gekräuselte Länge gemessen, dann wird das Garn unter definierter Vorspannung (Prüfnormen) gestreckt und die gestreckte Länge gemessen. Das Verhältnis der gekräuselten Länge zur gestreckten Länge multipliziert mit 100 ergibt die Einkräuselung in Prozent.

Einkürzung, → Schrumpf.

Einlaufgatter, Vorrichtung zur Aufnahme der Garnspulen für die weitere Verarbeitung.

Einlaufprogramm Ring/Läufer, → Ringeinlauf.

Einlaufverhalten der Garnituren, Garnituren von Vorreißern, Karden und Krempeln weisen nach der Fertigung noch kleinste Gratspitzen auf, die erst durch größere Fasermengen (ca. 1 Tonne) während der Verarbeitung abgeschliffen werden (abhängig vom Fasermaterial) und dann erst eine gute Vlies- und Garnqualität ermöglichen.

Einspannlänge, freie Länge des zu prüfenden Materials (Garn, Gewebestreifen) zwischen den Klemmen einer Zugprüfmaschine, bei Garnen meist 500 mm.

Einspeisflamme (Abrissflamme), Dickstelleneffekt von Effektgarnen, der durch ein periodisch langsamer und schneller zugeführtes Luntenmaterial (Flyerlunte) im Garn entsteht.

Einstufiger Zwirn, Zwirn, der in einem Zwirnvorgang aus zwei oder mehr einfachen Garnen hergestellt wird.

Einzelfadenschlichten, das Schlichten ungedrehter Filamentgarne direkt beim Abzug von der Spule, vom Gatter oder Zettelbaum.

Einzeltiter, Einzelfaser- bzw. Filamentfeinheit. Bei Filamentgarnen wird der Einzeltiter durch Division des Garntiters durch die Anzahl der Filamente als Mittelwert bestimmt.

Einzonenverfahren, Simultan-Strecktexturierung, → Strecktexturierung.

Einzugswalze, Transportwalze, die, an eine Mulde angedrückt, die Zuführung eines Bands, beispielsweise zur Auflösewalze der OE-Rotorspinnmaschine, ermöglicht.

Einzugswalzenpaar, erstes Walzenpaar, das dem Band- oder Luntentransport oder dem Fasertransport dient.

Einzwirnung, Verkürzung von Garnen und Zwirnen durch die Drehung; entsteht, da die Fäden des Zwirns (oder Fasern des Garns) beim Drehen um die Garnachse einen größeren Weg zurücklegen müssen und der Zwirn oder das Garn somit dicker und kürzer wird. Die Einkürzung hängt von Drehung, Drehungsrichtung, Material- und Garnbeschaffenheit ab. Bei Zwirnen ist in gewissen Drehungsbereichen bei Gegendrehung auch eine Verlängerung (negative Einzwirnung) möglich.

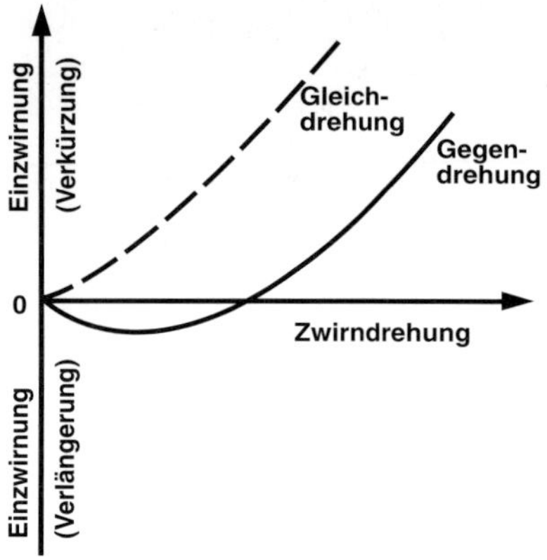

Abb. 1: Grundsätzliche Möglichkeiten der Einzwirnung von Zwirnen
Quelle: Darstellung nach L. Simon und M. Hübner

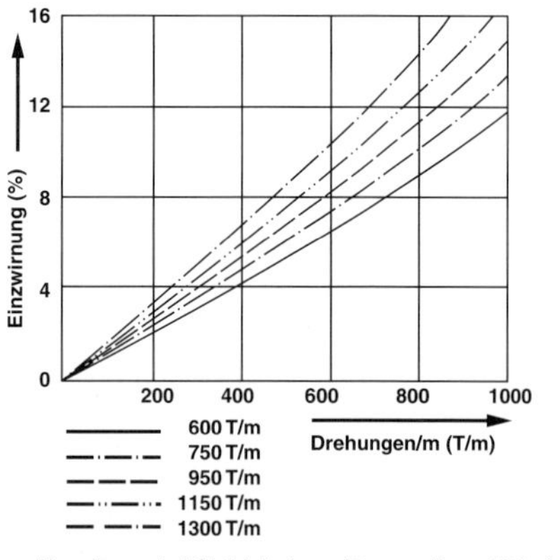

Abb. 2: Einzwirnung von Baumwollzwirnen bei Gleichdrehung (Drehungsrichtung des Zwirnens entspricht der Garndrehung)
Quelle: L. Simon und M. Hübner, Vorbereitungstechnik für die Weberei, Wirkerei und Strickerei

Eisengarn (Glanzgarn), durch Lüstrieren geglättetes, steifes und glänzendes

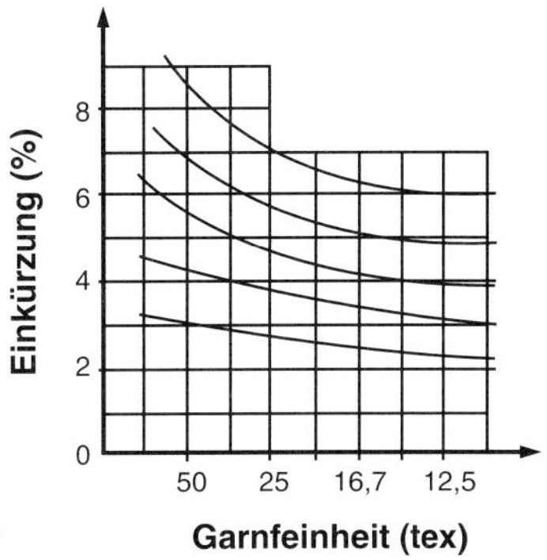

Garneinkürzung bei unterschiedlicher Drehung

Abb. 3: Einzwirnung von Einfachgarnen
Quelle: Darstellung nach W. Klein, Die Kurzstapelspinnerei

Baumwollgarn; heute kaum mehr verwendet. Ersatz durch Chemiefasergarne.

Elastangarn, Filamentgarn aus Elastan, Feinheit ca. 11–2.600 dtex. Sehr hohe, elastische Dehnbarkeit, bis etwa 400 % je nach Type (in Extremfällen bis 800 %). Besteht zu mindestens 85 % aus Polyurethan. Bei normaler Dehnung verkürzt es sich fast vollständig wieder auf seine Ausgangslänge (elastische Dehnung).
Elastangarne können wesentlich feiner hergestellt werden als Gummifäden und sind auch wesentlich beständiger. Sie werden nach dem Trockenspinnverfahren, Nassspinnverfahren oder Reaktivspinnverfahren hergestellt.
Eigenschaften von Dorlastan®, Bayer Faser GmbH: Bei –38 °C liegt der Einfrierpunkt, darunter wird das Filament hart und starr, zwischen 5–45 °C liegt der normale Anwendungstemperaturbereich, hier ändert sich das Dehnungsverhalten nur unwesentlich. Bei höheren Temperaturen schrumpft das Filament bleibend, ab 165 °C wird das Material thermisch verformbar und fixierbar. Zwischen 275–300 °C beginnt das Schmelzen und Zersetzen.

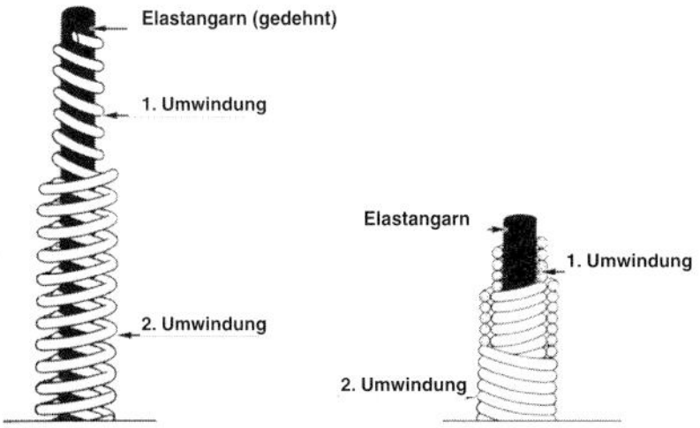

Abb. 1: Beispiel für den Einsatz eines Elastangarns in elastischen Umwindegarnen im gestreckten und entlasteten Zustand
Quelle: U. Breuninger, Fa. Adolff AG

Molekularstruktur von Elastan

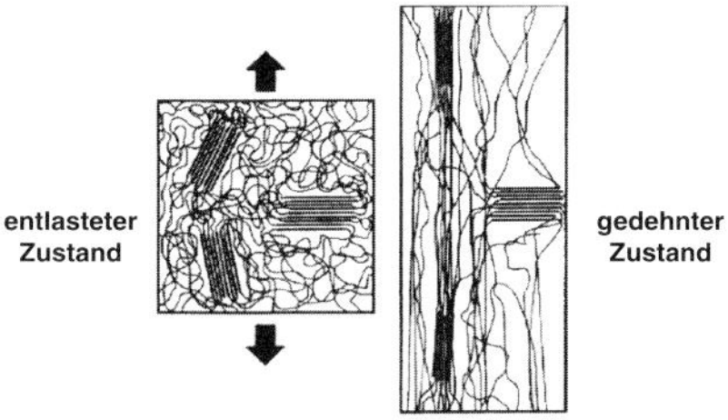

Abb. 2: Prinzip des Molekularaufbaus eines Elastangarns im gestreckten und entlasteten Zustand
Quelle: Fa. Dorlastan GmbH, Leverkusen

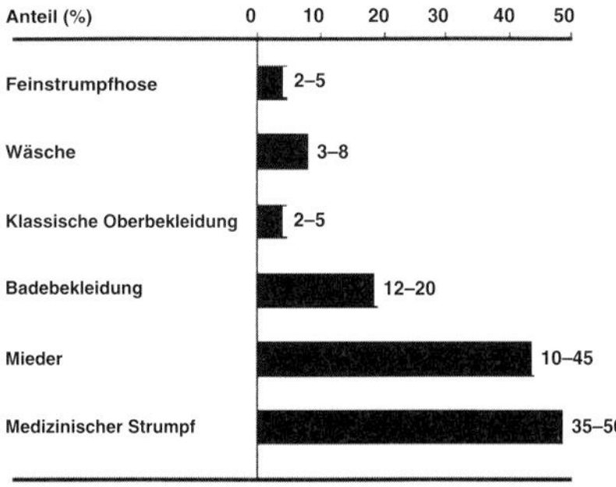

Abb. 3: Wichtigste Einsatzgebiete der Elastangarne
Quelle: Fa. Dorlastan GmbH, Leverkusen

Die Feuchtigkeitsaufnahme liegt bei 1–1,5 %. Die Färbbarkeit hängt von den Herstellungsparametern ab und ist je nach Elastanmaterial schlecht bis gut.

Generell ist Elastan wesentlich beständiger als Gummi, aber über Empfindlichkeiten gegenüber Hautcremes wird in der Literatur berichtet.

Eigenschaften:

Feinheit	1–5.000 tex
Festigkeit	4,5–12 cN/tex
Dehnung	400–800 %
Verklebungstemperatur	ab 170 °C
Thermofixierbarkeit	möglich
Färbbarkeit	möglich, nicht immer vorhanden
Chemikalienbeständigkeit	ausreichend
Hydrolysebeständigkeit	schlecht
Fettbeständigkeit/ Hautcremes	mäßig

Generell werden Elastangarne als Beimischung zu Filamentgarnen oder Spinnfasergarnen aus Naturfasern (Baumwolle, Wolle) oder Chemiefasergarnen verwendet und nicht rein („nackt") verarbeitet, auch wegen der Färbeprobleme. Der Beimischungsanteil liegt üblicherweise unter 3–5 %, auch wegen der vergleichsweise sehr hohen Garnkosten.

Einsatzgebiete (Auswahl):
- Stretchstoffe
- Elastische Maschenwaren
- Miederwaren
- Stützstrumpfhosen
- Stützstrümpfe
- Leggings
- Badebekleidung
- Medizinische Bandagen
- Strümpfe (mit Naturfasergarnen)
- Sportkleidung
- Freizeitkleidung

Elastan-Kernfadenbruch, Fehler des Elastangarns, der bei der Verarbeitung im Gestrick oder Gewebe zu Problemen führt. Besonders problematisch ist der Kernfadenbruch bei der Herstellung von Coregarnen (Coregarn-Spinnverfahren), wenn er nicht erkannt wird (es entsteht ein Garnstück mit geringer Dehnung).

Elastic Fiber Spinning, thermoplastisches Spinnverfahren der Fa. EMS Inventa-Fischer zur Herstellung von thermoplastischen Polyurethanfasern. Einem durch einen Thermoplastextruder aufgeschmolzenen thermoplastischen Polyurethanmaterial wird nach einer ersten Spinnpumpe ein Prepolymer zugeführt, das durch einen Mischer zugemischt wird. Hierdurch werden Vernetzungen zwischen den linearen Molekülketten geschaffen, die elastische Filamentgarneigenschaften ermöglichen.

Elastikgarn (Stretch-Garn), Oberbegriff für Garn mit hochelastischem Verhalten und gutem Rücksprungvermögen. Meist ist die Dehnung sehr hoch, über 25–30 % (nackte Elastangarne bis 450 % Dehnung). Dehnfähigkeit der Bekleidung ab 10–15 %, bei Geweben etwa 20 %, bei Gestricken 25–30 % (Maximum bis 200 %). Der erste Trend zu elastischen Garnen ging von der Texturierung aus. Hochelastische Strumpfstoffe („Nylons", Nylonstrümpfe), hergestellt mit den ersten Falschdrall-Texturierverfahren (vorher Echtdraht-Texturierung), bekannt als „Helanca" der Fa. Heberlein, Wattwil, Schweiz. Texturierte Polyamid- und Polyestergarne werden auch heute noch aus Preisgründen eingesetzt, sie sind preiswerter als Elastangarne. Einsatzbereiche z. B. elastische Denimstoffe, Bettwäsche. Heute werden hauptsächlich Elastanzwirne oder Garne mit Elastanbeimischung (Coregarne, Elastan im Kern) als Elastikgarne verwendet. Meistens werden elastische Stoffe durch direkte Zumischung von Elastangarn an der Strickmaschine erzeugt.

Elastikzwirne, Zwirne, die als einen Mischungsparameter Elastangarn (oder texturiertes Garn oder Gummifäden) enthalten. Zwirnmöglichkeiten sind:

a) traditionelle Zwirnverfahren

b) Umwindezwirne
c) Verwirbelung (mit Luftdüsen)

Elastische Binde, Schmalgewebe für medizinische Zwecke oder Sport, früher aus hochgedrehten Baumwollkreppgarnen, heute mit Elastangarnen oder texturierten Garnen hergestellt.

Elastische Dehnung, → Dehnung, Elastizität.

Elastizität, die Fähigkeit von Garnen, Fasern und textilen Flächengebilden, nach einer Ausdehnung (oder Kompression) durch Krafteinwirkung und anschließender Entlastung in die Ausgangslage zurückzukehren. Ideale Elastizität bei linearem KD-Verlauf (→ Kraft-Dehnungs-Verhalten) nach dem Hooke'schen Gesetz näherungsweise bei Gummifäden (Elastan) erreichbar (z. B. ein Flummiball, der nach dem Fall auf die gleiche Ausgangshöhe zurückkehrt, verhält sich ideal elastisch). Textile Materialien verhalten sich praktisch nie ideal elastisch, sie behalten nach jeder Verformung immer eine mehr oder weniger starke bleibende (plastische) Dehnung.

Elastizitätsgrenze, Bereich der Kraft-Dehnungs-Kennlinie (→ Kraft-Dehnungs-Diagramm), an dem der lineare, elastische Bereich verlassen wird. Nach Überschreitung der Elastizitätsgrenze eines Materials kommt es zur bleibenden Dehnung (plastische Verlängerung).

Elastizitätsmodul (E-Modul), Verhältniswert, der sich aus den Quotienten von Spannung (z. B. Zugspannung) und Dehnung (Absolutwert) ergibt, die man aus dem → Kraft-Dehnungs-Diagramm erhält. Er entspricht damit der Steigung der KD-Kennlinie (Spannungs-Dehnungs-Kurve) am zu beurteilenden Geradenabschnitt. Ist die KD-Kurve nicht linear (keine Gerade), ergibt sich das E-Modul durch die Steigung der Tangente am zu untersuchenden Kurvenpunkt der KD-Kennlinie. Das Anfangsmodul gibt Auskunft darüber, ob sich ein Material leicht oder schwer dehnen lässt. Über die Erholung (Rückstellkraft, Federkraft, Sprungkraft) sagt es nichts aus, da es auch aus der Tangente jedes beliebigen Kurvenpunkts der KD-Kennlinie ermittelt werden kann, also auch im plastischen Verformungsbereich. Im technischen Bereich (technische Garne, Carbon-Garne, Glasfasergarne) wird deshalb zur genaueren Untersuchung der gesamte E-Modul-Verlauf als Kurve dargestellt. Jeder Kurvenpunkt entspricht der jeweiligen Steigung der Tangente der KD-Kennlinie am untersuchten Kurvenpunkt. Damit lassen sich auch Aussagen über das Materialverhalten bei hohen Beanspruchungen oder vor dem Bruch ableiten.

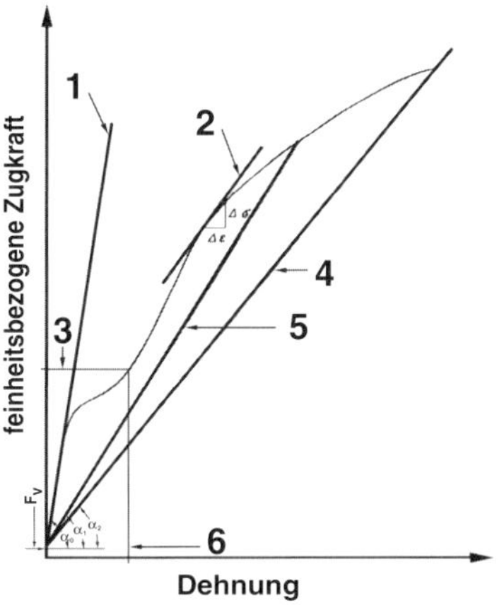

1 Anfangsmodul
2 Tangentenmodul
3 Zugkraft bei vorgegebener Dehnung
4 mittlerer Sekantenmodul
5 Sekantenmodul
6 Dehnung bei vorgegebener Zugkraft

Abb.: Grundsätzliche Möglichkeiten verschiedener Elastizitätsmodul-Definitionen
Quelle: J. Freitag

Elastodienfasern, Fasern/Fäden aus natürlichem oder synthetischem Gummi. Da

Gummi nicht verspinnbar ist, müssen die Fäden durch Schneiden aus gewalzten Flächen hergestellt werden. Die Herstellung sehr feiner Fäden ist schwierig. Gummi wird bei Licht-/UV-Bestrahlung spröde, ebenso beim Waschen (Alterungsprozess).

Eigenschaften:

Feinheit	20–30.000 tex
Festigkeit	1,6–3,6 cN/tex
Dehnung	600–900 %
Verklebungstemperatur	ab 120 °C
Thermofixierbarkeit	nicht möglich
Färbbarkeit	keine (nur vor der Vernetzung)
Chem. Beständigkeit	schlecht
Hydrolysebeständigkeit	gut

Elastomerfasern, → Elastangarn.

Elektrisch leitfähige Garne, Garne, die elektrischen Strom leiten können, teilweise mit Metallfasern (z. B. S-shield von Schoeller Textil), oder Garne mit Fasern, deren Oberflächen leitfähige Schichten enthalten, oder mit Carbonfasern (für Schutzanzüge der Computerchip-Fertigung), Elektrochromiegarne, Filamentgarne, die sich unter Einwirkung elektrischer Spannung farblich verändern.

Elektrosmog-Abschirmung, Bildung eines Faraday'schen Käfigs durch Textilien, die aus leitfähigen Garnen hergestellt wurden und damit elektromagnetische Wellen (z. B. Handy-Sendefrequenzen) abschirmen können.

Elektrospinnverfahren, elektrostatisches Spinnverfahren, Garnbildung erfolgt durch elektrische Aufladung der Fasern, Fasertransport und Einbindung der Fasern in das Garn in einem elektrischen Feld.

Elektrostatische Aufladung, entsteht bei Textilien durch Reibung zwischen nichtleitenden (dielektrischen) Fasern oder elektrische Ladung durch Induktion (gegenseitige Beeinflussung), die sich blitzartig entladen kann, sobald zwischen den Ladungen Stromleitung entsteht. In Textilbetrieben kommt es zur Aufladung in trockener Luft (unter 45 % rel. Luftfeuchtigkeit bei 20 °C). Die elektrostatische Aufladung führt zu Störungen in der Spinnerei, Spulerei und Weiterverarbeitung, zu Garnfehlern, abstehenden Haaren und Faseransammlungen mit Wickelbildung, weshalb grundsätzlich höhere Luftfeuchtigkeit in der textilen Verarbeitung angestrebt wird. Textilfasern haben eine Dielektrizitätskonstante, die das unterschiedliche Aufladungsverhalten kennzeichnet. Materialien mit einer hohen Dielektrizitätskonstante laden sich positiv auf, solche mit einer niedrigen Konstante laden sich negativ auf. Je größer die Unterschiede der Dielektrizitätskonstanten zweier Stoffe sind, desto größer ist bei gegenseitiger Reibung die Aufladung. Folgende elektrostatische Spannungsreihe ist bekannt:

Positive Aufladung (positives Ende)

- Glas
- Polyamid
- Wolle, Seide
- Viskose
- Baumwolle
- Acetat
- Polypropylen
- Triacetat
- Polyester
- Polyacryl
- Polyvinylchlorid
- Polyethylen

Negative Aufladung (negatives Ende)

Elité-Garn®, Markenname der Fa. Nylstar für ein hochelastisches Garn (vergleichbar dem Elastangarn) aus Thermoplasten, die schmelzgesponnen werden können.

Elite-Spinnverfahren®, Markenname der Fa. Suessen (Rieter-Suessen) für ein Kompaktspinnverfahren.

E-Modul, → Elastizitätsmodul.

EMPA, eidgenössische Materialprüfanstalt (für Textilien in St. Gallen, Schweiz, mit speziellen Prüflabors für Sport und Funktionstextilien).

Endhandelsnummer (Handelsfeinheit), nach dem deutschen Garnkontrakt ist für die Bestimmung der Handelsfeinheit aller Garne und Zwirne die metrische Garnnummerierung (Nm) maßgebend. Auf Verlangen des Käufers kann auch die Feinheit in tex verwendet werden. Für die Garnfeinheiten wurden Toleranzen festgelegt, z. B. bei sehr groben Garnen (bis Nm 5, bis +/–8 %, bei feinen Garnen +/–3 %. (Siehe „Deutscher Garnkontrakt“ im Anhang, S. 529)

Endlosgarn, alte deutsche Bezeichnung für → Filamentgarn.

Endpassage, letzte Strecke der Spinnereivorbereitung vor der Vorgarnherstellung, oft als Regelstrecke ausgeführt.

Endtiter, Endfeinheit der Filamentgarne, angegeben in dtex oder Denier.

Endverzug, Verzug der letzten Streckenpassage (Endpassage, Finisseur).

Englische Nummerierung (Nummer englisch), → Ne.

Englischer Trog, spezielle Befeuchtungsvorrichtung für Garne beim Ringzwirnen, zur Erzeugung glatter Zwirne (z. B. Leinenzwirne).

EN-Normen, europäische Normen, die innerhalb der Europäischen Union vom CEN (Europäisches Normenkomitee) aus den nationalen Normen (oder neu) erstellt werden und über den nationalen Normen stehen. In Deutschland werden europäische Normen oft in das DIN-Normenwerk übernommen (DIN EN-Norm). Zukünftig sind in Europa EN-Normen maßgebend.

Entavivierung, Entfernung der Avivagen.

Entbastung,
1. Entfernung des Seidenleims (Sericin) bei Seide
2. Aufschluss von Ramiefasern

Entklettungsvorrichtung (Klettenschläger, Morel-Walze), spezielle Vorrichtung an Kammgarnkrempeln zur Entfernung der pflanzlichen Kletten (Teil der Vegetabilien) aus der Schafwolle durch Anwendung von Zentrifugalkräften.

Entkörnung (Ginnen), Entfernung der Samenkörner von den Baumwollfasern in Entkörnungsanlagen der Baumwollproduktionsländer.

Entkräuselung, teilweises Herausziehen der Kräuselung aus Fasern bei der Verarbeitung, z. B. beim Kardieren oder Strecken von Wolle oder Chemiefasern.

Entmischungseffekte, in den Maschinen der Spinnereivorbereitung können statt einer besseren Vermischung durch Schwerkrafteinwirkung oder unterschiedliche Zentrifugalkräfte im Luftstrom der Rohrleitungen, bedingt durch Dichte- oder Feinheitsunterschiede der Fasern, teilweise wieder Trennungen des Fasermaterials auftreten.

Entschlichtung, Auswaschen der Schlichte, üblicherweise nach dem Weben.

Erntebindegarne, grobe Garne aus Flachs oder Hanf, heute meist aus Polypropylen, die in der Landwirtschaft verwendet werden (z. B. zur Strohballeneinbindung).

Estremadura, schwach gedrehtes und gezwirntes Stickgarn aus weicher Wolle oder Baumwolle.

Etagenzwirnmaschine, Zwirnmaschine, auf der das Vor- und Auszwirnen in verschiedenen Etagen (oben/unten) einer Maschine erfolgt.

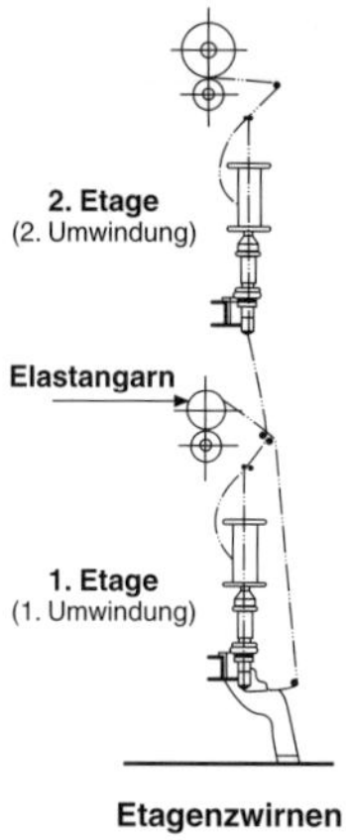

Abb.: Anwendung des Etagenzwirnprinzips für doppelt umwundene Elastangarne
Quelle: U. Breuninger

Etamine-Garn, hart gedrehter und gesengter Zwirn, hergestellt aus Kammgarnen.

Extruder, Maschine zum Schmelzen von thermoplastischen Kunststoffen und Ausspinnen von Filamenten. In einem beheizten Zylinder wird eine Transportschnecke gedreht, die das Granulat zur Öffnung presst (wie ein Fleischwolf) und durch hohen Druck und Temperatur verflüssigt. Dann wird der flüssige Kunststoff durch Spinnpumpen zu den Spinndüsen befördert.

Extrusionsbeschichtete Garne, Garne, die durch eine Öffnung gezogen werden, durch die gleichzeitig flüssiger Kunststoff gepresst wird, der einen Mantel um den Garnkern bildet.

Exzentrizität von Spindeln, Abweichung der Spindel vom Rotationsmittelpunkt. Bereits kleine Exzentrizitäten bewirken große Geschwindigkeitsschwankungen des Läufers und damit Spannungsspitzen und Garnunregelmäßigkeiten.

F

Fachen, Zusammenführen von zwei oder mehr Garnen vor dem Zwirnen, ohne Drehung zu erteilen. Gefacht wird entweder auf Fachmaschinen oder direkt bei der Vorlage der Garne an der Zwirnmaschine (z. B. Doppelspulenvorlage beim Doppeldrahtzwirnen) oder der Fachvorrichtung (Fadenfachvorrichtung) der Vorzwirnmaschine. Gefachte Garne werden auch direkt als Schussgarne weiterverarbeitet, um voluminöse, dicke Stoffe zu erhalten.
Man unterscheidet die
1. Einfach-Fachung zur Weiterverarbeitung der Garne an Zwirnmaschinen
2. Parallel-Fachung für die Weiterverarbeitung der Garne an Umwindemaschinen (Umwickelmaschinen) oder z. B. an Schlauchflechtmaschinen

Die Anzahl der gefachten Garne wird als Fachbezeichnung mit einem Multiplikationszeichen (×) vor der Garnfeinheit angegeben: z. B. 3 × Nm 25 bedeutet, dass drei Garne der Feinheit Nm 25 gefacht und dementsprechend parallel aufgewickelt wurden. Im Tex-System wird die Fachung durch Angaben nach der Garnfeinheit angegeben, z. B. 40 tex × 3 bedeutet, dass drei Garne der Feinheit 40 tex parallel aufgewickelt (gefacht) wurden. Werden Garne (oder Zwirne) unterschiedlicher Feinheit gefacht, wird dies mit einem Plus-Zeichen (+) ausgedrückt: Nm 40 + Nm 50 bedeutet, dass ein Garn der Feinheit Nm 40 und ein Garn der Feinheit Nm 50 gefacht wurde. Im Tex-System analog: 25 tex + 20 tex.

Fachmaschinen, Vorbereitungs-Spulmaschinen für die Zwirnerei, mit der zwei oder mehr Garne (zweifach, dreifach, vierfach usw.) gefacht, d. h. zusammengeführt und ohne Drehung, aufgewickelt werden.

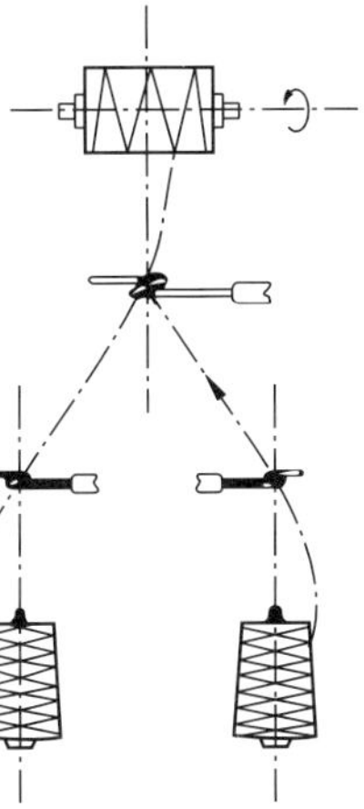

Abb.: Prinzipdarstellung des Fachvorgangs
Quelle: Vorlesungsunterlagen Hochschule Reutlingen

Dient auch zum Ausgleich von Fadenspannungen, zur Fehlerentfernung und zur Herstellung geeigneter Fadenlängen (Spulenvorlagen) für die Zwirnerei.

Fachspulvorlage, für die Facherei geeignete gefachte Garnvorlage, meist Kreuzspulen, die auf der Spulmaschine vorgereinigt und auf die geeignete Länge zusammengefügt (gespleißt, geknotet) werden, um die für die Spinnerei erforderliche Fachspulengröße erzeugen zu können.

Fachvorrichtung, Vorrichtung zum Zusammenführen von zwei oder mehr Garnen (oder Folienbändchen usw.), die parallel auf eine Spule aufgewickelt oder direkt weiterverarbeitet (verzwirnt) werden sollen.

Fach-Vorzwirnen, bereits während des Fachens kann Drehung aufgebracht werden. Dann spricht man vom Fach-Vorzwirnen. Beim Doppeldrahtzwirnen können Einzelgarnspulen vorgelegt werden, wodurch sich ein getrenntes Fachen erübrigt. Fachen und Zwirnen sind in einem

Vorgang zusammengefasst (auch beim Kablieren).

Fachzwirn, gefachte, parallel liegende Garne, die mit weiteren gefachten Garnen verzwirnt wurden (Zwirn aus gefachten Garnen).

Faden, älterer deutscher Überbegriff für Garne und Zwirne, der in vielen Bezeichnungen noch im allgemeinen und textilen Sprachgebrauch üblich ist (z. B. Fadenbruch, Fadenschar, Fadenspannung, Fadenzahl, Fadenführer, Fadenbremse usw.).

Fadenabrieb, Garnpartikel, die beim Spulen vom Garn abgerieben werden (messbar mit dem Staff-Tester der Fa. Zweigle, Reutlingen).

Fadenabsaugung, Vorrichtung zum Entfernen von Fadenresten an der Spulmaschine oder an der OE-Rotorspinnmaschine, teilweise auch verwendet zur Garnspeicherung während des Spleiß- oder Knotvorgangs oder während des Anspinnens oder Spulenwechsels (wichtig auch an der Primärspinnmaschine, da das Spinnen nicht unterbrochen werden kann). Die Speichermöglichkeit wird auch an der Vortex-Luftspinnmaschine beim Fadenbruch oder Spulenwechsel benutzt.

Fadenabweiser (Separator), Vorrichtung, meist Trennblech zur Verhinderung des Verhakens der Garne zwischen Spinn- oder Zwirnstellen (Ballonseparator).

Fadenballon, → Ballon.

Fadenbremse, beim Spulvorgang soll die Fadenspannung möglichst gleichmäßig sein, um Spulfehler zu vermeiden. Da im Cops größere Spannungsunterschiede gespeichert sind, versucht man mit Fadenbremsen (Fadenspanner) durch Abbremsen des Garns ein gleichmäßiges (wenn auch höheres) Spannungsniveau zu erreichen. Werden nachgiebige Kompensationselemente verwendet, können Fadenspannungsspitzen reduziert werden. Jede Fadenbremse erhöht (durch Reibung) die mittlere Fadenspannung.
Folgende Fadenbremsen sind üblich:

1. Scheiben-Fadenbremse (Tellerbremse): Das Garn wird zwischen zwei mit Gewichten oder Federn zusammengedrückten Tellern aus Stahl oder Keramik durchgezogen. Die Bremswirkung kann durch Gewichtsveränderung (farbige Gewichte zur einheitlichen Einstellung) oder Federverstellung eingestellt werden.
2. Gitter-Fadenbremse: Das Garn läuft durch federnd wirkende Metallgitter, die ebenfalls durch Federn oder Gewichte aneinander gedrückt werden.
3. Finger-Fadenbremse: Die Bremswirkung des Fadens erfolgt durch mehrfaches Umwickeln eines Keramik- oder Stahlstifts (Seilreibung).
4. Kompensations-Fadenbremse: Der Faden läuft über federnd gelagerte Stifte; durch Erhöhung der Bremskraft (Verkleinerung des Umwindewinkels oder Fadenwegs) kann in Abhängigkeit vom Spulendurchmesser die Fadenspannung gezielt reduziert werden, um bei größeren Spulen eine zu hohe Wickelhärte (Spulenhärte) zu vermeiden.
5. Magnet-Fadenbremse: Magnetisch gehaltene Bremselemente (Dauer- oder Elektromagnete).

Fadenbruch, Bruch, Zerstörung, Abreißen des Fadens (Garn, Zwirn) beim Spinnen, Spulen, Weben, Stricken usw.

Fadenbruchbehebung, erneutes Anspinnen des Fadens an der Spinnmaschine bzw. Spleißen oder Knoten an Spul- und Webmaschinen.

Fadenbrucherfassung, manuelles oder opto-elektronisches Feststellen und Zählen (Messen) der Anzahl der Fadenbrüche an der Spinnstelle.

Fadenbruchkosten in der Spinnerei, in einer Veröffentlichung hat Prof. Dr. G. Egbers (ITV Denkendorf) einen Kostenvergleich der Fadenbrüche in der Spinnerei und Weberei vorgestellt, die nicht mehr den aktuellen Kosten entspricht, aber einen Vergleich der unterschiedlichen Größenordnungen in Währungseinheiten ermöglicht:

1. Spinnerei (Nm 34/30 tex, PES/CO)	
a) Ringspinnen	0,1053
b) OE-Rotorspinnen	0,1346
2. Automatische Spulerei	0,0012
3. Doppeldrahtzwirnerei	0,2429
4. Zettelei	0,8518
5. Schlichterei	2,5248
6. Weberei/Berufsköper PES/CO-Sulzer-Projektil (Kette 34 Fd./cm, Schuss 24 Fd./cm, doppelbahnig)	0,5885

Die Kostenaufteilung der Fadenbrüche der einzelnen textilen Verarbeitungsbereiche, bezogen auf 100 kg Gewebe, ergab sich wie folgt (in Währungseinheiten):

1. Spinnerei	3,88
2. Spulerei	0,56
3. Zettelei	1,27
4. Schlichterei	0,28
5. Weberei	14,48

„Die Spinnerei und vor allem die Weberei sind folglich als besonders fadenbruchkostenintensiv zu bezeichnen. Dies ist umso bedeutungsvoller, da die Erfahrung lehrt, dass zwischen dem Fadenbruchverhalten in der Spinnerei und Weberei ein direkter Zusammenhang besteht. Da sich ein schlechtes Laufverhalten in der Weberei wesentlich stärker auf die Fertigungskosten auswirkt als in der Spinnerei, muss immer primär versucht werden, ein gutes Laufverhalten in der Weberei zu erreichen."

Folgende Fadenbruchzahlen in der Spinnerei und die dazugehörigen Nutzeffekte in der Weberei lassen den Zusammenhang zwischen Spinnverhalten und Webereikosten erkennen:

Fadenbrüche 1.000/Spindelstunden	Nutzeffekt Weberei (Beispiel)
OE-Rotorgarn (Nm 34/30 tex):	
35	94,7 %
45	94,2 %
60	93,8 %
100	92,8 %
Ringgarn (Nm 34/30 tex):	
35	94,3
100	92,8

Wird in der Spinnerei ein kostengünstigerer, aber schlechterer Rohstoff eingesetzt, so werden die Einsparungen in der Spinnerei durch die erhöhten Kosten in der Weberei wieder aufgezehrt, sobald das Laufverhalten der Weberei etwas stärker beeinträchtigt ist.

Fadenbruchsensor, Messsystem, das als Wanderelement (Maus) an den Spinnstellen vorbeifährt und stillstehende Läufer optisch, magnetisch oder in anderer Weise erkennt. An Rotorspinnmaschinen und Spulmaschinen werden die Fadenbrüche an jeder Spinnstelle erfasst und gezählt.

Fadenbruchzahlen, Fadenbrüche treten immer auf, bedingt durch Rohstofffehler, Maschinenfehler, Garnbelastung beim Spinnen, Klimafehler und Bedienungsfehler. Ziel ist es, mit möglichst wenigen Fadenbrüchen bei höchstmöglicher Produktionsgeschwindigkeit ein qualitativ gutes Garn zu spinnen. In der Ringspinnerei (Dreizylinderspinnerei) geht man etwa von folgenden Fadenbruchzahlen, bezogen auf tausend Spindelstunden, aus (Anzahl der Fadenbrüche bei 1.000 Spindeln pro Stunde):

< 10	ausgezeichnet
< 20	sehr gut
< 30	gut
30–40	ordentlich
40–50	mäßig
50–60	schlecht
70–80	sehr schlecht
90–100	extrem schlecht

Fadendichte, → Garndichte.

Fadeneffekte, → Effektgarn.

Fadeneinfädelhilfe (Zwirnen), beim DD-Zwirnen, beim Tritec-Zwirnen, beim 2 × 2T-Verfahren, beim Kablieren sowie beim Umwindespinnen werden Hohlspindeln verwendet, durch die die gefachten Garne bzw. das Filamentgarn zu Beginn des Zwirnvorgangs oder bei Fadenbruch hindurchgezogen werden müssen. Bei einfachen Maschinen werden für das manuelle Einziehen flexible Zugdrähte verwendet. Bei modernen Maschinen werden die Fäden pneumatisch durchgeblasen oder angesaugt, teilweise (DD-Zwirnen) mit eingebauten Vorrichtungen oder Druckluftpistolen mit speziellen Aufsätzen.

Fadeneinlaufdreieck (Fadenverlegedreieck), Dreieck zwischen Einlaufpunkt des Garns (Fadenführer) und den beiden Endpunkten der Hublänge (Umkehrpunkte) bei der Fadenverlegung vor der Spule.

Fadeneinlaufwinkel, Winkel zwischen dem aufzuspulenden Garn und dem Spulkopf der Spulvorrichtung.

Fadenende, Garnende, das bei Spulenauslauf oder bei Fadenbruch entsteht. Das Aussehen des Fadenendes lässt oft Schlüsse auf die Ursache des Fadenbruchs zu.

Fadenfangvorrichtung, Vorrichtung an Spulmaschinen, OE-Rotorspinnmaschinen oder Luftspinnmaschinen (MJS, MVS) zur Übernahme eines laufenden Fadens auf eine neue Spulenhülse beim Anspinnen oder auf die bestehende Spule bei Fadenbruchbehebung. Meist bei Spulautomaten und Spinnspulautomaten (z. B. OE-Rotor) mit Fadenreservebildung, Zwischenfadenspeicher und Schneide- und Spleißvorrichtung oder Anspinnvorrichtung.

Fadenführer, Führungselement zum gezielten Zuführen von Garnen. Er bestimmt die Garnlaufrichtung, bündelt mehrere Fäden, dient als Zuführvorrichtung für Hilfsmittel und führt die Fäden gezielt beim Spulenaufbau (z. B. bei Präzisionsspulen). Er kann feststehend, geführt beweglich sein oder flexibel spannungsabhängig reagieren und auch Fadenspannungen ausgleichen.

Man unterscheidet:

1. Abstandsfadenführer: Fadenführer, der nicht auf der Spule aufliegt.
2. Auflagefadenführer: Kontaktfadenführer, meist an Präzisions-Kreuzspulmaschinen zur Herstellung dichter Spulen, z. B. für Nähgarne.

Von der Konstruktion her unterscheidet man:

1. Faltfadenführer: Für Foliengarne (Bändchen), mit Leitschlitzen zur Faltung eines Bändchens.
2. Geschlossener Fadenführer, Knopffadenführer: Fadenführer, bevorzugt für Nähgarnspulmaschinen, da er für beide Drehrichtungen der Spulspindel (p-Spulung und q-Spulung) verwendet werden kann.
3. Offener Fadenführer: Fadenführer, meist Auflagenfadenführer, speziell für p- oder q-Spulung, vorne offen zum Einfangen des (laufenden) Garns.
4. Rollender Fadenführer: Fadenführer an Parallelspulmaschinen (z. B. zur Monofilament-Spulenbewicklung), wobei das Filament über eine bewegte Rolle zugeführt wird.

5. Schaukel- oder Wippfadenführer: Fadenführer zur Bändchenspulung mit V-Einschnitt und breitem Grundradius zur Vermeidung von Ablagerungen, die zum Bändchenspleißen führen könnten.
6. Schlitzfadenführer: Abstandsfadenführer für Bändchen-Präzisionsspulmaschinen, wobei die Schlitzbreite der Fadendicke entsprechen soll.
7. Schuhfadenführer: Abstandsfadenführer mit quer stehender Führungsbahn.
8. Schwingfadenführer:
   a) Abstandsfadenführer mit Winkelhebel zur Herstellung von abgeschrägten Seitenkanten
   b) beweglicher, federnd gelagerter Fadenführer zum Fadenspannungsausgleich beim Spulen; reduziert die Kantenhärte (Patent Dr.-Ing. K. H. Lehmann)
9. Stegfadenführer: Fadenführer mit Trennsteg zur Zuführung von zwei getrennten Bändchen zum Herstellen einer Fachspule.

Fadenführeröse (Fadenführerauge),
1. Öffnung in Stäben, Litzen oder anderen Fadenführungselementen, heute meist mit polierten keramischen Einsätzen, um starker Beschädigung (Einsägen durch ständigen Garndurchlauf) der Ösen und des Garns (Aufschieber, Abrieb, Schädigung) entgegenzuwirken. Form und Oberfläche des Ösenmaterials (bevorzugt hochwertige Sinterkeramikteile, speziell poliert) bestimmen die Garndurchlaufeigenschaften bei hohen Spulgeschwindigkeiten (bis 2.000 m/min und mehr, bei Filamentgarnen bis 8.000 m/min beim Spinnen).
2. Spezielle, gekringelte, offene Fadenführung, bestehend aus Metall- oder häufiger Keramikstiften, die den Faden zentrisch über der Ringspindel (oder Zwirnspindel) abführt („Sauschwänzchen“).

Fadengelege, weitmaschige Flächengebilde, bestehend aus nicht verbundenen Fadenlagen mit bestimmten Kreuzungswinkeln, mit Fadenrichtungen in die Belastungsrichtung, oft adhäsiv verbunden mit Folien oder anderen textilen Flächen (z. B. Vliesstoffe). Monofile oder Multifilamentgarne werden zur Verstärkung von Verpackungsmaterialien, in der Papier- und Folienindustrie, aber auch für technische Zwecke, eingesetzt.

Fadenlänge, die auf einer Spule oder auf Wickeln zur Verfügung stehende Garnlänge. Mit dem metrischen Garnfeinheitssystem erhält man direkt die Lauflänge pro Gramm des vorliegenden Garns, kann also mit dem Gewicht der Spule die gesamte Lauflänge bestimmen (z. B. Nm 20 = 20 m pro Gramm, ein Cops mit 100 Gramm Garn der Feinheit Nm 20 hat also eine Lauflänge von 2.000 m). Für 100.000 m benötigt man dann 50 Ringspinncopse, die an der Spulmaschine verbunden werden müssen.

Fadenlängenmessung, die Messung der Fadenlänge über das Gewicht und die mittlere Garnfeinheit ist in vielen Fällen nicht ausreichend genau genug, um präzise Vorlagenlängen für die Weiterverarbeitung herzustellen. Deshalb wurden viele Versuche (Dr.-Ing. M. Braun) unternommen, die Garnlänge beim Spulvorgang direkt zu messen, teilweise mit piezoelektrischen Sensoren, Reibungswiderstand, Erwärmung und anderen Methoden. Bisher gibt es noch keine optimale Längenmessung.

Fadenlauf, Transportrichtung des Garns, z. B. beim Spulen oder Zwirnen, beim Garnabzug an der Spinnmaschine, beim Weiterverarbeiten oder in der Messtechnik.

Fadenleitwerk, Fadenführungsorgan der Kreuzspul- bzw. Rotorspinnmaschine, bestehend aus Fadenführer, Fadenführerschlitten, Schlittenführung, Kehrgewindewelle, Schiffchenführung und Gehäuse.

Fadenöse, → Fadenführeröse.

Fadenreserve, zusätzliche Garnwindungen am Beginn und/oder am Ende der Kreuzspule oder des Cops, um ein automatisches Fadenerfassen und Anlegen (Spleißen oder Anspinnen) zu ermöglichen. Fadenreserven werden auch während des Spulenwechsels bei laufendem Faden (Primärspinnen der Filamentgarne, Texturieren, OE-Rotorspinnen, Luftspinnen) durch Absaugung in einen Garnspeicher gebildet. Ist der Faden angelegt, wird zuerst die Fadenreserve abgezogen und aufgewickelt.

Fadenrückdrehtemperatur, Temperatur des Fadens nach der Drallerteilungsstelle (z. B. Friktionsaggregat) der Texturiermaschine, während der Falschdrall des Garns ein Rückdrehen des texturierten Garns auf die Parallellage bewirkt. Die Rückdrehtemperatur (Abkühltemperatur) bestimmt die Qualität der Kräuselungsfixierung.

Fadenschar, parallele Fäden (z. B. beim Schären).

Fadenschlaufe, abstehende, frei liegende Fadenschlinge (Spulfehler).

Fadenschluss, durch Umwirbeln von Filamentgarnen mit Blasluftdüsen (tangentialer Luftstrom) entstehender Zusammenhalt von Filamentgarnen zur Verbesserung des Ablauf- und Verarbeitungsverhaltens (Verwirbelungsstelle).

Fadenspanner, → Fadenbremse.

Fadenspannung, die im Garn während der Verarbeitung (Spinnen, Spulen, Zwirnen, Weiterverarbeitung usw.) in Garnachsrichtung vorherrschende Zugspannung, die in beide Richtungen wirkt und größtenteils auf der Spule gespeichert wird (wenn vorher keine Entspannung, z. B. durch Überlieferung), möglich oder gewünscht ist. Die Fadenspannung beeinflusst den Spulenaufbau (zu hoch = sehr hart, verformt; zu gering = zu weich, Blumenkohleffekt) und somit auch die späteren Verarbeitungsparameter an der Webmaschine oder beim Schlichten, Zetteln, Stricken und Wirken. Während des Spinnvorgangs bewirkt eine zu hohe Fadenspannung einen Fadenbruch, eine zu geringe Fadenspannung (z. B. Friktionsspinnen) ein instabiles Garn.

Fadenspannungsmessung, Messung mit Hilfe spezieller Messgeräte, als Dreipunktmessung, bei der der laufende Faden über zwei fixierte Transportrollen geführt wird, zwischen denen eine federnd gelagerte Messrolle angebracht ist, die eine in Richtung der Messrolle wirkende Kraftkomponente des Fadens aufnehmen kann. Die Schwankung dieser Kraftkomponente wird geeicht und über Aufzeichnungsgeräte in Diagrammen festgehalten.

Fadenspannungsverlauf (Ringspinnen), die während des Ringspinnens im entstehenden Garn wirksame Fadenspannung hängt vom Windungsabstand zwischen der Spulen- bzw. Windungsoberfläche und dem Läufer bzw. dem Masseschwerpunkt des rotierenden Garns ab (und von der Garnfeinheit, Drehzahl, Reibung usw.). Dies bedeutet, dass während des Garnwegs auf der Außenseite des Spinncopses eine geringere Fadenspannung vorhanden ist als bei Bewicklung auf der Innenseite bzw. direkt auf der Hülse. Bei Innenbewicklung, der Innenseite der Kegelwicklung, ist das freie Garnstück im Fadenballon größer, also auch die Zentrifugalkraft größer und damit die Fadenspannung höher. Diese

Spannungsunterschiede finden sich in der Copswicklung wieder und setzen sich bis zur Spulmaschine fort, die mit diesen Spannungsunterschieden die Kreuzspule bildet. Da vor allem beim Anspinnen des Copses an der Basis der Hülse die Fadenspannung besonders hoch ist (da zunächst die Kegellagen bis zum richtigen Cops-Kegelwinkel gebildet werden müssen), ist beim Abspulen auf der Spulmaschine die Fadenspannung beim Auslaufen des Copses am höchsten und somit die Fadenbruchgefahr beim Spulen am größten. Die Spulspannung auf der Kreuzspule ist hier am höchsten (Spulenhärte).

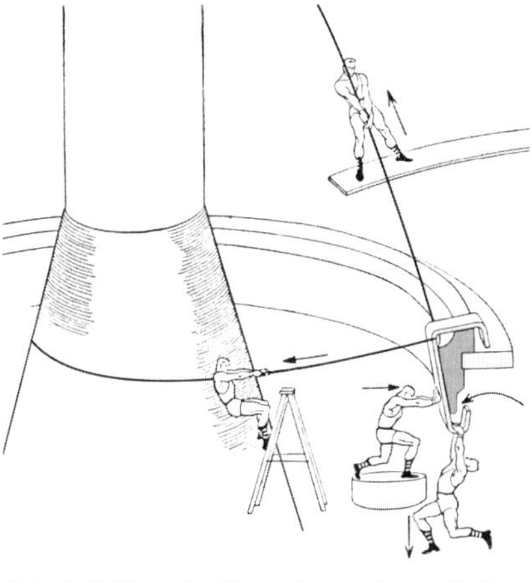

Abb. 1: Kräfte beim Ringspinnen, die zur Fadenspannung führen

Fadenteiler, zwei- oder mehrteilige Trennkämme (Fadeneinlaufrechen) zur geordneten Zuführung paralleler Garne.

Fadenverbindung (Methoden), die stabilste und festeste Methode der Fadenverbindung ist das → Knoten mit verschiedensten → Knotenarten. Die Knotenverbindung hat allerdings den Nachteil, dass sie sehr dick ist und sofort zu einem deutlich sichtbaren Fehler im Gewebe oder Gestrick wird. Deshalb

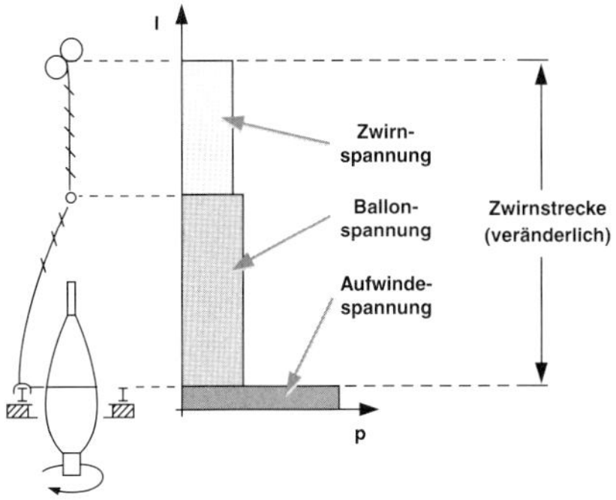

Abb. 2: Fadenspannungsverlauf im Garn beim Ringspinnen
p = Fadenspannungsbetrag
l = Messort
Quelle: Prof. H. Buchmann, Hochschule Reutlingen

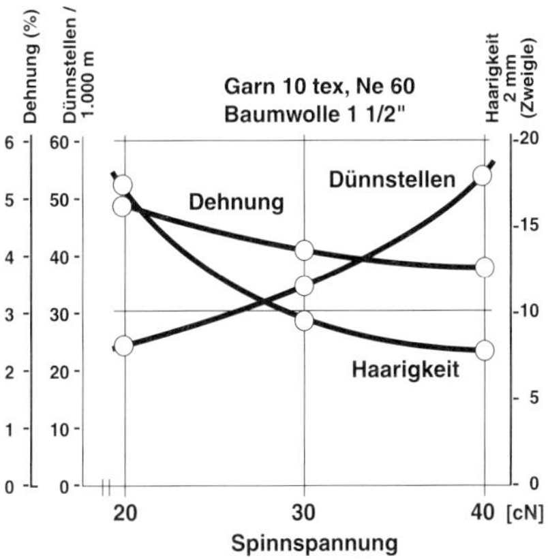

Abb. 3: Garnqualität in Abhängigkeit von der Fadenspannung während des Ringspinnens
Quelle: Dr. H. Stalder, Rieter AG, Winterthur, Schweiz

haben sich knotenlose Verbindungsmethoden durchgesetzt, wovon das → Spleißen am häufigsten verwendet wird.
Literatur: T. Gries und A. Daumas, ITA Aachen, Euroseil 3, 9/2003 S. 48–53 (mit Literaturverzeichnis).

Folgende knotenlose Methoden werden häufig verwendet:

1. Pneumatisches Spleißen: Die am häufigsten verwendete Fadenverbindung

mit einer Spleißdicke von 1,2- bis 1,5-facher Garnstärke, Festigkeit 75–100 % der Garnfestigkeit, gutes Ablaufverhalten, kaum abstehende Garnenden. Für bestimmte thermoplastische Materialien wird auch Heißluft verwendet: Thermospleißer/Injektionsspleißer. Zur Verbindung von Leinengarnen wird auch Wasser durch die Düsen gespritzt (Nassspleißer/Aquasplicer von Mesdan).

2. Mechanisches Spleißen: Dünnere Verbindung (1,1- bis 1,2-facher Garnstärke) auch bei schwierigeren Faserstoffen, hohe Zugfestigkeit der Verbindung (90–100 % der Garnfestigkeit), kaum abstehende Garnenden, gut einsetzbar. (Beispiel: Savio S. p. A., Pordenone, Italien).
3. Elektrostatisches Spleißen: Dünne Verbindung möglich (1,1- bis 1,0-facher Garnstärke möglich), keine abstehenden Enden, bisher nur als Prototyp in der Entwicklung eingesetzt, nur für spezielle Rohstoffe einsetzbar.
4. Nähspleißen: Doppelte Garnstärke der Verbindung, 70–90 % der Garnfestigkeit, keine abstehenden Enden, Nachteile beim Färbeverhalten (Fremdfaden und Struktur) (Beispiel: Saurer-Allma, Kempten).
5. Umwinden mit Hilfsfaden: Doppelte Fadenstärke, höhere Biegesteifigkeit der Verbindung, Festigkeit 60–80 % der Garnfestigkeit, schwierigere Handhabung (Beispiel: Mesdan S. p. A., Salo, Italien).
6. Verschweißen: Doppelte Fadenstärke, höhere Biegesteifigkeit, Festigkeit 50–60 % der Garnfestigkeit, schlechtes Anfärbeverhalten, schwierige Handhabung, nur mit thermoplastischen Materialien durchführbar, allerdings auch mit Ultraschall verschweißbar (Beispiel: Jürgens GmbH, Emsdetten).
7. Kleben: Doppelte Fadenstärke, hohe Biegesteifigkeit, Festigkeit abhängig vom Klebstoff, schlechtes Färbeverhalten des Klebstoffs, aber für technische Anwendungen sinnvoll (Carbon- oder Glasfasergarne).

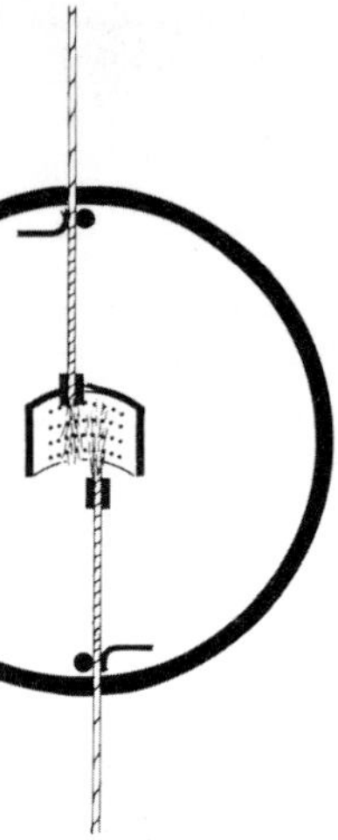

Abb. 1: Mechanisches Spleißen
Quelle: J. Rohner und G. Gebald, Schlafhorst-Saurer GmbH, Mönchengladbach

Abb. 2: Elektrostatisches Spleißen
Quelle: J. Rohner und G. Gebald, Schlafhorst-Saurer GmbH, Mönchengladbach

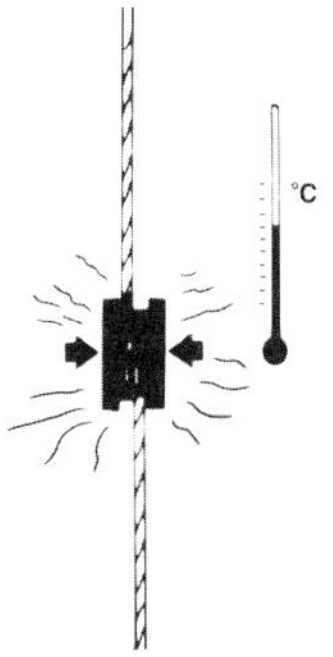

Abb. 3: Schweißen (thermisches Spleißen)
Quelle: J. Rohner und G. Gebald, Schlafhorst-Saurer GmbH, Mönchengladbach

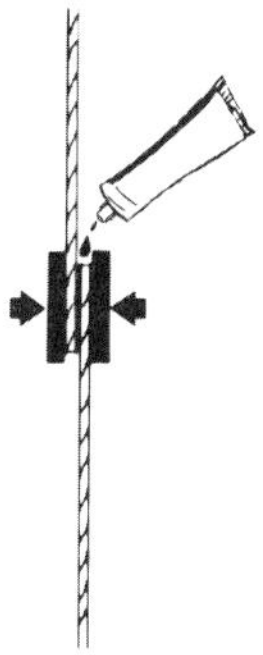

Abb. 4: Kleben (adhäsives Spleißen)
Quelle: J. Rohner und G. Gebald, Schlafhorst-Saurer GmbH, Mönchengladbach

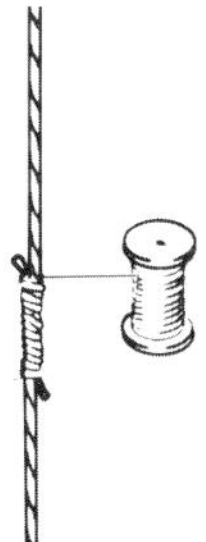

Abb. 5: Umwinden (Spleißen mit Zusatzfaden)
Quelle: J. Rohner und G. Gebald, Schlafhorst-Saurer GmbH, Mönchengladbach

Fadenverlegung, kreuzweises oder paralleles Bewegen eines Garns mit Hilfe eines changierenden (hin und her bewegten) Fadenführers. Dies kann individuell an jeder Spule getrennt gesteuert oder zentral gesteuert parallel erfolgen.

Fadenvoreilung, Geschwindigkeitsdifferenz in Prozent zwischen Garnzuführung und -abzug. Für den Spulenaufbau die Möglichkeit der Steuerung der Bewicklungsdichte (Spulenhärte). Beim Texturieren ist die Zuführung des Filamentgarns schneller als der Abzug (Überlieferung), um eine ideale Texturierwirkung (z. B. beim Luftblastexturieren) und einen guten Spulenaufbau zu erreichen.

Fadenwächter, mechanische oder elektronische Vorrichtung zur Überwachung des Fadenlaufs, die einen Fadenbruch erfasst und anzeigt und/oder die Spinnstelle oder Spulstelle stillsetzt.

Fadenzugkraft, → Fadenspannung.

Fallnadelleiste, Fadenüberwachung an Spul- und Schärgattern, Facheinrichtungen oder anderen Fadenführungsvorrichtungen, bei der Nadeln oder Metallprofile mit Fadenführungsösen durch die durchlaufenden Fäden angehoben werden. Reißt ein Garn, fällt die entsprechende Nadel (oder Metallleiste) nach unten auf eine Kontaktplatte und löst ein Signal oder Maschinenstillstand aus.

Falschdraht, → Falschdrall.

Falschdraht-Texturierung, → Falschdralltexturierung.

Falschdrall, Drehung im Garn oder Zwirn, die zwischen zwei Klemmpunkten des Garns erfolgt. Es bildet sich im gedrehten Garn ein Rückdrehmoment, das dazu führt, dass das Garn (mit seinen Fasern oder Filamenten) nach Wegfall des Drehmoments wieder zur Parallellage zurückkehrt. Beim Aufbringen des Falschdralls entsteht auf der einen Seite des Garns S-Drehung, auf der anderen Seite Z-Drehung. Beide heben sich nach Wegfall der Drehungserteilung auf. Nach diesem Prinzip erfolgen das Nitscheln bei der Vorgarnherstellung in der Kammgarnspinnerei, die Falschzwirnbildung beim → Selftwist-Spinnverfahren (Repco-Garn) und das Texturieren bei der → Falschdralltexturierung.

Falschdrallgarn, Garn, das mit Hilfe der → Falschdralltexturierung hergestellt wird.

Falschdrallgeber, zur Erzeugung von Falschdrall können verschiedene Elemente bzw. Verfahren verwendet werden:

1. Beim Texturieren z. B.:
   - Scheibenfriktions-Falschdrallgeber
   - Riemchen-Falschdrallgeber
   - Außenfriktions-Falschdrallgeber
   - Innenfriktions-Falschdrallgeber
   - Reibscheiben-Falschdrallgeber
   - Stegspindel-Falschdrallgeber
2. Beim Vorgarnherstellen:
   - Nitschelhosen bzw. Nitschelbänder
3. Beim Spinnen:
   - Drehröhrchen der Streichgarnringspinnmaschine
   - Drehstreckwerk (Patent Dr. F. Hadwich)
   - Luftspinnverfahren (Murata MJS)
   - Twilo-Klebespinnverfahren
   - Toyo-Boseki-Verfahren
4. Beim Zwirnen:
   - Selftwist-Spinnverfahren (Repco)

Abb. 1: Scheibenfriktions-Falschdrallgeber der Fa. Temco für die kraftschlüssige Falschdrall-Drehungserteilung
Quelle: Fa. Temco GmbH, Schweinfurt

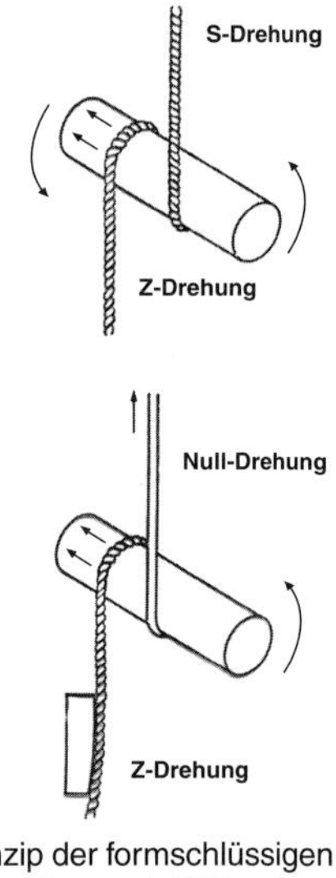

Abb. 2: Prinzip der formschlüssigen Falschdrall-Drehungserteilung mit Hilfe eines rotierenden Steges bei stehendem und durchlaufendem Garn (Stegspindel-Texturierung)

Falschdrall im Rotor, der Garnabzug des gerade im Spinnrotor gebildeten OE-Rotorgarns erfolgt über die Abzugsdüse (Abzugstrichter) in der Mitte des Spinnkammerdeckels (ursprüngliches Patent J. Meimberg). Bei jeder Drehung des Garnendes, das sich in der Rotorrille mit derselben Geschwindigkeit bildet, mit der es abgezogen wird (z. B. 150 m/min), bewegt sich das Garnende im Rotor vorwärts (auch Rückwärtsbewegung ist möglich) und dreht sich damit auch auf dem Abzugstrichter bzw. führt eine Abrollbewegung durch. Der Abzugstrichter setzt dem Garn Reibungswiderstand entgegen, wodurch ein Drallstau im Garnende entsteht.

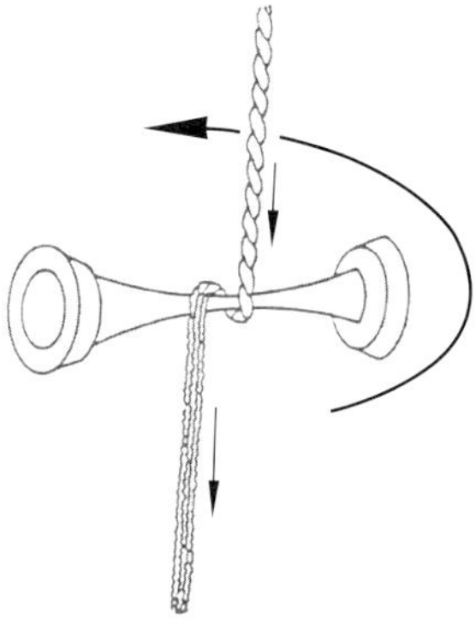

Abb. 3: Prinzip der formschlüssigen Falschdrall-Drehungserteilung mit Hilfe eines rotierenden Steges (Stegspindel-Texturierung) während des Garndurchlaufs
Quelle: Prof. H. Buchmann, Hochschule Reutlingen

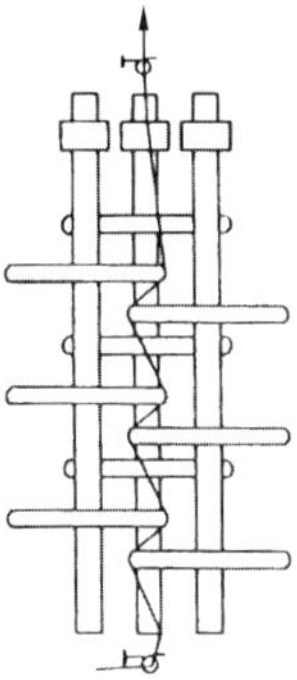

Abb. 4: Prinzip des Scheibenfriktionsaggregats zur Falschdrall-Erteilung
Quelle: Hochschule Reutlingen

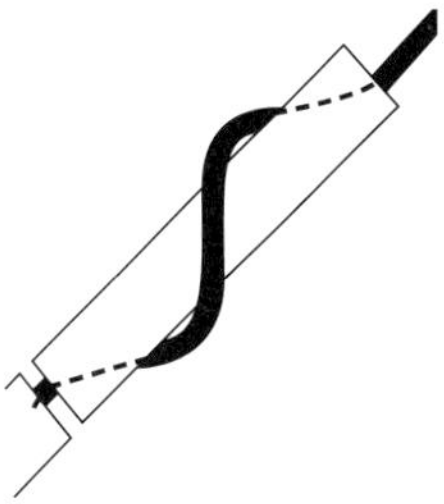

Abb. 5: Walzenfriktionsaggregat zur Falschdrall-Drehungserteilung
Quelle: Rieter AG, Winterthur / Rieter-Scragg

Dieser Drallstau entspricht einem Falschdrallanteil, der die Fasereinbindung im Garnende in der Rotorrille verstärkt, sich aber nach dem Abzugstrichter wieder auflöst. Durch Kerben im Abzugstrichter, Spiralen, Radiusveränderungen, Durchmesserveränderungen und andere reibungserhöhende Oberflächenveränderungen (auch unterschiedliche Materialoberflächen wie Sinterkeramik poliert, diamantbeschichtet usw.) wird der Falschdralleffekt des Abzugstrichters beim OE-Rotorspinnen erhöht oder vermindert. Ein erhöhter Falschdrall verbessert die Spinnstabilität und ermöglicht geringere Drehungsbeiwerte.
Literatur: Dissertation Dr. M. Rohrberg, ITR Reutlingen 1976.

Falschdrallspinnen, Spinnverfahren, bei denen eine zeitweise Falschdrallerzeugung im Faserverband zur Erzeugung des Garns erforderlich ist. Beispiele: Luftspinnverfahren Murata MJS, Selftwist-(Repco-), Twilo-Verfahren u. a.

Falschdralltexturierung (Falschdraht-Texturierung, FD-Scheibenfriktionstexturierung), Verfahren, bei dem durch Aufbringung von Falschdrall Kräuselbögen im Garn erzeugt werden, die durch Wärmezufuhr und Abkühlung fixiert werden. Vorgang: Beim Falschdralltexturieren wird ein glattes (thermoplastisches) Filamentgarn vorgelegt, verstreckt (vor oder während der Texturierung) und zwischen zwei Fadenführungsorganen (Galettenwalzen) durch ein Drehelement (Falschdrallgeber) so um die eigene Achse gedreht, dass Falschdrall entsteht. Im Filamentgarn entsteht so vor dem Drallgeber S-Drehung und nach dem Drallgeber Z-Drehung. Das Verhältnis von aufgebrachter Drehung zu Garntransportgeschwindigkeit wird so gewählt, dass eine sehr hohe Drehung im Filamentgarn entsteht (ca. 2.000–3.000 T/m). Die entstehenden Drehungsbögen in den einzelnen

Filamenten ergeben später nach der Fixierung die dreidimensionale Kräuselung der Filamente. Damit im Garn bzw. in den Filamenten eine stabile Kräuselung entsteht, muss das Filamentgarn vor dem Falschdrallelement durch einen Heizkörper (meist Berührung mit Heizplatten) auf eine Temperatur über Glastemperatur, aber knapp unter der Schmelztemperatur (20–30 °C geringer) erhitzt werden. Die Drehung, die vom Drallgeber in das Garn eingebracht wird, pflanzt sich bis in den Heizkörper fort, wodurch im gedrehten, zusammengeschnürten Zustand molekulare Zwischenbindungen zwischen den Makromolekülketten des Kunststoffs (Polyester, Polyamid, Polypropylen) aufgebrochen werden.

Nach dem Verlassen des Heizkörpers kühlt das Filamentgarn vor dem Erreichen des Drallgebers schnell wieder ab (unterstützt durch Kühlplatten). Beim Abkühlen entstehen neue Zwischenbindungen in den gedrehten Filamenten auf kürzestem Abstand, wodurch der gedrehte Zustand im Einzelfilament festgehalten (fixiert) wird. Nach dem Durchlauf des Garns durch den Drallgeber dreht sich aufgrund des Falschdralls das Garn wieder auf, die Filamente liegen parallel, sind aber gekräuselt. Die Kräuselung ist noch nicht direkt sichtbar, da das Garn unter Spannung auf die Spule aufgewickelt wurde. Sie muss deshalb später durch Nachbehandlung, thermisch oder mechanisch, entwickelt werden.

Garntyp1 – HE-Garn: Nach dem geschilderten Verfahren entsteht ein hochelastisches, voluminöses Texturgarn, das für Strumpfhosen, Strümpfe, Sportkleidung und andere hochelastische Produkte der Strickerei verarbeitet wird.

Garntyp 2 – SET-Garn: Benötigt man Garne, die fester und weniger dehnbar, aber trotzdem gekräuselt sein sollen, wird an die erste Texturierstufe des Falschdralltexturierens (wie auch bei anderen Texturierverfahren) eine mechanische und thermische Nachbehandlung angeschlossen. Das Garn wird einem zweiten Heizkörper zugeführt, der zwischen zwei Galettenwalzen liegt, die mit unterschiedlicher Geschwindigkeit den thermischen Schrumpf des Garns in Längsrichtung auffangen oder sogar Verzug aufbringen können. Durch den Schrumpf des Garns im zweiten Heizkörper (meist berührungslos) wird das Garn stabilisiert, beruhigt (gesettet), die Dehnung nimmt ab, aber auch die Kräuselung wird deutlich reduziert. Es entsteht ein SET-Garn, das auch in der Weberei (z. B. als Schussgarn) eingesetzt werden kann.

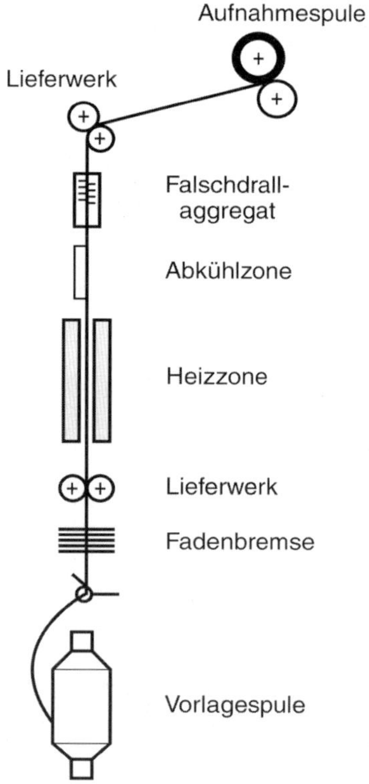

Abb. 1: Ablaufprinzip der Falschdralltexturierung an der Texturiermaschine zur SET-Garn-Herstellung

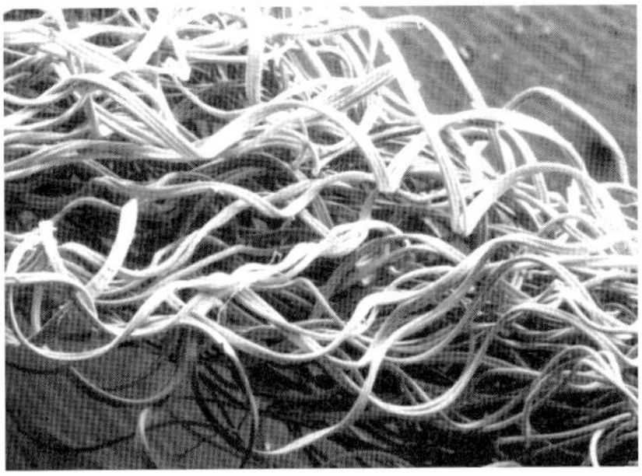

Abb. 2: Texturiertes Filamentgarn (scheibenfriktionstexturiert) mit ausgeprägter Kräuselung
Quelle: Schneider / Kristoffersen, Hochschule Reutlingen

Abb. 3: Einzelfilamente eines falschdralltexturierten Filamentgarns (scheibenfriktionstexturiert) mit Faserabrieb (Schnee)
Quelle: Hochschule Reutlingen

Abb. 4: Durch die Reibung an den Friktionsscheiben geschädigtes Filament nach der Falschdrall-Scheibenfriktionstexturierung
Quelle: Hochschule Reutlingen

Abb. 5: Verformte Filamente eines falschdralltexturierten Garns
Quelle: Hochschule Reutlingen

Falschdrehung, → Falschdrall.

Falsches Noppengarn, Garn mit aufgedruckten Noppen.

Falschzwirn, Zwirn, der durch Falschdrall entsteht, beispielsweise mit Hilfe des Nitschelns zweier Garne (→ Repco-Garn).

Fantasiegarn, → Effektgarn.

Fantasiezwirn, → Effektzwirn.

Färbehülse, stabile Metall- oder Kunststoffhülse mit Löchern zur Garnspulenfärbung, die Farbflotte fließt von innen nach außen durch das Garnpaket.

Färbespule, weich gewickelte, offene Präzisionskreuzspule auf einer → Färbehülse. Um den Spulenaufbau möglichst zu erhalten und einen gleichmäßigen Abzug zu erreichen, werden die beim Färben auftretenden Schrumpfkräfte durch Verwendung von Radial- oder Axialschrumpfhülsen aus Kunststoff aufgefangen.

Farbgarne, gefärbte Garne.

Farbstoffe, die färberische Einteilung orientiert sich nach der Art der Einbettung der Farbstoffe im Fasermaterial:

1. Pigmentfarbstoffe: schwer lösliche Farbpartikel, die sich in feiner Verteilung in der Substanz der Spinnmasse oder Faser einlagern.
2. Säurefarbstoffe: enthalten anionische Gruppen (z. B. Sulfonsäuregruppen), die wasserlöslich sind, mit Wasser in die Faser eindringen und unter Salzbildung Wolle, Seide und Polyamidfasern gut färben.
3. Basische Farbstoffe: enthalten kationische Reaktionsgruppen, die mit sauren Gruppen der Faserstoffe reagieren und z. B. Wolle, Seide, Polyacrylnitrilfasern und mit sauren Hilfsmitteln (z. B. Tannin) behandelte Baumwolle färben.
4. Substantivfarbstoffe/Direktfarbstoffe: sind wasserlöslich und färben Baumwolle direkt durch die Van-der-Waals-Bindung des Farbstoffs in der Faser (zwischenmolekulare Kräfte).
5. Metallkomplexfarbstoffe: komplexbildender Farbstoff reagiert mit einer Metallsalzlösung. Wolle wird in saurem oder neutralem Bad gefärbt. Chromierfarbstoffe (wasserlösliche Azofarbstoffe mit sauren Gruppen) werden mit Natriumdichromatlösung behandelt. Mit der Wollfaser entsteht ein Chromsalz, das Farbkomplexe bilden kann. Mit Beizenfarbstoffen werden vorher mit einer Metallsalzlösung gebeizte Baumwoll- oder Wollfasern gefärbt. Die Bildung der Metallkomplexe bewirkt eine Vertiefung des Farbtons und eine Echtheitsverbesserung. Azofarbstoffe sind in Deutschland wegen karzinogener Wirkung für die Textilfärbung verboten.
6. Reaktivfarbstoffe: gehen mit den Fasermolekülen eine chemische Verbindung ein und sind zur Färbung von Baumwolle und anderen Zellulosefasern, aber auch von Wolle mit guten Echtheiten geeignet.
7. Küpenfarbstoffe: In Wasser unlösliche Farbstoffe (z. B. Indigo), die durch Reduktion in ein wasserlösliches Küpensalz überführt werden, das auf Zellulosefasern aufzieht. Durch Oxidation wird auf der Faser der unlösliche Farbstoff freigesetzt. Sie ergeben die höchsten Echtheitsstufen bei Baumwolle.
8. Entwicklungsfarbstoffe: werden durch Reaktion auf der Faser selbst erzeugt, z. B. Naphtol-Farbstoffe.
9. Dispersionsfarbstoffe: In Wasser schwer löslich, aber löslich in organischen Lösungsmitteln und aus wässriger Disper-

sion heraus, für die Färbung synthetischer Chemiefasern verwendbar, z. B. für Polyesterfasern und Folien.

Farbunterschiede, die Größe des empfindungsmäßigen Unterschieds zwischen zwei Farben heißt Farbabstand. Er kann über Farbabstandsformeln (DIN 6174) näherungsweise aus Vergleichsmessungen berechnet werden.

Faser, alle textilen Faserstoffe haben einen runden oder annähernd runden Querschnitt (oval, trilobal, sternförmig, schäfchenwolkenförmig). Ist der Querschnitt flach, oft zwei bis dreimal breiter als die Dicke, spricht man nicht mehr von Fasern, sondern von Folienbändchen, Bändchen oder Folienstreifen bzw. fibrillierten Bändchen.
Textilfasern weisen eine im Verhältnis zur Dicke große Länge auf (L/D > 1.000) und sind entsprechend schlank und biegsam. Fasern für technische Bereiche (z. B. Faserstaub, Asbestfasern, Faserbruchstücke) beginnen schon bei einem Längen-Durchmesser-Verhältnis L/D > 3–10. Im Textilbereich spricht man von Kurzfasern, wenn die Länge unter 10–12 mm liegt (bei Baumwolle Kurzfaseranteil < 1/2 Zoll bzw. ca. < 12,7 mm). Flockfasern oder Fasern für die Nassvliesherstellung können bei 2–3 mm Faserlänge liegen.
Fasern werden weiter unterteilt in Spinnfasern (Stapelfasern) und Filamente, Mono- oder Multifilamente.
Anhand der Rohstoffe unterscheidet man Naturfasern (Baumwolle, Wolle, Jute, Flachs, Hanf, Ramie u. a.), Chemiefasern (Polyester, Polypropylen, Polyamide, Polyacryl, Viskose, Modal, Lyocell, Acetat u. a.) sowie Fasern aus anorganischen Rohstoffen (Glas, Carbon, Metall u. a.).

Faser/Faser-Reibung, die Reibung zwischen Fasern (oder Garnen) derselben oder verschiedener Art. Sie beeinflusst das Verzugsverhalten in Streckwerken und Rotoren und soll für den Verzug gering sein. Sie beeinflusst außerdem die Festigkeit (Haftverhalten, Haftkräfte) in Bändern (Bandhaftkraft, Bandfestigkeit), Vorgarnen und Garnen sowie im Vlies bzw. Vliesstoff und soll für diesen Zweck hoch sein. Dieser Widerspruch der Anforderungen zwischen geringer (Verzug) und hoher Haftkraft (Zusammenhalt) muss vor allem bei Chemiefasern durch geeignete Avivagen oder Schmälzen (Textilhilfsmittel) gelöst werden.
Grundsätzlich ist die Faser/Faser-Reibung bei Naturfasern (Baumwolle, Wolle) in ihrem ursprünglichen Zustand (Baumwollwachs bzw. Wollfett noch auf der Faser) wesentlich geringer als bei (bereits avivierten) Chemiefasern. Messungen haben ergeben, dass die Faser/Faser-Reibungskräfte bei Chemiefasern bis zu doppelt so groß sein können wie bei Naturfasern.
Praktikable Messungen zur Faser/Faser-Reibung sind indirekt möglich über Verzugskraftmessungen (z. B. am Faserband mit dem ITV-Rotorringgerät, ohne oder mit wenigen Drehungen [*Literatur:* P. Erler und J. Mavely, ITV Denkendorf]) mit Hilfe empfindlicher Festigkeitsprüfgeräte oder über indirekte Messungen an Streckwerken über die Stromaufnahme (Energieverbrauch) geeigneter Messmotoren. Bei Garnen kann die Garn/Garn-Reibung durch Führen desselben Garns über eine Umschlingung und Messung der Reibkraft (z. B. hochfrequente, hochempfindliche Fadenzugkraftmessung mit RES-Messkopf) vor und nach der Umschlingungsstelle bestimmt werden.
In der Literatur werden Messmethoden mit Schleppvorrichtungen beschrieben, bei denen Vliesstoffe über Vliesstoffe auf einer Ebene (*Literatur:* Ramkuram, Texas Tech University Lubbock, USA) oder auf einer schiefen Ebene gezogen werden oder unter Eigengewicht zum Gleiten gebracht und die dabei auftretenden Reibkräfte gemessen werden.

Bei der Faser/Faser-Reibung unterscheidet man Haft- und Gleitreibung, wobei die Gleitreibung wesentlich geringer ist als die Haftreibung. In der Spinnerei sind die Haft/Gleit-Wechsel („slip-stick-Effekte“) beim Bandverzug in den Streckwerken gefürchtet. Diese treten besonders bei Chemiefasern auf und führen durch Fehlverzüge zu Garnunregelmäßigkeiten (Dünn-/Dickstellen). Dabei gehen während des Verzugs hohe Haftreibungskräfte abrupt in geringe Gleitreibungskräfte über, um sofort wieder in die hohe Haftreibung überzugehen usw. Dementsprechend werden die Fasern im Streckwerk zunächst zusammengehalten und gedehnt und lösen sich dann ruckartig ab, um sich wieder zusammenzuziehen.

Faseranalyse, messtechnische Bestimmung der Rohstoffanteile des Garns (z. B. nach dem Textilkennzeichnungsgesetz TKG oder nach Normen).

Faserauflösung, Vereinzelung von Fasergruppen zu Einzelfasern, z. B. durch Auflösewalzen beim OE-Rotorspinnen oder durch Kardieren oder Krempeln.

Faseraufschiebung, → Aufschieber.

Faserband, dickes, linienförmiges Gebilde aus vielen Fasern (20.000–40.000 Fasern im Bandquerschnitt), Zwischenprodukt der Spinnerei (z. B. Kardenband, Streckenband).

Faserbart, geklemmtes Faserbündel, das einseitig ausgekämmt wurde (Kämmmaschine, Rotor-Auflösewalze).

Faserbüschel, Faserbündel, Ansammlung von Fasern, Faserpaket, → Flocke.

Fasereigenschaften, die wichtigsten Eigenschaften der Textilfasern sind:

- Länge
- Feinheit
- Kräuselung
- Oberflächenbeschaffenheit und Querschnitt
- Glanz
- Farbe (bzw. Färbbarkeit)
- Reinheit
- Dichte
- Zugfestigkeit
- Dehnung und Elastizität
- Biegefestigkeit (Formbeständigkeit, Knitterverhalten)
- Verhalten gegenüber Wärme (Beständigkeit, Schrumpfen, Brennbarkeit)
- Verhalten gegenüber Wasser und Dampf (Quell- und Saugfähigkeit)
- Verhalten gegenüber Säuren und Laugen
- Verhalten gegenüber Licht und Oxidationsmitteln
- Verhalten gegenüber Mikroorganismen (Hygiene) und Motten
- Elektrostatisches Verhalten
- Wärmeleitfähigkeit

Neuere, besonders für die technische Verwendung erforderliche Eigenschaften ergeben sich aus den vielfältigen Anforderungen:

- Elektrische Leitfähigkeit
- Absorptionsvermögen für Gase und Flüssigkeiten
- Beständigkeit gegen UV-Licht
- Schutzwirkung gegen radioaktive Strahlen
- Antibakterielle Eigenschaften
- Magnetische Abschirmwirkung
- Speicherfähigkeit

und vieles mehr.

Faserflaum, → Faserflug.

Faserflug, kleinste Faserreste werden von der Luftströmung der Spinnerei mitgenommen und lagern sich auf den Maschinen (oder Spulen und Bändern) ab. Werden teilweise von der Klimaanlage aus der Luft entfernt (Luftfilter).

Faserfragmente, Faserteilchen oder faserartige Bruchstücke von Fasern, die wegen ihrer geringen Länge nicht mehr mit textilen Spinnverfahren verarbeitet werden können. Faserfragmente (Staub) können Teil des Faserflugs sein.

Faserführung, das gezielte Transportieren von Fasern während des Verzugs im Streckwerk. Im Idealfall werden die Fasern einzeln aneinander vorbeigezogen, jede Faser bewegt sich kontrolliert gegenüber den benachbarten Fasern, es entsteht ein gleichmäßiger Fließprozess, die ideale Verstreckung. Die Faserführung erfolgt mit Hilfe von Gummiriemchen, Druckrollern mit Vertiefungen, Ballonwalzen (Sampre-Walzen) und Garniturwalzen oder segmentierten Metallwalzen.

Faserhaftung, Haftkräfte halten die Fasern im Band oder Vorgarn zusammen durch → Faser/Faser-Reibung und Adhäsionskräfte (Klebekräfte).

Faserhäkchen, während der Verarbeitung in der Spinnerei sind Fasern nie ideal gerade ausgestreckt, sondern liegen meist in dreidimensionaler Schlingenform mit unregelmäßigen Verhakungen vor. Mit zunehmender Verarbeitung in der Spinnereivorbereitung bis hin zum Spinnvorgang versucht man die Fasern durch Kardieren, Dublieren und Verstrecken, auch durch das Kämmen, möglichst sukzessive in späterer Garnachsrichtung auszustrecken, um ein Garn mit möglichst hoher Festigkeit zu erhalten. Das Prinzip der Faserorientierung von Spinnfasern beschreibt die → Häkchentheorie.

Faserkennzahlen, verschiedene Kennzahlen textiler Faserstoffe in der Spinnerei (Stapelfaserspinnerei) geben Hinweise auf die Verarbeitbarkeit der Fasern (z. B. die erzielbare Feinheit eines Garns). Wichtig sind die Mindestfaseranzahl im Garnquerschnitt (Faserzahl im Garnquerschnitt) und die Mindestfaserlängen pro Garnmeter (Faserzahl pro Garnmeter). Insbesondere Prof. K. Tautenhahn (FH Reutlingen) hat für die Verarbeitung der Wolle weitere Kennzahlen erstellt. Dies sind z. B. Schlankheitsgrad der Fasern und Ausspinngrad in der Kammgarnspinnerei.

1. Für die Mindestfaseranzahl im Garnquerschnitt gilt näherungsweise:

Kammgarnspinnerei	min. 35–40
Dreizylinderspinnerei Baumwolle gekämmt	min. 30–40
Kompaktspinnen Baumwolle gekämmt	min. 25–35
Dreizylinderspinnerei Baumwolle kardiert	min. 50–60
Chemiefaser B-Type	min. 50–60
OE-Rotorspinnen	min. 90–100
Streichgarnspinnerei	min. 150–250

2. Für die Mindestfaserlänge pro Garnmeter gilt näherungsweise:

Dreizylinderspinnerei Baumwolle	L min = 1.200
Kammgarnspinnerei Wolle	L min = 600
Streichgarnspinnerei Wolle und Mischungen	L min = 4.000

3. Schlankheitsgrad der Wolle (SGW): SGW = FL (mm) × 1.000 (µm/mm) × 4/Fd (µm)
wobei:
FL = Faserlänge in mm
Fd = mittlerer Faserdurchmesser in µm
Empirische Untersuchungen ergaben für Webgarne SGW = 10.000 und für Strickgarne SGW = 10.600.
Für eine optimale Ausnutzung der Substanzfestigkeit der Fasern in der Garnstruktur (Garnfestigkeit = 40–65 % der Faserbündelfestigkeit) müssen entsprechende Faserreibungsflächen vorhanden sein. Vor der Verwendung der Technologie des Ringspinnens war der Schlankheitsgrad der Wolle für feinste Ausspinnungen mit dem Wagenspinner (Selfaktor) 15.000.

Damals war es möglich, Garne mit ca. 30 Fasern im Garnquerschnitt bei entsprechender Stapellänge auszuspinnen. Als Basis hatte man die englische Wollfeinheitsklassierung (56 s, 64 s usw., → Wollfeinheitsklassen), die nach der englischen Kammgarnfeinheit die Ausspinngrenze der Garne in der Kammgarnspinnerei angab.

4. Grenzfaserlänge: Aus wirtschaftlichen (einfachere Wollsortierung) und technischen Gründen (Ringspinntechnologie) werden zur Basisberechnung in der Kammgarnspinnerei für Webgarne mindestens 44 Fasern im Garnquerschnitt und für weich gedrehte Garne (Maschinenstrickgarne) 50 Fasern im Garnquerschnitt eingesetzt.

Folgende Grenzfaserlängen wurden daraus berechnet:

Faserfeinheit, Wollkammzug, Grenzfaserlänge bei FGW 10.000

17,5 µm	43,8 mm
18,5 µm	46,3 mm
19,5 µm	48,8 mm
20,5 µm	51,3 mm
21,5 µm	53,8 mm
23,0 µm	57,5 mm
24,5 µm	61,3 mm
26,0 µm	65,0 mm
27,5 µm	68,8 mm
29,0 µm	72,5 mm

Die Faserfeinheit der Wolle in dtex ergibt sich aus

$$T_{tex} = \frac{2 \text{ x } Faserdurchmesser}{96{,}5}$$

Die Ausspinngrenze für Webgarne (SGW 10.000) ergibt sich dann wie folgt:

Faserfeinheit (µm)	Wolle (dtex)	Erreichbare (Nm)	Garnfeinheit (tex)
17,5	3,2	72	14
18,7	3,6	64	16
19,9	4,1	56	18
20,5	4,4	52	19
21,5	4,8	48	21
22,3	5,2	44	23
23,4	5,7	40	25
24,7	6,3	36	28
26,1	7,0	32	31
28,0	8,1	28	36
30,4	9,5	24	42

Diese Werte gelten für eine wirtschaftliche Ausspinnung mit vertretbaren Fadenbruchzahlen. Sind weniger Fasern im Garnquerschnitt vorhanden, muss die Faserlänge größer werden.

Literatur: Prof. K. Tautenhahn, Vorlesungsmanuskript Kammgarnspinnerei, FH Reutlingen 1996.

Mit der Entwicklung des Kompaktspinnens auch für Langstapel-Ringspinnmaschinen (Zinser CompACT 3, Suessen und Cognetex Idea Com4-Wool) kann in Zukunft wieder mit weniger Fasern im Garnquerschnitt gesponnen werden, voraussichtlich etwa 30–35 Fasern im Querschnitt. Bisher sind schon Kammgarnfeinheiten bis Nm 150 und feiner möglich.

Faserlage im Garn, die Lage der einzelnen Fasern im Garn (Spinnfasergarn) bestimmt, ausgehend von den Fasereigenschaften, die späteren Garneigenschaften. Zur Faserlage gehört die prinzipielle Orientierung der Fasern in Richtung des optimalen Drehungswinkels (Steigungswinkel zur Garnachse) und deren Ausstreckung, also effektive wirksame Länge. Je besser diese Ausstreckung (→ Häkchentheorie) ist, desto gleichmäßiger und fester wird das Garn (z. B. gekämmte Garne) sein. Die spätere Festigkeit des Garns hängt aber ganz wesentlich von der Drehung der Fasern im Garnverband zur Garnachse, dem Neigungswinkel oder der Steigung ab. Je stärker die Fasern sich gegenseitig umwinden, wobei es vor allem auf die Steigung der äußeren Fasern ankommt (beim Ringgarn), desto fester wird das Garn. Nun muss eine Faser den Garnverband aber mehrmals umwinden können, damit ein ausreichender Zusammenhang im Garnverband entsteht. Die ist bei großen Faserlängen (z. B. 30–40 mm) im Verhältnis zum Garndurchmesser (z. B. d Garn = 0,2 mm) meist gegeben, aber nicht selbstverständlich (Probleme mit Kurzfasern < 12 mm). Verfolgt man den zufälligen Verlauf einer einzelnen Faser im Garn, so stellt man fest, dass diese im Garn migriert (→ Migration von Fasern im Garn), d. h. mal außen im Garnmantel, mal innen im Garnkern und dann wieder außen liegt. Das bedeutet, dass diese Faser nicht nur selbst einschnürend auf den Faserverband wirkt (Lasso-Effekt), sondern teilweise auch selbst eingeschnürt wird.

Fasermigration im Garn, → Migration von Fasern im Garn.

Fasernisse, → Nissen.

Faserpakete, zusammenhaftende Faserbündel, vor allem Kurzfaserpakete bei Baumwolle und Langfaserpakete bei Chemiefasern, die sich schlecht verziehen lassen und zu Garnfehlern (Dickstellen) führen.

Faserring,
1. Garnfehler, ringförmig, lose um das Garn bzw. den Zwirn gewickelte Fasergruppe, die entlang der Längsachse beliebig verschiebbar ist.
2. Ring in der Rille des OE-Spinnrotors, in dem die Fasern verdreht werden.

Fasersteigungswinkel, Winkel, den die Fasern des Garns mit der Garnlängsachse bilden, bestimmt durch die Anzahl der Drehungen, die Garnfeinheit und damit den Drehungsbeiwert (→ alpha metrisch).

Faservereinzelung, → Faserauflösung.

Faservlies (Faserflor), Flächengebilde aus Fasern (Kardenvlies zur Bandbildung), in dem die Fasern nur durch Reibung oder Adhäsionskräfte zusammenhalten. Erzeugung beim Kardieren/Krempeln. Danach wird das Vlies zum Band zusammengefasst.

Faserwulst, Dickstelle im Faserband, Doppelstelle.

Faserzahl im Bandquerschnitt, statistische Anzahl an Fasern über den Querschnitt eines Bands. Zur näherungsweisen Ermittlung genügt es, die Bandfeinheit (z. B. 5 ktex) durch die Faserfeinheit zu dividieren (z. B. 2 dtex). In diesem Beispiel ergeben sich 25.000 Fasern im Querschnitt. Je nach Faserfeinheit können mehr als 50.000 Fasern im Bandquerschnitt vorhanden sein.

Faserzahl im Garnmeter (Faserzahl längenbezogen), die längenbezogene Faserzahl im Garn wird wie folgt ermittelt:

$$nL(m) = nQ \times \frac{1000}{Lm}$$

wobei
nL(m) = Faserzahl pro Garnmeter
nQ = mittlere Faserzahl im Garnquerschnitt
Lm = mittlere Faserlänge in mm

Beispiel 1: Baumwollgarn Nm 20 (50 tex), nQ = 250 bei Faserfeinheit 2 dtex (= Mic 5), mittlere Faserlänge der Baumwolle 25 mm. Ergebnis:
nL(m) = 250 × 1.000/25 = 10.000 Fasern pro Meter.
Beispiel 2: Baumwollgarn Nm 100 (10 tex), nQ = 67 bei Faserfeinheit 1,5 dtex (= Mic 3,8), mittlere Faserlänge der Baumwolle 35 mm. Ergebnis:
nL(m) =67 × 1.000/35 = 1.915 Fasern pro Meter.
Beispiel 3: Kammgarn Wolle Nm 64, nQ = 186 bei Faserfeinheit 3,5 dtex, mittlere Faserlänge der Wolle 80 mm. Ergebnis:
nL(m) =186 × 1.000/80 = 2.325 Fasern pro Meter.

Folgende Grenzen bezüglich mittlerer Faserlänge, längsten und kürzesten Fasern werden als optimal angegeben:
Kürzeste Fasern L min = > 0,8 Lm
Längste Fasern L max = < 1,2 Lm
Literatur: Prof. K. Tautenhahn, Vorlesungsmanuskript Kammgarnspinnerei, FH Reutlingen 1996.

Faserzahl im Garnquerschnitt, statistische Anzahl an Fasern über den Querschnitt eines Garns. Ergibt sich aus der Division der Garnfeinheit (z. B. Nm 20/50 tex) dividiert durch die Faserfeinheit (z. B. 2 dtex). In diesem Beispiel resultieren 250 Fasern im Garnquerschnitt. Für die Herstellung eines Garns benötigt man eine → Mindestfaserzahl im Garnquerschnitt (→ Ausspinngrenze). Sie liegt beim Ringspinnen (gekämmt) bei etwa 35–50 Fasern. Damit kann unter industriellen Bedingungen bei vertretbaren Fadenbruchzahlen ein Garn hergestellt werden (siehe Tabelle im Anhang, S. 551).
Mit der Faserzahl im Garnquerschnitt wird auch die theoretisch erreichbare Garngleichmäßigkeit (Grenzungleichmäßigkeit nach Martindale) bestimmt. Sie ergibt sich als

$$CV(\text{lim}) = \frac{100}{\sqrt{nQ}}$$

wobei
nQ = Faserzahl im Garnquerschnitt

Faserzahl im Vorgarnquerschnitt, statistische Anzahl der Fasern im Querschnitt eines Vorgarns. Als Beispiel soll ein Vorgarn der Feinheit 800 tex und eine Faserfeinheit von 2 dtex dienen. Es ergeben sich 800 tex (= 8.000 dtex) dividiert durch 2 dtex, ergibt 4.000 Fasern als Durchschnittswert im Vorgarnquerschnitt (Tabelle Vorgarnfeinheiten, Anhang).

FD-Texturierung, → Falschdralltexturierung.

FDY-Garn (Fully Drawn Yarn), glattes, thermoplastisches Filamentgarn, das nach dem Ausspinnen und Anblasen im Kühlschacht zwischen zwei Galetten (FDY) voll verstreckt und aufgewickelt wird. Die heutigen Geschwindigkeiten liegen zwischen 6.000 und 8.000 m/min. Bei der Polyesterherstellung werden zwei Prozesse eingesetzt:

1. Hot-Godet-Prozess (HGS): Zwei beheizte Galetten werden vom Filamentgarn umschlungen, die Differenzgeschwindigkeit der Galetten sorgt für die Verstreckung, unterstützt durch die zugeführte Wärme.
2. Thermo-Chanel-Prozess (TCS): Mittels Hochgeschwindigkeitsabzug in einem beheizten Kanal (ohne Galetten) werden die Filamente durch die Luftreibung abgebremst und gleichzeitig verstreckt. Die Verstreckung wird durch die Abzugsgeschwindigkeit, die Lufttemperatur und die Filamentfeinheit sowie das Material beeinflusst. Die Verstreckungsqualität ist hierbei nicht so gut wie beim Hot-Godet-Verfahren, reicht aber für technische Anwendungen aus.

Fehlerhafter Anspinner, Fehler der bei der Fadenbruchbehebung, beim Anspinnen durch Ungleichmäßigkeit (Dickstelle) oder durch zu geringe Drehung entsteht.

Fehlerhafte Spleißstelle, relativ schwach ausgeprägte Garnverdickung mit an beiden Begrenzungen sichtbaren Fadenenden, zu schwache Spleißstelle oder Strukturfehler an der Garnverbindung durch das Spleißen.

Fehler im Garn, → Garnfehler.

Feingarne, Garne, die feiner als Nm 50 (20 tex) sind, meist gekämmte Ringgarne.

Feinheit (Titer), Maß für die „Dicke“ von Garnen, Zwirnen, Vorgarnen und Bändern.

Angegeben als Quotient aus der Masse m in Gramm und der Bezugslänge L des Garns in 1.000 Meter, mit der Abkürzung T als textile Einheit Tex bezeichnet.
Man unterscheidet:

1. Nenn-Feinheit: In den Garnlieferverträgen des Handels übliche Bezeichnung für die Feinheit des Rohgarns, wird aber auch für Garne verwendet, deren Feinheit sich durch Nachbehandlung wie Waschen, Bleichen, Färben, Gasieren usw. gegenüber der Feinheit des Rohgarns geändert hat.
2. Ist-Feinheit: Die durch Nachprüfung entsprechend den gültigen Normen (z.B. DIN 53830) gemessene Garnfeinheit.

Die Feinheit ist in der Regel nicht durch Dickenmessung (Durchmesser) bestimmbar, da Garne, Zwirne, Vorgarne und Bänder zusammendrückbar sind. Deshalb beruhen textile Feinheitsdefinitionen auf der Bestimmung der Masse (Gewicht) und der Länge textiler Gebilde. Für den Begriff Feinheit wird oft die Abkürzung des aus dem Französischen stammenden Begriffs Titer (franz. Titre) und dafür die Abkürzung T verwendet. Das international einheitliche, gesetzlich vorgeschriebene textile Feinheitsmaß ist das tex. Dabei ist 1 tex die Masse von 1 Gramm bezogen auf 1.000 m Länge. Die kleinste Einheit ist das Millitex (mtex). 1 Militex ist ein tausendstel tex. Die größte Einheit ist das Kilotex (1 ktex = 1.000 tex). Für Fasern und Filamentgarne ist die Einheit Dezitex (dtex) üblich (1 tex = 10 dtex). → Tex-System.
Neben der Einheit tex werden in vielen Ländern weitere alte Einheiten verwendet. Vor allem für Garne werden in der Textilindustrie Zentraleuropas noch die alten Feinheitsdefinitionen Nummer metrisch (Nm, Nm1 = 1 m/g) und in englischsprachigen Ländern weltweit (England, USA, Asien, Indien) sowie in der Schweiz und in Nordeuropa die Feinheitsdefinitionen Nummer englisch (Ne) verwendet. Dabei werden noch Baumwollfeinheit (Ne Cotton), Kammgarnfeinheit (Ne Worsted) und Streichgarnfeinheit (Ne Woolen), Leinenfeinheit (Ne Linnen, wet spun) u.a. unterschieden. → Nummerierungssysteme. Beispiele für die Feinheiten verschiedener Garne: → Garnfeinheitsbereiche.

Feinheitsfestigkeit (feinheitsbezogene Festigkeit), bei textilen Materialien wird die Festigkeit bezogen auf die textile Feinheit der Faser oder des Garns angegeben. Für Fasern und Garne wird die Angabe in Zentinewton (cN) pro tex bevorzugt (cN/tex). Diese Einheit entspricht etwa der alten Einheit Reißkilometer (Rkm).

Feinspinnen (Fertigspinnen), letzte Spinnstufe der Stapelfaserspinnerei mit dem Endprodukt Garn (z.B. Ringspinnen, Rotorspinnen).

Fester Zwirn, hochgedrehter, meist Z-gedrehter Zwirn.

Festigkeit, → Garnfestigkeit und Dehnung.

Festigkeitskoeffizient (Garn), Kennwert für die erreichbare Garnfestigkeit bei gegebener Faserfestigkeit. Bei Spinnfasergarnen (Stapelfasergarnen) wird nur ein Teil der maximalen Faserfestigkeit in die Garnfestigkeit umgesetzt, der Wirkungsgrad erreicht beim Ringspinnen gekämmt 55% bis etwa 60%, beim OE-Rotorspinnen 40–45%, beim Kompaktspinnen bis 70%. Je schlechter die Faserorientierung im Garn ist, desto schlechter wird dieser Wirkungsgrad. Als Faustregel kann ein Wert von 0,5 für gute Ringgarne verwendet werden. Hieraus ergibt sich, dass ein Garn, das aus einer Baumwolle mit einer Festigkeit von 30 cN/tex hergestellt wird, eine Garnfestigkeit von 15 cN/tex aufweist. Bei guter Spinnqualität können die Garnwerte um 10% besser sein. OE-Rotorgarn würde um 10–15% schlechter, hätte also eine geringere Garnfestigkeit. Selbstverständlich beeinflussen Garnfeinheit, Drehung, Faserlänge, Faserzahl im Garnquerschnitt, Kräuselung, Reibung usw. ebenfalls die Festigkeit.

Festigkeitsprüfer (Festigkeitsprüfgerät, Festigkeitstester), Prüfgerät zur Zugfestigkeitsprüfung von Garnen (oder Fasern, Gewebestreifen, Kunststoffproben), die mit einer vorgegebenen Einspannlänge (Garne 500 mm) eingeklemmt und so lange auseinander gezogen werden, bis sie reißen. Dehnung und Festigkeit werden kontinuierlich gemessen. Meist wird das Prinzip konstanter Dehnungszunahme verwendet (CRE-Prinzip). Das Ergebnis der Prüfung wird als → Kraft-Dehnungs-Diagramm (Kraft-Längenänderungs-Diagramm, Spannungs-Dehnungs-Diagramm, KD-Diagramm) aufgezeichnet.

Festigkeitsprüfung, Prüfung des Widerstands gegenüber einwirkenden Kräften, wie Zug, Druck, Biegung, Torsion (Drehung) und Reibung (Scheuern). Textile Produkte wie Fasern und Garne werden meist mit Hilfe der Zugfestigkeitsprüfung (Zugfestigkeit, Reißfestigkeit, Bruchfestigkeit) beurteilt. Deshalb wird oft vereinfachend die Zugfestigkeit als die Festigkeit der Garne bezeichnet. Alle textilen Gebilde unterliegen aber fast immer unterschiedlichen Krafteinwirkungen (z. B. Biegebelastung beim Weben und Stricken), denen gegenüber sie unterschiedliche Festigkeit haben.
Folgende Prüfungen werden durchgeführt (Auswahl):

1. Statischer, eindimensionaler Zugversuch (z. B. Statimat®, Tensorapid®)
2. Hochleistungs-Reihenfestigkeitsprüfung mit Schwachstellenermittlung (Tensojet® der Fa. Uster Technologies)
3. Zugelastizitätsversuch
4. Relaxationsversuch
5. Kriechversuch
6. Wechselzugversuch
7. Dehnkraftprüfung am laufenden Faden (Filamentprüfung, Dynafil® Fa. Textechno)
8. Prüfung der Scherbeanspruchung
9. Zweidimensionale Zugprüfung
10. Dreidimensionale Zugprüfung (z. B. Wölbprüfung, Berstprüfung)
11. Prüfung der Querbeanspruchung, Weiterreißkraft in Geweben
12. Druckprüfung
13. Biegeprüfung
14. Torsionsprüfung
15. Reibprüfung, Scheuerprüfung

Festigkeitsverlust (Garne), Verringerung der Festigkeit von Garnen (Zugfestigkeit) durch äußere Einwirkungen wie mechanische Überbeanspruchung, Reibung, Wärme, Chemikalien, Feuchtigkeit und andere chemische und physikalische Einwirkungen, die die Grundsubstanz textiler Garne beschädigen. Oft wird der Festigkeitsverlust nicht absolut, sondern die relative Restfestigkeit, prozentual bezogen auf die Ausgangsfestigkeit, ohne Schädigung angegeben. Eine Angabe von 70 % würde in diesem Falle bedeuten, dass nach der Schädigung die Festigkeit noch 70 Prozent des ursprünglichen Werts beträgt.
Bei Garnen treten bereits Festigkeitsverluste beim Umspulen durch Garnabrieb, Faserverschiebungen, überhöhte Spannungen und Weiterbehandlungen auf.

Feuchtigkeitsangleichung, → Konditionierung. Fast alle textilen Materialien nehmen Feuchtigkeit in Dampfform auf und verändern dadurch ihre Eigenschaften (Festigkeitsveränderung bei der Garnprüfung, Volumenveränderung, Gewichtsveränderung usw.). Um bei Prüfungen dieselben Bedingungen zu gewährleisten, müssen Garne an dieselbe Norm-Feuchtigkeit (Normalklima, 65 % relative

Luftfeuchtigkeit) bei einer festgelegten Temperatur (20 °C) angeglichen werden. Die Angleichung muss wegen der Hysterese der Feuchtigkeitsauf- und Abnahme grundsätzlich von der trockenen Seite erfolgen.

Feuchtigkeitsprüfung an Garnen, eine Schnellmessung ist inzwischen über Spezialwaagen mit Infrarottrocknern möglich. Zuerst wird das Feuchtgewicht bestimmt, die Trocknung eingeschaltet und danach das Trockengewicht bestimmt, bis keine messbare Gewichtsveränderung mehr auftritt. Der Rechner ermittelt dann automatisch den absoluten Feuchtigkeitsgehalt der Garnprobe. → Konditionierung.

Feuchtigkeitsverlust, bei jeder Weiterverarbeitungsstufe in der Spinnerei geht üblicherweise Feuchtigkeit durch Transportluft und Maschinenwärme verloren. Dadurch werden auch die Verarbeitungseigenschaften schlechter. Bei der Gewichtsbestimmung der fertigen Garnspulen ist eine Feuchtigkeitsangleichung (Konditionierung) der Spulen empfehlenswert, besonders bei Garnen aus Wolle und anderen Tierhaaren, um Materialverluste zu vermeiden.

Feuchtigkeitszuschlag, → Handelsgewichtszuschlag.

Fibrillenbruch (Kapillarbruch), Filamentgarnfehler, Bruch eines oder mehrerer Filamente im Filamentgarn, der zu abstehenden Faserfibrillen und Störungen im Verarbeitungsprozess (Aufschiebern) sowie Fehlern im Endprodukt führt.

Fibrillenöffner (Kabel), Vorrichtung zum Trennen der einzelnen Filamente eines Kabels, meist durch Vorspannung und Erwärmung des vorher gekräuselten Filamentmaterials, um beim Schneiden oder Reißen Faserverklebungen, Schädigungen und Zerstörungen zu vermeiden und eine einwandfreie Trennung der Spinnfasern (Stapelfasern) zu erzielen.

Fibrilliertes Foliengarn, Bändchengarn, bestehend aus einem netzartigen Gebilde, das durch mechanische Fibrillierung eines glatten Folienstreifens entstanden ist.

Fibrillierung,
1. Aufsplitterung von Folien zu Fibrillenfasern, z. B. aus PP-Folien.
2. Absplitterung von Fibrillen an der Oberfläche von Fasern (z. B. bei Scheuerbeanspruchung). Die Fibrillierung kann ein Fehler sein (Aufspleißung, Knötchenbildung, Flusenbildung, Pilling); sie kann aber auch positiv zur Oberflächengestaltung benützt werden („Peach-Skin-Effekt“, Pfirsichhautoberfläche, Seideneffekt, Shin-Gosen).

Filament, endlos lange Textilfaser (nach DIN-Definition mindestens 1.000 mm Länge) als Monofilament oder im Verbund mit anderen Filamenten als Multifilament im Filamentgarn oder im Kabel.

Filamentbruch, gravierender Fehler im Filamentgarn, Bruch eines oder mehrerer Filamente im Filamentgarn oder im Kabel, optisch erkennbar durch abstehende Faserenden, oft gehäuft und zusammengeschoben (= Flusen).

Filamentgarn (Multifilamentgarn), endloser Faden, in der Regel aus synthetischen, natürlichen oder anorganischen Rohstoffen, aus Spinndüsen gesponnener sogenannter Filamente. In Spezialfällen (z. B. Damenfeinstrümpfe, technische Garne für Siebgewebe u. a.) können Filamentgarne aus nur einem Filament bestehen (Monofilgarn). Im technischen Bereich werden diese Einzelfilamente als Monofilament oder Draht bezeichnet.

Abb. 1: Glattes Filamentgarn auf bikonischer Präzisionskreuzspule
Quelle: A. Schenek, Hochschule Reutlingen

Abb. 2: Glattes Polyester-Filamentgarn mit Faserstaub
Quelle: Schneider / Kristoffersen, Hochschule Reutlingen

Filamentgarne sind dem natürlichen Seidenfaden vergleichbar, der, von der Seidenraupe ausgesponnen und vom Seidenkokon abgehaspelt, bis zu 4 km lang sein kann. Der Seidenfaden bzw. das -Seidengarn wird aber im deutschen Sprachgebrauch nicht als Filamentgarn bezeichnet.
Garne aus einem oder mehreren Filamenten mit oder ohne Drehung können weiterhin unterschieden werden in

1. Glatte Filamentgarne
   a) Teilorientierte (POY, MOY, LOY, HOY) oder teilverstreckte Filamentgarne
   b) Verstreckte (FDY) Filamentgarne (vollverstreckte Filamentgarne)
      – Textile Filamentgarne
      – Technische Filamentgarne
      – Filamenteffektgarne
2. Texturierte Filamentgarne
3. → Monofilamentgarne und Drähte
4. Spezialfilamentgarne

Filamentgarnbezeichnung, festgelegte Bezeichnungen nach DIN 60900-2:

Tt	Formelzeichen für die Garnfeinheit (Titer T in dtex)
Nenn-Feinheit Tt	Die im Handelsvertrag angegebene Feinheit Sie bezieht sich zunächst auf das Rohgarn, wird im Handel aber auch für veredelte Garne verwendet Beispiel: Tt = 167 dtex
Ist-Feinheit Tt ist	Die durch Prüfung bestimmte Feinheit Beispiel: Tt ist = 165,5 dtex
R	Resultierende Feinheit, unter Berücksichtigung der Drehung oder des Zwirnens oder mechanischer und chemischer Nachbehandlungen, auch für Umwinde- und Umspinnungsgarne Beispiel: Tt = R 132 dtex
f	Filamentanzahl (Kapillarzahl) Beispiel: f 33
S/Z	Drehungsrichtung
T	Drehung
Nenn-Drehung	Im Handelsvertrag angegebene Drehung Beispiel: T = S 240
Ist-Drehung	Die im Garn gemessene Drehung Beispiel: T ist = S 233
T0	Filamentgarne/gefachte Garne ohne Drehung Beispiel: 167 dtex T0
Windung	Anzahl der Umwindungen eines Umwindegarns
U	Windung
W	Kennbuchstabe für die Umwindezahl

Nenn-Windung	Im Handelsvertrag angegebene Windungszahl, dabei gibt W die Umwindungen an und Z die Windungsrichtung Beispiel: U = W Z 300
Ist-Windung	Tatsächlich gemessene Windungszahl Beispiel: U ist = W Z 286
Fachung	Anzahl der gefachten Garne Beispiel: 167 dtex × 2 S 150 für Zweifachzwirn aus Garnen der Feinheit 167 dtex mit 150 Zwirndrehungen pro Meter in S-Richtung Beispiel: (167 dtex + 33 dtex) S 150 für Zwirn aus zwei unterschiedlichen Garnen mit 150 Drehungen pro Meter

Filamentgarne mit Fasergarnoptik, Filamentgarne mit Hochbauscheffekten, Titermischungen und speziellen Texturiereffekten (z. B. Luftblastexturierung), um fasergarnähnliches Aussehen und Oberfläche (Haarigkeit, Volumen) sowie weichen Griff der Fertigware zu erhalten.

Filamentgarnfehler, entstehen durch Fehler in der → Filamentgarnherstellung.

Filamentgarnfestigkeit, mittlere Festigkeits- und Dehnungswerte glatter Filamentgarne:

	Festigkeit (cN/tex)	Dehnung (%)
Viskose, normal	12–18	15–24
Viskose, Reifencord	30–37	11–15
Acetat	9–13	18–26
Polyamid, normal	36–50	18–35
Polyamid, hochfest	55–80	15–23
Polyester, normal	35–50	20–30
Polyester, hochfest	55–90	4–15
Polyacryl, normal	35–50	15–20
Polyacryl, hochfest	50–75	13–17
Polypropylen	25–50	15–30
Glas	40–60	1,5–2,5
Polybenzimidazol (PBI)	25–30	28–33

Filamentgarnherstellung (Bedingungen beim Schmelzspinnen), lokale Überdehnungen des Garns führen zu Kettstreifen und Schussbanden im Gewebe, Ringelstreifen und Schipprigkeit im Gestrick, Streifigkeit im Gewirke und ergeben zudem Glanzstellen in der Ware. Titerschwankungen, Filamentgarngleichmäßigkeit bzw. Masseschwankungen nach der Herstellung können mit dem speziellen Filamentgarn-Uster-Tester gemessen werden. Die Spektrogramme erlauben die Feststellung der Periodenlängen der Fehler und damit der Ursachen, soweit sie von der Maschinenseite bzw. von Verzugsproblemen herrühren. Beeinflussende Parameter sind:

1. Rohstoffkonstanz:
Für das Erspinnen eines gleichmäßigen Fadens, eine der wichtigsten Bedingungen in der Filamentgarnherstellung, ist es erforderlich, dass das Ausgangsprodukt homogen ist. Der Polymerisationsgrad (→ Durchschnittspolymerisationsgrad) sollte möglichst konstant und die Streuung des Polymerisationsgrads ebenfalls klein und möglichst einheitlich sein. Restfeuchtigkeit im Granulat kann zu Störungen in der Polymerschmelze und damit beim Spinnen führen. Aus diesen Gründen wird immer eine Granulatmischung verschiedener Herstellungspartien verwendet.
Neben der chemischen Homogenität der Spinnmasse darf diese auch keine signifikanten Viskositätsunterschiede aufweisen. Diese entstehen z. B. durch Temperatur- oder Druckschwankungen. Weitere Fehler können durch Fremdbestandteile (z. B. metallischen Abrieb) oder ungleichmäßig verteilte Zusatzstoffe (Mattierungsmittel, Farbpigmente, Aktivbestandteile usw.) entstehen.

2. Mengenschwankungen beim Spinnen:
Die Schmelze soll die Spinnplatte im Spinnkopf so homogen wie möglich erreichen und die Düsen möglichst kontinuierlich an jeder Düsenöffnung verlassen. Im

Abzugsbereich auftretende Masseschwankungen im Rohfilament ergeben Titerschwankungen, die im Streckfeld noch vergrößert werden können. Da bei einer gleichmäßigen Struktur des Filaments seine Festigkeit von der dünnsten Stelle abhängt, kommt es bei großen Masseschwankungen im Filament zu vermehrten Fadenbrüchen. Die Querstreuung der Fehler von Filament zu Filament hängt von der Homogenität der Schmelze während des Verspinnens ab.

Die Entnahme der Schmelze für den Spinnvorgang erfolgt durch die Spinnpumpe (Zahnradpumpe, Planetenradpumpe, Schnecken oder andere Bauart), die relativ gleichmäßig fördern muss, was konstante Drehzahl und sorgfältige Fertigung der Zahnräder bzw. Förderelemente voraussetzt. Zwischen der Zufuhr der Schnitzelmenge zum Extruder, der vom Extruder geförderten Schmelze und den Spinnpumpen muss eine geeignete Masse-, Zeit-, Druck- und Temperaturregelung erfolgen.

3. Erstarrungsvorgang:

Die endgültige Struktur des Filaments (vor der Verstreckung) wird in der Erstarrungszone nach der Spinndüse gebildet. Unterschiedliche Abkühlungsgeschwindigkeiten des Fadens führen zu Strukturunregelmäßigkeiten. Diese können auch nach der Verstreckung noch vorhanden sein und zu unterschiedlicher Farbstoffaffinität führen, was Färbefehler in der Fertigware ergibt.

Die Spinngeschwindigkeit beeinflusst die Regelmäßigkeit des Fadens. Der Strömungsverlauf soll möglichst laminar sein, wobei das durch Druckabfall unvermeidliche Aufblähen des Schmelzstrahls nach der Düse gerne zu Turbulenzen führt. Nach dem Austritt der Schmelze aus der Düse wird der Filamentfaden durch seine Viskosität und durch die Oberflächenspannung zusammengehalten. Auf dem Weg durch den Spinnschacht wird dem Faden Wärme entzogen, sodass die Temperatur im Faden unter die Erstarrungstemperatur sinkt. Die Abkühlung durch Konvektion hängt von der Kühlluftführung im Spinnschacht ab. Durch Schwingungen der Filamente im Kühlluftstrom können ebenfalls Ungleichmäßigkeiten bzw. Masseschwankungen in den Filamenten entstehen.

4. Verstreckung:

Bei modernen Spinnanlagen wird vielfach direkt an der Spinnstelle verstreckt, ansonsten über klassisches Streckzwirnen oder modernes Spulstrecken. Beim Verstrecken tritt eine deutliche Querschnittsverkleinerung des Einzelfilaments (Flaschenhalsbildung, Verjüngung) auf, die die endgültige Feinheit und Festigkeit des Filaments (bzw. Filamentgarns) ergibt und einhergeht mit Strukturveränderungen (Verbesserung der Molekülkettenorientierung, Erhöhung des Kristallinitätsgrads). Die Gleichmäßigkeit der Verstreckung kann durch Verwendung eines beheizten Streckstifts verbessert werden, der die Stelle der Flaschenhalsbildung fixiert und durch Energiezufuhr die erforderlichen Streckkräfte reduziert.

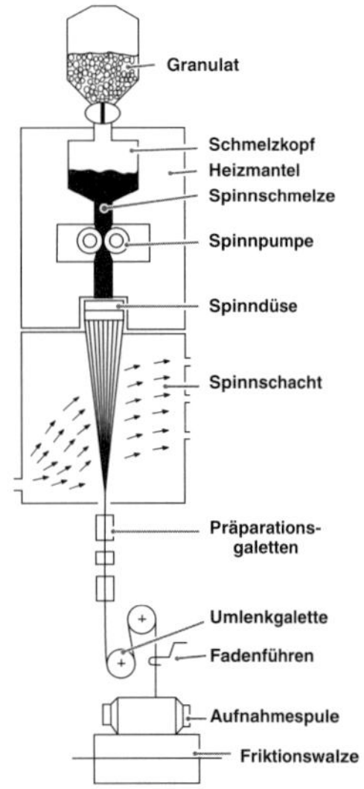

Abb.: Prinzip der Filamentgarnherstellung nach dem Schmelzspinnverfahren

5. Aufwicklung:
Ungleichmäßigkeiten können auch durch Spannungsunterschiede bei der Bewicklung der Ablieferungsspule zwischen den äußeren Umkehrstellen der Spule (höhere Fadenzugkraft) und der Spulenmitte entstehen. Bei den bei modernen Maschinen üblichen großen Abständen zwischen letzter Führungsstelle des Garns (Avivierung z. B.) und Aufwickelstelle sind diese Spannungsunterschiede geringer. Weitere Fehler können durch „Schlagen", d. h. Exzentrizität und unrunden Lauf, sowie durch Geschwindigkeitsschwankungen der Wickelspule (Sonnenspule) entstehen.

Filamentgarnprüfung nach BISFA, die europäischen Chemiefaserhersteller (→ BISFA) haben gemeinsame Prüfnormen für die Filamentgarnprüfung erarbeitet, die als BISFA-Normen für die wichtigsten Filamentgarne (und Chemiefasern) erhältlich sind.

Filamentgarnverarbeitung (Bedingungen), eine wichtige Fehlerquelle bei der Verarbeitung von Filamentgarnen (synthetischen Endlosfäden) beruht häufig auf den bei verschiedenen Arbeitsgängen auftretenden unterschiedlichen Fadenbelastungen, die zu Änderungen der Garneigenschaften wie Dehnung, Festigkeit und Anfärbbarkeit führen. Sie sind auf wesentliche Strukturveränderungen der Polymerketten im Filament zurückzuführen. Lokale Überdehnungen des Filamentgarns verursachen in dem daraus gefertigten Gewebe Fehler wie Kettstreifen, Schussbanden oder im Gestrick Ringelstreifen, Schipprigkeit sowie ungleichmäßige und verschieden große Maschen. Dazu kommen Dimensionsschwankungen der Fertigware, Glanzstellen und vor allem die gefürchteten Färbeunterschiede.
Die bei der Verarbeitung auftretenden Fadenzugbelastungen (hauptsächlich in Garnachsrichtung wirksam, aber auch mit Auswirkungen auf Querschnitt/Titer) und ihre Schwankungen, hängen in hohem Maße von den beim Abziehen und Aufwickeln des Fadens wirkenden Beanspruchungen ab, die bei den heute üblichen hohen Abzugsgeschwindigkeiten (bis 8.000 m/min) enorm groß sein können. Einflussfaktoren sind Spulgeschwindigkeit, Fadenmaße (Titer) und Position des Fadenablauf- und -aufwindepunkts, Fadenablenkungen sowie Reibstellen (z. B. Avivierung), Umlenkstellen, Luftwiderstandskräfte und die im Spulenkörper auftretenden Druckkräfte. Dazu kommen Retardations- und Relaxationsvorgänge, Exzentrizitäten, Drehzahlschwankungen und alle mit dem Spulenaufbau (Art, Form, Geometrie) und der Spulengröße zusammenhängenden Beanspruchungen.
Literatur: W. Wegener und G. Schubert, Aufbau der Streckcopse und die beim Spulen mit hoher Garnabzugsgeschwindigkeit entstehenden Fadenzugkräfte, Deutsche Textiltechnik 16, Leipzig, 1966, S. 220–229 sowie W. Wegener und B. Schuler, Beitrag zur Grundlagenermittlung des Reibungskoeffizienten von Fäden, Zeitschrift für die gesamte Textilindustrie, Mönchengladbach 66 (1964), S. 250–254 (4), S. 362–367 (5), S. 458–463 (6).

1. Strecken:
Der früher übliche erste Verarbeitungsvorgang nach dem Spinnen war das Streckzwirnen. Das Filamentgarn wird zwischen zwei Galettenwalzenpaaren, die es erlauben das Garn durch Seilreibung während des Abzugs festzuhalten, verstreckt. Danach wird es zur Stabilisierung und besseren Verarbeitbarkeit über eine Streckzwirnspindel geringfügig verdreht und dann über einen Ringläufer präzise in der gewünschten Form auf eine Streckzwirnspindel in Form eines Streckzwirncops, meist bikonisch, aufgewickelt. Modernere Varianten sind die Verstreckung direkt an der Primärspinnmaschine durch Galettenwalzenduos

oder die Verstreckung nach dem Spinnen mit Hilfe des Streckspulens.
Während der Verstreckung werden die Makromoleküle in Garnachsrichtung weiter ausgerichtet, und die Parallellage der Molekülketten wird verbessert. Zudem wird der Anteil kristalliner Bereiche deutlich erhöht sowie die Kristallstruktur verbessert (Umwandlung hexagonaler Kristallstrukturen in stabilere monokline Kristallstrukturen). Die während des Verstreckens auftretende Verstreckungskraft im Garn hängt vom Verstreckungsverhältnis, meist ausgehend vom vor- oder teilorientierten Filamentgarn (POY), den Verstreckungsbedingungen wie Temperaturbedingungen (kalt oder warm) und deren Konstanz, den Umgebungsluftbedingungen wie Temperatur und Feuchtigkeit sowie der Strömungsrichtung, der Verstreckung mit oder ohne Streckstift, den Avivierbedingungen sowie den mechanischen, thermischen und chemischen Eigenschaften der Spinnmassensubstanz bzw. des Rohstoffs und den Spinnbedingungen ab.
Sobald das Filamentgarn die Streckwerkszone verlässt (nach der letzten Galette), fällt die Fadenzugkraft durch Relaxation sprunghaft ab, wodurch der Faden verkürzt wird (Retardation). Die Einflussfaktoren sind zudem zeitabhängig, woraus das in der Filamentgarnverarbeitung übliche Prinzip „first in – first out“ folgt, d. h., es soll in der Reihenfolge des Eingangs weiterverarbeitet werden, um durch unterschiedliche Lagerzeit (aber auch unterschiedliche Fertigungspartien, Chargenunterschiede) entstehende Fehler und Reklamationsgründe zu vermeiden.

2. Kreuzspulenwicklung beim Spinnen und Direktverstrecken:

Die beim Spulen bzw. bei der Aufwicklung der Kreuzspule an der Primärpinnmaschine (Präzisionsspule, Sonnenspule, POY) oder an der Texturiermaschine auftretenden Fadenzugkräfte und ihre Schwankungen haben einen großen Einfluss auf die Eigenschaften der Kreuzspule. Die im Innern der Kreuzspule herrschenden Druckkräfte, die Spulenhärte, die Dichte der Spule und die Spulenform hängen von den Fadenspannungsverhältnissen (und vom Spulenaufbau bzw. den Windungsverhältnissen) ab. Spulendeformationen, wie z. B. ringförmige Wülste an der Stirnseite, entstehen bei zu hohen Fadenzugkräften während des Spulvorgangs. Messungen haben ergeben, dass die Druckkraft in der Kreuzspule von außen nach innen ansteigt. Im mittleren Bereich der Spule gibt es einen Bereich mit geringer Druckzunahme. Dies gilt für zunehmende Schichtdicke, also für den Aufspulvorgang. Entlang der Spulenachse ist die Druckkraft nicht konstant, sondern in der Spulenmitte geringer als an den Außenseiten. Dies hängt mit der radialen Zusammendrückung, der Querbeanspruchung und der auf der Spule stattfindenden Relaxation der Filamentgarne zusammen.
Die auf die Spulenhülse wirkende Druckkraft beeinflusst wesentlich die Fadenspannung am Beginn des Spulvorgangs (hohe Fadenzugkraft, hohe Druckkraft).
Bei der Herstellung von Kreuzspulen üben die einzelnen aufgewickelten Schichten infolge des im Garn noch vorhandenen (gespeicherten) Fadenzugkraftanteils eine nach innen gerichtete Druckkraft aus. Die beim Spulen vorhandene Aufwindekraft bleibt jedoch nicht voll erhalten, sondern baut sich mehr oder weniger stark ab. Dieser Vorgang hängt davon ab, ob und wie der sich auf der Spule befindliche Faden die Gelegenheit hat, sich zu verkürzen. Die entlang des Spulenradius anzutreffenden Fäden haben voneinander keinen konstanten Abstand (entsprechend gibt es auch keine konstante Schichtdicke). Die beim Aufspulen vorhandenen Spannungsverhältnisse bleiben in Folge der im Innern herrschenden Druckkräfte

nicht bestehen. Es ergeben sich sowohl in axialer als auch radialer Richtung Verformungen in der Spule, die zum Teil plastisch (bleibend) und zum Teil elastisch (reversibel) sind. Dies hat zur Folge, dass anfängliche Spulenverformungen (ausbauchende, blühende Spulen) teilweise später wieder verschwinden. Spannungs- und Verformungsunterschiede im Garn können zu Strukturunterschieden führen, die sich beim Färben als Fehler bemerkbar machen.

2.1. Spulendichte der Kreuzspule:
Sie nimmt von den äußeren zu den inneren Spulenschichten zu, jedoch nicht linear. Sie steigt zunächst stark an, bleibt in der Mitte der Kreuzspule weitestgehend gleich und steigt zur Hülse hin weiter stark an. Die durchschnittliche Spulendichte ist umso größer, je höher die bei Beginn der Bewicklung vorhandene Aufwindekraft ist, je weniger diese mit fortschreitender Bewicklung abnimmt und je höher die Anpresskraft der Anpresswalze gewählt wird. Eine Zunahme der durchschnittlichen Spulendichte tritt auch ein, wenn anstatt einer konstanten Fadenabzugsgeschwindigkeit mit einer ansteigenden Fadenabzugsgeschwindigkeit (z. B. bei konstanter Spindeldrehzahl) gearbeitet wird.

2.2. Spulenhärte der Kreuzspule:
Wird beim Spulen eine konstante Fadenabzugsgeschwindigkeit verwendet, so sinkt die zu Beginn des Aufspulens vorhandene Aufwindekraft mit zunehmender Bewicklung, was zu einer entsprechenden Abnahme der Spulenhärte mit zunehmendem Spulendurchmesser führt. Ein bei zunehmender Fadenabzugsgeschwindigkeit (z. B. konstante Spindeldrehzahl) durchgeführtes Spulen bewirkt mit zunehmendem Spulendurchmesser ansteigende Spulenhärte. Die Anpresskraft der Anpresswalze und die Aufwindezugkraft wirken sich ebenfalls aus. Beide Größen bewirken mit ihrer Zunahme ein Ansteigen der Spulenhärte.

2.3. Kreuzspulenabzug:
Wird Filamentgarn von einer Kreuzspule (z. B. Sonnenspule) über Kopf abgezogen, so findet eine Wanderung des Ablaufpunkts statt. Die Wandergeschwindigkeit des Ablaufpunkts ist allerdings wesentlich größer als bei Vorlage von Streckcopsen, was zu größeren Abzugskraftschwankungen mit Ballonveränderung führt. Weiterhin gibt es bei der Kreuzspule Unterschiede zwischen der Auf- und Abwärtsbewegung des Ablaufpunkts, die mit unterschiedlichen Umfangsgeschwindigkeiten, variablen Fadenzugkräften und resultierenden Ablauffadenzugkraftschwankungen im Zusammenhang stehen. Mit abnehmendem Steigungswinkel der Garnbewicklung auf der Spule wird dieser Unterschied geringer, bei Parallelwicklung (z. B. Scheibenspule) wird der Unterschied vernachlässigbar.

Die mit den Unterschieden der Umfangsgeschwindigkeit beim Abzug von Kreuzspulen zusammenhängenden Fadenzugkraftschwankungen werden bei Präzisionskreuzspulen mit zunehmendem Spulendurchmesser und auch mit zunehmendem Hülsendurchmesser geringer, da der Garnsteigungswinkel mit wachsendem Spulendurchmesser abnimmt (gilt nicht für tangential angetriebene Kreuzspulen). Hier sind Vorteile der Sonnenspule bei hohen Geschwindigkeiten deutlich erkennbar. Einflüsse der Fadenführerbewegung müssen ebenfalls zusätzlich berücksichtigt werden. Je Doppelhub des Ablaufpunkts tritt die zu erwartende periodische Fadenzugkraftschwankung an den Umkehrpunkten auf. Zudem wirkt sich auch die Avivierung (Garnpräparation) auf die Reibung und damit auf die Garnabzugskraft aus.

Mit zunehmender Fadenabzugsgeschwindigkeit und abnehmendem Spulendurchmesser nehmen die Ablaufzugkraftschwankungen bei Präzisionskreuzspulen zu. Je nach Abstand des Fadenführers von der

Spulenablaufstelle können ebenfalls fadenspannungsabhängige Mehrfachballonentwicklungen bei höheren Geschwindigkeiten (z. B. auch beim Doppeldrahtzwirnen) beobachtet werden. Insgesamt ist dieser Einfluss geringer als beim Streckcopsabzug.

3. Fadenzugkraft (Fadenspannung):
Während des Umspulens oder Schärens wird das Filamentgarn durch Fadenführungsorgane (fest oder beweglich) umgelenkt. Feste Fadenleitorgane, meist aus Sinterkeramik (Oxidkeramik) hergestellt, wirken wie Umschlingungs-Fadenbremsen. Sie erhöhen die mittlere Fadenzugkraft (um einen bestimmten Faktor). Die absoluten Werte der Fadenzugkraftschwankungen werden ebenfalls um einen bestimmten Faktor erhöht. Zum Erreichen einer bestimmten Spulenhärte sollten gezielt Fadenbremsen eingesetzt werden, die eine konstante, einstellbare (höhere) Fadenspannung ergeben.

3.1 Reduzierung der Fadenspannung:
Dies ist durch positiv arbeitende Speicherfournisseure erreichbar, wie sie in der Strickerei oder in der Weberei für die Schussgarne bei hohen Geschwindigkeiten eingesetzt werden.

3.2 Filamentgarnreibung:
Der zwischen einem Fadenleitorgan (Reibkörper) und dem Filamentgarn wirksame Reibungskoeffizient hängt weitgehend von der Materialpaarung (Reibkörpermaterial/Faserstoff) und der Oberflächenbeschaffenheit und damit auch von der Garnform (rund, flach) ab. Haben bei gegebenen Rohstoffpaarungen (z. B. Oxidkeramik/Polyamid) sowohl der Reibkörper (Umlenkstelle) als auch der Faden eine sehr glatte, breite Oberfläche (Reibkörper poliert mit großem Durchmesser, Garn ungedreht), so tritt in Folge der Adhäsionswirkung (Klebeeffekt, Glasplatteneffekt) ein verhältnismäßig hoher Reibungskoeffzient und damit eine große Reibkraft zwischen Garn und Fadenführer auf. Der Reibungskoeffizient wird geringer, wenn der Faden rauer wird und eine rundere Form einnimmt (Drehung, Texturierung mit Verwirbelung, Mattierung, größere Filamentanzahl). Dasselbe gilt für eine feinere Rauigkeit an der Oberfläche des Reibkörpers (Mattierung, Bolderung, Haifischhauteffekt). Übersteigt die Rauigkeit des Reibkörpers und des Fadens ein bestimmtes Maß (Mikrofilamente z. B.), so steigt der Reibungskoeffizient wieder an.

Insofern gibt es für jede Materialpaarung ein oberflächenabhängiges Optimum des Reibungskoeffizienten, das für eine problemlose Verarbeitung zu ermitteln ist. Dies kann mit Hilfe von Reibmessgeräten, am besten über die genaue Fadenzugkraftmessung vor und nach der Reibstelle (z. B. mit empfindlichen RES-Messköpfen) geschehen. Die Größe des Reibungskoeffizienten ist außer von der Materialpaarung und der Oberflächenbeschaffenheit und -form auch noch von weiteren Faktoren abhängig. Dies sind vor allem Garntransportgeschwindigkeit, Reibkörperdurchmesser, Fadenzugkraft vor der Reibstelle, Klimabedingungen (Temperatur und Feuchtigkeit) und Garn- bzw. Faserpräparation (Avivage). Außerdem können auf dem Reibkörper entstehende Ablagerungen (Oligomere, Faserbruchstücke, Präparationsreste z. B.) sowie Temperaturerhöhungen zu Veränderungen des Reibungskoeffizienten führen. Somit wirkt sich auch die transportierte Garnlänge (Garnmenge) und die Einlaufzeit aus.

Am Anfang des Garntransportvorgangs nimmt bei der Paarung Polamidgarn/Oxidkeramikreibkörper üblicherweise der Reibungskoeffizient mit steigender Abzugsgeschwindigkeit zu. Bei höheren Geschwindigkeiten bleibt der Reibungskoeffizient nahezu konstant und sinkt sogar mit hohen Geschwindigkeiten wieder (z. B. bedingt durch Garnschwingungen). Mit größer werdendem Durchmesser des Reibkörpers steigt der Reibungskoeffizi-

ent an, vor allem bei adhäsionsbedingter Reibung. Eine fallende Fadenzugkraft vor dem Reibkörper verursacht je nach Materialpaarung einen geringeren oder stärkeren Anstieg des Reibungskoeffizienten, wodurch eine Verringerung der Fadenzugkraftschwankungen erreichbar ist.
Die bei Filamentgarnen üblichen Avivagen (Gleithilfsmittel u. a.) wirken meist als Schmiermittel, verringern also den Reibungskoeffizienten. Während der Verarbeitung können sich jedoch Präparationen absetzen, was auch zu einer Verschlechterung des Reibverhaltens führen kann. Diese Ablagerungen können sogar zu Fadenbrüchen führen, da bei einem Erhitzen der Reibungskörper die Avivagen verdampfen können und nicht mehr wirksam sind. Meist bleiben die Reibungsbedingungen nach einer bestimmten Einlaufzeit im Wesentlichen konstant.
3.3. Spannungsabbau durch thermische Behandlung:
Spannungsschwankungen in Filamentgarnen können durch spannungslose Lagerung, Zwischenspeicherung oder thermische Behandlung reduziert werden. Somit können von der Kreuzspule kommende Schwankungen teilweise reduziert werden, wenn eine Möglichkeit zum Spannungsabbau (Relaxation) gegeben wird. Allerdings können beim Umspulen und Weiterverarbeiten neue Spannungsunterschiede entstehen. Die im Garnkörper (auf dem Cops oder der Kreuzspule) stattfindende unterschiedliche Relaxation und Retardation führt eher zu bleibenden Eigenschaftsunterschieden im Filamentgarn. Das unterschiedliche Verhalten der Garne bei einer auf Spulenhülse (unter Spannung) oder Garnstrang (spannungsfrei) stattfindenden thermischen Behandlung hängt mit den dabei auftretenden strukturellen Veränderungen im Filament zusammen.
3.3.1. Bei einer spannungslosen Wärmebehandlung werden die latenten Spannungen abgebaut, und die Kristallinität nimmt zu. Die hauptsächlichen Veränderungen erfolgen in den nichtkristallinen Bereichen. Während der Abkühlung kommt es zu Neubildung von Nebenvalenzen (Nebenbindungen) an energetisch günstigen Stellen. Die Folge der Thermorückfederung (Rückknäuelung der Molekülketten) ist eine Schrumpfung, zu der bei thermischer Nassbehandlung noch eine Quellung kommt.
3.3.2. In den unter Spannung auf einer Spulenhülse thermisch behandelten Filamentgarnen werden dagegen vor allem die Makromoleküle in den ungeordneten amorphen Bereichen entknäuelt und ausgerichtet. Durch die Energiezufuhr bilden sich neue zwischenmolekulare Nebenvalenzen bis hin zu neuen Kristallstrukturen in den Filamenten, wodurch diese stabilisiert und fixiert werden. Die verbesserte Ausrichtung der Makromoleküle resultiert in einer messbaren Verbesserung der Schallgeschwindigkeit im Faden und einer schlechteren Farbstoffaufnahme (z. B. hellere Filamentbereiche bei Blaufärbung). Die Folge sind eine Erhöhung der Filamentfestigkeit und eine Reduzierung der Dehnung, was sich im Kraft-Dehnungs-Diagramm (KD-Kennlinie) erkennen lässt. Mit der Wärmebehandlung (Tempern, Setting) werden auch die Fadenspannungsspitzen leicht reduziert.

Filamentmischgarne, Mischgarne aus unterschiedlichen Faserstofftypen oder unterschiedlichen Feinheiten, Profilen, Farbaffinität usw.

Filamentoberfläche, die Oberfläche der Filamente bestimmt die Reibungseigenschaften während der Verarbeitung und die Griffeigenschaften in der Fertigware. Die wichtigsten Einflüsse auf die Oberflächeneigenschaften ergeben sich durch Rohstoff, Oberflächenrauigkeit, Mikrostrukturen der Oberfläche (Haifischhaut),

Materialeigenschaften, Werkstoff, Querschnittsform (rund, trilobal, sternförmig u. a.) und die Spinnverfahren (Schmelzspinnen, Nassspinnen, Trockenspinnen).

Filamentorientierung, Ausrichtung der Filamente in Garnachse. Sie reicht von vollständiger Ausrichtung bei glatten Filamentgarnen bis zu starker Verwirbelung mit Schlingen bei lufttexturierten Garnen und hängt von der Verarbeitung bzw. vom gewünschten Einsatzzweck der Filamentgarne und den gewünschten Eigenschaften des Fertigprodukts ab.

Filamentquerschnitte, beliebige Formgebung durch verschiedene Spinndüsen und Spinnverfahren. Am häufigsten werden runde Querschnitte verwendet (preiswerteste Herstellung).

Filamentverbund, Zusammenhalt (Fadenschluss) der Filamentgarne, um optimale Verarbeitungseigenschaften und maximale Festigkeit bei technischen Garnen oder eine gleichmäßige Oberfläche bei Geweben zu erhalten. Für einen geeigneten Fadenschluss kann man

a) Drehung auf das Filamentgarn aufbringen (Streckzwirnen)
b) mit Luftdüsen verwirbeln (Intermingling, Interlacing)
c) Zwirnen/Kablieren
d) Texturieren
e) Schlichten/Ölen/Avivieren
f) Verkleben
g) Falschdrall aufbringen

Filamentverwirbelung, → Interlacing.

Fil d'Ecosse, gasierter, merzerisierter, zweifädiger, hochwertiger Baumwollzwirn, aus gekämmter Langstapelbaumwolle gesponnen, relativ weich, für Baumwollhemden verwendet (z. B. Piqué-Polohemden).

Filethäkelgarn, hartgedrehter Zwirn aus Baumwolle oder Ramie für die Spitzenherstellung, das Sticken und Häkeln.

Filetseide, hart gedrehter Seidenfaden.

Filieren, Vordrehen der Seidenfäden (mit Dublierung) auf der Filiermaschine, um Mehrfachseidengarne zu erzeugen (Organzin).

Filmtex-Verfahren, Erzeugung von Folienbändchen durch rotierende Nadelwalzen, die das Folienband auftrennen/fibrillieren.

Filtergewebe, für die Trocken- oder Nassfiltration eingesetzte stabile Gewebe, Filamentgewebe, Monofilamentgewebe oder Stapelfasergarngewebe aus Aramidfasern oder anderen temperatur- und chemikalienbeständigen Materialien. Bei Feinstfiltern feinste Monofilamente bis unter 10 µm Durchmesser, z. B. für die Blutfiltration.

Filzgarne, spezielle Wollgarne, deren Zusammenhalt durch den Filzvorgang bewirkt wird (z. B. über Nitscheln im nassen Zustand).

Fixierung (Dämpfen), Methode der Nachbehandlung (Veredlung). Verhindert oder reduziert späteren Schrumpf, z. B. bei Garnen, Baumwollgeweben oder Gestricken. Unter Vorspannung (z. B. im Spannrahmen) erfolgt eine mechanische, thermische oder chemische Behandlung, die zu einer Entspannung und Erholung (Relaxation) der Molekülketten in den Fasern oder Filamenten führt. Garne werden meist einer Dampfbehandlung in einer Dämpfkammer (Autoklav) unterzogen, um eine Fixierung der Garndrehung und Vermeidung der Kringelneigung zu erreichen. Die Fixierung wird meist auch zur Konditionierung und bei Baumwolle zur Verbesserung der Festigkeit des Garns verwendet.

Fixierung (Texturierung), Haltbarmachen der Kräuselbogenformen in texturierten Garnen, die aus thermoplastischen Kunststoffen hergestellt wurden. Durch Erwärmen über die Glastemperatur im gedrehten Zustand und anschließendes Abkühlen wird die neue Bogenform fixiert (Thermofixierung). Außerdem zur Beseitigung von inneren Spannungen.

Flachfaden, → Folienbändchen.

Flachgarn, Garn, das aus Folienbändchen hergestellt wird.

Flachgeflecht, → Flechtwaren.

Flachsgarn, man unterscheidet Flachsgarn nach
a) dem Faserstoff (Flachsgarne, Langflachsgarne, Flachswerggarne)
b) dem Spinnverfahren (nass gesponnen, halbnass und trocken gesponnen)
c) der Veredlungsstufe (rohweiß, abgekocht, gebleicht oder gefärbt)

Abb.: Gewebe aus groben Flachswerggarnen (trocken gesponnen)
Quelle: A. Schenek, Hochschule Reutlingen

Das klassische, nass gesponnene Flachsgarn (Leinengarn) ist sehr fest, hart, unregelmäßig (Leinen-Look im Gewebe) und hat nur wenig Dehnbarkeit (2–5 %). Feinheitsbereich Nm 5 bis Nm 50 (max. Nm 65). Trocken oder nass gesponnene Flachsgarne, meist aus Schwungwerg oder Hechelwerg hergestellt, sind grob, schwächer, unregelmäßig, haarig und voluminös, Feinheit Nm 1 bis Nm 18. Grobe Wergfasern wurden früher meist zu Bindfäden verarbeitet. Für diesen Zweck können nass gesponnene oder trocken gesponnene Garne nochmals nass geglättet (Bürstwalzen) werden.

Folgende Mittelwerte können für Festigkeit, Dehnung und Drehung angegeben werden:

	Festigkeit (cN/tex) (trocken Normalklima)	Dehnung (%)	Drehung (T/m)
1. Nass gesponnene Flachsgarne (Leinengarne)			
Schussgarne	16–18	1,8–3	85–90
Kettgarne	19–23	1,5–3,5	90–100
2. Werggarne			
Schussgarne	10–12	2–3,5	85–95
Kettgarne	13–17	1,5–3	95–105

Die Nassfestigkeit ist höher und liegt um 30–40 % über der Trockenfestigkeit!

Literatur (Flachs): A. Schenek, Naturfaser-Lexikon, Deutscher Fachverlag GmbH, Frankfurt a. M., 2000.

Flachsstickgarn, glattes, gebleichtes, nass gesponnenes feines Flachsgarn, gezwirnt.

Flammee-Garn (Flamé), → Flammengarn.

Flammengarn, Garn mit Spinnflammen. Entweder durch Zuführung von Bändern mit unaufgelösten Faserpaketen oder durch periodisch abreißende Faserpakete eines diskontinuierlich zugeführten, zusätzlichen Vorgarns direkt beim Spinnen erzeugt. Die Spinnflamme kann auch farbig gemustert sein.

Flammenzwirn, Zwirn niederer Ordnung, entstanden durch ungesteuertes, einfaches Zusammenzwirnen mehrerer Garne (mindestens zwei), bei dem eine Fadenkomponente aus einem Flammengarn besteht. Der Charakter des Zwirns ist wellenartig.

Flammiges Band, wolkiges, unruhiges Faserband mit deutlich erkennbaren, nicht aufgelösten Faserpaketen.

Flammpunkt, Entzündungstemperatur unter Flammeneinwirkung. Bei dieser Temperatur entstehen Pyrolysegase, die in Mischung mit Sauerstoff durch eine Flamme entzündet werden können.

Flanellgarn, meist bauschiges, voluminöses Baumwollstreichgarn, das zur Herstellung von Flanellwaren verwendet wird.

Flaschenhals, Ort der Verjüngung des Filaments, an dem sich die Verstreckung in einer deutlich sichtbaren Durchmesserabnahme (in Flaschenhalsform) zeigt.

Flaschenspule, Spulenkörper mit aufgewickelten Garnen (Filamentgarne oder feine Strickgarne), der eine untere Bodenscheibe (Fußscheibe) und einen Konus aufweist, der genau dem späteren Neigungswinkel der Windungslagen entspricht (im Unterschied zur → Fußspule, die ähnlich aufgebaut ist, aber Bewicklungen über die gesamte Spulenhöhe aufweist, ebenfalls um die Neigung des Konus verschoben).

Flash-Spinning, Spinnverfahren zur Herstellung von Spinnvliesen, Trockenspinnverfahren zur PE-Spinnvliesherstellung, bei dem abgerissene Filamentpartikel zu einem Spinnvlies zusammengefügt werden.

Flechten, kreuzweises Verschränken (Verkreuzen) von Fäden durch gegenseitiges Umwinden der fadenführenden Spulenelemente, vergleichbar dem Umwinden der Bänder beim traditionellen Tanz um den Maibaum, bei dem jeder Tänzer ein an der Spitze befestigtes Band führt und durch die Drehbewegung um die anderen Bänder wickelt. Jedes Band oder jeder Faden liegt abwechselnd auf der Außenseite oder der Innenseite des Geflechts. Der Kreuzungswinkel der Fäden bestimmt den Flechtartikel.

Prinzip Flechten – Klöppeln

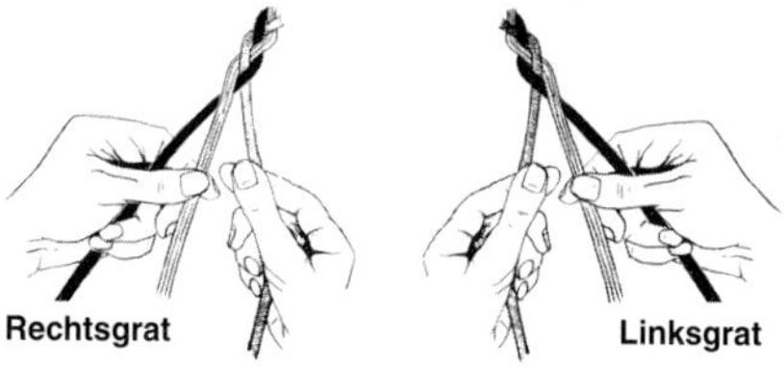

Abb. 1: Prinzipdarstellung des Flechtens bzw. Klöppelns
Quelle: Verband der Baden-Württembergischen Textilindustrie, Stuttgart

Gangbahn und Entstehen eines Geflechtes

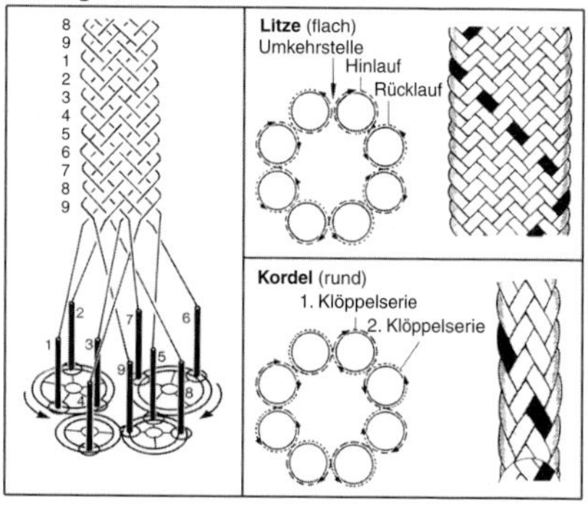

Abb. 2: Gangbahnen der Flechtklöppel und Entstehung des Geflechts beim Maschinenflechten
Quelle: Verband der Baden-Württembergischen Textilindustrie, Stuttgart

Flechtspule (Klöppel), Garnspule, die als Vorlage für die Flechtmaschine hergestellt und auf vorbestimmten Gangbahnen, je nach Flechtbindung, auf der Flechtmaschine bewegt wird.

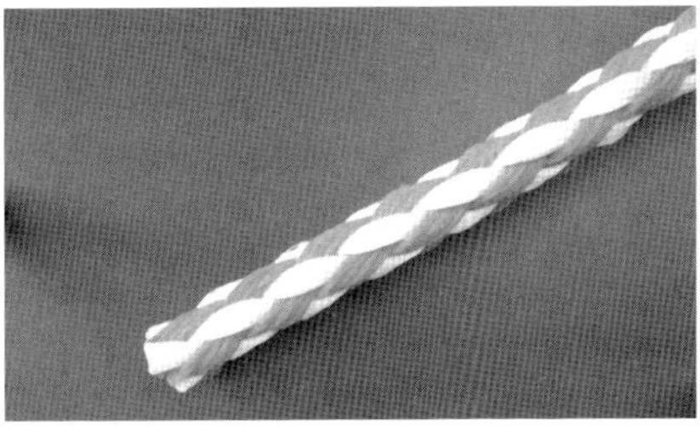

Abb. 3: Rundgeflecht für technische Zwecke
Quelle: A. Schenek, Hochschule Reutlingen

Flechtwaren, geflochtene Artikel wie Flachgeflechte (Litzen, Tressen), Rundgeflechte (Kordeln, Schuhriemen), Hohlgeflechte (Schläuche, Kordeln oder Gimpen) oder durchbrochene Geflechte, Jaquardgeflechte (Spitzen) und Spezialgeflechte für technische Zwecke. Vor allem im Flugzeugbau (Airbus usw.) werden zunehmend Großgeflechte als Verstärkungsmaterialien für Faserverbundwerkstoffbauteile (Seitenleitwerke, Tragflügelbereiche, Steuerruder, Flugzeugrumpf, Black body usw.) eingesetzt.

Fleece (Vleece), geraute Gestricke oder Gewebe mit flauschigem, vliesähnlichem Charakter, aber höherer Flexibilität als bei Vliesstoffen (Fleece ist kein Vliesstoff).

Floche-Seide, Organzin-Seidenzwirn aus zwei Z-gedrehten Grègegarnen in S-Richtung gezwirnt.

Flocke, großes oder kleines Faserpaket (Faserflocke), das beispielsweise bei der Ballenöffnung oder bei der weiteren Öffnung der textilen Spinnfasern entsteht.

Flockenbast, aus technischen Flachsfasern durch mechanische Öffnung hergestellte Kurzstapelfasern mit baumwollähnlicher Faserlängenverteilung (cottonisierter Flachs) zur Verspinnung in der Dreizylinderspinnerei, OE-Rotorspinnerei oder Streichgarnspinnerei, meist in Mischungen mit Baumwolle, Viskose, Modal oder anderen Chemiefasern.

Flockenbastgarne, Mischgarne aus kurzen Flachs- und Hanffasern mit Baumwolle oder Viskose (auch Modal, Lyocell u. a. Chemiefasern aus reiner Zellulose).

Flockengröße, Größe (Volumen oder Gewicht) einer Faserflocke während des Öffnungsvorgangs in der Spinnereivorbereitung.

Flockenmischung, Mischung unterschiedlicher Faserstoffe (z. B. Baumwolle und Polyester), die in Flockenform bereits in der Spinnereivorbereitung an Dosiermischmaschinen (Contimeter®, z. B. von Rieter) oder in Mischkammern erfolgt. Dosiermischmaschinen liefern die exaktesten Mischergebnisse. Flockenspeisung wird eher bei Mischungsverhältnissen verwendet, bei denen eine intensive Durchmischung erforderlich ist, z. B. wenn ein Anteil nur zu geringen Prozentsätzen vertreten sein soll (z. B. Mischung 95/5) oder wenn genauere Farbmischungen erreicht werden sollen (grundsätzlich in der Streichgarnspinnerei). In der Dreizylinderspinnerei hat die Flockenmischung gegenüber der in Europa eher üblichen Bandmischung den Nachteil, dass alle Fasern (Baumwolle und Chemiefasern) durch dieselbe Kardenpassage geführt werden müssen (reduzierte Produktionsgeschwindigkeit oder Faserschädigung der Chemiefasern). Allerdings können in speziellen Fällen (z. B. Mischung mit Flachs oder Hanf) die Baumwollfasern als Trägerfasern beim Kardieren wirken und eine schonende Kardierung erst ermöglichen (Flockenbast, cottonisierter Flachs oder Hanf usw.). In der Streichgarnspinnerei wird grundsätzlich Flockenmischung eingesetzt.

Flockenzwirn, Zwirn mit eingesponnenen Faserflocken.

Flockgarn, Garn, das an der Oberfläche mit Flockfasern versehen wird (durch Beflocken), die senkrecht von der Garnoberfläche abstehen.

Abb.: Prinzipdarstellung eines Flockgarns
Quelle: Gesamttextil Eschborn

Flockseide, Seidenfäden, die nicht mehr abgehaspelt werden können und durch mechanische Öffnung (Krempeln) zu Stapelfasern verarbeitet werden, aus denen nach einem Auskämmvorgang Schappegarne hergestellt werden.

Flor, dünne Faserschicht, im Extremfall die Faserschicht eines Tambours, die aus bis zu Einzelfasern aufgelösten Fasermassen durch Krempeln oder Kardieren entsteht und durch natürliche Faserhaftung und Verhakung zusammengehalten wird. Der Faserflor wird durch die Abnehmerwalze zum Vlies verdichtet, zusammengefasst (Krempelband, Kardenband) oder als → Vlies weiterverarbeitet und geteilt (Florteiler der Streichgarnkrempel).

Florettgarn, → Schappegarn.

Florettspinnerei, → Schappespinnerei.

Florteiler, Vorrichtung an der Streichgarnkrempel zum Teilen des Vlieses (Flor) in schmale, ca. 2 cm breite Streifen, die anschließend durch Nitscheln zu Vorgarnen für die Streichgarnringspinnmaschine verfestigt und jeweils getrennt nebeneinander zu Vorgarnspulen aufgewickelt werden.

Flug, → Faserflug, → Flugfaser.

Flügelspindel, Spindel des modernen Flyers, Doppelflügel mit Zylinderwälzlagern und Kugellagern, durch den das Vorgarn geführt und der mit jeder Flügeldrehung eine Drehung aufbringt. Die Position des Flügels bestimmt die jeweilige Bewicklungsstelle der Flyerspule.

Flügelspinnen, älteres Spinnprinzip, ähnlich der Vorgarnerzeugung am → Flyer, früher zur direkten Feingarnherstellung verwendet, heute wegen der größeren Flügelmasse im Vergleich zum Ringläufer nur noch sehr selten verwendet.
Eine Spinnmaschinenkonstruktionszeichnung von Leonardo da Vinci zeigt eine Flügelspinnmaschine, die in der Lehrwerkstatt der Fa. Spinnbau in Bremen nachgebaut wurde und funktionierte. Einige englische Spinnmaschinenerfinder verwendeten das Leonardo-Spinnprinzip für die Entwicklung der mechanischen Spinnerei.

Flugfaser, frei in der Luft der Spinnerei schwebende Faser, die als Fremdfaser in Garnen zu Fehlern führen kann.

Flugwolle (floquettes, first shoddy), Wollabfall der Spinnerei, der nach Aufbereitung noch verarbeitbar ist.

Fluidspinnen (Flüssigkeitsspinnen), Spinnen in Flüssigkeiten oder Gasen (auch in überkritischen Gasen). Die Faservereinzelung vom Band erfolgt durch Flüssigkeitsbeschleunigung und Verfestigung/Verdrehung durch Tangentialströmungen. Physikalisch gesehen, gehört auch das Luftspinnen (Murata-MJS/MVS) zum Fluidspinnen.

Fluse (Nest), lockeres oder leicht verfilztes Gewirr von Fasern ohne kompakte Kernzone. Nur leichte Verbindung mit dem Garn, führt trotzdem zu Gewebefehlern und Fadenbrüchen auf der Webmaschine oder Strickmaschine.

Flusenbildung, durch Reibung und Biegung am Garn werden nicht eingebundene Fasern und Faserreste an die Oberfläche des Garns transportiert. Darüber hinaus werden Flusen auch von den Maschinen oder von der Umgebung an das Garn weitergegeben und führen zu Fehlern.

Flyer (Vorgarnspinnmaschine), Maschine zur Herstellung von Vorgarnen (Flyerlunten) mit Hilfsdrehung als Vorlage für die Feinspinnmaschine (Ringspinnmaschine). Die Bezeichnung stammt aus dem Englischen (Flyer = Flügel). In der Dreizylinderspinnerei, der Kammgarnspinnerei und teilweise der Halbkammgarnspinnerei bei feineren Garnen ist der Flyer erforderlich als Vorspinnmaschine für die Ringspinnmaschine, auch für das Kompakt-Ringspinnen. Der Verzug der dicken Streckenbänder (bis 45.000 Fasern im Bandquerschnitt bei Mikrofasern 0,9 dtex und 4 ktex Bandgewicht) bis zur gewünschten Garnfeinheit wäre ohne Flyerpassage wegen der hohen Faser/Faser-Haftkräfte nur unter großer Qualitätseinbuße möglich. Dies ist auch in der bei hohen Verzügen (Gesamtverzug Band/Garn im Extrembeispiel 45.000/35 = 1.285-fach) erforderlichen Aufteilung der Verzüge auf Band und Vorgarn unter anderem wegen der dann erforderlichen, sehr langsamen Bandeinlaufgeschwindigkeiten technisch nicht gleichmäßig möglich (Zahnradgetriebe, extrem langsame Drehzahl führt zwischen den Zähnen zweier Zahnräder immer zu ruckartigen Bewegungen).

Der übliche Verzug des Dreizylinderstreckwerks am Flyer liegt zwischen 7- und 15-fach beim Bandverzug in der Dreizylinderspinnerei.

Der Flyer ist eine relativ aufwändige Maschine, da die Flügeldrehzahl konstant bleiben (gleichmäßige Drehung), die Aufwindungsdrehzahl der Spule aber bei konstanter Vorgarnlieferung abnehmen muss. Dies ist nur über ein aufwändiges Getriebe (oder elektronische Steuerung) exakt genug möglich.

Der Flyer wird auch mit Scheibenspulen in der Flachsverspinnung (Hanf, Jute, Ramie usw.) eingesetzt. Die vollen Spulen werden dann direkt gebleicht und der Nassspinnmaschine vorgelegt.

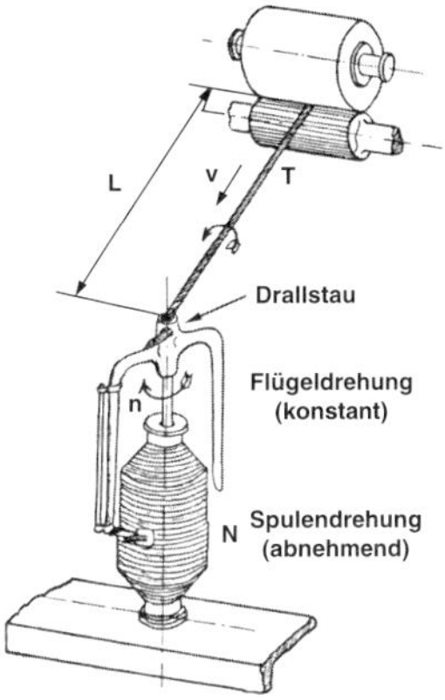

Abb. 1: Prinzipdarstellung der Vorgarndrehungserteilung mit dem Flyerflügel

Abb. 2: Flyerspule

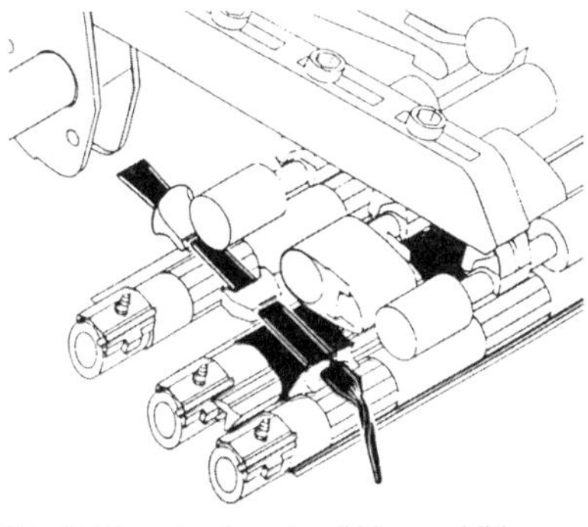

Abb. 3: Flyerstreckwerk mit Vorgarnbildung

Flyerlunte, Vorgarn, das mit dem Flyer hergestellt wird.

Flyerpressfinger, beweglicher Führungsarm zum Zuführen des Vorgarns auf die Flyerspule, der während der Spulenbewicklung an die Spule gedrückt wird.

Flyerspule, die Flyerspule wird parallel bewickelt, meist aus Kunststoff mit Aufhängevorrichtung für die Vorlage an der Ringspinnmaschine. Um ein Abrutschen der oberen und unteren Lagen zu verhindern, werden die Spulenenden durch zunehmende Bewicklungshubverkürzung konisch ausgebildet. Bei modernen Maschinen sind Spulengewichte bis 5 kg möglich. Die Abnahme (Doffen) und der Weitertransport zur Ringspinnmaschine kann automatisch erfolgen (Verkettung Flyer – Ringspinnmaschine), wodurch allerdings die Flexibilität in der Spinnerei (Artikel- und Nummernwechsel) abnimmt. In Spezialfällen (Flachs, Hanf u. a.) werden Scheibenspulen für den Flyer verwendet.

Flyerstreckwerk, Dreizylinderstreckwerk, ähnlich gebaut wie das Streckwerk der Ringspinnmaschine, mit drei Walzenpaaren, jeweils Metallzylinder und Gummidruckwalzen, die durch Federkraft oder pneumatisch angedrückt werden. Ausnahmen sind bei der Langfaserverarbeitung (Flachs usw.) zu finden.

Flyerverzug, wegen der Bandvorlage geringe Verzüge, etwa 7–15-fach üblich. Aus Gründen der Garnqualität werden zur Zeit keine höheren Verzüge beim Flyer angewandt.

Flyervorgarn, → Flyerlunte.

F-Meter, → Rothschild-Reibungsprüfgerät.

Folienbändchen, im Gegensatz zu Chemiefasern bzw. Filamenten, die meist rund aus Spinndüsen ausgesponnen werden, bestehen Folienbändchen (Bändchen) aus breit oder schlauchförmig hergestellten extrudierten Folien, heute meist aus synthetischen Kunststoffen, früher zum Teil aus natürlichen Rohstoffen (Zellulose) hergestellt (z. B. „Zellophan“ von Hoechst Celanese). Aus den Breitfolien werden dünne Streifen geschnitten oder durch Querreißen fibrilliert. Geschnittene Folienbändchen sind entsprechend gleichmäßiger in der Breite, während fibrillierte Folienbändchen stark variieren und teilweise noch mit anderen Fibrillen verbunden sind.
Eine weitere Herstellungsmöglichkeit ist die Verwendung spezieller, nebeneinander liegender Schlitzdüsen, die jeweils die Form der extrudierten Folienstreifen bestimmen.
Um eine gleichmäßige Foliendicke zu erhalten, müssen kalibrierte Schlitzdüsen gleichmäßiger Schlitzbreite (Qualitätsproblem) bei gleichen Durchflussraten, konstanten Temperaturen, konstanten Materialeigenschaften (gleicher DP-Grad) usw. eingesetzt werden. Die Verstreckung erfolgt durch Verzug und Blasluft. Folienbändchen weisen eine im Verhältnis zur Foliendicke große Breite auf, haben einen deutlich höheren Torsionswiderstand als runde oder näherungsweise runde Fasern und sind deshalb in der Sekundärspinnerei wesentlich schwieriger zu verspinnen. Sie werden im Textilbereich überwiegend aus Polypropylen, sonst aus Polyethylen hergestellt und meist für Bereiche eingesetzt, die geringe Kosten erfordern und leicht sein sollen (Transportgewicht), z. B. für Verpackungsgarne, Schnüre, Teppichrückengewebe (preiswerte Teppichböden), Kunstrasen, Verpackungsnetze, Dekorationsmaterialien, Tarnnetze, Seilherstellung usw.
Folienbändchen haben in den Industrieländern Flachs, Hanf, Jute und ähnliche Naturfasern aus dem Bereich technischer Anwendungen verdrängt.

Je nach der Herstellung werden verschiedene Typen von Folienbändchen unterschieden:

1. Flache Folienbändchen: geschnittene, glatte Folienstreifen.
2. Fibrillierte Folienbändchen: durch rotierende Nadelwalzen oder Messerwalzen mit versetzten Messern fibrillierte Streifen.
3. Gespleißte Folienbändchen: durch Querkräfte (Reißen z. B.) fibrillierte, unregelmäßige Streifen (Breitenschwankungen und abstehende Fibrillenreste). Das Aufspleißen bzw. Fibrillieren kann direkt durch Herstellung von speziellen Folienprofilen (Soll-Bruchstellen) und anschließende Querbelastung bei der Verstreckung oder nach der Folienherstellung durch Streckprozesse bei unterschiedlichen Materialmischungen oder durch Prägewalzen nach der Extrusion („Roll Embossing“) und Querbelastung der Sollbruchstellen sowie auch später im Spulprozess oder Zwirnprozess usw. unterstützt und durchgeführt werden.
4. Profilierte Folienbändchen: mit speziellen Formdüsen hergestellte profilierte Bändchen, jede Düse ergibt ein Bändchen.
5. Texturierte Folienbändchen: feine, mit verschiedenen Texturierverfahren (z. B. Scheibenfriktionstexturierung) gekräuselte Foliengarne, meist aus feinen Folienbändchen hergestellt.
6. Gefaltete Folienbändchen: während der Verstreckung oder während des Aufspulens durch Fadenführer oft mehrfach gefaltetes Folienbändchen.
7. Gequetschte Folienbändchen: durch enge Führungsdüsen oder spezielle Fadenführer zusammengequetschte Bändchen, die danach eine annähernd runde Form aufweisen.
8. Geschrumpfte (getemperte) Folienbändchen: durch anschließende Wärmebehandlung ausgelöster Schrumpf, der das Folienbändchen stabilisiert (höhere Festigkeit).
9. Geschliffene Folienbändchen: ein- oder beidseitig durch Schleifprozesse angeraute Folienbändchen, die durch das Rauen den Glanz verlieren (matte Folienbändchen).
10. Geschäumte Folienbändchen: aus vernetzten Polyurethanen hergestellte Folienbändchen.
11. Kombinationsfolienbändchen: aus mehreren Folienschichten durch Zusammenkleben unterschiedlichster Rohstoffe (z. B. Metallfolien und Kunststofffolien) hergestellte Folienbändchen, meist als Effektgarne (→ Effektfolien) verwendet.

Abb. 1: Folienbändchen-Garnspule mit geschnittenen Folienbändchen
Quelle: A. Schenek, Hochschule Reutlingen

Abb. 2: Folienbändchen-Garnspule mit fibrillierten Folienbändchen für die Kunstrasenherstellung
Quelle: A. Schenek, Hochschule Reutlingen

12. Metalleffektbändchen (z. B. Mylar-Folien): Kunststofffolien werden mit farbigen Metallschichten (meist Aluminium, Silber, Gold) oder farbigen Metalloxiden oder anderen Metallverbindungen bedampft (vergleichbar der Beschichtung der Proben für die Rasterelektronenmikroskopie) und wirken wie Metallfolien, bestehen aber eigentlich aus einer flexiblen Kunststofffolie mit dünner Metallschicht, aus diesen können dann Folienbändchen hergestellt werden (meist für Effektfäden).

Folienfasern, → Folienbändchen, die gerissen oder geschnitten werden.

Folienfilament, → Folienbändchen.

Foliengarn, Garn, das aus endlosen → Folienbändchen hergestellt wird (ähnlich dem Filamentgarn).

Fotochromiegarn, Filamentgarn, das seine Farbe durch fotochemische Oberflächenveränderungen erhält (Farbentwicklung an der Oberfläche durch elektrochemische Wirkungen).

Fotovoltaikgarn, Filamentgarn, das durch den Einbau elektrochemischer Elemente (Nanotechnologie) stromerzeugend (spannungserzeugend) wirkt.

Four-for-One-Twisting, Vierfachzwirnverfahren, mit dem bei einer Spindeldrehung vier Drehungen auf das Garn aufgebracht werden. Patent der Fa. MTS-Reggiani in Bergamo, Italien (Bezeichnung 2 × 2 T Multifil-Spindel). Einsetzbar für das Zwirnen (Verdrehen) von Filamentgarnen. In der Erprobungsphase, vorgestellt auf der ITMA 2003 in Birmingham.

Fournisseur, Garnspeicher und Garnzuführungsgerät mit Spannungsausgleich für Rundstrickmaschinen, inzwischen auch für (Luft-)Webmaschinen.

FOY-Garn (Fully Oriented Yarn), vollständig orientiertes, aber nicht vollständig verstrecktes Filamentgarn, das durch einen Schnellspinnprozess erzeugt wurde (geringere Bruchdehnung und höhere Festigkeit als → HOY-Garne aus demselben Rohstoff).

Fraßstelle, fehlerhafte Garnstelle, die durch Insektenfraß (z. B. Mottenfraß) entstanden ist.

Freie Faserenden, abstehende (gebrochene oder zerstörte) fehlerhafte Fibrillenenden bei Filamentgarnen.

Fremdfaser, Faser anderer Herkunft, Beschaffenheit oder Farbe im Garn mit deutlich abweichenden Eigenschaften (z. B. Chemiefasern in Baumwollgarnen usw.). Wird als Garnfehler eingestuft. Fremdfasern in Garnen, beispielsweise Polypropylenfasern in Baumwollgarnen, stellen ein gravierendes Qualitätsproblem dar, da diese Fremdpartikel erst nach der Veredlung z. B. durch schlechteres Anfärben erkennbar werden und dann zu teuren Reklamationen der Verarbeiter oder Endverbraucher führen.

Abb. 1: Fremdkörper, die in Rohbaumwollballen gefunden wurden
Quelle: A. Schenek, Hochschule Reutlingen

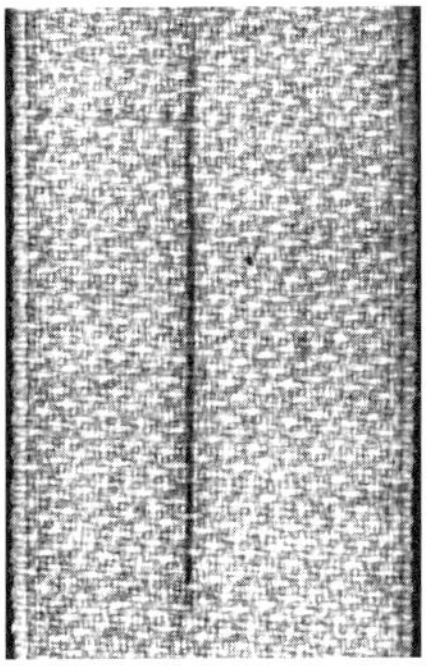

Abb. 2: Fremdfaserfehler in einem Gewebe
Quelle: H.Mengel, Hochschule Reutlingen

Fremdfasererkennung, da alle Baumwollprovenienzen Fremdstoffe wie Folien, Schnüre und Gewebereste aus Chemiefasern enthalten können (Erntereste, Feldverschmutzungen, Ballenverpackungsreste u. a.) und der Bauwollhandel keine Garantie für Fremdstofffreiheit geben kann, wird es immer wichtiger, solche Fremdstoffe bei der Ballenöffnung und Abarbeitung sowie in den Reinigungsmaschinen der Spinnerei frühzeitig mit Hilfe von Sensoren zu erkennen und auszuscheiden. Eine spätere Erkennungsmöglichkeit bietet die Garnreinigung an der Spulmaschine oder an der OE-Rotorspinnmaschine und zuletzt die Fehlererkennung bei der Warenschau. Je später allerdings die Fremdpartikel erkannt werden, desto teurer wird die Entfernung bzw. der Schaden. Besonders im Hinblick auf die Ergebnisse der ITMF-Statistik über Fremdkörper in Baumwolle ist es von Bedeutung, größere Partikel bei der Flockenöffnung und Reinigung zu erkennen und auszuscheiden. Farbige Teile können vor dem hellen Baumwollhintergrund durch optische Systeme (Hergeth, Jossi, Trützschler u. a.) gut erfasst werden. Zur Erkennung weißer oder transparenter Folien wird auch UV-Licht verwendet, womit die Eigenfluoreszenz nichtfarbiger Partikel ausgenützt wird (Fa. Jossi, Wängi, Schweiz). Ultraschall und dessen Reflexionsintensität aufgrund von Dichteunterschieden zur Erkennung von Polypropylen ist eine weitere Methode (Loptec, D). Gleichzeitig soll über die Weißgradmessung des Abgangs (Wastecontrol) eine zu hohe Gutfaserausscheidung vermieden werden (Trützschler).

Friktionsaggregat, Drallerzeugungsgerät für die Texturierung, das mittels Reibung Drehung auf Filamentgarne aufbringt und so eine Filamentkräuselung (Texturierung) erzeugt. Die Drehungserteilung mit Hilfe von Reibung ist nicht so exakt steuerbar wie die durch Formelemente (z. B. Stegspindel oder echte Zwirndrehung), sie erlaubt aber eine wesentlich höhere Texturiergeschwindigkeit und hat sich deshalb durchgesetzt.
Am bekanntesten sind:

1. Dreiachsiges Scheibenfriktionsaggregat
2. Riemchenfriktionsaggregat (Riemchenaggregat Fa. Murata, Japan)
3. Walzenfriktionsaggregat (ehemals Patent Fa. Scragg, wird nicht mehr hergestellt)
4. Kugelfriktionsaggregat
5. Innenfriktionsaggregat (Hohlwalzen)

Friktionsgarn, → DREF-Garn.

Friktionsspindel, → Friktionsaggregat.

Friktionsspinnen, Herstellung von Garnen mit Hilfe perforierter Walzen, in deren Zwickel durch Unterdruck und Rotation ein Garn erzeugt wird. Ehemaliges Patent der Fa. Platt, Großbritannien. → DREF-Spinnverfahren. Abb. vgl. S. 103.

Friktionstexturierung (Scheibenfriktionstexturierung), heute in der Industrie übliche Variante der Falschdralltexturierung von Filamentgarnen. Das Texturieraggregat besteht aus drei parallel ange-

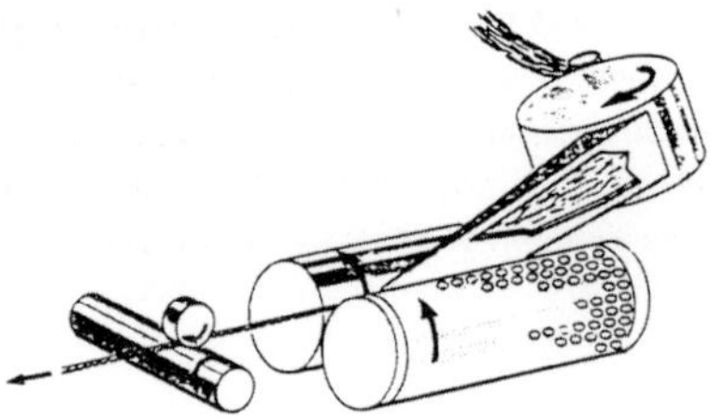

Abb.: Prinzipdarstellung des Friktionsspinnverfahrens
Quelle: Schubert und Salzer / Rieter-Ingolstadt AG

ordneten, drehbaren Metallachsen, auf denen flache Friktionsscheiben in einem bestimmten Abstand nacheinander angebracht sind (3–8 Scheiben hintereinander, die ersten Scheiben diamantbeschichtet, die dazwischen liegenden Scheiben aus Sinterkeramik oder Polyurethan für empfindliche Materialien). Die Scheiben werden mit hoher Geschwindigkeit in dieselbe Richtung gedreht (Tangentialriemenantrieb oder Direktantrieb), ein dazwischen durchgeführtes glattes Filamentgarn wird durch die Reibungswirkung der Scheiben (Reibung Scheibenoberfläche/Garn) hochgedreht. Die Drehungserteilung (Falschdrall 2.000–3.000 T/m) ist Voraussetzung für das Falschdralltexturieren von Filamentgarnen. Anwendung für feine Garne, HE- oder SET-Garne.

Frisé-Garn (Frisé-Zwirn), Effektzwirn mit feinsten Knötchen und Schlingen, die kaum sichtbar, aber im Griff des Stoffs fühlbar sind. Frisé hat ein ähnliches Aussehen wie Bouclé, also S-förmige Einzwirnung des Effektfadens mit daraus resultierender Schlingenstruktur, aber die Bögen sind kleiner, enger und gleichmäßiger.

Frottee-Garn, Garn, das abwechselnd Knoten und Schlingen enthält.

Frottee-Zwirn, Zwirn, der abwechselnd Knoten und Schlingen aufweist. Effektzwirn aus einem Grundfaden, einem Schlingenfaden und einem Fixierfaden, wobei durch gesteuerte Zuführung des Effektfadens regelmäßige oder unregelmäßige Schlingen und Knoten entstehen.

Fully Drawn Yarn, → FDY-Garn.

Fünfzylinderstreckwerk, Streckwerkskonstruktion mit fünf hintereinander folgenden Walzenpaaren, jeweils bestehend aus geriffelter Metallwalze und gummibezogener Druckwalze, vier Verzugszonen mit Vorverzug, erstem Hauptverzug, Beruhigungszone und zweitem Hauptverzug. Wird eingesetzt für die direkte Bandverspinnung (Qualität immer noch schlechter als bei der Kombination Flyer/Ringspinnstreckwerk, deshalb nur für gröbere Garne geeignet).

Funktionsgarne, neue Garntypen mit besonderen Eigenschaften zur Herstellung von Funktionstextilien. Funktionen sind zum Beispiel besonderer Feuchtigkeitstransport, höchste Wärmeisolierung, extreme Feuchtigkeitsabsorption, Stromleitfähigkeit, antistatische Wirkung, bakterizide Wirkung, Energiespeicherung, Diodenfunktion (Rechnerfunktion, Mikrochips, Halbleiter-Nanorechner), Lichtumwandlung in Strom, Farbveränderung unter äußerem Einfluss, Magnetisierbarkeit, Aufnahme von (Gift-)Gasen, Abgabe von Geruchsstoffen, Energiespeicherung, Memoryeffekte, Schwerentflammbarkeit, Nichtbrennbarkeit, UV-Absorption, Röntgenstrahlenschwächung, Leuchtfunktion, biomedizinische Funktion (z. B. Körperverträglichkeit, Resorbierbarkeit), Abgabe und Transport von Medikamenten.
Literatur: P. Knecht et. al., Funktionstextilien, Deutscher Fachverlag, Frankfurt a. M., 2003.

Fußspule, Spule, die auf der Unterseite eine Scheibe mit Konusform aufweist, die die spätere obere Neigung der Spulenoberseite ergibt. Im Gegensatz zur → Flaschenspule werden bei der Fußspule die Garnlagen zwar von Windungslage zu Windungslage dem Konus folgend nach unten verschoben, es wird aber jeweils über die gesamte Hubhöhe der Spule bewickelt, wodurch eine kreuzspulenartige Garnbewicklung entsteht.

G

Galette, glatte Metallwalze, oft mit Direktantrieb, teilweise beheizbar, zur mehrfachen Umwicklung mit Filamentgarnen (Seilreibungswirkung), um diese exakt mit gleich bleibender Geschwindigkeit ohne Durchrutschen, auch bei Überwindung großer Kräfte (z. B. für Monofilamente), abziehen (Primärspinnen), verstrecken oder weitertransportieren (auch für das Texturieren) zu können.

Ganzstahldeckel, neuartige Kardendeckel, deren Bezug aus Ganzstahlgarniturdrähten (→ Ganzstahlgarnitur) besteht, ähnlich den Kardiersegmenten.

Ganzstahlgarnitur, Garnitur für Vorreißer, Tamboure und andere Walzen oder für Auflösewalzen von OE-Rotorspinnmaschinen aus gewalztem Profildraht.
Man unterscheidet nach DIN ISO 5234:
1. Profildraht mit Normalfuß
2. Profildraht mit verkettetem Fuß

Der Profildraht wird definiert durch
a) Gesamthöhe des Drahts
b) Fußhöhe
c) Höhe der Fußmittellinie
d) Fußbreite
e) Blattbreite am Fuß
f) Blattbreite an der Spitze
g) Windungsbreite
h) Fußwinkel

Verschiedene Zahnformen werden für unterschiedliche Fasermaterialien und Belastungen verwendet.
Die Zahnformen werden bestimmt durch:
a) Zahnrichtungen
b) Winkel
   - Arbeitswinkel
   - Keilwinkel
   - Rückenwinkel
   - Brustwinkel
   - Öffnungswinkel
   - Spitzenflächenwinkel
c) Arten des Sägezahndrahts
   - Normaldraht mit nach links oder rechts gerichteten Zähnen
   - Diamantspitzendraht
   - Draht mit verlängerter Zahnlücke
   - Moreldraht
   - Flachspitzendraht
   - Konvexrückendraht, spitz
   - Konvexrückendraht mit Flachspitze

Die Garnitur, die mit Hilfe der Drähte montiert bzw. hergestellt wird, lässt sich bestimmen durch
a) Zahntiefe
b) Zahnteilung
c) Spitzenfläche
d) Schlitzbreite
e) Oberen Zahnrückenradius
f) Zahngrundradius
g) Unteren Zahnrückenradius
h) Zahnbrustradius

Das Aufziehen erfolgt auf abgedrehten Metallwalzen durch:
a) Aufziehen von Profildraht mit Normalfuß
b) Aufziehen von Profildraht mit verkettetem Fuß
c) Aufziehen des Drahts auf einer Walze mit Nuten

mit eingängiger oder mehrgängiger Bewicklung.

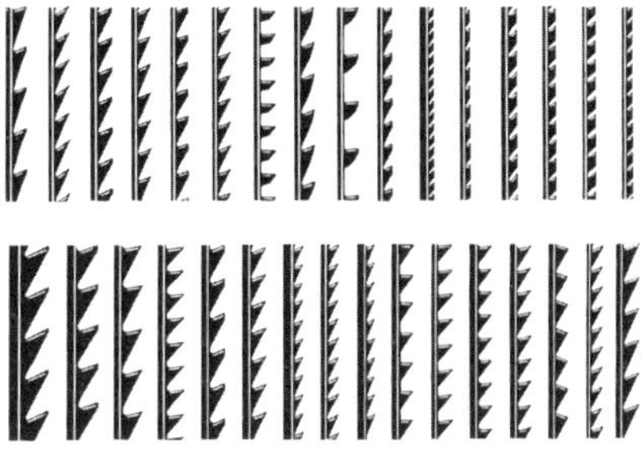

Abb. 1: Auswahl verschiedener Ganzstahlgarnituren

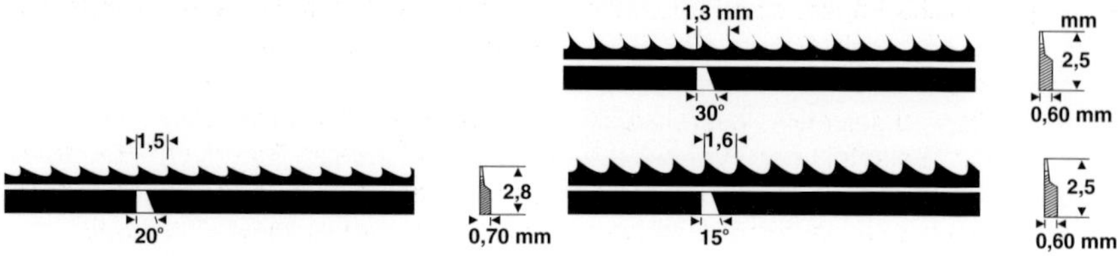

Abb. 2: Baumwollkarden-Tambour-Garnituren
Quelle: Gesamttextil Eschborn

Garn (engl. yarn, franz. fil), einfacher Faden, linienförmiges, flexibles, zugfestes, elastisches und meist dehnbares textiles Gebilde, das aus Spinnfasern (Stapelfasern), Filamenten (glatt oder texturiert) oder aus Folienbändchen hergestellt wird. Garne werden zu gefachten, parallelen Fäden zusammengeführt, oder zwei oder mehr Garne werden zu Zwirnen zusammengedreht. Garne können durch Spinnen auf mechanische oder andere Weise (z. B. Verkleben) zusammengefügt werden (→ Spinnverfahren).

Im deutschen Sprachgebrauch ist ein Garn üblicherweise ein Einfachgarn.

Man unterscheidet:

1. Garne (Einfachgarne, → Garnarten):
   a) Spinnfasergarn (Stapelfasergarn), wird aus Stapelfasern (Naturfasern, Chemiefasern) begrenzter Längen (üblich 20–150 mm), meist nach dem Ringspinn- oder OE-Rotorspinnverfahren, durch Drehungserteilung und/oder andere Verbindungsmethoden wie beispielsweise Kleben hergestellt. Das Spinnen kann trocken (Baumwolle) oder nass (Flachsgarne) erfolgen.
   b) Filamentgarn, Multifilamentgarn oder Monofilament(-garn), hergestellt durch Primärspinnen der Filamente entsprechender Anzahl durch Spinndüsen, aus synthetischen (Kunststoffe) oder natürlichen Rohstoffen mit anschließender Endverstreckung und, falls erforderlich, mit Texturierung.
   c) Spezialgarne wie Flockgarn oder Coregarn, bei denen ein Filamentkern mit Fasern umwunden wird.
2. Folienbändchengarne aus geschnittenen oder gesplitteten Folienstreifen.
3. Beflockte Filamentgarne.
4. Gefachte Garne, zwei oder mehr Garne oder zwirnähnliche Gebilde, die parallel zusammengeführt und in dieser Form weiterverarbeitet werden (auch als Vorlage für das Zwirnen).
5. Zwirne, hergestellt aus zwei oder mehr Garnen, zunächst gefacht (parallel zusammengeführt) und dann umeinander gedreht (→ Zwirnen), wobei es auch genügt, ein Garn (Mantelgarn) um ein Kerngarn herumzuwinden (z. B. Kablieren). Dazu kann man auch dasjenige Coregarn zählen, das durch echte Drehung eines Garns um ein anderes Garn entsteht, z. B. durch Umwinden eines elastischen oder nicht elastischen Filamentgarns mit einem Stapelfasergarn oder Filamentgarn. Auch Effektzwirne unterschiedlichster Art gehören in diese Gruppe. Prinzipiell gehören Seile in diese Gruppe, werden aber als eigenständige Weiterverarbeitungsprodukte betrachtet. Man könnte auch Geflechte in diese Garngruppe einbeziehen, die Herstellung der Geflechte wird allerdings allgemein in der Textilindustrie als eigenständige Weiterverarbeitungstechnologie für Garne, also ein Flächenherstellungsverfahren, ähnlich der Wirkerei, angesehen.

6. Zwirnähnliche Fäden, sind Fäden, die aus zwei oder mehr Garnen oder Zwirnen bestehen, die aber nicht mit echter Drehung umeinander gedreht werden. Ein Beispiel sind verwirbelte Garne (Comingling), die zunächst parallel liegen und dann mit Luftdüsen (mit Falschdrall) umeinander gewirbelt werden und so stabile Fadenverschlingungen bilden.

Garnabfall, Garnreste der Spinnerei, Spulerei und Weberei und Strickerei, z. T. als wieder verwertbares Abfallgarn.

Garnablauf, Transportweg der Garne auf Textilmaschinen oder von Spulen beim Abzug.

Garnabschnitte, kürzere oder längere Abschnitte, die als Bezugsgrößen für Messungen (z. B. Gleichmäßigkeit) dienen.

Garnabzug, Abtransport der Garne von den Vorderwalzen des Streckwerks, von Spulenkörpern oder aus dem Spinnrotor durch Abzugswalzen.

Garnabzugswinkel (Inklination), Neigungswinkel der Garnabzugsrichtung zur Verlängerung der Streckwerksachse.

Garnachse, theoretische Mittelachse des Garns in Längsrichtung.

Garnarbeit, Arbeitsvermögen (Energieaufnahme) eines Garns bei Belastung (z. B. Zugbelastung beim Schusseintrag an der Webmaschine). Sie ergibt sich aus dem Integral der Kraft-Längenänderungs-Kurve (Fläche unter der Kraft-Dehnungs-Kurve).

Garnarten, Unterscheidung von Garnen erfolgt nach Rohstoffart (z. B. Baumwollgarn), Herstellungsart (z. B. Dreizylindergarn), Veredlungs- (z. B. gesengtes Garn, merzerisiertes Garn) und Zwirnart.
Hofer gibt folgende klassische Garnarten an (ergänzt durch neue Verfahren):

1. Nach Art und Herkunft der Fasern (Beispiele):
   - Baumwollgarne (Kurzstapelgarn, Langstapelgarn)
   - Wollgarne (Kammgarne, Streichgarne)
   - Chemiefasergarne
   - Merinogarne
   - Mohairgarne
   - Seidengarne
   - Cheviotgarne
   - Merinogarne
   - Crossbredgarne

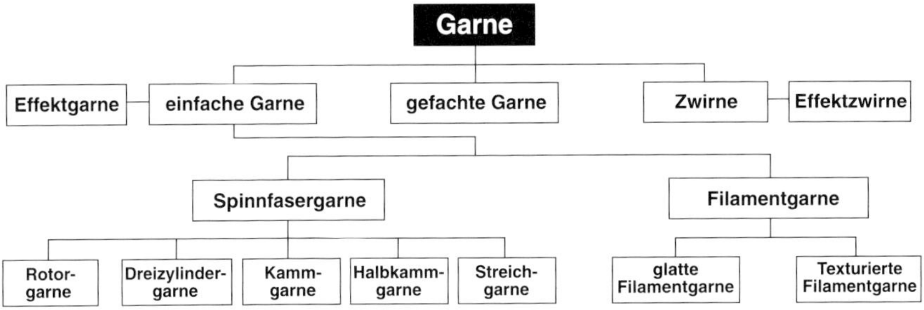

Definition nach DIN 60900

Abb.: Garndefinitionen nach DIN 60900
Quelle: DIN Berlin / Beuth-Verlag, Berlin

- Polyestergarne usw.
- Filamentgarne
- Spinnfasergarne
- Flockgarne
- Coregarne

2. Nach der Art der Fertigung (Spinnverfahren, Herstellungsverfahren):
   - Ringgarn
   - Kompaktgarn
   - OE-Rotorgarn
   - DREF-Garn (Friktionsgarn)
   - Zweizylindergarn
   - Dreizylindergarn
   - Kardiertes Garn
   - Gekämmtes Garn
   - Kammgarn
   - Streichgarn
   - Halbkammgarn
   - Umwindegarn
   - Umspinnungsgarn
   - Luftspinngarn (Murata MJS, MVS)
   - Luftdüsengarn
   - Friktionsgarn (DREF-Garne)
   - Selfaktorgarn
   - Siro-Garn
   - Repco-Garn/Selfil-Garn
   - Klebegarn
   - Elektrostatikspinngarn
   - Nass gesponnenes Garn
   - Flockgarn
3. Nach der Art und Höhe der Garndrehung:
   - Watergarn
   - Mediogarn/Usual, besonders hart gedrehtes Kettgarn
   - Spezial, hart gedrehtes Kettgarn
   - Soft, Garn mittlerer Drehung, oft schon Schussgarn
   - Soft-Soft, weich gedrehtes Schussgarn
   - Krepp, sehr hoch gedrehtes (überdrehtes) Garn (z. B. Seide)
   - Crepon (Krepon), nachgedrehtes Kreppgarn
   - Voile, hart gedrehte, feine Kammgarne und Baumwollzwirne
4. Nach Verwendung und Einsatzgebiet:
   - Webgarn (Kettgarn/Schussgarn)
   - Strickgarn (Rundstrickgarn, Flachstrickgarn, Wirkgarn)
   - Teppichgarn
   - Nähgarn (meist Zwirn)
   - Technisches Garn (Filamentgarne, Monofilamente und Drähte)
   - Stickgarn
   - Häkelgarn
   - Stopfgarn
   - Reifencord
   - Tuftinggarn
   - Handstickgarn
   - Kettelgarn
5. Nach Art der Veredlung:
   - Gasiertes Garn
   - Merzerisiertes Garn
   - Lüstriertes Garn
   - Rohgarn (Ecru-Garn)
   - Farbgarn

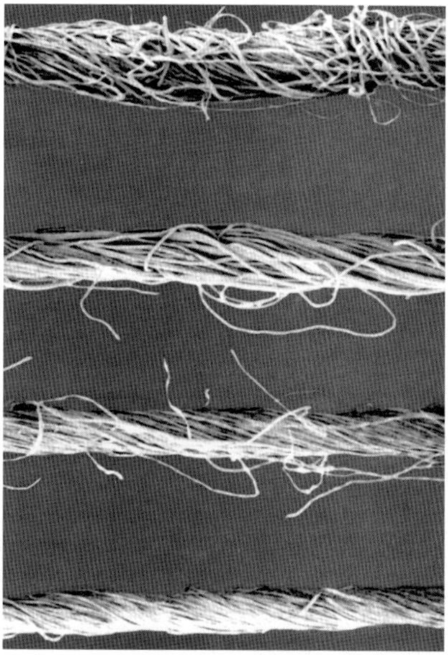

Abb. 1: Vergleich verschiedener Baumwoll-Garntypen nach Spinnverfahren
1 – OE-Rotorgarn, 2 – Air-Jet-Garn (Luftspinnen), 3 – Ringgarn, 4 – Kompaktgarn
Quelle: Spindelfabrik Suessen, Spinnovation Nr. 15 und Murata Machinery Ltd., Japan

- Gebleichtes Garn
- Vigoureux-Garn
- Jaspé-Garn
- Mouliné-Garn
- Melangegarn
- Effektgarn

Literatur: A. Hofer, Stoffe 1, Deutscher Fachverlag, Frankfurt a. M., 2000.

Ringspinnen	Rotorspinnen	Luft-Spinnen
1. Länge/Gleichförmigkeit 2. Festigkeit 3. Feinheit	1. Festigkeit 2. Feinheit 3. Länge/Gleichförmigkeit 4. Reinheit	1. Feinheit 2. Reinheit 3. Festigkeit 4. Länge/Gleichförmigkeit 5. Reibung

Abb. 2: Die für unterschiedliche Garntypen wichtigsten Fasereigenschaften

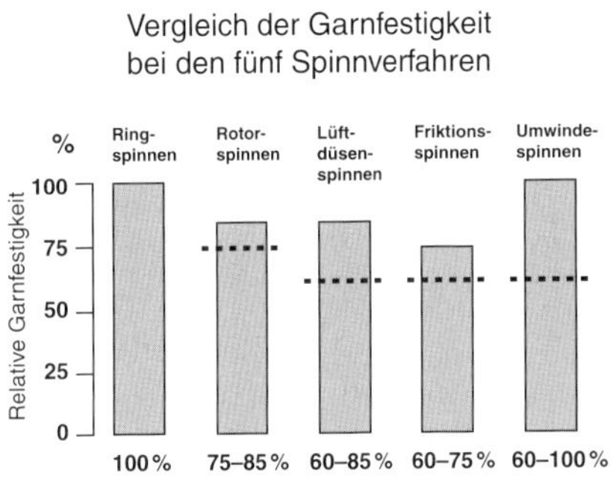

Abb. 3: Festigkeitsvergleich verschiedener Garntypen nach Spinnverfahren
Quelle: Batelle-Institut und Prof. Dr. W. Topf, Hochschule Reutlingen

Garnaufmachungen, Formen der Garnaufwicklung nach der Herstellung, während der Veredlung oder als Vorlage für die Weiterverarbeitung, als Spulen, Wickel, Stränge oder Knäuel.

Garnbefeuchtung, → Dämpfen.

Garnbiegung, → Biegebelastung der Garne.

Garnbildindex, Garngleichmäßigkeitsindex, der durch optische Messung des Garnquerschnittsverlaufs ermittelt wird (EIB von Lawson-Hemphill, digitale Schautafel der Fa. Zweigle).

Garnbruch, → Fadenbruch.

Garnbündel, → Strang.

Garnbündelfestigkeit, → Skein-strength.

Garncharakter, typische Garneigenschaften, die das Aussehen des Garns und seine schwieriger zu messenden Eigenschaften beschreiben, z. B.:

a) Volumen
b) Gleichmäßigkeit
c) Haarigkeit
d) Weichheit
e) Drehungsstruktur
f) Struktur, z. B. Faserlage im Ring- oder OE-Rotorgarn

Garndämpfen, → Dämpfen.

Garndefekte, → Garnfehler.

Garndehnung, → Dehnung.

Garndichte, Masse des Garns, bezogen auf das Volumen. Man erhält die Garndichte, wenn man die → Dichte der Fasern mit dem Faktor 0,45 für voluminöse Garne bzw. dem Faktor 0,55 für dichtere Spinnfasergarne multipliziert (Werte aus Messungen, Literatur). Die Faktoren bedeuten, dass die Hälfte des Garnvolumens von Luft eingenommen wird. Hochgedrehte Kreppgarne können eine höhere Dichte mit einem Faktor bis 0,8 aufweisen.

Garndrehung, um einen Zusammenhalt der Stapelfasern im Garn mit ausreichender Festigkeit zu erzielen, muss der Garnverband um seine eigene Achse gedreht werden. Die Drehung kann in

S- oder Z-Richtung aufgebracht werden, wobei Stapelfasergarne meist Z-Drehung erhalten. Die Anzahl der Drehungen wird bezogen auf einen Meter Länge angegeben (T/m). Die Anzahl der Drehungen ergibt sich aus dem optimalen Steigungswinkel (Drehungsbeiwert alpha) der Fasern im Garnverband und der Feinheit der Garne. Auch Filamentgarne werden oft gedreht, um einen stabilen, runden Garnkörper zu erhalten. Für das → Zwirnen müssen zwei oder mehr Garne umeinander gedreht werden. → Drehung.

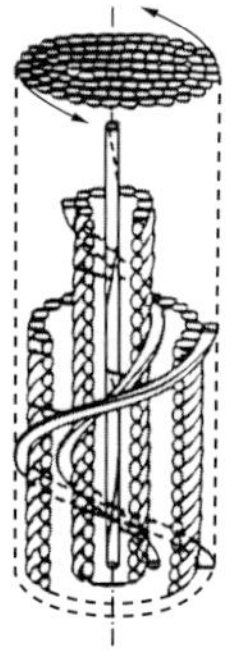

Abb.: Prinzipdarstellung eines Ringgarns mit Fasersteigungswinkel
Quelle: Hochschule Reutlingen

Garndrehungsbeiwert, → alpha-Werte.

Garndrehungskoeffizient, → alpha-Werte.

Garndrehungsprüfung, → Drehungsmessung.

Garndrehungsrichtung, → Drehungsrichtung.

Garndrehungszähler, Drehungsprüfgerät.

Garndruck, Bedrucken von Garnen mit Mustern (Streifen usw.) im Strang oder kontinuierlich (punktförmiger Perldruck).

Garndurchmesser, die näherungsweise Bestimmung des Durchmessers ist nur durch optische Prüfung möglich (z. B. mit dem optischen Garngleichmäßigkeitsprüfgerät von Zweigle, Reutlingen).

Garneinlegen, versandfertiges Einpacken von Garnen, Filamentgarne in Spezialfolien zum Schutz des Spulenaufbaus, in Kartons oder auf Paletten, die mit Folien eingewickelt werden können. Vorher erfolgen oft noch das Dämpfen (Befeuchten, Konditionieren, Reduzierung der Kringelneigung), die Gewichtsbestimmung und danach die Etikettierung der versandbereiten Einheiten.

Garnerzeugung, → Spinnen, → Spinnverfahren.

Garnfärbung, Färbung erfolgt auf Spulen, in offenen, lockeren Strängen (Strangfärbung) oder Wickeln.

1. Spulenfärbung:

Hierfür müssen die Garne auf spezielle, perforierte Färbespulen (zylindrisch oder konisch möglich) mit geringer Fadenspannung umgespult werden. Für feinere, einfache Maschinengarne und Zwirne sowie hart gedrehte Spezialgarne und -zwirne werden Kreuzspulen verwendet. Bei Chemiefasern mit stärkeren Schrumpfeffekten sind spezielle Schrumpfspulen erforderlich. Weitere Färbespulenformen sind Schlauchspulen, Flaschen- oder Raketenspulen.

Beispiel der Woll-Garnfärbung:

Feinere, ein- und zweifache Woll-Maschinengarne sowie hart gedrehte Mehrfachgarne und Zwirne werden oft auf Kreuzspulen gefärbt. Der Faden bleibt geschlossen, aber sein Querschnitt kann an Kreuzungs- bzw. Berührungsstellen, z. B. auf der Hülse, erheblich verformt werden, wodurch Färbeunterschiede entstehen können. Die Basis für eine einwandfreie Färbung wird deshalb in der Spulerei gelegt. Unterschiede in der Dichte innerhalb einer Spule oder zwischen den Spulen, ungleiche Durchmesser und harte, nicht abgerundete Kanten können bei empfindlichen Färbenuancen bei allen Färbesystemen zu Fehlfärbungen führen. Bei normalem Ablauf des Färbeprozesses sind jedoch keine Fadenbrüche oder verfilzte Stellen zu befürchten.

2. Strangfärbung:
Handstrickgarne werden oft in Strangform gefärbt. Auf speziellen Spulmaschinen wird das Garn von der Spule abgezogen und auf Haspeln strangförmig locker aufgewickelt. Die Stränge kommen in den Färbeapparat und werden meist nach dem Prinzip „ruhendes Material – zirkulierende Färbeflotte" in geschlossenen Färbeapparaten gefärbt. Nur diese Arbeitsweise schützt vor dem Verfilzen der Wolle. Die Stränge müssen locker auf Stäben aufgehängt werden. Beim Wechseln der Flottenströmungsrichtung muss sich das gesamte Garnpaket heben oder senken können. Man erreicht damit, dass auch die Auflagestellen einwandfrei gefärbt werden.

3. Wickelfärbung, Muff-Färbung:
Das Garn wird locker auf Wickel aufgewickelt, die dann gefärbt werden. Bauschige Garnqualitäten werden rasch und sicher gefärbt, ohne die aufwändige Strangherstellung.

Garnfehler, man unterscheidet rohstoffbedingte und verfahrensbedingte Garnfehler.
In der Praxis sind die folgenden Garnfehler am häufigsten:
a) Imperfections (Dünnstellen, Dickstellen, Nissen)
b) Schwachstellen (Garnstellen mit zu geringer Festigkeit, etwa 30–40 % unter der mittleren Garnfestigkeit)
c) Seltene lange und kurze Dickstellen und Dünnstellenfehler
d) Nummernabweichungen (Garnfeinheitsabweichungen)
e) Große Haarigkeitsveränderungen
f) Feuchtigkeitsunterschiede
g) Fadenbruch mit anhängenden Faser- oder Schmutzbatzen

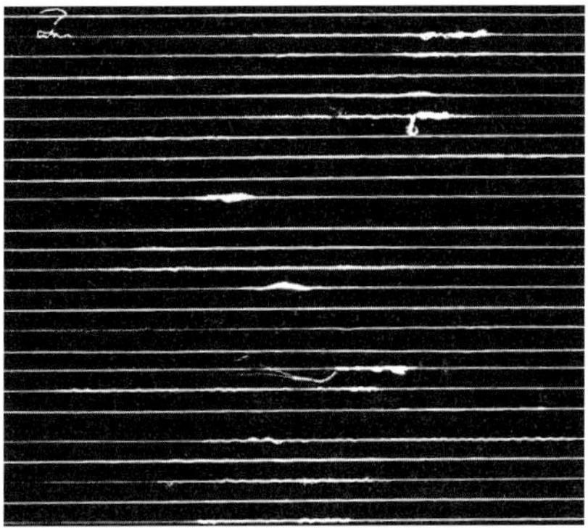

Abb. 1: Garntafel eines Spinnfasergarns mit typischen Garnfehlern
Quelle: A. Schenek, Hochschule Reutlingen

Verarbeitungsbedingte (verfahrensbedingte) Fehler:
1. Garnmassefehler, die in der Verarbeitung entstehen:
   a) Nisse, dichtes Gewirr verschlungener Fasern mit reinem Faserkern, Durchmesser 1 mm oder kleiner, meist kugelrund, eher bei Baumwolle und feinen Chemiefasern (Baumwolltype, Mikrofasern) auftretend, mit dem Garn verbunden
   b) Grieß, Anhäufung vieler kleinster Nissen
   c) Noppe, dichtes Gewirr verschlungener Fasern mit Durchmessern über 1 mm, bis 4 mm und mehr, eher bei Wolle auftretend, mit dem Garn verbunden
   d) Batzen, kompakte, mehr oder weniger verfilzte Faseranhäufung mit unregelmäßiger Form, Abmessung 4–15 mm
   e) Fluse (Nest), lockeres oder leicht verfilztes Gewirr von Fasern ohne kompakte Kernzone, nur leichte

Verbindung mit dem Garn, leicht entfernbar

f) Anflug, lockere, meist aus kurzen, nicht parallel liegenden Fasern bestehende Faseransammlung mit vliesähnlichem Charakter; man unterscheidet Eigenanflug, der aus demselben Material wie das Garn besteht, und Fremdanflug aus Material anderer Partien, oft durch die unterschiedliche Farbe erkennbar

g) Bauchbinden, Umwindefasern, durch den Spinnprozess entstehende Faserumschlingungen des Garns, z. B. beim OE-Rotorspinnen

h) Faseraufschiebungen, feste Anhäufung von Fasern, die aus dem Garnverband stammen und beim Garntransport in einer Richtung zusammengeschoben wurden, manchmal noch einseitig mit dem Garn verhakt oder begrenzt verschiebbar

i) Faserring, ringförmige, lose um das Garn bzw. den Zwirn gewickelte Fasergruppe, die entlang der Garnlängsachse verschiebbar ist

j) Durchzieher (Schlunze, Torpedo, Schleicher, Flamme), Verdickung des Garns, die von der normalen Garndicke konisch zu- und abnimmt

k) Korkenzieher (Fischchen, umgelegte Faser), abrupt ansteigende Fadenverdickung durch haarnadelförmig umgelegte Fasern; die Verdickung geht allmählich wieder auf die normale Garnstärke zurück; das Erscheinungsbild ist oft korkenzieherartig.

l) Faserbündel, Paket, Stapelabschnitt, ein endengleich angeordnetes Chemiefaserbündel, das an beiden Enden geschlossen ist und im Garn eine Dickstelle ergibt

m) Andreher (Anleger, Ansetzer, Anspinner), Garnverdickung durch den Anspinnvorgang, oft durch das Garnende, die Dickstelle oder wenig gedrehte Fasern im Außenbereich des Garns erkennbar

n) Fehlerhafte Spleißstelle, schwach ausgeprägte Garnverdickung mit sichtbaren Garnenden

o) Fehlerhafter Knoten, teilweise geöffnet oder besonders große Verschlingung

p) Kracher (Knattergarn), spiralförmig zusammengezogene Garnstelle, die sich durch Zugbeanspruchung ausziehen lässt

q) Grobfaden, deutlich dickere Garnstelle, die länger als 150 mm ist,

r) Spinndoppelfaden, Garn mit doppelter Dicke

s) Dünnfaden, deutlich dünnere Garnstelle, die länger als 150 mm ist

2. Verarbeitungsbedingte Fehler der Fadenzahl:

   a) Beifaden, loses Fadenstück, das um das Garn oder den Zwirn herumgeschlungen ist

   b) Dreibeinknoten, zusätzliches eingeknotetes Fadenstück

   c) Zwirnmehrfachfaden, längere Zwirnstelle mit einem oder mehreren zusätzlich eingezwirnten Fäden

3. Drehungsverursachte Garnfehler:

   a) Kringel (Krangel, Krängel), vom Faden abstehende, verdrehte Fadenschleife (bei zu hoher Garndrehung)

   b) Schlinge (Schlaufe), offene Fadenschleife

   c) Schluder (Garnverwirrung), verworrene Fadenlagen auf der Spule oder in der Spule)

4. Fehler durch Fadenschädigung nach der Herstellung:

   a) Scheuerstelle (durch Oberflächenreibung beim Garntransport)

b) Schnittstelle (unabsichtlicher Schneidevorgang)
c) Fraßstelle (Insektenfraß)
d) Schmelzstelle (oberflächlich verschmolzene Chemiefasern)

Rohstoffbedingte Fehler:

1. Fehler durch Fremdstoffe:
   a) Fremdkörper, Verpackungsteile (z. B. PP), die in die Garne teilweise eingebunden sind, Metallteile, Sand usw.
   b) Fremdfasern, Fasern und Folienreste aus Kunststoff oder anderen Materialien, die sich in Substanz und Farbe (oder farblos) vom Garnmaterial unterscheiden
   c) Anschmutzung, ölige Substanzen, Chemikalien oder andere Fremdstoffe

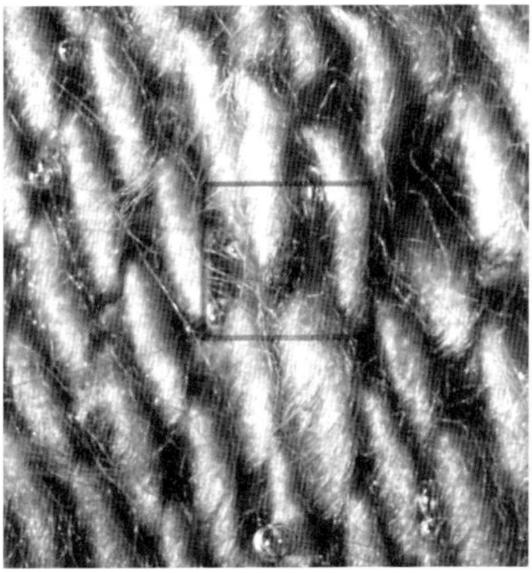

Abb. 3: Garndickstellenfehler im Gewebe
Quelle: H. Mengel und K. Joas, Hochschule Reutlingen

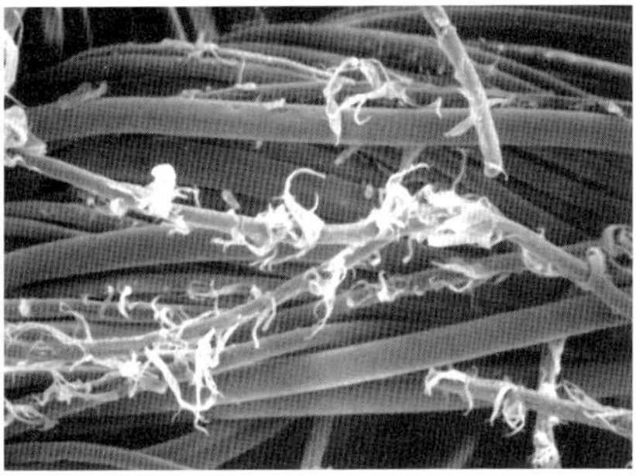

Abb. 4: Garnscheuerstelle eines Viskosegarns
Quelle: H. Mengel und K. Joas, Hochschule Reutlingen

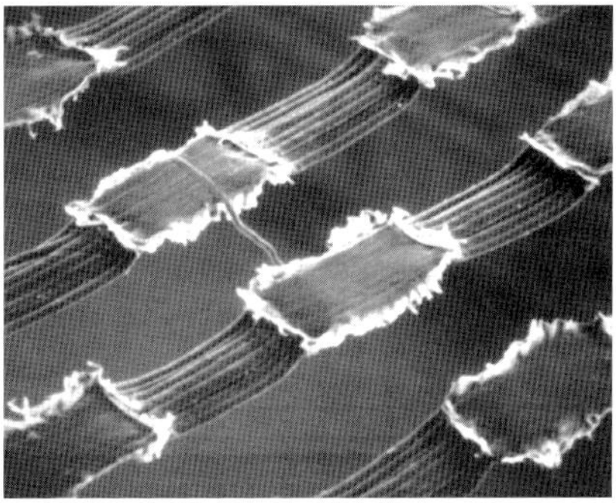

Abb. 5: Garnschmelzstelle eines Filamentgarngewebs
Quelle: H. Mengel und K. Joas, Hochschule Reutlingen

2. Fehler durch vegetabilische Bestandteile in Baumwolle (Trash):
   a) Samenkorn ohne oder mit anhaftenden Fasern
   b) Schalenteile
   c) Schalennissen mit anhaftenden Fasern
   d) Blattteile
   e) Stängelteile
   f) Grasteile
   g) Grüne Stippen (Fasern, die grün geblieben sind, oft Nissen)
   h) Staubansammlungen auf der Garnoberfläche, oft nicht direkt sichtbar, aber abrasiv wirkend wie Schmirgelpapier (Nadelverschleiß)
   i) Faserfragmentansammlungen
   j) Tote Fasern und unreife Faserverknotungen (oft Nissen)
   k) Honigtau-Klebebestandteile (Batzen oder Punkte), Insektensekrete
3. Fehler durch vegetabilische Bestandteile der Wolle:
   a) Kletten (Ringelkletten, die sich im Fell verhakt haben)

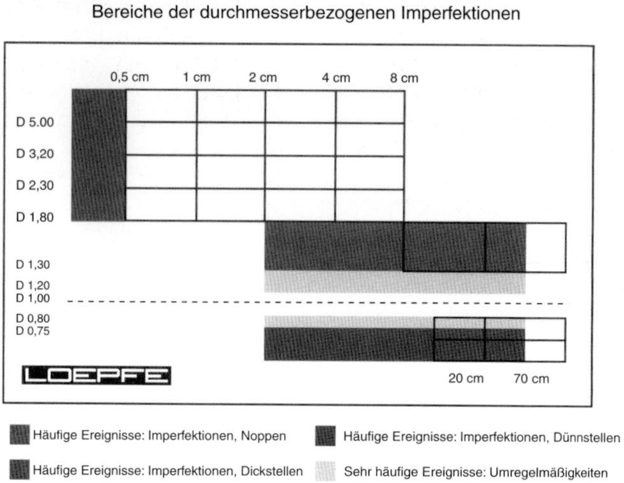

Abb. 2: Garnfehlerklassierung nach Loepfe (durchmesserbezogene Imperfections)
Quelle: Loepfe AG, Schweiz

b) Futter (Gräser, Stängel und Stroh vom Stall oder Pferch)
c) Farbhaare, schwarz, braun oder gelb verfärbte Haare
d) Tote Haare, grobe Haare mit Markkanal, bereits abgeworfen vor der Schur
e) Stichelhaare, kurzes, sprödes, markkanalhaltiges dickes Haar
f) Grannenhaar, langes, grobes, dickes und spitz zulaufendes Haar, mit oder ohne Markkanal

4. Fehler durch vegetabilische Bestandteile von Flachs und Hanf:
   a) Schäben, Holzteile und Holzreste vom Pflanzenstängel
   b) Faserbündel, die nicht getrennt wurden
   c) Staub- und Schmutzansammlungen
5. Fehler bei Chemiefasern:
   a) Grobfasern (Dickfasern, Prügelfasern, Borsten), Fasern, die in der Regel mehr als doppelt so dick sind wie die normalen Fasern, rund oder verklebt, bändchenförmig
   b) Faserverklebungen, Mehrfachfasern, mehrere fest zu einem Bündel verklebte Fasern
   c) Überlange Fasern, üblicherweise die doppelte oder mehrfache Faserlänge
   d) Amorphe Partikel, harte Kunststoffteilchen, unregelmäßig
   e) Faserstaub und Ansammlungen von Oligomeren

Garnfeinheit (allgemein), die → Feinheit von Garnen wird weltweit angegeben entweder

a) als Masse, bezogen auf eine bestimmte Länge (nach dem → Tex-System oder dem → Denier-System, oder
b) als Länge, bezogen auf die Masse, definiert (nach den metrischen Einheiten wie Nummer metrisch (Nm), französische Nummer sowie die englisch-amerikanischen, auf Zoll und Pfund bezogenen Systeme (Ne Baumwolle, Ne Kammgarn, Ne Streichgarn, Ne Leinen usw.)

Vor den genannten Einheiten existierten in vielen Ländern eigene landestypisch unterschiedliche Garnfeinheitssysteme, die aber ebenfalls auf alten Längen- und Gewichtseinheiten beruhten (z. B. Katalanische Baumwoll-Nummer oder Schottische Garnfeinheit u. a.). Am bekanntesten sind die bereits erwähnten, auch heute noch in den englischsprachigen Ländern, in den USA, in Asien, aber auch in der Schweiz und in Skandinavien gebräuchlichen, älteren englischen Garnfeinheitsbezeichnungen, → Nummerierungssysteme.

Garnfeinheitsbereiche (Spinnfasergarne, Stapelfasergarne), die Feinheitsbereiche sind abhängig von Rohstoff und Spinnverfahren:

1. Ringgarne, gekämmt, Baumwolle 100% Langstapel und Extra-Langstapel, Dreizylindergarn
   Nm 38 – Nm 170 (bis Nm 300 möglich, Sonderanfertigung bis Nm 500 möglich), feinere Ausspinnung bei Kompakt-Ringgarn
2. Ringgarn, gekämmt, Baumwolle/Polyester
   Nm 32 – Nm 72 (bis Nm 100 möglich)
3. Ringgarne, kardiert, Baumwolle/Polyester
   Nm 12 – Nm 48
4. OE-Rotorgarne, kardiert, Baumwolle/Polyester
   Nm 14 – Nm 48
5. Luftspinngarn (Air-Jet-Murata-MJS), gekämmt
   Nm 18 – Nm 48
6. Ringgarn kardiert, 100% PES, Dreizylindergarn
   Nm 18 – Nm 60 (bis Nm 100 möglich)
7. Ringgarn kardiert, 100% Viskose/Modal
   Nm 15 – Nm 48 (bis Nm 60 möglich)
   Ringgarn, kardiert, Mikrofasern
   Nm 34 – Nm 60
8. OE-Rotorgarn, kardiert, 100% Viskose
   Nm 14 – Nm 42
9. OE-Rotorgarn, gekämmt, Baumwolle 100%, Dreizylindergarn
   Nm 36 – Nm 80 (Nm 100 möglich)
10. Luftspinngarn, MVS-Garn Murata, 100% Baumwolle, Dreizylindergarn
    Nm 18 – Nm 70 (Nm 80 möglich)
11. Luftspinngarn, MVS-Garn Murata, 100% Chemiefasern
    Nm 18 – Nm 70
12. Ringgarne, Wollkammgarn, Merino-Wolle 100% (25 µm – 16 µm)
    Nm 14 – Nm 86 (Nm 100 möglich), Kompakt-Ringgarn Wolle, Kammgarn bis Nm 130 möglich
13. Ringgarn, Wolle/Polyester, Kammgarn
    Nm 14 – Nm 60 (Nm 80 möglich)
14. Ringgarn, Polyester 100%, Langstapel, 1,7 dtex, gerissen für Nähgarne
    bis Nm 160
15. Ringgarn, Wolle und Mischungen, Streichgarn
    Nm 2 – Nm 18
16. OE-Rotorgarn, Streichgarn
    Nm 8 – Nm 18
17. Ringgarn, Chemiefasern/Wolle, Halbkammgarn
    Nm 6 – Nm 18 (Nm 36 möglich)
18. Leinengarn, 100% Langflachs, Nassspinnverfahren, Weichfasern
    Nm 7 – Nm 48 (bis Nm 60 möglich)
19. Werggarne Hechelwerg, Nassspinnverfahren
    Nm 6 – Nm 18 (Nm 24 möglich)
20. Werggarn, Trockenspinnverfahren
    Nm 6 – Nm 12
    Nm 6 – Nm 18
21. DREF-Friktionsgarne (DREF 3 und folgende)
    Nm 1,6 – Nm 30 (667–33 tex), Spezialgarne bis Nm 50 (20 tex)
22. DREF-Recyclinggarn (DREF 2)
    Nm 0,5 – Nm 10 (2.000–100 tex)
23. Seide (gezüchtete Maulbeerseide)
    Nm 46 – Nm 325 (bis Nm 500 möglich)
24. Ringgarn, Schappegarn (Seidenspinnfasern) gekämmt
    Nm 42 – Nm 200

Garnfeinheitsbezeichnungen, siehe Tabelle im Anhang S. 547.

Garnfeinheitsdefinitionen, siehe Tabelle im Anhang S. 547.

Garnfeinheitsmessung, die Messung der Garnfeinheit erfolgt gravimetrisch über Messen und Abschneiden einer bestimmten Garnlänge (üblicherweise 100 m auf Garnweife aufgewickelt) und dem anschließenden Wiegen mit einer Feinwaage. Die Garnfeinheit beim Tex-System (g/1.000 m) wird errechnet, indem man das Garngewicht in Gramm auf 1.000 m Garnlänge bezieht. Die Garnfeinheit im Nm-System wird bestimmt, indem man die Garnlänge auf ein Gramm bezieht (m/g).

Garnfeinheitstabelle, siehe Tabelle im Anhang S. 553.

Garnfeinheitsumrechnung, siehe Tabelle im Anhang S. 547.

Garnfestigkeit und Dehnung, die Festigkeit eines Garns bezieht sich, wenn nichts anders angegeben wird, auf den Widerstand gegen Zugbeanspruchung, die auf das Garn in Garnachsrichtung einwirkt. Mit dem vereinfachenden Begriff Festigkeit ist zudem diejenige Festigkeitsbeanspruchung (in Krafteinheiten wie Newton [N] oder Zenti-Newton [cN], in den USA grammforce [gf]) bezeichnet, die zum Zeitpunkt des Bruchs (des Reißens) des Garns bei der Zugprüfung mit einem Garnfestigkeitsprüfgerät als maximale Kraft gemessen werden kann. Diese Kraft wird auch als Höchstzugkraft oder Reißkraft bezeichnet. Gleichzeitig wird üblicherweise die (Gesamt-)Dehnung in Prozent der Ausgangslänge (Einspannlänge vor der Kraftbelastung), die bis zum Zeitpunkt des Bruchs aufgetreten ist, gemessen und angegeben. Dementsprechend wird als Fachbegriff → Höchstzugkraftdehnung angegeben. Diese Vereinfachung schließt beispielsweise Torsions- oder Scherkräfte, aber auch Druckkräfte, ein, die während der Zugbeanspruchung des Garns immer auftreten, aber nicht ohne weiteres getrennt gemessen werden können.
Beispiel für eine Garnfestigkeitsangabe: F = 300 cN. Diese Kraftbelastung des Garns entspräche näherungsweise einer Zugbelastung des Garns durch ein Gewicht von ca. 294 g (auf Meereshöhe) zum Zeitpunkt des Zerreißens des Garns (Bruch, Fadenbruch). Also kann man mit kleinerem Fehler von etwa 300 g Belastung ausgehen. Die erreichbare absolute Reißkraft eines Garns hängt aber von der Dicke und der Menge an Fasern oder Filamenten im Garnquerschnitt, also der Garnfeinheit, ab. Dickere Garne können prinzipiell höhere Kräfte aushalten als dünnere Garne. Also müsste eigentlich für einen Festigkeitsvergleich jeweils zusätzlich die Garnfeinheit angegeben werden, auf die sich die Kraftangabe bezieht.
Deshalb wird die Garnfestigkeit in den meisten Tabellen garnfeinheitsbezogen (tex-bezogen, in den USA den-bezogen) angegeben, genauer als feinheitsbezogene Höchstzugkraft (R) des Garns, z. B. als R = 14 cN/tex, bei Filamentgarnen 140 cN/dtex (oder ca.150 g/den). Diese wird in Tabellen oft als Reißkraft oder Garnfestigkeit bezeichnet. Diese Angabe entspricht etwa (nicht exakt) der früher üblichen Angabe der Reißlänge oder → Reißkilometer.
Bei Spinnfasergarnen (Stapelfasergarnen) hängt die Garnfestigkeit von der Höhe der erteilten Drehung und von der Substanzfestigkeit der Spinnfasern ab. Näherungsweise erreicht die Garnfestigkeit bei weichen Fasern etwa 50–70 % der Substanzfestigkeit des Fasermaterials bei optimaler Drehung. Höhere Drehung führt immer zu einem härteren und damit feste-

ren Garn, aber damit auch zu einem härteren Griff der Fertigware.
Bei Filamentgarnen entscheiden das Rohmaterial (Polymerstruktur), die Spinnbedingungen, die Größenordnung der Verstreckung und die Drehung bzw. der Filamentschluss (Zusammenhalt und gegenseitige Unterstützung der Filamente) sowie die Höhe der Filamentgarnfestigkeit. Die Festigkeit von Filamentgarnen ist meist höher als die von Spinnfasergarnen, aber niedriger als die theoretische Summe der Filamentgarnfestigkeiten, da schwächere Filamente (Feinheitsunterschiede beim Spinnen) schneller zerstört werden. Mit optimaler Filamentdrehung und Zwirnen (beste Gleichmäßigkeit) wird die höchste Substanzausnutzung und Festigkeit erreicht. Texturieren von Filamentgarnen führt zu einer Herabsetzung der Festigkeit und zu einer Erhöhung der Dehnung.
Die Dehnung des Garns ist notwendig, um Biegebeanspruchungen und Torsionsbeanspruchungen des Garns sowie der Fertigware ohne eine Schädigung des Garns aufzunehmen.
Bei Spinnfasergarnen nimmt die Dehnung mit zunehmender Drehung ab. Sie ist aber auch abhängig vom Rohstoff und vom Spinnverfahren. So haben OE-Rotorgarne eine höhere Dehnung als Ringgarne aus demselben Rohstoff. Filamentgarne haben meist eine deutlich höhere Dehnung als Spinnfasergarne. Eine Ausnahme bilden technische Garne mit teilweise sehr niedrigen Dehnungswerten (oft unter 3 %). Erfahrungswerte der Garnfestigkeit und Dehnung:

Faserstoff (Garntype)	**Höchstzugkraft (cN/tex)**	**Dehnung (%)**	**Nassfestigkeitsverhältnis Nassfestigkeit/ Trockenfestigkeit (%)**
Baumwollgarne (Ringgarne):			
Zweizylindergarne	4–5	5–10	110–125
Dreizylindergarne			
Kettgarne			
Mittelstapel-Baumwolle	12–18	5–10	110–125
Schussgarne			
Mittelstapel-Baumwolle	9–14	s.o.	s.o.
Kettgarne, Langstapel-Baumwolle, gekämmt	15–22	s.o	s.o
Schussgarne			
Langstapel, gekämmt	10–18	s.o	s.o
Nähzwirne, Extra			
Langstapel-Baumwolle, gekämmt, merzerisiert	20,5–26	s.o	s.o
Baumwollgarne (OE-Rotorgarne):			
Kettgarne, kardiert	10–16	5–11	110–120
Schussgarne, kardiert	8–14	6–12	s.o.
Kettgarne, gekämmt	12–18	5–11	110–120
Schussgarne, gekämmt	10–15	6–12	s.o.
Baumwollgarne (Luftspinngarne, vorläufig):			
Kettgarne, gekämmt	11–17	5–11	110–120

Tab.: Garnfestigkeit und Dehnung

Faserstoff (Garntype)	Höchstzugkraft (cN/tex)	Dehnung (%)	Nassfestigkeitsverhältnis Nassfestigkeit/ Trockenfestigkeit (%)
Schussgarne, gekämmt	10–15		
Chemiefasergarne (Spinnfasergarne, Ringgarne):			
Polyestergarne	18–40	15–25	100
Viskosegarne	14–20	6–10	45–55
Modalgarne	16–25	8–15	50–60
Acrylgarne	14–35	12–20	85–90
Flachs- und Hanfgarne:			
Langfasergarn, Kette, nass gesponnen	19–23	1,5–3	130–140
Langfasergarn, Schuss, nass gesponnen	17–18,5	s.o.	s.o.
Werggarn, Kette	13,5–17	1,8–3	130–140
Werggarn, Schuss	10–12,5	s.o.	s.o.
Jutegarne:			
Langfasergarn, Kette	10–14	1,3–2,5	95
Langfasergarn, Schuss	6–10	1,3–2,5	95
Ramiegarne:	18–25	3–5	110–120
Wollgarne:			
Streichgarne	2–5	10–40	80–90
Kammgarne, Kette	3,5–5	6–13	s.o.
Kammgarnzwirne	4–6	10–17	s.o.
Seide:			
Rohgrège	27–36	18–24	75–85
Tramé und Organzin	30–40	15–22	s.o.
Schappegarne	16–20	13–17	s.o.
Bourettegarne	10–13	7–10	s.o.
Papiergarne:	4–7	4–10	0–10
Filamentgarne:			
Polyester	40–65	15–30	100
Polyester, hochfest	60–85	6–8	100
Polyamid	45–85	16–33	85–90
Polypropylen	35–45	15–30	95–100
Polyacryl	38–52	15–18	90–100
Viskose (normal)	14–18	15–24	50–60
Reifencord (Rayon)	25–30	12–16	55–65
Reifencord (Rayon, hochfest)	37–46	11–13	65–70
Aramidfasergarne	80–150	2–4	90–100
Carbonfasergarne	100–180	1–2	90–100

Tab.: Garnfestigkeit und Dehnung (Fortsetzung)

Garngleichmäßigkeit, → Gleichmäßigkeit, → Uster-Wert.

Garngleichmäßigkeitsindex, Garnqualitätskennziffer (I) des Garns, welche die tatsächlich festgestellte Garngleichmäßigkeit (Uster-Wert) ins Verhältnis zur theoretisch erreichbaren Garngleichmäßigkeit setzt.

$I_{Garn} = CV_{tatsächlich}/CV_{theoretisch}$

Der Idealwert ist 1.
Die ideale Garngleichmäßigkeit wurde von Martindale theoretisch errechnet (mit Annahme einiger mathematischer Vereinfachungen, z. B. idealem, zylindrischem Fasermodell) und weicht deshalb von der Realität ab.

Garnhaarigkeit, → Haarigkeit.

Garnhaarigkeitsmessung, → Haarigkeitsmessung.

Garnitur, Draht- oder Sägezahnspitzen, Nadeln oder andere spitze Elemente, die auf Walzen der Spinnereivorbereitungsmaschinen (→ Karde, Krempel, Auflösewalzen) so aufgezogen werden, dass eine gleichmäßige Oberfläche mit vielen Spitzen (Spitzen pro Quadratzoll) entsteht, mit der Fasern von der Flocke bis zum Vlies (Flor) vereinzelt werden können (Kardieren, Krempeln). Man unterscheidet:

a) Drahtgarnituren, Kratzengarnituren, flexible Garnituren
b) Drahtgarnituren, halbstarre Garnituren
c) → Ganzstahlgarnituren, Sägezahngarnituren
d) Nadeln

Garniturabstände, Abstände der Garnituroberflächen (mit Blattlehre bestimmt oder gemessen) zweier Walzen, die mit Garnituren bezogen und abgeschliffen (rundgeschliffen) wurden. Abstände werden in 1/1.000 Zoll oder 1/10 mm angegeben.
Folgende Abstände (Beispiele) sind bei Baumwoll- oder Chemiefaserkarden des Baumwolltyps üblich:

– Flockenspeisung	0,4–0,55 mm 8–20 1/1.000 Zoll
– Vorreißer-Tambour	0,2–0,25 mm
– Vorkardiersegment	0,3–0,35 mm
– Tambour-Deckel 1	0,35 mm
– Tambour-Deckel 5	0,25–0,3 mm
– Tambour-Abnehmer	0,1–0,125 mm
– Abnehmer-Abzugswalze	0,15 mm

Literatur: W. Klein, Die Kurzstapelspinnerei, Band 2: Putzerei und Karderie, The Textile Institute, Manchester, UK 1991.

Garniturbelastung, bei Kardieren der vorgelegten Faserflocken werden die Garniturzähne der Arbeitselemente der Karde, wie Vorreißer, Tambour, Abnehmer, Kardiersegmente der Vor- und Nachkardierung und die Drähte der Deckelgarnituren, erheblichen Kräften ausgesetzt, die man mit Kraftaufnehmern an Messdeckelsegmenten kontinuierlich messen und aufzeichnen kann. Dabei ist in Abhängigkeit von Drehzahl, Abstand der Kardierelemente voneinander und Spitzenanzahl sowie Rohstoff die Auflösekraft jeweils im Einlaufbereich eines bestimmten Arbeitselements am größten. Mit zunehmender Faservereinzelung nehmen die Kardierkräfte üblicherweise ab.

Garniturgeometrie, → Ganzstahlgarnituren.

Garniturschärfe, kardiert wird hauptsächlich mit den Spitzen und Vorderkanten (in Arbeitsrichtung) der Zähne. Für eine optimale Kardierwirkung müssen die Garniturspitzen scharfkantig geschliffen sein. Um eine gute Kardierwirkung zu erreichen, darf die Spitze nicht wie eine Nadel ausgebildet sein. Sie soll oben eine Fläche aufweisen, die jedoch möglichst klein sein soll, damit auch die seitlichen Kanten der Zähne für die Auflösekraft wirksam sind. Die Kardierwirkung lässt sich mit der Messung der Nissenzahl im Vlies indirekt bestimmen. Nimmt die Zahl der Nissen stärker zu, muss die Garnitur nachgeschliffen werden.

Garniturschleifen, es werden prinzipiell nur die Spitzen der Garniturzähne bei Ganzstahlgarnituren oder die Spitzen der Drähte bei flexiblen Garnituren abgeschliffen. Das Schleifen erfolgt in Abhängigkeit von der Abnutzung derart, dass die mit Schmirgeltuch bezogene Schleifwalze mit den Zähnen der Garnitur läuft, also mit den Spitzen und nicht gegen die Spitzen (obwohl prinzipiell beide Schleifrichtungen möglich sind). Abzuschleifen ist auf eine Tiefe, die eine gerade Fläche mit scharfer Kante an der Spitze des Zahns ergibt. Das Schleifen erfolgt auf der Maschine über die gesamte Breite. Auch die Deckelgarnituren können auf der Maschine oder auf speziellen Schleifmaschinen geschliffen werden. Nach jedem Schleifvorgang reduziert sich die Zahl der Nissen im Vlies wieder, aber nicht mehr auf das niedrige Niveau des Ausgangszustands, da die Spitzenflächen immer größer werden und zudem weichere Zahnbereiche freigesetzt werden, die sich schneller abnutzen. Damit wird die Lebensdauer der Garnitur begrenzt. Als Schleifintervalle wählt man beim Tambour etwa 80.000–150.000 kg Faserdurchsatz (Baumwolle), beim Deckel 120.000–150.000 kg Faserdurchsatz bis zum ersten Schleifen (abhängig von der Nissenzahl im Vlies/Kardenband). Weitere Schleifvorgänge erfolgen nach 80.000–120.000 kg Faserdurchsatz.
Abnehmergarnituren werden weniger oft geschliffen, da sie nicht so stark beansprucht werden. Eine Ausnahme bilden Garnituren der Chemiefaserverarbeitung, die öfter geschliffen werden müssen, jedoch mit geringerer Schleiftiefe. Vorreißer werden nicht nachgeschliffen, sondern nach einem Durchsatz von 100.000–200.000 kg ersetzt.
Neueste Karden bieten automatische, selbstregulierende Nachschleifmöglichkeiten und automatische Abstandseinstellung der Garnituren. Das kontinuierliche, automatische Nachschleifen moderner Karden ergibt geringere Qualitätsschwankungen im Garn.

Garniturstandzeiten, Lebensdauer der Garnituren. Die Standzeiten der Tambourgarnituren werden mit der Faserdurchsatzmenge angegeben und liegen bei 300.000–600.000 kg. Da die Garnituren durch die Fasern abgenutzt und die Kanten abgerundet werden, muss immer wieder nachgeschliffen werden (→ Garniturschleifen).
Literatur: W. Klein, Die Kurzstapelspinnerei, Band 2: Putzerei und Karderie, The Textile Institute, Manchester, UK 1991.

Garniturwirkung, die Wirkung einer Garnitur wird von der Spitzenzahl pro Flächeneinheit und der Drehzahl der Zylinder wesentlich beeinflusst. Entscheidend ist das Produkt aus Spitzenzahl pro Flächeneinheit und Flächengeschwindigkeit. Niedrige Spitzenzahlen lassen sich bedingt durch höhere Walzendrehzahlen ausgleichen, wobei allerdings auch der Walzendurchmesser und die damit zusammenhängende Zentrifugalkraft von Bedeutung sind. Zudem wirken sich Zahnform, Aggressivität, Eingrifftiefe (Zahnhöhe), Garniturzustand sowie Einflüsse der Luftströmung aus.

Garniturzahnformen, die Garniturzahnformen der → Ganzstahlgarnituren unterscheiden sich in Abhängigkeit von den zu verarbeitenden Materialien und der Position im Verarbeitungsprozess.

Grundsätzlich unterscheidet man bezüglich des Rohstoffs:

1. Baumwollgarnituren: sind spitz, scharfkantig und haben einen positiven, größeren Brustwinkel; sie sind aggressiv
2. Chemiefasergarnituren: sind weniger scharf und haben einen geringen positiven oder sogar negativen Brustwinkel; sie sind eher schonend
3. Nadelgarnituren: mit runden Spitzennadeln sind für die sehr schonende Auflösung von empfindlichen Fasern geeignet

Hinsichtlich der Position unterscheidet man:

1. Öffner- und Reinigergarnituren
2. Vorreißergarnituren
3. Tambourgarnituren
4. Abnehmergarnituren

Grundsätzlich ergeben sich weitere, wesentliche Unterschiede durch die Zahntiefe und die Spitzenzahl pro Quadratzoll. Höhere Spitzenzahlen und größere Zahntiefen ergeben eine aggressivere Wirkung der Garnitur.

Garnkenngrößen (Garnparameter), die wichtigsten Kenngrößen der Garne sind:

a) Spinnfasern:
   1. Feinheit und ihre Schwankungen (zulässige Toleranzen nach dem Deutschen Garnkontrakt)
   2. Feuchtigkeitsgehalt bzw. Konditioniergewicht
   3. Festigkeit (Bruchfestigkeit)
   4. Dehnung
   5. Uster-Ungleichmäßigkeit
   6. Imperfections/Unreinheiten
   7. Schwachstellen (Tensojet)
   8. Drehung und ihre Schwankungen
   9. Haarigkeit
   10. Seltene Garnfehler/Classimat-Fehler
   11. Fremdfasern
   12. Garnstruktur
   13. Garnabrieb
   14. Scheuerfestigkeit
   15. Schlingenfestigkeit
   16. Knotenfestigkeit
   17. Biegesteifigkeit
   18. Garnstruktur
   19. Garnvolumen

b) Filamente (glatt):
   1. Feuchtigkeitsgehalt bzw. Konditioniergewicht
   2. Drehung
   3. Garnfeinheit/Titer
   4. Festigkeit (Bruchfestigkeit)
   5. Dehnung
   6. Avivagenanteil
   7. Spulenaufbau und Qualität
   8. Filamentbrüche
   9. Interlaces

c) Filamente (texturiert):
   1. Feuchtigkeitsgehalt bzw. Konditioniergewicht
   2. Drehung
   3. Garnfeinheit/Titer
   4. Festigkeit (Bruchfestigkeit)
   5. Dehnung
   6. Kräuselkontraktion bzw. Einkräuselung
   7. Kräuselbeständigkeit
   8. Schrumpf (trocken/nass)
   9. Filamentbrüche
   10. Spulenaufbau und Qualität
   11. Interlaces

d) Monofilamente:
   1. Filamentdurchmesser
   2. Feuchtigkeitsaufnahme und Dimensionsstabilität
   3. Spulenaufbau
   4. Festigkeit und Dehnung
   5. Schmelztemperatur
   6. Thermische Dauerbelastbarkeit
   7. Chemikalienbeständigkeit
   8. Schrumpfeigenschaften (Thermoschrumpf und Schrumpfkraft)
   9. Alterungs- und Wetterbeständigkeit
   10. Elektrische Eigenschaften

Garnkern, der von den Fasern beim Spinnen gebildete innere Garnkörper ohne den äußeren Fasermantel. Unterschiede der Faserorientierung im Garnkern ergeben sich durch die Spinnverfahren. Beispiele:

1. Ringgarn: Der Kern ist weniger gedreht und lockerer als der Garnmantel, da die Drehung von außen nach innen erfolgt.
2. OE-Rotorgarn: Der Kern ist stärker gedreht und fester als der Mantel, da sich die Garnbildung durch Drehung der Garnspitze um die eigene Achse ergibt.
3. Luftgesponnene Garne (MJS, MVS): Der Kern ist eher parallel und ungedreht, die äußeren Mantelfasern halten durch Umwindung den Kern zusammen.

Durch den unterschiedlichen Kern-Mantel-Aufbau der Garne ergeben sich bei gleichem Rohstoff und gleicher Garnfeinheit Unterschiede bei wichtigen Eigenschaften. So ist beispielsweise das OE-Rotorgarn scheuerfester als das Ringgarn, da der stärker gedrehte Kern das Garn bei Scheuerbeanspruchung länger stabil hält.

Garnkontrakt, → Deutscher Garnkontrakt.

Garnkörper, Garn, bestehend aus den im Garnkern und im Garnmantel eingebundenen Fasern, ohne die abstehenden Haare (freie Faserenden) oder freien, nicht eingebundenen Faserschlingen.

Garnkräfte, das Garn wird zunächst auf Zug beansprucht. Dadurch entsteht eine Zugspannung (→ Fadenspannung), die beim Spulen größtenteils im Garn erhalten bleibt, solange sich das Garn nicht entspannen kann.

Bei der Verarbeitung wird das Garn weiteren Kräften unterworfen z. B.:

a) Biegekräfte
b) Torsionskräfte
c) Scherkräfte
d) Scheuerbeanspruchungen
e) Reibbeanspruchungen

Garnmantel, äußerer Bereich des Garnkörpers (→ Garnkern), der in Abhängigkeit vom Spinnverfahren sehr unterschiedlich sein kann, z. B.:

a) gleichmäßige Drehung, Parallellage
b) ungleichmäßige Drehung, Wirrlage
c) Einzelfasern
d) Faserbündel
e) Filamente

Garnmasseschwankungen, durch die Verwendung begrenzter Spinnfasern und deren Anlagerungen aneinander im Garn, durch eine ungleichmäßige Faservorlage sowie durch Schwankungen der Maschinendrehzahlen entstehen immer Masseschwankungen im fertigen Garn. Die Schwankungen hängen von den Rohstoffeigenschaften (z. B. Feinheitsverteilungen, Längenvariationen, Oberflächenveränderungen usw.) und von den Verarbeitungsprozessen (Maschinensteuerung usw.) ab. Die Garnmasseschwankungen werden meist mit Hilfe der kapazitiven Uster-Messung bestimmt und als Maß für die Garngleichmäßigkeit herangezogen. Dafür werden die Mittelwerte der Garnmasse über eine bestimmte Länge und die Abweichungen der Garnmasse von diesem Mittelwert mit Hilfe des Variationskoeffizienten der Masseabweichungen angegeben [Uster-Wert, → CV-Wert (CV m)].

Garnmerzerisierung, → Merzerisieren.

Garnnummer, → Garnfeinheit, → Nummerierungssysteme.

Garnnummernabweichungen, Garnfeinheitsschwankungen. Produktionsschwankungen führen zu Veränderungen der Garnfeinheiten im Verlauf der Produktionszeit. Diese Schwankungen werden mit der

Bestimmung der Garnfeinheit festgestellt. Abweichungen der Garnfeinheit über große Längen führen zu Streifenfehlern in Gestricken und Geweben. Zulässige Schwankungsgrenzen der Garnfeinheit werden im Deutschen Garnkontrakt (siehe Anhang, S. 529) angegeben.

Garnparameter, der Aufbau eines Garns wird durch folgende Parameter definiert:

a) Feinheit
b) Anzahl von Filamenten (bei Filamentgarnen)
c) Filamentmischung (Titermischung, Materialmischung)
d) Anzahl Folienbändchen
e) Glatt oder texturiert (Filamentgarn)
f) Drehungs- bzw. Windungsrichtung
g) Drehungs- bzw. Windungsanzahl pro Meter
h) Drehungsaufbau (z. B. Kern-Mantel)
i) Fachung
j) Umwindungsrichtung
k) Umwindungsschichten
l) Gleichmäßigkeit
m) Haarigkeit
n) Verwirbelungsstellen (Interlaces, Filament)

Garnpartie, Garn-Produktionsmenge gleicher Qualität aus gleichem Herstellungsprozess, als Basis eines Handelsvertrags.

Garnphysik, Wissenschaftliche Betrachtung der mechanischen und physikalischen Eigenschaften von Garnen mit mathematischen Methoden. Sie wurde besonders von einer Gruppe englischer und weltweit tätiger Wissenschaftler um Prof. J. W. S. Hearle am Institut für Textiltechnologie der Universität Manchester (früher UMIST) vorangetrieben und in zahlreichen Publikationen veröffentlicht. Sie fand Anwendung für technische Textilien insbesondere in der Raumfahrt (NASA, USA) und in anderen Hochtechnologiebereichen. Ähnliche Arbeitskreise von Physikern und Mathematikern gab es auch in Russland (ehem. UdSSR).

Garnprüfung, die Garnprüfung erfolgt mit verschiedensten Prüfgeräten entweder im Labor (off-line) oder zunehmend an der Maschine, während des Produktionsprozesses.

A) Spinnfasergarne/Stapelfasergarne
  1. On-line-Prüfungen (In-line-Prüfungen) z. B. bei OE-Rotorgarn (z. B. mit Garnreinigern):
    a) Garnfehler, seltene Fehler
    b) Fadenbruch- und Produktionsüberwachung
    c) Fadenbruchbehebung/Spleissen
    d) Fadenspannung und Abweichungen
    e) Garngleichmäßigkeit und Abweichungen
    f) periodische Fehler (Moiré)
    g) Imperfections (Dünnstellen, Dickstellen, Nissen)
    h) Haarigkeit und Abweichungen
    i) Schwachstellen
  2. Laborprüfungen (off-line):
    a) Drehung und Abweichungen
    b) Feinheitsprüfung und Schwankungen
    c) Festigkeit und Dehnung
    d) Scheuerfestigkeit und Aufschieber
    e) Abrieb
    f) Feuchtigkeitsbestimmung (Konditionierung, teilweise automatisch im Betrieb)
    g) Anfärbbarkeit
    h) Garntafel/Moiré
B) Filamentgarne (texturiert):
    a) Fadenspannung und Abweichungen
    b) Fadenbruch- und Produktionsüberwachung
    c) Titer/Garnfeinheit und Schwankungen
    d) Filamentbrüche und Spulenaufbau

e) Kräuselkennwerte (Einkräuselung)
f) Schrumpf
g) Festigkeit und Dehnung

Garnquerschnitt, die Schnittfläche von Garnen unter einem Winkel von 90° zur Garnachse. Sie wird mit Hilfe eines Mikrotoms hergestellt. Die Querschnittsfläche der Garne bezieht sich auf die vom Garnumfang eingeschlossene Fläche. Die Abbildungen der Querschnitte erlauben eine Aussage über die Faserverteilung im Garn, ihre Art und Gleichmäßigkeit (z. B. bei Mischungen Baumwolle/Polyester).

Garnrecycling, die Wiederverwertung von Garnresten der Spinnerei oder der Weiterverarbeitungsprozesse. Aufbereitete, zerrissene Garne aus wiederverwerteten Textilien werden in Form von Reißfasern, Reißbaumwolle oder Reißwolle wieder zu Garnen, Vliesstoffen oder Füllmaterialien, auch für Verbundwerkstoffe, verarbeitet. Kürzeste Faserreste, auch gemahlene Textilfasern, können noch für die Papierherstellung verwendet werden. → Abfallaufbereitung.

Garnreiniger, Prüfsysteme an der Spulmaschine oder an der OE-Rotor- oder Luftspinnmaschine zum Ermitteln von störenden Garnfehlern, dem Entfernen der Fehler und erneutem Verbinden der Garne durch Spleißen oder Knoten. Zusätzlich können Garnreinigersysteme heute zur kontinuierlichen Kontrolle des Produktionsprozesses (Fadenbruchzahlen, Still-

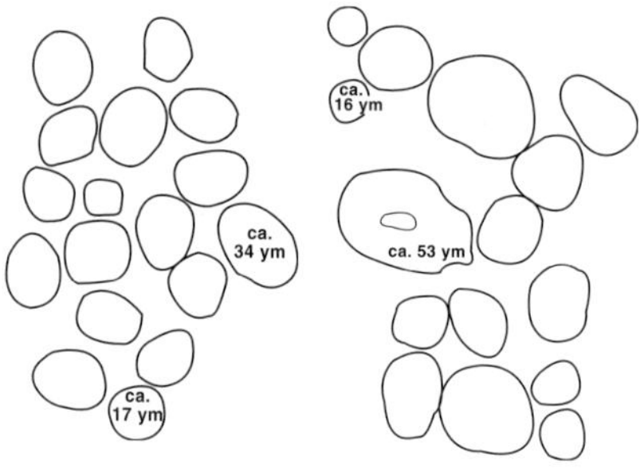

Abb. 1: Querschnitt eines Wollkammgarns

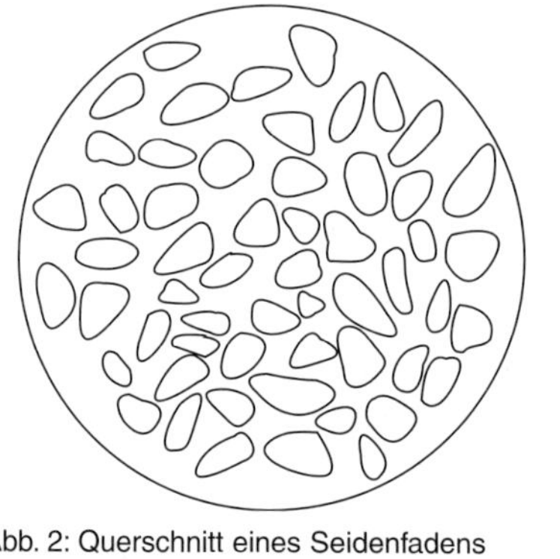

Abb. 2: Querschnitt eines Seidenfadens
Quelle: H. Mengel, Hochschule Reutlingen

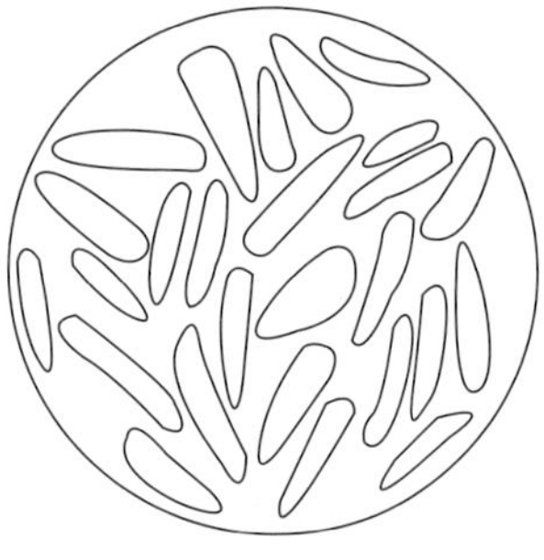

Abb. 3: Querschnitt eines Tussah-Seidenfadens (Wildseide)
Quelle: H. Mengel, Hochschule Reutlingen

Abb. 4: Querschnitt eines Baumwollgarns
Quelle: H. Mengel, Hochschule Reutlingen

stände, Produktivität) und zur Prüfung der Garnqualität eingesetzt werden. Garnreiniger arbeiten mit optischen Lichtwellen (sichtbares Licht, UV-Licht, Infrarotlicht, Laserlicht) und deren Reflexion, Brechung, Diffusion und Absorption unter verschiedensten Messwinkeln.
Eine weitere Möglichkeit ergibt sich mit kapazitiven Messsensoren. Künftige Messsensoren können 3D-Bilder des Garns erstellen (wie Computertomografen) oder kontinuierliche Querschnittsbilder für Faserstoffanalysen liefern.

Garnreinigung, Entfernen (Herausschneiden) von seltenen Garnfehlern (z. B. lange Dünn- oder Dickstellen im Garn oder Faseranhäufungen wie Nissen und Noppen, Aufschieber usw.). Für die Garnreinigung gibt es Fehlergrenzen, die nach den Kundenanforderungen oder Verarbeitungsanforderungen der Weberei oder Strickerei festgelegt werden. Damit gibt es immer eine Unterscheidung zwischen akzeptablen Fehlern im Garn (je nach Anforderungskatalog des Kunden) und Fehlern, die entfernt werden müssen, um ein verarbeitbares Garn und eine für den Kunden akzeptable Qualität der Fertigware zu erhalten. Dazu muss auch festgestellt werden, ob periodische Fehler (Moiré) im Garn vorhanden sind.

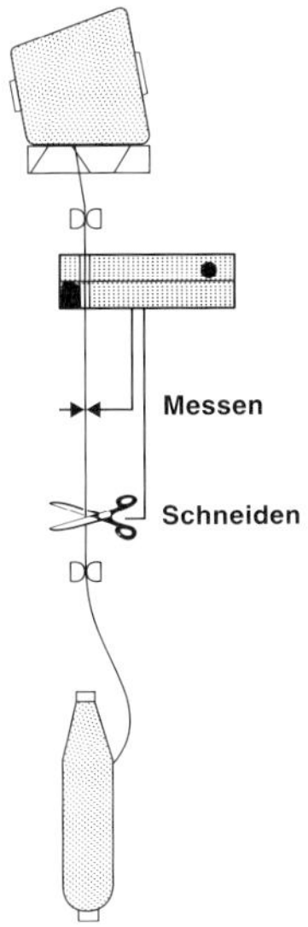

Abb.: Prinzip der Spulmaschine mit Garnfehlererkennung und Garnreinigung
Quelle: Schlafhorst-Saurer GmbH, Mönchengladbach

Garnreißfestigkeit, → Garnfestigkeit und Dehnung.

Garnschnitt, kurzer oder längerer Garnabschnitt als Bezugsgröße (z. B. für die Garngleichmäßigkeit, Bezugslänge bzw. Schnittlänge).

Garnschrumpf, Garne (Fasern, Filamente) schrumpfen bei Wärmebehandlung grundsätzlich mehr oder weniger stark, d. h., sie werden kürzer (im Gegensatz zu Metallfäden, die bei Wärmebehandlung länger werden). Zur Bestimmung des Garnschrumpfs wird die Ausgangslänge bestimmt (Fadenstück, Stranglänge, Abmessungen des Flächengebildes, Länge der Faser), dann die Messprobe einer Wärmebehandlung unterzogen und danach erneut gemessen.
Behandlungsmethoden (Beispiele):

1. 30 min Kochen
2. 30 min Kochen mit Carrier (entspricht Carrier-Färbung)
3. 1 Stunde bei 125 °C in Wasser (entspricht Hochtemperatur-Färbung)
4. 3–15 min bei 190 °C in Heißluft (entspricht einer Gewebefixierung)
5. 10 min Schock-Kochschrumpf (Auslösung des optimalen Schrumpfs bei physikalisch modifizierten Polyester-Hochschrumpffasern)
6. 15 s Bügeln bei 160 °C oder 180 °C (Spuhr'sche Bügelpresse)
7. Maschinenwäsche (Temperatur je nach Rohstoff)
8. Handwäsche

Das Ergebnis ist der Schrumpf in Prozent als Verhältnis der Längendifferenz (Ausgangslänge minus Endlänge) zur Ausgangslänge multipliziert mit 100.
Die Schrumpfwerte normaler textiler Garne liegen bei den aufgeführten Behandlungsmethoden zwischen 1 und 15 %. Garne aus Hochschrumpffasern schrumpfen zwischen 20 und 60 % je nach Type und Behandlung.

Garnsortierung (Nummernbestimmung), Bestimmung der Garnfeinheit durch Weifen einer festgelegten Garnlänge (üblicherweise 100 m Garn, aufgewickelt auf einer Garnweife mit Umfang 1 m) und Abwiegen auf einer Garnwaage (z. B. Pendelwaage oder elektronische Feinwaage), die sofort die Garnfeinheit anzeigt. Zur Bestimmung eines genaueren Mittelwerts werden 5–10 Messungen durchgeführt.

Garnspannung, → Fadenspannung.

Garnspeicher (Fournisseur für Strick- und Webmaschinen), angetriebene Garnwickelvorrichtung, die größere Garnlängen für den Schusseintrag aufnehmen und durch axialen Garnabzug schnell abgeben kann.

Garnspeicher (Spinnvorgang), beim Spinnvorgang werden Garnspeicher (zeitweise Absaugung) benutzt, um beim Spulenwechsel ohne Fadentrennung oder bei einer Fehlerbehebung das Garn kurzzeitig zu speichern und danach wieder aufzuspulen. Eingesetzt bei der Murata-MVS-Vortex-Luftspinnmaschine.

Garnspleißverbindungen, → Spleißen.

Garnspulenaufbau, → Spulenaufbau.

Garnspulenformate, → Spulenformen.

Garnsteifigkeit, Widerstandsmoment der Garne gegen Biegebeanspruchung. Dickere Garne (aus gröberen Garnen oder gröberen Filamenten) weisen eine höhere Biegesteifigkeit auf. Dasselbe gilt für hochgedrehte Garne.

Garnstruktur, geometrische Anordnung der Einzelfasern oder Filamente im Garn, wobei grundsätzlich Garnkern, Garnmantel mit Haarigkeit des Garns (vom Garnkern abstehende Haare oder Schlingen) unterschieden werden. Die Struktur des Garnkerns wird bestimmt durch Art und Aufbau der Drehung (Steigungswinkel der Fasern in Bezug zur Garnachse, Drehungsstruktur) und die Parallellage der Fasern oder deren Abweichungen (Faserorientierung, Häkchen, Parallelisierungsgrad) sowie störende Faserpakete (Kurzfasern). Dazu kommen Abweichungen oder Veränderungen, die in größeren Abständen vorkommen (Bauchbinden beim OE-Rotorgarn, Schlingen, Aufschieber, Verwirbelungsstellen (Interlaces bei Filamentgarnen) und ähnliche → Garnfehler.

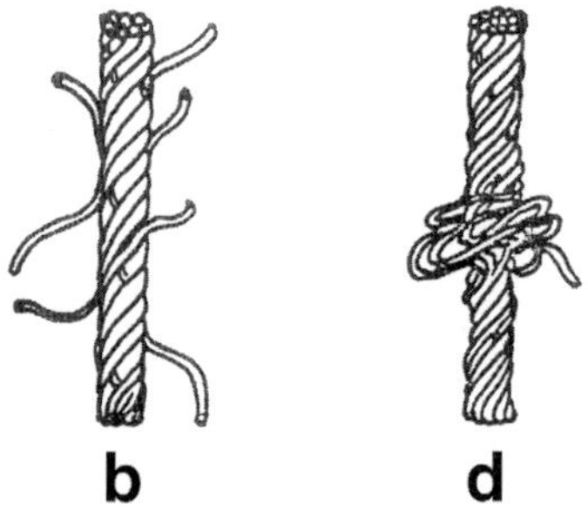

Abb. 1: Modell eines Spinnfasergarns und seiner Oberfläche (I)
b – Ringgarn mit abstehenden Fasern (Haarigkeit),
d – Ringgarn mit Faseraufschiebung an der Oberfläche (Garnnisse)
Quelle: ITR Reutlingen / ITV Denkendorf

Abb. 2: Modell eines Spinnfasergarns und seiner Oberfläche (II)
a – ideales Ringgarn (ideales Kompaktgarn),
c – Ringgarn mit Faserschlingen
Quelle: ITR Reutlingen / ITV Denkendorf

Garntafel (Reutlinger Garntafel), rechteckige oder konische Karton-, Blech- oder Kunststofftafel, auf die ein Garn so aufgewickelt wird, dass parallele Garnlagen entstehen, die eine optische Beurteilung der Gleichmäßigkeit des Garns und seiner Fehler (Dünnstellen, Dickstellen und Nissen) durch parallele Bewicklung mit Garnen ermöglichen. Erkennung von Garnfehlern wie Dünnstellen, Dickstellen, Nissen und Haarigkeitsunterschiede. Die Konizität der Tafeln ermöglicht die Sichtbarmachung des Moiré-Fehlers in Garnen (periodische Dünn- und Dickstellen), der zu Streifenfehlern in Geweben und Gestricken führen kann, aber im Garn selbst und auf rechteckigen Garntafeln nicht erkennbar ist. Entsprechende Wickelgeräte wurden schon ab 1930 von der Fa. Zweigle in Reutlingen hergestellt und in den Spinnereien zur Garnbeurteilung verwendet. Mit optischen Garngleichmäßigkeitsprüfgeräten (Zweigle) und Rechnersystemen kann eine Garntafel (wie auch das Gestrick oder Gewebe) simuliert und bildlich dargestellt werden.

Garntorsion, Garnverdrehung um die Längsachse (Garnachse).

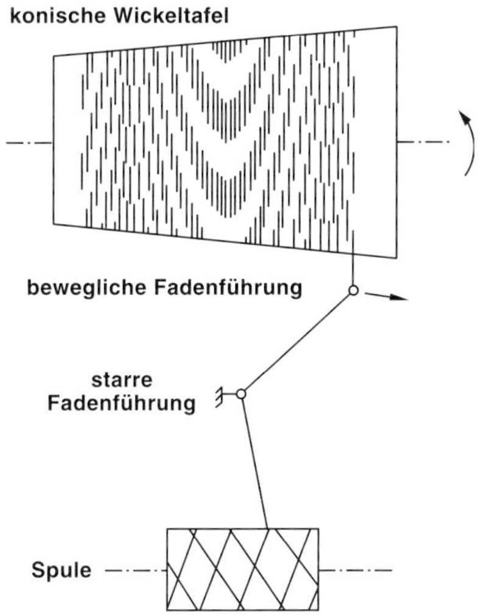

Abb.: Prinzip der Aufwicklung einer Garntafel; Garn mit periodischen Dickstellen (Moiré-Effekt)
Quelle: I. Janetzky, Vorlesungsunterlagen Hochschule Reutlingen

Garnträger, Aufnahmeelemente unterschiedlichster Art für Garne wie Hülsen aus Karton, Kunststoff oder Metall (Garnfärbung, Nähmaschinenspule), ohne oder mit Begrenzungsscheiben, Holzspindeln (Schützencops) oder Metalltöpfe (Topfspinnen), flache Scheiben aus Karton (Musterkarte), Kunststoff oder Metall (Garntafel).

Garntypen (nach DIN), nach DIN 60900-1 (Auszug) werden folgende Garntypen unterschieden:

1. Einfachgarn
   a) Spinnfasergarn
   b) Filamentgarn
      - Glattes Filamentgarn
      - Glattes Multifilamentgarn
      - Texturiertes Filamentgarn
      - Texturiertes Multifilamentgarn
      - Verwirbeltes Filamentgarn
   c) Monofil (auch Draht)
      - Glattes Monofilamentgarn
      - Texturiertes Monofilamentgarn

   d) Bändchengarn
      – Glattes Folienstreifengarn
      – Splitfolienstreifen-Garn
      – Fibrilliertes Foliengarn
      – Düsenbändchengarn
2. Gefachtes Garn
3. Zwirn
   a) Einstufiger Zwirn
   b) Zweifacher Zwirn (Zweifachzwirn)
   c) Mehrfacher Zwirn (Mehrfachzwirn)
   d) Mehrstufiger Zwirn
   e) Vorzwirn
   f) Auszwirn
4. Spezialgarne
   a) Umspinnungsgarn (Coregarn)
   b) Umwindegarn
   c) Einstufiges Umwindegarn
   d) Zweistufiges Umwindegarn
   e) Mehrstufiges Umwindegarn
   f) Verwirbelte Garne

Garn- und Zwirnbezeichnungen (allgemein), für die Bezeichnung der Zwirne gibt es nach DIN/EN exakte Definitionen nach dem metrischen System (Nm) oder Tex-System, wie z. B.:

1. Nm 20/2 = Zwei Garne mit der Feinheit Nm 20 werden gezwirnt.
   Nm 20 Z 680/2 S 360 = Zwei Garne der Feinheit Nm 20 mit 680 Garndrehungen pro Meter in Z-Richtung werden zu einem Zwirn in S-Richtung mit 360 Zwirndrehungen pro Meter gezwirnt.
2. 50 Tex × 2 = Zwei Garne mit der Feinheit 50 Tex (= Nm 20) werden gezwirnt.
   50 Tex Z 680 × 2 S 360 = Zwei Garne der Feinheit 50 Tex mit 680 Garndrehungen pro Meter in Z-Richtung werden zu einem Zwirn in S-Richtung mit 360 Zwirndrehungen pro Meter gezwirnt.

Garn- und Zwirnbezeichnungen nach dem Tex-System,

1. Einfachgarne:	
Spinnfasergarn 40 tex mit 660 T/m und Z-Drehung:	40 tex Z 660
Monofilament 17 dtex ohne Drehung	17 dtex f 1 t 0
Monofilament mit Drehung	17 dtex f 1 S 800 Endtiter T 17,4 dtex
Multifilament ohne Drehung, 133 dtex	133 dtex f 40 t 0
Multifilament mit Drehung	133 dtex f 40 S 1.000 Endtiter T 136 dtex
2. Gefachte Garne:	
Fachung zweier gleicher Spinnfasergarne	40 tex Z 600 × 2 t 0
Fachung zweier verschiedener Spinnfasergarne	(25 tex Z 8.000 + 40 tex Z 600) t 0
3. Zwirne:	
Zwirn aus zwei gleichen Garnen	40 tex Z 600 × 2 S 400 T 82 tex
Zwirn aus zwei unterschiedlichen Garnen	(40 tex Z 600 + 25 tex Z 800) S 450
Mehrstufige Zwirne	(20 tex Z 700 × 2 S 400) × 3 Z 200
Mehrstufige Zwirne aus verschiedenen Garnen	(20 tex Z 700 × 3 S 400 + 34 tex S 600) Z 200

Tab.: Garn- und Zwirnbezeichnungen nach dem Tex-System

Garnungleichmäßigkeit, → Gleichmäßigkeit, → Garnmasseschwankungen.

Garnverbindung, → Fadenverbindung.

Garnveredlung, Nachbehandlung des Rohgarns zur Verbesserung bzw. Veränderung der Garneigenschaften. Dazu gehören z. B.:
a) Merzerisieren (Baumwollgarn)
b) Sengen
c) Glätten (nass bürsten)
d) Polieren
e) Paraffinieren
f) Bleichen
g) Färben
h) Prägen (Prägeeffekte)
i) Bedrucken
j) Lüstrieren
k) Texturieren (Filamentgarne)
l) Verwirbeln (Interlacing)
m) Mischen (Intermingling)
n) Fachen
o) Zwirnen
p) Ausrüsten
q) Veränderung der Oberfläche (Plasmabehandlung u. a.)

Garnverfestigung, Nachbehandlung von Filamentgarnen durch Zug- und Wärmebehandlung (unter Spannung), durch Dämpfen zur Verringerung der Kräuselung und Kringelneigung (Filamentgarne, SET-Prozess), Verringerung der Dehnung und Erhöhung der Garnfestigkeit.

Garnverwirrung, Garnfehler, Wirrlage des Garns, beim Spulen erzeugt durch gleichzeitiges Abziehen mehrerer Garnlagen von der Vorlagespule (oder vom Cops).

Garnweife, → Haspel.

Garnwerte, → Garnparameter.

Garnwickel,
1. Spulfehler, der während des Spulvorgangs durch Garnumschlingungen und -schleifen, verursacht durch Fadenspannungsschwankungen, entsteht.
2. Mit Hilfe einer Garnweife in Strangform aufgewickeltes Garn.

Gasieren, → Sengen.

Gasierter Zwirn, → Gasiertes Garn.

Gasiertes Garn, Garne (Zwirne), deren Haarigkeit durch → Sengen deutlich reduziert wurde.

Gatter, Vorrichtung zum Vorlegen (Aufstecken) vieler Spulen (z. B. Kreuzspulen) auf Spulendorne, gelegentlich drehbar oder angetrieben (Monofilamentspulen) für die Schärmaschine, Zettelmaschine, Kettwirkmaschine, Tuftingmaschine, Teppichmaschine, Flachstrickmaschine oder in runder Form für die Rundstrickmaschine.

Gebündeltes Garn, Garnstrang.

Gedoppeltes Garn, → Gefachtes Garn.

Gefachtes Garn, Garn, das aus zwei oder mehr parallel aufgespulten, nicht miteinander verdrehten Garnen besteht, entweder als Vorlage für die spätere Verzwirnung oder zur direkten Verarbeitung (z. B. als Schuss im Gewebe oder als Flottierung im Gestrick usw.).

Geflecht, textiles Flächengebilde, das aus diagonal zur Warenkante sich kreuzenden Fäden besteht, die durch → Flechten verbunden wurden.
Man unterscheidet:
1. Handgeflechte (z. B. Kordeln, Zopf)
2. Maschinengeflechte:
   a) Flachgeflechte (Litzen, Tressen)

b) Rundgeflechte oder Hohlgeflechte (Kordeln, Schläuche, Schuhbänder)
c) Durchbrochene Geflechte (Spitzen, Einsätze)
d) Spezialgeflechte bzw. technische Geflechte

Gekämmte Garne (gekämmte Baumwollgarne, Kämmgarne), zur Herstellung feiner und feinster Baumwollgarne ab etwa Nm 50 (20 tex) müssen Mittel- und Langstapelbaumwollen eingesetzt und ausgekämmt werden. Der Kämmlingsanteil, ausgekämmte Kurzfasern (kürzer als ½ Zoll bzw. 12,7 mm, kann je nach Rohstoff bis zu 24 % betragen (supergekämmt). Dadurch werden die Garne gleichmäßiger, glänzender, fester und haben eine geringere Haarigkeit. Garnfeinheiten bis Nm 300 (extrem bis Nm 500) sind herstellbar.

Gelege, textiles Flächengebilde, zu dessen Herstellung Garne parallel in eine bestimmte Richtung gelegt werden. Damit können höchste Zugkräfte erreicht werden. Die Verbindung kann durch Nähen (z. B. Malimo) oder Verkleben erfolgen. Gelege werden gerne für technische Verbundwerkstoffbauteile (z. B. Flugzeugbau) verwendet. Garngelege können auch gekreuzt oder in Wirrlage auf einer Fläche (z. B. auf Vlies) aufgelegt werden und mit der Fläche verbunden (durch Verkleben, Vernähen, Vernadeln) und zur Verfestigung in unterschiedlichen Fadenrichtungen dienen (Verbundstoffe).

Gelspinnen, Chemiefaserspinnverfahren, bei dem durch spezielle Lösungsmittel eine gelartige Spinnmasse erzeugt wird, die bereits beim Spinnen eine extrem hohe Molekülorientierung in Längsrichtung ermöglicht und zur Erzeugung hochfester technischer Filamentgarne benutzt werden kann.

Genappe (Fil d`Ecosse),
1. Gesengter (gasierter) Kammgarnzwirn mit harter Drehung
2. Feiner, gesengter Baumwollzwirn mit harter Drehung, merzerisiert mit waschfestem Glanz

Geruchsbindende Garne, neue Chemiefasertypen, die durch Nachbehandlung oder Modifikation Geruchsmoleküle absorbieren bzw. binden können (z. B. mit Zyklodextrinen).

Gesamttiter, Gesamtfeinheit eines Garns oder Zwirns.

Gesamtverzug, der Gesamtverzug ergibt sich aus dem Produkt aller Verzüge, die nacheinander angewandt werden.

Gespinst, → Garn.

Gewebe, textile Flächengebilde, meist zweidimensional (dreidimensional möglich), die in der einfachsten Form aus sich rechtwinklig kreuzenden Fäden (Garnen), den parallel angeordneten Kettfäden (Längsfäden in Transport- bzw. Produktionsrichtung) des Gewebes und den rechtwinklig hierzu eingetragenen Schussfäden bestehen. Kettfäden benötigen eine höhere Festigkeit als Schussfäden, weshalb sie eine höhere Drehung aufweisen und oft gezwirnt werden. Auch glatte Filamentgarne werden gerne als Kettfäden eingesetzt. Schussfäden können voluminöser und weniger gedreht sein. Oft werden auch texturierte Filamentgarne (z. B. Set-Garne oder lufttexturierte Garne) als Schussfäden eingesetzt.
Die Art des Gewebes wird durch die Gewebebindung bestimmt. Die Qualität des Gewebes (Stoffs) wird bestimmt durch:
a) Qualität des Rohstoffs bzw. Fasermaterials (Faserfestigkeit, Kurzfasern, Reifegrad bei Baumwolle, Temperaturbeständigkeit bei Chemiefasern u. a.)

b) Qualität des Garns (Garnfestigkeit, Drehung, Gleichmäßigkeit, Haarigkeit, Biegesteifigkeit u. a.)
c) Feinheit der Garne und Anzahl der Kett- und Schussfäden pro Zentimeter (= Einstellung)
d) Flächengewicht des Gewebes (Quadratmetergewicht)
e) Gewebebindungsart (Leinwandbindung, Atlasbindung, Köperbindung u. a.) und Musterung, Anzahl der Kett- und Schusssysteme
f) Ausrüstung und Färbung
g) Veredlung und Beschichtung bzw. Laminierung
h) Beanspruchung bzw. Schädigung während der Verarbeitung

Gewebebindung, Art und Folge, d. h. Gesetzmäßigkeit der Fadenverkreuzungen im Gewebe. Man unterscheidet Grundbindungen und abgeleitete Bindungen. Die Darstellung der Bindung erfolgt mit Bindungspatronen (Patronen); die Wiederholung wird als Bindungsrapport bezeichnet. Die Bindung gibt dem Gewebe den erforderlichen Zusammenhalt und bestimmt seine Struktur und damit weitgehend die Gewebeeigenschaften. Die Gewebebindung entsteht auf der Webmaschine durch Heben und Senken der Kettfäden zur Bildung eines Webfachs, in das der Schussfaden eingetragen wird.
Die Kurzzeichen der Gewebebindung bestehen aus dem Anfangsbuchstaben der Bindungsnamen (L – Leinwandbindung, R – Ripsbindung, P – Panamabindung, K – Köperbindung) und einem Zahlensymbol. Dabei bedeuten die über dem Bruchstrich stehenden Ziffern die Anzahl der Hebungen des Kettfadens, die unter dem Bruchstrich stehenden Ziffern die Anzahl der Senkungen des ersten Kettfadens im Bindungsrapport in der entsprechenden Reihenfolge der Bindung. Der Bindungsrapport ergibt sich aus der Wiederholung der Bindungspatrone im Gewebe.
Kleine Muster werden auf Webmaschinen mit Schaftmaschinen zur Kettfadensteuerung hergestellt, großflächige Motive mit Hilfe der Jacquardmaschine, mit der mehr als 1.000 Kettfäden einzeln und beliebig gesteuert werden können. Mit Zusatzeinrichtungen sind Reliefgewebe (Frottierwaren, Samt, Plüsch u. a.) herstellbar.

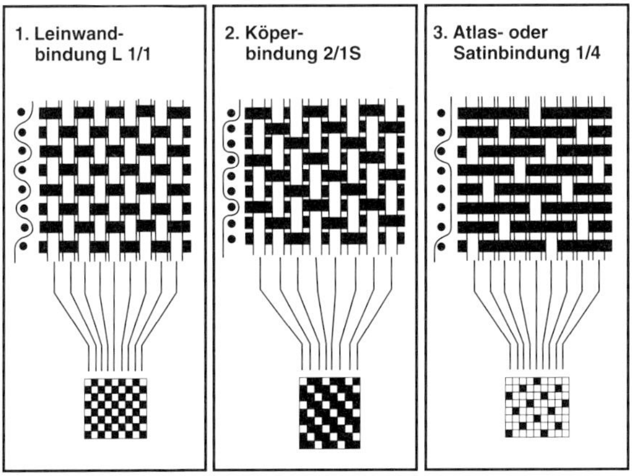

Abb.: Beispiele für einfache Gewebebindungen
Quelle: Verband der Baden-Württembergischen Textilindustrie e. V.

Grundbindungen:
1. Leinwandbindung (Tuchbindung bei Wollstoffen, Kattunbindung bei Baumwolle, Taftbindung bei Seidenstoffen). Die Leinwandbindung ist die einfachste Bindung; sie ergibt sich durch regelmäßige Abfolge der Kett- und Schussfäden. Dementsprechend ergibt sich die kleinste Bindungspatrone mit vier Garnen, je zwei Kett- und zwei Schussfäden. Beide Gewebeseiten sehen gleich aus, das Gewebe ist sehr gleichmäßig.
2. Köperbindung (Kettköper, Schussköper, Mehrgratköper, Denim u. a.): Grundbindungsart mit flottierenden Fäden, wobei die schräg nebeneinander angeordneten Bindungspunkte einen diagonal verlaufenden Grat (Köpergrat) bilden, der je nach Bindung mehr oder weniger stark ausgeprägt sein kann. Eine Bindungspatrone umfasst mindestens drei Kett- und drei Schussfäden.
3. Atlasbindung (Satinbindung, Kettsatin, Schusssatin): Die Bindungspunkte sind gleichmäßig verteilt, berühren sich nicht, es entstehen längere Flottierungen. Glatte Gewebe mit unterschiedlichen Warenseiten.

Gewichtsnummerierung, Bestimmung der → Garnfeinheit durch Gewichtseinheit (g), die auf eine bestimmte Länge bezogen wird (Titrierung). Das internationale → Tex-System ist eine Gewichtsnummerierung: 1 tex = 1 g/1.000 m. Das → Denier-System ist ebenfalls eine Gewichtsnummerierung: 1 den = 1 g/9.000 m.

Gezogene Probe, aus einer Partie oder Lieferung für Prüfzwecke entnommene Garnprobe (Cops, Spule, Kreuzspule).

Gezwirntes Garn, → Zwirn.

Gill, einfache Nadelstabstrecke mit einem (unteren) Nadelfeld zwischen den Streckwerkswalzen.

Gimpen, Baumwollzwirne, die mit Metallgarnen oder Filamentgarnen dicht umwunden werden (Ziergarne).

Glacégarn, → Glanzgarn.

Glänzendes Garn, glänzender Faden, bewusst glänzend hergestelltes Garn, teilweise durch Metalleffektfäden, durch Merzerisierung von Baumwollgarnen oder Präge- und Druckeffekte.

Glanzfaden, auffallende fehlerhafte Stelle im Gewebe, entstanden durch Fehlverzüge, Spannungsspitzen beim Weben durch Überbeanspruchung des Garns beim Schusseintrag.

Glanzgarn (Eisengarn), glänzendes Baumwollgarn, meist merzerisierter und gasierter Zwirn.

Glanzhäkelgarn, hart gedrehte, merzerisierte, sechsfache Baumwollzwirne mit waschfestem Glanz.

Glanzschuss, → Glanzfaden.

Glasfasergarn, Garne aus Glasfasern (Glasstapelfasern) sind entweder als Spinnfasergarn (Stapelfasergarn) oder als Filamentgarn (→ Glasfilamentgarn) herstellbar.
Spinnfasergarne (Stapelfasergarne) werden eher für klassische textile Zwecke eingesetzt, z. B. als Tapetengrundgewebe oder für nicht brennbare Dekorationsstoffe oder andere technische Zwecke. Die Drehungserteilung ist nicht im Ringspinnverfahren möglich, deshalb werden Topfspinnverfahren (Rotation der Vorlagespule), modifizierte Doppeldrahtverfahren, Kablierverfahren, Friktionsspinnverfahren (z. B. DREF) und Umwindespinnverfahren eingesetzt. Im Kern können dann Drähte oder Filamente zur Verstärkung einge-

setzt werden. Auch Mischgarnherstellungen sind möglich.

Beispiele für typische Glasfasergarne:

a) Glasstapelfasergarne (Spinnfasergarne), Feinheiten 125–2.000 tex, 60–200 Drehungen pro Meter, Z- oder S-gedreht; Einsatzgebiete: Tapetengewebe, Kettfadentapeten, Dichtungsschnüre und Dichtungspackungen, technische Gewebe, Bänder, Geflechte, Gestricke

b) Umwindegarne mit paralleler Spinnfaserlage und Filamentumwindung (Anwendung s. o.)

c) Glasfaserzwirne, zwei- bis fünffach, S- oder Z-gedreht, auch mit Verstärkungsdrähten aus Stahl, Kupfer oder Messing; Einsatzgebiete: Abgasfilter, Technische Gewebe, Hitzeschutz, Dochtgeflechte für Ölöfen

d) Color-Glasfasergarne und Zwirne, aus gefärbtem Glas, auch als Bicolor-Garne; Einsatzgebiete: Tapetengewebe, Lichtschutzlamellen, Deckenverkleidungen, Deko-Gewebe für Lampenschirme, Wandteppiche, Dekorationszwecke

e) Glasfaservorgarne, mit geringer Drehung und Schmälze zur Haftungsverbesserung

Spezielle Eigenschaften der Glasfasergarne:

Sie sind nicht brennbar und nicht hygroskopisch, nehmen keine Feuchtigkeit auf und quellen nicht. Die Dehnung ist sehr gering. Sie sind völlig beständig gegen organische Lösungsmittel wie Mineralöle, Fettsubstanzen und Bitumen bzw. Teer. Die Chemikalienbeständigkeit ist je nach Glasart gut bis sehr gut. Sie sind unempfindlich gegen Fäulnis, Pilz- und Bakterienbefall und geruchsneutral. Sie sind vergilbungsfrei, auch gegenüber UV- und IR-Licht, unempfindlich gegen Schmutz, gut temperaturresistent bei niedrigen und hohen Temperaturen, schall- und wärmedämmend, haben eine geringe Neigung zu elektrostatischer Aufladung und besitzen einen hohen elektrischen Widerstand. Der Reibungskoeffizient gegenüber anderen nicht metallischen und metallischen Werkstoffen ist niedrig. Die Produkte können zudem bindemittelfrei hergestellt werden.

Nachteil der Glasfasern ist die geringe Biegefestigkeit (niedrige Schlingen- und Knotenfestigkeit), die allerdings bei feineren Fasern oder Filamenten besser wird.

Glastype	Dichte (g/cm^3)	Höchstzugkraft (cN/tex)	Modul (kN/mm^2)
A-Glas	2,84	99	70
C-Glas	2,49	137	70
D-Glas	2,16	114	55
E-Glas	2,54	138	77
S-, R-Glas	2,49	191–197	87
M-Glas	2,89	121	117

Die Dehnungswerte liegen zwischen 1 % und 4 %.

Glasfasern gewinnt man hauptsächlich aus C-Glas durch Ziehen oder Blasen durch feine Düsen oder durch Schleudern.

Glasfasern sind biegsam (Schlankheitsgrad) und sind sehr zugfest sowie bis etwa 500 °C stabil.

Literatur: Faserstoff-Tabellen Glasfasern, ITA der RWTH Aachen, Deutscher Fachverlag, Frankfurt a. M.,1993.

Glasfaserspinnerei, Herstellung von Glasfilamenten durch Düsenziehen aus der Schmelze, für die Glaspellets (kleine Glasstücke) verwendet werden. Herstellung von Spinnfasern durch Schleudern der Schmelze (preiswerte Isolierfasern) oder durch Trennung der Filamente beim Spinnen. Der Herstellung von Vorgarnen (keine Nachverstreckung möglich) folgt oft die direkte Verarbeitung. Auch die Weiterverarbeitung zu Spinnfasergarnen und Zwirnen ist möglich.

Glasfaserumwindegarne, Filamente werden mit Glasfasern umwunden, um genügend Festigkeit im Kern und Feuerschutz oder chemischen Schutz zu erzeugen (Herstellung mit dem DREF-Spinnverfahren möglich).

Glasfaservorgarn (Glas-Roving), aus Glasfaserbändern hergestelltes Vorgarn, das aus Einzelfasern begrenzter Länge besteht (Faserdurchmesser 8–11 µm), in unterschiedlicher Länge der Fasern geliefert und mit leichter Drehung versehen wird. Zur besseren Haftung kann ein Schmälzanteil enthalten sein (ca. bis 1 %). Die Feinheiten der Vorgarne reichen von 125–2.000 tex.

Glasfaserzwirn, Zwirn aus Glasfasergarnen, Spinnfasergarnen oder Filamentgarnen.

Glasfilamentgarn, qualitativ hochwertige Filamentgarne werden in der Lichtleitertechnik (Datenübertragung mit Lichtgeschwindigkeit) und Faseroptik, aber auch für Grundgewebe der Leiterplatten in der Chip-Fertigung und elektrische Schaltungen, eingesetzt. Für textile Zwecke erfolgt der Einsatz als Kettgarn. Typische Glasfilamentgarn-Feinheiten liegen bei 68 tex. Vorgarne werden in den Feinheiten 200, 330, 430 oder 660 tex hergestellt und bei technischen Geweben im Schuss eingetragen.
1. Angaben nach ISO 2078:
Beispiel 1: EC 10-40
- Verwendeter Glastyp (Bsp: E)
- Garntyp (Bsp: C = Filamentgarn)
- Bezugsdurchmesser der Filamente in Mikrometer (Bsp: 10)
- Garnfeinheit in tex (Bsp: 40)

2. Angaben nach DIN 60850:
Beispiel 2: DIN 60850-EC9-34Z28
- Prüfnorm (Bsp: DIN 60850)
- Glasart (E)
- Garnart (Bsp: C = Filamentgarn)
- Filamentdurchmesser in µm (Bsp: 9)
- Garnfeinheit in tex (Bsp: 34)
- Drehungsrichtung (Bsp: Z)
- Drehungen pro Meter (Bsp: 28)

Zusätzlich zum Einzelgarn bei Zwirnen (nach textiler Zwirndefinition):
Beispiel 3: DIN 60850-EC9-68Z × 3S150
- Garnfeinheit der Einzelgarne in tex und Drehungsrichtung (Bsp: 68Z)
- Anzahl der Garne (Bsp: 3)
- Zwirndrehungsrichtung (Bsp: S)
- Anzahl der Zwirndrehungen pro Meter (Bsp: 150)

Glasfilamentgarne werden als einfache, glatte Garne oder gefacht, gezwirnt und texturiert (Lufttexturierung) angeboten. Filamentrovings dienen zur Herstellung von Schnittfasern, beispielsweise für die Verbundwerkstofffertigung (Pkw-Karosserieteile).

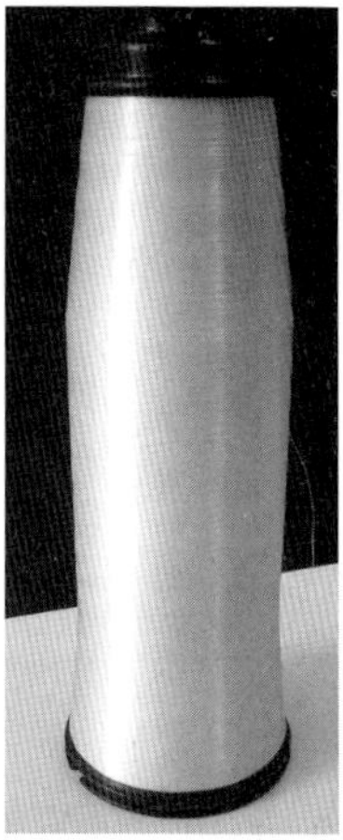

Abb.: Glasfilamentgarnspule (Garn mit Drehung)
Quelle: A. Schenek, Hochschule Reutlingen

Glasgarn, → Glasfasergarn.

Glasseide, → Glasfilamentgarn.

Glasspinnfaden, alte Bezeichnug für Glasfasergarn.

Glastapelfaservorgarn, → Glasfaservorgarn.

Glastemperatur (Glasumwandlungspunkt), wichtige Temperatur für thermoplastische Faserstoffe (Filamente), die unterhalb der Schmelztemperatur liegt. Man unterscheidet den ersten und den zweiten Glasumwandlungspunkt bei der Erwärmung von thermoplastischen Faserstoffen. Der erste Glasumwandlungspunkt bewirkt die Erweichung der amorphen Bereiche, der zweite Glasumwandlungspunkt die Quasi-Verflüssigung der amorphen Bereiche im Faserstoff. Beim Überschreiten des ersten Glasumwandlungspunkts wird das Material leichter verformbar (z. B. beim Bügeln), bei Überschreiten des zweiten Glasumwandlungspunkts werden die amorphen Bestandteile der Fasern nahezu flüssig, während die kristallinen Bereiche noch stabil bleiben. Die eigentliche Faserform bleibt bestehen, aber sie ist leicht verformbar und behält nach dem Abkühlen diese Form bei (Plissieren, Texturieren). Eine vorher matte, nur durchscheinende thermoplastische Faser wird unter dem Mikroskop beim Überschreiten des zweiten Glasumwandlungspunkts durchsichtig (wie Glas!). Feuchtigkeit verringert die Glasumwandlungspunkte und erleichtert die Verformbarkeit (Dampfbügeln). Tierhaare (z. B. Wolle) weisen definierte Glasumwandlungspunkte auf, ebenso wie thermoplastische Kunststoffe (PP, PES, PA).

Glatte Garne,
1. Garne (oder Zwirne) aus Filamenten (Monofilament- oder Multifilamentgarne), die üblicherweise verstreckt, aber nicht texturiert sind, also keine Kräuselung aufweisen. Glatte Filamentgarne werden bevorzugt für technische Textilien und Futterstoffe verwendet (z. B. auch für Regenschirmstoffe).
2. Spinnfasergarne der Dreizylinderspinnerei mit höherer Drehung und Nachbehandlung (Veredlung) durch Sengen, Merzerisieren oder Lüstrieren.

Abb.: Glattes Filamentgarn auf konischer Kreuzspule (technisches Garn aus Polyimiden)
Quelle: A. Schenek, Hochschule Reutlingen

Glätten (Polieren), Kalandrieren (Pressen zwischen Druckwalzen) oder Polieren von Garnen zur Erzielung von Glätte (z. B. polierter Bindfaden aus Leinen).

Glatter Faden, → Glatte Garne.

Glatter Zwirn, aus glatten Garnen hergestellte, höher gedrehte glatte Zwirne, auch mit Veredlung.

Glattes Folienstreifengarn, Bändchengarn aus einem oder mehreren glatten Folienstreifen, die aus einer Folie gleicher Dicke ohne Strukturierung der Oberfläche geschnitten wurden.

Gleichlaufende Partie, Produktion der gleichen Garne (gleicher Rohstoff, gleiche Garnfeinheit, gleiche Maschinenparameter) über längere Zeit (Tage, Wochen, Monate).

Gleichmäßige Auflage, Verwendung gleichmäßiger Flocken-, Band-, Wickel- oder Vorgarnvorlagen in der Spinnerei.

Gleichmäßigkeit (Garne, Vorgarne, Bänder), alle textilen Produkte (Fasern, Bänder, Garne, Gewebe) sind ungleichmäßig, da ihre Herstellung statistischen Streuungen unterworfen ist. Dabei ist beispielsweise die Gleichmäßigkeit (Ungleichmäßigkeit) der Masseverteilung über die Länge eines textilen Produkts (z. B. Uster-Gleichmäßigkeit eines Garns) ein übliches textiles Maß für die Gleichmäßigkeit. Meist wird der Variationskoeffizient der Gleichmäßigkeit in Prozent angegeben, definiert als Standardabweichung einer Messgröße (Masse/Länge), bezogen auf den Mittelwert der Messgröße, multipliziert mit 100 %. Ist beispielsweise die Masse eines Garns über die Länge absolut konstant (theoretisch), wäre der Variationskoeffizient der Gleichmäßigkeit gleich null.

Gleichmäßigkeitsprüfung, kapazitive, optische oder andere Prüfungen der Massegleichmäßigkeit oder der optischen Gleichmäßigkeit (Volumen) eines Garns mit Hilfe entsprechender Geräte. Am bekanntesten ist die kapazitive → Uster-Prüfung mit dem Uster-Tester (Fa. Uster Technologies, Uster, Schweiz). Die optische Prüfung wird oft bei der modernen Garnprüfung direkt an der Spulmaschine oder OE-Rotorspinnmaschine mit Hilfe des Garnreinigers (z. B. optischer Garnreiniger der Fa. Loepfe, Schweiz) durchgeführt.

Gleitreibung, → Faser/Faser-Reibung.

Gleitvorgang der Fasern, beim Verstrecken von Faserbändern oder Vorgarnen muss zunächst die Haftreibung zwischen den Fasern überwunden werden. Dafür ist eine hohe Verzugskraft bei niedrigem Vorverzug erforderlich. Ist die Haftreibung überwunden, gleiten die Fasern im Idealfall ohne Ruckbewegung (Haft/Gleit-Wechsel) aneinander vorbei. Es entsteht eine gleichmäßig verlaufende Bewegung aller Fasern, ähnlich einer Flüssigkeitsbeschleunigung. → Faser/Faser-Reibung.

Glitzerfaden, → Glitzergarn.

Glitzergarn, Einschichten-Effektgarn aus farbigen oder transparenten Folienbändchen. Kristallgarn, Crigalle (farbloses Polyesterfoliengarn), Leonische Garne.

Glockenspinnverfahren, spezielles Spinnverfahren mit Spinnspindel mit glockenförmiger Haube. Der Faden wird bei der Spindeldrehung durch die Zentrifugalkraft von innen an die Innenwand der Glocke (Hüllmantel um die Spindel) gedrückt und bei jeder Umdrehung mitgenommen, wodurch die Garndrehung entsteht. Die Glockenspindel dient gleichzeitig zur Unterdrückung des Fadenballons; wird heute kaum mehr verwendet.

Götzfried-Spinnverfahren, Luftspinnverfahren nach dem Prinzip des Erfinders Götzfried (Deutsche Patente), auf dem moderne Luftspinnverfahren (z. B. Murata MJS, → Air-Jet-Spinnverfahren) beruhen. Nachdem die Erfindungen von den europäischen Spinnereimaschinenherstellern nicht verwendet wurden, verkaufte Götzfried seine Patente an die Fa. Murata in Japan.

Grège (Haspelseide), auf Haspeln aufgewickelter (geweifter) Rohseidenfaden, aus mehreren, noch nicht entbasteten Seidenfäden bestehend, die direkt von den Seidenkokons abgewickelt wurden. Meist gelangt Seide als Grège in den Handel.

Grenadine, Organzin-Seidenfaden, hart gedreht.

Grenzfaserzahl, → Mindestfaseranzahl im Garnquerschnitt.

Grenzungleichmäßigkeit (nach Martindale), der englische Wissenschaftler J. G. Martindale hat in grundsätzlichen Berechnungen zur Ungleichmäßigkeit von Garnen festgestellt, dass es beim Verspinnen von Spinnfasern (Stapelfasern) mathematisch begründete Grenzen für die statistisch erreichbare Garngleichmäßigkeit gibt. Zur Vereinfachung seines mathematischen Garnabbildungsmodells hat er einige Annahmen getroffen, wie z. B. gleicher Rohstoff, zylindrische, gleichmäßige Faserform, gestreckte Fasern, Faserlänge mit Gauß-Verteilung (Normalverteilung), gleiche Reibungsverhältnisse und Normalverteilung der Faserfeinheit. Seine Berechnungen ergaben folgende, in der Textilindustrie allgemein als Basis angenommene Grenzungleichmäßigkeit (die zunächst für Wolle in Kammgarnen berechnet wurde):

$$CV(\mathrm{lim}) = \frac{100}{\sqrt{n}} \times \sqrt{1 + (0{,}0004 \times cvd^2)}$$

wobei:

CV(lim) = Grenzungleichmäßigkeit, angegeben als Variationskoeffizient der Garnmasseschwankungen um die mittlere Garnmasse in Prozent (aus s/m × 100 %)

s = Standardabweichung der Streuung der Masse um den Mittelwert

m = mittlere Garnmasse

n = Faseranzahl im Garnquerschnitt

cv d = Variationskoeffizient der Durchmesserschwankungen der Fasern

Dabei ging er von größeren Feinheitsschwankungen bei Wolle aus (hoher Variationskoeffizient der Feinheitsverteilung im Wollkammzug, der 20–30 % betragen kann).

Bei Fasern, deren Durchmesservariationen (Feinheitsschwankungen) wesentlich geringer sind (z. B. Chemiefasern, aber auch Baumwolle), kann ein vereinfachter Wert angenommen werden:

$$CV(\mathrm{lim}) = \frac{100}{\sqrt{nQ}}$$

In manchen Literaturquellen wird der Faktor 80 statt 100 benutzt (z. B. W. Klein, Die Kurzstapelspinnerei, Band 1):

$$CV(\mathrm{lim}) = \frac{80}{\sqrt{nQ}}$$

Dies ergibt einen kleineren Grenzungleichmäßigkeitswert, was durch die Verbesserung in Maschinentechnologie und Verarbeitungspräzision bei der Garnherstellung (z. B. beim Kompaktspinnen) durchaus sinnvoll erscheint. Da beide Werte auf theoretischen Annahmen beruhen, sind beide Methoden plausibel, denn sie liefern keine Absolutwerte, sondern nur Vergleichswerte. Es könnte durchaus sein, dass in Zukunft noch bessere Gleichmäßigkeitswerte erreicht werden, vor allem durch die weitere Entwicklung des Kompaktspinnens.

Grex, amerikanische Bezeichnung für Garnfeinheiten in dtex.

Griff, Ausdruck für die Weichheit und Rauigkeit der Oberfläche von Faserstoffen oder Geweben und Gestricken, aber auch ganz wesentlich deren Weichheit beim Zusammendrücken, bestimmt durch „Begreifen“ des Materials mit der Hand. Ein „harter Griff“ kann durch hochgedrehte Rotorgarne im Gewebe oder Gestrick erzeugt werden, ein „weicher Griff“ durch Einsatz niedrig gedrehter Ringgarne aus Baumwolle oder Wolle. Griffänderungen sind durch Änderungen des Rohstoffs (Material, Feinheit, Schlankheitsgrad), des Spinnverfahrens und der Spinnbedingungen, durch die Art der Flächenherstellung (Bindung, Gewebedichte, Flächengewicht) und durch Ausrüstungsprozesse (chemische Veränderungen der Oberfläche) möglich.

Grobe Nummern, → Grobgarne.

Grober Fasertiter, grobe Fasern oder Filamente, etwa ab 16,7 dtex (15 den), auch Teppichtypen und technische Fasern.

Grober Garntiter, dicke, grobe Chemiefasergarne, mit Garnfeinheiten gröber als 1.100 dtex (110 tex) oder 1.000 den.

Grobfaden, Garnfehler mit langer, starker Verdickung des Garns.

Grobgarne, Garne im Feinheitsbereich gröber als Nm 10 bis Nm 12, meist Streichgarne oder Halbkammgarne (Teppichgarne) sowie DREF-Friktionsgarne.

Grobgarnspinnen, Herstellung grober Garne (gröber als Nm 10) nach dem Streichgarn- oder Halbkammgarnspinnverfahren. Mit dem OE-Rotorspinnverfahren können ebenfalls grobe Garne hergestellt werden (große Rotordurchmesser und Auflösewalzen erforderlich). Für extrem grobe Garne (Nm 2 und gröber) benötigt man das → DREF-Spinnverfahren. Grobe Leinengarne werden mit dem Nassspinnverfahren oder Trockenspinnverfahren mit Hilfe der Wergverarbeitung von Flachs, Hanf oder aus Jute usw. hergestellt. Bei Chemiefasern werden für die technischen Einsatzgebiete grober Filamentgarne (Teppichgarne, BCF oder Monofilamente (Drähte), Zwirne, Kabel, Seile und Geflechte hergestellt.

Grobgarnspinnmaschinen, die meisten gröberen Garne werden mit Hilfe des OE-Rotorspinnverfahrens hergestellt.
Das DREF-Friktionsspinnverfahren der Fa. Fehrer AG, Linz, Österreich, bietet die modernsten Maschinen zur Herstellung von sehr groben Garnen (z. B. Moppgarne, auch aus Recyclingmaterial, oder technische Garne), teilweise mit Filament- oder Folienbändchenkern. Neu ist die Verfestigung grober Moppgarne mit Hilfe von DREF-Garnvernadelungsmaschinen (ITMA Birmingham 2003, Needlepuncher). Auch mit Ringspinnmaschinen können grobe Garne hergestellt werden (Streichgarne, Halbkammgarne, Leinengarne). Seltener wird noch das Zentrifugenspinnen verwendet (Jute-Verspinnung).

Grundformeln der Spinnerei, die wichtigste Grundgleichung der Spinnerei für die Garnbildung ist der Zusammenhang zwischen Drehungen im Garn und der Länge des Garns, die Köchlin'sche Drehungsgleichung (siehe auch Punkt 5.):

$$\frac{nT}{L} = \alpha_{metrisch} \times \sqrt[2]{Nm}$$

wobei:
nT = Anzahl der (theoretischen) Drehungen im Garn
L = Garnlänge in Metern
Nm = Garnfeinheit in Nm

Sie wird ergänzt durch den Zusammenhang zwischen Spindeldrehungen und Liefergeschwindigkeit des Garns:

$$\frac{nT}{L} = \frac{n_{Spi}}{vL}$$

wobei:
n_{Spi} = Spindeldrehungen oder Rotordrehungen in m^{-1}
vL = Liefergeschwindigkeit des Garns (Abzugsgeschwindigkeit) in m/min

Prof. W. Oeser (Technikum Reutlingen) hat in seinen grundlegenden Werken über die Spinnerei fünf Grundgleichungen für die Berechnungen in der Spinnerei angegeben:

1. Gleichung für die Feinheit:
Feinheit = Masse/Länge

$T(t) = m/L = 1$ g/1.000 m = 1 tex

wobei
T(t) = Garnfeinheit in tex
T = Titer

Löst man diese Gleichung nach m (Masse) auf (m = T(t)/L), so kann die Produktionsleistung der Spinnmaschinen berechnet werden, wenn man die Lieferlänge auf eine Zeiteinheit (z. B. Minute oder Stunde) bezieht.
(Nummerngleichung) Nummer = Länge/Masse

$T(Nm) = L/m = 1$ m/1 g = Nm

2. Gleichung für den Verzug:

$T(tV)/T(tA) = m \times L1/m\ L0 = L1/L0 = V$ (Verzug)

wobei:
T(tV) = Vorlagefeinheit des Faserbands
T(tA) = Ausgabefeinheit des Faserbands
m = Masse des verzogenen Bands
L1 = Länge des Bands nach dem Verzug
L0 = Länge des Bands vor dem Verzug

Man erreicht den Verzug in der Spinnerei als Streckwerksverzug durch mehrere, hintereinander angeordnete Zylinderpaare, von denen das folgende stets eine höhere Umfangsgeschwindigkeit aufweist als das vorherige Walzenpaar.
Für ein Streckwerk mit zwei Zylinderpaaren gilt also:

$$L1/L0 = N1 \times \pi \times D1/N0 \times \pi \times D0 = vA/vZ$$

wobei:
N0 = Drehzahl des Zulieferzylinderpaars
N1 = Drehzahl des Abzugszylinderpaars
D0 = Durchmesser des Zulieferzylinders
D1 = Durchmesser des Abzugszylinders
vA = Abliefergeschwindigkeit
vZ = Zufuhrgeschwindigkeit

Werden mehrere Verzüge hintereinander aufgebracht, so ergibt sich der Gesamtverzug als Produkt aller Einzelverzüge.

$$V\ ges = V1 \times V2 \times V3 \times \ldots\ldots\ Vn$$

3. Gleichung für die Dublierung (Doppelung):
Diese Gleichung ergibt sich aus der Berechnung der Feinheit des Zwirns: Zwirnfeinheit = Summe der Garnfeinheiten.

$$T(tZw) = T\,t1 + T\,t2 + T\,t3 + \ldots + T\,tn$$

Daraus ergibt sich bei gleicher Feinheit der Vorlagegarne oder Bänder:

$$T(tA) = T(tV) \times D$$

wobei:
T(tA) = Ausgabefeinheit
T(tV) = Vorlagefeinheit
D = Dublierung

Die Gesamtdublierung ist das Produkt aller Einzeldublierungen.

4. Gleichung für zusammengefassten Verzug und Dublierung:
Wird in einem Streckwerk gleichzeitig verzogen und dubliert (z. B. Strecke), so kann man sich diese Vorgänge nacheinander durchgeführt vorstellen.

$$T(tA) = T(tV) \times D/V$$

wobei:
V = Verzug

5. Gleichung für die Drehung (Köchlin'sche Drehungsformel, → Drehungsgesetz):
Liefern der Vorderzylinder einer Spinnmaschine oder die Abzugswalzen der OE-Rotorspinnmaschine oder einer anderen Spinnmaschine in einer Zeiteinheit (z. B. 1 Minute) ein Garn der Länge L (Meter) ab, und drehen sich in derselben Zeit die Spindeln oder Rotoren mit $n_{Spi}(n_{Rot})$ Umdrehungen, die (theoretisch) als Garndrehungen in die Einheit der Garnlänge (Meter) eingebracht werden, so ergibt sich:

$$nT = n_{Spi}/vA$$

wobei:
nT = Drehungen des Garns
n_{Spi} = Sindeldrehzahl pro Zeiteinheit
vA = Garnliefergeschwindigkeit (Garnlänge pro Zeiteinheit)

Für die metrischen Einheiten gilt dann

$$\frac{nT}{L(m)} = \frac{n_{Spi}(\mathrm{min}^{-1})}{vA(m/\mathrm{min})}$$

Zusätzlich ergibt sich aus der Garngeometrie:

$$\frac{nT}{L(m)} = \frac{n_{Spi}(\mathrm{min}^{-1})}{vA(m/\mathrm{min})} = \alpha_{\mathrm{metrisch}} \times \sqrt[2]{Nm}$$

Literatur: W. Oeser, Streichgarnspinnerei, Konradin-Verlag Robert Kohlhammer, Stuttgart, 1961.

Gummiband, geschnittene Bänder aus gewalztem Gummi mit eckigem Querschnitt.

Gummibezug, Gummihülse, die auf die Metallwalzen der Druckroller aufgezogen wird.

Gummifaden (Elastodiene), aus Weichgummi werden Fasern oder Fäden hoher Elastizität (bis 900% Dehnung) hergestellt. Sie werden für elastische Bündchen und Bänder verwendet. In der Textilindustrie werden zunehmend synthetische → Elastangarne (Filamente) verwendet, die wesentlich feiner als Naturgummifäden hergestellt werden können und wesentlich stabiler sind. Naturgummi neigt unter Lichteinfluss zu Brüchigkeit und längerfristig zur Zersetzung.

H

Haargarn, Garn aus groben Tierhaaren (Rinderhaar, Rosshaar, Ziegenhaar, Wildtierhaar usw.), meist zusammen mit Wolle oder Chemiefasern als Trägerfasern, nach dem Streichgarnverfahren hergestellt (Teppichgarne bis etwa Nm 10).

Haarigkeit, vom Garnkern (Fadenkern, Zwirnkern), der aus kompakt zusammengedrehten Fasern besteht, abstehende Fasern oder Faserschlingen, die dem Garn die typischen textilen Oberflächeneigenschaften geben, wie flauschiges Aussehen, Weichheit, aber auch Volumen, Feuchtigkeitsspeicherfähigkeit, Luftisolierwirkung und Abstand zur Haut im Kleidungsstück (z. B. typisch abstehende Haare im Mohair-Pullover).
Kürzere Fasern geben mehr Haarigkeit, da sie sich im Vergleich zu längeren Fasern gleicher Dicke steifer verhalten und schlechter in das Garn eingebunden werden können. Werden die kurzen Fasern vor dem Verspinnen herausgekämmt (z. B. Kammgarn, z. B. bei Wolle, gekämmte Garne bei Baumwolle), wird das Garn deutlich glatter, weist also eine geringere Haarigkeit auf.
Mechanische Einflüsse des Spinnens (Spindeldrehzahl, Ringdurchmesser, Reibungsverhältnisse) beeinflussen die Haarigkeit ebenfalls, weshalb oft Streuungen von Cops zu Cops auftreten. Kompaktgarne sind ebenfalls durch die Herstellung weniger haarig. Die Spulmaschine verändert die Haarigkeit durch Reibung an fadenführenden Teilen. Weitere Einflüsse ergeben sich durch Klima, Luftsauberkeit (Faserflug) und Garnfeuchtigkeit (bei trockener Luft z. B. höhere Haarigkeit).

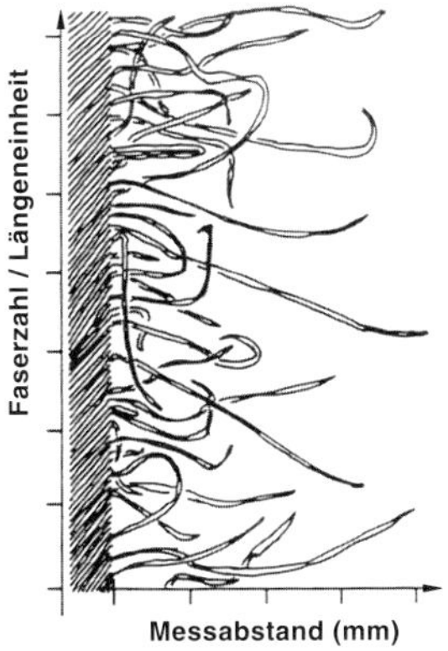

Abb. 1: Prinzipdarstellung der Haarigkeit eines Spinnfasergarns
Quelle: Mangold / Topf, Hochschule Reutlingen

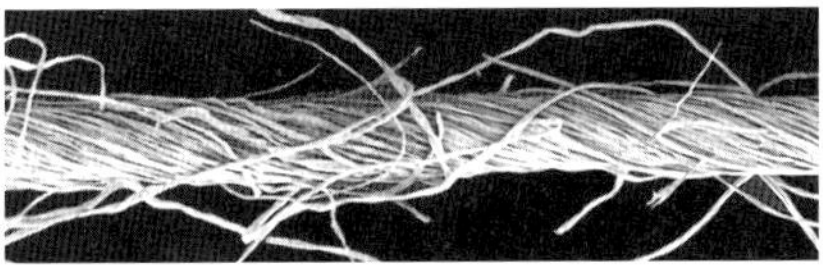

Abb. 2: Ringgarn mit typischer Haarigkeit
Quelle: Spindelfabrik Suessen, Süssen, Spinnovation 5 / 99

Haarigkeitsmessung,
Messprinzipien (Beispiele):

1. Zweigle-Haarigkeitsmessung: Messung (Zählung) der vom Garnkern abstehenden Haare und Einteilung der Anzahl abstehender Haare in Längenklassen mit Millimeterabständen (z. B. länger als 4 mm, länger als 6 mm usw. Angabe der Absolutwerte der einzelnen Klassen als Histogramm oder Summenangaben besonders störender Längenklassen (z. B. S6 = Summe aller Klassen bis 6 mm Länge). Als wichtig gilt der S3-Wert, da kurze Haarigkeit im Garn erwünscht ist, lange abstehende Fasern aber eher stören.
2. Uster-Haarigkeitsmessung: Optische Messung der vom Garnkern abstehenden Fasern und Angabe der Gesamt-

faserlänge, bezogen auf die Garnkernfläche einer bestimmten Garnlänge. Feststellung eines kontinuierlich gemessenen Signals mit Angabe des Variationskoeffizienten der Haarigkeit.
3. Pilosimètre: Elektrostatische Aufladung des Garns und Messung der abstehenden Haare mit Einteilung in Längenklassen (*Literatur:* Barella).

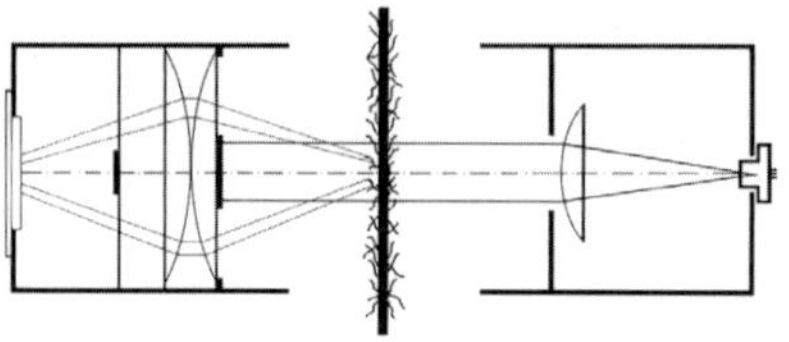

Abb. 1: Prinzip der Garnhaarigkeitsmessung mit dem Uster-Prinzip
Quelle: Uster Technologies, Uster, Schweiz

Haarigkeitsreduzierung, Verringerung der Garnhaarigkeit beim Spinnen oder Spulen:
1. Beim Spinnen:
   - Reduzierung der Kurzfasern (Kämmen)
   - Kompaktspinnen (Reduzierung des Spinndreiecks)
   - Abtrennung durch scharfkantigen Läufer beim Spinnen
   - Verengung der Rille im OE-Spinnrotor
   - Erhöhung der Garndrehung
   - Höhere Luftfeuchtigkeit (Faserfeuchtigkeit)
2. Beim Spulen:
   - Nachträgliche Kompaktierung des Garns (z. B. Perla-A von Murata)
   - Sengen (Abflammen)
   - Lüstrieren (mit Wachs polieren)
   - Chemische Oberflächenbehandlung
   - Biologische Oberflächenbehandlung (z. B. mit Enzymen)

Haarigkeitsschwankungen, die Haarigkeit der Garne kann bei demselben Material von Cops zu Cops und von Kreuzspule zu Kreuzspule erheblich schwanken, was zu Ringelfehlern in der Rundstrickerei oder zu Bandenfehlern in der Weberei führen kann. Daher misst man die Haarigkeit mit Testgeräten (→ Haarigkeitsmessung) und gibt neben der mittleren Haarigkeit auch die Variation der Haarigkeit (CV H) an.

Hacker, Abnahmekamm, periodisch auf und ab bewegter Kamm der Krempel älterer Bauart (z. B. noch an Musterkrempeln zu sehen) zum Abnehmen des Faserflors

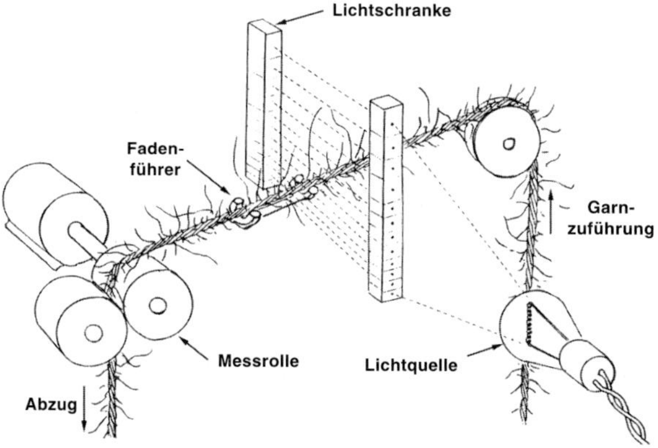

Abb. 2: Prinzip der Garnhaarigkeitsmessung mit dem Zweigle-Prinzip
Quelle: A. Merkel, Gebr. Otto, Dietenheim

(Vlies) von der Abnehmerwalze der Krempel (Walzenkrempel). Heute bei modernen Maschinen ersetzt durch schnell laufende Abnehmerwalzen ohne Garnitur (wie bei der modernen Karde), teilweise mit Bandabtransport und Absaugung (z. B. bei Vlieskrempeln).

Hadern (Tuchhadern), wiederaufbereitete gebrauchte Textilien, sortiert, vorgerissen und von Fremdmaterialien gereinigt, Rohstoff für gröbere Recyclinggarne, die z. B. mit dem DREF-Spinnverfahren hergestellt werden können, oder für Streichgarne (Wolle). Prato in Italien ist noch eines der Zentren der Wiederaufbereitung textiler Abfälle. Aus gemahlenen Hadern wurde früher Papier hergestellt.

Hadwich-Strecke, Streichgarnringspinnmaschine mit patentiertem Drehstreckwerk, das zwischen den Verzugsbereichen gleichzeitig Drehung auf das Faserbändchen aufbringt (älterer Maschinentyp der früheren Fa. Spinnbau in Bremen-Farge). Das Drehstreckwerk wurde in ersten prinzipiellen Variationen schon 1869 in den USA verwendet. Vorher war nur das Drehröhrchen bekannt, das 1842 zuerst von F. Pasquay im Elsass verwendet wurde.
Literatur: F. Hadwich, Das Drehstreckwerk als Weiterentwicklung des Drehröhrchens in seiner Auswirkung auf Spinnerei, Weberei und Veredlung, Textil-Praxis 1952, H. 2, S. 113; H. 3, S. 189.

Haft/Gleit-Wechsel, Verzugsprobleme in Chemiefaserbändern führen im Streckwerk der Spinnmaschinen oft dazu, dass die Fasern zeitweise stark zusammenhaften und sich dann bei Überschreitung einer Grenzkraft schlagartig voneinander lösen. Während des Zusammenhaftens wird das Band in die Länge gezogen und angespannt; nach der Überschreitung der Haftreibung löst sich ein größerer Teil des Bands ab und rutscht in Verzugsrichtung weiter, wodurch eine Dünn- bzw. Dickstelle im Band entsteht. Dieser Vorgang kann sich ständig wiederholen und führt zu Verzugsfehlern und späteren Fehlern im Garn. Geeignete Avivagen, Bandfeinheiten und Verzugsbereiche verringern die Neigung zu Haft/Gleit-Wechseln. → Faser/Faser-Reibung.

Haftkraft, Verzugswiderstand zwischen Fasern. Bei der Weiterverarbeitung von Spinnfaserbändern (Kardenbänder, Streckenbänder, Krempelbänder, Kammzüge) werden diese in den nachfolgenden Streckwerken verzogen. Hierbei darf die Haftkraft nicht zu hoch sein, da sonst unverzogene Stellen im Band auftreten können. Andererseits darf die Haftkraft auch nicht zu gering sein (Folge: Überverzug), da es dann bei der Zuführung der Bänder (aus der Kanne oder vom Wickel) zu unerwünschten und unkontrollierbaren Fehlverzügen kommt. Aus diesem Grund wird die Haftkraft bei Neueinstellungen der Maschinen überprüft. Bei Chemiefasern wird die Haftkraft im Band von der Avivage, der Kräuselung, der Faser-Parallellage, der Faserlängenverteilung, der Faseroberfläche, dem Faserquerschnitt und der Kompression des Bands bei der Herstellung beeinflusst.

Haftkraftmessung, an Faserbändern (Streckenband, Flyervorgarn) ist die Messung der Gesamthaftkraft üblich (Bandhaftkraft mit Hilfe von Zugprüfgeräten mit empfindlichen Messaufnehmern).
Bei Flyerlunten diente früher das Resistiro-Gerät zur Einstellung des Flyerverzugs.
Bei modernen Strecken (z. B. Fa. Trützschler, Mönchengladbach) dient die Bandhaftkraftmessung der Einstellung des Streckwerks (Streckwerksweite und Verzug).
Eine indirekte Verzugskraftmessung ist mit modifiziertem Rotorring-Gerät möglich (ITV-Denkendorf, P. Artzt, P. Ehrler,

J. Mavely). Dabei wird die von der Auflösewalze aufgebrachte Auflösearbeit (Haftkraft und Reibung) mittels der Stromaufnahme gemessen und als Vergleichsmessgröße (unterschiedliche Avivierung z. B.) verwendet. Auch das Volumen des entstehenden Rotorrings kann zur Beurteilung der Haftkraft verwendet werden. So können auch Unterschiede der Kräuselung gemessen werden.

Haftkraftverbesserung, mit Textilhilfsmitteln (Schmälzen, Avivagen) können Haftkräfte zwischen Fasern erhöht werden (um die Festigkeit des Garns zu verbessern) und erniedrigt werden (um den Verzug im Streckwerk zu erleichtern). Prinzipiell ist sogar beides gleichzeitig möglich.
Literatur: Textilhilfsmittelkatalog 2004/05, Deutscher Fachverlag 2004.

Haftlänge, die Haftlänge ist diejenige Länge des Faserbands in Meter, bei welcher das Band unter seinem Eigengewicht auseinander gleiten würde (vergleichbar der Reißlänge). Zur Messung der Haftlänge wird das Band unter definierten Bedingungen (Einspannlänge, Hilfsdrehungen u. a.) in die Klemmen eines normalen textilen Garnfestigkeitsprüfgeräts eingespannt (Einspannlänge 500 mm) und auseinander gezogen. Die dabei ermittelte Haftkraft wird mit Hilfe der Bandfeinheit in die Haftlänge umgerechnet.
Bei Grundsatzuntersuchungen wird zusätzlich ein Kraft-Dehnungs-Diagramm aufgezeichnet. Dieses gibt Auskunft darüber, ob der Verzug gleichmäßig ist oder ob und in welchem Ausmaß es zu Haft/Gleit-Wechseln (Ruck-Verzügen) kommt, die bei vielen Chemiefasern auftreten können. Der Betrag der Haftlänge kann zwischen 5 und 100 m liegen. Unter 10 m kommt es zu Fehlverzügen, über 40–60 m kann es zu Verzugsproblemen im Streckwerk kommen.

Haftreibung, → Faser/Faser-Reibung.

Häkchen, nicht verstreckter Faseranteil einer nicht vollständig ausgestreckten Faser im Band, Vorgarn oder Garn, unabhängig von seiner tatsächlichen Form. Man unterscheidet nach der → Häkchentheorie Schlepphäkchen und Leithäkchen.

1. Schlepphäkchen befinden sich an den Faserenden entgegengesetzt gerichtet zur Transportrichtung auf den Maschinen (z. B. auf der Strecke)
2. Leithäkchen befinden sich an der Faser am Faserkopf in Transportrichtung

Häkchentheorie, in textilen Vorprodukten der Spinnerei (Bänder, Vorgarne oder Garne) sind die Fasern nie vollständig in Achsrichtung ausgerichtet. Je besser sie ausgerichtet (ausgestreckt, parallelisiert) sind, desto besser wird das Garn (höhere Festigkeit, bessere Gleichmäßigkeit, geringere Haarigkeit usw.). Die Faserausstreckung wird mit Hilfe der Verzugsstreckwerke der Strecken, Flyer und Ringspinnmaschinen ständig optimiert.
Wird beispielsweise ein Kardenband auf einer Strecke dubliert und verstreckt (6-fach bis 8-fach in der Dreizylinderspinnerei), werden zunächst die Leithäkchen nicht verändert, sondern in den Verzugswalzen geklemmt. Beim Verzug im Verzugsbereich werden freiliegende Schlepphäkchen ausgestreckt. Bei weiterer Verstreckung in dieselbe Richtung würden immer mehr Schlepphäkchen ausgestreckt. Da aber das Band in eine Kanne abgelegt wird und an der nächsten Strecke die Bandtransportrichtung umgekehrt wird (der zuletzt abgelegte Bandteil wird zuerst wieder abgezogen), können an der zweiten Streckpassage die ehemaligen Leithäkchen, die nun zu Schlepphäkchen geworden sind, ebenfalls ausgestreckt werden. So ist es schrittweise möglich, die für das Spinnen erforderliche Ausstreckung der Fasern zu

verbessern, soweit dies gewünscht wird bzw. erforderlich ist.
Die durch das Verstrecken erreichte Ausstreckung der Fasern kann mit Hilfe der Spannlängenmessung (Fibrograph, HVI am Band) nachgewiesen werden (scheinbare Verlängerung der mittleren Faserlängenwerte).

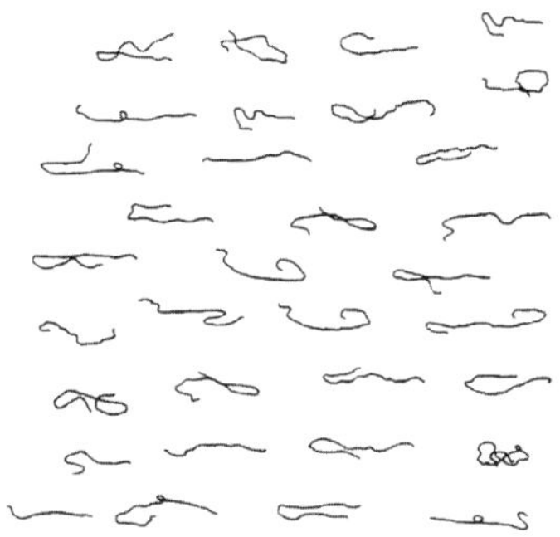

Abb. 1: Typische Häkchenformen von Spinnfasern
Quelle: A. Wilhelm und H. Wagner, Deutsches Forschungsinstitut für Textilindustrie, Reutlingen – Stuttgart

Halbkammgarn, Garn aus längeren Fasern, ab ca. 60 mm, Chemiefasern oder Wolle, meist gröber als 50 tex (Nm 20), Wollmischungen, Wolle/Chemiefaser-Mischungen oder Chemiefasern (auch bis Nm 28/30), die nach dem Halbkammgarnspinnverfahren hergestellt worden sind. Halbkammgarne werden bevorzugt als Teppichgarne, Handarbeitsgarne sowie für Wolldecken (flauschige Acryldecken), Möbelbezugsstoffe, Dekorationsmaterialien und Rauwaren aller Art eingesetzt. Zur Herstellung werden Krempelbänder aus Mittelstapelfasern (durchschnittliche Faserlänge 60 mm) oder Langstapelfasern (120–250 mm), über Streckpassagen miteinander gemischt (dubliert) und anschließend im Ring- oder Rotorspinnverfahren zu Garnen ausgesponnen, die im Garncharakter (Gleichmäßigkeit, Volumen, Haarigkeit usw.) zwischen Kammgarn und Streichgarn liegen. Beim Halbkammgarnverfahren werden (trotz des Namens) keine Kurzfasern ausgekämmt. Halbkammgarne haben eine voluminösere Struktur, sind biegsam und haben einen weichen Griff. Die Haarigkeit ist mittel bis hoch, und die Festigkeit ist relativ gering.
Typische Feinheitsbereiche der Halbkammgarne:
- Möbelbezugsstoffe:
  Nm 10–Nm 28
- Teppichgarne:
  Nm 10–Nm 28 (PAC 6,7 dtex)
- Handarbeitsgarne (Strickgarne):
  Nm 3–Nm 24 (PAC 6,7–11 dtex)

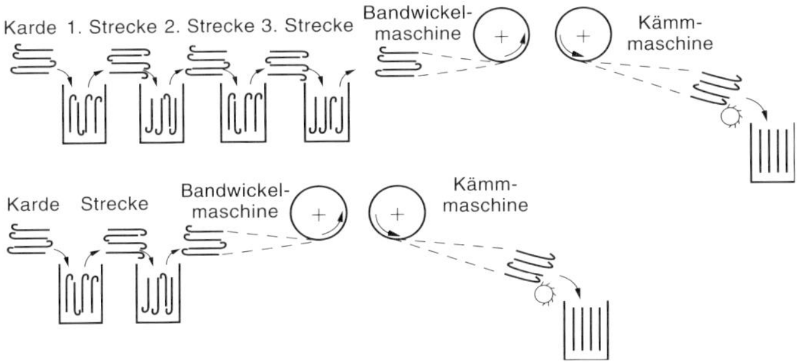

Abb. 2: Veränderung der Häkchenrichtungen während des Verarbeitungsprozesses in der Spinnerei
Quelle: A. Wilhelm und H. Wagner, Forschungsinstitut für Textilindustrie, Reutlingen – Stuttgart, und Technologie der Garn- und Zwirnherstellung, VEB Leipzig

- Tuftinggarne:
  Nm 1–Nm 10 (z. B. PA 18 dtex)
- Deckengarne: Nm 1–Nm 3
- Dekorationsgarne
- Technische Garne (für Beschichtungen, Teppichgrundgewebe)
- Kombinationsgarne für Faserverbundwerkstoffe
- Kombinationsgarne für Feuerschutzanzüge

Halbkammgarnspinnerei, für die Herstellung der Halbkammgarne wird ein Verfahren verwendet, das zwar zur Langfaserspinnerei gehört, aber im Gegensatz zur Kammgarnspinnerei keinen Kämmvorgang während der Verarbeitung vorsieht. Alle auch in der Kammgarnspinnerei einsetzbaren Textilfaserrohstoffe können auch in der Halbkammgarnspinnerei verarbeitet werden (Chemiefasern 60–250 mm, 2,2–22 dtex), die bevorzugte mittlere Faserlänge liegt jedoch eher bei 60–150 mm. Das Fasermaterial wird geöffnet (gewolft/Krempelwolf), geschmälzt, gemischt und gekrempelt (Kompaktkrempel). Das Krempelband mit ungeordneter Faserlage wird über Streckpassagen weiter gemischt, und die Fasern werden teilweise in Bandachsrichtung orientiert.
Die Orientierung und Faserparallelisierung ist geringer als beim Kammzug. Wegen des niedrigeren Orientierungs- und Parallelisierungsgrads der Fasern sind der Gesamtverzug und die Drehung beim Spinnen geringer als in der Kammgarnspinnerei. Die Vorgarnherstellung mit dem Flyer wird nur bei feineren Garnen durchgeführt, die meist gröberen Garne (Nm 0,5–Nm 20, seltener bis Nm 30) werden direkt vom Band versponnen, oft noch mit dem Ringspinnverfahren, wofür spezielle Durchzugsstreckwerke mit Sampre-Walzen und große Spindeln mit großen Ringen und Spulengewichten bis zu 3 kg eingesetzt werden.

Abb.: Halbkammgarn-Spinnmaschine
Quelle: A. Schenek, Hochschule Reutlingen

Zunehmend werden auch DREF-Friktionsspinn- und OE-Rotorspinnverfahren für die Herstellung von Halbkammgarnen eingesetzt. Für spezielle Artikel (Strickgarne, Babykleidung, Flauschwaren) ist auch das Umwindespinnen (Umwindung mit Filamenten, z. B. Parafil der Fa. Suessen oder ähnliche Verfahren) einsetzbar.

A) Verfahrensablauf (Beispiel feines Teppichgarn Nm 24) :
   1. Fasermischung und Aufbereitung
   2. Krempeln
   3. Drei Kettstreckpassagen (Doppel-Nadelstabstrecken)
   4. Finisseur
   5. Halbkammgarn-Ringspinnmaschine
B) Verfahrensablauf (Beispiel Nm 3):
   1. Faseraufbereitung und Mischung
   2. Krempeln (Kompaktkrempel)
   3. Zwei bis drei Kettenstreckpassagen (Doppel-Nadelstabstrecken) mit einer Regulierstrecke
   4. Halbkammgarn-Ringspinnmaschine mit direkter Bandvorlage oder DREF-Friktionsspinnmaschine, evtl. mit Filamentkern

Die Faseraufbereitung und Mischung erfolgt über Ballenöffner, Kastenspeiser, Öffner, Transport pneumatisch in Rohrleitungen mit Schmälzeinrichtung in eine Mischkammer, Mischkammerfräse mit Vertikalabnahme und Transport in Rohrleitung zur Krempel. Zunehmend werden auch Mischmaschinen in Verbindung mit gezielter Mengensteuerung eingesetzt. Krempeln für Wolle oder Chemiefasern sind speziell für Teppichtypen, Schnittlänge 120–250 mm (6,7–22 dtex), oder Chemiefasern der Wolltype 60–150 mm (2,2–17 dtex) ausgelegt (Garnituren, Abstände, Produktion). Bandausgabe mit Reguliereinrichtung, 8–34 ktex.

Halbkammgarn-Spinnmaschinen, verschiedene Ringspinnmaschinen decken den Bereich von Nm 1–Nm 28 ab.

- Ringdurchmesser 110 mm, 127 mm, 140 mm, 162 mm, 180 mm sind üblich, aber auch 75 mm, 90 mm und 94,5 mm. Dies erlaubt große Spulengewichte.
- Drehzahlbereiche je nach Ringdurchmesser ca. 6.500–11.000 U/min, Läufergeschwindigkeiten bis 40 m/s.
- Garndrehungsbeiwert alpha metrisch 20–80.
- Erforderlich sind spezielle Streckwerke mit geeigneter Langfaserführung und Durchzugsstreckwerken mit Kanalwalzen oder Sampre-Walzen.
- Eine weitere Besonderheit ist bei gröberen Garnen die Bandvorlage und die Drehungsunterstützung durch Spinnkronen und Spinnfinger.
- Ballonunterdrückung durch teilweise Umwindung der Spindel mit dem abzuziehenden Garn zur Reduzierung der Fadenspannung beim Spinnen.

Halbkammgarn-Spinnverfahren, neben dem Ringspinnverfahren kommen das Umwindespinnen (Hohlspindelverfahren o. a.), das DREF-Spinnverfahren und gelegentlich das OE-Rotorspinnverfahren (mit großen Rotoren) zum Einsatz.

Halbnass-Spinnverfahren, Ringspinnverfahren (früher Flügelspinnen), bei dem die Vorgarne vor der Verspinnung über Netzwalzen, die in Wasser eintauchen und die Feuchtigkeit nach dem letzten Walzenpaar des Streckwerks an die Garne übergeben, angefeuchtet werden. Die Streckwerksverhältnisse entsprechen der Trockenspinnerei bei Flachs (oder Hanf usw.). Halbnassgarne sind im Bereich Nm 6 bis Nm 20/24 herstellbar.

Handanspinner, Andrehen des Garnendes nach einem Fadenbruch an der Ringspinnmaschine entweder direkt am Spinndreieck (schwieriger) oder durch Hinterlegen des vom Cops geführten angedrehten Fadens hinter die Vorderzylinder (einfacher, aber große Dickstelle).

Handelsfeinheit der Garne (Handelsnummer), im Garnhandel in Deutschland wird nach dem Deutschen Garnkontrakt (Anhang) die Garnfeinheit grundsätzlich in der Nummer metrisch (Nm) angegeben. Selbstverständlich sind bei Auslandsgeschäften mit dem englischsprachigen Ausland die Garnfeinheit in Nummer Englisch (Ne) für Baumwolle, Streichgarne, Kammgarne oder Leinengarne anzugeben. Chemiefaserfilamentgarne werden in Europa mit dtex-Feinheiten, im englischsprachigen Ausland mit den-Feinheiten gehandelt. Für die Feinheiten wurden Toleranzen festgelegt: → Handelstoleranzen.

Handelsfeuchte, → Handelsgewichtszuschlag.

Handelsgewicht (Konditioniergewicht), Gewicht zur Preisbestimmung textiler Rohstoffe mit international einheitlichem Feuchtigkeitszuschlag (Handelsgewichtszuschlag), der etwa der Feuchtigkeitsaufnahme textiler Faserstoffe bei Normalklima entspricht. Ergibt sich aus dem Trockengewicht plus dem Handelsgewichtszuschlag der Ware.

Handelsgewichtszuschlag, im Textilkennzeichnungsgesetz (TKG) und in den nationalen und internationalen Normen festgelegte Prozentsätze des im Handel üblichen Feuchtigkeitsgehalts textiler Faserstoffe, der als Basis der Gewichtsbestimmung gilt. Grundsätzlich wird zum Trockengewicht der Lieferung die jeweils vereinbarte Feuchtigkeitsgewichtsdifferenz addiert, um das Handelsgewicht zu erhalten. Dieser Zuschlag entspricht etwa dem Feuchtigkeitsgehalt eines Textils im Gleichgewichtszustand bei Normalklima (20 °C, 65 % rel. Luftfeuchte). Der für Fasern angegebene Zuschlag gilt nach dem Deutschen Garnkontrakt vom 1.1.2002 auch für Garne aus denselben Faserstoffen. Bei Fasermischungen werden die Anteile anteilsmäßig errechnet. Ist in den Normen keine Konditionierfeuchte festgelegt, ist diese im Handelsvertrag zwischen beiden Parteien zu vereinbaren.

Folgende Zuschläge sind im TKG festgelegt:		(Feuchtigkeitszuschläge in Gew.%)
1–2	Wolle und Haare, gekämmte Fasern	18,25
3	Haare, gekämmte Fasern	18,25
	gekrempelte Fasern	17,00
	Schweif und Mähnenhaare	
	Gekämmte Fasern	16,00
	Gekrempelte Fasern	15,00
4	Seide	11,00
5	Baumwolle	
	normale Fasern	8,50
	merzerisierte Fasern	10,50
6	Kapok	10,90
7	Flachs oder Leinen	12,00
8	Hanf	12,00
9	Jute	17,00
10	Manila	14,00
11	Alfa	14,00
12	Kokos	13,00
13	Ginster	14,00
14	Ramie (entfettete Fasern)	8,50
15	Sisal	14,00
15a	Sunn	12,00
15b	Henequen	14,00
15c	Maguey	14,00
Chemiefasern:		
16	Acetat	9,00
17	Alginat	20,00
18	Cupro	13,00
19	Modal	13,00
20	Regenerierte Proteinfaser	17,00
21	Triacetat	7,00
22	Viskose	13,00
23	Polyacryl	2,00
24	Polychlorid	2,00
25	Fluorfaser	0,00
26	Modacryl	2,00
27	Polyamid (6.6) oder Nylon	
	Spinnfaser (Stapelfaser)	6,25
	Filamente (endlos)	5,75
	Polyamid (6) oder Perlon	6,25
	Spinnfaser (Stapelfaser)	5,75
	Polyamid (11)	
	Spinnfaser	3,50
	Filamente	3,50
28	Polyester	1,50
29	Polyethylen	1,50
30	Polypropylen	2,00
31	Polyharnstoff	2,00
32	Polyurethan	
	Spinnfaser	3,50
	Filamente	3,00
33	Vinylal	5,00
34	Trivinyl	3,00
35	Elastodien	1,00
36	Elastan	1,50
37	Glasfaser	
	Filamente, d > 5 µm	2,00
	Filamente, d < 5 µm	3,00
38	Metallfaser	2,00
	Metallisierte Faser	2,00
	Asbestfaser	2,00
	Papiergarne	13,75

Handelskontrakt (Garne), → Deutscher Garnkontrakt.

Handelsnummer, → Handelsfeinheit.

Handelstoleranzen, im Deutschen Garnkontrakt sind zulässige Schwankungen (Toleranzen) der Liefermengen, der Feuchtigkeiten und der Garnfeinheiten festgelegt:

1. **Gewichtstoleranzen**
   a) Bei Streichgarnen, Halbkammgarnen und entsprechenden Rotorgarnen:
   - bis zu ±5% bei einer Auftragsmenge von 1.000 kg und darüber
   - bis zu ±10% bei einer Auftragsmenge unter 1.000 kg

   Bei Tuftinggarnen kann die Spulenzahl um ±1,5% von der vorgeschriebenen Spulenzahl abweichen. Bezüglich der Lauflänge bei Tuftinggarnen ist eine Toleranz von ±3% zulässig

   b) Bei anderen Garnen:
   - bis zu ±5% bei Rohgarnen
   - bis zu ±10% bei Bleich-, Farb- und Spezialgarnen
2. **Feuchtigkeitstoleranzen**
   Es gelten die im Textilkennzeichnungsgesetz (TKG) vorgeschriebenen Feuchtigkeitszuschläge (→ Handelsgewichtszuschlag).
   Bei einem Feuchtigkeitssatz über 8,5% beträgt die zulässige Toleranz ±1,0%, unter 8,5% gilt ±0,5%.
3. **Feinheitstoleranzen (Nummerntoleranzen)**
   a) Bei Streichgarnen und entsprechenden Rotorgarnen:
   - bis Nm 5 einschließlich (2.000 dtex und höher): ±8%
   - über Nm 5–Nm 7 einschließlich (unter 2.000–1.450 dtex): ±7%
   - über Nm 7–Nm 10 einschließlich (unter 1.450–1.000 dtex): ±6%
   - über Nm 10 (unter 1.000 dtex): ±5%

   b) Bei Halbkammgarnen und entsprechenden Rotorgarnen:
   - bis Nm 5 einschließlich (2.000 dtex und höher): ±6%
   - über Nm 5 (unter 2.000 dtex): ±3%

   c) Bei den übrigen Garnen: ±3%

Bei Effektgarnen sind technisch nicht vermeidbare und angemessene höhere Nummernabweichungen zulässig. Im Übrigen gelten die Prüfbedingungen nach DIN bzw. EN. (Deutscher Garnkontrakt, Kartellfassung vom 1.1.2002).

Handfaden, grober Nähzwirn auf Holz- oder Kunststoffrollen, Längen 100–500 m, üblich Nm 12/4 oder zwei- bis dreifache Leinenzwirne auf Kartonstern mit 10–25 m Länge.

Handseide, Nähseidenfaden aus Haspelseide.

Handspindel, ältestes Werkzeug zur Herstellung von Garnen. Zunächst wurden wahrscheinlich Astgabeln zum Drehen und Aufwickeln des Garns benutzt. Bekannt sind zudem der Spinnstock mit zwei spitzen Enden und die türkische Spindel mit einem Stab aus Holz und darauf aufgestecktem Kreuz, das zum Drehen des Stabs diente.
Am bekanntesten und am weitesten verbreitet war der Spinnwirtel. Er besteht aus runden, scheibenförmigen Steinen oder runden Holzscheiben mit einer Bohrung in der Mitte, in die ein Holzstab mit Haken gesteckt wurde. Runde Scheiben aus gebranntem Ton mit einem Loch in der Mitte, die als Spinnwirtel gedient haben, wurden in großer Zahl bei den Ausgrabungen in Troja fast in jedem Haus gefunden. Auch im alten Ägypten war die Handspindel bekannt, wie auf Steinstelen zu sehen ist. Man kann also davon ausgehen, dass diese Art der Garnherstellung seit weit mehr als 3.000 Jahren

bekannt ist und schon damals weit verbreitet war. Noch heute gibt es dieses Spinnverfahren bei Hirtenvölkern im Himalaja, die auf diese Weise grobe Garne aus Wolle herstellen (Dokumentations-Foto von Prof. Dr. W. Topf, Reutlingen). Erst im Mittelalter wurden in Europa die Handspinnwirtel durch das Spinnrad abgelöst.

Abb. 1: Vorgeschichtliche Handspindel mit Garn
Quelle: Prof. Dr. O. Johannsen, Handbuch der Baumwollspinnerei, Technikum für die Textilindustrie, Reutlingen

Handspinnen, beim Spinnen mit der → Handspindel wird das gereinigte Fasermaterial um einen Stock (Vorlagestock) gewickelt und befestigt (z. B. Wolle oder Flachs). Aus diesem losen, durch Kratzen vorparallelisierten und grob vorgeordneten Spinnfasermaterial wird laufend Fasermaterial herausgezogen, mit den Fingern vergleichmäßigt und unter leichter Drehung auf die gewünschte Garnfeinheit verzogen (vorgestreckt) und, nachdem man ihm durch schnelles Drehen der Handspindel die endgültige feste Drehung gegeben hat, auf die Spindel aufwickelt. Folgende Arbeitsgänge werden durchgeführt:

1. Reinigen und Lockern des Faserstoffs
2. Zusammenfassen der für das Garn erforderlichen Fasern zu einem Bündel (Faserbändchen)
3. Ausrichten der Fasern im Bündel in Längsrichtung
4. Vergleichmäßigen und Ausziehen des Faserbändchens bis zur gewünschten Garnfeinheit
5. Fertigdrehen und Aufwickeln des Garns

Handspinnvorgang mit dem Spinnwirtel: Auf den unteren Teil des Holzstabs des Wirtels wird ein kurzes, vorher gefertig-

Handspindeln

ZIFF. 1 UND 2: ALTE STEINSPINDELN / ZIFF. 3. TONSPINDELN AUS DEN PFAHLBAUTEN / ZIFF. 4 UND 5: BRONZESPINDELN AUS DER RÖMERZEIT / ZIFF. 6 UND 7: ALTGRIECHISCHE ELFENBEINSPINDELN / ZIFF. 8–10: HOLZSPINDELN DER FORM, WIE SIE IN DEUTSCHLAND, ITALIEN UND RUSSLAND LANGE VERWENDET WURDEN

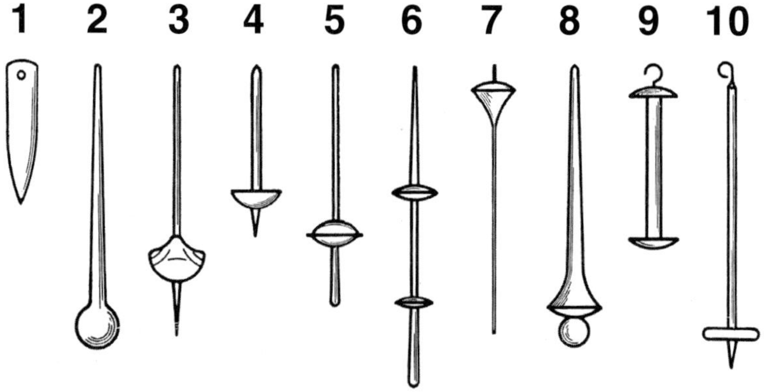

Abb. 2: Beispiele für historische Handspindeln
Quelle: Prof. Dr. O. Johannsen, Handbuch der Baumwollspinnerei, Technikum für die Textilindustrie, Reutlingen

tes Garnstück befestigt, das dann über die Wirtelscheibe zur Spindelspitze geführt und durch eine Öse oder einen Haken an der Holzstabspitze gezogen oder dort durch Umschlingung für den Spinnvorgang nochmals befestigt wird. Der Spinnwirtel ist im Grunde ein Kreisel, der von Hand in Drehung versetzt werden muss und so dem herzustellenden Garn die gewünschte Drehung erteilt. Mit einer Hand wird der Wirtel in schnelle Drehungen versetzt (Kreiselbewegung, beim Rechtshänder von oben gesehen im Uhrzeigersinn, von unten gesehen in Drehungsrichtung des Gegenuhrzeigersinns, ergibt Z-Drehung im Garn). Mit der anderen Hand wird aus dem vorgelegten Faserbüschel (Wolle, Flachs) eine gleichmäßige Fasermasse herausgezogen, die an das rotierende Garnende an der Spindelspitze angelegt und angesponnen wird. Wird der Wirtel schnell genug gedreht (Schwungmasse, Kreisel), dreht er sich selbsttätig weiter, kann losgelassen werden und spinnt das Garn, bis der Wirtel am Boden angekommen ist. Durch Befeuchtung wird der Spinnvorgang unterstützt (besonders bei Flachs). Voraussetzung ist die weitere gleichmäßige Faserzufuhr. Danach wird das fertige Garnstück (dessen Länge von der Größe des Spinners abhängt, vom Fasermaterial in der Hand bis zum Wirtel, der den Boden erreicht) auf den Stock des Wirtels aufgewunden, und der nächste Spinnvorgang kann beginnen.

Durch die Erfindung des Spinnrads wurde die Drehung der Spindel über den Fußantrieb des Spinnrads bewirkt, wodurch die Hände für die Zuführung und Vergleichmäßigung des Garns frei wurden. Außerdem wurde durch die kontinuierliche Drehung die Produktivität erheblich gesteigert. Die wichtigsten Arbeitsgänge sind auch in der Maschinenspinnerei an den verschiedenen Maschinen wiederzufinden.

Handspinnwirtel, → Handspindel.

Abb.: Hausspinnerei und Weberei in der Gegend von Reutlingen um 1835

Quelle: Friedrich List und seine Zeit, Stadtarchiv und Heimatmuseum der Stadt Reutlingen

Handspleißen, im alten Ägypten wurde mit der Handspindel vor allem feines Leinengarn hergestellt. Feinste Garne wurden durch Spleißen von Hand (auch mit Feuchtigkeitszugabe) sehr gleichmäßig und fast ohne Dickstelle zusammengefügt. Dafür wurden die Garnenden von Hand aufgedreht, zusammengeführt und wieder zusammengedreht. Die Garne waren so fein, dass Napoleon während seines Feldzugs in Ägypten höchst beeindruckt war und einen Goldpreis aussetzte für denjenigen, der in der Lage wäre, ähnlich feine Leinengarne auf Spinnmaschinen herzustellen. Der Preis wurde nie vergeben.

Handspleißer, modernes Handgerät zum Spleißen von Garnen (mit Druckluft) mit Hilfe von Dralldüsen.

Handstickgarne, Zwirne, meist Vierfachzwirne aus merzerisierten Baumwollgarnen, zur Verzierung von Geweben oder Maschenwaren oder zur Fertigung durchbrochener Stickwaren, deren Grundtextil später durch Ätzen entfernt wird. Verwendet werden Mouliné-Garne, Kelimgarne, Mattstickgarne, Perlgarne, Spaltgarne, Spitzenhäkelgarne und andere Effektfäden.

Handstickzwirne, Zwirne aus Kammgarn, Wolle und Wollmischungen mit Chemiefasern oder Chemiefasern mit höherer Drehung.

Handstrickgarne (Handarbeitsgarne), gröbere, voluminöse und flauschige Garne, in Knäuelform im Handel, meist aus Wolle, Wolle/Acryl-Mischungen, Wolle/Polyamid-Mischungen, Acrylfasern oder Baumwolle hergestellt und gezwirnt. Teilweise als Effektzwirne; auch aus lufttexturierten Garnen und DREF-Friktionsgarnen herstellbar.

Hanfgarne, man unterscheidet wie bei Flachs nass gesponnene Hanfhechelgarne (Hanfline), für die gehechelter Langhanf verwendet wird, halbnass gesponnene Hanfwerggarne und trocken gesponnene Hanfwerggarne (Hanftow). Feinheit etwa bis Nm 20, bei nass gesponnenen Garnen bis Nm 34.
Folgende Festigkeitswerte sind üblich:
Langfasergarn (Hanfline), Kette, nass gesponnen:

Höchstzugkraft	
(trocken, Normalklima):	19–23 cN/tex
(nass):	23–29 cN/tex
Dehnung, trocken	
(Höchstzugkraftdehnung):	1,5–3 %

Hanfhechelgarn (Hanfline), aus Langhanf, der ähnlich dem Flachs geschwungen und gehechelt wurde, nass gesponnenes Garn; ergibt prinzipiell ein Garn ähnlich dem Leinengarn, meist jedoch wegen der gröberen Fasern auch gröbere Garne.

Hanfline, → Hanfhechelgarn.

Hanfspinnerei, ähnliche Verarbeitung wie bei der Flachsspinnerei, es werden besonders lange technische Fasern geschnitten (→ Langfaserspinnerei). Das Vorschneiden erfolgt nach dem Schwingen. Danach wird gehechelt und über Nadelstabstrecken gemischt und gestreckt (mit Verfeinerung und weiterer Verkürzung der Fasern). Der Langhanf wird in der Nassspinnerei über die Vorgarnherstellung (Flyer), Bleiche und Nassspinnen auf der Ringspinnmaschine ausgesponnen. Das Hechelwerg (feiner, besser) und das Schwungwerg (gröber, schlechter, schmutziger, mit höheren Schäbenanteilen) wird gekrempelt, gestreckt, und über Vorgarnherstellung (und evtl. Bleiche) nach dem Halbnassverfahren oder Trockenspinnverfahren auf Ringspinnmaschinen ausgesponnen.

Hanftow, → Hanfwerggarn.

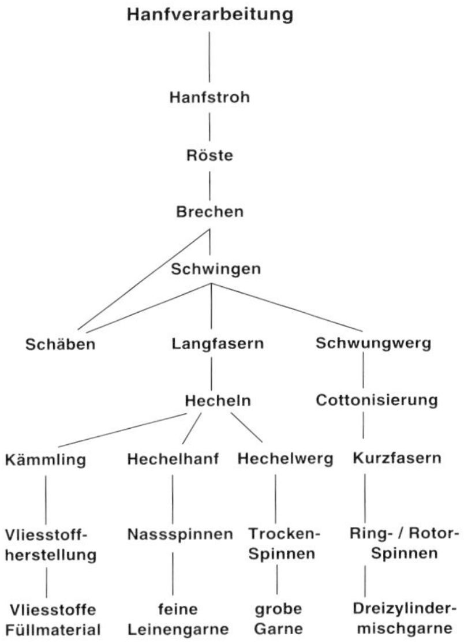

Abb.: Möglichkeiten der textilen Hanfverarbeitung
Quelle: K. Nebel, IAF Reutlingen

Hanfwerggarn (Hanftow), aus Hanfwerg (Schwungwerg oder Hechelwerg), den kürzeren Abgangsfasern der Hanfverarbeitung hergestelltes, meist trocken gesponnenes oder halbnass gesponnenes Garn. Soll das Garn glatter werden, wird es wie Flachswerg auch teilweise nass gesponnen. Oft erfolgt danach ein Bürsten und Glätten des Zwirns, auch mit Wasser (z. B. für Bindfäden). Die Festigkeitswerte der Garne reichen von etwa 6–10 cN/tex bei Schussgarnen bis zu 17 cN/tex bei Kettgarnen.

Hargreaves, James, englischer Erfinder der Spinning Jenny, einer der ersten Spinnmaschinen, die um 1767–1770 gebaut wurde und für Handbetrieb bestimmt war. Später wurden größere Modelle (aus Holz hergestellt) mit Wasserkraft angetrieben. Das Garn war grob und nur für Schussgarne geeignet. Die Spinning Jenny bildete die Grundlage für die späteren Wagenspinner (Selfaktor-Spinnmaschinen), die weit verbreitet waren. Die Vorgarnfäden wurden durch gleichzeitiges Verziehen und Verdrehen versponnen; ein Streckwerk gab es an dieser Maschine noch nicht (obwohl Lewis Paul schon vorher ein Streckwerk erfunden hatte!).

Hartfasergarne, hierzu gehören Sisalgarne, Manilahanfgarne, Neuseelandflachsgarne (Phormium), Garne aus Bananenfasern, Grasfasergarne, Kokosgarne sowie Garne aus anderen Hartfasern.

Hartgummi, Naturgummi, dessen Schwefelgehalt durch die Vulkanisierung des Naturkautschuks über 20 % liegt (20–30 %).

Hartkammgarn, Kammgarn aus langen, dicken, wenig gekräuselten Wollfasern (grobe Fasern, harter Griff).

Haspel (Garnweife), Gerät zum Aufwickeln von textilen Fäden, um einen lockeren Garnstrang (z. B. zum Färben) herzustellen. Für die Bestimmung der Garnfeinheit werden Haspeln mit einem Umfang von 1 m verwendet, um bestimmte Längen (z. B. 100 m Garnlänge) herstellen zu können.

Haspeln, Aufwickeln in Strangform mit Hilfe der Haspel.

Haspelseide, Seide, die als Endlosfaden von den Kokons der Seidenraupen abgehaspelt (auf eine Haspel aufgewickelt) werden kann. Etwa 40 % des Kokons können als Haspelseide endlos aufgespult werden. Die einzelnen Fäden (Doppelfäden) können bis zu 3 km lang sein. Mehrere Fäden zusammen bilden den Rohseidenfaden (Grège), dessen Feinheit etwa 20–40 den (22–44 dtex) und mehr betragen kann.

Haspelstern, sternförmige Pappkärtchen (oder Kunststoffkärtchen) zum Aufwickeln von Garnen für Kleinaufmachungen von Nähgarnen mit Fadenlängen bis 20 m.

Hauptfeldverdichter, Kunststoffführungselement zum Zusammenführen des Faserbändchens im Hauptstreckwerksbereich (Hauptverzugsbereich). Verhindert eine zu große Ausbreitung des Faserbändchens durch die Druckzylinder, ergibt allerdings auch Faserverschiebungen im Randbereich.

Haupttrommel, Bezeichnung für den Tambour der Karde oder Krempel.

Hauptverzugszone, Verzugsbereich im Streckwerk, in dem der maximale Verzug möglich ist. Dies wird ermöglicht, weil die Fasern durch den Vorverzug bereits in Bewegung gesetzt wurden und die Haftreibung zwischen den Fasern überwunden wurde. Im Dreizylinderstreckwerk zwischen den beiden letzten Walzenpaaren.
In der Dreizylinderspinnerei sind Verzüge bis 50-fach üblich, bis 90-fach mit extrem guten, gekämmten Baumwollfasern möglich.

Hauptwindung, der Bereich der Copswindungen, bei dem mit langsamer Aufwärtsbewegung der Ringbankbewegung fast parallele Garnlagen erzeugt werden (im Gegensatz zu den Kreuzwindungen, die die Hauptwindungslagen voneinander trennen). Sie sind die eigentlichen Copsfüllschichten, die immer schichtweise übereinander gelegt werden, getrennt durch die Kreuzwindungen.

Haushaltszwirn (Sternzwirn), fester Zweifachzwirn mit hohem Glanzeffekt und gut geschlossener Oberfläche, aufgewickelt auf sternförmige Kartons (Haspelstern).

HB-Garn, → Hochbauschgarn.

Heathereffekt, Musterungseffekt bei Filamentgarnen, durch Verwirbeln von Differential-Dyeing-Garnen, zur Erzeugung weicher Farbkontraste (bei Teppichgarnen für die Tuftingteppichherstellung).

Heat-Set-Garne, heißluftfixierte Filamentgarne.

Heat-Setting, Heißfixierverfahren mit trockener Heißluft für Teppichgarne (Filamentgarne) aus Polyamid und Polypropylen.

Hechel, Kämmmaschine der Langflachs- (oder Langhanf-)Verarbeitung zur Vorbereitung für die Herstellung nass gesponnener Leinengarne. Es werden die (meist noch von Hand) vorgelegten Handvollen eingeklemmt, senkrecht nach unten aufgehängt und nacheinander mit von oben nach unten laufenden Kämmen ausgekämmt. Das ausgekämmte Material ist das Hechelwerg, das noch Schäben enthält, aber wesentlich besser ist (feiner, sauberer) als das Schwungwerg. Die gekämmten Langfasern (Hechelflachs) werden nach der Hechel den Nadelstabstrecken in Bandform vorgelegt.

Hechelband, das nach dem Hecheln (Kämmen) des Flachses oder Hanfes aus den Langfasern (Hechelflachs) gebildete Band, das durch Strecken auf Nadelstabstrecken zunehmend gleichmäßiger wird, wobei die Fasern außerdem verfeinert (und verkürzt) werden.

Hechelfelder, Nadelfelder der Hechelmaschine, von Hechelfeld zu Hechelfeld mit feinerer Benadelung der Kämme, die zum Auskämmen von Flachs, Hanf oder ähnlichen Weichfasern (Stängelfasern) dienen.

Hechelflachs, lange, wertvolle Flachsfasern nach dem Hecheln (Kämmvorgang), meist schon in Bandform, bevorzugte Verwendung für die Herstellung von Leinengarnen (Nassspinnverfahren).

Hecheln, Auskämmen und Verfeinern von Flachs, Hanf und ähnlichen Fasern mit Hilfe der Hechelmaschine. Die qualitativ besseren und längeren Fasern ergeben den Hechelflachs als Band, die gröberen, kürzeren ausgekämmten Fasern, teilweise noch mit Schäbenresten (Holzreste vom Pflanzenstängel) ergeben das Hechelwerg.

Hechelstäbe (Gill), Nadelkämme der Hechelmaschine, die in Verarbeitungsrichtung feiner (mehr Nadeln pro Längeneinheit) werden.

Hechelwerg (Hede), Abgang der Hechelmaschine, gröbere und kürzere Fasern mit Resten von Schäben (Holzteilen des Pflanzenstängels).

Hede, → Hechelwerg.

HE-Garn, → Hochelastisches Garn.

Heilmann, Josua, elsässischer Erfinder der Flachkämmmaschine (→ Heilmann-Kämmmaschine).

Heilmann-Kämmmaschine, erste brauchbare Flachkämmmaschine zum Hochleistungs-Auskämmen von Wolle, erfunden von Josua Heilmann und 1845 zum ersten Mal gebaut in den Werkstätten der Fa. Nicolas Schlumberger (NSC) in Guebwiller, Frankreich.

Heißverstreckung, während des Verstreckens wird der Faden (Filamentgarn) erwärmt, wodurch eine gleichmäßigere Verstreckung erzielt wird.

Heißwasserspinnen, zur Herstellung des klassischen Leinengarns aus Flachs wird das Nassspinnverfahren eingesetzt. Zu diesem Zweck wird das aus Hechelflachs hergestellte Vorgarn gebleicht und vor dem Streckwerk der Nassspinnmaschine durch ein Heißwasserbad geführt. Das eindringende Wasser erweicht die Pektine, Lignine und Hemizellulosen, welche die Elementarfasern, aus denen die technischen Flachs- (oder Hanf-)fasern zusammengesetzt sind, verbinden. Der Erweichungsprozess ermöglicht das Verziehen (Verfeinern) der Fasern ähnlich der Verstreckung von polymeren Kunststoffen beim Primärspinnen, wobei die einzelnen Elementarfasern aneinander vorbeigleiten und somit die technischen Fasern verfeinert werden. Beim Trocknungsvorgang nach dem Spinnen verfestigen sich die Fasern wieder, wodurch ein glattes Garn mit dem typischen Leinencharakter entsteht.

Helanca-Garne®, Markenname der Fa. Heberlein, Wattwil, Schweiz für elastische, texturierte, stark gekräuselte Filamentgarne aus Polyamid, die zunächst überwiegend für die Herstellung von Damenstrümpfen, später für die ersten elastischen, modischen Skihosen (Bogner, 1947) und elastische Sportbekleidung (1963) eingesetzt wurden. Die Garne wurden mit dem → Helanca-Texturierverfahren hergestellt.

Helanca-Texturierverfahren, Texturierverfahren (Falschzwirn- oder Falschdrahtverfahren, zunächst mit Hilfe von Zwirnmaschinen) für Filamentgarne, 1932 von der Firma Heberlein in Wattwil, Schweiz, entwickelt (Erfinder J. Kägi). Aus glatten Filamentgarnen wird durch Aufbringung sehr hoher Drehung (2.000–3.000 T/m) mit anschließender thermischer Fixierung der Kräuselbögen in den einzelnen Filamenten und darauf folgendem Zurückdrehen des Garns ein voluminöses, stark gekräuseltes, elastisches Garn hergestellt. Diese Garne wurden schon in den 50er Jahren des 20. Jahrhunderts für Strümpfe,

Socken, Unterwäsche, Pullover, Sportbekleidung (Ski- und Reithosen), Blusen und Kleiderstoffe, aber auch für Dekostoffe im Heimtextilienbereich eingesetzt. Dabei wurden S- und Z-texturierte Garne mit Hilfsdrehung (80–100 T/m) gezwirnt, wodurch stabile, gleichmäßige Garne erzeugt wurden.

Helixwinkel, Ergänzungswinkel (zu 90°) zum Steigungswinkel einer Kreuzspulenwindung. Der Steigungswinkel ist die Hälfte des Kreuzungswinkels der Garnlagen auf der Kreuzspule.

Herzexzenter, spezielles Getriebeelement der Ringspinnmaschine, das für die mechanische Steuerung der Ringbankbewegung (Copsbewicklung, Spulenaufbau) verwendet wurde. Für jeden speziellen Copsaufbau benötigte man einen speziell konstruierten Herzexzenter. Bei modernen Maschinen abgelöst durch die elektronische Steuerung, womit auch Umkehrungen der Windungsverhältnisse leichter eingestellt werden können (Zinser-Ringspinnmaschine).

Hessian, Jutegewebe, hergestellt aus groben Jutegarnen in einfacher, dichter Leinwandbindung (Hessian-Bindung), wie es früher für Baumwollverpackungen oder Transportsäcke (z.B. Kaffee, Kakao) verwendet wurde (und heute noch in Indien, Bangladesh und Pakistan hergestellt wird).

Heterogarne, Filamentmischgarne aus unterschiedlichen Materialien

High-Bulk-Garne, → Hochbauschgarne.

High-Tech-Garne, Garne aus Hochleistungsfasern hergestellt.

Hinterwicklung, Spulfehler, der zu Ablaufproblemen führt. Bei Scheibenspulen oder Flanschspulen kommt es vor, dass zwischen der Garnbewicklung (dem Spulenkörper) und der Scheibe bzw. dem Flansch Garnlagen abrutschen.

Hinterwindung (Kreuzwindung), Garnlage des Spinncopses, die dazu dient, die Hauptwindungslagen des Garns auf der Spule voneinander getrennt zu halten, damit beim Abzug ein einwandfreier Abtransport des Garns ohne mitgeschleppte Garnlagen möglich wird. Die Kreuzwindungen sind weit auseinander liegende, steil nach unten führende Windungen des Garns auf dem Cops, die durch schnelle Abwärtsbewegung der Ringbank nach jeder Hauptwindungsbildung erfolgt. Bei modernen Ringspinnmaschinen (z.B. Zinser-Kompaktspinnmaschinen) kann das Windungsverhältnis so verändert werden (z.B. 4:1 statt 1:4 oder 1:2 wie üblich), dass die Bildung der Kreuzwindungen bei der Aufwärtsbewegung erfolgt.

Hinterzylinder, erstes Walzenpaar am Einlauf des Streckwerks, von der Vorderseite der Maschine aus gesehen „hinten".

Hitzebeständigkeit, alle textilen Materialien werden durch Wärmeeinwirkung in unterschiedlicher Weise geschädigt. Die Hitzebeständigkeit ist ein Maß für die Widerstandsfähigkeit von Textilien gegen trockene Hitze.
Bei Einwirkung von Hitze erweichen die amorphen Bereiche, die Kristallstrukturen und Makromoleküle werden abgebaut und die Festigkeit der Fasern lässt nach, meist mit sichtbarer Verfärbung. Die Hitzebeständigkeit wird deshalb zunächst nach dem Festigkeitsverlust bei festgelegter Wärmeeinwirkung (Heißluftbehandlung, z.B. 180 °C) über eine bestimmte Zeit (z.B. 1 Stunde, 3 Stunden, 6 Stunden, 10 Stunden, 100 Stunden) beurteilt. Weitere Beurteilungsmöglichkeiten bieten das Schmelzverhalten, die Entzündungstem-

peratur, die Selbstentzündungstemperatur, die Verkohlung sowie die Zersetzung oder Zerstörung der Faser. Bei der Garnherstellung stellt vor allem bei Chemiefasern das frühe Schmelzen der Fasern am Ring/Läufer der Ringspinnmaschine ein Verarbeitungs- und Qualitätsproblem (Schmelzstellen) dar.

Hochbauschgarn (High-Bulk-Garn), meist aus Acryl- oder Polyesterstapelfasern hergestelltes Garn, das aus Hochschrumpffasern und normalen, bereits geschrumpften und fixierten Fasern in Mischung hergestellt wird. Eine Heißschrumpfbehandlung führt dazu, dass die Hochschrumpffasern sich zusammenziehen und damit die anderen Fasern aus dem Garnkern herausgedrückt werden. Hierdurch entsteht ein bauschiges und voluminöses Garn mit abstehenden Schlingen.

Hochdrahtgarn (Kreppgarn), Garn mit hoher Drehung, die deutlich über der Kettgarndrehung (über alpha metrisch 140) liegt.

Hochdrehen, ursprünglich von der Seidenverarbeitung bekanntes Aufbringen hoher Drehungen von 2.000–3.000 m/min im Filamentgarnbereich, vor allem bei der FD-Texturierung.

Hochelastisches Garn, HE-Garn, hochelastisches, feines Texturiergarn, hergestellt mit Hilfe des Falschdrall-Texturierverfahrens (heute hauptsächlich dreiachsiges Scheibenfriktions-Texturierverfahren), wobei nur ein Heizkörper zur Erzeugung der Texturierwirkung eingesetzt wird (Ein-Heizkörper-Texturiermaschinen).
Es wird meist aus Polyester, Polyamid oder anderen thermoplastischen Kunststoffen hergestellt. Vorlage ist POY-Garn, das im Sequential- oder Simultan-Strecktexturierverfahren gestreckt und texturiert wird, oder verstrecktes Filamentgarn (spulgestreckt oder streckgezwirnt).
HE-Garne werden für Damenstrümpfe, Strumpfhosen, Wäsche, Sportbekleidung, Bademoden und ähnliche textile Zwecke der Bekleidung eingesetzt. Die Garnfeinheiten liegen etwa zwischen 22 und 250 dtex; die Filamentfeinheiten können auch unter 1 dtex liegen (Mikrofilamente). Dehnung 150–300 % (elastisch, Rücksprung) und Kräuselkontraktion von 65–70 %. HE-Garne haben durch den Einsatz von Elastan an Bedeutung verloren.

Hochfarbechtheit, besonders hohe Farbechtheit, durch Hochtemperaturfärbung auch bei Chemiefasern erreichbar.

Hochfeste Garne, spezielle hochfeste Filamentgarne, hergestellt aus Fasertypen wie Aramidfasern, hochfesten Polyethylenfasern, PEEK-Fasern, aber auch Carbonfasern und Keramikfasern, deren Festigkeit von 80 cN/tex bis 150 cN/tex und mehr erreichen kann. Die Dehnungswerte sind entsprechend niedrig, teilweise bis unter 1 % Dehnung.

Hochfrequenz-Fadenspannungsmessung, besonders die von R. und E. Schweizer-Blättler in Uerikon in der Schweiz entwickelten RES-Fadenspannungsmessköpfe ermöglichen extrem hohe Eigenfrequenzen (bis 25,7 kHz) und höchste Spannungsspitzenauflösung (bis 16 kHz), weshalb damit sehr genaue Fadenspannungsmessungen möglich sind. Prinzipiell wird gemessen mit einem Dreipunktsystem zur Fadenführung und mittlerem Messsensor, der die senkrecht auf das Garn wirksame Fadenspannungskomponente misst. Nach Kalibrierung mit definierten Massen ist die Messung der axialen Fadenspannung am laufenden Garn, an der Spinnmaschine oder Spulmaschine möglich. Inzwischen sind preiswertere Spannungssensoren Standard bei der

Überwachung moderner OE-Rotorspinnstellen oder an Texturiermaschinen (Fa. Rieter-Ingolstadt, Fa. Schlafhorst-Saurer, Fa. Savio, Fa. Temco).

Hochgeschwindigkeits-Ringspinnen, Ringspinnmaschinen mit speziellen Ring-Läufer-Konstruktionen (z. B. Bräcker Orbit- und SU-Ringe) und Spezialspindeln, mit denen Drehzahlen bis 28.000 U/min erreichbar sind, allerdings mit sehr kleinen Ringdurchmessern (bis 28 mm), entsprechend kleinen Spulen und häufigem Copswechsel und den damit verbundenen Problemen.

Hochleistungskrempeln, Krempeln modernster Bauart, vor allem auch für die Vliesstofffertigung, bei denen auch Elemente des Kardenbaus verwendet werden (Ganzstahlgarnituren, Kardiersegmente und Walzenvliesabzug) und hohe Produktions- und Abzugsgeschwindigkeiten möglich sind (teilweise bis 500 m/min bei bis zu 5 m Arbeitsbreite).

Hochleistungsläufer, spezielle Läufer aus Edelstahl mit geeigneten Oberflächenbehandlungen für höchste Läufergeschwindigkeiten und lange Standzeiten (z. B. Reiners und Fürst DIA-DUR® und CERA-DUR® der Fa. Bräcker, Schweiz).

Hochleistungsringe, Spezialringe aus Stahllegierungen mit speziellen Oberflächenbehandlungen sowie Keramikringe, die in Verbindung mit geeigneten Läufern Geschwindigkeiten bis 50 m/s ermöglichen und höchste Läuferstandzeiten aufweisen (z. B. CERA-DUR® von Reiners und Fürst, auch geeignet für das Kompaktspinnen, oder entsprechende Orbit- und SU-Ringe der Fa. Bräcker, Schweiz).

Hochleistungsspulen, Spulverfahren mit hohen Spulgeschwindigkeiten, bei Stapelfasergarnen bis 1.600 m/min.

Hochmodul-Polyethylenfaser (HMPE), extrem hochfeste Polyethylenfasern (z. B. Dyneema®), Verwendung zur Herstellung hochfester Filamentgarne.

Hochschrumpffaser (S-Type), physikalisch oder chemisch modifizierte Acryl- oder Polyesterfaser mit einem verbleibenden Kochschrumpf von 30–60 %. In Mischung mit normalen Fasern (die vorgeschrumpft und fixiert wurden) für Hochbauschgarne.

Hochschrumpftype, → Hochschrumpffaser.

Höchstzugkraft, die maximale Zugbelastung, die ein Garn aufnehmen kann, bevor es reißt (häufig auch Reißkraft genannt). Die Kraftbelastung wird in Newton (N) oder kleineren Einheiten dieser Größe (cN) gemessen. Zur besseren Vergleichbarkeit wird bei Textilien diese Kraft auf die Feinheit (tex) bezogen und entsprechend als → feinheitsbezogene Festigkeit in cN/tex angegeben.

Höchstzugkraftdehnung, Dehnungswert der Garne, der zum Zeitpunkt der höchsten Kraftbelastung beim Zugversuch aufgetreten ist, wird in Prozent, bezogen auf die Ausgangslänge, angegeben. → Kraft-Dehnungs-Diagramm.

Hochtemperaturfärbung (HT-Färben), Färbeverfahren mit Druckbehältern bei Temperaturen bis 140 °C. Färbung von synthetischen Filamentgarnen und Stapelfasergarnen zur besseren Farbstoffaufnahme und Fixierung. Besonders wichtig für die Färbung von Polyestergarnen, da ohne Carrier gefärbt werden kann.

Hochtemperaturheizer, neue Heizer für Texturiermaschinen mit kurzer Länge (ca. 1 m) und sehr hoher Temperatur (bis 450 °C), wodurch Filamentgarne bei schnellem Durchlauf über 1.200 m/min noch über die Glastemperatur erwärmt werden können.

Hochverzug, die höchsten Verzüge sind bei der Baumwollverarbeitung in der Dreizylinderspinnerei bei geringen Luntengewichten und Langstapelfasern möglich (üblicherweise bis 60-fach, im Extremfall bis 90-fach). Bei Chemiefasern ist wegen der deutlich höheren Faser/Faser-Reibung nur ein geringerer Verzug möglich.

Hochverzugsnitschelstrecke (Frotteur), dient zur Vorverfestigung des Vorgarns. Bänder der Kammgarnspinnerei (Wolle, Chemiefasern) werden durch Vorbereitungs-Nadelstabstrecken schrittweise so fein, dass es zu Bandbrüchen oder Fehlverzügen auf den folgenden Maschinen kommen kann. Um dies zu vermeiden, erfolgt zunächst eine Vorverfestigung.
Die Nitschelstrecke besteht aus einem Speisegatter und einem Verzugssystem. Danach kommt eine Verfestigungsvorrichtung, die aus zwei Nitschelriemchen (Nitschelhosen) besteht. Durch abwechselnde Hin- und Herbewegung bei kontinuierlichem Banddurchlauf, der Nitschelung, wird das Vorgarn verfestigt. Die Nitschelintensität wird bestimmt durch die Anzahl der Nitschelhübe pro Längeneinheit. (Das Nitschelprinzip wurde erstmals von Villeminot-Huard in Reims 1847 realisiert, Quelle: NSC Schlumberger).

Hochverzugsstreckwerk, Drei- oder Mehrzylinderstreckwerk, mit dem sehr hohe Gesamtverzüge möglich sind. Beim Dreizylinderstreckwerk bis etwa 90-fach (bei extrem guter Baumwolle), beim 4- oder 5-Zylinderstreckwerk bis 270-fach.

Hohlfäden, Zwirne, die so aufgebaut sind, dass in der Mitte ein Hohlraum entsteht. Dies kann auch durch ein Hohlfilament erreicht werden. Der Hohlraum (Längskanal) oder mehrere Hohlräume können zum Flüssigkeitstransport (Kapillarwirkung) benutzt werden.
Ähnlich lassen sich auch Hohlgeflechte (Herstellung mit einem Kerndorn) konstruieren.

Hohlspindel, drehbare Spindel mit Hohlkern, durch den ein Garn transportiert werden kann. Wird auf die Hohlspindel eine Filamentgarnspule aufgesteckt, kann der Kernfaden mit dem Filamentgarn umwunden werden.

Hohlspindelverfahren, Zwirnverfahren, das dazu dient, Filamentgarne oder Spinnfasergarne um einen Kernfaden herumzuwickeln oder, wenn der zugeführte Kernfaden stärker gespannt ist, diesen als elastischen Kern zu benutzen. Damit sind Kern-Mantel-Zwirne und Effektzwirne in verschiedensten Variationen herstellbar.
Eine Hohlspindel ist so aufgebaut, dass durch den Kern der sich drehenden Spindel ein Faden geführt wird und dieser Kernfaden von einem Mantelfaden umwunden wird, der wiederum von einer auf der Spindel aufgesteckten (evtl. auch drehbaren) Scheibenspule abgezogen wird.

Hohlspindelzwirnen, → Hohlspindelverfahren.

HOK-Werte, Arbeitsstunden pro 100 kg Garnproduktion, Vergleichswert der Produktivitätsberechnung in englischsprachigen Ländern. Dabei werden alle für die Herstellung einer Garnpartie erforderlichen Arbeitszeiten aller für den Produktionsprozess erforderlichen Mitarbeiter addiert und auf 100 kg produziertes Garn bezogen. → AMK-Werte.

Holzrolle, alte Spulenform, die vor allem für Nähgarne (Zwirne) für Haushalt und Gewerbe verwendet wurde. Die Fadenlängen sind relativ klein und dem Bedarf angepasst (z. B. Nähmaschinengarne). Der Faden wird mit Parallelwicklungen auf den hölzernen Stützkörper gewickelt.

Homespun-Garn, gezielt unregelmäßig hergestelltes, gröberes Garn; entweder mit Effekteinrichtung beim OE-Rotorspinnen, mit Hilfe des DREF-Spinnverfahrens oder im Streichgarnspinnverfahren herstellbar. Verwendung für Homespun (Tweed), d. h. grobfädige, raue, kräftige Stoffe im Handwebcharakter.

Honigtau-Ablagerungen, Ablagerungen von durch Insekten verbreitete Zuckeranteile in der Baumwolle auf Spinnmaschinenelementen beim Ring- und OE-Rotorspinnen (auf Druckwalzen der Streckwerke usw.), welche die Garnqualität verschlechtern, Fadenbrüche drastisch erhöhen und Spinnmaschinen zum Stillstand bringen können. Hohe Luftfeuchtigkeit erhöht (z. B. im Sommer) die Klebeneigung. Bestimmte Baumwollprovenienzen sind bekannt für häufigen oder gelegentlichen Honigtaubefall (z. B. Sudan, Zentralafrika, Türkei, Kalifornien).

Honigtau-Prüfung (Klebeneigungsprüfung), von J. Gutknecht und Mitarbeitern (IRCT/CIRAD Montpellier) wurde ein Klebetest entwickelt, der das Kleben von Fasern mit Honigtaubefall auf Aluminiumfolie unter Druck und Wärmeeinfluss als Prinzip verwendet. Die Methode und das Gerät (Thermodetector) wurden vom ITMF-Ausschuss Baumwollprüfung als industrielle Standardmethode empfohlen und in einer DIN-Norm definiert. Inzwischen wurden auch Schnelltestmethoden entwickelt (FCT-Tester, FQT-Tester der Firma Lintronics, Israel, und H2SD-Schnelltester des Forschungsinstituts CIRAD, Montpellier, Frankreich), die HVI-Prüfgeschwindigkeit erreichen können und Klebeneigung zuverlässig mit Hilfe von Klebeklassen angeben (ITMF-Arbeitsgruppe Stickiness/Klebeneigung).
Literatur: A. Schenek, Naturfaser-Lexikon, Deutscher Fachverlag GmbH, Frankfurt a. M., 2000.

Horizontal-Finisseur, → Hochverzugsnitschelstrecke für die Kammgarnverarbeitung mit horizontaler Anordnung des Streckwerks und der Nitschelorgane.

Hosierygarn, → Mulegarn.

Hot-pin, beheizter Metallstift an der Streckspul-, Streckzwirn- oder Strecktexturiermaschine, über den das Filamentgarn geführt wird und an dem die bei der Verstreckung eintretende Verjüngung des Filamentquerschnitts (Flaschenhals) gezielt ausgebildet wird. Zudem wird die notwendige Verstreckkraft deutlich reduziert.

HOY (High Oriented Yarn), hochorientiertes, extrem schnell gesponnenes Filamentgarn (bis 8.000 m/min und mehr) aus thermoplastischen Kunststoffen (z. B. PES), das nicht endverstreckt wurde, aber genügend Festigkeit für einen technischen Einsatz hat (Dehnungswerte 30–60 %).

Hub, begrenzter, periodisch sich wiederholender Bewegungsablauf des Garns bei der Kreuzspulen- oder bei der Copsbewicklung, durch gezielte Bewegung des Fadenführers, der Ringbank oder gezielte Fadenführung durch die Nutentrommel. Den Aufbau einer Spule bestimmt neben Drehzahl und Spulenumfang auch die Hubhöhe (Cops) bzw. die Hublänge (Kreuzspule). Kritisch für den Spulenaufbau sind die äußeren Umkehrpunkte (z. B. Kantenhärte). Der Hub bestimmt die Bewicklungsbreite (mit der Garndicke) und die Spulenform.
Folgende Hubvariationen sind üblich:

1. Gleichbleibender Hub: Die Umkehrpunkte des Fadenführers bzw. der Fadenablage bleiben gleich; ergibt die

klassische zylindrische Kreuzspulenform.

2. Verkürzter Hub (Hubverkürzung): Kontinuierliche Verringerung des Abstands der Umkehrpunkte des Fadenführers, kontinuierliche Hubverkürzung; ergibt eine bikonische Spule (z. B. Streckzwirncops oder bikonische Kreuzspule).
3. Verlängerter Hub: Der Abstand der Umkehrpunkte des Fadenführers wird ständig vergrößert; Bildung einer bikonischen Spule oder einer Kegelstumpfspule.
4. Verlagernder Hub, (Hubverlagerung, Hubchangierung): Die Umkehrpunkte des Fadenführers werden während des Spulens ständig periodisch verändert (Hubchangierung).
5. Verlegender Hub (Hubverlegung, Atmung): Der Gesamthub wird ständig abwechselnd seitlich um einen bestimmten Betrag verlegt.
6. Einfachhub: Eine Fadenführerbewegung oder Garnablagebewegung von einem Umkehrpunkt zum anderen.
7. Doppelhub: Die komplette Fadenführer- oder Garnablagebewegung vom Ausgangspunkt zum Umkehrpunkt und wieder zurück.

Hubverkürzung, → Hub, Punkt 2.

Hubverlagerung, → Hub, Punkt 4.

Hubverlegung, → Hub, Punkt 5.

Hüllgarn, Garn, das zum Umwinden eines Kerngarns oder einer Seele verwendet wird (Umwindegarn). Die Umwindungen (z. B. mit → Hohlspindeln) können mehrlagig mit unterschiedlichen Drehungsrichtungen aufgebracht werden.

Hülse, Trägerkörper zur Aufwicklung des Garns in Copsform (Ringspinnen), in Kreuzspulenformen oder anderen Formaten, früher meist aus Pappkarton, heute überwiegend aus Kunststoff oder Metall. Spezielle Konstruktionen als Färbehülsen oder Schrumpfhülsen.

Folgende Hülsenformen werden oft eingesetzt:

a) Zylindrische Hülsen
b) Gelochte Zylindrische Hülsen (Färbespulen)
c) Kegelige Hülsen, ungelocht (z. B. Strickerei)
d) Kegelige Hülsen, gelocht (Färbespulen)
e) Kegelige Hülsen mit Abrundung bzw. Bördelung
f) Scheibenhülse
g) Fußhülse
h) Bikonische Hülse
i) Kegelstumpfhülse

Hülsendurchmesser, der empfohlene Hülsendurchmesser (d) hängt vom Ringinnendurchmesser (D) ab und wird wie folgt empfohlen:

1. Spinnerei: d : D = 0,48–0,50
2. Zwirnerei: d : D = 0,44–0,50

Übliche Ringdurchmesser: 36–350 mm

Literatur: W. Helli, Reiners und Fürst, Mönchengladbach, Vortrag an der FH Reutlingen, 2004.

Hülsenkonizität, wird bestimmt durch den → Kegelwinkel.

Hülsenlänge, die Länge H der für die Garnaufwindung benötigten Hülse. Die Hülsenlängen liegen üblicherweise zwischen 180 und 250 mm (empfohlen H < 5 d, wobei d der Hülsendurchmesser ist). Wird eine zu lange Hülse gewählt (z. B. H < 5,5 d), berührt der Fadenballon die Hülsenspitze. Damit nehmen Fadenbrüche zu, und die Garnqualität wird schlechter.

Hülsenmaterialien, für Hülsen wurde noch im 19. Jahrhundert Holz (Rot-, Weißbuchenholz) verwendet, oft auch noch später für die Schussspulen der Weberei.

Im 20. Jahrhundert dominierten Hartpapier (Pappkartonhülsen) den Textilmarkt (entstanden im Ersten Weltkrieg, in Deutschland vor allem von Fa. Emil Adolff, Papier- und Hülsenfabrik, Reutlingen). Färbehülsen wurden später teilweise aus Stahl hergestellt. Heute werden hauptsächlich Thermoplaste, teilweise noch Duroplaste als Kunststoffhülsen für die verschiedensten Zwecke verwendet.

Hülsenreinigung, Entfernung der Garnreste von den Hülsen nach dem Umspulen durch Schneidevorrichtung und anschließendes Abblasen.

Hülsenspanner, Aufnahmevorrichtung (Dorn) zum Festhalten der Hülsen auf drehbaren, kugelgelagerten Spindeln (z. B. Ringspindel) aus Metall. Das Fixieren der Hülsen kann durch Federspannung, Druckluft/Gummimembran, Rollringspannung, expandierende Spannung, Klinkenspannung u. a. Methoden erfolgen.

HVI-Anwendung, die Baumwollteststraßen werden zur Baumwollklassierung (USA, teilweise in Australien und Israel, beginnend in China und Usbekistan) eingesetzt. Eine weitere Einsatzmöglichkeit ist die Qualitätseinteilung der Baumwollballen in der Spinnerei, in Prüfinstituten zur Qualitätskontrolle der Baumwolle und zunehmend auch im internationalen Baumwollhandel (Internet-Trade). In den USA hat sich wegen der großvolumigen Verfügbarkeit der HVI-Daten ein beachtlicher Baumwoll-Internethandel (Vorbereitung des Vertragsabschlusses) neben dem Telefonhandel durchgesetzt.

HVI-Prüfungen (High Volume Instruments), Baumwoll-Schnellprüfungen. Beruhen zum größten Teil auf klassischen Baumwollprüfverfahren, sind aber automatisiert und wesentlich schneller und erlauben die schnelle Prüfung vieler Proben, also z. B. aller Ballen einer Baumwollpartie. Geprüft werden: Micronaire-Wert, Farbe, Schmutzgehalt (Trash), Faserlänge, Gleichmäßigkeit, Festigkeit (Dehnung). Neuere Entwicklungen ermöglichen auch die Prüfung des Reifegrads, der Honigtau-Klebeneigung (ähnlich dem AFIS-Gerät), der Fasernissen und Saatkornfragmente mit Fasern (seed coat fragments). Der Begriff „HVI“ ist inzwischen geschütztes Eigentum der Fa. Uster Technologies, Knoxville, USA und soll international durch den Begriff SITC (Standard Instrument Testing of Cotton) ersetzt werden.
Unter der Bezeichnung SITC werden alle modernen Prüfsysteme, auch verschiedener neuer Hersteller, z. B. Schaffner Technologies, Knoxville (USA), Premier (Indien), Lintronics (Israel) verstanden. Ein spezieller Ausschuss (CSITC) der Baumwollindustrie (ICAC Washington) und des Handels (Baumwollbörsen) bemüht sich um die stärkere Einführung der Instrumentenprüfung in den internationalen Baumwollhandel.

Literatur: A. Schenek, Naturfaser-Lexikon, Deutscher Fachverlag GmbH, Frankfurt a. M., 2000.

Hybridgarn, Mischgarn aus unterschiedlichen Faserstoffen, z. B. Filamentgarn aus Polyamid und Polypropylen zum Einsatz in Faserverbundwerkstoffen.

Hydrolysebeständigkeit, alle Faserstoffe, auch Chemiefasern, werden durch höhere Temperaturen geschädigt. Der schädigende Einfluss von hohen Temperaturen auf Textilien wird durch die Anwesenheit von Wasser noch verstärkt. Unter Hydrolyse versteht man Schädigung durch feuchte Hitze. Die Hydrolysebeständigkeit ist ein Maß für die Widerstandsfähigkeit gegen diese Beanspruchung. Sie ist wichtig für den technischen Einsatz der Chemiefasern.

Zur Messung werden vor und nach einer Heiß-Nass-Behandlung bestimmte technologische (z. B. Festigkeit) und chemische Prüfungen vorgenommen. Um den Zeitaufwand in vertretbaren Grenzen zu halten, kann man die hydrolytische Wirkung durch Temperatur- und Druckerhöhung (z. B. 125 °C in einem Druckbehälter) und durch Zusatz von Säuren (z. B. Schwefelsäure) oder Alkalien (z. B. Natronlauge) verstärken. Das Resultat der Prüfung nach der Hydrolysenbehandlung wird auf das Prüfergebnis vor der Behandlung bezogen. So wird beispielsweise die Reißkraft des behandelten Materials in Prozent der Ausgangsreißkraft angegeben und als Restreißkraft bezeichnet.
Die Größe des hydrolytischen Abbaus hängt vom Rohstoff, evtl. vorhandenen Stabilsatoren sowie von der Intensität und Dauer der Heiß-Nass-Behandlung ab. Sinnvoll ist die Darstellung der Ergebnisse mit Hilfe von Kurvenscharen, welche die Abhängigkeit der Schädigung vom Behandlungsmedium, von der Temperatur und der Einwirkungszeit aufzeigen.

Hydrophobausrüstung (Hydrophobierung), Veränderung der Garnoberfläche durch textile Hilfsmittel, Beschichtung oder andere Behandlung in der Weise, dass die Oberfläche wasserabweisend (hydrophob) wird.

Hydro X Change, Markenname für ein Filamentmischgarn aus Polyamid/Elastan für den Sportbereich (S. Oliver).

Hygroskopie, Feuchtigkeitsaufnahme in Dampfform. Viele Textilfasern sind mehr oder weniger hygroskopisch, wodurch sich Gewichtsveränderungen (und Eigenschaftveränderungen) bei Garnen in Abhängigkeit vom Feuchtigkeitsgehalt der Luft ergeben.

Hysterese der Feuchtigkeitsaufnahme, die Feuchtigkeitsaufnahme und die Feuchtigkeitsabgabe erfolgen zeitlich und mengenmäßig nicht gleich, sondern unterschiedlich. Der Verlauf der Feuchtigkeitsaufnahme und -abgabe bei textilen Faserstoffen folgt einer Hysteresekurve. Die Aufnahme von Feuchtigkeit von der trockenen Seite erfolgt wesentlich schneller als die Abgabe aus dem nassen Zustand in trockener Umgebung. Zudem ist das erreichte Feuchtigkeitsniveau (Feuchtigkeitsgehalt) unterschiedlich, je nachdem ob man von der trockenen oder der nassen Seite angleicht.
Deshalb wird für das Erreichen eines einheitlichen Feuchtigkeitsgehalts in der Textilprüfung (Garnprüfung, Faserprüfung) die Angleichung an das → Normalklima von der trockenen Seite vorgeschrieben (z. B. DIN 53802 Probenvorbereitung, Angleichung an das Normalklima 20 °C, 65 % relative Luftfeuchtigkeit).

HZ-Ringe, selbstschmierende Ringe (d = 48–250 mm) aus Stahl oder Sinterstahl mit speziellem Profil für die Streckzwirnerei von Filamentgarnen, Reifencord und Glasgarnen oder für die Chemiefaserverarbeitung und Wollverarbeitung in Spinnerei und Zwirnerei, mit einem Schmiersystem, das dem Garnnummernbereich, der

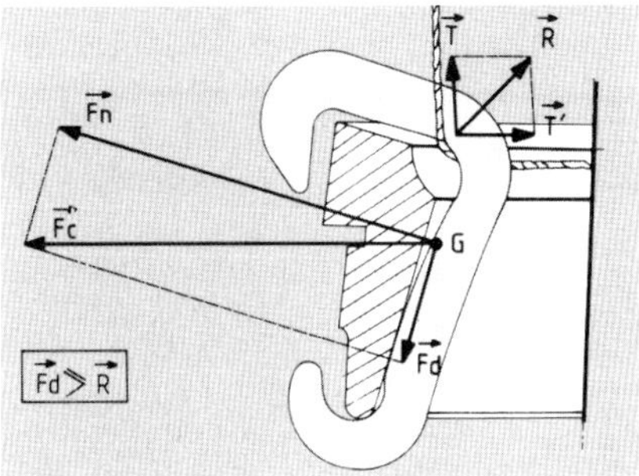

Abb.: HZ-Ring mit Läufer und den einwirkenden Kräften beim Spinnen
Quelle: Bräcker AG, Pfäffikon, Schweiz

Garnqualität, der Läuferausführung und der Läufergeschwindigkeit angepasst ist. Damit sind höchste Läufergeschwindigkeiten (bis über 35 m/s) möglich. Wichtig ist eine gleichmäßige Schmiermittelzufuhr mit Hilfe von Dochten und Filzen. Als Läufer werden Stahlläufer, Nylonläufer oder Kombinationen eingesetzt.

Idea Com 4 Wool, Kompaktspinmaschine der italienischen Fa. Cognetex auf Basis einer Rieter-COM-4-Lizenz, mit wesentlichen Ergänzungen wie Zusatzverdichtung des Wollbändchens beim Spinnen durch Druckroller.

IDF, in die Gesamtkonzeption der modernen Karde integrierte Regelstrecke der Fa. Trützschler, Mönchengladbach, zur Prozessverkürzung.

Igelgarn, Effektzwirn mit längeren, stark miteinander verdrehten Schlaufen, die noch im fertigen Gestrick zu sehen sind. Zur Herstellung wird ein langsam zugeführter Trägerfaden unter Spannung mit einem hart gedrehten Vrillé-Vorzwirn mit schneller Zuführung verzwirnt. Schlaufen können auch durch gedrehte Bändchenenden ersetzt werden.

Imitatgarn (Vigogne), grobes Garn, das nach dem Zweizylinderverfahren aus kurzstapeligen Baumwollen oder sogar Baumwollabfällen (→ Vigogne-Imitatgarn) hergestellt wird (z. B. für Handstrickgarne aus reiner Baumwolle). Es gleicht in seiner Struktur den Streichgarnen.

Imperfections, Gruppe typischer Garnfehler, gemessen mit dem Uster-Tester, unterteilt in:

1. Dünnstellen (unter 50 % der mittleren Garnmasse)
2. Dickstellen und (über 50 % der mittleren Garnmasse)
3. Nissen (über 200 % der Garnmasse, sehr kurzer Garnabschnitt bei Ringgarn)
4. Nissen (über 280 % der Garnmasse, sehr kurzer Garnabschnitt bei OE-Rotorgarnen)

Dabei wird die Fehlerzahl auf 1.000 m bezogen. Die angegeben Definitionen wurden von Zellweger Uster für den Uster-Tester definiert; andere Definitionen sind möglich und teilweise bei Garnreinigern üblich, je nach Systemhersteller der Anlagen.

Imprägnieren, chemische Modifizierung oder Beschichtung der Oberfläche von Garnen und Textilien, um sie wasserabweisend (hydrophob) oder sogar wasserdicht auszurüsten (z. B. mit Wachs, Kunststoffen wie z. B. Teflon/PTFE, Scotchgard® 3M u. a.). Das Material wird wasserabweisend und bleibt trotzdem atmungsaktiv. Die Wirkung wird durch regelmäßiges Waschen vermindert. Beispiele für Imprägniermittel: Wachs- und Paraffinemulsionen mit Salzen, Silikonen und Fluorcarbonen.

Index, Kennzahl, z. B. verwendet als → Gleichmäßigkeitsindex bei der Band- und Garngleichmäßigkeitsprüfung oder früher als „Pressley-Index“ bei der Baumwollfestigkeitsprüfung.

Indigo-Färbe-Schlichten, Auftragen des Farbstoffs auf Kettgarne beim Schlichten.

Indisch-Crêpe (Indisch-Leinen, Käseleinen), durchscheinende, rohe Baumwollgewebe in Tuchbindung, handgewebt, mit unregelmäßigen Garnen und noch sichtbaren Schalen- und Pflanzenresten. Hergestellt aus indischen Kurzstapelbaumwollen (kurz, grob). Bekannt geworden durch die Kleidung Mahatma Ghandis und seinen gewaltlosen Widerstand gegen die englische Besatzung zur Befreiung Indiens.

Industriegarne, → Technische Garne.

Infrarot-Trockner, Hochtemperaturtrockner mit hohem Infrarot-Anteil zur schnelleren Fixierung von Garnen (und Farbstoffen).

Injektionsfärbeverfahren (Astro-Dyeing, Spektralfärbung, Millitron-Färbung), mehrfarbige partienweise Garnstrangfärbung durch Einspritzung von Farbstofflösungen in Kreuzspulen, z. B. für Tuftingteppichgarne.

Injektordüse, Luftblasdüse, die zur Garnerzeugung beim Luftspinnen oder zum Garntransport dient.

Ink-Jet-Druck, Tintenstrahldruck mit speziellen, für den Textildruck entwickelten Düsen und Farben, mit der DREAM-Anlage von Reggiani in Bergamo derzeit bis 150 m/h Produktionsgeschwindigkeit möglich. Bisher bei glatten Geweben und gut für Kleinserienfertigung mit großformatigen Bildmustern anwendbar.

Inlett, sehr dichtes, hochwertiges Köpergewebe, das aus sehr feinen Baumwollgarnen oder Zwirnen für die Füllung mit Daunen oder Federn (daunendicht) für Bettzeug hergestellt wird.

Innenfadenbremse, Fadenbremse auf der Oberseite der Doppeldrahtzwirnspindel, durch die das vorgelegte, gefachte Garn durch die Hohlspindel abgezogen werden muss, um durch den Drehteller die erste Drehung zu erhalten. Die Innenfadenbremse hat die Aufgabe, die Drehung zurückzustauen, damit sie nicht verloren geht oder die Vorlage gestört wird. Sie bildet also den Drallstaupunkt gegenüber dem Drallorgan (Drehteller, Rotor). Die Innenfadenbremse beeinflusst die Fadenspannung während des Zwirnvorgangs und die Speicherlänge am Drehteller der DD-Zwirnmaschine.

Innenfriktions-Texturierung, Drallaggregat der Falschdralltexturierung, bei dem das Garn durch das Innere (Hohlkern) des sich drehenden Aggregats geführt und durch die Reibung an der Innenwand mittels Reibungsmitnahme gedreht wird (derzeit keine industrielle Anwendung bekannt).

Innenwindung, die inneren Garnlagen einer Spule.

Integrierte Strecke, → IDF.

Intensität des Öffnens, Grad der Fasertrennung („Auflösung") bzw. Faservereinzelung von der Ballenöffnung ausgehend bis zur Karde, die im Prinzip Einzelfasern erzeugt und im Vlies weiterführt. Je schneller die Vereinzelung vom Faserpaket über die Flocke zur Einzelfaser erfolgen soll, desto mehr Energie muss aufgewendet werden und desto stärker wird die Faserbeanspruchung, auch mit möglicher Schädigung. Das neue Prinzip der möglichst schnellen Öffnung mit wenigen Maschinen, das vor allem von den Firmen Trützschler GmbH, Mönchengladbach und Rieter AG, Winterthur vorangetrieben wurde, hat sich durchgesetzt (auch bei der Kardierung). Als Pionier dieser Entwicklung darf Ferdinand Leifeld angesehen werden, der seine Ideen schon frühzeitig u. a. auf den Bremer Baumwolltest-Tagungen vorgestellt hatte, aber auch Bill Naarding vom IIC Hengelo in Holland, der die weltweiten Tendenzen der Baumwollverarbeitung erkannte und in Bremen weitervermittelte.

Interlace, Verwirbelungsstelle, Verwirbelungspunkt, Verwirbelungsknoten, Verflechtungspunkt, Fixpunkt, Interlace-Stelle, alle Begriffe bezeichnen diejenige Stelle eines Filamentgarns, an der die Filamente umeinander verwirbelt sind. Eine zu starke Verwirbelung (Verwirbelungsknoten) wird als Fehler angesehen, wenn das Filamentgarn sich nicht mehr öffnen kann. Solche Fehler können mit Messgeräten wie dem → Interlace Counter gemessen werden.

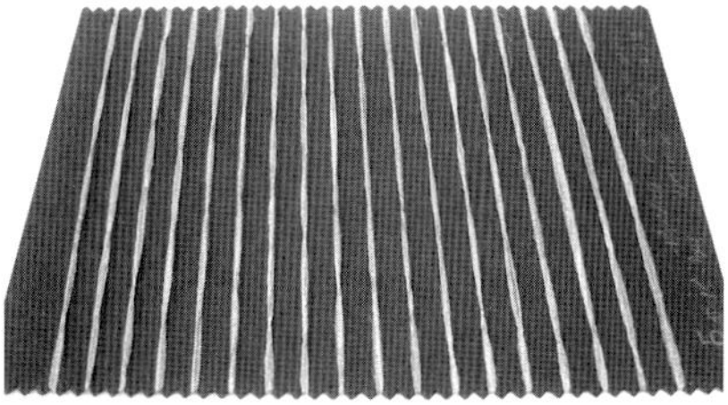

Abb.: BCF-Filamentgarn mit Verwirbelungsstellen (Interlaces)
Quelle: Heberlein Technologies, Wattwil, Schweiz und Hochschule Reutlingen

Interlace Counter (Reutlinger Interlace Counter), am früheren Reutlinger Forschungsinstitut ITR von H. Teichmann und H. Weinsdörfer entwickeltes Prüfgerät zur Feststellung/Messung und Zählung von Faserverknotungen (Interlaces) in verwirbelten, texturierten Multifilamentgarnen. Das einfache Prinzip, bei dem das Garn durch ein Blattfedersystem geführt wird, das Dickenabweichungen misst (dünn = unverwirbelte Stelle, dick = Filamentknoten), hat sich in der Industrie und in der Forschung bewährt.

Interlacing, Bildung von Filamentverwirbelungen mit Hilfe einer Luftdüse, in die ein tangentialer Luftstrom (oder mehrere) eingeblasen wird. Der entstehende Falschdrall ergibt beim Zurückdrehen des Garns eine Verwirbelung der äußeren um die inneren Filamente und dadurch einen Zusammenhalt des Garns in definiert einstellbaren Abständen. Die daraus entstehende Garnverfestigung (besserer Fadenschluss) wird heute beim Primärspinnen, Spulen und Texturieren verwendet und erlaubt die bessere Verarbeitbarkeit der Filamentgarne in der Weberei, teilweise auch mit Schlichteeinsparung. Interlacing kann das Zwirnen (Verdrehen) von Filamentgarnen ersetzen.

Intermingled-Garn, mit Hilfe von Luftdüsen verwirbeltes Garn, ein einzelnes Filamentgarn wird verwirbelt, wodurch ein besserer Fadenschluss erzeugt wird.

Intermingling (Verwirbeln, Tangeln, Tangling, Entanglement), das Verwirbeln eines Filamentgarns in sich selbst, also die Verwirbelung der einzelnen Filamente umeinander mit Hilfe von Luft mit hohem Druck in Blasdüsen mit tangentialer Lufteinblasung. Wird oft bei BCF-Teppichgarnen (Stauchkräuseltexturierung) verwendet, auch um unterschiedlich feine Filamente zu vermischen bzw. zur Zumischung geringerer Mengen andersartiger Filamente nach der Texturierung, um antistatische Garne bzw. leitfähige Garne herzustellen oder Filamentmischgarne, auch mit Farbeffekten, herstellen zu können. Die Verwirbelungsstelle wird als → Interlace bezeichnet. Beim → Comingling werden mehrere Garne miteinander verwirbelt.

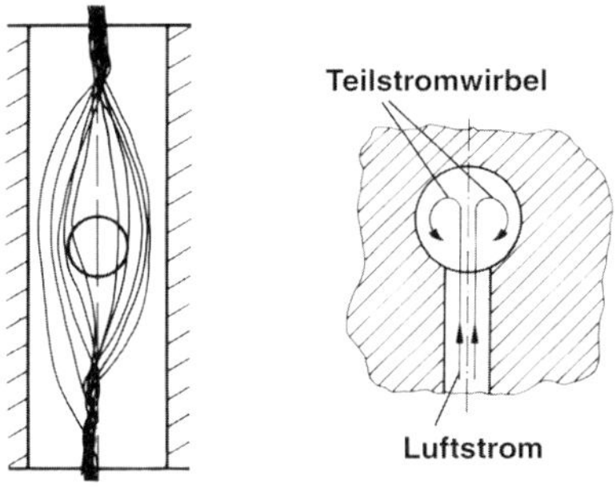

Abb. 1: Schema des Filament-Verwirbelungsvorgangs (Intermingling)
Quelle: Dr. H. Weinsdörfer, ITV Denkendorf

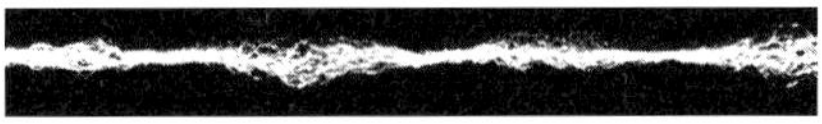

Abb. 2: Filamentgarn mit Verwirbelungsknoten
Quelle: Dr. H. Weinsdörfer, ITV Denkendorf

Internationaler Seidentiter, Feinheit in → Denier (den).

Intersecting-Strecke, Nadelstabstrecke für die Langfaserverarbeitung (z. B. Wolle).

Intimmischung, Mischung von Fasermaterial oder Filamenten, um eine gleichmäßige Garnmischung zu erhalten:
1. In der Faserflocke gemischtes Material; Mischung mit Hilfe von Mischmaschinen (Mischkammern Trützschler, Rieter u. a.).
2. In Bandform gemischtes Fasermaterial.
3. Im Garn durch gemeinsames Verspinnen gemischt (unterschiedliche Lunten).
4. Im Filamentgarn durch Verwirbeln mit Luftdüsen gemischte Filamentgarne (Intermingling).

Ionisator, Vorrichtung zum Abbau bzw. zur Vermeidung elektrostatischer Aufladung von Garnen durch Ionisierung der Umgebungsluft. Dadurch wird die Luft begrenzt leitfähig, wodurch Ladungen abgebaut werden können.

IPI-Werte, → Imperfections.

ITF-Nord-Verfahren, Verfahren zur Garnherstellung, vergleichbar mit dem → Bobtex-Spinnverfahren.

ITMF, International Textile Manufacturers Federation, Internationale Vereinigung der Textilindustrie mit Sitz in Zürich. Regelmäßige Veröffentlichungen von Textilmaschinen-Exportstatistiken, textilen Wirtschaftsberichten, Statistiken über Fremdkörper in Baumwolle usw. Jährliche ITMF-Textilindustriekonferenzen. Technischer Ausschuss für Baumwollprüfverfahren (ICCTM).

ITV (früher ITR), Institut für Textil- und Verfahrenstechnik der Institute für Textil- und Faserforschung an der Universität Stuttgart, Sitz in Denkendorf. Leitung Prof. Dr.-Ing. H. Planck. Größtes deutsches Textilforschungszentrum, auch mit Schwerpunkt Medizintextilien. Zum Forschungszentrum ausgebaut und von Reutlingen nach Denkendorf verlegt durch Prof. Dr. G. Egbers.

IVC, Industrievereinigung Chemiefaser e. V. mit Sitz in Frankfurt a. M. Interessenvertretung der deutschen Chemiefaserindustrie (www.ivc-ev.de).

IWTO, International Wool Textile Organisation, Internationale Wollvereinigung mit Sitz in Brüssel, Herausgeber der IWTO-Normen für die Wollprüfung. Organisiert Jahreskonferenzen für die Wollproduzenten und Wollverarbeiter, mit Sitzungen des Technischen Ausschusses.

J

Japanische Tussahseide, wilde Seide vom japanischen Tussahspinner (antheraea yamamai), ergibt die Jamamai-Seide, die der Maulbeerseide am ähnlichsten ist, sich aber trotzdem hinsichtlich Abhaspelbarkeit (unterbrochener Faden), Feinheit (gröber) und Querschnittsform der Fasern (länglich statt dreieckig) deutlich von der echten Seide unterscheidet und im Naturzustand grünbraun gefärbt ist. Die japanische Tussahseide ist allerdings abhaspelbar, ergibt also richtige Seidenfäden.

Japanseide (Japon), feines, leichtes Naturseidengewebe in Taftbindung, aus sehr gleichmäßigen Grègegarnen in Kette und Schuss hergestellt (3–4 Mommen = 13–18 g/m^2).

Japan Spinners Association, Organisation der japanischen Spinnereien mit Sitz in Osaka.

Jarré, Effektgarn mit Glanzfasern zur Erzielung eines Raureif-Effekts (abwechselnd glänzende und matte Fasern im Garn).

Jaspégarn, zweifarbiges Garn mit Mouliné-Charakter, das durch gemeinsame Vorlage zweier verschiedenfarbiger Vorgarne vor dem Streckwerk und anschließendes gemeinsames Verspinnen auf der Ringspinnmaschine entsteht (z.B. Schwarz-Weiß-Effekt). Wegen des hohen Preises (Vorfärbung) nur als Effektgarne eingesetzt und oft durch Mouliné-Zwirn imitiert. Vorläufer des → Siro-Garns.

Jaspémouliné, Mouliné-Zwirn zur Imitierung von Jaspégarn.

Jaspézwirn, verschiedenfarbige Vorzwirne werden zu einem Farbeffektzwirn zusammengezwirnt.

Jet-Düse, Luftdüse für den Fadentransport oder die Faserverdrehung beim Spinnen (Luftspinnen) oder für die Verwirbelung von Filamentgarnen.

Jet-Texturierung, Stauchkräuseltexturierung mit Hilfe von Heißluft und Stauchkammer für die BCF-Teppichgarnherstellung (PA, PP).

Johannsen, Otto, früherer Direktor des Reutlinger Textiltechnikums, in Fachkreisen bekannt durch das mehrbändige Standardwerk zur Baumwollspinnerei, das in den 30er Jahren des 20. Jahrhunderts zur Basis der Textilausbildung wurde.

J-Ringe, ölgeschmierte Spezialringe aus Stahl oder Sinterstahl oder Nylon für die Kammgarnspinnerei. Die Schmierung erfolgt bei Stahlringen durch Dochtschlaufen oder Filze, bei Sintermetall durch Hohlräume im Metall (Sinterporen). Garne aus 100 % Wolle, Wolle/Synthetik-Mischungen und 100 % Synthetik ausspinnbar.

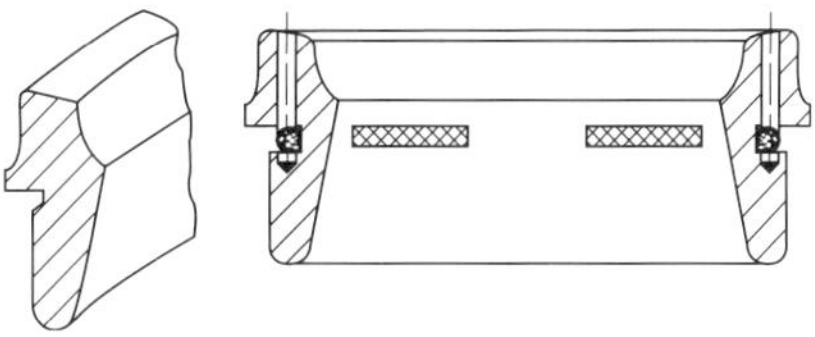

Abb. 1: J-Ring mit Docht-Schmiersystem
Quelle: Reiners und Fürst GmbH, Mönchengladbach

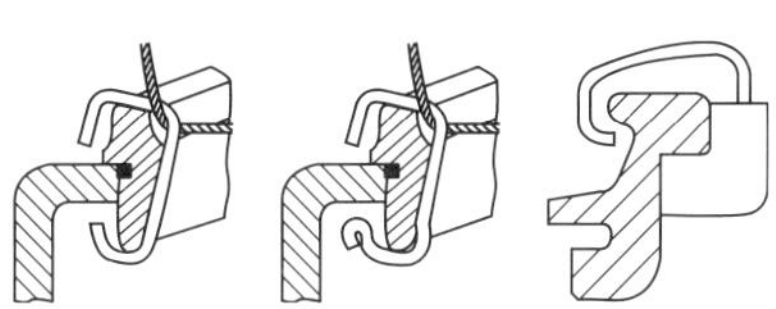

Abb. 2: J-Läufertypen auf J-Ring
Quelle: Reiners und Fürst GmbH, Mönchengladbach

Jutegarn, Garntypen ähnlich wie Garne, die aus Flachs oder Hanf hergestellt werden:

1. Jute-Hechelgarne (Jute-Feingarne), z. B. Schussgarne gehechelt: Die Jute als Spinnfaser hat eine Ausgangslänge nach der Ernte von etwa 1,5–3 m. Garne der Feinheit Nm 10 bis Nm 12 herstellbar, bei besonderer Faserqualität bis Nm 18 und durch neue Maschinen und Technologien Nm 20 bis Nm 24 (Forschung in Indien).
2. Jute-Werggarne, z. B. Kettgarne, kardiert: Die bei der Langfaserverarbeitung anfallenden Abgangsfasern, das Jutewerg, hat nach dem Kardieren eine endgültige Faserlänge von etwa 200–250 mm. Die Feinheitsbereiche bei Feingarnen reichen von Nm 4–Nm 18.

Nach dem Spinnen folgt die Zwirnerei, die Erzeugung von Bindfäden, das Haspeln, Weifen und Verpacken der Garne.

a) Garndrehungen der Jutegarne:
Schussgarne: alpha metrisch 62–82
Kettgarne: alpha metrisch 112–150
Die dafür erforderlichen Vorgarne liegen in der Feinheit zwischen Nm 0,06–Nm 0,80.

b) Garnfestigkeitswerte der Jutegarne:

Langfasergarne, Kette:	Höchstzugkraft (trocken, Normalklima)	10–14 cN/tex
	Höchstzugkraft (nass)	9,5–13,5 cN/tex
	Dehnung	1,3–2,5 %
Langfasergarn, Schuss:	Höchstzugkraft (trocken)	6–10 cN/tex
	Höchstzugkraft (nass)	5,5–9,5 cN/tex

Werggarne ergeben teilweise höhere Festigkeitswerte, da die Garne stärker verdreht werden und die Fasern miteinander verkleben.

Abb.: Muster-Baumwollballenverpackungsgewebe aus Jutegarnen (Hessian)
Quelle: TRC Lubbock, Texas und Hochschule Reutlingen

Jutemischgarn, feinere Jutegarne werden aus Mischungen mit Flachs oder Hanf (dunkles Mischgarn, 2/3 Jute, 1/3 Flachswerg), aber auch mit Chemiefasern, hergestellt. In der Forschung versucht man durch spezielle Aufschlussmethoden feinere Fasern zu gewinnen, die auch zu feineren Garnen verarbeitet werden können. Entsprechende Forschungsvorhaben werden in Indien durchgeführt.

Jutespinnerei, die Verarbeitung der Jute erfolgt größtenteils (mengenmäßig) zu Werggarn; nur die besten Qualitäten werden zu Hechelgarnen (ähnlich dem Flachs und Hanf) verarbeitet. Im Gegensatz zu den Leinengarnen ist bei Jute die Festigkeit der Hechelgarne niedriger als die der Werggarne bei gleicher Feinheit (da kein Verkleben der Fasern erfolgt).

A) Jute-Hechelgarne:
   1. Vorbereitung der Jute:
      a) Öffnen der Ballen.

b) Sortieren der Risten, Auswahl der besten Qualitäten für das Hechelgarn.
c) Der größere Teil wird der Werggarnverarbeitung zugeführt.
d) Batschen der Jute (Befeuchtung mit Wasser/Öl-Gemischen).
e) Pressen und Quetschen zur Teilung der Faserstränge.
f) Entfernen des (härteren) Fußes und der Spitzen (Schneiden).
g) Schneiden (oder Reißen) in drei Teile, von denen der mittlere Teil wegen der höheren Gleichmäßigkeit der Fasern für das Hecheln verwendet wird.

2. Hecheln:
   a) Die 600–750 mm langen mittleren Ristenteile werden einer Hechelmaschine, hängend eingeklemmt, zugeführt (wie bei Flachs).
   b) Die Hechelleisten mit Nadelfeldern kämmen die kurzen Fasern und Verknotungen aus, zunächst von einer Seite, dann wird umgehängt und die andere Seite ausgekämmt.
3. Bandbildung, Dublierung und Strecken:
   a) Die gehechelten Risten werden (meist noch von Hand) den Einzugswalzen einer Nadelstabstrecke (Anlegemaschine) vorgelegt.
   b) Danach wird in mehreren Passagen dubliert (mehrere Bänder vorgelegt) und wieder verstreckt (wie bei Flachs)
4. Vorspinnen: Erfolgt auf Flyern mit speziellen Streckwerkswalzenpaaren, mit denen hohe Drücke aufgebracht werden können.
5. Feinspinnen: Erfolgt im Wesentlichen auf Ringspinnmaschinen nach dem Halbnassspinnverfahren, wobei allerdings die Fasern ihre Feuchtigkeit vom Batschen erhalten, daher ist ein schnelles Verspinnen erforderlich. Neuere Spinnverfahren werden versuchsweise eingesetzt.

B) Jute-Werggarne:
1. Vorbereitung:
   a) Rohstoffauswahl und Sortierung nach Qualitätsgruppen.
   b) Zum Öffnen der Risten werden Walzenbrecher mit Riffelwalzen verwendet.
   c) Batschen der Jute. Weichmacherprozess durch Einlegen in eine Wasser/Öl-Mischung (bis ca. 3% Öl, 16–18% Wasser), früher teilweise Tranöl, heute pflanzliches Öl, gelegentlich mit Mineralöl gemischt. Dauert teilweise bis 24 Stunden.
   d) Danach folgt ein Quetschprozess (Softening). Alle Faserbündel sollen möglichst gleichmäßig stark gequetscht werden, um sie zu teilen.
   e) Abschneiden (Schnippen) der Ristenenden (Fuß und Kopf) teilweise von Hand oder mit Maschinen (abhängig von der gewünschten Qualität).
   f) Einkürzung der Fasen durch Vorreißen auf einem Reißwolf (Teazer).
2. Vorkrempeln und Krempeln: früher auf getrennten Maschinen, heute teilweise auf Hochleistungskrempel (Walzenkrempeln). Mit dem Krempeln erhält man Faserlängen zwischen 250 und 380 mm, die im Band abgeliefert werden.
3. Dublieren und Strecken: Mehrere Bänder werden zusammengefasst und über Nadelstabstrecken verstreckt. Dies erfolgt je nach Qualität mehrmals.

4. Vorgarnherstellung: erfolgt über Grobflyer.
5. Garnherstellung: Die Ausspinnung der Garne erfolgt über Ringspinnmaschinen, teilweise auch mit Zentrifugen-Spinnmaschinen.
6. Zwirnen und Polieren (teilweise).

Jutespinnmaschinen, hergestellt in Indien, teilweise noch in Irland und Italien. Für die groben Garne werden Maschinen mit großer Teilung und großen Ringdurchmessern verwendet. Dementsprechend sind die Spindeldrehzahlen niedrig. Ebenso wie für Flachs werden spezielle Streckwerke mit großen Walzenabständen und Durchzugsstreckwerksteilen verwendet. Da die Jute vorher gebatscht wird, handelt es sich beim Spinnvorgang um ein Halbnassspinnverfahren. Das Vorgarn bringt die für die Verspinnung erforderliche Feuchtigkeit (mit Öl) mit. Teilweise wird das Zentrifugenspinnverfahren eingesetzt.

Jutezwirne, für die traditionelle Juteverarbeitung werden zwei- bis dreifache Zwirne, seltener Vierfachzwirne, hergestellt. Wie üblich wird auch bei Jute die Zwirndrehung entgegengesetzt zur Garndrehung gewählt. Für die Herstellung von Bindfäden, Schnüren, Litzen oder Kordeln wird das Zwirnen über Vorzwirne und Auszwirne durchgeführt. Die Einzwirnung beim Zweifachzwirn beträgt etwa 3–6 %, wodurch die Endfeinheit des Zwirns entsprechend gröber als die Summe beider Garne ist. Der mittlere Zwirndrehungskoeffizient bei Jute liegt etwa bei alpha metrisch 120.

Abb.: Zentrifugenspinnmaschine der Fa. Gardella für die Verspinnung von Jutegarnen
Quelle: Gardella I. S. I. SpA., Italien

K

Kabel (Tow), Zusammenfassung einer großen Anzahl von Filamenten aus vielen Spinndüsen in der Primärspinnerei zur späteren Herstellung von Stapelfasern (Spinnfasern). Die Filamente sollten voll verstreckt und gekräuselt sein und die Endfeinheit haben. Die einzelnen Kabel werden zur Weiterverarbeitung meist in Kartons abgelegt. Nach Kräuselungs- und Fixierprozessen werden die Kabel geschnitten (für die Kurzstapelspinnerei) und die Fasern in Ballen gepresst. Eine andere Möglichkeit ist die direkte Reiß- oder Schneidkonvertierung (tow to top, vom Kabel zum Kammzug in der Kammgarnspinnerei).

Kabelfeinheit, die Feinheit eines Chemiefaserkabels wird in Kilotex (ktex) angegeben. Sie beträgt bis zu 200 ktex.

Kabelgarn, Zwirn, der mit Hilfe des → Kablierverfahrens für technische Zwecke (Reifencord) oder für die Seilherstellung erzeugt wird.

Kabelgewicht, → Kabelfeinheit.

Kabelherstellung, Zusammenfassen der gewünschten Anzahl von Filamenten zum Kabel durch den Abzug von vielen Spinnstellen gleichzeitig an der Primärspinnmaschine. Die Filamentfeinheit muss an die spätere Faserfeinheit (z. B. Baumwolltype) angepasst werden, weshalb Spinndüsen mit extrem vielen, feinen Spinnbohrungen verwendet werden.

Kabelkräuselung, zur Herstellung von Spinnfasern werden die Filamente bereits im Kabel gestaucht (unter Wärmeeinwirkung) und fixiert, um die erforderliche Faserkräuselung vor dem Schneiden zu erhalten.

Kabelreißmaschine (Reißkonverter), Maschine zum Reißen von Kabeln, um die für die Herstellung von Chemiefaserkammzügen geeigneten Faserlängen (und Längenverteilungen zu erhalten). Das Reißen ergibt eine der Wolle vergleichbare Längenverteilung. Mit Hilfe des Reißkonverters kann das Kabel direkt zum Spinnfaserband verarbeitet werden (tow to top).

Kabelschneidemaschine, Vorrichtung zum Schneiden von Kabeln für die Herstellung von Spinnfasern (Stapelfasern) in die für die Verarbeitung geeignete Schnittlänge der Baumwoll- oder Wolltypen. Üblicherweise Abpressung der geschnittenen Fasern im Ballen. Auch die Konvertierung vom Kabel zum Spinnfaserband ist möglich.

Kablieren, → Kablierverfahren.

Kablierverfahren, beim Kablieren wird ein Innenfaden, der von einer still stehenden Spule kommt (ähnlich dem Doppeldrahtzwirnverfahren), direkt in axialer Richtung aufwärts mit einem Außenfaden zusammengeführt. Der Außenfaden wird von unten axial in den rotierenden Teil der Kablierspindel eingeführt, in einer rotierenden Speicherscheibe nach außen geführt, bildet einen Fadenballon und umwindet oberhalb des Spulentopfs (in dem sich die still stehende Innengarnvorlage befindet) den Innenfaden. Meist werden sowohl der Innen- als auch der Außenfaden unmittelbar vor dem Vereinigungspunkt durch einen sogenannten Cordregulator geführt. Wenn kein Cordregulator verwendet wird, führen Spannungsdifferenzen zwischen dem Innen- und Außenfaden zu Längendifferenzen der beiden Zwirnkomponenten und zu einem ungleichmäßigen Zwirn. Diese Wirkung wird durch den Cordregulator vermieden. Umlenkrollen auf einer gemeinsamen Achse sorgen durch Reibung für den gewünschten Spannungsausgleich. Eine andere Lösung für den Spannungsausgleich ist die Verwendung einer Präzisions-Innenfadenbremse. Nach der Vereinigung der Fäden wird der fertige Zwirn über ein positiv angetriebenes Galettenlieferwerk unter Spannungskontrolle abgezogen und auf eine Hülse in Form einer Kreuzspule aufgewunden.

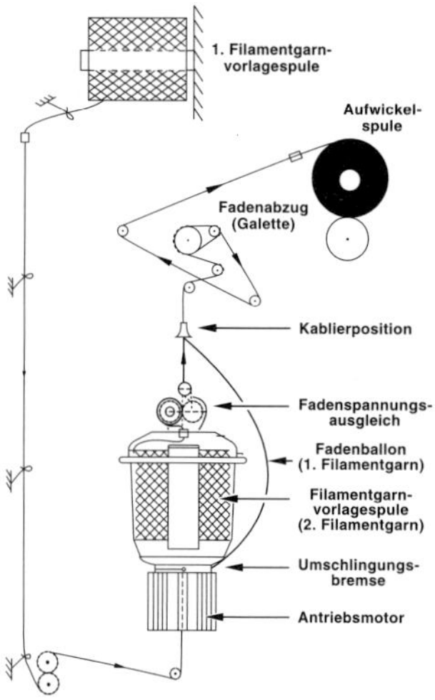

Abb.: Kablierprinzip der Saurer-Allma GmbH zur Herstellung von Reifencord
Quelle: K. Steininger und Saurer-Allma GmbH, Kempten

Kablierzwirn, mit dem Kablierverfahren hergestellter, spannungsausgeglichener Zwirn, der bevorzugt für Reifencord und technische Zwirne eingesetzt wird.

Kalanderwalzen, Presswalzen zum Glätten von textilen Oberflächen (Kalandrieren), gelegentlich auch zum Glätten von Garnen (Lüstrieren) verwendbar.

Kaltluft-Blastexturierung, → Lufttexturierung.

Kaltverstreckung, Verstrecken von Filamenten ohne Hitze, zum Erreichen der Endfestigkeit der Filamente eines Filamentgarns. Meist erfolgt die Verstreckung kontinuierlich bereits nach dem Spinnen über beheizte Galettenwalzen oder durch anschließende Verstreckung (Streckspulen). Da Filamente für die technische Anwendung gedreht oder gezwirnt werden müssen, verbindet man das Strecken mit dem Verdrehen im Streckzwirnverfahren. Dabei kann das Filamentgarn vorher kalt verstreckt werden (Kaltverstreckung) oder mittels eines Heizstifts während des Verzugs erwärmt werden. Da die Kaltverstreckung höhere Verzugskräfte erfordert, wird sie immer seltener angewendet. Die Kaltverstreckung ergibt zudem einen hohen Schrumpf der Garne.

Kaltwachsölung, Aufbringen von Wachsteilchen auf Garne über Suspensionen in Flüssigkeiten.

Kämmband, Faserband nach dem Kämmen, bei dem Kurzfasern, Nissen und Verschmutzungsanteile entfernt werden. Im deutschen Sprachgebrauch eher für Baumwolle verwendet (gekämmtes Baumwollband = Kämmband), da gekämmte

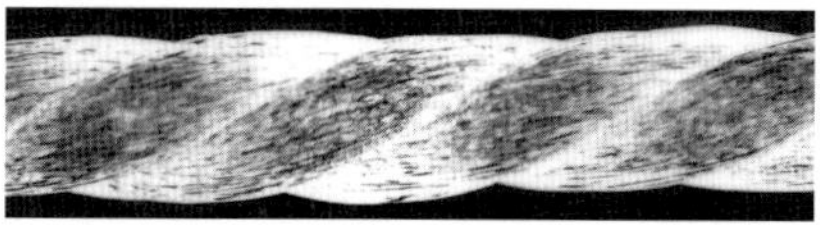

Abb. 1: Kablierzwirn aus glatten Filamentgarnen mit ausgeglichener Drehung (Reifencordzwirn)
Quelle: Barmag-Saurer GmbH

Abb. 2: Prinzipdarstellung eines ausgeglichenen Kablierzwirns (Reifencordzwirn)
Quelle: Barmag-Saurer GmbH

Wollbänder als → Kammzug bezeichnet werden.

Kämmbarer Abgang (Abrisse), Produktionsreste längerer Fasern (Wolle) aus der Spinnereivorbereitung (Streckpassagen, Finisseur oder Flyer und Spinnmaschine) der Kammgarnspinnerei, meist Bandabrisse, die nach Aufbereitung wieder normal in der Spinnerei verarbeitet werden können.

Kammbelegung, Faserzahl bzw. Bandgewicht, bezogen auf die Nadeldichte (Spitzenzahl/Nadelzahl pro Längeneinheit) der Kämmmaschine beim Kämmen von Wolle oder Baumwolle.

Kammeingriff, Eingrifftiefe des Kamms (der Kämme) in den vorgelegten Faserbart beim Kämmen.

Kämmen, Auskämmen von kurzen Fasern, Nissen, Noppen und von pflanzlichen (Vegetabilien, Trash) oder materialbedingten (Schmelzstellen, Doppelfasern, Verklebungen) Verunreinigungen sowie Faserbruchstücken aus einem Faserwickel mit Hilfe von Nadelkämmen (Nadelstäbe) oder rotierenden Garniturwalzen einer Kämmmaschine, bisher diskontinuierlich und mechanisch. Auszukämmende Kurzfasern sind bei Baumwolle kürzer als 1/2 Zoll (12,7 mm) oder kürzer als die halbe Stapellänge und bei Wolle je nach Stapellänge kürzer als 25, 30, 35 oder 40 mm. Sehr wichtig neben der Verbesserung der Faserlängenverteilung (des Stapels, der mittleren Faserlänge, des Variationskoeffizienten der Faserlänge) durch das Kämmen sind auch die Reinigungswirkung und die Ausstreckung (Orientierung der Fasern in Garnachse und Parallelisierung) der Fasern für den Spinnvorgang und die spätere geordnete Garnstruktur (Anordnung der Fasern im Garn). Vor dem Kämmen haben die Fasern meist in Bandform bereits ein oder mehrere Streckpassagen durchlaufen, nach dem Kämmen muss wieder ein Band (Kammzug, Kämmband) gebildet werden, welches erneut Streckpassagen vorgelegt wird. Da das Auskämmen diskontinuierlich erfolgt und die ausgekämmten Faserbärte durch Lötung übereinandergelegt werden müssen, entstehen neue Masseungleichmäßigkeiten im Band, die durch eine oder mehrere nachfolgende Streckpassagen (Regelstrecke) wieder ausgeglichen werden müssen.

Kämmerei,
1. Wollkämmerei (Primärkämmerei):
Für die Herstellung von Kammgarnen muss aus dem Krempelband ein Kammzug hergestellt werden. Das Krempelband muss zunächst über zwei bis drei Doppelnadelstabstrecken dubliert, verzogen und damit vergleichmäßigt und verfeinert werden. Das Strecken verbessert neben der Massegleichmäßigkeit des Bands die Faserverteilung (Länge, Feinheit) im Band (Homogenisierung) und vor allem die axiale Ausrichtung der Fasern. Damit wird verhindert, dass zu viele lange Fasern ausgekämmt werden.
Der Wollkämmmaschine werden mehrere Bänder (derzeit bis 24 pro Kämmstelle) gleichzeitig vorgelegt und diese gemeinsam ausgekämmt. Die Kämmmaschine arbeitet periodisch: Vorlegen und Klemmen der Bänder, Vorkämmen mit dem Rundkamm (Nadelsegmente oder neuer Garniturkamm von NSC), Nachkämmen mit dem Fixkamm, Löten (Überlappen) der ausgekämmten Faserbärte zu einem Band sowie erneutes Dublieren und Verstrecken. Das Nachstrecken und Mischen erfolgt ebenfalls auf zwei Doppelnadelstabstrecken mit anschließender Regelstrecke. Das Ergebnis ist der Wollkammzug, der an die Kammgarnspinnerei geliefert wird. Die Kämmlinge werden gesondert weiterverarbeitet oder verkauft.

2. Wollkammzug (Nachkämmerei, Sekundärkämmerei):
Für die Herstellung feiner Kammgarne (feiner als Nm 36) muss der Kammzug in der Spinnerei nachverkämmt werden. Dies gilt auch für Konverterbänder aus Chemiefasern (Acryl, Polyamid), die nach dem Schneidkonvertierverfahren hergestellt wurden. Auch gefärbte Kammzüge der Buntspinnerei müssen oft nachverkämmt werden (Noppen, Faserverwirrungen, Faserverklebungen, Farbreste, Entfilzung).
3. Chemiefaserkämmerei (Schneidkonverterband):
Geschnittene Konverterkabel (tow to top) ergeben Bänder, die Faserreste, Faserpakete und Nissen enthalten. Diese müssen durch einen Kämmprozess entfernt werden (wenn man gute Garnqualitäten erhalten möchte).
4. Baumwollkämmerei:
Baumwolle wird grundsätzlich gekämmt, wenn sehr feine Garne (ab Nm 70–80, je nach Rohstoff) hergestellt werden müssen. Das Kämmen entfernt Kurzfasern, Nissen und Trash-Teilchen aus der Baumwolle und verbessert damit die Faserqualität ganz wesentlich. Die Auskämmung kann bis zu 25 % betragen, liegt aber eher bei 18–22 %. Durch das Kämmen werden zudem die Fasern besser für den Spinnvorgang ausgestreckt und man erhält durch die hohen Dublierungen eine Verbesserung der Faserdurchmischung.
Für die Vorbereitung des Kämmens werden die Kardenbänder dubliert und gestreckt, wofür ein bis zwei Streckpassagen mit Regelstrecke verwendet werden. Danach wird aus vielen Streckenbändern (bis zu 48 Bänder) auf der Bandwickelmaschine (Banddubliermaschine) ein Wickel hergestellt, der der Kämmmaschine vorgelegt wird. Nach dem Kämmen werden die Bänder erneut dubliert und verstreckt. Anschließend wird das Flyervorgarn hergestellt und das Ringgarn gesponnen (auch Kompaktgarn) oder das Band direkt der Luftspinnmaschine vorgelegt.
5. Flachs-, Hanfkämmerei: → Hecheln.
6. Kämmerei der Schappeseide: ähnlich der Kammgarnherstellung, aber mit Spezialmaschinen.

Kämmgarn, gekämmtes Baumwollgarn, Bezeichnung der Baumwoll- bzw. Dreizylinderspinnerei für Garne, die aus gekämmten Bändern (gekämmter Baumwolle, Auskämmung 16–22 %) hergestellt wurden. In den USA wird auch das Upgrading für Baumwolle zur Verbesserung des Rohstoffs verwendet, mit einem Auskämmgrad von 8–14 %.

Kammgarn, Wollgarn, Ringgarn (auch Kompaktgarn), das aus Wollkammzügen, Wolle/Chemiefasermischungen oder Konverter-Chemiefaserkammzügen nach dem Kammgarnspinnverfahren (Ringspinnverfahren, Kompaktringspinnverfahren CompACT von Zinser, Com 4 Wool® von Cognetex, Elite von Suessen u. a.) hergestellt wird. Es ist fest, kompakt, glatt, gleichmäßig, rein und weist eine geringe Haarigkeit auf (wenige kurze Fasern nach dem Kämmen). Kammgarn wird vorwiegend als Zwirn in der Oberbekleidung (Anzüge, Hosen) und in der Flachstrickerei, (gleichmäßige Gestricke, Pullover usw.) eingesetzt.
Die Herstellung der Kammgarne erfolgt, ausgehend vom Kammzug (Wolle) oder vom Konverterband (Kabelkonvertierung Polyester, Arcylfasern, Polyamidfasern), angeliefert als Kammzugspule oder Bumps (Kanneninhalt gepresst und zusammengebunden), in der Kammgarnspinnerei. Der Kammzug wird rohweiß oder gefärbt verarbeitet und nach weiterer Vorbereitung auf Ringspinnmaschinen versponnen. Zunehmend wird für feine Garne das Kammgarn-Kompaktspinnverfahren eingesetzt (geringe Haarigkeit). Damit ist entweder eine höhere Garnfestigkeit (bessere Fasereinbin-

dung, plus 10–15 %) oder der Einsatz gröberer Fasern bei gleicher Festigkeit möglich (Kosteneinsparung beim Rohstoff).

Inzwischen wird das Siro-Spinnverfahren (Fa. Zinser-Saurer, Ebersbach/Fils) für die Erzeugung eines Zwirnersatzes in der Kammgarnspinnerei eingesetzt. Siro-Garne sind gleichmäßiger als gleich dicke Einfachgarne. Eine weitere Möglichkeit ist das Repco-Spinnverfahren, das allerdings keine größere Bedeutung erlangt hat. Das OE-Rotorspinnen kann wegen der Langstapelfasern nicht verwendet werden. Künftig könnte das Luftspinnverfahren auch für Wolle wieder interessant werden.

Die üblichen Drehungsbereiche für Wollkammgarne (klassische Ringgarne) sind in der folgenden Tabelle zusammengestellt:

Garnfeinheit	Drehungen pro Meter	
Nm	Kette	Schuss
10	240–305	175–240
20	335–425	245–335
30	410–520	300–410
40	485–615	355–485
50	525–665	385–525
60	575–730	425–575
70	630–800	460–630
80	675–855	495–675
90	710–900	520–710
100	750–950	550–750

Mit besonders feinen, ausgewählten Wollkammzügen sind Kammgarne bis Nm 100, seltener bis Nm 120 mit ca. 33 Fasern im Garnquerschnitt noch industriell herstellbar, aber diese Garne (und die erforderlichen Rohstoffe, z. B. < 17,5 µm) sind extrem teuer.

Mit Hilfe des Kompakt-Ringspinnverfahrens sind bisher reine Wollausspinnungen in der Ausspinngrenze bis Nm 150 (Zinser Compact 451 s C mit Spinnfinger) mit ausgewählten Wollqualitäten möglich. Erste Industrieerfahrungen liegen in diesen Feinheitsbereichen vor. Die Faserzahlen im Garnquerschnitt können auf 30 und niedriger gesenkt werden. Dies war bisher mit konventionellen Kammgarn-Ringspinnmaschinen nicht möglich.

1. Feine Kammgarne für die Maschenindustrie: Vlieswollen vom Merino-Schaf, Southdown und feine Lammwollen der Feinheit 19–25 µm werden für feine Flachstrickgarne eingesetzt. Vorzugsweise verwendet man Zweifachgarne, da dann seltener Maschenverwerfungen (Verdrehungen) auftreten und das Gestrick gleichmäßiger wird.

2. Mittelfeine Kammgarne für die Maschenindustrie: Hier werden Wollen der Feinheit 25–27 µm bevorzugt verarbeitet. Typische Garne bzw. Zwirne sind Nm 32/2 (62 tex × 2), bis Nm 16/2 (124 tex × 2) vor allem für Flachstrickmaschinen. Auf Rundstrickmaschinen werden eher feinere Garne verarbeitet, Nm 44 (23 tex) bis Nm 32/2 (62 tex × 2). Oft werden auch gefachte Garne verwendet.

3. Grobe Kammgarne für die Maschenindustrie: Für Handstrickgarne werden mehrfädige Kammgarne (gefachte Garne) eingesetzt. Beispiele sind:
Nm 24/3/2 (250 tex × 3 × 2) und Nm 20/3/2 (300 tex × 3 × 2).
Gröbere Garne sind Nm 13/3/2 (450 tex × 3 × 2) oder Nm 8/3/2 (750 tex × 3 × 2) und Nm 4/3 (750 tex × 3), hergestellt aus Merinowollen (ca. 23 µm) oder Corriedale-Wollen im Bereich bis 28 µm.

Kammgarneigenschaften,

	Festigkeit (cN/tex)	Dehnung (%)	Drehung (T/m)
1. Wollkammgarne:			
a) Trikotgarne, 100 % Wolle	3–4,5	6–13	45–85
b) Schussgarne, 100 % Wolle	3–5	6–13	55–90
c) Kettgarne, 100 % Wolle	4–5,5	8–17	85–105
d) Zwirne, 2-fach, 100 % Wolle	4,5–7	10–17	45–100

2. Mischkammgarne:		
a) Wolle/Viskose		
70/30	5–6,5	6–11
b) Wolle/Polyamid		
80/20	6–9	14–20
c) Polyester/Wolle		
55/45	12–16	16–23
d) Wolle/Polyacryl		
50/50	8–10	14–20

Kammgarnflyer, Flügel-Vorspinnmaschine für die Herstellung von Vorgarnen (Flyerlunten) mit echter Drehung als Vorlage für die Ringspinnmaschine. Eingesetzt in der Langstapelspinnerei (Wolle oder Chemiefasern) alternativ zur Nitschelstrecke.

Kammgarnkrempel, spezielle Walzenkrempel mit großem Tambourdurchmesser und größeren Arbeiter- und Wenderwalzen zur schonenden Wollverarbeitung und Herstellung des Krempelbands in der Wollkämmerei nach dem Waschen der Wolle.

Kammgarnringspinnmaschine, → Kammgarnspinnmaschine.

Kammgarnspinnerei, die Kammgarnspinnerei wurde ursprünglich zur Herstellung feiner, glatter Wollgarne bzw. Wollzwirne aus Schafwolle entwickelt. Voraussetzung für die Herstellung feiner Wollgarne ist das Auskämmen des Fasermaterials, um kurze Fasern (Kurzfasern), Faserverknotungen (Noppen) und pflanzliche Verunreinigungen (Vegetabilien) wie Kletten, Gras und Strohreste zu entfernen. Deshalb wird in der Kammgarnspinnerei der Wollkammzug, ein gekämmtes Wollband, verwendet, der bereits in Woll-

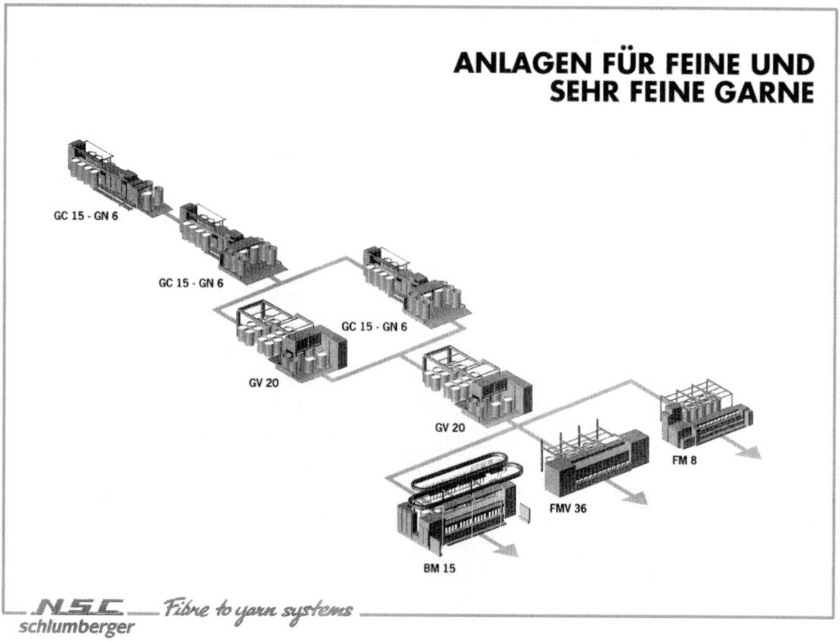

Abb. 1: Beispiel für die mögliche Maschinenanordnung in der Kammgarnspinnerei zur Herstellung feiner Wollkammgarne
Quelle: NSC Schlumberger, Guebwiller, Frankreich

wäscherei und Kämmerei aus der Rohwolle hergestellt wurde. Zur Herstellung feinerer Kammgarne (üblicherweise feiner als Nm 36) wird in der Kammgarnspinnerei nachgekämmt. Dies ist auch bei gefärbten, bunten Kammzügen und geschnittenen Konverterbändern aus Chemiefasern oft erforderlich, da auch dort Noppen und verklebte Fasern sowie Faserreste während der Verarbeitung entstehen können. Generell werden rohweiße Garne (Rohweißspinnerei) oder gefärbte Garne (Buntspinnerei) hergestellt. Hierfür erfolgt die Färbung im Kammzug durch Durchfärben oder Bedrucken (Vigoureux-Druck). Anschließend wird der Kammzug vor der Weiterverarbeitung gewaschen (Lisseuse).

Wollfasern sind wesentlich länger als Baumwollfasern (2- bis 15-fache mittlere Faserlänge). Deshalb gehört die Kammgarnspinnerei zur Langfaser- oder Langstapelspinnerei. Außerdem weist die Längenverteilung der Wolle eine wesentlich größere Streuung auf (größere Längenvariation). Gemessen werden die Längenkennwerte des Wollkammzugs meist mit dem Almeter-Gerät oder daraus weiterentwickelten neueren Messsystemen (Almeter-Kennwerte, Kammzug). Wollfasern haben im Vergleich zur Baumwolle eine wesentlich geringere Zugfestigkeit (ca. 8–15 cN/tex) und sind meist deutlich gröber.

Heute werden in der Kammgarnspinnerei überwiegend Mischgarne Wolle/Polyacryl oder reine Chemiefasergarne hergestellt. Die am häufigsten verwendeten Rohstoffe sind Polyacryl, Polyester, Polyamid und Polypropylen, deren Fasern dann als Woll-Type (W-Type) mit den der Wollfaser angepassten Eigenschaften hergestellt werden. Neben angepasster Länge (mittlere Länge 80–150 mm), angepasster Feinheit (3,3–6,7 dtex) und angepasster Festigkeit und Dehnung ist auch eine ausgeprägte Kräuselung der Fasern erforderlich. Chemiefaserkammzüge werden direkt aus dem Chemiefaserkabel mit Tausenden von Filamenten mit Hilfe von Reiß- oder Schneidkonverterverfahren hergestellt und ähnlich weiterverarbeitet wie die Wollkammzüge. Die Vorgarnherstellung erfolgt bei Wolle meist mit der Nitschelstrecke, bei Chemiefasern mit dem Flyer. Für die Verspinnung wird immer noch hauptsächlich das Ringspinnverfahren eingesetzt. Derzeit findet auch das Kompaktspinnen als Weiterentwicklung des Ringspinnens Anwendung in der Kammgarnspinnerei. Bei der Kammgarnherstellung werden höhere Drehungen aufgebracht, wodurch ein festerer Griff entsteht. Allerdings können beim Zwirnen durch Einsatz entgegengesetzter Drehungsrichtungen (Garn: Z-Drehung, Zwirn: S-Drehung) lockere, voluminöse und weichere Zwirne für die Flachstrickerei (z. B. Pullover) hergestellt werden.

1. Ablauf in der Rohweiß-Kammgarnspinnerei:
   a) Kammzugmischung (Nadelstabstrecken, Mischstrecken)
   b) Nachverkämmen (Kämmmaschine)
   c) Kammzugmischung (Nadelstabstrecken)
   d) Vorgarnherstellung, Vorspinnen (Vertikal-Nitschelstrecke, Finisseur)
   e) Verspinnen (Ringspinnmaschine, Kompaktspinnmaschine)
   f) Umspulen
   g) Dämpfen und Konditionieren
   h) Zwirnherstellung (Fachmaschine, Zwirnmaschine)
2. Der Ablauf der Buntspinnerei:
   a) Kammzugmischung oder Konverterbandmischung (Nadelstabstrecken, Mischstrecken)
   b) Kammzugmischung (Nadelstabstrecken)
   c) Kammzugfärbung (Durchfärbung oder Bedrucken im Vigoureuxdruck)

d) Kammzugtrocknung (Lisseuse)
e) Kammzugentfilzung (Nadelstabstrecken)
f) Nachverkämmen (bei feinen Wollgarnen und Schneidkonverterbändern aus Chemiefasern auf der Kämmmaschine)
g) Nachstrecken (Vergleichmäßigen und Verfeinern auf Nadelstabstrecken)
h) Vorgarnerzeugung (Finisseur oder Flyer)
i) Spinnen (Ringspinnmaschine, Kompaktspinnmaschine)
j) Umspulen (Spulmaschine)
k) Dämpfen und Konditionieren
l) Zwirnherstellung

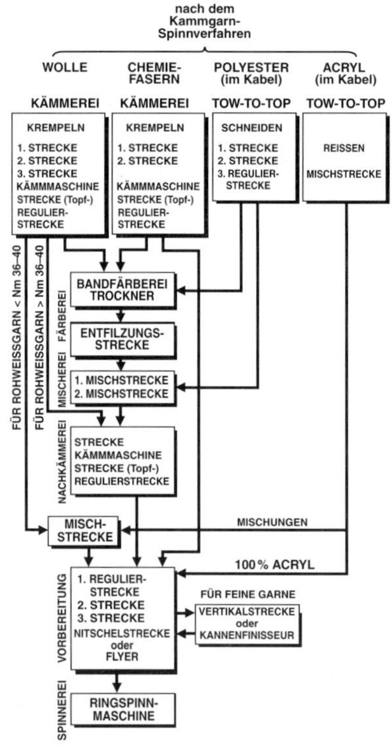

Abb. 2: Kammgarnspinnerei-Verfahrensschritte (Woll- und Chemiefaserverarbeitung)
Quelle: NSC Schlumberger, Guebwiller, Frankreich

Kammgarnspinnmaschine, für die Verspinnung von Kammgarnen im Langstapelbereich (Wolle und Chemiefasern) kommen bisher nur Ringspinnmaschinen (und Kompaktringspinnmaschinen) in Frage, da sich die langen Fasern (80 mm und länger) weder mit OE-Rotorspinnmaschinen noch mit Friktionsspinnmaschinen zu einem glatten, gleichmäßigen Garn verarbeiten lassen. Es werden Ringspinnmaschinen mit größeren Abmessungen der Streckwerke (Kammgarnstreckwerk mit drei Zylinderpaaren), größeren Ringdurchmessern und niedrigeren Spindeldrehzahlen eingesetzt. Besonderheiten sind die Verwendung der Spinnfinger (z. B. Zinser). Auch das Kompakt-Ringspinnen wird mit zunehmendem Erfolg in der Kammgarnspinnerei eingesetzt. Weiterhin hat das Siro-Spinnverfahren größere Bedeutung erlangt.

Kammgarnzwirn, für die Weiterverarbeitung in der Weberei und Strickerei genügt einfaches Garn meist nicht hinsichtlich der Anforderungen an Festigkeit, Gleichmäßigkeit, Fülligkeit und Volumen. Daher werden je nach Anforderungen für Gewebe meist zwei, für die Strickerei bis zu sechs Einzelfäden verzwirnt. Die Drehung erfolgt meist entgegengesetzt zur Garndrehung, wodurch die Ausgangsgarne etwas aufgedreht und voluminöser werden. Gelegentlich werden Vorzwirne hergestellt und diese in weiteren Zwirnvorgängen weiter gezwirnt (Auszwirn). In der Kammgarnspinnerei sind ebenfalls Effektzwirne beliebt, oft in Mischungen mit Mohair oder anderen feinen Tierhaaren. Oft werden Schlingen-, Knoten- und Flammenzwirne hergestellt. Das Fachen als Vorbereitung zum Zwirnen wird auch zur Ausreinigung von Garnfehlern und zur Längenanpassung benutzt. Neuere Zwirnverfahren wie das → Tritec-Verfahren der Fa. Saurer/Arbon werden ebenfalls für die Kammgarnzwirnerei verwendet. Zwirne aus Kammgarnen haben zudem Konkurrenz durch

Abb.: Kammgarnringspinnmaschine der Fa. Zinser-Saurer GmbH, Ebersbach
Quelle: Zinser-Saurer GmbH und Spinnereitechnikum, Hochschule Reutlingen

die Siro-Garne erhalten, die aus zwei Vorgarnen an der Spinnmaschine direkt erzeugt werden und für einige Anwendungszwecke ausreichend sind. Eine neue Variante des Repco-Selftwistverfahrens mit anschließendem Nachzwirnen wird derzeit erprobt.

Kämmintensität (Kämmgrad), Unterschiede in der Kämmintensität ergeben sich durch stärkere (intensivere) oder schwächere Auskämmung desselben Materials. Wird weniger Material bei gleichem Kämmzyklus zugeführt, entsteht eine stärkere Auskämmung, die sich in größeren Kämmlingsanteilen und saubereren Kammzügen zeigt.

Kämmling,
1. Baumwollkämmling: Kurzfasern, Nissen und Trash-Teilchen der Baumwolle werden in der Kämmerei ausgekämmt und als Kämmling gesammelt. Der Kämmlingsanteil liegt zwischen 16 und 25 % und kann wiederaufbereitet in der Rotorspinnerei oder als Futtermaterial und für andere Zwecke verwendet werden, ist allerdings gleichzeitig als Faserverlust der Kämmspinnerei zu verzeichnen. Der Kämmling enthält neben den unvermeidlichen Trash- und Schmutzteilen Nissen und einen Anteil langer Fasern (z. B. Fasern, die im Streckenband nicht ausgestreckt waren). Beim Upgrading, der in den USA üblichen Verbesserung des Rohstoffs, liegt der Kämmlingsanteil zwischen 8 und 14 %.
2. Wollkämmling: Abgang der Kämmerei (nach der Wollwäsche, dem Krempeln und Strecken) und der Kammgarnspinnerei (Nachkämmen), die auch noch nach dem verwendeten Kämmmaschinenprinzip (z. B. Schlumberger, Lyster, Noble u. a.) unterschieden werden, da unterschiedliche Anteile längerer Fasern im Kämmling enthalten sind. Im Wollkämmling befinden sich auch Noppen, Nissen und Kletten sowie andere Pflanzenteile (Vegetabilien). Mittlere Kämmlingsprozentsätze der Primärkämmerei (Kammzugherstellung, ausgehend vom Krempelband) sind bei Wolle:

Merinoqualitäten:	8–18 %
Crossbred-Wollen:	5–8 %
Cheviot u. a. grobe Wollen:	2–4 %

Bei der Nachverkämmung des Kammzugs werden Wollkämmlinge in kleineren Prozentsätzen (0,2–3 %) ausgekämmt.

Kämmlingsprozentsatz,
1. Baumwollkämmerei: Anteil der ausgekämmten Kurzfasern und Unreinheiten, bezogen auf das Ausgangsgewicht des vorgelegten Fasermaterials. Werden die Verluste vernachlässigt, kann der Kämmlingsprozentsatz zur Schnellbeurteilung auf die Summe von ausgekämmtem Material und Kämmling bezogen werden.
2. Wollkämmerei:
   a) Zur Bestimmung des theoretischen Kämmlingsprozentsatzes wird das Verhältnis der Kämmlinge zum Gesamtgewicht des Kammzugs plus Kämmling in Prozent angegeben. Ähnlich wird der Kammstaubprozentsatz (shoddy) angegeben.
   b) In der Praxis wird oft aus Zeitgründen direkt der Kämmlingsprozentsatz, bezogen auf das Kammzuggewicht, angegeben. Dieser Prozentsatz wird „Romaine" genannt.

Zur genauen Angabe muss die Art der Ermittlung genannt werden.

Kämmlingsrendement, verbleibender Anteil langer Fasern nach den Kämmvorgängen, nach Abzug der Kämmlingsabgänge und der Verluste (z. B. durch Kammstaub).

Kämmlingsverspinnung,
1. Baumwollkämmlinge lassen sich gut zu gröberen OE-Rotorgarnen oder DREF-Friktionsgarnen verarbeiten, auch in Mischungen mit längeren Fasern oder Chemiefasern.
2. Wollkämmlinge sind relativ lang (bis 30 mm und mehr) und können direkt in der Streichgarnspinnerei zu Garnen, auch in Mischung mit anderen Fasern, verarbeitet werden.

Kämmmaschine, Maschine zum Auskämmen von Kurzfasern und Unreinheiten aus textilen Rohstoffen. Die heute noch verwendete, industriell brauchbare und erfolgreichste Industriekämmmaschine (Flachkämmmaschine) wurde 1845 von Josua Heilmann im Elsass/Frankreich erfunden. Der elsässische Konstrukteur Gegauff entwickelte 1895 eine neue Maschine mit wesentlichen Verbesserungen, die von den Gebrüdern Schlumberger in Guebwiller gebaut wurde (Nicolas Schlumberger u. Cie, NSC). Vorher und daneben wurde aber auch lange für Wolle der Rundkammstuhl (Lyster, Noble) verwendet.
1. Kämmmaschine (Flachkämmmaschine) nach System Heilmann/Gegauff/NSC.
   Dieses Prinzip hat sich weltweit für die Wollkämmerei durchgesetzt. Arbeitsorgane:
   a) Kreiskamm mit zwei Nadelsegmenten zum Hauptkämmen des Faserbarts oder neu nach System NSC 2003 rotierende Ganzstahlgarniturwalze.
   b) Zangenapparat, bestehend aus Oberzange und Unterzange, die während des Hauptkämmens geschlossen sind und den Faserbart festhalten.
   c) Speisevorrichtung, bestehend aus Unterzangenplatte, Speisegill, Rost oder ähnlichen Andrückelementen und einer Nadelplatte. Während des Abreißens speist der Gill die nebeneinander liegenden Bänder langsam durch die geöffnete Zange nach vorne. Zur Zeit des Hauptkämmens bei geschlossenen Zangen erfolgt die Gegenspeisung, die Nadelplatte wird aus dem Rost abgehoben und zurückgezogen. Dann wird die Nadelplatte zur Vorbereitung des nächsten Kammzyklus erneut

abgesenkt, um den Faserbart festzuhalten. Die Zuführung der Bänder erfolgt durch ein Speisewalzenpaar.

d) Abreißvorrichtung, bestehend aus geriffelten Abreißzylindern, die auf dem Speisetisch gelagert sind, der für die Periode des Kämmens von der Kämmwalze entfernt wird, für das Abreißen aber wieder zurückschwingt. Die Abreißzylinder erhalten Vorwärtsdrehung, um den durch die Kämmwalze ausgekämmten Faserbart zu erfassen und abzureißen. Um eine gute Verbindung (Lötung) des abgerissenen Faserbarts mit dem nächsten Faserbart zu erhalten, lässt man die Abreißzylinder nach dem Abreißen einen Teil des Faserbarts wieder zurückliefern, sie drehen sich kurz zurück.

e) Fixkamm oder Vorstechkamm, ein gesonderter Nadelkamm, der während des Hauptkämmens ausgehoben, also nicht im Eingriff ist. Während des Abreißens sticht der Fixkamm in den Faserbart ein, und dieser wird im geklemmten Zustand durchgezogen. Ein Schieber stützt den Faserbart von unten ab. Bei modernen Maschinen wird auch Absaugung zum Festhalten benutzt. Dadurch wird das Faserbartende ebenfalls ausgekämmt (Nachkämmen).

Moderne Flachkämmmaschinen laufen mit mehr als 350 Kammspielen pro Minute.

2. Noble-Kammstuhl, Rundkammstuhl, ältere Kämmmaschine, ursprünglich in den USA und in England verbreitet. Der Kammstuhl besteht aus zwei Kammringen (mit mehreren Nadelreihen), die innerhalb eines großen Rings, ebenfalls mit Nadelreihen, angebracht sind und auf diesem innen praktisch abgewälzt (ohne Berührung) werden. Alle Ringe haben dieselbe Umfangsgeschwindigkeit und werden beheizt, um ein Hängenbleiben der stark geölten Wolle in den Nadeln zu verhindern. Zur Vorlage gelangen 18 Wickel, die am äußeren Ring gelagert sind und mit diesem mitrotieren. Die Kämmung beginnt an den Berührungspunkten der zwei inneren Ringe mit dem äußeren Ring. Die Bänder werden nach innen geschoben und durch eine Bürste in den Kämmbereich der Nadeln der Innenringe und des Außenrings gedrückt. Die Kämmung erfolgt durch das Auseinanderlaufen der Ringe, wobei die Trennung durch ein Messerrädchen unterstützt wird. Der große äußere Ring nimmt die langen Fasern mit, die Kurzfasern bleiben in den inneren Ringen hängen. Der Kammzug, gebildet aus den langen Fasern, wird aus dem großen Ring durch Walzenpaare abgezogen und durch einen Trichter in einer Kanne zyklisch abgelegt.
Da der Noble-Kammstuhl keinen Fixkamm besitzt, ist er für das Kämmen klettenhaltiger Wolle nicht geeignet. Noble-Kammstühle werden heute kaum mehr verwendet.

3. Lister-Kammstuhl (z. B. Prince-Smith & Stells, Keighley, England): Ebenfalls ein Rundkammstuhl, wobei bis zu 30 Bänder zugeführt und über rotierende Nadelreihen ausgekämmt werden. Er war besonders geeignet für das schonende Auskämmen von langen Wollen, Mohair, Kaschmir, Alpaka u. a. Wird heute praktisch nicht mehr verwendet.

4. Auf der ITMA in Birmingham 2003 wurde von der Firma NSC-Schlumberger, Guebwiller, Frankreich, eine neue Kämmmaschine mit rundbenadelter Ganzstahlgarnitur der Kämmwalze und hoher Rotationsgeschwindigkeit

vorgestellt, die ein intensiveres Auskämmen in kurzer Zeit ermöglicht und damit eine weitere Produktions- und Qualitätssteigerung zur Folge hat.

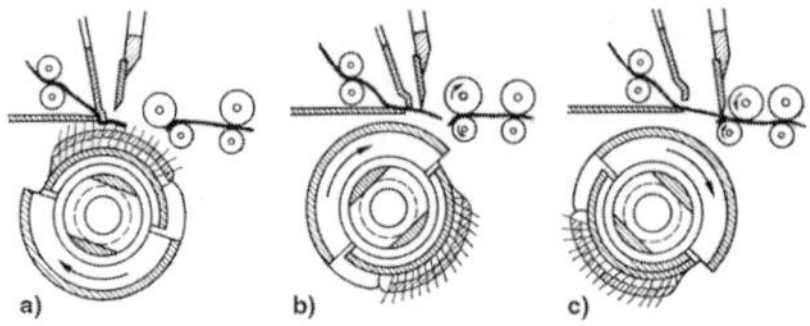

Abb. 1: Prinzipdarstellung des Kämmvorgangs einer Baumwollkämmmaschine
a – Kämmvorgang mit Rundkamm, b – Auskämmen mit Fixkamm, c – Lötvorgang
Quelle: Maschinenfabrik Rieter AG, Winterthur, Schweiz und VEB Leipzig

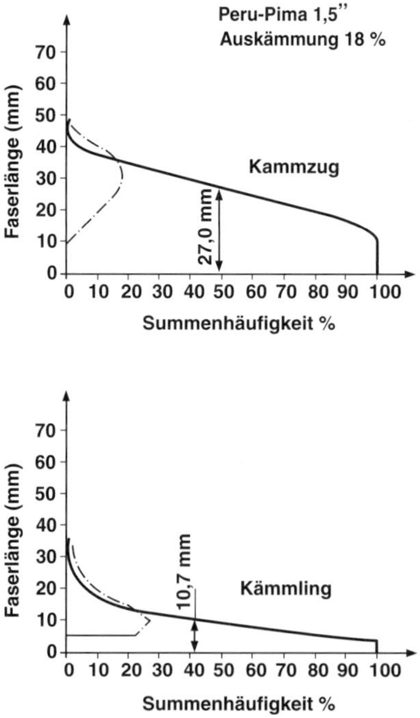

Abb. 2: Diagramme der Faserlängenverteilung im ausgekämmten Kämmband (Peru-Pima Langstapelbaumwolle) und im Kämmling
Quelle: Maschinenfabrik Rieter AG, Winterthur, Schweiz

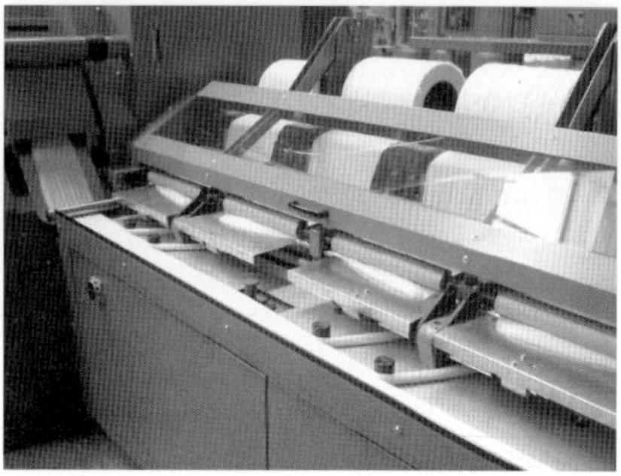

Abb. 3: Rieter-Baumwollkämmmaschine mit Kämmstellen und Kämmbandabzug
Quelle: Hochschule Reutlingen, Spinnereiabteilung und Rieter AG, Winterthur

Kämmprinzip (Baumwolle), das Prinzip der Baumwollkämmmaschine ist dem der Wollkämmmaschine ähnlich und beruht auf demselben Prinzip wie die Flachkämmmaschine von Heilmann/Gegauff. Bekannte, wichtige Weiterentwicklungen wurden von Nasmith in England und Whitin in den USA entwickelt. Später gab es Hochleistungskämmmaschinen von Platt, Saco-Lowell, und Schubert und Salzer in Ingolstadt. Durchgesetzt hat sich die Rieter-Kämmmaschine, die heute weltweit verwendet wird.

Einige Verfahrensunterschiede zur Wollkämmmaschine sind wichtig, abgesehen von konstruktiven Besonderheiten:

a) Die Vorlage für die Kämmmaschine erfolgt in Form eines speziellen Baumwollwickels. Für dessen Herstellung wird eine Banddubliermaschine benötigt, die es erlaubt, bis zu 48 Streckenbänder zusammenzuführen und gemeinsam parallel aufzuwickeln. Früher wurde für die Kämmereivorbereitung noch eine Wickel-Kehrstrecke zur Mischung mehrerer Wickel in Sandwichform eingesetzt, die heute nicht mehr erforderlich ist.
b) Die Baumwollkämmmaschine (Rieter AG) ermöglicht eine sehr hohe Produktionsleistung, teilweise schon mit

bis zu 400 Kammspielen. Sie ist bereits mit einem integrierten Streckwerk zur Verbesserung der Bandgleichmäßigkeit versehen. Die neuen Rieter-Kämmmaschinen ermöglichen wahlweise Vorlauf- oder Rücklaufspeisung. Bei der Vorlaufspeisung wird die Klemmzange beim Vorschwingen geöffnet, was eine höhere Produktion erlaubt, mit schlechterem Kämmergebnis (speziell für die USA entwickelt). Bei der Rücklaufspeisung ist es umgekehrt, die Kämmqualität wird besser; es können qualitativ bessere Garne, früher speziell für den europäischen Markt, erzeugt werden. Die Wickelzuführung erfolgt kontinuierlich, es sind Klemmwalzen zur Zuführung eingebaut, wodurch die für die Wolle komplizierteren Zuführorgane wegfallen. Als Ausgleich zwischen der kontinuierlichen Lieferung der Wickelwalzen und der intermittierenden Schaltung des Speisezylinders sowie der Längendifferenzen, hervorgerufen durch die Zangenbewegung, ist eine Exzenterwelle vorgesehen, welche die Wickelwattenspannung konstant hält. Die Rieter-Klemmzange schwingt über der Rundkammwelle und ist über einen Stoßarm mit der Zangenwelle verbunden. Die Vorteile dieser Konstruktion liegen in der sehr geringen Masse und der gleichbleibenden Belastung der Lager. Damit sind hohe Produktionsleistungen möglich. Die Oberzange ist aufklappbar und gibt in der offenen Stellung freien Zutritt zur Speisewalze. Die Abreißzylinder sind pneumatisch belastet und leicht zu öffnen. Zur Veränderung des Kämmlingsprozentsatzes werden das Ecartement (Abreißabstand) eingestellt und die Fixkämme auf die vorderste Position gebracht.

Literatur: M. Frey (Rieter AG), Die moderne Hochleistungskämmerei, Internationale Bremer Baumwolltagung.

Kammspiel (Kämmmaschine), ein vollständiger Kämmvorgang an einem Faserbart mit beidseitiger Auskämmung, für den die Kämmwalze eine 360-Grad-Drehung ausführt. Beim neuen Ganzstahl-Kämmwalzenprinzip der Firma NSC Schlumberger kann ein Kammspiel mehrere Umdrehungen der Walze umfassen, dann entspricht der Kämmzyklus dem Zuführen, vollständigen beidseitigen Auskämmen und Ablegen eines Faserbarts bis zur Zuführung des nächsten abgerissenen Faserbarts.

Kammstaub (Kämmlingsstaub, shoddy), Sekundärabfall der Wollkämmerei, wie Faserflug und andere Spinnereireste, teilweise noch Fasern enthaltend.

Kammstuhl, → Kämmmaschine.

Kammwolle, → Kammzug.

Kammzug (top), Wollband nach dem Kämmen in der Wollkämmerei. In der Form des aufgewickelten Kammzugs (Wollwickel mit Kreuzwicklung) oder des zusammengepressten und gebundenen Inhalts einer Kanne (bumps) wird der Wollkammzug an die Kammgarnspinnerei verkauft. Bewertungskriterien sind die Herkunft (z. B. Austral-Kammzug), die mittlere Feinheit (in µm) und evtl. deren Streuung (Grobfaseranteil), die mittlere Länge nach der Almeter-Messung (Hauter und Barbe), die Längengleichmäßigkeit (CV B, CV H), Kurzfaseranteile sowie Noppen, Nissen, Vegetabilien und Farbhaare. Der Kammzug wird als Vorlage für die Strecken (Nachstrecken) verwendet. Für feinere Kammgarne (etwa ab Nm 36) muss der Kammzug nochmals nachverkämmt werden.

Kammzugdruck (→ Vigoureuxdruck), beim Kammzugdruck werden ungefärbte oder bereits vorgefärbte Wollkammzüge in einer einfachen Nadelstabstrecke (Gill-Box) zu einem Vlies ausgebreitet und durch eine oder zwei Reliefwalzen auf eine mit Druckfarbe getränkte Walze gepresst und dadurch partiell (z. B. in Streifen) gefärbt. Dies erfolgt heute kontinuierlich mit anschließendem Dämpfprozess zum Fixieren der Farbe und einer Wäsche des Kammzugs zum Entfernen der überschüssigen Farbe in einer Kammzugwaschanlage (Lisseuse). Damit kann eine besonders gleichmäßige Farbmischung erzeugt werden.

Kammzugfärbung, zum Zweck der Buntspinnerei werden Wollkammzüge auch gefärbt. Die Färbung der Kammzüge erfolgt im Wickel oder kontinuierlich am transportierten Kammzug. Der Kammzugwickel hat ein Gewicht zwischen 3 und 10 kg und einen Durchmesser bis ca. 80 cm. Färbeapparate für die Wickelfärbung mit axialer Flottenzirkulation enthalten kannenförmige Behälter (Topf), deren Böden und Deckel perforiert sind. Pro Topf werden zwei Wickel eingesetzt. Bei Färbeapparaten mit radialer Flottenzirkulation werden die einzelnen Wickel auf Standrohre mit Löchern aufgesteckt, wobei das Äußere der Wickel durch perforierte Kannenwände vor dem Verfilzen durch die schnell strömende, kochend heiße Farbflotte geschützt werden kann. Geschlossene Zirkulationsapparate sind leistungsfähiger als Axialapparate.
Moderne Anlagen werden als Kontinue-Färbeanlagen gebaut, bei denen die Kammzüge von den Kannen abgezogen (ohne Wickelherstellung) und durch Bandfärbefoulard, Fixieranlage (Dämpfer), Saugtrommel-Waschmaschine (Lisseuse) und Siebtrommeltrockner geführt und wieder in Kannen abgelegt werden (z. B. System Fleissner). Die Kontinue-Anlagen unterscheiden sich im Kammzugtransport, nach Foulardtyp oder Dämpfertyp (z. B. Sattdampf oder Druckdampf) sowie in der Art der Lisseuse oder des Trockners. Der Verfahrensablauf ist wie folgt:

a) Foulardieren der Farbflotte auf den Kammzug (viele Kammzüge parallel)
b) Fixieren des Farbstoffs im Dämpfapparat
c) Auswaschen des nicht fixierten Farbstoffs in der Lisseuse
d) Spülen und Avivieren der Kammzüge,
e) Trocknen der Kammzüge
f) Abfüllen in Kannen zur Vorlage der Streckpassagen (Entfilzung)

Nach dem Färben müssen die Kammzüge mehrere Nadelstabstreckpassagen durchlaufen, damit die Einzelfasern wieder sauber getrennt werden, um eine einwandfreie Verspinnbarkeit zu erhalten.

Kammzugfeinheiten, die Kammzugfeinheiten der Kammgarnspinnerei hängen von der Wollfeinheit und damit von der Ausspinngrenze der Kammgarne sowie von den Streckeneinstellungen und -prinzipien ab. Näherungsweise werden folgende Kammzugfeinheiten angestrebt:

Woll-feinheit feiner als	Kammzug-feinheit	
18 µm	18 ktex	(ca. 53.000 Fasern)
18–23 µm	20 ktex	(ca. 45.000 Fasern)
23–28 µm	25 ktex	(ca. 37.000 Fasern)
28–33 µm	30 ktex	(ca. 31.000 Fasern)
> 33 µm	33 ktex	

Kammzugprüfung, der Kammzug ist in der Kammgarnspinnerei das Ausgangsmaterial, das meist vom Handel gekauft wird (wenn keine eigene Wäscherei/Kämmerei vorhanden ist).

A) Qualitätsparameter von Wollkammzügen:
   1. Bandgewicht (Sortierung in g/m bzw. ktex).
   2. Feinheit der Wolle in µm (mittlerer Faserdurchmesser, gemessen mit dem Airflow-Gerät).

3. Mittlere Faserlänge (in mm) nach Hauteur und Barbe, gemessen mit dem Almeter-Gerät, L H und L B sowie Kurzfaseranteile in Prozent, z. B. Anteil der Fasern kürzer als 25 mm, 30 mm usw., je nach Kammzuglänge.
4. Weißgrad/Farbe.
5. Reinheitsprüfung (Anzahl Vegetabilien, bezogen auf 100 g oder 10 g):
   - Farbhaare
   - Stichelhaare
   - Noppen
   - Batzen
   - Pflanzenreste (Vegetabilien) groß
   - Vegetabilien klein
   - Kletten groß
   - Kletten klein
6. Nach Wunsch chemische Prüfungen wie Restfettgehalt, pH-Wert, Säurelöslichkeit u. a. (IWTO-Wollprüfmethoden)

B) Qualitätsparameter von Chemiefaserkammzügen:
1. Bandgewicht
2. CV-Werte
3. UV-Beleuchtung (Partieunterscheidungen, Fluoreszenz)
4. Noppen
5. Batzen
6. Faserbündel (hohe Kräuselung)
7. Faserverklebungen
8. Glatte Faserbündel und Grobfasern
9. Überlange Fasern (z. B. alle Fasern, länger als 200 mm bezogen auf 10 g).

Weitere Prüfungen nach Anforderungen des Kunden.

Kammzugwaschmaschine (Lisseuse), Waschanlage mit Siebtrommeln zur Wäsche der gefärbten oder bedruckten Kammzüge der Buntspinnerei. Die Bänder werden parallel nebeneinander gewaschen, anschließend getrocknet und müssen dann auf einer Entfilzungspassage nachgestreckt werden.

Kammzugwickel, kreuzförmige Aufwicklung des von der Strecke abgelieferten Kammzugs auf einen Wickeldorn, der vom fertigen Wickel abgezogen wird. Der Wickel als Transporteinheit wird weiterverkauft (Kammzughandel) oder auf den folgenden Nadelstabstrecken weiterverarbeitet. Kammzugwickel werden zunehmend durch → Bumps ersetzt.

Kämmzyklus, → Kammspiel.

Kanalwalze, spezielle Streckwerkswalze der Langstapelspinnerei, meist für Halbkammgarnstreckwerke oder Nitschelstrecken verwendet, bei der der mittlere Teil der Walze eine ausgefräste Aussparung (Kanal) aufweist, die mit einem Gummibezug versehen ist. Wird diese Walze gegen eine Metallwalze gedrückt, kann das Fasermaterial des Bändchens ausweichen, wodurch auch lange Fasern schonend verzogen werden bzw. teilweise noch durch das Klemmwalzenpaar geführt durchrutschen können, ohne zerstört zu werden.

Kanne (Spinnkanne), zylindrischer, aus Kunststoff hergestellter Rundbehälter der Spinnerei (Sekundärspinnerei, Stapelfaserspinnerei), der für die Bandablage an Karden (Krempeln) und Strecken verwendet wird.
Man unterscheidet
1. Rundkannen (traditionell) bis 1.200 mm Durchmesser
2. Rechteckkannen (für OE-Rotor und Luftspinnmaschinen) mit größerem Fassungsvermögen bei vorgegebener Breite (Maschinenteilung)

Kannenablage, die Ablage der Bänder (Kardenband, Krempelband, Streckenband, Kämmband) erfolgt immer noch bevorzugt in Kannen (Rundkannen oder Rechteckkannen), da hierdurch gleichzeitig eine Umkehr der Laufrichtung des Bands an der nächsten Maschine erfolgt.

Dies ermöglicht das optimale Ausstrecken der Fasern im Band für die Kämmmaschine, den Flyer, die Luftspinnmaschine oder die Rotorspinnmaschine. Leithäkchen lassen sich bei Fasern nur durch Bandumkehr (oder Kämmen) ausstrecken. (→ Häkchentheorie.)
Mit Hilfe der Lieferwalzen und des Bandtrichters, der dem Bandkanal folgt, legt der rotierende Drehteller das Band ständig kreisförmig ab. Da sich die Kanne gleichzeitig dreht und exzentrisch zum Ablieferungspunkt angeordnet ist, verschiebt sich die Ablagerungsposition ständig kreisförmig. Die Ablagebahn entspricht einer Zykloidenkurve. Auf diese Weise entsteht eine Ablageform, bei der sich die Bänder stets kreuzen, womit ein Verhaken der Bänder beim Abzug vermieden wird. Es sind auch Konstruktionen bekannt, bei denen zwei ineinander angeordnete Drehteller in Zykloidenform in eine stehende Kanne ablegen. Dabei entspricht der große Drehteller im Durchmesser der Kanne. Der Mittelpunkt des kleineren Drehtellers wird vom großen Drehteller kreisförmig um die Kannenachse gedreht. Auch dadurch entsteht eine Zykloidenkurve der Bandablage in der Kanne.
1. Bei der Rundkanne erfolgt die Bandablage immer so, dass ein Hohlraum in der Mitte bleibt, sonst würde ein pyramidenförmiger Aufbau mit Materialverdichtung im Vergleich zum Außenbereich entstehen. Der Durchmesser des Hohlraums beträgt etwa ein Drittel des Kannendurchmessers. Der Hohlraum kann wie folgt gebildet werden:

a) mit kleinen Windungsdurchmessern des Drehtellers (Under Center Coiling)
b) mit großen Windungsdurchmessern des Drehtellers (Over Center Coiling)

Bei kleinen Windungsdurchmessern ist der Durchmesser des Bandablagekreises kleiner als der Radius der Kanne (Halber Kannendurchmesser, d Kanne = 1,45 d Bandablagekreis). Bei großen Windungsdurchmessern ist der Durchmesser des Bandablagekreises größer als der Kannendurchmesser (d Kanne = 2,5 d Bandablagekreis). Bei kleineren bis mittleren Kannendurchmessern benutzt man eher das Over Center Coiling, bei großen Kannen eher das Under Center Coiling, da Kraftaufwand, Verschleiß und Lärm geringer sind.
Rechteckkannen:
2. Bei Rechteckkannen erfolgt die Ablage des Bands vom Drehteller aus kreisförmig, aber die Füllung der Kanne erfolgt durch ständige Vor- und Zurückbewegung der Kanne jeweils in einer Füllebene. Der für die Rundkannen typische Hohlraum entsteht nicht, aber die Bänder überkreuzen sich ständig bei der Ablage. Die Materialfüllmenge ist, bezogen auf das Volumen, größer als bei Rundkannen, wodurch längere Laufzeiten an der Rotorspinnmaschine erreichbar sind.

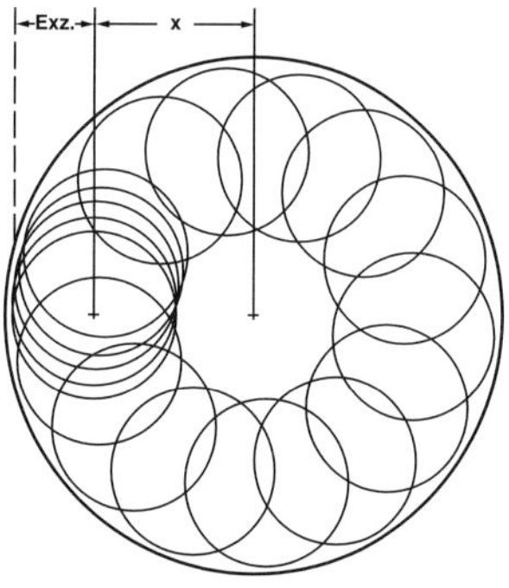

Abb.: Bandablage in einer Spinnkanne mit größerem Durchmesser (z. B. 1.000 mm) nach dem Prinzip des „Under Center Coiling"
Quelle: Gesamttextil Eschborn

Kannenablieferung, Wechseln der vollen Kannen, teilweise automatisiert, auch mit Verbundsystemen.

Kannenformate (Durchmesser und Höhen),
1. Übliche Rundkannenformate der Dreizylinderstrecke:

Durchmesser	Höhe
450 mm	1.000 mm
500 mm	1.100 mm
600 mm	1.200 mm
800 mm	1.200 mm
1.000 mm	1.200 mm

2. Übliche Rechteckkannenformate (Beispiel Rieter – Ingolstadt) für die Strecke/OE-Rotorspinnmaschinenvorlage:

Breite	Länge	Höhe
235 mm	920 mm	1.040 mm
235 mm	920 mm	1.100 mm
235 mm	920 mm	1.200 mm

Für automatisierte Kannenwechsel und den Kannentransport werden teilweise Kannen mit Rollen verwendet.

Kannengewichte,
1. Rundkannen: Baumwolle ca. 18–60 kg pro Kanne (große Durchmesser).
2. Rechteckkannen: ca. 18–23 kg pro Kanne.

Kannenstock, Vorrichtung an der Karde (Krempel) oder an den Strecken, besteht aus Aufnahme- und Drehvorrichtung für die Kanne, in die das Band mit Hilfe des Coilers in Zykloidenform abgelegt wird. An der Karde kann zum Kannenstock auch eine automatische Kannenwechselvorrichtung gehören.

Kannentransport, erfolgt manuell (Kannen mit Rollen oder auf Wagen), automatisiert über Transportvorrichtungen im Boden oder mit Flurförderfahrzeugen (Kannentransportwagen mit automatischer Steuerung).

Kannentransportautomatisierung, da der Kannentransport einen erheblichen Aufwand erfordert, wird oft über Flurförderfahrzeuge oder Verkettungslinien automatisch transportiert. Spezielle Firmen des Maschinenbaus bieten Automatisierungslösungen an. Da die Automatisierung aber die Flexibilität reduziert, erfolgt der Transport oft noch manuell (z. B. zwischen Karde und Strecke). Auch die erforderlichen Zwischenpuffer für Produktionsausfallzeiten und die großen Speichermengen der großen Rundkannen (bis 1.600 mm Durchmesser) begünstigen manuelle Lösungen.

Kannette (Kannetille), Schussspule für die alten Schützenwebmaschinen, ursprünglich direkt auf der Spinnmaschine hergestellt, später durch Umspulen (Kannettieren, Schussspulen) auf der Schussspulmaschine (Autocopser) hergestellt.

Kantendruck, durch geänderte Wickelrichtung (Umkehrpunkt) des Garns am seitlichen Spulenrand der Kreuzspule entsteht eine Materialverdichtung, die zu einem Wulstaufbau, zu einer Verschlechterung des Spulenaufbaus und damit des Ablaufverhaltens führen kann. Dies führt auch zu einer Druckerhöhung (Verdichtung) am Spulenrand. Durch Hubverlegung (Hubatmung) kann das Problem teilweise verringert werden.

Kantengarn, Garn zur Kantenverfestigung bei Geweben (z. B. bei Handtüchern).

Kantenhärte (Kreuzspulen), bei der Spulenbewicklung entsteht durch die Umlenkung des Garns an den äußeren Umkehrpunkten (Wendepunkten) der Spulenkanten bei gleich bleibendem Wicklungshub (zylindrische Kreuzspulen) eine größere Materialdichte als in der Mitte der Spule. Zudem wird durch den längeren Bewicklungsweg des Garns von der Mitte der Kreuzspule nach außen eine höhere Fadenzugkraft wirksam, die die Spulenhärte an den Kanten zusätzlich erhöht. Mit höherer Produktionsgeschwindigkeit der Spinnmaschinen steigen die erforderliche Aufwicklungsspannung im Garn und damit ebenfalls die Kantenhärte. Abhilfe ist durch Kantenstörung, d. h. Hubverlegung (Atmung) oder Hubverlagerung und Fadenspannungsausgleich beim Bewickeln (z. B. durch Kompensationsbügel) der Spule bedingt möglich.

Kantenkräuselverfahren, Texturierverfahren, ursprünglich in den USA von DuPont entwickelt (Agilon-Verfahren). Dabei wird ein Filamentgarn unter Spannung beim Abzug über eine scharfe Metallkante umgelenkt, ähnlich wie beim Kräuseln eines Geschenkbändchens, das schnell über eine Scherenkante gezogen wird. In den Filamenten entstehen Materialverschiebungen und Spannungen, die zu einer dreidimensionalen Kräuselung der Filamente führen. Wegen zu hoher Filamentschädigung und Garnungleichmäßigkeiten wird das Verfahren nicht mehr angewendet.

Kantenstörung, Hubverlagerung oder Hubverlegung zur Erzeugung einer weicheren Außenkante (Verringerung des → Kantendrucks) an der Kreuzspule.

Kantenwicklung, Zusatzwicklung am Spulenrand (an der Kante der Spule) zur Bildung einer Fadenreserve.

Kantenziehverfahren, → Kantenkräuselverfahren.

Kantille, runder und schraubenförmig (spiralförmig) gedrehter Draht aus Metall, im Gegensatz zu → Lahn, der flach ist.

Kapazitiver Garnreiniger, Vorrichtung an der Spulmaschine oder Spinnmaschine zur Erkennung von Garnfehlern und Garnmasseschwankungen, die mit Hilfe eines Kondensatorfelds erfolgt, durch welches das Garn transportiert wird (Prinzip des Uster-Testers). Die elektrischen Feldänderungen, verursacht durch Garnmasseschwankungen, werden als Messsignale aufgezeichnet (Nachteil: feuchtigkeitsempfindlich, auch nicht einsetzbar bei leitfähigen Fasern, keine Volumenempfindlichkeit).

Kapillaren,
1. Ältere Bezeichnung der Einzelfilamente der Filamentgarne (z. B. Kapillarbrüche).
2. Sehr dünne, röhren- oder schlitzförmige, lange Hohlräume in Fasern und Garnen, die in hydrophilen Materialien zur erhöhten Wasseraufnahme (Kapillarwirkung) führen.

Kapillarfaden (Kapillare), ältere Bezeichnung für das einzelne Filament eines Filamentgarns. Brüche der Filamente werden auch als Kapillarbrüche bezeichnet.

Kapillartransport (Kapillarwirkung), durch Oberflächenkräfte wird in hydrophilen Materialien Wasser in enge Röhren und Spalten (Kapillaren) gesaugt. Auch entgegen der Schwerkraft entsteht eine Steighöhe in Kapillaren, die umso größer wird, je kleiner der Kapillarquerschnitt ist. Dieser Saugeffekt wird auch als Dochtwirkung oder Löschblatteffekt bezeichnet. Ist jedoch das Material hydroph, entsteht eine abweisende, entgegengesetzte Wirkung. Auch Zwischenräume zwischen Fasern und Filamenten oder zwischen Garnen in Geweben oder Gestricken erzeugen diese Kapillarwirkung. Damit kann ein Flüssigkeitstransport weg von der Haut erzeugt werden (Funktionstextilien, Sportkleidung). Je feiner die Kapillaren sind, desto größer wird die Saugwirkung (Vorbilder: Naturschwämme, Leder).

Karde, Maschine der Baumwollspinnerei (Dreizylinderspinnerei), erfunden 1750 von Paul Lewis in England. Sie dient zur Herstellung eines Faserbands (Kardenband) aus vorliegenden Faserflocken (Rohbaumwolle oder Chemiefasern), die in der Spinnereivorbereitung vorgereinigt und geöffnet wurden. Den Vorgang der Auflösung der Faserflocke zu Einzelfasern (Kardenflor, Vlies) und der Bandbildung, ausgehend vom Vlies, nennt man Kardieren.

Die wichtigsten Arbeitselemente der Karde sind:

a) Füllschacht zur geregelten Faserzufuhr, gespeist über Rohrleitungen zum Flockentransport mit Hilfe von Druckluft- oder Saugluftströmen, von den Reinigungs- und Mischmaschinen zur Karde (früher Wickelzuführung manuell).
b) Speisemulde mit Gegenwalze, teilweise segmentiert, zur kontinuierlichen (regelbaren) Flockenzuführung.
c) Vorreißerwalzen (bis zu drei Walzen) zur Vorauflösung und Vorreinigung der Faserflocken und Verkleinerung der Flockengröße.
d) Tambour zur Übernahme der Faserflocken vom Vorreißer und zur Kardierung zwischen den Spitzen der Deckelstäbe und den Garniturspitzen des Tambours (Kardierstellung).
e) Deckel und Deckelstäbe als Kardierelemente zur Bildung der Kardierfläche.
f) Kardierelemente (Vorkardierelemente und Nachkardierelemente) zur Verbesserung der Faserauflösung, der Faserparallelisierung und zur zusätzlichen Ausreinigung über Kardiermesser, die tangential einstellbar zum Tambour angeordnet sind, mit nachfolgenden, besaugten (Unterdruck-)Reinigungsschlitzen.
g) Abnehmerwalze zur Vliesbildung.
h) Vliesabnahme und Bandbildung (Querbandabzug).
i) Bandmassemessung und danach wahlweise Regulierstreckwerk (z. B. IDF).
j) Bandablage im Kannenstock mit Kannenwechselvorrichtung.

Wesentliches Prinzip des Kardierens ist es, dass eine Kardierfläche, die durch Drahtspitzen (oder neu durch spezielle Ganzstahlgarnituren) gebildet wird und auf den Deckelstäben des Wanderdeckels der Karde angebracht ist, auf die dazwischen liegenden Faserpakete einwirkt (im

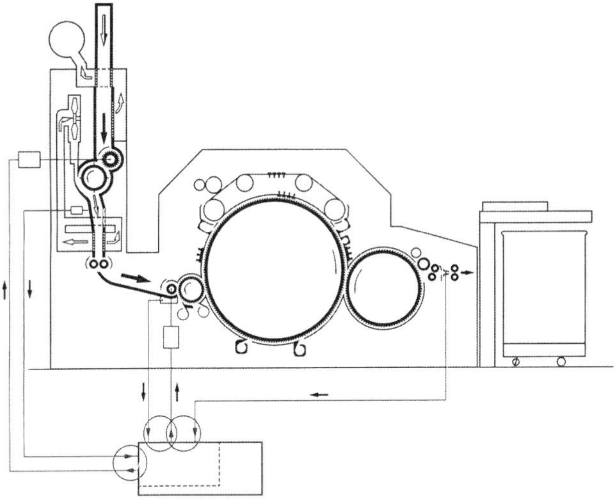

Abb.: Prinzipdarstellung einer Karde
Quelle: Maschinenfabrik Trützschler GmbH, Mönchengladbach

Gegensatz zur Krempel, die mit Walzen und Kardierlinien arbeitet, engl.: roller card). Die Deckelstäbe bilden eine große, aktive Kardierfläche gemeinsam mit der gegenüberliegenden, in definiertem (einstellbaren) Abstand zur Oberfläche der Deckelspitzen stehenden Zahnspitzenoberfläche der Ganzstahlgarnitur des schnell rotierenden Tambours. Der Kardierabstand wird mit Blechlehren, bei modernen Karden automatisch nachgestellt, teilweise nach regelmäßigem, automatischem Nachschleifen der Garniturspitzen. Im Bereich dieser Kardierfläche findet durch die entgegengesetzt gerichteten Zahnspitzen (Kardierstellung) der Tambourgarnituren und der Spitzen der Deckelstäbe die Kardierung der Faserflocken, d. h. die Auflösung der Flocken zu Einzelfasern, statt. Weiterhin werden die Fasern in Drehrichtung (Parallelisierung) der Walzen ausgerichtet, und Schmutz, Staub und Kurzfaserteilchen bis hin zu Faserfragmenten werden entfernt. Dies kann durch fliehkraftbewirkte Ansammlung der Kurzfasern, Nissen und Trash-Teile in den Deckelstäben geschehen (Deckelstrips, die laufend aus den Wanderdeckeln ausgebürstet werden) oder durch Absaugung an schlitzförmigen Öffnungen nach Abscheidemessern, auch an Kardiersegmenten durch Absaugung.

Durch die Vereinzelung der Fasern und den hohen Auflösegrad der Faserflocken ermöglicht die Karde den höchsten Reinigungswirkungsgrad der gesamten Spinnereivorbereitung und führt zu einer effektiven Entfernung der Nissen. Die Kardierfläche der Karde bewirkt eine äußerst aggressive Beanspruchung des Fasermaterials, die nur bei der durch Wachse geschützten Baumwolle nicht zu allzu großen Faserschädigungen führt. Mit Baumwolle sind auch die höchsten Produktionsleistungen (heute bis 180 kg/h bei der Rieter C-60-Karde) möglich; beim Einsatz von Chemiefasern ist nur eine geringere Produktionsleistung (ca. 30 % niedriger) erreichbar, auch bei optimaler Avivage. Ähnliches gilt verstärkt für Mikrofaserverarbeitung, die zunehmend wichtiger wird. (*Literatur:* A. Schenek und H. Schwippl, Verarbeitungseigenschaften von Polyester-Microfasern in der COM-4-Stapelfaserspinnerei, Melliand-Textilberichte 1–2, 2005.)

Bei neuen Kardenentwicklungen wird durch Höherstellung des Tambours die mögliche Kardierfläche erweitert und die Fläche für Kardiersegmente bis zum Maximum genutzt (Fa. Trützschler GmbH, Mönchengladbach) bzw. die Breite des Tambours, bei gleichzeitiger Durchmes-

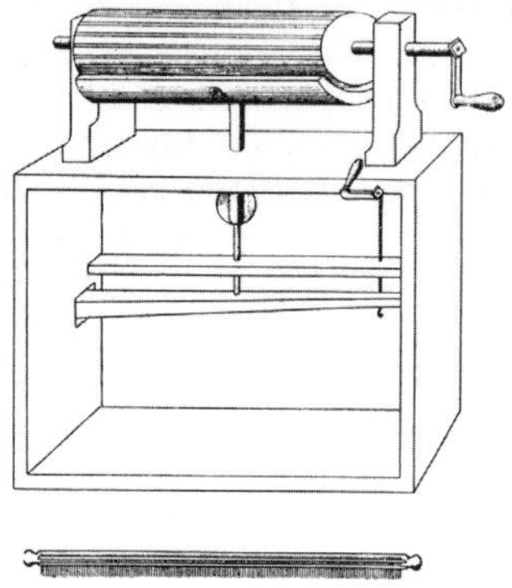

Abb. 2: Ur-Karde von L. Paul, England 1748
Quelle: Prof. O. Johannsen, Die Geschichte der Textilindustrie, Technikum für die Textilindustrie, Reutlingen

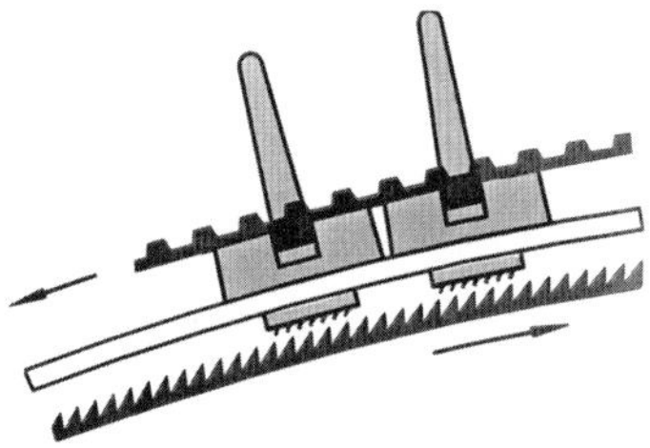

Abb. 3: Prinzip der Kardierung zwischen den Drahtspitzen der Kardendeckel und den Ganzstahlgarniturzähnen des Tambours einer Karde
Quelle: Maschinenfabrik Trützschler GmbH, Mönchengladbach

serverminderung und Drehzahlerhöhung zur besseren Schmutzabscheidung und Nissenentfernung (Fa. Rieter AG, Winterthur) erhöht. Zunehmend werden mehrere Vorreißer zur Entlastung des Tambours sowie Vorkardiersegmente und Nachkardiersegmente mit Schmutz- und Staubentfernung durch Absaugung eingesetzt. Ein weiteres Ziel der Kardenentwicklung ist der angestrebte teilweise Ersatz des Nachkämmens durch verbesserte Kurzfaserentfernung an der Karde.

Die Kardierelemente und Reinigungsstellen sind einstellbar und werden mit Sensoren überwacht. Das Kardierergebnis wird direkt an der Karde bezüglich Nissenzahl und Trash-Teilchen kontrolliert und die Karde mit Hilfe der gemessenen Bandschwankungen on-line geregelt. Eine wichtige Weiterentwicklung ist die automatische Deckelabstandsjustierung und das kontinuierliche Nachschleifen der Garnituren während des Betriebs. Weiterhin wird direkt die Bandmasseschwankung gemessen, mit Ermittlung von Bandfeinheit, Gleichmäßigkeit und periodischen Fehlern. Der ausgeschiedene Abgang wird hinsichtlich des Weißgrads gemessen (Wastecontrol, Trützschler), um die Menge ausgeschiedener Gutfasern zu minimieren.

Ganzstahlgarnituren für die Deckel befinden sich in der Erprobung (ITV Denkendorf, Mandl Engineering, Brütten, Schweiz; *Literatur:* G. Mandl, Neue Technologie für bessere Kardierleistung, Mandl Engineering AG, Brütten/CH, Melliand-Textilberichte 3/2005). Eine große Kombination von unterschiedlichen Garnituren der fest stehenden Kardiersegmenten ist möglich, angepasst an das zu verarbeitende Fasermaterial. Der flexible Deckelbogen kann einzelmotorisch eingestellt und elektronisch kontrolliert werden.

Zunehmend wird die Strecke integraler Bestandteil der Karderie. Es werden sowohl Zweiwalzen- als auch Dreiwalzenstreckwerke eingesetzt. Dabei wird die schnelle Regeldynamik der Strecke bereits auf das Kardenband übertragen. Nach alter Spinnereierfahrung wird die Qualität des Garns bereits mit der Kardenbandqualität vorbestimmt. Die Verbindung von Karde und

Abb. 4: Bandabzug an einer Karde im Reutlinger Spinnereitechnikum
Quelle: A. Schenek, Hochschule Reutlingen und Trützschler GmbH, Mönchengladbach

Strecke führt in vielen Fällen zur Prozessverkürzung der Spinnerei, allerdings mit schlechterer Häkchenausrichtung. Der Effekt der Häkchenreduzierung bzw. Streckung der Fasern im Band kann durch die neue, mobile Faserlängenmessung im Band, die von Trützschler zur Prozesskontrolle eingeführt wurde, gemessen werden. Die Bänder werden während des Laufs kurzzeitig abgeklemmt. Ein Sensor erfasst optisch, wie bei der HVI-Messung, die Faserlänge des geklemmten Barts (Spannlänge) in Vorwärts- und Rückwärtsrichtung des Bands. Daraus können Kennwerte für Parallelität, Häkchenstruktur und Kurzfasergehalt bzw. Fasereinkürzung gewonnen werden. Diese Methode ist auch an Streckenbändern und Kämmbändern anwendbar, da das Messgerät transportabel ist.

Kardenabnehmer, Abnahmewalze der Karde, die für eine Verdichtung des Faserflors sorgt, der vom Tambour übernommen wird. So entsteht ein dichteres Vlies, das dann durch schnell laufende Walzen mit spezieller spiralförmiger Riffelung abgenommen und durch Querbandabnahme zum Band zusammengeführt werden kann.

Kardenband, erstes linienförmiges Gebilde (Faserband) der Baumwoll- oder Chemiefaserverarbeitung (Stapelfaserverarbeitung) in der Dreizylinderspinnerei, hergestellt mit Hilfe der Karde. Das Kardenband wird der Strecke zur Mischung vorgelegt. Die Feinheit der Kardenbänder liegt zwischen 5 und 6 ktex, ein Band enthält je nach Faserfeinheit durchschnittlich etwa 30.000–40.000 Fasern im Querschnitt (bei Mikrofasern bis 60.000 und mehr). Im Kardenband sind die Fasern noch nicht vollständig in Längsrichtung ausgerichtet, sondern liegen noch teilweise in Wirrlage vor bzw. besitzen noch Schlepp- und Leithäkchen (→ Häkchentheorie). Das Kardenband hat deutlich mehr Volumen als die Streckenbänder und ist ungleichmäßiger. Verbesserungen sind über direkt mit der Karde verbundene Streckwerke möglich, allerdings entfallen die Bandumkehr und damit die erste mögliche Ausstreckung der Schlepphäkchen. Somit sind solche Prozesse eher für die Herstellung gröberer Garne geeignet.

Kardenbandregulierung, Vorrichtung zum Ausgleich von Dünn- und Dickstellen im Band. Die Bandmasseschwankungen werden mechanisch über ein Druckwalzenpaar (Abtastwalzen) erfasst und durch Regulierung der Geschwindigkeit der ersten beiden Druckwalzenpaare, die den Vorverzug ergeben, teilweise ausgeglichen. Weitere Verbesserungen sind über integrierte Streckwerke (IDF Trützschler und Streckwerkskombination Rieter) möglich.

Kardenbandstruktur, → Kardenband.

Kardendeckel, Gesamtoberteil der Karde zur Aufnahme der Deckelstäbe und zur Abdeckung der Karde.

Kardendeckelstäbe, stabförmige Profile (T-Profil) mit Vorrichtungen zur Aufnahme der Kratzengarnituren, mit deren Spitzenoberfläche gegenüber der Tambourspitzenoberfläche in definiertem Abstand die Kardierung der Fasern erfolgt.

Kardengarnitur, die Spitzen der Arbeitsorgane der Karde bestehen aus Garniturdrähten (→ Ganzstahlgarnituren, Sägezahndrähten), die auf den Vorreißer, den Tambour und auf die Abnehmerwalze aufgewickelt, befestigt und dann abgeschliffen werden. Nur die Deckelgarnituren bestehen noch aus Kratzengarnituren (Drahtgarnituren). Versuche zum Ersatz der Kratzengarnituren durch Sägezahndrahtsegmente sind bereits durchgeführt worden. Grundsätzlich werden Baumwollgarnituren und Chemiefasergarniturtypen unterschieden, die sich durch Zahnform, Brustwinkel und Spitzenzahl pro Flächeneinheit sowie auch durch die Eingriffstiefe deutlich unterscheiden, sowie Spezialgarnituren und Zwischenformen.

Kardengarniturschliff, die Kardengarniturspitzen werden mit Hilfe von Rundschleifwalzen so abgeschliffen, dass eine gleichmäßige Spitzenhöhe und ein sauberer Zahnabschluss mit scharfen Kanten entstehen. Der Schliff erfolgt in Neigungsrichtung der Zahnspitzen, um eine Gratbildung zu vermeiden.

Kardenkontrolle, Hauptaufgabe des Kardierens ist neben der Bandbildung die Nissenentfernung, die aber mit abgenützten Garnituren weniger wirksam wird. Dementsprechend wichtig sind die Vlieskontrolle (Bandkontrolle) und das regelmäßige Nachschleifen der Garnituren.

1. Bandkontrolle: Mit Hilfe des AFIS-Geräts werden Nissen, Trash-Teile und Faserlängenwerte gemessen. Eine weitere Messmöglickeit besteht mit dem MDTA-Staub- und Trashtester (System Hollingsworth/ITV Denkendorf).
2. Vlieskontrolle direkt an der Karde: Mit Hilfe des Nep-Control-Systems der Fa. Trützschler wird direkt die Anzahl der Nissen, Trash-Teilchen und Schalennissen gemessen.
3. Messung der Masseschwankungen mit Angabe des Spektrogramms zur Fehleranalyse und Bandregulierung direkt an der Karde.
4. Rechenprogramme zur Optimierung der Kardierwirkung (Card Perfector, Mandl Engineering;
   Literatur: G. Mandl, Neue Technologie für bessere Kardierleistung, Mandl Engineering AG, Brütten/CH, Melliand-Textilberichte 3/2005).

Kardenspeisung, die moderne Kardenspeisung erfolgt über Füllschachtspeisung mit Masseregulierung über die Breite hinweg (Segmente, Federelemente).

Kardenstrecke, Kombination von Karde und Strecke, Beispiel IDS von Fa. Trützschler, oder Hintereinanderschaltung von Karde und Strecke der Fa. Rieter.

Kardentambour (Hauptwalze, Kardierwalze), Kardiertrommel mit großem Durchmesser. Der Kardentambour bildet mit den Deckelstäben das wichtigste Kardierelement (→ Karde).

Kardenvlies, die Karde liefert zunächst ein Vlies, ein dünnes Flächengebilde (wie bei einem Vliesstoff) ab, das zu einem Band zusammengefasst und in einer Kanne (Rundkanne) abgelegt wird. Im Vlies besteht die Möglichkeit der Qualitätskontrolle.

Kardierabstände, Abstände zwischen den Vorreißern und dem Tambour, dem Tambour und den Deckelstäben sowie dem Tambour und dem Abnehmer. Die Abstände werden mit Metalllehren (Blattlehren) auf 8–30 tausendstel Zoll oder einige hundertstel Millimeter eingestellt. Sie sind am Eingangsbereich des Tambours weiter und werden später immer enger, um die Kardierwirkung zu intensivieren.

Kardierelemente, Tambourgarnitur und Deckelgarnituren sind die wichtigsten Kardierelemente, deren Spitzen in Kardierstellung zueinander stehen und deren Abstand voneinander sowie Spitzenzahl, Garniturform und Eingriffstiefe der Zähne bzw. Garniturdrähte die Kardierwirkung bestimmt.

Kardieren, → Karde.

Kardierfehler,
1. Falsche Abstände der Walzen bzw. Spitzen
2. Beschädigte Garnituren bzw. Zähne

3. Ablagerungen in den Garnituren bzw. Faserfüllung
4. Falsche Geschwindigkeitsverhältnisse
5. Ungeöffnete Faservorlagen (Batzen, Knoten usw.)
6. Falsche Garnituren
7. Zu hohe Produktionsgeschwindigkeiten (z. B. bei Chemiefasern)

Kardierkräfte, Kräfte, die auf die Fasern während der Kardierung wirken. In erster Linie erfolgen Fasertransport und Verzug durch Gleitreibung an den Kanten der Garniturzähne, wie REM-Aufnahmen gebrauchter Garniturzähne gezeigt haben. Durch die Reibung der Fasern an den Zähnen entstehen deutliche Abnutzungsspuren. Die Kardierkräfte können durch die Energieaufnahme der Vorreißer-, Tambour- und Abnehmerwalzen gemessen werden.

Kardierplatten, → Kardiersegmente.

Kardiersegmente, Abdeckungselemente, die gegenüber dem Tambour fest angebracht werden. Sie bestehen aus eingesetzten Ganzstahldrähten mit definiertem Abstand zum Tambour. Durch die Kardierwirkung zwischen fest stehendem Kardiersegment und schnell rotierender Tambourgarnitur wird eine gute Vorauflösung oder Nachkardierung erreicht. Kardiersegmente werden bei der Baumwollkardierung ergänzt durch Absaugöffnungen mit steuerbarem Öffnungswinkel, durch die Trash ausgeschieden werden kann. Teilweise ist sogar eine Staubreduzierung möglich. Inzwischen werden Kardiersegmente auch bei der Vliesstoffkrempel eingesetzt.

Kardierspinnerei, Abteilung der Dreizylinderspinnerei, in der kardierte Garne ohne einen Kämmvorgang hergestellt werden. Als Übergangsbereich von kardierten Garnen zu gekämmten Garnen wird etwa die Feinheit Nm 50 (20 tex) angesehen. Der Produktionsverlauf ist wie folgt:

a) Ballenvorlage, Mischung, Öffnung und Reinigung
b) Kardieren (Bandherstellung)
c) Strecken (1–2 Streckpassagen, bei Bandmischung mit Chemiefasern 3 Streckpassagen)
d) Flyern (Vorgarnherstellung)
e) Ringspinnen oder Rotorspinnen direkt vom Streckenband

Kardierstellung, entgegengesetzte Zahnrichtung der Kardierelemente (Spitzen) von Tambourgarnitur und Deckelgarnitur. Die Kardierstellung wird auch beim Abnehmer verwendet. (Gegensatz: → Abnahmestellung)

Kardiertes Garn, Ring- oder Rotorspinngarn, das aus kardierter, aber nicht gekämmter Baumwolle oder aus einer Mischung kardierter Baumwolle mit Chemiefasern oder nur aus kardierten Chemiefasern einer Faserlänge bis ca. 40 mm (maximal 60 mm) hergestellt wird. Das kardierte Garn ist voluminös, haarig und unregelmäßig mit vielen Dünn- und Dickstellen und enthält noch sichtbare Nissen. Im kardierten Baumwollgarn sind noch deutlich Trash-Anteile erkennbar. Im kardierten Garn können auch Flachs, Seide und kurze Wollen enthalten sein. Die Zahl der nach der Karde eingesetzten Streckpassagen wird niedrig gehalten, je nach gewünschter Garnfeinheit. Bei Chemiefasern ist es schwieriger, den typischen, unregelmäßigen Charakter eines kardierten Garns zu erhalten.

Kardierwirkung, → Karde.

Kaschmirgarn, Garne aus Kaschmir-Wolle (entgranntes Unterhaar), meist in Mischung mit Wolle hergestellt; seltener auch in reiner Form versponnen. Weiche glatte Kammgarne oder Streichgarne herstellbar. Feine Garne werden für Kaschmirschals, gröbere für die Damen- und Herrenoberbekleidung, Pullover usw. verwendet.

Kegelbasis, Unterseite des Copses, Beginn der Copsbewicklung an der Ringspinnmaschine. Die ersten Bewicklungsschichten des Copses zur Bildung der Kegelform beginnen mit senkrechten Bewicklungen direkt auf der Hülse und werden dann durch dreieckige Bewicklungsschichten (unten breiter als oben) so lange gewickelt, bis der richtige Kegelwinkel der Garnbewicklungsschichten erreicht ist.

Kegelige Kreuzspule, → Konische Kreuzspule.

Kegelspitze, die letzten Garnlagen an der Oberseite des Copses, die beim Abspinnvorgang kurz vor dem Ende der Copsbefüllung mit niedrigerer Spinngeschwindigkeit gebildet werden (bei modernen, regulierbaren Ringspinnmaschinen, z. B. Zinser 351).

Kegelwinkel, der Winkel zwischen Horizontale und Kegelmantel, der die Konizität einer Spule oder Hülse angibt.

Kehrstrecke (Wickelstrecke), zum Zusammenführen mehrerer Wickel und Mischungen (Sandwichprinzip), zur Vergleichmäßigung der Wickelwatte, zur weiteren Längsorientierung der Fasern und zur Herstellung eines Bandwickels für das nachfolgende Kämmen. Der bis zu 8-fach dublierte Wickel kann auch noch verzogen werden, um das gewünschte Wickelgewicht für die Kämmmaschine zu erreichen. Wird in moderneren Kämmereianlagen nicht mehr verwendet.

Kelimgarn, weiche Wollzwirne für die Wandbehangstickerei (Kelim, Anatolien).

Kennwerte der Garne, → Garnkenngrößen, → Garnprüfung.

Keramikfadenführer (Keramiköse), Fadenleitorgane aus hochwertiger Sinterkeramik (Reinoxidkeramik o. a.), glatt poliert, sehr verschleißfest.

Keramikfasern, Spezialfasern aus feinstkörnigen Keramikbestandteilen, durch Sinterung aus einer speziellen Spinnmischung mit Polymergemischen hergestellt, die später durch thermische Behandlung zu reinen Keramikfasern umgeformt werden. Sie bestehen je nach Type aus Mischungen kristalliner Stoffe (Metalloxide) mit nicht kristallinen, glasartigen Bestandteilen (Siliziumoxide) oder aus reinen kristallinen Metalloxiden.

Keramikscheiben, für die dreiachsige Scheibenfriktionstexturierung eingesetzte, schnell rotierende, flache Oxidkeramikscheiben, die dem Garn durch Reibung an der Scheibenoberfläche die für die Texturierung erforderliche, hohe Drehung geben. Besonders verschleißfest mit langen Standzeiten, aber teilweise Garnoberflächenschädigung („Schneebildung").

Kern-Drehung, → Kern-Mantel-Drehung.

Kernfaden, mittlerer, tragender Faden eines → Kern-Mantel-Garns, aus Filamentgarn, fest oder elastisch, oder aus Spinnfasergarn. Wird beim Spinnen am letzten Streckwerkswalzenpaar der Ringspinnmaschine oder als Faden direkt in den Rotor moderner OE-Rotorspinnmaschinen (Rotona BT 904 von Rieter CZ, Tschechische Republik) eingetragen. Auch zur Herstellung von Kombinationsgarnen mit Hilfe von Zwirnverfahren, Umwindeverfahren oder Verwirbelungsverfahren. Verwendung zur Herstellung elastischer Garne, Gewebe oder Gestricke und von Effektgarnen.

Kerngarn, → Kern-Mantel-Garn.

Kern-Mantel-Drehung, Drehung von Garnen, die im Garnkern am höchsten ist, z. B. beim Rotorgarn durch Drehung der Garnspitze in der Rotorrille um die eigene Achse und Anbindung der in der Rille liegenden Fasern.

Kern-Mantel-Flockfaden, → Flockgarn.

Kern-Mantel-Garn, entweder als Einfachgarn (z. B. Filamentgarnkern und Umspinnungsfasermantel, → Coregarne) oder als Zwirn herstellbar.
1. Die Einfachgarne werden meist nach dem Ringspinnverfahren mit Zuführung eines Filamentgarns, heute auch nach dem Rotorspinnverfahren (Rotona-Garn der Fa. Rieter AG) oder mit Hilfe des Umspinnens von Filamentgarnen mit anderen Methoden (Elektrostatik, Kleben, Falschdrall u. a.) hergestellt. Auch Flockgarne (Kern = Filament, Mantel = Flockfasern) zählen hierzu.
2. Die Zwirne haben heute eine größere Bedeutung bei der Herstellung elastischer Kern-Mantel-Garne. Dazu gehören Zwirne mit Filamentkern und Garnumwindung, z. B. elastischer Kern (Elastan) und Naturfasergarnmantel (Baumwollgarne oder Wollgarne). Damit können elastische Naturfaserzwirne (Core-Twist) unterschiedlichster Zusammensetzung produziert werden, deren Dehnungsbereich und Elastizität in weiten Grenzen einstellbar ist (Trend zu elastischer Bekleidung, Sportswear). Auch Falschdrallzwirne sind möglich (Novacore-Verfahren). Eine besondere Variante sind Geflechte mit Kern, die zunehmend für technische Produkte eingesetzt werden.

Kern-Mantel-Schlingfaden, lufttexturiertes Garn mit stabilem Kern und Filamentschlingen an der Garnoberfläche.

Kern-Mantel-Struktur, Beschreibung des Garnaufbaus im Garnkern und im Garnmantel, z. B. Lage und Orientierung der Fasern, ihre Drehung im Garn und ihr Verlauf über größere Längen hinweg.

Ketteln, Verfestigen einer Kante mit Hilfe eines Nähfadens.

Kettengewirk (Kettenwirkware), aus einem oder mehreren in Längsrichtung verlaufenden Fadensystemen wird durch seitliche Maschenbildung ein Flächengebilde hergestellt, wobei die Längsfäden jeweils mit den benachbarten Fäden Maschen bilden. Die Maschenbildung erfolgt gleichzeitig parallel durch auf einer Nadelbarre angebrachte Wirknadeln.

Kettfaden, Längsfaden im Gewebe.

Kettfadenbruch, Zerstörung, Bruch der Kettfäden während des Webvorgangs (z. B. durch zu hohe Reib- oder Spannungsbelastung).

Kettfärbung (Kettbaumfärbung), Garnfärbung auf dem Kettbaum, Hochtemperaturfärbung, bei der die Färbeflotte durch das perforierte Mittelrohr von innen nach außen (oder umgekehrt) gedrückt wird.

Kettgarn, Garn mit höherer Drehung und höherer Festigkeit als das → Schussgarn, zum Teil gezwirnt. Oft werden Filamentgarne in der Kette eingesetzt.

Kettstreckschlichtverfahren, Ergänzung des Kettstreckverfahrens durch integriertes Schlichten der parallel verstreckten Garne. Oft wird auch das Schlichten durch Luftverwirbeln (Tangling) der Filamentgarne ersetzt.

Kettstrecktexturierung, eine neue Möglichkeit, das Kettstreckverfahren direkt mit dem Falschdrall-Texturierverfahren zu verbinden (Entwicklung Fa. Karl Mayer, Obertshausen). Maximal 700 Polyester- oder Polyamidfilamentgarne werden nebeneinander strecktexturiert und auf Kett- bzw. Zettelbäume aufgewickelt. Die Drallerteilung für die Texturierung erfolgt bei diesem Verfahren über „Twist-Jet"-Luftdralldüsen mit einem Blasdruck von ca. 30 bar. Ein Verwirbelungsriet und Set-Heizplatten ergänzen die Anlage. Die Einführung in die Industrie wurde zunächst zurückgestellt.

Kettstreckverfahren, Verfahren zur gemeinsamen, parallelen Verstreckung von synthetischen Filamentgarnen (Polyester, Polyamid, Polypropylen) mit anschließender Aufwicklung auf Kett- bzw. Zettelbäume. Bis zu 1.600 Filamentgarne können so gemeinsam über schnelllaufende Walzen gleichmäßig verstreckt werden. Ausgangsmaterial ist vororientiertes Garn (POY). Teilweise wird auch das Schlichten integriert (→ Kettstreckschlichtverfahren).

Klappfadenführer (Sauschwänzchen), gedrehtes, rundes, aber offenes Drahtelement, das zur Fadenführung (Garnabzugszentrierung) über der Ringspindel dient und zum Abziehen der Copse umgeklappt werden kann.

Klassierung seltener Fehler, Einteilung seltener Garnfehler in Fehlerklassen (Uster-Classimat, Loepfe-Garnklassierung), die nach Länge und Dicke (Abweichung von der mittleren Garnmasse) erfolgt. Alle Fehler werden gemessen, gezählt und auf große Längen (z. B. 100.000 m Garn) bezogen angegeben. Mit speziell nach den Anforderungen festgelegten Trenngrenzen werden störende Fehler und Fehler, die im Garn bleiben können, unterschieden.

Klebegarn, Garn, das mit Hilfe des → Klebespinnverfahrens hergestellt wurde (z. B. → Twilo-Garn, → Pavena-Garn).

Klebeneigung Baumwolle, → Klebrigkeit (Spinnerei).

Klebespinnverfahren, es wurde eine Reihe von Spinnverfahren in verschiedenen Ländern entwickelt, von denen sich bisher keines in der Textilindustrie durchsetzen konnte. Die Verfahren beruhen darauf, dass Klebstoff nach oder vor dem Verstrecken des Bands auf die Fasern aufgebracht wird (Emulsionen, Suspensionen, Dispersionen verschiedenster Klebstoffe), teilweise mit Farbstoffen (Pavena-Verfahren) und die Verklebung nach dem Verstrecken durch Heizvorrichtungen (z. B. beheizte Galettenwalzen) fixiert wird. Danach wird das Garn zu Geweben oder Gestricken verarbeitet und anschließend der Klebstoff während der Veredlung ausgewaschen. Die Garne haben ein höheres Volumen, größere Deckkraft, aber zwangsweise eine geringere Stabilität im Endprodukt. Bekannteste Verfahren:

1. Twilo-Spinnverfahren, TNO Holland/ Signaal-Twilo
2. Pavena-Spinnverfahren (Pavil, Paset) Tschechische Republik und Rieter/ Schweiz
3. Tek-Ja-Verfahren, Japan
4. TNO-Flachsspinnverfahren
5. Gifu-Spinnverfahren, Gifu-University, Japan
6. Toray-Spinnverfahren, Japan
7. SRRC-Verfahren, USDA-SSRC New Orleans
8. Mitsubishi-Verfahren, Kombinationsspinnverfahren, Japan

Dazu kommen noch Spinnverfahren, die mit Klebefasern arbeiten:

9. Toray-3-Verfahren, Japan
10. ITR-Verfahren, ITR-Reutlingen/ ITV Denkendorf

11. Twilo-Verfahren, Bindefaservariante
Und Verfahren mit Schmelzpolymeren:
12. Bobtex-Verfahren

Klebeverfahren, → Klebespinnverfahren.

Klebrigkeit (Spinnerei), durch Honigtaubefall, Insektensekrete auf den Fasern, meist Tröpfchen, die aus verschiedenen Zuckerarten bestehen, klebt Baumwolle auf Maschinenelementen (Druckwalzen, Kardenmesser, Gleitflächen, Rotorrillen usw.), das zu Wickeln auf Walzen, Produktionsstörungen, schlechter Garnqualität und Spinnereiausfällen führen kann. Die Klebrigkeit nimmt mit zunehmender Feuchtigkeit zu (im Sommer bei höheren Temperaturen). Eine Reduzierung der Feuchtigkeit in der Spinnerei kann die Verarbeitbarkeit etwas verbessern. Von Honigtau befallene Baumwollballen sollten nur in kleinen Mengen beigemischt werden, das Trocknen der Baumwolle oder spezielle Hilfsmittel können eine vorübergehende Verbesserung bringen, das Problem aber nicht grundsätzlich lösen. → Honigtau-Prüfung.

Klettenschläger, spezielle Vorrichtung der Kammwollkrempel, rotierende Stabwalze zum Entfernen der Kletten der Wolle mit Hilfe der Zentrifugalkraft.

Klimaanlage, Anlage zur Konstanthaltung von Temperatur und Feuchtigkeit der Luft, speziell für Prüflaboratorien. Genauere Anlagen arbeiten meist nach der Taupunktregelung. Die Raumluft des Prüflabors wird durch eine Klimaanlage ständig umgewälzt. Die aus dem Raum abgesaugte Luft wird gereinigt und befeuchtet (Taupunktregelung). Je nach Wärmeanfall durch Geräte und Personen wird die Luft abgekühlt oder geheizt, Frischluft zugeführt und konstant nach der Labortemperatur geregelt. Wichtig ist, dass an den Arbeitsplätzen keine Zugluft herrscht und alle Stellen des Raums gleichmäßig klimatisiert werden. Die Klimaanlage entfernt zudem Staubanteile der Luft. Industriebetriebe werden nicht vollständig klimatisiert, meist wird nur die Luftfeuchtigkeit durch Luftbefeuchtung einigermaßen konstant gehalten (in Abhängigkeit von der Lufttemperatur), wobei durch die Befeuchtung (Wäscherkammer) mit kaltem Wasser eine Luftabkühlung erfolgt.

Klingentexturierung, → Kantenkräuselverfahren.

Klopfwolf, Öffnungsmaschine zur Verarbeitung von Recyclingtextilien nach dem Zerreißen. Der Klopfwolf öffnet die Materialien und scheidet Fremdanteile und unaufgelöste Batzen sowie Gewebereste aus.

Klöppeln, Herstellung von Spitzen, Gardinen und anderen feinfädigen, netzartigen Flächengebilden durch Verschränken (Verkreuzen) von Garnen und Zwirnen. Man unterscheidet Handklöppeln (mit dem Klöppelkissen) und Maschinenklöppeln (mit Jacquardsteuerung). Bekannte Handklöppelprodukte sind Flandrische, Brabanter, Brüsseler und Valencienner Spitzen. Bekannte Maschinenprodukte sind Barmer Flechtartikel (Flechtspitzen), Barmer Klöppelspitzen und Klöppelgardinen.

Knattergarn (Kracher), → Garnfehler.

Knäuel, Garnwickelform, die z. B. für das Handstricken verwendet wird. Es ist eine trägerlose (ohne Hülse) Fadenspeicherform für Haushalt und Gewerbezwecke. Knäuel entstehen auf speziellen Knäuelwickelmaschinen durch einen rotierenden Fadenführer, dessen Achse zur Spindelachse (Knäuelachse) mit ständig veränderten Winkel geschwenkt wird.

Knickfestigkeit, → Schlingenfestigkeit.

Abb.: Bindfadenknäuel aus Flachswerggarn
Quelle: A. Schenek, Hochschule Reutlingen, und Füssener Textil AG

Knickscheuerfestigkeit, während der Verarbeitung und im Gebrauch werden Fasern und Garne oft kombinierten Biege- und Scheuerkräften ausgesetzt. Die Knickscheuerfestigkeit ist ein Maß für die Widerstandsfähigkeit gegen Schädigung und korreliert mit der Pillingneigung. Zur Prüfung werden Fasern, Filamente oder Garne unter definierter Spannung (z. B. Gewichtsbelastung) mit einem festen Umschlingungswinkel (z. B. 110°) um einen dünnen Stahldraht gelegt und ständig periodisch hin- und herbewegt. Wenn der Durchmesser des Stahldrahts in der Größenordnung der Fasern oder Garne oder kleiner gewählt wird, ergibt sich zusätzlich zur Scheuerwirkung eine starke Biegebeanspruchung. Gezählt wird die Anzahl der Doppelhübe (Hin- und Herbewegungen) bis zum Bruch. Da eine starke Abhängigkeit von der Belastung, dem Drahtdurchmesser und von der Faserfeinheit (Garnfeinheit) besteht, ist ein Vergleich nur bei gleichen Faktoren möglich.
Für Polyesterfasern mit 3,3 dtex Feinheit, einer Belastung von 0,45 cN/dtex und einem Drahtdurchmesser von 20 µm ergeben sich folgende Zahlen (Beispiel):
Keine Pillingresistenz:
3.500–5.000 Doppelhübe
Mäßige Pillingresistenz:
2.000–3.000 Doppelhübe
Mittlere Pillingresistenz:
1.000–1.500 Doppelhübe
Hohe Pillingresistenz:
300–800 Doppelhübe

Knit-de-knit-Garne, Garne, die mit Hilfe des → Strickfixier-Texturierverfahrens hergestellt wurden.

Knit-de-knit-Texturierverfahren, → Strickfixier-Texturierverfahren.

Knitterneigung, bleibende Verformungen von Fasern und Garnen nach Biegebeanspruchung. Sie wird beurteilt mit dem Knitterwinkel, der nach dem Verbiegen und dem Entlasten zurückbleibt.
Für unterschiedliche Filamentgarne wurde der Knitterwinkel von Krais, Koch und Böhme wie folgt gemessen (*Auszug Literatur:* W. Bobeth et. al., Textile Faserstoffe, Beschaffenheit und Eigenschaften, Springer-Verlag, Berlin – Heidelberg – New York, 1993):

Faserstoff/ Filamentgarn	Knitterwinkel (Winkelgrad) sofort	nach Erholung
Glas	173°	
Cupro	75°–81°	105°–110°
Viskose hochfest	106°	135°
Viskose normal	70°–93°	114°–124°
Acetat	124°–126°	145°–150°
Polyamid 6	138°–142°	147°–156°

Als Qualitätsstufen der Knitterneigung werden angegeben:

Knitterwinkel	Qualität
unter 80°	sehr stark knitternd
80°–100°	stark knitternd
100°–120°	knitternd
120°–180°	schwach knitternd
> 180°	knitterfrei

Die Knitterneigung der Faserstoffe in abnehmender Reihenfolge:

Naturfasern	Flachs, Baumwolle, Seide, Wolle

Zelluloseregenerat-fasern	Viskose, Cupro
Zelluloseester	Acetat, Triacetat
Synthetische Chemiefasern	Polyacryl, Polyamid, Polyester

Knopflochseide (Kordelseide), starker, kräftiger Nähseidenfaden, der aus 4–8 Rohseidenfäden (Grègefäden) oder Haspelseidenfäden mit entgegengesetzter Drehung gezwirnt wird und in der Stickerei perlenähnlich wirkt.

Knötchenbildung, → Pilling.

Knoten, → Fadenverbindung durch Umschlingung. Ziel ist, dass die Verbindung möglichst die Garnfestigkeit erreicht und nicht zu dick wird. Die meisten Knoten haben jedoch geringere Festigkeit (→ Knotenfestigkeit, → Schlingenfestigkeit), da sie durch starkes Verformen der Garne geschwächt werden. Zudem besteht gelegentlich die Gefahr der Schlingenöffnung bei der Verarbeitung. Bei der Entfernung von Garnfehlern auf der Spulmaschine und bei der Verbindung von Copsen zur Herstellung einer Kreuzspule mit größerem Garnvorrat wurde früher grundsätzlich geknotet. Da aber ein Knoten mindestens die doppelte Garndicke aufweist (meist deutlich mehr), kommt es zu Problemen bei der Weiterverarbeitung und zu Fehlern im Gewebe. In vielen Fällen wurde deshalb das Knoten durch das → Spleißen ersetzt. Wo das Spleißen nicht möglich ist oder besonders sichere Verbindungen erforderlich sind, wird auch heute noch geknotet (technische Anwendungen, z. B. bei der Verbindung von Papiersiebgeweben). Die Festigkeit und die Größe des Knotens müssen an die Anforderungen angepasst werden. Deshalb gibt es für unterschiedliche Einsatzgebiete verschiedene Knotenformen. In der Spulerei wurden oft der Weberknoten und der Schifferknoten verwendet.

Knotenabstellvorrichtung, Vorrichtung, die beim Einlauf eines Knotens die Spulmaschine abstellt.

Knotenarten, in der Reihefolge absteigender Knotenhaltbarkeit:

1. Schifferknoten (am haltbarsten)
2. Runder Knoten
3. Doppelter Weberknoten
4. Spannknoten
5. Kreuzknoten (Tuchmacherknoten)
6. Einfacher Weberknoten (am schlechtesten)

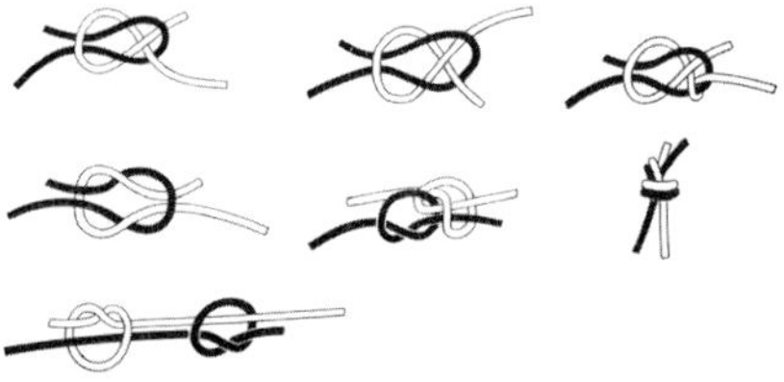

Abb.: Die wichtigsten Knotenarten der Textilindustrie
a – einfacher Weberknoten, b – Boyce-Knoten, c – doppelter Weberknoten, d – Tuchmacherknoten (Kreuzknoten), e – Spannknoten, f – Katzenkopfknoten (Rundknoten), g – Fishermansknoten (Schifferknoten)
Quelle: L. Simon und M. Hübner, Vorbereitungstechnik für die Weberei, Wirkerei und Strickerei

Knotenfänger, Schlitzblech als einfache Fangvorrichtung für Knoten beim Garntransport.

Knotenfehler, zu dicker, störender Knoten oder aufgehender Knoten.

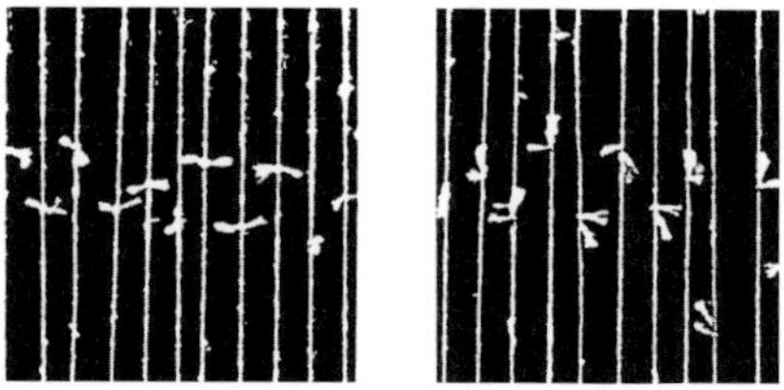

Abb.: Garntafel mit Knotenfehlern
Quelle: Gesamttextil Eschborn

Knotenfestigkeit (relative Knotenfestigkeit), die Knotenfestigkeit gehört wie die Biegefestigkeit und die Schlingenfestigkeit zu den Querfestigkeiten und ist besonders für technische Garne (Nähgarne, Netzgarne, hochfeste Garne usw.) interessant. Bei Netzgarnen für die Fischereiindustrie wird sie auch als Nassknotenfestigkeit gemessen. Die Messung erfolgt an Fasern oder Garnen mit einem üblichen Zugprüfgerät, bei Garnen mit üblicher Einspannlänge von 500 mm. Üblich ist der Weberknoten oder nach Vereinbarung andere Knoten. Gemessen wird nacheinander die Zugfestigkeit an einem Garn ohne Knoten und danach am gleichen Garn die Knotenfestigkeit. Es wird das Verhältnis der Knotenfestigkeit zur normalen Garnfestigkeit gebildet und mit 100 % multipliziert. Das Ergebnis ist die relative Knotenfestigkeit in Prozent, die üblicherweise bei 70–85 % liegt, bei wenig querfesten Garnen aus Aramid- oder Carbonfasern nur 5–20 % beträgt.

Da die Knotenart oder die Knotenrichtung (S oder Z) das Ergebnis stark beeinflussen können, muss die Angabe der relativen Knotenfestigkeit durch beide Hinweise ergänzt werden.

Knotenfestigkeitswerte und Schlingenfestigkeit für Fasern wurden von Bobeth wie folgt als Knoten- bzw. Schlingenzugkraftverhältnis in Prozent zusammengestellt (*Auswahl Literatur:* W. Bobeth et. al., Textile Faserstoffe, Beschaffenheit und Eigenschaften, Springer-Verlag, Berlin – Heidelberg – New York,1993):

Faserstoff	Knoten	Schlingen
	Höchstzugkraftverhältnis in %	
Baumwolle	60–90	65–96
Flachs	20	–
Sisal	30	–
Wolle	65–85	75–85
Seide	60–90	80–90
Viskose, normal	45–50	35–67
Viskose, hochfest	30	45–60
Cupro	65–70	70–75
Acetat	45	70–85
Triacetat	80–90	70–95
Polyacryl	75–80	70–80
Modacryl	80	50–70
Polytetrafluorethylen (Teflon)	75–90	60–90
Polyvinylchlorid	60	65
Polyvinylalkohol	45–75	40–80
Polyamid 6	75–80	60–95
Polyamid 6.6	60–90	70–95
Aramid (Nomex)	80–85	65
Aramid (Kevlar)	30–40	50–78
Polyester	40–85	60–95
Polyimid (P84)	74	60
Polyethylen (HD)	70–90	60–90
Polyethylen, hochfest (Dyneema)	33–55	40–65
Polypropylen, isotaktisch	70–90	85–95
Glas	10–25	30–60
Stahl	30–60	65
Carbon (HF)	5	12
Carbon (HM)	2	9

Bei spröden Fasern kommt es oft schon bei Schlingenbildung zum Bruch, deshalb ist dort auch die → Schlingenfestigkeitsprüfung durchzuführen, wobei das Verhältnis des Biegedurchmessers (Kreisdurchmesser D) zum Durchmesser d des Filaments, der Faser oder des Garns im Augenblick des Bruchs bestimmt wird. Je kleiner das Verhältnis D/d ausfällt, desto schmiegsamer ist die Faser.

Knotengarn (Boutonné), → Knotenzwirn.

Knotenzwirn, ein gespannter Grundfaden steht in bestimmten Abständen still, während ein lockererer Effektfaden weiterläuft (auch schneller), um den Grundfaden herumgewunden wird und den Knoten bildet. Eine weitere, aber weniger genau steuerbare Herstellmöglichkeit ist das Verzwirnen unterschiedlich stark gedrehter Garne.

Knüpfen,
1. Verbinden von Fäden durch Knoten in größeren Abständen, um Netze und Stickgründe herzustellen.
2. Herstellung von Teppichknoten auf einem Grundgewebe (Orientteppiche, Teppichknüpfen).

Köchlin'sche Drehungsformel, → Drehungsgesetz.

Kochschrumpf, Längenverkürzung bei thermoplastischen Chemiefaserfilamenten und -garnen durch Einwirkung von kochendem Wasser (bei 95 °C), bewirkt durch Rückorientierung der Molekülketten (Vergleichsdaten: → Schrumpf).

Kokosgarn, größtenteils noch durch Handspinnen hergestelltes, sehr grobes Garn aus Kokosfasern, das verzwirnt für Teppiche (Läufer) im Objektbereich, Fußmatten, Schuhabstreifer und ähnliche Produkte verwendet wird. Unempfindlich gegen Nässe, schalldämmend, fäulnisbeständig und sehr strapazierfähig.

Abb.: Kokosgarn-Musterbündel
Quelle: A. Schenek, Hochschule Reutlingen

Kombinationsgarn, Kombination von Filamentgarnen mit Stapelfasergarnen, wie Coregarn, Siro-Spun-Garn, Umspinnungsgarn, Umwindegarn. Durch Umwindung von Elastanfäden mit Naturfasergarnen entstehen elastische Garne mit guten bekleidungsphysiologischen Eigenschaften und gewünschter variabler Dehnbarkeit.

Kombinationszwirn, → Kombinationsgarn.

Kompaktgarn (Compact-Garn), Stapelfasergarn, das mit Hilfe des Kompakt-Ringspinnverfahrens (→ Kompaktspinnverfahren) hergestellt wurde. Eigenschaften von Kompaktgarnen im Vergleich zu herkömmlichen Ringgarnen:
– höhere Festigkeit (+10–15 %)
– höhere Dehnung
– etwas bessere Gleichmäßigkeit
– gleichmäßigere Garnstruktur
– deutlich geringere Haarigkeit
– geringeres Volumen (kompakter)

Die niedrigere Haarigkeit und das geringere Volumen können aber auch Nachteile im Produktausfall ergeben (z. B. niedrigerer Deckungsgrad). Da bei Kompaktgarnen die Fasereinbindung in den Garnkörper besser erfolgt, kann mit weniger Fasern im Garnquerschnitt gesponnen werden. Dies ergibt auch Möglichkeiten der Rohstoffoptimierung (beispielsweise bei Wollkammgarnen).

Kompaktkrempel, kurze Hochleistungskrempel für die Halbkammgarnspinnerei mit nur einem Tambour.

Kompaktspinnen, → Kompaktspinnverfahren.

Kompaktspinnverfahren, Ringspinnverfahren mit modifizierter Streckwerkskonstruktion zum Zusammenfassen (Kompaktieren) des Faserbändchens und zum Verkleinern oder Unterdrücken des Spinndreiecks vor der Verspinnung. Dadurch entsteht ein Garn mit gleichmäßigerer Fasereinbindung in den Garnkörper und reduzierter Haarigkeit (→ Kompaktgarn). Das Kompaktspinnen hat sich bereits in bestimmten Bereichen etabliert und wird

Abb. 1: Com-4-Kompaktstreckwerk (Unterzylinder) mit Kompaktierungswalze der Maschinenfabrik Rieter AG
Quelle: A. Schenek, Hochschule Reutlingen, und R. Hehl, Rieter AG, Winterthur

wahrscheinlich in Zukunft einen größeren Marktanteil bei feineren Garnen einnehmen können.
Begonnen wurde die Entwicklung von der Fa. Rieter (Com4®), basierend auf Patenten von Dr. E. Fehrer, Linz. Die Com4-Maschinen der Fa. Rieter wurden in verschiedenen Spinnereien erfolgreich eingesetzt. Die Firma Cognetex in Italien verwendet das Com4-Prinzip für die Langstapel-Woll-Ringspinnmaschine (Idea Com4). Bei diesen Maschinen wird die Kompaktierung durch eine Siebtrommel am letzten Streckwerkswalzenpaar erzielt. Danach kam die Fa. Suessen mit ihrem Faserführungssystem, das an die bestehende Spinnmaschine angebaut werden kann (Elite-Spinnen®), und die Firma Zinser mit einem Patent des ITV-Denkendorf im Kurzstapel- und Langstapelbereich (CompACT 3® mit zusätzlichem Spinnfinger im Langstapelbereich). Bei Zinser dient ein Riemchen als Faserführungs- und Saugelement nach dem Streckwerk mit der Möglichkeit, zusätzlichen negativen oder positiven Verzug einzustellen. Inzwischen gibt es zahlreiche Maschinenhersteller von Kompaktspinnmaschinen, teilweise auch mit mechanischen Kompaktierprinzipien (z. B. Rotorcraft-System, das direkt an die bestehende Maschine angebaut werden kann und keinen eigenen Antrieb benötigt).
Am bekanntesten sind bisher:
- Com-4® der Fa. Rieter AG, Winterthur für Kurzstapelspinnerei
- Suessen-Elite®, Suessen-Rieter für Kurzstapel- und Langstapelspinnerei
- Zinser CompACT 3® für Kurzstapel- und Langstapelspinnerei
- Cognetex IDEA COM 4 Wool® für Langstapelspinnerei
- RoCos Rotorcraft Compact Spinning mit magnetischer Halterung

Abb. 2: CompACT-Spinnstelle der Fa. Zinser für die Kammgarnspinnerei
Quelle: M. Tuschak und H. Frässle, Zinser-Saurer GmbH, Ebersbach

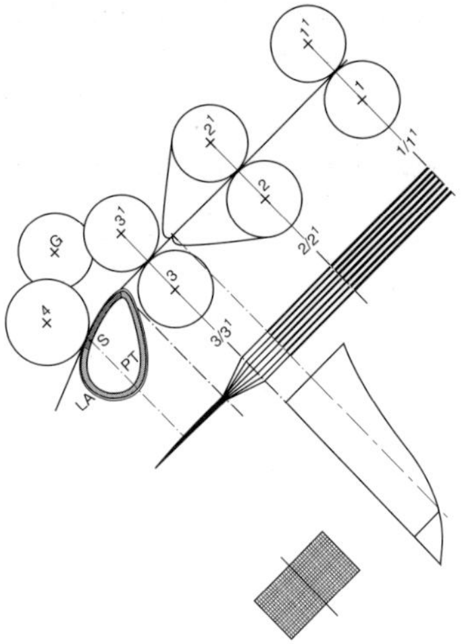

Abb. 3: Elite-Kompaktspinnprinzip der Spindelfabrik Suessen
Quelle: Spindelfabrik Suessen, Süssen

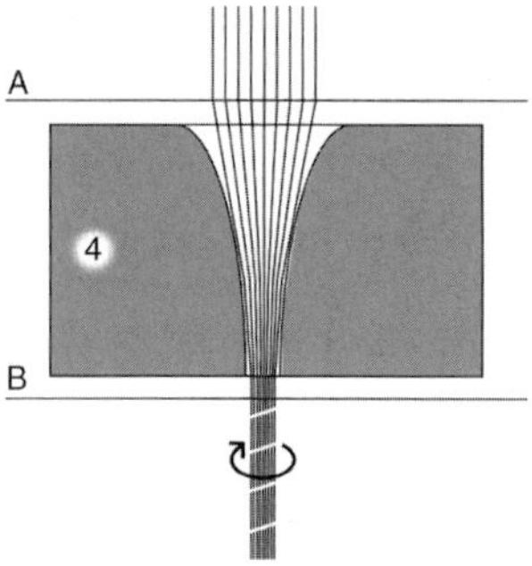

Abb. 4: Rocos-Kompaktspinnprinzip (mechanische Kompaktierung)
Quelle: Maschinenfabrik Altstätten, Schweiz

Abb. 5: Gestrickvergleich eines konventionellen Ringgarns mit einem Kompaktgarn (Rieter Com-4-Garn)
Quelle: Maschinenfabrik Rieter AG, Winterthur, Schweiz

Abb. 6: Spinnstelle mit Rocos-Kompaktspinnprinzip im Reutlinger Spinnereitechnikum
Quelle: Maschinenfabrik Altstätten, Schweiz und A. Schenek, Hochschule Reutlingen

Kompensationsfadenbremse, → Fadenbremse, die in der Lage ist, Fadenlängen auszugleichen.

Kondenser, Element des Fasertransports in einer Spinnereivorbereitungsmaschine, bestehend aus einer drehbaren, perforierten Metallwalze mit Innenbesaugung, die Fasern über Transportrohre ansaugt und durch abgedeckte Bereiche auf der inneren Unterseite dafür sorgt, das das Fasermaterial schwerkraftbedingt in einen Füllschacht fällt und von dort weitertransportiert werden kann.

Konditionieren, → Konditionierung.

Konditionierfeuchtigkeit, in internationalen und nationalen Normen festgelegte Prozentsätze der Feuchtigkeit, die Textilien (textile Faserstoffe und Garne) im Normalklima (20 °C, 65 % relative Luftfeuchtigkeit) im Gleichgewichtszustand aufnehmen. Diese Feuchtigkeitsprozentsätze werden bei der Berechnung des Konditioniergewichts zugrunde gelegt (Konditionierzuschläge = → Handelsgewichtszuschlag). In Deutschland sind die Konditionierzuschläge im Textilkennzeichnungsgesetz (TKG) festgelegt worden und haben somit Gesetzescharakter im Textilhandel.

Konditioniergewicht, → Handelsgewicht.

Konditionierung,
1. Angleichen von Textilproben an das Normalklima (20 °C und 65 % rel. Luftfeuchtigkeit) von der trockenen Seite aus.
2. Messvorgang zur Bestimmung des Konditioniergewichts (Nachprüfung).

Konditionierzuschlag, → Handelsgewichtszuschlag.

Kone, → Konische Kreuzspule.

Konenbauch, durch unterschiedliche Garnspannungen können am Rand der Spule und in der Mitte Verformungen auftreten, die das Ablaufverhalten der Garne verschlechtern.

Königswelle, zu Beginn der industriellen Spinnerei im 19. Jahrhundert wurden die Maschinen mit Wasserkraft angetrieben. Das Wasserrad einer Wassermühle trieb eine senkrecht stehende, über mehrere Stockwerke der Spinnerei reichende Stahlwelle, die Königswelle an, von der aus über Riemen, die im Lauf aufgelegt werden mussten, die Maschinen angetrieben wurden. Auch die Dampfmaschinen trieben noch Wellen mit Riemengetrieben an. Erst mit der Einführung der elektrischen Motoren im 20. Jahrhundert wurden diese alten Zentralantriebe ersetzt. In Württemberg wurden die ersten Betriebe mit Königswellen in der Gegend von Urach (Ermstal), im Pfullinger/Reutlinger Bereich (Echaztal), im Göppinger Bereich (Filstal) und in der Gegend um Owen/Teck angelegt (z. B. Spinnerei Leuze).

Konische Kreuzspule, Kreuzspule, die in Kegelform bewickelt wird, um das Ablaufverhalten an der Strickmaschine oder Webmaschine zu verbessern. Die Mantellinien der Wicklung bilden einen Kegelstumpf. Ursprünglich hatte die Hülse denselben Neigungswinkel wie die Spulenbewicklung; inzwischen kann die Konizität auch auf zylindrischen Hülsen erzeugt werden. Im ersten Fall hat die Garnbewicklung am kleinen und am großen Hülsendurchmesser dieselbe Schichtdicke und ähnliche Dichte- und Spannungsverhältnisse. Der Neigungswinkel ist standardisiert und beträgt 3° 30', 4° 20' oder 5° 57'. Die Fäden zweier benachbarter Garnschichten sind stark miteinander verkreuzt, damit es nicht zu Garnverhakungen beim Abzug kommt. Der Steigungswinkel der Garnablage verändert sich mit zunehmendem Durchmesser bei der wilden Wicklung (Friktionsantrieb), oder er bleibt gleich bei der Präzisionswicklung (mit geregeltem Antrieb der Spule).
Konische Kreuzspulen werden wegen des im Vergleich zu zylindrischen Kreuzspulen besseren Ablaufverhaltens in der Rundstrickerei, Wirkerei, Zwirnerei, aber auch in der Weberei eingesetzt. Das Garnfassungsvermögen der Kreuzspule beträgt nur ca. 65 % von dem der Parallelspule. Die Härte der Bewicklung sollte 15–20 Shore nicht überschreiten, sonst kommt es zu fehlerhaften Spulenverformungen und Abzugsproblemen. Der Garnabzug kann tangential oder axial erfolgen, der axiale Abzug mit Ballonbildung ist besser. Eine besondere Variante ist die bikonische Kreuzspule (Pineapple-Spule), die sehr stabil ist und für Filamentgarne (Großrundstrickmaschinen) gerne verwendet wurde, inzwischen aber teilweise durch die zylindrische Kreuzspule verdrängt wurde. Eine

weitere Variante sind Variokonusspulen (Superconen), bei denen der Hülsenneigungswinkel nicht dem Mantelneigungswinkel der Bewicklung entspricht. Die Verlängerungslinien der Mantellinien aller Bewicklungsschichten treffen sich im selben Schnittpunkt. Damit werden die Abzugsbedingungen weiter verbessert.

Abb.: Konische Kreuzspule mit gekämmtem Baumwollgarn
Quelle: A. Schenek, Hochschule Reutlingen

Konizität der Spulen, → Konische Kreuzspule.

Kontakterhitzung, Erhitzen des Garns durch Kontakt mit einer beheizten Metallfläche, ähnlich dem Bügeln. Die Kontakterhitzung wird zum Trocknen auf Metalltrommeln verwendet (z. B. Schlichtetrockner) und zum Erhitzen des Filamentgarns bei der Falschdralltexturierung, die eine Überschreitung der Erweichungstemperatur (Glastemperatur 2. Ordnung) im Garn erfordert.

Kontakttrocknung, Verfahren der Trocknung von Garnen (oder von textilen Flächen) durch direkte Berührung mit erhitzten Metallwalzen. Auch wenn die Metalloberflächen sehr heiß sind, nimmt das Garn zunächst nur die Verdampfungstemperatur des Wassers (ca. 100 °C) an. Erst wenn es trocken ist, steigt die Temperatur schnell weiter an. Gleichzeitig tritt durch die Berührung noch ein Glätteffekt auf (günstig beim Schlichten).

Kontinue-Düsenspinn-Streckzwirnmaschine, Spinnmaschine der Primärspinnerei, bei der das Schmelzen des Granulats, das Spinnen, Verstrecken und Zwirnen der Filamente kombiniert ist.

Kontinue-Texturierung, moderne Texturierverfahren, wie z. B. die Falschdrall-Scheibenfriktionstexturierung, bei denen das POY-Filamentgarn vorgelegt und im kontinuierlichen Durchlauf verstreckt und texturiert wird.

Kontinuierliches Spulen, Spulvorgang ohne Unterbrechung des Garnablaufs, wie beim Primärspinnen oder Texturieren erforderlich. Ist die Spule voll, wird das einlaufende Garn in einen Zwischenspeicher abgesaugt, bis die volle Spule abgenommen und die Hülse (meist automatisch) gewechselt werden kann (Take-up-Spulung).

Kontraktion, → Schrumpf.

Konventionelles Einfachgarn, normales, einfaches Ringgarn (nicht gefacht oder gezwirnt), hergestellt mit dem Ringspinnverfahren.

Konversion, Konvertierung, → Konverterverfahren.

Konverter, Maschine zur direkten, nicht unterbrochenen Umwandlung eines Chemiefaserkabels in ein Stapelfaserband (Spinnfaserband), das direkt in der Kammgarnspinnerei oder Halbkammgarnspinnerei verarbeitet werden kann. Man unterscheidet prinzipiell:
1. Reißkonverter
2. Schneidkonverter (Quetschkonverter)

Konverterband, Spinnfaserband, das mit Hilfe des Konverters hergestellt wird.

Konverterkabel, Chemiefaserkabel, das als Vorlage für das Konvertieren dient. Grundsätzlich ist beim Schneidkonvertieren mehrmaliges Nachverstrecken mit Nadelstabstrecken und oft auch ein Nachkämmen erforderlich, damit Schnittreste, Faserverklebungen und Noppen entfernt werden können.

Konverterverfahren (tow to top), Verfahren zur direkten Herstellung eines Stapelfaserbands (Spinnband, Kammzug, tow) aus einem Kabel (tow), ohne dazwischen die Fasern in einem Ballen abzulegen. Das abzuliefernde Band muss völlig getrennte Fasern mit einer verspinnbaren Faserlängenverteilung aufweisen. Der Zusammenhalt und die Gleichmäßigkeit muss aber so gut sein, dass das Band die Herstellung qualitativ guter Garne ermöglicht. Man unterscheidet das Reißkonvertieren und das Schneidkonvertieren (auch Quetschkonvertieren).

1. → Reißkonvertierung: Hierbei werden die Kabel mit den verstreckten und gekräuselten Filamenten zur Kapillartrennung vorgespannt, erhitzt und zwischen verschiedenen Streckwerkswalzenpaaren schrittweise zerrissen. Das Reißen ergibt ein zufälliges Trennen der Filamente an den schwächsten Stellen und damit eine sehr variable Faserlängenverteilung, die der Längenverteilung des Wollkammzugs angenähert werden kann. Gleichzeitig wird das dickere Kabel zum feineren Band verzogen. Das Fasermaterial wird verfeinert und verfestigt. Die Reißkonvertierung ergibt wollähnliche Faserlängenverteilungen im Band (Chemiefaserkammzug) mit größerem Variationskoeffizient der Länge. Die Chemiefaserkammzüge können direkt in der Kammgarnspinnerei über einige Nadelstabstreckpassagen und die Vorgarnherstellung versponnen werden und ergeben kammgarnähnliche Chemiefasergarne. Auch für Mischungen mit Wolle werden Reißkonverterbänder eingesetzt. Die Mischung erfolgt dann auf den Streckpassagen (nur mit Nadelstabstrecken möglich).

2. → Schneidkonvertierung: Hierbei wird mit Hilfe von Schneidwalzen, Quetschwalzen oder changierenden Schnittwalzen (Minimalvariation der Faserlänge) ein schräger Trapezschnitt hergestellt. Damit können in Mischungen mit Wolle Kurzfaseranteile der Naturfasern durch längere Chemiefasern ausgeglichen werden. Die Mischung ist dann besser verspinnbar. Das Schneidkonvertieren ergibt gleichmäßigere Faserlängen, aber wegen Faserverklebungen, Nissen und Schnittresten muss oft aus Qualitätsgründen nachgekämmt werden. In beiden Fällen muss mit Nadelstabstrecken nachgestreckt werden. Einsatzgebiete der Konvertierung sind Kammgarnspinnerei und Halbkammgarnspinnerei zur Herstellung wollähnlicher Spinnfasergarne aus Chemiefasern oder Chemiefasermischungen. Im Kurzstapelbereich (Dreizylinderspinnerei) konnte das direkte Konvertieren noch nicht erfolgreich eingesetzt werden. Inzwischen sind auch bei Chemiefasern (z. B. Polyester) die Qualitätsschwankungen zwischen unterschiedlichen Chemiefaserpartien so groß, dass eine Ballenmischung unumgänglich ist und somit das traditionelle Schneiden mit Ballenablage und Kardieren nach wie vor verwendet wird.

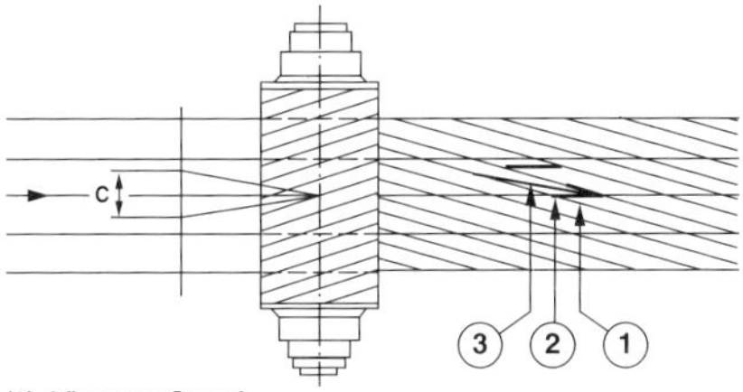

(1) kürzester Stapel
(2) mittlere Stapellänge
(3) längster Stepel
c Kurventrommelhub

Abb.: Prinzipdarstellung des Schneidkonvertierens

Quelle: NSC Schlumberger, Guebwiller, Frankreich

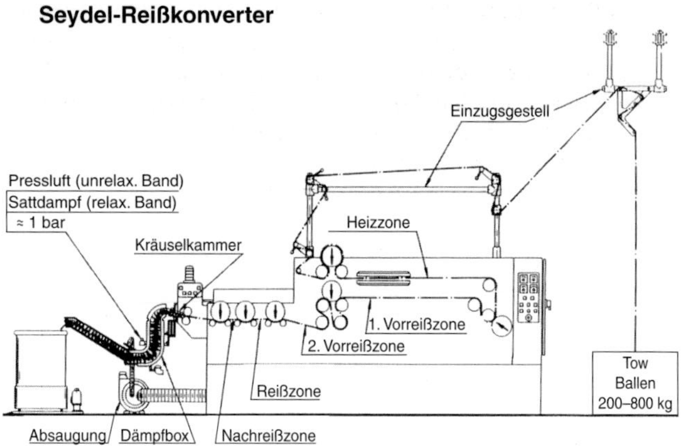

Abb. 2: Schnittzeichnung einer Reißkonverteranlage
Quelle: Maschinenfabrik Seydel, Bielefeld

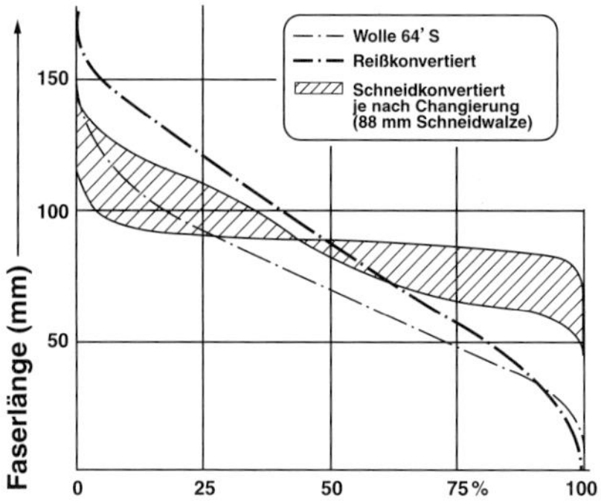

Abb. 3: Diagramme der Faserlängenverteilungen eines Chemiefaserkammzugs, die mit verschiedenen Konverterverfahren prinzipiell herstellbar sind
Quelle: NSC Schlumberger, Guebwiller, Frankreich

Konvertierung, → Konverterverfahren.

Kopfreserve, Reservewindung an der Oberseite der Hülse über dem Ende der Copsbewicklung.

Kops, → Cops.

Kordelseide (Knopflochseide), kräftige Nähseide, die aus vier bis acht Haspelfäden (Grègefäden, Rohseidenfäden) gezwirnt wird.

Kordierte Zwirne, Zwirne mit Spezialdrehungen für Schnüre, Netzzwirne und Kordeln sowie ähnliche Produkte.

Kordonettseide (Cordonetteseide), zusammengedrehte Seidenfäden mit höherer Drehung zum Sticken und Häkeln.

Kordonnettzwirn, mehrfacher Doppelzwirn für Nähseide aus merzerisierter Baumwolle oder Zwirne für Stickgarne, die besonders fest, rund und gleichmäßig sein sollen.

Kotonisierung, → Cottonisierter Flachs.

Kötzer (→ Cops), frühere Bezeichnung für Garnspulen der Selfaktor-Spinnmaschine, später auch auf Ringgarncopse übertragen.

Kracher (Schroppfaden), → Garnfehler, dicke knotige Stelle, die durch Überspannung und anschließendes Zusammenspringen des Garns entsteht.

Kraft-Dehnungs-Diagramm (KD-Diagramm), in Textilindustrie und -forschung zur Darstellung des Festigkeits- und Elastizitätsverhaltens von textilen Materialien übliche grafische Darstellung des Zusammenhangs zwischen (Zug-)Kraftbelastung (oder ersatzweise der Spannung) von Garnen oder textilen Materialien und der dabei auftretenden Dehnung (oder Längenänderung). Besonders interessant für die textile Anwendung ist nicht der Bruch, sondern das Dehnungs- und Elastizitätsverhalten im unteren Bereich des Kraft-Dehnungs-Diagramms, das für Griff, Formstabilität, Tragekomfort und ähnliche Größen aussagefähiger ist.

Die Messung erfolgt mit Hilfe eines Zugprüfgeräts, das eine kontinuierliche Aufzeichnung der Kraft und der Längenänderung bzw. Dehnung ermöglicht. Moderne Geräte arbeiten nach dem Prinzip der konstanten Dehnungszunahme (CRE, Constant Rate of Extension). Die Kraft-Dehnungs-Kurve wird in ein rechtwinkliges Koordinatensystem eingezeichnet, wobei die Kraft in Richtung der y-Achse (nach oben) und die Dehnung in Richtung der x-Achse (nach rechts) eingezeichnet wird. Weitere Kenngrößen wie Bezugsfestigkeit, Elastizitätsmodul, Modul, Arbeit u. a. können mit Hilfe des KD-Diagrammes abgeleitet werden.

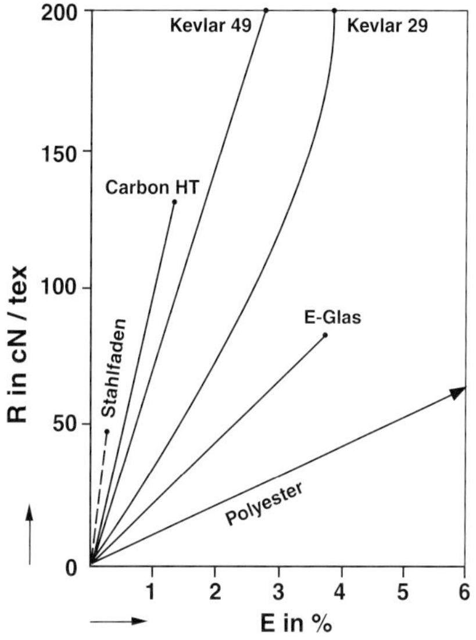

Abb. 1: Beispiele für Kraft-Dehnungs-Diagramme technischer Garne

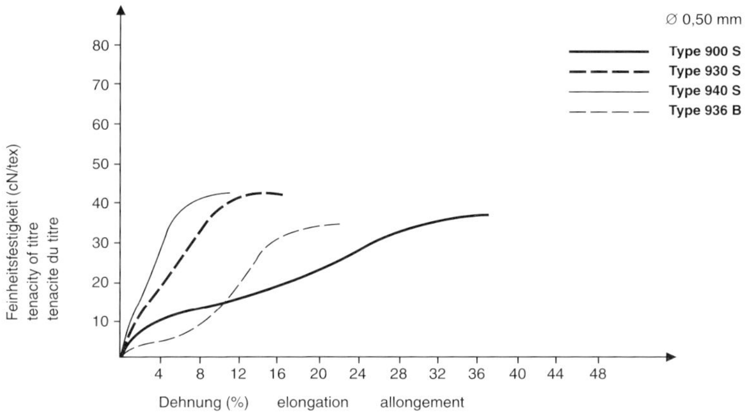

Abb. 2: Kraft-Dehnungs-Diagramme von Monofilamenten (Drähte)
Quelle: Trevira / Hoechst AG

Kräfte beim Spinnen,
1. Ringspinnen: Beim Ringspinnen wirken die am Ringläufer entstehenden Kräfte auf das Garn und bilden die Fadenspannung während des Spinnens (Spinnspannung), die größtenteils im aufgewickelten Garn auf dem Cops gespeichert wird.
2. OE-Rotorspinnen: Beim Rotorspinnen wirken die Zentrifugalkräfte des im Rotor rotierenden Garnendes, der Luftwiderstand des Garnendes im Rotor, die Reibkräfte und der Abrollwiderstand am Abzugstrichter sowie die Garnabzugskraft, die von der Abzugswalze aufgebracht wird.
3. Luftspinnen: Beim Luftspinnen wirken die Luftdüsenkräfte während des Spinnvorgangs, die durch die Drehung des Garns um eine Rotationsachse entstehenden (niedrigen) Zentrifugalkräfte, die Reibungskräfte zwischen Düse und Garn im Abzugsbereich und die Fadenabzugskraft.
4. Friktionsspinnen: Beim Friktionsspinnen wirken die Reibungskräfte zwischen den rotierenden Spinntrommeln und dem Garn im Entstehungsbereich (Zwickel) des Garns, die Absaugkräfte (Unterdruck) und die Garnabzugskräfte.
Die Reihenfolge der Garnbelastung durch den Spinnvorgang ist mit abnehmender Belastung wie folgt:
OE-Rotorgarn
Ringgarn
Luftspinngarn
Friktionsgarn

Krangel, schweizerischer Ausdruck für → Kringel oder Krängel.

Krängel, → Kringel.

Kratzen (flexible Garnituren), Garniturform für die Arbeitselemente der Krempel (oder Deckelstäbe der Karde), die aus flexiblen Stahldrähten bestehen, die durch ein elastisches Kratzengrundgewebe durchgestochen, gebogen und abgeschliffen werden. Das Kratzenband wird unter Spannung so auf die Arbeitswalzen (Tambour, Arbeiter, Wender) aufgewickelt, dass eine gleichmäßige Oberfläche mit vielen Drahtspitzen entsteht, mit der nach dem Rundschleifen Faserflocken geöffnet, zu Einzelfasern aufgelöst, gereinigt und parallel ausgerichtet werden können. Danach wird mit Hilfe der Abnehmerwalze ein Vlies gebildet, aus dem ein Band hergestellt werden kann. Die Kratzengarnituren werden immer seltener eingesetzt, da sie im Vergleich zu den → Ganzstahlgarnituren nur geringere Produktionsgeschwindigkeiten erlauben. Auch die Arbeitselemente der Deckelstäbe der Karden bestehen immer noch aus Kratzengarnituren, die in die Deckel eingesetzt werden. Kratzen können sehr vielseitig gestaltet sein, von sehr groben Drähten bis zu feinsten Drähten und großen Spitzenzahlen.

Kratzenband, Grundgewebestreifen gleichmäßiger Breite, der zur gezielten Aufwicklung der Kratzengarnitur auf die Metallwalzen der Krempel benötigt wird. Das Kratzenband wird zum Transport auf Trommeln aufgewickelt, von denen es beim Beziehen der Walzen abgespult wird.

Kratzenbeschläge, → Kratzen.

Kratzengarnituren, → Kratzen.

Kratzengarniturschliff, die Drahtspitzen werden bereits bei der Herstellung der Kratzenbänder gehärtet und abgeschliffen, um eine gleichmäßige Spitzenhöhe zu erzeugen, aber erst nach der Aufwicklung auf die Arbeitswalzen wird die Oberfläche an der rotierenden Walze gleichmäßig feingeschliffen und nachgebürstet, um einwandfreie Drahtspitzen für die Kardierwirkung zu bekommen.

Kräuselautomat, Gerät zur Entwicklung der Kräuselung texturierter Garne nach dem Texturierprozess mit Heißluft, Dampf oder Heißwasser und anschließender Prüfung von Einkräuselung und Kräuselbeständigkeit (z. B. Texturmat der Fa. Textechno, Mönchengladbach).

Kräuselbeständigkeit, Widerstandsfähigkeit der Kräuselung von Fasern gegen mechanische und/oder thermische Beanspruchungen, denen das Material bei der Verarbeitung oder im Gebrauch ausgesetzt wird. Man versucht, die in der Praxis auf das texturierte Garn oder die Spinnfaser einwirkenden Kräfte durch Zugbeanspruchungen im Labormaßstab, gegebenenfalls unter Hitzeeinwirkung, zu simulieren.
Messmethode: Zur Prüfung erfolgen die Belastung texturierter Garne im Strang mit einem definierten, kleinen Vorspanngewicht zur Messung des Ausgangszustands und dann die Belastung mit einem stärkeren Gewicht zum Herausziehen der Kräuselung. Danach Messung der Länge im belasteten Zustand, erneute Entlastung und Messung im entlasteten Zustand. Die nach der Prüfbehandlung noch vorhandene Kräuselung (Längenveränderung des Garnstrangs) wird als Prozentsatz der vor der Behandlung gemessenen Kräuselung (Länge des Garnstrangs vor Belastung) angegeben. Ähnliche Beurteilungsmethoden gibt es auch bei Spinnfasern, bei denen ebenfalls Einkräuselung, Bogenzahl, Kräuselkontraktion, Kräuseldehnung und Kräuselbeständigkeit an der Einzelfaser gemessen wird.

Kräuseldehnung, die Kräuseldehnung ist die Dehnung eines texturierten Garns bis zu einer vorgegebenen, niedrigen, feinheitsbezogenen Kraftbelastung (Spannung), z. B. 0,05 cN/dtex, die sich ergibt, wenn die gekräuselten Filamente ausgestreckt werden. Die Kräuseldehnung liegt bei üblichen texturierten Garnen zwischen 15 % und 300 %, wobei Polyester-Set-Garne den unteren Bereich, Polyamid-HE-Garne den oberen Bereich erreichen.

Kräuselfrequenz, Kräuselbogenzahl, bezogen auf die Längeneinheit.

Kräuselgarn (Kräuselzwirn),
1. Texturiertes Garn mit hohem Volumen und hoher Elastizität.
2. Effektzwirn, Schurwollkammgarne mit unterschiedlicher Drehung werden miteinander mit wenig Drehung verzwirnt. Das Garn, dessen Drehungsrichtung mit der späteren Zwirndrehung übereinstimmt, wird zugedreht, das andere Garn wird aufgedreht und wölbt sich wellenförmig (Corkscrew-Garn, Ondé, Crewel-Garn).

Kräuselkammer,
1. Stauchkammer, konisch zulaufende Kammer mit Kanalverjüngung und Heizelementen zum Erzeugen von Kräuselung in den Filamenten eines Spinnkabels, das anschließend gerissen oder geschnitten wird.
2. Stauchkammer nach dem Kämmvorgang von Wolle oder nach der Reißkonvertierung, die zu einem besseren Zusammenhalt der Fasern im Band für die Weiterverarbeitung führen soll.

Kräuselkennwerte, Messwerte zur Charakterisierung der Kräuselung:
- Bogenzahl pro Längeneinheit (pro 100 mm)
- Bogenhöhe
- Bogenform (flach, spitz, rund)
- Einkräuselung
- Kräuselkontraktion
- Kräuselbeständigkeit
- Kräuseldehnung
- Kräuselmodul

Kräuselkontraktion (Einkräuselung), Maß für die Intensität der Kräuselung.

Wenn man die Länge eines Garns unter hoher Belastung, also gestreckt und entkräuselt, sowie unter sehr geringer Belastung, also mit Kräuselung, misst, so ergibt die Differenz der Länge im Verhältnis zur gestreckten Länge multipliziert mit 100 % die Einkräuselung als Prozentsatz. Vor der Längenmessung muss allerdings zuerst die latente Kräuselung im Garn entwickelt werden. Die Ergebnisse liegen üblicherweise zwischen 15 und 70 %.

Kräuselkontraktionsprüfung, → Kräuselkontraktion.

Kräuselkraftprüfung, Messung der durch die Kräuselung bewirkten Rückstellkraft an texturierten Filamentgarnen.

Kräusellängung, → Kräuseldehnung.

Kräuselung, Bogenform textiler Fasern, in der Ebene oder räumlich, bei Wolle sehr stabil und bei feiner Wolle spitzbogig ausgeprägt, bei Chemiefasern künstlich durch Texturieren erzeugt. Die Geometrie (dreidimensional) und die Intensität (Bogenzahl, Bogenhöhe) der Kräuselung beeinflussen die Verspinnbarkeit erheblich. Gekräuselte Fasern sind grundsätzlich besser verspinnbar. Mit Hilfe von Simulationsprüfungen (z. B. ITV-Rotorring-Gerät, MDTA-Tester) kann die → Kräuselbeständigkeit beurteilt werden.
Die Kräuselung wird angegeben
a) als Anzahl der Spitzen (Bogenzahl), bezogen auf 100 mm Länge, mit der Bogenhöhe und der Bogenform (spitzbogig, flachbogig) oder
b) mit der Einkräuselung in Prozent, errechnet aus der Längendifferenz zwischen dem gestreckten Zustand und dem gekräuselten Zustand (unter jeweils definierter Vorlast).
Bei Chemiefasern bewegen sich die Bogenzahlen im Bereich von 40–200 pro 100 mm. Die Einkräuselung der Fasern liegt zwischen 5 und 30 %.

Kräuselverfahren, Methode zum Erzeugen der späteren Faserkräuselung im Kabel bereits in der Primärspinnerei. Eingesetzte Methoden sind
a) Stauchkräuselung (heute üblich)
b) Zahnradkräuselung (alte Methode)

Kräuselzwirn, → Kräuselgarn

Krempel, Maschine, die aus vorgelegten, voraufgelösten Faserflocken ein Faservlies (Flor) erzeugt, das zum Krempelband (Kammgarnkrempel oder Halbkammgarnkrempel) zusammengefasst und weiterverarbeitet wird oder direkt mit dem Florteiler zur Erzeugung von Nitschelvorgarnen (Streichgarnkrempel) verwendet wird. Eine weitere Variante dient der Vliesherstellung für Vliesstoffe (Vlieskrempel). Folgende grundsätzliche Einteilung ist üblich (→ Krempelkonstruktionen):
1. Streichgarnkrempel (alle Fasern, bevorzugt Wolle, auch Reißfasern)
2. Kammgarnkrempel (Wolle)
3. Halbkammgarnkrempel (Chemiefasern und Wolle)
4. Vlieskrempel (Chemiefasern, selten Naturfasern)
5. Langfaserkrempel (Flachswerg, Hanfwerg usw.)

Erklärung des Prinzips an einer einfachen Laborkrempel:
Die vorher in Mischkammern oder Mischanlagen gemischten und geschmälzten Faserflocken werden über einen Wiegekastenspeiser oder Füllschacht durch Speisewalzen langsam einem schnell drehenden Vorreißer (Vorreißerwalze) zugeführt. Die Vorreißerwalze lockert das Fasermaterial auf, und gröber garnierte Arbeiter- und Wenderwalzen verkleinern die Faserflocken weiter. Danach wird das Fasermaterial an den Tambour übergeben, der mit seinen feineren Arbeiter- und Wen-

derwalzen eine Auflösung der Flocken bis zur Einzelfaser bewirkt. Der Volant hilft, die Fasern von der Garnitur abzuheben und an den Abnehmer (Abnehmerwalze) zu übergeben. Dort wird der feine Faserflor zu einem dickeren Vlies verdichtet, das mit Hilfe des Hackers abgenommen und zu einem Band (oder Vlieswickel) zusammengefasst werden kann.

Krempelband, Faserband (Wolle, Wollmischungen, Chemiefasern, Flachswerg, Hanfwerg), das mit Hilfe der → Krempel hergestellt wird. An der Krempel wird das Vlies (Flor) zum Krempelband zusammengefasst, welches zur Vorlage für die Vorstrecken (Nadelstabstrecken) der Kammgarnspinnerei oder Flachswergverarbeitung dient.
Beim Krempeln wird zur schonenderen Verarbeitung längerer Fasern mit der Kardierlinie, d. h. mit einem linienförmigen Arbeitsbereich zwischen den rotierenden Walzen (zwischen dem Tambour und den Arbeiter- und Wenderwalzen), gearbeitet. Außerdem sind für längere Fasern größere Walzendurchmesser günstiger.

Krempelbezüge, Krempelwalzen wurden früher meist mit → Kratzengarnituren bezogen, heute werden oft → Ganzstahlgarnituren, vor allem bei Vlieskrempeln, verwendet.

Krempelei, Abteilung zur Vorbereitung der Fasern und zur Verarbeitung auf der Krempel bis zum Krempelband

Krempelgarnituren, Drahtgarnituren (Kratzengarnituren, → Kratzen) oder → Ganzstahlgarnituren

Krempelkonstruktionen,
1. Streichgarnkrempel: Zweikrempelsatz (früher Dreikrempelsatz) mit Wiegekastenspeisung, Materialregulierung, Vorauflösung auf dem Vorreißer und Auflösung auf dem ersten Krempelsatz, Querbandablage zwischen den Krempelsätzen zum seitlichen Masseausgleich und erneute Auflösung auf dem zweiten Krempelsatz mit Vliesbildung. Am Ende Florteiler mit Nitschelwerk und Vorgarnabgabe.
2. Kammgarnkrempel: Einkrempelsatz mit Vorreißer, großem Tambour und großen Arbeiter- und Wenderwalzen zur Aufbereitung der Vlieswolle. Klettenschläger zum Entfernen der Vegetabilien und Volant zum Abheben der Wolle aus dem Tambour. Abnehmer mit ein oder zwei Vliesabnahmevorrichtungen hintereinander, die jeweils zu einem Krempelband zusammengefasst werden. Schonende Garnituren für die Wollverarbeitung.
3. Halbkammgarnkrempel (Kompaktkrempel): Einkrempelsatz für die Chemiefaserverarbeitung, meist für Faserlängen ab 60 mm (auch 80–120 mm, gelegentlich länger) mit Ganzstahlgarnituren bezogen und auf hohe Durchsatzleistungen ausgelegt. Teilweise bereits Verwendung von Kardiersegmenten (wie bei der Karde).
4. Langfaserkrempel (Flachswerg usw.): traditionelle, langsamere Krempel mit großen Walzendurchmessern und speziell angepassten Garnituren.
5. Vlieskrempel: Moderne Hochleistungskrempel mit ein oder manchmal zwei Tambourwalzen, Ganzstahlgarnituren und Kombination verschiedenster Arbeitselemente, auch mit Kardiersegmenten und zwei bis drei Vliesabnahmepositionen. Große Arbeitsbreiten bis 5 m, höchste Produktion mit Chemiefasern und entsprechenden Garnituren. Bei neueren Konstruktionen Verzicht auf die große Tambourwalze, Verwendung mehrerer, gleich dicker Walzen hintereinander mit Übergabewalzen, nur für kürzere Fasern geeignet.

Krempelmischung, auf der Krempel wird das Fasermaterial in Längsrichtung durchmischt, da die Fasern den Tambour und die Arbeiter- und Wenderwalzen mehrmals durchlaufen und besonders von den Wenderwalzen Material entgegen der Durchlaufrichtung zurückgespeist wird. Seitliche Durchmischung oder Querdurchmischung gibt es kaum. Das im Einlaufbereich links und rechts beispielsweise unterschiedlich gefärbte Material ist auch am Auslauf des Vlieses noch unterschiedlich gefärbt. Durch die Garniturwickelsteigung gibt es allerdings eine leichte seitliche Driftneigung des Fasermaterials. Möchte man eine Quermischung erreichen, ist dies nur über Zweikrempelsätze (oder Dreikrempelsätze) mit dazwischen angeordneter Querbandablage des Vlieses möglich.

Krempelprinzip, Arbeitsweise der Krempel mit Tambour und Arbeiter- sowie Wenderwalzen. Die nur auf der Berührungslinie der Walzen erfolgende Beanspruchung der Fasern ist deutlich niedriger als die Flächenbeanspruchung beim Kardieren. Durch größere Walzendurchmesser können auch noch längere Fasern schonend verarbeitet werden. Damit ist die Krempel besonders geeignet für die Verarbeitung weniger fester Wolle oder feiner Tierhaare. Werden auch noch flexible Garnituren mit langsameren Walzendrehzahlen eingesetzt, ist sogar die Verarbeitung von Kaschmir und Mohair ohne größere Faserschädigung möglich.

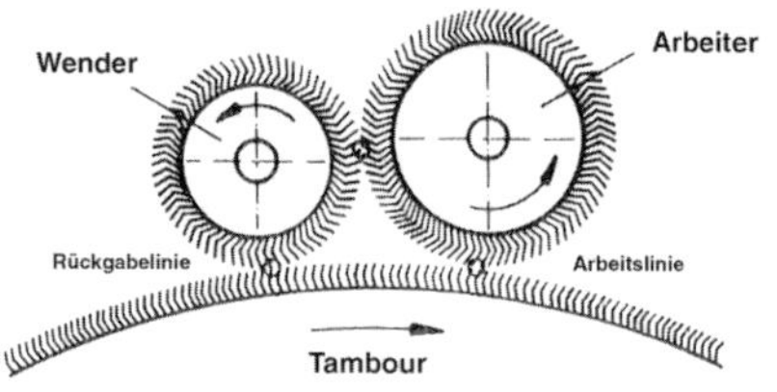

Abb. 1: Krempelprinzip mit Arbeiter- und Wenderwalzen

Krempelvlies, das von der Krempel mit Hilfe der Abnehmerwalze gebildete Faservlies, das entweder zum Band zusammengefasst wird (Kammgarnkrempel) oder als Vlies aufgeteilt und genitschelt wird, um Vorgarne zu erzeugen (Streichgarnspinnerei).

Abb. 2: Hochleistungskrempel (Vlieskrempel) der Fa. Spinnbau, Bremen / Dilo Eberbach
Quelle: Spinnbau Bremen und Dilo GmbH, Eberbach

Krempelvlieskontrolle, die Vliesgleichmäßigkeit kann mit Sensoren berührungslos gemessen werden. Meist erfolgt die Messung mit radioaktiver Strahlung (Isotope), die bei der Durchstrahlung durch das Vlies abgeschwächt und für deren Empfang ein Detektor verwendet wird. Das veränderte Messsignal gibt Informationen über die Masseschwankungen.

Krempelwolf, Maschine der Streichgarnspinnerei zum Durchmischen und Auflockern der durch den Waschprozess verklebten Fasern (Waschwolle) nach gründlichem Schmälzen der Fasern.

Krepongarn (Kreppzwirn), hochgedrehtes → Kreppgarn, das auf der Zwirnmaschine nochmals nachgedreht wird.

Kreppgarn (Crêpe-Garn), hochgedrehte Garne (früher aus Seide) mit Drehungen von 1.300–2.500 Drehungen pro Meter. Durch die hohe Drehung werden auch Naturfasergarne elastisch dehnbar (bis zu gewissen Grenzen). Seidengarne haben Drehungen von ca. 1.000–1.500 T/m, Rayon bis 2.500 T/m. Ohne entsprechende Ausrüstung neigen Kreppgarne (und die damit hergestellten Krepp-Gewebe) zum Einlaufen. Kreppgarne werden oft durch texturierte Garne ersetzt.

Kreppzwirn, gezwirnte Kreppgarne.

Kreuzspulautomat, automatische Spulmaschine, die Garn von Spinncopsen erfasst, Fehler erkennt und ausschneidet, eine neue Garnverbindung erstellt (Spleißen oder Knoten), die Spulgeschwindigkeit regelt und das Garn auf eine Kreuzspule aufwindet.

Kreuzspule (X-Spule), Garnspule, mit sich überkreuzenden Garnlagen unter einem bestimmten (veränderbaren) Stei-

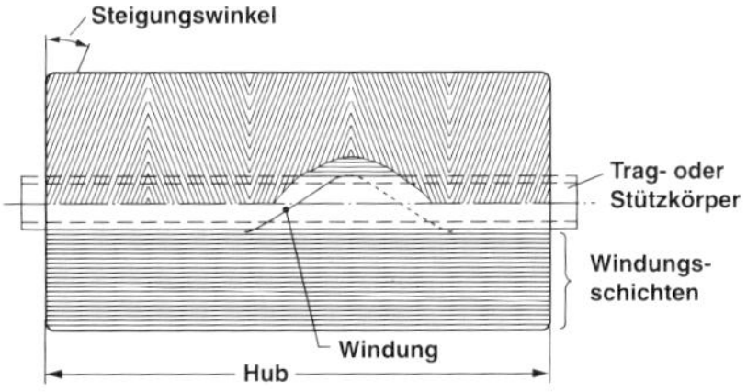

Abb. 1: Lagenaufbau einer zylindrischen Kreuzspule

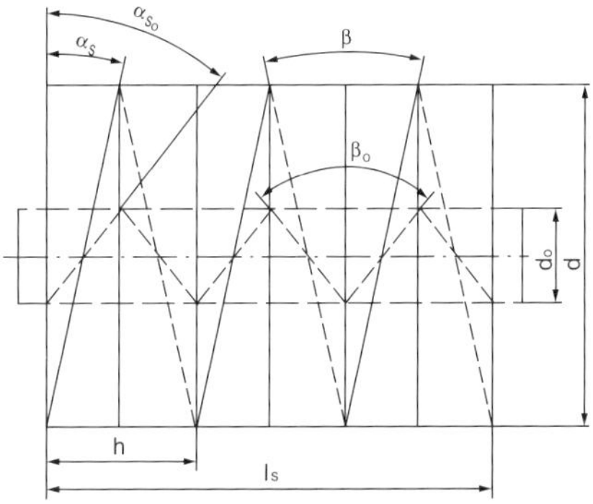

Abb. 2: Spulenaufbau, Kreuzungswinkel einer zylindrischen Präzisionswicklung

Abb. 3: Typische zylindrische Kreuzspule eines OE-Rotorgarns
Quelle: A. Schenek, Hochschule Reutlingen

gungswinkel, die durch tangentiales Aufwickeln mit Fadenführern oder Nutentrommeln, gesteuert oder ungesteuert, erzeugt wird. Es sind große Garnaufmachungen verschiedenster Form möglich:
1. → Zylindrische Kreuzspule
2. → Konische Kreuzspule
3. Bikonische Kreuzspule (→ Pineapple-Spule)
4. → Sonnenspule
5. Variokonusspule

Die zylindrische Kreuzspule ist die preiswerteste und am einfachsten herzustellende Kreuzspule mit großem Garnvolumen. Deshalb wird sie am häufigsten an Spinn- und Spulmaschinen verwendet. Für ein gutes Ablaufverhalten ist eine hohe Abzugsgeschwindigkeit mit Ballonbildung erforderlich.

Kreuzspulenformen, → Kreuzspule.

Kreuzspulerei, Spulmaschinenabteilung zur Herstellung von Kreuzspulen.

Kreuzspulfärbung, Färben von Garn, das auf eine besondere Färbespule (z. B. Metallspule mit Löchern) in Kreuzspulenform aufgewickelt wurde, in speziellen Hochtemperatur-Färbeanlagen.

Kreuzungswinkel, doppelter Steigungswinkel der Kreuzspule.

Kreuzwicklung, die Windungen aufeinander liegender Garnschichten kreuzen sich vom kleinsten bis zum größten Spulendurchmesser mit demselben Kreuzungswinkel. Der konstante (ideale) Kreuzungswinkel entsteht durch einen konstanten Fadenführerdoppelhub und konstante Umfangsgeschwindigkeit der Garnspule, die durch Reibwalzenantrieb (z. B. durch die Nutentrommel der Spulmaschine) ermöglicht wird. Gegensatz: → Präzisionswicklung.

Kreuzwindungen, → Kreuzwicklung.

Kringel, durch zu hohe Drehung (Torsion) des Garns entstehende Schlingenbildung, die durch das Rückdrehmoment (Gegenkräfte) entsteht. Kringel führen beim Umspulen und Verarbeiten zu Fadenbrüchen oder zu Fehlern im Flächengebilde. Die Kringelneigung wird durch Dämpfen des Garns in Sattdampf (Dämpfkammer) erheblich reduziert.

Kringelbremse, Fadenbremse, die durch Erhöhung der Fadenspannung die Kringelneigung während des Spulvorgangs verhindert.

Kringeleffekt, → Kringelneigung.

Kringelneigung, zur Beurteilung der Kringelneigung eines Garns wird dieses waagrecht eingespannt und in der Mitte mit einem kleinen Gewicht versehen. Dann werden beide Klemmen horizontal aufeinander zubewegt, wodurch sich eine senkrechte Schleife bildet, an deren tiefstem Punkt das Gewicht hängt. Je nach Kringelneigung des Garns verdreht sich die Schleife mehr oder weniger stark. Mit Hilfe eines Drehungszählers wird die Anzahl der Drehungen der Schleife gezählt. Die Anzahl der Drehungen pro Meter der Schleife wird zur Beurteilung der Kringelneigung benutzt.
Die Größe der Kringelneigung wird außer von der Garndrehung auch von der Garnfeinheit und vom Material beeinflusst. Bei mittelfeinen Garnen (ca. 15–300 tex bzw. Nm 34–70) sind es etwa 60–150 Drehungen pro Meter, wobei es unter 80 Drehungen bei der Weiterverarbeitung der Garne kaum Probleme gibt, während bei Zahlen über 120 Störungen der Verarbeitbarkeit zu erwarten sind.

Kringelzwirn, werden sehr hoch gedrehte Garne gezwirnt, entsteht ein Zwirn mit abstehenden, zusammengedrehten Garnenden, ähnlich dem Fransenzwirn.

Kritische Drehung, wird die Drehung eines Spinnfasergarns zu hoch, überschreitet sie das optimale Steigungsverhältnis der Fasern im Garn. Das Garn wird überdreht, wird schwächer und reißt letztlich ab. Die kritische Drehung hängt von der Garnfeinheit, vom Fasermaterial und der Faser/Faser-Reibung ab.

Krumpf, → Krumpfen, → Schrumpf.

Krumpfbeständigkeit, → Dimensionsstabilität.

Krumpfecht-Ausrüstung, thermische oder chemische Vorbehandlungsmethode für Garn, Filamente (Monofilament) und Gewebe, um die vorhandenen Spannungen zu reduzieren, das Quellvermögen oder die Filzneigung (bei Wolle) oder den Kochschrumpf von synthetischen Chemiefasern (Thermoplaste) zu beeinflussen.

Krumpfen, Verkürzung der Garnlänge (oder Verkleinerung der textilen Dimensionen) durch Rückstellkräfte im Garn, thermischen Schrumpf, Quellung, Filzen oder durch andere Einflussfaktoren. Krumpfen bedeutet in der textilen Verarbeitung die gezielte Vorwegnahme des späteren Einlaufens durch Lösung der im Garn oder Gewebe vorhandenen Spannungen mit Hilfe verschiedener Veredlungsmethoden (z. B. Sanforisieren). Beim Krumpfen von Wollgeweben wird Dampf zugeführt und die Temperatur und Menge des Dampfes so dosiert, dass der Ausrüstungscharakter der Ware möglichst erhalten bleibt. Der Krumpfvorgang verläuft wie folgt:

a) Ware durch Dampfkondensation an der kalten Ware befeuchten
b) Erhitzen
c) Entfeuchten
d) Abkühlen

Kuchen (Färbekuchen), Ablageform für Garne oder Bänder zum Färben, wobei die Garne oder Bänder in Zykloidenform in oben offene Behälter gelegt werden (ähnlich der Bandablage in der Spinnkanne). In der Frühphase der Chemiefaserherstellung auch für die Filamentablage bzw. Kabelablage benutzt.

Kühlplatte, Metallplatte, teilweise gekühlt, zur Abkühlung des Garns bei der Texturierung. Die Wärmeabgabe erfolgt durch Kontakt zwischen Garn und Metallplatte.

Kühlung (Texturierung), bei der Falschdralltexturierung mit hoher Geschwindigkeit benötigt man zur Fixierung der Kräuselung eine Abkühlzone für das Filamentgarn direkt hinter dem Heizer. Bei hohen Geschwindigkeiten werden lange Kühlplatten (150–200 cm) verwendet, durch die das Garn über Berührung abgekühlt wird. Als Alternative wurde von der Fa. Temco (Hammelburg) eine aktive Kühlzone entwickelt, die durch direkten Kontakt mit einem Kühlfluid wirkt. Auf einer Länge von ca. 40 cm wird das Garn abgekühlt und verlässt trocken den Kühler.

Kühlzone, Abkühlzone (Luftstrecke oder Kühlplatte) der Falschdralltexturierung nach dem Heizkörper.

Kunstseide, alte Bezeichnung für Viskosefilamentgarne (Reyon).

Kunststoffhülsen, → Hülsen für Spulenkörper, hergestellt aus thermoplastischen Kunststoffen.

Kunststoffläufer, Ringläufer aus Kunststoff, teilweise mit eingelegten Metallteilen für die Halbkammgarn-, Kammgarn- und Streichgarnspinnerei.

Kunststoff-Schrumpfhülse, Hülse für die Kreuzspulenherstellung, die bei Färbebehandlung schrumpft und damit eine Überlastung der Garne durch deren Wärmeschrumpf verhindert.

Kupferseide, frühere Bezeichnung für Cupro-Filamentgarne.

Kurzfehler, Fehler im Garn, die auf kurze Längen (z. B. ca. 0,8 cm beim Uster-Gerät) auftreten.

Kurzspinnverfahren,
1. In der Fasergarnspinnerei (Dreizylinderspinnerei) der Versuch, direkt das Band nach der Karde zu verspinnen.
2. Bei der Chemiefaserherstellung (Primärspinnen) das Schnellspinnen mit direkter Verstreckung an der Spinnstelle.

Kurzstapelspinnerei (klassische Baumwollspinnerei, Dreizylinderspinnerei), ältere Bezeichnung für die Spinnereiabteilung der Dreizylinderspinnerei (Sekundärspinnerei, Stapelfaserspinnerei), in der feine Kurzstapelfasern (bis ca. 40 mm Länge, gelegentlich bis 50 mm Länge, Feinheit 1,7–1,1 dtex, neu auch 0,9 dtex, Baumwolltypen bezüglich Festigkeit und Dehnung) zum Herstellen kardierter oder gekämmter Garne, Baumwollgarne oder Chemiefasergarne, rein oder in Mischung mit Baumwolle, verwendet werden. Auch die Zumischung anderer Kurzstapelfasern (z. B. cottonisierter Flachs) ist möglich. Es werden Garne mit dem größtmöglichen Feinheitsbereich, der in der Fasergarnspinnerei möglich ist, hergestellt: von ca. Nm 1 bis Nm 350 (bis Nm 500 möglich).
Neben Ringspinnmaschinen werden heute OE-Rotorspinnmaschinen und Luftspinnmaschinen eingesetzt. Die Rohstoffvorlage erfolgt im Ballen, als Ballenmischung. Bei Baumwolle (Ringspinngarne) kommen danach Öffnung und Reinigung, Kardierung, Dublierung und Verstreckung, das Kämmen, die Vorgarnherstellung mit dem Flyer und das Feinspinnen. Verkettungen mit der Spulmaschine sind üblich.

1. Übliches Ablaufschema der Kardierspinnerei:
   a) Ballenmischungsvorlage
   b) Automatische Ballenöffnung
   c) Öffnung und Reinigung Horizontalöffner
   d) Mischkammer
   e) Feinreiniger
   f) Karde (mit Regulierung)
   g) Mischstrecke (oder Karden-Streckenkombination)
   h) Flyer
   i) Ringspinnmaschine
   j) Kreuzspulautomat

(oder nach der Strecke die OE-Rotorspinnmaschine).

2. Kämmspinnerei (Ringspinnen):
   a) Ballenmischungsvorlage
   b) automatische Ballenöffnung
   c) Horizontalöffner
   d) Fremdkörpererkennung und Ausscheidung
   e) Mischkammer/zweifach hintereinander
   f) Feinöffner
   g) Karde mit Regulierung
   h) 1. Streckpassage
   i) Bandwickelmaschine
   j) Kämmmaschine
   k) 2. Streckpassage mit Regulierung
   l) Flyer
   m) Ringspinnmaschine
   n) Kreuzspulautomat

(oder nach der 2. Streckpassage eine 3. Streckpassage und anschließend die Luftspinnmaschine).

3. Mischungen mit Chemiefasern (z. B. Polyester/Baumwolle 65/35):
   a) Getrennte Verarbeitung der Polyesterfasern und der Baumwolle
   b) Ballenmischung für Baumwolle, Mischlinien für Chemiefasern
   c) Öffnung
   d) Karde

e) Mischung an der ersten Strecke
f) 2. Streckpassage
g) 3. Streckpassage
h) Flyer
i) Ringspinnmaschine
j) Kreuzspulautomat

L

Lagenbildung, → Copsaufbau.

Lahn, Metallfaden, flacher, bändchenförmiger → leonischer Faden, der durch Ziehen und Walzen (mit geriffelten oder polierten Walzen) aus Metalllegierungen hergestellt wird. Er wird als glitzerndes Brillantgarn um eine Seele aus Garnen oder Zwirnen herumgewunden, wodurch eine gleichmäßige Metalloberfläche entsteht. Wegen der Korrosion der Metalloberfläche werden zunehmend metallisierte Folienbändchen aus Kunststoff anstelle der Lahndrähte verwendet. Gold- und Silberlahn findet hauptsächlich Verwendung für die Verzierung von Priestergewändern in der katholischen (und orthodoxen sowie anglikanischen) Kirche. Auch Königsgewänder (arabische Scheichgewänder) werden noch heute ähnlich verziert. Im Gegensatz zu den flachen Lahndrähten werden Rund- und Schraubendrähte aus Metall als Kantille bezeichnet.

Lahnband, Seidenband, mit Lahngarnen (Metallfäden) durchzogen.

Lambswool, Lammwolle, feine, weiche und kurze (30–50 mm) Wolle aus der ersten Schur des Lamms.

Lambswool-Garn, feines, weiches Garn mit niedriger Drehung, das für die Herstellung von Strickzwirnen verwendet wird. Die Herstellung erfolgt meist im Streichgarnverfahren, ähnlich wie bei der Shetland-Wolle. Leichtes Walken und Rauen der Gestrickoberfläche liefert einen weichen, flauschigen, angenehmen Griff.

Lambswool-Strickgarn, Streichgarn mit der maximalen Feinheit von Nm 24, hohes Volumen durch niedrige Drehung und hohe Haarigkeit, weicher Griff.

Lamé-Garne, Metalleffektgarn, Imitation von → Lahn, für die Verzierung von Seiden- und Brokatgewebe verwendet.

Längennummerierung, → Garnfeinheit, bei der die Längenwerte bezogen auf das Garngewicht angeben werden. Hierzu gehören die alten Einheiten wie Nummer metrisch, Nummer englisch, Nummer schottisch usw.

Längenvariation, die Ungleichmäßigkeiten eines Garns beziehen sich nicht nur auf kurze Garnabschnitte, wie sie mit dem Uster-Wert, bezogen auf ca. 0,8 cm Garn, ermittelt werden, sondern auch auf längere Garnabschnitte, bis hin zu großen Garnlängen von mehreren Kilometern oder bis zum Vergleich verschiedener Copse oder Spulen. Üblicherweise wird der Variationskoeffizient der Masseabweichungen (CV m) ermittelt, indem man die Standardabweichung s der ermittelten Dickenschwankungen des Garns auf die mittlere Garnmasse des betrachteten Längenabschnitts bezieht und mit 100 % multipliziert. Dies ergibt den CV m-Wert der Garnmasse, bezogen auf ca. 0,8 cm, den üblichen Uster-Wert. Betrachtet man längere Abschnitte des Garns (z. B. 1 m, 10 m, 100 m, 1.000 m, 10.000 m oder 100.000 m) und vergleicht deren Masseabweichung untereinander in jeder Gruppe, ergeben sich neue CV-Werte, die mit zunehmender Bezugslänge (oder Schnittlänge) geringer werden. Damit lässt sich eine CV-Kurve in Abhängigkeit von der Bezugslänge (Schnittlänge) ermitteln, die als → Längenvariationskurve eines Garns bezeichnet wird und für jede Garntype unterschiedlich sein kann. Ein Garn kann im Vergleich mit einem zweiten Garn im kürzeren Schnittlängenbereich gleichmäßiger, im längeren Schnittlängenbereich ungleichmäßiger sein. Da Ungleichmäßigkeiten auf größeren Längen im Gestrick oder Gewebe zu Streifenfehlern führen können, entscheidet die Qualität des Endprodukts darüber, welcher Schwankungswert (auch Nummernschwankungen von Cops zu Cops) wichtig ist und ermittelt werden sollte.

Längenvariationskurve eines Garns, Darstellung der Masseungleichmäßigkeit eines Garns in Abhängigkeit von der Bezugslänge (Schnittlänge) des Garns (→ Längenvariation).

Längenveränderung (Garne), Garne werden durch die Drehung und Feuchtigkeitseinflüsse sowie Wärme (Schrumpf) während der Verarbeitung kürzer oder länger. Besonders hohe Drehungen im Garn ergeben deutliche Einkürzungen, teilweise bis über 5 %.

Längenveränderung (Zwirne), Zwirne werden durch die Drehung verkürzt oder verlängert, je nach Drehungsrichtung des Zwirns und der Drehungshöhe.

a) Zwirndrehung in gleicher Richtung wie die Garndrehung: Zwirn wird kürzer.
b) Zwirndrehung entgegengesetzt der Garndrehung: Zwirn wird zunächst länger, bei höherer Drehung wieder kürzer.

Deshalb werden genaue Zwirnfeinheiten erst nach dem Zwirnen gemessen. Die Zwirnangabe erfolgt zunächst unter Angabe der eingesetzten Garnfeinheiten, der Fachung, der Drehungsrichtung und der Angabe der Drehungszahl pro Meter.

Langfasergarn, Garn, das aus den Langfasern der Stängelfasern wie Flachs, Hanf, Ramie, Jute usw. oder aus Hartfasern, meist im Nassspinnverfahren oder Halbnassverfahren hergestellt wird.

Langfaserspinnerei, Verspinnen langer Stängelfasern, wie Flachs, Hanf, Ramie, Jute usw., mit Faserlängen von ca. 150 mm bis über 700 mm. Meist werden die langen Fasern nach dem Nassspinnverfahren zu Leinengarnen verarbeitet. Oft müssen zahlreiche Kämmpassagen mit Nadelstabstreckwerken durchlaufen werden, um qualitativ gute Garne zu bekommen. Teilweise werden veraltete Maschinen mit niedriger Produktivität eingesetzt, in manchen Spinnereien werden auch eigene neue Maschinenentwicklungen eingesetzt (z. B. Linificio Canapificio in Italien). Die Abgangsfasern (Werg, Schwungwerg, Hechelwerg) werden meist mit dem Halbnassverfahren (feinere Garne) oder trocken (gröbere Garne) nach Verfahren der Halbkammgarn- oder seltener als Zumischung in der Streichgarnspinnerei verar-

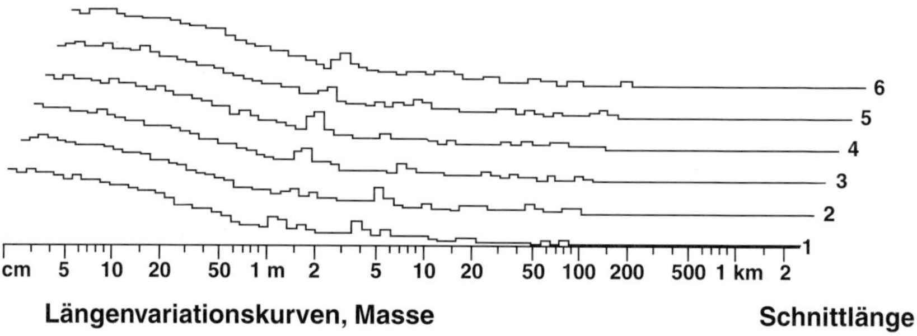

Abb.: Uster-Längenvariationskurve eines Baumwollgarns (CV L)
Quelle: G. Stechenfinger, Materialprüflabor, Hochschule Reutlingen

beitet (Krempeln, Strecken mit Nadelstabstrecken, Vorspinnen, Trockenspinnen). Auch beim Werg liegen die Faserlängen noch teilweise über 150 mm.

Langfaserspinnverfahren, Verarbeitungsverfahren zur Verspinnung von Langstapelfasern (mittlere Faserlänge 80 mm und darüber)
1. Kammgarnspinnerei (Wolle und Chemiefasern)
2. Teilweise Halbkammgarnspinnerei (über 80 mm, 60 mm gilt als Mittelstapel)
3. Flachs- und Hanf-Langfaserspinnerei (Nassspinnerei)
4. Wergspinnerei
5. Jute- und Hartfaserspinnerei
6. Streichgarnspinnerei

Langfehler, Garnfehler, der besonders lang ist (z. B. über 8 cm Länge).

Langknäuel, besondere Knäuelform für Handstrick- oder Maschinenstrickgarne. Knäuel werden auf Knäuelspulmaschinen ohne Hülse auf einem Kern hergestellt, abgezogen und verpackt.

Längsdublierung, Zusammenführen mehrerer Bänder an der Strecke, um Fehler wie Dünn- und Dickstellen in den Bändern in Längsrichtung auszugleichen. Für eine Längsdublierung werden Bänderabschnitte (Kannenfüllungen) derselben Vormaschine (Karde, Strecke) in Folge dubliert (gemischt) und der nächsten Strecke vorgelegt (Gegensatz: → Querdublierung).

Längsstreifen, Streifen in Produktionsrichtung, meist in Kettrichtung.

Langstapelgarn, Garn, das in der Langstapelspinnerei hergestellt wurde:
1. Kammgarn (Wolle und Chemiefasern)
2. Halbkammgarn (Chemiefasern und Wolle)
3. Leinengarn (Flachs, Hanf, Ramie u. a.)
4. Werggarn (Flachswerg usw.)
5. Schappeseidengarn (Seide, gekämmt)
6. Streichgarn

Langstapelspinnerei, Spinnerei zur Verarbeitung langer Wollfasern (mittlere Faserlängen 80–350 mm) oder heute meist ähnlicher Chemiefasern und Mischungen. Die Langstapelspinnerei wird unterteilt in:
1. Kammgarnspinnerei: glatte, feinere Garne bis Nm 100 (häufiger bis Nm 80), Auskämmung der Kurzfasern, Vegetabilien und Noppen. Mit Kompaktspinnmaschinen bis Nm 150 möglich.
2. Streichgarnspinnerei: voluminöse, haarige, unregelmäßige und gröbere Garne, Verarbeitung aller Fasern von kurz bis lang, viele Mischungen unterschiedlichster Fasern, auch spezieller feiner Tierhaare und Seide (Schappe, Bourrette).
3. Halbkammgarnspinnerei: Garne mittlerer Feinheit, kein Auskämmen kurzer Fasern, aber Verwendung einheitlicher Faserlängen (z. B. 60 mm), heute oft Chemiefasern und Einsatz von Rotorspinnmaschinen, DREF-Spinnverfahren oder Bandverspinnung (auch Umwindespinnen). Verarbeitungsweg ähnlich der Dreizylinderspinnerei.

Lassoeffekt, Einschnürung des Garnkörpers beim Spinnen durch mehrmaliges Umwinden der Kernfasern (auch durch Fasermigration) bei Zugbelastung. Bei höherem Drehungsbeiwert (höherer Drehung) wird der Lassoeffekt stärker.

Latente Kräuselung, Kräuselung im Filamentgarn nach dem Texturieren, die noch nicht entwickelt wurde und deshalb noch nicht sichtbar ist, da das Filamentgarn unter Spannung aufgewickelt wurde. Sie muss durch mechanische oder thermische Nachbehandlung ausgelöst werden.

Latexfaden, nicht vulkanisierter Rohgummifaden, nicht temperaturbeständig, wird bei Erwärmung klebrig.

Lattentuch (Steiglattentuch), Transportvorrichtung für Faserflocken in Maschinen der Spinnereivorbereitung, die aus Querlatten besteht, die mit Bändern in Längsrichtung flexibel verbunden sind. Meist sind die Querlatten mit Nadeln versehen, die Faserbüschel mitnehmen.

Läufer (Ringläufer), ist mit dem Ring das wichtigste Element beim → Ringspinnen. Der Ringläufer wird durch geringe reversible Aufweitung auf den Ring so aufgesetzt, dass er vom Ringflansch bei Beschleunigung bis zu bestimmten Grenzfliehkräften auf der Läuferbahn des Rings gehalten wird. Er kreist, mitgeschleppt durch das sich im Fadenballon drehende Garn, auf der Ringlaufbahn mit Grenzgeschwindigkeiten bis zu 45 m/s und Flächenpressungen bis 35 N/mm^2 und erfüllt zwei wichtige Aufgaben:

1. Er gibt dem vom Lieferzylinderpaar des Streckwerks gelieferten Faserbändchen mit der Feinheit des späteren Garns die für die Festigkeit des Garns erforderliche Drehung.
2. Er führt das fertige Garn auf die gewünschte Wickelstelle der Hülse, die fest auf der Spindel sitzt (Federelemente zur Fixierung oder Presspassung), und bewirkt, gesteuert durch die Ringbankbewegung (Herzexzenter oder Elektronik), die Form der Copsbewicklung. Der Ring gibt dem Läufer dabei die Führung, die für eine einwandfreie Fadenverlegung erforderlich ist.
3. Der Läufer wird durch die auf ihn einwirkende Fliehkraft (Zentrifugalkraft) gegen die innere Ringlaufbahn gepresst. Die Reibungskräfte zwischen Ring und Läufer bremsen den Läufer ab und ermöglichen damit die Aufwindung des Garns. Die Reibungskräfte zwischen Garn und Läufer bewirken die Drehung des Garns um die Spindelachse und sorgen für die zum Spinnen erforderliche Fadenspannung, ohne die die Garndrehung (Torsionskräfte) nicht bis hin zum Spinndreieck gelangen würde, um die aus dem Streckwerk kommenden Fasern einzubinden. Das Verhältnis von Spindeldrehzahl zu Liefergeschwindigkeit des Garns bestimmt die Anzahl der Drehungen im Garn. Der Läufer passt sich jedem Wechsel der Spannung oder Drehzahl der Spindel (in Grenzen) an, ohne seine Funktion der Drehungserteilung und Aufwindung zu verlieren. Erst wenn die Fadenspannung zu hoch wird, bricht der Spinnvorgang am Spinndreieck, dem schwächsten Punkt des Spinnvorgangs, zusammen.

Der Ringläufer aus Stahl wird gehärtet, um eine ausreichende Oberflächenstabilität zu erhalten. Er wird in Form, Gewicht, Material- und Oberflächenausführung dem Ring, dem Fasermaterial, der Garnfeinheit, der Garntype und der Spindeldrehzahl angepasst.

Die Lebensdauer eines Läufers (Standzeit) beträgt etwa 200–300 Laufstunden, bei Spezialtypen noch mehr. Kunststoffläufer werden meist aus verschleißfestem Polyamid hergestellt, Spezialtypen aus glasfaserverstärktem Nylon, teilweise mit Metallkernen.

Literatur: W. Helli, Moderne Ring-Läufersysteme, Reiners und Fürst GmbH, Vortrag Hochschule Reutlingen, März 2005.

Läuferabnutzung, → Läuferverschleiß.

Läufereinsetzgerät, spezielles Handgerät mit Läufermagazin zum einfachen Einsetzen der Läufer, die über den Ring etwas aufgebogen und unter Spannung aufgesetzt werden müssen. Das Einsatzgerät erleichtert das Wechseln der Läufer erheblich.

Läuferfeinheit, → Läufernummer.

Läuferformen, → Läufertypen.

Läufergeschwindigkeit, die maximale Läufergeschwindigkeit kann bei Flanschringen 40 m/s (144 km/h), bei Hochleistungsläufern bis 45 m/s (162 km/h) betragen. Bei 40 m/s ergibt sich nach zehn Tagen eine Laufstrecke von 35.000 km. Bei ölgeschmierten, konischen J-Ringen sind 35 m/s (126 km/h) erreichbar. Die Flächenbelastungen liegen bei diesen hohen Geschwindigkeiten bei 35 N/mm^2.
Literatur: Taschenbuch Reiners und Fürst, Rings and Travellers, Reiners und Fürst GmbH u. Co. KG, Mönchengladbach.

Läufergleichgewicht, der Läufer wird beim Ringspinnen durch die auf ihn wirkende Fliehkraft (Zentrifugalkraft) gegen die Ringlaufbahn gepresst. Die dabei wirksamen Reibungskräfte bremsen den vom durchlaufenden Faden nachgeschleppten Ringläufer ab und geben dem Faden sowohl die zum Einbinden der Fasern in das Garn als auch die zur Begrenzung der Ballonausweitung erforderlichen Zugkräfte. Die Garnabzugskräfte wirken der Zentrifugalkraft des Läufers und des Fadenballons entgegen, ergänzt durch die Reibkräfte und Luftwiderstandkraft. Dadurch bildet sich ein Gleichgewichtszustand der Kräfte, bei dem der Läufer während des Spinnvorgangs „das Zünglein an der Waage“ ist. In gewissen Grenzen werden Spannungsunterschiede im Garn durch Läuferlageveränderungen während des Rundlaufs ausgeglichen.
Literatur: Taschenbuch Reiners und Fürst, Rings and Travellers, Reiners und Fürst GmbH u. Co. KG, Mönchengladbach

Läuferkräfte, auf den Läufer wirken hauptsächlich folgende Kräfte:
- Zentrifugalkraft des Läufers
- Zentrifugalkraft des Fadenballons
- Garnabzugskraft
- Reibung Garn/Läufer
- Reibung Läufer/Ring
- Luftwiderstandskraft

Läufernummer (Läuferfeinheit, Läufergewicht), die Läufernummer wird nach ISO als Läufergewicht in mg angegeben. Jeder Hersteller hat zusätzlich seine eigene Läufernummerierung.
Beispiele für Läufernummern in der Baumwollspinnerei (grobe Auswahl):

Läufernummer nach ISO	Hersteller-nummer	Garnfeinheit (ca.)
20	10/0	Nm 100
35,5	4/0	Nm 50
50	1/0	Nm 30
71	2	Nm 27
106	6	Nm 17

Läuferprofile (Läuferquerschnitte), folgende Läuferprofile (Querschnittsformen) sind bei Metallläufern üblich:
- flach
- halbrund
- halbrund und flach
- halbrund und breit
- rund/flach
- rund/halbrund
- rund

Bei J-Läufern sind halbrund und rund üblich, bei HZ-Läufern halbrund, flach und rund.

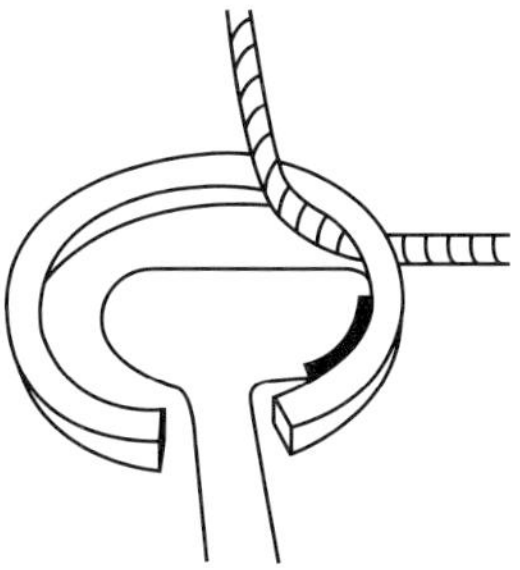

Abb.: Läufer mit elliptischem Profil und Garndurchgang beim Ringspinnen
Quelle: Reiners und Fürst GmbH, Mönchengladbach

Läuferreibung, am Läufer werden hauptsächlich folgende Reibungsarten wirksam:

1. Läufer/Ring-Reibung: Ist zunächst eine Metall/Metall-Reibung, sie wird aber entweder durch einen Faserfilm, der beim Spinnen durch Faserfragmente entsteht, herabgesetzt oder durch einen Ölschmierfilm (Docht- oder Sinterschmierung) reduziert. Trotzdem findet auch Metall/Metall-Reibung statt (Verschleiß).
2. Läufer/Garn-Reibung: Wird durch das Fasermaterial und seine Begleitstoffe bestimmt (Baumwolle: Baumwollwachs; Chemiefasern: Avivagen). Die Reibung kann so hoch werden, dass Chemiefasern Schmelzstellen bekommen oder sogar zerstört werden.
3. Luftreibung: Kann bei üblichen Drehzahlen vernachlässigt werden.

Läuferreiniger, Vorrichtung am Spinnring, die vom vorbeieilenden Läufer Faserreste abstreift und damit den Läufer reinigt.

Läuferschmierung, die Läuferschmierung erfolgt beim Flanschring (Dreizylinderspinnerei) über abgeriebene Faserreste, Baumwollwachs oder Avivage von der Oberfläche der Chemiefasern. Es bildet sich ein Schmierfilm, der die Reibung zwischen Ring und Läufer herabsetzt. Bei J- und HZ-Ringen erfolgt eine Ölschmierung, die entweder über Dochte und Schlitze im Ringsystem erzeugt wird oder über die Ölabgabe von ölgetränkten Sintermetallringen, die das Öl in ihren Hohlräumen festhalten.

Läuferstandzeit, Lebensdauer eines Läufers. Die Läuferstandzeiten betragen, abhängig von Spinnbedingungen, Maschinenparametern und Faserrohstoff, zwischen Stunden, Tagen und Wochen.

Läufertemperaturen, die Temperatur des Läufers kann unter extremen Bedingungen bis zu 300 °C erreichen. Dies führt bei Chemiefaserverarbeitung zu Schmelzstellen und Garnschädigungen. Dementsprechend setzt das jeweilige Fasermaterial die Grenze für die Läufergeschwindigkeit und damit die Produktionsleistung des Ringspinnsystems.

Läufertypen (Läuferformen), die Grundform des Läufers ist die C-Form, und die elliptische Form (EL) ist die für Flanschringe. Daraus wurden Läufertypen entwickelt, die in Drahtweite und Drahtprofil erheblich abweichen:

Typen:

T	tiefe Form
MT	mitteltiefe Form
H	hohe Form
W	weite Form
HW	hohe und weite Form
EMT	enge und mitteltiefe Form usw.

Läuferüberwachung, moderne Ringspinnmaschinen verfügen als Sonderausstattung über ein Läuferüberwachungssystem mit Sensoren an den Spinnstellen oder mit Wandersensoren, die Fadenbrüche oder größere Drehzahlschwankungen erfassen und bewerten können. Damit ist eine automatische Fadenbruchkontrolle möglich. Dies ermöglicht, zusammen mit der Maschinenkontrolle, die Erfassung der Nutzeffekte und der Produktionsleistungen.

Läuferverschleiß (Läuferabnutzung), durch die enorme Belastung des Läufers beim Spinnen nutzen sich die Läufer (und der Ring) ab. Da der Ring möglichst lange halten soll (schwierigerer Wechsel, höhere Kosten), wird die Abnutzung auf den Läufer verlagert. Dementsprechend müssen Läufer nach Stunden oder Tagen, manchmal nach Wochen gewechselt werden. Der Verschleiß wird visuell unter dem Mikroskop (Makroskop) beurteilt und verglichen. Er hängt von der Läuferqualität (Material, Härtung, Oberflächenbehandlung) und von der Ringqualität, aber besonders vom Fasermaterial, ab. Feiner Sand auf Baumwolle führt zu starkem Verschleiß.

Lauflänge, das metrische Garnnummerierungssystem eignet sich gut zur Angabe der Lauflänge, da die mittlere Feinheit in Nm (Längenfeinheit) die Anzahl der Garnmeter pro Gramm Gewicht ergibt (Nm 50 bedeutet, dass pro Gramm Garn durchschnittlich 50 Meter Garn vorhanden sind, 100 g Garn der Feinheit Nm 50 ergeben 5.000 m Garn). Aufgrund von natürlichen Feinheitsschwankungen reicht diese Methode jedoch nicht aus, um die exakte Lauflänge bestimmen zu können. Hierfür kann z. B. über Messrollen beim Garnabzug gemessen werden, was allerdings eine spannungsabhängige Messung ist. Indirekte, berührungslose Messsysteme wurden erprobt, haben sich aber noch nicht durchgesetzt (z. B. Dissertation M. Braun, ITR).

Lauflänge (Garn), die aufgespulte Garnlänge auf einer Spule in Meter oder Yards. Im metrischen Garnnummerierungssystem ist die Lauflänge des Garns direkt auf das Gewicht in Gramm bezogen ablesbar (ebenso im englischen System indirekt die Lauflänge in Yards, wenn die Länge pro Strang (Hank) bekannt ist, abhängig vom Nummerierungssystem). Die Nm-Bezeichnung der Garnfeinheit wird deshalb immer noch in den Spinnereien, aber auch bei Nähgarnen, verwendet.

Lauflänge (Zwirn), Endlänge des Zwirns, abhängig von der Garndrehung, der Zwirndrehung und den jeweiligen Drehungsrichtungen. → Einkürzung und Verlängerung sind möglich, weshalb die Bestimmung der Lauflänge nur über die Feinheitsbestimmung am fertigen Zwirn (und über Längenmessungen) möglich ist.

Lauflängenzählwerk, Vorrichtung zur Messung der Garnlauflänge, besonders im Nähgarnbereich erforderlich.

Laufspule, ausgetauschte Spule, die gerade weiterbefördert wird.

Lea, Einheit der alten englischen Leinengarnfeinheitsbestimmung (Leinennummerierung Ne L), die heute noch teilweise in englischsprachigen Ländern des Commonwealth verwendet wird.

Leergewicht, Gewicht von Verpackung oder Träger (z. B. Spule, Kanne, Behälter) ohne Material (z. B. Garn, Lunte, Fasern).

Legaltiter (Turiner Titer), alte internationale Seidenfeinheit in → Denier.

Leichtes Gespinst, feines Garn.

Leichte Zwirnung, niedrige Zwirndrehung pro Meter, wie sie für Strickgarne erforderlich ist (niedriger Drehungsbeiwert, alpha metrisch unter 90).

Leinen (Linnen), Gewebe, die aus nass gesponnenen → Flachsgarnen (Leinengarnen) in Leinwandbindung hergestellt werden (Reinleinen).

1. Reinleinen: Typisches nass gesponnenes, gebleichtes (weißes), glattes, aber sehr unregelmäßiges und sehr festes Garn mit wenig Dehnung (3–5 %), rein ausspinnbar bis etwa Nm 70 (Italien), ergibt im Gewebe den typischen Leinencharakter. Typische Einsatzgebiete sind Leinenzwirne, Leinendamaste, Möbelbezugsstoffe, Dekostoffe sowie Haushaltswäsche, zunehmend modische Bekleidungsstoffe. Reine Leinengarne in Kette und Schuss eines Gewebes ergeben Reinleinenstoffe.
2. Halbleinen: Besteht die Kette des Gewebes aus Baumwolle und der Schuss aus Leinengarnen, mit mindestens

40 % Gewichtsanteil der Leinengarne, ergibt dies Halbleinengewebe. Allerdings hat die Bedeutung dieser Gütesiegel erheblich abgenommen, da Leinen von Baumwolle und Chemiefasern vom Textilmarkt Europas verdrängt wurde und heute nur noch einen Marktanteil von 0,5–1 % in Westeuropa hat. Auch intensive Forschungs- und Marketingmaßnahmen (z. B. in Deutschland) haben daran nichts geändert.

Leinencharakter, typisches Aussehen von Leinengeweben, das durch Unregelmäßigkeiten der Garne geprägt wird, die durch die im Vergleich zum Baumwollgarn größeren Masseungleichmäßigkeiten der Leinengarne (CV-Werte 20–30 %) hervorgerufen werden (unregelmäßige Garnstruktur, Glanz und Farbe). Eine Zumischung von Flachsfasern (oder ähnlichen Stängelfasern) in der Größenordnung von 25–35 % zu anderen Fasern ergibt bereits ein leinenähnliches Aussehen der Garne und Gewebe (z. B. Gminder Halbleinen u. a. Produkte). Leinencharakter kann heute auch mit reiner Baumwolle oder Chemiefasern künstlich hergestellt werden (z. B. OE-Rotor-Effektgarne).

Leinengarn, im engeren Sinne versteht man hierunter nass gesponnenes → Flachsgarn. In Asien (z. B. China) können Leinengarne auch aus Hanf, Ramie o. ä. Stängelfasern bestehen.

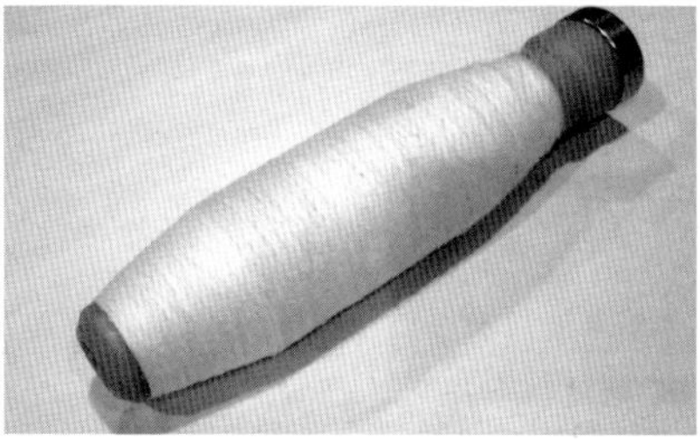

Abb.: Leinengarn-Nassspinncops
Quelle: A. Schenek, Hochschule Reutlingen

Leinensiegel (Internationales Leinenzeichen), Marketingmaßnahme zur Verbesserung des Leinenabsatzes, konnte allerdings den Rückgang der Leinenverwendung nicht verhindern.

1. Reinleinen, Verwendung von 100 % reinem Leinen im Gewebe.
2. Halbleinen, Gewebekette aus reiner Baumwolle, Schuss aus Leinengarnen, mindestens 40 % Gewichtsprozente Leinengarne im Gewebe.

Leinentype, Filamentgarn mit künstlich erzeugten Verdickungen (Verzugsunterschiede z. B.), die den Leinencharakter imitieren sollen.

Leinenzwirn, Zweifach- oder Mehrfachzwirne aus Leinengarnen, sehr fest, früher für technische Zwecke verwendet (z. B. Schuhindustrie).

Leinwandbindung, einfachste Grundbindung der Weberei (1/1), bei der der Schussfaden immer abwechselnd über oder unter einen Kettfaden geführt wird. Das Gewebe erhält ein gleichmäßiges, glattes Aussehen. In der Baumwollweberei wurde dieser Begriff früher auch als Kattunbindung bezeichnet. Die Wollweberei bezeichnet sie als Tuchbindung und die Seidenweberei als Taftbindung (früher Taffetbindung). Sie wird auch für die Grundlegung der Kettwirkerei verwendet. Ableitungen der Leinwandbindung sind Panama, Popeline, Rips, Gerstenkorn und Scheindreherbindung.

Leitfähige Garne, Filamentgarne, die mit leitfähigen Metall- oder Carbonfasern kombiniert werden oder bereits durch Faseroberflächen oder Kerne mit leitfähigen Verbindungen aufgebaut werden. Inzwischen sind leitfähige, flexible Chemiefasern, Stapelfasern und Filamente von verschiedenen Herstellern lieferbar (E-Stat-Fasern, Nylstar u. a.)

Leitfähige Polymere, polymere Kunststoffe sind prinzipiell schlechte Stromleiter. Durch Zugabe von Metallfasern oder leitfähigen Überzügen (auch chemisch feste Schichten an der Faseroberfläche) können Chemiefasern teilweise leitfähig gemacht werden. So sind leitfähige Fasern in Reinraumkleidungen zur Ableitung der elektrostatischen Aufladung erforderlich. Neueste Entwicklungen mit dem Einbau von Nano-Längs-Carbonpartikeln (Nanotubes) in Polymeren ergeben Leitfähigkeiten, die besser als die des Kupfers sind. Damit ergeben sich völlig neue Einsatzmöglichkeiten von Chemiefasern.
Literatur: Institut für Chemiefasern der DITV Denkendorf-Stuttgart, Prof. Dr. Effenberger.

Leithäkchen, Fasern, die in Transportrichtung des Bandes oder Vorgarns an der Vorderseite umgebogen sind, also nicht völlig ausgestreckt sind. Leithäkchen werden von den Walzenpaaren erfasst und im Streckwerk weitertransportiert. Sie können erst durch Bandlaufrichtungsumkehr in den Streckwerken ausgestreckt werden. → Häkchentheorie.

Leonischer Faden (Leonischer Draht), Gold- und Silberfäden für textile Zwecke, benannt nach der spanischen Stadt Leon, deren Herstellung in Deutschland, besonders in Nürnberg, im Mittelalter zu hoher Kunst entwickelt wurde. Die Fäden enthielten ursprünglich eine Seele aus weniger wertvollem Material, das mit leonischen Drähten umsponnen wurde. Die Fäden werden rein (ohne Seele aus textilem Material) in einer Feinheit von 0,04–0,15 mm als Rundraht, Flachdraht (Lahn) oder Schraubendraht (Kantille) eingesetzt. Man unterscheidet:
a) echte leonische Fäden aus reinem Edelmetall (Silber mit Goldplattierung, selten reines Gold)
b) halbechte leonische Fäden aus Kupfer mit Edelmetallüberzug
c) unechte leonische Fäden aus verzinktem Kupfer- oder Messingdraht

Lessona-Vefahren, in den USA entwickeltes Texturierverfahren für merzerisierte Baumwollgarne; Texturierung durch Hochdrehen des Garns im Zwirn, Fixieren und Aufdrehen (Zwirn-Texturierverfahren). Bis 30 % Dehnung erreichbar (oder hohes Volumen). Praktische Bedeutung bei der Herstellung elastischer, medizinischer Binden aus Baumwolle.

Leuchtgarne, durch Zugabe von leicht fluoreszierenden (geringste Radioaktivität) Fasern können leuchtende Garne hergestellt werden. Inzwischen gehen die Entwicklungen hin zu Fasern, die durch Anlegen geringer elektrischer Spannung oder durch chemische Reaktionen zum Leuchten gebracht werden können.

Lichtleitende Garne, Filamentgarne, die aus → Lichtleitfasern bestehen.

Lichtleitfaser, Faser aus Glas oder speziellen Polymeren (PMMA oder Polycarbonat), die das Licht besonders gut leiten. Dies wird erreicht durch Kern-Mantel-Bikomponentenfasern und durch innere Reflexion des Lichts an der Mantelfaserwand. Der Kern weist einen anderen Brechungsindex auf als der Mantel.

Lieferbedingungen, Teil der Handelsbedingungen des Rohstoffhandels (z. B. Bedingungen der Bremer Baumwollbörse oder Blaues Buch der IWTO für Wolle) oder des Garnhandels (→ Deutscher Garnkontrakt).

Liefergalette (Galette), Metallwalze mit Direktantrieb und teilweiser Oberflächenerwärmung zum Abzug von Filamentgarnen, deren Verstreckung und thermische Stabilisierung unter Spannung erfolgen muss. Die Mitnahme des Garns wird durch die Seilreibung bei mehreren Umwindungen erreicht.

Liefergeschwindigkeit, Garn- oder Bandablieferungsgeschwindigkeit einer Produktionsmaschine, üblicherweise in Meter pro Minute angegeben.

Lieferspule, Garnspule, von der das Garn in der Weiterverarbeitung abgezogen wird.

Lieferwalzen, Walzenpaare (Klemmwalzen) oder Walzen mit Seilreibungstransport (→ Liefergaletten) zur gezielten Zuführung von Garnen, Vorgarnen und Bändern.

Lieferwerk, Transportvorrichtung zum Zuführen von Garnen, Zwirnen und Bändchen oder Vorgarnen, Bändern, Kabeln usw. an einen Weiterverarbeitungsprozess (z.B. Schussgarnzuführung an der Webmaschine). Man unterscheidet:

1. Positive Lieferwerke (Schlupflieferwerk): Die Umfangsgeschwindigkeit der Lieferwalzen ist größer als die Wickelgeschwindigkeit der Spulmaschine bzw. der Weiterverarbeitungsmaschine. Dadurch können Fadenspannungsschwankungen der Vorlage ausgeglichen werden. Eine Fadenbremse oder ein Fadenspanner nach dem Lieferwerk ermöglicht eine gleichmäßige Fadenspannung in der Spule und einen guten Spulenaufbau.
2. Kraftschlüssige Lieferwerke (Galette, Galetten-Duo, Galetten-Mehrfachkombination): Durch mehrfache Umschlingung des Garns wird durch die wirksame Seilreibung eine kraftschlüssige Mitnahme ermöglicht, vor allem wichtig bei glatten und texturierten Filamentgarnen und bei technischen Garnen. Mit Hilfe von Galetten-Mehrfachkombinationen ist die Garnverstreckung am laufenden Faden auch bei höchsten Geschwindigkeiten (bis 8.000 m/min) möglich. Die Verstreckung wird durch die Geschwindigkeitsdifferenzen der Galetten ermöglicht, die mit Direktantrieben genau geregelt werden können (z. B. für Streckspulmaschinen). In der Produktion sorgen Galettenwalzen für konstante Liefergeschwindigkeiten, auch bei Kabeln.
3. Lieferwerke mit regelbarer Zugkraft (Pull-Roll): Das Lieferwerk ermöglicht eine konstante Abzugskraft zwischen Produktionsprozess (Primärspinnen, Folienextrudierung von PP, PE u.a.) und Spule bei hohen Geschwindigkeiten.
4. Fournisseure (Speicherlieferwerke): Lieferwerke, bei denen der Faden auf steuerbaren, drehbaren Speicherwerken in einer einstellbaren Länge vorgespeichert werden kann, um kurzzeitig hohe Garntransportgeschwindigkeiten, ausgehend von niedriger Fadenspannung, erreichen zu können (z.B. beim Schusseintrag der Luftdüsenwebmaschine).

Line, → Linegarn.

Lineare Dichte, längenbezogene → Garnfeinheit.

Linegarn, reines Flachsgarn, das aus Langflachs (Hechelflachs) nach dem Nassspinnverfahren hergestellt wurde (engl.: line = Leinen).

Linksdrall, Z-Drehung.

Linksgedrehter Zwirn, Zwirn mit Z-Drehung.

Linnen, alte deutsche Bezeichnung des (Rein-)Leinenstoffs.

Linofil (Linofilgarn), grobes Garn aus Flachswerg, auch teilweise aus Baumwolle.

Linon, aus dem Französischen stammende Bezeichnung für glatte, gebleichte oder gefärbte leinwandbindige Baumwollgewebe (Cretonne, Renforcé), appretiert und mit Kalandern glänzend ausgerüstet (auch Glanztuch genannt), z. B. für Bettwäsche.

Lisseuse, → Kammzugwaschmaschine (und Trockner), die in der Kammgarnspinnerei nach dem Kammzugfärben benötigt wird.

Lissieren, Nachwaschen und Trocknen des Wollkammzugs nach dem Färben.

Litze,
1. Metallplättchen an der Webmaschine mit schlitzförmigem Öhr zur Führung des Kettfadens.
2. Schmales Flachgeflecht (Tresse) aus Zwirnen zum Einfassen von Kanten oder als Schnürsenkel für Schuhe.
3. Schnurelement der Seilerei, durch Zusammendrehen mehrerer Einzelfäden. Besteht aus je nach ihrer radialen Lage zur Litzenachse verschieden langen Vorzwirnen (Seilzwirnen) oder Seilgarnen, die sich die Litzenmaschine in der erforderlichen Länge von den Lieferspulen abzieht. Die radiale Position der Seile oder Zwirne in der Litze ändert sich nicht; es findet keine Migration statt. Für die Seilherstellung und die Seileigenschaften ist diese feste Positionierung wichtig.
Literatur: W. Paul, Untersuchung über das Kraft-Dehnungsverhalten dreilitziger Seile aus synthetischen Fasern, Dissertation, TH Hannover 1967.

Litzengarn (Cordonetgarn), mehrfädiger, fest gedrehter Baumwollzwirn, meist gasiert und merzerisiert, für Nähgarne und Litzen verwendet.

Litzenzwirn, → Litzengarn.

Lockere Noppe, leicht verschiebbare, größere Fasernoppe auf dem Garn.

Locker Zwirnen, mit niedriger Drehung zwirnen.

Loop dyeing, Strangfärbung oder Strangdruck von Garnen.

Loopgarn, → Loopzwirn.

Loopzwirn, Schlingenzwirn mit besonders regelmäßigen, einwandfreien Schlingen, nahezu rund (Loop = Schlinge). Zur Herstellung der Schlingen benötigt man Garne mit hoher Biegesteifigkeit und hohem Rücksprungvermögen, wie z. B. Mohairgarne, mit denen man die besten Loopzwirne erhält. Es handelt sich um einen gesteuerten Zwirn, bei dem der Faden, der die Schlinge bilden soll, kurzzeitig gesteuert schneller zugeführt wird, wobei die Geschwindigkeitszu- und -abnahme gleichmäßig erfolgen muss.
Gerissener Loop: Nach der Verarbeitung der Loopgarne werden die Schlingen teilweise oder ganz aufgerissen (Langhaarcharakter).

Los, Partiegröße, bestimmte Produktionseinheit von Garnspulen (Losgröße) in der Spinnerei.

Losgröße, → Los.

Lösungsspinnverfahren (Trockenspinnen), Rohstoffe für die Chemiefaserherstellung, die nicht thermoplastisch verformbar sind und nicht in Wasser gelöst werden können, müssen mit Hilfe von Lösungsmitteln in eine spinnfähige Spinnmasse umgeformt werden. Beim Verspinnen erfolgt die Fadenbildung durch Entfernen des Lösungsmittels in einem Warmluftstrom.

Löten (Lötung), dachziegelartiges, versetztes Übereinanderlegen der beim Kämmen in den Kämmzyklen ausgekämmten Faserbärte. Durch Dublieren der Bänder und Verzug werden die Masseunterschiede im Band wieder ausgeglichen.

Louisianagarn, frühere Bezeichnung für besonders gutes Baumwollgarn mit höherer Dehnung als üblich, das aus qualitativ guter Louisiana-Mittelstapelbaumwolle hergestellt wurde.

Low-Bulk-Garn, Garn mit niedrigem Bauscheffekt, durch unterschiedlich schrumpfende Faserstoffe (Chemiefasern) in demselben Spinnfasergarn (z. B. Acryl) erzeugt.

LOY (Low Oriented Yarn), Filamentgarn, das auf älteren Spinnanlagen mit niedriger Geschwindigkeit, teilweise unter 1.000 m/min ausgesponnen wird. Die damit erzeugten LOY-Garne sind noch sehr dehnbar und müssen erheblich verstreckt werden (4:1 und mehr), um ihre Endfestigkeit zu erreichen. Im nicht verstreckten Zustand sind LOY-Garne nicht sehr stabil.

Luftbefeuchtung, die richtige Klimatisierung durch Angleichung von Lufttemperatur und Feuchtigkeit ist für die Spinnerei oft zu teuer, deshalb wird durch Luftwäscher der Klimaanlage die Luft mit Feuchtigkeit angereichert, wodurch gleichzeitig eine Abkühlung der Luft erfolgt, da das Wasser üblicherweise mit niedriger Temperatur geliefert wird. Gelegentlich wird die Luft direkt mit Luftbefeuchtern (Sprühanlagen, Verdampfungsanlagen) befeuchtet. Allerdings treten dabei Probleme mit Ablagerungen (Kalk usw.) im Betrieb auf, wenn nicht entkalkt wird.

Luftblastexturierung, → Lufttexturierung.

Luftdüsengarn, → Air-Jet-Garn.

Luftfilter, spezielle Maschinenbaufirmen (LTG Stuttgart, Luwa) fertigen Transportanlagen für Abluft und Abgänge der Spinnerei sowie Filteranlagen (z. B. Trommelfilter), welche die gesamte Luftreinigung und Klimatisierung übernehmen. Dafür werden spezielle großflächige Trockenluftfilter mit hoher Luftdurchgangsleistung und leichter Abreinigungsmöglichkeit benötigt.

Luftförderanlagen, die Automatisierung der Spinnereivorbereitung vom Ballen zur Karde wurde durch Transportleitungen (Röhren) erreicht, durch die das Fasermaterial mit Hilfe von Luftströmungen transportiert wird. Die Luftbewegung wird entweder durch Druckluft oder oft durch Saugluftströmungen bewirkt.

1. Saugluftströmungen: Ventilatoren erzeugen den Saugluftstrom. Vor Erreichen des Ventilators werden die Fasern über Kondenser (Siebtrommeln mit innerer Absaugung) von der Transportluft getrennt. Durch Abdeckung an der inneren Unterseite des Kondensers wird dafür gesorgt, dass das Fasermaterial, der Schwerkraft folgend, in einen Füllschacht fällt, in dem es mechanisch weitertransportiert, aufgelockert und wieder abgesaugt werden kann. Die Trennung der Luft vom Fasermaterial ermöglicht die Reinigung der Luft durch Sammeln des Staubs in Filteranlagen.
2. Druckluftströmungen: Bei bestimmten Fasermaterialien (z. B. Wolle) ist der Transport durch spezielle Ventilatoren möglich, wodurch das Ansaugen der Faserflocken durch Weiterblasen mit Druckluft abgelöst wird. Auch bei der Speisung von Krempeln und Karden wird teilweise Druckluft verwendet.

Luftseele, Hohlraum im Rundgeflecht.

Luftspinnverfahren,
1. Anderer Begriff für → Air-Jet-Spinnverfahren.
2. Luftspinnverfahren (OE) stationär: → Luftwirbel-Spinnverfahren.

3. Luftspinnverfahren (Ummantelungs-Luftspinnverfahren): Am Institut für Textiltechnik in Reutlingen (ITR) unter der Leitung von Prof. Dr.-Ing. G. Egbers, später ITV-Denkendorf, wurde ein Luftspinnverfahren vor allem für den Langstapelbereich entwickelt (Dr.-Ing. Karl Heinz Lehmann), das darauf beruht, dass das Vorgarn für den Kern und das Vorgarn für die Mantelfasern dasselbe Streckwerk, aber parallel getrennt durchlaufen. Eine Luftdüse saugt aus einem Kanal die Fasern für den Kern und aus einem zweiten, zum ersten Kanal zuführenden die Fasern für den Mantel. Während der Kernfaserstrang durch die Luftdrehdüse direkt Falschdrall erhält, fliegen die Mantelfasern in der Falschdrallzone an den Kern, schlingen sich mit echter Drehung um diesen und fixieren weitgehend den Falschdrall des Kerns. Die Qualität des Garns, das in Spinnwebereien erprobt wurde, hängt weitgehend von der Qualität der Falschdrallgeber ab.

Lufttexturierung (Air-Jet-Texturierung, Luftblastexturierung, Taslan-Verfahren), glatte, verstreckte Filamentgarne werden unter Voreilung in das Zentrum einer Luftstrahldüse (Venturidüse) gebracht und in tangentialer Garnachsenrichtung mit hohem Druck (8–10 bar) und hoher Geschwindigkeit (teilweise Überschallgeschwindigkeit) aus der Düse geblasen, unter rechtem Winkel zur Blasrichtung abgezogen und bei dieser Gelegenheit in der entstehenden turbulenten Strömung miteinander verwirbelt. Dabei werden einzelne Filamente, je nachdem wo sie sich in der Strömung befinden, stärker verwirbelt, teilweise durch weitere Verstreckung, während andere Filamente, die später im Kern des Garns liegen, weniger oder gar nicht verwirbelt werden. Die Vereinzelung der Filamente wird durch Befeuchtung vor der Luftdüse verbessert. Die äußeren Filamente bilden Schlingen, deren Größe und Anteil von der Höhe des Blasluftdrucks bzw. der Strömungsgeschwindigkeit in der Texturierdüse abhängt. Der Kern des lufttexturierten Garns bleibt gestreckt und gibt dem Garn eine charakteristische Festigkeit, die höher ist als die der falschdralltexturierten Garne. Dafür ist die Dehnung niedriger (bei gleichem Material, gleicher Garnfeinheit usw.). Die Schlingen ergeben eine gewisse „Haarigkeit“ des Garns, womit eine größere Ähnlichkeit mit Stapelfasergarnen erreichbar wird. Dies kann verstärkt werden durch das Aufschneiden bzw. Aufreißen der Schlingen, wodurch eine echte Haarigkeit des lufttexturierten Filamentgarns entsteht.

Die erste Einführung erfolgte als Taslan-Verfahren in den USA, entsprechende Lufttexturierdüsen wurden von DuPont entwickelt. Mit den Düsen der Fa. Heberlein, Wattwil, Schweiz, wurde der Markt erweitert. Inzwischen ist das Lufttexturieren, auch wegen seiner Variationsmöglichkeiten und einfachen Anwendung, das drittwichtigste Texturierverfahren (nach Falschdralltexturierung und Stauchkräuseltexturierung für BCF-Garne). Große Vorteile der Lufttexturierung bestehen in der Möglichkeit, auch nicht-thermoplastische Filamentgarne, wie z. B. Glasfaserfilamente, zu texturieren sowie in der Einfachheit des Verfahrens (kleine Düseneinheiten, keine bewegten Teile). Nachteile ergeben sich durch hohen Luftverbrauch und Ungleichmäßigkeit der Garne.

Einsatzgebiete sind: Deko-Stoffe, Möbelbezugsstoffe, Automobilstoffe, Bekleidung, Strickerei, Handstrickgarne und technische Garne (z. B. für Beschichtung).

Ein großer, wirtschaftlicher Anwendungsbereich entstand durch die Möglichkeit, mehrere Garne vor oder nach der Düse zu kombinieren und mehrere Garne umeinander herumzuverwirbeln (Comingling), womit viele Möglichkeiten zur Effektgarnerzeugung geschaffen wurden, bis hin zur Kombination von Filamentgarnen mit Stapelfasergarnen. Hier ergeben sich auch nachträgliche Ergänzungsmöglichkeiten mit Luftverwirbelungsdüsen (Tanglingdüsen mit tangentialer Luftführung).

Auch klassische thermoplastische Garne können lufttexturiert werden, wofür dann noch die Möglichkeit der Nachschaltung einer Set-Heizerzone gegeben ist. Damit können die Schlingen reduziert und die Festigkeit des Garns erhöht werden. Auch eine Streckzone kann in die Lufttexturieranlage integriert werden. Neue Sattdampfheizer (Heberlein, CH) und neue Texturierdüsen mit rotierendem Kern ermöglichen Texturiergeschwindigkeiten bis 600 m/min. Mit neuen Effektsteuerungen (SSM-Eltex) können Flammengarne und andere gesteuerte Effekte in Garnen hergestellt werden. Zudem wird die Herstellung von elastischen Garnen in Verbindung mit Elastangarnen verbessert.

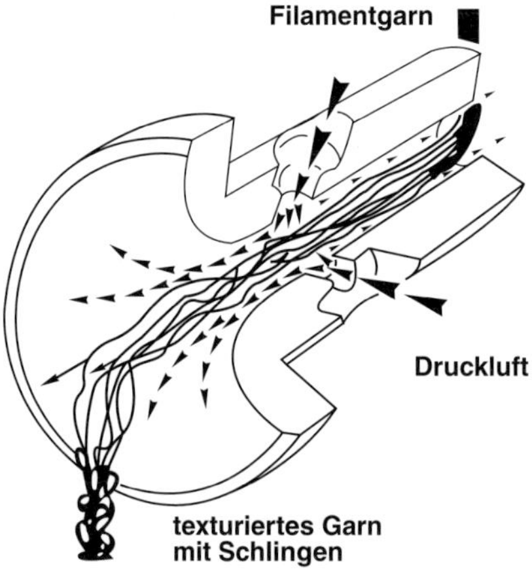

Abb. 1: Darstellung des Lufttexturierprinzips, Düse mit Garnbeschleunigung durch Druckluft
Quelle: Heberlein Fasertechnologie AG, Wattwil, Schweiz

Abb. 2: Beispiele für lufttexturierte Garne

Abb. 3: Garntafel mit lufttexturiertem Garn
Quelle: Hochschule Reutlingen und Heberlein Fasertechnologie AG, Wattwil, Schweiz

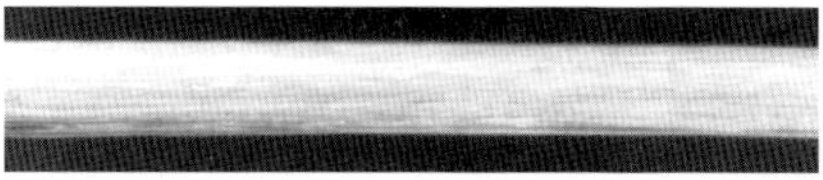

Abb. 4: Glattes Filamentgarn vor der Texturierung
Quelle: C. Iyer, Hochschule Reutlingen

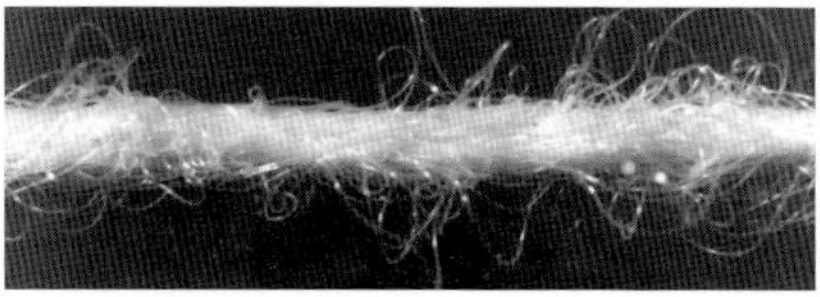

Abb. 5: Filamentgarn nach der Lufttexturierung (ohne Nachbehandlung)
Quelle: C. Iyer, Hochschule Reutlingen

Luftumwirbelverfahren, → Luftverwirbelung.

Luftverwirbelung (Tangling, Intermingling, Luftumwirbelverfahren), glatte, ungedrehte Filamentgarne werden mit Hilfe von Luftdüsen mit tangentialer Lufteinblasung (Tangling-Düse, Luftverwirbelungsdüse, im Gegensatz zur axialen Luftströmung bei der Lufttexturierung) kontinuierlich oder in regelmäßigen Abständen (Tangling) miteinander verwirbelt, womit ein gleichmäßiger Fadenschluss im Filamentgarn erzeugt wird. Der entstehende Faden ist weniger anfällig für elektrostatische Abspreizungen der Filamente und kann in einigen Bereichen ohne Verzwirnung oder Verdrehung kostengünstig weiterverarbeitet werden.

Luftverwirbelungsdüse (Tangle-Düse, Verwirbelungsdüse), runde Hohldüse zum Transport von Filamentgarnen mit tangentialen Bohrungen zum Einblasen der Luft mit hohem Druck zur Herstellung verwirbelter Garne.

Luftwirbel-Spinnverfahren (PF1), in Polen entwickeltes OE-Spinnverfahren, das ohne rotierende Spinnrotoren Garne in einem rotierenden Luftstrom erzeugen kann. Der Luftwirbel wird in einer röhrenartigen zylindrischen Spinnkammer durch Druckluftdüsen mit tangentialem Eintrag erzeugt. Die Zuführung des Bands und Faservereinzelung erfolgt über eine Auflösewalze. Der Garnabzug erfolgt aus der Mitte der Spinnröhre.

Lumineszenzgarn, in der Nacht nachleuchtendes Garn, z.B. für die Erkennbarkeit von Personen, Hinweisflächen, Notwegemarkierung in Flugzeugen usw. Die Lumineszenz ist erreichbar durch leichte Radioaktivität oder chemische Reaktionen.

Lünenschloß, Joachim, Prof. Dr.-Ing., langjähriger Institutsdirektor des Instituts für Textiltechnik der RWTH Aachen, Nachfolger von Prof. Wegener. Zahlreiche Doktoranden und Diplomanden wurden von ihm in Aachen betreut, in der Textilforschung war er eine weltweit anerkannte Persönlichkeit mit zahlreichen Veröffentlichungen. Vor seiner Tätigkeit in Aachen war er Leiter der Textilforschung am Institut für Textiltechnik in Reutlingen. Seine Promotion führte er in Aachen, seiner Heimatstadt, bei Prof. Wegener durch.

Lunte (Vorgarn), in der Ringspinnerei ist es für das Erspinnen feinerer Garne notwendig, ein Vorgarn herzustellen, damit das Streckwerk der Spinnmaschine bezüglich des Verzugs nicht überlastet wird. In der Dreizylinderspinnerei wird das Vorgarn mit Hilfe des Flyers hergestellt, in der Kammgarn- und Streichgarnspinnerei mit Nitschelstrecken, Nitschelwerken oder Langstapel-Flyern.

Luntenbruch, Bruch des Vorgarns.

Luntenführer, Kunststoffführungsorgan vor und zwischen den Streckwerkswalzen zur geordneten Zuführung und Weiterleitung des Vorgarns im Streckwerk.

Luntengarn, → Lunte.

Luntenstopp, Vorrichtung an der (Kammgarn-)Ringspinnmaschine zum Anhalten der Vorgarnzuführung beim Fadenbruch, um Faserverluste und Wickelprobleme zu vermeiden.

Lurexgarn, metallisch glänzendes oder farbloses Glanzgarn, bestehend aus Folienbändchen mit metallisiertem Kern (Polyesterfolie mit Aluminiumoxid verschiedener Farbe oder mit Farbpigmenten im Klebstoff zwischen den Schichten beschichtet).

Lüstergarn, stark glänzendes Kammgarn, das aus groben, wenig gekräuselten, schlichten Wollen hergestellt wird.

Lüstrieren, Polieren und Glätten von Baumwollgarnen und -zwirnen mit Wachs, Paraffin oder Stärkeprodukten unter Druck durch sich seitlich hin- und herbewegende Stahlwalzen. Auch die Festigkeit wird durch das Glätten (z. B. für Nähgarne) erhöht.

Lycra-Garn, hochelastisches Filamentgarn oder Monofilament aus Lycra©-Elastanfasermaterial (DuPont/Invista), zur Herstellung von körpernaher Bekleidung, Badebekleidung, Sport- und Fitnessbekleidung. Lycra-Garne bestehen aus Polyurethan-Kombinationsmaterialien mit extrem hoher Dehnfähigkeit und Elastizität. Als Ersatz für den Naturgummifaden entwickelt, wesentlich feiner und beständiger als Gummi. Wird oft als Kernfaden (Coregarn) mit Naturfasergarnen oder Filamentgarnen umwunden, entweder bei der Garnherstellung (Coregarn-Verspinnung) oder als Zwirn (Umwinden), auch mehrfach durch Verwirbelung (→ Intermingling) im Garn. Häufig wird das Elastangarn direkt dem Strickprozess (z. B. Rundstricken) zugeführt. Beim Zwirnen kann die gewünschte Enddehnbarkeit (Elastizität) des Fadens genau eingestellt werden, damit auch im Gewebe oder Gestrick die gewünschte Elastizität erreicht wird, ohne in der Fertigware zu hohe Dehnung (Überdehnung, Ausleiern) zu bekommen.

Lyocell,
1. Gattungsname der BISFA für Fasern, die aus reiner Zellulose mit einem umweltfreundlicheren Verfahren als bei der Viskoseherstellung hergestellt werden, mit teilweise besseren Fasereigenschaften, wie z. B. höhere Festigkeit, höhere Nassfestigkeit.
2. Faser-Markenname der Fa. Lenzing, Österreich (Lenzing-Lyocell).

Lyocell-Garn, Garne, die aus Lyocell hergestellt werden.

Lyster-Kämmmaschine, alte englische Woll-Rundkämmmaschine, die heute kaum mehr verwendet wird. Der Kämmling dieser Maschinen wurde ebenfalls mit diesem Namen bezeichnet (Lyster-Kämmling). Heute weitgehend ersetzt durch Flachkämmmaschinen nach dem Heilmann/Gegauff-Kämmprinzip (→ Kämmmaschine), wie z. B. NSC Schlumberger-Kämmmaschinen.

M

Magnetlager, Lager für Spindeln und andere rotierende Maschinenelemente, die sich mit hoher Drehzahl bei möglichst geringer Reibung (ohne Kugellager) drehen sollen. Dabei werden die Abstände der rotierenden Teile durch Magnetkräfte fixiert (abstoßende Kräfte gleichpoliger Magnete).

Magnetspindel (Diabolo), magnetisch gelagertes, rotierendes Spindelelement einer Texturiermaschine (Stegspindel), das vom Garn einmal umschlungen wird und mit höchsten Drehzahlen Drehung aufbringt, die nach der Fixierung zur Kräuselung des Garns führen (mechanische Falschdralltexturierung). Die Magnetspindel, die heute kaum mehr verwendet wird, konnte Drehzahlen bis 1.000.000 U/min erreichen. Die Maschinen wurden sehr laut (bis 115 dB), und die schnellen Spindeln wurden häufig aus der Magnetlagerung gerissen und in den Texturiersaal geschleudert. Hier drehten sie sich weiter und wurden deshalb als Diabolo (Teufelchen) bezeichnet.

Makogarn, besonders feines und festes, gekämmtes Baumwollgarn, das ursprünglich aus ägyptischer Langstapelbaumwolle (Mako) hergestellt wurde.

Makoimitation, Baumwollfeingarne, die nicht aus Langstapelbaumwollen hergestellt wurden.

Makramee-Garn, gleichmäßiger, fester Baumwollzwirn, der für afrikanische Makramee-Handarbeiten verwendet wird.

MAK-Werte, maximale Arbeitsplatzkonzentration, maximal zugelassene Anteile an schädlichen Stäuben und Partikeln oder Chemikalien in der Luft (z. B. Feinstaub in µg/m^3 Luft). Die MAK-Werte, die als technische Empfehlungswerte veröffentlicht werden, gelten als Basiswerte für Industriearbeitsplätze.

Malimo-Kunit, → Malivlies.

Malimo-Verfahren, (Nähwirkverfahren), in der DDR entwickeltes textiles Flächenherstellungsverfahren zur Produktion von vernähten Fadenlagen. Parallele Fäden (Kettfäden und darauf quergelegte Legefäden) werden auf einer Maschine mit vielen Nähnadeln mit Hilfe von Nähfäden miteinander verbunden. Hierbei kann auch empfindlicheres Garnmaterial mit hohen Geschwindigkeiten verarbeitet werden.

Malipol, Polfaden-Nähwirkverfahren, bei dem an Stelle der Fadenscharen (→ Malimo-Verfahren) Flächengebilde, wie Gewebe, Gestricke, Vliesstoffe oder nichttextile Trägermaterialien, vorgelegt werden. Darauf werden Polnoppen durch Vernähen gebildet.

Malivlies (Malimo-Kunit), Faservlies-Nähgewirk, bei dem eine Schlingenbildung ohne Garne nur mit den von den Nadeln erfassten Faserbüscheln aus dem vorgelegten Vlies erfolgt. Bei Wirrvliesvorlage ist die Vermaschungswirkung durch die Nadeln besonders hoch, der größte Teil der Fasern wird zu Maschen verformt. Einsatz für Beschichtungsträger, Isolationsstoffe, Füllstoffe und Wegwerftextilien.

Maliwatt, Faservlies-Nähgewirk, bei dem die Verfestigung des Vlieses zur Herstellung des Vliesstoffs mit durch Nadeln eingetragene Nähfäden erfolgt. Einsatz für Zwischenfutterstoffe, Dekostoffe, Isoliermaterialien und Haushaltstücher.

Manipulation, Mengenzusammenstellung, Kostenkalkulation und Mischung (Melangieren) der Faseranteile der Wollspinnerei, Streichgarn- und Halbkammgarnspinnerei.

Manteldrehung, Drehung im Garn, die außen im Fasermantel des Garns stärker ist als im Kern. Die Drehung erfolgt von außen nach innen durch Drehbewegung des Garns um seine eigene Achse mit Hilfe von Garnführungsorganen, wie dem Ring-Läufer-System beim Ringspinnen oder dem Spinnflügel beim Flyer. Die Drehungsrichtung des Garns ist an der Orientierungsrichtung der Mantelfasern erkennbar (z. B. Z-Drehung im Garn). Im Kern liegen die Fasern im Ringgarn nahezu ungedreht vor.

Mantelfaser, im Garn außen (im Garnmantel) liegende Faser. Mantelfasern können aus dem gleichen Rohstoff bestehen wie alle anderen Fasern des Garns; sie können aber auch als zweite Faserschicht um andere Fasern oder Garne (Filamentgarne) gewunden werden → Kern-Mantel-Garn.

Mantelgarn, äußerer Garnanteil eines Umwindezwirns, die äußeren um den Garnkern oder um die inneren Lagen gewundenen Garnlagen.

Marengogarn, Streichgarn, Effektgarn, das aus einer schwarz-weißen Fasermischung (95 % Schwarz, 5 % Weiß) ausgesponnen wurde.

Markierungsfarbe, auswaschbare Farbe für die Markierung unterschiedlicher Garnpartien.

Masche, kleinste, formstabile Einheit der Strickerei und Wirkerei in Form einer Garnschleife, die durch andere benachbarte Garnschleifen gehalten wird. Die Masche besteht aus dem Maschenkopf, zwei Maschenschenkeln und zwei Maschenfüßen. Die Berührungsstellen mit den vorhergehenden und nachfolgenden Maschen werden als Bindungsstellen bezeichnet.
Literatur: M. Milwich, Vorlesungsskript Verbundwerkstoffe, Hochschule Reutlingen 2004.

Maschenfehler, die häufigsten Fehler im Gestrick sind:
- Platzer oder Löcher
- Fallmaschen
- Absprenger
- Zieher
- Press- und Doppelmaschen
- Aufhocker
- Vertikale Streifen
- Horizontale Streifen (Ringel)
- Schmutzstreifen (auch Öl, Fett usw.)
- Buntanflüge
- verworfene Maschen
- umgefallene Maschen

Die Fehlerquellen sind sehr vielfältig, z. B.:
- Fehler im Garn
- Rohstofffehler
- Fehler im Spulenkörper
- Fehler an Fadenführung und Fournisseur
- fehlerhafte Maschineneinstellung, Musterfehler
- mangelhafte Maschinenwartung
- unzureichende Klimabedingungen im Garnlager und in der Strickerei

Literatur: Knecht, Otto-Johannsen-Technikum, Hochschule Reutlingen.

Maschenreihe, nebeneinander in einer Reihe liegende Maschen, die von einem Faden gebildet werden.

Maschinengarn, mit Maschinen hergestelltes, übliches Garn; Gegensatz zum handgesponnenen Garn (mit dem Spinnrad oder Spinnwirtel gesponnen).

Maschinenseide, alte Bezeichnung für Filamentgarne.

Maschinenstrickgarn, gleichmäßige Kammgarne (Wolle, Acryl) oder Kammgarnzwirne, die auf Flachstrickmaschinen zu Pullovern (gleichmäßiges Warenbild) verarbeitet werden.

Masseregulierung, Regelungsmöglichkeit an textilen Produktionsmaschinen (z. B. Strecke), bei der die gemessenen Masseschwankungen (des Bands) zur Steuerung der Zuführ- oder Abzugsgeschwindigkeit genutzt werden. Bei Bändern hat sich die mechanische Messung über Druckroller als die bisher zuverlässigste Methode erwiesen.

Masseungleichmäßigkeit, → Garnmasseschwankungen.

Masseverschiebung, durch Störungen (Reibungswiderstand, Verzugsfehler) an Maschinen erzeugte Verschiebungen der Garnmasse (Fasern, Kunststoffe) in Längs- bzw. Produktionsrichtung, die zu Fehlern wie Dünn- oder Dickstellen, Batzen, Noppen, Aufschiebern usw. im Garn führen.

Masterbatch, Polymer mit hochkonzentrierter Farbpigmentmenge, die dem Polymerstrom (Spinnmasse) beim Spinnen zugeführt und mit diesem in der Strömung der Spinnmasse vermischt wird. Damit erhält man eine Spinnfärbung (PES, PA, PP).

Materialfluss, durch die Maschinenelemente (z. B. der Krempel) oder die Maschinenfolge (z. B. von der Karde bis zur Spinnmaschine) in der Produktion festgelegte Transportfolge des textilen Materials.

Materialträger, Hülsen für Garne, Kannen für Bänder und andere Transport- und Lagerhilfsmittel der Spinnerei.

Matthäkelgarn, gröberer, weicher Zwirn (Mehrfachzwirn, bis Nm 50 im Einfachgarn), in Knäuelform zu kaufen.

Mattierung, die Verringerung des Glanzes von Chemiefasergarnen wird durch Zusatz von Mattierungsmitteln (z. B. Titandioxid) zur Spinnmasse erreicht. Der → Mattierungsgrad richtet sich nach der Menge des Zusatzes.

Mattierungsgrad, Maß der Mattierung, das sich aus der Menge des zugegebenen Mattierungsmittels ergibt. Wird prozentual durch Veraschung und Gewichtsbestimmung gemessen. Bei Synthesefasergarnen entspricht der Gesamtaschegehalt dem TiO_2-Gehalt, bei Zelluloseregeneratfasergarnen ist der Aschegehalt um 0,1–0,3 % höher.
Die Größenordnung liegt zwischen 0–2 %, nach folgender Skala:

Glänzend	(gl)	0–0,05 %
Halbmatt	(hm)	0,06–0,4 %
Matt	(mt)	0,41–1,0 %
Tiefmatt	(tm)	1,01–2,1 %
Supertiefmatt	(stm)	über 2,1 %

Mattstickgarn (Mattgarn), weicher, gröberer Baumwollzwirn, zur Herstellung von Zierstichen bei Handarbeitsstoffen.

Mattzwirn, → Mattstickgarn.

Mechanische Texturierverfahren (Kräuselverfahren), Verfahren, bei denen durch mechanische Verformung des Fasermaterials eine Kräuselung oder Texturierung erreicht wird. Hierzu gehören:
- Zahnradtexturierung (Kräuselung im Kabel)
- Kantenkräuseltexturierung (Filamenttexturierung)

Mechanisch-thermische Texturierverfahren, Texturierverfahren, bei denen eine

Kräuselung sowohl durch mechanische Verformung des Garns als auch durch zusätzliche Wärmeeinwirkung erzielt wird. Hierzu gehören:
- Falschdrall-Texturierverfahren (z. B. Scheibenfriktionstexturierung)
- Stauchkräusel-Texturierung (gasdynamisches Verfahren)
- Zwirn-Texturierung
- Strickfixier-Texturierung

Mediogarn, ältere Bezeichnung für Baumwollgarn mit mittlerer Drehung (für Kette und Schuss).

Medizinische Garne, Filamentgarne, aus körperverträglichen Materialien (z. B. Polylactate) hergestellt. Besondere Anforderungen an die Sterilität (Arzneimittelgesetz).

Medizinische Nähfäden, für die chirurgische Anwendung speziell hergestellte Nähfäden, gefertigt aus körperverträglichen und, falls gewünscht, resorbierbaren (im Körper abbaubaren) Materialien (Polylactate). Sie müssen eine bestimmte Festigkeit haben, gut verarbeitbar sein (Gleitfähigkeit in der OP-Nadel) und sterilisiert sein (Arzneimittelgesetz).

Mehrfachkomponentengarn, → Mehrkomponentengarn.

Mehrfachzwirn, Zwirn, der aus mehr als zwei Garnkomponenten besteht.

Mehrfarbengarn (Multicolor-Garn), Garn, das aus verschiedenfarbigen Fasern so hergestellt wurde, dass die einzelnen Farbkomponenten noch deutlich sichtbar sind. Große Farbunterschiede und Mengenunterschiede der einzelnen Mischungskomponenten (z. B. 95% Weiß, 5% Schwarz wie Marengogarn).

Mehrfarbenzwirn, verschiedenfarbige Garne so gezwirnt, dass die Farbkomponenten deutlich erkennbar bleiben. Der einfachste Mehrfarbenzwirn ist der → Mouliné-Zwirn, der aus zwei gleich dicken Garnen unterschiedlicher Färbung und gleichmäßiger Spannung besteht.

Mehrkomponentengarn, Garn, das aus unterschiedlichen Garntypen oder aus unterschiedlichen Faserstoffen besteht:
a) Kern-Mantel-Garne (Kern: Filamentgarn, Mantel: Stapelfasern), hergestellt z. B. mit dem DREF-Spinnverfahren
b) Mantel-Kern-Garne, Umwindegarne (Kern: Stapelfasern, Mantel: Filamentumwindegarn), Elastangarne mit Naturfasermantel
c) Fasermischungen (Naturfasern mit Chemiefasern gemischt)
d) Standardfasern mit Spezialfasern gemischt (Metallfasern, leitfähigen Fasern, Klebefasern)
e) verschiedene Chemiefasern mit unterschiedlichen Schmelzpunkten
f) Filamente mit unterschiedlicher Farbstoffaufnahme (Differential Dyeing)
g) Filamentgarne mit unterschiedlichen Filamentfeinheiten und Rohstoffen
h) Effektgarne

Mehrstufiger Zwirn (Stufenzwirn), Zwirn (Auszwirn), der aus bestehenden Zwirnen (Vorzwirnen) hergestellt wird.

Melange, Fasermischung und/oder Farbmischung (Mischung unterschiedlich gefärbter Fasern) für eine spezielle Spinnpartie in der Spinnerei (Streichgarnspinnerei). Gute Melangen erzielen eine optisch gleichmäßig erscheinende Mischfarbe, die besonders stabil ist, da die Fasern vorher gefärbt wurden (oder naturfarbig sind, z. B. bei Alpaka, Lama, Mohair).

Melangeeffekte, Farbeffekte in Garnen, die durch Mischung unterschiedlich gefärbter Faserflocken in der Spinnereivorbereitung in verschiedensten Variationen, bis hin zu Marengogarn-Effekten, herstellbar sind. Eine weitere Möglichkeit ist das Bedrucken der Kammzüge mit Streifenmustern (→ Vigoureuxdruck). Bei Filamentgarnen ist die Farbmischung durch unterschiedliches Anfärbeverhalten der Filamente erreichbar (differential dyeing) oder dem man unterschiedlich gefärbte Filamente verwirbelt (Intermingling). Unterschiedliche Farbstoffaufnahme kann auch durch unterschiedliche Verstreckung der Filamente erzielt werden. Künftig sollen auch unterschiedliche Lichtreflexionen durch Schichtgestaltung (Bikomponentenfasern) und neue Oberflächenstrukturen (Nanotechnologie, Plasmabehandlung) eingesetzt werden (z. B. japanische Chemiefaserentwicklungen).

Melangegarn (Melange), Farbmischgarn, das aus in der Flocke gemischten Fasern unterschiedlicher Farbe hergestellt wird.

Melangeimitatgarn, Filamentgarn, das durch unterschiedliche Farbstoffaufnahme der Einzelfilamente Melangeeffekte erhält.

Melangenmanipulation, Vorbereitung der Mischung durch Mengeneinteilung der verschiedenen Farbpartien. Zur Erstellung der Melange werden Mischversuche mit einfachen Handkratzen oder mit Laborkrempeln erstellt. Die Handmuster werden abgewogen und über die Krempel gemischt, das Vlies dient als Farbmuster. Eine moderne Musterungsmöglichkeit bietet das Rotorring-Gerät (MDTA-Variante). Dem Gerät werden unterschiedliche Farbmuster vorgelegt, mit Hilfe der Auflösewalze aufgelöst und durch den Rotor im Rotorring (Faserring, Faserbändchen im Rotor) gemischt. Große Rotoren (Rillendurchmesser 318 mm) ergeben Faserbänder von einem Meter Länge, die als Farbmuster dienen können. Dies ist allerdings nur bei kürzeren Fasern bis 60 mm möglich.

Melangeuse, Mischstrecke der Kammgarnspinnerei, ausgeführt als Doppel-Nadelstabstrecke (DNS-Strecke), entweder zur Mischung von Wollkammzügen oder zur Mischung von Woll- und Chemiefaserkammzügen.

Melangieren, Herstellen einer homogenen, gleichmäßigen Farbmischung einer Spinnpartie aus Fasern unterschiedlicher Farbe.

Melieren, Mischen von kleinen Anteilen farbiger Fasern zu andersfarbigen Fasern einer Grundfarbe, sodass im Garn die unterschiedlichen Farbanteile erkennbar sind.

Meliertes Garn, Garn, das in Teilen deutlich sichtbar unterschiedlich gefärbt ist (z. B. graumeliert). Dies wird erreicht durch Melieren, d. h. durch Zusetzen von kleinen, andersartig gefärbten Faseranteilen zu einer Grundfarbe (z. B. 5 % Gelb zu 95 % Rot). Ähnliche Effekte sind auch durch unterschiedliche Anfärbbarkeit der Faser- oder Filamentanteile im Garn erreichbar (z. B. Differential Dyeing).

Abb.: Garnmeliereffekt in einem BCF-Teppichmuster durch eine Differential-Dyeing-Färbung des Teppichgarns
Quelle: Hochschule Reutlingen

Membran (Mikrofilamentmembran), Membranen sind Gewebe, die aus speziellen Mikrofilamentgarnen hergestellt wurden (z. B. Sympatex®), sind wind- und wasserdicht und weisen kleinste Poren auf, durch die Wasserdampf nach außen diffundieren kann. Die Kapillarwirkung der Mikrofilamente ermöglicht zudem den Transport von Schweiß von der Hautoberfläche weg nach außen. Voraussetzt, es ist ein Feuchtigkeits- und Temperaturgefälle von innen nach außen vorhanden. In tropischer Luftfeuchtigkeit wird keine Feuchtigkeit nach außen transportiert, es sei denn, es wäre eine textile Schicht vorhanden, die Feuchtigkeit absorbiert.

Memorygarn (→ Differentialschrumpfgarn), Filamentgarn, dessen Einzelfilamente durch unterschiedliche Verstreckung (Teil- bzw. Vollverstreckung) bei späterer thermischer Behandlung unterschiedlich stark schrumpfen, wodurch die weniger schrumpfenden Filamente im Garn nach außen gedrückt werden, vergleichbar den Hochbauschgarnen der Stapelfaserspinnerei. Mit feinen Filamenten lassen sich im Gewebe weiche, flauschige Oberflächen gestalten (Pfirsichhauteffekt, Peach-Skin-Effekt).

Merinogarn, feines Kammgarn aus Merinowolle, besonders fein ausspinnbar (möglich bis Nm 100, mit dem Kompaktspinnen bis Nm 130 und feiner).

Meryl®, Markenname der Fa. Nylstar für eine neue Generation funktioneller Polyamid-Filamentgarne für Sportbekleidung, Strümpfe, Strumpfhosen, Wäsche und ähnliche Anwendungsgebiete. Beispiele: Meryl-Elité®, Meryl Microfibre® (Wind- und Wetterschutz, wasserdampfdurchlässig), Meryl Techno® (hohe Reiß- und Scheuerfestigkeit für Extremsportbekleidung, Arbeitskleidung, Rucksäcke etc.)

Merzerisieren, Behandlung von Baumwolle (im Garn oder Gewebe) mit konzentrierter, kalter (15–18 °C) Natronlauge (NaOH, 28–30 Be), unter Spannung bei Verstreckung von 2–15 %, erfunden von dem Franzosen Mercer (Mercerisieren). Besonders kalte Lauge erhöht den Glanz. Die Natronlauge führt zum Quellen der Fasern, der Querschnitt verändert sich, und die Fasern werden runder, die Oberfläche des Garns wird glatter, und das Gewebe erhält einen höheren, waschbeständigen, seidigen Glanz (Satin) sowie höhere Festigkeit. Moderne Verfahren arbeiten mit flüssigem Ammoniak (Ammoniakverfahren), um eine ähnliche Wirkung umweltfreundlicher zu erzielen.

Abb.: Faserquerschnitte eines merzerisierten Baumwollgarns
Quelle: H. Mengel, Hochschule Reutlingen

Merzerisiertes Garn, Baumwollgarn, das durch Merzerisieren glänzend und fester gemacht wurde (Dauerglanz). Vor dem Merzerisieren wird zur Erhöhung des Glanzes das Garn gesengt. Einsatz für Nähgarne (Nähzwirne) aus Baumwolle, Stickgarne, Verzierungen, aber auch Bettwäsche (Satin).

Metalleffektgarn, Garn aus Chemiefasern, die durch Oberflächenbeschichtung mit Metallen (Metallstaub, Metallatome) Metalleffekte (Glanz, Farben, Glitzern) aufweisen.

Metallfaden, Metalldraht, → leonischer Faden.

Metallfilament, aus Metalldrähten gezogene Filamentgarne aus Stahl, roh, verzinnt oder verzinkt, Nickellegierungen, Aluminium, Bronze, Kupfer oder Platin für technische Anwendung (Reifencord), auch als stromleitende Garne (für Anti-Elektrosmog, leitfähige, antistatische Teppiche, Überwachungselemente, Vorhänge, Wandbeläge usw.).

Metallfolien, Folienbändchen aus reinem Metall (z. B. Aluminium).

Metallisierte Folien (Mylar-Folie, Metalleffektfolien), es werden einschichtige oder mehrschichtige Folien hergestellt, die dann in dünne Streifen geschnitten (Folienbändchen) zu Garnen verarbeitet werden können.

1. Aufbringen von Metallstaub (Aluminiumoxid verschiedener Farben, Silber, Gold) auf Folien, direkt oder mit Klebestoffen, durch Beschichten, Beflocken oder durch Hochvakuum-Bedampfen.
2. Umhüllen der Fasern mit einer Metallschicht, elektrolytisch (galvanisch) oder durch Überziehen mit einer Kunststoffschicht, die Metallpulver enthält.

Metalllitze, durch Flechten aus Metallfäden hergestellte Verzierungsbänder.

Metallseele, Metallfaden im Kern eines Garns.

Metrische Nummerierung, → Nummer metrisch (Nm).

Migration von Farbstoffen, Eindringvermögen der Farbe in den Faserstoff der Fasern und Garne in Abhängigkeit von den Färbeparametern (Farbstoffkonzentration, Zeit, Diffusionsgeschwindigkeit u. a.).

Migration von Fasern im Garn, in den Garnen werden beim Spinnen Fasern eingebunden, die sich über die Garnachse hinaus zunächst in der Mitte des Garns, dann im Außenbereich und dann wieder im Innern des Garns befinden können, sie „wandern" durch den Garnquerschnitt schon während der Herstellung, d. h., sie migrieren im Garn. Auch Filamente im Filamentgarn zeigen Migration, dasselbe Filament ist teilweise im Faserkern und dann wieder auf der Außenseite des Garns zu finden.

Mikrofilament, Filament, dessen Feinheit (Titer) unter 1 dtex (oder unter 1 den bei Polyamid) liegt. Die Herstellung von Mikrofilamenten aus homogenen Polymeren setzt eine Verbesserung der Homogenität der Spinnmasse und des Spinnverfahrens im Vergleich zur Standardfilamentherstellung voraus. Innerhalb des Mikrofilaments werden durch höhere Abzugsgeschwindigkeit eine bessere Orientierung der Makromoleküle in Achsrichtung und ein höherer Kristallinitätsgrad erreicht. Mikrofilamente aus Polyester sind feiner herstellbar als solche aus Polyamid. Sie werden bisher hauptsächlich eingesetzt für Aktiv-Sportbekleidung, Outdoor-Kleidung und modische Damen- und Herrenbekleidung.
Beispiele:

1. Polyestermikrofilamente:
   - Avitron-Micron, glatt und texturiert
   - Diolen Micro, 0,5–0,7 dtex, glatt und texturiert
   - Micromattique, 0,7 dtex, glatt und texturiert
   - Setila micro, 0,5–1 dtex
   - Tergal Micro, 0,9 dtex
   - Terital Zero 4, 0,44 dtex
   - Trevira Finesse, 0,7 dtex
   - Trevira Micronesse, 0,6 dtex
   - XOXO, Filamentmischgarn mit grobem Kern, 4,4 dtex und Mikrofaserumwindung 0,4 dtex

2. Polyamidmikrofilamente:
   - Meryl (PA 6.6), 0,2–1 dtex
   - Siks-Micron (PA 6), 0,6 dtex
   - Silky touch (PA 6.6), 0,9 dtex
   - Microsupplex (PA 6.6), 0,8 dtex
   - Tactel Micro (PA 6.6), 0,9 dtex
3. Viskosemikrofilamente:
   - Microbara, 1,0 dtex
4. Bikomponenten-Mikrofilament:
   - Belima X, PES/PA 6.6, 0,17 und 0,3 dtex und 1,0 dtex.

Mikrofilamentgarn, Filamentgarne, dessen Filament-Einzeltiter unter 1,0 dtex (bei PA unter 1,0 den) liegt. Beispiel: Polyester 100 dtex f 144 oder 85 dtex f 150.

Mikroft Light®, Mikrofilamentgarn für Mikrofilamentgewebe der Fa. Unitaka, Japan.

Mikroft Technora®, Mischgarn aus 55 % Polyester und 45 % Aramidfasern mit hoher Festigkeit, aber weichem Griff, kälte- und hitzebeständig, für Outdoor, Extremsport, Motorradbekleidung und Bergkleidung (Teijin, Japan).

Mikrokapsulierung, Aufbringen von Zusatzstoffen mit bestimmten Funktionen (Geruchsbindung, Duftentwicklung, Medizinische Funktion u. a.) auf Fasern, Garne und Flächengebilde in Form von Mikrokapseln, meist paraffingeschützt, die ihre Inhaltsstoffe langsam und über einen längeren Zeitraum freigeben. Auch wärmeaufnehmende und wärmeabgebende Phasenwechselmaterialien (Phase Change Materials, PCM) werden in Form von Mikrokapseln auf Faserstoffe aufgebracht. Weiterentwicklungen mit Verkleinerung der Kapseln gehen in Richtung Nanokapseln (Nanotechnologie) und Oberflächenwirkungen auf molekularer Ebene.

Mikroklima, Klimabedingungen an der Arbeitsstelle in den Maschinen, z. B. im Rotor der Spinnmaschine, im Streckwerk, an der Kämmmaschinenstelle usw. Prinzipiell ist das Mikroklima für die Faserverarbeitung wichtig, deshalb wäre eine Klimatisierung an der Spinnstelle besser als die Spinnsaalklimatisierung. Sie ist aber aus Platzgründen, Bedienbarkeitsgründen, aber auch wegen der Maschinenzusatzkosten, bisher nicht realisiert worden.

Mikroschlingen, kleinste Fibrillenverschlingungen auf der Filament- und Faseroberfläche.

Mikrotomie, Einbetten von Garnen, Fasern oder Flächengebilden in speziellem, schnittfestem, neutralem Wachs (z. B. Carnauba-Wachs), gefrorenem Wasser (Gefrier-Mikrotom, bis –40 °C, Substanzanalyse, schnelle Untersuchung) oder in Kunststoffen (Kunstharze, aushärtbare Dauerpräparate) und anschließendes Schneiden dünnster Scheiben (Mikrotom, ca. 20 µm dick), die als Durchlichtpräparat (Querschnittspräparat z. B.) für die Lichtmikroskopie verwendet werden können.

Milchflaschenhülse (Flaschenspulenhülse), besondere Hülsenform, Stützkörper für die Herstellung von Flaschenspulen oder Fußspulen, früher teilweise für die Flachstrickerei verwendet.

Mindestfaseranzahl im Garnquerschnitt, Grundbegriff der Garnherstellung (Spinnerei). Abhängig vom verwendeten Spinnverfahren, der Faserorientierung im Garn, der Garnstruktur und den Fasereigenschaften (Feinheit, Länge, Kurzfaseranteil, Festigkeit) ist bei der Herstellung von Stapelfasergarnen eine bestimmte Mindestanzahl von Fasern im Garnquerschnitt für eine praktikable industrielle Fertigung (brauchbare minimale Fadenbruchzahlen) erforderlich. In der Kammgarnspinnerei (feine Merinowolle) benötigt man durchschnittlich 30–50 Fasern im Garnquerschnitt, in der

Baumwoll-Ringspinnerei (gekämmt, Pima-Baumwolle) 40–50 Fasern. Durch das Kompaktspinnen können diese Zahlen um 10–20 % reduziert werden. In der OE-Rotorspinnerei sind derzeit 85–100 Fasern erforderlich. Bei Ausspinnversuchen mit ausgesuchter ägyptischer Giza-45-Baumwolle (Baumwollgarn-Feinheitsweltrekord im Guiness-Buch der Rekorde 1999, E. Bay, Fa. Texparts, Fellbach) konnte ein Garn feiner als Nm 550 mit durchschnittlich 14 Fasern im Garn ausgesponnen werden (Untersuchungsbefund von Gerhard Stechenfinger, dem damaligen Leiter des Textillabors der FH Reutlingen).

Mindestfestigkeit, entscheidet darüber, ob ein textiler Rohstoff industriell zu Garnen versponnen werden kann, da bereits bei der Garnherstellung bestimmte Zugbelastungen (Fadenspannung, Spinnspannung) auftreten. Die Mindestfestigkeit von Fasern liegt in der Spinnerei bei etwa 5–7 cN/tex. Ähnliche Werte gelten für die Weiterverarbeitung der Garne in der Weberei.

Mineralölschmälze, → Schmälze, textiles Hilfsmittel für die schonende Faserverarbeitung in der Spinnerei (z. B. Streichgarn), das hauptsächlich aus Mineralölen (Erdölderivate) besteht. Mineralöle bereiten oft Färbeprobleme und sind schwieriger auszuwaschen.

Miniatur-Spinnanlage, früher von der Fa. Platt in England hergestellte Spinnmaschinenfolge von der Minikarde über Ministrecke bis zum Ringspinntester, teilweise eingesetzt zur Beurteilung der Verspinnbarkeit der textilen Rohstoffe (z. B. Langstapel-Baumwollzüchtung in Ägypten, Forschungsinstitut Giza, Prof. Rashad Moshen und Nachfolger). Heute kaum mehr verwendet. Für die OE-Rotorspinnerei wird die vom ITV-Denkendorf (P. Artzt) entwickelte Quickspin-Anlage (Rotorspinntester mit Vorbereitung über das Rotorring-Gerät, MDTA) für Versuchsausspinnungen und Mischungszusammenstellungen für Rotorgarne in ähnlicher Weise verwendet.

Miniblend, Mischung mit geringen Chemiefaseranteilen (z. B. 20 % Polyester und 80 % Baumwolle) zur Verbesserung der Produkteigenschaften (z. B. Funktionstextilien).

Mischautomat, Mischmaschine der Spinnerei, die die Mischung durch Bestimmen der Gewichtsanteile vor dem Mischen und anschließendes automatisches Abfüllen und Abarbeiten des Rohstoffs mit der gewünschten Genauigkeit erstellen kann.

Mischballenbrecher (Mischballenöffner), Ballenöffner, der bereits bei der Öffnung Fasermaterial von verschiedenen Ballen abnimmt und damit die Mischung (Vormischung) erstellt. Dies wird zum Ausgleich der Qualitätsunterschiede innerhalb desselben Rohstoffs (Baumwolle oder Polyester), gelegentlich auch zur Ballenmischung (z. B. Vliesstoffherstellung), verwendet.

Mischbettverfahren, die Mischung der Fasern erfolgt durch Übereinanderlegen der verschiedenen Rohstoffe vor dem Zuführen zu den Öffnungsorganen, z. B. vor dem Reißwolf, vor der Krempel. Nur möglich bei kleineren Partien.

Mischen und Öffnen, gleichzeitiges Zuführen von Fasermaterial aus verschiedenen Ballen zur Durchmischung und Voröffnung. Je kleiner die Flocken bei der Öffnung sind, desto besser wird die Mischung und desto effektiver die Reinigung. Bei speziellen Verarbeitungslinien (Flockenmischung, Halbkammgarnspinnerei, Streichgarnspinnerei) erfolgt das Ablegen der Flocken in Mischkammern zum Ausgleich von Material-, Feuchtigkeits- und

Dichteunterschieden und zur Entspannung der aus hochgepressten Ballen entnommenen Fasern. Bei Bedarf gleichzeitiges Aufbringen von Schmälzen zum Schutz der Fasern bei der weiteren Verarbeitung.

Mischgarn, Garn aus unterschiedlichsten Fasermischungen, heute üblich in den Spinnereien Europas. Die Fasermischungen werden meist vor dem Sekundärspinnen erstellt (Mischmaschinen), aber auch Mischung beim Spinnen ist möglich (z. B. Siro-Spun).

Mischkammer,
1. Streichgarnspinnerei, Halbkammgarnspinnerei: Traditionell verwendete stationäre oder bewegliche Kammern, in die einzelne Faserkomponenten nach ihren Gewichtsanteilen getrennt übereinander gelegt und dann seitlich abgearbeitet werden. Dies wird für festgelegte Partiegrößen mehrfach durchgeführt und ergibt genauere Gewichtsanteile in der Mischung sowie eine homogenere Mischung, ist aber relativ kostenintensiv.
2. Dreizylinderspinnerei und Vliesherstellung: Mischmaschinen mit Mengensteuerung, kontinuierliche Gewichtsbestimmung und nacheinander angeordneten Mischkammern, die mit verschiedenen Faserstoffen nacheinander verschoben oder seitlich verschoben gefüllt und ebenfalls quer abgearbeitet werden. Die beste Mischung ergeben nacheinander geschaltete Mischkammersätze.

Mischkammgarn, Kammgarn, das aus Chemiefaser-Woll-Mischungen oder Chemiefasermischungen hergestellt wird.

Mischmaschinen, viele Maschinen der Spinnereivorbereitung haben neben Öffnungs- und Reinigungsaufgaben auch Mischungsaufgaben. Mischkammern (auch Mischmaschinen) dienen speziell nur zur Fasermischung.

Maschinen, die auch Mischungsaufgaben übernehmen, sind:
1. Ballenöffner der Dreizylinderspinnerei (Ballenmischung in der Vorlage, Grobmischung)
2. Chemiefaser-Ballenöffner, auch parallel angeordnet
3. Füllschächte
4. Mischkammern (Mischmaschinen wie Contimeter)
5. Feinöffner
6. Voröffner und Karde (Tambourmischung/Arbeiter und Wender der Krempel, Feinmischung)
7. Strecke (Bandmischung)
8. Banddubliermaschine der Kämmereivorbereitung
9. Siro-Spinnmaschine (Vorgarndublierung)

Mischstrecke, Strecke der Dreizylinder-, Halbkammgarn- oder Kammgarnspinnerei, die der Bandmischung dient.

Mischungsangaben, nach dem deutschen Textilkennzeichnungsgesetz (TKG) sind die verwendeten Rohstoffe in Textilien mit den festgelegten, ausgeschriebenen Bezeichnungen (z. B. Baumwolle, Wolle, Polyester) anzugeben. Bei Mischungen sind die Gewichtsanteile der Rohstoffe in Prozentsätzen des Nettogewichts (Gewichtsprozente) in absteigender Reihenfolge ihres Gewichtsanteils anzugeben. Die Abweichung der Angaben vom tatsächlichen Gewichtsanteil darf nicht mehr als drei Prozent betragen (Toleranz). Nähere Angaben sind dem TKG zu entnehmen (siehe Anhang, S. 537).

Mischungsanteile, die Mischungsanteile unterschiedlicher Faserstoffe in Garnen können prinzipiell beliebig sein, aufgrund der Herstellbarkeit oder gewünschter Garneigenschaften haben sich jedoch bestimmte Mischungsanteile in der Industrie durchgesetzt. Man hat in zahlreichen Un-

tersuchungen festgestellt, dass der Mischungsanteil einer Faserkomponente in einer Mischung mindestens 25–30 % betragen sollte, damit positive technologische Wirkungen im Garn (z. B. Festigkeitserhöhung) und in der Fertigware zu erkennen sind. Für die Erzeugung von Effekten (Farbeffekte, Melangen) sind auch kleinere Farbanteile üblich (z. B. 5 %).
Folgende Mischungen kommen häufiger vor, wobei die Zahlen für die Prozentsätze als Gewichtsprozente angegeben werden:

Polyester/Baumwolle	33/67, 45/55, 50/50,65/35, 67/33,70/30,80/20
Polyester/Viskose oder Modal	50/50, 67/33
Polyester/Wolle	55/45, 70/30
Polyester/Leinen	80/20, 55/45
Polyacryl/Wolle	55/45, 60/40, 70/30
Polyacryl mit Polyacryl-Hochschrumpf	30–40 % Hochschrumpffasern

Mischungskontrolle, visuelle oder optische Prüfung der Faseranteile einer Mischung mit Hilfe von Farbunterschieden (UV-Licht zur Unterscheidung von Chemiefasern und Naturfasern) im Rohzustand oder nach Färbungen (z. B. Testfärbungen mit Blaufarbstoff).

Mischungsregelung,
1. Flockenmischung: die Regelung der Mischung erfolgt nach Gewichtsanteilen. Am genauesten ist die stationäre Gewichtsbestimmung über die Rohstoffvorlage vor der Mischung und Verarbeitung in Mischkammern. Danach rangiert die Mischung über Wiegekastenspeiser, die den Öffnungsaggregaten der verschiedenen Rohstoffballen nachgeordnet sind und nachfolgende Mischkammern versorgen. Weiterhin werden Transportwaagen verwendet, die das Gewicht des Rohstoffs im Durchlauf nach der Öffnung bestimmen. Dabei wird über möglichst gleichmäßige und gleich hohe Füllung des Speiseschachts versucht, die Fasermengenzuführung konstant zu halten.
2. Bandmischung: die Mischung der Bänder erfolgt durch Festlegung der Bandgewichte (Bandfeinheiten) der zu mischenden Faseranteile. Die Summe der Bandgewichte der einzelnen Faseranteile muss an der ersten Strecke (Kardierspinnerei) der Gewichtsaufteilung der gewünschten Mischung entsprechen. Die Regelung der Bandgleichmäßigkeit verbessert die Mischungsanteile. Wird gekämmt, können erst die Bandgewichte nach dem Kämmen zur Bestimmung der Faseranteile verwendet werden.

Mischwolf, grobe krempelartige Öffnungsanlage der Streichgarnspinnerei, die mit großen Zähnen Faserbündel, die vom Ballenöffner kommen, weiter aufreißt, öffnet und gleichzeitig vormischt.

Mittelfädig, Bezeichnung für Filamentgarne, deren Filament-Einzeltiter etwa bei 3,5 dtex liegt (z. B. 122 dtex f 36).

Mittelstapelgarn, Garn, das aus Fasern hergestellt wird, deren mittlere Länge etwa bei 60 mm (von 50 mm bis ca. 70 mm) liegt. Typische Garne sind Halbkammgarne, teilweise auch noch feine Kammgarne (vorwiegend aus Chemiefasern).

Mittlere Nummer, mittlere Garnfeinheit einer Produktionspartie oder der Produktion insgesamt, die auch als Vertragsangabe gilt.

Mixed Stream Spinning, Mischstromverfahren beim Primärspinnen von Chemiefasern zur Mischung unterschiedlicher Polymeranteile oder Farbanteile (Mischung der Spinnmasse mit farbigen Master-Batches).

MJS-Garn (→ Air-Jet-Garn), Garn der Dreizylinderspinnerei, das mit Hilfe des

Murata-Zweidüsen-Luftspinnverfahrens (MJS, Murata Jet Spinning) hergestellt wird. Das Garn entsteht durch Vorlage eines Bands, das auf einem Hochleistungsstreckwerk (z. B. Vierzylinderstreckwerk) zu einem Faserbändchen verstreckt wird. Das Faserbändchen wird durch die erste Dralldüse verdreht, es entsteht ein Falschdrall im Vorgarn, äußere Fasern spreizen sich durch die Düseneinwirkung vom Garnmantel ab. Das Garn dreht sich durch die Rücktorsionskraft (Falschdrallwirkung) nach der ersten Düse zurück, die zweite Düse unterstützt die Rückdrehung und hilft dabei, die äußeren, abstehenden Fasern um den Garnmantel herumzuwinden (Faserumspinnungsverfahren). Deshalb liegen im MJS-Garn die inneren Fasern im Garnkern parallel, sie werden von den äußeren Umwindefasern zusammengehalten. Der Anteil der Umwindefasern beträgt etwa 10–20 % der Fasern des Garns. Die resultierende Garnfestigkeit ist etwa 20 % geringer als die eines Ringgarns, die äußere Garnstruktur ist allerdings durchaus dem Ringgarn ähnlich.

Mohairgarn, seidenartiges, glänzendes Garn, aus den Haaren der Mohairziege hergestellt. In Mischgarnen ergeben beigemischte Mohairfasern stark auffallende Haarigkeit (Mohair-Pullover), da die Mohairhaare steifer und glatter als die Schafwollhaare sind. Ähnliche Effekte lassen sich auch in Chemiefasergarnen durch Beimischung deutlich gröberer Fasern erzielen.

Mohair-Mischgarn, preisgünstige Mischung von Wolle und Mohair, die im Garn noch den typischen Mohaireffekt (auffallend viele abstehende Haare) ergibt. Der Mindestanteil Mohairfasern sollte bei etwa 10–15 % liegen.

Moirée (Moirée-Effekt), Streifenmuster in Textilien (Geweben, Gestricken), verursacht durch ausgeprägte periodische Dünn-/Dickstellen im Garn, vorher feststellbar mit konischen Garntafeln (Kamin im Spektrogramm). Ursachen können u. a. Staub- und Trash-Ablagerung in der Rotorrille des Spinnrotors beim OE-Spinnen, unrunde Zylinder im Streckwerk der Ringspinnmaschine oder andere periodische Verzugsfehler sein.

Moirée-Garn, Garn, das deutliche periodische Dickstellenfehler (→ Moirée) aufweist, die auf konischen Garntafeln als Streifenfehler sichtbar werden und bei Verwendung in der Weberei oder Strickerei zu ähnlichen Streifenfehlern in der Ware führen.

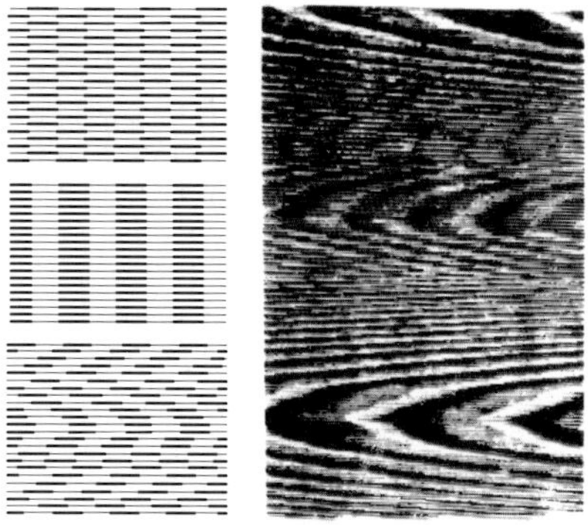

Abb.: Prinzip der Entstehung eines Moirée-Effekts durch periodische Dickstellen im Garn

Monofil, → Monofilamentgarn.

Monofilament, → Monofilamentgarn.

Monofilamentgarn, singuläres Filament, das als Garn verwendet wird, und dessen Durchmesser in Millimetern angegeben wird. Üblicherweise liegt der Durchmesser eines Monofilaments über 0,1 mm, aber auch Durchmesser bis unter 0,030 mm

(30 Mikrometer) sind möglich. Solche Feinst-Monofilamente werden z. B. für Gewebe zur Herstellung von Blutfiltern verwendet. Filamente mit größeren Durchmessern (meist über 1 mm) werden als Draht bezeichnet. Monofilamente werden hergestellt aus verschiedensten thermoplastischen Rohstoffen (meist PES, PA oder PP) und erfordern eine spezielle Weiterverarbeitung in der Weberei. Sie werden hauptsächlich für die Herstellung technischer Gewebe, wie z. B. Siebtücher und Filter, eingesetzt. Drähte, dicke Monofilamente wurden zunächst für Bürsten und ähnliche Produkte verwendet, aber auch beispielsweise um Siebtücher für Papiermaschinen, Filtertücher, Angelschnüre oder Tennissaiten herzustellen. Zunehmend werden Monofilamente für die Herstellung technischer Textilien verwendet.
Beim Einsatz von Monofilamenten ist neben der Biegesteifigkeit oft auch der Stauchwiderstand oder die Axialdruckfestigkeit wichtig. Vergleichswerte wurden von Bobeth (*Literatur:* W. Bobeth et. al., Textile Faserstoffe, Beschaffenheit und Eigenschaften, Springer-Verlag, Berlin – Heidelberg – New York, 1993) wie folgt angegeben (Auszug):

Monofilament/ Draht/Borste	Axialdruck- festigkeit MPa (N/mm^2)	Stauch- modul MPa
Polypropylen	32	1.079
Polyamid 6	63	716
Polyvinylchlorid	67	1.707
Rosshaar, Naturzustand	84	1.257
Rosshaar, gekocht	116	1.501
Kuhhaar	118	2.217
Schweineborste	139	3.963

Monofilamente erfahren bei Druckbelastung eine Längenveränderung, die je nach Material positiv oder negativ sein kann. Bobeth gibt für zehnmalige Druckbelastung mit Walzen aus Hartgummi und 300 N Druckkraft folgende Vergleichsdaten an (Auszug):

Material	Durch- messer	tex	Längen- änderung
Polyacryl		20	–1,6 %
Polyamid 6	0,25 mm	56	–2,7 %
Rosshaar		46	+5,1 %

Abb. 1: Scheibenspule mit Monofilamentgarn (Perlondraht)
Quelle: A. Schenek, Hochschule Reutlingen

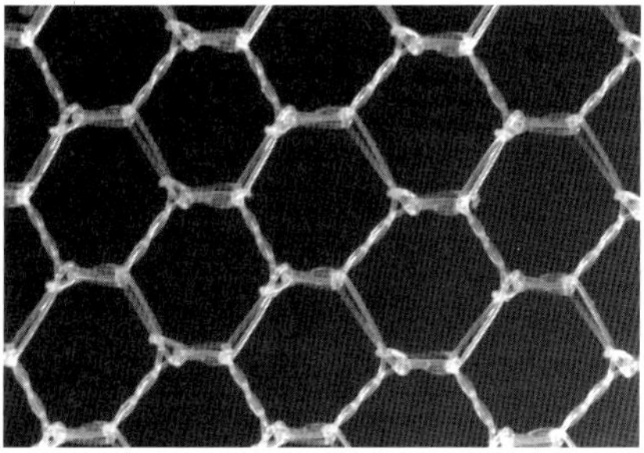

Abb. 2: Einsatz von Monofilamenten zur Tüllherstellung
Quelle: H. Mengel, Hochschule Reutlingen

Mooswolle, mehrfädiger, haariger, weich gedrehter Wollzwirn (Mooszwirn), der z. B. zum Sticken verwendet wird.

Mooszwirn, Kammgarnzwirn mit wenig Drehungen und moosigem Aussehen.

Moulinégarn (Melangegarn, Jaspé-Garn), Melangegarn, das aus zwei oder mehr unterschiedlich gefärbten Faserstoffen hergestellt wird, bei dem aber keine homogene Durchmischung gewünscht wird. Das Garn zeigt die unterschiedlichen Farben der Faserstoffe. Eine ähnliche Wirkung wird durch Einsatz von Fasern mit unterschiedlicher Farbstoffaufnahme erzielt. Jaspé-Garn entsteht durch Zuführung unterschiedlich gefärbter Vorgarne (teuer, da Farbauswahl bereits beim Spinnen erfolgen muss). Vergleichbar werden Sirospun-Garne (Sirozwirne), allerdings gleichfarbig, hergestellt.

Moulinézwirn, der einfachste Zwirn, der durch das Zusammenzwirnen von unterschiedlich gefärbten Garnen hergestellt wird. Die einfachste Variante besteht aus zwei gleich feinen, verschiedenfarbigen Garnen (z.B. Schwarz-Weiß). Üblicherweise erfolgt die Zwirndrehung entgegen der Garndrehung. Der Moulinézwirn ist meist sehr gleichmäßig und gut verarbeitbar, aber mit veränderter Garnzahl, Farben und unterschiedlichen Feinheiten und Materialien sind viele Variationen in der Mode möglich. Auch herstellbar aus Garnen mit verschiedener Farbstoffaffinität und Färbung mit unterschiedlichen Farben (Differential Dyeing).

Moulinieren, Nachdrehen und Verzwirnen der Seidenfäden.

MOY (Medium Oriented Yarn), Filamentgarne, die mit mittleren Spinngeschwindigkeiten hergestellt werden, wenig orientiert sind und deshalb höher verstreckt werden müssen (z.B. Verstreckung 1:2), um die Endfestigkeit zu erreichen.

Muff, Garnwickel, ältere Aufmachungsart für das Färben von Spinnfasergarnen und texturierten Filamentgarnen.

Mulegarn (Selfaktorgarn, Wagenspinnergarn), ältere Garnbezeichnung, früher das Garn des Wagenspinners oder der Selfaktor-Spinnmaschine (heute dem weich gedrehten Ringgarn entsprechend). Verziehen, Drehen und Aufwinden erfolgen getrennt, was dem Garn sehr gute Gleichmäßigkeit verleiht. Es gibt nur noch wenige Selfaktor-Spinnmaschinen, die (z.B. in Italien) für die Herstellung hochwertiger Kaschmir- und Mohairgarne eingesetzt werden. Das weich gedrehte Mulegarn wurde als Schussgarn hergestellt und direkt auf Cops geliefert, der in den Webschützen eingesetzt werden konnte.

Mule-Jenny, die Mule-Jenny, eine der ersten mechanischen Spinnmaschinen, wurde 1775 von Samuel Crompton in England gebaut und verband Prinzipien der Spinning-Jenny von James Hargreaves (1767) mit denen der Waterframe-Spinnmaschine von Richard Arkwright.

Multicolor-Garn, → Mehrfarbengarn.

Multifilamentgarn, Filamentgarn, das aus mehreren Filamenten besteht. Es ist die häufigste Filamentgarnform, die Feinheit der Einzelfilamente liegt üblicherweise bei 2,2–6,7 dtex, etwas feiner als Merinowolle. Beispiel: 167 dtex f 50, ein Garn der Feinheit 167 dtex (= 150 den), das aus 50 Filamenten besteht. Die durchschnittliche Einzelfilamentfeinheit beträgt 3,3 dtex (3 den). Solche Garne werden für Strickwaren der Rundstrickerei und Webwaren eingesetzt. Oft werden Filamentgarne texturiert und als Zwirne verarbeitet.
Beispiele für Polyester-Multifilamentgarne:
200 dtex × 2
150 dtex × 2
145 dtex × 2
110 dtex × 2
167 dtex
150 dtex
110 dtex
84 dtex × 2
76 dtex × 2

Multifilgarn, → Multifilamentgarn.

Multilobé-Garn, Filamentgarn, bestehend aus multilobalen Filamenten, d. h. gezackten oder gerundeten Filamenten mit mindestens fünf Ecken im Querschnittsprofil (Profil-Filamente).

Munga (Moonga), indische Wildseidenart (ind.: munga = Bernstein). Die Munga-Raupe spinnt einen offenen Kokon, der nicht abhaspelbar ist, mit gelb-bräunlicher oder rötlicher oder gräulicher Färbung. Die Fasern können nur zu Bourrette- oder Schappegarnen verarbeitet werden.

Mungogarn, Streichgarn aus Reißwolle, die durch Reißen von Wolltextilien (Recycling) und Zumischung wertvoller Fasern wie Seide, Mohair, Kaschmir usw. erzeugt wird (Spezialität der Textilindustrie der italienischen Stadt Prato bei Florenz).

Murata-Luftspinnen, → Air-Jet-Spinnverfahren.

Murata-Vortex-Garn, → MVS-Garn.

Musselin, leichte Stoffe aus feinen und feinsten Baumwollgarnen in Leinwandbindung hergestellt. Weicher Griff durch locker gedrehte Garne. Leichte und luftige, durchsichtige Stoffe, Spezialität aus Nordindien/Pakistan aus der Gegend um Dakha (Dakha-Mousselin) mit jahrhundertealter Tradition.

Musterspinnanlagen, Kleinspinnanlagen mit Mustermaschinen, zur Verspinnung von kleineren Versuchsmengen (→ Miniatur-Spinnanlage, z. B. Platt-Laborspinnmaschinen, SDL-England).

MVS-Garn (Murata-Vortex-Garn), Dreizylindergarn aus Baumwolle, Baumwoll-Chemiefaser-Mischungen oder Chemiefasern des Baumwolltyps, das mit Hilfe des japanischen Murata-Vortex-Luftspinnverfahrens (→ Air-Jet-Spinnverfahren) hergestellt wurde. Die Verspinnung erfolgt direkt vom Band mit einem speziellen Vierzylinderstreckwerk, das Garn wird über einen Garnreiniger geprüft, Fadenbrüche werden durch Spleißen behoben, und das Garn wird direkt auf eine Kreuzspule aufgewickelt. Die Spinngeschwindigkeit erreicht bis zu 400 m/min. Zur Vorbereitung wird oft gekämmt, aber auch das Kardierspinnnen ist möglich.
Das luftgesponnene MVS-Garn unterscheidet sich im Garnaufbau vom Ringgarn, im Kern liegen noch eher parallele Fasern, aber bis zu 40 % der Fasern werden durch die Luftdüse um den Kern gewunden. Damit kommt das Vortex-Garn dem klassischen Dreizylindergarn nahe. Der Feinheitsbereich reicht etwa bis Nm 80, es können kardierte und gekämmte Garne hergestellt werden. Die Festigkeit liegt bei gleichem Rohstoff ca. 10–20 % niedriger als beim Ringgarn. Beim Spinnen gibt es Faserabgänge durch die Luftabsaugung (hauptsächlich kürzere Fasern) zwischen 5 und 8 %.

Mylar, Bändchengarn, aus Mehrschichtfolien hergestellt, in der Mitte Aluminiumeffekt- und andere Metalleffektfolien, beidseitig mit stabilen Polyesterfolien beschichtet.

N

Nachavivieren, Aufbringen von textilen Hilfsmitteln (Gleitmittel u. a.) auf das Garn zur Verbesserung des Ablaufverhaltens und der Verarbeitungseigenschaften.

Nachdrehen, zusätzliches Aufbringen von Drehung auf bereits ausgesponnene Garne oder Zwirne mit Hilfe der Zwirnmaschine. Gelegentlich erforderlich zur Angleichung der Drehung, Erhöhung der Festigkeit oder Kompaktierung bzw. Abrundung des Garns.

Nachfärben, Verbesserung einer Fehlfärbung durch zweiten oder dritten Färbdurchgang, teilweise auch mit Ausziehen der Farbe (hin zur Schwarzfärbung).

Nachkämmen, zusätzlicher Kämmprozess in der Kammgarnspinnerei, der für die Herstellung feiner Kammgarne aus Wolle, aber teilweise auch aus Chemiefasern, notwendig ist.

Nachlauf (Ringläufer), der Läufer der Ringspinnmaschine dreht sich etwas langsamer als die Spindel selbst. Die Differenz zur Spindeldrehzahl ergibt sich durch die Aufwindegeschwindigkeit des Garns auf die Hülse, umgerechnet in die Winkelgeschwindigkeit. Bei mittlerer Garnfeinheit und üblicher Spindeldrehzahl liegt die Differenz in der Größenordnung von ca. 3% zur Spindeldrehzahl (jeweils abhängig von Drehzahl und Garnfeinheit).

Nachleuchtende Garne, Chemiefaserfilamentgarne (Polyamid oder Polyester), die durch Einlagerung von Leuchtkristallen oder radioaktive Spurenelemente nach Lichteinwirkung längere Zeit nachleuchten.

Nachschrumpf, Schrumpf von Filamentgarnen oder Spinnfasern aus synthetischem Fasermaterial, die nach dem gezielten Vorschrumpfen bei Wasch- oder Heißbehandlungen noch um einen bestimmten Betrag weiter schrumpfen. Geringer Nachschrumpf ist praktisch unvermeidbar.

Nachsteckspulen, Ersatzspulen, die beim Auslaufen einzelner Spulen (weil die Garnlängen verschiedener Spulen nie absolut gleich sind) in der Verarbeitung, z. B. beim Zetteln, Stricken oder Weben, die leeren Spulen ersetzen, damit die gewünschte Produktionslänge erreicht wird.

Nachwachsen, zusätzliches Aufbringen von Paraffin oder anderen Wachsen, meist beim Umspulvorgang oder beim Fachen und Zwirnen, wenn die Reibwerte des Garns noch zu hoch sind (z. B. für die Strickerei).

Nadelabschlag, da das Ausheben der Nadelkämme aus dem Fasermaterial am Ende des Streckfelds schlagartig mechanisch erfolgt, spricht man vom Abschlagen.

Nadelfeld (Gill), mehrere Nadelkämme hintereinander in definierten Abständen gehalten und parallel geführt, bilden ein Nadelfeld. Im Doppel-Nadelstabstreckwerk (DNS) gibt es ein oberes und ein unteres Nadelfeld, die beide beim Verstrecken in den Kammzug eingreifen.

Nadelgarnitur, mit Spitzennadeln besetzte Oberfläche von Vorreißern, Arbeitswalzen und Auflösewalzen (z. B. OE-Auflösewalzen).

Nadelkamm, → Nadelstab.

Nadel-Lattentuch, mechanische Transportvorrichtung für Faserflocken von der

Ballenöffnung in den Wiegekastenspeiser in Form von Leisten (Holz, Metall, Kunststoff), die mit Nadeln in einer Reihe versehen und miteinander flexibel verbunden sind. Sie werden in Transportrichtung weiterbewegt (in seitlichen Führungen) und nehmen mit Hilfe der Nadeln das Fasermaterial mit. Durch Abstreifwalzen wird überschüssiges Material zurückgeführt, das mitgenommene Material wird im Füllschacht abgelegt.

Nadelstab, spezieller Nadelkamm mit Führung für das Nadelfeld eines Nadelstabstreckwerks (Nadelstabstrecke, Doppelnadelstabstrecke).
Wichtige Daten sind:
a) Nadellänge
b) Nadelvorsprung (Nadellänge außerhalb des Stegs)
c) Anzahl der Nadeln pro cm (10 mm)

Nadelstabstrecke (→ Doppelnadelstabstrecke), Maschine zur Mischung, Dublierung und Verstreckung der Kammzugbänder. Bei Nadelstabstrecken wird der Verzug der Fasern zwischen den Streckwerkswalzenpaaren durch mitlaufende Nadelkämme kontrolliert, und die Fasern werden ausgerichtet, voneinander getrennt und gleichzeitig im Verzugsfeld geführt, wodurch das Entstehen größerer Masseschwankungen oder sogar ein Abreißen des Bands verhindert wird. Üblich sind heute je nach Feinheit mindestens drei Streckpassagen hintereinander. Die Verzüge liegen im Bereich von 6-fach bis 8-fach. Die Verfeinerung des Kammzugs geht von etwa 24–28 ktex herab bis auf etwa 6 ktex.

Nadelstabstreckwerke,
1. Einfaches Nadelstabstreckwerk (Gillbox): Für die einfache (einseitige) Nadelstabstrecke werden Flachkämme verwendet, die aus einer Reihe von Nadeln (Rund- oder Flachnadeln), gehalten in einem flachen Metall- (oder Kunststoff-) Streifen bestehen. Die Nadelstäbe liegen nebeneinander und bilden ein Nadelfeld (Gill). Durch dieses Nadelfeld werden die Fasern zwischen den Speisezylindern und den Verzugszylindern gestützt, geführt und kontrolliert. Gleichzeitig werden die Fasern beim Herausziehen aus dem Nadelfeld in Transportrichtung (Bandrichtung) ausgestreckt. Ein exakter Verzug erfolgt nur dann, wenn sämtliche Fasern die Speisegeschwindigkeit bis zu dem Moment beibehalten, zu dem sie von den Verzugszylindern erfasst und mit einer höheren Geschwindigkeit abgezogen werden. Die Nadelkämme des Nadelfelds begleiten die Fasern bis zu einem Punkt, der so nahe wie möglich am Klemmpunkt der Verzugszylinder liegt. Dieser Mindestabstand wird Nip genannt. An dieser Stelle werden die Nadelkämme abgeschlagen, d. h. aus dem Fasermaterial herausgezogen und wieder zurück zu den Speisezylindern geführt, um erneut in das Fasermaterial einzugreifen. Die einfache Nadelstabstrecke kann nur eingesetzt werden, wenn die Vorlagemasse der Fasern gering ist (leichtes Eindringen der Fasern in die Fasermasse) oder bei sehr langen Fasern (z. B. lange englische Wolle oder Langfasern wie Flachs, Hanf usw.), da sie von vielen Nadeln gleichzeitig gehalten werden. Enthält ein Fasermaterial viele Kurzfasern, ist der Abstand zwischen zwei Nadelstäben zu groß, die kurzen Fasern werden nicht mehr gut geführt. Lösungsmöglichkeiten:
a) Verkleinern des Abstands zwischen den Nadelstäben. Dies ist jedoch begrenzt durch die Nadeldicke und die notwendige Halterung der Nadeln sowie ihre Versteifung.
b) Feinere Benadelung. Damit riskiert man eine schlechtere Faserkontrolle, da nicht das gesamte Fasermaterial

von den Nadeln erfasst werden kann, vor allem bei größerem Faserdurchsatz und bauschigem, stark gekräuseltem Material.

Für die Lösung des Problems wurde das Doppel-Nadelstabstreckwerk entwickelt.

2. Doppelnadelstabstreckwerk (Intersecting-Streckwerk): Es werden zwei Typen verwendet:

a) Schneckenstrecke (Transport der Nadelstäbe über Schneckenwellen)
b) Kettenstrecke (Transport der Nadelstäbe über Antriebsketten)

Das Prinzip des Doppelnadelstreckwerks (→ Doppelnadelstabstrecke) besteht darin, dass zusätzlich zum unteren Nadelfeld ein zweites Nadelfeld von oben in das Fasermaterial im Verzugsfeld eingreift.

Jede Nadelreihe reiht sich symmetrisch zwischen zwei Nadelstäbe des gegenüberliegenden Felds ein (Intersecting-Gillbox).

Nadelteilung, Stablängenabschnitt (in cm) geteilt durch die Anzahl der Nadeln pro cm am Nadelstab.

Nadelwalzen, Rundwalzen, die mit Nadeln bestückt sind, z. B. Auflösewalzen für empfindlichere Materialien (z. B. Fa. Burckhardt, Basel).

Nadelwalzenstrecke, Strecke, die zur Faserführung statt der Nadelfelder Nadelwalzen verwendet.

Nähfaden, → Nähgarn.

Nähgarn (Nähzwirn), meist hochgedrehter, runder, glatter Zweifach- oder Dreifachzwirn hoher Festigkeit. Folgende Nähgarntypen werden nach dem Einsatz unterschieden:

1. Maschinengarn (dreifach gezwirnt)
2. Handnähgarn (zweifach gezwirnt)
3. Knopflochgarn
4. Heftgarn oder Reihgarn
5. Stopfgarn (2- bis 4-fach gezwirnt)
6. Stopftwist (nur gefacht)

Dafür werden häufig folgende Materialgruppen verwendet:

a) Polyester-Nähgarne aus Stapelfasergarnen (Reißstapel- oder Schnittstapelfasergarne) gezwirnt
b) Polyester-Nähgarne aus Filamentgarnzwirnen
c) Core-Zwirne, Filamentgarne im Kern mit Stapelfasergarnen verzwirnt
d) Nähseiden und Knopflochseiden aus Seidenfäden bestehend (Zwirne aus Haspelseide oder Schappeseide)
e) Baumwollnähgarne, aus zweifach oder dreifach gezwirnten Baumwollgarnen, oft merzerisiert
f) Monofilamente

Abb. 1: Grundformen unterschiedlicher Nähgarntypen

In der Bekleidungsindustrie werden hauptsächlich Polyester-Nähzwirne eingesetzt, da sie bezüglich Reißfestigkeit, Scheuerfestigkeit und Beständigkeit anderen textilen Materialien weit überlegen sind. Auch gegenüber Polyamid weisen Polyester-Nähgarne deutliche Vorteile auf. Nachteile sind nur seitens der Temperaturempfindlichkeit zu sehen, eine Erwärmung über 200 °C sollte vermieden werden. Filamentzwirne werden überwiegend als Multifilament-Dreifachzwirne hergestellt. Sie ergeben eine regelmäßige Zwirnoberfläche und ein schönes Nahtbild. Für Spezialnähte werden aber auch zunehmend Zweifachzwirne mit höherer Drehung eingesetzt. Auch Stapelfaser-Nähgarne werden vorwiegend als Dreifachzwirn hergestellt. Die in Z-Richtung hergestellten Garne werden in S-Richtung verzwirnt. Eine Thermofixierung stabilisiert den Zwirn und gewährleistet gute Verarbeitungseigenschaften. Nähzwirne als Kombination zwischen Filamentgarnen und Stapelfasergarnen werden vermehrt bei höherer Belastung durch Nähautomaten eingesetzt.

Die Garnfeinheit der Nähgarne wird meist mit Nummer metrisch (Nm) angegeben, da die Feinheitszahl die Anzahl der Garnmeter angibt, die man pro Gramm Garn erhält. Damit lässt sich die Lauflänge der Nähgarnspule näherungsweise angeben. Dementsprechend lassen sich auch Richtwerte für den Nähgarnverbrauch (Mittelwerte) für die Herstellung von Textilien ermitteln, wie z. B. ca. 280 m für Jeans-Hosen, 190 m für Blazer, 210 m für einen Morgenmantel, 200 m für einen Trainingsanzug, 195 m für ein Kleid und 100 m für einen Rock (Information der Fa. Amann u. Söhne GmbH, Nähgarne, Bönnigheim). Ebenso sind durchschnittliche Nähgarnverbrauchswerte für bestimmte Sticharten ermittelt worden, wie z. B. Einfadenkettenstich 3,80 m pro 1 m Nahtlänge, Zickzack-Doppelsteppstich 2,80 m, 2-Faden-Überwendlichstich 12,08 m, 3-Nadel-Überdeckstich mit zwei Legefäden 23,36 m usw.

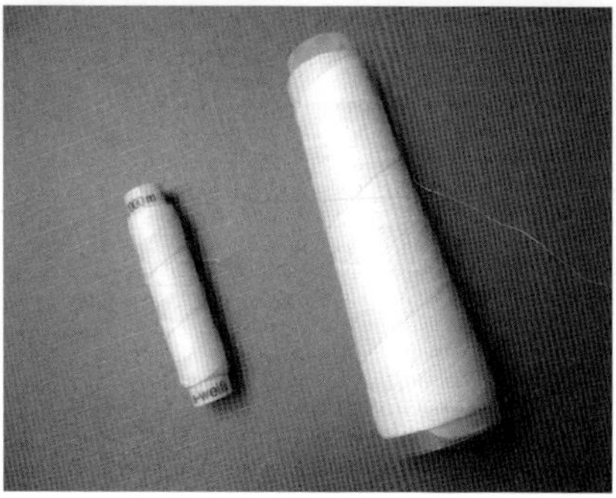

Abb. 2: Beispiele für Nähgarnspulen
Quelle: A. Schenek, Hochschule Reutlingen

Nähmaschinenzwirn, meist Dreifachzwirn (runder Querschnitt, hohe Festigkeit, glatt), mit hohem Glanz und gut geschlossener Oberfläche.

Nähseide, Zwei- oder Dreifachzwirn aus Schappeseidengarn.

Nähzwirn, → Nähgarn.

Nanofasern, Fasern mit Durchmessern im Nanometer-Bereich (1 nm = 10^{-9} m), etwa vergleichbar einer feinsten Asbestfaser, die im Durchmesserbereich von 0,15–0,01 µm oder 10–150 nm und teilweise noch darunter liegen kann (und deshalb lungengängig ist). Nanofasern können z. B. mit dem Elektrospinnverfahren hergestellt werden.

Die Entwicklung der Nanofasern steht erst an ihrem Anfang, weshalb Anwendungsmöglichkeiten nur ansatzweise genannt werden können. Nanofasern aus Polylactat werden derzeit zur Herstellung feinster Spinnvliese für textile Medizinprodukte verwendet (Wundschutz, Hautersatz, Tissue Engineering für Organersatz). Weitere Anwendungsmöglichkeiten, auch für Nanofasern aus anderen Rohstoffen, die als Spinnlösung verarbeitbar sind, gibt es im Bereich der technischen Textilien und der Funktionstextilien, beispielsweise für die Filtration biologischer Kampfstoffe und die Giftgasabsorption in militärischer Schutzkleidung. Nanofasern aus Carbon werden in der Forschung für die Herstellung elektrisch hochleitfähiger Filamente eingesetzt. Probleme ergeben sich derzeit durch die minimale Größe der Partikel, die in der Luft freigesetzt, von Menschen eingeatmet werden und in den Blutkreislauf gelangen können.

Nanotechnologie, beschäftigt sich mit der Entwicklung von Funktionen für Fasern, Garne und textile Flächengebilde auf molekularer Ebene im Nanometerbereich (1 nm = 10^{-9} m, z. B. Molekülgröße). Vor allem in der Veredlung sollen aktive Funktionen (Leitfähigkeit, hygienische und medizinische Wirksamkeit, aber auch elektrostatische und elektrische Funktionen bis hin zu Halbleiterfunktionen) der Garne erzeugt werden. Bekannt sind Veränderungen der Oberfläche wie Hydrophobierung und Hydrophilierung, auch der Einsatz von Enzymen und die Plasmatechnologie sowie die Verwendung von Cyclodextrinen an der Faseroberfläche.
Literatur: E. Schollmeyer et. al., DTNW Krefeld/Mönchengladbach.

Nassreißfestigkeit, → Nassfestigkeit.

Nassfestigkeit (relative Nassfestigkeit), Festigkeit von Fasern, Garnen oder textilen Flächen im nassen Zustand. Einige Naturfasern (Wolle, Tierhaare), aber auch einige Chemiefasern (Viskose, Modalfasern), verlieren im nassen Zustand einen Teil ihrer Festigkeit und dehnen sich stärker, sodass neben der Festigkeit im Normalklima auch die Nassfestigkeit für bestimmte Herstellungsverfahren und Einsatzzwecke wichtig sein kann (Veredlung, Färben, Ausrüsten, Waschen, speziell Fischereinetze, Taue). Zur Prüfung wird das Garn oder Fasermaterial durchnässt (in Wasser gelegt, mit Netzmittel) und danach mit dem Zugfestigkeitsprüfgerät geprüft. Ermittelt wird die relative Nassfestigkeit in Prozent (Verhältnis der Nassfestigkeit zur Trockenfestigkeit multipliziert mit 100 %).
Beispiele:

Rel. Nassfestigkeit	
Baumwolle	105–130 % (höhere Nassfestigkeit)
Viskose	50–70 %
Modal	60–80 %
Synthesefasern	80–99 %

Nassgespinst, nassgesponnenes Leinengarn, → Nassspinnen.

Nassparaffinierung, Aufbringen von Paraffin auf Garne aus wässriger Suspension.

Nassspinnen, technische Fasern (Stängelfasern) von Flachs, Hanf, Ramie u. a. enthalten höhere Lignin- und Pektinanteile, die als Klebstoff die Elementarzellen verbinden. Durch eindringendes Wasser werden diese Klebstoffe aufgeweicht. Dies nutzt man bei der Verspinnung zu Leinengarnen dazu aus, den Verstreckungsvorgang zu erleichtern und die gleichmäßige Verfeinerung der im trockenen Zustand sehr steifen Fasern zu ermöglichen. Durch das Einwässern der Vorgarne nach dem Bleichvorgang (Führen durch ein Wasserbad vor dem Streckwerk der Spinnmaschine) wird bei der Verspinnung ein Verzugsvorgang erreicht, bei dem die Elementarfasern aneinander vorbeigleiten (vergleichbar der Chemiefaserverstreckung) und gleichzeitig die Garne Drehung erhalten. Nach dem Verspinnen und dem anschließenden Trocknen erhärten sich die Pektine im Flachs wieder, und es entsteht das feste, wenig dehnfähige Leinengarn.

Nassspinnverfahren,
1. Stängelfasern: Zur Vorbereitung des Nassspinnens wird der geschwungene und gehechelte Langflachs auf einem Spezialflyer zum Vorgarn vorgesponnen. Das Aufwickeln der Vorgarne erfolgt auf speziellen, großen Scheibenspulen aus Kunststoff. Dann wird das Vorgarn in speziellen Spulen-Färbeanlagen vorgebleicht. Nach der Entnahme der gebleichten Vorgarne werden diese im nassen Zustand auf der Nassspinnmaschine (Ringspinnmaschine oder Flügelspinnmaschine) zum Leinengarn ausgesponnen. Die Spinnmaschine ist mit einem Wassertrog ausgerüstet, durch den das Vorgarn nochmals genässt wird. Der Verzug erfolgt mit großem Streckwerksabstand und speziellen, harten Streckwerkswalzen mit hohem Anpressdruck. Die Garnbildung erfolgt durch ein Ring-Läufer-System mit größeren Ringdurchmessern, je nach Garnfeinheit. Das nasse Garn wird im feuchten Zustand vom Cops auf eine Kreuzspule umgespult. Das Spleißen (Verbinden) der Garne erfolgt ebenfalls mit zusätzlicher Befeuchtung.
2. Chemiefasern: Zellulose ist nur durch spezielle Chemikalien (Lösungsmittel, Laugen, Säuren und andere Hilfsmittel) mit Wasser durch Umwandlung in einen löslichen Zustand zu bringen, der für das Spinnen von Chemiefasern notwendig ist (Erzeugung einer Spinnmasse). Das Ausspinnen erfolgt direkt in Wasser, d. h., die Spinndüsen befinden sich in einem Wasserbad. Beim Austritt der Spinnmasse aus den Spinndüsen entstehen durch das Entfernen der Chemikalien aus der Spinnmasse die Filamente, die abgezogen, verstreckt, weiter gewaschen, getrocknet und aufgespult werden können. Das Nassspinnverfahren wird für die Herstellung von Viskose-, Modal-, Lyocell- und Acrylfasern verwendet. Auch Kombinationen Trocken/Nass sind möglich.

Literatur: H. J. Koslowski, Chemiefaser-Lexikon, Deutscher Fachverlag GmbH, Frankfurt a. M., 1997.

Nasszwirn, Zwirn aus Leinengarnen, der nach vorherigem Führen der Garne durch ein (Warm-)Wasserbad auf der Ringzwirnmaschine entsteht. Solche Zwirne sind sehr fest und sehr glatt. Sie wurden früher für die Schuhfertigung verwendet.

Naturfarbenes Garn, Garn mit der natürlichen Farbe der textilen Faserstoffe ohne Wäsche, Bleiche oder Färbung, meist eher gelblich, teilweise bei Tierhaargarnen in verschiedenen Brauntönen bis schwarz, aber auch in verschiedenen Pastellfarben möglich.

1. Naturfarbenes Baumwollgarn: Garn, das aus Baumwollzüchtungssorten mit natürlichen Farben hergestellt wird. Mögliche Farben sind rosa, lavendelfarben, braun, rot und grün, allerdings immer in schwächeren Naturfarbtönen. Durch Mischung mit weißen Fasern kann man eine breite Garnfarbpalette für Handtücher, Bett- und Tischwäsche, T-Shirts, Sweatshirts, Pullover usw. erstellen. Durch Waschen wird der Farbton tiefer und intensiver, manchmal aber auch schwächer.
2. Naturfarbenes Wollgarn: Tierhaare in Naturfarbtönen wie Alpaka und Lama werden von den Indios in Südamerika, aber auch von Bewohnern anderer Regionen (Kamel, Kaschmir, Mohair), für die Herstellung von naturfarbenen Garnen und Textilien verwendet. Auch in Europa gibt es einige Firmen, die Naturtextilien aus Wolle anbieten. Die Naturfarben sind sehr stabil und können durch Melangieren beim Spinnen in großer Vielfalt variiert werden.

Naturfasergarn, Spinnfasergarn, das aus Naturfasern wie Baumwolle, Wolle, Tierhaaren, Flachs, Schappeseide usw. hergestellt bzw. gesponnen wird.

Naturmelange, Wollmischung aus unterschiedlich naturfarbigen Wollen und Tierhaaren (z. B. aus Alpaka, Kamelhaar oder Mohair).

Naturseide, alter, nicht mehr üblicher Begriff zur Unterscheidung der Seide von Kunstseiden oder Chemieseiden, Begriffe, die in der DDR üblich und teilweise genormt waren.

Ne, Abkürzung für die Garnfeinheit → Nummer englisch.

Nennfeinheit (Nenntiter), die im Kaufvertrag oder Liefervertrag angegebene mittlere Chemiefaserfeinheit in dtex (oder den).

Nenntiter, → Nennfeinheit.

Neocarmin-Farbreaktion, Färbetest zur Erkennung und Unterscheidung verschiedener Faserstoffe (Faseranalyse) mit Testfarbstofflösungen, heute kaum mehr üblich, da Ausrüstprozesse den Farbtest teilweise verfälschen.

Nesselgarn, gebleichte, nass gesponnene, aus Nesselfasern (z. B. Ramie, große Brennnessel) hergestellte Garne, die in den Eigenschaften gewisse Ähnlichkeiten mit nass gesponnenen Leinengarnen aus Flachs aufweisen (hohe Festigkeit, niedrige Dehnung).

Nest, Garnfehler, Faseransammlung am Garn.

Nettogewicht (Nettotextilgewicht nach TKG), Gewicht der Ware ohne Verpackung, Hülsen usw., Basis der Preisbildung (oder Basis für Konditioniergewicht bzw. Handelsgewicht).

Netze, weitmaschige Flächengebilde, bei denen die Verbindung der Fäden durch Knoten erfolgt (z. B. Fischernetze). Heute werden Netze auch aus Folienbändchengarnen hergestellt. Im weiteren Sinne zählen dazu auch weitmaschige Flächengebilde, die gestrickt, gewirkt, gewebt oder gehäkelt wurden. Netzartige Strukturen sind auch direkt aus Folien herstellbar (Netzbildung beim Extrudieren).

Netzgarn, Garn, das aus gespleißten (fibrillierten) Folienbändchen hergestellt wurde, meist aus Polypropylen, Polyethylen oder Polyamid.

Netzmittel, textile Hilfsmittel (z. B. Spülmittel) zur besseren Benetzung von Textilen mit Wasser, zur Herabsetzung der Grenzflächenspannung, zur Erhöhung der Saugfähigkeit und Verbesserung der Färbbarkeit.

Nigel (Glitzergarn), farbloses, transparentes Polyamid-Folienbändchen mit Metallglanzeffekt. Kann auch gefärbt oder bedruckt werden.

Nisse, Faserverknotung an Baumwoll- und Chemiefasern, die nicht mehr leicht aufgelöst werden kann, mit einem Durchmesser in der Größenordnung von 1 mm oder kleiner (größere Verknotungen bei Wolle und Chemiefasern werden als → Noppe bezeichnet). Nissen entstehen vor allem aus unreifen und toten Fasern sowie aus sehr feinen Chemiefasern bei allen

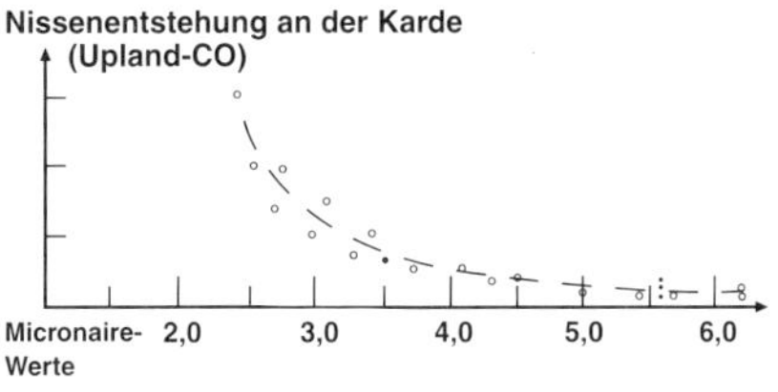

Abb.: Nissenentstehung bei der Kardierung von Baumwolle in Abhängigkeit vom Micronaire-Wert

Quelle: Andersen, Clayton u. Co., Fürst, Papenburg u. Co., Bremen mechanischen Prozessen wie Ernte, Entkörnung, Spinnereivorbereitung und Reinigung. Nissen werden im Garn als Fehler gezählt (Nissenmessung mit dem Uster-Garngleichmäßigkeitsprüfgerät, Nissendefinition nach Uster im Garn: Ringgarn +200 % Masse, Rotorgarn +280 % Masse über der mittleren Garnmasse) und visuell mit Garntafeln (Reutlinger Garnstandards), mit Uster-Standards oder durch direkten Vergleich beurteilt. Die Entfernung von Nissen aus der Baumwolle ist mit Kardieren und mit Kämmen möglich.

Nissenkontrolle, da der Nissengehalt eines Garns (Baumwolle und Chemiefasern) ein wichtiges Qualitätskriterium für die Weiterverarbeitung (Imperfections) und oft ein Reklamationsgrund ist, wird bereits beim Kardieren der Nissengehalt im Vlies oder Kardenband kontrolliert. Dies auch deshalb, weil jede Öffnungs- und Reinigungsmaschine Nissen erzeugt. Die Karde entfernt den größten Teil der Nissen. Verschlechtert sich aber der Zustand der Garnituren und Deckeldrähte, werden weniger Nissen entfernt. Die Kontrolle der Nissen ermöglicht dann, den Zeitpunkt des Nachschleifens der Garnituren oder des Neubeziehens der Karde messtechnisch zu erfassen. Weiterhin ergibt sich auch eine Rohstoffkontrolle, da zu feine Fasern (unreife Baumwolle, Mikrofasern) zu einer Erhöhung der Nissenanzahl im Garn führen. Die Karde bietet neben der Kämmmaschine die einzige Möglichkeit, Nissen zu entfernen.

Die Kontrolle an der Karde erfolgt

a) vollautomatisch und kontinuierlich am Vlies (Nepcontrol TC 03 der Fa. Trützschler)
b) mit Hilfe des AFIS-Geräts am Band (im Prüflabor an Bandproben teilautomatisch)
c) durch visuelle Vlieskontrolle vor der Bandbildung (an älteren Karden möglich)

Die Kontrolle am Garn erfolgt

a) mit Uster-Tester (Fa. Uster Technologies), → Imperfections
b) an der OE-Rotorspinnmaschine durch Garnreiniger (Fa. Loepfe, Uster Technologies)
c) an der Luftspinnmaschine durch Garnreiniger
d) an der Spulmaschine durch moderne Garnreiniger (Loepfe, Uster Technologies)

Nitschelgarn (Selftwist-Garn, → Repco-Garn), Garn, das mit Hilfe des Nitschelns verfestigt wird. Industrielles Beispiel ist das Garn des Repco-Spinnverfahrens, Kammgarn aus Wolle, das durch Nitschelung zweier Vorgarne (S- und Z-Drehung abwechselnd) entsteht.

Nitscheln, gleichzeitige Längs- und Querbewegung zweier sich (fast) berührender, gegenüberliegender Nitschelbänder (Nitschelhosen), die durch ihre Wechselbewegung das dazwischen liegende Faserbändchen so bearbeiten, als ob es zwischen zwei Händen frottiert (hin- und hergerubbelt) würde. Das Faserbändchen erhält Falschdrall. Gleichzeitig wird das Vorgarn oder Garn weitertransportiert und auf Spulen aufgewickelt. Das Nitscheln hat in der Kammgarnspinnerei den Vorteil, dass die Vorgarne keine echte Drehung erhalten und am Streckwerk der Spinnmaschine leichter verzogen werden können. Das Nitscheln wird verwendet für:

a) Vorgarnherstellung Kammgarnspinnerei
b) Vorgarnherstellung an der Streichgarnkrempel
c) Garnherstellung an der Repco-Spinnmaschine

Nitschelstrecke (Frotteur, Hochverzugs-Nitschelstrecke), Hochleistungsstrecke und gleichzeitig Nitschel der Kammgarn-

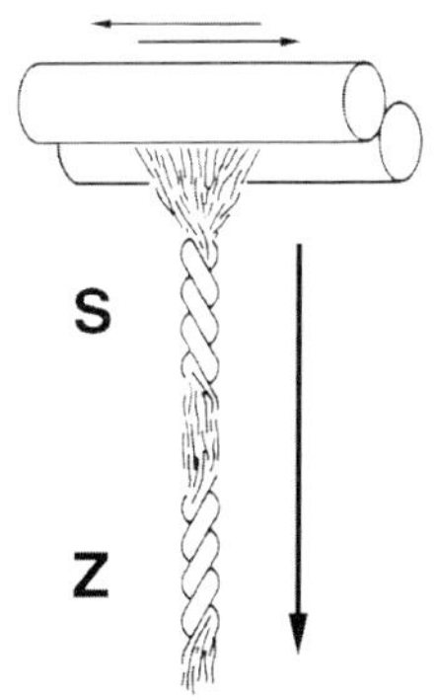

Abb.: Prinzipdarstellung des Nitschelvorgangs
Quelle: W. Klein, Die Kurzstapelspinnerei

spinnerei, vertikal oder horizontal angeordnet, mit speziellem Streckwerk zum Verstrecken des Kammzugs zum Vorgarn, das danach durch Nitscheln verfeigt wird. Sehr hohe Liefergeschwindigkeiten möglich. An einem Nitschelstreckwerk werden parallel zwei Vorgarne erstellt, die gemeinsam parallel auf eine Spule (Kreuzspule) aufgewickelt werden. Damit können die zwei parallelen Streckwerke der Ringspinnmaschine von einer großen Vorgarnspule beliefert werden.

Nitschelstreckwerk, spezielles Streckwerk der Hochverzugs-Nitschelstrecke, das zwischen den Streckwerkswalzen Kanalwalzen oder Sampre-Walzen oder beide Typen aufweist, die für eine schonende Faserführung von langen Fasern im Verzugsbereich sorgen. Die Abstände zwischen den Verzugswalzenpaaren werden der Faserlänge angepasst. Nach dem Verstrecken erfolgt das Nitscheln.

Nitschelverfahren, → Nitscheln.

Nitschelvorgarn,
1. Vorgarn der Hochverzugs-Nitschelstrecke der Kammgarnspinnerei, das direkt der Kammgarn-Ringspinnmaschine vorgelegt wird.
2. Vorgarn, das direkt auf der Streichgarnkrempel durch Florteilung (Vliesteilung) und durch Nitscheln hergestellt, auf vielen Spulen parallel auf einen Träger aufgewickelt und direkt der Streichgarn-Ringspinnmaschine vorgelegt wird

Nitschelzwirn, → Nitschelgarn, → Repco-Garn.

Nm, Abkürzung für die Garnfeinheit → Nummer metrisch.

Noble-Kämmlinge, Kämmlingsanteil (→ Kämmling) der gleichnamigen englischen Noble-Kämmmaschine (alte Maschinentype) beim Verkämmen von Wolle. Wird kaum mehr verwendet.

Noble-Rundkämmmaschine, alte englische Kämmmaschinentype, bei der die Kammzüge einem Rundstuhl von allen Seiten zugeführt und durch Drehbewegung der Rundkämme ausgekämmt wurden. Wird kaum mehr verwendet (evtl. noch in Indien und Pakistan zu finden).

Nomex-Garn, Filamentgarn oder Spinnfasergarn aus aromatischen Polyamidfasern (Meta-Aramid) der Fa. DuPont/Invista mit besonders hoher Temperatur- und Chemikalienbeständigkeit, Schwerentflammbarkeit und hoher Festigkeit, hergestellt mit dem Trockenspinnverfahren. Zersetzung bei 370 °C, Verkohlung bei 400 °C, Dauerwärmestabilität bei 175 °C, Festigkeitsverlust bei 250–300 °C ca. 50 %. Verwendung für Schutzkleidung (Feuerwehr, Rennsport, Militär, Raumfahrt) und technische Produkte (Filtration, Wärmeschutz).

Nominaltiter, → Nennfeinheit.

Non-lint (Trash), nichtfaserige, pflanzliche Begleitstoffe der Baumwolle (Stängel, Blatt- und Kapselteile).

Noppe,
1. Größere Faserverknotung (deutlich größer als Durchmesser 1 mm) bei Wolle und Chemiefasern, die sich nicht mehr auflösen lässt und die im Garn, im Gewebe oder im Gestrick und in der Fertigware stört. Die Noppenmessung im Wollkammzug gehört zur Qualitätsbeurteilung und ist mit preisbestimmend, da die Noppenzahl im Garn ein wichtiges Qualitätskriterium darstellt. Je höher die Noppenzahl im Kammzug, desto höher wird die mögliche Noppenzahl im Garn, die als Fehler bewertet werden. Die Noppenzahl wird manuell mit dem Toenníssen-Tester (beleuchtete Schautafel mit Verzugsgerät) gemessen und auf 10 Gramm Kammzug bezogen angegeben.
2. Verdickung als Garneffekt für → Noppengarn, → Noppenzwirn.
3. Bei der Teppichherstellung das Fadenstück der Pol- oder Florkette zwischen Schnitt- bzw. Abbinde- oder Klebestelle (Polnoppe).

Noppengarn, Garn, oft Streichgarn, das durch Zuführung von Fasernoppen bzw. Nissen mit Hilfe eines Streuapparats an der Krempel (nach dem Krempeln Auftrag auf das Faservlies) gezielt als Effektgarn auf der Spinnmaschine hergestellt worden ist.

Abb.: Noppengarnspule
Quelle: A. Schenek, Hochschule Reutlingen

Noppenzwirn, Zwirn, der unter Verwendung von mindestens einem Noppengarn an der einfachen Zwirnmaschine oder durch Zuführung von Vorgarnen mit Noppen an der Effektzwirnmaschine entstanden ist.

Normal gedrehter Faden, Garn mit mittlerer Drehung, die üblicherweise der Drehung eines Schussgarns für die Weberei entspricht (üblicher Alpha-metrisch-Wert 110–130).

Normalklima (Normklima), in den internationalen (EN, ISO, IWTO) und nationalen Normen (z. B. DIN) für die Textilprüfung vorgeschriebene Klimabedingung:
1. Lufttemperatur 20 ± 2 °C und relative Luftfeuchtigkeit 65 ± 4 % (nach der neuesten Norm DIN EN ISO 139 [Abstimmung 11/2004]).
2. Zusätzlich ist nach der neuen Norm DIN EN ISO 139 das Normalklima der Laboratorien der kunststoffverarbeitenden Industrie mit 23 °C und 50 % relative Luftfeuchtigkeit in den Textillaboratorien alternativ zugelassen.

Normen (Standards), Festlegung von Begriffen und technische Beschreibung von Produkten, Produktbeschaffenheit, Herstellungsverfahren, Prüfverfahren, Maschinenteilen usw., die innerhalb eines Landes, eines Wirtschaftsraums, einer Industriesparte oder international anerkannt sind und Rechtsgültigkeit besitzen. Bei Gerichtsverfahren wird sich der Richter in technischen Fragen auf die Festlegung in den Normen beziehen, wenn eine außergerichtliche Einigung (Schiedsgerichtsverfahren, Arbitrage) nicht möglich ist.
Typische Normengruppen sind:
1. Staatliche Normen, z. B.

DIN	Deutsche Industrie Norm
ÖNORM	Österreichische Norm
AFNOR	Französische Norm
ASTM	US-Norm (American Standards)

BST	Britische Norm
GOST	Russische Norm
EN	Europäische Norm
ISO	Internationale Norm

Dabei wird die nationale Norm der europäischen (EN) und der internationalen Norm (ISO) untergeordnet.

2. Industrienormen, z. B.

IWTO-Normen	Wollprüfungsnormen
BISFA-Normen	Europäische Chemiefasernormen

Normklima, → Normalklima.

Novacore-Garn, Selftwist-Garn mit Filamenten, ähnlich dem → Repco-Garn, hergestellt mit dem französischen → Novacore-Spinnverfahren.

Novacore-Spinnverfahren, Spinnverfahren, das Garne (Zwirne) nach dem Falschdrallverfahren (→ Selftwist-Spinnverfahren), ähnlich dem australischen Repco-Spinnverfahren, allerdings mit einem zusätzlichen Filament im Kern (Coregarn) erzeugt. Entwickelt in den Ateliers Roannais de Constructions Textiles (ARCT) in Frankreich. Das Verfahren basiert auf der Zuführung zweier Vorgarne des Langstapelbereichs (Kammgarne, Wolle) zu einem Streckwerk, das beide Lunten getrennt traditionell verstreckt. Zusätzlich wird an dem letzten Walzenpaar des Streckwerks jeweils noch ein Filamentgarn zugeführt, das später den Kern der zwei Garne bildet. Durch eine unterhalb des Streckwerks angeordnete Friktions-Falschdrallgebervorrichtung erhalten beide Coregarne Falschdrall. Werden die beiden Garne danach zusammengeführt, erhält man einen durch den Rückdrall entstehenden Selftwist-Zwirn. Die Maschine war für Liefergeschwindigkeiten bis 300 m/min ausgelegt, erreicht wurden ca. 210 m/min. Das Garn wurde auf Kreuzspulen aufgewickelt.

Nummer englisch (Ne), englische Garnfeinheitsbezeichnung, die in der Textilindustrie in den USA, England und vielen asiatischen Ländern (außer China), aber auch in Nordeuropa für die Feinheitsbezeichnung von Naturfasergarnen verwendet wird. Für verschiedene Fasermaterialien und Spinnereibereiche gibt es unterschiedliche Feinheitsdefinitionen, z. B. Ne Cotton, Ne Woolen, Ne Worsted, Ne Linnen usw. Am häufigsten wird Ne Cotton (Ne C) verwendet. Grundsätzlich wird die Garnlänge in Yards, bezogen auf das Gewicht des jeweiligen Garnstrangs in engl. Pfund, angegeben, ist also im Prinzip vergleichbar mit der Nm-Feinheit. Ne Cotton ist 840 Yards des Garns (274,32 m), bezogen auf 1 engl. Pfund (453,59 g), und entspricht damit zahlenmäßig etwa 60 % des Nm-Werts.

Übersicht:

1. Ne Cotton (Ne C), auch Ne Baumwolle (Ne B): Anzahl der Garnstränge der Länge 840 yards (768 m), die ein englisches Pfund (1 lb = 453,59 g) wiegen, oder, zur praktischen Ermittlung, das Gewicht eines Garnstrangs mit der Garnlänge 840 yards, angegeben in lb. Umrechnung: Ne B = 0,590 × Nm.
2. Ne Kammgarn (Ne worsted, Ne K): Anzahl der Garnstränge der Länge 560 yards (512 m), die ein englisches Pfund (lb) wiegen. Umrechnung: Ne K = 0,886 × Nm.
3. Ne Streichgarn (Ne woolen, Ne W): Umrechnung: Ne W = 1,938 × Nm.
4. Ne Leinen (Ne Linnen, Ne L): Umrechnung: Ne L = 1,654 × Nm

(Siehe Tabelle im Anhang, S. 545).

Nummer französisch (Nf), französische Garnfeinheitsdefinition, die auf das metrische System der französischen Revolution aufgebaut wurde und alte Gewichts- und Längeneinheiten ablöste.

Nf 1 = 1.000 m Garn wiegen 500 Gramm

Nf 100 = 100.000 m Garn wiegen 500 Gramm

Umrechnung:
1 Nm = 2,00 × Nf
1 tex = 500/Nf

Nummerierung, Feinheitsbezeichnung von Garnen, Zwirnen, Fasern und Filamenten. International nach ISO ist die Gewichtsnummerierung (→ Tex-System) seit den 60er Jahren des 20. Jahrhunderts weltweit festgelegt und gesetzlich vorgeschrieben. In der Praxis werden aber immer noch auch ältere Systeme der Garnfeinheitsbezeichnung verwendet (→ Nummerierungssysteme).

Nummerierungssysteme, die wichtigsten Garnfeinheitsbezeichnungen sind:

1. Tex-System (nach ISO weltweit einheitlich festgelegt): Einheit tex für Spinnfasergarne, z. B. Baumwollgarn der Feinheit 20 tex = 20 g/1.000 m, Einheit dtex (dezitex) für Filamentgarne und Fasern (z. B. Filamentgarn der Feinheit 55 dtex = 55 g/10.000 m = 5,5 tex = 5,5 g/1.000 m; z. B. Chemiefaser der Baumwolltype 1,7 dtex = 1,7 g/10.000 m oder Chemiefaser der Wolltype 6,7 dtex = 6,7 g/10.000 m).
2. Nm-System (in Deutschland und Zentraleuropa): Einheit Nm (→ Nummer metrisch) für Spinnfasergarne, z. B. Nm 50 = 50 m/g.
3. Ne-System (in England, den USA, in Asien und in Nordeuropa): Einheit Ne (→ Nummer englisch) für Spinnfasergarne, z. B. Ne 30 bedeutet, dass 30 Stränge (hanks) zu je 840 yards (1 yard = 91,44 cm) Länge 1 lb (pound, engl. Pfund = 453,59 g) wiegen.
4. den-system (in den USA und in Asien): Einheit den (→ Denier) für Filamentgarne und Fasern, z. B. 30 den = 30 g/9.000 m (Filamentgarne, glatt und texturiert), z. B. 1,5 den = 1,5 g/9.000 m (für Chemiefasern, B-Type), z. B. 6 den = 6 g/9.000 m (für Chemiefasern, W-Type).

In vielen Ländern werden noch weitere alte, nationale Garnfeinheitssysteme verwendet, die auf der Bestimmung der Länge pro Gewichtseinheit beruht, ähnlich den Nm-System, wie z. B.

Asbest, britisch:	50 yards/lb (lb = 1 pound = 1 engl. Pfund = 453,6 g)
Asbest, amerikanisch	100 yards/lb
Baumwolle,Nf französisch	1.000 m/500 g (kontinentales frz. Pfund)
Bump-Garn	1 yard/oz (oz = 1 ounce = 1 engl. Unze = 28,35 g)
Leinen, Ne L, nassgesponnen	300 yards/lb
Wolle, Kammgarn, Ne K (worsted)	560 yards/lb
Wolle, Streichgarn, Yorkshire Ne W (woolen)	256 yards/lb
Wolle, Galashields	200 yards/lb
Wolle, Hawick	300 yards/26 oz
Wolle, West of England	320 yards/lb
Wolle, Dewsbury	1 yard/oz
Wolle, Alloa	11.520 yards/24 lbs
Wolle, American Cut	300 yards/lb
Wolle, American Run	100 yards/ oz
Seide, englisch	1.000 yards/oz

Tab.: Nummerierungssysteme

Weitere Definitionen beruhen auf dem Gewicht pro Längeneinheit, ähnlich dem Tex- oder Denier-System, z. B.:

Leinen, englisch, trocken gesponnen	lbs (pound)/ 14.400 yards
Hanf, englisch	lbs (pound)/ 14.400 yards
Jute, englisch	lbs (pound)/ 14.400 yards
Wolle, schottisch, Aberdeen	lbs (pound)/ 14.400 yards
Wolle, American Grain	1 grain (0,0648 g)/ 20 yards

Auch in Asien (China, Indien u. a.) wurden eigene Systeme verwendet.

Nummer metrisch (Nm), in Mitteleuropa übliche Feinheitsbezeichnung der Garne, die trotz gesetzlicher Einführung der Tex-Feinheit immer noch in Industrie und Garnhandel eingesetzt wird. Die Definition erfolgt nach der Länge des Garns in Metern, bezogen auf das Basisgewicht von einem Gramm Garn (Nm 1 = 1 m/g, Nm 100 = 100 m/g). Die Angabe erfolgt durch die Einheit Nm und die darauf folgende Feinheitszahl (z. B. Nm 40). Größere Nm-Werte ergeben feinere Garne, kleinere Nm-Werte ergeben gröbere Garne.
Umrechnung:
1 tex = 1.000/Nm
1 Nm = 1.000/Tex
In der Industrie wird nach wie vor die Nm-Feinheit verwendet (z. B. im Deutschen Garnkontrakt), da diese die schnelle Abschätzung der Garnlauflänge in Metern ermöglicht (Beispiel: 50 g des Garns Nm 100 auf einem Spinncops ergeben 50 g × 100 m/g, also 5.000 m Garn).

Nummernaufgabe, Angabe der Garnfeinheit bei der Bestellung.

Nummernbestimmung, Feststellung der Garnfeinheit, bei der eine bestimmte Garnlänge (z. B. 100 m) auf eine Garnweife aufgewickelt und danach der Garnstrang abgewogen wird. Aus Gewicht und Länge wird die Garnfeinheit (z. B. Nm) errechnet.

Nummernhaltung, Konstanthaltung der Garnfeinheit während des Spinnens.

Nummernschwankungen (Garnfeinheitsschwankungen), Variation der Garnfeinheit über große Längen hinweg (von 100 m und mehr), die besonders in der Strickerei, aber auch in der Weberei zu Streifenfehlern führt. Über große Längen ergeben Feinheitsschwankungen des Garns unterschiedliche Einarbeitungen im Gewebe, unterschiedliche Dehnung, unterschiedliche Quadratmetergewichte sowie Farbveränderungen. Über kurze Längen weist jedes Garn mehr oder weniger periodische Masseschwankungen auf (Dünn-Dick-Stellen).

Nummerntoleranzen (Garnfeinheitstoleranzen), zulässige Streuung der Garnfeinheiten im Garnhandel, in Deutschland festgelegt im Deutschen Garnkontrakt (siehe Anhang, S. 529).

Nutentrommel, Antriebstrommel der Spulmaschine, die die zu bewickelnde Kreuzspule antreibt, wobei der Antrieb über Reibung (Druckbelastung) erfolgt und die Spule dieselbe Umfangsgeschwindigkeit wie die Nutentrommel erhält. Dies hat den Vorteil, dass trotz zunehmendem Bewicklungsdurchmesser die Umfangsgeschwindigkeit und damit die Garnabzugsgeschwindigkeit konstant bleibt. Gleichzeitig sorgen speziell angefertigte Vertiefungen (Nuten) in der Antriebstrommel dafür, dass das Garn ohne Fadenführer in der gewünschten Spulenform (Kreuzspule) aufgewickelt wird.

Nutzeffekt, rechnerische Angabe des Verhältnisses von tatsächlicher zu theoretischer Produktion unter Berücksichtigung

verschiedenster Stillstandsgründe bzw. Fadenbruchzeiten. Der Nutzeffekt wird als Prozentsatz angegeben und mit dem griechischen Buchstaben Eta (η) angegeben:
η = tatsächliche Produktion/theoretische Produktion × 100 %
Beispiele für mittlere Nutzeffekte der Spinnerei (Dreizylinderspinnerei), abhängig vom Automatisierungsgrad:

Putzerei	95 %
Karde	95 %
Strecke I	82–88 %
Strecke II	75–80 %
Banddubliermaschine/ Wickelbildung	70–75 %
Kämmmaschine	90–92 %
Flyer	75–85 %
Ringspinnmaschine (mit Doffer)	96–98 %

Nylonläufer, Ringläufer für die Streichgarn- und Kammgarnspinnerei aus PA-6-Kunststoff, teilweise glasfaserverstärkt und teilweise mit Metalleinsatz. Das geringere Gewicht erlaubt höhere Spindeldrehzahlen. Nylonläufer werden für Garne und Zwirne aus Spinnfasern, Nähgarnen, Glasgarnen, Teppichgarnen, technischen Filamentgarnen und Reifencord eingesetzt.

O

Oasys-Garnstrukturtester, Garnprüfgerät der Fa. Zweigle, Reutlingen, zur optischen Gleichmäßigkeitsprüfung von Spinnfasergarnen mit Infrarotlicht. Mit dem Gerät können Garnfehler, Dünnstellen, Dickstellen und Nissen sowie Volumenschwankungen unabhängig von der Masse gemessen und aufgezeichnet werden. Das Messsystem vergleicht den Garndurchmesser mit dem Referenzmittelwert und registriert Abweichungen nach Längen- und Durchmesserwerten. Spektrogramme und Längenvariationskurven sind darstellbar. Die Ergebnisse entsprechen der Sichtweise des menschlichen Auges. Die Messgeschwindigkeit ist zwischen 100 m/min und 400 m/min wählbar. Mit den Messdaten lässt sich eine digitale Garntafel (Schautafel, Garnspiegel) erstellen. Zudem können Darstellungen der Gewebe und Gestricke simuliert werden, die aus den geprüften Garnen hergestellt werden sollen. Mit einem Zusatzprogramm (Fancy Yarn Modul) können aus einer Garnvermessung Steuerdateien für Effektzwirnmaschinen erstellt werden. Das mögliche Gewebe oder Gestrick kann simuliert werden, ehe ein Garn produziert wird.

Oberfläche (Garne/Zwirne), die Oberfläche von Garnen und Zwirnen ist sehr unterschiedlich, sie bestimmt Charakter, Aussehen, Volumen und Griff von Garn und Fertigware. Die Oberfläche wird bestimmt durch den Garnaufbau, die Faserlage im Garn bzw. die Fasereinbindung in Kern und Mantel und durch die Haarigkeit. Folgende Faktoren beeinflussen hauptsächlich die Oberflächenstruktur:
- Fasermaterial (Rohstoff, Länge, Feinheit, Steifigkeit, Fremdpartikel usw.)
- Spinnereivorbereitungsverfahren (Kammgarn, Streichgarn usw.)
- Garnfeinheit und Drehung
- Spinnverfahren (Ringgarn, OE-Garn usw.)
- Nachbehandlung (Sengen, Polieren usw.)
- Spulverfahren und Paraffinierung
- Garntransport während der Verarbeitung und Fadenspannung
- Feuchtigkeit
- Zwirnverfahren
- Färbe- und Ausrüstverfahren

Obergarn, oberer Faden beim Nähen mit Nähmaschinen. Er bestimmt die Haltbarkeit der Naht ganz wesentlich, muss also besonders stabil gewählt werden (-Nähgarne).

Oberwindung, zusätzlich mögliche Bewicklungsreserve am oberen Ende des Spinncopses, die zum Erfassen des Garnendes an der Spulmaschine benutzt werden kann.

OE-Auflösewalzen, mit Garnituren verschiedenster Art oder Spitzennadeln versehene Walzen an der OE-Rotorspinnmaschine mit kleineren Durchmessern (40–80 mm), die sich sehr schnell drehen (6.000–9.000 U/min) und die Fasern aus dem vorgelegten Faserband (Streckenband, Kardenband) herausziehen und an den Rotor abgeben. Es werden Baumwoll- und Chemiefasergarnituren eingesetzt.

OE-Friktionsgarn, mit Hilfe des → Friktionsspinnens hergestelltes Garn.
1. → DREF-Garn für den Grobgarnbereich
2. Dreizylinder-Friktionsgarn (Prinzip Platt, derzeit nicht mehr verwendet)

Durch das Friktionsspinnverfahren erhält das Garn eine ungleichmäßigere Garnstruktur, die Fasern liegen noch weniger längsorientiert vor als beim OE-Rotorspinnen. Deshalb ist ein vergleichbar feines Garn weniger fest.

OE-Rotorgarn, mit dem → OE-Rotorspinnverfahren hergestelltes Garn. Durch Vorgarnvorlage, Faservereinzelung mittels Auflösewalze und Lufttransport wird die vorliegende Faserorientierung verschlechtert, weshalb im OE-Rotorgarn mehr Fasern im Garnquerschnitt benötigt werden als beim Ringspinnen (bis zu doppelt so vielen Fasern, 85–100 beim OE-Rotorspinnen statt 35–50 beim Ringspinnen, wobei Verbesserungen durch die Weiterentwicklung des Rotorspinnens zu erwarten sind). Dies führt auch dazu, dass die Faserlage im Rotorgarn weniger parallel zur Garnachse erfolgt und die Drehungsstruktur weniger gleichmäßig ist als beim Ringgarn (nach Dr. P. Artzt eine „Sauerkrautstruktur" im OE-Rotorgarn). Hinzu kommt, dass die Einbindung der Fasern in das Garn anders erfolgt als beim Ringgarn: Das sich um die eigene Achse drehende Garnende bindet die in der Rotorrille vorliegenden Fasern von innen nach außen ein (Kerndrehung). Hierdurch ist die Stabilität des Rotorgarns innen größer als außen, wodurch es eine höhere Scheuerfestigkeit aufweist. Äußerer Abrieb schadet dem Rotorgarn weniger als dem Ringgarn. Auch die Haarigkeit des Rotorgarns ist üblicherweise geringer, da das Garn in der Rotorrille stark zusammengepresst wird, was die Fasereinbindung verbessert. Eine größere Haarigkeit des Garns lässt sich durch Kerben im Garnabzugstrichter (Abzugsdüse mit Kerben) erzielen. Weitere Maschinenparameter bzw. Maschinenelemente, wie Auflösewalzengarnitur, Drehzahl, Rotorform, Rillenform, Luftführung, Abzugstrichterform, Abzugsröhrchen, Drallstauvorrichtungen u.a., beeinflussen ebenfalls die späteren Garneigenschaften ganz erheblich.

Ein weiteres Strukturmerkmal des Rotorgarns sind die Umwindefasern (→ Bauchbinde), die immer wieder im Rotorgarn auftreten. Sie entstehen immer dann, wenn bei einer Umdrehung des Spinnrotors das fertige Garn beim Abzug aus dem Rotor an der Einspeisestelle der Fasern vorbeikommt und sich längere Fasern direkt um das Gern herumwickeln, ohne in die Rotorrille zu gelangen. Dementsprechend treten Bauchbinden meist in Abständen im Garn auf, die dem Rotorumfang oder einem Vielfachen des Umfangs entsprechen (also bei Rotordurchmesser 33 mm etwa im Abstand von 100 mm bzw. 10 cm).

Bezüglich der Massegleichmäßigkeit schneidet das OE-Rotorgarn etwas besser ab als das Ringgarn (gleicher Faserstoff, gleiche Bandgleichmäßigkeit und gleiche Garnfeinheit und Drehung usw. vorausgesetzt). Die Verbesserung entsteht durch die Dublierung im Spinnrotor. Der Rotor dreht sich wesentlich schneller als das Garnende, das die Fasern einbindet. Bis das Garnende die Fasern der Rille eindreht, werden mehrere Faserlagen in der Rotorrille übereinander gelegt (dubliert), wodurch eine Gleichmäßigkeitsverbesserung (weniger Dünn- und Dickstellen, auf der Garntafel sichtbar) erreicht wird.

Garneigenschaften OE-Rotorgarn im Vergleich zum Ringgarn (*Literatur:* A. Bausch, Eigenschaften der OE-Garne, Beitrag zum Fachbuch Rundstrickerei):

Haarigkeit	geringer
Reinheitsgrad	gut (Schmutzabscheidung)
Volumen	höher (abhängig von Rotordrehzahl, 10–20 %)
Scheuerfestigkeit	höher (bis 50 %)
Aufschiebeneigung	geringer (abhängig von Abzugstrichterform)
Festigkeit	geringer (10–20 %)
Dehnung	höher
Uster-CV-Werte	besser
Griff	härter
Kringelneigung	gleich bis geringer

Deckvermögen	gleich, in Maschenwaren etwas höher
Warenoptik	matter, stumpfer
Farbbrillanz	geringer
Farbausfall	weniger tief
Warengriff	härter und rauer
Schrumpf	höher
Rauhfähigkeit der Ware	schlechter

Faserstoffabhängige Garneigenschaften (*Literatur:* C. Iyer, B. Mammel und W. Schäch, Rundstricken, Meisenbach-Verlag Bamberg 1991): siehe Tabelle unten.

OE-Rotorspinnen (Open-End-Rotorspinnen), modernes Spinnverfahren zur direkten Bandverspinnung von Stapelfasern, vor allem für Baumwolle und ähnliche Natur- oder Chemiefasern. Der Begriff OE bedeutet offenes Garnende (open-end). Er verdeutlicht, dass es keine Verbindung zwischen dem vorgelegten Band und dem neu herzustellenden Garn gibt. Im gröberen Garnbereich, bei kardierten Garnen bis Nm 50 (teilweise schon bis Nm 80 und feiner möglich) hat das OE-Rotorspinnen in den Industrieländern in Europa, USA, auch teilweise in Asien, das Ringspinnverfahren abgelöst. Es ist erheblich leistungsfähiger (bis zu 10-fache Liefergeschwindigkeit) als das Ringspinnen und voll automatisierbar (vollautomatische Spinnerei vom Rohstoff bis zum Garn). Allerdings hat das OE-Rotorgarn eine deutlich andere Garnstruktur und andere Garneigenschaften als das Ringgarn. Es wird erfolgreich im Halbkammgarnbereich und Streichgarnbereich eingesetzt (z. B. Deckengarne), ist aber noch kaum verwendbar für die Verspinnung langer Wollfasern.

OE-Rotorspinnmaschine, das OE-Rotorspinnen (OE = Offenes Ende) wurde etwa ab 1970 zur industriellen Serienreife entwickelt. Als Erfinder gilt Julius Meimberg (erstes deutsches Patent 24.11.1949). Meimberg konnte als Erster gemeinsam mit der Fa. Spinnbau, Bremen, eine funktionierende Rotorspinnmaschine mit zwei Spinnstellen öffentlich vorstellen (ITMA 1955, Brüssel). Der Rotor (Spinnrotor), von dem das Verfahren seinen Namen bekommen hat, ist ein kreisförmiger Rotationskörper, eine Zentrifuge, die in einer speziellen Form mit geneigter Wand zur Herstellung von OE-Rotorgarnen geeignet ist. Die Rotorwand fängt die Fasern auf, die von der Auflösewalze abgesaugt werden und über den Faserleitkanal in das Innere des Rotors gelangen. Es werden verschiedenste Rotortypen verwendet (Parameter: Rotordurchmesser, Wandneigung, Rotorrillenform, Rotortiefe, Rotorbeschichtung, Lagerform usw.).

Eigenschaft	kardierte Baumwolle	Chemiefasern
Feinheitsfestigkeit	10–20 %	niedriger dto.
Variationskoeff. der Festigkeit	deutlich geringer	gleich bis geringer
Dehnung	höher	gleich bis geringer (reibungsabhängig)
Arbeitsvermögen	etwas höher	gleich
Uster-CV-Werte	bis 20 % besser	gleich oder etwas besser
IPI-Werte (nach Uster-Tester)		
Dickstellen	geringer	gleich bis geringer
Dünnstellen	geringer	dto.
Nissen	schlechter	schlechter

Tab.: OE-Rotorgarn, Faserstoffabhängige Garneigenschaften

Für die Ablösungen und den Transport der Fasern von der Auflösewalze in den Spinnrotor benötigt man einen Luftstrom, der durch Absaugung mit Hilfe eines Ventilators entsteht, der in der geschlossenen Spinnkammer einen Unterdruck erzeugt. Der Unterdruck sorgt für die Ansaugung der Luft mit den Fasern von der Auflösewalze und den Transport durch den Speisekanal sowie die Ablage der Fasern auf die innere Wand des Spinnrotors. Bei den tschechischen BD-200-Rotorspinnmaschinen und den Nachfolgemaschinen von Rieter Elitex wird der Unterdruck von den Rotoren selbst durch Löcher in der Rückwand erzeugt (Pumpenwirkung).

Weltweit werden unterschiedlichste Maschinentypen gebaut, am häufigsten im Einsatz (außerhalb von China) sind vollautomatische Spinnspulmaschinen folgender Hersteller:

- Rieter-Ingolstadt (z. B. R 40, R 20, R1)
- Schlafhorst-Saurer (Autocoro 360, 312, 218)
- Savio
- Toyoda
- Rieter Elitex (Nachfolgemaschinen der BD 200)
- Suessen

Ältere Vorgängermaschinen sind z. B. die BD-200 (erste Serienrotorspinnmaschine, gebaut in der Tschechischen Republik) sowie Maschinen der Firmen Schubert und Salzer, Ingolstadt (RU 14, RL10), Rieter (M1), Suessen, Zinser, Platt (England), Krupp-Spinnbau, Bremen, Houget-Duesberg Boisson, Belgien, SACM, Frankreich, Toyoda, Japan, Howa, Japan u. a.

OE-Rotorspinnverfahren, das OE-Rotorspinnverfahren ist in der Dreizylinderspinnerei für die Herstellung gröberer bis mittelfeiner Garne wirtschaftlich einsetzbar (etwa bis Nm 80). Prinzipiell sind Garne bis etwa Nm 100, aber auch feiner, herstellbar. Es wird auch für die Herstellung von Streichgarnen (frühere Spinnerei Adolff, Backnang) und teilweise im Halbkammgarnbereich (Faserlänge bis 60 mm) eingesetzt. Es ist jedoch nicht geeignet für die Herstellung von Kammgarnen aus Wolle. Generell sind sowohl kardierte als auch gekämmte Baumwollgarne, aber auch Chemiefasergarne herstellbar. Das OE-Rotorspinnen ergibt eine vom Ringgarn unterschiedliche Garnstruktur (→ OE-Rotorgarne). Die Garne sind sehr vielseitig einsetzbar.

Beim OE-Rotorspinnverfahren kann auf die Vorgarnherstellung verzichtet werden, der Spinnmaschine werden direkt Bänder vorgelegt. Da auf den Maschinen direkt Kreuzspulen hergestellt werden können, entfällt auch die Spulmaschine. Zudem ist die OE-Rotorspinmaschine voll automatisierbar.

Verfahrensablauf:

a) Spinnereivorbereitung
b) Kardieren
c) Strecken
d) OE-Rotorspinnen

Beschreibung des Spinnprozesses:

Aus einem vorgelegten Faserband werden mit Hilfe der Auflösewalze Einzelfasern herausgelöst, diese in einem Saugluftstrom erfasst und über einen Faserleitkanal einem Spinnrotor, einer Zentrifuge mit V-förmiger Rille, zugeführt. In der Rille des Spinnrotors werden bei jeder Umdrehung Fasern übereinander in einem Faserring abgelegt, und durch die Zentrifugalkraft werden diese Fasern in die Rille gedrückt. Sind genügend Fasern für das Garn vorhanden, kann der Spinnvorgang beginnen (Anspinnen). Die Spinnkammer wird auf der offenen Rotorseite von einem Deckel abgeschlossen. Durch die Mitte des Deckels wird über einen zentrisch im Deckel angebrachten runden Abzugstrichter (Abzugsdüse) von außen ein schon fertiges Garnstück (von der Spule) in die Mitte des Spinnrotors gebracht. Bei jeder Rotordrehung wird nun das Garnende ebenfalls durch die Zentrifugalkraft nach außen geschleudert. Das Garnende legt sich innen in die Rotorrille, in der sich die Fasern befinden und dreht sich mit dem Rotor in Drehrichtung mit. Dieses Mitdrehen erfolgt so lange, bis im Garnstück so viele Drehungen entstanden sind, dass der Torsionswiderstand so stark wird, dass das Garnende sich von der inneren Rotorwand in der Rille ablöst und sich um die eigene Garnachse dreht. Durch die Garnrotation um die Garnlängsachse in der Rotorrille werden nun die in der Rotorrille liegenden Fasern an das Garn angebunden und um die rotierende Garnspitze herumgedreht. Es entsteht eine Drehung im Garn von innen nach außen (Kerndrehung), die typisch ist für das OE-Rotorgarn. Wird nun das fertige Garnstück abgezogen und werden gleichzeitig genauso viele Fasern in die Rotorrille nachgeliefert, wie für die Garnbildung gebraucht und mit dem Garn abgezogen werden, entsteht ein stabiler Spinnvorgang. Das fertige Garn wird über den Abzugstrichter und ein Abzugsröhrchen aus dem Spinnrotor abgezogen und auf eine Kreuzspule aufgewickelt.

ROTORSPINNEN

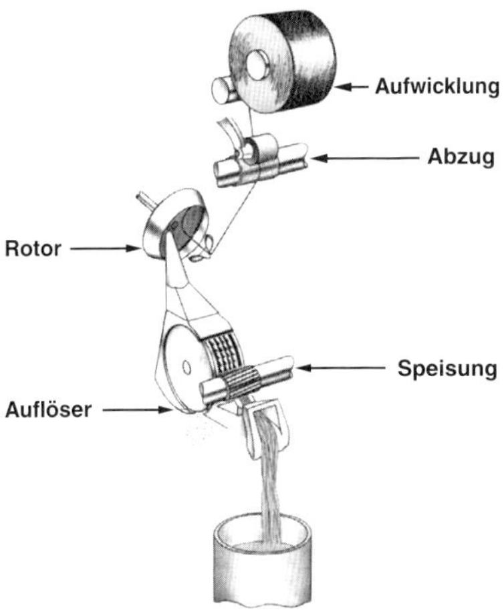

Abb. 1: Prinzipdarstellung des OE-Rotorspinnverfahrens

Quelle: Dr. B. Schönung und M. Hartmannsgruber, SKF Stuttgart / Texparts GmbH, Fellbach

Schnitt durch die Rotorspinnkammer

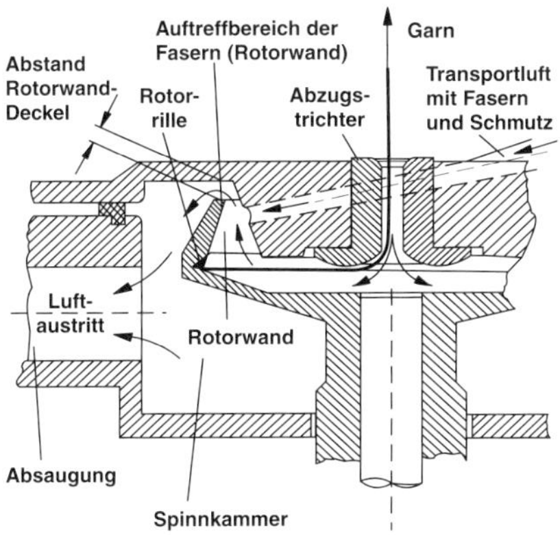

Abb. 2: Querschnitt durch eine OE-Rotor-Spinnkammer

Quelle: A. Schenek, ITR Reutlingen

Offen-End-Garn (OE-Garne), Garne, die mit → Offen-End-Spinnverfahren hergestellt wurden.

Offen-End-Spinnverfahren (OE-Spinnverfahren), alle Verfahren, bei denen ein vorgelegtes Faserband so aufgelöst wird, dass keine feste Verbindung zwischen dem Band und dem späteren Garn mehr besteht. Dazu gehören folgende Spinnverfahren:

1. OE-Rotorspinnverfahren
2. Luftspinnverfahren, Murata MJS, MVS
3. Friktionsspinnverfahren (DREF u. a.)
4. Stationäres Luftspinnen
5. Elektrostatisches Spinnen

Offenes Garn, voluminöses Garn mit abstehenden Fasern, Bauschvolumen, Haarigkeit und wenig Drehung.

Öffnen, Vorgang, der das Herausziehen von Faserbüscheln (Faserflocke) aus dem fest gepressten, harten Ballen und eine weitere Verkleinerung der Flocken in den Öffnungsmaschinen bis hin zum Vereinzeln der Fasern bei der Kardierung beschreibt.

Mit zunehmender Verarbeitung bis zur Karde nimmt der Öffnungsgrad zu.
Man unterscheidet folgende Vorgänge:
- Aufbrechen (des Ballens) oder der Flocke: Aus einem Anteil des Ballens werden kleinere Stücke gleicher Dichte hergestellt
- Aufbrechen der Flocken: Aus einer größeren Flocke werden kleinere Flocken gleicher Dichte hergestellt
- Vergrößern des Volumens der Flocke bei gleicher Fasermasse (z. B. durch freien Schlag)
- Vereinzeln zu einzelnen, freien Fasern

Bei jedem Öffnungsvorgang erfolgen alle Vorgänge gleichzeitig.

Öffner, Maschine der Spinnereivorbereitung zum Öffnung der Ballen (Ballenbrecher, Ballenabtragsmaschine) und zum weiteren Verkleinern (und Reinigen) der Faserflocken, z. T. mit Mischung (→ Mischballenbrecher).

Öffnungsaggregat, Maschinenteil zum Öffnen des Fasermaterials vom Ballen oder vorgelegten, vorgeöffneten Faserpaket oder zum Öffnen von Bandresten. Das Öffnen erfolgt schonend mit nicht geklemmter Faserzuführung (Walzenzuführung, Garniturwalzenzuführung) oder agressiv mit geklemmter Faserzuführung (Feinreiniger oder Vorlage der Karde, Öffnungswalze, Vorreißer)

Öffnungsart, es sind zwei Stufen der Öffnung zu unterscheiden:
1. Öffnung bis zur Flocke (in der Spinnereivorbereitung oder Putzerei)
2. Öffnung bis zur Einzelfaser (auf der Karde oder OE-Auflösewalze)

Öffnungsgrad, Faktor zur Beurteilung der Öffnung des Fasermaterials, der die Flockengröße nach Öffnung ins Verhältnis zur Flockengröße vor Öffnung des Fasermaterials setzt. Der höchste (ideale) Öffnungsgrad ist dann erreicht, wenn alle Fasern einzeln vorliegen (z. B. auf der Karde im Flor).

Öffnungsintensität, Maß der Öffnung an einer Öffnungsstelle, bestimmt durch Garnituraggressivität, Drehzahl usw. Eine hohe Öffnungsintensität ergibt eine gute Auflösung, intensive Reinigung, aber große Faserschädigung. Eine geringe Öffnungsintensität ergibt Faserschonung, aber schlechtere Öffnung und geringeren Reinigungswirkungsgrad.
Die Öffnungsintensität hängt ab von folgenden Parametern (Auswahl):
1. Rohstoffart:
   - Rohstoffqualität, Schmutzgehalt
   - Dicke der Vorlage (Wattendicke)
   - Dichte der Faserpakete
   - Faserhaftung
   - Faserordnung und Orientierung
   - Flockengröße in der Vorlage
2. Maschinenaggregate:
   - Art der Speisung, lose über Speisewalzen oder geklemmte Muldenspeisung
   - Art des Öffnungsaggregats
   - Garniturart, Baumwoll- oder Chemiefasergarnitur
   - Spitzendichte
   - Anordnung der Spitzen und Höhe
   - Distanz der Klemmvorrichtung zur Öffnungswalze
   - Eingriffstiefe der Garnitur
3. Geschwindigkeiten der Aggregate/Drehzahlen:
   - Umfangsgeschwindigkeiten der Öffnungsaggregate
   - Drehzahlen
   - Materialzuführungsgeschwindigkeit
   - Masse pro Zeiteinheit/Produktion
   - Faserbelegung der Garnitur
4. Klima und Umgebungsbedingungen:
   - Temperatur
   - Feuchtigkeit
   - Staubgehalt

Öffnungsprinzipien, es werden prinzipiell folgende Prinzipien unterschieden:

1. Aufreißen – Ballenöffner
2. Auseinanderziehen, Auseinanderzupfen, Kardieren – Karden
3. Herauszupfen – Ballenöffner, heute nicht mehr verwendet, imitierte die Ballenabnahme von Hand
4. Herausrupfen – Horizontalöffner mit Walzenzuführung
5. Herausreißen – Vorreißer oder Kardierwalzen, Walzen- oder Muldenspeisung
6. Herausschlagen – Schienenschläger, schlechte Öffnung, kaum mehr verwendet
7. Herauskämmen – Kirschnerflügel, kaum mehr verwendet
8. Kämmen – Kämmmaschine, sehr wirksam, aber teuer
9. Im Luftstrom schwimmend, Geschwindigkeitsdifferenz (in Transportleitungen), geringe Wirksamkeit
10. Verzug (im Streckwerk) – Nadelstabstrecke

Öffnungswiderstand, → Öffnungswilligkeit.

Öffnungswilligkeit, Rohstoffparameter (C), Ausgangszustand des Rohstoffs.

1. Bei Baumwolle: abhängig von Vorbelastung bei Ernte, Trocknung, Voreinigung und Entkörnung, bei Lintcleaner, Ballenpresse und Verpackung.
2. Bei Chemiefasern: abhängig von Rohstoff, Faserlänge, Ballendichte, Faserfeinheit, Avivagen u. a.

Öko-Tex-Standard, internationaler Standard europäischer Textilinstitute (z. B. Österreichisches Textilinstitut, ÖTI Wien, Bekleidungsphysiologisches Institut Hohenstein, Testex, Zürich, Centro Tessile, Busto Arsizio) als Grundlage für die Zertifizierung der ökologischen Verträglichkeit von Textilien.

1. Öko-Tex-Standard 100 – Prüfung der verschiedenen Produktklassen auf:
   - krebserregende Farbstoffe, Azofarbstoffe, die Arylamine abspalten können, und allergisierende Farbstoffe
   - Pestizide und chlorierte Phenole
   - frei werdende Schwermetalle unter Schweißeinwirkung
   - Formaldehydgrenzwerte
   - pH-Wert
   - chlororganische Färbebeschleuniger
   - Biozidausrüstung.
2. Öko-Tex-Standard 1.000: Betriebsstätten- und Produktzertifizierung vom Rohstoff bis zum Endprodukt.

Ölauftrag, flüssige textile Hilfsmittel, teilweise auf Mineralölbasis, aber auch anderer Ölformen, werden auf Garne zur Verbesserung des Ablaufverhaltens aufgetragen.

Oleophobausrüstung, ölabweisende Ausrüstung.

Oligomere, niedermolekulare Verbindungen, die sich aus wenigen (oligo = wenige) Monomeren in einer Kurzkette zusammensetzen. Reste können an der Oberfläche synthetischer Fasern und Garne vorhanden sein und Ablagerungen bei der Verarbeitung (Strecken, Spinnen, Zwirnen) bilden (bei Polyamid 6, Polyester, Polypropylen sind Anteile von 1–3 % möglich).

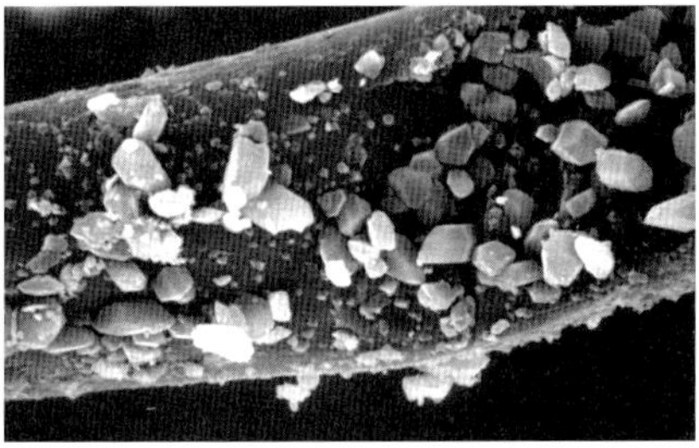

Abb.: Oligomerausscheidungen auf einem Filament

Quelle: H. Mengel, Hochschule Reutlingen

Ondégarn, → Ondézwirn.

Ondézwirn (Wellenzwirn), Kräuselzwirn, für den zwei Garne mit unterschiedlicher Drehungsrichtung (S und Z) miteinander verzwirnt werden, wobei sich ein Garn verkürzt und das andere sich wellenförmig ausbiegt. Der Zwirn erhält einen wellenartigen Charakter. Die Zwirne können auch korkenzieherartige Windungen bekommen (Corkscrew-Garn). Der Effekt kann durch unterschiedliche Garnfeinheiten der Ausgangsmaterialien noch verstärkt werden. Der klassische Ondé-Zwirn entsteht durch Zwirnen eines Grègeseidenfadens mit einem Organzin-Seidenfaden.

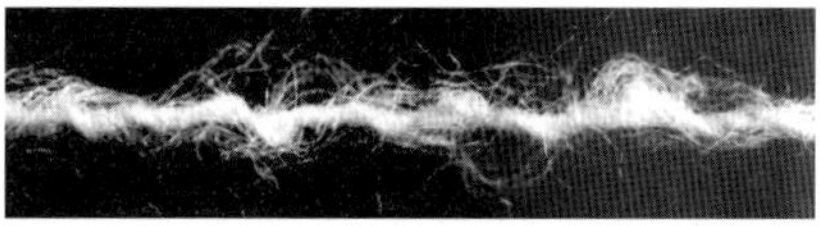

Abb.: Beispiel für einen Ondézwirn
Quelle: H. Mengel, Hochschule Reutlingen

On-Line-Messung (auch In-Line-Messung), kontinuierliche Messung der Garnqualität direkt an der Produktionsmaschine.

Optische Aufheller, fluoreszierende Substanzen in Chemiefasern mit Farbstoffcharakter, die den unsichtbaren UV-Anteil des Lichts in sichtbares Licht umwandeln, wodurch der Weißgrad des Textils erhöht wird.

Optische Effekte, Effekte, die aus Reflexion, Streuung, Absorption und Umwandlung elektromagnetischer Wellen (des Lichts im sichtbaren und unsichtbaren Bereich) auf der Oberfläche oder im Innern der Filamente oder Fasern resultieren. Dies ist möglich durch:
- Oberflächenveränderungen (glänzend/matt)
- Form-/Querschnittsveränderungen (rund/trilobal/gezackt)
- Materialveränderungen (Rohstoffvariationen)
- Materialmischungen
- Schichtenaufbau an der Oberfläche (Kern-Mantel-Fasern)
- Unterschiedliche Verstreckung/Brechungsindizes
- Nanoschichten mit lichtbrechenden Eigenschaften

Optische Garnreiniger, Garnreinigersysteme auf optischer Basis zur direkten Fehlererkennung am laufenden Faden mit direkter Ausreinigung an der Spulmaschine, OE-Rotorspinnmaschine oder Luftspinnmaschine. Die Fa. Loepfe, Schweiz, hat sich spezialisiert auf optische Garnreiniger, die zur Überwachung der Maschinen eingesetzt werden. Besonders wichtig ist inzwischen auch die optische Erkennung von Fremdfasern, insbesondere Polypropylen in Baumwollgarnen. Die Fa. Uster Technologies bietet neben kapazitiven auch optische Garnreiniger an. Das Garn wird mit Infrarotlicht oder Licht anderer (nicht sichtbarer, teilweise auch sichtbarer) Wellenlängen bestrahlt und die reflektierten oder umgewandelten Signale, teilweise das Durchlicht, werden von Sensoren unter verschiedenen Winkeln aufgenommen und ausgewertet. Neben der Fehlererkennung (seltene Dünn- und Dickstellenfehler, Nissen, Pflanzen- und Fremdpartikel) können inzwischen auch Garngleichmäßigkeit, Imperfections und teilweise die Haarigkeit gemessen werden. Mit diesen Geräten ist eine On-line-Messung direkt innerhalb der Produktion in der Spinnerei möglich.

Optische Gleichmäßigkeitsprüfung, basierend auf optischen Garnreinigern wurde von der Fa. Zweigle in Reutlingen ein Prüfgerät für Garne gebaut, das die Garnungleichmäßigkeit optisch erfasst (→ Oasys-Garnstrukturtester). Damit sind Gleichmäßigkeitsunterschiede erfassbar, die bei gleicher Garnmasse auftreten können, aber kapazitiv (Uster-Tester) nicht gemessen werden können. Auch problemati-

sche Garne wie nass gesponnene Leinengarne, feuchte Streichgarne oder leitfähige Garne, die bei kapazitiver Messung zu Problemen führen, können gemessen werden. Mit Fehlerklassen können unterschiedliche Garnqualitäten unterschieden werden. Die Daten können zudem dazu verwendet werden, digitale Garntafeln optisch darzustellen und daraus simulierte Gewebe und Gestrickbilder herzustellen. Damit ist eine Vorausschau auf spätere Auswirkungen von Garnfehlern auf das textile Flächengebilde möglich.
Weitere Prüfgeräte, die optische Systeme für die Garngleichmäßigkeitsprüfung verwenden, sind Geräte zur Filamentgarnprüfung der amerikanischen Firma Lawson-Hemphill (USA) und die in Spulmaschinen, OE-Rotorspinnmaschinen und Murata-Air-Jet-Spinmaschinen eingesetzten optischen Garnreiniger der Firmen Loepfe und Uster Technologies (Schweiz).

Optra-Prüfung, am ITV Denkendorf entwickelte Garntestmethode, die mit Hilfe eines automatischen, kleinen Garnwickelgeräts und einer Videokamera das Garnaussehen mit Dünnstellen, Dickstellen und Nissen auf einer kleinen Garntafel, die automatisch bewickelt wurde, messtechnisch erfassen kann. Damit können größere optische Qualitätsunterschiede von Garnen festgestellt werden, die in der Fertigware zu Fehlern führen würden.

Ordnungsgrad der Fasern im Garn, Ausstreckungsgrad, Parallelisierungsgrad der Fasern und Grad der Ausrichtung in Garnachsrichtung. Damit wird ausgedrückt, wie gut die Fasern direkt vor dem Spinnen im Faserbändchen des Vorgarns oder vorher im Kämmband, Streckenband oder Kardenband von der Häkchenform in eine möglichst achsparallele, ausgestreckte Form gebracht wurden (→ Häkchentheorie). Weiterhin wird die Parallellage zwischen den Fasern beurteilt und die Lage der parallelisierten Faserpakete in Bezug zur Garnachse (Winkelabweichung). Der Ausstreckungsgrad und die Lage im Band (oder Vorgarn) ist messbar mit Hilfe der Spannlängenmessung (Fibrograph oder adaptierte → HVI-Prüfung).

Organdy, feinfädige Baumwollgewebe, transparent ausgerüstet, gebleicht, bedruckt oder gefärbt. Glatte weiße Ware wird als Opal bezeichnet (Glasbatist, Transparentstoffe, Organza), mit Seide oder Filamentgarnen hergestellt.

Organsin-Seide, → Organzin.

Organzin (Kettseide und Spitzenseide), Seidenzwirn, bestehend aus zwei oder mehr vorgedrehten (filierten) Grègefäden (Rohseidenfäden), die in entgegengesetzter Richtung zusammengezwirnt (mouliniert) werden.

Orientierung der Fasern im Garn, im Spinnfasergarn kommt es darauf an, die Fasern im Vorgarn möglichst in Achsrichtung zu orientieren und auszustrecken, damit die Einbindewirkung im Garn bei der Drehung möglichst optimal wird. Mit der Garndrehung beim Spinnen ist die Faserlage nicht mehr nur in Achsrichtung des Garns gerichtet, sondern die Fasern liegen in schraubenförmigen Umwindungen um den Garnkern herum. Der ideale äußere Faserwinkel im Verhältnis zur Garnachse beträgt ca. 45°, da nicht nur die Festigkeit, sondern auch die Dehnung des Garns wichtig ist. Für jedes Garn und jeden Fasertyp gibt es in Abhängigkeit von der Faser/Faser-Reibung einen idealen Umschlingungswinkel der Fasern im Garn. Er ist dann erreicht, wenn die Garndrehung so auf den Garndurchmesser abgestimmt ist, dass gleichzeitig maximale Festigkeit und maximale Dehnung erreicht werden. Üblicherweise entspricht dies dem optimalen Drehungsbeiwert. Wichtig ist aber auch noch zusätzlich eine möglichst hohe Parallelität der Fasern und ihre volle Einbindung in das Garn über die gesamte Faserlänge (die nur teilweise erreicht wird: Fasermigration und Haarigkeit). Wird die Ausstreckung der Fasern nicht vollständig erreicht (z. B. bei OE-Rotorgarn), nimmt die Garnfestigkeit deutlich ab oder es sind wesentlich mehr Fasern im Garnquerschnitt erforderlich, um dieselbe Festigkeit zu erhalten.

Orientierung der Molekülketten (in Chemiefasern und Filamenten), die Orientierung der Kettenmoleküle ist für die späteren Eigenschaften des Filaments bzw. der Faser ausschlaggebend. Nur mit einer angenäherten Parallellage der Kettenmoleküle zur Faserachse lassen sich bei Filamentgarnen die erforderlichen Festigkeitseigenschaften und die Stabilität bei Raumtemperatur erreichen. Die erste Orientierung der Molekülketten erfolgt beim Spinnen, abhängig von der Spinngeschwindigkeit. Mit zunehmender Spinngeschwindigkeit nimmt die Orientierung zu. Doch auch beim schnell gesponnenen POY-Garn reicht die Orientierung nicht aus, sondern es muss ein Streckprozess angeschlossen werden. Mit extremen Spinngeschwindigkeiten kann man sehr hoch orientierte Garne (HOY) für technische Zwecke herstellen. Beim thermischen Schrumpfen wird ein Teil der Orientierung grundsätzlich wieder abgebaut.

Over Center Coiling, Bandablage in der Spinnkanne mit großen Windungen (großem Ablageradius), wobei der Durchmesser des Bandablagekreises größer ist als der Radius der Spinnkanne. Da die Ablage in Form einer Zykloide erfolgt (zwei unterschiedliche Drehungsmittelpunkte, Kannenmittelpunkt und versetzter Drehtellermittelpunkt), entsteht eine sich stets kreuzende Bandablage mit Hohlraum in der Mitte der Kanne. Bei kleinen bis mittleren Kannen ist der größere Radius günstiger, da man mit kleineren Drehtellerdrehzahlen arbeiten kann. Bei den heute üblichen großen Kannen an der Karde z. B. sind kleinere Durchmesser der Bandablagekreise günstiger (→ Under Center Coiling).

Ozon-Schädigung, durch Ozongas können Garne bei längerer Belastung so geschädigt werden, dass die Festigkeit deutlich abnimmt.

P

p-Abzug, Abzugsrichtung der Spulenvorlage beim Zwirnen (z. B. DD-Zwirnen), von oben gesehen im Gegenuhrzeigersinn, wenn die gewünschte Zwirnrichtung in S-Richtung erfolgen soll (häufigste Zwirnart, da Garne meist Z-gedreht hergestellt werden). Gegensatz: → q-Abzug.

Packapparat, druckdicht verschließbarer Färbeapparat aus Edelstahl für die Hochtemperaturfärbung von Garnspulen.

Packungsdichte, Verhältnis zwischen dem Gewicht eines Garns und dem spezifischen Gewicht des Fasermaterials, bezogen auf das Volumen der Spule. Bei Garnspulen (Copsen, Kreuzspulen) aus Spinnfasergarnen wie z. B. Baumwolle liegt die Packungsdichte üblicherweise zwischen 0,45 und 0,55 der Materialdichte, je nach Härte der Bewicklung. Etwa die Hälfte des Spulenvolumens besteht aus Luft. Bei Scheibenspulen wird die Dichte höher, mit Filamentgarnen wird sie am höchsten und kann je nach Feinheit der Garne und Filamente Werte bis 0,9 der Materialdichte erreichen.

Paillettenfaden, runde, gelochte, stabile glänzende, farbige Metall- oder Kunststoffplättchen mit einem Durchmesser von 2–3 mm, teilweise auch mehr, die auf einen Faden aufgereiht werden und besondere optische Glitzerefekte erzeugen. Bei hochwertigen Fäden Verknotung nach jeder Paillette (durch Verknotungsmaschinen).

Pako-Wollgarne, Wollgarne, die aus Alpaka (Schafkamelwolle) hergestellt wurden. Gröbere Wollgarne des Streichgarnbereichs, etwa bis Nm 18, in vielen Naturfarbenkombinationen (braun, gelb, weiß, schwarz) herstellbar, typisch für die Bekleidung der Bewohner der Andenländer Südamerikas (Bolivien, Ecuador, Kolumbien, Chile, Argentinien) sowie für Decken und Teppiche mit Indiomustern.

Abb.: Musterbeispiel eines Paillettenfadens
Quelle: B. Frech, Dipl.-Textildesignerin, Hochschule Reutlingen

Papiergarn, gröberes Garn aus Papier oder Zellstoff in feuchtem Zustand, in Streifen geschnitten (ohne Spinnmasse hergestellt) und versponnen. Wurde während des Ersten Weltkriegs aus Natron-Sulfat- oder Sulfitpapier hergestellt und hauptsächlich für Erntebindegarne, Sackgewebe, Wandbespannungen, Einlagen usw. eingesetzt, teilweise feinere Garne sogar für Militärwäsche. Die Garne wurden für besondere Zwecke mit einem Textilkern versehen oder imprägniert und beschichtet.
Papiergarne können folgende technologische Werte erreichen:

Höchstzugkraft	
(trocken, Normalklima)	4–7 cN/tex
(nass, ohne Imprägnierung)	0–1 cN/tex
Dehnung (trocken)	4–10 %

Papphülsen, aus Papier (Hartpapier, teilweise Recyclingpapier) hergestellte Spulenkörper für Copse und Kreuzspulen, auch zur Vorlage an OE-Rotorspinnmaschinen, die bis zur Einführung der

Kunststoffhülsen vorwiegend in der Textilindustrie eingesetzt wurden (z. B. der ehemaligen Fa. Emil Adolff, Papier- und Hülsenfabrik Reutlingen).

Paraffiniereinrichtung, bei der Garnherstellung wird an der Spinn- oder an der Spulmaschine ein rotierender (oder fest stehender) Paraffinblock (Wachsblock, z. B. der Fa. Reseda-Binder, Albstadt) befestigt, über den das Garn beim Abzug vor dem Aufspulen geführt wird und von dem es Paraffinteilchen mitnimmt, die den Garnreibungskoeffizienten (z. B. für die Strickerei) deutlich herabsetzen.

Paraffinieren, Wachsen, Aufbringen von nicht wasserlöslichen Paraffin-Wachspartikeln in fester (oder flüssiger) Form auf die Garnoberfläche. Der Wachsauftrag erfolgt während des Spinnens oder Spulens vor der Herstellung der Kreuzspule durch Führung des Garns über eine Paraffiniereinrichtung, von der das Garn durch Reibung an der Oberfläche kleine Wachspartikel mitnimmt. An den Garnumlenkstellen der Maschinen (z. B. Stricknadeln) lagert sich das Paraffin ab und bildet eine Gleitschicht, die sowohl das Garn als auch die Maschinenteile vor Beschädigung schützt und die Laufeigenschaften sowie Produktionsleistungen verbessert. Das Paraffin wird in der Ausrüstung wieder entfernt. Teilweise Ersatz durch wasserlösliche Substanzen.

Paraffiniertes Garn, Garn, dessen Reibwert durch die Aufbringung von Paraffinteilchen erheblich reduziert wurde (bis zu 50 %), hauptsächlich in der Strickerei eingesetzt.

Parafil-Garn, Parallelgarn, Firmenbezeichnung der Fa. Suessen für ein Umwindegarn, das mit der Suessen-Parafil-Spinnmaschine hergestellt wird. Parallellage der Fasern im Kern ergibt ein hohes Garnvolumen, hohe Deckkraft im Gewebe oder Gestrick. Alle Fasermaterialien sind im Kern verwendbar, es wird eine Langstapel- und eine Kurzstapelvariante gebaut und weltweit eingesetzt. Garnfeinheit Nm 2–Nm 40 (25–500 tex), die Garnfestigkeit wird durch das Filamentgarn bestimmt, es können auch grobe Fasern verarbeitet werden, die sonst kaum verspinnbar sind. Das freie Garn weist eine leichte S-Form durch den Drall des Filaments auf, die aber im Gewebe verschwindet (durch die Fadenspannung). Gut geeignet für Teppichgarne (Veloursteppiche, parallele Faserlage im Kern), Maschenwaren, Baby- und Kinderbekleidung, Dekostoffe und Heimtextilien.

Parafil-Spinnverfahren, von der Firma Suessen (D) entwickeltes Umwindespinnverfahren, das industriell eingesetzt wurde und bei dem parallele, konventionell verstreckte Stapelfasern mit einem Filamentgarn umwunden werden. Dafür wird eine Hohlspindel nach dem Streckwerk der Spinnmaschine eingesetzt, auf der die Filamentspule vorgelegt wird und das Filamentgarn abgezogen wird. Der Filamentanteil kann sehr gering sein (bis unter 3 %). Wie beim Coverspun-Verfahren entsteht ein voluminöses, leicht gekringeltes Garn. Verwendung vor allem für Chemiefasern im Grobgarnbereich von Nm 2–Nm 40 (25–500 tex).

Parallelgarn, → Parafil-Garn.

Parallelisieren der Fasern, ein Ziel der Spinnereivorbereitung ist es unter anderem, die Spinnfasern möglichst in Garnachsrichtung zu parallelisieren, um den Spinnvorgang zu optimieren (maximale Ausnützung der Faserlänge für den Spinnvorgang bzw. für die Festigkeit des Garns). Schrittweise erfolgt die Parallelisierung an der Karde, an den Strecken, beim Kämmen und in den Streckwerken des Flyers (oder vergleichbarer Maschinen) und der

Spinnmaschine. → Ordnungsgrad der Fasern im Garn.

Parallel-Spinnverfahren, → Parafil-Spinnverfahren.

Parallelspule (→ Scheibenspule), auf Hülsen mit Randscheiben (Scheibenhülse) aufgewickelte zylindrische Präzisions-Parallelwicklung. Der Steigungswinkel der Bewicklung ist sehr klein und nimmt mit wachsendem Durchmesser weiter ab. Der Mittelabstand zweier benachbarter Fäden entspricht dem Fadendurchmesser und ist über den Wicklungsdurchmesser konstant. Es entsteht eine hohe Packungsdichte. Die Seitenscheiben verleihen der Wicklung die erforderliche Stabilität. Der maximale Bewicklungsdurchmesser wird durch die Scheibendurchmesser vorgegeben. Der Einsatz erfolgt bei schonender Fadenaufwicklung zum Beispiel zur Herstellung von Spulen für die Umwindegarnherstellung, Coregarn-Herstellung und Monofilverarbeitung. Probleme bereiten der erforderliche tangentiale Abzug, eventuell mit Antriebsunterstützung und die Empfindlichkeit gegen zu große oder zu niedrige Abzugsspannungen.

Parallelwicklung, Wicklung, deren Windungsschichten aus nebeneinander liegenden, nahezu parallelen Windungen mit kleinem Steigungswinkel besteht (z. B. Hohlspindelspulen, Monofilamentspulen). Meist werden Scheibenspulen entsprechend bewickelt.

Parallelwindung, → Parallelwicklung.

Pariseide, Beschwerung der entbasteten Seide (mit Hilfe von Metallsalzen o. ä. Verbindungen) erfolgt um denselben Betrag, der als Gewichtsverlust durch die Entbastung der Seide entstanden ist (paritätisch). Ein höherer Anteil der Beschwerung wird als „über pari" bezeichnet.

Partienweise Färbung (Space-dyeing), Teilfärbung von Garnen oder Filamenten in Kabeln durch Injektionsapparate auf Wickelkörpern, durch stufenweises Eintauchen in Färbebäder (Dip-dyeing) oder durch vollständiges Eintauchen gebundener Garnstränge in die Färbeflotte. Auch die Färbung von Gestricken oder Ketten ergibt Farbeffektgarne ohne Rapport und in unterschiedlicher Länge. Verwendung besonders für Tuftingteppichgarne mit unterschiedlichster Musterung des Teppichs, ausgehend vom rohweißen Garn.

Paset-Verfahren, Verfahrensvariante des → Pavena-Spinnverfahrens, bei dem das farbige (oder rohweiße Garn) nur durch Verkleben der Fasern entsteht.

Passage, Bezeichnung einer einzelnen, bestimmten Fertigungsstufe der Wollverarbeitung, z. B. erste Streckpassage ist die Bearbeitungsstufe an der ersten Strecke in der Kammzugverarbeitung. Inzwischen auch für alle Spinnereilinien üblich, z. B. Streckpassagen in der Dreizylinderspinnerei.

Passagenzahl, Anzahl der hintereinander folgenden Strecken in der Verarbeitung desselben Rohmaterials.

Passivgarn, Immungarn, Garn, das sich gegenüber den natürlichen Bakterien auf der menschlichen Haut neutral verhält.

Pavena-Garn, Klebegarn, auch Farbgarn, das mit dem → Pavena-Spinnverfahren hergestellt wird. Zwei Typen:

a) Pavil-Garn, verklebt und zusätzlich gedreht
b) Paset-Garn, nur verklebt, ohne Drehung

Das Klebemittel wird nach der Verarbeitung zum Gewebe oder Gestrick ausgewaschen.

In Versuchen wurden Garne bis zur Feinheit Ne B 50 aus kardierter Baumwolle hergestellt. Die Weiterverarbeitung erfolgte zu einem Vierfarben-Taschentuchfeingewebe, buntgewebt. Die Festigkeit der Garne wird durch den Klebstoff erreicht, später wird das Garn durch die Gewebe- oder Gestrickbindung zusammengehalten. Die augenscheinlichste Differenz zu traditionellen Ringgarnen liegt in der höheren Deckkraft des Garns durch die parallele Faserlage im Garn. Die Volumenzunahme des Garns entsteht beim Auswaschen des Klebstoffs in der Veredlungsstufe des Gewebes (oder Gestricks). Das Gewebe erhält eine glattere Oberflächenstruktur, höheren Glanz und bessere Druckbilder sowie weicheren Griff. Selbstverständlich ist aber die Festigkeit schlechter. Ausgleich ist nur durch spezielle, feste Bindungen oder Permanentklebestoffe möglich (Teilauswaschbarkeit, aber geringeres Garnvolumen).

Pavena-Spinnverfahren, ein Klebespinnverfahren, vergleichbar mit den Twilo-Spinnverfahren der TNO, wurde in der damaligen Tschechoslowakei erfunden und zur Produktionsreife in der Spinnerei entwickelt (ITMA 1971). Ziel des Prozesses war es zudem, die Garnherstellung mit der Veredlung (Garnfärbung) zu kombinieren (Patente der Firma Rieter AG). Das Verfahren hat sich in der Industrie nicht durchgesetzt.

1. Spinnverfahren: Spinnfaserbänder der Dreizylinderspinnerei werden auf einem normalen Dreizylinderstreckwerk, ähnlich dem Ringspinnmaschinenstreckwerk, verzogen und als Faservlies einem Imprägnierkopf zugeführt. Im Imprägnierkopf wird eine Imprägnierflüssigkeit, die Klebstoff enthält, auf das verstreckte Faserbändchen aufgebracht. Danach wird das Bändchen verdichtet und abgequetscht, um überflüssige Klebeflüssigkeit zu entfernen, und anschließend folgen ein Trocknungsprozess auf Siebtrommeln, der die endgültige Faserverklebung bewirkt, eine Abkühlzone und eine anschließende Aufwicklung des Klebegarns auf Kreuzspulen. Nach der Garnverarbeitung wird der Klebstoff aus dem fertigen Gewebe oder Gestrick wieder ausgewaschen.
   Man unterscheidet zwei Varianten
   - Rohweißer Prozess, nur mit Klebstoff in einer farblosen Imprägnierflüssigkeit, als Lösung, Emulsion oder Klebstoffdispersion.
   - Färbeprozess, der Klebstoff wird ergänzt durch Farbstoffe und Farbhilfsmittel, wodurch sofort ein gefärbtes Garn entsteht; die Fixierung erfolgt beim Trocknen.

   Verfahrensvarianten ermöglichten auch die Herstellung eines „Colorbands“, eines gefärbten und verklebten Faserbands mit paralleler Faserlage als Vorlage für ein Zweizylinderstreckwerk mit verbesserten Verzugseigenschaften im nassen Zustand (auch beim TNO-Verfahren erwähnt). Das Colorband wurde versuchsweise auch nach dem normalen Ringspinnprinzip versponnen, allerdings ohne Flyer (Pavil-Verfahren, gedrehtes Klebegarn). Die Verarbeitung nach dem beschriebenen Pavena-Verfahren ergibt das Paset-Garn (nicht gedrehtes, verklebtes Fasergarn, Klebegarn). Grobe Garne (bis Nm 1,5) wurden für Flachstrickpullover anstelle von Mehrfachzwirnen eingesetzt.
2. Verfahrensbeispiel der Paset-Garnherstellung:
   a) Spinnereivorbereitung der Dreizylinderspinnerei
   b) Kardierung konventionell (mit oder ohne Regelstrecke)
   c) Colorstufe zur Erzeugung eines Colorbands (Farbe und Klebstoff wird aufgetragen)
   d) Verzug (nass in speziellem Zweizylinderstreckwerk) und Verkle-

bung des Faserbändchens durch Trocknung
e) Garnverarbeitung (Weberei/Strickerei, spezielle Bindungen)
f) Ausrüstung und Entfernung des Klebstoffs

Pavil-Verfahren, Variante des → Pavena-Spinnverfahrens, mit verklebten, gefärbten (oder rohweißen) und gedrehten Garnen.

PCM-Garn, Garn, das mit → Phase Change Materials zum Speichern (begrenzte Zeit) von Wärme und spätere Abgabe ausgerüstet sind.

Peach-Skin-Garn, Filamentgarn (→ Differentialschrumpfgarn) mit unterschiedlichen Schrumpfeigenschaften zur Erzeugung flauschiger, weicher Oberflächen im Gewebe, die seidigen Pfirsichhaut-Charakter haben (japanische Entwicklungen, z. B. Fa. Toray).

Peigniertes Garn, → Kämmgarn (Baumwolle) oder → Kammgarn (Wolle).

Pelzgarne, Garne aus Pelzstreifen, z. B. Pelligo-Pelzgarne; Verwendung für die Verarbeitung von Pelzen oder als Verzierungs- und Effektgarne.

Pentawicklung, Bezeichnung für eine Spulenbewicklungsreihenfolge, die an den Stirnkanten einer Präzisionskreuzspule ein Pentagramm (Fünfeckform) ergibt.

Periloc-Garn, Wollgarn oder Mischgarn, durch Filzen verfestigt, hergestellt mit dem Periloc-Verfahren, einem französischen Filzspinnverfahren für Wolle, bei dem die Filzneigung der Wolle zur Einbindung der Fasern in das Garn genutzt wird, ganz ohne Drehung oder mit Garndrehung. Es werden Reibbewegungen und Feuchtigkeitseinwirkung benutzt, um den Faden zu bilden. Es sind nur Grobgarne im Bereich Nm 2 bis Nm 0,2 (500–5.000 tex), vor allem aus Wolle und Woll-Chemiefasermischungen herstellbar. Einsatzgebiete sind Teppiche und Möbelstoffe.

Perla A/D, Firmenbezeichnungen der Fa. Murata (Japan) für Vorrichtungen an der Spulmaschine, die dazu dienen, die Haarigkeit des Garns zu reduzieren. Besonders bei hoher Spulgeschwindigkeit erhöht sich die Haarigkeit der Garne durch Umlenkstellen (Aufschieber) und Zentrifugalkräfte. Durch Falschdrallerzeugung soll die Schädigung reduziert werden.
1. Perla A ist eine Falschdrallerzeugung im Garn mit Hilfe einer Luftstrahldüse.
2. Perla D ist eine mechanische Falschdrallvorrichtung, ähnlich dem Scheibenfriktionsaggregat der FD-Texturierung, für niedrigere Spulgeschwindigkeiten bis etwa 1.200 m/min geeignet.

Perldruck, Bedrucken von Garnen in Strangform quer zur Fadenrichtung mit Hilfe von Reliefwalzen zur Erzeugung von Farbeffekten.

Perlgarn (Perlseide), gezwirnte Grègeseidenfäden, unregelmäßig, Verwendung als Seelenfaden für Leonische Fäden. Acht und mehr Rohseidenfäden werden mit ca. 500 Drehungen pro Meter verzwirnt und mit Gold oder Silberdraht umsponnen.

Perlkordonnet, Nähseide aus drei hochgedrehten Trama-vaga-Fäden (jeweils Stickseide aus fünf leicht gedrehten (filierten) Grègeseidenfäden).

Perlondraht, Monofilament aus Polyamid 6 für die Herstellung von Borsten (z. B. für Bürsten), Papiersiebgeweben und für andere technische Anwendungen (Filtration). Technische Drahtdurchmesser werden in Millimeter angegeben.

Perlonfaden, ältere Bezeichnung für Polyamid-6-Nähfaden.

Perlseide, → Perlgarn.

Perlwolle, mehrfach gezwirntes Strickgarn aus Wolle mit abgeschnürtem, perligem Effekt.

Perlzwirn, Kräuselzwirn, merzerisierter Zweifachzwirn aus Baumwolle mit harter Garndrehung, aber niedriger Zwirndrehung, ergibt ein Effektgarn mit perlschnurartigem Aussehen.

PET, Polyethylenterephtalat, technische Abkürzung für die textile Polyestertype (PES).

PET-Mikrofilamentgarn, Filamentgarn aus Polyester, dessen Filament-Einzeltiter unter 1 dtex liegt.

PET-Recycling, Rückgewinnung von Polyester. Erneutes Aufschmelzen des thermoplastischen Kunststoffs ergibt ein wiederverwertbares Material, das allerdings nicht mehr dieselbe Qualität besitzt und nicht mehr zum Ausspinnen feiner Filamentgarne geeignet ist. Durch die mechanische Zerkleinerung und erneute thermische Belastung reduziert sich der DP-Grad, und die Reinheit verschlechtert sich (unerwünschte Begleitstoffe sind möglich).

PF1-Spinnverfahren, Luftspinnverfahren, stationäres Luftspinnen (polnisches OE-Luftspinnverfahren). Einfachste Form einer OE-Spinnmaschine ohne Spinnrotor. Die Drehung im Garn wird durch eine rotierende Luftströmung erteilt. Ein Dreizylinder-Streckenband wird einer Auflöseeinheit (Auflösewalze) zugeführt, und die Fasern werden vereinzelt. Sie werden mit Hilfe eines rotierenden Luftstroms tangential in eine zylinderförmige, stationäre (fest stehende) Spinnkammer transportiert. Durch tangentiale Luftschlitze in der Spinnkammer wird Luft angesaugt und in der Kammer in Rotation versetzt. Die ebenfalls seitlich zugeführten, einzelnen Fasern werden vom rotierenden Luftstrom erfasst und von einem ebenfalls durch den Luftstrom in Drehung versetzten Garnende, das zum Anspinnen zentrisch zugeführt wird, angebunden. Dadurch kommt ein ständiger Spinnprozess, ähnlich dem OE-Rotorspinnen, zustande.
Die PF1-Spinnmaschine wurde in Polen gebaut und industriell eingesetzt, hat aber keine Bedeutung mehr. Die Spinngeschwindigkeit erreichte bis 140 m/min, die Garnfeinheit lag zwischen Nm 17 und Nm 50 (20–60 tex). Allerdings mussten Chemiefasern mit mind. 50 % in der Mischung enthalten sein. Der Faserfeinheitsbereich reichte bis 3 dtex, die Faserlänge bis 50 mm. Die Garngleichmäßigkeit war vergleichbar mit dem Ringgarn, teilweise besser, das Garnvolumen gut, die Gewebe zeigten gute Scheuerfestigkeitswerte, aber die Garnfestigkeit war deutlich niedriger. Die Garnstruktur entspricht einem OE-Kern-Mantel-Garn.

p-Form-Abzug, → p-Abzug.

Phase Change Materials (PCM), Materialien, die durch Veränderung des Phasenzustands (z. B. fest-flüssig) Energie aufnehmen bzw. abgeben können. Bisher werden bei Textilien hauptsächlich kleinste paraffingefüllte Kapseln (Mikropartikelgrößen unter 1 µm Durchmesser) auf Garne aufgetragen oder in Gewebe, Gestricke oder Vliesstoffe eingebettet, die bei Energieaufnahme (Wärmeaufnahme) flüssig werden und in diesem Zustand einige Zeit Energie (überschüssige Wärmeenergie bei körperlicher Betätigung) speichern können, die später bei der erneuten Verfestigung wieder als Wärmenergie (z. B. an den Körper) abgegeben wird. Derzeit Verwendung in Futterstoffen, Oberbekleidung,

Unterwäsche, Socken, Schuhen und Bettwaren.

Pillarme Fasern, Chemiefasern, deren Festigkeit reduziert wurde, um die Pillingneigung (Knötchenbildung) auf textilen Waren zu reduzieren (Knötchen brechen ab).

Pilling (Pillneigung), unerwünschte Knötchenbildung an der Oberfläche von Garnen, Gestricken und Geweben durch Filamente oder Fasern, die vom Garnverband abgelöst werden, sich durch Reibung verknoten und nicht abbrechen. Tritt vor allem bei Chemiefasern, die besonders elastisch und fest sind, aber auch bei Naturfasertextilien, auf, bevorzugt an Scheuerstellen (von Pullovern, T-Shirts, Sweatshirts usw.).

Pilzbefall, Befall durch Pilzsporen, prinzipiell bei allen Naturfasern, aber auch bei Chemiefasern möglich, können sich bei günstigen Umgebungsbedingungen (Wärme und Feuchtigkeit) sehr schnell vermehren und ausbreiten und zur Schädingung (Stockflecken) der Textilien führen. Pilze bilden Enzyme, die sich Stärke, Zellulose und Eiweiß als Nahrung aufbereiten können, also Naturfasern abbauen und damit zerstören können (biologischer Aufschluss, Abbau von Naturfasern).

Pineapple-Spule (Bikonische Kreuzspule), die bikonische Kreuzspule ist eine Garnspulenform auf einer kegeligen Hülse mit einer kegelstumpfförmigen Mantellinie. Die beiden Stirnseiten sind ebenfalls kegelförmig. Wegen der Ähnlichkeit der Spule mit einer Ananas wird diese Spule als Pineapple-Spule bezeichnet. Es ist eine sehr stabile Spule, die früher oft für feine synthetische Filamentgarne in der Strickerei verwendet wurde (z. B. 2,2–22 dtex). Es ist eine Präzisionsspule, hergestellt mit Achs-Spulenantrieb und mit permanenter Hubverkürzung. Der Neigungswinkel beträgt üblicherweise 3° 30'. Wegen der hohen Kosten wird sie kaum noch verwendet.

Pitzen, nicht aufgelöste, kleinere Stoffreste der Reißwollaufarbeitung, die in Garnen zu Fehlern führen.

Plasmabehandlung, Oberflächenbehandlung von Garnen durch Erzeugung eines Plasmas, d. h. eines hochionisierten Gases (eines Gemisches aus Atomen, Ionen und Elektronen) in dem der Anteil der Ladungsträger größer ist als der der neutralen Teilchen und deshalb die physikalischen Eigenschaften bestimmt. Durch die Oberflächenaktivierung können Hilfsmittel leichter aufgenommen und Oberflächen gezielt verändert werden.

Plyfil-Garn®, Bezeichnung der Fa. Suessen für ein Stapelfaser-Umwindegarn, das mit Hilfe eines Streckwerks, dem ein Band vorgelegt ist, erzeugt wird. Eine nach dem Streckwerk angeordnete Dralldüse legt Mantelfasern um den Kern des Garns. Zwei Garne werden parallel erzeugt, aufgewunden und anschließend gezwirnt. Verwendung z. B. für Teppichgarne.

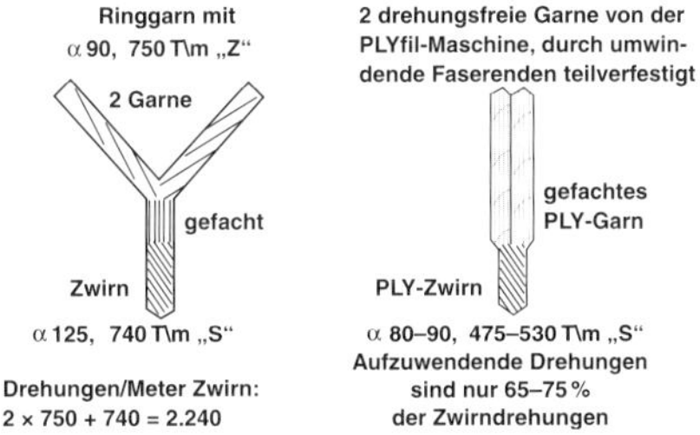

Abb.: Plyfil-Parallel-Umwindegarn
Quelle: Spindelfabrik Suessen, Süssen

Pneumatischer Fasertransport, Rohrleitungstransport, Faserflockentransport in der Spinnereivorbereitung durch Absaugsysteme (Saugventilatoren) mit Hilfe von Kondenserwalzen, die jeweils eine Füllschachtspeisung ermöglichen und die

Transportluft von den Fasern trennen. Damit lässt sich in der Spinnereivorbereitung ein bedienungsfreier automatischer Fasertransport von Maschine zu Maschine erreichen. Bei der Wollverarbeitung werden auch Druckluftsysteme mit Transportventilatoren eingesetzt, die sowohl Fasern ansaugen als auch durch Druckluft weitertransportieren können. Dabei erfolgt der Fasertransport durch die Ventilatoren.

Pneumatischer Spleißer, Verbindungsvorrichtung für Garne, die zwei zu verbindende Garnenden mit Hilfe von Luftdüsen aufdreht, zusammenschiebt und durch erneutes Anblasen mit Luft die Fasern um die Verbindungsstelle windet und eine Spleißverbindung herstellt (→ Spleißen).

Pneumatisches Falschdrahtspinnverfahren, → Air-Jet-Spinnverfahren.

Polartec® 100 Micro, Fleece aus Polyester-Mikrofilamentgarnen, besonders weich und pflegeleicht, schnell trocknend, vor allem für Sportbekleidung und Freizeitkleidung (Malden Mills).

Polfaden, Florfaden, der bei Samten, Plüschen und Florteppichen die Polschlinge bildet, die später aufgeschnitten wird.

Polital-Garn, Bezeichnung für ein gespleißtes, fibrilliertes Bändchen (Folienbändchen) aus Polyolefinen, das zur Herstellung von Sackgeweben verwendet wird.

Polyacrylfasern (PAN), Fasern aus Polyacryl, hauptsächlich als Spinnfasern hergestellt.

Polyamidfasern (PA), aus einer Polyamidsorte (z. B. PA 6.6, PA 6, PA 13) ausgesponnene Fasern. Sie werden nach dem Schmelzspinnverfahren hergestellt. Spezialtypen wie aromatische Polyamide (Aramide) werden nach dem Lösungsspinnverfahren bzw. Trockenspinnverfahren hergestellt. Bisher waren PA 6 (Perlon) und PA 6.6 (Nylon) in der Textilindustrie am wichtigsten.

Polybutylenterephtalat (PBT), Polyestertype aus Terephtalsäure und 1.4-Butandiol (Celanese USA), die zunehmend häufiger eingesetzt wird. Fasereigenschaften zwischen Polyamiden und Polyester.

Polyesterfasern (PES), aus den verschiedenen Polyestertypen hergestellte Textilfasern. Am bekanntesten ist die Normaltype (Terylen-Type) aus Terephtalsäure und Ethylenglycol, die heute wichtigste Chemiefaser.
Eigenschaften: Dichte: 1,38, sehr hohe Reißfestigkeit, elastisch dehnbar, scheuerfest, sehr lichtbeständig, beständig gegen organische und mineralische Säuren. Nassfestigkeit entspricht praktisch der Trockenfestigkeit. Copolymere verbessern die Anfärbbarkeit und Pillingresistenz. Profilfasern verändern die Lichtbrechung, den Feuchtigkeitstransport und ergeben einen kernigen Griff. Alle Fasertypen sind herstellbar, Baumwolltypen, Wolltypen, Teppichtypen sowie Schrumpftypen, technische Fasern und Filamentgarne aller Feinheitsbereiche sowie Monofilamente und Spinnvliesstoffe.
Literatur: Hans J. Koslowski, Chemiefaserlexikon, Deutscher Fachverlag GmbH, Frankfurt a. M., 1997.

Polyethylenfasern (PE), thermoplastische Synthesefasern aus mindestens 85 % Polyethylen hoher oder niedriger Dichte (0,92–0,96). Die Herstellung erfolgt mit dem Schmelzspinnverfahren. Hochfeste Polyethylenfasern für technische Zwecke werden mit dem Gelspinnverfahren hergestellt. Niedriger Erweichungsbereich (85–132 °C), keine Wasseraufnahme, schwierigere Färbbarkeit, nur

Spinnfärbung möglich, gute Chemikalienbeständigkeit, hohes Schrumpfvermögen. Produktionsformen: Folienbändchen, Monofilamente, Spinnfasern für Vliesstoffe, Filamentgarne. Einsatzgebiete: technische Textilien, Seile, Taue, Netze, Filterstoffe, elektrische Isolationen, Vliesstoffe, Verpackungsgewebe.

Polymerisationsgrad (Durchschnittspolymerisationsgrad, DP-Grad), durchschnittliche Zahl der Monomere, die miteinander zu einem Makromolekül verbunden wurden. Makromoleküle bilden sowohl die Grundbausteine für Naturfasern als auch für Chemiefasern. Hohe Polymerisationsgrade sind bei Naturfasern üblich (Baumwolle 2.000–3.000, Flachs bis 3.500). Niedrige Polymerisationsgrade sind bei Chemiefasern üblich (Polyamide 100–200, Polyester 130–220, Acrylfasern 1.000–2.000, PVC-Fasern 1.300–1.800). Höhere Polymerisationsgrade bei demselben Fasermaterial erhöhen die Festigkeit, jedoch nicht linear und nur begrenzt.

Polyolefin-Erntegarn, Erntebindegarne, die aus Polypropylen- oder Polyethylen-Folienbändchen hergestellt werden (als Ersatz für Erntebindegarne aus Flachs- und Hanfwerg).

Polypropylenfasern (PP), Chemiefasern aus Polypropylen, neben Polyester inzwischen weltweit der zweitwichtigste Rohstoff der Textilindustrie (einschließlich Folienbändchen und Vliesstoffe). Niedrige Dichte (0,91), niedriger Schmelzbereich (165–175 °C), schwierig färbbar, deshalb meist spinngefärbt, keine Wasseraufnahme, chemikalienbeständig, gute Scheuerfestigkeit, UV-empfindlich. Hauptherstellungsformen: Filamentgarne für die Teppich- und Teppichbodenherstellung, Fasern für die Vliesstoffindustrie, Folienbändchen. Einsatzgebiete: technische Textilien wie Seile, Netze, Verpackungsmaterialien, Kunstrasen, Teppichgrundgewebe und Dekorationsstoffe.

Polytetrafluorethylenfasern, Polymer, hergestellt aus Monomeren der einfachen Kohlenwasserstoffe mit Fluor-Atomen an der Stelle der Wasserstoffatome (Teflon®-Faser). Nur mit speziellen Spinnverfahren (z. B. Pastenextrusion) herstellbar, da das Polymer nicht schmilzt.

Polyurethanfasern (PUR), Elastanfasern, synthetische Filamentgarne, die zu mindestens 85 % aus segmentiertem Polyurethan hergestellt werden. Sie sind extrem dehnbar (bis zu 700 %), elastischer und reißfester als Gummi und feiner ausspinnbar sowie oxidationsbeständig und lichtbeständig. Sie werden zunehmend für die Herstellung elastischer Garne und Zwirne und damit elastischer Gestricke und Gewebe eingesetzt. Dichte 1,15, Feuchtigkeitsaufnahme 1–1,3 %, Erweichungsbereich bei 175 °C, Schmelzbereich bei 250 °C. Elastangarne werden als Coregarne (Elastanfilament im Kern von Spinnfasergarnen oder Umwindegarnen) oder im Naturzustand (nackt, blank) verarbeitet. Einsatzgebiete: elastische Miederwaren, Büstenhalter, Stützstrümpfe, Socken, Strumpfhosen, Badekleidung, Sportkleidung, Freizeitbekleidung, elastische Oberbekleidung, elastische Jeans usw.

Polyvinylalkoholfasern (PVA), aus Polyvinylalkohol hergestellte Fasern, wasserlösliche Fasertypen werden für Stickgrundgewebe verwendet. Zunehmend Spezialtypen für medizinische Zwecke (resorbierbare chirurgische Nähfäden).

Polyvinylchloridfasern (PVC), Chlorofasern, aus Polyvinylchlorid hergestellte Synthesefasern. Nur noch geringe Bedeutung für Spezialanwendungen. PVC ist ein Kunststoff, der aus Ethylen und Chlor durch Polymerisation hergestellt wird, und war einer der ersten Massenkunststoffe. PVC enthält 53–56 % Chlor.

Popeline, Gewebe mit feinen Kettfäden und hoher Kettfadendichte in Leinwandbindung mit ripsartigem Charakter, der durch grobe Schussgarne erzielt wird.

Posamentengarn, Zwirne, die für die Herstellung von Flechtartikeln (Litzen, Kordeln, Tressen, Biesen, Zierbänder, Schnüre, Quasten usw.) verwendet werden.

Positiv-Fournisseur, direkt angetriebener Fadenspeicher zur Versorgung der Webmaschine mit Schussgarn oder der Strickmaschine mit Strickgarn. Wird auch beim Murata-MVS-Luftspinnen eingesetzt.

POY (Pre-Oriented Yarn, Partially Oriented Yarn), → Vororientiertes Filamentgarn, hergestellt aus thermoplastischen Kunststoffen wie Polyester oder Polyamid, das mit hoher Geschwindigkeit gesponnen und teilverstreckt wurde. Es muss vor oder während der Weiterverarbeitung (z. B. Texturierung) endgültig vollverstreckt werden.

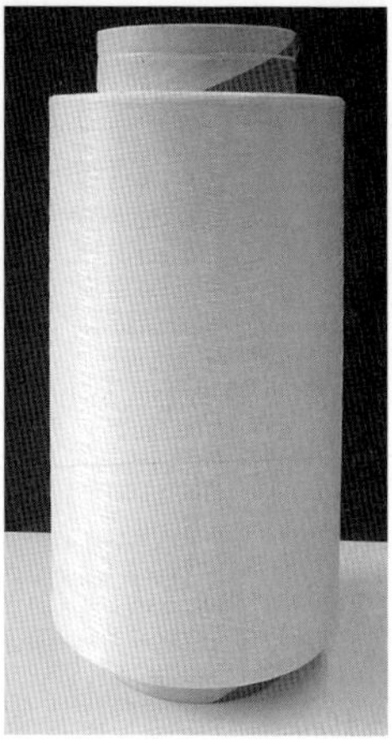

Abb. 2: POY-Filamentgarnspule
Quelle: A. Schenek, Hochschule Reutlingen

Prägekalander, Metallwalze zur Oberflächenformung (Musterung) durch unterschiedliche Gravur, teilweise in Miniform für die Garnoberflächengestaltung eingesetzt.

Präparation, Textilhilfsmittel, das bei der Chemiefaserherstellung auf die Filamente aufgetragen wird, um die weiteren Verarbeitungseigenschaften zu optimieren. Präparationen werden in kleinen Mengen auf-

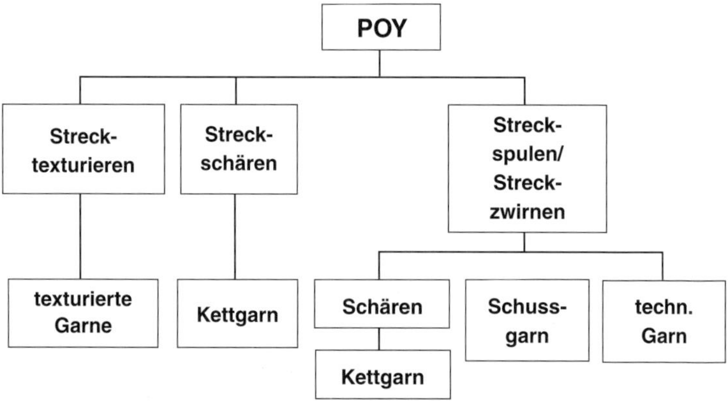

Abb. 1: Möglichkeiten des POY-Filamentgarneinsatzes
Quelle: Zinser-Saurer GmbH, Ebersbach und N. H. Schenek, Reutlingen

getragen (0,1–1,5 %) und bestehen aus (Auswahl):

a) Gleitmitteln (Polyglykole und Esteröle)
b) Antistatika (kationenaktive, anionenaktive und nichtionogene)
c) Emulgatoren (sulfonierte Fettsäureglyceride, Fettsäure, Polyethylenoxidaddukte)
d) Additive (Bakterizide, Antioxidiantien, Fadenschlussmittel)

Sie sollen den Spulenaufbau verbessern, gutes Ablaufverhalten ermöglichen, das Reibverhalten während der Verstreckung und Texturierung optimieren, die Bildung von Ablagerungen vermeiden und antistatisch wirken. Dabei müssen die Präparationen temperaturbeständig sein, chemisch neutrales Verhalten zeigen, physiologisch unbedenklich sein, auswaschbar sein und dürfen keine Vergilbungen des Faserstoffs ergeben.

Präparationsauftrag, Aufbringen von Hilfsmitteln (Präparationen) auf den laufenden Faden (Filamentgarn) durch Präparationsvorrichtungen wie Walzen, die sich durch Reibung mit dem Garn mitdrehen und aus einem Vorratsbehälter das Hilfsmittel mitnehmen. Dies geschieht meist mit Tauchwalzen, die bei jeder Umdrehung Präparationsmittel aus einem Tauchbad übernehmen und an das über die Walze laufende Garn weitergeben. Eine weitere Möglichkeit ist die positive Zuführung der Präparation mit Pumpen und Schlitzdüsen, über die das Garn geführt wird.

Präzisionsgarnwaage, Waage mit höchster Genauigkeit (z. B. im Milligramm- bis Mikrogrammbereich) zur Messung des Gewichts eines Garnstrangs, der für die Feinheitsbestimmung des Garns hergestellt werden muss. Teil der Anlage zur automatischen Garnfeinheitsbestimmung.

Präzisionskreuzspule, für empfindliche feine Garne (feine Filamentgarne) und für Färbespulen. Die Windungsdichte der Spule bleibt über die Spulendicke hinweg konstant, womit der Flottendurchfluss bei der Färbung gewährleistet ist. Wie bei einer normalen Kreuzspule bilden zwei Fäden der aufeinander liegenden Wicklungsschichten einen Kreuzungswinkel (α), der doppelt so groß ist wie der Steigungswinkel (β). Die Steigung (h) der Bewicklung bleibt über den ganzen Spulenaufbau konstant. Dadurch ändert sich der Kreuzungswinkel konstant, er wird mit zunehmendem Spulendurchmesser immer kleiner. Dasselbe gilt für den Steigungswinkel. Es gilt

$$\tan \alpha = \frac{vh}{vs}$$

wobei:

$\tan \alpha$ = Tangens des Steigungswinkels α
vh = Hubgeschwindigkeit des Fadenführers (m/min)
vs = Umfangsgeschwindigkeit der Spule (m/min)

Zur Herstellung einer Präzisionskreuzspule benötigt man einen direkten Spulenachsenantrieb, mit dem der Antrieb des Fadenführers direkt gekoppelt ist. Wird nicht herabgeregelt, nimmt mit steigendem Spulendurchmesser die Wickelgeschwindigkeit zu. Meist wird die Spulgeschwindigkeit gesteuert. Bewegt sich der Fadenführer mit konstanter Geschwindigkeit, führt dies mit zunehmendem Durchmesser zur Verringerung des Kreuzungswinkels. Die Anzahl der Windungen (Zw) je Doppelhub ergibt sich aus dem Übersetzungsverhältnis zwischen der Spulendrehzahl (ns) und der Fadenführerhubzahl (nh):

$$Zw = \frac{ns}{nh} = const.$$

Die Differenz zwischen maximalem Spulendurchmesser und dem Hülsendurchmesser darf nicht zu groß sein. Ist der Steigungswinkel zu Beginn der Bewicklung zu groß, rutscht die erste Spulenlage.

Überschreitet die Spule einen bestimmten Durchmesser, wird der Faden über die Spulenumkehr hinaus verlegt, was zu Abschlägern (Abrutschern an der Spulenkante) führt. Für beide Werte gibt es keine festgelegten Grenzen, diese müssen wegen der vielen Einflussfaktoren (Reibung Hülse/Faden, Faden/Faden, Fadenzugkraft, Wickelgeschwindigkeit u. a.) empirisch über Versuche ermittelt werden.

Präzisionswicklung, die Präzisionswicklung ergibt eine Kreuzspule mit gleichbleibendem Windungsverhältnis (→ Präzisionskreuzspule). Der Spulenantrieb erfolgt direkt, und der Spulendurchmesser wird über die Position des Spulenrahmens gemessen und berücksichtigt. Durch Auswahl des Windungsverhältnisses kann die Bewicklungsdichte bestimmt werden (1:8 = dichte Bewicklung, 1:4 = lockere Bewicklung). Die Bewicklungsdichte nimmt mit zunehmendem Durchmesser zu (z. B. für Färbespulen). Allerdings nimmt der Verkreuzungswinkel ab, damit wird der Spulendurchmesser begrenzt. Durch die über den Durchmesser der Spule ansteigende Bewicklungsdichte besteht allerdings bei falscher Wahl des Windungsverhältnisses die Gefahr des Zusammendrückens der vollen Spule (Blumenkohlbildung).

Pre-Interlacing-Garn, Verwendung einer Kombination von vollverstreckten und nur vororientierten Filamentgarnen, die durch Verwirbelung miteinander verbunden werden. Durch spätere Wärmebehandlung schrumpft der POY-Garnkern, und der bereits vollverstreckte Filamentanteil wird als Effekt nach außen gedrückt. Dadurch entsteht ein Filament-Effektgarn, vergleichbar dem Hochbauschgarn.

Prepreg, vorbereitetes Garngelege oder textiles Flächenmaterial, das durch Tränken mit Kunststoffharzen zur Herstellung eines Verbundwerkstoffbauteils dient.

Primärkämmen, das erste Auskämmen des Wollkammzugs nach dem Krempeln und Strecken in der Wollkämmerei.

Primärspinnen, die Herstellung von Chemiefasern aus der Spinnmasse, das erste Ausspinnen von Chemiefasern als Endlosfäden (Filamenten) durch Spinndüsen. Man unterscheidet u. a.

a) Schmelzspinnen
b) Trockenspinnen (Lösungsspinnen)
c) Nassspinnen
d) Gelspinnen
e) Pastenspinnen

Prügelfaser, besonders dicke, vom mittleren Faserdurchmesser sehr stark abweichende Chemiefaser, die im Garn zu Fehlern führt (Chemiefaserfehler).

p-Spulung, Aufspulrichtung bei der Herstellung eines Copses oder einer Spule von oben gesehen im Uhrzeigersinn (Drehrichtung der Spindel, p-Spulung). Gegensatz: → q-Spulung.

PTT/PET-Verbundgarn, Filamentgarn, das durch Verwirbelung zweier Filamentgarne aus unterschiedlichen Polyestertypen entstanden ist.

Pulloverzwirn, Zweifachzwirn aus Wollkammgarnen, in S-Richtung gezwirnt, offen mit großem Volumen und guter Gleichmäßigkeit.

Putzerei, Spinnereivorbereitung, Abteilung mit den Maschinen der Spinnerei (Stapelfaserspinnerei, Dreizylinderspinnerei, Ringspinnerei, OE-Rotorspinnerei usw.), die zum Öffnen, Mischen, zur Mengensteuerung und zum Reinigen bei Rohbaumwolle von der Ballenvorlage bis zur Karde oder bei Chemiefasern vom Ballen bis zur Karde dienen.

Q

q-Abzug, Abzugsrichtung von einer Spule, von oben gesehen im Uhrzeigersinn (von oben gesehen z. B. beim Doppeldrahtzwirnen), wenn die gewünschte Zwirndrehung eine Z-Drehung werden soll (z. B. für Kreppgarne). Gegensatz: → p-Abzug.

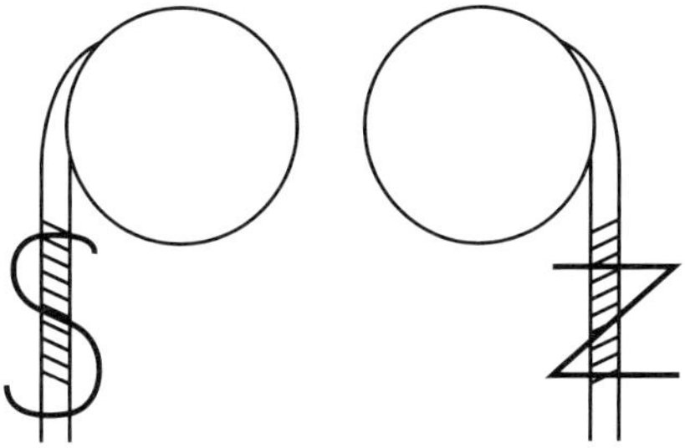

Abb: Garnspulenabzug als q-Form-Abzug und p-Form-Abzug

q-Form-Abzug, → q-Abzug.

q-Spulung, Aufspulrichtung bei der Herstellung eines Copses oder einer Spule, von oben gesehen entgegen dem Uhrzeigersinn (Drehrichtung der Spindel). Gegensatz: → p-Spulung.

Qualitätsanforderungen an Garne, die Qualitätsanforderungen an Spinnfasergarne richten sich nach den Anforderungen an die textilen Fertigwaren, wie z. B. Scheuerfestigkeit, Pillingresistenz, Festigkeit, Gleichmäßigkeit, Griff, Weichheit, Waschbarkeit, Farbechtheit und andere Gebrauchseigenschaften, aber auch nach den immer höheren Anforderungen der Verarbeitung in der Spinnerei/Weberei.
M. Frey hat die wesentlichen Anforderungen an Baumwollgarne wie folgt zusammengestellt:

1. Laborwerte (off-line):
   - Feinheitsschwankungen
   - Masseschwankungen (0,01 m)
   - Masseschwankungen (0,01–100 m)
   - Streuung zwischen den Spulen
   - Ungleichmäßigkeitsindex
   - Dünnstellen
   - Dickstellen
   - Nissen
   - Haarigkeit
   - Haarigkeitsschwankungen
   - Streuung der Haarigkeit zwischen den Spulen
   - Zugkraft (Reißkraft)
   - Zugkraftschwankungen
   - Dehnung
   - Arbeitsvermögen
   - Classimat-Werte (seltene Fehler)
   - Nissengehalt in der Baumwolle
2. An der Spinnmaschine ermittelte Werte (on-line):
   2.1 Ringspinnmaschine:
   - Ist-Nutzeffekt
   - Produktion pro Spindelstunde
   - Fadenbrüche pro 100 oder 1.000 Spindelstunden
   - Produktionsverlust durch Fadenbrüche
   - Fadenbruchfreie Länge
   - Mittlere Fadenbruchdauer
   - Ausreißerspindeln

   2.2 OE-Rotorspinnmaschine:
   - Produktion pro Rotorstunde
   - Fadenbruchhäufigkeit
   - Fadenbruchfreie Länge
   - Mittlere Fadenbruchdauer
   - Garnfehler pro 100 km (100.000 m)

   2.3 Spulmaschine:
   - Spleiß- und Knotenhäufigkeit
   - Seltene Fehler (Loepfe-Garnklassierung, Zellweger Classimat)

Die Zuverlässigkeit der Prüfwerte an Garnen ist aus Garnvergleichsversuchen der

Fa. Testex, Zürich und anderer Institutionen zu entnehmen:

Qualitätsmerkmal	Interlaboratorielle Streuungen
Feinheit (Garn)	< 1,0 %
Drehung	< 2,5 %
Masseschwankungen CVm	< 1,0 %
Haarigkeit H (Uster)	< 3,5 %
Haarigkeitsschwankungen sH	< 3,0 %
Feinheitsbezogene Höchstzugkraft Fmax	< 3,5 %
Höchstzugkraftdehnung E (Fmax)	< 7,5 %
Dünnstellen (über 30/1.000 m Garn)	< 10 %
Dickstellen	< 10 %
Nissen	< 10 %

Anforderungsprofil der Weberei an Baumwoll-Schussgarn:

Feinheitsvariation CV t (Schnittlänge 100 m)	< 2,0 %
Feinheitsbezogene Höchstzugkraft	> 11 cN/tex
Streuung Höchstzugkraft	< 10 %
Höchstzugkraftdehnung	> 5 %
Schwachstellen (< 60 % der mittl. Höchstzugkraft)	< 1 pro 100.000 m
Haarigkeit (Klammerneigung)	< 50 % Uster-Statistics
Variation der Haarigkeit	< 7 %
Seltene Dickstellen/Dünnstellen	< 50 % Uster-Statistics

(1 % Dehnungsverlust ist durch 2 cN/tex Festigkeitszunahme kompensierbar.)

Anforderungsprofil der Weberei an Baumwoll-Kettgarn:

Feinheitsvariation CV t (Schnittlänge 100 m)	< 2 %
Feinheitsbezogene Höchstzugkraft	> 11 cN/tex
Streuung Höchstzugkraft	< 10 %
Höchstzugkraftdehnung	> 5 %
Streuung Höchstzugkraftdehnung	< 10 %
Schwachstellen	< 1 pro 100.000 m
Haarigkeit H	50 % Uster-Statistics
Variation der Haarigkeit	< 7 %
Dünnstellen/Dickstellen/Nissen	< 50 % Uster-Statistics
Classimat-Werte	< 50 % Uster-Statistics

Anforderungsprofil Baumwoll-Rundstrickgarne: siehe Tabelle unten.

Wichtig sind bei Strickgarnen auch die Sauberkeit und die Nissigkeit, am wichtigsten aber immer die möglichst geringe Nummernschwankung des Garns. Die hier angegeben Werte können nur Empfehlungen sein. Grundsätzlich richten sich die

– Feinheitsvariation (Schnittlänge 100 m)		< 1,8 %
– Feinheitsvariation (Schnittlänge 10 m)		< 2,5 %
– Feinheitsbezogene Höchstzugkraft		> 10 cN/tex
– Höchstzugkraftdehnung		> 5 %
– Garndrehung (alpha metrisch)	Ringgarn	< 94–110
	Rotorgarn	< 125–135
– Reibwert nach Paraffinierung		ideal um $\mu = 0{,}15$
– Garnungleichmäßigkeit		< 25 % Uster-Statistics
– Haarigkeit		< 50 % Uster-Statistics
– Variation der Haarigkeit		< 7 %
– Classimat-Werte (seltene Fehler)	Reinigungsgrenze	A3/B3/C2/D2/oder D/1
– Verbleibende seltene Fehler	Summe A3 + B3 + C2 + D2	< 5/100.000 m

Tab.: Qualitätsanforderungen an Garne, Anforderungsprofil Baumwoll-Rundstrickgarne

Anforderungen an Garne nach den Wünschen des Abnehmers.

Literatur: M. Frey, Qualitätsmanagement für Garne, Zellweger, Uster 1996

Quellung von Garnen, Volumenvergrößerung von Garnen (Durchmesserzunahme) durch eindringendes Wasser, andere Flüssigkeiten oder Gase. Alle Naturfasergarne (außer Asbest) vergrößern durch eindringende Wassermoleküle (Einlagerung zwischen den Molekülketten des Faserstoffs) in feuchter oder nasser Umgebung ihr Volumen. Der Durchmesser der Fasern wird größer (Feinheitsveränderung), die Festigkeit der Fasern kann abnehmen (Wolle, Tierhaare, Chemiefasern) oder sogar ausnahmsweise zunehmen (Baumwolle). Ebenso verändern sich die Dehnungseigenschaften, und die elektrische Leitfähigkeit nimmt zu. In trockener Umgebung werden die Wassermoleküle wieder abgegeben, die Quellung geht zurück (z. B. Schrumpf, Krumpf). Chemiefasern, die kein Wasser aufnehmen, wie z. B. Polypropylen, quellen in Wasser praktisch nicht.
Durch Zugabe spezieller Chemikalien kann die Quellung verstärkt oder dauerhaft gemacht werden. Natronlauge dient beispielsweise zur Quellung von Baumwolle (→ Merzerisieren).

Querdublierung, Mischung von Bändern der Karde oder der Strecke in der Weise, dass die von verschiedenen Karden oder Strecken gleichzeitig parallel produzierten Bänder gemeinsam der nächsten Strecke vorgelegt und gemischt werden (Gegensatz: → Längsdublierung).

Querfestigkeit, Scherfestigkeit, Festigkeit von Textilien gegenüber quer zur Achsrichtung (unter unterschiedlichen Winkeln, größte Belastung bei 45° zur Achsrichtung, bei spröden Materialien bei 90°) auftretenden Kräften, wichtig für die → Biegefestigkeit (Biegeelastizität), Maß für die seitliche Belastungsfähigkeit bei einwirkenden Quer- und Scherkräften, Maß für die Brüchigkeit bei Knickbelastungen. Garne aus hochfesten Fasern (z. B. Glasfasern, Aramidfasern, Keramikfasern usw.) sind meist nur in Faserachsrichtung besonders fest, während sie gleichzeitig weniger Querfestigkeit aufweisen. Beurteilungsmöglichkeiten mit Hilfe des → Schlingen- und → Knotenzugversuchs oder mit Dauerbiegeprüfungen (z. B. für Autositzbezüge).

Quickspin-System, ein am ITV-Denkendorf entwickeltes Labor-Kurzspinnverfahren für das OE-Rotorspinnen. Es besteht aus einem MDTA-Gerät mit großem Rotor zur Erzeugung eines Faserbands von einem Meter Länge und aus einem OE-Rotorspinntester, mit dem das Band zu einem Garn versponnen werden kann.

Quilt-Faden (Quilt-Zwirn), Spezialzwirn, gröberer Nähfaden, der besonders für das Vernähen von Stoffen mit der Quilt-Technik (Technik, die als Handarbeit und Kunst aus den USA kommt) verwendet wird. Verschieden gemusterte und gefärbte Stoffreste werden zu bunten Wandbehängen, Teppichen und Decken von Hand vernäht. Oft werden für diesen Zweck merzerisierte Garne dreifach gezwirnt (z. B. Ne 39/3, Fa. Gütermann).

R

Radialschrumpfhülse, Hülse aus gewickeltem Federstahlblech mit Überlappung, welche die Schrumpfung des Spulmaterials beim Färben oder Veredeln aufnimmt, ohne das Garn zu zerstören. Ähnliche Wirkungen sind auch mit speziellen Kunststoff-Schrumpfhülsen erreichbar, die allerdings nur einmal verwendet werden können.

Raketenspule, spezielle Spulenart, die auf einem einseitigen Kegel mit unterer Scheibenbegrenzung aufbaut. Dabei werden die einzelnen Lagen, ähnlich dem Spinncopsaufbau, schichtweise vom Kegel ausgehend, so aufgebaut, dass die einzelnen Garnlagen sich mit gleichbleibendem Kreuzungswinkel kreuzen, also die Auf- und Abwärtsbewegung des Hubs gleichförmig verläuft. Damit wird eine hohe Abzugsgeschwindigkeit ohne größere Störungen ermöglicht. Die Größe des Fadenführerhubs entspricht, vergleichbar mit der Flaschenspule, der Höhe des Kegels (der Hülse und der Bewicklung).

Ramiegarn, Ramiefasern lassen sich in der Ramiespinnerei (z. B. ehem. Ramie-Seiler AG in Emmendingen) zu sehr schönen und feinen, leinenartigen Spinnfasergarnen verarbeiten, die teilweise bessere Eigenschaften haben als Leinengarne (weniger Knitterneigung, höherer Lufteinschluss). Früher wurden technische Garne für Fischnetze, Seilerwaren, Feuerwehrschläuche, feste Gewebe und technische Nähzwirne, aber auch für Tischwäsche aus Ramie hergestellt. Zunehmend werden heute weltweit auch Mischgarne mit Chemiefasern z. B. Polyacryl hergestellt. Die Ramie-Bastfaserbündel sind 1–2 m lang und müssen für die textile Verarbeitung in der Spinnerei geschnitten werden. Die Ramiefaser enthält bis zu 80 % Zellulose, hat einen sehr hohen Polymerisationsgrad (DP bis 8.000) und ist deshalb die Naturfaser mit der höchsten Festigkeit (Bruchfestigkeit 50–90 cN/tex). Im nassen Zustand ist die Festigkeit nochmals 30–50 % höher. Sie hat allerdings eine sehr niedrige Bruchdehnung (2–4 %), wodurch ihre textile Verarbeitung in Spinnerei und Weberei erschwert wird. Die Faser kann bis zu 20 % Feuchtigkeit aufnehmen, ohne sich nass anzufühlen. Ramiefasern sind in der Natur hellgelb, aber nach dem notwendigen chemischen Aufschluss (neue Versuche mit modernen physikalischen Aufschlussverfahren in Brasilien) weiß bis hellgrau und sehr stark glänzend.
Ramiegarne erreichen folgende Kennwerte:

Höchstzugkraft (trocken)	18–25 cN/tex
Höchstzugkraft (nass)	20–30 cN/tex
Höchstzugkraftdehnung	3–5 %

Die Ramiespinnerei ist eine Langfaserspinnerei, die der Flachsverarbeitung ähnlich ist. Mit Nadelstabstrecken (z. B. NSC) wird das Langfasermaterial schrittweise gemischt und verfeinert, ein Vorgarn hergestellt und dann ein Garn mit dem Ringspinnverfahren ausgesponnen. Versuche mit stärker eingekürzten Fasern und modernen Spinntechnologien zur Herstellung feinerer Garne wurden teilweise erfolgreich durchgeführt (z. B. in Italien und Brasilien).

Raschelchenille, Chenillegarn, das mit Hilfe der Flachketten-Wirkmaschine hergestellt wurde (wird heute aus Kostengründen nicht mehr durchgeführt).

Raupe, möglicher Verarbeitungsfehler der Zwirnerei, bei dem ein Garnanteil ungewollt zusammengeschoben wurde.

Raupengarn, → Chenillegarn.

Raupenzwirn, raupenförmiger Effektzwirn, der durch unterschiedliche Geschwindigkeiten von Grund- und Effektfaden entsteht:

a) Der Effektfaden läuft konstant durch, und der Grundfaden wird abgebremst.
b) Der Grundfaden läuft gleichmäßig, und der Effektfaden wird in bestimmten Abständen schneller zugeführt.

Variationen der Garnfeinheit, Farbe, des Materials usw. sind Ausgangspunkt für Effekte mit unendlich vielen Möglichkeiten.

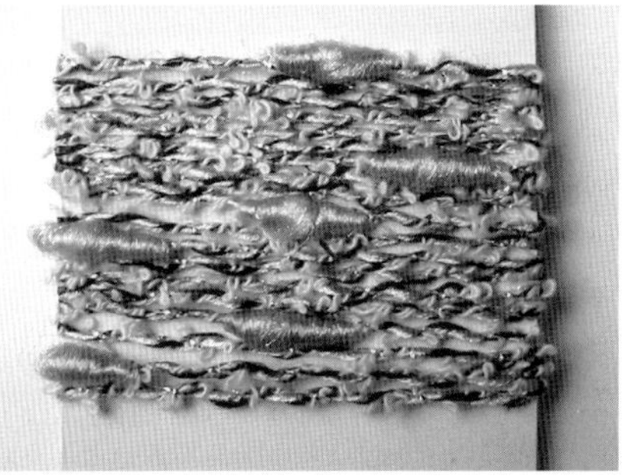

Abb.: Beispiel eines Designer-Raupenzwirns
Quelle: B. Frech, Dipl.-Textildesignerin, Hochschule Reutlingen

Reale Seide, alter Begriff für Seide.

Rechnungsgewicht, das zur Rechnungsbestimmung der Garnlieferung vereinbarte Warengewicht, entweder das Nettogewicht oder das bei Textilien oft übliche Konditioniergewicht, mit Berücksichtigung der zulässigen Feuchtigkeit.

Rechtsdreher, rechtsdrehende Spindel, von oben gesehen im Uhrzeigersinn drehende Spindel; die übliche Drehungsrichtung an der Ringspinnmaschine, die zur Z-Drehung im Garn führt.

Recycling, textile Abfälle entstehen als Produktionsabfall und als Alttextilien, die keine Verwendung mehr finden und damit verbraucht sind. Bei der Aufbereitung entstehen textile Sekundärrohstoffe, die teilweise wieder zu Textilien verarbeitet werden können, teilweise aber auch nicht mehr verwertbar sind (Fasern, die zu kurz oder zu schwach sind). Zudem entstehen nicht textil verwertbare Abfälle, die nur noch als Füllstoffe (Verstärkungsmaterial) oder thermisch verwertet bzw. nur noch deponiert werden können.
Bei Textilien war das Recycling schon immer üblich. Getragene Textilien wurden schon im Mittelalter wieder aufbereitet (Papierherstellung, Hadern) und werden heute noch zur Herstellung von Reißspinnstoffen verwendet, die wieder in der Streichgarnspinnerei zur Herstellung von Garnen eingesetzt werden. In der Spinnerei werden Recyclingfasern bevorzugt in der Zweizylinderspinnerei und bei Wolle in der Streichgarnspinnerei verarbeitet. Moderne Spinnverfahren wie das DREF-Friktionsspinnen ermöglichen die wirtschaftliche Verarbeitung der Sekundärrohstoffe.

Recycling, kontinuierliche Zurückgewinnung und Wiederverwertung von gebrauchten Materialien und die Aufarbeitung anfallender Produktionsrückstände. Die Rückgewinnung von Rohstoffen, wie Textilfasern, Kunststoffen, Chemikalien, Wasser usw., trägt zur Schonung der natürlichen Rohstoffvorräte der Erde und zur Schonung der Umwelt bei.
Beim Recycling werden verschiedene Kreislaufarten unterschieden:
Literatur: S. v. Bassewitz, Textiles Recycling, Diplomarbeit FH Reutlingen

1. Produktrecycling:
   Die Gestalt des Produkts bleibt erhalten. Es wird nach dem Gebrauch mit oder ohne Behandlungsvorgang (Waschen, Reinigung, Aufbereitung) wieder benutzt (z. B. Glasflaschen, Austauschmotoren, Computerteile, gebrauchte Textilien).
2. Materialrecycling:

a) Produktionsabfall-Recycling: Rückführung von Produktionsabfällen sowie von Hilfs- und Betriebsstoffen (Faserabgänge der Spinnerei/Absaugung an der Spinnstelle, Garnreste der Spulerei, Stanzabfälle der Konfektion, Lösungsmittel der Chemiefaserherstellung, Kunststoffreste der Primärspinnerei u. a.)
b) Altstoff-Recycling: Rückführung von verbrauchten Produkten bzw. Altstoffen (Schrott von Alt-Pkw's, Sondermetalle, Holz, Kunststoffbecher, Folien und Flaschen, Teppiche, Alttextilien)
c) Thermisches Recycling: Verbrennung der Abfälle und Altstoffe zur Energiegewinnung

Die nicht verwertbaren Reste enden in der Deponie oder in der Umwelt. Soweit es technisch machbar und wirtschaftlich interessant ist, können Recyclingkreisläufe mehrmals durchlaufen werden, wobei allerdings die Qualität der Produkte abnimmt (Downgrading, niedriegeres Wertniveau).
Eine Stoffflusskaskade mit sinkendem Wertniveau ist:
- Wiederverwendung
- Weiterverwendung
- Wiederverwertung
- Weiterverwendung
- Verbrennung (Energiegewinnung)
- Wiederverwertung der Verbrennungsrückstände (Straßenbau z. B.)
- Deponie

Das Recycling stellt nur eine der prinzipiellen Möglichkeiten der Entsorgung von Produkten dar. Man unterscheidet ökonomische, technische und ökologische Grenzen des Recyclings. Die ökologische Grenze des Recycling ergibt sich durch die notwendige Einhaltung bestimmter Bedingungen, die durch die Grenzwerte der Umweltbelastung gegeben sind. Sie ist auch dann erreicht, wenn zu viele Primärressourcen für die Aufbereitung benötigt werden. Technische Grenzen sind dadurch gegeben, dass es für bestimmte Altprodukte (noch) keine Recyclingmöglichkeit gibt. Technische Grenzen sind auch dann gegeben, wenn die Aufbereitung das Material so stark schädigt, dass es nicht mehr sinnvoll verwendet werden kann.
Grenzen des stofflichen Recyclings bilden:
- der Verbrauch zusätzlicher Ressourcen (Energieverbrauch zur Aufbereitung)
- die Entstehung belastender Abgänge (Lösungsmittel für das Kunststoffrecycling)
- die Entstehung von Emissionen (Abgase, Staub)
- die Konzentration schädlicher Stoffe (z. B. Uranrecycling bei Kernbrennstoffen)

Reflexionsgarn, Garn mit metallisierten Fäden oder Folienbändchen, teilweise auch Filamentgarn mit speziellen Filamentquerschnitten, die Licht besonders gut reflektieren. Einsatz für Sicherheitskleidung (z. B. im Straßenverkehr, Autobahndienst usw.).

Regulierstrecke, Strecke der Dreizylinderspinnerei, die eine Vorrichtung zur Regulierung der Bandmasse besitzt. Durch die Regulierung soll die Gleichmäßigkeit des abgelieferten Streckenbands verbessert werden. Dies erfolgt durch kontinuierliche Messung der Masse der einlaufenden Bänder (meist mechanisch durch Druckroller, da am zuverlässigsten). Erhöht sich die einlaufende Bandmasse, wird die Geschwindigkeit des Bandabzugs ebenfalls erhöht, um die Masse des abgelieferten Bands konstant zu halten. Moderne Regulierstrecken haben sehr kurze Reaktionszeiten. Mit neuesten Strecken kann sogar die Verzugskraft im Streckbereich zur Einstellung des Verzugs gemessen werden (z. B. Fa. Trützschler).

Reibrad, Reibrolle, durch Reibkräfte mitbewegte Messrolle zur Messung der Fadenlänge.

Reibscheibe, Friktionsscheibe, Arbeitselement der Friktionstexturierung, das zur Drehung des Filamentgarns benutzt wird. Die Friktionsscheiben bestehen aus Sinterkeramik oder Polyurethansorten.

Reibung, → Faser/Faser-Reibung, → Haft/Gleit-Wechsel.

Reibungsantrieb, Mitnahme von Arbeitselementen durch Reibung, am häufigsten bei der Spulenbewicklung an Spinnmaschinen oder Spulmaschinen eingesetzt. Dabei wird die zu bewickelnde Hülse bzw. Spule durch Federkraft oder pneumatisch gegen eine angetriebene Walze gedrückt, die sich dreht und die angedrückte Garnspule durch Reibung mitnimmt. Die angetriebene Spule erhält so ständig die Umfangsgeschwindigkeit, wie die antreibende Walze sie vorgibt. Damit ist unabhängig von Spulendurchmesser und Bewicklungsgrad der Spule eine konstante Liefergeschwindigkeit des Garns möglich. Nachteile sind Reibungsverluste, Druckverformung der Spule und Rutschgefahr.

Reibungsfelder, Verzugsbereiche in den Streckwerken, in denen die Fasern gegeneinander verzogen werden, aber gleichzeitig durch Reibkräfte zwischen den Fasern oder zwischen Fasern und Riemchen oder Nadelstäben zurückgehalten werden.

Reibungskoeffizient (Fasern), bei Faserstoffen wurden folgende Faser/Faser-Reibungskoeffizienten gemessen (*Literatur:* L. Simon und M. Hübner, Vorbereitungstechnik für die Weberei, Wirkerei und Strickerei, Springer-Verlag, Berlin, 1983):

Glasfaser/Glasfaser	0,13
Polyamid/Polyamid (fein d = 18 µm)	0,14
Viskose/Viskose	0,19
Seide/Stahl	0,20
Wolle/Wolle (gegen die Schuppenrichtung)	0,20
Polyamid/Polyamid (grob d = 62 µm)	0,23
Seide/Seide	0,26
Baumwolle/Stahl	0,28–0,32
Baumwolle/Baumwolle	0,29–0,75
Acetat/Acetat	0,29
Polyamid/Stahl	0.32
Viskose/Stahl	0,37
Polyamid/Glas	0,91
Wolle/Stahl	1,00

Bobeth gibt folgende Faser/Faser-Reibwerte an, die nach dem Zwirntrennverfahren ermittelt wurden (*Literatur:* W. Bobeth et. al., Textile Faserstoffe, Beschaffenheit und Eigenschaften, Springer-Verlag, Berlin, 1993):

Faserstoff	Reibwert
Wolle, trocken (in Schuppenrichtung)	0,11
Wolle, trocken (entgegen der Schuppenrichtung)	0,14
Wolle, nass (in Schuppenrichtung)	0,15
Wolle, nass (entgegen der Schuppenrichtung)	0,32
Baumwolle	0,22
Jute	0,46
Seide	0,52
Viskose (Filamentgarn)	0,43
Acetat (Filamentgarn)	0,56
Polyamid 6.6	0,47
Polyester	0,58
Stahldraht	0,29

Reibungskoeffizient (Garne), ist abhängig von Garnstruktur, Oberfläche, Fasermaterial und Begleitstoffen bzw. Hilfsmitteln. Durch Paraffinierung wird der Reibungskoeffizient µ der Garne auf Werte unter 0,15 gebracht (z. B. für die Strickerei). Üblicherweise liegen die Werte über µ = 0,25, mit zunehmender Abzugsgeschwindigkeit kann der Wert auf µ = 0,5–0,6 und mehr ansteigen, strebt aber meist asymptotisch einem Grenzwert zu. Anhaltspunkte für den Reibungskoeffizienten der Garne liefern die Reibungskoeffizienten der Faserstoffe. Mit zunehmender Garndrehung nimmt der Reibwert des Garns ab, ebenfalls asymptotisch. Durch Wachse (Baumwolle, Paraffin) und Öle wird der Reibwert herabgesetzt, durch Staub, Mineralien, Metallreste usw. erhöht. Die Faser/Faser-Reibwerte gelten näherungsweise auch für unbehandelte Garne. Folgende Einflussgrößen wirken sich auf die Garnreibung aus (*Literatur:* L. Simon und M. Hübner, Vorbereitungstechnik für die Weberei, Wirkerei und Strickerei, Springer-Verlag, Berlin, 1983):

1. Garnunabhängige Größen:
   - Fadenspannung (Fadenzugkraft) vor dem Reibkörper
   - Normalkraft (Andruckkraft an den Reibkörper)
   - Garntransportgeschwindigkeit
   - Feuchtigkeitsgehalt der Luft bzw. des Garns
   - Temperatur der Umgebungsluft
   - Temperatur des Reibkörpers
   - Umschlingungswinkel (um den Reibkörper, Seilreibung)
2. Garnabhängige Größen:
   - Haarigkeit
   - Strukturunterschiede
   - Drehung
   - Faserzahl im Garnquerschnitt
   - Garnfeinheit
   - Querschnittsform
   - Verstreckungsgrad (Filamentgarne)
   - Hygroskopizität
   - Schmelztemperatur
   - Reinheitsgrad
   - Hilfsmittelanteil
   - Hilfsmittelzusammensetzung
   - Färbung und andere chemische Behandlungen
   - Physikalische Behandlung (Plasma usw.)
3. Reibkörperabhängige Größen
   - Werkstoffart (Stahl, Keramik, Glas usw.)
   - Oberflächenrauigkeit
   - Querschnittsform (rund, oval)
   - Reibkörperdurchmesser bzw. Abmessungen
   - Härte
   - Wärmeleitfähigkeit
   - Reinheitsgrad

Reibungsmessung (Garn/Zwirn), der Reibungskoeffizient lässt sich am besten durch die Messung der Fadenspannung vor und nach dem Reibkörper messen, sofern Messsysteme zur Verfügung stehen, die ausreichend empfindlich sind (z. B. RES-Messköpfe). Da die Fadenspannung (bzw. deren Differenz) direkt proportional zur Normalkraft ist, lässt sich der Reibungskoeffizient über die Messung der Normalkraft gut bestimmen. Eine praxisnahe Messung ist mit der Schlafhorst-Reibwertwaage möglich.

Reibungszahl, → Reibungskoeffizient.

Reibwert, → Reibungskoeffizient.

Reibwertmessung, → Reibungsmessung.

Reibwertwaage (Schlafhorst-Reibwertwaage), ein industriell oft angewendetes Gerät zur praktischen Vergleichsmessung der Garnreibung. Sie dient dazu, den Reibwert von Garnen auf poliertem Stahl zu messen. So ist es möglich, den Paraffiniereffekt zu kontrollieren. Das zu prüfende Garn umschlingt einen Wägebalken zweimal um 180°. Der Angriffspunkt der Reibkraft für die erste Umschlingung ist verschiebbar; der für die zweite Umschlingung ist durch eine Rille im Wägebalken fixiert. Der Reibwert ergibt sich beim Garndurchlauf durch Veränderung der Hebelarmlänge des Wägebalkens. Er ist eine dimensionslose Zahl und ergibt sich durch die Seilreibungsformel

$$F(R) = F(N) \times e^{\mu\alpha}$$

wobei:

F(R) = Reibkraft

F(N) = Normalkraft an der Reibstelle
e = Euler'sche Konstante
μ = Reibwert
α = Umschlingungswinkel

Da der Reibwert auch von der Einlaufspannung des Garns (Fadenzugkraft vor der Reibstelle) abhängt, werden zum Vergleich zwei Belastungswerte für das Garn vorgegeben, 1 cN Vorlast und 5 cN Vorlast am Garn. Die Abzugsgeschwindigkeit soll 200 m/min betragen. Der Versuch ist im Normalklima durchzuführen.

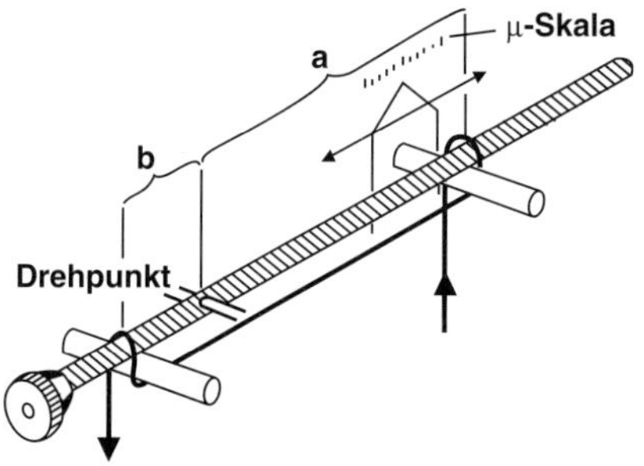

Abb.: Reibwertwaage System Schlafhorst zur Messung der Garnreibung
Quelle: G. Schuler und W. Ring, ITR Reutlingen

Reifencord, → Reifencordzwirn.

Reifencordzwirn, gleichmäßig gezwirnte, glatte, hochfeste Filamentgarne aus Chemiefasern oder Stahldraht (Stahlgürtelreifen) für Autoreifen (Karkasse). Das Zwirnen erfolgt meist durch Kablieren. Der Zwirn soll möglichst ausgeglichen sein, damit er hohe Festigkeiten erreicht. Für hohe Reifenbelastungen (Hochgeschwindigkeitsreifen) haben sich bisher Filamentgarne aus Viskose (Reyon) für die Karkasse (Seitenverstärkung) wegen ihrer hohen Affinität zu Gummi gut bewährt. Für die Lauffläche (Gürtel) hat sich Stahlcord durchgesetzt (Stahlgürtelreifen). Bestimmte Reifen werden fast nur noch mit Stahlcordverstärkungen hergestellt (z. B. Michelin). In vielen Ländern werden Polyamid-Zwirne (Hochtemperaturwechselfestigkeit) und Polyester-Zwirne (geringe Kosten), auch für Lkw-Reifen eingesetzt.

Reihgarn, Einfachzwirn aus Baumwolle, der zum Heften in der Schneiderei verwendet wird (z. B. Nm 24/2).

Reinheit des Garns, Beurteilung des Anteils der → Garnfehler wie Massenanhäufungen, Nissen und Noppen, Knoten, Beifäden, pflanzliche Bestandteile und andere Verunreinigungen.

Reinigerkurve, bei der Messung seltener Fehler im Garn (z. B. Classimat-Prüfung) an der Spulmaschine (Garnreiniger) wird eine Fehlermatrix von kurzen, dicken bis zu langen, dünnen Fehlern im Garn mit Angabe der Fehlerhäufigkeit erstellt. Bei der Festlegung, welche Fehler in der Fertigware stören könnten und deshalb herausgeschnitten werden müssen, wird eine Trennlinie zwischen den störenden Fehlern (zu entfernenden Fehlern) und den Fehlern, die im Garn bleiben können, gezogen. Diese Trennlinie nennt man Reinigerkurve.

Reinigungsschlitze, Blechschlitze, durch die das Garn beim Spulen geführt wird. Dickstellen werden aufgehalten, das Garn reißt ab. Einfachste, alte Garnreinigungsmethode.

Reinleinen, Textilien aus 100 % Leinen (Flachs) in Kette und Schuss der Gewebe. (Tischdecken für Hotels, Handtücher, Taschen, Bekleidung usw.).

Reißdehnung, → Dehnungsgrenze.

Reißerei, Vorbereitungsabteilung der Streichgarnspinnerei oder des Recyclingunternehmens, in der mit groben Öffnungswalzen die Textilien schrittweise zerrissen und wieder zu Fasern aufgelöst werden.

Reißfasern, durch Aufbereitung (Zerreißen) von Alttextilien oder Produktionsresten von der Weberei bis zur Konfektion können wieder verspinnbare Fasern hergestellt werden (→ Abfallaufbereitung). Vor allem in der Streichgarnspinnerei werden Reißfasern aus Wolltextilien immer noch verwendet. Andere Textilien werden für die Herstellung von Vliesstoffen wieder aufbereitet und zerrissen, die teilweise wieder im Automobilbau für unsichtbare Dämmmatten (Kofferraum, Unterboden, Türen usw.) verwendet werden.

Reißfestigkeit, üblicherweise versteht man bei Garnen (oder Filamenten und Fasern) unter dem vereinfachenden Begriff Reißfestigkeit zunächst die tatsächliche (gemessene) Garnfestigkeit (Zugbelastung) zum Zeitpunkt des Fadenbruchs mit Angabe der Krafteinheiten (z. B. 300 cN). Oft wird aber bereits die davon abgeleitete → Feinheitsfestigkeit (in cN/tex oder cN/dtex) angegeben. Zusätzlich wird die gleichzeitig gemessene Dehnung des Garns, bezogen auf die Ausgangslänge, in Prozent angegeben (die Reißdehnung oder → Höchstzugkraftdehnung). Da sich der Feuchtigkeitsgehalt der Garne (Wassergehalt) besonders bei Naturfasergarnen oder Filament- und Fasergarnen aus zellulosischen Rohstoffen (Viskose, Modal, Lyocell) erheblich auf die Festigkeitswerte auswirkt, ist bei der → Zugfestigkeitsprüfung die Einhaltung des Normalklimas wichtig. Wird der vorgeschriebene Klimabereich nicht eingehalten (oft eine Kostenfrage der Klimatisierung), sind Vergleiche der Reißfestigkeitswerte mit Vorsicht zu betrachten.

Reißkilometer, Reißlänge (Rkm), alte Maßeinheit für die Festigkeit von Garnen oder Fasern. Darunter ist diejenige (theoretische) Länge textiler linienförmiger Gebilde in Kilometern zu verstehen, bei der diese unter dem eigenen Gewicht (Schwerkrafteinwirkung) abreißen würden, wenn sie in der entsprechenden Höhe aufgehängt wären. Die Reißkilometerwerte entsprechen näherungsweise den heutigen feinheitsbezogenen Festigkeitswerten (Bruchfestigkeit, Reißfestigkeit) in cN/tex (→ Feinheitsfestigkeit). Beispiel: Ein Garn mit 14 Rkm hat etwa eine Festigkeit von 14 cN/tex.

Reißkonverter, → Kabelreißmaschine.

Reißkonvertierung, Umwandlung eines Chemiefaserkabels, das aus vielen Filamenten besteht (120–240 ktex), die vorher schon gekräuselt wurden, zu einem Kammzug, der nach der Nachreißzone nur noch aus Spinnfasern (Stapelfasern) der Wollstapellänge besteht (mittlere Länge L (Hauteur) 75–150 mm). Reißtrommeln zerreißen mit zunehmender Geschwindigkeit durch Verstreckung schrittweise die Filamente des Kabels. Um die benötigte Reißkraft zu reduzieren und die Fasern thermisch zu stabilisieren, wird Wärmeenergie eingesetzt. Da die Herstellung hauptsächlich in der Wollkämmerei oder in der Kammgarnspinnerei geschieht und vom Kabel (engl. Tow) zum Kammzug (engl. Top) ohne Unterbrechung des Faserbands erfolgt, wird das Verfahren zu den → Konverterverfahren (Tow to Top) gezählt.
Mit dem Konvertieren erspart man sich das erneute Aufbereiten der Fasern und das Krempeln. Durch das Reißen der Filamente auf dem Reißkonverter werden Faserlängenverteilungen im reinen Chemiefaserkammzug (Polyacryl, Polyamid, seltener Polyester, Polypropylen oder Viskose) erzeugt, die der natürlichen Faserlängenverteilung im Wollkammzug sehr ähnlich sind. Die Feinheit der Filamente kann von 0,8–10 dtex reichen. Daraus

können dann Chemiefaserkammgarne mit Wollgarncharakter hergestellt werden. Bei der Reißkonvertierung entstehen weniger Noppen als bei der → Schneidkonvertierung, weshalb ein Nachkämmen entfallen kann. Durch das Reißen steigt die Faserfestigkeit an, die Restdehnung der Fasern nimmt ab, und die Fasern werden um 20–40 % feiner.
Verfahrensablauf der Reißkonvertierung am Beispiel einer Nähgarn-Verarbeitungslinie (100 % Polyester, reißkonvertiert):

1. Kabelvorlage (120–240 ktex)
2. Reißkonverter (Heizplatten bis 48 kW)
3. Mischstrecke (Nadelstabstrecke, 25–30 ktex)
4. Nadelstabstrecke
5. Flyer
6. Ringspinnmaschine (Langstapel)
7. Spulautomat
8. Fachmaschine
9. Zwirnmaschine (Spezial-DD-Zwirnmaschine)
10. Streck-Fixierprozess (Zwirnstabilisierung)
11. HAT-Spulenfärbung
12. Nähgarnspulenaufmachung

Reißkrempel, → Reißwolf.

Reißlänge, → Reißkilometer.

Reißspinnstoffe, → Reißfasern.

Reißwolf (Wolf, Willow), eine Maschine mit einer mit groben Zähnen versehenen, rotierenden Auflösewalze zur Flockenverkleinerung bei der Verarbeitung der Wolle in der Streichgarnspinnerei vor der Krempel. Die Bearbeitung auf dem Reißwolf wird mit dem Schmälzen verbunden, um die Fasern bei der weiteren Verarbeitung zu schützen.

Relative Nassfestigkeit, die Festigkeit von Fasern oder Garnen in nassem Zustand wird im Verhältnis zur Trockenfestigkeit (bei Normalklima) in Prozent angegeben. → Garnfestigkeit und Dehnung.

Relaxation, Entspannung eines Garns bei konstanter Kraftbelastung oder in entlastetem Zustand über einen längeren Zeitraum oder unter Wärmeinwirkung. Dabei ziehen sich die vorher belasteten bzw. gestreckten Makromolekülketten der Polymere in den nichtkristallinen (amorphen) Bereichen der Filamente durch die Brown´sche Molekularbewegung wieder zusammen; es kommt zur gegenseitigen Verschiebungen der Molekülketten und zu einer Entlastung der vorher wirkenden Spannungen im Material.

Relaxationsuntersuchung,
1. Die Untersuchung der Kraftänderung bei konstanter Dehnungszunahme (CRE) des Materials (Filamentgarn) wird mit Zugprüfgeräten (Textechno, Mönchengladbach) zeitabhängig untersucht und liefert Informationen über das Verhalten von Textilien bei Dauerbeanspruchung. Es lässt sich das viskoelastische Verhalten beschreiben. Je nach Orientierungsgrad und Vernetzungszustand der nicht kristallinen Bereiche einer Faser nimmt die Relaxationsspannung mehr oder weniger schnell ab. Nach Wiederherstellung der Ausgangslänge zeigt ein gut geordnetes Material elastische Nachwirkungen in Form eines erneuten Spannungsanstiegs.
2. Die zeitabhängige Schrumpfkraftprüfung liefert Informationen über die zu einem bestimmten Zeitpunkt einer thermischen Behandlung freigesetzten inneren Spannungen, wobei die Spannung bzw. die Längenänderung bei Messbeginn auf den zu betrachtenden Behandlungsprozess abgestimmt sein müssen. Der Messvorgang ist als Relaxationsversuch bei einer vom Normalklima abweichenden Behandlung anzusehen.
3. Mit der Gleichgewichts-Schrumpfkraftmessung werden temperaturabhängig die

im Material blockierten Spannungen erfasst. Der Messvorgang setzt sich aus einer Reihe von Relaxationsversuchen bei sukzessiv steigender Temperatur zusammen, wobei bei jedem Temperaturschritt von 2–3 K (Differenz in °C) die Ausgangslänge positiv oder negativ verändert wird, bis ein Spannungsgleichgewicht vorliegt.

Relaxieren, → Relaxation.

Relaxierzone, Verarbeitungszone einer Spinn-, Spul-, Zwirn-, Texturier- oder Weiterverarbeitungsmaschine, die durch negativen Verzug und/oder Erwärmung zur Entspannung des Filamentgarns führt.

Reliefwalze, Druckwalze mit musterartigen, oft streifenförmigen Vertiefungen zum Bedrucken von Kammzügen (oder Garnen) mit Streifenmustern (→ Vigoureuxdruck). Die Druckfarbe wird in den Vertiefungen der Reliefwalze aufgenommen, beim Gegendruck auf den Kammzug (oder die Garne beim Garndruck) übertragen und bildet dort streifenförmige Muster. Damit können einerseits Effekte, aber andererseits auch gleichmäßige Farbmischungen erstellt werden, je nach anschließender Mischung der Bänder. Bei Garnen werden bevorzugt Effekte durch erkennbare Farbunterschiede erzeugt, da solche Effekte mit dem konventionellen Spinnverfahren nur schwierig herzustellen sind.

Repco-Garn (Self-Twist-Garn, ST-Garn), Falschdrallzwirn, der mit Hilfe des → Repco-Spinnverfahrens aus jeweils zwei Vorgarnen durch Nitscheln, also abwechselnde Falschdrallerteilung, entsteht. Im Repco-Garn (Zwirn) findet man in bestimmten Abständen parallele Garnlagen, in denen sich S-Drehung mit Z-Drehung abwechseln. Diese Stellen bilden Schwachstellen im Zwirn, Strukturfehler im Gewebe oder Gestrick und Färbeunterschiede.

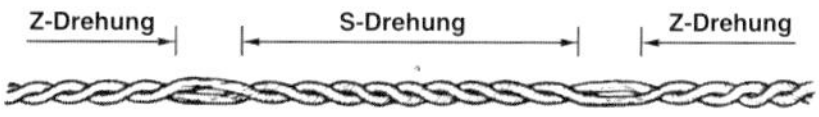

Abb. 1: Drehungsstruktur eines Repco-Self-Twist-Zwirns
Quelle: S. Gruoner, IWS Düsseldorf

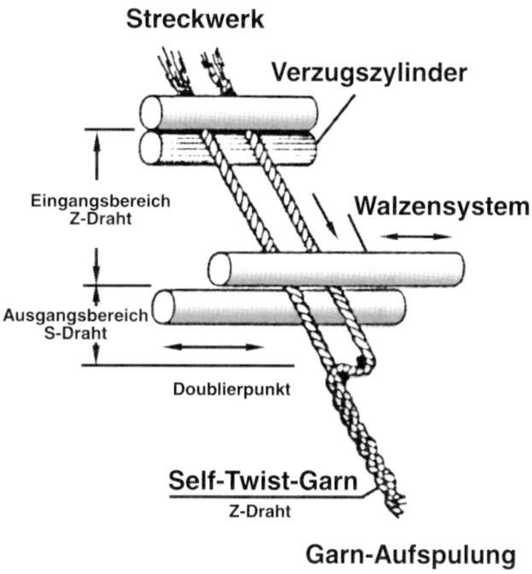

Abb. 2: Prinzip der Repco-Self-Twist-Garnherstellung mit Hilfe des Nitschelns
Quelle: S. Gruoner, IWS Düsseldorf

Repco-Spinnverfahren, wird ein Faserverband (Vorgarn) an beiden Enden gehalten und in der Mitte verdreht, entsteht ein von der Texturierung her bekannter Falschdrall. Wird diese Drehung nicht stabilisiert, verschwindet sie sofort nach Freigabe. Werden aber zwei derartig verdrehte Fäden miteinander in Berührung gebracht und anschließend gemeinsam freigegeben, verzwirnen sich die beiden Fäden durch die frei werdende Rückdrehung (Rücktorsionskraft) miteinander, und zwar die eine Hälfte in S-Drehung und die andere Hälfte in Z-Drehung. Beim Repco-Verfahren (Self-Twist, Selbstdrehung) wird dieser Effekt zur Verzwirnung ausgenutzt. Die Liefergeschwindigkeit des Spinnaggregats erreichte bis zu 220 m/min. Zunächst

wurden in Australien nur feine Merinowollen verarbeitet, später konnten Wollen bis 26/28 µm, ab 60 mm Länge sowie Chemiefasern der Feinheit 3,5–4 dtex problemlos verarbeitet werden. Die Mindestfaseranzahl im Garnquerschnitt lag bei etwa 35 bei Synthetics und 37 bei Wolle, die erreichbaren Garnfeinheiten bei Nm 16/2 bis Nm 64/2.
Probleme bereiteten die durch die abwechselnde Drehung der Garne entstehenden Parallellagen im Zwirn, Schwachstellen im Zwirn und die Restdrehungen bei der weiteren Verzwirnung, die im Standardzwirn nicht auftreten. Dies führt zur Herstellung härterer Zwirne. Trotzdem wird das Verfahren noch für bestimmte, spezielle Produkte eingesetzt, da weniger Personalaufwand (und geringerer Platzbedarf der Maschinen, reduzierte Betriebs- und Energiekosten) als in der Ringspinnerei erforderlich ist. Derzeit wird an der Weiterentwicklung ähnlicher Verfahren gearbeitet.

Reprise, → Handelsgewichtszuschlag.

Reservefaden, zur Verbindung von Garnen auf der Spulmaschine oder zum automatischen Anspinnen auf der Rotorspinnmaschine oder an der Ringspinnmaschine benötigt man ein Fadenstück, das auf der Spule oder auf dem Cops zusätzlich zur normalen Bewicklung aufgewickelt werden muss. Es werden Reservewindungen des produzierten Garns angelegt, die zum Verbinden benutzt werden können. Gelegentlich werden auch Fremdfäden verwendet, die später aber wieder an der Spulmaschine entfernt werden müssen (wegen Färbeproblemen, Strukturunterschieden usw.).

RES-Fadenspannungsmessung, ein von Renate und Ernst Schweizer (in der Schweiz) speziell für die Fadenspannungsmessung entwickeltes, hochfrequentes Messsystem (bis 40 kHz) zur Bestimmung der Fadenspannung während der Verarbeitung oder im Versuch im Labor. Ein Dreipunktmesskopf mit zwei festen Fadenführern und einem Messaufnehmer nimmt die resultierenden Kräfte des Garns, die in Richtung des Sensors wirken, auf. Durch Kalibrierung können die in Garnachsrichtung wirkende Kraft bzw. die Fadenspannung ermittelt werden.

Restfaden, der nach dem Abspulen noch auf der Hülse verbleibende Faden, der bei der Cops- oder Spulenreinigung wieder entfernt werden muss.

Restkrumf, → Schrumpf, der auch noch nach einer bestimmen Vorschrumpf-Garnbehandlung (z. B. nach dem Strecken), nach der Teilfertigstellung einer Ware (im Gewebe z. B.) oder in der Fertigware auftritt.

Reutlinger Garnstandards, am ehemaligen Reutlinger Forschungsinstitut systematisch zusammengestellte Fotografien von → Garntafeln (Baumwolle) verschiedener Feinheiten, gekämmt und kardiert, auf Postern. Dabei sind zunehmende Nissigkeit und zunehmende Unregelmäßigkeit der Garne im Vergleich erkennbar. Die Garnstandards waren wie ähnliche Garnstandards anderer Länder (ASTM-Garnstandards USA) als Vergleichsmaßstab für die Industrie gedacht, sind jedoch durch messtechnisch erfasste Vergleichstabellen (z. B. Uster-Standards, Uster-Statistics) und gespeicherte Datenbanken abgelöst worden. Zudem besteht die Möglichkeit der Simulationsdarstellung von Garntafeln mit dem Zweigle-System.

Reutlinger Garntafel, → Garntafel.

Reutlinger Pillgrade, am Institut für Textiltechnik Reutlingen entwickeltes, beschreibendes Beurteilungssystem für die Pillingbildung auf Geweben und Gestricken. Teilweise heute ersetzt durch Fotografien (EMPA, St. Gallen, Martindale-Pillingtest).

Reutlinger Technikum, ursprüngliche Bezeichnung der Reutlinger Textilfachschule, die später zur Ingenieurschule, dann zur Fachhochschule für Technik und Wirtschaft umgewandelt wurde. Neue Bezeichnung Hochschule Reutlingen. Die Gründung erfolgte 1855 mit einer Webschule.

Reutlinger Webtester, ein am ITR unter der Leitung von Dr. Trauter in der Schlichtereiabteilung entwickeltes Websimulationsgerät, das die Scheuerbeanspruchung der Kettfäden bei der Fachbildung durch Langzeitprüfungen simuliert und damit eine Voraussage der Verarbeitbarkeit der Garne (ungeschlichtet und geschlichtet) erlaubt.

Revidierte Seide, gereinigte (geputzte) Rohseide (→ Grège).

Riemchen (Oberriemchen, Unterriemchen), Führungselemente der Streckwerke der Ringspinnmaschine und des Flyers, gewebeverstärkte Gummibänder, die zu einem während des Verzugs ständig umlaufenden Endlosband zusammengefügt werden. Sie werden um die mittleren Streckwerkswalzen (Oberwalzen und Unterwalzen) des Hauptverzugsbereichs oben (Oberriemchen) und unten (Unterriemchen) so geführt, dass sie sich mit derselben Umfangsgeschwindigkeit wie der Mittelzylinder bewegen. Damit wird das im Hauptverzugsbereich liegende Faserbändchen zwischen den Riemchen zusammengehalten und vor dem Abreißen bewahrt, während der Verzug durch die schneller laufenden Vorderzylinderwalzen (die den Hauptverzug bewirken) die Fasern aneinander vorbeizieht (Verzug).

Ring, kreisrunde schienenförmige Laufbahn aus Metall, die den Läufer beim Ringspinnen führt. Eine einwandfreie Führung des Läufers, der sich auf der Kreisbahn des Rings mit Geschwindigkeiten bis zu 45 m/s (ca. 162 km/h) bewegen kann, ist für das Spinnen und die geordnete Ablage des Garns auf dem Cops unabdingbar. Der Ring wird als Maschinenelement aus Spezialstahl in verschiedensten Formen hergestellt und in vorbereitete Öffnungen der Ringbank der Spinnmaschine eingesetzt. Er besteht aus hochglanzpoliertem oder speziell behandeltem Stahl und ist wegen des Verschleißes auswechselbar.
Man unterscheidet je nach herzustellendem Garn oder Zwirn folgende unterschiedliche Ringarten:

a) Flanschringe (Baumwoll- und Chemiefasergarne der Dreizylinderspinnerei)
b) J-Ringe (Kammgarne)
c) HZ-Ringe (helle, verschmutzungsempfindliche Garne, Filamentgarne, Reifencordzwirne, Glasfasergarne, Nähzwirne, Spezialfasergarne wie Aramide)

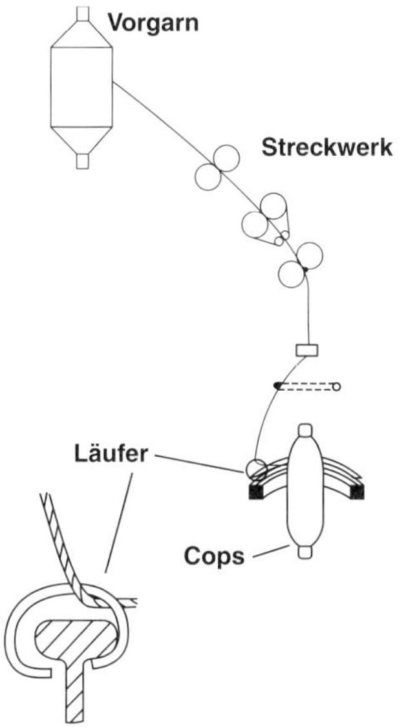

Abb.: Ringspinnprinzip mit Ring-/Läuferquerschnitt

Ringbank, ein die gesamte Maschinenbreite der Ringspinnmaschine einnehmender Trägerbalken aus Metall, der die Spindeln und die Ringe aufnimmt.

Ringbankbewegung, mit der Auf- und Abbewegung der Ringbank wird die Bewicklungsform des Spinncopses festgelegt. Sie wurde früher vom Herzexzenter und seiner Form gesteuert, heute werden elektronische Steuer- und Regelsysteme für die Ringbankbewegung eingesetzt (z. B. Zinser-Ringspinnmaschine 351).

Ringbankhub, Höhe der Auf- und Abbewegung der Ringbank der Ringspinnmaschine, bestimmt die Bewicklungshöhe des Copses, muss also an die gewünschte Bewicklungshöhe (Copsformat) angepasst werden.

Ringbankspiel, der vollständige Bewegungsvorgang der Ringbank, eine geschlossene Auf- und Abbewegung, die für das Aufwinden des Garns einer Haupt- und Kreuzwindung auf dem Spinncops erforderlich ist.

Ringdurchmesser, üblicherweise der Innendurchmesser des Rings der Ringspinn- oder Ringzwirnmaschine, der die mögliche Copsbewicklungsdicke bestimmt. In der Spinnerei soll das Verhältnis des Ringdurchmessers zum Hülsendurchmesser 2:1 betragen. Die Innendurchmesser bei Flanschringen reichen etwa von 36 mm bis 100 mm, je nach gewünschter Garnfeinheit und Produktionsleistung. Die J-Ringe der Kammgarnspinnerei haben Durchmesser von etwa 42 mm bis 180 mm, HZ-Ringe für Filamentgarne, Glasgarne, Nähgarne usw. haben Durchmesser von etwa 48–250 mm.

Ringeinlauf, Verfahrensweise zur Erzielung optimaler Laufeigenschaften in der Spinnerei nach dem Einbau neuer Ringe. Ein sorgfältig durchgeführter Ringeinlauf ist unentbehrlich, um eine dauerhaft hohe Spindeldrehzahl und gute Garnqualität erreichen zu können. Eine gut eingelaufene Oberfläche kann wesentlich zu einer langen Ringstandzeit beitragen und bei geringstem Läuferverschleiß günstige Fadenbruchwerte ermöglichen. Für den Einlauf sollte die empfohlene Ring- und Läuferqualität verwendet werden. Läuferform, Garnfeinheit und Garnqualität sollten nicht gewechselt werden. Der Läuferwechsel sollte nach Möglichkeit zu Beginn des letzten Copsdrittels erfolgen; Temperatur und Feuchtigkeit sollten konstant sein.
Oft werden durch den Ringeinlauf deren Lebensdauer und die Qualität des Garns bzw. des Spinnprozesses erheblich beeinflusst.Ringeinfahrprogramme sind festgelegte Programmfolgen für den Ringeinlauf mit Drehzahlstufenangaben der Ringspindel und Läuferwechselzeiten. Nach modernen Kriterien 6–8 Wechsel nach festgelegten Durchlaufmengen.
Ein Einlaufprogramm könnte wie folgt aussehen (*Literatur:* Taschenbuch Reiners und Fürst, Rings and Travellers, Reiners und Fürst GmbH u. Co. KG, Mönchengladbach):

Wechsel	Laufstunden	Spindeldrehzahl
1.	2	80 %
2.	2	85 %
3.	4	85 %
4.	8	85 %
5.	8	90 %
6.	12	90 %
7.	24	90 %
8.	24	95 %
9.	36	95 %
10.	36	100 %
11.	48	100 %
12.	60	100 %

Start der Ringspinnmaschine mit Anspinndrehzahl, Läufer eine Nummer leich-

ter wählen. Nach dem Anspinnen aller Fäden 80% der üblichen Spindeldrehzahl einstellen.
Weitere Läuferwechsel nach Bedarf.
Inzwischen gibt es für die modernen Spinnmaschinen eingespeicherte, automatische Ringeinfahrprogramme (Zinser 351).

Ringel, streifenförmiger Fehler in Rundgestricken senkrecht zur Produktionsrichtung (auf der Maschine waagrecht in Garnlaufrichtung), der durch Garnfehler (Garnfeinheitsschwankungen, Haarigkeitsveränderungen usw.) oder Strickfehler (Spannungsschwankungen, Nadelfehler usw.) entstehen kann.

Ringexzentrizität, Abweichung des Ringmittelpunkts vom Spindelmittelpunkt. Bereits eine Abweichung von 0,1 mm führt zu erheblichen Fadenspannungsspitzen im Garn.

Literatur: W. Helli, Moderne Ring-Läufersysteme, Reiners und Fürst GmbH, Vortrag Hochschule Reutlingen, März 2005.

Ringgarn, Garn, das mit Hilfe einer Ringspinnmaschine hergestellt wurde. Es hat typische Eigenschaften, die es zum Standardgarn machen, das auch als Vergleichsmaßstab herangezogen wird. Ringgarne können aus allen Spinnfasern, Naturfasern und Chemiefasern mit Hilfe des Trockenspinnverfahrens und mit Hilfe des Nassspinnverfahrens hergestellt werden. Typische Eigenschaften trocken gesponnener Ringgarne sind:

1. Mantel-Kern-Drehung: gleichmäßiger Drehungsaufbau von außen (hohe Drehung) nach innen (niedrige Drehung)
2. Scheuerempfindlichkeit
3. leicht aufdrehbar (einfache Drehungsbestimmung)
4. Fasermigration im Garn
5. ausgeprägte Haarigkeit (Unterschiede durch Kämmen und Kompaktspinnen)
6. gute Festigkeit und Dehnung
7. typische Ungleichmäßigkeit mit Dünn-Dick-Stellen
8. gute Fülligkeit und Deckkraft (drehungsabhängig, materialabhängig)
9. Weichheit (drehungsabhängig, materialabhängig)

Üblicherweise werden Ringgarne im Bereich Nm 0,5–Nm 250 (2–2.000 tex) hergestellt. Am häufigsten werden jedoch Garne zwischen Nm 20 und Nm 50 hergestellt. Die Firma Rieter konnte einen Maschinenrekord für Nm 500 aufstellen. Im Jahre 1999 wurde mit dem Ringspinnverfahren in Stuttgart/Bad Canstatt von der Firma Texparts/SKF in Zusammenarbeit mit der FH Reutlingen das weltweit feinste Baumwollgarn hergestellt (Nm 560), das etwa die Dicke eines feinen Seidenfadens hat. (Eintrag im Guiness-Buch der Rekorde).

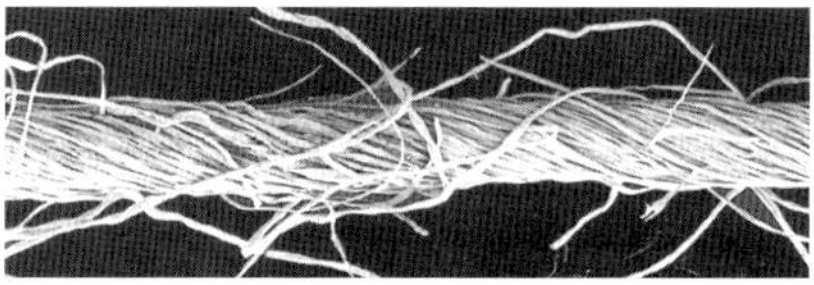

Abb.: Vergrößerung eines Ringgarnabschnitts
Quelle: Murata Machinery Ltd., Japan

Ringläufer, → Läufer.

Ringprofile, grundsätzliche Unterschiede der Querschnittsprofile der Ringe bestehen zwischen
- Flansch-Ringen
- J-Ringen und
- HZ-Ringen

die für unterschiedliche Einsatzgebiete vorgesehen sind.

Ringspinnen, wichtigstes Verfahren zur Verspinnung von Stapelfasern im Kurzstapelbereich (Baumwolle, Chemiefasern der Baumwoll-Type) und im Langstapelbereich (Wolle und Chemiefasern der Woll-Type) mit Hilfe des Ring-Läufer-

Systems. Das Ringspinnen ist das immer noch universellste, für alle Faserstoffe und alle Garnfeinheiten (mit jeweils angepassten Maschinenelementen und Dimensionen) verwendbare und weltweit am meisten industriell eingesetzte Garnherstellungsprinzip für Stapelfasern (Spinnfasern), das nur in Teilbereichen durch neue Spinnverfahren abgelöst wurde (z. B. gröbere, kardierte Baumwoll-Ringgarne durch OE-Rotorgarne oder DREF-Friktionsspinnen für sehr grobe Garne). Die Entwicklung des Ringspinnens in Europa und inzwischen weltweit erhielt neuen Auftrieb durch das ab 1995 von der Firma Rieter (Patente Dr. Fehrer u. a.) zuerst vorgestellte Kompaktspinnverfahren. Vorläufer des Ringspinnens war das Flügelspinnverfahren, für das es schon Zeichnungen von Leonardo da Vinci gab, das allerdings als Nachfolger des Spinnrads erst im 18. Jahrhundert in England als Spinnmaschine verwirklicht wurde (→ Spinning Jenny).

A. Spinnvorgang:
Der Ringspinnmaschine wird ein Vorgarn vorgelegt, das über Flyer oder Nitschelstrecke (Wolle: Finisseur) hergestellt wird. Dieses Vorgarn muss im Streckwerk der Spinnmaschine (meist Dreizylinderstreckwerk) zur Endfeinheit (Garnfeinheit) verstreckt werden. Beim Verlassen des letzten Streckwerkswalzenpaars (Vorderzylinder) entsteht durch die Quetschwirkung ein breiterer Faserbart, der in Dreiecksform (Spinndreieck) in den Garndrehungsbereich übergeht. In diesem Drehungsbereich werden die Fasern durch das Garn, das bereits Drehung von der Spindel bzw. dem Ring-Läufer-System erhalten hat, sozusagen rückwärts in den Garnverband eingedreht. Die Fasern legen sich schraubenfömig (üblich: Z-Drehung) umeinander herum. Durch die Drehung entstehen zum Garnkern in die Mitte wirkende Kräfte, welche die Faser/Faser-Reibung erhöhen, die Fasern zusammenpressen und damit die Garnfestigkeit bewirken. Bei Zugbeanspruchung werden die im Garnkern liegenden Fasern durch die äußeren Fasern eingeschnürt (Lasso-Effekt), und zwar umso mehr, je mehr Drehung auf das Garn aufgebracht wird. Die Drehung im Garn wird durch die sich um die eigene Achse drehende Ringspindel erzeugt, auf der die Hülse mit dem aufgewickelten Garn (Spinncops) fest aufsitzt (durch Klemmung festgehalten). Um die Spindel herum sitzt der zentrisch angeordnete Spinnring, der auf der beweglichen Ringbank (Auf- und Abwärtsbewegung zur Bewicklungssteuerung) fest angebracht ist. Auf dem Ring, der etwa die Form einer Eisenbahnschiene hat (T-Profil), kann sich der → Läufer (ein kleiner Metallbogen bei Baumwolle oder Kunststoffbogen bei Wolle) in dem vom Ring vorgegebenen Kreis bewegen. Das bereits auf den Cops aufgewickelte Garnstück, das man zum Anspinnen benötigt, wird durch den Läufer und durch den zentrisch über der Spindel angebrachten Fadenführer (Sauschwänzchen, Queue de Cochon) nach oben zu den aus dem Spinndreieck des Streckwerks herausragenden Fasern geführt. Beginnt sich die Spindel zu drehen, wird der Läufer mitgeschleppt und dreht sich mit dem Garn um die Spindelachse herum. Es entsteht im Garn eine nach außen wirkende Zentrifugalkraft, die dazu führt, dass ein Fadenballon entsteht (vergleichbar mit dem rotierenden Seil beim Seilhüpfen/Seilspringen) und das Garn unter Spannung gesetzt wird. Das Garnende beginnt sich durch die von unten kommende Drehung um die eigene Garnachse zu drehen, wodurch die vom Streckwerk kommenden Fasern eingebunden werden. Der Spinnvorgang beginnt. Gleichzeitig wird das neu gesponnene Garn durch die Drehbewegung der Spindel auf den Cops aufgewickelt. Der Läufer wird durch das Garn nachgeschleppt und bewirkt damit die

gleichzeitige Aufwicklung des Garns auf den Cops. Die Windungsdrehung ist zwar von der Garndrehung abzuziehen, aber durch die niedrige Aufwindegeschwindigkeit des Garns auf den Cops (ca. 20 m/min) im Vergleich zur extrem hohen Läufergeschwindigkeit (bis ca. 40 m/s) ist die Differenz zwischen Spindeldrehzahl und Drehung im Garn relativ gering (ca. 2–3 %).

Da sich der Läufer mit dem Garn zwangsweise auf dem Ring bewegen muss, kann durch Auf- und Abbewegung des Rings die Wickelstelle auf dem Cops und damit die Spulenform bestimmt werden. Für ein späteres, schnelles Abziehen des Garns vom Cops über Kopf (in Spulenachsrichtung) auf der Spulmaschine ist es günstig, einen schichtweisen, konischen → Spulenaufbau (Copsaufbau) zu erzeugen.

Beim neuen → Kompaktspinnverfahren, einem modifizierten Ringspinnverfahren, wird das Spinndreieck verkleinert bzw. unterdrückt und damit die Fasereinbindung in das Garn und so die Garnstruktur verbessert und die Haarigkeit des Garns deutlich reduziert (falls dies gewünscht wird, gekämmte Garne).

B. Leistungsbegrenzung des Ringspinnens:

Die Leistungsgrenzen des Ringspinnens (und Ringzwirnens) sind durch die maximale Belastbarkeit des Ring-Läufer-Systems und des Garns (Fasermaterial, Garnfeinheit, Struktur, Oberfläche, Schmiersysteme) gegeben. Der Läuferverschleiß wird bevorzugt gegenüber dem Ringverschleiß, da der Ring teuer und ein Austausch schwieriger ist. Der Läuferverschleiß ist nicht nur vom Werkstoff abhängig, sondern auch von der Art der Wärmeableitung und der stabilen Lage im Spinnprozess. Die zwischen Ring und Läufer entstehende Reibungswärme muss schnell abgeführt werden, damit keine größeren Abtragungsvorgänge am Metall stattfinden und das

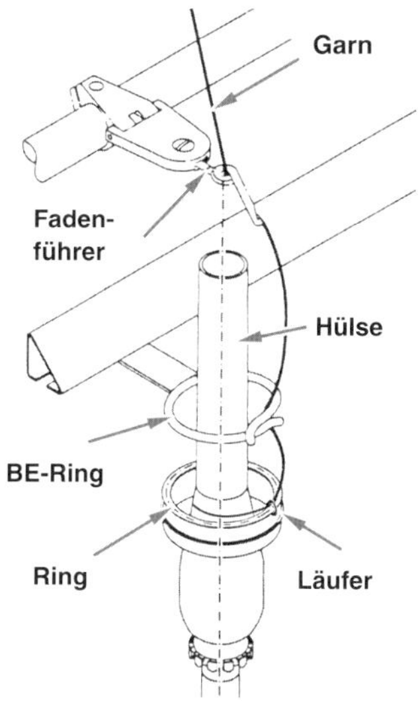

Abb. 1: Ring-Läufer-System des Ringspinnverfahrens

Abb. 2: Spinnstelle einer Dreizylinder-Kurzstapel-Ringspinnmaschine
Quelle: A. Schenek, Hochschule Reutlingen und Zinser-Saurer GmbH, Ebersbach

Garn nicht schmilzt (synthetische Chemiefasern).

Für einen einwandfreien Spinnvorgang an der Ringspinnmaschine müssen folgende Bedingungen gegeben sein:

a) einwandfreie Zentrierung der Spindel und der Hülse
b) optimale Zentrierung des Fadenführers über der Spindel
c) einwandfreie elastische Spindellagerung ohne Vibrationen
d) richtiges Verhältnis des Hülsendurchmessers zum Ringdurchmesser (ca. 1:2)
e) Balloneinengungsringe für längere Spindeln
f) Einsatz von Läuferreinigern (Entfernung der Faserflugbärte vom Läufer)
g) richtige Ring-Läufer-Auswahl
h) geeignetes Raumklima (rohstoffabhängige Temperatur und Feuchtigkeit)
i) saubere, staubfreie Spinnereiluft
j) optimale Faseravivagen (Chemiefasern)
k) glatte, eingefahrene Ringlaufbahn (Ringeinfahrprogramme)

Ringspinnerei, Abteilung der Dreizylinder- oder Kurzstapelspinnerei, die zur Herstellung von Garnen mit Hilfe der Ringspinnmaschine dient (klassische Ringgarne oder Kompaktgarne). Sie erfordert meist eine Vorgarnherstellung mit dem Flyer oder der Nitschelstrecke oder dem Nitschelwerk der Krempel, aber auch Bandverspinnung ist im gröberen Garnfeinheitsbereich möglich. Weltweit werden noch etwa 70–80 % aller Garne mit dem Ringspinnverfahren hergestellt. Nach dem Ringspinnen müssen die Garne auf der Spulmaschine auf Kreuzspulen umgespult und gereinigt werden. Sollen feine Garne hergestellt werden (ab etwa Nm 50–60), muss der Rohstoff Baumwolle oder Wolle gekämmt werden.

Ringspinngarn, → Ringgarn.

Ringspinnmaschinen, folgende grundsätzlichen Maschinentypen werden unterschieden:

1. Kurzstapel-Ringspinnmaschine (Dreizylinderspinnerei)

t = Spindelteilung
D = Ringinnendurchmesser
d = mittlerer Hülsendurchmesser
H = Hülsenlänge
BE = Ballonring
EB = Einstellmaß Ring/BE-Ring
FB = Fadenballon
EF = Einstellmaß Hülsenspitze/Fadenführeröse

Empfohlene Verhältniswerte:

D = t – 25 mm
d : D in der Spinnerei:
0,48 – 0,5 bzw. α 29° – 30°
(0,42 bzw. α 26° nicht unterschreiten)
d : D in der Zwirnerei:
0,44 – 0,5 bzw.
(0,38 bzw. α 22° nicht unterschreiten)
H ≤ 5 × D
BE ~ D + 2
EB ~ 2 × D
EF ~ 2 × do

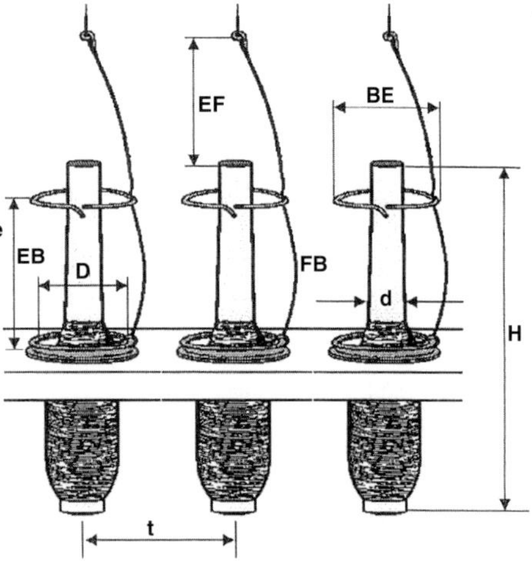

Abb. 3: Verhältnisse von Ringdurchmesser zu Hülsendurchmesser, Hülsenlänge und Spindelteilung
Quelle: W. Helle, Reiners und Fürst GmbH, Möchengladbach, Vorlesungsunterlagen Hochschule, Reutlingen

2. Langstapel-Ringspinnmaschine (Kammgarnspinnerei)
3. Halbkammgarn-Ringspinnmaschine (Halbkammgarnspinnerei)
4. Streichgarn-Ringspinnmaschine (Zweizylinderspinnerei/Streichgarnspinnerei) (mit Drehröhrchen oder Drehstreckwerk)
5. Flachs-Nassringspinnmaschine (Nassspinnen von Langfaserflachs, Langfaserhanf)
6. Halbnassringspinnmaschine
7. Werg-Ringspinnmaschine (Trockenspinnen, Wergverspinnung)
   Die Maschinen unterscheiden sich nicht im Prinzip des Spinnverfahrens, aber in:
   - Dimensionen (Teilung)
   - Streckwerksprinzipien
   - Streckwerkselementen und Abständen
   - Drehzahlbereichen
   - Ringdurchmessern
   - Hilfsaggregaten (z. B. Nasstrog)

   sowie weiteren Komponenten wie Doffer, Spulentransport und Verbindung zur Spulmaschine, Luntenstopp, Qualitäts- und Produktionsüberwachung und verschiedenen Teil-Automatisierungsschritten.
   Weitere Ringspinnmaschinenvarianten sind:
8. Siro-Ringspinnmaschine
9. Coregarn-Ringspinnmaschine (mit Elastangarnzuführung)

Ringspinnverfahren, die Maschinenfolge ist in der Dreizylinderspinnerei bei der Verarbeitung von Baumwolle und der Herstellung feiner Garne (ab Nm 50) üblicherweise wie folgt:
1. Ringspinnverfahren, gekämmt:
   a) Spinnereivorbereitung
   b) Kardierung
   c) Strecken
   d) Banddublierung
   e) Kämmen
   f) Strecken
   g) Vorgarnherstellung/Flyer
   h) Ringspinnen (Feinspinnen)
2. Ringspinnverfahren, kardiert: Für die Herstellung gröberer Garne oder die Verarbeitung von Chemiefasern fällt der Kämmvorgang mit der Banddublierung weg. Bei groben Garnen wird die Zahl der Streckpassagen reduziert. Bei bestimmten Varianten ist auch eine Bandverspinnung möglich.

Ringzwirnen, älteres Zwirnprinzip, bei dem zwei Garne gefacht vorgelegt und durch die Drehung einer Spindel mit Ringläufersystem gezwirnt und auf einen Zwirncops aufgewickelt werden. Größtenteils in der Industrie abgelöst durch das → Doppeldrahtzwirnverfahren und das → Kablierverfahren.

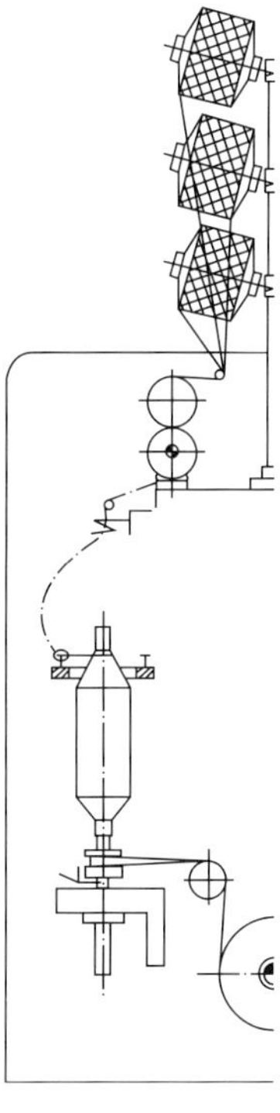

Abb. 1: Prinzip einer Ringzwirnmaschine zur Herstellung von Nähzwirnen (Dreifachzwirn)
Quelle: Vorbereitungstechnik für die Weberei, Wirkerei und Strickerei, Heidelberg, 1983

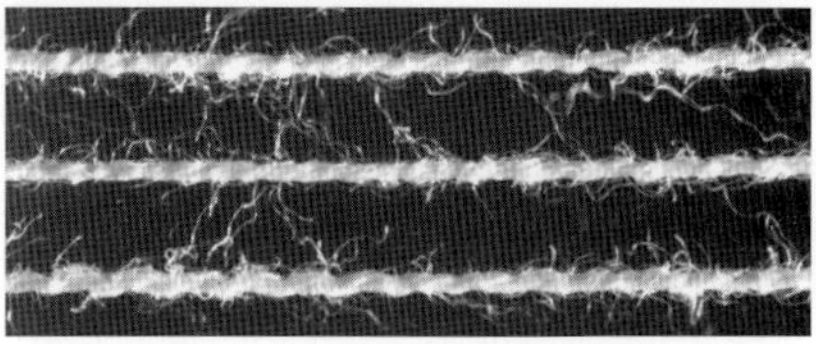

Abb. 2: Ringzwirn aus Viskosegarnen
Quelle: H. Mengel und K. Joas, Hochschule Reutlingen

Ringzwirnmaschine, Maschine mit Spindel- und Ring-Läufer-Systemen zur Erzeugung von Zwirnen. Mit jeder Spindelumdrehung entsteht (näherungsweise, ohne Berücksichtigung der Aufwickelgeschwindigkeit) eine Drehung im Zwirn. Die Drehungsrichtung ist wählbar, entweder S- oder Z-Drehung.

Rocos-Kompaktspinnsystem, von der Fa. Rotorcraft, Maschinenfabrik Altstätten, Schweiz, entwickeltes Kompaktspinnsystem, das aus einem magnetisch auf dem unteren Vorderzylinder des konventionellen Streckwerks der Ringspinnmaschine festgehaltenen Druckroller-Kompaktierungssystem zur Reduzierung des Spinndreiecks besteht. Es kann sowohl für neue als auch bestehende Ringspinnmaschinen als Ausbausatz verwendet werden.

Rohgarn (Ecrugarn), rohweißes, ungefärbtes, unveredeltes Garn. Garnfarbe nach der Herstellung in der Farbe des Rohstoffs, gelblich-weiß bei Baumwolle und Wolle oder naturfarben, ohne Bleichen und Färben und blendend weiß bei Chemiefasern.

Rohstoffbedingte Garnfehler, → Garnfehler.

Rohstoffbestimmung im Garn, Garnanalyse nach dem Textilkennzeichnungsgesetz (siehe TKG, Anhang, S. 537).

Rohstoffmanipulation, Zusammenstellung der für die Garnproduktion einer Partie erforderlichen Rohstoffe nach Menge, Qualität und Preis.

Rohstoffpartie, Zusammenstellung der für die Garnproduktion einer bestimmten Qualität erforderlichen Rohstoffmenge.

Rohweiß, Bezeichnung für ungefärbte Stapelfasergarne (Spinnfasergarne) aus Naturfasern in der natürlichen Faserfarbe (z. B. Wolle, auch Baumwollgarne und Gewebe vor dem Färben). Inzwischen wird dieser Begriff auch für ungefärbte Chemiefasergarne, ungefärbte Filamentgarne sowie Folienbändchen verwendet.

Rohweißspinnerei, Spinnerei, in der ungefärbtes (rohweißes) Fasermaterial zu Garn versponnen wird. Die Rohweißspinnerei ist bei Baumwolle Standard, da nur so die Vorteile des Baumwollwachses als Schmiermittel beim Spinnvorgang (Läuferschmierung) ausgenutzt werden können. Dies ist auch der wesentliche Grund, warum Rohbaumwolle bis heute mit wesentlich höheren Maschinen- bzw. Produktionsgeschwindigkeiten verarbeitbar ist als alle Chemiefasern.

Rollenkarde, seltenere alte deutsche Bezeichnung der → Krempel (aus dem Englischen roller-card), auch Walzenkarde genannt.

Roller-Spinnverfahren, ein vom OE-Rotorspinnen abgeleitetes Verfahren, bei dem die Fasern ebenfalls als Band vorgelegt, aufgelöst und in einen (langsam) drehenden Rotor eingespeist werden. Ein ebenfalls durch die Garnmitte über einen Abzugstrichter zugeführtes Garnende bindet die Fasern ein. Die Drehungserteilung erfolgt allerdings durch einen Friktionsteller, der in den Rotor ragt und entgegengesetzt zur Rotordrehrichtung gedreht wird. Zwischen dem Rotorboden und dem Friktionsteller wird das Garn mechanisch mit Falschdrall gedreht. Da der Friktionsteller mit Drehungsverlust arbeitet und sich schneller dreht, als das Garn gedreht wird, bleibt im Garn eine Restdrehung, welche die spätere echte Garndrehung ergibt. Eine Technische Anwendung in der Industrie ist nicht bekannt.

Literatur: Enka Group, Fasergarne nach neuen Spinnverfahren, Technische Informationen, Spinnovations, Enka, Wuppertal, 1979.

Roller-Twist-Verfahren (Murata), Spinnverfahren, bei dem die Drehung des Garns durch axial versetzte Gummiwalzen (Roller) mechanisch aufgebracht wird. Wird gelegentlich auch zusätzlich zur weiteren Garnverfestigung nach dem Spinnen eingesetzt (z. B. Langstapel-Kompaktspinnen von Wolle der Fa. Cognetex/Italien, COM 4 Wool). Ein vergleichbares System wurde auch für die Falschdralltexturierung von Filamentgarnen entwickelt, hat sich aber bisher nicht durchgesetzt.

Romaine, Prozentsatz des Kämmlings an der Kämmmaschine im Verhältnis zum Gesamtgewicht des Kammzugs. Die Bestimmung des Romaine-Werts ist eine Schnellmessmethode der Industrie zur Produktionsüberwachung in der Spinnerei. Sie ergibt nicht den genauen Prozentsatz. → Kämmlingsprozentsatz.

Rothschild-Reibungsprüfgerät (F-Meter), das Rothschild-F-Meter dient zur Messung der statischen (Haftreibung) oder dynamischen Reibung (Gleitreibung) an Filament- und Spinnfasergarnen. Durch unterschiedliche Garnführung, Reibkörper, über die das Garn geführt wird, sowie durch unterschiedliche Fadengeschwindigkeiten während der Messung sind Aussagen über die Filament/Filament-, Filament/Keramik- und Filament/Metall-Reibung möglich. Prinzipiell wird die Fadenzugkraft vor und nach der Reibstelle gemessen und die resultierende Reibkraftkomponente errechnet und als Diagramm ausgegeben.

Rotierender Ring, Element zur Weiterentwicklung des Ringspinnens. Durch einen drehbar gelagerten Ring gelingt es, höhere Produktionsgeschwindigkeiten (Drehzahlen und Abliefergeschwindigkeiten) zu erreichen, ohne die Grenzen der Läufergeschwindigkeiten auf dem Ring zu überschreiten. Zunächst wird konventionell angesponnen und hochgedreht, bis zur maximalen Spindeldrehzahl. Dann wird der drehbare Ring freigegeben und durch Mitschleppen oder Antrieb die Drehzahl der Spindel weiter erhöht, ohne die Läufergeschwindigkeit auf dem Ring zu erhöhen.

Rotofil-Garn,

1. Umwindegarn, Stapelfasergarn, das seine Festigkeit durch Umwindung mit einem Filamentgarn erhält (vergleichbar mit dem → Parafil-Verfahren der Fa. Suessen). Bevorzugt für Chemiefasergarne im gröberen Bereich. Es entsteht ein glatterer Garncharakter als beim Ringspinnverfahren mit verbesserter Gleichmäßigkeit und Festigkeit, wobei die Festigkeit durch das Filamentgarn vorgegeben wird. Der Filamentgarnanteil ist in der Fertigware mehr oder weniger erkennbar, durch unterschiedliche Lichtbrechung bzw. Reflexion und Anfärbung. Dieser Nachteil kann auch als Effekt genutzt werden. Das Garn hat unverarbeitet eine leicht S-förmige, dreidimensionale Verdrehung, die durch die Umwindung mit dem Filamentgarn und die entsprechende Krafteinwirkung (Drallneigung) entsteht. Diese Verdrehung ist aber im Fertigprodukt nicht mehr erkennbar. Hauptsächlich für Dekogarne, weiche Kinderkleidung, Gardinengarne, Teppichgarne und auch für die

Herstellung von Veloursteppichen, Plüsch und ähnliche aufgeschnittene Schlingenprodukte geeignet.
2. Falschdrallgarn (DuPont-Drallübertragungsgarn): Die technologischen Eigenschaften werden überwiegend vom Filamentkern bestimmt, der den größeren Gewichtsanteil hat. Die Stapelfasern werden größtenteils vom Filamentkern festgehalten und bilden mehr oder weniger deutliche Bauchbinden um den Kern. Das Produktionsverfahren wird derzeit nicht industriell eingesetzt.

Literatur: Enka Group, Fasergarne nach neuen Spinnverfahren, Technische Informationen, Spinnovations, Enka, Wuppertal, 1979.

Rotofil-Spinnverfahren,
1. Echtdrall-Umwindeverfahren: Ein Faserband wird über ein konventionelles Streckwerk verstreckt und danach von einem Filamentgarn, das von einer Hohlspindel (Scheibenspule) kommt, durch deren Hohlraum das Garn transportiert wird, umwunden. Die Liefergeschwindigkeit wird durch die Drehzahl der Hohlspindel und damit durch die Masse der Filamentgarnspule, die auf der Spindel sitzt, begrenzt. Meist werden sehr feine Filamentgarne eingesetzt, damit der Filamentanteil im Garn niedrig bleibt (teilweise unter 3% möglich).
2. DuPont-Drallübertragungsverfahren (Falschdrallverfahren): Ein auf einem konventionellen Streckwerk verstrecktes Faserband wird über eine Luftströmung vereinzelt. Zusätzlich werden zwei oder mehr Filamentgarne der Spinnkammer zugeführt, die später im Garnkern liegen und die Festigkeit des Garns ergeben. In der Spinnkammer wird mit Hilfe von Dralldüsen ein Falschdrall im Filamentgarn erzeugt. Beim Zurückdrehen des Kerns werden die Stapelfasern um den Kern herumgewickelt.

Rotona-Garn, Bezeichnung der Fa. Rieter für ein elastisches OE-Rotor-Coregarn (Umspinnungsgarn), das mit Hilfe des Rieter-OE-Rotorspinnverfahrens hergestellt wird. Der Kern des Garns wird durch einen Elastanfaden (oder ein glattes Filamentgarn) gebildet, der durch eine Hohlwelle von der Rückseite in das Innere des Spinnrotors eingeführt und durch die Zentrifugalkraft bei der Drehung des Rotors als Schlinge in die Rotorrille gelegt wird. Konventionell zugeführte Spinnfasern werden dann beim Spinnvorgang um den Garnkern herumgewunden. Die Aufwicklung des Garns erfolgt auf eine Kreuzspule. Haupteinsatzgebiete sind im gröberen Garnbereich zu finden (z. B. elastische Garne für Denimwaren).

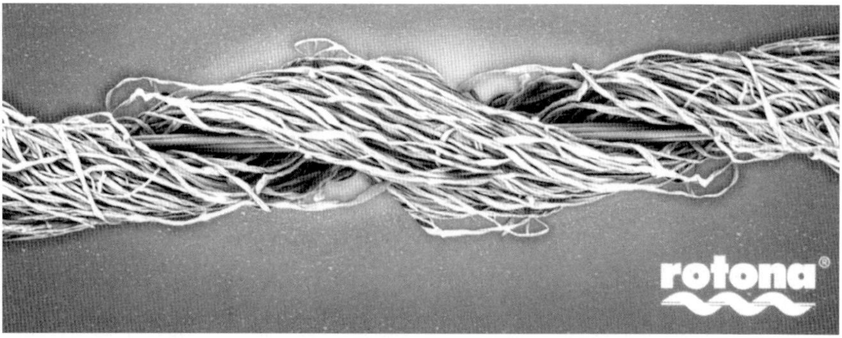

Abb. 1: Elastisches OE-Rotor-Umspinnungsgarn (Rotona)
Quelle: R. Hehl et. al., Rieter CZ a. s., Usti nad Orlici, Tschechische Republik

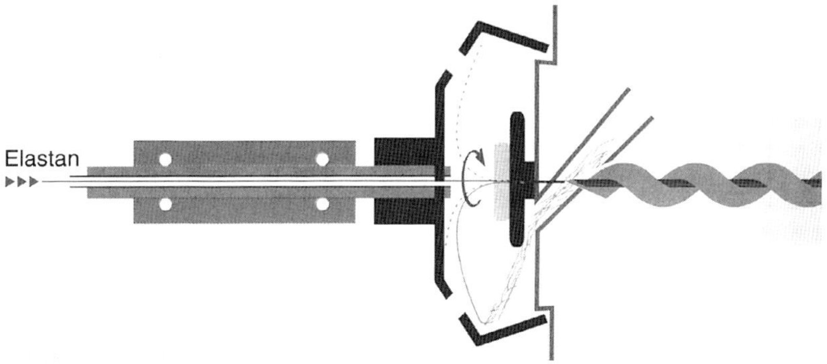

Abb. 2: Spinnprinzip der Herstellung des Rotona-OE-Rotor-Umspinnungsgarns
Quelle: R. Hehl et. al., Rieter CZ a. s., Usti nad Orlici, Tschechische Republik

Rotorabsaugung, für die Ablösungen und den Transport der Fasern von der Auflösewalze in den OE-Spinnrotor benötigt man einen Luftstrom, der durch Absaugung mit Hilfe eines Ventilators entsteht, der in der geschlossenen Spinnkammer einen Unterdruck erzeugt. Der Unterdruck sorgt für die Ansaugung der Luft mit den Fasern von der Auflösewalze durch den Speisekanal. Bei den tschechischen BD-200-Rotorspinnmaschinen wird der Unterdruck von den Rotoren selbst durch Löcher in der Rückwand erzeugt (Pumpenwirkung).

Rotordrehzahl, je kleiner der Rotordurchmesser ist, desto höher kann die Rotordrehzahl sein, die direkt die Anzahl der auf das Garn aufgebrachten Drehungen pro Garnlänge bzw. pro Zeiteinheit, die Liefergeschwindigkeit des Garns und damit die Produktivität bestimmt.

Rotordurchmesser, die Durchmesser der OE-Rotoren richten sich nach der Länge der eingesetzten Fasern und nach der gewünschten Produktionsgeschwindigkeit (Rotordrehzahl bestimmt die Anzahl aufgebrachter Drehungen im Garn). Man unterscheidet Rotoren für den Kurzstapel-, den Mittelstapel und seltener den Langstapelbereich. Die Durchmesser sollen in etwa der häufigsten Länge der Fasern entsprechen, bei Baumwolle eher im Bereich der Klassierlänge, bei Chemiefasern im Bereich der mittleren Faserlänge. Kurzstapelrotoren haben einen Durchmesser von ca. 25–33 mm, für reine Chemiefasern eher darüber, teilweise noch bis 46 mm (ältere Rotortypen). Für den Mittelstapelbereich sollten die Rotoren etwa 50–60 mm Durchmesser haben, was aber wegen der niedrigen Produktionsleistung kaum angewendet wird. Für den Langstapelbereich (Halbkammgarn, Streichgarntypen) gab es Rotoren bis 130 mm Durchmesser (RL 10 von Schubert und Salzer Ingolstadt oder Houget-Boisson, Ensival), die allerdings nur noch selten verwendet werden.

Rotorgarn, → OE-Rotorgarn.

Rotorreinigung, wegen der Gefahr der Ablagerungsbildung in der Rotorrille beim OE-Rotorspinnen und der damit verbundenen Garnveränderung (Haarigkeitszunahme, Ungleichmäßigkeiten, Batzenbildung, Moiré-Effekt) muss während der Garnproduktion der Rotor regelmäßig gereinigt werden. Dies erfolgt bei Fadenbruch automatisch durch Blasdüsen und Bürstvorrichtungen.

Rotorrille, Spinnrille, Vertiefung auf der äußersten Innenseite am inneren Umfang des Spinnrotors der OE-Rotorspinnmaschine, die Stelle, an der das Garn gebildet wird. Die Rotorrille wird unterschiedlich geformt, spitz zulaufend mit verschiedenen Winkeln, rund oder rechteckig, um verschiedenste Garnfeinheiten und unterschiedliche Rohstoffe optimal verspinnen zu können. Ablagerungen in der Rotorrille, die zwangsläufig bei längerer Produktionszeit entstehen (auch bei Chemiefaserverarbeitung), können zum Moiré-Effekt im Garn und Haarigkeitsveränderungen im Garn führen und müssen deshalb regelmäßig entfernt werden.

Rotorrillenablagerung, Rotorverschmutzung, Baumwollstaub und Trash-Teilchen, aber auch Chemiefaserabrieb und Avivagen werden durch die Zentrifugalkraft bei hoher Rotordrehzahl in die Rille des Spinnrotors gepresst und lagern sich dort nach längerer Spinnzeit ab, trotz teilweiser Mitnahme durch das Garnende. Die Ablagerungen, vor allem wenn sie punktförmig an bestimmten Rillenstellen verstärkt auftreten, führen zu Fehlern im Garn (Moiré, erhöhte Haarigkeit, Ungleichmäßigkeit usw.), wenn die Rotoren nicht regelmäßig gereinigt werden. Die Fehler bauen sich schleichend auf, da der Spinnvorgang nicht unterbrochen wird (oder erst bei sehr starken Ablagerungen ein Fadenbruch auftritt). Deshalb geht man zunehmend zur vollständigen Spinnstellenüberwachung (z. B. optische oder kapazitive Garnprüfung oder laufende Fadenspannungsmessung) an Rotorspinnmaschinen über, wenn die Garnqualität wichtig ist bzw. die Spule direkt weiterverarbeitet werden soll.

Rotorring-Prüfgerät (MDTA), Prüfgerät, entwickelt am Textilforschungsinstitut Reutlingen ITR/ITV-Denkendorf (Dr. P. Ehrler, J. Mavely, H. Müller, A. Bausch, R. Hehl u. a.) zunächst für die Chemiefaserprüfung zur Beurteilung der Wirkung von Avivagen auf Chemiefasern und zur Beurteilung der Faserkräuselung. Es wurde später verwendet für die Herstellung von Muster-Wollmelangen und andere Fasermischungen. Textilfasern (im Faserband) werden über eine Auflösewalze vereinzelt und in einen großen Rotor gesaugt, wo sie sich als Faserring ablagern, als Ring entnommen und beurteilt werden können. Von P. Artzt, H. Müller, H. Meidel, W. Joas u. a. weiterentwickelt für die Musterherstellung von Baumwollbändern (Rotorring der Länge 1 m, Mischungszusammenstellung für das Rotorspinnen, Beurteilung der Verspinnbarkeit von Baumwolle gleichzeitig mit der Trash- und Staubmessung), die mit einem Rotorspinntester (→ Quickspin-System, Hersteller Fa. Hollingsworth, Neubulach) zu Versuchsgarnen ausgesponnen werden können. Anschließend kann das Garn beurteilt und geprüft werden.

Rotorspinnen, → OE-Rotorspinnen.

Rotorspinnmaschine, → OE-Rotorspinnmaschine.

Roving, englische Bezeichnung der Flyerlunte (→ Vorgarn), die auch in deutschen Spinnereien benutzt wird.

Rundknäuel, ein Knäuel ist ein trägerloser Fadenspeicher, eine Wicklungsform für Strickgarne, hergestellt mit der Knäuelwickelmaschine, mit annähernd runder (eigentlich leicht ovaler) Form. Wird auf speziellen Knäuelwickelmaschinen hergestellt.

Rundstrickgarn, → Chainette-Garn.

S

S' (Spinning count Bradford), Englische Kammgarnfeinheit (worsted). 100 S' ist die Bezeichnung für ein Garn mit der Kammgarnfeinheit Ne (worsted) 100.

Sägezahndraht, → Ganzstahlgarnitur.

Sampre-Streckwerk, besondere Streckwerkskonstruktion der italienischen Firma Sampre für Halbkammgarn-Spinnmaschinenstreckwerke oder Nitschelstreckwerke, die es erlauben, lange Fasern in den Verzugszonen mit Hilfe von Sampre-Walzen schonend zu führen, ohne sie festzuklemmen und ohne die Fasern zu zerreißen.

Satinzwirn, feiner Zwirn aus merzerisierten, feinen, gekämmten Baumwollgarnen, meist aus Langstapelbaumwolle.

Sattdampfbehandlung, Behandlung zur Entspannung der Garne, Reduzierung der Kringelneigung und zum Feuchtigkeitsausgleich (Garnkonditionierung) mit gesättigtem Dampf bei höheren Temperaturen.

Sauerkrautstruktur, Begriff für die im Vergleich zum Ringgarn ungeordnete, wirre Lage der Fasern im OE-Rotorgarn (P. Artzt, Reutlingen).

Saugfähigkeit (Dochtwirkung), Garne, Zwirne, Dochte, Seile usw. können Wasser oder andere Flüssigkeiten unterschiedlich schnell weiterleiten. Die Messung der Saugfähigkeit kann dadurch erfolgen, dass man aufgehängte und beschwerte Garnproben mit der Unterseite in ein Wasserbad eintaucht. Das Wasser steigt je nach Saugfähigkeit mehr oder weniger schnell auf. In bestimmten Zeitabständen wird die Saughöhe gemessen und als Funktion der Zeit aufgezeichnet. Geeignete Färbungen des Wassers (z. B. Blau) verdeutlichen den Effekt.

Sauschwänzchen (Fadenführer), schwäbische Bezeichnung für einen offenen Fadenführer in Form einer S-förmigen Spirale (gekringelt, deshalb Vergleich mit dem Schweineschwänzchen), an der Ringspinnmaschine über der Spindelmitte zentrisch angebracht zur Führung des vom Spinndreieck kommenden Garns. Auch an der Spulmaschine zum schnellen Einfädeln des wieder angesetzten Fadens nach Fadenbruch.

Schalennissen (Seed-Coat-Fragments), Bruchstücke von Baumwollsamen, an denen noch Fasern haften. Dadurch lassen sich die Saatkornfragmente nur bedingt von den Fasern trennen und treten dann im Garn als Nissenfehler auf.

Schappegarn (Florettgarn, Schappeseidengarn), Stapelfasergarn, das aus Rohseidenabgängen nach dem Ringspinnverfahren aus sehr feinen Vorgarnen oder Bändern mit Faserlängen bis 150 mm gesponnen wird.
Die Qualität des Seidenschappegarns richtet sich nach der Faserlänge. Es werden Güteklassen A (150 mm), B (100 mm), C (70 mm) und D (50 mm) unterschieden. Je nach Güteklassen sind unterschiedliche Garnfeinheiten herstellbar:

- A: bis Nm 400 (bei 280–360 Drehungen pro Meter)
- B: bis Nm 160 (bei 225–290 Drehungen pro Meter)
- C: bis Nm 140 (bei 285–330 Drehungen pro Meter)
- D: bis Nm 120 (bei 310–375 Drehungen pro Meter)

Schappespinnerei, zunächst für die Schappeseidenverarbeitung eingesetzt, aber auch zur Verarbeitung von Chemiefasern aus lang-

stapeligen synthetischen Fasern (> 100 mm, meist über 85 mm Nennlänge, aber auch herunter bis 50 mm) (z. B. Polyester) für feine Nähgarne mit Spinnfasercharakter. Bei Seide mit Kammzugverarbeitung, bei Chemiefaserverarbeitung mit Konverterbandmischung über mehrere Streckpassagen. Die Aufbereitung der Schappeseidenfasern erfolgt durch Einweichen, Waschen und Klopfen und einen Kämmvorgang nach dem Krempeln. Für die Herstellung der Schappegarne müssen die Seidenabfälle vom Seidenbast befreit werden (Desintegrieren), meist durch Abkochen mit Seifenlauge wie beim Entbasten der Rohseide. Dann müssen die Verunreinigungen wie Puppenreste, Schmutz usw. durch Reiß- oder Klopfwolfmaschinen entfernt werden. Anschließend wird das Fasermaterial gekrempelt und das Band der Kämmmaschine zugeführt, die einen Seidenkammzug erzeugt. Dieser wird verstreckt auf speziellen, feinen Nadelstabstrecken und nach dem Ringspinnverfahren (Schappespinnerei ähnlich der Kammgarnspinnerei) zu einem Stapelfaserseidengarn versponnen, das gezwirnt wird.
Die beim Kämmen der Seide entstehenden Faserabfälle und kurze Fasern (Seidenkämmlinge, Seidenwerg) werden ebenfalls aufbereitet und in der Bourrette-Spinnerei (ähnlich der Streichgarnspinnerei) zu gröberen, ungleichmäßigeren → Bourrettegarnen versponnen. Aufbereitete Seidenfaserabfälle werden auch als Füllmaterialien (Bettdeckenfüllung usw.), teilweise zusammen mit Wolle oder feinen Tierhaaren verwendet.

Schären, Zusammenführung einer größeren Zahl von Garnen (vom Schärgatter) zu Kettfadenbändern, die auf eine Schärtrommel nacheinander aufgewickelt werden. Auf dem Schärkonus wird das Band mit allen Fäden durch den einstellbaren Bandvorschub (Führung der Fäden durch das Schärblatt) gleichmäßig aufgewickelt. Nachdem ein Band in der gewünschten Länge aufgewickelt wurde, wird daneben das nächste Band aufgewickelt. Nach der Herstellung aller Bänder werden diese gleichzeitig von der Schärtrommel abgezogen, um den Kettbaum herzustellen (Umbäumen).

Schärenverstreckung, gleichzeitige Verstreckung von vielen Filamentgarnen in Parallellage, mit waagrechtem Garnverlauf und gezielter, gleichmäßiger Verstreckung (Heißverstreckung) und Thermofixierung zur Erzielung eines niedrigen Thermoschrumpfs. Vor allem eingesetzt für technische Garne zur Verbesserung der Qualität (bessere Gleichmäßigkeit der Garne) und teilweise auch als direkte Vorstufe des Schärens.

Schattierungsgarn, Garn mit geringen Farbabweichungen, Nuancen, Farbeffektgarn. Filamentgarne können durch die Erzeugung von Schichten mit unterschiedlicher Lichtbrechung beim Spinnen (z. B. durch unterschiedliche Fließgeschwindigkeit des Polymers oder Spannungsaufbau im Filament) Farbnuanceneffekte erhalten (optische Farbwirkung).

Schaukelfadenführer, Fadenführer, der einen Teil des Garnwegs bei der Bewicklung der Spule (Spulenhub) zum Spannungsausgleich mitmacht.

Schaumfäden, geschnittene Fäden aus Schaumstoff, die für textile Zwecke verwendet werden.

Schautafel, → Garntafel.

Scheibenspule, Spule mit Scheiben aus Metall (oder Kunststoff), die dem Garnkörper auch bei nahezu paralleler Wicklung und geringstem Kreuzungswinkel seitlichen Halt geben. Die Scheibenspulen haben die höchste Bewicklungsdichte, sie

werden für feine Filamentgarne zur Coregarn-Herstellung und für Monofilamentgarne (auch für Angelschnüre, Rasentrimmerspulen) bevorzugt verwendet.
Scheibenspulen werden unterteilt in:

1. Einscheibenspule oder einseitige Scheibenspule (zylindrische Einscheibenspule)
   a) ohne Stützrand
   b) mit Stützrand
   c) Fußspule
   d) Flaschenspule
   e) Raketenspule
   f) Supercops
2. Zweiseitige Scheibenspule (zylindrische Zweischeibenspule)
   a) mit gleichbleibendem Hub
   b) mit verkürztem Hub

Am häufigsten wird die zylindrische, zweiseitige Scheibenspule mit gleichbleibendem Hub verwendet.
Auf Hülsen mit Randscheiben wird eine Präzisionswicklung mit sehr kleinem Steigungswinkel aufgewickelt, sodass eine fast parallele Lage des Garns, im Hub begrenzt durch die Randscheiben, entsteht. Der mittlere Abstand zwischen den Fäden entspricht der Fadendicke. Dadurch entsteht eine hohe Packungsdichte. Verwendung bei schonender Behandlung des Fadens (z. B. Monofilament, Nähgarn, Vorlagen Bandweberei, Posamentenherstellung). Der Nachteil der Spulenform ist der erforderliche tangentiale Abzug und die sorgfältige Einstellung der geeigneten Fadenspannung.

Scheuerbeanspruchung an Garnen, die Widerstandsfähigkeit eines Garns gegen Scheuerbeanspruchung hängt nicht nur vom Rohstoff, sondern auch von der Garnkonstruktion (Filamentgarn, Spinnfasergarn, Drehung, Einfachgarn, Zwirn, Spinnverfahren) sowie von der Nachbehandlung (Sengen, Paraffinieren, Schlichten, Färben, Ausrüsten usw.) ab. Hinzu kommen die Belastungsbedingungen (Druck der Berührungsflächen, Scheueroberfläche, Fadenspannung, Klima u. a.). Geeignete Geräte zur Prüfung der Garnscheuerung sind der Reutlinger Webtester (ITV Denkendorf) und der Staff-Tester (Fa. Zweigle, Reutlingen).
Garne mit Kern-Mantel-Struktur (z. B. OE-Rotorgarne) sind deutlich scheuerfester als Mantel-Kern-Garne (z. B. Ringgarne). Garne mit höherer Drehung sind scheuerfester als Garne mit niedriger Drehung. Eine wichtige Rolle spielt auch die Scheuerfestigkeit des Materials, die bei den textilen Rohstoffen sehr unterschiedlich ist. Eine grobe Unterteilung haben Morton und Hearle (*Literatur:* W. E. Morton und J. W. S. Hearle, Physical Properties of Textile Fibers, W. Heinemann Ltd., London) angegeben.
Wird die Scheuerfestigkeit von Polyamid (Nylon) mit 100 % angenommen, ergeben sich folgende Unterschiede:

Material	Relative Scheuerfestigkeit
Polyamid (Nylon)	100 %
Polyester (Terylene, Dacron)	42–77 %
Wolle	20–100 %
Baumwolle	14–44 %
Viskose	0,28–17 %

Schifferknoten (Fisherman-Knoten), stabilste Knotenverbindung der Weberei, → Knotenarten.

Schlauchkops, hülsenlose Wicklungsform für Garne.

Schleifengarn (Schleifenzwirn), → Schlingenzwirn.

Schleifwalzen, Walzen mit Schleifzylindern bzw. Walzen mit Schleifbelägen zum Abschleifen der Karden- und Krempelgarnituren.

Schlepphäkchen, nicht gestreckte Fasern im Garn, Vorgarn oder Band, deren

Ende entgegen der Transportrichtung als Verkrümmung bzw. Häkchen ausgebildet ist. → Häkchentheorie.

Schlichte, Hilfsmittel der Weberei (früher Stärkeschlichten, Kartoffelstärke mit Wasser verrührt und aufgekocht, heute meist synthetische Schlichten) zum Schutz der Kettgarne vor Beschädigung beim Weben und zur Erhöhung der Garnfestigkeit.

Schlichten, Aufbringen der Schlichte auf die Kettgarne mit Hilfe der Schlichtmaschine in der Schlichterei.

Schlichteöl, synthetisches Weberei-Hilfsmittel auf Ölbasis zur Glättung der Kettfäden.

Schlinge, Faser-, Filament- oder Fadenumschlingung, die nicht unterbrochen ist und aus dem Garnverband herausragt.

Schlingenbildung,
1. Faserschlingen entstehen bei der Pillingbildung an Gestrick- oder Gewebeoberflächen.
2. Filamentschlingen entstehen beim Lufttexturieren oder bei ungewollten Abspreizungen der Filamente (z. B. durch elektrostatische Aufladung der Filamente) während des Spulvorgangs oder während der Verarbeitung.
3. Fadenschlingen entstehen beim Spulen mit überhöhten Geschwindigkeiten oder gewollt bei der Effektgarnherstellung (für Loop- oder Schlingenzwirne).

Schlingenfaden (Polfaden), schlingenförmiger, abgebundener Faden, der die Polseite eines Schlingenteppichs, Gewebes oder Gestricks bildet. Aufgeschnittene Schlingenwaren ergeben Veloursoberflächen (Veloursteppiche, Tuftingteppiche), Samt (Schlingengewebe) oder Nickiplüsch (Schlingengestrick) u. a. Varianten.

Schlingenfestigkeit (relative Schlingenfestigkeit), Knickfestigkeit bzw. Querfestigkeit von Garnen und Fasern. Besonders hochfeste technische Garne wie Glasfasergarne, Carbonfasergarne, Aramidgarne u. a., haben eine sehr niedrige Schlingenfestigkeit; sie sind weniger scherfest und brüchiger bei Biegebeanspruchung oder Knickbelastung. Über die Dauerbiegebelastung (Langzeitbiegeversuche) sind ähnliche Aussagen zu bekommen.
Bei Fasern wurden folgende Größenordnungen von Kleinhans (S. Kleinhans, Textile Prüfungen, Textiltechnisches Institut Obernburg, Enka Glanzstoff AG) angegeben:

1.	Glas	0 %
2.	Viskose	10–35 %
3.	Polyester	60–90 %
4.	Polyamid	90–95 %

Bei Garnen sind diese Werte deutlich höher (auch bei Glas), da der Krümmungsradius der Garnschlingen viel größer ist als derjenige der Fasern. Vergleichsdaten sind unter der → Knotenfestigkeit zu finden.

Schlingenfestigkeitsprüfung, Beurteilungs- und Messmethode für die Querfestigkeit bzw. Brüchigkeit von Garnen oder Fasern. Zwei Garne (oder Filamente/Fasern) werden umeinander geschlungen und im Zugprüfgerät auf ihre Bruchfestigkeit geprüft. Da durch die Schlingenbildung Querbelastung im Garn (in den Fasern) auftritt, ist die Schlingenfestigkeit praktisch immer (Ausnahme Gummifäden) niedriger als die vergleichbare Zugfestigkeit zweier paralleler Garne. Das Ergebnis einer Schlingenfestigkeitsprüfung wird daher als relative Schlingenfestigkeit angegeben. Die relative Schlingenfestigkeit in Prozent ist die Schlingenfestigkeit dividiert durch die doppelte Einzelfadenfestigkeit, multipliziert mit 100 Prozent.
Bei spröden Filamenten oder Fasern kommt es oft schon bei der Schlingenbil-

dung zum Bruch (Glas z. B.). Daher wurde eine Schlingenfestigkeitsmessung eingeführt, bei der das Verhältnis des Schlingendurchmessers D zum Filamentdurchmesser d zum Zeitpunkt des Bruchs bestimmt wird (*Literatur:* W. Bobeth et. al., Textile Faserstoffe, Beschaffenheit und Eigenschaften, Springer-Verlag, Berlin, 1993). Je kleiner das Verhältnis D/d ausfällt, desto biegsamer ist eine Faser oder ein Filament und das Garn.
Glasfasern werden beispielsweise mit kleinerem Durchmesser biegsamer, ähnlich wie textile Faserstoffe generell. Bei Glas wirkt sich höherer Alkaligehalt auf die Biegsamkeit ungünstig aus.

Schlingenfestigkeitsverhältnis, → Schlingenfestigkeitsprüfung.

Schlingengarn (Loopgarn), Garn mit ausgeprägten Faserschlingen, wie sie z. B. beim Luftblastexturieren (Kaltlufttexturierung) von Filamentgarnen entstehen.

Schlingenreißvorrichtung, mögliche Zusatzvorrichtung an Lufttexturiermaschinen. Die beim Luftblastexturieren von Filamentgarnen entstehenden Schlingen können durch Übereinanderführen der Garne aufgerissen werden. Dadurch entsteht ein Filamentgarn mit stapelfasergarnähnlicher Haarigkeit.

Schlingenstruktur, Schlingenbildung an der Oberfläche von lufttexturierten Garnen, wobei die Schlingengrößen und Formen sowie der Schlingenanteil des Garns vom Blasluftdruck der Lufttexturierdüse und von der Biegesteifigkeit der Filamente (Rohstoff, Feinheit, Schlankheitsgrad) bestimmt wird.

Schlingenzwirn, Effektzwirn mit kleinen, eng aneinander liegenden Schlingen (Frotteezwirn). Die Schlingen sind unregelmäßig, nicht so gleichmäßig wie beim → Loopzwirn. Der Zwirn ist voluminös und bauschig.

Schlitzfadenführer, Fadenführer, der durch einen Schlitz in einem Metallblech gebildet wird.

Schlitztrommel, → Nutentrommel.

Schluder, Garnschlaufe als Garnfehler.

Schlumberger-Kämmling, → Kämmling der Schlumberger-Kämmmaschine. Früher zum Unterschied zu Noble- und Lyster-Kämmlingen speziell angegeben, da Qualitätsunterschiede bestanden. Heute wird fast nur noch die Schlumberger-Kämmmaschine (System Heilmann) für das Auskämmen der Wolle verwendet. Deshalb wird nur noch der Begriff Wollkämmling verwendet.

Schlussdrehung, endgültige Drehung des Garns oder Zwirns, die man durch einen Nachdrehvorgang nach dem Spinnen oder Zwirnen erhält.

Schmaltextilien, Gewebe der Bandweberei oder Flechtwaren (Flachgeflechte, Kordeln, Litzen usw.).

Schmälze, Fette oder anorganische Öle und andere Hilfsmittel, die Textilfasern wie beispielsweise Wolle nach dem Waschen und der Entfernung des Wollfetts vor Beschädigung während des Krempelvorgangs schützen oder die die weitere Verarbeitung in der Spinnerei bis zum Garn unterstützen sollen.
Nach Wegener und Topf (*Literatur:* W. Wegener und W. Topf, Über die Beziehung zwischen der elektrostatischen Aufladung und dem elektrischen Widerstand geschmälzter und avivierter Fasern, Chemiefasern, Bd. 17, 1967, S. 281) gilt:

„Schmälzen bestehen im Allgemeinen aus einer wasserunlöslichen Fett- oder Ölkomponente, Emulgatoren und Wasser. Die Emulgatoren sind in den meisten Fällen ein Gemisch von lipophilen und hydrophilen organischen Verbindungen."
Die Wirkung der Schmälze kann in der Spinnerei beurteilt werden nach:
- elektrostatischer Aufladung der Fasern
- elektrischem Widerstand des Faserverbands
- Verzugskraft bei der Verstreckung des Faserverbands
- elektrischer Leitfähigkeit der Schmälzen
- Viskosität der Schmälze

Schmälzen, das Aufbringen von Fetten auf die gewaschene Wolle (oder Tierhaare) oder andere Faserstoffe, auch Chemiefasern, in Rohrleitungen oder speziellen Mischkammern mit längerer Einwirkzeit, um die Verarbeitbarkeit in der Spinnereivorbereitung (Wolfen, Krempeln) und in der Spinnerei zu verbessern und die schwachen Wollfasern vor Beschädigung zu schützen. Für die Verarbeitung der meisten Fasern und Garne (außer Baumwolle, Baumwollwachs) sind Fettungsmittel erforderlich, vor allem für Chemiefasern, deren Faser/Faser-Reibung sehr hoch ist. Fettungsmittel sind Schmälzen, aber auch Avivagen, Weichmacher (Kunststoffe), Spinn-Streckpräparationen, Zwirn- und Texturieröle. Sie beeinflussen die Gleiteigenschaften der Fasern und deren Neigung zu elektrostatischer Aufladung. Schmälzen bilden auf den Oberflächen von lipophilen (hydrophoben) Fasern eine Emulsion vom Typ Wasser-in-Öl. Lipophile Anteile der Schmälze gehen mit den lipophilen Fasern feste Bindungen im Sinne einer Adsorption ein. Die Adsorption an der Faseroberfläche ist so stark, dass sie auch bei einem größeren Arbeitsaufwand nicht mehr durch Wasser aufgehoben werden kann und somit die Faseroberfläche schützt.

Literatur: W. Wegener und W. Topf, Über die Beziehung zwischen der elektrostatischen Aufladung und dem elektrischen Widerstand geschmälzter und avivierter Fasern, Chemiefasern, Bd. 17, 1967, S. 281.

Schmälzvorrichtung, Sprühanlage zur Aufbringung der Schmälze auf Textilfasern, entweder während der Öffnungsvorgänge (z. B. beim Wolfen), in Rohrleitungen (z. B. Pneuma-Schmälzer der Fa. Temafa, Bergisch-Gladbach) oder in Mischkammern der Streichgarn- und Halbkammgarnspinnerei.

Schmelzgesponnenes Elastangarn, Garn, aus speziellen thermoplastischen Fasern, die mit Hilfe des Schmelzspinnverfahrens preiswerter hergestellt werden können und ähnliche Dehnungs- und Elastizitätseigenschaften haben wie das klassische → Elastangarn (z. B. Neuentwicklungen der Fa. Nylstar).

Schmelzspinnen (Schmelzspinnverfahren), Primärspinnverfahren für thermoplastische Kunststoffe, in der Textilindustrie hauptsächlich für Polyamide, Polyester und Polypropylenfasern verwendet. Unter Luftabschluss werden die Spinnmassen der Polymere zum Schmelzen gebracht, bevorzugt durch Druck und Wärme im Extruder. Die Spinntemperaturen liegen 30–60 °C über dem Schmelzpunkt der Rohstoffe. Die Spinnmasse wird dann in flüssiger Form mit hohem Druck durch die Spinndüsenöffnungen gepresst. Die Filamente entstehen durch Abkühlung des Polymers, wobei der Spinnverzug den Durchmesser der Einzelfilamente um ein Vielfaches verfeinert. Gleichzeitig wird im Spinnschacht mit Blasluft gekühlt, damit die ausgesponnenen Filamente möglichst schnell fest werden. Die Filamente werden dann mit Hilfsmitteln (Avivagen) versehen und zu Garnen (Filamentgarnherstellung) oder Kabeln (Stapelfaserherstellung) zusammengefasst. Die Verspinnung erfolgt mit Geschwindigkeiten von 3.000–8.000 m/min (Schnellspinnen). Das Standard-Garnprodukt des Schnellspinnens ist das POY-Garn.

Schmelzstelle, Fehlerstelle in Garnen, die durch Verschmelzen der Fasern entstanden ist. Dies kann durch zu hohe Läufertemperatur beim Ringspinnen, -zwirnen oder durch zu hohe Beanspruchung beim Rotorspinnen erfolgen.

Schmelztemperatur (Schmelzpunkt), die Schmelztemperatur eines thermoplastischen (unter Wärmeeinwirkung schmelzbaren) Kunststoffs wird in °C angegeben. Sie ist für jeden Kunststoff spezifisch, wobei jede chemische Variation des Monomers die Schmelztemperatur verändert. Bei Erreichung bzw. Überschreitung der Schmelztemperatur (z. B. zu hohe Bügeltemperatur) wird das Fasermaterial, das Garn oder das Flächengebilde bleibend verformt oder zerstört.
Die Schmelzpunkte der wichtigsten Schmelzspinnfasern:

Polyethylen	135 °C
Polypropylen	170 °C
Polyamid 6	215 °C
Polyamid 6.6	250 °C
Polyurethan	250 °C
Polyester (PET)	255 °C
Glas (Fasern)	850–1.150 °C

Schmierfilmbildung (Ring/Läufer), beim Ringspinnen wird die erreichbare maximale Produktionsleistung bzw. Spinngeschwindigkeit hauptsächlich von der maximalen Läufergeschwindigkeit begrenzt, die etwa bei 40–45 m/s Umlaufgeschwindigkeit (Bahngeschwindigkeit) des Läufers relativ zum Ring liegt. Beim Spinnen entsteht Abrieb an der Faseroberfläche, der besonders bei Baumwolle noch Baumwollwachs enthält. Baumwollwachs und Avivagen der Chemiefasern bilden zusammen mit dem Faserabrieb eine Schmierfläche bzw. einen Schmierfilm auf der Ringoberfläche. Dieser ermöglicht erst die hohen Geschwindigkeiten. Die Schmierfilmbildung hängt auch direkt mit der Haarigkeit des Garns zusammen. Ist die Haarigkeit höher, entsteht ein besserer Schmierfilm. Dies zeigte sich besonders bei Einführung des Kompakt-Ringspinnverfahrens, bei dem eine deutlich verringerte Haarigkeit des Garns erzielt wird, wodurch die Schmierfilmbildung erheblich reduziert wird. Für dieses Verfahren mussten Ringe und Läufer mit speziellen Oberflächen entwickelt werden (z. B. Ceradur der Fa. Reiners und Fürst, Mönchengladbach), die die höheren Temperaturen, die durch erhöhte Reibung entstehen, noch aushalten, ohne zu verglühen.

Schmirgeln,
1. Behandlung von Garnen mit rotierenden Walzen, die mit Schmirgelpapier bezogen sind, um die Oberfläche zu glätten oder Trash-Teilchen zu entfernen (wird kaum noch verwendet).
2. Schmirgeln von Stoffen, um eine samtartige, veloursartige Oberfläche zu erhalten (meist bei Streichgarn-Wolltuchen).

Schmutzabweisende Ausrüstung, Sammelbegriff für Ausrüstungsarten, die Teppichgarne gegen Verschmutzung schützen oder für bessere Reinigungsmöglichkeiten sorgen. Man unterscheidet Abweisung von trockenem Schmutz (Anti-Soiling), von nassem Schmutz (Hydrophobierung) und leichtere Reinigungsmöglichkeit (Soil-Release-Ausrüstung).
Literatur: H. J. Koslowski, Chemiefaser-Lexikon, Deutscher Fachverlag GmbH, Frankfurt a. M., 1997.

Schneidkonverter, → Kabelschneidemaschine.

Schneidkonvertierung, ein Verfahren der direkten Bandherstellung aus dem

Chemiefaserkabel (→ Konverterverfahren). Es wird hauptsächlich für die Verarbeitung von Polyesterfilamenten, gelegentlich für Polyamid, eingesetzt. Damit entfallen die Faserablage im Ballen, das Krempeln und das Strecken. Mit dem Schneidkonvertieren ist ein nahezu rechteckiger Stapel herstellbar, der durch Changierschneidewalzen variiert werden kann. Das Verfahren wird hauptsächlich für Fasern der Wolltypen ab 2,2–5,5 dtex, typisch 3,3 dtex, eingesetzt. Bei feineren Filamenten treten Quetschstellen und Nissenbildung vermehrt auf. Probleme kann die Bandsauberkeit bereiten, da Quetschstaub, Faserverdichtungen, Verklebungen, Faserpakete gleicher Faserlängen, Kurzschnittfaserbündel, Nissen und Noppen auftreten. Deshalb wird oft ein Nachkämmen erforderlich. Allerdings ist das Schneidkonvertieren kostengünstiger als das Reißkonvertieren und verändert die Fasereigenschaften (Feinheit, Festigkeit, Dehnung) kaum.
Verfahrensablauf der Schneidkonvertierung (Beispiel NSC Schlumberger):

a) Chemiefaserkabelvorlage (160–240 ktex, gekräuselt und fixiert)
b) Schneidkonverter (Ablieferung Kammzug mit 25–35 ktex)
c) Mischkettenstrecke (Nadelstabstrecke, Dublierung 8-fach, Verzug 8-fach, Ablieferung 25–35 ktex)
d) Kämmmaschine (falls Nachkämmen erforderlich ist, bei feinen Fasern)
e) Nadelstabstrecke
f) Nadelstabstrecke (evtl. Vertikalstrecke)
g) Flyer oder Nitschelstrecke
h) Ringspinnmaschine
i) Spulautomat

Schnellspinnen, zur Herstellung von Chemiefaserfilamenten mit Geschwindigkeiten von 3.000–8.000 m/min, im Versuch bis 10.000 m/min, vor allem bei der Polyesterverspinnung nach dem Schmelzspinnverfahren. Schnell gesponnene Garne sind vororientiert (POY) oder hochorientiert (HOY).

Schnittiges Garn, Spinnfasergarn, das durch ungünstige Faserlängenverteilung, hohe Kurzfaseranteile und daraus resultierende Verzugsfehler ein unruhiges Bild auf der Garntafel ergibt. Ähnliche Fehlereffekte sind dann in der Fertigware zu erwarten. Schnittigkeit (auch Schipprigkeit genannt) kann die Vorstufe der Moirébildung sein.

Schnittlänge,
1. Länge der durch Schneiden hergestellten Chemiefasern (Nennlänge)
2. Bezugslänge der Gleichmäßigkeitsmessung von Bändern, Vorgarnen und Garnen

Schnittstelle (Garn), Garnfehler, der durch unbeabsichtigtes Schneiden entsteht.

Schnur, grober Bindfaden, der für Verpackungszwecke (auch Erntebindegarne usw.) aus groben Flachs- oder Hanfwerggarnen, heute hauptsächlich in Europa aus PP-Folienbändchen, hergestellt wird.

Schroppfaden, Garn mit Fehlern, die durch spiralförmiges Zusammenziehen eines Garnstücks entstehen, auch Raupe oder Kracher genannt.

Schrumpf (Krumpf), Volumenverkleinerung bzw. Dimensionsverkleinerung (z. B. Verkürzung) von Fasern, Garnen oder textilen Flächen oder Körpern (z. B. Längenschrumpf, Flächenschrumpf, Durchmesserschrumpf) durch Einwirkung von Wärme, Wasser oder Chemikalien sowie durch Abgabe von Stoffen in Dampfform. Der Schrumpf wird als Verhältnis zur Ausgangsgröße in Prozent angegeben.
Man unterscheidet:

1. Vorschrumpf
2. Nachschrumpf
3. Restschrumpf

Eine weitere wichtige Beurteilungsgröße ist die Art der Schrumpfauslösung und ihre Messung. Man unterscheidet den Heißwasserschrumpf (bei 95 °C) und den Heißluftschrumpf (130 °C, 150 °C, 190 °C).

Bobeth gibt die folgenden Schrumpfwerte (Auszug) an (*Literatur:* W. Bobeth et. al., Textile Faserstoffe, Beschaffenheit und Eigenschaften, Springer-Verlag, Berlin, 1993):

Faserstoff/Garn	**Heißwasserschrumpf (%) Bei 95 °C**		**Heißluftschrumpf (%)**	
	unfixiert	**fixiert**	**150 °C**	**190 °C**
Viskose	0,5–10			
Triacetat	5–20			0,5–2
Polyacryl	16–22	0,5–5,0		
Modacryl	16	0,2–5,0		
PTFE		2		
PA 6/PA 6.6, Spinnfaser		0,5–1,5	1–15	2–18
PA 6/PA 6.6, Filamentgarn	8–15	1–5	1–15	2–18
Aramid (Nomex), Filamentgarn		1,5	0,1	0,5
Aramid (Kevlar), Filamentgarn		0,1	0,1	0,1
Polyester, Spinnfaser		0,5–1	2–15	3–20
Polyester, Filamentgarn	5–10	0,5–1,5	2–15	3–20
Elastan, Filamentgarn	3–15		5–10	
Polyimid, Filamentgarn	0,5			1
Polyethylen (HD), Filamentgarn	5–12			
Polypropylen, isotaktisch	0–5		30–50	

Tab.: Schrumpf

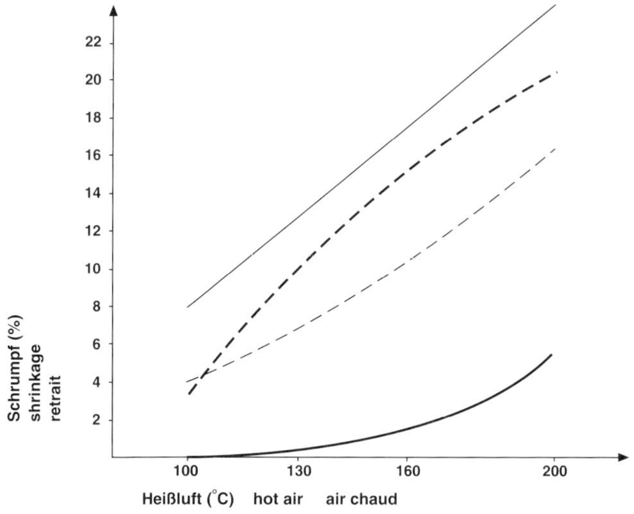

Abb.: Heißluftschrumpf von Monofilamenten (Draht)
Quelle: Hoechst / Trevira AG, Frankfurt a. M. und Bobingen

Schrumpffasern, Chemiefasern, die nicht vollständig verstreckt und fixiert wurden und sich deshalb nach einer Wärmebehandlung zusammenziehen. Durch Mischung von Schrumpffasern mit bereits verstreckten Fasern im Garn ist es möglich, ein Hochbauschgarn zu erzeugen. Wird das Mischgarn wärmebehandelt, ziehen sich die Schrumpffasern zusammen und drücken die verstreckten und fixierten Fasern aus dem Garnverband heraus, es entstehen bauschige, voluminöse Garne.

Schrumpffestigkeit (Krumpffestigkeit), Stabilität gegen den Schrumpf bis zu einer bestimmten Wärme- und Feuchtigkeitsbeanspruchung (in gewissen Grenzen). Eine absolute Schrumpffestigkeit gibt es bei Polymeren (wegen des teilkristallinen Zustands) nicht, aber die Schrumpfneigung kann erheblich reduziert werden. Dies erfolgt durch gezieltes Verstrecken und Wärmebehandlung unter Spannung (Tempern).

Schrumpfgarn, Garn aus Schrumpffasern, die sich bei Wärmebehandlung zusammenziehen und verkürzen.

Schrumpfkraft, thermisches Kraft-Längenveränderungsverhalten. Die Schrumpfkraft wird zeit- oder temperaturabhängig bei konstanter Einspannlänge gemessen und durch Rückstellkräfte im Garn (Fasermaterial), die den Schrumpf bewirken, verursacht. Das Schrumpfkraftverhalten wird durch die Orientierung und Vernetzung der Kettenmoleküle in den nichtkristallinen Bereichen bestimmt. Bei Garnen werden entsprechend der geometrischen Lage der Fasern/Filamente nur resultierende Kräfte, vermindert um die Reibkräfte, gemessen.

Schrumpfkraftprüfung, zur Beurteilung der Dimensionsveränderung durch auftretende Schrumpfkräfte. Die Schrumpfkraftprüfung erlaubt eine Beurteilung des späteren Verhaltens von Garnen während der Veredlung oder in der Fertigware. Folgende Methoden werden eingesetzt:

1. Zeitabhängige Schrumpfkraftmessung: Liefert Informationen über die zu einem bestimmten Zeitpunkt und bei einer bestimmten thermischen Behandlung freigesetzten inneren Spannungen. (Relaxation bei höherer Temperatur, abweichend vom Normalklima).
2. Temperaturabhängige Schrumpfkraftmessung: Simuliert das Aufheizen des Garns unter konstanter Länge und misst kontinuierlich die freiwerdenden Spannungen/Schrumpfkräfte (Fingerabdruck einer bestimmten Faserstruktur).
3. Gleichgewichts-Schrumpfkraftmessung: Temperaturabhängig mit diskret zu steigernder Temperatur (2–3 K) werden die im Material blockierten Spannungen in einer Folge von Relaxationsversuchen mit Anpassung der Länge zum Spannungsausgleich erfasst.
4. Lauflängenabhängige Schrumpfkraftmessung: Wird bei Garnen mit konstanter Voreilung und Temperatur am laufenden Faden gemessen; liefert Informationen über die Gleichmäßigkeit der blockierten inneren Spannungen.

Schuss (Schussfaden), der quer zur Kette in das Webfach eingetragene Faden.

Schussdichte, Anzahl der Schussfäden pro Längeneinheit.

Schusseintrag, Transport des Schussfadens durch das vorher geöffnete Webfach. Erfolgt je nach Webmaschinenkonstruktion auf unterschiedliche Art mit

a) Schützen ohne Fadenreserve (z. B. Handwebstuhl)
b) Schlagschützen mit Garnreserve (klassischer Webautomat, nur noch bei technischen Breitgeweben,

Monofilamenten usw. sowie in Entwicklungsländern eingesetzt)
c) Lamellenbewegung (mit Schützen, z. B. Wellenfachmaschine)
d) Projektil (Sulzer-Projektilwebmaschine)
e) Greifer, die den Schussfaden eintragen
f) Luftstrahl, Blasluftstrom durch Stafettendüsen unterstützt
g) Saugluft
h) Wasser- bzw. Flüssigkeitsstrahl

Schussfaden, → Schuss.

Schussfadenbruch, Bruch des Schussfadens während des Schusseintrags in das Webfach.

Schussfadenspannung, Spannungsverlauf im Schussgarn in Längsrichtung, jeweils abhängig vom Schusseintragsprinzip, der Fadenmasse, der Eintragsgeschwindigkeit, den Reibungsverhältnissen, dem Luftwiderstand usw.

Schussfadenspeicher, Vorrichtung an der Webmaschine, die durch Aufwicklung des Schussfadens in der erforderlichen Länge einen einwandfreien Schusseintrag mit reduzierten Spannungsspitzen ermöglicht. Eine Weiterentwicklung ist der positiv angetriebene Schussfadenspeicher (Fournisseur).

Schussfadenwächter, Vorrichtung an der Webmaschine zur Erkennung und Anzeige eines Schussfadenbruchs sowie zur Auslösung der Maschinenabstellung.

Schussfehler, durch fehlerhaften Schusseintrag entstandener Gewebefehler, z. B. Glanzschüsse, Schussfadenbruch, Garnschädigung, Klammern u. a.

Schussgarn, Garn, das im Gewebe als Schussfaden (Faden quer zur Warenabzugsrichtung) eingetragen wird, in der Regel mit geringerer Festigkeit, aber höherer Dehnung und damit weniger Drehung (niedrigerer Drehungsbeiwert) als → Kettgarn.

Schusskötzer, ursprünglich die direkt an der Spinnmaschine (Selfaktor, Wagenspinner) hergestellte Schussspule für den Webschützen.

Schussspule, die für die Schützenwebmaschine durch Umspulen (Schussspulmaschine) hergestellte Garnspule, die direkt in den Webschützen gesteckt werden konnte.

Schutzdrall, → Schutzdrehung.

Schutzdrehung, das Aufbringen niedriger Drehung (5–10 T/m) auf Filamentgarne zum Schutz des Filamentverbands (besserer Zusammenhalt beim Spulen oder Weben, Fadenschluss) und Schutz vor Filamentabstoßung bei elektrostatischer Aufladung und Erhöhung der Festigkeit. Wird aus Kostengründen teilweise ersetzt durch das Luftverwirbeln der Filamentgarne (→ Interlacing).

Schweißverbindung, Verbinden von Fasern, Garnen oder Geweben, Gestricken, Vliesstoffen und Folien durch Schmelzen und Verkleben ohne Hilfsmittel, z. B. durch Ultraschall-Schweißen (wichtig für Lebensmittelverpackungen, medizinische Artikel).

Schwerteileabscheider, Vorrichtung der Spinnereivorbereitung, die es erlaubt, durch Schwerkraft, Zentrifugalkraft oder andere physikalische Einwirkungen Erde, Steine, Metallteile und grobe Schmutzteilchen zu entfernen.

Schwimmende Fasern, Fasern im Streckwerksbereich, die von keiner Seite geklemmt werden, also nur durch Faser/Faser-Reibung festgehalten werden. Besonders Pakete von Kurzfasern schwimmen in der Streckzone, werden nicht verstreckt und ergeben Dickstellen im Garn.

Schwingfadenführer, elastische Lagerung des Fadenführers an Spulmaschinen oder Spulstellen zum Ausgleich der Fadenspannungsspitzen, die durch die Verlängerung des Fadenwegs an den Hubenden periodisch auftreten. Dies kann auch ein schwenkbarer Bügel sein (z. B. Patent Dr. K. H. Lehmann).

Schwingwerg (Schwungwerg), Verwertbare Abgangsfasern der Schwinge bei der Flachsverarbeitung, Faserlänge 150–250 mm, relativ grob, viele Schäben (Holzteile) enthaltend, nach mechanischer Aufbereitung in der Ringspinnerei (Trockenspinnen, Halbnass- oder Nassspinnen) verarbeitbar zu gröberen Garnen (etwa bis Nm 12). Verwendung für Bindfadenherstellung u. a., teilweise nass poliert, aber auch nach dem Schneiden Zumischung zu anderen Fasern (z. B. Chemiefasern) möglich. Schlechtere Faserqualität als beim → Hechelwerg.

S-Drehung, Drehungsrichtung an Garnen und Zwirnen, dabei entspricht die Steigungsrichtung der Fasern in Garnachsrichtung der Richtung des mittleren Teils im Buchstaben S.

SDY-Garn (Spun Drawn Yarn), Filamentgarn, das mit dem Spinnstreckverfahren hergestellt wurde.

Seed-Coat-Fragments, Schalennissen.

Seele (Core), Seelenfaden, → Kernfaden.

Seelenfaden, → Kernfaden.

Seelengarn, → Coregarn.

Seidengarn, Garn aus Seide. Für die Feinheit wird oft noch der Titer in → Denier (den) verwendet. Für den Seidenfaden werden Grenzen angegeben, zwischen denen der Titer des Fadens liegen soll. T den 18/20 bezeichnet einen Grègefaden, der zwischen 18–20 den liegen soll. Einsatzgebiete: Seide wird für leichte, modische Textilien (Damenblusen, Seidenschals, Blousons, Krawatten), aber auch Nähgarne, Stickgarne und viele andere Zwecke, in reiner Form oder in Mischungen verwendet. Vor allem Mischungen im Kammgarn- und Streichgarnbereich mit Seide und wertvollen feinen Tierhaaren (Kaschmir, Mohair u. a.) sind sehr beliebt (meist mit Schappeseide).

1. Grègeseidenfaden (Rohseidenfaden): Wird wie folgt hergestellt: Aufwindung fortlaufender, angeknüpfter Fäden, die von den Seidenkokons abgehaspelt und zusammengeführt werden, vom Anfang des Strangs bis zum Ende und Anlegen nicht geknüpfter, gebrochener Rohseidenfäden auf den Strang. Die Stränge werden in Ballen verpackt und zur Weiterverarbeitung verkauft. Die Sauberkeit und Gleichmäßigkeit des Grègefadens sind wichtige Qualitätskriterien. Fehler sind: ungenügend verklebter Faden, verschiedene Spannung der Fäden (Korkenzieher) und unsachgemäße, lange Knoten. Die Qualität des Grègefadens bestimmt auch die spätere Qualität des Seidenfadens und des Gewebes.
   Folgende Grègegarnarten werden unterschieden:
   - Webgrège: Faden ohne Drehung, nur durch den Seidenbast zusammengehalten, meist als Kettgarn eingesetzt
   - Poilegrège: Faden mit hoher Drehung, etwa 2.000 T/m
   - Tramé: Gezwirnter Faden mit wenig Drehung, zwei oder mehr Grègefäden ohne Drehung mit 150–200 T/m gezwirnt
   - Krepp: Zwirn aus zwei oder mehr Grègefäden ohne Drehung mit sehr

hoher Drehung (2.000–3.500 T/m) zusammengezwirnt
- Organzin: Zwirn aus zwei oder mehr vorgedrehten Grègefäden mit Z-Drehung und dann mit S-Drehung gezwirnt
- Organzin Stratofilo mit 550–700 Vordrehungen (Z) pro Meter und 450–600 Nachdrehungen (S) pro Meter
- Organzin Moyen Appret mit 375–450 Vordrehungen (Z) pro Meter und 250–350 Nachdrehungen (S)
- Organzin Stratorto oder Fort Appret mit je bis zu 1.000 Vor- und Nachdrehungen pro Meter
- Grenadine: Zwei oder mehr vorgedrehte Grègefäden für die Kette mit 1.500–2.000 T/m und 1.400–1.800 Nachdrehungen beim Zwirnen

2. Entbastete Seidenfäden:
Nach der Entbastung treten im Garn die weißen, hellen und glänzenden Doppelseidenfäden zu Tage. Die Feinheit des einzelnen Seidenfadens kann 8–10 µm erreichen. Gelegentlich können absspleißende Fibrillenenden auf dem Seidenfaden entstehen (Fehler). Der schöne Glanz kann durch Nachbehandlung noch verbessert werden.
3. Schappeseidengarne:
Aus den nicht abhaspelbaren Faserresten. Auch aus nicht abhaspelbaren Wildseidenarten. Dabei unterscheidet man die Schappegarne, die mit dem Kammgarnverfahren ausgesponnen werden, und die Bourrettegarne, die aus ausgekämmten Resten der Schappespinnerei nach dem Streichgarnverfahren hergestellt werden.
Für Seidengarne können folgende mittlere Dehnungen und Festigkeiten bei entsprechender Garndrehung angegeben werden (*Literatur:* W. Wiume, ehem. Staatl. Prüfamt Reutlingen): siehe Tabelle unten.

Drehungen der Seidenzwirne:

	Vordrehung	Nachdrehung
Stratofilato/ Taftzwirn	500–800	400–700
Satinzwirn	375–450	250–350
Stratorto	> 700	> 600
Grenadine	1.500–2.000	1.400–1.800

Seidenhaspel, Wickelgerät (→ Haspel) zum lockeren, spannungsfreien Aufwickeln von Seidenfäden. Die Wickel werden als Verkaufseinheiten verwendet (zusammengedrehte Wickelstränge im Ballen).

Seidennoppe, gezielt hergestellte Noppe aus Bourretteseide, zur Produktion von Seideneffektgarnen.

Seidenqualitäten, für die Qualitätsbeurteilung der Seide im Handel gibt es eine international festgelegte visuelle Graduierung

	Festigkeit (cN/tex)	Dehnung (%)	Drehung (T/m)	Krepp (T/m)
1. Stapelfasergarne:				
a) Schappegarne	15–20	13–17	45–90	
b) Bourrette-Garne	10–14	8–12	80–100	
2. Seidengarne (endlos):				
a) Rohgrège, beste Qualität	35–40	20–26	800–1.000	2.000–3.500
b) Rohgrège, gute Qualität	30–33	18–22	800–1.000	2.000–3.500
c) Rohgrège, geringe Qualität	25–28	16–20	800–1.000	2.000–3.500
d) Tramé	28–40	15–22	80–150	
e) Organzin	28–40	15–22	80–150	

Tab.: Seidengarn

(Klassifizierung der Seide) nach Gleichmäßigkeit, Sauberkeit, Reinheit und Feinheit der Seidenfäden, die auch schon teilweise durch Geräteprüfungen (Uster-Gleichmäßigkeit, Feinheit, Festigkeit, Fehlerklassierung) ergänzt wird.

Literatur:

Hättenschwiler, Qualität in der Fasergarnspinnerei, Melliand Textilberichte GmbH, 1987

International Silk Organization, Raw Silk, Manual for testing, classifying, quality limits grading, Brighton, UK, 1995, Sonderdruck Uster Technologies, Zellweger-Uster

Hättenschwiler und C. Färber, Quality Assurance and Quality Improvement in the Silk Reeling Plant With the Help of Modern Testing Equipment, 3rd International Silk Conference, Suzhou, China 1996

SSC Study Group, Suggestions for New Grading and Standards for Raw Silk, Congress Krefeld, Germany 1988

Book of Standards, Standard Manual of Raw Silk Testing and Classification, AIS/ISA 1952–1968

Seidenschrei, charakteristisches Knirschen der Seidenstoffe bei der Griffprobe, ähnlich dem Geräusch, das beim Gehen auf trockenem Schnee entsteht.

Seidenshoddy, gerissene Seidenstoffabfälle.

Seidenstandards (Klassifizierung der Seide), die Standardklassierung der Seide erfolgt in China mit zwölf Güteklassen wie folgt (von der besten zur schlechtesten Klasse): 6A, 5A, 4A, 3A, 2A, A, B, C, D, E, F, Substandard. Die neu vorgeschlagene Klassierung sieht acht Klassen wie folgt vor (von der besten zur schlechtesten Klasse): E6, E5, E4, E3, E2, E1, E0, E Sub.

Literatur: Schenek, A., Naturfaser-Lexikon.

Beurteilung der Rohseidenfäden bezüglich:

1. Gleichmäßigkeit
2. Reinheit
3. Sauberkeit
4. Titerabweichung

Zusätzlich werden vier Hilfsprüfungen durchgeführt:

a) Wickelbarkeit
b) Reißfestigkeit
c) Bruchdehnung
d) Zusammenhalt (Kohäsion) der Seidenfäden

Darüber hinaus werden Garntafeln (Seriplan) hergestellt und beurteilt.

Seidentiter, Garnfeinheit nach → Denier (den).

Seil, flexibles textiles Produkt zur Aufnahme von Zugkräften, das aus Garnen, Zwirnen und Litzen schrittweise in der Seilerei hergestellt wird. Der Seildurchmesser wird in mm angegeben. Das ursprünglich aus Gräsern und Wurzeln, Tierhaaren und Pflanzenfasern gefertigte Seil ist eines der ältesten handwerklichen Produkte des Menschen und wurde schon in prähistorischen Zeiten als Hilfsmittel für die Jagd, den Fischfang, die Segelschifffahrt und Transportaufgaben benutzt. Bildliche Darstellungen des Seileinsatzes beim Pyramidenbau wurden in Ägypten aus der Zeit um 3.000 vor Christus gefunden, ebenso Hinweise auf den Einsatz bei Segelschiffen im Mittelmeer.

Bei der Herstellung des Seils aus Litzen wird ein Drehungsverlust der Litzen durch eine besondere Vorrichtung verhindert, da sich sonst der kreisförmige Litzenquerschnitt durch das Aufdrehen abplatten und stark deformieren würde. Der Drehungsverlust, den die Litzen durch die entgegengesetzt gerichtete Seildrehung erfahren, wird durch zusätzliche Drehung der Litzen beim Verseilen (Überdrehung) wieder ausgeglichen. Der Aufbau der Litzen, insbesondere der Querschnitt, wird durch den Verseilungsvorgang bei der Seilherstellung nicht oder nur unwesentlich verändert. Zur Herstellung von Seilen werden heute hauptsächlich Polypropylen, Polyamid, Polyester und Metalldrähte oder Kunststoffdrähte verwendet. Die Summe der Garn-, Zwirn- bzw. Litzenfestigkeit ist stets größer als die Seilfestigkeit. Ursachen sind geringere Querfestigkeit der Fasern. Die Überkreuzungen der Zwirne in der Litze und der Litzen im Seil erzeugen schwächende Querkräfte an den Berührungsstellen. Je stärker Litzen und Seil gedreht sind (entgegengesetzte Drehung), desto kompakter ist sein Querschnitt und desto mehr Dehnung hat es unter Last (harte Seildrehung). Ein niedriger gedrehtes Seil ist weniger kompakt, hat aber eine höhere Zugfestigkeit.

Literatur: W. Paul, Untersuchung über das Kraft-Dehnungsverhalten dreilitziger Seile aus synthetischen Fasern, Dissertation, TH Hannover 1967.

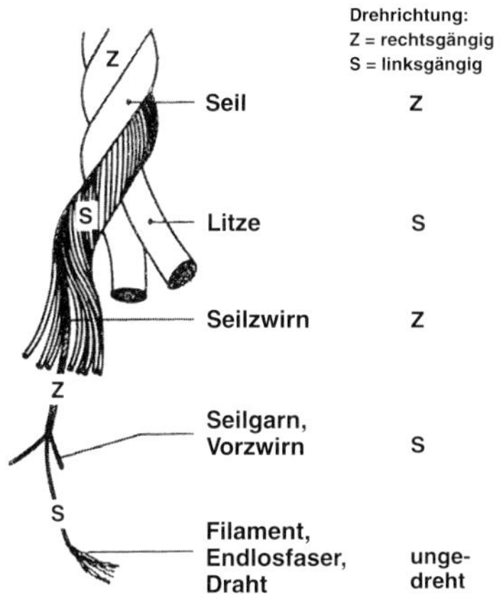

Abb.: Aufbau eines dreilitzigen Seils
Quelle: Dissertation W. Paul, TH Hannover 1967

Seilerwaren, Erntebindegarne, Bindfäden, Litzen und Seile.

Seilherstellung, das Prinzip der Seilherstellung hat sich seit Urzeiten praktisch nicht verändert. Zunächst werden durch das Verspinnen dünne Seilgarne aus dafür geeigneten Fasern (ursprünglich Hanf, Jute usw.), heute vorwiegend aus Polypropylen-, Polyamid- und Polyester- sowie aus Stahlfäden, hergestellt. Diese werden verzwirnt, und aus mehreren Zwirnen wird eine Litze mit möglichst kreisrundem Querschnitt hergestellt. Aus drei oder vier Litzen entsteht durch Zusammendrehen das Seil. Die Drehung erfolgt in jeder Stufe entgegengesetzt zur vorherigen Stufe. Durch besondere Vorrichtungen für die Litzenmaschine und die Verseilungsmaschine (z. B. Pressbuchsen) und zusätzliche Hilfsdrehungen (z. B. auf die Litzen) erhält man ein kompaktes, nahezu rundes Seil.

Sekundagarn, Garn, das aus den Abgängen der Baumwollspinnereivorbereitung hergestellt wird (heute meist grobes OE-Rotorgarn oder DREF-Friktionsgarn).

Sekundärkämmen, Nachkämmen des Wollkammzugs in der Spinnerei, eingesetzt zur Herstellung feiner Garne in der Kammgarnspinnerei.

Sekundärspinnerei,
1. Spinnerei zur Verarbeitung von (aufbereiteten) Faserabgängen oder von Kämmlingen.
2. Spinnerei zur Herstellung von Spinnfasergarnen (Spinnerei).

Selfaktor (Wagenspinner), alte, heute kaum mehr verwendete, in England entwickelte Spinnmaschine (self-acting spinner, Mule), die im 19. und 20. Jahrhundert von der in den USA von Thorpe erfundenen Ringspinnmaschine abgelöst wurde. Der Vorgänger der Ringspinnmaschine ist allerdings die schon in der Frühzeit der industriellen Revolution in England erfundene Flügelspinnmaschine. In Deutschland wurden früher solche Maschinen von den Firmen Hartmann in Chemnitz, MAK in Kiel und Spinnbau in Bremen hergestellt. Noch heute werden Selfaktorspinnmaschinen in kleiner Anzahl (z. B. in Italien) für die Streichgarnspinnerei hergestellt, vor allem für wertvolle Garne aus feinen

Tierhaaren (z. B. Kaschmir), da Selfaktorgarne gleichmäßiger als Ringgarne sind, mit weniger Drehung (weicher) hergestellt werden können und qualitativ zum Teil besser sind.

Der Selfaktor besteht aus einem festen Gestell, das die Vorgarnspulen und die Lieferwerke für das Vorgarn aufnimmt. Die Spinnelemente werden von einem beweglichen Wagen getragen, der ebenso breit ist wie das Maschinengestell und auf einer festen Bahn vom Festgestell gleichmäßig wegbewegt (Ausfahrt) und zurückbewegt (Einfahrt) werden kann. Der Selfaktor arbeitet nach dem absetzenden Spinnverfahren, das dem Handspinnverfahren entspricht. Das Verspinnen, Verziehen und Verdrehen erfolgt getrennt vom Aufwickeln des fertigen Garns auf die Spule. Es wird immer nur eine bestimmte Garnlänge gestreckt, gedreht und dann auf die Spindel aufgewickelt. Als Vorlage benötigt man ein Flyer-Vorgarn, das zum endgültigen Garn verzogen und gedreht werden muss. Teilweise wurden früher für feine Garne Grobflyer, Mittelflyer und Feinflyer nacheinander eingesetzt, um ein ausreichend feines Vorgarn erzeugen zu können.

Der Selfaktor arbeitet in vier Abschnitten:

1. Der Spindelwagen fährt aus (weg vom Standgerüst). Die Lieferwalzen geben Vorgarn ab, bleiben jedoch nach einiger Zeit, ehe der Spindelwagen die äußerste Stellung erreicht hat, stehen, damit das Garn durch weiteres Ausfahren des Spindelwagens verzogen bzw. verfeinert werden kann und seine endgültige Garnfeinheit erreicht. Gleichzeitig erhält das Garn durch Drehen der Spindel eine leichte Vordrehung.
2. Bei ganz ausgefahrenem Wagen bleibt dieser stehen, und die Spindel dreht sich weiter, um dem Garn die endgültige Drehung zu erteilen; das Garn erhält die Schlussdrehung.
3. Die Spindel dreht sich langsam in umgekehrter Richtung, um den beim Spinnen (Drehen des Garns) um die Spindelspitze gewundenen Faden abzuwickeln (Abschlagen). Der Winder senkt sich bis zu der Stelle der Spule, auf die das Garn aufgewickelt werden soll. Der Gegenwinder hebt sich und erzeugt die zum Aufwickeln erforderliche Fadenspannung.
4. Der Spindelwagen fährt zu seiner Ausgangsstellung zurück, wobei gleichzeitig das fertig gesponnene Garn auf die Spule aufgewickelt wird.

Selfaktor-Garn (Mule-Garn, Wagenspinner-Garn), Das Selfaktor-Garn ist im Vergleich zu Ringgarn gleichmäßiger (Ursache: Garndrehung gleichzeitig mit dem

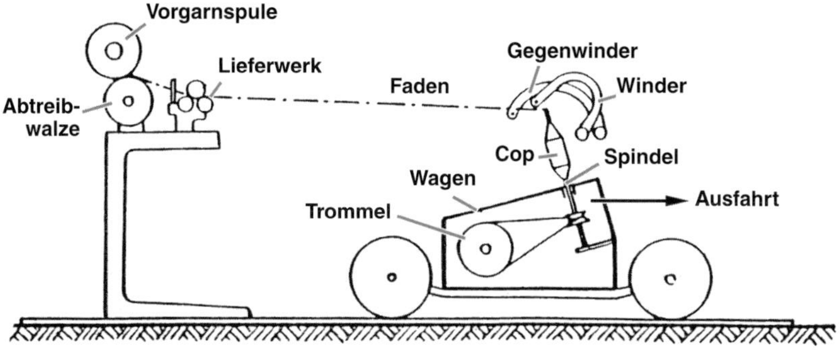

Abb. 1: Arbeitsprinzip einer Selfaktor-Spinnmaschine

Quelle: Prof. O. Johannsen, Technikum für die Textilindustrie, Reutlingen

Abb. 2: Selfaktor-Spinnmaschine und Streichgarnkrempel im Reutlinger Technikum 1930
Quelle: Jubiläumsschrift 75 Jahre Technikum für die Textilindustrie, Reutlingen

Verzug, die Drehung geht bevorzugt in Dünnstellen, Dickstellen werden stärker verzogen) und kann mit weniger Drehung (weicher, Softgarn) als ein Ringgarn hergestellt werden.

Selfil-Garn, Umwindegarn der Kammgarnspinnerei, hergestellt nach dem nicht konventionellen Selfil-Spinnverfahren. Im Nummernbereich von 22–150 tex wurden modifizierte Wollkammgarne mit einem Filamentgarnanteil von 2,3–20 % produziert. Als Umwindefilamente wurden Polyamid-Filamentgarne der Feinheit 11 dtex und 22 dtex eingesetzt, abgezogen von Scheibenspulen. Je nach Filamentgarnanteil kann die Festigkeit höher als bei einem vergleichbaren Ringgarn liegen. Allerdings sind die Filamentumwindungen nicht gleichmäßig. Durch den Filamentgarnanteil ergibt sich ein höherer Garnschrumpf bei der Ausrüstung. Einsatzgebiete sollten feinere Maschenwaren, Single-Jersey und Doppel-Jersey (22er bis 28er Teilung) für Socken, Raschel- und Kettwirkware sein.

Selfil-Spinnverfahren, nicht konventionelles Spinnverfahren für die Kammgarnspinnerei, entwickelt von der CSIRO Australien und gebaut von Platt Saco-Lowell, bei dem eine Faserlunte (Vorgarn des Kammgarnsystems) und zwei Filamentgarne zu einem Nitschelgarn zusammengeführt werden. Das Vorgarn wird in einem Kammgarnstreckwerk verzogen und anschließend mit Nitschelwalzen genitschelt. Nach der Nitschelwalze wird das erste Filamentgarn mit Luftdüsen zugeführt und der Nitscheldrehung folgend in wechselnder S-Z-Drehrichtung um das Garn gewickelt. Um die Schwachstellen auszugleichen, die an den Umkehrstellen der Filamentumwicklung entstehen, wird der Garnverbund einem zweiten Wechseldrallgeber ausgesetzt, d. h. einem Friktionsscheibendrallgeber, der dem Garn erneut eine Wechseldrehung erteilt, um unmittelbar danach ein zweites Filamentgarn mit Hilfe von Lüftdüsen zuzuführen, das erneut, aber phasenverschoben, das Garn mit alternierender S-Z-Drehung umwindet. Es wurden etwa 30–35 Umwindungen pro Drehungsrichtungsabschnitt bei einer Produktionsgeschwindigkeit von ca. 300 m/min angestrebt. Das Verfahren konnte sich bisher nicht durchsetzen.

Selftwist-Garn, → Novacore-Garn, → Repco-Garn.

Selftwist-Spinnverfahren, zwei parallel liegende Garne, die gemeinsam in dieselbe Richtung gedreht werden, haben die Neigung, die ihnen aufgezwungene Torsion (Verdrehung um die eigene Garnachse) abzubauen (Gegentorsionskräfte) und sich dabei umeinander herumzuwickeln, wodurch ein fester Verbund entsteht.

1. Beim → Repco-Spinnverfahren, das in Australien (CSIRO) für Wollzwirne entwickelt wurde, werden zwei parallel liegende Garne (gefacht) gemeinsam abwechselnd in S- und Z-Richtung genitschelt. Dadurch entsteht ein wechselnder Falschdrall, der beim Rückdrehen beide Garne zwirnähnlich zusammenhält. Probleme bereiten allerdings die Stellen, an denen sich die S- und Z-Drehungen abwechseln und demzufolge später die beiden Garne kurzzeitig parallel liegen. Trotzdem gab es einen bescheidenen Spezialmarkt für solche Selftwist-Zwirne.
2. → Novacore-Spinnverfahren.

Selftwist-Zwirn, Scheinzwirn, da keine echte Drehung im Zwirn erzeugt wird.

Seltene Garnfehler (Classimat-Fehler), → Garnfehler, die nicht regelmäßig auftreten. Sie sind rein zufällig und somit nicht statistisch erfassbar und nur durch kontinuierliche On-line-Kontrolle an der Spinnstelle oder an der Spulstelle erkennbar. Hierzu zählen z. B. zufällig auftretende Batzen (durch auf das Faserband fallenden Schmutz) oder Dünnstellen durch unbeabsichtigten Bandfehlverzug (z. B. zufälliges Hängenbleiben des Bandes oder Eingriff eines Besuchers während einer Besichtigung im Betrieb), Fehler durch Stromnetzabfall (z. B. Blitzeinschlag in Stromleitungen), zufällig in das Fasermaterial eingefallene Fremdpartikel und andere zufällige Fehler. Diese Fehler sind nicht stochastisch; sie wiederholen sich nicht ständig.
Seltene Garnfehler können nur über große Garnlängen (z. B. 100.000 m) mit geeigneten Prüfsystemen (z. B. Uster-Classimat) bestimmt werden. Mit einer Messung kann aber nicht ausgeschlossen werden, dass in nicht gemessenen Garnbereichen der Spinnerei mehr oder weniger seltene Fehler auftreten. Also bietet nur die On-line-Kontrolle jeder Spinnstelle oder jeder Spulstelle die Möglichkeit, seltene Fehler festzustellen und gegebenenfalls durch Herausschneiden und erneute Garnverbindung zu entfernen.

Sengen (Gasieren), mit Hilfe von Gasflammen werden die vom Garn abstehenden Haare auf speziellen Sengmaschinen größtenteils abgebrannt, wodurch die Haarigkeit erheblich reduziert werden kann.

Sequential-Strecktexturierung, Texturierverfahren, bei dem das erforderliche Endverstrecken des POY-Filamentgarns direkt an der Texturiermaschine in einer separaten Verstreckzone vor der Texturierzone durchgeführt wird.

Seriplane-Gerät, Tafelgerät zur visuellen Beurteilung der Seidenfäden auf Gleichmäßigkeit bzw. Unregelmäßigkeit. Der Rohseidenfaden wird auf eine sich drehende, rechteckige schwarze Tafel (Garntafel) parallel aufgewickelt und dann bezüglich Ungleichmäßigkeiten und Fehlern beurteilt.

Set-Garn, dehnungsarmes, falschdralltexturiertes Garn, das durch Nachbehandlung in einem zweiten Heizkörper nach der Texturierzone beruhigt wurde und im Vergleich zu einem HE-Garn einen großen Teil der Dehnung (und der Kräuselung) verloren hat. Ist auch in der Weberei einsetzbar.

Shoddy-Garn, Wollgarn, das aus Reißwolle hergestellt wurde.

Shrinkmaschine, Schrumpfmaschine, Vorrichtung zur Erzeugung eines gezielten Vorschrumpfes in Garnen.

Siebgarn, spezielles Garn zur Herstellung von Siebgewebe (Gaze/Siebtuch). Für gröbere Siebgewebe (z. B. Papiermaschinensiebe) werden meistens Monfilamente verwendet.

Signierfarbstoff, wasserlöslicher Farbstoff zur Kennzeichnung (Signierung) von Spinnpartien, um Verwechslungen zu vermeiden. Die Signierung dient zur Kennzeichnung des Fasermaterials in der Spinnerei und Spulerei sowie in der Zwirnerei, damit es nicht zu Verwechslungen der Partien kommt. Sie erfolgt mit dem Schmälzen (Avivieren) in der Spinnereivorbereitung (Streichgarnspinnerei, Halbkammgarnspinnerei).

Simultan-Strecktexturierung, Texturierverfahren (Falschdralltexturierung), bei dem die Endverstreckung des POY-Filamentgarns gleichzeitig mit der Texturierung erfolgt. Dazu wird das Garn in der Texturierzone durch unterschiedliche Galettengeschwindigkeiten von Einzug und Ablieferung verstreckt.

Single-Garn, → Einfachgarn.

Siro-Garn (Spinnzwirn), hergestellt mit dem → Siro-Spinnzwirnverfahren. Der Siro-Spinnzwirn ist nicht identisch mit einem echten Zwirn, da vor dem Zwirnen keine getrennten Garne entstanden sind. Er ist folglich ein Garn, das aus zwei Garnkomponenten entsteht und wird oft auch als Scheinzwirn bezeichnet. Verglichen mit einem konventionellen Zwirn ist das Siro-Garn dichter, kerniger und weniger haarig, allerdings sind auch Festigkeit und Gleichmäßigkeit etwas geringer als beim konventionellen Zwirn, jedoch besser als beim Einfachgarn gleicher Feinheit, da durch die Vorlage zweier getrennter Vorgarne ein deutlicher Masseausgleich der Ungleichmäßigkeiten nach dem Streckwerk (wie beim echten Zwirnen) erfolgt. Allerdings sind die einzelnen Garnanteile weniger deutlich unterscheidbar und erkennbar. Die Herstellung der Siro-Spinnzwirne ist preiswerter als die echter Zwirne, da die zusätzliche Zwirnmaschine eingespart wird. Auch feine Spinnzwirne sind herstellbar. Wird in der Weberei und Strickerei eingesetzt und ersetzt Zwirne. Siro-Wollspinnzwirne haben sich etabliert bis etwa Nm 80/2 oder Nm 72/2 (Bezeichnung der Garne wie bei Zwirnen) im Langstapelbereich, in der Kammgarnspinnerei.

Abb.: Siro-Garn am Vorderzylinderpaar der Ringspinnstelle

Quelle: Zinser-Saurer GmbH, Ebersbach / Fils

Siro-Spinnzwirnverfahren (Siro-Spun-Verfahren), das in Australien von IWS und CSIRO entwickelte Spinnzwirnverfahren, das im Wesentlichen von der Firma Zinser-Saurer, Ebersbach, industriell realisiert wurde, hat sich im Langstapelbereich etabliert, ist aber auch im Kurzstapelbereich anwendbar. Es erlaubt die Herstellung feiner, zwirnähnlicher Garne (Spinnzwirn). Es können alle Faserstoffe der Kammgarnspinnerei, Wolle und Chemiefasern, rein und in Mischung verarbeitet werden. Ähnliches gilt für die Baumwollverarbeitung.
Das Verfahren beruht auf echter Drehung in S- oder Z-Richtung, die direkt an der Spinnmaschine im Spinndreieck nach dem Streckwerk auf zwei getrennte, verzogene, aber noch nicht verdrehte „Garne" gemeinsam aufgebracht wird. Die beiden Vorgarne laufen parallel über ein gemeinsames Streckwerk und ergeben zwei getrennte, vorgedrehte Garne. Durch die Drehung der Spindel und des mitgeschleppten Läufers erhalten sowohl die Garne als auch der Zwirn dieselbe Drehungsrichtung, da das Spinnen und Zwirnen praktisch gleichzeitig erfolgt.

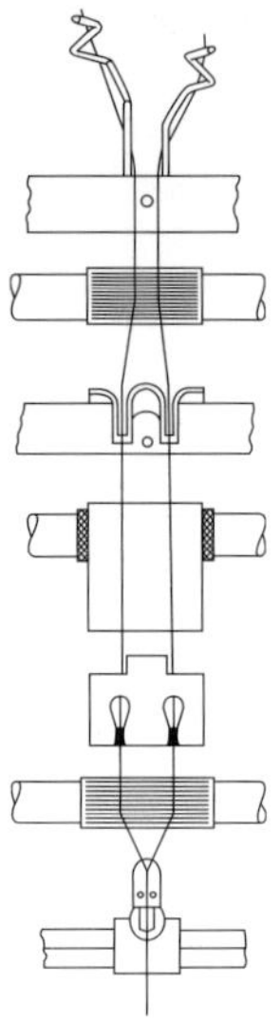

Abb.: Prinzip der Herstellung eines Siro-Spinnzwirns
Quelle: Zinser-Saurer GmbH, Ebersbach / Fils

Siro-Zwirn, → Siro-Garn.

Sisalgarn, wegen der groben, aber festen, vor allem wasserfesten Fasern werden hauptsächlich Garne für Seilerwaren (Seile, Hanfersatz, Segelschifffahrt) aus Sisalfasern hergestellt. Sie werden auch für Bindegarne (Erntebindegarn), Fischernetze und für Naturfaserprodukte im Haushalt wie Teppiche, Läufer und Polsterstoffe verwendet.

SITC, → HVI.

Skein, engl. Bezeichnung für Garnstrang, in den USA und in Asien noch verwendet für die Garnstrangbezeichnung zur Messung der Garnbündelfestigkeit (Skein Strength).

Skein-strength, Garnbündelfestigkeit nach ASTM 1587, geeignet für Spinnfasergarne (Stapelfasergarne), aber nicht für Garne mit höherer Dehnung. Die Prüfung wird in verschiedenen Versuchsvarianten durchgeführt:

1. 80 Windungen auf einer 1,5-Yard-Garnweife (Umfang 1,5 yards) aufgewickelt zum Strang
2. 50 Windungen auf einer 1-Yard-Garnweife
3. 50 Windungen auf einer 1-Meter-Garnweife

Anschließend wird der Garnstrang auf einer Zugprüfmaschine im Normalklima mit konstanter Dehnungszunahme belastet und innerhalb einer Zeit von 20 s gerissen. Es werden mindestens zehn Bündelprüfungen für Baumwollgarne und Kammgarne und mindestens zwanzig für Streichgarne empfohlen. Der Mittelwert der Garnbündelfestigkeit berücksichtigt auch Schwachstellen im Garn. Er kann dazu benutzt werden, einen feinheitsbezogenen Garnfestigkeitsfaktor zu berechnen, den CSP-Wert (Count Strength Product) oder Break Factor. Dieser ergibt sich wie folgt:

$$CSP = 80 \times S \times \frac{N}{W}$$

wobei:
S = Skein-strength in lbf (lb force)
N = mittlere Garnfeinheit, z. B. Ne Cotton
W = Anzahl der Windungen im geprüften Strang (z. B. 80 bei Methode 1)

Slip-Stick-Vorgang, → Haft/Gleit-Wechsel.

Softgarn, weich gedrehtes Garn (Strickgarn).

Softzwirn, weich gedrehter Zwirn (Strickzwirn).

Solllänge der Garne, kalkulierte Garnlänge für die Weiterverarbeitung. Bei Nm-Angabe (Nummer metrisch) der Garnfeinheit entspricht die Garnlänge in Meter pro Gramm der Zahl der Garnfeinheit, z. B. Nm 50 = 50 Meter pro Gramm. Mit dem Nettogewicht des Garns lässt sich damit die (theoretische) Garnlänge berechnen.

Sonderzwirne, Zwirne, die sich von den üblichen ein- oder mehrstufigen Zwirnen aus Garnen oder Zwirnen gleicher Feinheit (Standardzwirne) dadurch unterscheiden, dass sehr unterschiedliche Garnkomponenten (elastische Garne, Spinnfasergarne und Filamentgarne, unterschiedliche Faserstoffe, technische Werkstoffe, Folienbändchen usw.) oder Faserkomponenten eingesetzt werden oder auch dass andere Herstellverfahren wie Scheinzwirnverfahren oder Zwirnersatzverfahren verwendet werden. Auch Spinnzwirne, Kombinationszwirne und Effektzwirne zählen zu den Sonderzwirnen.

Sonnenspule, zylindrische Kreuzspule mit kurzem Hub. Diese Sonderform der Kreuzspule ist wegen der geringen Hubhöhe für hohe Spulgeschwindigkeiten geeignet und wird als Präzisionsspule bei der Filamentgarnherstellung bzw. der Primärverspinnung mit Geschwindigkeiten bis 8.000 m/min eingesetzt. Mit den steigenden Liefergeschwindigkeiten der Stapelfaser-Spinnmaschinen (OE-Rotor, Murata-Vortex) wird diese Spulenform auch in der Stapelfaserspinnerei zunehmend verwendet und ebenfalls für das Doppeldrahtzwirnen eingesetzt, wenn der Fachvorgang beim Abzug über Kopf erfolgen soll.

Sortenaufgabe, Bestellung einer oder mehrer Garnqualitäten.

Souple-Seide, teilentbastete Seide.

Space-dyeing, Herstellung von Mehrfarbeffekten in Garnen durch partieweise Färbung, bevorzugt bei Teppichgarnen (BCF-Garnen). Man unterscheidet:

1. Dip-Dyeing – Tauchfärbeverfahren, stufenweises Eintauchen von Garnsträngen in ein Färbebad zur Erzielung von Mehrfarbeffekten
2. Clip-Dyeing, Ombré-Färbung – vollständiges Eintauchen von (verschiedenen) Garnsträngen in ein Färbebad mit unterschiedlichen Farbstoffen
3. Space-Dyeing – ursprünglich partieweise Färbung von gewirkten Schläuchen
4. Kettdruck – Färbung von Ketten
5. Astro-Dyeing – Spektralfärbung, Injektions-Färbeverfahren, Einspritzen von Farbstofflösungen in die Garnspulen mit Injektionsnadeln, ergibt Multicolor-Effekte
6. Millitron-Färbung – computergesteuerte Farbeinspritzung in Tuftingteppiche, entwickelt bei Fa. Milliken in den USA

Spaltfaser, durch Spalten von Folien (Reißtrennen, Spreizen, rotierende Nadelwalzen) hergestelltes Folienbändchen mit unregelmäßigen Seitenkanten.

Spaltfasergarn, Splitfoliengarn, Garn aus → Spaltfasern.

Spaltgarn, Mouliné-Garn, Handarbeitsgarn, 6-facher Doppelzwirn, aus zweifädigen Vorzwirnen mit leichter Drehung zusammengezwirnt, meist aus merzerisierter Baumwolle.

Spandex®, Markenname der früheren Fa. DuPont für Elastangarne.

Spannungsausgleich, beim Spinnen, Spulen und Zwirnen sowie bei der Weiterverarbeitung von Garnen entstehen durch Belastung und Abzug schwankende Zugkräfte, die im Garn gespeichert werden und bei der Weiterverarbeitung zu Problemen führen. Mit Hilfe von Fadenbremsen, federnd gelagerten Führungselementen, negativem Verzug und Speicherelementen, die angetrieben oder gebremst werden, ist es möglich, extreme Spannungsschwankungen auszugleichen, aber meist auf einem mittleren bis höheren Fadenspannungsniveau als vor dem Ausgleich (bei Fadenbremsenverwendung).

Speicherfournisseur, Garnwickelwalze, zeitweise angetrieben oder gebremst, die in der Lage ist, eine gewisse Garnlänge vorübergehend vor der nächsten Verarbeitungsstufe (Schusseintrag) oder vor weiterem Garnabzug durch Bewicklung zu speichern.

Speicherscheibe (DD-Zwirnen), die an der Unterseite der Zwirnspindel angebrachte, sich drehende Garnführungsscheibe, die dem gefachten Garn die Drehung gibt, einerseits zur still stehenden Vorlagespule hin und andererseits hin zur Klemmstelle beim Zwirnabzug. Die Speicherscheibe hat auch die Aufgabe, durch Reibung einen Ausgleich der Fadenspannung während des Zwirnens zu bewirken, je nachdem wie groß der Zwirnumschlingungswinkel ist.

Speisekanal, Transportkanal für die Fasern beim OE-Rotorspinnen, der dazu dient, die vereinzelten Fasern von der Auflösewalze abzunehmen und durch Luftströmung auf der Rotorinnenwand abzulegen.

Speisemulde, muldenförmiges Metallplättchen, das durch Federkraft gegen die Einzugswalze gedrückt wird und damit für die Klemmung des Bands und die gleichmäßige Zuführung des Bands zur Auflösewalze der OE-Rotorspinnmaschine sorgt. Speisemulden werden auch bei geklemmter Faserzuführung an Reinigungsmaschinen der Spinnereivorbereitung (z. B. Feinreiniger) und der Karden verwendet.

Speisetisch, Speisemulde mit ebener Metallplatte zur Zuführung des Fasermaterials.

Speisevorrichtung,
1. Speisemulde, Speisetisch. Speisewalze. Zuführvorrichtung für Faserflocken, Watten, Wickel und Bänder, entweder auf einer Linie oder einer Fläche geklemmt mit Speisemulde-Walzenkombination oder Klemmwalzenpaaren oder flächengeklemmt über langsam laufende Garniturwalzenpaare, oder nicht geklemmt über schnell rotierende Garnitur- oder Stiftwalzenpaare.
2. → Speisekanal.

Speisewalze, garniturbezogene Zuführwalze für Fasermaterial.

Spektralfärbung, → Injektionsfärbeverfahren.

Spezialgarne, Garne, die Besonderheiten in Aufbau und Zusammensetzung aufweisen, z. B. elastische Umwindegarne, Umspinnungsgarne, Coregarne, Folienbändchengarne, hochfeste Garne, hochtemperaturbeständige Garne, chemikalienbeständige Garne, Mischgarne mit spezieller Kern-Mantel-Struktur usw. Im technischen Bereich werden gerne hochfeste Filamentkerngarne (z. B. Aramidfilamente) mit Fasern umwunden (DREF-Verfahren) oder mit Garnen umwickelt.

Spiegelstörung, → Bildstörungsvorrichtung.

Spiegelwicklung, → Bildwicklung, die bei ganzzahligen Verhältnissen des Spulenumfangs zum Doppelhub der Spulenbewicklung durch teilweise Parallellage der Garne an der Spulenoberfläche entsteht und Probleme bei der Weiterverarbeitung ergibt.

Spindel, wichtigstes Antriebselement der Ringspinnmaschine und Ringzwirnmaschine, das sich mit hoher Drehzahl im Dauerbetrieb drehen lässt. Es ist ein in einem Wälzlager gelagerter, zylindrischer, oben konisch zulaufender, spindelförmiger Metallstab, auf den eine Hülse für die Garnaufwicklung aufgesteckt werden kann. Die Spindel sorgt für die Drehungserteilung im Garn oder Zwirn mit Hilfe des Ring-Läufer-Systems, indem sie einerseits das Garn auf der Spule festhält (und gleichzeitig aufwickelt), durch das Mitschleppen des Läufers das Garn im Fadenballon rotieren lässt und dadurch die Drehungserteilung im Garn hin zum Spinndreieck bewirkt. Moderne Spindeln erreichen Drehzahlen bis 30.000 U/min und mehr im Dauerbetrieb; praktisch realisiert werden beim Spinnen etwa 25.000 U/min.

Spindelaufsatz, besteht aus Spindelkrone oder Spinnfinger oder ähnlichen Systemen, die dafür sorgen, die Fadenspannung beim Spinnen zu reduzieren und die Drehungserteilung und Drehungsfortpflanzung im Garn hin zum Spinndreieck zu unterstützen. Spindelaufsätze werden für gröbere Zwirne und Garne in der Zwirnerei (Teppichgarne) und Halbkammgarnspinnerei eingesetzt. In der Kammgarnspinnerei können mit Spinnfingern (z. B. Fa. Zinser, Kammgarnringspinnmaschine und Kompakt-Kammgarnringspinnmaschine Modular Concept 451sC®) deutlich feinere Garne als bisher auf traditionellen Ringspinnmaschinen (bis Nm 170 aus feinster Wolle!) schonend hergestellt werden.

Spinnbalken, Vorrichtung an der Primärspinnmaschine zur parallelen Aufnahme der Spinndüsen und der zum Spinnen erforderlichen Maschinenelemente.

Spinnband, → Konverterband.

Spinnbandverfahren, Konverterverfahren.

Spinndoppelfaden, → Garnfehler, Faden mit doppelter Dicke, der beim Spinnen entsteht.

Spinndrehung, Drehung, die beim Spinnen auf das Garn aufgebracht wird, bei Spinnfasergarnen meist Z-Drehung, gelegentlich Falschdrall mit S-Z-Drehung wie beim Nitscheln (Vorgarnherstellung durch Hochverzugsnitschelstrecke) und beim Repco-Spinnverfahren).

Spinndreieck, Auslauf des Fasermaterials aus dem letzten Walzenpaar des Streckwerks (Vorderzylinderwalzen) hin zum angedrehten Garn an der Ringspinnmaschine. Das Spinndreieck ist die Schwachstelle des Ringspinnprozesses, da dort die Fasern noch nicht in das Garn eingedreht sind und der Faserverband an dieser Stelle die geringste Festigkeit hat. Deshalb treten Fadenbrüche meist im

Spinndreieck auf, wenn das Garn überlastet wird. Die Breite des Spinndreiecks wird durch die Fadenspannung beim Spinnvorgang (Spinnbedingungen), die Drehungshöhe beim Spinnen, den Druck der Walzen, deren Radius und Härte (Gummibezug der Oberwalze), die Dicke des Faserbändchens, die Faserführung im Streckwerk (Verdichter), das Fasermaterial (Feinheit, Querschnitt, Kräuselung, Faser/Faser-Haftung, Steifigkeit) und das Spinnklima beeinflusst. Ein breites Spinndreieck führt zu schlechterer Einbindung der Randfasern, zu höherer Haarigkeit und geringerer Garnfestigkeit durch schlechtere Substanzausnutzung des Fasermaterials. Verschiedene Maßnahmen zur Reduzierung der Breite und Länge des Spinndreiecks sind möglich, wie Erhöhung der Drehung oder der Fadenspannung, Verwendung von Verdichtern im Streckwerk, Größe des Überhangs der Oberwalze (höherer Umschlingungswinkel der Fasern im Spinndreieck um den Unterzylinder). Zur Reduzierung des Spinndreiecks wurde das → Kompaktspinnen eingeführt. (Erstentwicklung Fa. Rieter AG, Winterthur, Schweiz, Patente Dr. Ernst Fehrer, Linz).

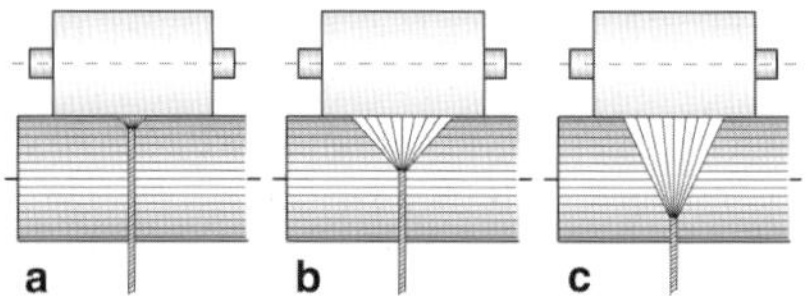

Abb.: Spinndreieck am Vorderzylinderpaar des Ringspinnstreckwerks
a – Kompaktspinnen mit minimalem Spinndreieck, b – Ringspinnen mit verkürztem Spinndreieck (z. B. mit Spinnfinger oder Spinnkrone), c – Ringspinnen mit konventionellem Spinndreieck
Quelle: W. Klein, Die Kurzstapelspinnerei und N. H. Schenek, Reutlingen

Spinneinteilung, Aufteilung der zu spinnenden Garnpartie auf die dafür erforderlichen Spinnmaschinen hinsichtlich Umfang (Zahl der Maschinen bzw. Spinnstellen) und zeitlicher Belegung (Teil der Produktionsplanung).

Spinnen, man unterscheidet das Primärspinnen und das Sekundärspinnen, das einfach als Spinnen bezeichnet wird.
1. Primärspinnen: Herstellung von Filamentfäden durch Ausspinnen der Filamente aus einer Spinndüse aus Spinnmassen, die aus synthetischen oder natürlichen Polymeren bestehen.
2. Sekundärspinnen oder Spinnen: Herstellung eines Garns aus Spinnfasern (Stapelfasern) durch Verziehen (Verfeinern) und Verdrehen der Fasern umeinander, wodurch die Haftkraft (Zusammenhalt) zwischen den Fasern erhöht wird (Ringspinnen, OE-Rotorspinnen, Luftspinnen usw.). Ein Vorgarn (Flyerlunte, Nitschelbändchen) wird auf die gewünschte Garnfeinheit (Garnnummer) unter Aufbringung von Drehung auf den gesamten Garnverband oder die Mantelfasern in Z- oder S-Richtung (Einfachgarne, meist Z-gedreht) verzogen und das Garn auf eine Hülse (Garnträger) für die Weiterverarbeitung aufgewunden.

Spinnenseide, wissenschaftliche Untersuchungen haben gezeigt, dass die Fäden der Spinnenseide die höchste feinheitsbezogene Festigkeit von Naturfasern erreichen können. Sie sind außerordentlich fein. Man hat früher in Madagaskar versucht, Spinnen in Holzrähmchen zu halten (Nephila madagascarensis) und den Faden der Spinne unmittelbar nach der Drüse zu erfassen und aufzuhaspeln. In der Chemiefaserforschung versucht man die Struktur der Spinnenseide zu imitieren.

Spinnerei, Verarbeitungsbetrieb zur Herstellung von Garnen aus Stapelfasern (Spinnfasern) oder von Filamentgarnen beim Primärspinnen.

Spinnereivorbereitung, Bereich der Dreizylinderspinnerei, der alle Maschinen von der Ballenöffnung bis zur Karde umfasst.

Spinnfärbung, Eintrag von Farbstoff in die Spinnmasse (Granulat) vor der Primärverspinnung.

Spinnfaser, Faser begrenzter Länge, nach textiler Definition kürzer als 1.000 mm. Man unterscheidet nach der Länge Stängelfasern (kürzer als 600 mm), Langstapelfasern (kürzer als 350 mm), Mittelstapelfasern (kürzer als 60 mm) und Kurzstapelfasern (kürzer als 40 mm).

Spinnfasergarn (Stapelfasergarn), Garn, das aus Fasern endlicher Länge (Spinnfasern, Stapelfasern, Naturfasern) mit Hilfe des Sekundärspinnens (Ringspinnen, OE-Rotorspinnen, Luftspinnen) hergestellt wird. Folgende Garnbezeichnungen für Einfachgarne sind üblich:

1. Nach den Herstellungsverfahren:
   a) Ringgarn
   b) OE-Rotorgarn
   c) Kompaktgarn
   d) Umspinnungsgarn
   e) Luftspinngarn (MJS-Jet-Gare, MVS-Vortex-Garn)
   f) DREF-Garn
   g) Siro-Garn
   h) Umwindegarn
2. Nach Faserstoff, Längenbereich, Verarbeitung und Einsatzgebiet unterscheidet man (Auszug):
   a) Dreizylindergarn, Baumwollgarn, Viskosegarn, Mischgarn
   b) Gekämmtes und kardiertes Garn
   c) Kammgarn
   d) Streichgarn
   e) Teppichgarn
   f) Nähgarn
   g) Effektgarn

Zur Beschreibung eines Garns gehören die Angaben zu Garnfeinheit, Drehungsrichtung, Drehungsanzahl pro Meter, Fachung und Zwirnung mit Drehungsangaben.

Spinnfasergarnbezeichnung, folgende Bezeichnungen sind in Anlehnung an DIN 60900-4 üblich: siehe Tabelle S. 416.

Spinnfaserkombinationsgarn, Garn, das aus Fasern oder Filamenten unterschiedlicher Rohstoffe besteht (Heterogarne, Mischgarne).

Spinnfehler, Garnfehler, die während des Spinnens entstehen, teilweise in der Spinnereivorbereitung, beim Kardieren, Strecken, Kämmen, Vorspinnen und Spinnen.

a) In der Spinnereivorbereitung: Mischungsfehler, Entmischungstendenzen, Faserzerstörung, Knoten- und Nissenbildung, Schmutz- und Staubansammlungen sowie Fremdstoffe, wie Fremdfasern (farbige oder ungefärbte Fasern anderer Herkunft) und Fremdkörper nichtfaseriger Art wie Polypropylenstreifen von der Verpackung der Ballen, Folien, Fäden und Schnüre, Metallteile, Öle und andere Flüssigkeiten oder Teer usw.
b) Beim Kardieren entsteht eine Einkürzung der Fasern, teilweise eine Oberflächenbeschädigung, es werden Nissen entfernt, entstehen aber auch neu, vor allem wenn die Garnituren beschädigt sind oder Abstände nicht richtig eingestellt und die Drehzahlen zu hoch oder zu niedrig sind.
c) Beim Strecken können Mischungsfehler, Materialverwechslungen und Verzugsfehler entstehen, die wieder zu Dünn- und Dickstellen im Garn oder gar zu größeren Garnfeinheitsabweichungen führen.
d) Am Flyer entstehen Verzugsfehler, Masseschwankungen und Drehungsabweichungen sowie Spannungsunterschiede, die ebenfalls zu Fehlverzügen führen können.

N	Nennfeinheit im Nm-System Die im Handelsvertrag angegebene Feinheit Bsp: Nm 25
N ist	Die gemessene Garnfeinheit. Sie bezieht sich in der Regel auf das Rohgarn, wird aber im Handel auch für ausgerüstete Garne benutzt. Bsp: N ist = Nm 24,5
R	Resultierende Feinheit nach Berücksichtigung der Einzwirnung oder spezieller Spinnverfahren Bsp: Nm 12 R
S/Z	Drehungsrichtung, üblicherweise sind Spinnfasergarne Z-gedreht.
T	Drehung, Anzahl der Drehungen pro Meter Nenndrehung, die im Handel angegebene Drehung Bsp: Nm 20 Z 600
T ist	Tatsächlich gemessene Drehung Bsp: T ist = Z 560
×	Fachung Angabe der Zahl gefachter Garne Bsp: 3 × Nm 20
Zwirne	Angabe der zum Zwirnen verwendeten Garne Bsp: Nm 20/2 S-480 für Zweifachzwirn mit 480 Zwirndrehungen in S-Richtung gezwirnt Bsp: Nm 20/2/3 für Stufenzwirn, dreifach aus drei Vorzwirnen Bsp: (Nm 20 + Nm 25)/2 S 300 für Zwirn aus zwei unterschiedlichen Garnen, in S-Richtung gezwirnt

Tab.: Spinnfasergarnbezeichnung

e) An der Spinnmaschine treten vor allem Verzugsfehler, Fadenbrüche und Spinnfehler auf, die zufällig durch Verschmutzungen entstehen können.

An den Maschinen werden immer wieder Fehler entstehen, die auch bei regelmäßigen Stichprobenkontrollen nicht entdeckt werden können. Durch gute Wartungsprogramme können gröbste Fehler vermieden werden, die durch beschädigte Riemchen, Spinnzylinder, Wickelbildung, beschädigte Ringe und Läufer, Zentrierfehler und Drehzahlschwankungen entstehen. Auch die Sauberhaltung der Spinnmaschinen und des Spinnsaals ist von größter Bedeutung. Ein großer Teil der im Garn vorkommenden Fehler entsteht durch Faser- und Schmutzansammlungen an der Maschine, die sich zufällig lösen und vom Faden mitgenommen werden. Übersicht der Fehler: → Garnfehler.

Spinnfinger, fingerartiges Metallstück an der Oberseite der Ringspindel, um welches das Garn an der Langstapel-Ringspinnmaschine gewunden wird. Der Spinnfinger sorgt durch Reibung für eine bessere Drehungsübertragung in das Spinndreieck, reduziert den Fadenballon und ermöglicht bei gröberen Garnen das Spinnen mit niedrigerer Drehung. Durch Reduzierung des Fadenballons wird zudem die Fadenspannung während des Spinnens verringert. Dadurch entsteht ein stabilerer Spinnprozess, wodurch auch die Herstellung feinerer Garne möglich wird.

Spinnflammen, Spinneffekt im Garn, der durch Zuspeisung von Dickstellen entweder im Band oder durch zeitlich periodische Variation der Zuführgeschwindigkeit des Bands an der Spinnstelle (z. B. Effektgarneinrichtung an der OE-Rotorspinnmaschine) erzeugt werden kann (Flamé).

Spinngarn, → Spinnfasergarn.

Spinngeometrie, Winkel der Garnabzugsachse relativ zur Achse des Streckwerks und zur Spindelachse sowie seitliche Garnablenkung (falls erforderlich). Die Spinngeometrie ist mitentscheidend für die Spinnstabilität im → Spinndreieck des Ringspinnsystems. Sie bestimmt die Faserführung auf dem Unterzylinder und mit dem Überhang der Druckwalze die Größe des Spinndreiecks. Ein kleineres Spinndreieck verbessert die Fasereinbindung in das Garn und damit die Spinnstabilität.

Spinngeschwindigkeiten, bezeichnet üblicherweise die Liefergeschwindigkeit des Garns unabhängig von den dazwischen möglichen Prozessgeschwindigkeiten (z. B. an der Spinndüse). Die hier genannten Angaben hängen erheblich vom Fasermaterial ab und entsprechen dem derzeitigen Stand der Technik, werden aber sicher weiter zunehmen:
1. Primärspinnen (bei Polyester am höchsten):
LOY-Filamentgarne ca. 200–1.500 m/min
MOY-Filamentgarne ca. 1.500–2.000 m/min
POY-Filamentgarne ca. 2.500–4.500 m/min
HOY-Filamentgarne ca. 5.000–8.000 m/min
BCF-Garne ca. 2.500–4.000 m/min
2. Sekundärspinnen (Baumwolle, bei Chemiefasern deutlich geringer):
Ringspinnen ca. 20–30 m/min
OE-Rotorspinnen ca. 150–250 m/min
Luftspinnen (Murata-Vortex) ca. 350–400 m/min.

Spinnhilfsmittel, für Chemiefasern und Naturfasern sind spezielle Hilfsmittel (Präparationen, Avivagen, Schmälzen) erforderlich, um eine problemlose Verarbeitung zu gewährleisten. Schmälzen werden für Naturfasern (z. B. Streichgarnspinnerei) und Spinnpräparationen für Chemiefasern eingesetzt.

1. Spinnpräparationen werden als Emulsionen oder Lösungen eingesetzt. Sie haben u. a. folgende Aufgaben:
   - Verbesserung des Haft/Gleit-Verhaltens der Fasern beim Verzug (Faser/Faser- und Faser/Metall-Reibung)
   - Reduzierung der elektrostatischen Aufladung
   - Schutz vor Zerstörung und Abrieb
   - Feuchtigkeitsregulierung
   - Erhöhung der thermischen Beständigkeit
   - Reduzierung der Vergilbungsneigung und Oxidation
   - Weichmacher (Reduzierung der Steifigkeit)

   Wichtigste Stoffklassen sind sulfatierte Pflanzenöle, Stearinseifen, Fettsäurekondensationsprodukte, quaternäre Ammoniumverbindungen, Silikonderivate, Ethylenoxiaddukte und Esteröle.
2. Schmälzen sind ölig-flüssige, pastenförmige und feste Hilfsprodukte, die ebenfalls das Haft/Gleit-Verhalten während des Verzugs verbessern, aber vor allem die Fasern vor Beschädigung (z. B. beim Krempeln) schützen sollen. Wichtigste Stoffklassen sind Pflanzenöle mit Emulgatoren, Mineralöle, Paraffine, Fettsäureglykolester und Polyalkylenglykoläther.

Literatur: IVC, Industrieverband Chemiefasern, Frankfurt a. M.

Spinning Jenny, erste Spinnmaschine (Flügelspinnmaschine) des Engländers James Hargreaves von 1767, deren Prinzip heute noch beim Flyer (Vorgarnherstellung) verwendet wird. Er gab ihr den Namen seiner Tochter Jenny. Von Hand mit einem Handrad betrieben, konnten acht Garne gleichzeitig gesponnen werden. Die Garne waren gleichmäßiger und fester als die mittels Spinnrad gesponnenen. Zudem war nun die Verspinnung reiner Baumwolle möglich, vorher musste man Mischungen mit Flachs oder Hanf und für die Kette reine Leinengarne herstellen. Die Verbesserungen der Maschine ergaben Spinnmaschinen mit 80 und bis zu 120 Spinnstellen. Bereits Leonardo da Vinci hatte etwa 200 Jahre früher eine ähnliche spinnfähige Apparatur zum Flügelspinnen erfunden und gezeichnet. (Ein Nachbau nach der Orginalzeichnung von Da Vinci durch Auszubildende der ehemaligen Fa. Spinnbau in Bremen zeigte deren Funktionsfähigkeit.) Ein geschickter Handspinner konnte am Spinnrad etwa 3.000 Meter Garn erzeugen, mit der Spinning Jenny wurde die 8-fache, später die bis über 100-fache Garnlänge in derselben Zeit erzeugt. Die Heimspinner und Weber sahen ihre Existenz gefährdet, stürmten Hargreaves Haus, zerstörten seine Maschinen und brachten ihn ins Armenhaus. Zwei Jahre nach der Patentierung der Spinning Jenny, 1769, ließ sich der Barbier Richard Arkwright in England eine wassergetriebene Spinnmaschine, die Waterframe, patentieren, und 1775 fasste der Weber Samuel Crompton die Vorteile der Spinning Jenny und der Waterframe zusammen und stellte die Mule Jenny vor, die noch feinere und festere Garne erzeugen konnte. Die Entwicklung der Spinnmaschine war nicht mehr aufzuhalten. Dazu baute 1786 Edmund Cartwright den ersten mechanischen Webstuhl.

Spinnkabel, → Kabel.

Spinnkabel-Kräuselung, Erzeugung der Faserkräuselung im Kabel, meist mit Hilfe von Stauchkammern und Wärmeeinwirkung (früher durch Zahnräder).

Spinnkanne, → Kanne.

Spinnkrempel, → Krempel.

Spinnmasse, durch Schmelzen oder Lösen des Rohstoffs entstandene spinnfähige Masse, die durch Spinndüsen ausgesponnen werden kann.

Abb.: Darstellung der ersten Spinnmaschine, der Spinning Jenny von J. Hargreaves, England

Quelle: Prof. O. Johannsen, Handbuch der Baumwollspinnerei, Reutlingen

Spinnmattierung, → Mattierung.

Spinnplan, Berechnungsplan für die Fertigung eines Garns in der Spinnerei, der, ausgehend vom abzuliefernden Garn, seiner Feinheit und Menge über die einzelnen Prozessstufen hinweg die erforderlichen Rohstoffmengen und Maschinenbelegungen bestimmt.

Spinnpräparation, → Präparation, → Spinnhilfsmittel.

Spinnprozess (Spinnverfahren), Ablauf der einzelnen Verfahrensschritte (Maschinenfolgen) beim Spinnen.

Spinnrad (Handspinnrad), etwa ab 1530 in Europa bekannte Spinnvorrichtung, die das Spinnen im Vergleich zum Handspinnen mit dem Spinnwirtel erheblich beschleunigte.

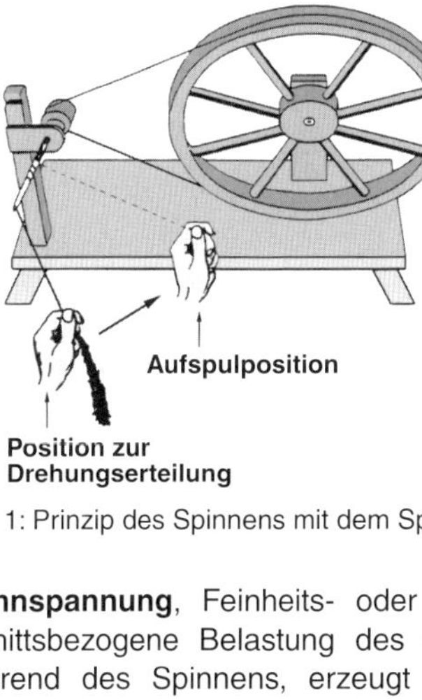

Abb. 1: Prinzip des Spinnens mit dem Spinnrad

Spinnspannung, Feinheits- oder querschnittsbezogene Belastung des Garns während des Spinnens, erzeugt durch Fliehkräfte (Zentrifugalkraft im Fadenballon oder im Spinnrotor, Luftwiderstand), Abzugskräfte und Reibkräfte zwischen Garn und Fadenführern oder Spinnelementen.

Abb. 2: Klassisches Manufaktur-Spinnrad des 18. Jahrhunderts
Quelle: Schlafhorst-Saurer GmbH, Mönchengladbach

Spinnsporen, historische Bezeichnung von Prof. Otto Johannsen (erster Spinnereidozent und späterer Direktor des Reutlinger Textiltechnikums) für die besondere Oberflächenstruktur der Baumwolle, geprägt durch die Faserquerschnittsformen unterschiedlichster Art, die typischen spiralförmigen Faserwindungen und die strukturierte und doch glatte Oberfläche (Haifischhaut) der Fasern, die es zusammen mit dem Baumwollwachs an der Faseroberfläche ermöglicht, die in der Stapelfaserspinnerei feinsten Garne aus Baumwolle zu spinnen.

Spinnspule, die beim Primärspinnen hergestellte Filamentgarnspule, heute beim Hochgeschwindigkeitsspinnen meist eine Präzisions-Sonnenspule.

Spinnstabilität, Kontinuität des Spinnprozesses ohne Störungen des Spinnverlaufs und ohne größere Fehler im Garn. Ein stabiler Prozess liegt in der Stapelfaserspinnerei vor, wenn auch Abweichungen der

Drehzahl oder Drehung nicht sofort zum Fadenbruch führen und die Fadenspannungen ohne zu große Spannungsspitzen in einem vertretbaren Bereich liegen. Als Maß für die Stabilität werden zunächst die Fadenbruchzahlen angesehen, wobei je nach Garnfeinheit etwa 15–30 Fadenbrüche pro 1.000 Spindelstunden in der Dreizylinderspinnerei noch als akzeptabel gelten.

Spinnstoffe, Faserstoffe.

Spinnstrecken, Kombination des Spinnens und Streckens von (synthetischen) Chemiefasern in der Primärspinnerei bei der Filamentgarnherstellung (SDY, Spun Drawn Yarn).

Spinn-Streck-Texturieren, Kombination des Spinnens, Streckens und Texturierens von Filamentgarnen in einem Verfahren. Der Vorteil liegt in den wirtschaftlich sinnvollen Verknüpfungen verschiedener nachfolgender Prozesse. Der Nachteil ist generell die geringere Flexibilität und die Tatsache, dass die bisher erreichten Spinngeschwindigkeiten des Primärspinnens (bis 8.000 m/min, meist bis 5.000 m/min) wesentlich über der maximal möglichen Texturiergeschwindigkeit liegen.
Für zwei Texturiermethoden gibt es bisher erfolgreiche Kombinationsmöglichkeiten:

a) Herstellung von BCF-Garnen mit dem Stauchkräuseltexturierverfahren.
b) Kombination mit neuen Falschdrall-Texturierverfahren bei Spezialgarnen.

Spinn-Streck-Zwirnen, Kombination des Primärspinnens von Filamentgarnen mit Verstrecken und anschließendem Zwirnen.

Spinntechnologie, Verfahrenstechnik der Verspinnung, die alle Schritte der Verarbeitung vom textilen Rohstoff bis zum fertigen Garn einschließt.

Spinntexturierung, Bikomponententexturierung, Primärspinnen von → Bikomponentenfasern mit anschließender thermischer und mechanischer Nachbehandlung zur Erzielung einer stabilen, beständigen Kräuselung im Filamentgarn (vergleichbar der Wollkräuselung).

Spinnturbine, Rotor an der OE-Rotorspinnmaschine.

Spinnverfahren, Grundprinzipien der Garnherstellung. Zur Herstellung von Spinnfasergarnen werden folgende Verfahren eingesetzt, wobei zuerst die wichtigsten Verfahren genannt werden. Bei den neuen Spinnverfahren ein Auszug der bekannten Patente.

1. → Ringspinnverfahren (→ Kompaktspinnverfahren)
2. → OE-Rotorspinnverfahren
3. → Luftspinnverfahren (→ Air-Jet-Spinnverfahren)
4. Friktionsspinnverfahren (→ DREF-Spinnverfahren)
5. Siro-Spinnzwirnverfahren
6. Selftwist-Spinnverfahren (→ Repco-Spinnverfahren)
7. → Umwindespinnen (Filamentumwindung)
8. → Umspinnungsverfahren (Umspinnungsgarn, Coregarn)
9. Wagenspinnverfahren (→ Selfaktor, → Wagenspinner)
10. → Flügelspinnen
11. → Zentrifugenspinnverfahren (Topfspinnen)
12. → Glockenspinnverfahren
13. → Luftwirbel-Spinnverfahren (PF 1)
14. → Klebespinnverfahren
15. → Elektrospinnverfahren
16. → Fluidspinnen
17. → Uniplex-Verfahren
18. Beflocken (→ Flockgarn)
19. → Bobtex-Spinnverfahren
20. → ABS-Verfahren

Spinnverzug, die am Streckwerk der Spinnmaschine auf das Vorgarn aufgebrachte Verlängerung, bezogen auf die Ausgangslänge, meist als Verzugsverhältnis angegeben (1:50 bedeutet, aus einem Meter Vorgarn entstehen fünfzig Meter Garn).

Spinnwirtel, Schwungscheibe aus Holz, Keramik oder anderen Materialien, Teil des Handspinngeräts, mit dem seit Urzeiten Garne von Hand gesponnen wurden. Bei Ausgrabungen im antiken Troja in Kleinasien (z. B. Universität Tübingen) wurden Hunderte von Spinnwirteln aus Ton (Keramik) gefunden. In die runde Wirtelscheibe wird die Spindel, ein dünner, runder, langer Stab mit Spitze (in der Urzeit ein Holzstab mit Haken) gesteckt, die auf der Unterseite noch etwas heraussteht. Zu Beginn des Spinnens mit dem Spinnwirtel wird ein von Hand gedrehtes und handgesponnenes Fadenstück auf dem unter dem Wirtel herausstehenden Spindelstück befestigt (verknotet) und dann über den Wirtel nach oben zur Spindelspitze geführt und ebenfalls mit einer Schlaufe leicht befestigt (nicht verknotet). Nun kann man das freie Fadenende über der Schlaufe und über der Spindelspitze mit der linken Hand erfassen und die Spindel an diesem Anfangsfaden festhalten und frei hängen lassen. Die Spindel bzw. der Wirtel wird nun mit Schwung wie ein Kreisel mit der rechten Hand (Rechtshänder) schnell gedreht. Über den Handrücken der linken Hand muss das vorher vorbereitete Fasermaterial (z. B. lange Wolle oder Flachs ist am besten geeignet) dem freien Garnende zugeführt werden. Ist genügend Drehung im Garnende angekommen, wird mit den Fingern der linken Hand durch die Zuführung der Fasern ein Spinndreieck gebildet. Hat der Spinnwirtel genügend Schwung bekommen, erfolgt die Einbindung der Fasern in das Garn, bis der Spinnwirtel, frei drehend oder weiter mit der rechten Hand drehend unterstützt, den Boden erreicht hat. Dann wird der Spinnvorgang abgesetzt und das Garn auf die Spindel aufgewickelt. Derselbe Vorgang wird wiederholt usw.
Als Vorgänger der Handspindel mit Spinnwirtel gilt eine Astgabel mit zwei ungleichen Ästen, wobei der längere Ast als Spindel und der Kürzere als Drehelement wirkte. In der Türkei waren auch kreuzartige Spinnwirtel bekannt, die das Aufwickeln des Fadens während des Spinnens ermöglichten. Spinnwirtel unterschiedlichster Formen werden auch heute noch von verschiedenen Naturvölkern verwendet.

Spinnzwirn, bereits beim Spinnen hergestellter Scheinzwirn, zu dessen Herstellung zwei Vorgarnlunten auf einem Streckwerk der Ringspinnmaschine parallel zugeführt, verstreckt und gemeinsam versponnen werden (Siro-Spun der Fa. Zinser-Saurer). Die Drehungserteilung erfolgt in beiden Teilen der Vorgarne bis zum Einbindepunkt an den Druckrollern getrennt, obwohl beide Bereiche in dasselbe Spinndreieck münden und gemeinsam zum Spinnzwirn gedreht werden. Bei zwei unterschiedlich farbigen Vorgarnen ist der Spinnzwirn deutlich an der Z-Drehung erkennbar, die bei einfachen Zwirnen eher seltener vorkommt, da diese meist entgegen der Garndrehung in S-Richtung gezwirnt werden. Der Spinnzwirn ist eine kostengünstige Alternative zum Zwirn mit verbesserter Gleichmäßigkeit und damit höherer Festigkeit (wegen der besseren Gleichmäßigkeit) als ein vergleichbares Einfachgarn. Die Haarigkeit ist niedriger als die des Einfachgarns, und der Garnquerschnitt ist runder. Spinnzwirne können sowohl aus Langstapel- als auch aus

Mittel- und Kurzstapelfasern aus Wolle, Chemiefasern, aber auch Baumwolle, hergestellt werden (auf unterschiedlichen Maschinen). Die Garnangabe erfolgt entsprechend der Zwirnbezeichnung.
Die Fa. Zinser-Saurer/Ebersbach gibt folgende Beispiele an (Auswahl):
Hemden- und Blusenstoffe:
Nm 80/2–Nm 72/2
Leichte Oberbekleidungsstoffe:
Nm 64/2–Nm 52/2
Leichte Stoffe: Nm 52/2–Nm 72/2
Mittlere bis schwere Gewebe:
Nm 52/2–Nm 40/2
Feine Wollgarne (100 % Wolle):
Nm 92/2–Nm 100/2
Grobe Garne: Nm 16/2–Nm 8/2
Hochwertige Blusen- und Hemdenstoffe:
Nm 120/2 bis Nm 140/2
Leichte Gabardinestoffe: Nm 80/2

Spiralzwirn (Wellenzwirn, Ondé, Corkscrew), wellenförmiger Zwirn. Die Wellen entstehen durch das Verzwirnen eines dünneren und eines dickeren Garns oder Zwirns. Ondé entsteht durch Verzwirnung eines Grègefadens (Rohseidenfaden) mit einem Organzin-Seidenzwirn. Der Wellencharakter kann auch durch das Zwirnen unterschiedlich gedrehter Vorzwirne oder Garne entstehen. Zudem können Effektgarne mit eigenem Wellencharakter erzeugt werden.

Spitze, textiles Flächengebilde mit durchsichtigem Hintergrund und deckenden Mustern, die mit Hilfe von Nähstichen mit Spitzenhäkelgarnen bei handgefertigter Spitze ohne Grundgewebe hergestellt werden. Maschinenspitzen werden heute mit Gewebegrund gefertigt, der nachträglich durch Ätzen entfernt wird. Maschinenspitze kann gewebt, gehäkelt, gewirkt und geklöppelt hergestellt werden.

Spitzenhäkelgarn, farbiges oder weißes, glänzendes, merzerisiertes Baumwollgarn, meist Nm 80, zur Herstellung feiner Spitzen oder zum Umhäkeln.

Spitzenspannung, die im Garn kurzzeitig wirkende höchste Fadenspannung, die oft zum Fadenbruch führen kann.

Spitzenzahl, Anzahl Nadeln pro Flächeneinheit (z. B. Quadratzoll) auf der Nadelwalze.

Spitzenzwirn, Effektzwirn, der durch Überlieferung des Effektfadens wie beim Schlingenzwirn erzeugt wird, bei dem aber der Effektfaden so stark überdreht ist (Kreppgarn), dass die Schlinge sich zu einer abstehenden Garnspitze zusammendreht.

Spleiß,
1. Durch → Spleißen entstandene knotenfreie Garnverbindung.
2. Abstehende Faserfibrillen an der Faser-(Filament-)Oberfläche (z. B. bei Lyocell-Fasern oder nach chemischer Behandlung).

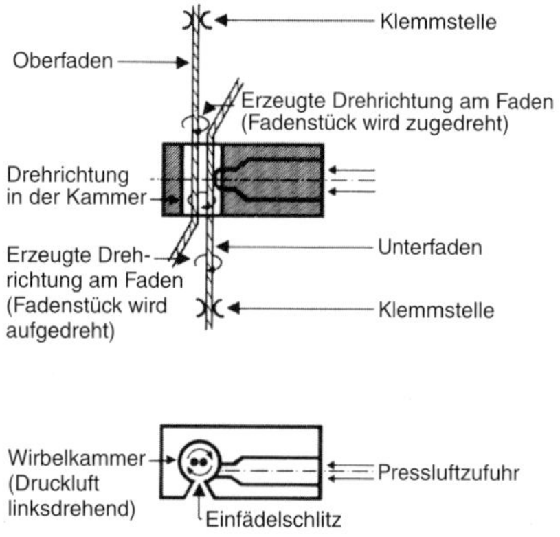

Abb. 1: Fadenverbindung mit einem pneumatischen Spleißgerät
Quelle: J. Rohner, Schlafhorst-Saurer GmbH, Mönchengladbach

Spleißen (Splicen), Knotenfreie Methode der → Fadenverbindung, wobei die Einzelfäden oder Schnüre verflochten werden

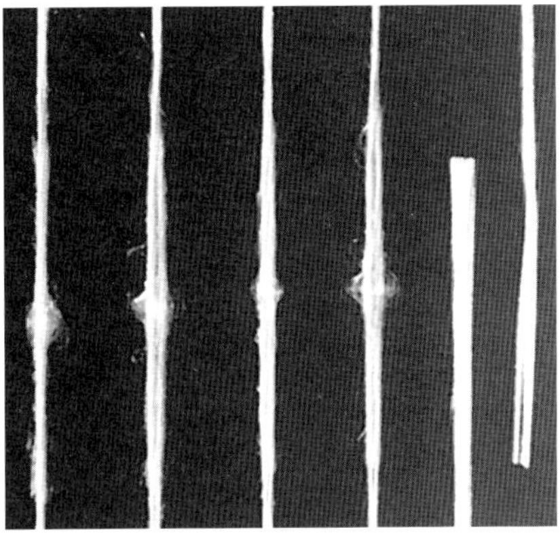

Abb. 2: Spleißstellen eines Filamentgarns
Quelle: Enka Technica

oder die beiden Enden durch tangentiale Luftverwirbelung oder andere Möglichkeiten verbunden werden. Die Fasern oder Filamente zweier Fadenenden werden geöffnet und danach miteinander verschlungen. Patente stammen aus der Zeit von 1944–1950, die Realisierung in der Industrie begann ab 1970. Die ältesten bekannten Spleißverbindungen stammen aus der Segelschifffahrt (Seilverbindungen) und aus dem antiken Ägypten, wo man feinste Leinengarne durch Spleißverbindung herstellte und verband. In der Spinnerei und Spulerei haben sich das mechanische und das pneumatische Spleißen durchgesetzt, auch als Handspleißer. Auch Zwirne lassen sich spleißen, verlieren aber an der Spleißstelle ihre Zwirnstruktur. Coregarne können mechanisch, mit Luft oder auch thermisch verspleißt werden. Effektgarne und Kombinationsgarne werden meist geknotet.
Man unterscheidet:

1. Nähspleißen – Doppeltes Garnvolumen der Verbindung, Festigkeit 70–90 % der Garnfestigkeit, Biegesteifigkeit deutlich höher als Garn, Verwendung bei Reifencord für Zwirnverbindungen.
2. Pneumatisches Spleißen, Luftspleißen – Verbindung 1,2- bis 1,5-fache Garnstärke, gelegentlich reduzierbar auf 1,1-fache, Festigkeit 75–100 % der Garnfestigkeit, Biegesteifigkeit garnähnlich. Sowohl Stapelfasergarne als auch Filamentgarne können verbunden werden. Nachteil des Luftspleißens ist die Veränderung der Fasermischung bei Mischgarnen (Färbeprobleme). Man unterscheidet noch das
   a) Tangentialspleißverfahren – Druckluft wird tangential zur Fadenoberfläche eingeblasen, damit ein Zusammendrehen der beiden Fadenenden erfolgt. Eine Auflösevorrichtung öffnet die beiden zu spleißenden Fadenenden durch Unterdruck und Entfernung der kurzen Fasern (Volumenverringerung, Festigkeit). Das Verfahren ist für Kurzstapelfasergarne geeignet.
   b) Direktverfahren – Beim Direktverfahren wird der Druckluftstrahl radial zur Luftkanalachse eingeblasen. Für Langstapelfasergarne und Filamentgarne besser geeignet.
3. Hydraulisches Spleißen, Wasserstrahlspleißen – Verbindung wie beim Luftspleißen, eigentlich auch ein Luftspleißverfahren, bei dem zusätzlich Wasser eingespritzt wird. Verbessert die Baumwollgarnverbindungen im Kurzstapelbereich, ist aber auch für Leinengarnverbindungen (Nassspinnen) geeignet.
4. Thermisches Luftspleißen (Heißluft-Verbindung) – Die Erwärmung der Luft erweicht die Filamente oder Chemiefasern über die Glastemperatur und ermöglicht eine bessere Verbindung.
5. Elektrostatisches Spleißen – Verbindung 1,1-fache Garnstärke, im Versuchsstadium.
6. Mechanisches Spleißen – Verbindung 1,1- bis 1,2-fache Garnstärke, Festigkeit 90–100 % der Garnfestigkeit, Biegesteifigkeit garnähnlich. Die Verbindung erfolgt durch Zusammendrücken

und Drehen der Fadenenden zwischen zwei mit Reibbelägen versehenen, rotierenden Scheiben. Geeignet für Stapelfasergarne, aber nicht für Filamentgarne.

Spleißfaden, Zusatzfaden (z. B. für Nähgarne), mit dem eine Spleißverbindung hergestellt werden kann.

Spleißfasern, → Splitfasern.

Spleißstelle, Garnstelle, welche die Spleißverbindung enthält, meist geringe Dickstelle, ca. bis zu 20 % dicker als das Garn, Festigkeit etwa 80–90 % der mittleren Garnfestigkeit, abhängig von Fasermaterial, Garntyp und Spleißart (→ Spleißen).

Spleißverbindung, → Spleißen.

Splitfaden, → Splitfoliengarn.

Splitfasern, → Folienbändchen, durch Aufspaltung von Kunststofffolien entstehende faserähnliche Gebilde, die zur Herstellung von Garnen verwendet werden können (Bändchengarn). Sie haben im Gegensatz zu Textilfasern keinen annähernd runden, sondern einen flachen Rechteckquerschnitt, der durch die Trennung der Folie in Längsrichtung entsteht.

Splitfoliengarn, Bändchengarn, bestehend aus einem glatten Folienstreifen mit rippenförmiger Struktur, der unter seitlicher Belastung in Folienstreifen aufgetrennt wurde und dann zu einem Garn zusammengefügt (verdreht) wurde.

Splitfolienstreifengarn, → Splitfoliengarn.

Split knitting, Verarbeitung von Folienbändchen zu Kettwirkwaren, wobei das Schneiden der Folie zu Bändchen direkt auf der Wirkmaschine erfolgen kann. Typische Produkte sind Verpackungsnetze für Lebensmittel (Äpfel, Zwiebeln, Orangen usw.).

Splitterfasern, glänzende Effektfasern aus Viskose oder Acetat mit grobem Titer und einer Schnittlänge von 50–200 mm zur Herstellung von Glitzereffekten in Effektgarnen durch Zumischung zu üblichen Fasertitern (Wirkung wie bei Stichelhaaren in Wollgarnen).

Split weaving, Verarbeitung von Folienbändchen auf der Webmaschine, wofür die Folien direkt vor der Webmaschine zur Herstellung der Kette geschnitten werden können. Die Schussfäden müssen als Foliengarne vorbereitet werden. Typische Produkte sind Grundgewebe für Tuftingteppiche (Velours- und Schlingenteppiche als Auslegeware).

Sprenkelgarn, gemischtfarbiges, meliertes Garn.

Spulart, Aufwindemethode der Garne auf Spulenkörper.

Spulautomat, automatische Spulmaschine für die Herstellung von Kreuzspulen, meist mit Copsvorlage. Spuleinheit, die die Herstellung einer Spule (z. B. Nähgarnspule) vom Aufstecken der Hülse (z. B. von Revolverkopf-Vorlage oder automatischer Zuführung von der Spinnmaschine) bis zur Ablage der fertigen Spule selbsttätig durchführt. Dazu gehört auch die Fehlererkennung und -behebung, das Herausschneiden des Fehlers und das Spleißen oder Anknoten. Spulautomaten arbeiten diskontinuierlich (Spulmaschinen der Stapelfasergarnspinnerei) oder kontinuierlich (bei der Filamentgarnherstellung).

Spule, Garnpaket (Garnspeicherform) mit speziellen Windungsformen auf Hülsen verschiedenster Art, z. B. Kreuzspule, → Spulenformen, → Wicklungsarten.

Spulen,
1. Überführen des Garns von einem Garnträger (Cops) auf einen anderen (Kreuzspule) bei gleichzeitiger Garnreinigung (Ausscheidung von ausgewählten fehlerhaften Garnstellen) und Verlängerung der Lauflänge durch Spleißen oder Knoten für die Weiterverarbeitung in der Weberei und Strickerei.
2. Aufwinden eines Fadens (Garn, gefachtes Garn, Zwirn) auf eine bestimmte Speicherform (Aufmachung), die Spule.
Das wichtigste Ziel des Spulens ist es, auf möglichst kleinem Raum möglichst große Fadenlängen zu speichern. Aus kleinen Copsen sollen große, für die Weiterverarbeitung geeignete Spulenformate hergestellt werden. Gleichzeitig muss sich der Faden bei der Weiterverarbeitung (Webmaschine, Strickmaschine) möglichst problemlos abziehen lassen. Außerdem soll der Spulenkörper so stabil sein, dass beim Transport keine Schäden entstehen. Weitere Anforderungen können vom Färbeprozess, andere spezielle Weiterverarbeitungen oder direkt vom Verkauf (Strickgarnknäuel, Nähgarnspule) kommen. Mit dem Spulprozess wird auch die Garnreinigung verbunden.
Anforderungen an das Spulen:
- Ökonomischer Ablauf der nachfolgenden Verarbeitungsprozesse wie Weberei, Strickerei, Wirkerei, Tufting, Nähen, Sticken usw.
- Verbesserung der Garnqualität durch Ausreinigung und Spleißen
- Erzeugung eines möglichst großen Fadenvorrats (Filamentgarnspulen der Primärspinnerei haben bis zu 50 kg Gewicht, nur noch durch Automaten handhabbar)
- Erzeugung einer Wicklungsform, die höchste Garnabzugsgeschwindigkeiten (Cops für die Spulmaschine) oder schonendsten Abzug erlaubt
- Erkennung und Entfernung von Garnfehlern
- Erzeugung einer konstanten Wicklungsdichte für die Färbung und Veredlung
- Aufbringung von Präparationen (Avivagen) bei Chemiefasern, Filamentgarnen und Monofilamenten sowie von Paraffin für die Strickerei.

Spulenablaufverhalten, die Art und Weise des geordneten Abzugs des Garns (Spulenabzug) von der Spule oder die Beschreibung der dabei auftretenden Probleme (z. B. Hängenbleiben an den Spulenkanten, Abreißen mehrerer Garnlagen gleichzeitig, Auftreten von Spannungsspitzen im Garn, Fadenbruch usw.).

Spulenabzug,
1. Abnahme der vollen Spulen von der Spulstelle oder Spinnmaschine, automatisch oder manuell (Spulenabzug).
2. Fadenabzug von der Spule, tangential (z. B. Scheibenspule) oder über Kopf (axial). Bei Scheibenspulen muss der Abzug tangential erfolgen, wenn man eine Garnschädigung vermeiden möchte. Dafür muss die Spule mitgeschleppt oder angetrieben (und abgebremst) werden. Beim Abzug von Kreuzspulen über Kopf (axial) muss die Lieferspule nicht bewegt werden. Zum Abzug ist eine Mindest-Abzugsgeschwindigkeit erforderlich, da erst durch die Fadenballonbildung ein Abzug des Garns ohne Hängenbleiben an der Spulenkante möglich ist. Bei axialem Abzug wird die Fadengeschwindigkeit durch die Garnfestigkeit begrenzt. Im Versuch wurden bereits 2.000 m/min erreicht, theoretisch sind noch höhere Geschwindigkeiten möglich. Allerdings erzeugt jede abgezogene Windung eine zusätzliche Drehung im Garn, positiv oder negativ. Die Drehungsrichtung der zusätzlichen Drehung richtet sich nach der Art des Abzuges, ob p- oder q-Abzug verwendet wird. Grundsätzlich richtet sich aber auch die Art des Garnabzugs (p- oder q-Abzug) von der Spule nach der Drehungsrichtung des Vorlagegarns (üblicherweise Z-Drehung).

Spulenaufbau, die beiden vom Aufbau grundsätzlich unterschiedlichen Spulenarten der Textilindustrie sind die Scheibenspule mit Seitenteilen und die Kreuzspule, die ohne seitliche Stützen auskommt. Vermutlich war die älteste Spulenform der Wickel, der dann zur kreuzweisen Aufwicklung schon bei der Handspindel führte. Mit der Einführung von Vorrichtungen wie dem Spinnrad im Mittelalter oder der ersten Spinnmaschinen (Spinning Jenny) wurden bereits Scheibenspulen verwendet. Heute ist es mit der Kreuzspule, speziell der Sonnenspule, und Präzisionswicklung möglich, höchste Aufspulgeschwindigkeiten bis zu 8.000 m/min und darüber zu erreichen, während Scheibenspulen bei Monofilamentgarnen (Angelschnüre, Rasentrimmerwicklung, Spulen für die Siebgewebeherstellung, aber auch Nähgarne) eingesetzt werden.

Die Scheibenspule erhält die nötige Stabilität der Windungen von der Stützwirkung der Seitenscheiben (oder einer Seitenscheibe, z. B. bei Fußspule), wobei die Fadenwindungen unmittelbar nebeneinander liegen (geringster Kreuzungswinkel) und eine größtmögliche Packungsdichte entsteht, bei gleichzeitiger schonender Behandlung des Garns.

Bei der Kreuzspule und ihren Varianten ist das Garn der aufeinanderfolgenden Schichten so stark verkreuzt (großer Kreuzungswinkel), dass sich die Wicklung selbst stabilisiert. Die Kreuzspulen haben den Vorteil, dass sie sich nicht nur schneller wickeln lassen, sondern auch noch über Kopf (axial) mit hoher Geschwindigkeit abgezogen werden können. Die zylindrische und die konische Kreuzspule haben für die rationelle Weiterverarbeitung die größte Bedeutung. Die bikonische Präzisionskreuzspule wird bevorzugt für synthetische Filamentgarne eingesetzt, als Ergebnis des Streckzwirnprozesses.

Die einfachste Art des Spulenaufbaus zeigt die zylindrische Kreuzspule: Der Spule wird die Drehzahl n erteilt, der Faden wird mit der Changierbewegung des Fadenführers aufgewickelt. Dabei entspricht der Hub des Fadenführers der Länge h. Er kann mit zunehmendem Spulendurchmesser d abnehmen oder konstant bleiben. Die Vektoren der resultierenden Fadengeschwindigkeit vg und der Umfangsgeschwindigkeit *vs* schließen den Steigungswinkel α ein. Der Fadenführer hat die Geschwindigkeit vH.

Die Fadengeschwindigkeit beim Wickeln ergibt sich mit:

$$vg = \frac{\sqrt{vs^2 + vH^2}}{2}$$

$$vg = \beta \times d \times n$$

$$vH = 2H \times nH$$

wobei vorausgesetzt wird, dass der Fadenführerhub H der Länge der Spule Ls (Bewicklungsbreite) entspricht und die Antriebsdrehzahl nH des Fadenführers zum Fadenführerhub in einem Verhältnis von 1:1 steht, d. h., eine Umdrehung des Antriebs entspricht einem Doppelhub des Fadenführers.

Dann gilt

$$\tan\alpha = \frac{vH}{vs} = 2H \times \frac{nH}{\beta dn}$$

wobei:

d = Spulendurchmesser

Ls = Spulenbreite

H = Hubhöhe

n = Spulendrehzahl

vg = Fadengeschwindigkeit, Garngeschwindigkeit

vH = Hubgeschwindigkeit des Fadenführers

vs = Umfangsgeschwindigkeit der Spule, Spulgeschwindigkeit

α = Steigungswinkel

β = Kreuzungswinkel der Garne = doppelter Steigungswinkel

Der doppelte Steigungswinkel β ergibt den Kreuzungswinkel des Fadens auf der Spule. Der Steigungswinkel (oder Kreuzungswinkel) kann mit wachsendem Spulen-

durchmesser entweder kleiner werden oder konstant bleiben. Entscheidend dafür ist das Verhältnis vH/vs. Es bestimmt, ob eine Kreuz- oder eine Parallelspule entsteht.
Literatur: L. Simon und M. Hübner, Vorbereitungstechnik für die Weberei, Wirkerei und Strickerei, Springer-Verlag, Berlin – Heidelberg, 1983.

Spulen aufstecken, meist von Hand durchgeführtes Aufsetzen der Spule auf einen Spuldorn, der als Halterung für die Spule dient und fest oder drehbar (z. B. für Scheibenspulen bei Monofilamenten) sein kann. Das Spulengatter nimmt zahlreiche Spulen für die Weiterverarbeitung auf.

Spulen aufwinden, → Spulen.

Spulendichte, Packungsdichte der Spulen. Neben der Dichte des Faserstoffs bezüglich der Bewicklungsschichten der Spule ist diejenige Dichte ausschlaggebend, die die Hohlräume zwischen den Garnen und zwischen den Fasern oder Filamenten im Garn einbezieht. Diese wird als Spulendichte bezeichnet. Sie hängt damit auch erheblich von der Spulenform ab. Die dichteste Bewicklung mit der höchsten Spulendichte wird bei Scheibenspulen mit Parallelbewicklung (geringster Steigungswinkel) erreicht. Die Spulendichte ergibt sich aus der Faserstoffdichte, multipliziert mit dem Dichtefaktor k.
Folgende Dichtefaktoren wurden für extrem hohe (k_{max}) und normale Spulenhärten (k_{normal}) bei Kettbäumen ermittelt (Auszug, Näherungswerte):

Material		k_{max}	k_{normal}
Baum-	Ringgarn	0,9	0,27–0,28
wolle	OE-Rotorgarn	0,9	0,26–0,27
Wolle	Streichgarn	0,9	0,3
	Kammgarn	0,9	0,36
PES	Filamentgarn	0,7	0,67
	Spinnfasergarn	0,9	0,39
PA	Filamentgarn	0,71	0,62
Viskose	Filamentgarn	0,67	0,61
	Spinnfasergarn	0,9	0,29

Bei normalen Spulen liegt der Faktor *k* im Mittel bei 0,5 und damit die Bewicklungsdichte etwa bei der Hälfte der Faserstoffdichte (Erfahrungswert).
Literatur: L. Simon und M. Hübner, Vorbereitungstechnik für die Weberei, Wirkerei und Strickerei, Springer-Verlag, Berlin – Heidelberg, 1983.

Spulendurchmesser, der äußere, größte Durchmesser der Spule, gemessen am Spulenrand.

Spulenfärbung, Färbung des Garns auf der Spule. Dafür sind perforierte Färbehülsen erforderlich, durch welche die Färbeflotte von innen nach außen durch die Spule gepresst werden kann. Die Färbung wird in Hochdruck-(Hochtemperatur-)Spulenfärbeapparaten durchgeführt, und Spulendichte und Bewicklungsform müssen dem Färbeprozess und dem Material angepasst sein.

Spulenformat, → Spulenformen.

Spulenformen, die häufigsten Spulenformen der Textilindustrie sind (DIN ISO 5238):
1. Zylindrische Kreuzspule mit
   a) wilder Spulenwicklung oder
   b) Präzisionswicklung
2. Sonnenspule, Sonderform der zylindrischen Kreuzspule mit kurzem Hub
3. Zylindrische Kreuzspule mit schrägen Stirnflächen (Präzisionswicklung)
   a) symmetrisch oder
   b) asymmetrisch
4. Kegelige Kreuzspule mit gleich bleibendem Kegelwinkel
5. Kegelige Kreuzspule mit geraden Stirnflächen senkrecht zur Achse der Hülse
6. Kegelige Kreuzspule mit zunehmendem Kegelwinkel
7. Kegelige Kreuzspule mit schrägen Stirnflächen
   a) symmetrisch oder
   b) asymmetrisch

8. Ringspinncops bzw. Zwirncops
9. Streckzwirncops
10. Streckzwirnspule
11. Schlauchcops
12. Fußspule
13. Doppelkegelspule
14. Supercops
15. Raketenspule auf Anfangskegel
16. Flaschenspule
17. Zylindrische Scheibenspule (Zweischeibenspule)
    a) mit gleichbleibendem Hub oder
    b) mit verkürztem Hub
18. Zylindrische Einscheibenspule
    a) mit Stützrand oder
    b) ohne Stützrand
19. Tönnchenspule (für Nähgarne)
20. Knäuel
    a) Rundknäuel oder
    b) Langknäuel
21. Wickel
22. Spinnkuchen
23. Strang/Strängchen
24. Nähgarnspule

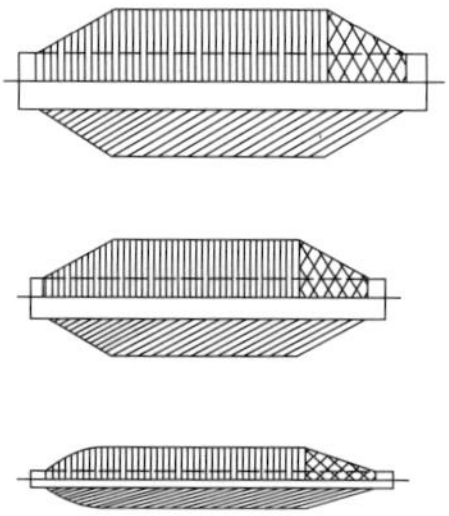

Abb. 1: Streckzwirncops, Ringspinn- bzw. Ringzwirncops und Selfaktorcops

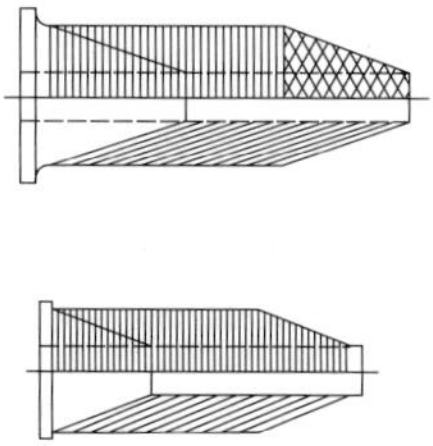

Abb. 2: Raketenspule und Flaschenspule

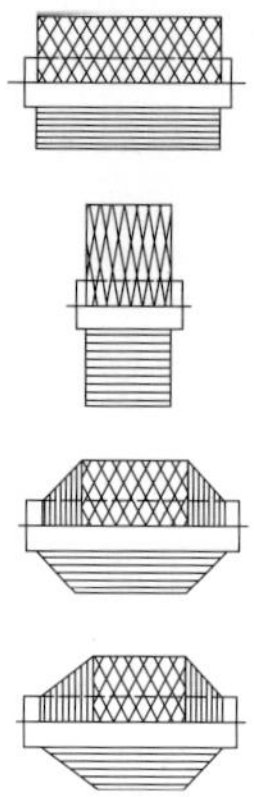

Abb. 3: Zylindrische Kreuzspulenformen

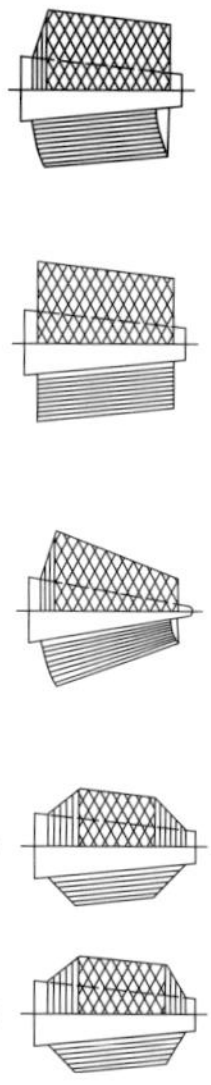

Abb. 4: Konische (kegelige) Kreuzspulenformen

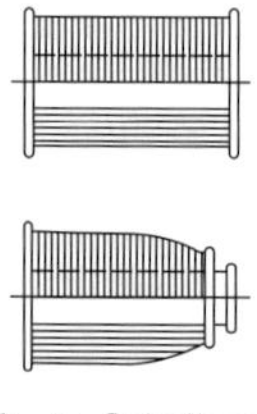

Abb. 5: Scheibenspule, zylindrisch mit gleich bleibendem und verkürztem Hub

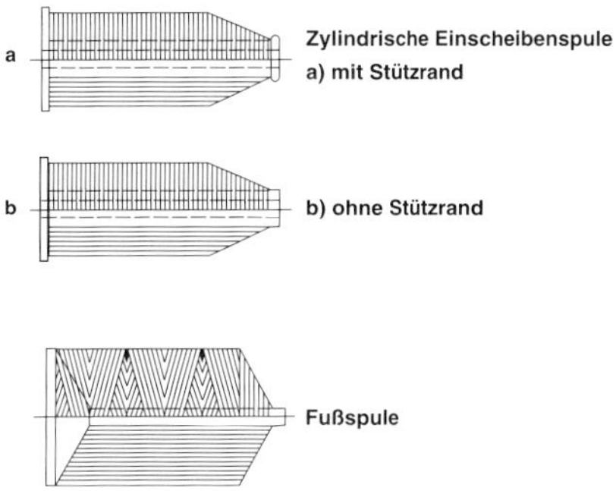

Abb. 6: Zylindrische Einscheibenspulen mit und ohne Stützrand und Fußspule

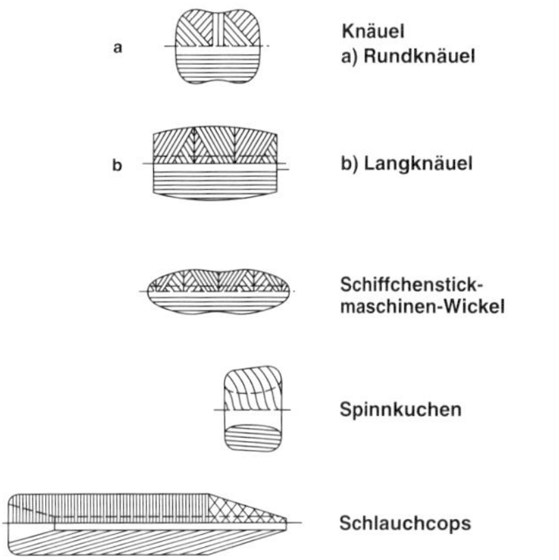

Abb. 7: Knäuel, Schiffchen-Stickmaschinenwickel, Spinnkuchen und Schlauchcops

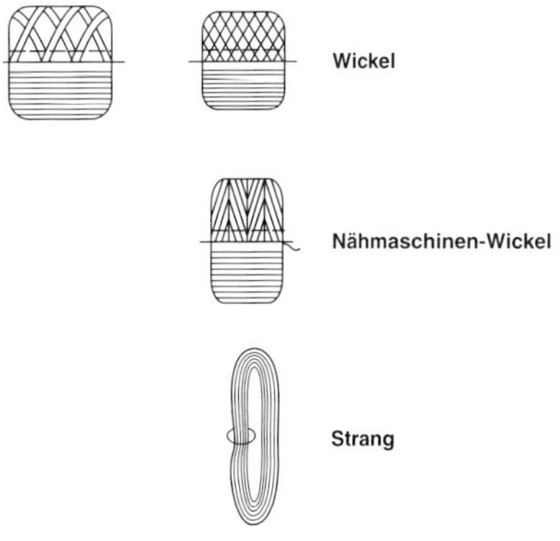

Abb. 8: Wickel, Stopfgarnwickel und Strang

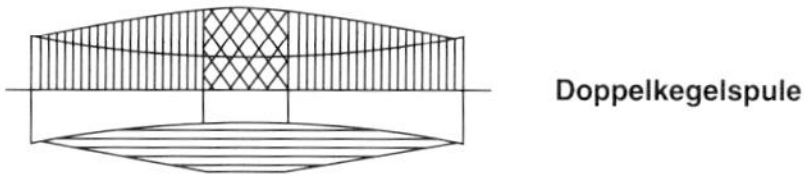

Abb. 9: Doppelkegelspule

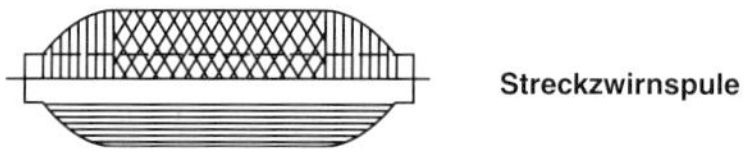

Abb. 10: Streckzwirnspule

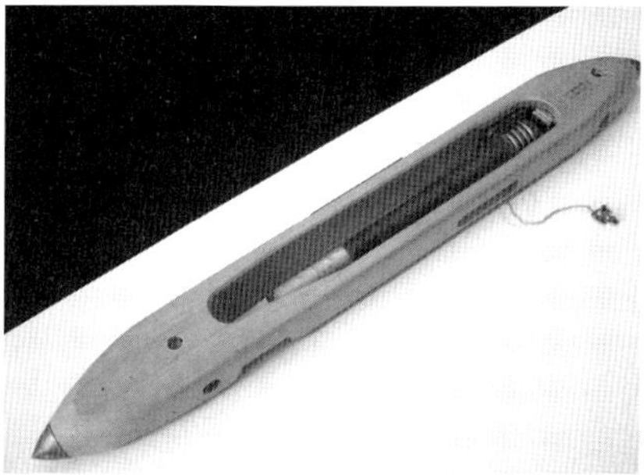

Abb. 11: Konventioneller Webschützen mit Schussspule
Quelle: A. Schenek, Hochschule und ITR Reutlingen

Spulengarn, Garn, das auf Spulen geliefert wird.

Spulengatter, fest stehendes oder fahrbares Gestell zum Aufnehmen von Spulen, damit die Garne geordnet, systematisch und kontrolliert den Weiterverarbeitungsprozessen zugeführt werden können (z. B. Zettelgatter). Dabei soll die Fadenzugkraft für alle Fäden gleich einstellbar sein. Außerdem muss eine Fadenbruchüberwachung vorhanden sein, und das Gatter sollte gut bedienbar sein. Im Gatter werden 400–800, gelegentlich mehr Spulen aufgesteckt.

Spulengewicht, die Spulengewichte hängen von den Spulendurchmessern, den Bewicklungsbreiten und der Spulendichte ab. Bei Spinnfasergarnen werden derzeit Spulengewichte von 3 kg bis etwa 5 kg verwendet, bei Filamentgarnspulen der Primärspinnerei können die Sonnenspulen Gewichte bis zu 40 kg erreichen.

Spulenhalter, Vorrichtung an der Spulmaschine oder Spinnmaschine zur Aufnahme der Hülse (und damit der zu bewickelnden Spule). Die Hülse aus Kunststoff oder Hartpapier wird seitlich durch runde Zapfen gehalten, die auf Kugellagern drehbar angebracht sind. Sie werden durch Federkraft zusammengedrückt und halten die Hülse seitlich fest, ermöglichen aber auch ihre Drehbarkeit. Bei Bedarf kann durch Auseinanderziehen der Spulenhalter die volle Spule abgenommen werden (meist automatisiert). Gleichzeitig wird der Spulenhalter mit der Hülse gegen die Antriebswalze gedrückt, damit über den Hülsen- bzw. Spulenumfang die Spule selbst mit der erforderlichen Abzugsgeschwindigkeit angetrieben werden kann (Kreuzspule, wilde Wicklung).

Spulenhärte, die Spulenhärte wird mit Hilfe des Shore-Härtemessgeräts gemessen und in Grad Shore (°Sh) angegeben. Sie resultiert aus der Dichte der Spule, die wiederum in der Mitte und am Rand der Spule unterschiedlich ist. Die Fadenspannung bei der Aufwicklung und die Bewicklungsart (Wilde Wicklung, Präzisionswicklung), die Anpresskraft der Spule an die Antriebsspule sowie die Materialart entscheiden über die Spulenhärte.

Spulenhub, Bewicklungsbreite der Spule.

Spulenkreuzungswinkel, Kreuzungswinkel des Garns auf der Kreuzspule.

Spulenmantel, Umfangsoberfläche der Spule, welche die äußere Garnlage begrenzt.

Spulenreiniger, → Garnreiniger.

Spulenreise, Ablauf und Dauer des Spulvorgangs über die gesamte Lauflänge des Garns auf der Spule.

Spulentopf, Metallhülle der Spulstelle, bei DD-Zwirnmaschinen abnehmbar, zur Aufnahme der Fachspule oder zweier übereinander gesteckter Garnspulen.

Spulfehler, beim Umspulvorgang, der zur Herstellung geeigneter Spulenformen mit ausreichender Garnlauflänge für die Weiterverarbeitung in der Webereivorbereitung, Weberei und Strickerei dient, können Spulfehler entstehen, die zu Stillständen der Verarbeitungsmaschinen und zu Fehlern in der Ware führen können. Folgende Fehler treten an Kreuzspulen am häufigsten auf:

1. Abschläge (Fadensehne auf einer oder beiden Stirnseiten)
2. Fadenreservefehler (fehlende oder falsch positionierte Fadenreserve)
3. Blumenkohl (Spulenverformung)
4. Kreuzspulendichtefehler (Dichteschwankungen, falscher Spulenaufbau)
5. Fallfäden (seitlich zur Hülse geschleuderte Fadenenden)
6. Eingespulte Fallfäden (Fadenenden, die eingespult wurden)
7. Restfäden (lose eingespulte Fadenenden)
8. Bildwicklungen (parallele Fadenlagen auf der Spule, entstanden aus einem ganzzahligen Durchmesserverhältnis zwischen Fadenführungstrommel und Kreuzspule)
9. Fehlführung des Fadens (keine gleichmäßige Fadenablage, Verwirrungen des Fadens)
10. Weiche und harte Garnlagen gleichzeitig
11. Gegenwickel (Fadenanfang mit Garnlagen verhakt)
12. Schlingen
13. Trommelwickel (Aufwicklung des Garns auf die Nutentrommel)

14. Doppelfäden (Mehrfachfäden)
15. Abrutschende Garnlagen, teilweise wieder überspult

Nach Erfahrungen in der Spinnerei kann das Spulen auch die Garnfestigkeit durch Schädigung reduzieren. Bei Spinnfasergarnen kann der Festigkeitsverlust pro Spulvorgang bis zu 1 cN/tex betragen.

Spulgeschwindigkeit, die derzeitigen Spulgeschwindigkeiten an der Spulmaschine liegen bei folgenden Werten:

Baumwollgarne:	800–1.200 m/min, mit Spezialmaschinen bis 1.500 m/min (künftig bis 2.000 m/min möglich)
Gefärbte Garne:	Bis 900 m/min
Wollgarne:	350–800 m/min
Chemiefasergarne:	600–900 m/min
Filamentgarne:	600 m/min

Beim Primärspinnen der Filamentherstellung sind mit Präzisionsspulmaschinen und Sonnenspulen Geschwindigkeiten bis 5.000 m/min üblich (POY), teilweise bis 8.000 m/min und darüber möglich (HOY).

Spulmaschinen, kann man unterteilen in:

1. Spulmaschinen mit Umfangsantrieb:
   a) Kreuzspulautomaten mit Nutentrommel
   b) Umspulmaschinen mit Schlitztrommel, Nutentrommel oder Fadenführer
   c) Fachspulmaschinen mit Schlitztrommel, Nutentrommel oder Fadenführer
   d) Garnsengmaschinen
2. Spulmaschinen mit Achsantrieb:
   a) Präzisionskreuzspulmaschinen
   b) Präzisionsparallelspulmaschinen
   c) Sonderspulmaschinen wie Haspelmaschinen, Knäuelwickelmaschinen usw.
   d) Schussspulautomaten

Präzisionskreuzspulmaschinen werden hauptsächlich für das Spulen von Filamentgarnen eingesetzt. Auch Färbespulen werden oft als Präzisionsspulen hergestellt.

Spulöle, Hilfsmittel zur Verbesserung des Spulverhaltens, d. h. des Garnablaufverhaltens, zur Reduzierung des Faserabriebs, der Haarigkeit und Verringerung der thermischen Schädigung. Klassische Spulöle sind Mineralöle. Für das Auftragen auf das Garn gibt es z. B. an den DD-Zwirnmaschinen spezielle Auftragssysteme (Lubritwist Volkmann/Saurer). Der in das Hilfsmittel eintauchende poröse Saugkörper transportiert durch Kapillarwirkung das Spulöl auf die Kontaktfläche zum ungezwirnten Garn. Der darüber gleitende Faden nimmt eine bestimmte Menge Spulöl mit. Die somit erzielten, reduzierten Reibwerte des Garns ermöglichen höhere Faden- und Zwirngeschwindigkeiten. Die Garne werden geglättet, Abrieb, Staub und Faserflug werden reduziert, und bei Chemiefasergarnen werden Schmelzstellen verhindert. Auch bei Folgeprozessen wie Schären, Zetteln, Weben und Stricken wird das Verarbeitungsverhalten verbessert.

Spulöle (Garnavivagen) sollen folgende Anforderungen erfüllen:

1. Verringerung der dynamischen Faser/Metall- und Faser/Faser-Reibung
2. Antistatische Wirksamkeit und Verbesserung der Kohäsion im Garn
3. Gutes Spreitverhalten für optimale Garnglättung
4. Reduziertes Abspritzverhalten
5. Leichte Auswaschbarkeit
6. Keine Korrosionswirkung an Metallen
7. Keine Vergilbung rohweißer Ware
8. Biologische Abbaubarkeit
9. Geringe Emissionen am Spannrahmen

Spulprinzipien, man unterscheidet generell das Aufspulen (z. B. während des Spinnens auf den Cops) und das Umspulen (z. B. vom Cops auf die Kreuzspule).

1. Aufspulen, Aufwinden, Aufhaspeln: Das Aufnehmen und Speichern eines gerade ersponnenen Garns auf eine geeignete Spulenform (Spinncops, Spinnspule, Spinnkuchen, Strang).
2. Umspulen:
   a) Spulen, Überführen des Garns von der Copsform (Ringspinnen) in die Kreuzspulenform auf der Spulmaschine.
   b) Haspeln, Weifen: Überführen eines Garns und Speichern in Strangform (Strang, Docke, Muff).
   c) Winden: Überführen des Garns von einer Vorlage wie Strang oder Spinnkuchen auf eine Scheibenspule oder auf Hülsen (Scheibenspulen, Flanschspulen).
   d) Wickeln: Herstellung von kleinen Aufmachungsformen von Garnen für Verkauf oder Bemusterungen (Sterne, Musterkärtchen, Vierkantwickel).
   e) Knäueln: Umformen der Garnvorlage zu Knäueln, z. B. für das Handstricken (Rundknäuel, Walzen- oder Eierknäuel, Würfelknäuel, Scheibenknäuel).
   f) Fachspulen, Fachen: Zusammenführung von zwei oder mehr Garnen zu einer Bewicklungsform (Fachspule).

Spulverfahren, folgende Einteilung der Spulverfahren ist zweckmäßig:

1. Zylindrische oder konische Kreuzwicklung:
   a) Wilde Wicklung
   b) Präzisionswicklung
      – Offene Präzisionswicklung
      – Geschlossene Präzisionswicklung
2. Zylindrische Parallelwicklung
3. Konische Parallelwicklung
4. Sonstige Wicklungen/Sonderformen (→ Spulenformen)

Literatur: L. Simon und M. Hübner, Vorbereitungstechnik für die Weberei, Wirkerei und Strickerei, Springer-Verlag, Berlin – Heidelberg, 1983.

Spulverhältnis, Verhältnis der Doppelhubdrehzahl zur Spulendrehzahl (nH/ns); es ist bei Präzisionsspulen theoretisch konstant und verringert sich bei der wilden Wicklung einer Hyperbelkurve folgend. Man kann das Spulverhältnis auch als Übersetzungsverhältnis zwischen Fadenführer und Spule bezeichnen. Durch dieses Verhältnis wird die Lage der Garne zueinander in den aufeinander folgenden Spulenschichten bestimmt. Es bestimmt die Anzahl der Spulenfelder auf dem Spulenmantel (Spulenfeld = Breite der Bewicklung auf einer Umdrehung der Spule. Beim Verhältnis 1:1 entsteht bei einer Spulenumdrehung eine komplette Wickelbreite bzw. ein Doppelhub des Fadenführers auf der Hülse, also ein Feld).
Wäre das Spulverhältnis immer konstant ganzzahlig (Präzisionsspule theoretisch), so käme immer die nächste Fadenlage genau auf die vorhergehende Fadenlage (sogenannte Wabenwicklung, gelegentlich für Filterpackungen bei groben DREF-Garnen verwendet). Dies darf normalerweise nicht geschehen, da der Spulenaufbau sonst eine geringe Packungsdichte hätte und nicht stabil wäre (Kartenhauseffekt). Die Garnlagen sollen möglichst nebeneinander liegen (Stabilität, höhere Packungsdichte). Deshalb wird bei Präzisionskreuzspulen ein kleines zusätzliches Übersetzungsverhältnis (Delta-Wert) addiert, meist direkt durch das Übersetzungsverhältnis. Dieser kleine Zusatzwert bestimmt den Abstand von Fadenmitte zu Fadenmitte, also auch die Packungsdichte der Spule. Bei zunehmendem Spulendurchmesser sollte der Delta-Wert stufenlos angepasst werden, dafür verwendet man Konoidgetriebe. Umschaltbare Spulverhältnisse sind ebenfalls üb-

lich. Bei der Stufenpräzisionswicklung wird das Spulverhältnis immer in kleinen Stufen elektronisch angepasst.

Spunlike-Garn, Filamentgarn, das so verändert wird, dass Optik und Eigenschaften von Spinnfasergarnen imitiert werden, durch

- Modifizierung des Querschnitts der Filamente
- Mikrofilamente
- Titerschwankungen
- Texturierung
- Kombinationsgarne unterschiedlicher Filamente
- Umhüllung mit Spinnfasergarnen (Umwindegarne, Verwirbelungsgarne)
- Verwirbelung (Intermingling)
- direktes Reißen der Filamente im Garn

Spunlook-Garn, → Spunlike-Garn.

Stabilisiertes Falschdrahtgarn, texturiertes Filamentgarn (SET-Garn), das mit dem Falschdrall-Texturierverfahren hergestellt und nach der Texturierzone mit einem zweiten Heizkörper und zusätzlicher geringer Verstreckung (oder Schrumpfstabilisierung) nachbehandelt wird. Damit entsteht ein beruhigtes Kräuselgarn mit geringerer Kräuselung, höherer Festigkeit und geringerer Dehnung (SET-Garn), das auch in der Weberei als Schussgarn eingesetzt werden kann.

Staff-Tester, Prüfgerät der Fa. Zweigle, Reutlingen, zur Beurteilung des Garnabriebs und der Oberflächenschädigung von Garnen durch Umspul- und Verarbeitungsprozesse (Weberei z. B.). Das am ITV Denkendorf (Dr. Weinsdörfer, J. Mavely und Mitarbeiter) entwickelte Gerät führt das Garn beim Abzug über sich selbst. Durch die Garn/Garn-Reibung werden Oberflächenpartikel abgerieben, gesammelt und abgewogen. Ihre Menge wird als Abrieb auf die Garnmenge oder Garnlänge bezogen. → Abriebtest.

Stahlcord, Zwirn aus glatten Stahlfilamenten, der für die Herstellung von Reifencord verwendet wird (Stahlgürtelreifen, Michelin).

Stahldraht, einzelnes Stahl-Monofilament (Draht), das durch Ziehen hergestellt wird. Die Dicke wird in mm angegeben.

Stahlgarn, Filamentgarn oder Zwirn aus Stahl.

Standspinner, → Wagenspinner.

Stapelfasergarn, ältere, in der Industrie übliche Bezeichnung für → Spinnfasergarn.

Stapellängeneinteilung der Spinnerei, die Spinnerei wird auch nach den mittleren Längen (Wolle) oder Stapellängen (Baumwolle) der verwendeten Textilfaserstoffe (ausgehend von den Naturfasern) eingeteilt in:

1. Langstapelspinnerei (Wolle, Flachs, Hanf, Jute, Ramie u. a., 80 mm und länger)
2. Mittelstapelspinnerei (kurze Wolle, der Länge 50–70 mm, bei Chemiefasern ca. 60 mm)
3. Kurzstapelspinnerei (Baumwolle, bei Chemiefasern bis etwa 40 mm)

Stauchgarn, texturiertes Filamentgarn, das als Einzelgarn mit dem → Stauchkräusel-Texturierverfahren hergestellt wurde. Praktische Anwendung bei der Herstellung von BCF-Teppichgarnen aus Polypropylen oder Polyamid (Gasdynamisches Stauchkräusel-Texturierverfahren) direkt nach Erspinnung und direkter Verstreckung der Filamentgarne.

Stauchkammer-Texturierverfahren (Gasdynamisches Stauchkräusel-Texturierverfahren), Texturierverfahren, das zur Kräuselung von Filamenten im Kabel vor dem Schneiden zu Stapelfasern durchgeführt wird. Dabei wird das Kabel einer sich verengenden Kammer zugeführt, mechanisch gestaucht und durch Wärmebehandlung fixiert. Eine weitere Variante wird zur Herstellung der Kräuselung bei Teppichgarnen (BCF-Garne) benutzt.

Stauchkammerverfahren, → Stauchkräusel-Texturierverfahren.

Stauchkräuselgarn, → Stauchgarn.

Stauchkräusel-Texturierverfahren, Verfahren zur Herstellung texturierter Filamentgarne durch Stauchen des Garns in einem sich verjüngenden, konisch zulaufenden Kanal. Das Garn wird schneller zugeführt als abgezogen. Die Differenz der Geschwindigkeit führt mit der sich verengenden Zuführung (Stauchung) zur gewünschten Kräuselung im Garn, die dann allerdings noch thermisch fixiert werden muss, damit sie beständig bleibt. Dies ist nur bei thermoplastischen Kunststoffen (PES, PA, PP) möglich.
Man unterscheidet:

1. Mechanisch-thermisches Stauchkräuselverfahren
2. Gasdynamisches Stauchkräuselverfahren

Beim gasdynamischen Verfahren wird das Garn zusätzlich mit Heißdampf während des Stauchens im Durchlauf behandelt. Der Heißdampf führt zur Fixierung der Kräuselung im Filamentgarn durch Erwärmung über die Glastemperatur des Kunststoffs hinaus (zur Verformung) und anschließende Abkühlung (zur Fixierung) der Kräuselbögen im Filament.

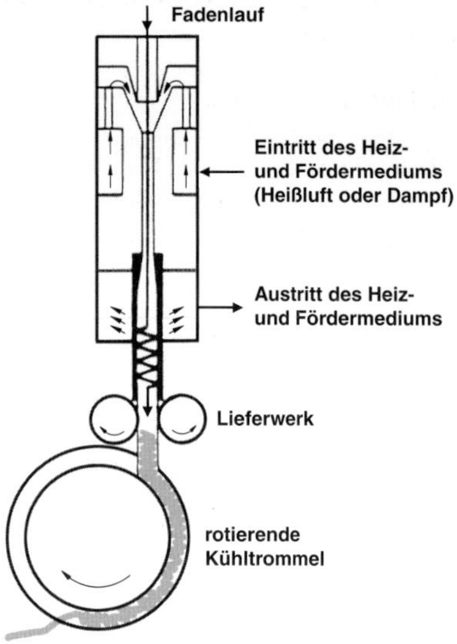

Abb.: Prinzip des Stauchkräusel-Texturierverfahrens zur Herstellung von BCF-Teppichgarnen

Quelle: Prof. Dr. B. Wulfhorst et. al., ITA, RWTH Aachen

Stegspindeltexturierung, älteres Falschdrall-Texturierverfahren, bei dem die Garndrehung im Filamentgarn durch eine Stegspindel (Diabolo), um die das Garn herumgewunden werden muss, erfolgte. Die magnetisch gehaltene Stegspindel konnte mit bis zu einer Million Drehungen pro Minute gedreht werden.

Stickgarn (Stickzwirn), Garn oder Zwirn für die Herstellung von Stickereien, früher meist aus gekämmten und merzerisierten feinen Baumwollgarnen, oft vierfach als Zwirn hergestellt (wegen Feinheit und Festigkeit). Das Sticken dient der Herstellung von Verzierungen mit Hilfe von Garnen auf einem Stickboden (Grundgewebe oder Grundmaschenware), der nachträglich entfernt werden kann (die Spitzenfertigung arbeitet dagegen ohne Grundgewebe). Grundlage der Stickerei sind die Sticharten der Handstickerei: Kreuzstich, Maschenstich, Hexenstich, Steppstich, Stielstich, Plattstich, Kettenstich, Blütenstich, Knötchenstich, Vorstich, Langettenstich und Sternstich.

Sticktwist, Stickzwirn.

Stickwolle, Stickzwirn aus Wollgarnen hergestellt, meist dickerer, voluminöser, gut deckender, locker gedrehter Faden.

Stopfgarn (Stopfzwirn), sehr lockerer, niedrig gedrehter, gut füllender Doppelzwirn aus vier zweifachen Vorzwirnen aus Baumwolle, Wolle und Chemiefasern für das Stopfen (Tuchstopferei bei Wolle in der Industrie). Auch für Kunststopfen (Fehlerausbesserung) und Repassierung in der Industrie, auch für fehlerhafte Importware.

Stopftwist, → Stopfgarn.

Strafilato, feiner Zwirn aus Seide oder glänzenden Chemiefasergarnen (Viskose glänzend, Nylon oder Acetat z. B.), Taftzwirn für die Herstellung von Taftgeweben (bei Seide, Faille, Honan, Lüstrine), die in Leinwandbindung (Taftbindung) verwebt werden. Als Besonderheit wird das Kettgarn feiner gewählt als das Schussgarn, wodurch ein popelineartiges Gewebe, auch für Futterstoffe, entsteht.

Strahn, → Strang.

Strähn, → Strang.

Strang, lockere Aufwicklungsform eines Garns oder Zwirns mit parallelen, lose nebeneinander liegenden Schlingen, die mit Hilfe einer Haspelmaschine (z. B. Färbestrang) oder einer Garnweife ohne Garnträger für Messzwecke hergestellt wird. Stränge gibt es in verschiedensten Formen und Bezeichnungen für unterschiedlichste Zwecke (Auswahl):

- Strahn, Strähn, ältere Bezeichnung für den Garnstrang
- Hank, englische Bezeichnung für den Garnstrang zur Bestimmung der Garnfeinheit (Nummer englisch)
- Decke
- Puppe
- Strängchen, Garnstrang für die Beurteilung texturierter Garne

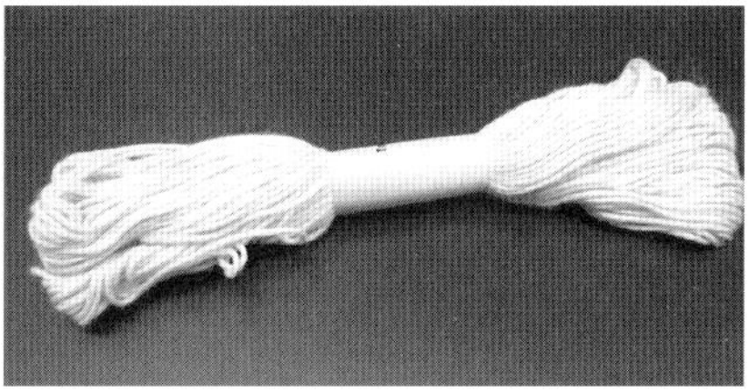

Abb. 1: Strang eines Baumwoll-Strickzwirns
Quelle: A. Schenek, Hochschule Reutlingen

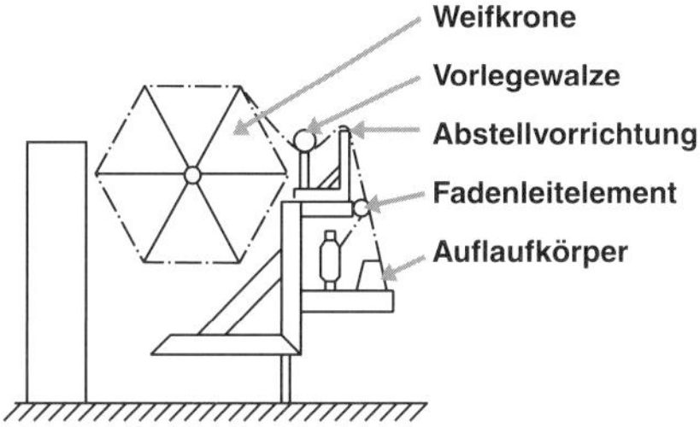

Abb. 2: Garnstrangherstellung mit einer Weife
Quelle: S. Müller et. al., 1981

Strangaufwinden, Wickeln eines Garnstrangs auf einer Haspel oder einer Garnweife zur Bestimmung der Feinheit des Garns, der Strangfestigkeit oder der Kräuselkennwerte texturierter Garne.

Strängchen, kleiner Garnstrang definierter Garnlänge (abhängig von der Garnfeinheit), der bei texturierten Garnen zur Bestimmung der Kräuselung (Einkräuselung), der Kräuselbeständigkeit und des Schrumpfes (Trockenschrumpf, Heißwasserschrumpf, Heißluftschrumpf) hergestellt wird. Das Strängchen wird über einer Längenskala vertikal an einem Stift aufgehängt und mit einem Gewicht belastet.

Dann wird die Länge gemessen und mit den Messwerten nach der Belastung oder nach dem Schrumpfen verglichen.

Strangdruck, spezielles Verfahren der Herstellung von Effektgarnen durch Bedrucken der Stränge mit Streifenmustern quer zur Garnrichtung.

Strangfärbung,
1. Färbung der Garne im lockeren Strang zur besseren Durchfärbung im Vergleich zur Spulenfärbung. Das neben der Flockenfärbung echteste und teuerste textile Färbeverfahren für Garne, das für empfindliche Farben (z. B. Pastellfarben) verwendet wird.
2. Färben (und Bleichen) von Geweben und Stricken in Strangform (zusammengenäht), ohne Breithalter.

Strangfestigkeit, → Skein-strength.

Stranggarnfärbung, → Strangfärbung.

Strecke, Maschine der Spinnerei zur Mischung von Bändern (Streckenbändern), zur Verfeinerung der Bänder und, als wesentlichste Aufgabe, zur Verstreckung (Längsorientierung = Strecken) der Spinnfasern durch paralleles Vorbeiziehen der Fasern aneinander (Verzug, Verziehen). Dabei gleiten die Fasern im Idealfall aneinander vorbei wie verschiedene Schichten einer laminaren Strömung. Das Verzugsverhalten hängt vom Haft/Gleit-Verhalten der Fasern, also der Faseroberflächenstruktur und den Oberflächeneigenschaften (Wachs, Hilfsmittel, Avivagen), der Faserlängenverteilung, der Faserfeinheitsverteilung und der Kräuselungsstruktur der Fasern sowie ihrer Homogenität ab. Grundsätzlich werden je nach mittlerer Faserlänge und Art der Faserlängenverteilung sehr unterschiedliche Streckwerkssysteme in den verschiedenen Spinnereibereichen eingesetzt:

Abb.: Strecke der Dreizylinderspinnerei im Reutlinger Spinnereitechnikum
Quelle: A. Schenek und J. Müller, Rieter Ingolstadt AG

1. Walzenstreckwerke mit gezielter Klemmung an allen Walzenpaaren (Dreizylinderspinnerei, Baumwollspinnerei):
   a) Dreizylinderstreckwerke in der Dreizylinderspinnerei
   b) Vierzylinderstreckwerke oder Mehrzylinderstreckwerke
2. Nadelstabstreckwerke (Langstapelspinnerei, Wollspinnerei) (mit Eingangs- und Ausgangswalzenpaaren):
   a) Doppelnadelstabstrecken
   b) Einfachnadelstabstrecken
3. Kombinationswalzen-Durchzugsstreckwerke (z. B. mit Sampre-Walzen)

Die Strecken sind meist mit einzelmotorischen Antrieben über Riemen mit selbstlernenden Regelsystemen ausgerüstet. Die Eingangsmasse der Bänder wird ermittelt (mechanisch), und die nachfolgenden Walzenpaare werden über Einzelmotoren angesteuert. Damit wird es möglich, durch Dublierung und Regelung die Bandgleichmäßigkeit zu verbessern und die Fasern zu strecken und zu parallelisieren, d. h. die Faserhäkchen zu reduzieren. Moderne Strecken ermöglichen eine ideale Überwachung der Bandqualität in der Produktion. Die Streckfeldweiten sind für Ober- und Unterwalze als Block präzise einstellbar.
Erstmalig mit der neuen Trützschler-Strecke kann auch das Mittelzylinderpaar einzelmotorisch angetrieben werden. Die Antriebsleistung ist ein Maß für die Verzugskraft im Vorverzugsfeld. Die Verzugskraft hängt von der Verzugshöhe ab. Zunächst steigt die Vorverzugskraft auf ein Maximum an und fällt bei höherem Verzug wieder ab. Die qualitativ besten Garne erhält man beim Spinnen mit hoher Verzugskraft (Verzugsarbeit), da in diesem Bereich das Auseinandergleiten der Fasern kontrolliert erfolgt. Die Trützschler-Strecke misst in einem kurzen Testlauf den Verzugskraftverlauf bei dem vorgelegten Rohstoff (z. B. Baumwollmischung). Nach Ermittlung des Verzugskraftmaximums stellt sich die Strecke auf die entsprechende Distanz ein und beginnt die Produktion mit dem ermittelten optimalen Vorverzug und damit optimaler Qualität. Die Bandfeinheit (Gesamtverzug) bleibt konstant, da sich der Hauptverzug automatisch mit ändert. Bei konventionellen Strecken werden die Vorverzugsparameter manuell eingestellt, und anschließend wird die Band- und Garnqualität kontrolliert.

Strecken (Verstrecken, Verstreckung),
1. Ausstrecken der textilen Spinnfasern (Stapelfasern) zur Erreichung der maximalen Faserlänge für das Spinnen (Längsorientierung, Ausstreckung, Verringerung der Kräuselung).
2. Begriff der Spinnerei, bei der Faserbänder auf der Strecke (Baumwollspinnerei 6–8 Bänder) gemischt (dubliert) und wieder so verstreckt (verzogen) werden, dass sich nach dem Streckvorgang dieselbe oder eine geringfügig feinere Bandfeinheit als vor dem Streckprozess (oder bei Wollkammzügen grundsätzlich ein feineres Band) ergibt.
Allgemein werden beim Verstrecken die Fasern im Band gegeneinander verzogen, gemischt und ausgestreckt (→ Häkchentheorie).

Streckenband, Ablieferungsband der Strecke.

Streckenbandmischerei, die Durchmischung der Fasern verschiedener Bänder ist neben der Verbesserung der Bandgleichmäßigkeit und der Ausrichtung der Fasern in Bandlängsrichtung die wichtigste Aufgabe der Strecken. Vor allem bei der Herstellung von Baumwoll-Chemiefaser-Mischungen wird oft die Mischung der Streckenbänder an der Strecke eingesetzt. Dabei unterscheidet man die Querdublierung (Quermischung), bei der Bänder verschiedener Strecken oder verschiedener Karden gemeinsam einer Strecke vorgelegt werden, und die Längsdublierung (Längsmischung), bei der Bänder einer Karde oder einer Strecke, die nacheinander hergestellt wurden, miteinander gemischt werden. Die beste Bandmischungsmöglichkeit bietet die Herstellung der Wickel für die Kämmmaschine. Dafür können bis zu 48 Bänder miteinander gemischt werden.

Streckenbandverfeinerung, die Verfeinerung, die durch die Streckpassagen erzielt wird, ist in der Dreizylinderspinnerei gering. Das Bandgewicht wird von 5–6 ktex auf 3,5–4 ktex reduziert. In der Kammgarnspinnerei ist die Verfeinerung erheblich, von 25–30 ktex im Kammzug bis auf 3,5–6 ktex vor der Vorgarnherstellung.

Streckenbandverzug, Verzugshöhe des Streckenbands, meistens 6- bis 8-fach. Größere Verzüge sind wegen der großen Faserzahl im Bandquerschnitt nur schwierig zu erreichen.

Streckfeld, freier Verzugsbereich zwischen den Streckwerkswalzen, in dem die Fasern nicht mehr geklemmt sind, aber noch durch Faser/Faser-Reibung zusammengehalten werden.

Streckgalette, Galettenwalze, die zur Verstreckung von Filamentgarnen benutzt wird und dafür ein höheres Drehmoment des Elektromotors als eine reine Liefergalette erfordert. Streckgaletten können direkt beheizbar geliefert werden.

Streckpassagen, Zahl der aufeinander folgenden Maschinen (Strecken) bei der Verarbeitung von Bändern in der Spinnerei.

Streckschären, gleichzeitiges paralleles Verstrecken von vielen Filamentgarnen auf einer Maschine mit direkter Herstellung eines Teilkettbaums.

Streckspulen, Vorgang, bei dem Filamentgarne endverstreckt werden (zwischen Galettenwalzen, kalt oder mit Hilfe von Heizstiften oder Heizplatten bzw. Heizstrahlern) und danach direkt auf Kreuzspulen aufgespult werden.

Abb.: Streckspulmaschine
Quelle: Zinser-Saurer GmbH, Ebersbach / Fils

Strecktexturierung, Kombination der Texturierung von Filamentgarnen mit der vorherigen oder gleichzeitigen Verstreckung des vorgelegten POY-Materials an der Texturiermaschine. Das Verfahren ist bei der Falschdralltexturierung anwendbar und ermöglicht eine kostengünstigere Texturierung, da das teure Streckzwirnen oder Streckspulen vor dem Texturieren entfällt. Dafür gibt es zwei Varianten:

1. Sequential-Strecktexturierung: Die Verstreckung des Filamentgarns, das vor-

orientiert von der Spinnerei als POY-Garn geliefert wird, erfolgt direkt in einer Verstreckzone mit Verstreckgaletten und Heizstift (oder anderer Wärmezuführung) vor der Texturierzone im direkten Garndurchlauf. Verstreckung und Texturierung lassen sich getrennt einstellen.
2. Simultan-Strecktexturierung: Die Verstreckung des POY-Garns und die Texturierung erfolgen gleichzeitig in der Texturierzone. Der Heizkörper der Texturieranlage dient auch zur Unterstützung der Verstreckung, die mit den Liefer- und Abzugsgaletten durch entsprechende Geschwindigkeitsabstufung möglich ist. Außerdem wird die Verstreckung durch den Schrumpf des Filamentgarns in der Heizzone unterstützt.

Qualitativ gesehen wurde die Sequential-Texturierung längere Zeit als die bessere Methode angesehen, inzwischen liefert die Simultan-Texturierung hochwertige Texturgarne.

Streckungsverhältnis, Anteil ausgestreckter Fasern im Verhältnis zu allen im Band vorhandenen Fasern. Lässt sich nur indirekt über Faserlängenmessungen im Band (Spannlängenmessungen) ermitteln (→ Häkchentheorie).

Streckverhältnis, durch das Streckwerk oder die Streckwerkszone erreichte Verstreckung, ermittelt mit Hilfe der Verfeinerung, die sich aus dem Verhältnis von Bandgewicht (Feinheit) vor der Verstreckung und Bandgewicht (Feinheit) nach der Verstreckung ergibt. Da es praktisch immer geringe Faserverluste gibt, ist die tatsächliche Verstreckung (z. B. Verhältnis der Umfangsgeschwindigkeiten zweier aufeinander folgender Streckwerkswalzenpaare) geringfügig höher. Dies gilt für alle Spinnfaserverzugssysteme.

Streckwerk, Bezeichnung für ein komplettes Verzugswalzensystem für Bänder oder Vorgarne an der Strecke, am Flyer, der Nitschelstrecke oder an der Spinnmaschine. Dem Streckwerk werden die Bänder (Strecke), das Band (Flyer, Nitschelstrecke) oder das Vorgarn (Ringspinnmaschine, Luftspinnmaschine) vorgelegt, und abgeliefert wird das verstreckte Produkt (Band, Vorgarn, Garnvorlage).

Streckwerksprinzipien, für das Verstrecken von Spinnfasern (Stapelfasern) kommen unterschiedliche Systeme zum Einsatz, je nach Fasermaterial, Länge, Kräuselung, Feinheit und je nach Spinnprinzip (Ringspinnen, Luftspinnen, OE-Rotorspinnen). Am häufigsten wird das Dreizylinderstreckwerk (Walzenstreckwerk) verwendet, das mit Hilfe von Streckwerkswalzen den Verzug dadurch bewirkt, dass die nachfolgenden Walzenpaare mit immer höherer Umfangsgeschwindigkeit angetrieben werden. Dadurch werden die Fasern im Verzugsbereich gegenüber den Fasern im Zuführbereich (geklemmt vom Eingangswalzenpaar des Streckwerks) beschleunigt. Das schnellere Abziehen bewirkt den Verzug, der zu einer Ausstreckung und Parallelisierung der Fasen führt. Folgende Streckwerksprinzipien werden häufiger verwendet:

1. Walzenstreckwerke ohne Faserführung im Verzugsbereich (Verzug durch zunehmende Geschwindigkeit der Streckwerkswalzenpaare, Prinzip der Strecke). Vor- und Hauptverzugszonen.
2. Walzenstreckwerke mit Faserführung im Hauptverzugsbereich durch Riemchen (Prinzip der Dreizylinderstreckwerke, Vier- und Fünfzylinderstreckwerke).
3. Vor- und Hauptverzugszonen, teilweise auch Zwischenverzüge zur Beruhigung.
4. Nadelstabstreckwerke, Faserführung im Verzugsbereich durch Nadelstäbe,

Gesamtverzug durch Walzenpaare. Unterteilung in Nadelstabstrecken (Flachs, Hanf usw.) und Doppelnadelstabstrecken (Wolle, Chemiefasern) sowie Horizontal- und Vertikalstreckwerke.
5. Langfaserführung mit Hilfe von Durchzugsstreckwerken (Kanalwalzen, Sampre-Walzen u. a.) im Bereich der Halbkammgarnspinnerei sowie bei Nitschelstrecken (Finisseur).
6. Falschdrall-Streckwerke, Faserführung und Vergleichmäßigung des Vorgarns im Streckwerksbereich, Gesamtverzug durch Walzenpaare, eingesetzt an der Streichgarn-Ringspinnmaschine.

Streckwerksverzug, Bandverzug, gesamter Verzug im Band oder Vorgarn, der mit Hilfe von Walzenpaaren, den Streckwerkswalzen, in definiertem Abstand nacheinander durchgeführt wird. Je nach Zahl der Walzenpaare werden heute in der Kurzstapelspinnerei Dreizylinderstreckwerke, Vierzylinderstreckwerke und Fünfzylinderstreckwerke eingesetzt. Der Gesamtverzug ergibt sich aus dem Produkt des Vorverzugs mit dem Hauptverzug, wobei auch Zwischenverzüge bei 4- oder 5-Zylinderstreckwerken im Produkt zu berücksichtigen sind. Da der Vorverzug zur Überwindung der großen Haftkräfte zwischen den Fasern im Band oder Vorgarn erforderlich ist, liegt er sehr niedrig, etwa zwischen 1,1- bis 1,3-fach. Der Hauptverzug kann bei modernen Streckwerken (Texparts-SKF, Suessen, Rieter u. a.) 50-fach, im Extremfall, bei besonders hochwertigen Langstapel-Baumwollen, auch bis zu 70-fach sein. Bei Bändern liegt der Gesamtverzug wegen der großen Fasermasse deutlich niedriger, meist bei 6- bis 8-fach.

Streckwerkswalzen, Walzenpaar der Strecksysteme an Strecke, Flyer, Ring- oder Luftspinnmaschine, das aus einer Unter- und einer Oberwalze besteht, die mit definierter Kraft zusammengedrückt werden. Die Unterwalze (Streckwerkszylinder) besteht aus einem Metallzylinder mit Riffelung, der sich meist über die gesamte Breite einer Spinnmaschinensektion erstreckt und vom Zentralmotor über ein Getriebe angetrieben wird. Die Oberwalze besteht aus einer kugelgelagerten Metallwalze mit Gummibezug. Beide Walzen zusammengedrückt bilden die für den Verzug der Fasern erforderliche Klemmstelle vor und nach dem jeweiligen Verzugsbereich (Vorverzugszone, Hauptverzugszone).

Streckwerkszonen, Bereiche des Streckwerks zwischen den Verzugswalzenpaaren, in denen sich die Fasern während des Verzugs aneinander vorbeibewegen und verstreckt werden.

Streckzwirncops (Streckzwirnspule), Filamentgarnspule, die auf der klassischen Ring-Streckzwirnmaschine durch unterschiedliche Bewicklungssteuerung in unterschiedlicher Form, meistens bikonisch, hergestellt wird.

Abb.: Streckzwirncops-Transportautomatisierung
Quelle: Zinser-Saurer GmbH, Ebersbach / Fils

Streckzwirnen, die auf den Chemiefaserspinnmaschinen hergestellten Filamentgarne sind nur teilverstreckt (z. B. POY) und müssen zur Erreichung ihrer Endfestigkeit nachverstreckt werden. Oft wird auch noch eine geringe Hilfsdrehung zur Kompaktierung des Garns aufgebracht. Dies erfolgt mit Hilfe der Streckzwirnmaschine, wobei zunächst zwischen unterschiedlich schnell drehenden Galettenwalzen verstreckt wird (kalt bei Polyamiden, heiß bei Polyester und Polyacryl) und dann mit Hilfe eines Ring-Läufer-Systems die Drehungserteilung und Spulenbewicklung zu einer meist bikonischen Spule erfolgt. Danach kann das Garn texturiert, gezwirnt und gewebt oder verstrickt werden. (An der Streckzwirnmaschine wird nur ein Filamentgarn verarbeitet, und kein Zwirn hergestellt!) Heute wird das Streckzwirnen oft ersetzt durch das → Streckspulen.

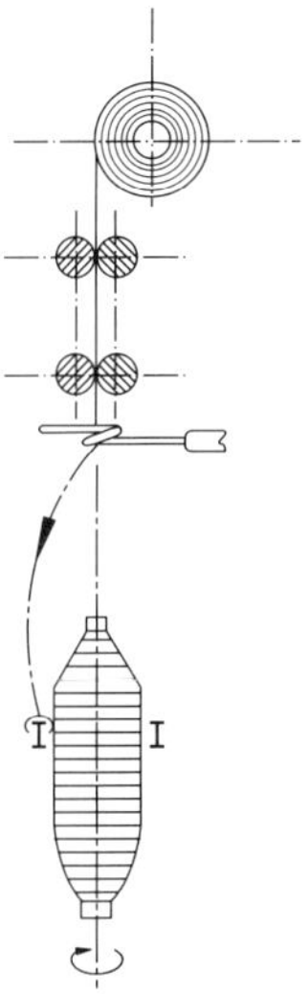

Abb. 1: Streckzwirnprinzip für Filamentgarne

Streckzwirnmaschine, klassische Weiterverarbeitungsmaschine für glatte Filamentgarne nach dem Primärspinnen, um sowohl die erforderliche Restverstreckung

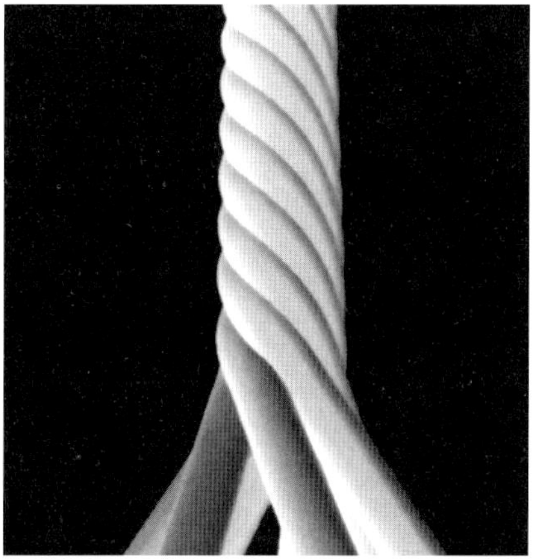

Abb. 2: Streckzwirn mit Filamentdrehung

zu erhalten und zusätzlich dem Filamentgarn eine Hilfsdrehung zu erteilen, die eine problemlose Weiterverarbeitung ermöglicht. In der Regel wird an der Streckzwirnmaschine nicht im klassischen Sinne gezwirnt, d. h., es wird nur ein Garn verarbeitet. Für technische Zwecke kann allerdings auch gezwirnt werden.
Die Streckzwirnmaschine besteht aus einem Verzugsbereich, der mit Galettenwalzen und Heizelementen zur Verstreckung des POY-Filamentgarns geeignet ist, und einem Ring-Läufer-System, vergleichbar dem der Ringzwirnmaschine, das dem Filamentgarn die gewünschten Drehungen gibt und gleichzeitig den Spulenaufbau der Streckzwirnspule bewirkt. Die Streckzwirnmaschine wird aus Kostengründen immer mehr durch reine Verstreckungsanlagen (→ Streckspulen) mit anschließender Verwirbelung des Filaments mit Hilfe von Tangle-Luftdüsen ersetzt. Auch das Zwirnen wird hauptsächlich mit DD-Zwirnmaschinen oder Kablieranlagen durchgeführt.

Streckzwirnspule, → Streckzwirncops.

Streichgarn, gröberes Garn (Garnfeinheit etwa bis Nm 18) der → Streichgarnspinnerei, hergestellt als Ringgarn der Zweizylinderspinnerei mit Drehröhrchen im Verzugsbereich, aus einem Vorgarn, das durch Florteilung des Krempelvlieses und Nitschelung der Florstreifen (Vliesstreifen) entstanden ist. Das Garn ist weich, flauschig, voluminös, haarig, unregelmäßig strukturiert, mit niedriger Festigkeit und mittlerer bis hoher Dehnung. Die Garne werden oft als „moosig" bezeichnet. Mit dem Begriff Streichgarn ist keine Qualitätsangabe verbunden, da sowohl minderwertige Recyclingfasern zu Garnen niedrigerer Qualität als auch wertvolle Tierhaare wie Kaschmir zu den teuersten Garnen in Luxusqualität (z. B. Stoffqualitäten der Fa. Zegna-Baruffa, Italien) verarbeitet werden können. Gewebe aus Streichgarnen lassen sich gut rauen und walken (Lodenstoffe, Trachtenmoden, Jägerkleidung, Flanellstoffe). Typische Streichgarnprodukte sind neben gröberen Web- und Strickwaren für die Oberbekleidung (Herrenjacketts) Heimtextilien und Möbelbezugsstoffe. Früher wurde für die Streichgarnherstellung der Wagenspinner verwendet. Seltener werden auch heute noch für besonders teure Kaschmir- und Mohairqualitäten Selfaktor-Spinnmaschinen (moderne Standspinner, z. B. hergestellt in Italien) eingesetzt. Die Selfaktorgarne können auch aus weniger festen, aber teuren Faserstoffen in besonders gleichmäßiger Garnqualität hergestellt werden. Im Wollbereich werden Streichgarne eher aus stark gekräuselten, kürzeren Wollen hergestellt. Bezüglich der Schur werden eher Waschwollen, hergestellt aus Stückqualitäten eingesetzt. Seltener wird auch noch Baumwolle (beispielsweise für Handstrickgarne, Homespun) in der Streichgarnspinnerei verarbeitet.

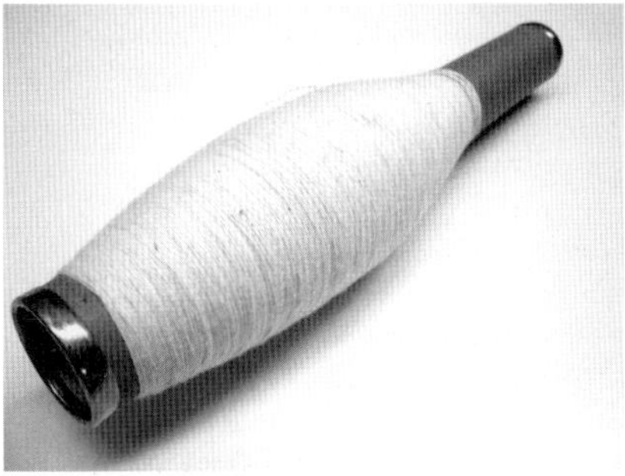

Abb. 1: Wollstreichgarn-Ringspinncops
Quelle: A. Schenek, Hochschule Reutlingen

Der Drehungsbereich der klassischen Woll-Streichgarne liegt üblicherweise in folgenden Bereichen:

Garnfeinheit	Drehungen pro Meter	
	Kette	Schuss
10	305–335	160–190
20	425–470	225–270
30	520–575	275–330
40	615–680	325–390
50	665–735	350–420

Qualitäten:

1. Feine Streichgarne für die Maschenindustrie: Feine Lammwollen und Merinowollen werden zu feinen Streichgarnen versponnen, die zur Herstellung der Lambswool-Pullover (fully fashioned) verwendet werden. Typisch sind Nm 16 (62 tex) oder Nm 14 (72 tex) einfach oder Zwirne Nm 18/2 (112 tex × 2) oder Nm 16/2 (124 tex × 2). Nach dem Stricken und Zusammennähen werden die Strickteile gewaschen und gewalkt, damit sie das charakteristische Lambswool-Aussehen bekommen.
2. Mittlere und gröbere Streichgarne für die Maschenindustrie: Für Skibekleidung, Fischerpullover, Freizeitkleidung, Arbeitskleidung, Golf- und Sportsocken werden Streichgarne mittlerer Feinheit verwendet, z. B. Nm 10/2 (200 tex × 2) und Nm 8/2 (250 tex × 2).
3. Nichtkonventionelle Streichgarne: Auch das OE-Rotorspinnen mit den entsprechenden Spezialgarnen wird im Streichgarnbereich eingesetzt, aber hier eher für preiswerte Qualitäten bis hin zu Recyclingmaterialien.

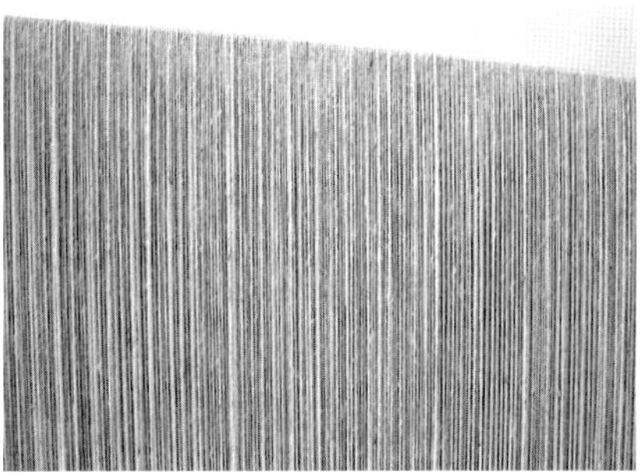

Abb. 2: Garntafel eines Woll-Streichgarns
Quelle: A. Schenek, Hochschule Reutlingen

4. DREF-Friktionsgarne: Garne, die mit Hilfe des DREF-Friktionsspinnverfahrens hergestellt werden, das sowohl für grobe Recyclinggarne als auch für die Herstellung spezieller technischer Garne aus Spezialfasern (Glas, Aramide, PEEK und andere Faserstoffe) in allen Variationen, auch mit verstärkendem Filament (Coregarne), geeignet ist.

Streichgarneigenschaften, Streichgarne sind mit den Vigognegarnen neben technischen Garnen die gröbsten Garne der Stapelfaserspinnerei. Der übliche Feinheitsbereich liegt zwischen Nm 0,5 und Nm 18. Die Anzahl der im Garnquerschnitt notwendigen Fasern (Mindestfaseranzahl) ist im Vergleich zu allen anderen Garnarten beim Streichgarn am höchsten (mindestens 250–300 Fasern i. Q.). Die Streichgarne sind eher voluminös, moosig, unregelmäßig, grob, weich, haarig und flauschig und weisen einen sehr weichen Griff auf. Allerdings ist die Garnfestigkeit im Vergleich zu anderen Garnarten am geringsten. Dies ist auch mit der ungeordneten, schlecht orientierten Faserlage im Garn erklärbar, da keine Streckprozesse durchgeführt werden. Deshalb werden Streichgarne in der Weberei fast nur als Schussgarne eingesetzt und müssen schonend eingetragen werden (z. B. Greiferwebmaschinen von Dornier).

Mittlere Festigkeit, Dehnung und Drehung der Streichgarne:

	Festigkeit (cN/tex)	Dehnung (%)	Drehung (T/m)
100 % Wolle	2–5	10–35	50–100
Polyester/ Wolle	3–9	15–30	50–100

Streichgarnspinnerei (Streichgarnspinnverfahren), das älteste und universellste Maschinenspinnverfahren, ursprünglich zur Verarbeitung von Wolle in England entwickelt. Es ermöglicht die Verarbeitung aller Wollfaserlängen und -feinheiten, allerdings mit Begrenzung auf grobe Garne (klassische Streichgarne bis etwa Nm 18). Die Faservorbereitung erfolgt über das Vormischen (Partiezusammenstellung der Waschwollballen), das Ballenöffnen (Ballenbrecher), das Wolfen, Schmälzen und, sehr wichtig, das mehrfache Mischen aller Fasern einer Spinnpartie in Mischkammern. Insofern ist das Streichgarnspinnen ein diskontinuierliches Verfahren, das auf die Verspinnung einer einheitlichen Partie (Mischung) ausgerichtet ist. Die Rohstoffe können roh oder gefärbt sein. Die Erstellung von Farbmischungen (Melangen) aus unterschiedlich gefärbten Rohstoffen ist ein besonderes Merkmal einer typischen Streichgarnspinnerei. Die Weiterverarbeitung erfolgt mit Hilfe der Streichgarnkrempel bei empfindlichen Rohstoffen, bei Chemiefasern mit modernen Kompaktkrempeln. Das von der Krempel erzeugte Vlies (Krempelflor) wird in Streifen geteilt (Florteiler), und danach wird jeder Streifen auf dem Nitschelwerk (ausgestattet mit Nitschelhosen, die sowohl eine Längsbewegung als auch eine alternierende Querbewegung durchführen) parallel zum Vorgarn genitschelt (Falschdrallerzeugung, abwechselnd S- und Z-Drehung). Das Spinnen erfolgt konventionell auf der Streichgarnringspinnmaschine (Zweizylinderspinnmaschine mit Drehröhren im Verzugsbereich) oder,

seltener noch, bei besonders wertvollen, teuren Rohstoffen (Mohair, Kaschmir) auf Selfaktor-Spinnmaschinen.
Das Streichgarnspinnverfahren ist das kürzeste und erste teilautomatisierte Garnherstelllungsverfahren der Langfaserspinnerei. Außerdem wird der Rohstoff nicht gekämmt; alle kurzen Fasern bleiben im Vorlagematerial. Ausscheidungen von kürzesten Fasern, Staub und Vegetabilien oder anderen Verunreinigungen sind nur während des Krempelvorgangs möglich. Früher wurden Dreikrempelsätze mit Querbandlage oder Quervlieslage nach jedem Krempelsatz eingesetzt, um eine Querdublierung (Quermischung) der Vliese zu erhalten. Am Ende der klassischen Streichgarnkrempel wird ein Nitschelwerk zur Herstellung der Vorgarnspulen eingesetzt. Moderne Kompaktkrempeln bestehen nur noch aus einem Hochleistungskrempelsatz mit Nitschelwerk. Längere und kürzere Fasern können verarbeitet werden, allerdings meist getrennt, wegen der unterschiedlichen Garnituren (bei Wolle noch teilweise Katzenbeschläge) und Walzenabstände. Besonders für die schonende Verarbeitung teurer Fasermischungen (Mischungen Wolle, Mohair, Kaschmir, Seide u. a.) verwendet man auch noch heute die schonender arbeitenden Mehrkrempelsätze. Aber auch die Verarbeitung von Reißfasern (Recycling), die meist schon vorgeschädigt sind und weniger beansprucht werden dürfen, ist ein wichtiger Teil der Streichgarnspinnerei.
Nicht konventionelle Streichgarnspinnerei (Imitatspinnerei): So genannte Imitatgarne (Nicht konventionelle Streichgarne) werden auch mit neuen Spinnverfahren hergestellt (OE-Rotor-, DREF-Friktionsspinnverfahren). Zur Vorbereitung werden nach dem Mischen Kompaktkrempeln eingesetzt, die ein Band abliefern (ähnlich der Halbkammgarnspinnerei). Die Bänder werden dann ohne Verstreckung auf speziellen Rotorspinnmaschinen mit großen Rotoren oder

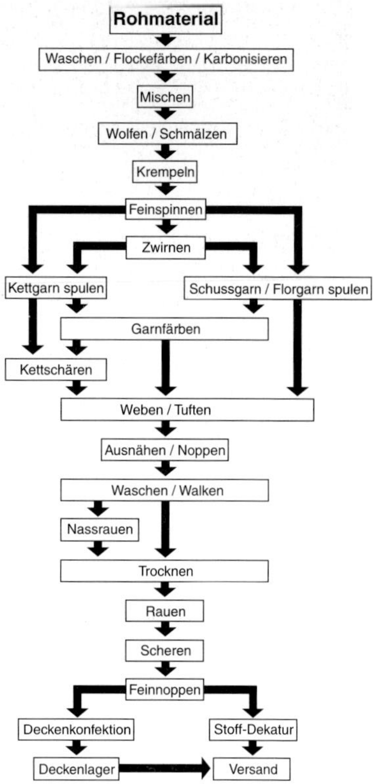

Abb. 1: Verfahrensablauf der Wolltuchherstellung

auf DREF-Friktionsspinnmaschinen zu einem steichgarnähnlichen Garn versponnen. Diese modernen Verfahren werden speziell im Recyclingbereich, dem wieder größere Bedeutung zukommt, eingesetzt. Dabei werden auch Filamentgarne im Kern mit verwendet, damit eine ausreichende Garnfestigkeit für die Weiterverarbeitung erreicht wird. Ähnliches gilt auch für technische Garne aus Glas, Aramid und anderen hochfesten oder feuerfesten Stapelfasermaterialien im Grobgarnbereich. Die Imitatgarne, auch aus Streichgarnwollqualitäten, haben wegen der Veränderungen der Garnstruktur durch die neuen Spinnverfahren deutlich andere Ei-

Abb. 2: Streichgarnringspinnmaschine
Quelle: A. Schenek, Hochschule Reutlingen

genschaften als Streichgarne, sind also beispielsweise nicht mit gleicher Qualität zu klassischen Wolltuchen verarbeitbar. Für andere Einsatzzwecke (z. B. Putztücher) sind sie aber gut verwendbar. Auch die Verarbeitung von Pflanzenfasern wie Flachs, Hanf, Nessel, Kenaf u. a. ist mit diesen Verfahren möglich.

Streichgarnverfahren, → Streichgarnspinnerei.

Streifigkeit, unerwünschter Fehler in Maschenwaren, ein optischer Streifeneffekt, der durch beschädigte Stricknadeln, schlechte Garnqualität (z. B. Haarigkeitsabweichung), unregelmäßige Fadenspannung, Fehlfärbungen und Feuchtigkeitsunterschiede im Garn entstehen kann.

Stretchgarn, hochelastisches Garn (elastische Dehnung über 30–40 %), entweder mit Hilfe der Texturierung von Filamentgarnen oder durch Zusatz von Elastangarnen herstellbar. Folgende Typen werden beispielsweise eingesetzt:

1. Falschdralltexturierte Filamentgarne (PES, PA, u. a.): HE-Garne
2. Coregarne: Spinnfasergarne mit Elastankern (Herstellung beim Spinnen), entweder Ring-Coregarne oder OE-Rotor-Coregarne
3. Umwindezwirne: Umwindung eines Elastangarns mit Spinnfasergarnen (Woll- oder Baumwollgarnen)
4. Verwirbelte Garne: Verwirbelung von Elastangarnen mit klassischen Filamentgarnen (glatt oder texturiert) oder mit Stapelfasergarnen

Stricken, Herstellung von Maschenwaren mit Stricknadeln nach unterschiedlichen Stricksystemen: dem Stricken mit einzeln geführten Stricknadeln von Hand oder mit Flachstrick- und Rundstrickmaschinen sowie dem Wirken mit Flachwirkmaschinen, mit gleichzeitiger Bewegung parallel geführter Stricknadeln. Das Stricken selbst ist schon seit Tausenden von Jahren bekannt, im Mittelalter gab es in Europa, insbesondere in Frankreich, Zünfte zur Herstellung von feinsten Gestricken. In England erfand Reverend William Lee 1589 den Handkulierstuhl, mit dem im Verhältnis zum Handstricken eine 16-fach höhere Produktionsleistung erreicht wurde. Heute können Strickmaschinen (z. B. Großrundstrickmaschinen) die 500.000-fache Produktion einer Handstrickerin erreichen. Das Wesen des Strickens ist die Herstellung einer textilen Fläche mit Hilfe der Maschenbildung. Eine Masche ist eine Fadenschleife, die in andere Fadenschleifen eingehängt ist. Die Masche weist zwei obere und zwei untere Bindungsstellen auf und besteht aus einem Maschenkopf, zwei Maschenschenkeln und zwei Maschenfüßen. Zusätzlich werden noch Maschenschleifen (z. B. für Plüschwaren) und Flottierungsfäden als Elemente verwendet, und es ist auch der zusätzliche Eintrag von Fasern möglich (Pelzstrickmaschine). Die Herstellung der Maschen erfolgt beim Stricken in Maschenreihenrichtung, beim Wirken in Maschenstäbchenrichtung.

Strickfixier-Texturierverfahren, sehr spezielles, seltenes Garntexturierverfahren, bei dem die Kräuselung der Filamente dadurch entsteht, dass man aus dem glatten, thermoplastischen Filamentgarn zunächst einen einsystemigen Rundstrickschlauch herstellt. Dieser Strickschlauch wird unter Feuchtigkeitseinwirkung erwärmt, wodurch die Garne zur Fixierung der Kräuselung über die Glastemperatur erwärmt und anschließend wieder abgekühlt werden. Dann wird der Strickschlauch wieder aufgezogen, und das texturierte Garn wird auf Spulen aufgewickelt.

Strickfixierverfahren, → Strickfixier-Texturierverfahren.

Strickgarn,
1. Garn zur Verarbeitung in der Strickerei.
2. Gestricktes Garn, Rundstrickgarn, → Chainette-Garn.

Strongcord, langstapeliges Polyesterfasergarn, das nach dem Schappespinnverfahren hergestellt und zu einem sehr festen Nähgarn verzwirnt wird (hohe Scheuer- und Nassfestigkeit).

Strukturiertes Garn, Garn mit deutlich sichtbaren Dicken- und Volumenschwankungen, entweder hergestellt als Streichgarn, Leinengarn, Werggarn oder Effektgarn.

Strumpfgarn, feine, falschdralltexturierte Filamentgarne (30–50 den, 33–55 dtex), die bevorzugt wegen ihrer hohen Elastizität und Dehnbarheit (HE-Garne) auf Strumpfstrickmaschinen zu Damenstrümpfen, Söckchen und Strumpfhosen verarbeitet werden.

Stufen-Präzisionswicklung, die Stufen-Präzisionswicklung versucht die Vorteile der → wilden Wicklung mit denen der → Präzisionswicklung auf Spulen zu kombinieren. Mit einem elektronischen Steuerungsprogramm wird eine Präzisionsspule mit veränderbarem Spulverhältnis erzeugt. Während der Anfangsphase der Hülsenbewicklung wird mit einem hohen Spulverhältnis gearbeitet, zum Ende des Spulenaufbaus wird das Spulverhältnis immer kleiner.

Stufenreiniger, ältere Reinigungsmaschine der Baumwoll-Spinnereivorbereitung, bei der das Fasermaterial zur Öffnung durch rotierende Schlägerwalzen mit Stiften auf einer schräg nach oben verlaufenden Bahn bewegt wird (in Stufen nach oben), wobei Roste die Abscheidung von schweren Schmutzteilchen aus der Baumwolle ermöglichen. Der Stufenreiniger wird heute meist durch den Horizontalöffner oder Reinigungsmaschinen mit aufeinander folgenden Reinigungswalzen (Cleanomat, Fa. Trützschler) ersetzt.

Stufenspinnen, ähnlich wird beim Topfspinnverfahren wird ein rotierender, auf einer Spindel aufgesteckter Zylinder als drehungserteilendes Element verwendet. Ein Filamentgarn, das gerade ersponnen wurde, oder ein verzogenes Vorgarn wird zentrisch über ein Fadenführungsrohr in die Mitte des rotierenden Spinntopfs eingeführt. Durch die Rotationsbewegung des Spinntopfs und die dadurch entstehende Zentrifugalkraft wird das Garnende an die Innenwand des Rotors gepresst und von diesem mit gleicher Drehzahl mitgenommen. Dadurch entsteht die Drehung im Filament oder Garn. Das gedrehte Garn wird an der Innenwand des Topfs abgelegt, gesteuert durch die Auf- und Abbewegung des Fadenführungsrohrs (oder des Topfs). Ist der Spinntopf gefüllt, wird der Spinnvorgang abgebrochen und das Garn rückwärts nach außen angezogen und mit einer außerhalb liegenden Spulvorrichtung auf eine Kreuzspule aufgewickelt.

Stufenzwirn, Zwirn, der nicht nur durch einen Zwirnvorgang, sondern durch mehrere, nacheinander folgende Zwirnvorgänge, meist in unterschiedliche Drehungsrichtung und mit unterschiedlicher Drehungshöhe, hergestellt wird.

Stufenzwirnen, Zwirnverfahren, bei dem das Zwirnen in Stufen nacheinander erfolgt, z. B. durch Vorzwirnen und Auszwirnen in dieselbe Zwirnrichtung (klassisches Stufenzwirnen) oder durch Herstellen von Vorzwirnen mit einer bestimmten Drehrichtung, die dann beim nächsten Zwirnvorgang in die entgegengesetzte Richtung gezwirnt werden usw. Die Zahl der Zwirnstufen ist nur durch die Dimensionen des gewünschten Zwirns und die Feinheit der Garne begrenzt.

SU-Läufer, in der ehemaligen UdSSR entwickelte längliche Läuferform, die zum SU-Ring passt und eine wesentlich größere Berührungsfläche zwischen Läufer und Ring und damit eine stabilere Lage bei hohen Drehzahlen, eine bessere Wärmeabführung und höhere Produktionsleistungen ermöglicht. Moderne Varianten werden bei neuen Hochleistungs-Ring-Läufer-Systemen (z. B. Rieter AG, Winterthur) mit Drehzahlen bis zu 25.000 Umdrehungen pro Minute eingesetzt.

Sunpaque, Markenname für ein Polyestergarn mit integrierten Keramikteilchen für höchsten UV-Schutz, lichtecht, kälte- und hitzebeständig (Fa. Tomen, D).

Supermikrofasern, Mikrofasern- und Filamente mit einer Faserfeinheit unter 0,1 dtex.

Supplex (Supplex Lite), Markenname der Fa. Invista (früher DuPont) für leichte und weiche Polyamidgarne (Nylon) mit baumwollähnlichem Griff, wind- und wasserresistent, geruchsresistent, atmungsaktiv, kombiniert mit Lycra (Elastanfilamente) für Sportmode, Fitness-, Ski- und Wanderbekleidung, Strumpfwaren, Bodywear u. a.

SXY (Self Extending Yarn), glattes Filamentgarn mit vordefinierter Verlängerung des Garns zur Erzeugung von Filament-Effektgarnen (DSE, Differential Shrinkage Elongation Garn).

Literatur: H. Weinsdörfer und S. Müller-Probandt, Atmungsaktive Stoffkreationen aus Atmofil-Garn mit Selbstverlängerung, Melliand-Textilberichte 4/2005.

SY (Shrinkage Yarn), glattes Filamentgarn mit vordefinierten Längsschrumpfeigenschaften zur Herstellung von Filament-Effektgarnen (Atmofil-Garnen, differential shrinkage yarns).
Literatur: H. Weinsdörfer und S. Müller-Probandt, Atmungsaktive Stoffkreationen aus Atmofil-Garn mit Selbstverlängerung, Melliand-Textilberichte 4/2005.

Sympatex®, Markenname für eine Membran (Gewebe) für Funktionstextilen, hergestellt aus Mikrofilamentgarnen, winddicht, wasserdicht, aber wasserdampfdurchlässig, kälte- und hitzebeständig, elastisch und dehnfähig, mit der Fähigkeit, Schweiß entlang der Filamentkapillaren zu transportieren. Hersteller: Sympatex Technologies GmbH. Einsatz für Outdoor-Bekleidung zum Wandern, Trekking, Skifahren, Snowboarding, Radsport, Jogging sowie für Schuhe, Handschuhe und sportliche Kopfbedeckungen. Lizenz wird an Weiterverarbeiter vergeben, z. B. Markenname der Fa. Plouquert/Akzo für Mikrofilament-Hochleistungsgewebe unterschiedlichster Konstruktion für Funktionstextilien, die wasser- und windabweisend, aber durchlässig für Feuchtigkeit in Dampfform sind.

Synthetikgarn, Garn aus synthetischen Chemiefasern.

Systemmischung, gemeinsame Verarbeitung von Garnen oder Zwirnen, die aus unterschiedlichen Rohstoffen oder verschiedenen Garntypen (Spinnfasergarn/Filamentgarn) bestehen, z. B. im Gewebe in Kette und Schuss. Der Gegensatz ist eine Intimmischung, die Fasermischung im Garn.

T

Tactel®, Markenname der Fa. Invista (früher DuPont) für die Faserfamilie aus Polyamid 6.6 zur Reinverarbeitung oder in Mischungen mit anderen Fasern (z. B. Lycra). Garne mit seidigem, weichem Griff und seidiger Optik für Bekleidung, Sportmode, Strumpfwaren Wäsche und Miederwaren. Spezialentwicklungen Tactel Prisma für Bicolor- und Melange-Effekte, Tactel-Metallics für Gold- und Silbereffekte, Tactel HAT für hochfeste Garne.

Tafel, → Garntafel.

Tafelwickelgerät, Vorrichtung zur automatischen Aufwicklung von Garnen auf Garntafeln.

Take-Up, Hochgeschwindigkeits-Spulaggregat für einen kontinuierlichen Spulprozess (z. B. an der Primärspinnanlage oder an der Texturiermaschine), zum Aufspulen von kontinuierlich erzeugtem Spulgut (Filamentgarne, Folienbändchen) auf Kreuzspulen direkt nach dem Produktionsprozess.

Tambour, Hauptwalze (Trommel) der Karde oder Krempel, die mit großem Durchmesser und hoher Geschwindigkeit eine hohe Zentrifugalkraft in den Fasern erzeugt, wodurch diese teilweise aus der Garnitur abgehoben werden und mit den Spitzen der Deckelgarnitur, der Kardiersegmente oder der Arbeiter- und Wenderwalzen in Eingriff gebracht werden. Damit wird erst das Kardieren oder Krempeln der Fasern möglich. Neuentwicklungen der Fa. Rieter AG Winterthur mit kleinerem Durchmesser (ca. 800 mm), größerer Breite und höherer Tambourdrehzahl zur Erzielung höherer Kardierleistungen bei der C-60-Karde.

Tambourgarnitur, Ganzstahl-Sägezahngarnitur, die auf den Tambour aufgezogen wird. Die Garniturtype und die Spitzenzahl pro Flächeneinheit der Tambouroberfläche richtet sich nach den zu verarbeitenden Rohstoffen (Baumwollgarnituren, Chemiefasergarnituren).

Tambourwalze, → Tambour.

Tandemkarde, Kardentype mit zwei aufeinanderfolgenden Tambourwalzen, eine Spezialität der früheren englischen Firma Crosrol, heute noch oft in den Spinnereien Indiens und Pakistans zu finden. Ein Vorteil ist die bessere Ausreinigung der Baumwolle, die bei der Verarbeitung besonders verschmutzter Baumwollen eine Rolle spielen kann. Ein Nachteil ist der wesentlich höhere Maschinenaufwand.

Tängeln, → Tangling.

Tangling (Tängeln), Verwirbelung von Filamentgarnen mit Hilfe von Luftdüsen mit tangentialer Blasluftführung. Wenn man ungedrehte, glatte Filamentgarne durch eine Düse führt, in die tangentiale Luftstrahlen eingeblasen werden (Tangling-Düse), so werden die einzelnen Filamente mehr oder weniger stark miteinander verwirbelt. Dies führt zu ausgeprägten Verdichtungsstellen (Interlaces) und zu einer Verdichtung des Fadens, wie man sie sonst nur durch echte Drehung erhält (z. B. beim Streckzwirnen). Glatte Filamentgarne erhalten durch das Tängeln eine wesentlich bessere Verarbeitbarkeit unter Beibehaltung des Charakters eines ungedrehten Fadens. Die Garnreibwerte werden reduziert. Zudem kann Schlichte in der Webereivorbereitung eingespart werden. Texturierte Garne werden kompakter und

fasergarnähnlicher. Allerdings kann eine zu starke Verwirbelung auch zu Fehlstellen (Interlaces, Knoten) führen.
Diese Fehlstellen können gemessen werden (z. B. Reutlinger Interlace-Counter, ITV Denkendorf). Eine einfache, aber zeitaufwändige Bestimmung ist die Tangellänge (Öffnungslänge), wobei mit einer dünnen Nadel die Länge der unverwirbelten Bereiche bestimmt und gezählt wird.

Tape, → Folienbändchen.

Tape-Garn, → Foliengarn.

Tara, Verpackungsgewicht (Taragewicht, z. B. Gewicht der Hülsen, Bänder, Folien, Paletten, Kartons, Ballenverpackungen), das vom Bruttogewicht abgezogen wird. Das Ergebnis ist das Nettogewicht der Ware. Für Hülsen werden bei Rückgabe oft besondere Vereinbarungen in Lieferverträgen getroffen (Deutscher Garnkontrakt).

Taslan-Garn, amerikanischer Markenname (DuPont/Invista) für lufttexturiertes Filamentgarn.

Taslan-Verfahren, Lufttexturierverfahren der Fa. DuPont/Invista. Durch spezielle Blasluftdüsen wird Kaltluft mit hoher Geschwindigkeit (teilweise Überschall) beschleunigt und gleichzeitig ein Filamentgarn mit eingebracht und ebenfalls beschleunigt. Durch rechtwinkligen Garnabzug nach der Lufttexturierdüse entsteht ein texturiertes Filamentgarn mit festem Kern und schlingenförmigen Verwirbelungen der Filamente an der Garnoberfläche. Die Ausbildung der Schlingen hängt vom Blasluftdruck und vom Garn ab.

Tauchappretur, Garnbehandlung in der Ausrüstung, bei der das Garn durch ein Flüssigkeitsbad geführt wird.

Technische Garne, glatte Filamentgarne mit besonders hoher Festigkeit und Stabilität, meistens aus speziellen Rohstoffen wie Aramiden, PEEK, Imiden, Glas, Carbon, Keramik usw. hergestellt. Spezielle Zwirnverfahren (Kablieren) oder Spinnverfahren (DREF-Spinnen) sind besonders gut für die Verarbeitung von Spezialfasern zu technischen Garnen geeignet.

Technische Toleranzen, Toleranzen für Garne, in den Garnkontrakten festgelegte Schwankungsgrenzen für Garnfeinheiten (Nummernschwankungen), Feuchtigkeitsschwankungen, Längenschwankungen sowie Gewichtsschwankungen (siehe auch Deutscher Garnkontrakt im Anhang, S. 529).

Technora Microft®, Markenname für Garne aus 55 % Polyester und 45 % Aramidfasern für hochfeste Schutzbekleidungen wie Motorradbekleidung, Outdoor- und Kletterbekleidung (Fa. Teijin Europe).

Teflon®-Garn, Garn aus Teflonfasern, Teflonfilamenten oder Teflonfolienbändchen mit besonders hoher chemischer Stabilität, hoher Entzündungstemperatur und besonders niedrigem Reibwert.

Teilfärbung von Garnen, → Space dyeing.

Teilkettbaum, kleinerer Kettbaum mit geringerem Scheibenabstand, der eine bestimmte Fadenzahl über die volle Breite aufnehmen kann und direkt für die Weiterverarbeitung verwendet werden kann, z. B. für das Streckzwirnen oder das Kettwirken. Aus mehreren Teilkettbäumen wird eine Kette zusammengesetzt. Die Gesamtkettfadenzahl ergibt sich durch die Teilkettbaumzahl multipliziert mit der Fadenzahl pro Teilkettbaum.
Literatur: U. Scholze, Vorlesungsskript Weberei, Hochschule Reutlingen, 2004.

Teilverstreckung, Vorverstreckung von Filamenten, teilweise während der Herstellung (schneller Abzug von der Spinndüse) oder als Teil des gesamten Streckprozesses (Vorverstreckung)

Teilverzug, Teilbereich des Verzugs, z. B. Vorverzug oder Hauptverzug, Mittelverzug, Beruhigungsverzug usw. Der Gesamtverzug eines Streckwerks ergibt sich aus der Multiplikation aller Teilverzüge.

Temperaturbeständige Garne, Filamentgarne oder Spinnfasergarne, die aus Materialien hergestellt werden, die hohen Temperaturen über längere Zeit ausgesetzt werden können, ohne zu große Festigkeitsverluste zu erleiden. Dazu gehören z. B.:

- Keramikgarne
- Carbongarne (Kohlenstofffasern)
- Glasfasergarne
- Garne aus Imiden, Ketonen und ähnlichen synthetischen Materialien
- Aramidgarne

Tempern, Wärmebehandlung von Filamentgarnen. Das Tempern kann ähnlich wie bei der Stahlherstellung dazu benutzt werden, den Kristallinitätsgrad oder die Kristallstruktur in Kunststoffen (teilkristallin) zu verbessern. Tempern ist auch eine gezielte Herbeiführung eines Schrumpfs während der Veredlung, um späteren stärkeren Schrumpf der Fertigartikel zu vermeiden.

Tensojet-Garnprüfung, Schnellprüfung der Festigkeit an vielen Garnproben in kurzer Zeit. Das Tensojet-Gerät, dessen Prinzip der Durchlauf-Garnfestigkeitsprüfung in Südafrika entwickelt wurde (Dr. L. Hunter und Kollegen am SAWTRI/CSIR in Port Elizabeth), wurde von Uster Technologies zur Serienreife entwickelt. Mit diesem Gerät sind Prüfungen der Garnfestigkeit über die gesamte Copslänge mit Erfassung der Schwachstellen im Garn möglich. Damit lassen sich für den Einsatz der Garne in der Weberei gute Voraussagen an Hand der Schwachstellenprüfungen durchführen.

Teppichflorgarn, Teppichgarn, das zur Florbildung von Schlingenteppichen oder Veloursteppichen verwendet wird. Gröbere, stabile Fasern sollen für die Herstellung von Veloursteppichen im Garn möglichst parallel liegen. Sie sollen zudem im Teppichgrund gut einbindbar sein. Bei

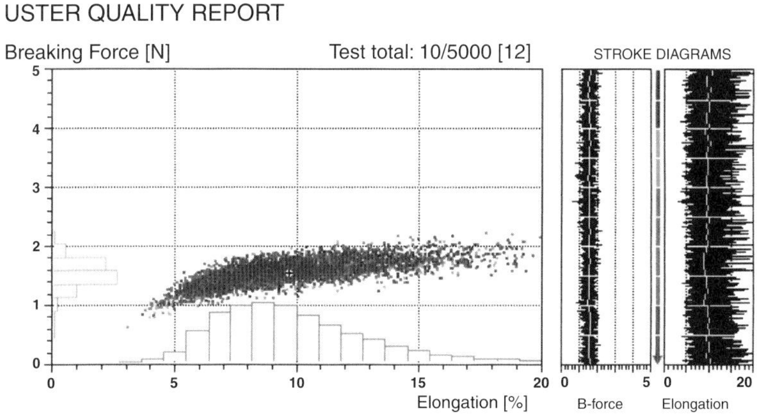

Abb. 1: Beispiel eines Diagramms der Uster-Tensojet-Garnfestigkeitsprüfung
Quelle: Uster Technologies, Uster, Schweiz

	B-force [N]	Elongation [%]	Tenacity [cN/tex]	B-work [N. cm]
Overall results: (total)				
10 Tests / 5000 Single tests				
Mean values	1.55	9.72	7.45	4.93
CV%	12.71	29.81	12.71	42.26
s +/−	0.20	2.90	0.95	2.09
Q5% +/−	0.01	0.08	0.03	0.06
Max values	2.25	26.59	10.81	16.65
Min values	0.62	3.05	2.99	0.60
P0. 01: (0)				
P0. 05: (2)	0.78	3.74	3.74	0.98
P0.1 : (5)	0.84	3.98	4.05	1.08
P0.5 : (25)	1.02	4.47	4.90	1.30
P1.0 : (50)	1.05	4.79	5.05	1.53
Overall results: (between)				
CV%	1.44	2.81	1.44	3.47
s +/−	0.02	0.27	0.11	0.17

Abb. 2: Prüfbericht einer Uster-Tensojet-Garnfestigkeitsprüfung mit Angabe der Garnschwachstellen
Quelle: Uster Technologies, Uster, Schweiz

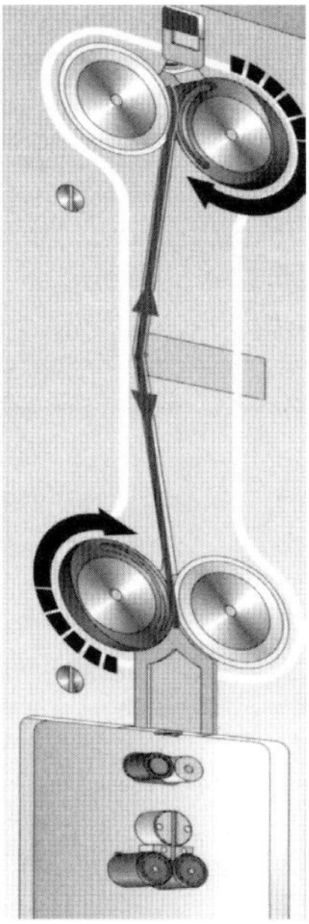

Abb. 3: Prinzip der Tensojet-Hochgeschwindigkeits-Garnfestigkeitsprüfung
Quelle: Uster Technologies, Uster, Schweiz

Spinnfasergarnen kann dies durch das Umwindeverfahren (Filamentgarnumwindung) erreicht werden. Es werden oft Halbkammgarne eingesetzt, mit möglichst paralleler Faserlage im Zwirn und gleichmäßiger Faserlänge.

Teppichgarn,
1. BCF-Garn: Filamentgarne, die für die Teppichherstellung verwendet werden sollen, müssen stabile, gröbere Filamente mit Kräuselung enthalten (Volumen, Bauschigkeit). Am häufigsten wird das Stauchkräuselverfahren zur Texturierung der Filamente direkt im Anschluss an das Spinnen und Verstrecken der Filamentgarne aus Polyamid oder Polypropylen eingesetzt. Damit lassen sich direkt → BCF-Teppichgarne (Bulk Continuous Crimp Filament) herstellen. Das gasdynamische Stauchkräuselverfahren, das verwendet wird, ermöglicht Geschwindigkeiten bis zu 4.000 m/min und entspricht damit auch den möglichen Spinngeschwindigkeiten der Primärspinnmaschinen für grobe Po-

lyamid- und Polypropylen-Filamentgarne. Die Garnfeinheit reicht von 1.000 dtex bis 3.000 dtex und gröber. In Filamentgarnen sind zur Erzeugung von Effekten auch Titermischungen möglich. Heterogarne ermöglichen Weichheit mit hohem Volumen und gleichzeitig hohe Standfestigkeit durch gröbere Filamente. Damit kann auch der Materialeinsatz optimiert werden.
2. Spinnfasergarn: Spezielle, gröbere Garne (Zwirne) aus Spinnfasern, meist nach dem Halbkammgarnspinnverfahren, seltener als Kammgarne oder Streichgarne hergestellt. Oft werden bei Chemiefasern der Teppichtype Spinntitermischungen mit feineren und groben Fasertypen eingesetzt. Als Naturfasern können grobe Wolle, grobe Tierhaare und Kokos eingesetzt werden. Generell ist für Teppichgarne die Stabilität gegen Druckbeanspruchung, aber auch ein gutes Füllvolumen wichtig, neben Feuchtigkeits- und Chemikalienstabilität, guter Verarbeitbarkeit und leichter Reinigungsmöglichkeit. Deshalb haben sich mengenmäßig synthetische Chemiefasern, auch mit speziellen Querschnitten (viereckige, dreieckige Fasern, z. B. 4-Loch-Fasern usw.) und Oberflächenprofilen (Sauberfasern), die Schmutzpartikel optisch verstecken, durchgesetzt.

Teppichpolgarn, Teppichflorgarn zur Bildung der → Teppichschlinge.

Teppichschlinge, Garnschlinge, die als Nutzschicht den Flor des Teppichs oder des Teppichbodens bildet und beim Schlingenteppich als Schlinge erhalten bleibt, beim Velourteppich als aufgeschnittenes Garn die Veloursoberfläche bildet. Die Schlinge muss im Grundgewebe verankert sein.

Teppich-Type, → T-Type.

Testfärbung, Probefärbung eines Garns, oft als einsystemiges Schlauchgestrick hergestellt und mit empfindlichen Farbstoffen gefärbt, um unterschiedliche Farbstoffaufnahme und damit Garnfehler zu erkennen.

Tex, Einheit und Grundgröße des → Tex-Systems zur Feinheitsbestimmung (1 tex = 1 g/1.000 m).

Tex-System, international genormte (ISO) metrische Einheit der textilen → Feinheit, basierend auf den physikalischen Grundgrößen Masse und Länge (lineare Dichte). Sie beruht auf der gravimetrischen Feinheitsbestimmung des Garns, d. h. der Bestimmung der Masse des Garns, Bands, Kabels (Gewicht in Gramm) und der Bezugslänge (Länge in Kilometer). → Nummerierungssysteme.
Einheit: 1 tex = 1 g/1.000 m.
Kleinere und größere Einheiten werden ebenfalls nach ISO entsprechend dem metrischen System gebildet.
1 ktex (kilotex) = 1.000 tex
1 mtex (millitex) = 1/1.000 tex
1 dtex (dezitex) = 1/100 tex

Textiles Glasfasergarn, Spinnfasergarn oder Filamentgarn aus Glas (→ Glasfasergarn), das für textile Zwecke eingesetzt wird, z. B. für nicht brennbare Vorhangstoffe in Theatern und Opernhäusern. Feine Glasfilamente liegen in Feinheitsbereichen von 2,8 tex bis 68 tex, gängige Feinheiten sind 5,5, 11 und 22 dtex für Feingewebe. Ungedrehte Filamentgarne müssen vor der Verarbeitung mit besonderen Schlichten behandelt werden. Glasfasergarne werden oft gezwirnt. Die Spulen, die verzwirnt werden sollen, dürfen nach dem Spinnen nicht mehr als 1–2 Tage gelagert werden (Filamentbrüche), was ein spezielles Produktionsablaufmanagement erfordert.

Textilglas, für textile Zwecke werden oft C-Gläser eingesetzt, aber auch Spezialgläser sind textil verarbeitbar.

Textilhilfsmittel, → Schmälzen, → Avivagen.

Textilkennzeichnungsgesetz (TKG), europäisches Gesetz aus dem Jahre 1972 zur Rohstoffangabe bei textilen Produkten. Seit 1986 gibt es eine Neufassung. Das Textilkennzeichnungsgesetz (BGBl. I. S. 1285) verpflichtet Industrie und Handel, Textilerzeugnisse mit Angaben über die Rohstoffzusammensetzung zu versehen. Der Verbraucher soll beim Kauf von Textilien wissen, aus welchen textilen Rohstoffen ein Erzeugnis besteht. Das Gesetz schreibt vor, welche Produkte zu bezeichnen sind, welche Bezeichnungen für die verschiedenen Faserarten zu verwenden sind, wie die Gewichtsanteile anzugeben sind und welche sonstigen Angaben notwendig oder zulässig sind. In Kommentaren wird die Anwendung erklärt (siehe Anhang, S. 537).

Textilmedizinisches Garn, Garn, meist Filamentgarn (Monofil- oder Multifilamentgarn, teilweise Zwirne und Geflechte) aus speziellen Kunststoffen, nach medizinischen Bedingungen (Arzneimittelgesetz) desinfiziert und steril verpackt, teilweise resorbierbar (z. B. Polyvinylalkohol) zum Einsatz als Nähfäden bei Operationen. Medizinprodukte sind Stoffe (Instrumente, Apparate, Gegenstände), die für die Erkennung, Verhütung, Überwachung, Behandlung und Linderung von Krankheiten, Behinderungen und Verletzungen dienen. Sie werden unterteilt in vier verschiedene Produktklassen, von denen die erste, die niedrigste Klasse eine Zertifizierung durch den Hersteller ermöglicht, bei allen anderen ist eine Zertifizierung durch eine benannte Zertifizierungsstelle erforderlich. Sie unterliegen verschiedenen Gesetzen, z. B. EU-Richtlinie 93/42 EU, Medizinproduktgesetz, DIN EN ISO 9001ff., DIN ISO 46001ff., DIN EN ISO 30993.

Literatur: Prof. Dr.-Ing. H. Planck, Biofunktionale Textilien, Vortrag auf der High-Tex, Stuttgart, 2000, ITV Denkendorf und Hohensteiner Institute.

Textilveredlung, Mechanische, thermische und chemische Arbeitsvorgänge (z. B. Fixieren, Bleichen, Färben, Bedrucken, Appretieren, Beschichten) zur Erzeugung oder Verbesserung der Eigenschaften von Textilien.

Literatur: Hans J. Koslowski, Chemiefaserlexikon, Deutscher Fachverlag GmbH, Frankfurt a. M., 1997.

Texturgarn, → Texturiertes Garn.

Texturiertes Garn, Filamentgarn, das durch ein oder mehrere Texturierverfahren eine Kräuselung aller Filamente oder eines Teils der Filamente erhalten hat, wodurch das Garnvolumen erheblich zunimmt und die elastische Dehnfähigkeit der Garne ebenfalls erheblich gesteigert werden kann. Texturierte Garne bilden inzwischen eine eigene Garnproduktklasse mit besonderen spezifischen Eigenschaften. Dazu zählen auch texturierte Mehrfachgarne und Effektgarne. Einsatzgebiete liegen vorwiegend in der Strickerei, Wirkerei, in der Weberei für Schussgarne und für textile Bodenbeläge wie Tuftingteppiche (BCF-Garne).

Die wichtigsten texturierten Garne sind:

1. Falschdralltexturierte Garne (FD-Garne) – herstellbar nur aus thermoplastischen Filamenten (z. B. PES, PA). Die Garnfeinheiten liegen im feineren Bereich von 22–350 dtex.
   a) HE-Garne, hochelastische, stark gekräuselte, voluminöse, feine Garne für den Damen-Strumpfbereich (Strumpfstrickmaschinen), hergestellt auf der Ein-Heizer-Falschdrall-Scheibenfriktions-Texturiermaschine. Nach der Texturierung und der Entwicklung der Kräuselung liegen

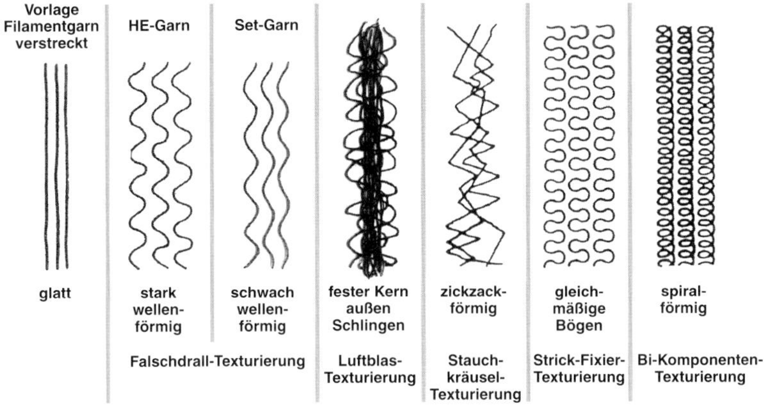

Abb.: Prinzipdarstellung der Struktur von Filamentgarnen, die mit unterschiedlichen Texturierverfahren hergestellt wurden
Quelle: H. J. Koslowski, Chemiefaser-Lexikon und N. H. Schenek

die einzelnen Filamente wieder parallel und sind dreidimensional gekräuselt. Ein typisches HE-Garn für den Feinstrumpfbereich hat die Feinheit 33 dtex (30 den).

b) SET-Garne, stabilisiert, schwächere Kräuselung und geringere Dehnung, geringeres Volumen, etwas gröber, gut geeignet für den Oberbekleidungsbereich, neben der Strickerei auch in der Weberei verarbeitbar. Typische Feinheit 167 dtex (150 den) für die Herstellung von Geweben.

2. BCF-Teppichgarne, grobe, voluminöse, stabile Garne mit kantiger Kräuselform der Filamente, hergestellt direkt nach der Primärspinnmaschine aus thermoplastischen Filamentgarnen (PP, PA), danach direkt verstreckt und texturiert. Die Texturierung erfolgt nach dem BCF-Verfahren, einem gasdynamischen Stauchkräuselverfahren. Das Garn wird mittels erhitzter, feuchter Luft (Heißdampf) in einer Stauchkammer kontinuierlich gekräuselt und danach durch Abkühlung auf einer Siebtrommel fixiert. Bevorzugt werden grobe Garne für Tuftingteppiche hergestellt (1.000–3.000 dtex und gröber). BCF-Garne haben eine höhere Festigkeit und geringere Dehnung als FD-Garne.
3. Lufttexturierte Garne, feine bis grobe Garne, die mit Hilfe einer speziellen Lufttexturierdüse (Patente DuPont, USA und Heberlein, Wattwil, Schweiz), durch die das Garn mit kalter Luft mit extrem hoher Geschwindigkeit transportiert und beschleunigt wird, ihre Texturierung erhalten (Blasluft-Texturierverfahren). Die Garne haben einen festen Kern und außen liegende Schlingen unterschiedlicher Größe. Damit ist das lufttexurierte Garn weniger dehnbar und stabiler und hat Eigenschaften und ein Aussehen, das dem von Stapelfasergarnen ähnlich sein kann. Auch nicht termoplastische Filamentgarne (Glasfilamentgarne) lassen sich mit dem Kaltlufttexturierverfahren texturieren.
4. Strickfixiertexturierte Garne, feine bis grobe Filamentgarne mit sehr gleichmäßiger, bogenförmiger Kräuselung. Die Texturierung erfolgt bei thermoplastischen Garnen durch das Verstricken auf einer einsystemigen Rund-

strickmaschine, das Behandeln des Gestrickes in einer Dämpfkammmer zur Fixierung der Kräuselung und dem anschließenden Aufziehen des Gestricks und dem Aufspulen des texturierten Garns. Durch die einheitliche Behandlung ergibt sich eine gleichmäßige Garnqualität und gute Färbbarkeit des Garns. Durch Bedrucken des Strickschlauchs können Farbmuster-Effektgarne hergestellt werden.

Weitere Garne sind bikomponententexturierte Garne, Taslan-Garne und zahnradtexturierte Garne, → Texturierverfahren.

Texturierung, Veränderung von glatten Filamentgarnen mit dem Ziel, neben höherem Volumen und der damit verbundenen höheren Deckkraft bei geringerem Flächengewicht eine definierte elastische Dehnbarkeit zu erreichen. Mit der Texturierung können auch höhere Feuchtigkeitsaufnahme, größerer Lufteinschluss, größere Weichheit, Glanzminderung oder andere optische Effekte und Struktureffekte erzeugt werden. Gewünscht wird ein fasergarnähnlicher Charakter des Texturgarns mit haariger, textiler Oberfläche, aber auch die Erzielung völlig neuer Eigenschaften, vor allem bei Kombinationsgarnen (Intermingling).

Texturierverfahren, physikalische oder chemische Veränderungen von glatten Filamentgarnen, um diesen durch Kräuselung deutlich mehr Volumen, Deckkraft, Weichheit, Bauschigkeit, textile Optik und mehr Elastizität zu verleihen. Die am häufigsten in der Industrie eingesetzten Verfahren zählen zu den thermomechanischen Verfahren, wie z. B. die Scheibenfriktions-Falschdralltexturierung zur Herstellung von feinen HE- oder SET-Garnen oder die Gasdynamische Stauchkräuseltexturierung zur Herstellung von BCF-Garnen.
Man unterscheidet

1. Mechanische Texturierverfahren:
   - Zahnradtexturierung
   - Kantenkräuseltexturierung (Kantenziehverfahren)
   - Luftblastexturierung (Kaltluft)
   - Verwirbelung (Tangling)
2. Thermomechanische Verfahren:
   - Falschdrall-Texturierung
   - Scheibenfriktions-Falschdralltexturierung
   - Riemchenfriktions-Falschdralltexturierung
   - Walzenfriktions-Falschdralltexturierung
   - Torsionsscheiben-Falschdralltexturierung
   - Stegspindel-Falschdralltexturierung
   - Gasdynamische Stauchkräuseltexturierung (Heißdampf) (= aerodynamische Stauchkammertexturierung)
   - Echtdraht-Texturierverfahren (Hochdrehen, Fixieren und Zurückdrehen)
   - Trennzwirn-Verfahren (klassisch, diskontinuierlich)
   - Trennzwirnverfahren (kontinuierlich)
   - Strickfixier-Texturierverfahren (= Knit-de-Knit-, Crinkle-Verfahren)
3. Chemisch-thermische Verfahren:
   - Bikomponenten-Texturierverfahren

Texturmat, automatisches Schrumpfmessgerät für Filamentgarne (Kräuselungsmessung, Einkräuselung, Kräuselbeständigkeit).

Texturseide, älterer Begriff (in der ehemaligen DDR gebräuchlich) für Filamentgarne.

Thermische und mechanische Kennwerte, bei synthetischen Chemiefasern und Filamenten, insbesondere bei Monofilamenten und technischen Anwendungen reicht eine mechanische Beurteilung der Filamente nicht aus, da thermoplastische Faserstoffe wärmeempfindlich sind und schon bei der Verarbeitung erheblichen Veränderungen unterworfen werden

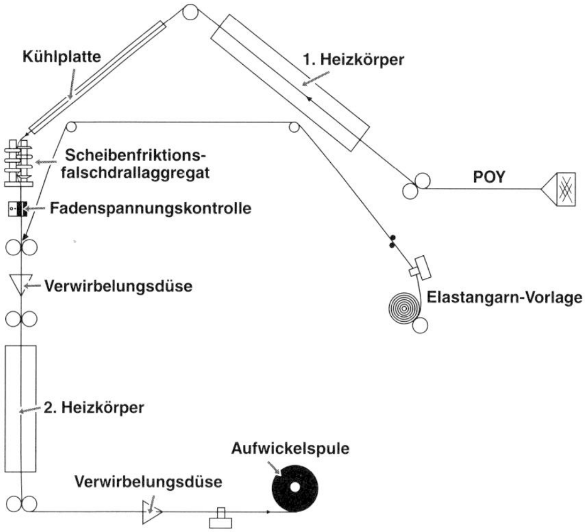

Abb. 1: Prinzip einer Falschdrall-Texturiermaschine mit Elastangarn-Zuführung zur Herstellung eines elastischen SET-Garns
Quelle: Barmag-Saurer GmbH, Remscheid

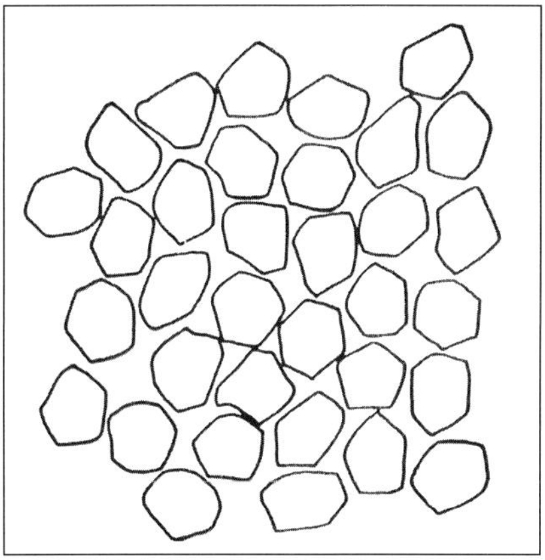

Abb. 2: Filamentquerschnitte eines falschdrall-texturierten Garns
Quelle: H. Mengel, Hochschule Reutlingen

(Schmelzstellen, Schädigungen, Kristallisation oder Abbau, Verstreckung usw.). Folgende Beurteilungsmethoden sind deshalb wichtig:

- Thermisches Längenänderungsverhalten, Schrumpfmessung
- Zeitabhängige Schrumpfmessung
- Temperaturabhängige Schrumpfmessung
- Lauflängenabhängiges Schrumpfverhalten
- Thermisches Kraftänderungsverhalten (Schrumpfkraftmessung)
- Zeitabhängige Schrumpfkraftmessung
- Temperaturabhängige Schrumpfkraftmessung
- Gleichgewichts-Schrumpfkraftmessung
- Lauflängenabhängige Schrumpfkraftmessung
- Thermisches Kraft-Längenänderungs-Verhalten
- Thermischer Wechselzugversuch
- Thermischer Druck- und Wechseldruckversuch
- Thermischer Biege- und Wechselbiegeversuch
- Thermischer Torsions- und Wechseltorsionsversuch

Thermobonding, Verklebung von Garnen oder Vliesstoffen durch Klebefasern.

Die Klebefasern haben einen deutlich niedrigeren Schmelzpunkt als die normalen Fasern. Sie können mit Heißluft oder beheizten Kalanderwalzen zum Schmelzen gebracht werden und verbinden so die Fasern oder Filamente.

Thermochromfasern, Chemiefasern, die ihre Farbe in Abhängigkeit von der Temperatur verändern können.

Thermofasern, allgemeiner Begriff für Fasern, die das Wärmerückhaltevermögen verbessern, also zu besserer Isolierung (z. B. für Skibekleidung) beitragen. Dazu gehören Hohlfasern (Coolmax®, Vierloch-Hohlfasern usw.), poröse Fasern mit speziellen Querschnittsstrukturen (z. B. sternförmige Profile) und texturierte Mikrofilamente, die für größere Lufteinschlüsse in und zwischen den Fasern sorgen.

Thermofixierung, Begriff der Chemiefaserverarbeitung (z. B. Texturierung), der Veredlung und Konfektion. Viele Chemiefasern verhalten sich thermoplastisch (Erweichung und plastische Verformbarkeit durch Wärme- und Feuchtigkeitseinwirkung) und weisen eine → Glastemperatur auf, bei deren Überschreitung die längerfristige Verformbarkeit und Verfestigung der Verformung durch Fixierung (Abkühlung unter die Glastemperatur mit der Bildung neuer Brückenverbindungen zwischen den Makromolekülketten) möglich ist. Bei der Thermofixierung kommt es durch thermischen Aufbruch der Molekülketten und späteres Abkühlen zu Strukturbeeinflussungen und Abbau von Spannungen, wodurch z. B. das Schrumpf- und Knitterverhalten sowie allgemein die Dimensionstabilität verbessert werden.

Thermoplast, Kunststoff, Filamentgarnrohstoff, der bei Erwärmung neben dem typischen Schmelzpunkt eine (niedrigere) → Glastemperatur aufweist, bei deren Überschreitung die Faser durchsichtig (glasartig) wird. Bei dieser Temperatur werden die amorphen Bereiche praktisch flüssig, während die kristallinen Bereiche noch erhalten bleiben, sodass die Faserform als solche weiterhin vorhanden bleibt (bis zum Schmelzpunkt). Wird die Glastemperatur überschritten, wird der Kunststoff plastisch verformbar und behält bei Abkühlung die Form bei (Bügelfalte bei Stoffen oder andere Formgebung). Die thermoplastische Verformbarkeit wird durch Feuchtigkeit (z. B. Dampf) deutlich verbessert. Die Glastemperatur wird durch Feuchtigkeitseinwirkung verringert. Filamentgarne aus Thermoplasten lassen sich mit thermischen Verfahren texturieren.

Thermoplastizität, Verformbarkeit unter Wärmeeinwirkung (und Feuchtigkeitseinfluss).

Thermoschrumpf, Längen- bzw. Querschnittsverkürzung durch Wärmeeinwirkung (→ Schrumpf).

Thermostabilität, Stabilität gegenüber Wärmeeinwirkung. Die Beurteilung erfolgt bei Garnen am einfachsten über Festigkeitsvergleiche (Festigkeit nach Wärmebehandlung im Vergleich zur Festigkeit im unbehandelten Zustand, angegeben als Prozentzahl).

Throstle-Garn (Drosselgarn), alte Bezeichnung für Ringgarn.

Titer (T), Bezeichnung für die → Feinheit von Filamenten und Fasern, von dem französischen titre abstammend, vor allem in der Chemiefaserindustrie als Formelzeichen (T) mit Angabe der entsprechenden Einheit üblich. Beispiel:
T (den) = Titer in Denier
T (dtex) = Titer in Dezitex

Titerbestimmung, → Feinheitsmessung.

Titermischungen, Mischungen unterschiedlicher Filamentfeinheiten im Garn, um Effekte zu erzeugen. Ähnlich können auch unterschiedlich feine Stapelfasern gemischt werden.

Titerschwankungen, produktionsbedingte Feinheitsschwankungen (Titerungleichmäßigkeit über große Längen hinweg) der Filamente oder Fasern.

TKG, Abkürzung für das deutsche bzw. europäische → Textilkennzeichnungsgesetz.

TNO-Spinnverfahren, → Klebespinnverfahren, das in Holland am TNO-Forschungsinstitut in Delft entwickelt und patentiert wurde. Das Faserband wird verstreckt und durch Zuführung von Klebstoff (schlichteähnliche Produkte) ohne oder mit Drehung zum Garn verfestigt (verklebt). Nach der Herstellung des Gewebes wird die Schlichte ausgewaschen.

Toleranzen der Feuchtigkeitszuschläge, bei Garnen und Zwirnen gelten die im Textilkennzeichnungsgesetz (TKG) vorgeschriebenen Feuchtigkeitszuschläge für die jeweiligen Faserarten, und zwar in der bei Vertragsabschluss gültigen Fassung. Sind die Werte nicht im TKG angegeben (Spezialfasern), ist der Feuchtigkeitszuschlag (→ Handelsgewichtszuschlag) zu vereinbaren. Bei Mischgarnen wird der Prozentsatz nach dem Anteil der in der Mischung vorhandenen Fasern errechnet und auf 0,5 % aufgerundet. Maßgebend sind EN- und DIN-Normen. Bei einem Feuchtigkeitsgehalt unter 8,5 % gilt eine Toleranz von ±0,5 %, über 8,5 % gilt eine Toleranz von ±1,0 %.

Toleranzen der Garnfeinheit, technisch nicht vermeidbare Garnnummernabweichungen sind wie folgt nach dem Deutschen Garnkontrakt zulässig:

Bei Streichgarnen bis Nm 5 (2.000 dtex und höher)	±8 %
Über Nm 5–7 (unter 2.000 dtex bis 1.450 dtex)	±7 %
Über Nm 7–10 (unter 1.450–1.000 dtex)	±6 %
Über Nm 10 (unter 1.000 dtex)	±5 %
Bei Halbkammgarnen und entsprechenden Rotorgarnen:	
Bis Nm 5 (2.000 dtex und höher)	±6 %
Über Nm 5 (unter 2.000 dtex)	±5 %
Bei den übrigen Garnen	±3 %

Bei Effektgarnen sind technisch nicht vermeidbare, höhere Nummernabweichungen zulässig. Bei Überschreitung der Toleranzgrenze ist die volle Abweichung von der vereinbarten Garnnummer (Garnfeinheit) zu vergüten. Zur Kontrolle kann ein amtlich anerkanntes Prüfamt oder eine andere unabhängige dritte Partei eingeschaltet werden.

Tönnchenspule, Spulenform, die hauptsächlich für Nähgarne verwendet wird, meist mit kleineren Fadenlängen für Haushaltszwecke (Näharbeiten). Die Wicklung wird auf Papierhülsen aufgebracht, Durchmesser der Spule etwa bis15 mm. Es handelt sich um eine zylindrische Präzisionswicklung, bei der durch Hubverlegung des Fadenführers eine abgerundete Mantelfläche an den Enden der Spule entsteht.

Topfspinnverfahren, → Zentrifugenspinnverfahren.

Topfstrecke, Strecke der Kammgarnspinnerei, bei der die Bandablage in die Spinnkanne (= Topf) erfolgt (alternativ Bandwickelherstellung).

Topfzwirnen, Teil des Stufenzwirnens, Aufwärtszwirnverfahren, bei dem die Vorlagespule mit dem Vorzwirn in einer geschlossenen, spindelgelagerten Hülle (Topf) aufgesteckt und mit dieser gedreht wird und gegenüber der Ablieferung

Drehung von unten nach oben auf den Vorzwirn aufgebracht wird (Aufwärtszwirnen, Auszwirnen).

Torque-Garn, ältere Bezeichnung für modifizierte Falschdrall-Texturgarne mit Verdrehungstendenz, deren Filamente aber keine echte Kräuselung aufweisen. Die Verdrehungstendenz der Garne ergibt spezielle Effekte in der textilen Fläche.

Torque-Stopp, Klemmvorrichtung im Garnabzugsbereich einer OE-Rotorspinnstelle zur Vermeidung des Entweichens der vom Rotor auf das Garn beim Spinnen aufgebrachten Drehung. Der Torque-Stopp verbessert die Verspinnbarkeit des Fasermaterials, erhöht die Spinnstabilität oder ermöglicht das Aufbringen niedrigerer Garndrehung (höhere Produktionsgeschwindigkeit). Der Nachteil ist allerdings die höhere Haarigkeit und mögliche Oberflächenschädigung des Garns.

Torsionsbauschung, → Texturierung.

Torsionskräuselverfahren, → Falschdralltexturierung.

Torsionssteifigkeit (Garne/Zwirne), hängt zunächst vom Torsionsmodul des Fasermaterials (Werkstoffs) ab und dann im Wesentlichen von der Konstruktion des Garns, der Lage der Fasern oder Filamente im Garn, der Feinheit des Garns und dem damit zusammenhängenden Querschnitt und der Querschnittsfläche und ihrer Lage bezüglich der Torsionsachse sowie besonders stark von der Drehungshöhe und der Drehungsrichtung bzw. ihrer Reihenfolge beim Zwirnen. Hochgedrehte Garne (Kreppgarne) aus demselben Fasermaterial haben eine wesentlich höhere Torsionssteifigkeit als niedrig gedrehte Garne (Strickgarne). Hier gibt es einen engen Zusammenhang zwischen der Torsionssteifigkeit und der Biegesteifigkeit. Bei den Prozessstufen Spinnen, Zwirnen, Falschdralltexturieren usw. sind die Fasern hohen Torsionsbeanspruchungen ausgesetzt. Dabei werden im Garn nicht alle Fasern gleichmäßig tordiert. Die höchste Torsionsbeanspruchung erfolgt auf die in der Mitte des Garns liegenden Fasern oder Filamente. Außen wirken stärker Zug- und Biegebeanspruchungen. Auch in den einzelnen Fasern wirken neben Torsionskräften Scher-, Druck- und Zugbeanspruchungen.
Eine praktische Methode der Beurteilung der Torsionsbelastbarkeit von Fasern hat Prof. Koch mit der Bestimmung des Quersprödigkeitswinkels vorgestellt (*Literatur:* P. A. Koch, G. Freier und B. Hoffmann, Untersuchung über die Quersprödigkeit neuer Synthesefasern, Forschungsberichte des Landes NRW Nr. 2298, Westdeutscher Verlag, Opladen). Unter der Voraussetzung gleichmäßiger Drehungsverteilung und kreisförmigen Faserquerschnitts wird der Steigungswinkel der Schraubenlinie bei der Drehungszahl im Augenblick des Bruchs berechnet und als Quersprödigkeitswinkel bezeichnet.

$$\tan \alpha = \frac{L}{\beta} \times d \times T(B)$$

wobei:
L = Faserlänge
T (B) = Drehungzahl zum Zeitpunkt des Bruchs
d = Faserdurchmesser

$$d = 35{,}68 \times \sqrt{\frac{T(tex)}{Dichte\ \xi}}$$

Ein kleiner Quersprödigkeitswinkel zeigt extreme Geschmeidigkeit und ein großer Winkel extreme Sprödigkeit des Fasermaterials an. Folgende Werte wurden nach P. A. Koch gemessen (Auswahl): siehe Tabelle S. 461.

Torsions-Texturierverfahren, → Falschdralltexturierung.

Torsionswiderstand, → Torsionssteifigkeit.

Faserstoff	Quersprödigkeitswinkel Grad	Klassifizierung (nach P. A. Koch)
Polyvinylchlorid	27	
Polyamid (Spinnfasern)	27–41	
Polyester (Spinnfasern)	30,5–49	extrem geschmeidig
Polyester (Filamentgarn Beispiel)	36,5	
Polyamid (Filamentgarne)	35,5–41	
Polyvinylchlorid (Spinnfasern)	37–50	geschmeidig
Polyester (Spinnfasern)	41,5–47,5	
Acetat (Spinnfasern/Filamentgarne)	44–49,5	
Polyacryl (Spinnfasern)	45–52	
Cupro (Spinnfasern)	48–50	
Aramid/Nomex (Filamentgarn)	40–67	normal schmiegsam
Wolle	48,5–51,5	
Seide, entbastet	51	
Viskose (Filamentgarn)	51–54,5	
Baumwolle	53–56	
Flachs, roh	60,5	spröde
Flachs, gebleicht	68,5	
Glas, Ziehverfahren (Filamentgarn)	82–84,5	extrem spröde
Glas, Blasverfahren (Spinnfasern)	86,5–87,5	
Carbon (Filamentgarn)	84–88	
Asbest (Spinnfasern)	87,5–88,5	

Tab.: Torsionssteifigkeit; Werte nach P. A. Koch

Tow, → Kabel.

Towgarn, → Werggarn (Hedegarn).

Tow-to-top, Konvertierung vom endlosen Chemiefaserkabel bis zum Spinnfaserband ohne Unterbrechung. Verarbeitungsverfahren der Kammgarnspinnerei.

Tow-to-yarn, Verarbeitung vom Chemiefaserkabel direkt zum Garn, wurde versuchsweise erprobt, wird derzeit nicht angewendet.

Toyo-Boseki-Garn, eine konventionell hergestellte Faserlunte wird einem Streckwerk vorgelegt, auf die Endfeinheit verzogen und anschließend durch einen pneumatischen Falschdrallgeber (Luftdüse, tangential) hochgedreht. Gleichzeitig wird dem sich ständig drehenden Faserbändchen mit einer Überlieferung von 50–90 % tangential ein Filamentgarn zugeführt, sodass sich das Filamentgarn um das Faserbändchen herumwickelt. Durch die wechselnden Torsionsspannungen des Falschdralls kommt es abwechselnd zu schraubenförmigen Umwindungen des Garns durch das zugeführte Filament. Bisher keine kommerzielle Anwendung, möglicherweise wegen der Ungleichmäßigkeiten der Filamentumwindung.

Tpi (Turns per inch), englisch-amerikanische Drehungsangabe für Garne in Drehungen pro Zoll.

Tpm (Turns per meter), englisch-amerikanische Drehungsangabe für Garne in Drehungen pro Meter.

Tragbare Garnfehler, die für die Weiterverarbeitung bis zum Endprodukt noch akzeptablen → Garnfehler. Die Fehlergrenze wird am Reiniger der Spulmaschine oder der Spinnmaschine eingestellt (Reinigungskennlinie). Akzeptable Fehler müssen mit den entsprechenden Fehlerklassen nach Fehlerlänge und Masseabweichung festgelegt werden.

Trama vaga, Stickseidenfaden aus fünf leicht gedrehten Grègefäden.

Tramé-Garn, → Tramé-Seide.

Tramé-Seide (Organzin), Schussseide aus zwei bis drei ungedrehten Grègeseidenfäden, die mit 80–150 S-Drehungen lose verzwirnt (mouliniert) werden. Die feinste Tramé-Seide aus zwei Grègeseidenfäden hat etwa eine Feinheit von 22 dtex (20 den).

Transparenz (Chemiefasern), Chemiefasern sind bei der Primärverspinnung üblicherweise nicht gefärbt, erscheinen also zunächst durchscheinend. Durch die Lichtreflexion entsteht allerdings ein optischer Weißeindruck, sobald mehrere Filamente (Filamentgarn) oder Fasern (Kabel, Band) zusammengefasst werden. Unter dem Mikroskop ist die Transparenz der Filamente (Fasern) deutlich erkennbar. Durch die Zumischung von Mattierungsmitteln wird die Transparenz herabgesetzt, ebenso durch die Einbringung von Farbstoffen.

Transportautomatisierung, → Automatisierung.

Transportroboter, technische Transportvorrichtung für den automatischen Transport von Spinnkannen, Flyer- oder Nitschelspulen, Copsen und Kreuzspulen in Spinnerei und Zwirnerei.

Traveller, → Läufer.

Trennzwirngarn, texturiertes Filamentgarn, das mit Hilfe des Trennzwirn-Texturierverfahrens hergestellt wurde. Ursprüngliches Texturierverfahren aus den 1930er Jahren, bei dem die Texturierung durch echte Drehung, in diesen Fall Drehung zweier Filamentgarne umeinander (Zwirne), der anschließenden Fixierung der Drehungsbögen und dem anschließenden Aufdrehen des Zwirns erfolgte. Das Ziel der Texturierung von Filamentgarnen ist zunächst die Erzeugung von Kräuselbögen im einzelnen Filament und die Erzeugung eines Garns mit möglichst großem Bauschvolumen. Deshalb müssen die einzelnen Filamente getrennt vorliegen, da man ja kein eingeschnürtes Garn wie bei glatten, technischen Garnen haben möchte.

Trennzwirntexturierung, beruht darauf, dass man durch das Verzwirnen zweier Garne drehungsbedingt räumlich angeordnete Bögen in den Filamenten erhält, die danach durch Fixierung so stabil gemacht werden, dass sie als Kräuselbögen der einzelnen Filamente erhalten bleiben und später für das Bauschvolumen und die hohe Dehnbarkeit des Garns sorgen. Das Verfahren besteht aus folgenden Verarbeitungsstufen:

1. Fachen zweier glatter Filamentgarne (thermoplastisches Fasermaterial erforderlich).
2. Hochzwirnen beider Garne mit hoher Drehung (1.500–3.000 T/m).
3. Fixierung der Kräuselung durch Erwärmen über die Glastemperatur des Materials hinaus, unterstützt durch Feuchtigkeit in einer Dämpfkammer (Autoklav, evtl. im Überdruckbereich mit gesättigtem Dampf) und anschließendes Abkühlen im gezwirnten Zustand.
4. Aufdrehen des Zwirns (Zurückdrehen auf Parallelllage) und Trennen der Garne.

5. Jedes einzelne Garn hat parallel liegende Filamente mit stabiler, dreidimensionaler Kräuselung.

Das Verfahren liefert Garne mit stabiler, präziser Kräuselung, ist aber sehr teuer und wird deshalb nicht mehr verwendet. Es wurde abgelöst durch die Falschdrall-Texturierverfahren. Es gab neuere Trennzwirnverfahren, bei denen das Zwirnen, die Texturierung, Fixierung und Trennung mit einem Trennzwirnaggregat auf einer modernen Texturiermaschine möglich war (z. B. Barmag-Trennzwirnaggregat). Wegen höherer Produktionskosten nicht mehr im Industrieeinsatz.

Trennzwirnverfahren, → Trennzwirntexturierung.

Trevira®, Markenname für die Polyester-Faserfamilie der Trevira GmbH (früher Hoechst AG), als Filamentgarn oder Spinnfaser (Stapelfaser) verfügbar, mit allen Vorteilen der Polyesterfasern wie hoher Festigkeit und Dehnung, geringes Gewicht, chemische Beständigkeit gegen Säuren und Laugen, hohe Nassfestigkeit, hohe Schlingen- und Knotenfestigkeit, UV- und Lichtstabilität, Mottenechtheit und Beständigkeit gegen Mikroorganismen, thermische Stabilität und feinste Ausspinnbarkeit zu Mikrofasern und Ultramikrofilamenten. Trevira CS sind permanent schwer entflammbare Fasern und Garne für die Raumausstattung und Möbelbezugsstoffe (Öko-Tex-Standard 100). Trevira-Xpand sind hochelastische Polyestergarne auf PBT-Basis (Polybutylenglykolterephtalat), die mit dem Schmelzspinnverfahren umweltfreundlich hergestellt wurden, für elastische Stoffe mit Komfort-Stretch, formstabil, schnell trocknend, in Grenzen hitze- und kältebeständig, beständig gegen Chlor, Salzwasser und Chemikalien, UV-beständig, leicht und elastisch. Weitere Beispiele der Trevira-Fasern: Trevira Finesse, Trevira Fill, Trevira Perform, Trevira Polair, Trevira Superloft, Trevira Xpand.

Trikotgarn, Garne, die für das Rundstricken geeignet sind, meist feinere Baumwoll- oder Chemiefasergarne. Die Baumwolle wird dafür gerne gekämmt verarbeitet, wenn feinere Gestricke mit höherer Qualität für den Lingeriebereich (Feinwäsche) eingesetzt werden sollen. Trikotgarne sollen besonders gleichmäßig sein, auch auf große Längen bezogen. Die Nummernschwankungen sollen möglichst klein sein. Die Haarigkeit der Garne soll gleichmäßig sein, und es sollten wenige Unreinheiten (Imperfections) im Garn sein. Wichtig sind zudem ein guter Reibwert (Paraffinierung erforderlich, $\mu \leqslant 0{,}15$) und mittlere optimale Dehnungswerte.

Tritec-Zwirnverfahren, Neuentwickeltes Zwirnverfahren der Fa. Saurer/Arbon in

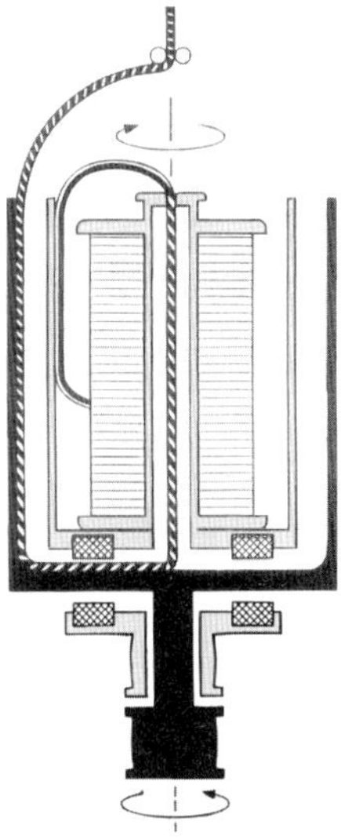

Abb.: Prinzip des Tritec-Zwirnverfahrens (Dreifachdrahtverfahren)
Quelle: Saurer AG, Arbon, Schweiz

der Schweiz, bei dem mit einer Spindeldrehung drei Drehungen auf die bearbeitete Garnlänge aufgebracht werden. Es wurde aus dem Doppeldraht- und Stufenzwirnverfahren weiterentwickelt und benötgt auch eine Vorbereitungsstufe zum Fachen der Garne. Aufbauend auf dem Doppeldrahtprinzip, bei dem die Vorlagespule mit den gefachten Garnen stillsteht und bei einer Spindeldrehung des Drehtellers zwei Drehungen aufgebracht werden, wird die weitere Drehung dadurch erreicht, dass man die Vorlagespule noch in Gegenrichtung dreht.

Trockenfestigkeit, Festigkeit des Fasermaterials oder des Garns, gemessen im klimatisierten Zustand bei Normalklima, üblicherweise 65 % relative Luftfeuchtigkeit und 20 °C (nach Definition nicht ofentrocken!). Da die Festigkeit textiler Materialien erheblich von dem Feuchtigkeitsgehalt der Textilien abhängt, ist diese Festlegung sehr wichtig für den Vergleich der Garnfestigkeit. Üblicherweise wird zum Vergleich die → Nassfestigkeit angegeben.

Trockengespinst, trocken gesponnenes Garn (Ringgarn, Rotorgarn u. a.).

Trockengewicht, das reine Faser- oder Garngewicht nach dem Trocknen (z. B. im Trockenofen, Infrarottrockner) bzw. im Trockenofen bei 0 % relativer Luftfeuchtigkeit (z. B. beim Trocknen im Konditionierofen).

Trockenparaffinierung, Aufbringen von Wachs in fester Form (Wachsscheiben, z. B. von Fa. Reseda-Binder, Albstadt) auf die Oberfläche des Garns durch Reibung. Das über die Paraffinscheibe während des Spulens oder des Rotorspinnens geführte Garn nimmt vereinzelt kleine Wachspartikel an der Oberfläche mit, die sich später an den Oberflächen der Gleitstellen (Fadenführer, Stricknadeln) ablagern, einen Schmierfilm bilden und damit die Reibung zwischen dem Garn und dem Fadenführer oder der Stricknadel deutlich herabsetzen. Die Trockenparaffinierung wird hauptsächlich für die Strickgarne eingesetzt.

Trockenspinnen,
1. Primärspinnverfahren zur Herstellung von Filamenten mit Hilfe von Lösungsmitteln, → Trockenspinnverfahren.
2. In der Sekundärspinnerei das zur Garnherstellung hauptsächlich verwendete Stapelfaserspinnverfahren (z. B. Ringspinnen, Rotorspinnen), bei dem die Fasern im Naturzustand mechanisch durch Drehung oder andere Verfahren verfestigt werden (im Gegensatz zum Nassspinnen zur Herstellung von Leinengarnen).
Trockenspinnen bedeutet aber grundsätzlich die Verarbeitung in der Spinnerei unter geeigneten Klimabedingungen, z. B. 60–70 % relativer Luftfeuchtigkeit bei 20 °C, damit die Fasern elastisch genug für die Verspinnung sind und wenig elektrostatische Aufladung entsteht. Die elektrostatische Aufladung bei zu trockenem Klima (besonders bei Chemiefasern) führt zu erheblich ansteigenden Fadenbrüchen.

Tropenfestes Garn, Garn mit hoher Nassfestigkeit und Beständigkeit gegen Mikroben- und Schimmelpilzbefall (US-Bestimmungen nach ASTM bei 50 °C und 100 relative Luftfeuchtigkeit, gesättigte Luft) und hoher Lichtechtheit in feuchter Umgebung. Heute meist Verwendung von Chemiefasergarnen.

Trosselcops (Warpcops), alte Bezeichnung für Kettgarn-Ringspinncopse.

Trosselgarn (von engl. Throstle), alte Bezeichnung für Ringgarne, die als feste, hochgedrehte Baumwollgarne für die Kette hergestellt wurden.

T-Type, Teppichtype, gröbere Chemiefasern, die bezüglich Faserfeinheit, Länge und Kraft-Dehnungs-Verhalten Ähnlichkeiten mit groben, langen Teppichwollen aufweisen und mit diesen gemischt werden können. Die Feinheit liegt zwischen 15 und 50 dtex, die Länge zwischen 60 und 150 mm.

Tuch, klassische Bezeichnung für Wollgewebe, die aus Streichgarnen in Kette und Schuss oder aus Kammgarnen in der Kette und Streichgarnen im Schuss hergestellt werden. Die Gewebebindung erfolgt als → Tuchbindung. Allerdings werden auch Tuche in Köperbindung (Croisétuche) und in Atlasbindung (Satintuche) hergestellt. Eine Besonderheit der Wolltuche ist die durch das Ausrüsten nach dem (Färben) völlig veränderte Oberfläche, die in der Fertigware die Tuchbindung nicht mehr erkennen lässt. Die Tuchausrüstung erfolgt durch Walken, Waschen, Imprägnieren, Trocknen, Rauen, Scheren, Dekatieren und Pressen. Nach den Ausrüstungsarten unterscheidet man Flanelltuch, Moltontuch, Foulétuch und Strichtuch. Nach dem textilen Einsatz unterscheidet man Manteltuch, Damentuch, Herrentuch, Uniformtuch. Tuche können auch durch Filzen geeigneter Wollen hergestellt werden (Filztuche).

Tuchbindung, Bezeichnung für die → Leinwandbindung in der Wollverarbeitung, Kett- und Schussfäden wechseln sich regelmäßig ab. Sie ergibt das gleichmäßigste Gewebe.

Tuchmacherknoten, Kreuzknoten, → Knotenarten.

Tuftinggarn, für das Hochleistungs-Tuftingverfahren werden stabile Garne benötigt, die meist aus Polyamid oder Polypropylen hergestellt werden. Die Garne sind grob und liegen in Feinheitsbereichen von 1.000 dtex–3.000 dtex. Zur Fertigstellung

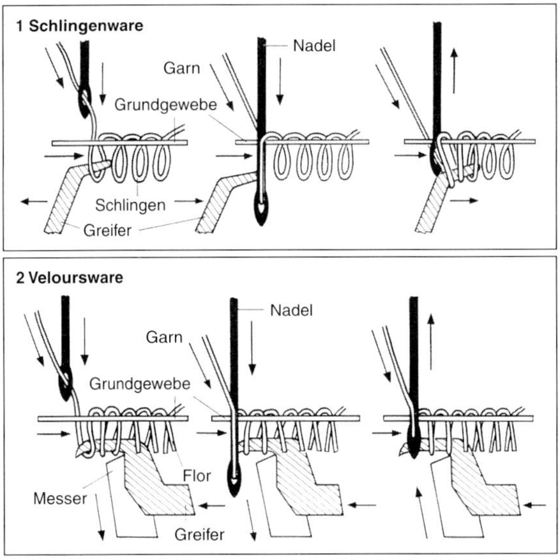

Abb.: Prinzipdarstellung des Tuftingverfahrens zur Teppichherstellung
Quelle: Verband der Baden-Württembergischen Textilindustrie e. V., Stuttgart

wird direkt über das BCF-Primärspinnverfahren ein Filamentgarn hergestellt, das direkt an der Spinnmaschine verstreckt und danach direkt texturiert wird. Die BCF-Texturierung erfolgt mit Hilfe des gasdynamischen Stauchkräuseltexturierverfahrens. Spinnfasergarne bestehen aus reinen Chemiefasern oder aus Mischungen mit 65 % Chemiefasern (z. B. Polyamid) und Wolle oder anderen Tierhaaren (→ Teppichgarn).

Turbogarn, Kammgarn oder Halbkammgarn aus Chemiefasern, das mit Hilfe des Reißkonvertierverfahrens vom Kabel zu Spinnfasern im Kammzug umgeformt wurde (Tow-to-top).

Turbostapler, Maschine zum Reißkonvertieren, die mit Hilfe von Heizvorrichtungen ein schnelleres und einfacheres Reißen der Kabel ermöglicht. Heute Grundprinzip der meisten Reißkonverter.

Turiner Titer, Garnfeinheit in → Denier (den).

Tussah-Schappegarn, Garn, das aus gekämmten Stapelfasern der Tussahseide nach dem Seiden-Kammgarnspinnverfahren hergestellt wird, meist bräunlich nach der Farbe der Tussahfasern. Die Faserlänge reicht von 50 mm (Güteklasse D) über 70 mm (C), 100 mm (B) bis 150 mm (Güteklasse A). Die Schappegarne sind sehr fein und fest und werden beispielsweise für Nähgarne verwendet. Die Garndrehungen liegen zwischen 160 und 360 Drehungen pro Meter, je nach Feinheit. Die Kämmlinge ergeben das Rohmaterial für das Bourrette-Garn.

Tussahseidengarn, unregelmäßige, knotige Wildseidengarne, hergestellt aus Tussahseide, die meist nicht entbastet wird. Garne aus wilder Seide stammen oft vom Eichenspinner, dessen Seide „Tussahseide" genannt wird. Die Garne sind meist graubraun bis rotbraun, auch in der Faser, nicht nur im Bast. Die Bastschicht ist wesentlich dünner. Der flache, bandförmige, längliche Einzelfaden ist zwischen 50 und 70 µm dick, also deutlich gröber als die gezüchtete Maulbeerseide, mit einem Titer von 3–4 den und weist größere Ungleichmäßigkeiten und Fibrillen auf. Tussahgarne werden als Grège, Organzin und Tramé gehandelt.

Twaron®, Aramidfasertype, Konkurrenzprodukt zu Kevlar® und Nomex®, erhältlich als Filamentgarn und Spinnfaser (typische gelbliche Farbe).

Tweedgarn, grobes, garngefärbtes, niedrig gedrehtes Wollstreichgarn, im Original aus schottischer Wolle, oft mit Noppeneffekten, Garnungleichmäßigkeiten und kleinen Farbeffekten. Die Garne sollen aussehen wie handgesponnen (Homespun-Garne), da ursprünglich handgesponnene schottische Wollgarne mit Farbeffektmusterung verwendet wurden. Die Oberfläche soll rau und griffig sein. Einsatzgebiete sind die klassischen schottischen Tweedgewebe: Harris-Tweed, Schottenköper, Crotchwed-Tweed, aber auch Shetland-Tweed und Irish-Tweed zur Herstellung von Damenkostümen, Tweed-Jacken und Mänteln. Tweed wird auch gewirkt, teilweise als Polyester-Jersey.

Twilo-Garn, Garn, in dem die Fasern durch Verklebung mit Hilfsfasern (Klebefasern) verbunden werden (Garnverfestigung) und im Endprodukt parallel liegen. Flaches, ungedrehtes Garn, das mit Hilfe des Twilo-Spinnverfahrens (TNO-Klebespinnverfahren) hergestellt wird. Heute ohne Bedeutung. Der Garnfeinheitsbereich reichte etwa bis Nm 80 (125 tex). Der Garnausfall war zunächst bändchenförmig; da aber in der Ausrüstung das Klebemittel (PVA) vollständig ausgewaschen wurde, entstand ein wei-

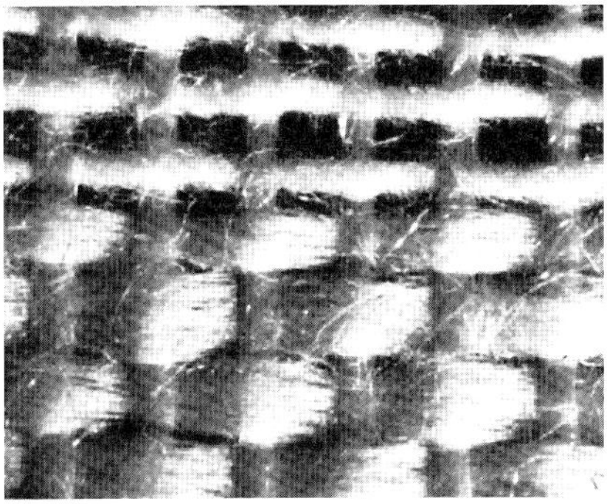

Abb.: Drehungsfreies Twilo-Garn als Schussgarn im Gewebe im Vergleich zu einem OE-Rotorgarn
Quelle: T. H. M. Terwee, TNO Holland

cher, runder Garnkörper mit großer Füllkraft und Deckkraft im Gewebe. Es wurden leichte Gewebe für Beschichtungsstoffe aus zellulosischen Fasern hergestellt. Bei der Verarbeitung zu Geweben oder Gestricken wurde das Bindemittel ausgewaschen, wobei der Zusammenhang der Ware durch die Fadenverkreuzungen bestehen blieb. Allerdings veränderte sich das Warenbild deutlich im Vergleich zu konventionellen Produkten. Die ungedrehten Garne und ihre Fasern lagen bändchenförmig und flacher im Gewebe als bei konventionellen Garnen. In Versuchen für die Praxis wurden meist konventionelle Ketten und Twilo-Schussgarne eingesetzt. Damit konnten gute Einlagestoffe, aber auch Frottierwaren mit dem Twilo-Garn als Florfaden hergestellt werden.

Twilo-Spinnverfahren, → Klebespinnverfahren.

Twin-Airjet-Spinnen (Murata), Luftspinnverfahren, bei dem die Verstreckung von zwei Bändern zum Garn auf einem speziellen Streckwerk gleichzeitig parallel erfolgt. Beide Faserlunten werden mit Luftdüsen (Murata Air Jet Spinning MJS) durch Faserumwindungen verfestigt und danach zu einem Scheinzwirn zusammengeführt. Damit entsteht ein dem Siro-Garn vergleichbares Luftspinngarn, das gleichmäßiger ist als ein entsprechendes Einzelgarn.

Twist, weich gedrehter, leicht teilbarer Zwirn (Curley-Garn) aus mehreren, lose nebeneinanderliegenden Fäden, oft auch nur gefacht, geeignet für Handarbeitsgarne (Sticktwist) oder Stopfgarn (Stopftwist).

Twist-Faktor, → Drehungsbeiwert.

Twistgarn, → Twist.

TZ-Garn, → Trennzwirngarn.

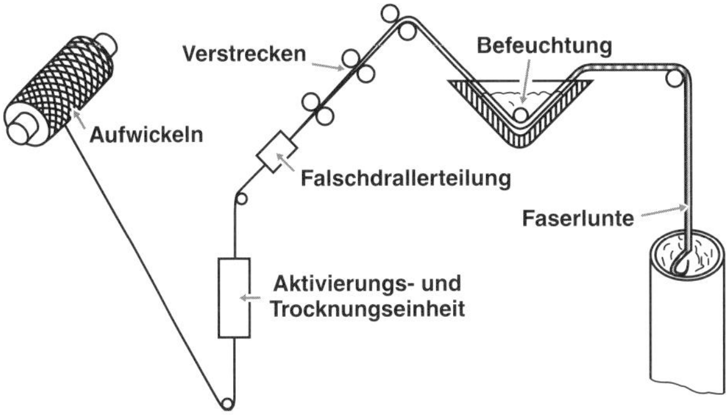

Abb.: Prinzipdarstellung des Twilo-Klebespinnverfahrens
Quelle: TNO, Holland und Gesamttextil, Eschborn

U

U %, → Uster-Werte.

Überdehnung, das Garn (oder die Folie) wurde über die Grenze des elastischen Dehnungsbereichs hinaus belastet und behält nach Entlastung eine bleibende Längenveränderung (Dimensionsveränderung) bei (Verformung). Die Molekülstruktur wurde bleibend verändert, die Struktur gestört oder beschädigt.

Überdrehtes Garn, Garn mit zu hoher Drehung, wodurch die Festigkeit deutlich absinkt.

Überfärben, Nachfärben der Fertigware oder Garne zur Korrektur einer Fehlfärbung oder zur Erzielung spezieller Effekte.

Überhänger (Abschläger), Spulfehler, Garnstück, das an der Spulenkante abgerutscht ist und beim Abzug zu weiteren Fehlern führt.

Überstrecken, zu hohe Verstreckung im Garn, dadurch Fehler im Produkt (Verzugsfehler).

UDY (Undrawn Yarn), → unverstrecktes Filamentgarn.

Ultrapan®, älterer Markenname für ein modifiziertes Dralon-Falschdrall-Texturgarn mit einem Titerbereich von 1,3–1,7 dtex und seidenähnlichem Griff.

Ultraschall-Schweißen, Verbinden von Fasern, Garnen, textilen Flächen und Folien mit Hilfe von Ultraschall. Nur bei Thermoplasten einsetzbar.

Ultrason®, Nachbehandlung von Strümpfen und Strumpfhosen aus texturierten Garnen zur Griffverbesserung mit Hilfe von Ultraschall.

Ultron®, antistatisches Polyamidgarn für Strickwaren.

Umschlingungswinkel, Winkel zwischen Ein- und Auslauf des Fadens an Lieferwerken, Fadenbremsen, Umlenkrollen sowie an Galettenwalzen und anderen Umlenkpunkten.

Umspinnungsgarn (Coregarn), Garn, das durch Umspinnen eines festen Kerngarns (Filamentgarn) mit Spinnfasern (Stapelfasern) hergestellt wird. Dafür sind sowohl Ringspinnverfahren, OE-Rotorspinnverfahren als auch Friktionsspinnverfahren (z. B. DREF) geeignet. Es entsteht ein Garn mit festem (oder elastischem) Kern, der mit Fasern umsponnen ist (Kern-Mantel-Struktur).

Abb. 1: Beispiele für Umspinnungsgarne mit Elastangarnseele
Quelle: Leuze GmbH, Owen / Teck

Umspinnungsverfahren, zur Herstellung von → Umspinnungsgarn. Folgende

Abb. 2: Herstellungsprinzip des Umspinnungsgarns mit Elastangarn-Zuführung am Vorderzylinderpaar des Ringspinnstreckwerks
Quelle: Sampre SpA, Italien

Verfahren mit elastischen oder nicht elastischen Filamentgarnen sind möglich:

1. Umspinnen an der Ringspinnmaschine: ein Filamentgarn wird mit vorbestimmter Fadenspannung durch das letzte Walzenpaar des Streckwerks zugeführt, in die Mitte des Spinndreiecks geführt und mit Spinnfasern (Baumwolle, Wolle, Chemiefasern) umsponnen. Die Spinnfasern umhüllen den Kern in der gewünschten Drehungsrichtung. Damit wird es möglich, Spinnfasergarne mit höherer Dehnbarkeit (Elastizität) durch Einsatz von Elastanfilamenten im Kern zu erzeugen.
2. Umspinnung an der OE-Rotorspinnmaschine: ein Filamentgarn (elastisches Garn) wird durch die Rotorwelle in das Innere des Rotors gebracht und mit Spinnfasern umsponnen (z. B. Rotona-Spinnverfahren).
3. Umspinnung an der DREF-3.000-Friktionsspinnmaschine.

Umspinnungszwirn, → Umspinnungsgarn.

Umspulen, → Spulen.

Umwickelte Fäden, → Umwindegarn.

Umwindegarn, → Umwindungsgarn.

Umwindespinnen, die Spinnfasern (Stapelfasern) werden aus einem Band oder Vorgarn über ein Streckwerk auf die gewünschte Garnstärke verfeinert. Dann wird der ungedrehte Faserverband mit einem Filamentgarn umwunden. Dadurch werden die eingebundenen Fasern zusammengepresst, und das Garn erhält seine Festigkeit, die erst beim Reißen des Filamentgarns zusammenbricht. Die Umwindung erfolgt meist mit feinen Filamentgarnen mit Hilfe einer Hohlspindel, durch deren Mitte das Garn geführt wird. Auf der drehbaren Spindel sitzt eine Scheibenspule mit dem aufgewickelten Filamentgarn. Durch die Drehung der Spindel und der

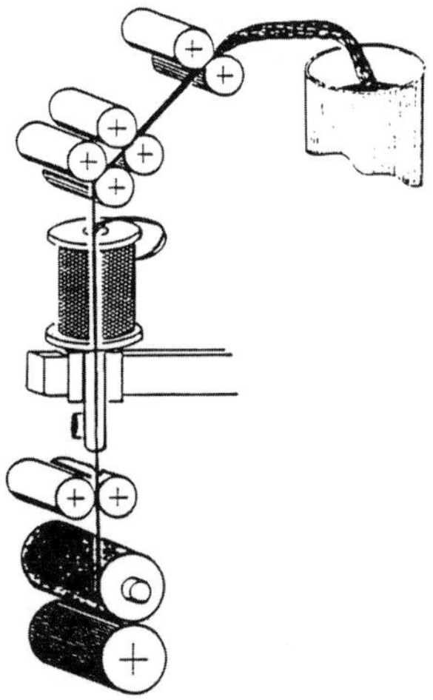

Abb. 1: Prinzip der Herstellung eines Parallelgarns mit Filamentumwindung (Umwindespinnen)
Quelle: Schubert und Salzer / Rieter Ingolstadt AG

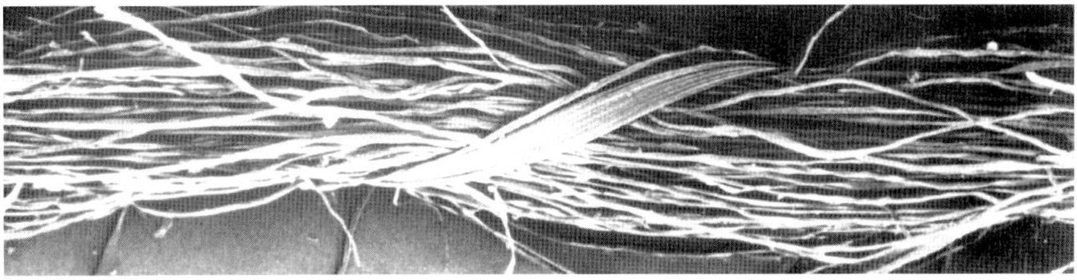

Abb. 2: REM-Vergrößerung eines Umwindungsgarns (Parallelgarn) mit Filamentumwindung
Quelle: Dr. P. Artzt und Mitarbeiter, ITV Denkendorf

Scheibenspule wird das Filamentgarn mit der gewünschten Umwindungszahl abhängig von der Liefergeschwindigkeit des Garns um das Garn herumgewickelt. Zur geordneten Faserführung nach dem Streckwerk während der Umwindung hat sich eine Absaugung in Garntransportrichtung bewährt. Anschließend kann das Garn auf eine Kreuzspule aufgewunden werden.

Umwindeverfahren, → Umwindespinnen.

Umwindungsgarn, Sammelbegriff nach DIN 60900 für Garne (Zwirne), die eine Kern-Mantel-Struktur besitzen, bei der ein im Kern liegendes Garn (Spinnfasergarn oder Filamentgarn ohne Drehung, Stehfaden) von Filamentgarnwindungen umhüllt wird. Die Hüllgarne können verschiedene Schichten mit unterschiedlicher Drehungsrichtung (S- oder Z-Drehung) aus unterschiedlichen Materialien besitzen. Dem im Kern liegenden Garn wird bei der Umwindung keine Drehung erteilt. Der Umwindefaden umwindet den Kern des Garns spiralförmig und sorgt durch das Zusammenpressen der Kernfasern bei Zugbelastung für die Garnfestigkeit. Reißt der Mantelfaden, reißt auch das Garn ab. Man unterscheidet:

1. Einstufige Umwindungsgarne (die Umhüllung besteht nur aus einem Garn, in S- oder Z-Richtung umwunden).
2. Zwei- oder mehrstufige Umwindungsgarne (die Umhüllung besteht aus zwei oder mehr verschiedenen Garnwindungen mit entgegengesetzter Umwinderichtung, z. B. S-Z-S-Umwindung).

Die Anzahl der Umwindungen pro Meter wird mit dem Buchstaben W und der darauf folgenden Windungszahl angegeben. Zudem wird noch die Drehungsrichtung der Umwindungen mit S oder Z bezeichnet, z. B. U = W S 300. Neben der Nenn-Windung im Kaufvertrag wird noch die Ist-Windung, die tatsächliche Windungszahl nach der Prüfung, angegeben.
Für Stapelfaserkerne können Kurz-, Mittel- oder Langstapelfasern, bevorzugt jedoch Langstapelfasern, verwendet werden, die durch Verfeinerung eines Bands und anschließendes Umwinden mit einem Filamentgarn ihre Festigkeit erhalten. Der Faserverband bleibt ungedreht, die Fasern liegen parallel. Das Garnvolumen ist größer als bei Ringgarnen gleicher Feinheit, die Haarigkeit ist geringer. Das Garn zeigt durch die Filamentumwindung einen korkenzieherartigen Charakter. Die Garnfestigkeit wird vom der Filamentumwindung bestimmt, Festigkeit und Dehnung sind meist vergleichbar mit klassischen Ringgarnen.
Gute Einsatzmöglichkeiten gibt es für Velourswaren, da beim späteren Scheren der aufgeschnittenen Schlingen die Faserenden gut auseinander gehen und einen gleichmäßigen Flor ergeben, sowie für Teppichgarne, die zu Veloursteppichen verarbeitet werden sollen. Dabei können z. B. gröbere Wollfasern (Neuseelandwolle) gut

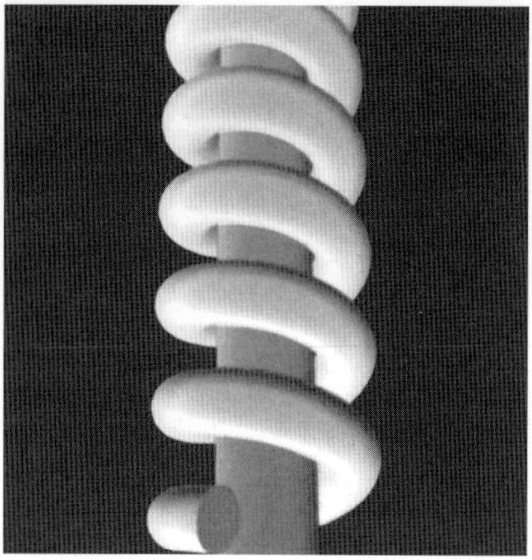

Abb. 1: Prinzipdarstellung eines Umwindungsgarns (Umwindezwirn) mit Elastankern

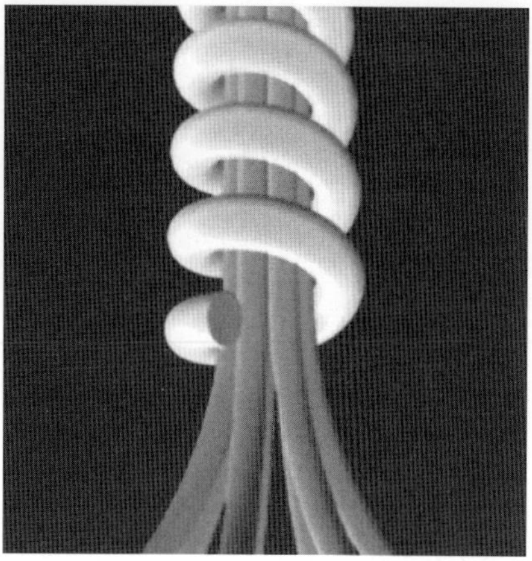

Abb. 2: Umwindungsgarn mit Multifilamentkern

Abb. 3: Umwindungsgarn mit Elastankern und Zwirnumwindung

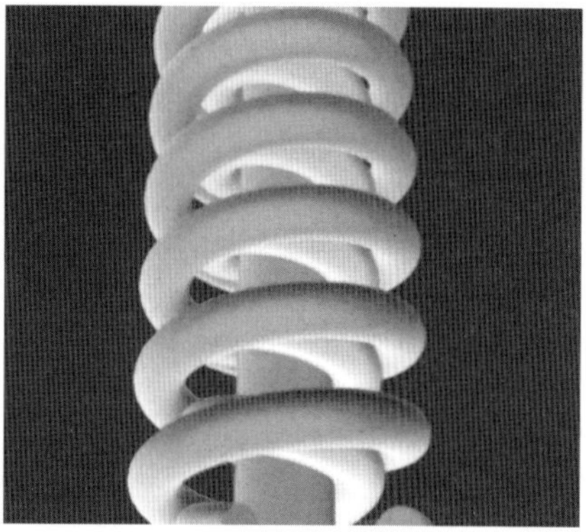

Abb. 4: Umwindungsgarn mit zweilagiger, entgegengesetzt gedrehter Umwindung eines Elastankerns

eingesetzt werden, die einen stabilen Velours ergeben, aber im Ringspinnverfahren schwieriger zu verarbeiten sind.

Umwindungszwirn, ein Zwirn aus Garnen, die um einen glatten Faden (Stehfaden) herumgewunden werden. Dies kann mit einer einfachen Umwindung in eine Richtung (z. B. S-Drehung) oder abwechselnd mit unterschiedlicher Drehung mit verschiedenen Umwindegarnen erfolgen. Das Umwinden erfolgt meist mit Hohlspindeln und Filamentumwindung, ist aber prinzipiell mit allen Garnen möglich.

Umwirbeln (Luftverwirbelung, Intermingling), mit Hilfe von Blasluftdüsen mit tangentialem Lufteintrag werden zwei oder mehr Garne umeinander gewirbelt. Dabei entsteht keine echte Drehung, sondern Falschdrall mit abwechselnder Drehungsrichtung, also eher ein Scheinzwirn, ähnlich dem Repco-Zwirn, aber mit unregelmäßigerer Verdrehung und Verwirbelung. Vor allem ist die Verwirbelung dreidimensional versetzt, also keine immer eindeutig erkennbare Drehungsrichtung vorhanden. Trotzdem kann das Produkt für viele Einsatzzwecke erfolgreich eingesetzt werden, hat aber selbstverständlich nicht die gleichen Eigenschaften wie ein echter Zwirn aus zwei oder mehr Garnen.

Umwirbelungsdüse, Luftdüse mit Hohlachse, durch die das Garn (oder mehrere Garne) in axialer Richtung transportiert wird. Gleichzeitig erfolgt durch tangentiale Bohrungen ein Lufteintrag durch Blasdüsen, der für eine schnelle Drehung der Luft und damit des Garns sorgt. Damit lassen sich Filamente eines Garns oder mehrere Garne umeinander wirbeln (verwirbeln), oder es kann in einem einzelnen Garn ein Fadenschluss durch Verwirbelungsstellen erzeugt werden.

Unbehandeltes Garn, rohweißes Garn im Naturzustand nach dem Spinnen, ohne Färbung oder Ausrüstung.

Under center coiling, Bandablage in der Spinnkanne in der Art, dass der Durchmesser der Bandablagekreise (Coiler-Durchmesser) kleiner ist als der Radius der Spinnkanne, in die das Band abgelegt wird (Gegensatz: → Over center coiling).

Ungebleichtes Garn, rohweißes Garn direkt nach dem Spinnen des ungefärbten Fasermaterials (gilt auch für ungefärbte Chemiefasergarne).

Ungedrehtes Garn, Filamentgarn in Parallellage, ohne Drehung.

Ungleiche Drehungsverteilung, die auf ein Garn aufgebrachte Drehung beim Spinnen oder Zwirnen ist niemals absolut gleichmäßig, auch nicht bei Filamentgarnzwirnen, da die Garnmasse textiler Produkte immer schwankt und damit die Biegesteifigkeit der Garne, Fasern oder Filamente unterschiedlich ist, wodurch auch die resultierende Verdrehung schwankt. Weiterhin gibt es Unregelmäßigkeiten im Rohstoff selbst, weichere (amorphe) und härtere (kristalline) Strukturen sowie Zwischenstufen. Zudem sind auch die Drehzahlen der Maschinen beim Spinnen (Verdrehen) oder Zwirnen unregelmäßigen oder regelmäßigen Schwankungen unterworfen. Demzufolge wechseln sich auch bei gleichmäßiger Drehungsaufbringung stärker und schwächer gedrehte Regionen in einem Garn grundsätzlich ab. Durch Bestimmung der Drehung in kurzen Garnabschnitten können diese Unterschiede gemessen werden.

Ungleicher Zwirn, Zwirn aus unterschiedlich feinen Garnen oder mit unterschiedlicher Fadenspannung oder unterschiedlicher Garnfeinheit hergestellt (→ Effektzwirn).

Ungleichförmigkeit, → Ungleichmäßigkeit (Garne, Zwirne).

Ungleichmäßigkeit (Garne/Zwirne), alle textilen Gebilde, Fasern und Garne (und Flächengebilde) sind naturgemäß nicht absolut gleichmäßig (keine Drähte), sondern eher ungleichmäßig, d. h., die Masse verändert sich über die Länge hinweg. Textile Flächen müssen eine gewisse Ungleichmäßigkeit (Flauschigkeit, Haarigkeit, textile Struktur) aufweisen, damit sie von Menschen als angenehm im Trageverhalten empfunden werden. Gleichmäßige, glatte Stoffe (z. B. Regenschirmstoff) werden auf der Haut als weniger angenehm empfunden. Ausgangsgröße ist die Ungleichmäßigkeit der Garne (auch Filamentgarne). Sie darf nicht zu groß, aber auch nicht zu klein sein. Sind die Garne zu gleichmäßig, kann man den kleinsten

Fehler im Gewebe sofort erkennen. Eine „gleichmäßige" Ungleichmäßigkeit wird vom Auge als angenehm empfunden. Die Ungleichmäßigkeit wird als Messgröße zum Beispiel bei der Garnprüfung verwendet (Uster-Ungleichmäßigkeit, → Uster-Wert) und meist als Variationskoeffizient der Gleichmäßigkeit (CV-Wert) ausgedrückt. Die Ungleichmäßigkeit der Garne wird durch die Faserfeinheitsverteilung und die Längenverteilung der Fasern beeinflusst (→ Ungleichmäßigkeitsindex, → Garngleichmäßigkeitsindex).

Ungleichmäßigkeitsindex (I), das Verhältnis der tatsächlich gemessenen Masseungleichmäßigkeit eines Garns (CV_{ist}) zur theoretisch möglichen Ungleichmäßigkeit (Grenzungleichmäßigkeit CV_{lim}). Die theoretisch mögliche Ungleichmäßigkeit wird meist nach der Formel von Martindale angegeben:

1. Näherungsweise ist für eher gleichmäßige Chemiefasern und Baumwolle

   $$CV_{\text{lim}} = \frac{100}{\sqrt{n}}$$

   in Prozent angegeben oder

   $$CV_{\text{lim}} = \frac{1}{\sqrt{n}}$$

   absolut angegeben.
   wobei:
   CV_{lim} = Grenzungleichmäßigkeit, angegeben als Variationskoeffizient der Garnmasseschwankungen um die mittlere Garnmasse in Prozent (aus s/m × 100 %)
   n = mittlere Faseranzahl im Garnquerschnitt.

2. Bei eher unregelmäßigen Faserstoffen wie Wolle oder gar Flachs und Hanf ist die ursprüngliche Martindale-Formel mit der Berücksichtigung der Variation der Feinheitsverteilung der Fasern (CV d, wobei d der mittlere Faserdurchmeser ist) zu benutzen: → Grenzungleichmäßigkeit.

   $$CV_{\text{lim}} = \frac{100}{\sqrt{n}} \times \sqrt{1 + (0{,}0004 \times cv\,d^2)}$$

   wobei:
   cv d = Variationskoeffizient der Durchmesserschwankungen der Fasern

Das Verhältnis CV_{ist}/CV_{lim} wäre im Idealfall = 1, in der Realität ist das Verhältnis jedoch deutlich höher (schlechter). Je dünner das Garn wird oder je weniger Fasern im Garnquerschnitt vorhanden sind, desto ungleichmäßiger wird ein Spinnfasergarn (hoher CV-Wert). Der Ungleichmäßigkeitsindex I verhält sich allerdings umgekehrt, d. h., bei Garnen nähert sich der tatsächliche CV-Wert dem theoretisch möglichen CV_{lim}-Wert (durch die Definition bedingt).

Uniplex-Verfahren, direkt aus mehreren oder einzeln vorgelegten glatten Filamentgarnen (LOY, MOY, POY, FDY) werden durch Verstecken und Reißen in mehreren Zonen hintereinander Langstapelfasergarne erzeugt, die direkt mit Hilfe von Luftverwirbelungsdüsen verfestigt werden (Vorstellung ITMA, 2003, Birmingham, durch SSM/Invista/DuPont). Das Garn hat einen Garncharakter zwischen Stapelfasergarn und Filamentgarn mit echter Haarigkeit, muss allerdings noch für den textilen Einsatz weiterentwickelt werden. Dazu kommen Versuche am ITV-Denkendorf, Stapelfasern zusätzlich in den Garnverband zu integrieren.

Unitens®, Markenname einer Fadenspannungsmessvorrichtung an der Texturiermaschine der Fa. Barmag-Saurer.

Unregelmäßigkeiten, Garnfehler wie Dünnstellen, Dickstellen und Nissen, heute meist als → Imperfections bezeichnet.

Unreinheiten (Faserstoffe), pflanzliche und andere Verunreinigungen der textilen Rohstoffe, Trash, Staub, aber auch Fremd-

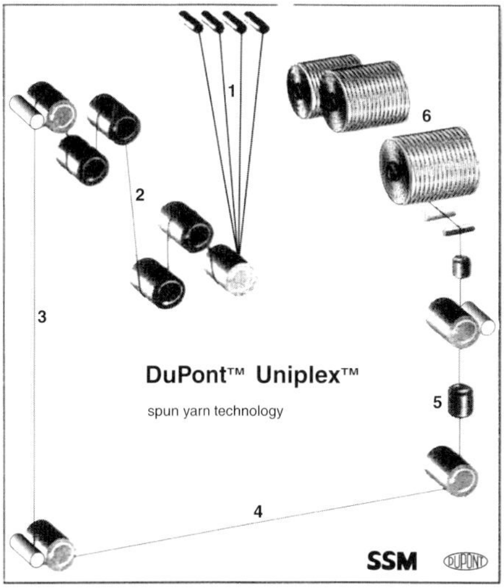

1 – Filament von Gatter
2 – Verstreckungszone
3 – Reißzone
4 – Nachreißzone
5 – Pneumatische Verfestigung
6 – Aufwindung

Abb. 1: Uniplex-Verfahren: Direktspinnprozess vom Filament zum Stapelfasergarn
Quelle: SSM Eltex, Reutlingen und DuPont Uniplex®

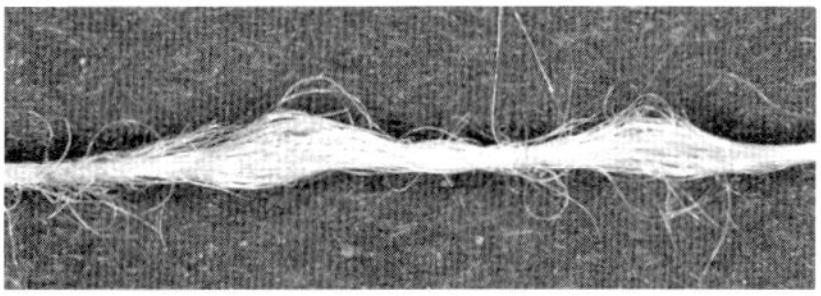

Abb. 2: Abschnitt eines Uniplex-Garns
Quelle: SSM Eltex, Reutlingen und DuPont Uniplex®

körper (z. B. Kunststoff-Folienteile und Fremdfasern) in Baumwolle, Vegetabilien in Wolle, Schäben in Flachs und Hanf sowie alle nichtfaserigen Bestandteile im textilen Rohstoff und teilweise noch in späteren Verarbeitungsstufen (Band, Vorgarn, Garn).

Unreinheiten (Garne, Zwirne), → Garnfehler, → Zwirnfehler.

Unruhiges Garn, Garn, das auf der Garntafel aufgewickelt oder im Gestrick und Gewebe einen unruhigen, d. h. ungleichmäßigen optischen Gesamteindruck ergibt. Dies kann durch Masseschwankungen längerer oder kürzerer Art, durch ungleichmäßig verteilte Imperfections (Dünnstellen, Dickstellen, Nissen), aber auch durch ungleichmäßige Haarigkeit entstehen. Die Erkennung mit Hilfe einer Garntafel ermöglicht eine gewisse Voraussage des Erscheinungsbilds der Fertigware. Die Feststellung der Garnunruhigkeit ist mit Hilfe messtechnischer Maßnahmen (z. B. Uster-Tester) nicht so einfach oder nur bedingt möglich (Nachteil der reinen Geräteprüfung). Ein unruhiges Garn kann auch bewusst als Effektgarn erzeugt werden, indem man z. B. unterschiedliche Garntypen (Filamentgarn und Spinnfasergarn oder unterschiedliche Filamentgarnfeinheiten) verzwirnt oder verwirbelt.

Unterdrückter Fadenballon, → Ballonunterdrückung.

Unterfaden (Untergarn), kostengünstiger, leicht gedrehter Baumwollzwirn (oder Chemiefaserzwirn) mit niedrigerer Drehung, z. B. Nm 24/2, möglichst Z-gedreht, um ein Aufdrehen an der Nähmaschine zu verhindern.

Unterläufer (Hinterwicklung), zwischen Spulpaket und Scheibe (oder Flansch) abgerutschtes Garnpaket, Fehler, der zu Ablaufstörungen führt.

Untersponnenes Garn, dickeres Wollkammgarn (Nm 16–Nm 20) mit niedrigerer Drehung als üblich, im Charakter zwischen Kammgarn und Streichgarn.

Unterwindung, Reservewindungen für das Fadenverbinden auf der Unterseite der Bewicklung von Spinncops oder Kreuzspule. Sie muss durch ein spezielles Steuerprogramm (oder die Form des Herzexzenters) festgelegt werden.

Unverstrecktes Filamentgarn (UDY, Undrawn Yarn), Filamentgarn, das mit niedriger Geschwindigkeit aus der Spinndüse ausgesponnen wurde, nicht vororientiert ist und nicht durch Verzugsvorgänge verstreckt wurde.

Uptwisting, Aufwärtszwirnmethode, mit dem besonderen Merkmal der direkten Aufwicklung des Zwirns auf eine Kreuzspule und des Zwirnabzugs von der Zwirnstelle nach oben (nicht absolut notwendig, aber aus Handhabungsgründen sinnvoll). Das Doppeldrahtzwirnen, der zweite Teil des Stufenzwirnverfahrens und das Kablieren sind Aufwärtszwirnmethoden. Das Hohlspindelzwirnen kann ebenfalls eine Aufwärtszwirnmethode sein.

Uster-Imperfections, Garnungleichmäßigkeiten (Dünnstellen, Dickstellen, Nissen), die mit Hilfe des → Uster Testers als Masseungleichmäßigkeiten gemessen werden. Zahl der Dünnstellen (unter 50 % Garnmasse), Dickstellen (über 50 % Garnmasse), Nissen (über 200 % bei Ringgarnen, über 280 % bei Rotorgarnen) bezogen auf 1.000 m Garnlänge.

Uster-Prüfung, Prüfung der Garngleichmäßigkeit an Garnen mit Hilfe des Uster-Testers. Kapazitive Messung der Masseungleichmäßigkeiten der Garne. Wichtigste Messergebnisse sind der Variationskoeffizient der Garnmasse (→ CV-Wert) und die Imperfections (Dünnstellen, Dickstellen und Nissen). Für die Bestimmung der Uster-Werte an Bändern, Vorgarnen und Garnen werden unterschiedliche Kondensatorplatten des Uster-Testers mit unterschiedlichen Prüfgeschwindigkeiten verwendet. Bei Garnen liegt die heute übliche Geschwindigkeit der Prüfung bei 400 m/min. Bei mindestens 10 Spulen (besser 20) sollten je mindestens 100 m oder 120 yards, besser 200 m, gemessen werden, um verlässliche Uster-Werte zu erhalten.

Uster-Statistics, von der Firma Uster Technologies (früher Zellweger Uster) in Uster in der Schweiz (und in Knoxville, USA) statistisch weltweit durch Vergleiche der Garnprüfungsergebnisse ermittelte Tabellen der Kennwerte der Uster-Prüfung (unterschiedliche Garnfeinheiten und Spinnverfahren) und der Baumwollprüfung mit HVI- und AFIS-Gerätesystemen. Im Jahre 1949 wurden die ersten Uster-Standards in numerischer Form der textilen Fachwelt vorgestellt. Die daraus entwickelten Uster-Statistics wurden immer wieder erarbeitet und werden heute über das Internet von Uster Technologies, Uster, Schweiz, zur Verfügung gestellt.
Die Uster-Statistics gelten in erster Linie als nützlicher Leitfaden für gute textile Praktiken im Bereich der Garnerzeugung. Der Nachweis von spezifischen Fehlern oder Defiziten im Garnqualitätsniveau mit Hilfe der Uster-Statistics kann umgehend in erforderliche Korrekturmaßnahmen im

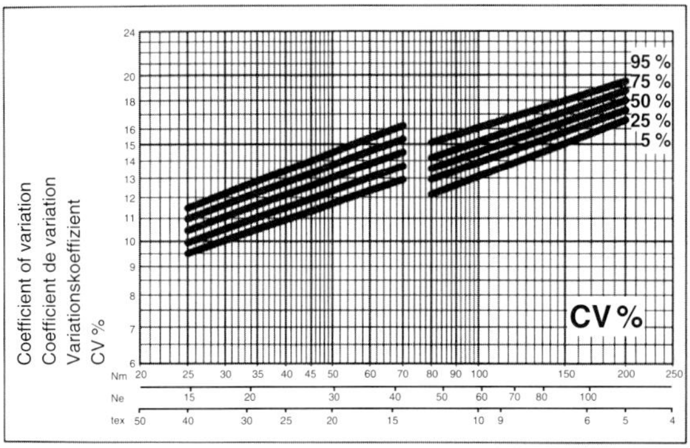

USTER CV %, coefficient of variation of yarn mass

USTER CV %, coefficient de variation de masse du fil

USTER CV %, Variationskoeffizient der Garnmasseschwankungen

Abb. 1: Beispiel der Uster-Statistics für Ringgarne aus gekämmter Baumwolle
Quelle: Uster Technologies, Uster, Schweiz

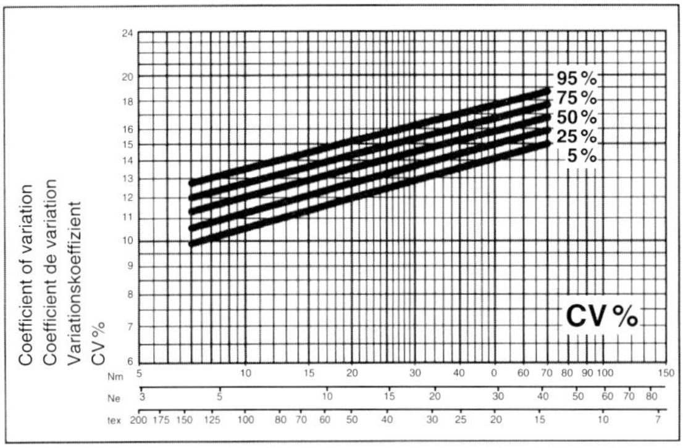

USTER CV %, coefficient of variation of yarn mass

USTER CV %, coefficient de variation de masse du fil

USTER CV %, Variationskoeffizient der Garnmasseschwankungen

Abb. 2: Beispiel der Uster-Statistics für OE-Rotorgarne aus Baumwolle
Quelle: Uster Technologies, Uster, Schweiz

Spinnprozess umgesetzt werden. Durch moderne Datenverarbeitungssysteme und On-line-Garnqualitätskontrolle kann die Anpassung teilweise schon automatisch erfolgen (z. B. beim OE-Rotorspinnen). Mit Hilfe der Uster-Statistics konnte nicht nur ein weltweit gültiger Leitfaden für die Textilindustrie erstellt werden, es konnte auch nachgewiesen werden, dass sich weltweit über ein halbes Jahrhundert hinweg die Garnqualität deutlich verbessert hat. Der mittlere Uster-CV-Wert sank von etwa 16 % bei Ne 60 (Nm 100, 10 tex) im Jahre 1950 auf etwa 12 % im Jahre 2000. Ähnliches gilt auch für andere Garnfeinheiten. In den modernen Uster-Statistics sind neben Garnqualitätsdaten auch Informationen über Rohstoffqualitäten zu finden.

Uster-Tester, in der Textilindustrie weltweit verbreitetes und anerkanntes Prüfgerät zur (kapazitiven) Prüfung der Garngleichmäßigkeit, das von der ehemaligen Firma Zellweger Uster zuerst entwickelt wurde. Die Stadt Uster in der Schweiz gab dem Gerät den Namen. Verschiedene Prüfgeräteserien, die teilweise von anderen Firmen nachgebaut wurden (GGP,

Uster-Tester 2–3. Aktuelle Modellreihe: Uster Tester 4.) Vergleichswerte der weltweiten Garn- (und Faser-)prüfung werden als→ Uster-Statistics veröffentlicht.

Uster-Ungleichmäßigkeit, → Uster-Wert (CV-Wert).

Uster-Wert (CV-Wert), Kennwert der Garngleichmäßigkeitsmessung, ermittelt mit Hilfe des Uster-Messgeräts (Uster-Tester). Alle linienförmigen textilen Gebilde, die aus Fasern hergestellt werden (Wickel, Bänder, Vorgarne, Garne, aber auch Filamentgarne) sind nie ganz gleichmäßig, sondern weisen immer dünnere und dickere Stellen auf. Die Prüfung der Uster-Ungleichmäßigkeit (Uster: Stadt in der Schweiz, Sitz der Firma Uster Technologies, früher Zellweger und Typenbezeichnung für deren Prüfgeräte) ist eine von vielen Möglichkeiten der Gleichmäßigkeitsmessung. Der Variationskoeffizient der Garnmasseschwankungen CV m wird nach Uster definiert als Standardabweichung s geteilt durch den Mittelwert m der Garnmasse (mittlere gemessene Garnmasse wird 100 % der Masse gleichgesetzt): CV m = s/m.
Das Prüfgut wird im Uster-Tester (UT 3/UT 4) zwischen zwei Kondensatorplatten eines elektrischen Kondensators hindurchgeführt. Die Masseschwankungen des Garns erzeugen Änderungen der Messsignale, die als Diagramm aufgezeichnet werden. Das Ergebnis der Messung ist die Abweichung vom Mittelwert der Garnmasse, der Uster-Wert (CV m). Grundsätzlich sind Garne mit vielen Fasern im Querschnitt gleichmäßiger als Garne mit wenigen Fasern, d. h., feinere Spinnfasergarne sind meist ungleichmäßiger als gröbere und Filamentgarne sind meist gleichmäßiger als Spinnfasergarne (Stapelfasergarne). Informationen über die Garnwerte liefern die → Uster-Statistics, die inzwischen auch über das Internet abgerufen werden können.
Folgende Beispiele sind nur grobe Richtwerte:

1.	Filamentgarne	CV m = 0,5–5 %
2.	Kardenbänder	CV m = 2,5–5 %
3.	Vorgarne	CV m = 3–10 %
4.	Spinnfasergarne	CV m = 5–25 %

Bei Garnen kann als grobe Einstufung gelten:

1.	CV m < 5	sehr gleichmäßig
2.	CV m 5–15	gleichmäßig
3.	CV m 15–25	ungleichmäßig
4.	CV m > 25	sehr ungleichmäßig

Allerdings sollte die Abhängigkeit von der Garnfeinheit und der Faseranzahl im Garnquerschnitt beachtet werden. Früher wurde die Definition des U%-Werts verwendet (CV = 1,25 × U). Der CV-Wert eignet sich jedoch besser zur Unterscheidung kurzer dicker und langer dünner Garnfehler als der ältere U%-Wert.

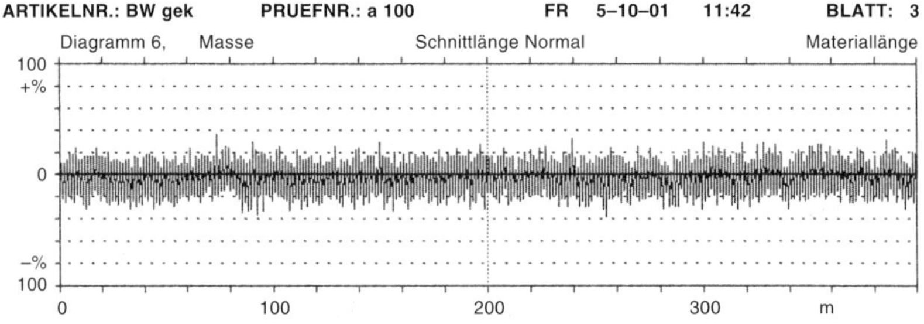

Abb. 1: Diagramm der Uster-Gleichmäßigkeitsprüfung eines Garns
Quelle: G. Stechenfinger, Materialprüflabor, Hochschule Reutlingen

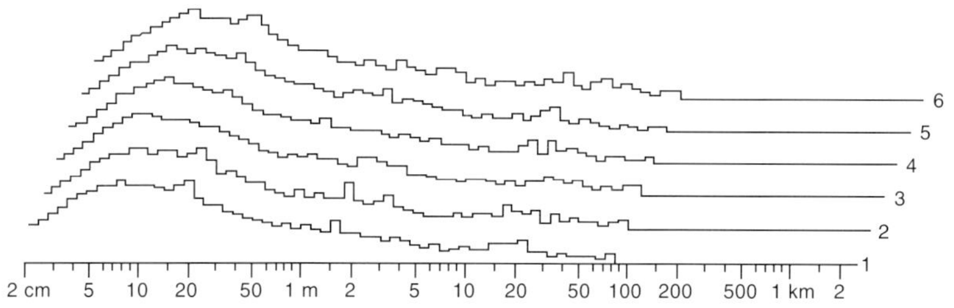

Abb. 2: Beispiel eines Garngleichmäßigkeitsspektrogramms nach Uster
Quelle: G. Stechenfinger, Materialprüflabor, Hochschule Reutlingen

Abb. 3: Uster-Garngleichmäßigkeitsprüfgerät (Uster Tester 4-SX) für Filamentgarne
Quelle: Uster Technologies, Uster, Schweiz

Uster-Wert (U%), bei der Entwicklung der ersten Uster-Garngleichmäßigkeits-Prüfgeräte (GGP, Uster Tester I und II) hatte man bei der Fa. Zellweger in Uster in der Schweiz eine Defintion der Ungleichmäßigkeit U wie folgt vorgenommen:

$$U = \frac{\alpha}{'x\, T}$$

wobei α die Fläche des Diagramms begrenzt durch die Momentanwerte xi und den Mittelwert 'x und T die Auswertzeit bedeuten. In Prozent ausgedrückt ist

$$U = \frac{\alpha}{'x\, T} \times 100\,\%$$

Diese Ungleichmäßigkeit U ließ sich also als das Verhältnis zweier Flächen, der Fläche zwischen der Kurve und dem Mittelwert zur Fläche unter dem Mittelwert ausdrücken. Die U-Prozentwerte sind niedriger als die später eingeführten, empfindlicheren CV-Prozentwerte der Garnungleichmäßigkeit.

$$CV = 1{,}25 \times U$$

Usual-Garn, älterer Begriff für Baumwollgarn mit mittlerer Drehung.

UV-Beständigkeit, ultraviolettes Licht schädigt textile Fasermaterialien (Herabsetzung der Festigkeit, Farbabbau usw.). Die UV-Beständigkeit kann über UV-Behandlung und vergleichende Festigkeitsprüfung am Garn gemessen werden. (UV-Licht, nicht sichtbares Licht der Wellenlängen $3{,}65 \times 10^{-7}$–3×10^{-9} und der Frequenzen $8{,}2 \times 10^{14}$ Hz bis 10^{17} Hz.)

UV-Schutz-Garn, Garn aus dunkel gefärbten Materialien, die UV-Strahlen stärker absorbieren bzw. umwandeln.

V

Vakuum-Aufdämpfanlage, Dämpfkammer, die im Unterdruckbereich Feuchtigkeit auf die Garne aufbringt (Konditionierung, Dämpfen).

Vakuumbefeuchtung, Aufbringung von Feuchtigkeit auf Garne im Unterdruckbereich.

Variationskoeffizient, statistischer Kennwert, der die Schwankung von Ereignissen charakterisiert. In der Textilindustrie oft mit der Gleichmäßigkeit der Masseverteilung im Garn gleichgesetzt (→ CV-Wert). Er ist aber grundsätzlich auch für alle anderen textilen Eigenschaften verwendbar (z. B. Festigkeitswerte, Dehnungswerte, Haarigkeit usw.). Erfasst werden die in der Praxis immer vorhandenen Schwankungen um einen Mittelwert mit Hilfe der Gauß'schen Normalverteilung:

$$CV = \frac{s}{x'} \times 100\,\%$$

wobei:

CV = Variationskoeffizient (Coefficient of Variation)
s = Standardabweichung (durchschnittliche quadratische Abweichung) einer Normalverteilungsfunktion
x' = Mittelwert der Normalverteilungsfunktion

Das Verhältnis beider Größen wird üblicherweise mit 100 % multipliziert, es ergibt sich also eine Prozentzahl (z. B. CV = 30 %). Genau genommen gilt die statistische Angabe des CV-Werts in dieser Form also nur bei normalverteilten Ereignissen. In der Textilindustrie gibt es davon jedoch viele Abweichungen, trotzdem wird zur Vereinfachung der Berechnung statistischer Größen meist die Normalverteilung angenommen (Grundannahme in den Programmen der Taschenrechner).
Mit der Entwicklung der kapazitiven Messung der Garnmasseschwankungen durch Zellweger/Uster (Uster Technologies) wurde der für die Masseschwankungen eines textilen Garns eingeführte CV-Wert zum Inbegriff der Garngleichmäßigkeit. (→ Uster-Wert). Der Uster-Wert wurde mit dem CV m-Wert gleichgesetzt.

Verbandmull, sehr weitmaschige, weiche Gewebe aus Baumwoll- oder Viskosegarnen für medizinische Zwecke. Die Breitgewebe in Leinwandbindung sind typisch 17-, 20- und 24-fädig (Summe aus Kett- und Schussfäden je Quadratzentimeter) aus Garnen Nm 60 oder Nm 70, gelegentlich gröber, in verschiedenen Breiten, je nach Anwendungszweck. Sie werden in Stücken oder Rollen geliefert. Verwendung für Wundkompressen, Saugmaterial zur Blutstillung, Operationsunterlagen und Trägermaterial für Gipsverbände. Für Materialien, Lieferformen, Verpackungen und Sterilisierungsanforderungen von Medizinprodukten gibt es Richtlinien und DIN-EN-Normen. Seit 1998 gibt es europaweit eine Kennzeichnungspflicht für Medizinprodukte nach CE 0086 (EU-Richtlinie 93/42 EWG, MPG (Medizinproduktegesetz), DIN EN ISO 9001 ff., DIN EN 46001 ff., QS für Medizinprodukte und Prüfnormen DIN EN ISO 30993).

Verbrauchslänge des Garns, Garnlänge, die tatsächlich hergestellt und weiterverarbeitet wird.

Verbundgarn (Compositgarn), Filamentgarn oder Spinnfasergarn, dessen Filamente oder Fasern aus unterschiedlichen Werkstoffen bestehen (z. B. Mischungen Polyester/Polypropylen).

Verdichtungsspinnen, → Kompaktspinnverfahren.

Verdrehung im Band, fehlerhafte Verdrehung des Bands beim Ablegen in die Spinnkanne oder beim Abzug aus der Kanne, die zu Fehlverzügen und damit zu Garnfehlern oder sogar zu Bandbrüchen führen kann.

Veredlung, Sammelbegriff für das Ausrüsten von Textilien. Die Veredlung verleiht dem Textil Aussehen und Gebrauchseigenschaften, die es erst verkaufsfähig machen. Sie erfolgt in verschiedenen Stufen und kann in der Flocke, im Kammzug, im Vorgarn oder Garn und bei allen weiteren Verarbeitungsprozessen erfolgen. Dazu gehören das Bleichen, Beuchen, Färben, Bedrucken, die Spinnfärbung und die Garnnachbehandlung wie Texturieren, Dämpfen, Sengen, aber auch das Aufbringen von wasser- und schmutzabweisenden Oberflächenschichten (z. B. Lotus-Effekt). Immer wichtiger wird die Gestaltung von Funktionsoberflächen zur Verbesserung der elektrischen Leitfähigkeit, zur Erzielung von Oberflächenfarb- und Glanzeffekten, zur Geruchsunterdrückung oder Duftabgabe, zur Gestaltlösung von medizinisch wirksamen Oberflächen (Abgabe von Arzneimitteln), auch unter Anwendung der Nanotechnologie für Smart Textiles bzw. Funktionstextilien und Integration von elektronischen Schaltfunktionen in die Fasern (Notsignale, Übertragung von Medizindaten oder Sensor-Teppich zur Objektüberwachung von Infinion/Vorwerk u. a.).

Vereinigungsstrecke, Mischstrecke, Strecke der ersten Streckpassagen, die in erster Linie der Mischung der Bänder dient (Materialdurchmischung). Auch die Mischung unterschiedlicher Materialien (Naturfasern und Chemiefasern) ist üblich.

Verfahrensbedingte Garnfehler, verarbeitungsbedingte → Garnfehler.

Verfärbung, fehlerhafte Farbveränderung der Garne durch veränderte Farbstoffaufnahme oder -abgabe.

Verfeinerung, Verhältnis von Eingabefeinheit (Vorlagefeinheit) eines Vorgarns oder Bands zu Ausgabefeinheit (Ablieferungsfeinheit). Bei der Bestimmung der Verfeinerung werden Faserverluste, die während des Verzugs (Absaugung, Hängenbleiben von Fasern an den Druckrollern, Herausfallen von Schmutzteilchen usw.) immer entstehen, mit berücksichtigt. Deshalb unterscheidet sich die Verfeinerung zahlenmäßig geringfügig vom Verzug. Dieser Unterschied (1 % oder auch mehr) ist für die

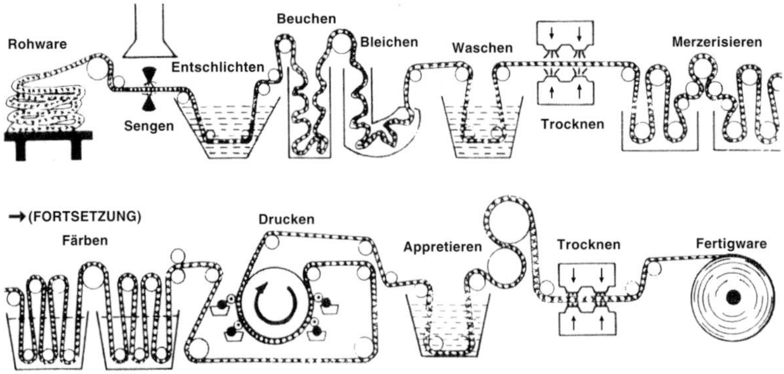

Abb.: Prinzipieller Ablauf eines Veredlungsprozesses
Quelle: Gesamttextil, Eschborn

Produktionsberechnung in der Spinnerei wichtig.

Verfestigung von Garnen und Vorgarnen, die Verfestigung ist notwendig, um aus einzelnen Fasern kurzer Länge ein festes Garn, einen verarbeitbaren Faden herstellen zu können. Dafür muss die Festigkeit der einzelnen Fasern auf den Faserverband, das Garn übertragen werden. Dies ist möglich über:
- Verdrehen
- Verkleben
- Verschweißen (bei Thermoplasten)
- Vernadeln
- elektrostatische Anziehung
- Adhäsion

Das Vernadeln wird für grobe Moppgarne verwendet (z. B. Nadel-Puncher der Fa. Fehrer für DREF-Garne). Für das Verkleben von Fasern zu Garnen wurden z. B. das Twilo-Verfahren der TNO in Delft (Holland) und das Pavena-Verfahren in der ehemaligen Tschechoslowakei entwickelt, das sich nicht in der Industrie durchgesetzt hat.
Das häufigste Verfahren zur Garnverfestigung ist das mechanische Verdrehen, das den üblichen Spinnverfahren (Ringspinnen, Rotorspinnen, Luftspinnen, Friktionsspinnen) zugrunde liegt. Allerdings beruht beim Verdrehen der Fasern zum Garn die Festigkeit auf den Reibkräften zwischen den Fasern, womit keine vollständige Ausnutzung der Faserfestigkeit möglich ist. Stapelfasergarne erreichen eine Substanzausnutzung zwischen 30 und 70 %, üblicherweise eher zwischen 40 und 60 % der theoretischen Gesamtfestigkeit aller Fasern im Querschnitt. Mit zunehmender Drehung eines Garns nimmt die Festigkeit des Garns zu, bis ein bestimmtes spezifisches Maximum erreicht wird. Danach nimmt die Festigkeit durch Überdrehen des Garns wieder ab. Die Höhe des erreichbaren Maximums der Festigkeit hängt von der Faserfestigkeit, von der Biegesteifigkeit der Fasern und von der Reibung zwischen den Fasern sowie von Oberflächenhaftkräften ab. Bei geringer Drehung (oder ohne Drehung) gleiten die Fasern bei Zugbeanspruchung aneinander vorbei, nur die niedrige Gleitreibung und die Haftkräfte müssen überwunden werden (wie im Streckwerk beim Verziehen des Faserbändchens). Bei zunehmender Drehung der äußeren Fasern um die inneren Fasern des Garns entsteht eine zum Garnkern wirkende Kraft (Einschnürung, Lasso-Effekt), die bei Zugbeanspruchung noch stärker wird und die Fasern zusammenpresst. Bei einer Garnzugkraftbelastung gleiten weniger Fasern aneinander vorbei, andere werden bis zum Zerreißen angespannt. Beim Maximum der erreichbaren Garnfestigkeit werden die längeren Fasern am stärksten belastet; kurze Fasern tragen kaum zur Kraftübertragung bei. Das Maximum wird als kritischer Drehungsbereich bezeichnet, den man in der Spinnerei normalerweise nicht anstrebt, sondern eher darunter bleibt, weil sonst die Garne zu hart werden (harter Griff) und die Kosten der Herstellung steigen. Nur Voile und Kreppgarne liegen bewusst aus Strukturgründen in der Drehungshöhe darüber (harte, strukturierte Oberfläche, z. B. für Möbelbezugsstoffe). Bei starker Überdrehung reißen bevorzugt die äußeren Mantelfasern ab, das Garn wird nicht mehr zusammengehalten und zerreißt bei weiterer Belastung.
Eine wichtige Rolle für die Festigkeit spielt die Faserlänge. Längere Fasern lassen sich öfter um den Garnkern winden. Deshalb ist auch die Ausstreckung der Fasern oder die Orientierung in Garnachsrichtung wichtig. Quer liegende Fasern und umgelegte Fasern können nicht richtig zur Kraftübertragung eingesetzt werden. Behindert das Spinnverfahren die Faserausstreckung (z. B. OE-Rotorspinnen, Fasertransport im Luftstrom),

sinkt die erreichbare Garnfestigkeit. Dasselbe gilt auch für die Biegesteifigkeit der Fasern: Sind Fasern sehr biegesteif (z. B. Flachsfasern), so kann auch eine höhere Faserfestigkeit nicht in das Garn (Trockenspinnen) übertragen werden. Die Einschnürung des Garnkerns wird schlechter, der Ausnutzungsgrad der Festigkeit wird geringer, und das Garn wird schwächer.

Vergilbung, Farbveränderung von Faserstoffen und Filamentgarnen, vor allem von Chemiefasern aus Polyamid, durch Wärme- und Lichteinwirkung und dadurch verursachte Abbauvorgänge im Fasermaterial.

Verklebte Fasern, Schmelzstellen, die bei der Chemiefaserherstellung oder durch thermische Schädigung während der Faseraufbereitung oder an der Spinnmaschine (Ring/Läufer) entstehen können.

Verlegung, → Fadenverlegung.

Vernähbarkeitsavivagen, spezielle Hilfsmittel (→ Avivagen) für Nähgarne, die bei hoher Stichfrequenz eine Beschädigung des Garns und der Nähnadel verhindern sollen.

Verspinnbarkeit, Eignung von Faserstoffen (Spinnfasern) zur Herstellung (Verspinnung) von Garnen, unter der Voraussetzung industrieller Verarbeitbarkeit mit akzeptablen Fadenbruchzahlen und ausreichenden Garneigenschaften (Mindestfestigkeit, Mindestgleichmäßigkeit, Mindestproduktionsleistung).

Verstärkungsgarne, Garne, die als durchgehende Fäden oder in der Fläche als Gelege zur Verstärkung von Folien, textilen Flächen oder von Verbundwerkstoffen eingesetzt werden.

Verstrecken,
1. Verstrecken von Chemiefasern, Filamenten oder Folien: Chemiefasern erhalten ihre endgültigen Eigenschaften erst durch die Verstreckung. Die Verstreckung bedeutet Verlängerung der Filamente unter Krafteinwirkung in verschiedenen Stufen (beispielsweise im Verhältnis 1:4–1:1,1), wodurch sich der Filamentquerschnitt verkleinert und die Molekülketten (Makromoleküle) im Filament gestreckt, orientiert und parallelisiert werden. Die Verstreckung erfolgt meist zwischen Galettenwalzen. Bei Folien kann die Verstreckung zweidimensional erfolgen.
2. Verstrecken von Stapelfasern in den Streckwerken (Verzug) von Spinnereimaschinen (Strecke, Flyer, Ringspinnmaschine):
Bei Stapelfasern ist die Verstreckung notwendig zur
- Verfeinerung der Bänder (Kardenband, Streckenband, Flyerlunte, Garn)
- Mischung (z. B. Baumwolle und Polyester)
- Dublierung (Kombination von Bändern zum Fehlerausleich)
- Ausstreckung (Orientierung) der Fasern in Achsrichtung

Man unterscheidet zudem die Vorverstreckung (Vorverzug) und die Hauptverstreckung (Hauptverzug).

Verstreckung, das Verhältnis der Abzugsgeschwindigkeit der Abzugsgalette zur Liefergeschwindigkeit der Liefergalette bei der Filamentherstellung. Bei der Stapelfaserspinnerei spricht man von → Verzug.

Vertikal-Finisseur, Hochleistungsnitschelstrecke für die Herstellung von Vorgarnen in der Kammgarnspinnerei, bei der die Zuführung der Bänder von oben erfolgt und das genitschelte Vorgarn nach unten abgezogen wird. Da mit der Schwerkraft abgezogen wird, ist ein schnellerer, störungsfreierer Ablauf möglich (wie bei der Vertikal-Kettenstrecke).

Verwirbelung, → Umwirbeln.

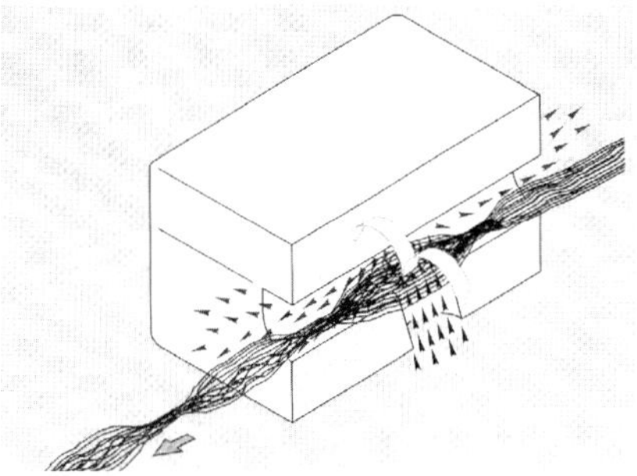

Abb. 1: Prinzip der Multifilament-Garnverwirbelung (Intermingling) mit Blasdüsen
Quelle: Heberlein Fasertechnologie AG, Wattwil, Schweiz

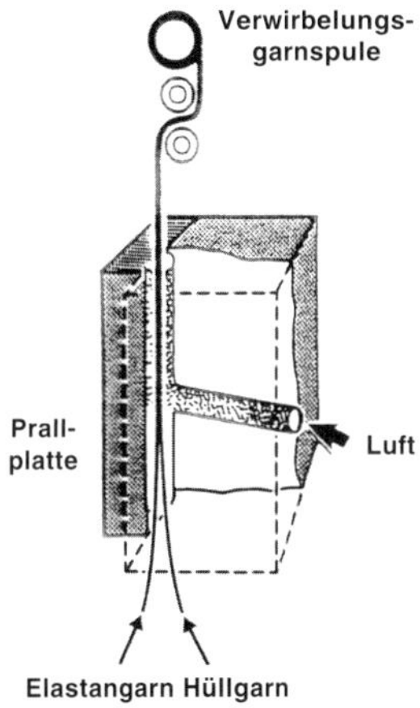

Abb. 2: Prinzip der Mehrfachgarnverwirbelung (Comingling) mit Blasdüsen
Quelle: Dr. H. Weinsdörfer, ITV Denkendorf

Verwirbelungsstelle (Interlace), Garnteil eines ungedrehten Filamentgarns, an dem durch Verwirbelung mit Verwirbelungsdüsen ein Fadenschluss (Fadenzusammenhang) zwischen den Filamenten (Filamentumschlingungen, → Interlace) entstanden ist. Die Filamente an der Verwirbelungsstelle liegen nicht mehr parallel. Eine fehlerhafte Verwirbelungsstelle bildet einen Knoten, der sich nicht mehr öffnet und mit Hilfe des → Interlace Counters oder ähnlicher Geräte gemessen werden kann.

Verziehen, → Verstrecken.

Verzug, Verhältnis der Abliefergeschwindigkeit eines Bands oder Vorgarns zur Einzugsgeschwindigkeit zwischen den Klemmpunkten der Streckwerkswalzenpaare. Der Gesamtverzug eines Streckwerks ergibt sich aus der Multiplikation der angewendeten Verzüge, z. B. Vorverzug multipliziert mit dem Hauptverzug. Bei Filamentgarnen spricht man von → Verstreckung.

Verzug durch Auflösewalzen, bei Auflösewalzen (OE-Rotorspinnen) oder der Faservereinzelung durch Karden und Krempeln spricht man ebenfalls von einem Verzug, den man allerdings nur über die → Verfeinerung genauer berechnen kann. Der Verzug entspricht näherungsweise der Verfeinerung, wenn keine Faserverluste berücksichtigt werden. Die Verfeinerung ergibt sich aus dem Verhältnis der Vorlagefeinheit eines Bands (Vorgarns) zur Ablieferungsfeinheit.

Verzugsänderung, die Verzüge der Spinnmaschinen werden bezüglich des Faserstoffs (Naturfasern, Chemiefasern), der Faserlänge und Faserfeinheit (Faseranzahl im Bandquerschnitt) optimiert. So gibt es für Vorverzüge und Hauptverzüge bestimmte optimale Werte, die bei grundsätzlichen Änderungen des Rohstoffs angepasst werden müssen. Ändert man die Bandfeinheit, lässt man an der Strecke den optimalen Vorverzug möglichst konstant. Lieferwalzenpaar und erstes

Streckwerkswalzenpaar werden gleichzeitig beschleunigt oder abgebremst.

Verzugsdiagramm, mit Hilfe von Verzugskraftmessungen lässt sich die für das Verstrecken erforderliche Verzugskraft in Abhängigkeit von der Verzugshöhe messen. Der typische Verzugskraftverlauf zeigt wegen der hohen Haftreibung zwischen den Fasern zunächst ein starkes Ansteigen der Verzugskraft, die dann ihr Maximum erreicht, wenn die ersten Fasern sich in Bewegung setzen und die Haftreibung in Gleitreibung übergeht. Sind alle Fasern in Bewegung gesetzt worden (idealer Verzug), sinkt die Verzugskraft wieder deutlich ab. Damit werden im Hauptverzugsbereich sehr hohe Verzüge möglich (bis zu 70-fach bei Langstapel-Baumwolle, extrem bis 90-fach möglich, bei Chemiefasern wegen höherer Faser/Faser-Reibung eher niedriger. Bei modernen Strecken (z. B. Fa. Trützschler) kann die Verzugskraft mit einem in die Strecke integrierbaren Verzugskraftmessgerät kontinuierlich gemessen werden, wodurch eine optimale Einstellung der Strecke möglich wird.

Verzugsfehler, ein idealer Verzug eines Bands oder Vorgarns bedeutet, dass sich die Fasern in einem gleichmäßigen Fließvorgang aneinander vorbeibewegen (Verzugsvorgang, der mit Stroboskop-Blitzgeräten auch sichtbar gemacht werden kann). Haften jedoch Faserpakete zusammen, bei Kurzfasern oder Chemiefaser-Stapelpaketen, entsteht ein ungleichmäßiger Verzug, der zu Masseungleichmäßigkeiten im späteren Garn führt. Weitere Fehler treten auf, wenn die Fasern zunächst bewegt werden, aber dann aneinander haften bleiben (Glasplatteneffekt bei Chemiefasern). Damit entsteht ebenfalls ein Fehlverzug. Das gesamte Faserbündel wird zunächst nur gedehnt, und erst unter höherer Krafteinwirkung werden die Fasern wieder voneinander getrennt. Dieser Vorgang wird → Haft/Gleit-Wechsel genannt und führt besonders beim Chemiefaserverzug zu erheblichen Masseschwankungen und Fehlern im Garn.

Verzugsfeld, der gesamte Bereich zwischen zwei Walzenpaaren, zwischen denen ein bestimmter Verzug stattfindet.

Verzugskraft, die Gesamtverzugskraft ergibt sich aus der Kraft, die zur Überwindung der Haftreibung und der Gleitreibung sowie sämtlicher, zwischen den Fasern wirkender Anziehungskräfte (Klebekräfte usw.) erforderlich ist. Sie kann direkt über Drehmomentmessungen der Verzugswalzenpaare oder indirekt über den Energieverbrauch der Antriebsmotoren gemessen werden. → Haftkraftmessung.

Verzugsparameter, viele Faktoren beeinflussen den Verzugsvorgang an Fasern. Die wichtigsten sind:
- Faserstoff (Werkstoff)
- Faserform (Querschnittsform, Längsstruktur)
- Oberflächenstruktur (glatt, rau)
- Wachse, Fette (Baumwollwachs, Wollfett)
- Hilfsmittel (Avivagen, Schmälzen usw.)
- Faseranzahl im Querschnitt des Bands oder Vorgarns (Dicke, Feinheit)
- Faserlängenverteilung
- Feinheitsverteilung
- Kräuselung
- Klima
- Staubgehalt an der Faseroberfläche

Verzugsvorrichtungen, Elemente an Textilmaschinen, mit denen Verzüge von Fasern erzielt werden, z. B.:
- Walzenpaare eines Streckwerks mit unterschiedlicher Geschwindigkeit
- Durchzugsstreckwerke mit Sampre-Walzen oder Kanalwalzen

- Auflösewalzen (Verzug im Luftstrom, Beschleunigung)
- Kardier- und Krempelsysteme
- Nadelstabstreckwerke
- Schneller bewegte Abtransportflächen (Bandabzug oder Rotorwand)
- Transportwalzen eines Füllschachts

Verzugswiderstand, → Haftkraft.

Vierfachstickgarn, Vierfachzwirn aus merzerisierten Baumwollgarnen mit weicher Drehung, gebleicht. Einsatz für die für die Weißstickerei oder gefärbt für Monogramme. Zwirnfeinheiten etwa von Nm 8 bis Nm 70.

Vierfachzwirnen, das Verzwirnen von vier Garnen, entweder einstufig oder als Stufenzwirn mit zwei einfachen Vorzwirnen.

Vigognegarn, ursprünglich Bezeichnung für Alpakagarn (Vikunijaverarbeitung), später als Bezeichnung für → Abfallgarn (→ Vigogne-Imitatgarn) oder Garn, das aus Reißfasern (Recycling) hergestellt wurde, verwendet. Gröberes, weiches Baumwollgarn oder Mischgarn, teilweise im Streichgarnverfahren hergestellt, einsetzbar für Handstrickgarne.

Vigogne-Imitatgarn, Garn, das im Streichgarnspinnverfahren aus kurzen Fasern, meistens aufbereiteten Reißfasern aus Alttextilien, hergestellt wird. Heute meist ersetzt durch grobe OE-Rotorgarne oder DREF-Garne.

Vigognespinnerei, ursprünglich Streichgarnspinnerei für die Herstellung von Vikunja oder Alpakagarnen, später eingesetzt zur Verarbeitung von Reißfasern. Das relativ kurze Fasermaterial wird auf der Streichgarnkrempel aufbereitet, genitschelt und dann auf der Streichgarnringspinnmaschine zu groben Garnen verarbeitet (gröber als Nm 18).

Vigoureuxdruck, Bedrucken von Woll- oder Chemiefaserkammzügen, meist streifenförmig, als Vorstufe der Spinnerei, um im fertigen Garn Farbmischungen oder Farbmelangeeffekte zu erzeugen. Wird gelegentlich auch zur Farbmusterung von Filamentgarnen benutzt, z. B. durch Bedrucken von Rundgestricken, die bei der Stricktexturierung (Knit-de-knit) zur Erzielung der Kräuselung hergestellt werden.

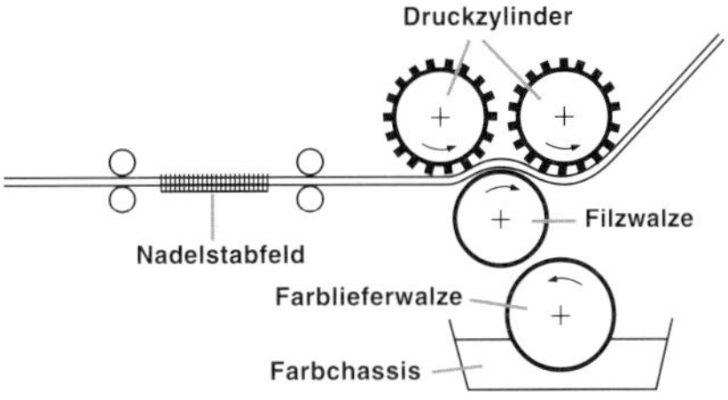

Abb.: Prinzipdarstellung des Vigoureux-Kammzugdrucks
Quelle: NSC Schlumberger, Guebwiller, Frankreich

Vigoureuxgarn, Garne mit farbiger Melangestruktur, hergestellt aus bedruckten Kammzügen.

Viloft, Markenname für spezielle, weiche Viskose-Filamentgarne, teilweise als Mikrofilamentgarne mit optimalen Feuchtigkeitstransporteigenschaften, Schweißtransport, Wärmeisolierung als innere Bekleidungsschicht (inner shell) in Funktionstextilien. Weitere Produkte: Viloft thermal, Viloft activ, Viloft micro (Fa. Acordis, Wuppertal).

Viskosefilamentgarn, Filamentgarn aus reiner Zellulose, das nach dem Viskosespinnverfahren hergestellt wurde.

Viskosegarn, Chemiefasergarn, hergestellt aus natürlicher Zellulose (regenerierter Holzzellulose), sowohl als Spinnfaser (Stapelfaser) als auch als Filamentgarn herstellbar. Höchste Feuchtigkeitsaufnahme (Hygienetextilien, medizinischer

Einsatz), gute Festigkeit, allerdings niedrige Nassfestigkeit, hervorragende Färbbarkeit, Farbbrillanz und Glanz (oder mattiert), antistatisch, luftdurchlässig, atmungsaktiv, kühlend und hautvertäglich.

Viskosespinnverfahren, Nassspinnverfahren zur Herstellung der Viskosefilamente. Ausgangsmaterial ist reiner Holzzellstoff, der durch die Behandlung mit Natronlauge (18%ig) zunächst in Alkalizellulose umgewandelt wird. Durch Zugabe von Schwefelkohlenstoff (Sulfidierung) entsteht Zellulose-Xanthogenat. Durch weitere Zugabe von verdünnter Natronlauge entsteht eine Lösung aus umgewandelter Zellulose, die zähflüssige Viskose (viskos = zähflüssig). Die gelöste Spinnmasse wird durch Spinndüsen gepresst, die sich in Wasser mit verdünnter Schwefelsäure, Natriumsulfat und Zinksulfat befinden. Das ausgesponnene zellulosische Fasermaterial wird durch den Entzug des Lösungsmittels ausgefällt und wieder in feste Zellulose umgewandelt. Danach können die Filamente gestreckt, gewaschen und aufgewickelt werden. Aus dem Kabel können nach Erzeugung der Kräuselung Spinnfasern hergestellt werden.

Viskosimeter, Messgerät zur Bestimmung der Zähigkeit (Viskosität) einer Flüssigkeit (z. B. einer Spinnschmelze).

Viskositätsgrad, Maß für die Zähigkeit einer Flüssigkeit.

Vleece, → Fleece.

Vlies, → Flor, aus Fasern hergestelltes Flächengebilde, in dem die Fasern nur durch die Reibung und natürliche Haftkräfte zwischen den Fasern zusammengehalten werden (z. B. Kardenvlies, Krempelvlies). Aus mehreren Lagen spezieller Vliese werden durch Verfestigung mit unterschiedlichen Verfahren (z. B. Vernadeln) Vliesstoffe (Nonwovens) hergestellt. Aus dem Kardenvlies wird durch Zusammenfassung des Vlieses das Kardenband hergestellt, aus dem Krempelvlies das Krempelband oder durch Florteilung und Nitscheln die Vorgarne der Streichgarnspinnerei.

Vliesbildung, Herstellung eines Vlieses aus Spinnfasern mit verschiedenen Verfahrensprinzipien (Einteilung nach Dr. H. Jörder):

1. Mechanisch:
   - Trockenvliese über Krempeln oder Kardieren
2. Aerodynamisch:
   - Trockenvliese durch Auflösen und Luftstromtransport der Fasern
3. Hydrodynamisch:
   - Nassvliesbildung
4. Spinnvliesbildung beim Primärspinnen:
   - Spinnvlies direkt aus abgelegten Filamenten
   - Schmelzblasverfahren (Meltblown)
   - elektrostatische Vlieserzeugung

Vlieskontrolle, Kontrolle der Gleichmäßigkeit und des Flächengewichts eines Vlieses durch:

- Visuelle Kontrolle
- Abtastung mit Beta-Strahlern und Strahlensensoren
- Optische Abtastung im Durchlicht
- mit Videokameras
- mit Ultraschall-Sendern und Empfängern

Vliesstoffe (Nonwovens), textile Flächengebilde, die als Vlies direkt aus Fasern (Faservliese, mehrere Vliese übereinander) oder Filamenten vorbereitet und durch anschließende Verfestigung (Vernadeln, Verkleben u. a.) zu einem textilen Flächengebilde geformt werden, ohne den Umweg der Garn-, Gewebe- oder Gestrickherstellung.

Voilegarn, hochgedrehtes Garn, dessen Drehung allerdings unter der Kreppdrehung liegt (alpha metrisch etwa 150–160).

Voilezwirn, Zwirn aus Voilegarn.
1. Baumwollzwirn, zweifach, glatt, mit hoher Garn- und Zwirndrehung, gesengt.
2. Kammgarnzwirn aus hochgedrehten Wollkammgarnen, mit hoher Zwirndrehung hergestellt.

Vollfadenschlichten, Schlichten ungedrehter Filamentgarne für die Weberei.

Vorderzylinder (Vorderwalzenpaar), das von der Vorderseite der Ringspinnmaschine, an der sich die Spindeln befinden, zu sehende Druckwalzenpaar des Streckwerks oder des Flyers. Eigentlich sind die Vorderwalzen vom Bandablauf des Verzugs her gesehen die letzten Walzen (Walzenpaar, Metallzylinder und gummibezogene Druckwalze) des Streckwerks, also die am schnellsten laufenden Ablieferungswalzen, an denen das Spinndreieck und daraus das Garn gebildet wird.

Vordippen, Eintauchen eines Garns (Filamentgarn) in das für die Vorbereitung der Beschichtung erforderliche Benetzungsmittel für die Vorbereitung von Reifencord.

Voreilende Spindel, der Flügel des Flyers läuft schneller als die Spule, auf die das Vorgarn aufgewickelt wird.

Vorgarn (Roving, Vorgarnfaden), Flyerlunten oder Nitschelbänder, die wesentlich feiner sind als Streckenbänder oder Kammzüge und als Vorlage für das Ringspinnen zur Herstellung feiner Garne immer noch erforderlich sind (außer beim Bandspinnen wie in der Halbkammgarnspinnerei). Die Herstellung von Vorgarnen erfolgt über den Flyer- oder Nitschelprozess.

Vorgarnkrempel, Streichgarnkrempel, mit der durch Florteilung und Nitschelung der Vliesbändchen direkt Vorgarne hergestellt werden können (Streichgarnspinnerei Wolle oder Vigognespinnerei Baumwolle und Reißfasern).

Vorgarnmischung, Mischung unterschiedlicher Vorgarne zur Weiterverarbeitung, wie sie für Siro-Spinnen und Farbeffektgarnherstellung benötigt werden. Kann auch zur Herstellung sehr feiner Garne und Aufteilung der Vorgarnherstellung in zwei Vorgarnstufen benutzt werden (sehr selten). Mit der Vorgarnmischung kann eine weitere Vergleichmäßigung des Vorgarns erfolgen.

Vorgarnöffner, spezielle Öffnungsanlage der Spinnereivorbereitung, mit der Reste von Vorgarnen der Spinnerei wieder geöffnet und dem Spinnprozess direkt zugeführt werden können (Recycling).

Vorgarnspule, Flyerspule oder Nitschelspule, die an der jeweiligen Vorspinnmaschine hergestellt wird.

Vorgarnzwirn, Zwirn, der aus Vorgarnen (Flyerlunten oder Nitschellunten) hergestellt wird.

Vorlagenummer, Feinheit des Bands oder Vorgarns im Einlauf einer Verarbeitungsmaschine (z. B. vor der Strecke).

Vorlagespule, Spule, von der der Faden abgezogen wird.

Vorlauf, schnellere Zuführung des Garns mit folgendem langsameren Abzug (negative Geschwindigkeitsdifferenz); ermöglicht Fadenspannungsabbau (Fadenspannungsreduzierung) oder Garnberuhigung, Fadenschrumpf und Spannungsausgleich. Besonders wichtig für die Lufttexturierung, aber auch für die grundsätzliche Filamentgarnverarbeitung.

Vornetzen, Nassvorbehandlung der Kettgarne/Kette (z. B. mit Wasser) vor dem Schlichten zur Einsparung von Schlichtemittel (bei rohweißen Stapelfasergarnen aus Baumwolle sind zwischen 10–35 % Einsparung an Schlichte möglich), zur Erzielung höherer Webnutzeffekte und zur Erhöhung der möglichen Kettfadenzahl beim Schlichten. Nach dem Vornetzen der Kettfäden in einem speziellen Trog wird mit hohem Druck abgequetscht und anschließend geschlichtet. Neue Entwicklungen sehen Kombitröge zur Kombination des Vornetzens und Schlichtens vor (Benninger-Zell, Schweiz). Auch Schaumapplikationen zur Vornetzung werden eingesetzt und ergeben Einsparungen bei Denim-OE-Garnen bis 40 % und bei feinen Ringgarnen bis 10 % (Griffin, USA). Das Vornetzen kann die Garnfestigkeit um bis zu 15 % erhöhen, die Haarigkeit um bis zu 50 % reduzieren, die Scheuerfestigkeit um bis zu 50 % verbessern. Einschränkungen ergeben sich bei Farbgarnen/Farbketten, da bei unterschiedlicher Farbe unterschiedliche Wassermengen vom Garn aufgenommen werden (schwarzes Baumwollgarn nimmt z. B. mehr Wasser auf als rohweißes Garn).

Vororientierte Filamentgarne (POY), Filamentgarne, deren Filamente bei der Herstellung (Primärspinnerei) mit so hohen Geschwindigkeiten (3.000–4.000 m/min und mehr) ausgesponnen wurden, dass eine deutliche Längsorientierung der Makromolekülketten des Kunststoffs in Filamentlängsrichtung erfolgt, die dem Garn bereits eine deutlich höhere Festigkeit als die der nicht oder niedrig orientierten Filamente gibt. Damit wird die noch erforderliche Restverstreckung sehr niedrig (ca. 1,4:1). Die Abkürzung POY bedeutet Partially Oriented Yarn oder Pre Oriented Yarn. Das POY-Garn ist heute die Standardqualität glatter Garne im Handel. Es hat eine höhere Stabilität durch höheren Kristallinitätsgrad und höhere Dichte im Vergleich zu Garn, das mit niedriger Geschwindigkeit gesponnen wurde (MOY, LOY). → Abzugsgeschwindigkeit.

Vorspannung, Belastung des Garns mit einer definierten Zugkraft, um eindeutige Prüfbedingungen (z. B. bei der Festigkeitsprüfung), Spinnbedingungen oder Weiterverarbeitungsbedingungen zur Erzielung einer gleichmäßigen Qualität zu erhalten. Die Vorspannung (Vorlast) wird in cN/tex angegeben (Prüfnormen).

Vorspinnen, Verziehen (Verstrecken) eines Bands (Streckenband) und Aufbringung weniger Drehungen (oder Falschdraht beim Nitscheln) zur Herstellung eines Vorgarns.

Vorspinnerei, Verarbeitung des Wollkammzugs auf der Nitschelstrecke (Finisseur), um Vorgarn für die Ringspinnmaschine (auch für die moderne Kompaktspinnmaschine) herzustellen. Alternativ kann dafür auch der Kammgarnflyer eingesetzt werden (Chemiefasern).

Vorspinnkrempel, erster Krempelsatz der Streichgarnspinnerei oder Grobkrempel (Vorkrempel) der Wergverarbeitung (Flachswerg, Hanfwerg). Wird heute nur noch bei groben Naturfasern (Flachs, Hanf usw.) eingesetzt.

Vorstrecken, Bezeichnung für die Verarbeitung auf der ersten Streckpassage, die noch nicht ausreicht, um die Fasern richtig in Achsrichtung des Bandes auszustrecken, da nur die Schlepphäkchen, aber nicht die Leithäkchen der Fasern ausgestreckt werden (→ Häkchentheorie).

Vorstreckzone (Vorverzugsbereich), Bereich zwischen den ersten beiden Klemmlinien der Streckwerkswalzen, in dem der Vorverzug der Fasern tatsächlich stattfindet.

Vortex-Garn, luftgesponnenes Garn, das mit Hilfe des Vortex-Spinnverfahrens (→ Air-Jet-Garn, MVS) hergestellt wurde. Im Gegensatz zum MJS-Luftspinnverfahren ist der Anteil der Umwindefasern, die das Garn zusammenhalten, deutlich größer (25 % und mehr). Damit können auch reine Baumwollgarne mit hoher Geschwindigkeit hergestellt werden.

Vortex-Spinnverfahren, Murata-Vortex-Spinnverfahren (MVS), modifiziertes Luftspinnverfahren der Fa. Murata, Japan, → Air-Jet-Spinnverfahren.

Vorverstreckung,
1. Vorverzug der Stapelfaserspinnerei.
2. Teilweise Verstreckung von Filamenten während der Verspinnung.

Vorverstreckzone, Bereich zwischen den Klemmlinien der ersten beiden aufeinanderfolgenden Walzenpaare des Streckwerks, durch die der Vorverzug aufgebracht wird.

Vorverzug, Bezeichnung des ersten Anspannverzugs des Dreizylinderstreckwerks (oder des Vier- und Fünfzylinderstreckwerks), der wegen der hohen Kräfte, die zur Überwindung der Haftreibung zwischen den Fasern im Band oder Vorgarn erforderlich sind, sehr niedrig sein muss (ca. 1,1- bis 1,3-fach, selten höher). Der Vorverzug muss an das Fasermaterial, seine Eigenschaften und an das Bandgewicht angepasst werden.

Vorwerk (Spinnereivorbereitung, Putzerei), Bezeichnung des gesamten Verarbeitungsbereichs der Spinnerei von der Ballenmischung, Vorlage, Voröffnung und Reinigung und Mischung der Baumwolle, Feinöffnung mit Feinreinigung, Fremdteileabscheidung und Entstaubung bis zur Speisung der Karde. Auch Chemiefaseröffnung und Flockenmischung in der Dreizylinderspinnerei.

Vorwickel, erste, unregelmäßige Spulenwindungen zu Beginn des Spulenaufbaus.

Vorzwirn, Zwirn bestehend aus Garnen (1. Stufe) oder aus bereits gezwirnten Garnen (2. Stufe usw.) als Vorstufe für den Auszwirn (fertigen Zwirn).

Vorzwirnen,
1. Herstellung eines Zwirns, der noch nicht die volle Drehung erhält.
2. Herstellung eines Zwirns der ersten Zwirnstufe, der in einer oder mehreren Stufen zu einem dickeren Zwirn weiterverarbeitet werden soll.

Vrilé-Zwirn (Raupenzwirn), Schlaufenzwirn für Handstrickgarne mit langen, abstehenden Schlingen aus hochgedrehtem feinem Zwirn, die sich ebenfalls verdrehen.

W

Wabenwicklung, deutlich sichtbare, übereinander liegende Ansammlung von Fadenlagen auf einer Garnspule, die beim Präzisionsspulen bei ganzzahligen Spulverhältnissen entsteht, aber unerwünscht ist, da die Spulenstabilität schlechter ist, die Spulendichte gering ist und beim Abspulen Garnlagen mitgerissen werden. Sie kann auch bei Konoid-Spulgetrieben entstehen, wenn der eingestellte Delta-Wert kleiner ist als die Fadendicke. Die Wabenwicklung kann ebenfalls zu Fehlern an der Antriebswalze führen. Gezielt wird die Wabenwicklung für die Herstellung von Filterpatronen (z. B. mit DREF-Garnen) eingesetzt, da damit die Durchfluss- und Filtriereigenschaften verbessert werden können.

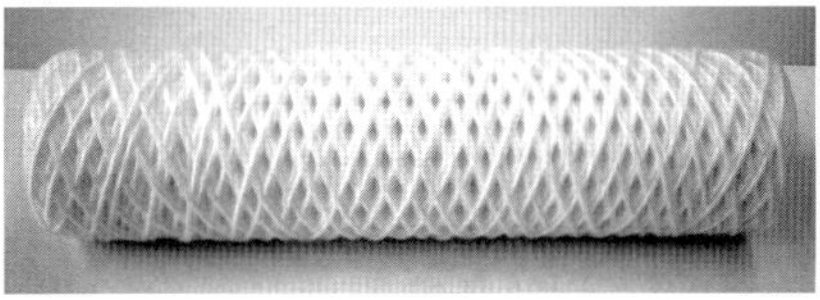

Abb.: DREF-Garnkreuzspule mit Wabenwicklung für Filtrationszwecke
Quelle: M. Gsteu, Fehrer-Saurer GmbH, Linz, Österreich

Wachsen, → Paraffinieren.

Wagenspinner, → Selfaktor.

Walzenkrempel, → Krempel.

Wanderautomat, automatische Vorrichtung an der Rotorspinnmaschine, Luftspinnmaschine, Ringspinnmaschine oder Spulmaschine, die von Spinnstelle zu Spinnstelle entlang der Maschine geführt wird und Fadenbrüche erkennt, Fehler behebt und das Garn wieder neu anspinnt. Auch Spulenabnahme und Reinigung erfolgen mit Hilfe von Wanderautomaten. Die berühmtesten Beispiele der Spinnerei sind „Spincat" und „Cleancat" der Fa. Suessen, die zuerst an automatisierten OE-Rotorspinnmaschinen eingesetzt wurden.

Wanderdeckel, → Kardendeckel.

Wanderdeckelkarde, → Karde.

Wanderreiniger, Vorrichtung an der Spinnmaschine, die durch Blas- oder Absaugungvorrichtungen (oder beides) störende Ablagerungen an der Spinnstelle entfernt.

Warmverstreckung, Verstreckung von Filamenten, unterstützt durch gezielte Wärmezufuhr, z. B. über Heizstifte, Heizplatten oder Konvektionsheizkörper. Die Wärmezufuhr reduziert den Kraftaufwand und erlaubt die gezielte Verstreckung an einer bestimmten Stelle. Weiterhin reduziert die Warmverstreckung erheblich den späteren Schrumpf. In Abhängigkeit von der Temperatur während des Verzugs kann der spätere Schrumpf gezielt eingestellt werden.
Literatur: Weinsdörfer, H. und S. Müller-Probandt, Atmungsaktive Stoffkreationen, Melliand Textilberichte 4/2005.

Warpcops (Kettgarnkötzer), historische Bezeichnung für eine Spule der Spinnmaschine (z. B. vom Wagenspinner), die direkt zur Herstellung der Kette benutzt werden kann.

Waschwolle, Rohwolle in gewaschenem Zustand, die oft bereits im Erzeugerland gewaschen wurde. Meist preiswertere Wollqualitäten (Stück-Qualitäten), die für gröbere Garne (Streichgarnspinnerei, Halbkammgarnspinnerei), Filzherstellung oder Heimtextilien (Teppiche, Vorhangstoffe usw.) verwendet werden. Waschwolle wird im Ballen verkauft.

Water Frame, historischer englischer Ausdruck für wasserkraftbetriebene Spinnmaschine, meist Wagenspinnmaschine (→ Selfaktor).

Watergarn, ältere Bezeichnung für Baumwollgarne mit höherer Drehung, die für die Kette geeignet sind (Kettgarne), üblicherweise Ringgarn (im Gegensatz zum weichgedrehten → Mulegarn).

Wattendubliermaschine, ältere Vorbereitungsmaschine der Kämmerei, die mehrere Wickel zusammenführt, dubliert, verzieht und daraus einen für die Kämmmaschine geeigneten Vorlagewickel herstellt.

Wattenmaschine, ältere Bezeichnung für die Banddubliermaschine, die mehrere Streckenbänder zu Wickeln für die Kämmerei zusammenführt, die dann auf der Wattendubliermaschine nochmals gemischt werden.

WDS (Warp-Draw-Sizing), Kettstreckschlichten, Verarbeitung von Filamentgarnen, die direkt von der Streckzwirnmaschine auf Teilkettbäume aufgewickelt werden, die dann direkt geschlichtet werden können und zum Kettbaum für die Webmaschine zusammengeführt werden.

Webchenille, älteste Chenillegarnart, bei der zwei nebeneinander liegende Kettfäden eines Drehergewebes den Schussfaden festhalten und dieser links und rechts abgeschnitten wird, wodurch das typische → Chenillegarn mit senkrecht abstehenden Fadenenden entsteht.

Webdraht, Monofilamentgarn, das als Draht in Kett- und Schussrichtung verarbeitet wird, um daraus z. B. Siebgewebe für Papiermaschinen oder für die Filtration und andere technische Anwendungen herzustellen.

Weberknoten, einfachste Knotenart der Weberei.

Wechselbelastung von Elastangarnen, Elastangarne müssen hohe Dehnungsbereiche bei möglichst vollständiger Rückerholung ohne bleibende Dehnung aufweisen. Zur Messung kann ein Elastangarn mit einer Zugprüfmaschine z. B. fünfmal bis zu 300 % Dehnung gedehnt werden und jedes Mal wieder völlig entlastet werden. Vom ersten und fünften Dehnungszyklus wird ein Kraft-Dehnungs-Diagramm aufgezeichnet. Dann werden die bleibende Dehnung nach dem letzten Belastungszyklus, die zur Dehnung bis 300 % erforderliche Kraft und die Kraft bei Entlastung auf 200 % gemessen. In den Prüfnormen werden verschiedene Modifikationen dieser Methode beschrieben.

Weft-Garn, Schussgarn.

Weich gedrehtes Garn (offenes Garn, weich gesponnenes Garn), Garn mit wenig Drehungen pro Meter bei niedrigem Alpha-metrisch-Wert (unter 90).

Weicher Faden, weich gedrehtes Garn, Garn mit wenig Drehungen, eher für die Strickerei geeignet, alpha-metrisch-Werte unter 90.

Weicher Griff, Waren oder Garne, die sich beim Anfassen weich anfühlen (z. B. weich gedrehtes Ringgarn). Gegensatz: harter Griff, z. B. eines hochgedrehten Rotorgarns.

Weicher Zwirn, Zwirn mit wenig Drehungen, meist entgegen der Garndrehung gezwirnt.

Weichmacher, Textilhilfsmittel, grenzflächenaktive Substanzen auf der Basis von

Ölen, Fetten, Glyzerinen, Seifen u. a. zur Griffverbesserung von Textilien.

Weife, → Haspel.

Wellenzwirn, Zwirnart, bei der Garne mit unterschiedlicher Drehung (S- und Z-Draht) mit S- oder Z-Drehung zusammengezwirnt werden, wodurch ein wellenförmiger Zwirneffekt entsteht. Der Effekt kann noch verstärkt werden, wenn die beiden Garne eine unterschiedliche Feinheit aufweisen.

Werggarn, gröberes Flachs- und Hanfgarn, das je nach Rohstoff (Schwungwerg oder Hechelwerg) mit geringerer Drehung trocken, halbnass oder nass versponnen wird. Trocken gesponnene Werggarne sind mit Feinheiten etwa von Nm 1 bis Nm 10 (1.000–100 tex) herstellbar, halbnass bis etwa bis Nm 14 (70 tex) und nass bis etwa Nm 18 (56 tex), je nach Qualität des Wergs. Feinere Garne sind nur aus speziell ausgewählten Qualitäten herstellbar (→ Wergverspinnung).

Wergverspinnung, Verspinnen der kurzen Fasern des Flachses (oder Hanfs), die beim Schwingen oder Hecheln als Abgang anfallen. Aber auch Wirrfaserreste der Ernte, des Brechens und der Röste werden aufbereitet und verwendet. Folgende Qualitätsklassen werden beim Werg unterschieden: Die untere Klasse ist der Schwungwerg mit Resten der Spitzen und Füße der Flachsstängel. Dazu gehört auch das Wirrstroh der Vorbereitung. Eine höhere Klasse bildet das Hechelwerg. Die großen Unterschiede der Flachsqualität finden sich auch in der Wergqualität wieder, weshalb in der Spinnerei Mischungen der gewünschten Garnqualität zusammengestellt werden. Nach dem Durchlaufen von Reinigungsmaschinen wird das Material auf Wergkrempeln zu einem Krempelband verarbeitet. Bei der Entfernung der Schäbenreste entsteht sehr viel Staub, der abgesaugt werden muss. Nach dem Krempeln wird ähnlich wie in der Kammgarnspinnerei über Nadelstabstrecken das Dublieren und Verstrecken der Bänder durchgeführt. Darauf folgt die Vorgarnherstellung über Flyer und das Verspinnen mit Hilfe von speziellen Langstapel-Ringspinnmaschinen.
Das Trockenspinnen erfolgt bei feuchter Klimatisierung des trockenen Materials (etwa 70 % relative Luftfeuchtigkeit bei 20 °C), für die Halbnassverspinnung wird das Vorgarn befeuchtet, indem es an einer Walze vorbeigeführt wird, die in ein Wasserbad ragt. Beim Nassspinnen werden schon nasse Vorgarne (vom Bleichprozess kommend) zusätzlich durch einen Warmwassertrog transportiert, damit sie vor dem Spinnen richtig durchnässt werden (Nassspinnen wie bei der Langflachs-Nassverspinnung).

Wickel,
1. Wickelform von Bändern in der Kammgarnspinnerei (Kammzugwickel).
2. Bandwickel, hergestellt mit der Banddubliermaschine, als Vorlage für die Kämmmaschine in der Baumwollspinnerei.
3. Alte Form der Faservorlage von Baumwolle vor der Karde (Wickelvorlage), abgelöst durch die Flockenspeisung (Füllschachtspeisung) der Karden.
4. Wickelneigung von Fasern auf den Gummibezügen der Streckwerkswalzen der Flyer und Ringspinnmaschinen (Faserwickel), aber auch der Strecken. Die Wickelbildung stört den Faserfluss, verschlechtert die Garnqualität und kann zur Zerstörung der Maschinen führen.
5. Strang, Garnwickel, hergestellt mit einer Haspel (zur Färbung oder Garnfeinheitsbestimmung), hülsenloses Spulpaket.
6. Spinnkuchen der Zentrifugenspindel (Topfspindel) bei der Viskosefaserherstellung (altes Verfahren).
7. Wickelablage, auch in Strangform, für die Färberei (Färbekuchen).

Wickelapparat, Vorrichtung zur Aufwicklung des Garns in Form eines Strangs oder eines Knäuels (Handstrickgarne).

Wickelbildung, Aufwickelneigung von Fasern (Faserwickel) auf den Gummibezügen der Streckwerkswalzen, vor allem der Ringspinnmaschine. Wird begünstigt durch die Klebeneigung der Fasern (Honigtau bei Baumwolle) und ungünstiges Spinnklima (zu hohe oder zu niedrige Luftfeuchtigkeit; elektrostatische Aufladung von Chemiefasern).

Wickelgewichte, die Wickelgewichte der Baumwoll-Kämmmaschinen liegen etwa zwischen 65 und 75 ktex.

Wickelmischung, Mischung von Baumwollwickeln auf der Wattendubliermaschine, ein älteres Mischprinzip der Kämmerei, bei dem bis zu sechs Wickel sandwichartig übereinander gelegt und zu einem Wickel verstreckt werden, welcher der Kämmmaschine vorgelegt werden kann.

Wickelneigung, → Wickelbildung.

Wickeltafel, → Garntafel.

Wickelwatte, früher verwendete Vorlageform der Faserflocken in aufgewickelter Watteform (Wickel) für die Kardierung.

Wicklung, die Garnmenge, die in zylindrischer, kegeliger oder anderer geeigneter Form als Garnwindungen auf einen Stützkörper (z. B. Hülse) aufgewunden wird.

Wicklungsarten (Windungsarten), die häufigsten Wicklungsarten (→ Spulenaufbau) sind (nach DIN ISO 5238):

1. Kreuzwicklung: Grundsätzlich wird für die Herstellung einer Kreuzwicklung das Garn durch einen Fadenführer, der parallel zur Achse des rotierenden Garnträgers (Hülse) bewegt wird (oder durch eine geeignete Nutentrommel), während des Bewicklungsvorgangs über die gewünschte Hublänge hin- und herbewegt. Am Ende des Hubs ergibt sich eine Richtungsumkehr des Fadenführers, die zu einer Kreuzung der schraubenlinienförmig um die Hülse gelegten Fadenwindungen führt. Dabei hängt der Kreuzungswinkel der Garne auf der Spule vom Verhältnis der Fadenführergeschwindigkeit zur Umfangsgeschwindigkeit des Garnträgers an der jeweiligen obersten Garnlage ab.

1.1 Wilde Kreuzwicklung: Diese Wicklungsart wird erzeugt durch Umfangsantrieb des Spulenkörpers (indirekter Antrieb durch Anpressen der zu bewickelnden Spule an die Antriebswalze) und konstanten Antrieb des Verlegefadenführers. Hierdurch ergibt sich, unabhängig vom Spulendurchmesser, derselbe Steigungswinkel der Garnlagen. Die Anzahl der Windungen, bezogen auf die Spulenbreite, nimmt mit zunehmendem Durchmesser ab. Der Vorteil der wilden Wicklung ist die mit einfachen Mitteln erreichbare, konstante Wickelgeschwindigkeit, die besonders für den Spinnvorgang wichtig ist (z. B. OE-Rotorspinnen). Nachteile ergeben sich durch harte Spulenkanten, periodische Fadenspannungsschwankungen und die Bildung von Bildwicklungen. Wenn die Anzahl der Spulenumdrehungen pro Doppelhub ganzzahlig wird, entsteht eine Bildwicklung, d. h., es werden Fäden zweier aufeinander folgender Wicklungen an der gleichen Stelle übereinander abgelegt. Sie lässt sich errechnen durch

$$I = \frac{V}{\beta \times d \times DH}$$

wobei
I = Anzahl der Spulenumdrehungen pro Doppelhub
V = Wickelgeschwindigkeit (m/min)
d = Spulendurchmesser (m)
DH = Doppelhubzahl (1/min)

1.2 Präzisionskreuzwicklung (→ Präzisionskreuzspule): Ergibt einen gleichmäßigeren, stabileren Spulenaufbau und ein besseres Abzugsverhalten. Bei dieser Bewicklungsart sind der Achsantrieb des Wickelkörpers und der Fadenführer so miteinander gekoppelt, dass pro Doppelhub des Fadenführers eine konstante Anzahl von Umdrehungen des Garnträgers erfolgt. Dadurch bleibt unabhängig vom Spulendurchmesser das Windungsverhältnis der Garne konstant. Gleichzeitig ändert sich jedoch der Steigungswinkel der Garnbewicklung mit Zunahme des Spulendurchmessers. Damit die Fäden nicht direkt übereinander abgelegt werden, muss das Verhältnis der Umdrehungen pro Doppelhub leicht verschoben werden. Entspricht der Verschiebungswert genau einem Garndurchmesser, erhält man eine geschlossene Präzisionswicklung. Ist dieser Wert größer oder kleiner als der Garndurchmesser, erhält man eine offene Präzisionswicklung. Da sich mit zunehmendem Spulendurchmesser bei konstanter Spulendrehzahl die Wickelgeschwindigkeit erhöht, ist die Präzisionswicklung nicht für Prozesse mit konstanter Liefergeschwindigkeit geeignet.

1.3 Digital-Kreuzwicklung: → Digitalwicklung.

2. Parallelwicklung: mit nebeneinander liegenden, nahezu parallelen Windungen mit kleinem Steigungswinkel.
3. Copswicklung: mit konisch angeordneten Garnlagen, → Copsaufbau.
4. Spiralwicklung. Sonderformen der Wicklungsarten sind
5. Wickel
6. Knäuel
7. Strang
8. Spinn- oder Färbekuchen

Anwendungsbeispiele der Wicklungsarten für die Herstellung von Garnspulen (→ Spulenformen) für die Weiterverarbeitung sind:
Zu 1.1: Zylindrische Kreuzspule, konische Kreuzspule
Zu 1.2: Zylindrische Kreuzspule mit schrägen Stirnflächen
Zu 1.3: Zylindrische oder kegelige Kreuzspule
Zu 2: Scheibenspule, Flyerspule
Zu 3: Ringspinncops, Streckzwirncops
Zu 4: Schärbaum
Zu 5: Bindfadenwickel, Stopfgarnwickel oder Bandwickel
Zu 6: Rundknäuel oder Langknäuel für Strickgarne
Zu 7: Garnstrang
Zu 8: Kammzug- oder Garnfärbekuchen

Zur genauen Festlegung des Wicklungssystems müssen folgende Parameter berücksichtigt werden:
- Art der Maschine
- Art der Changierung
- Garntype
- Hülsenform und Maße
- Fadengeschwindigkeit
- Bewicklungslänge
- Aufmachungsart
- Besonderheiten im Wicklungsaufbau (z. B. unterschiedliche Geschwindigkeiten am Cops bei Aufwärts- und Abwärtswicklung)

Wiederaufbereitung von Textilrohstoffen, die Wiederverwertung textiler Faserstoffe war schon früher üblich (Wolltextilien als Reißwolle, Shoddy, Reißfasern wegen des hohen Wollpreises interessant für die

Streichgarnspinnerei, früher auch Vigognespinnerei). Reste von Alttextilien dienten schon im Mittelalter als Rohstoff der Papierherstellung (Papiermühlen, Büttenpapier). Durch die zunehmende Verarbeitung von Fasermischungen mit Chemiefasern und den Verfall der Faserpreise (z. B. Wolle) wurde das Wiederverwerten textiler Rohstoffe schwieriger, inzwischen erlaubt jedoch die moderne Vliesstoffherstellung die Verarbeitung aller Fasern. Aber auch die Grobgarnspinnerei machte erhebliche Fortschritte in der Technologie und der Produktivität (z. B. DREF-Friktionsspinnverfahren, Umwindespinnen u. a.), sodass die Wiederverwertung, begünstigt durch die Ökologiebewegung, wieder interessanter und sogar zur Notwendigkeit (Öko-Qualitätsmanagement, Öko-Audit, gesetzliche Regelungen der Abfallverwertung, hohe Deponiekosten) geworden ist. → Abfallaufbereitung.

Wilde Wicklung (Zufallswicklung), → Wicklungsart, die auf einer Kreuzspule entsteht, wenn der Antrieb der Garnspule durch Anpressdruck und Reibung über eine Antriebswalze (z. B. Nutentrommel oder über changierenden Fadenführer) erfolgt. Die Umfangsgeschwindigkeit und damit die Wickelgeschwindigkeit des Garns bleiben konstant (ohne Berücksichtigung der Verluste). Mit zunehmendem Spulendurchmesser wird der Kreuzungswinkel des Garns auf der Spule kleiner. Probleme bereiten Bildwicklungen. Die Nutentrommeln haben einen Durchmesser von 90–100 mm und sind 1-, 1½-, 2-, 2½-, 3-gängig usw., abhängig von Verkreuzungswinkel und Spulenhub. Eine Veränderung des Verkreuzungswinkels ist möglich über Zusatzkonizität und veränderliche Steigung. Üblich sind 30° bei härteren Spulen für die Zettelei und Weberei und 50° für weiche Färbespulen. Die wilde Wicklung kann am preiswertesten hergestellt werden und wird auch bei OE-Rotorspinnmaschinen und Luftspinnmaschinen verwendet. Die Nachteile der wilden Wicklung sind Bildwicklungen mit schlechter Durchfärbung, abgeschlagene Garnlagen, Schlingenfehlern und harten Spulenkanten (Sattelspulen). Durch Bildstörungseinrichtungen kann das Problem der Bildwicklung abgemildert werden. Durch Verlegung des Fadenumkehrpunkts und Reduzierung der Spulspannung (Spulgeschwindigkeit) können harte Kanten und ihre Nachteile abgemildert werden.

Winden, Spulen, Aufwinden eines Garns auf eine Hülse.

Windung, Garnlänge, die einmal um eine Hülse gewickelt wird. Viele Windungen ergeben das Spulpaket oder die Spule (z. B. Kreuzspule).

Windungsarten, Wicklungsarten.

Windungsdichte (Spulendichte), hängt von verschiedenen Faktoren ab:
- Wicklungsart und dadurch entstehende Hohlräume zwischen den Garnlagen (geringste Dichte bei der Kreuzspule, höchste Dichte bei der Scheibenspule)
- Fadendichte
- Dichte des Faserstoffs
- Dichte des Garns (Hohlräume)
- Garnfeinheit
- Garnspannung radial/Streckungsfaktor
- Klima
- Übliche Werte liegen bei Kreuzspulen etwa beim Faktor 0,5 der Faserdichte

Windungsschicht, eine Windungslage des Fadens auf der Spule.

Windungsverhältnis (Spulverhältnis), das Übersetzungsverhältnis zwischen Fadenführer und Spule wird als Windungsverhältnis oder Spulverhältnis bezeichnet. Die Steigung h der Wicklung ergibt sich zu

$$h = 2\frac{Ls}{Zw} = const.$$

wobei:

Ls = Spulenlänge

Zw = Anzahl der Fadenwindungen je Doppelschicht

Bei der gewöhnlichen Windung einer zylindrischen Kreuzspule entsteht die Anzahl der Garnwindungen je Doppelhub des Fadenführers aus dem Übersetzungsverhältnis zwischen der Spulendrehzahl und der Fadenführerhubzahl pro Zeiteinheit.

Wirken, Herstellung von Gestricken mit Maschinen, die parallel gleichzeitig geführte Nadelsysteme (Stricknadeln), befestigt auf bewegten Nadelbarren, zur Maschenbildung benutzen.

Wirtel, unterer Teil der Ringspinnspindel, der vom Antriebsriemen teilweise umschlungen oder tangential berührt wird und die Umlaufgeschwindigkeit des Riemens auf die Spindel überträgt.

Wolfen, grobes Voröffnen der Wolle aus dem Ballen zu kleineren Faserflocken mit Hilfe des Krempelwolfs in der Wolferei. Dort wird auch vor dem Öffnen geschmälzt, um die Fasern beim Krempeln vor Zerstörung zu bewahren. Anschließend wird das Material in Mischkammern gemischt.

Wolkigkeit, Ungleichmäßigkeiten in kleineren Flächenbereichen der Fertigware (Gewebe oder Strickware), im Zwischenprodukt, im Vlies oder auf der Garntafel, deutlich erkennbare dunklere oder hellere Bereiche, die je nach Hintergrundfarbe gröbere oder feinere Garnbereiche bzw. größeres oder kleineres Flächengewicht erkennen lassen.

Wolle, Bezeichnung für die Tierhaare des Schafs. Heute werden die in der Textilindustrie verarbeiteten Wollen (für Kammzüge) grob in drei Wollfeinheitsklassen eingeteilt:

1. Merinowollen (16,6–24 µm), Länge ca. 35–150 mm, Mittelwert 80 mm
2. Crossbredwollen (Kreuzzuchtwollen, 25–33 µm), Länge 50–180 mm
3. Cheviotwollen (33–36 µm und gröber), Länge 120–350 mm

Literatur: A. Schenek, Naturfaser-Lexikon, Deutscher Fachverlag GmbH, Frankfurt a. M., 2000.

Wollfärbung, Wolle kann als Flocke, Kammzug, Garn, in Stückform (Gewebe, Maschenware, Filzware) oder als Fertigfabrikat (Kleidungsstücke, Strümpfe, Hutstumpen) gefärbt werden. Die Flockefärbung erfolgt nach der Rohwollwäsche, der Kammzug wird kontinuierlich oder im Wickel gefärbt oder als Kammzug bedruckt (Vigoureuxdruck). Das Garn wird im Strang (lose aufgewickelt in Strangform) oder auf Färbespulen gefärbt. Lose, gewaschene Wolle wird in geschlossenen Zirkulationssystemen mit kurzen Flottenverhältnissen (1:6–1:12) und hoher Beladungskapazität (250–500 kg) unter Druck gefärbt. Je früher während der Verarbeitung gefärbt wird (Flocke, Kammzug, Garn), desto

- größer können die einheitlichen Farbpartien sein
- besser ist die Durchfärbung
- einfacher sind die Färbeverfahren
- höher sind die Anforderungen an die Verarbeitungsechtheit (z. B. Abrieb)
- wirtschaftlicher ist der Färbeprozess selbst
- geringer ist das Egalisierproblem
- größer sind mögliche Farbabweichungen bis zur Fertigware
- länger sind die Liefertermine
- geringer ist die Flexibilität
- größer ist die Farbstoffauswahl

Wollgarn, nach den Herstellungsverfahren unterscheidet man folgende Wollgarne:

1. Kammgarn: Glattes, gleichmäßiges und geschlossenes Garn, hergestellt mit

Hilfe des Kammgarnspinnverfahrens aus langen, weniger gekräuselten Wollen (mittlere Faserlänge 80 mm), aus denen durch einen Kämmvorgang ein großer Teil der kurzen Fasern (kürzer als 25 mm) entfernt wird. Zur Herstellung sind bisher nur Ringspinnmaschinen geeignet (Ausnahme: Repco-Selftwist). Zunehmend wird das Kompaktspinnverfahren für die Herstellung besonders feiner Garne verwendet (Zinser 451 Compact 3, auch mit Spinnfinger). Ein wichtiges europäisches Zentrum der Kammgarnherstellung ist Biella in Norditalien. Im Kammgarnbereich werden allerdings heute in Europa mehrheitlich (70–80 %) Chemiefaserkammzüge verarbeitet. Aus Preisgründen wird die Wolle oft mit Chemiefasern gemischt. In Europa liegt der Gesamtanteil der Chemiefaser-Beimischungen in typischen Wolltextilien bei über 70 %. Zum Teil werden vor allem durch Beimischungen von synthetischen Chemiefasern die Gebrauchseigenschaften (Zugfestigkeit, Scheuerfestigkeit, Knitterresistenz) wesentlich verbessert, allerdings bei hohen Anteilen von Chemiefasern die bekleidungsphysiologischen Eigenschaften teilweise verschlechtert.

Hauptmischungspartner der Wolle oder Ersatzfaser für Wolle (z. B. bei Decken) sind Acrylfasern in unterschiedlichen Variationen. Aber auch Polyamid-, Polyester- und seltener Viskosefasern (Färbeprobleme) werden als Mischungspartner für Wolle verwendet, je nach Verwendungszweck. Da die Acrylfasern (Polyacryl-, Modacrylfasern) mit ihren Eigenschaften den Wolleigenschaften am nächsten kommen, werden beim Ersatz der Wolle meist diese Fasern verwendet (z. B. für Schlafdecken, Schals usw.).

Klassische Mischungen sind:

70 % Polyacryl/30 % Wolle
50 % Polyacryl/50 % Wolle
80 % Wolle/20 % Polyamid
45 % Wolle/55 % Polyester
70 % Wolle/30 % Viskose

2. Streichgarn: Voluminöses, haariges, moosiges, offenes und unregelmäßigeres Garn aus längeren und kürzeren, oft stark gekräuselten Wollen. Die Herstellung erfolgt im Streichgarnverfahren mit Streichgarn-Walzenkrempeln, Vorgarn-Nitschelverfahren und der Zweizylinder-Streichgarn-Ringspinnmaschine. Aber auch DREF-Spinnen oder OE-Rotorspinnen werden bedingt eingesetzt. Als Rohstoff werden alle Fasern in unterschiedlichen Mischungen verwendet. Beliebt sind Mischungen mit Tierhaaren verschiedenster Herkunft und Seide, woraus teilweise sehr teure Garne hergestellt werden. Im Recycling-Verfahren werden Reißwollen aus Wolltextilien in verschiedensten Variationen verarbeitet. Für die Herstellung dieser Garne ist besonders die Stadt Prato in Italien (bei Florenz) bekannt.
3. Halbkammgarn: Etwas unregelmäßiger als Kammgarn, aber glatter als Streichgarn, wird das Halbkammgarn vor allem aus mittellangen, gleichmäßigen Mittelstapelwollen, aber auch längeren Wollen, hergestellt und vor allem für Wolldecken, Teppiche, Möbelbezugsstoffe und ähnliche Produkte verwendet. Trotz der Bezeichnung werden bei diesem Verfahren keine kurzen Fasern ausgekämmt. Die Verspinnung erfolgt oft schon mit Hilfe des OE-Rotorspinnens oder des DREF-Friktionsspinnens, aber auch das Filamentumwindespinnen wird verwendet.

Die Herstellbarkeit der Wollgarne und die erreichbare Garnfeinheit (Ausspinngrenze) hängen im Wesentlichen von der Wollfeinheit, der mittleren Faserlänge der Wolle und vom Spinnprinzip (Kompaktspinnen, Spinnfinger) ab. In der Kammgarnspinnerei sind mit konventionellen Maschinen Garne bis zur Feinheit 10 tex (Nm 100), maximal 7 tex (Nm 140), mit dem Kompaktspinnen (Zinser 451 Compact 3 und Spinnfinger) bis Nm 150 und feiner herstellbar. Die Garne der Streichgarnspinnerei und der Halbkammgarnspinnerei sind wesentlich gröber (etwa bis Nm 18, seltener bis Nm 28).

Nach dem Aussehen der Garne bzw. nach der Veredelung unterscheidet man noch folgende Wollgarntypen:

1. Melangegarn: Kamm- oder Streichgarn, hergestellt aus verschiedenfarbigen Fasern, die in der Flocke (als Fasern) gemischt werden.
2. Vigoureuxgarn: Kammgarn, das aus bedruckten Kammzügen hergestellt wird. Mit Hilfe von Reliefwalzen, die gegen Farbwalzen gedrückt werden, entstehen quer verlaufende, diagonale Streifenmuster auf dem Kammzug. Durch das Verstrecken und Mischen der Kammzüge entsteht im Garn ein gleichmäßiger Farbmischungseffekt.
3. Genappé-Garn: Glatter Kammgarnzwirn mit hoher Drehung, gasiert (abgeflammte Haare) zur Herstellung von Kreppgeweben.
4. Marengogarn: Kamm- oder Streichgarn, hergestellt aus ca. 95 % schwarzen und 5 % weißen Wollfasern zur Herstellung effektvoller Tuche.
5. Moulinézwirn: Kammgarnzwirn aus zwei oder mehr verschiedenfarbigen, gleich feinen Garnen.
6. Perlzwirn: Mehrfach gezwirntes Kammgarn mit perligem, abgeschnürtem Aussehen. Verwendung für Strickwaren.
7. Loopzwirn: Gesteuerte Schlingeneffekte verschiedener Größe in Effektzwirnen, die aus Kammgarnen oder Streichgarnen meist für Strickereizwecke (z. B. Pullover) verwendet werden.

Abb.: Wollgarnkreuzspule mit ausgeprägter Haarigkeit und Bewicklungsfehler
Quelle: A. Schenek, Hochschule Reutlingen

Wollkammzug, Bandform der Wollverarbeitung nach dem Kämmvorgang. Übliche Lieferform der Wolle für die Kammgarnspinnerei in Form des Kammzugwickels oder des Bumps.

Woll-Kompaktspinnverfahren, auch in der Kammgarnspinnerei von Wolle wird das Kompaktspinnverfahren erfolgreich eingesetzt. Die Fa. Suessen (D) hat ebenso wie die Fa. Zinser (D) eine Langstapel-Kompaktspinnversion entwickelt. Bekannt ist seit 2001 die Kompaktspinnmaschine der Fa. Cognetex (I), die auf dem Rieter-Patent beruht und mit einem Texparts-Streckwerk ausgerüstet ist. Neben der Unterdrückung des Spinndreiecks durch Absaugung über eine spezielle Siebtrommel wird das Faserbändchen vor der Einspinnung noch mit einem Druckroller stabilisiert. Das Zinser-Prinzip verwendet ein perforiertes Riemchen, das besaugt wird und das Faserbändchen kompaktiert. Das Kammgarn-Kompaktgarn hat eine neue Garnstruktur mit gleichmäßigerer Fasereinbindung und Drehung im Garn, eine geringere Haarigkeit und eine höhere Festigkeit als das normale Ringgarn. Der Glanz ist höher, das Garn runder und kompakter. Eine deutlich feinere Ausspinnbarkeit der Wolle ist möglich.

Wollmischungen, Wolle wird häufig mit Chemiefasern gemischt; der Anteil der Chemiefasern in typischen „Wolltextilien" ist sehr hoch (teilweise bis 80 %). Als Mischfasern werden bevorzugt Polyacryl, Modacryl, Polyamid, Polyesterfasern und Viskose als Woll-Typen eingesetzt. Für elastische Garne wird ein Elastankern verwendet.

Typische Wollgarnmischungen sind:
1. Polyester/Wolle 55/45 (55 % PES, 45 % WO), Nm 70 bis Nm 110
2. Polyester/Wolle 70/30, Nm 28–Nm 56.
3. Coregarne Polyamid 44 dtex/Wolle, Nm 56/2–Nm86/2
4. Polyester-Mikrofaser/Wolle 55/45 Nm 70/2–Nm120/2
5. Viskose/Wolle 70/30, Nm 28–Nm 56
6. Elastan-Coregarne Lycra 44dtex/Wolle
7. Elastan-Coregarne 11dtex–156 dtex Lycra/Wolle
8. Kreppzwirne Polyester/Wolle 55/45

Wollspinnerei, die Verarbeitung der Wolle in der Spinnerei erfolgt in drei unterschiedliche Spinnereibereichen, der Kammgarnspinnerei (beste und feinste Qualitäten), Streichgarnspinnerei (Waschwolle und Reißwolle) und in der Halbkammgarnspinnerei (grobe, lange Teppichwollen, z. B. aus Neuseeland). → Wollgarne.

Woll-Type, → W-Type.

Woolen, englische Bezeichnung des Streichgarns bzw. des Streichgarnspinnverfahrens sowie der zugehörigen englischen Streichgarnfeinheit (→ Nummer englisch).

Worsted, englische Bezeichnung des Kammgarns und des Kammgarnspinnverfahrens sowie der zugehörigen englischen Kammgarnfeinheit (→ Nummer englisch).

W-Type (Wolltype), Chemiefasern, deren Eigenschaften wie Länge, Feinheit, Festigkeit und Dehnung an die Eigenschaften der Wollfasern angepasst wurden. Die Feinheit typischer Woll-Typen liegt bei 3,3–6,7 dtex und die mittlere Länge bei 80–150 mm.

Wundverbandsmaterial, Gewebe, meist aus Baumwollgarnen hergestellt, mit offener Struktur und geringer Fadendichte (Gazegewebe, Verbandmull, Wundtextilien).

X

Xorella-Dämpfer, Dämpferkonstruktion der Fa. Xorella, Schweiz, zur Garndämpfung mit Sattdampf. Damit werden die Garne beruhigt, die Drallneigung (Kringelneigung) wird reduziert und die Garne erhalten die für die Weiterverarbeitung erforderliche Feuchtigkeit (auch zur Konditionierung), wodurch auch Festigkeits- und Dehnungswerte der Baumwollgarne verbessert werden.

X-Spule, → Kreuzspule.

X-Static® The Silver Fiber, Markenname für Polyesterfasern, Filamentgarne oder Spinnfasern mit kleinen Silberpartikeln, die in die Spinnmasse eingetragen werden und antibakteriell und antistatisch wirken. Einsetzbar für alle Funktionstextilien, bevorzugt für Strümpfe, Socken, Wäsche und therapeutische Einsatzgebiete (Nobel Fiber Technologies, USA).

Y

Yarnmaster, optisches Garnreinigersystem der Fa. Loepfe, Schweiz, für Spulmaschinen, OE-Rotorspinnmaschinen und Luftspinnmaschinen. Besonderheit ist die Fremdfasererkennung im Garn und die eigene Fehlerklasseneinteilung.

Yarn-Puncher, Vernadelungsmaschine der Fa. Fehrer, Linz (A), für die Verfestigung von Grobgarnen, die beispielsweise mit dem DREF-Verfahren (DREF-3.000 für Multikomponentengarne Nm 0,5–Nm 25, 666–33 tex) hergestellt wurden. Bis zu sechzig Garne können parallel mit bis zu 120 m/min vernadelt werden, wodurch der Kern des Garns intensiv mit dem Mantel verbunden wird. Entwickelt für Moppgarne, kann das System auch für technische Garne (Kern Aramid, Mantel Glasfasern), Teppichgarne oder Effektgarne eingesetzt werden.

Young-Modulus, → Elastizitätsmodul (E-Modul).

Z

Zahnradtexturierung, Verfahren zur Kräuselung von Filamentgarnen (auch Kräuselung von Filamenten im Kabel zur Herstellung von Stapelfasern). Dabei wird das Filamentkabel oder das Garn zwischen den ineinander greifenden Zähnen einer Zahnwalze hindurchgeführt und durch die Zähne mechanisch so verformt, dass eine bleibende Verformung (Kräuselung) im Filament entsteht.
In älteren Chemiefaserfabriken wird die Zahnradkräuselmethode für die Erzeugung der Kräuselung im Kabel noch verwendet (auch bei der Herstellung von Acetat-Zigarettenfiltern). In modernen Chemiefaserwerken wird nur noch die Stauchkräuseltexturierung verwendet. Für die Filamentgarntexturierung wird die Zahnradkräuselung in der Industrie nicht mehr verwendet (zu ungleichmäßig, Filamentschädigung).

Zahnscheibenstrecke, eine ältere Langstapel-Streckenvariante der Fa. San Andrea Novarra, Italien für die Kammgarnspinnerei, bei der statt der Nadelstäbe Zahnscheiben verwendet werden.

Z-Drehung, Drehungsrichtung von Garnen oder Zwirnen, dabei entspricht die Steigungsrichtung der Fasern in Garnachsrichtung der Richtung des mittleren Teils im Buchstaben Z. Von oben gesehen entspricht dies der Drehung im Uhrzeigersinn.

Zellwolle, historischer Begriff für Viskosespinnfasern (Stapelfasern) aus der Anfangszeit der Chemiefaserherstellung, etwa ab 1921 in Premnitz (z. B. „Vistra" der Köln-Rottweiler AG) als Ersatz für Baumwolle hergestellt. Entstanden in den Notzeiten des Ersten Weltkriegs, als in Deutschland keine Baumwolle mehr zur Verfügung stand, die damals noch der wichtigste textile Rohstoff war (ca. 80 % des Marktanteils der Stapelfaserspinnerei).

Zellwollgarn, historische Bezeichnung eines Spinnfasergarns aus Zelluloseregeneratfasern (z. B. Viskose).

Zellwollkammzug, historische Bezeichnung für einen Chemiefaserkammzug aus Viskosefasern, deren Feinheit und Länge dem Wolltyp entspricht (etwa ab 3,3 dtex und 80 mm Länge).

Zellwollzwirn, alte Bezeichnung für Zwirne, die aus reinen Viskosegarnen hergestellt wurden.

Zentrifugenspinnverfahren (Topfspinnverfahren, Elektrozentrifugenspinnen), das Zentrifugenspinnverfahren wurde in den 30er Jahren des 20. Jahrhunderts vor allem in Deutschland, beflügelt durch die rasante Elektromotorenentwicklung bei Siemens und anderen Firmen (usw. AEG), zur Industriereife entwickelt und als Weiterentwicklung des Ringspinnens angesehen. Es wurde bevorzugt bei der frühen Chemiefaserherstellung, also hauptsächlich im Primärspinnbereich, eingesetzt. Dort konnte man gut mit nassen Medien arbeiten, d. h. den frisch aus der Spinnlösung ausgesponnenen Filamentfäden (z. B. Viskoseverspinnung). Aber auch Stapelfasergarne bis hin zu Jutegarnen wurden mit dem Zentrifugenspinnverfahren hergestellt. Die erreichbaren Spindeldrehzahlen lagen bei bis zu 30.000 U/min, was gegenüber dem Ringspinnen eine Verdopplung der Spinngeschwindigkeit bedeutete. Der Nachteil war die Notwendigkeit, nach dem Füllen des Topfs den Spinnprozess abzubrechen, um das Garn aus dem Topf auf eine Verarbeitungsspule umzuspulen zu können. Ähnliche Entwicklungen gab es auch in Japan (Mitsubishi, Kammgarn), in der damaligen UdSSR und in Rumänien sowie in der Jutespinnerei in Italien (Fa. Gardella). Maschinen der Fa. Gardella sind heute noch bei der Juteverspinnung im Einsatz. Mit kleineren Spinnzentrifugen wurden Baumwollgarne bis Ne C 170 bei einer Liefergeschwindigkeit von 9,5 m/min hergestellt. Das Garn hatte eine ähnliche Festigkeit wie das Ringgarn, war aber glatter und weniger haarig.

Spinnprinzip:

Als Spinnaggregat wird ein Spulentopf benutzt, der drehbar auf einer kugelgelagerten Spindel sitzt und als Spinnzentrifuge dient. Ein Faden, der (zum Anspinnen) von der Topfachse aus über ein Fadenführungsrohr zugeführt wird, bewegt sich mit der Zentrifugalkraft der drehenden Spindel nach außen, bis er an der Innenseite der Topfwand (Zentrifugenwand) anliegt. Sobald der Faden durch die Zentrifugalkraft an die Wand gepresst wird, dreht er sich mit der Drehzahl der Zentrifuge um die eigene Achse, dem Garn wird Drehung erteilt. Nun führt man ein verstrecktes Vorgarnbändchen (oder Filamentgarn usw.) zu und erhält entsprechend der gewünschten Drehung ein Garn, das sich auf der Innenwand der Zentrifuge ablegt. Mit der gesteuerten Auf- und Abbewegung des Fadenführerröhrchens lässt sich die Ablagestelle beliebig verändern, womit ein geordneter Garnlagenaufbau in der Spinnzentrifuge möglich wird. Ist die Zentrifuge mit fertig gestelltem Garn gefüllt, wird der Spinnvorgang unterbrochen und das Garn entgegengesetzt der Spinnrichtung aus dem Topf herausgezogen und auf eine Kreuzspule aufgewickelt. Anfangs wurde der Spinnkuchen direkt aus dem Topf gezogen, gefärbt und dann umgespult.

Eine andere Möglichkeit ist die Bewicklung einer Raketenspule direkt im Zentrum des Topfs, die anstelle des Fadenführers in die Spinnzentrifuge gebracht werden muss. Dieses Prinzip wurde bei der Filamentgarnherstellung angewendet. Ein Vorteil des Verfahrens ist die relativ niedrige Fadenzugkraft während des Spinnens, da kein Fadenballon entsteht. Allerdings nimmt diese mit zunehmender Topfwicklung ab, da das freie Fadenende, das für die Zentrifugalkraft verantwortlich ist (mit der Drehzahl der Zentrifuge) kürzer wird. Der Hauptnachteil ist die begrenzte Topfaufnahmemenge, die große Masse des Spinntopfs mit dem Garn, die gedreht werden muss und daraus resultierende Schwingungen (Vergleich: Ringspindel, Läufermasse) und die notwendige Spinnunterbrechung für das Spulen. Probleme bereitete bei Baumwolle das Zusammenziehen des Spinnkuchens nach dem Abstellen der Zentrifuge, was eine geordnete Abwicklung verschlechterte. Mit einer Befeuchtung wurde dieses Problem teilweise gelöst.

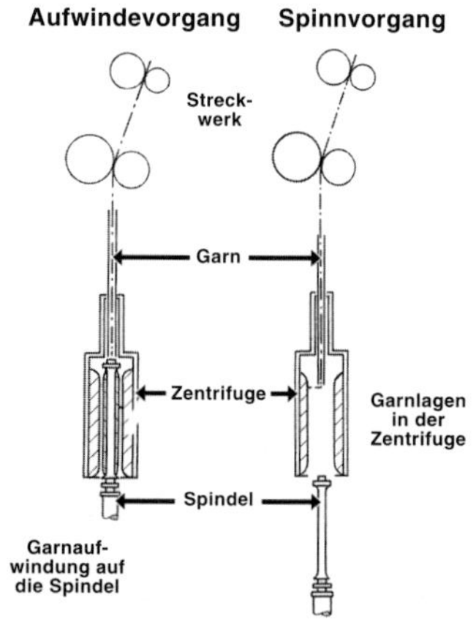

Abb.: Prinzip des Zentrifugenspinnverfahrens (Topfspinnen)
a – Spinnvorgang mit rotierender Zentrifuge, die dem Garn die Drehung gibt, b – Aufwicklung des Garns auf die Spule (Wickeldorn)

Zerstäuber, Befeuchtungsvorrichtung, Wassertröpfchenerzeugung mit Luftdruck-Zerstäubungsdüsen.

Zetteln, je nach Gewebequalität werden etwa 400–600 Garne von Kreuzspulen vom Zettelgatter auf eine breite Walze, den Zettelbaum, aufgewickelt. Das Zetteln ergibt einen Teil der Gesamtfadenzahl des späteren Kettbaums, der in der Weberei der Webmaschine vorgelegt wird. Wichtiges Kriterium des Zettelns ist neben der benötigten Fadenzahl auch die gewünschte Länge der Fäden für die spätere Gewebelänge. Die Länge der Fäden auf dem Zettelbaum soll der Partielänge entsprechen und kann dann mehrere Kettbaumlängen ergeben. Das Zetteln wird hauptsächlich für große Partien in derselben Qualität vorgenommen, während für kleinere Partien das Konus- oder Blockschären angewendet wird. Chemiefaserfilamentgarne werden oft schon in der Aufmachung der Zettelwalze hergestellt. Das Zetteln wird bevorzugt angewendet bei Massenartikeln, großen Längen, Uni-Artikeln, Kettbaum-Färbepartien und Artikeln mit einfachen Farbstreifen.

Zieherempfindlichkeit, Empfindlichkeit von Geweben gegen Reibbewegung, die zu abstehenden Fäden (Garnschlingenfehler) führt.

Ziergarn, ursprünglich meist Gold- oder Silberfäden zur Verzierung von Bekleidung, heute vor allem → Effektgarn.

Zufallswicklung, → Wilde Wicklung.

Zuführmulde, Speisemulde der Karde oder der Auflösewalze der Rotorspinnmaschine, bestehend aus einer Metallplatte mit Abrundung, gegen die eine Transportwalze mit Federkraft gedrückt wird, um das Fasermaterial (Watte aus dem Füllschacht oder Faserband) geordnet, geklemmt, mit konstanter Zuführgeschwindigkeit der Auflösewalze zuführen zu können.

Zuführtisch, → Speisetisch.

Zugabrisse, Kammzugreste, Reste von Kammzügen der Kammgarnspinnerei, die aus guten Fasern bestehen und in der Spinnerei wiederverwendet werden können.

Zugelastizität, → Elastizitätsmodul.

Zugfestigkeit, Beanspruchungskraft (Kraft in Newton [N] oder Zentinewton [cN]), die Garne, Textilfasern, Gewebestreifen usw. in Achsrichtung der Fasern oder in Fadenrichtung der Garne bzw. Filamente bei Zugbeanspruchung aushalten. Meistens wird die maximal messbare Kraft (→ Höchstzugkraft) oder die Bruchfestigkeit als Maß für die Beurteilung der Festigkeit benutzt. Um Vergleiche verschiedener Materialien zu ermöglichen, wird aus der absoluten Festigkeit die feinheitsbezogene Zugfestigkeit (Feinheitsfestigkeit) in cN/tex errechnet.

Zugfestigkeitsprüfung, → Festigkeitsprüfung. Prüfung der Zugfestigkeit von Garnen und Zwirnen mit dem → Festigkeitsprüfer. Im Textilbereich ist es durch Normen vorgeschrieben, die vergleichende Zugfestigkeitsprüfung unter Normalklimabedingungen (→ Normalklima) durchzuführen, die im Jahre 2004 mit 20 ± 2 °C und 65 ± 4 % relativer Luftfeuchtigkeit neu festgelegt wurden. Zusätzlich ist nun auch das von der Kunststoffprüfung bekannte zweite Klima mit 23 °C und 50 % relative Luftfeuchtigkeit zugelassen. Derzeit beziehen sich alle angegebenen Prüfwerte (z. B. in Tabellen wie der Denkendorfer Fasertafel und in Fachbüchern) immer noch auf das traditionelle Normalklima (20 °C, 65 % relative Luftfeuchtigkeit), wenn nicht zusätzlich andere Angaben zu den Prüfwerten gemacht werden.

Zugprobe, Prüfprobe für die Zugfestigkeitsprüfung.

Zugspannung, bei technischen Anwendungen wird die Zugkraft (wie im Maschinenbau) auf die Querschnittsfläche der Garne oder Filamente bezogen (N/mm^2). Diese Größe, (bezeichnet mit dem griechischen Buchstaben σ) wird als Zugspannung bezeichnet. Dafür wird auch die Einheit Pascal (Pa, physikalische Grundgröße für Druck oder Zugbelastung einer Fläche) verwendet. 1 MPa (Megapascal = 10^6 Pascal) = 1 N/mm^2.

Zugversuch, → Zugfestigkeitsprüfung.

Zulieferwerk, → Lieferwerk.

Zupfen (Ballenöffnung), das Zupfen imitiert bei der Ballenöffnung das Abnehmen von Faserpaketen mit der Hand nach dem Greiferprinzip. Wie Zangenbacken gegeneinander gerichtete Lamellensysteme erfassen das Material wie die Finger einer Hand. Die Öffnung ist sehr schonend, ergibt allerdings unterschiedlich große Faserpakete, die wieder schwieriger zu öffnen sind. Nach diesem Prinzip arbeiteten Ballenzupfmaschinen (z. B. bale-o-matic). Heute wird meist das Prinzip rotierender Nasenzahnwalzen oder grober Sägezahnwalzen zur Ballenöffnung verwendet, da man damit eine frühe, bessere Auflösung der Flocken und damit eine bessere Reinigungswirkung erhält.

Zweidrahtdeckel, Kardendeckelgarnitur aus zwei unterschiedlichen Drahtstärken, erst dicker mit weniger Spitzen pro Quadratzoll und danach feiner mit höherer Spitzenzahl. Zur Verbesserung der Kardierwirkung.

Zweietagen-Zwirnmaschine, → Etagenzwirnmaschine.

Zweigle-Haarigkeitspüfung, optisch-elektronisches Prüfgerät der Fa. Zweigle, Reutlingen, zur Bestimmung der Garnhaarigkeit (→ Haarigkeitsmessung), das vom Garnkern abstehende Haare nach Länge und Zahl erfasst und in Längenklassen einteilt (z. B. < 1 mm, 2 mm, 3 mm, 4 mm usw.). Mit Hilfe der Werte der einzelnen Längenklassen oder spezieller Summenwerte (S3-Wert, Summe aller Haare, die länger als 3 mm sind) können Garne mit unterschiedlicher Haarigkeit sehr gut unterschieden werden (z. B. Vergleich Ringgarn normal und kompakt).

Zweikomponentengarn (Hybridgarn), Spinnfasergarn oder Filamentgarn, das aus zwei verschiedenen Faserstoffen (z. B. Polyamid und Polypropylen) besteht. Die Komponente mit niedrigerem Schmelzpunkt kann zur Herstellung von Verbundwerkstoff-Formteilen in Pressen benutzt werden. Üblicherweise werden Effektgarne hergestellt.

Zweischeibenhülse, Hülse mit zwei Scheiben zur Begrenzung der Spule (→ Scheibenspule).

Zweiton-Effektgarne, Filamentgarne, die aus zwei unterschiedlichen Filamentkomponenten bestehen, die z. B. glänzend und matt, mit unterschiedlicher Farbaffinität oder anderen Materialunterschieden hergestellt werden.

Zweizylindergarn (→ Streichgarn), ursprünglich Baumwollabfallgarn, das ähnlich wie in der Wollspinnerei im Streichgarnspinnverfahren als grobes, dickeres, voluminöseres Garn aus Baumwolle schlechter Qualität hergestellt wird. Üblich sind folgende Garnvarianten:

1. Grobgarne, Nm 5–Nm 20 aus Kurzstapel-Baumwolle (z. B. Indien/Pakistan), oder aus aufbereiteten Baumwollabfällen.

2. Vigognegarne (Abfallgarne) aus gerissenen Textilien.
3. Imitatgarne (Nm 5–Nm 20) aus Baumwollabfällen.
4. In der Wollspinnerei Streichgarne (Haargarne) bis Nm 20 aus Wolle und feinen Tierhaaren, zunehmend auch aus Chemiefasern oder Mischungen.

Zweizylinderspinnerei, Reißbaumwolle wird auf der Streichgarnkrempel mit Florteiler und dann auf der Zweizylinderringspinnmaschine versponnen (z. B. für Handstrickgarne). Die Zweizylinder-Ringspinnmaschine mit nur zwei Zylinderpaaren im Streckwerk und dazwischen einem Drehröhrchen zur Falschdrallerzeugung in der Streckzone dient zur Herstellung grober Garne. Das Vorgarn für die Zweizylinderspinnmaschine wurde ursprünglich durch Florteilung und Nitscheln direkt an der Streichgarnkrempel hergestellt. Ein ähnliches Streichgarn- bzw. Zweizylinderspinnverfahren wird meist noch für die Herstellung wertvoller Wollgarne aus feinen Tierhaaren (Mohair, Kaschmir) und für die Herstellung von Mischgarnen (Effektgarnen) auch aus aufbereiteten Rohstoffen, beispielsweise in Italien (Prato), verwendet.

Zweizylinderstreckwerk, Druckwalzenstreckwerk, bestehend aus zwei hintereinander angeordneten Walzenpaaren, jeweils Gummiwalze und Metallwalze (geriffelt) zur Verfeinerung von Vorgarnen bis zur Garnfeinheit. Ein typisches Zweizylinderstreckwerk ist das der Streichgarn-Ringspinnmaschine, mit dem die genitschelten Vorgarne (Lunten) der Streichgarnspinnerei zwischen zwei Streckwerkswalzen und einem dazwischen angeordneten Drehröhrchen mit Falschdralleffekt verzogen und verstreckt werden. Das Zweizylinderstreckwerk kann auch als Drehstreckwerk ausgeführt sein.

Zwirn, Zwirne sind alle Fäden, die durch Zusammendrehen von mindestens zwei Garnen entstehen. Die Drehung kann aus echter Drehung, aber auch aus Falschdrehung (Falschdrall) bestehen. Liegen keine vorgefertigten Garne vor, wird aber trotzdem Drehung aufgebracht, wird die Bezeichnung Spinnzwirn oder Scheinzwirn verwendet. Nach Prof. K. Tautenhahn ist der Zwirn eine Fadenkonstruktion, die Faser-, Faden- (Garn) oder Filamentgarnparameter durch Dublierung verbessert und in der Weiterverarbeitung Verbesserungen der Eigenschaften der textilen Fläche erbringt. Der Begriff Zwirn wird in der deutschen Sprache heute hauptsächlich für textile Fäden verwendet, für deren Herstellung zwei oder mehr Garne mit echter Drehung umeinander gedreht werden. Möglich, aber eher seltener, ist der Gebrauch des Begriffs Zwirnen für den Vorgang des Aufbringens zusätzlicher Drehung auf Garne (z. B. Streckzwirnen bei Filamentgarnen). Seile (Litzen, Taue) sind weiterverarbeitete Zwirne. Geflechte

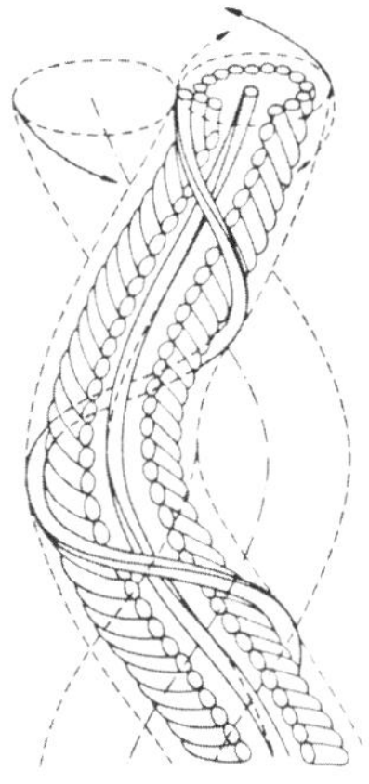

Abb. 1: Prinzipdarstellung der Struktur eines Zweifachzwirns

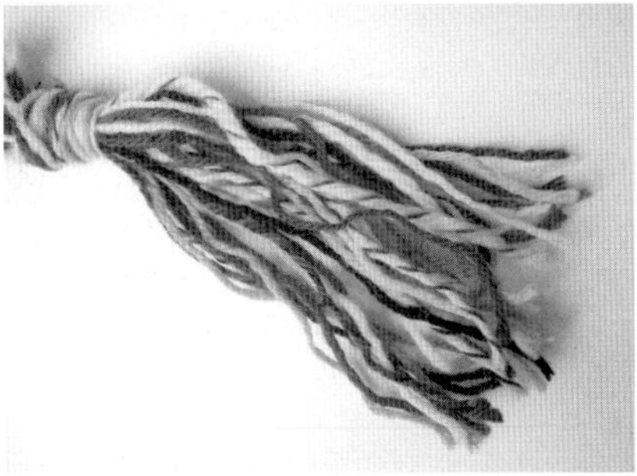

Abb. 2: Kammgarnzwirne für die Flachstrickerei bzw. für das Handstricken
Quelle: R. Selcuk, Spinnereitechnikum der Hochschule Reutlingen

können aus Garnen und Zwirnen hergestellt werden.
Gezwirnt wird vor allem zur Herstellung gleichmäßiger, dicker Fäden (Strickerei) sowie stabiler, scheuerfester, gleichmäßiger und hoch beanspruchbarer Nähfäden und bestimmter Kettgarne für die Weberei sowie für die Herstellung von Effektfäden oder von elastischen Fäden. Es muss erwähnt werden, dass der Begriff Garn und Zwirn in der deutschen Umgangssprache oft vertauscht wird. So spricht man vom Effektgarn und meint eigentlich einen Zwirn. Wesentliche Merkmale eines Zwirns, wie er auch für Nähgarne bevorzugt eingesetzt wird, sind bessere Gleichmäßigkeit gegenüber dem Einfachgarn und dadurch verbesserte Festigkeits- und Dehnungswerte, Veränderungen der Garnstruktur und die Erzielung neuer Eigenschaften wie z. B. höhere Dehnbarkeit oder die Erzeugung von Struktureffekten. Technische Garne bestehen oft aus Filamentgarnzwirnen, die auch mit Hilfe des Kablierverfahrens hergestellt werden können (Reifencord).

Zwirnabgang, Garnverluste der Zwirnerei.

Zwirnarten, zunächst unterscheidet man zwischen einstufigen und mehrstufigen Zwirnen. Einstufige Zwirne werden zwei- oder mehrfach direkt aus einfachen Garnen hergestellt, mehrstufige Zwirne werden aus schon fertigen Vorzwirnen hergestellt.
Bezüglich der Zwirnarten unterscheidet man:

1. Einstufige Zwirne (glatte Zwirne, Zweifachzwirne): meist nur aus zwei gleichen Garnen (gleiche Garnfeinheit) hergestellt, mit entgegengesetzter Drehungsrichtung wie die der Garne, hauptsächlich für die Kettgarnherstellung, zum Drehungsausgleich bei falschdralltexturierten Filamentgarnen oder zur Verbesserung der Gleichmäßigkeit und Festigkeit bei glatten Filamentgarnen (aber auch für technische Anwendungen).
   a) Einfacher, normaler Zwirn (Popelinezwirn: Zwei Einfachgarne, die mit Z-Drehung hergestellt wurden, werden mit S-Drehung gezwirnt. Die Zwirndrehung entspricht etwa der Garndrehung (aus Kostengründen auch nur ca. 70 % der Garndrehung als Zwirndrehung), wodurch die Fasern wieder fast parallel zur Garnachse liegen. Für Webzwirne, z. B. Mouliné, Soft-Zwirn, Leinenzwirne und Haushaltszwirne (Sternzwirn), werden härter gedrehte Zwirne eingesetzt, für Strickereizwecke weicher gedrehte Zwirne. Mit entgegengesetzter Drehung werden meist auch die Zwirne für die Strickerei hergestellt, z. B. Zwirne für die Maschinenstrickerei (z. B. Strickzwirne aus Kammgarnen), Handstrickzwirne (z. B. Trama vaga), Bauschzwirne.
   b) Nähzwirne (Nähmaschinenzwirn): Dreifachzwirne, üblicherweise aus S-gedrehten Garnen, die in Z-Richtung dreifach gezwirnt werden, meist für feinere und festere Nähgarne, z. B. Nähmaschinenzwirne. Dadurch entsteht ein runder Faden

(gute Gleiteigenschaften im Nadelöhr) mit hoher Festigkeit. Spezialitäten sind Seidenzwirne, wie Crêpe, Cordonnet, Knopflochseide, Nähseide, Organzin, Perlseide, Stickseide und Strickseide.

c) Voile-Zwirne: Garne mit Z-Drehung werden in Z-Richtung gezwirnt. Es entsteht ein kompakter, fester Zwirn, aus dem man transparente Gewebe (Drehergewebe) mit festem Griff, z. B. für Vorhänge, herstellen kann. Eine weitere Verbesserung ergibt das Gasieren, das Abbrennen der Haare mit einer Gasflamme, wodurch eine glatte, glänzende Garnoberfläche entsteht.

d) Crêpe-Zwirne (Krepp): Zwirne mit besonders hoher Drehung (ursprünglich Seidenzwirne).

e) Umwindezwirne: Mit Hilfe von Hohlspindeln mehrfach umwundene Zwirne, wobei die Umwindungen in verschiedenen Stufen meist entgegengesetzt gerichtet erfolgen.

f) Kablierzwirne: Zwirne für technische Anwendungen wie Reifencord oder Litzen/Seile, die mit dem Kablierverfahren hergestellt werden.

2. Mehrstufige Zwirne: In zwei oder mehreren aufeinander folgenden Zwirnvorgängen hergestellte glatte Zwirne. Man unterscheidet Vorzwirn und Auszwirn. Wenn die Drehrichtung des nachfolgenden Zwirnvorgangs dem vorausgegangenen entgegengesetzt ist, spricht man von Gegendrehung. Solche Zwirne sollen eine offene Struktur und großes Volumen bekommen, z. B. Strickzwirne für Flachstrickwaren (z. B. Kammgarnzwirne für Pullover). Beispiele für mehrstufige Zwirne sind der Cusir-Zwirn, ein Nähgarn, bestehend aus zwei stark gedrehten Trama-Vaga-Seidenfäden und Stickzwirne, die aus 5–6 Zweifachzwirnen bestehen. Auch der Perlzwirn, bestehend aus zwei zweifach gezwirnten Garnen mit hoher Drehung ist ein Beispiel.

a) Strickzwirne (Kammgarnzwirne).

b) Spezialzwirne: Fäden für technische Einsatzgebiete, oft Zwirne, die in gleicher Drehungsrichtung wie die Garne gezwirnt werden, z. B. für Nähfäden, Netzzwirne, Bindfäden, Stricke.

c) Zwirne zur Litzen- und Seilherstellung und Kablierzwirne. Ein Spezialfall sind symmetrische (ausbalancierte, spannungsfreie) Zwirne, bei denen der Vorzwirn und der Auszwirn dieselbe Drehung, aber in entgegengesetzter Drehungsrichtung haben (Z/S oder S/Z) (Reifencord, Seile).

d) Umwindezwirne, die mehrfache Umwindungslagen aufweisen.
   - Elastische Zwirne mit mehr als zwei Zwirnlagen (umwundene Elastanfäden)
   - Ummantelungszwirne mit mehreren Lagen geschlossener Windungen (Umwickelte Elektrische Leitungen, Zwirne mit Metalldrahtumwindungen, umwundene Monofilamente, Spiralzwirn mit Flachdrahtumwindung u. a.)

e) Folienbändchenzwirne (Mehrfachzwirne aus Splitfoliengarnlagen).

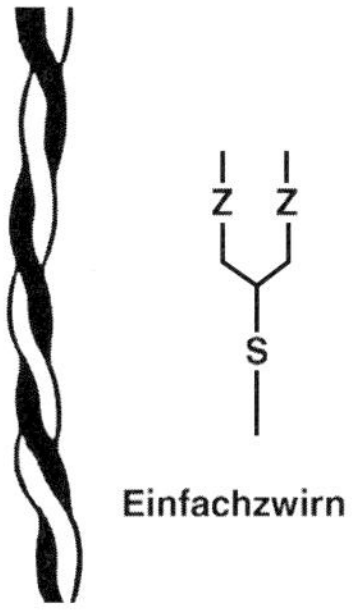

Abb. 1: Einfachzwirn mit Zwirndarstellung und üblicher Drehungsrichtungsangabe

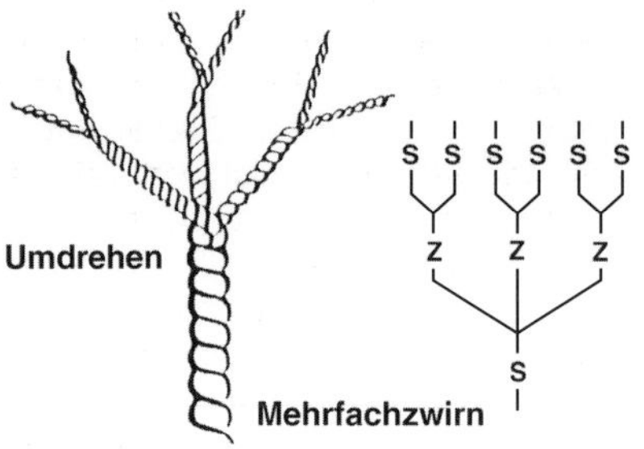

Abb. 2: Stufenzwirn mit Zwirndarstellung und Drehungsrichtungsangabe

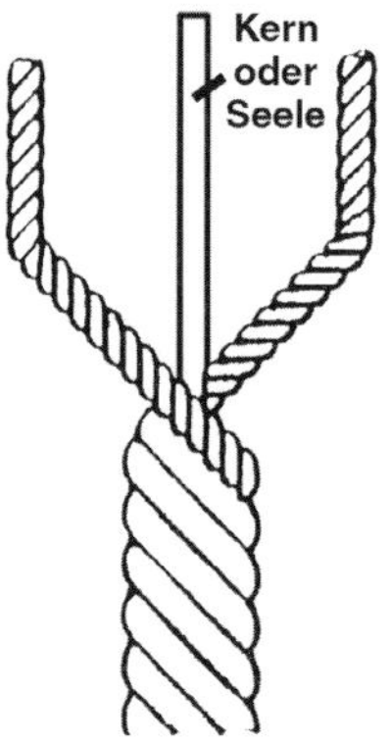

Abb. 3: Umwindungszwirn mit Kern (z. B. Elastangarn)

3. Effektzwirne: → Effektzwirne bauen auf einigen Grundeffekten auf, sind aber mit unterschiedlichen Garntypen (z. B. Stapelfasergarne, Filamentgarne glatt und texturiert, elastische Garne, Foliengarne) und beliebigen Rohstoffvarianten (Naturfasern, Chemiefasern, Glas- und Metallfäden, Folienbändchen) und Farben unendlich vielfältig variierbar. Somit kommt der Effektzwirnerei größte Bedeutung in der Garnherstellung zu. Besonders wichtig werden in der Zukunft Filamentgarneffekte (Differential Shrinkage Garne, DS-Garne, DSE-Garne, Atmofil® nach Dr. H. Weinsdörfer und S. Müller-Probandt) sowie verschiedene Patente japanischer Chemiefaserhersteller (Mikrofilamentgarne, Titermischgarne, Schrumpfeffektgarne, Matrix-Fibrillengarnen usw.).

Zwirnaufbau, Zwirne werden aus einzelnen Einfachgarnen (einstufige Zwirne) oder aus vorgefertigten Zwirnen (mehrstufige Zwirne) hergestellt. Das Zwirnen bedeutet eine Umdrehung der Garne oder Zwirne umeinander, zunächst in beliebiger Drehungsrichtung, S- oder Z-Drehung. Da man aber mit dem Zwirnen bestimmte Eigenschaften des Fadens, wie z. B. hohes

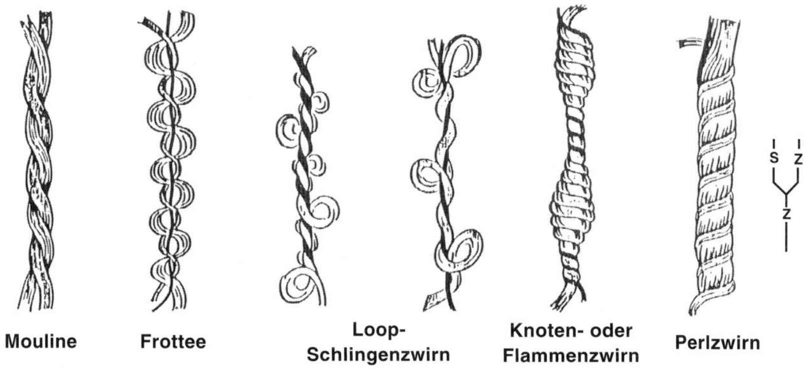

Abb. 4: Beispiele für typische Effektzwirne

Volumen für Strickzwirne erreichen will, wird meistens entgegen der Garndrehung gezwirnt. So werden Z-Garne üblicherweise in S-Richtung verzwirnt. Je nach gewünschter Weichheit des Zwirns (und erforderlicher Mindestfestigkeit) bringt man niedrigere oder höhere Drehungen auf. Sie liegen in der Regel bei 70–80 % der Drehung des Ausgangsgarns. Aus Kosten- und Strukturgründen (höhere Drehung = höhere Kosten) wird die Zwirndrehung der Einfachzwirne oft eher niedriger gewählt. Dann ist allerdings mit geringerer Festigkeit zu rechnen. Die Drehung für Zwirne aus Baumwolle oder Viskose kann nach der Formel von Holtzhausen näherungsweise berechnet werden (→ Zwirndrehung). Es sollten jedoch vor allem die Erfahrungen des Anwenders (Weberei, Strickerei) bei der Festlegung der Zwirndrehung berücksichtigt werden. Sollen sehr feste und kompakte Zwirne hergestellt werden (z. B. Kreppzwirne), so wird auch in dieselbe Richtung gezwirnt wie die Garndrehung. Nach der Herstellungsfolge unterscheidet man Vorzwirne und Auszwirne, wenn die gewünschte Drehung nacheinander (auch auf verschiedenen Maschinen möglich) erfolgt.

Zwirnbruch, Fadenbruch in der Zwirnerei.

Zwirndefinition, in der deutschen Sprache wird der Begriff „Zwirn“ dann verwendet, wenn mindestens zwei Garne durch zusätzliche Drehung umeinander gedreht werden oder ein Garn um das andere herumgedreht wird (z. B. Umwindezwirn), wobei die Drehungsrichtung oder die Art und Beschaffenheit der Garne (alle Fäden, auch Drähte und Folienbändchen) unerheblich ist. Nach dieser Definition ist auch ein verwirbeltes Garn, bei dem ein Garn um das andere mit Hilfe von Luftdüsen mit wechselnder Drehung (Falschdrall, also keine echte Drehung) herumgewirbelt wird, auch ein Zwirn. Allerdings wäre dann konsequenterweise ein Siro-spun-Garn kein Zwirn, da es nicht aus Garnen hergestellt wird. Der Vorgang der Verdrehung einzelner Filamentfäden (z. B. Streckzwirnen) oder von Spinnfasergarnen, die in einer zusätzlichen Verarbeitungsstufe weitere Drehungen erhalten, wird oft auch als Zwirnen bezeichnet (Streckzwirnen, Nachzwirnen). Demzufolge wäre ein nach dem Streckzwirnverfahren hergestelltes einzelnes Filamentgarn nach einer Drehungserteilung ebenfalls ein Zwirn. Dasselbe würde aber nach dieser Definition auch für ein auf einer Zwirnmaschine nachgedrehtes Fasergarn gelten. Es ist wesentlich konsequenter (und inzwischen auch üblich), für die Produkte der beschriebenen Weiterverarbeitung den Begriff Garn zu verwenden. Im englischen Sprachgebrauch gibt es den Begriff Zwirn nicht, es wird nur der Begriff Garn (yarn) mit dem Zusatz der Zahl der beteiligten Garne (two-ply, zweifach) verwendet.

Zwirndichte, die Dichte eines Zwirns hängt bei gleichen Vorlagegarnen von der → Garndichte, der Drehungsrichtung, der Drehungshöhe und der Spannung der Fäden vor und beim Zwirnvorgang ab. Höhere Zwirndrehung ergibt bei gleicher Drehungsrichtung kompaktere Zwirne. Bei weiterer Drehung des Zwirns in Garndrehungsrichtung nimmt die Dichte ebenfalls zu. Bei üblicher Zwirndrehung entgegengesetzt zur Garndrehung liegt die Zwirndichte unter der Garndichte. Die Zwirndichte liegt wie die Garndichte grundsätzlich unter der spezifischen Faserdichte (→ Dichte der Fasern). Dichtewerte von Zwirnen bis etwa 0,9-fache Faserdichte sind erreichbar. Übliche Zwirndichten liegen bei 0,5-facher Faserdichte.

Zwirndrehung, Anzahl der Drehungen pro Meter, mit der zwei (oder mehr) Garne oder Vorzwirne umeinander gedreht (gezwirnt) werden. Das Kurzzeichen für die Drehung ist T oder t. Es wird ergänzt durch die Abkürzung t 0, die bei Filamentgarnen angibt, dass keine Drehung oder gegebenenfalls eine Fachung vorliegt. Sie wird nach der Feinheitsbezeichnung des Garns angegeben. Beispiel: 167 dtex t 0 = Filamentgarn ohne Drehung.

Bei der Zwirndrehung unterscheidet man die

1. Nenn-Drehung (im Handelsvertrag und in Lieferpapieren angegebene Drehung)
2. Ist-Drehung (die tatsächlich im Zwirn vorhandene, gemessene Drehung, z. B. T ist = S 350)

Die Nenn-Drehung wird auch als Soll-Drehung bezeichnet. Üblicherweise wird entgegen der Garndrehung gezwirnt, die Größenordnung der Zwirndrehungen liegt wirtschaftlich bei etwa maximal 70–80 % der Garndrehungen, Ausnahmen sind Spezialzwirne. In den meisten Fällen werden aus Kostengründen niedrigere Drehungswerte gewählt, wenn dies die Weiterverarbeitung zulässt. Für moderne Hochleistungswebmaschinen benötigt man höhere Drehungen im Zwirn, etwa nach der folgenden Zwirndrehungstabelle (Auszug unverbindlicher Richtwerte):

Nm T/m	Weberei T/m	Strickerei
30/2	470	440
40/2	540	510
50/2	610	570
60/2	670	620
70/2	720	670
80/2	770	720
90/2	820	760
100/2	860	800
110/2	900	840
120/2	940	880
130/2	980	910
140/2	1.020	950
150/2	1.050	980
160/2	1.090	1.010
170/2	1.120	1.040
180/2	1.150	1.070
190/2	1.190	1.100
200/2	1.220	1.130
210/2	1.250	1.160
220/2	1.280	1.190
230/2	1.300	1.210
240/2	1.330	1.240
250/2	1.360	1.260

(*Literatur:* Ruoss-Kistler AG)

Eine Möglichkeit der Drehungsbestimmung ergibt die Formel von Holtzhausen:

$$T/m_{Zwirn} = \alpha metrisch_{Zwirn} \times \sqrt[3]{\frac{1}{Z}} \times \sqrt{Nm(z) - \frac{1}{Z}}$$

wobei:
Z = Fachungszahl
Nm(z) = Zwirnfeinheit in Nm

In der Originalformel von Holtzhausen ist allerdings die Zwirnfeinheit in Ne (Z), also in Nummer englisch angegeben. Dies ergibt höhere Zwirndrehungswerte, was eher der Praxis entspricht.

Für Zwirne können folgende Alpha-metrisch-Werte angegeben werden:

Fachung	Schuss	Kette	Nähzwirn	Strickzwirn	Glanzzwirn
2	55–60	42–190	113	–	–
3	–	30–140	110	–	115–125
4	–	27–110	155	–	–
5	–	24–90	–	45–60	–
6	65–115	20–80	–	40–50	–

Tab.: Zwirndrehung

Zwirneffekte, unterschiedliche, regelmäßig oder unregelmäßig aufeinander folgende Strukturveränderungen, wie Dickenveränderungen, Farbveränderung, Knoten, Schlingen, Raupen usw., die spezielle Zwirne (→ Effektzwirne) für modische Effekte in der Bekleidung ergeben.

Zwirneinkürzung (Einzwirnung), durch das Zusammendrehen von zwei oder mehr Garnen in gleicher Drehungsrichtung wie die der Garne tritt in Abhängigkeit von der Anzahl der Zwirndrehungen eine Verkürzung des Zwirns im Vergleich zur Länge der verwendeten Garne auf. Mit der Verkürzung erfolgt eine Vergröberung des Zwirns. Außer einer Verkürzung ist aber auch eine Verlängerung möglich, die bei maximaler Aufdrehung der Garne unter einem Steigungswinkel von 45° auftritt.
Einflussfaktoren der Einzwirnung (Längenänderung positiv oder negativ):

1. Drehungsrichtung beim Zwirnen: Beim Zwirnen in Garndrehungsrichtung oder Vorgarndrehungsrichtung erfolgt immer eine Verkürzung des Zwirns. Beim Zwirnen entgegen der Garn- oder Vorzwirndrehung erfolgt zunächst eine Verlängerung, danach ein Ausgleich und schließlich eine Verkürzung des Zwirns, verglichen mit der Länge der Garne. Im Ausgleichsbereich hat der Zwirn dieselbe Länge wie die Garne oder Vorzwirne. Hier ist der Garndrehungskoeffizient im Idealfall identisch mit dem Zwirndrehungskoeffizient.
   [Abb. §§ Einzwirnung drehungsrichtungsabhängig]
2. Garn- (oder Vorzwirn-) und Zwirndrehungszahl: Mit steigender Anzahl der Zwirndrehungen erfolgt eine Änderung der Garnsteigung im Zwirn. Der Verlauf der Einzwirnung erfolgt nach Abschnitt (1). Mit steigender Anzahl der Garndrehungen verschiebt sich der Längenausgleich zu höheren Zwirndrehungen hin.
   [Abb. §§ Einzwirnung drehungsabhängig]
3. Garnfeinheit oder Vorzwirnfeinheit: Da jede Garnfeinheit unterschiedliche Drehungszahlen erfordert (Grundformeln der Spinnerei), ist diese Variable zusätzlich zu berücksichtigen. Mit größerem Zwirndurchmesser, also dickeren Garnen oder Vorzwirnen, nimmt bei Zwirndrehung in gleicher Richtung wie die Garndrehung die Einzwirnung stärker zu. Die gleiche Tendenz ergibt sich bei Gegenzwirnung, nur mit dem Unterschied der zunächst erfolgenden Verlängerung, dem späteren Ausgleich und der folgenden stärkeren Einkürzung.
4. Fachung: Der Einfluss der Fachung ist vergleichbar mit dem Einfluss der Garnfeinheit. Ein Zwirn mit größerer Fachung zeigt eine stärkere Einkürzung.
5. Fadenzugkraft beim Zwirnen: Die Höhe der Fadenzugkraft wird durch das Zwirnverfahren bestimmt. Mit steigender Fadenzugkraft wird die Einzwirnung verringert, es tritt eine Fadenverlängerung auf.
6. Faserstoff (Dehnung, Feinheit, Kräuselung): Der Einfluss des Faserstoffs auf die Einzwirnung ist auf Faserdehnung, Kräuselung, Reibung und Oberflächenbeschaffenheit zurückzuführen. Größere Unterschiede ergeben sich zwischen Naturfasergarnen und Chemiefasergarnen.
7. Garnstruktur (Ringgarn, OE-Rotorgarn): Die Garnstruktur wirkt sich auf die Einzwirnung aus. OE-Rotorgarne zeigen eine geringere Einzwirnung als Ringgarne. Nasszwirne zeigen ebenfalls eine geringere Einzwirnung als Trockenzwirne.
8. Zwirnverfahren.

Als Richtwerte für die Einzwirnung beim üblichen Zwirnen entgegen der Garndrehungsrichtung (Gegenzwirnen) gelten nach Simon/Hübner bei Zweifachzwirnen

Drehung	alpha-metrisch Zwirn	Vorlage-Garnfeinheit in tex (Einzwirnung in Prozent)			
		bis 7,5	7,5–20	25–36	36–150
Sehr weich	90	0,5–1,5	0–2	0,5–2,5	0,5–3
Weich	105	0–1,5	0,5–2,5	1–3	1–4
Mittel	120	0,5–3	1–3,5	1,5–4	2–5
Mittelhart	150	1–3,5	2–4	2,5–5	3–6
Sehr hart	180	2–5	4–6	5–7	6–8

Tab.: Zwirneinkürzung

Einzwirnungswerte zwischen 0,5 und 8% (sehr weiche Drehung bis harte Drehung). Bei Mehrfachzwirnen wird die Einzwirnung größer. Wird in Garnrichtung gezwirnt, liegen die Einzwirnungen höher und erreichen 8–20% (weiche Drehung bis harte Drehung der Zwirne).
Die Tabelle nach Simon/Hübner gibt Erfahrungswerte der Einzwirnung für zweifache Baumwollzwirne.
Literatur: L. Simon und M. Hübner.

Zwirnen, die Herstellung von Zwirnen nach verschiedenen Verfahren ist für Stapelfasergarne, aber auch für technische Filamentgarne (Seilherstellung), wichtig (Festigkeit, Struktur). Die wichtigsten Zwirnverfahren sind:

1. Doppeldrahtzwirnen
2. Kablieren
3. Umwindezwirnen
4. Ringzwirnen
5. Stufenzwirne
6. Tritec-Zwirnen und 2 × 2-Vierfachzwirnen

   Zusätzlich gibt es noch Verfahren, mit denen keine echten Zwirne, aber gleichmäßigere, zwirnähnliche Garne hergerstellt werden können, wie
7. Siro-Spun oder
8. Luftverwirbelung von zwei oder mehr Filamentgarnen (Comingling).

Das Zwirnen hat trotz hoher Kosten eine große Bedeutung für die Garnherstellung. Nach R. Hehl werden weltweit ca. 20% aller Kurzstapelgarne, ca. 50% aller Langstapelgarne und ca. 25% aller Filamentgarne gezwirnt, allerdings wegen der hohen Kosten eher mit abnehmender Tendenz. OE-Rotorgarne werden seltener gezwirnt als Ringgarne, Filamentgarne werden oft verwirbelt und zunehmend seltener gezwirnt. Ringgarnzwirne werden teilweise ersetzt durch Siro-Spun-Garne. Da aber der Garnverbrauch insgesamt weltweit zunimmt, behält das Zwirnen seine Bedeutung, auch im technischen Bereich.

Zwirnersatzverfahren, Verfahren, mit denen Garne ohne echte Drehung miteinander verbunden werden können (z.B. Verwirbeln mit Luft, mit Falschdrall, Verfilzen, Vernadeln, Verkleben, Verschweißen) oder bei denen keine fertigen Garne als Vorlage verwendet werden (z.B. Siro-Spun). Coregarne oder Umwindegarne (Spinnfasern, die um Filamentgarne herumgewunden werden, oder Filamente, die um einen Garnkern herumgewunden werden) stellen dagegen jeweils eine spezielle Garntype dar, gehören also auch nicht zu den Zwirnen.
Beispiele für Zwirnersatzverfahren:

1. Siro-Spun
2. Luftverwirbelungsgarne (Comingling, Lufttexturierverfahren)
3. Repco-Selftwistverfahren
4. Murata-Twin-Luftspinnen
5. Suessen Plyfil
6. Selfil-Verfahren (zwei Filamentgarne und Faserlunte)

Zwirnfachung, bezeichnet die Anzahl der Garne oder Vorzwirne, die man bei einem Zwirnvorgang für die Herstellung des Zwirns, Vorzwirns oder Auszwirns vorlegt. Bei zweifacher bis fünffacher Vorlage von Garnen oder Vorzwirnen (Zweifachzwirn bis Fünffachzwirn) haben die beteiligten Fäden den gleichen Abstand zur Zwirnachse. Beim Sechsfachzwirn gibt es zwei Möglichkeiten der Fadenlagen im Zwirn, einmal Außenlage aller Garne mit Hohlraum in der Mitte oder einem Garn in der Mitte, das keine Drehung erhält. Beide Lagenanordnungen sind weniger stabil als bei niedrigeren Fachungen. Deshalb werden in der Zwirnpraxis in einer Zwirnstufe maximal fünf Einzelfäden vorgelegt bzw. wird die Fachzahl von fünf nicht überschritten. Sollen gröbere Zwirne hergestellt werden, wird dann in Stufen gezwirnt. Ausnahmen sind bei Effektzwirnen üblich.

Zwirnfehler, bei der Herstellung hochwertiger Zwirne wie Nähzwirne oder Cordzwirne stören Garnfehler und Fehler beim Zwirnen. Die häufigsten Ursachen der Fehler sind:
- Fadenbrüche bei der Garnzuführung (Fadenbremseneinstellung und Garnführung)
- nicht richtig angepasste oder falsche Zwirndrehung
- Fadenspannungsunterschiede beim Fachen und Zwirnen
- Verwechslung der Vorlagegarne (z. B. S- und Z-Garne gleichzeitig, Rohstoffe)
- Garndrehungsfehler
- Garnnummernverwechslung
- Garnfehler
- Faserflug, Staub und Schmutz durch schlecht gereinigte Maschinen oder Räume
- schlecht zentrierte Spindeln/Speicherscheiben und Drehzahlschwankungen
- einseitige Fadenbrüche vor und während des Zwirnens, die unbemerkt bleiben
- eingearbeitete und verschmutzte Fadenführungselemente
- falsche Abzugsspannung
- beim Nasszwirnen verschmutzte Tröge und Unsauberkeiten im Wasser

Zwirnfeinheit, wird nach der Fertigstellung des Zwirns gemessen und in Nm, dtex oder tex angegeben, kann aber im Voraus nicht exakt berechnet werden, weshalb bei der Zwirnbezeichnung die Feinheit der vorgelegten Garne mit Fachung angegeben wird (Beispiel 20 tex Z 700 × 3 S 600). Die endgültige Zwirnfeinheit hängt von den Garnfeinheiten, deren Drehungshöhe und Drehungsrichtung und von der Zwirndrehungshöhe und ihrer Richtung ab. Da sowohl eine Verkürzung (Einzwirnung) als auch eine Verlängerung (Aufdrehen der Garne) möglich ist, kann man nur bei einfachen Zwirnen (Zweifachzwirnen, obiges Beispiel) näherungsweise die Zwirnfeinheit zuverlässig voraus berechnen.
Die Feinheit (Titer in tex, Tt) im Tex-System lautet:
1 tex = 1 g/1.000 m, die Umrechnung in das Nm-System T (Nm) = 1.000/tex
Werden die Einzwirnung und die Schraubenstruktur der Fäden im Zwirn vernachlässigt, so ist die Zwirnfeinheit die Summe der Garnfeinheiten:
Tt Zwirn = Tt Garn1 + Tt Garn2 + ... + Tt Garn i (i = 1, 2, ..., n)
Haben die vorgelegten Garne dieselbe Feinheit, so ergibt sich die Zwirnfeinheit aus dem Produkt der Fadenfeinheit und der Anzahl der Garne:
Tt Zwirn = n × Tt Garn

Zwirnfestigkeit, die Festigkeit des Zwirns wird durch die Verbesserung der Gleichmäßigkeit (Ausgleich der Masseschwankungen durch die Dublierung) bei optimaler Zwirndrehung (Zwirn-alpha = Garn-alpha) um etwa 10–20 % im Vergleich zu einem gleich feinen Einfachgarn erhöht.

Zwirnfixierverfahren, physikalische (z. B. Dämpfen mit Sattdampf) oder chemische Nachbehandlung zur Stabilisierung des Zwirns (Drallberuhigung, Verfestigung, Vorschrumpf, Reduzierung der Dehnung, Fixierung der Kräuselung u. a.).

Zwirnflügel, Doppelarm der Flügelzwirnmaschine mit Hohlraum zum Zuführen der Garne zur Zwirnspule, der um eine Spindel unabhängig drehbar ist. Die Zwirnflügeldrehungen ergeben die Zwirndrehungen, die Spindeldrehung sorgt für die Aufwicklung des fertigen Zwirns (veraltet, kaum mehr verwendet, gelegentlich noch in der Flachsspinnerei zu finden).

Zwirngleichmäßigkeit, verbessert sich mit der Anzahl der Dublierungen (Zahl der Garne). Der Variationskoeffizient der Gleichmäßigkeit verbessert sich im Verhältnis 1 dividiert durch die Quadratwurzel aus der Anzahl der dublierten Garne.

Zwirngrad, → Zwirndrehung.

Zwirngründe, Ziele des Zwirnens sind:

1. Erhöhung der Festigkeit (Nähgarne, Kettgarne) gegenüber vergleichbaren Einfachgarnen (ca. 10–20 % Verbesserung).
2. Verbesserung der Dehnung (bis zu 15 % Dehnungszunahme).
3. Spannungs- und Längenausgleich (wichtig bei Filamentgarnen), Abbau des Rückdrehmoments und gegenseitiger Ausgleich beim Zwirnen unterschiedlich gedrehter oder texturierter Garne (Reduzierung der Kringelneigung).
4. Volumenvergrößerung (z. B. weiche, voluminöse Strickzwirne), ergibt bessere Warenabdeckung (bessere Deckkraft der Zwirne im Gewebe).
5. Kompaktierung und Versteifung (hochgedrehte Kreppzwirne).
6. Verbesserung der Gleichmäßigkeit.
7. Strukturveränderung, Erzeugung voluminöser Zwirne für die Strickerei, weicher Griff.
8. Verbesserung der Gewebe- und Gestrickeigenschaften (Optik, Griff, Scheuerbeständigkeit, Pilling, Gleichmäßigkeit der Fläche).
9. Bessere Formstabilität der Fertigware.
10. Herstellung neuer Produkte (z. B. Effektzwirne, Schlingenzwirne, Nähfäden, Strickgarne, Umspinnungszwirne, elastische Zwirne, technische Zwirne).
11. Erreichung völlig neuer Eigenschaften (extreme Festigkeit bei Filamentgarnen für Reifencord und andere Hochleistungsanwendungen, Verbundwerkstoffe.
12. Seilherstellung (Litzen/Seile) und Herstellung von Spezialgeflechten (Flugzeugbau).

Zwirnhülse, je nach Zwirnverfahren werden unterschiedliche Hülsen aus Hartpapier oder Kunststoff verwendet. Für das DD-Zwirnen werden zylindrische oder konische Hülsen verwendet. Für das Ringzwirnen gibt es noch klassische Ringzwirnhülsen.

Zwirnimitate, → Zwirnersatzverfahren.

Zwirnkoeffizient, Zwirndrehungskoeffizient, gleich definiert wie der Drehungskoeffizient der Garne nach der Köchlin'schen Drehungsformel (→ Drehungsgesetz). Die für Zwirne erforderliche Drehung richtet sich nach dem Einsatzzweck und nach den Garntypen und Rohstoffen, die verwendet werden.
Folgende Drehungsbeiwerte gelten als Erfahrungswerte für Zwirne aus Spinnfasergarnen:

Zwirneinsatz	alpha metrisch Zwirn
Stick-, Strick- und Stopfzwirne	90

Möbelstoffe und Posamenten	105
Kettzwirne	120
Vorzwirne für Häkelgarn	135
Kammgarnzwirne für Anzugsstoffe, Plüschzwirne	150
Gardinenzwirne	165
Vorzwirne für Nähgarne	165
Vorzwirne für Segeltuche	180
Auszwirn für Nähgarne	180
Auszwirn für Segeltuche und Zeltstoffe	180
Kreppzwirne	240

Literatur: Simon/Hübner, Vorbereitungstechnik für die Weberei, Wirkerei und Strickerei, Berlin – Heidelberg, 1983.

Zwirnkonstante, → Zwirnkoeffizient.

Zwirnmaschinen, allen Zwirnmaschinen ist gemeinsam, dass auf ihnen mehrere Fäden miteinander verdreht (gezwirnt) werden können. Die Fäden liegen entweder einzeln, gefacht oder schon vorgezwirnt vor. Die Drehungserteilung erfolgt generell durch das Festklemmen eines Fadenendes (bzw. der gefachten Fäden), während das andere Ende gedreht wird. Gleichzeitig muss der Fadenverband transportiert werden können. Die Klemme muss also so gestaltet sein, dass der Fadenverband gleichzeitig geklemmt und über z. B. Walzen weitertransportiert werden kann. Bei echter Drehung muss sich eine der beiden Spulen, entweder die Vorlagespule oder die Ablieferungsspule, drehen. Ist dies nicht der Fall und die Drehung wird zwischen zwei fest stehenden Spulen erteilt, entsteht Falschdrall oder Falschdrehung. Falschdrall löst sich wegen der entstehenden Torsionskraft wieder auf, die Drehung ist verloren (Einfachgarn). Beim Zwirnen ist allerdings bei Vorlage von Garnen mit unterschiedlicher Drehungsrichtung eine gegenseitige Umdrehung durch Rücktorsion die Folge. Ähnliche dauerhafte Umdrehungen entstehen beim Nitscheln zweier Vorgarne (Repco). Eine geringe Restdrehung kann auch dann entstehen, wenn Stapelfasern sich durch den Falschdraht gegenseitig verschieben und diese Verschiebung nicht mehr rückgängig gemacht werden kann (z. B. durch Reibkräfte).

Aus den bisher genannten Bedingungen ergeben sich folgende Grundprinzipien für Zwirnmaschinen:

1. Zwirnmaschinen mit drehender Zulieferungsspule (Vorlagespule, Lieferspule):
   - Topfzwirnverfahren, Ballonlos-Zwirnen (Teil des Stufenzwirnens)
   - Tritec-Zwirnen (Dreifachdraht-Verfahren)
   - Vierfach-Zwirnen (Mehrfachdraht-Prinzip, 2 × 2T Mulltifil MTS Reggiani Hitex)
   - Ballonzwirnen, Etagenzwirnmaschine
2. Zwirnmaschinen mit drehender Ablieferungsspule (Ablieferspule):
   - Ringzwirnen
   - Flügelzwirnen
3. Zwirnmaschinen mit feststehender Zulieferspule, aber drehbarer Hohlspindel und Drehteller (Drehorgan):
   - Doppeldrahtzwirnen (DD-Zwirnmaschine)
4. Zwirnmaschinen mit Zusatzeinrichtungen (Effekteinrichtungen oder Hohlspindeln zur Umwicklung usw.):
   - Effektzwirnen
   - Umwindezwirnen (echte Drehung des Umwindefadens)

   Weiterhin gibt es eine Reihe von Zwirnersatzverfahren, die teilweise zwirnähnliche Produkte liefern:
   - Siro-Spun (beim Spinnen Zuführung zweier Lunten im Streckwerk und gemeinsame Drehung beim Spinnen
   - Repco-Verfahren (Vernitscheln zweier Garne)
   - Parafil-Verfahren (Garnumwindung mit Filamentgarn; Hohlspindel-Verfahren)
   - Luftverwirbelung der Garne (Filamentgarne, texturiert, verwirbelt, Comingling)

Zwirnmehrfachfaden, mehrfach gefachter Faden zur Vorlage für das Zwirnen.

Zwirnprinzipien, die wichtigsten Zwirnprinzipien wurden von Prof. H. Buchmann (FH Reutlingen /vgl. Literatur im Anhang/) wie folgt angegeben (mit Ergänzungen) und mit speziellen Symbolen belegt:

1. Abwärtsdrallorgane
   a) Einfache Drallgeber
      - Flügelspindeln (Flyer)
      - Glockenspindeln
      - Ringspindeln
      - Zentrifugen (Zentrifugenspinnen)
   b) Mehrfachdrallorgane
      - Doppeldrahtspindeln (DD-Zwirnspindel)
      - Dreifachdrahtspindeln (Tritec-Zwirnspindel)
      - Vierfachdrahtspindeln (Reggiani MTS 2 × 2-Spindel)
2. Falschdrallorgane
   a) Einfache Falschdrallorgane
      - Nitschelvorrichtung (Nitschelstrecke)
      - Drehröhrchen (Stegspindeltexturierung/Diabolo)
      - Falschdrallgeber Scheibenfriktion dreiachsig (Falschdrall-Friktionstexturierung)
      - Falschdrallgeber Riemchen, Scheiben, Walzen (Außenfriktion)
      - Falschdrallgeber Hohlzylinder (Innenfriktion)
   b) Doppeldraht und weitere Falschdrallorgane
3. Aufwärtsdrallorgane
   a) Einfache Drallgeber
      - Etagenspindel
      - Ballonspindel
      - Zwirnspindel
      - Hohlspindel (Umspinnungsspindel, Umwindespinnen)
      - Hülsenspindel
      - Dosenspindel
      - Topfspindel
      - Tellerspindel
      - Zentrifugen
      - OE-Spinnrotor (Elastan-Umwinderotorgarn)
   b) Mehrfachdrallorgane
      - Doppeldrahtspindel
      - Dreifachdrahtspindel (z. B. Tritec)

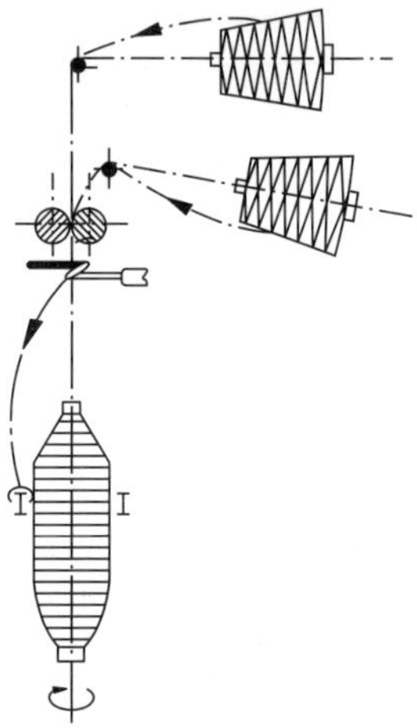

Abb. 1: Prinzip des Ringzwirnens (Abwärtszwirnen)

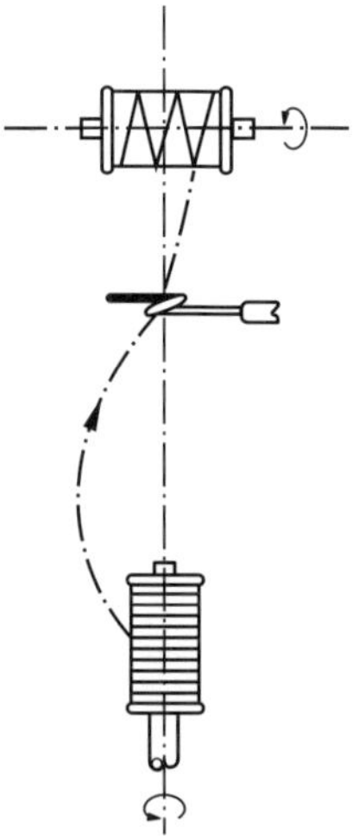

Abb. 2: Prinzip des Ballonzwirnens (Aufwärtszwirnen)

   - Vierfachdrahtspindel (2 × 2 MTS Reggiani)
   - Fünffachdrahtspindel
4. Drallorgane in Kombination
   a) Unterbrochenes Zweistufen-Drallverfahren (Stufenzwirnen): Das Zweistufenzwirnverfahren (Stufenzwirnen) ermöglicht die Verknüpfung eines Abwärtsdrallorgans und eines Aufwärtsdrallorgans oder umgekehrt; erfordert aber zwei getrennte Zwirnmaschinen und Spulenwechsel. Erste Stufe Vorzwirnen und zweite Stufe Auszwirnen. Beispiel älteres Stufenzwirnprinzip der Fa. Saurer-Allma: Erste Stufe: Vorzwirnen und Fache nach dem Ringzwirnprinzip, Aufwinden auf spezielle Scheibenspulen (Abwärtszwirnen). Zweite Stufe: Auszwirnen nach dem Topfzwirnprinzip, von der Scheibenspule auf Kreuzspulen, Drehungserteilung durch rotierenden Topf mit Vorlagespule, Aufwärtszwirnen.
   b) Ununterbrochenes Zweistufen-Zwirnverfahren: Dieses Zwirnverfahren erfordert die Verknüpfung des Aufwärtszwirnens mit dem Abwärtszwirnen. Die erste Stufe ergibt die Vordrehung in den Vorlagegarnen und das Fachen, die zweite Stufe gibt das Auszwirnen des gesamten Zwirns. Die erste Stufe kann nach folgende Zwirnprinzipien erfolgen:
      - Etagenzwirnen
      - Hülsen- oder Dosenzwirnen
      - Zentrifuge (auch OE-Rotor)

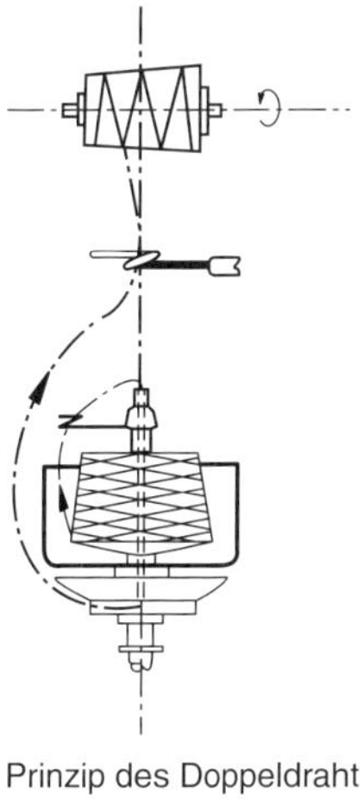

Abb. 3: Prinzip des Doppeldraht (DD)-Zwirnens

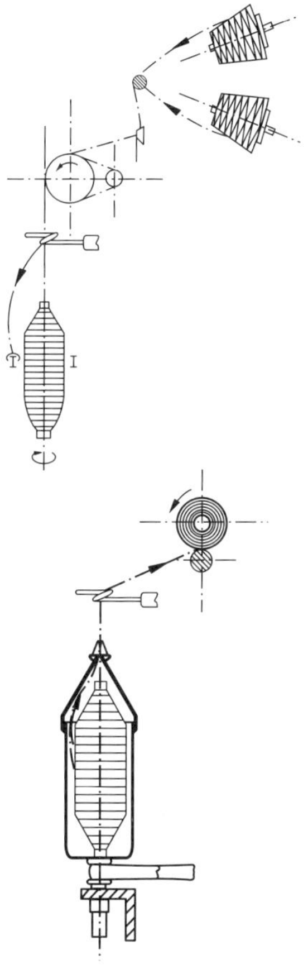

Abb. 4: Prinzip des Stufenzwirnens mit zwei Zwirnstufen (System Hamel/Sauer Alma)
a – Vorzwirnen mit niedriger Zwirndrehung (Ringzwirnprinzip), b – Auszwirnen mit hoher Zwirndrehung (Topfzwirnen)

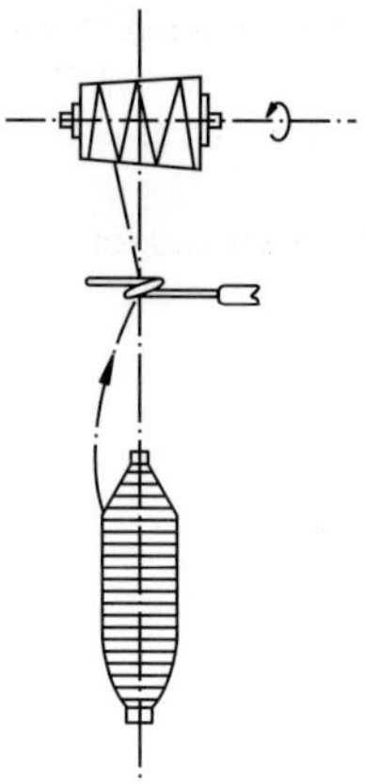

Abb. 5: Prinzip des Umspulens vom Cops zur Kreuzspule

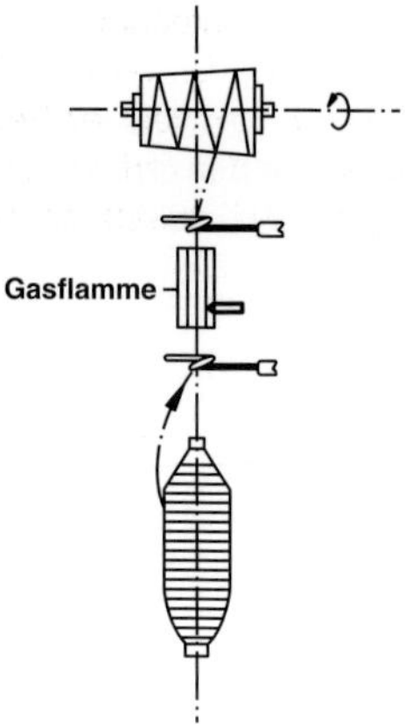

Abb. 6: Prinzip des Garnsengens mit Gasflamme zur Reduzierung der Haarigkeit

- Doppeldrahtspindel
- Falschdrallorgan

Die zweite Stufe könnte folgende Prinzipien verwenden:

- Flügelspindel
- Glockenspindel
- Zentrifuge
- Doppeldrahtspindel mit eingebauter Aufwicklung

Zwirnprüfung, visuelle Prüfung des Aussehens und der Gleichmäßigkeit sowie der Haarigkeit mit Hilfe der → Garntafel. Technische Prüfung der Festigkeit (Festigkeitsprüfgerät), Drehung (Drehungsprüfgerät, Aufdrehverfahren), Haarigkeit, Abrieb und Gleichmäßigkeit (→ Uster-Prüfung).

Zwirnrosshaar, spezielle grobe Rosshaare vom Pferdeschweif, aus denen sehr stabile Zwirne (z. B. Matratzenzwirne) hergestellt wurden.

Zwirnspannung, Fadenspannung, die von den aufgespulten Garnen gespeichert, mitgebracht und durch das Zwirnen erhöht wird, wenn kein Längenausgleich möglich ist. Probleme bereiten besonders ungleiche Spannungen verschiedener Vorlagefäden und ungleiche Spannungserhöhungen verschieden dicker Fäden durch den Zwirnvorgang selbst (z. B. beim DD-Zwirnen). Auch unterschiedliche Fadenreibung (unterschiedliche Färbung oder Vorbehandlung, unterschiedliche Feuchtigkeit, unterschiedliche Haarigkeit oder Kräuselung) kann zu Spannungsunterschieden führen, die zu Zwirnfehlern führen können.

Zwirnspinnen, Zwirnersatzverfahren (Scheinzwirnverfahren), bei denen zwei Vorgarne parallel verzogen und beim Spinnvorgang umeinander gedreht werden. Es entsteht ein Garn (Spinnzwirn) mit besserer Gleichmäßigkeit, aber kein echter Zwirn. → Siro-Spinnzwirnverfahren, → Twin-Airjet Spinnen (Murata), → Repco-Spinnverfahren.

Zwirnspule, Garnträgerspule für das Zwirnen, meist zylindrische, aber auch konische (Strickerei) Kunststoff- oder Hartkartonspulen, für Färbezwecke auch aus Metall und perforiert hergestellt.

Zwirnsymbole, Strichsymbole (DIN 60900-4), die für die Darstellung von gefachten Garnen und Zwirnen entwickelt wurden.

Sie lassen visuell erkennen, aus wie vielen Garnen oder Vorzwirnen ein Zwirn aufgebaut ist und in welcher Reihenfolge (Stufen) das Zwirnen erfolgt. Durch Beschriftung wird noch zusätzlich die jeweilige Vorlagegarnfeinheit und die Drehungsrichtung und Drehungshöhe der Ausgangsgarne und des Zwirns angegeben.

Zwirntypen, → Zwirnarten.

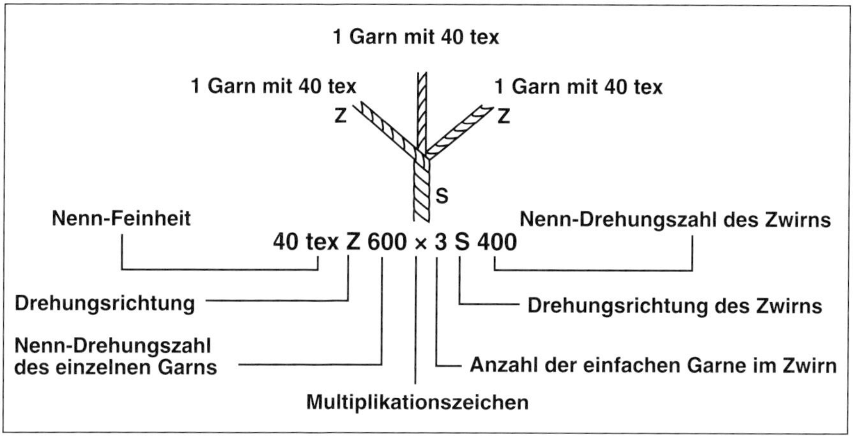

Abb. 1: Bezeichnungen und Zwirnsymbol zur Darstellung eines Dreifachzwirns
Quelle: SKF Stuttgart / E. Bay, Texparts GmbH, Fellbach

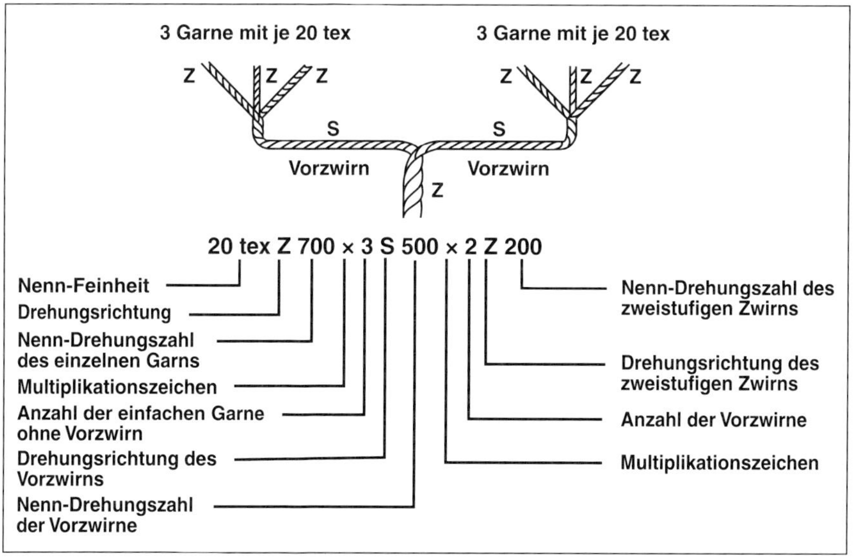

Abb. 2: Bezeichnungen und Zwirnsymbol zur Darstellung eines Stufenzwirns
Quelle: SKF Stuttgart / E. Bay, Texparts GmbH, Fellbach

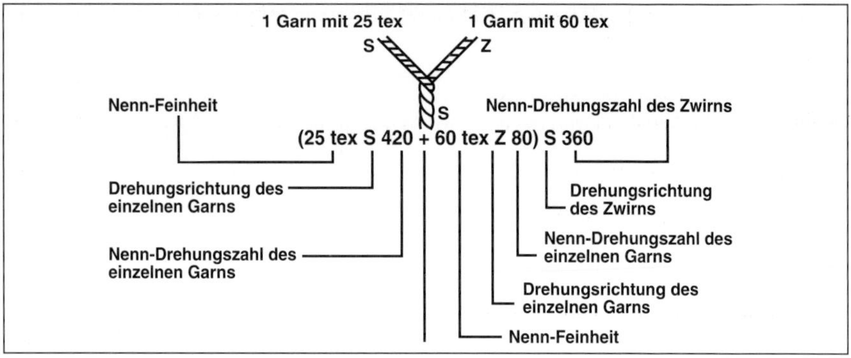

Abb. 3: Bezeichnungen und Zwirnsymbol zur Darstellung eines einstufigen Zwirns aus Garnen mit unterschiedlicher Drehungsrichtung (SZ-Zwirn) und unterschiedlicher Feinheit
Quelle: SKF Stuttgart / E. Bay, Texparts GmbH, Fellbach

Zwirnverfahren, → Zwirnmaschinen, → Zwirnprinzipien.

Zylinder (Walzen), Bezeichnung für die in der Textilindustrie oft verwendeten zylindrischen Antriebswalzen der Streckwerke aus Stahl oder für gummibezogene Druckwalzen der Streckwerke. Aber auch die Grundkörper der Galetten bestehen aus kugelgelagerten Metallzylindern, ebenso wie die Grundkörper der Kratzen- und Garniturwalzen der Krempeln und Karden. Nach den Zylindern der Streckwerke trägt die frühere Baumwollspinnerei heute die Bezeichnung Dreizylinderspinnerei. Ein Streckwerk wird als Vierzylinderstreckwerk bezeichnet, wenn vier Zylinderwalzenpaare verwendet werden.

Zylindrische Kreuzspule, die zylindrische → Kreuzspule ist eine spezielle Form der Kreuzspule, bei der das Garn auf eine zylindrische (walzenförmige) Hülse aus Papier oder Kunststoff so aufgewickelt wird, dass eine parallele Mantellinie der Bewicklung zur Hülse entsteht und die Garne der einzelnen Wicklungslagen einen Kreuzungswinkel aufweisen, der konstant gehalten werden kann (Präzisionskreuzspule) oder mit zunehmendem Wicklungsdurchmesser kleiner wird. Der Kreuzungswinkel entspricht dem doppelten Steigungswinkel der Bewicklung. Wicklungen mit einem Steigungswinkel, der größer ist als 9°45´, werden üblicherweise als Kreuzspulen bezeichnet. Bei kleineren Steigungswinkeln ergibt sich eine → Scheibenspule, bei welcher der Garnkörper nicht mehr alleine zusammenhält, sondern seitlich durch Randscheiben abgestützt werden muss.

Zylindrische Scheibenspule, weist einen Steigungswinkel zwischen den Garnen der Bewicklung auf, der kleiner ist als 9°45`. Die nahezu parallele Lage der Garne zueinander erfordert seitliche Stützscheiben, da sonst die Spule nicht stabil wäre. Die → Scheibenspule liefert eine hohe Packungsdichte und ermöglicht ein schonendes Aufwickeln des Garns. Allerdings muss das Garn tangential von der Spule abgezogen werden. Die Scheibenspule wird gerne für Monofilamente oder Nähgarne verwendet.

Zylindrische Spule, → Zylindrische Kreuzspule, → Kreuzspule.

Inhaltsverzeichnis zum Anhang

Deutscher Garnkontrakt

– Kartellfassung vom 01.01.2002*) –

(Bedingungen für den Handel mit rohen, düsengefärbten und veredelten – gefärbten, gebleichten, gasierten usw. – Garnen und Zwirnen aus Natur- und Chemiefasern**)
– Der Deutsche Garnkontrakt gilt ausschließlich zwischen Kaufleuten –

Teil 1 – Lieferungs- und Zahlungsbedingungen

1. Preis
Die Preise gelten ab Spinnerei, nach entsprechender Vereinbarung bei Bahnsendungen auch ab Versandbahnhof. Sie verstehen sich für das Kilogramm Garn. Die Berechnung der Hülsentara erfolgt aufgrund besonderer Vereinbarungen.

2. Zahlungsbedingungen
Die Rechnung wird auf den Tag der Lieferung bzw. der Bereitstellung der Ware ausgestellt.

Rechnungen sind zahlbar
- innerhalb von 30 Tagen ab Rechnungsdatum mit 2 % Skonto
- ab 31. bis 60. Tag ab Rechnungsdatum netto

Bei Bezahlung vor dem 30. Tag ab Rechnungsdatum werden außer 2 % Skonto Vorzinsen vom Zahltag bis zum 30. Tag gewährt, die in Höhe von 4 % über dem jeweiligen Basiszinssatz aus dem um den Skonto gekürzten Betrag zu errechnen sind. Bei Bezahlung zwischen dem 30. und 60. Tag ab Rechnungsdatum werden kein Skonto, sondern nur noch Vorzinsen von 4 % über dem jeweiligen Basiszinssatz vom Zahlungstag bis zum 60. Tag eingeräumt.

Statt der vorstehenden Regelung kann wie folgt reguliert werden:
- Regulierung im mittleren Verfall, wenn die Zusammenfassung der Rechnungen den Zeitraum von 30 Tagen nicht übersteigt, mit 2 % Skonto.
- Dekadenregulierung

Rechnungen ab	zu begleichen mit 2 % Skonto am	zu begleichen netto am
1. – 10. eines Monats	5. des nächsten Monats	5. des übernächsten Monats
11. – 20. eines Monats	15. des nächsten Monats	15. des übernächsten Monats
21. – Ultimo	25. des nächsten Monats	25. des übernächsten Monats

Vorzinsen werden bei der Regulierung im mittleren Verfall und Dekadenregulierung nicht gewährt. Ab dem 61. Tag tritt Verzug gemäß § 286 Abs. 2 Nr. 1 BGB ein.

Bei Zahlungen nach Fälligkeit werden Verzugszinsen in Höhe von 8 % über Basiszinssatz berechnet.

Zahlungen werden stets zur Begleichung der ältesten fälligen Schuldposten zuzüglich der darauf aufgelaufenen Verzugszinsen verwendet.

Als Zahltag für die Einhaltung der Zahlungsfrist gilt der Tag, an dem der Käufer oder dessen Zahlstelle nachweislich die Zahlung an den Verkäufer abgefertigt hat.

---

*) Quelle: Kloepfer, W., Industrieverband Garne – Gewebe – Technische Textilien e. V., Fachbereich Garne, Eschborn

**) Fabrikationskammgarne, Mehrfachzwirne für die Fahrzeugreifenherstellung, Jutegarne und Garne in Aufmachung für den Einzelverkauf sind ausgenommen.

Die Zahlung hat in barem Gelde oder durch Banküberweisung zu erfolgen. Schecks auf Bankplätze werden nach Eingang, bankfähige Wechsel unter Zinsabzug zum jeweiligen Basiszinssatz – wenn die Diskontierung bei der Bundesbank möglich ist –, sonst zum jeweils üblichen Bankdiskont unter Vorbehalt des Eingangs gutgeschrieben. Diskont und Spesen gehen zu Lasten des Käufers. Wechsel auf Nebenplätze werden nicht in Zahlung genommen. Eigenakzepte gelten im Allgemeinen nicht als Barzahlung. Der Verkäufer behält sich die Entscheidung darüber vor, ob er Eigenakzepte annimmt und ob er auf hereingenommene Eigenakzepte einen Skonto gewährt.

Die Aufrechnung mit und die Zurückbehaltung von fälligen Rechnungsbeträgen ist nur bei unbestrittenen oder rechtskräftig festgestellten Forderungen zulässig. Dies gilt auch im Falle der Zahlungseinstellung des Verkäufers. Sonstige Abzüge (z. B. Porto und Bankspesen) sind unzulässig.

Vor völliger Zahlung fälliger Rechnungsbeträge einschließlich berechneter und angemahnter Verzugszinsen ist der Verkäufer zu keiner weiteren Lieferung verpflichtet. Die Versandbereitschaft der Garne wird vom Verkäufer durch Übersendung der Rechnung erklärt. Bei drohender Zahlungsunfähigkeit oder sonstiger nachträglicher wesentlicher Verschlechterung der Vermögensverhältnisse des Käufers kann der Verkäufer nach Setzung einer angemessenen Nachfrist für noch ausstehende Lieferungen aus irgendeinem laufenden Vertrag unter Fortfall des Zahlungsziels bare Zahlung vor Ablieferung verlangen oder vom Vertrag zurücktreten oder Schadensersatz geltend machen. Dies gilt auch, wenn der Käufer geltend gemachte, sachlich begründete Zweifel an seiner Zahlungsfähigkeit oder Kreditwürdigkeit nicht unverzüglich ausräumt.

3. Verpackung
Die Kosten für das Verpackungsmaterial werden pauschal je kg Garn abgerechnet. Für vom Kunden gewünschte Spezialverpackung ist der Verpackungskostensatz zu vereinbaren. Mehrweg-Logistikhilfsmittel (z. B. Mehrwegpaletten oder Mehrwegzwischenlagen) bleiben Eigentum des Verkäufers; sie werden von diesem berechnet, wenn sie nicht binnen zwei Monaten in funktionsfähigem Zustand zurückgegeben werden.

4. Lieferungs- und Abnahmepflicht
Ist eine Lieferungsfrist bei Abschluss eines Geschäfts nicht bedungen worden, so gilt die Ware als prompt lieferbar, d. h., die Erfüllung kann nach Ablauf einer angemessenen, zur Herstellung des Garns erforderlichen Frist verlangt sowie jederzeit geleistet werden.

Ist eine Lieferung in Teilmengen innerhalb einer bestimmten Frist bedungen, so hat die Lieferung und Abnahme in annähernd gleichen Monatsmengen zu erfolgen, wenn nichts anderes vereinbart wurde. Wurde Lieferung in Teilmengen ohne Angabe des Endtermins vereinbart, so hat die Lieferung und Abnahme innerhalb sechs Monaten, vom Tage des Abschlusses an gerechnet, in annähernd gleichen Monatsmengen zu erfolgen, soweit die Vertragspartner keine abweichende Vereinbarung getroffen haben. Das Gleiche gilt bei Kauf auf Abruf.

Bei Lieferung von Garnen sind technisch nicht vermeidbare Mengenabweichungen, die sich höchstens im Rahmen der nachstehende Toleranzen bewegen dürfen, zulässig und dürfen nicht beanstandet werden:

Bei Streichgarnen, Halbkammgarnen und entsprechenden Rotorgarnen
bis zu ± 5 % bei einer Auftragsmenge von 1000 kg und darüber
bis zu ± 10 % bei einer Auftragsmenge unter 1000 kg.
Bei Tuftinggarnen kann die Spulenzahl um bis zu + 1,5 % von der vorgeschriebenen Spulenzahl abweichen. Übersteigende Spulenzahlen können als Nachsteckspulen mitgeliefert werden. Bezüglich der Spulenlauflänge für Tuftinggarne ist eine Toleranz von ± 3% zulässig.

Bei anderen Garnen
bis zu ± 5 % bei Rohgarnen,
bis zu ± 10 % bei Bleich-, Färb- und Spezialgarnen
der zu liefernden Menge.

Die Lieferungsverpflichtung des Verkäufers gilt als erfüllt, wenn er das Garn spätestens am letzten Tage der Lieferfrist ab Spinnerei bzw. ab Lager zur Verfügung des Käufers stellt.

Fabrikationskammgarne, Mehrfachzwirne für die Fahrzeugreifenherstellung, Jutegarne und Garne in Aufmachung für den Einzelverkauf sind ausgenommen.

Wenn zwei oder mehrere Abschlüsse bestehen, ist der Verkäufer berechtigt, den ältesten zuerst voll auszuliefern.

Ist der Verkäufer seinen Lieferungsverpflichtungen oder der Käufer seiner Abnahmepflicht nicht nachgekommen, so ist zunächst eine Nachfrist von vier Wochen zu gewähren. Nach fruchtlosem Ablauf derselben gelten die Bestimmungen des bürgerlichen und des Handelsrechts.

5. Spinneinteilung
Der Käufer ist verpflichtet, die Spinneinteilung rechtzeitig zu geben. Bei Abschlüssen mit offener Nummern- und Sortenaufgabe kann der Verkäufer eine Einteilungsfrist von vier Wochen und bei Abschlüssen mit bunt gesponnenen Garnen eine Einteilungsfrist von sechs Wochen vor Beginn des Liefermonats beanspruchen.

Bleibt der Käufer auf zweimalige Aufforderung mit der Spinneinteilung über die vorgeschriebene Zeit im Rückstand und lässt er auch eine ihm vom Verkäufer gestellte Nachfrist von vier Wochen unbeachtet, so ist der Verkäufer berechtigt, die betreffende Lieferung nach billigem Ermessen vorzunehmen und zu berechnen.

6. Versand
Der Versand und die Anfuhr erfolgen unbeschadet einer nach Ziff. 1 getroffenen Vereinbarung für Rechnung und auf Gefahr des Käufers.

7. Erfüllungsort und Gerichtsstand
Erfüllungsort für die Leistungen aus dem Vertrage ist generell der Sitz der Firma des Verkäufers. Als Erfüllungsort für die Lieferung kann auch ein anderer inländischer Produktionsort vereinbart werden.

Ausschließlicher Gerichtsstand für alle Streitigkeiten zwischen Käufer und Verkäufer – einschließlich Wechsel- und Scheckklagen – ist das Amts- bzw. Landgericht, in dessen Bezirk sich der Sitz der Firma des Verkäufers befindet. Der Verkäufer ist jedoch auch zur Klageerhebung bei dem für den Sitz seines fachlichen Verbands (Konditionenkartell Garne e. V., Eschborn/Ts.) zuständigen Amts- bzw. Landgericht berechtigt.

8. Mängel
Beanstandungen des Bruttogewichts müssen spätestens innerhalb dreier Geschäftstage nach Eintreffen des Garns am Bestimmungsort erhoben werden.

Mängelrügen des Garns (Sachmängel) können nur binnen zwei Wochen nach Eintreffen am Bestimmungsort gerügt werden, und zwar nur, soweit mit der Verarbeitung des Garns noch nicht begonnen ist. Versteckte Mängel sind unverzüglich nach deren Entdeckung zu rügen.

Handelsübliche oder geringe, technisch nicht vermeidbare Abweichungen der Qualität, Farbe oder Ausrüstung der gelieferten Garne dürfen nicht beanstandet werden. Für Mängel in der aus dem Garn hergestellten Ware, die durch nicht sachgemäße Verarbeitung und Behandlung des Garns entstanden sind, wird keine Haftung übernommen. Bei Effektgarnen und -zwirnen bleibt eine technisch nicht vermeidbare Abweichung des Garnausfalls vorbehalten. Garne können durch den Lagerungszeitraum ihre technischen Eigenschaften verändern (Alterung). In diesem Fall ist der Käufer vom Lieferanten bei Vertragsschluss darüber zu informieren. Durch Alterung bedingte technische bzw. chemische Veränderungen sind deshalb kein Mangel.

Hat der Käufer dem Verkäufer zur Abwicklung des Auftrags bestimmte Rohstoffe, bestimmte Farbstoffe, bestimmte Färbeverfahren oder bestimmte Ausrüstungsverfahren ohne Ausweichmöglichkeit vorgeschrieben, so haftet der Verkäufer für Fehler, die aus Mängeln des Rohstoffs, des verwendeten Farbstoffs sowie der Ausrüstung herrühren und die trotz ordnungsgemäßer

Eingangskontrolle nicht festgestellt wurden, nur insoweit, als hierfür vom Faser- oder Farbstofflieferanten bzw. vom Ausrüster eine Gewähr übernommen wird. Der Verkäufer vereinbart mit dem Käufer, wenn ein Auftrag von den vorbezeichneten Bestimmungen erfasst wird. Im Schadensfall tritt er seine etwaigen Gewährleistungsansprüche gegenüber Vorlieferanten bzw. Ausrüstern an den Käufer ab.

Offene Mängel berechtigen den Verkäufer entweder zur einmaligen Nachbesserung oder zur Lieferung mangelfreier Ersatzware, die innerhalb einer für den Verkäufer und Käufer angemessenen Frist ab dem Zeitpunkt der Anerkennung der geltend gemachten Reklamation durch den Verkäufer zu erfolgen haben. Der Verkäufer wird die Reklamation unverzüglich prüfen und über die Rücksendung der mangelhaften Ware unverzüglich entscheiden. Solange verwahrt der Käufer die Ware kostenlos für den Verkäufer. Bei fehlgeschlagener Nachbesserung oder mangelhafter Ersatzlieferung hat der Käufer nur das Recht, den Kaufpreis zu mindern oder vom Vertrag zurückzutreten.

Bei versteckten Mängeln hat der Käufer Anspruch auf eine Minderung des Kaufpreises der gelieferten Garne, die in der daraus hergestellten fehlerhaften Ware enthalten sind. Für den noch nicht verarbeiteten Teil der gelieferten Garne hat der Käufer Anspruch auf Nachbesserung oder einmalige Ersatzlieferung innerhalb einer für den Verkäufer und Käufer angemessenen Frist. Ist dies für den Käufer unzumutbar oder ist die Nachbesserung oder Ersatzlieferung fehlgeschlagen, hat der Käufer das Recht den Kaufpreis zu mindern oder vom Vertrag zurückzutreten.

Der Ersatz jedes weiteren, auf die Mangelhaftigkeit der gelieferten Ware zurückzuführenden Schadens wird bei leichter Fahrlässigkeit durch die doppelte Höhe des Garnwerts der betroffenen Lieferung bzw. Teillieferung begrenzt. Bei leichter Fahrlässigkeit wird Schadensersatz ausgeschlossen, wenn es sich um vertragsuntypische und seitens des Verkäufers bei Vertragsabschluss nicht vorhersehbare Schäden handelt. In den Fällen des Vorsatzes, der groben Fahrlässigkeit oder der Verletzung des Lebens, des Körpers oder der Gesundheit, gilt die gesetzliche Regelung. Das Produkthaftungsgesetz gilt uneingeschränkt.

9. Betriebsstörung
Höhere Gewalt, Arbeitskampfmaßnahmen, unverschuldete behördliche Maßnahmen im In- und Ausland, unverschuldeter Energieausfall sowie unvorhersehbare, unverschuldete und schwerwiegende Betriebsstörungen und -einschränkungen beim Verkäufer, u. a. auch solche, die auf eine Beeinträchtigung der vereinbarten Rohstoffversorgung oder sonstige Fälle höherer Gewalt zurückzuführen sind und länger als eine Woche gedauert haben oder voraussichtlich dauern werden, berechtigen den Verkäufer, die Liefertermine entsprechend hinauszuschieben.

Voraussetzung hierfür ist jedoch, dass der Verkäufer vorher alle ihm zuzumutenden Anstrengungen und Dispositionen unternommen hat, die Folgen der Lieferstörungen zu vermindern oder zu beheben. Falls aufgrund der vorbezeichneten Umstände die Lieferung um mehr als drei Monate verzögert wird, steht beiden Vertragspartnern das Recht zu, vom Vertrag zurückzutreten.

Schadensersatzansprüche sind ausgeschlossen.

Sobald eine Lieferungsbehinderung der genannten Art klar ersichtlich ist, muss der Käufer hierüber unverzüglich benachrichtigt werden.

10. Schiedsklausel
Über alle Streitigkeiten, tatsächlicher und rechtlicher Art, entscheidet ein Schiedsgericht, für das die Schiedsgerichtsordnung des Deutschen Garnkontrakts (Teil 3) maßgebend ist, oder das ordentliche Gericht.

Voraussetzung für die Anrufung eines Schiedsgerichts ist, dass beide Parteien mit der Durchführung des Schiedsgerichtsverfahrens einverstanden sind.

Ein Wechsel zwischen einem Schiedsgerichtsverfahren und dem ordentlichen Gericht ist nach Einleitung des jeweiligen Verfahrens nicht mehr möglich.

Teil 2 – Technische Grundlagen

1. Handelsgewicht

Für die Bestimmungen des Handelsgewichts gelten, sofern nichts anderes vereinbart wird, die maßgebenden deutschen bzw. Europa-Normen (DIN bzw. EN).

Bei Garnen und Zwirnen gelten die im Textilkennzeichnungsgesetz (TKG) vorgeschriebenen Feuchtigkeitszuschläge für die jeweiligen Faserarten, und zwar in der bei Vertragsabschluss gültigen Fassung.

Bei Garnen und Zwirnen, die aus Fasern hergestellt wurden, die nicht im Textilkennzeichnungsgesetz aufgelistet sind, ist der Feuchtigkeitszuschlag zwischen den Vertragspartnern zu vereinbaren.

Bei Mischgarnen und -zwirnen wird der Feuchtigkeitszuschlag unter Zugrundelegung der für die ungemischten Garne geltenden Prozentsätze nach dem Anteil jeder Faser in der Mischung errechnet. Die so ermittelten Prozentsätze werden jeweils auf 0,5 % aufgerundet. Ansonsten gelten die zur Bestimmung des Handelsgewichts maßgebenden deutschen bzw. Europa-Normen als vereinbart (DIN bzw. EN).

Bei einem Feuchtigkeitssatz über 8,5 % beträgt die zulässige Toleranz

± 1,0%

bei einem Feuchtigkeitszuschlag von 8,5 % und darunter

± 0,5%

Werden diese Toleranzen über- oder unterschritten, so ist die Vergütung auf der Grundlage der zulässigen Feuchtigkeitszuschläge nach beiden Seiten abzurechnen.

Ausgenommen von der Einbeziehung in diese Durchschnittsberechnung sind die Ergebnisse jener Verpackungseinheiten, deren Inhalt den zulässigen Feuchtigkeitszuschlag um ein Viertel, mindestens jedoch um 1 % absolut überschreitet. Zur Ermittlung des tatsächlichen Feuchtigkeitszuschlags gelten die maßgebenden deutschen bzw. Europa-Normen als vereinbart (DIN bzw. EN). Der Verkäufer hat das Recht, die Bestimmung zu verlangen, wobei auch die Einschaltung Dritter als vereinbart gilt (z. B. amtlich anerkanntes Prüfamt).

Die Verpackungseinheiten, die die vorstehend genannte Toleranz des zulässigen Feuchtigkeitszuschlags überschreiten, sind als nicht lieferbar zu betrachten und können vom Käufer gegen Ersatz der darauf entfallenden Spesen zur Verfügung gestellt werden. Dem Verkäufer steht das Recht zu, eine Ersatzlieferung innerhalb einer für ihn und den Käufer angemessenen Frist ab dem Zeitpunkt der Rückgabe der beanstandeten Verpackungseinheiten vorzunehmen. Diese Ersatzlieferung ist nur einmal zulässig.

2. Handelsnummer (Handelsfeinheit)

a) Bestimmungen der Handelsnummer (Handelsfeinheit)

   Für die Bestimmung der Handelsnummer (Handelsfeinheit) aller Garne und Zwirne ist die metrische Garnnummerierung maßgebend. Auf Verlangen des Käufers kann auch die Feinheit nach dtex verwendet werden. Im Übrigen gelten die maßgebenden deutschen bzw. Europa-Normen (DIN bzw. EN).

b) Lauflänge

   Die Lauflänge des Zwirns gilt als erfüllt, wenn er aus der gleichen Handelsnummer (Handelsfeinheit) des einfachen Garns hergestellt ist.

   Gasierte Garne und Zwirne werden nach der Endhandelsnummer (Endhandelsfeinheit) gehandelt. Veränderungen der Lauflänge durch weitere Veredelungen von Garnen und Zwirnen gehen zu Lasten des Käufers. Bei Zwirnen gelten die Abweichungen für die Handelsnummer (Handelsfeinheit) des einfachen Garns.

c) Nummern-(Feinheits-)toleranz
Technisch nicht vermeidbare Garnnummern-Abweichungen, höchstens aber die anschließend genannten Toleranzsätze, sind zulässig:

ca) Bei Streichgarnen und entsprechenden Rotorgarnen bis Nm 5 einschließlich

(2000 dtex und höher)	± 8 %
über Nm 5 bis Nm 7 einschließlich	
(unter 2000 dtex bis 1450 dtex)	± 7 %
über Nm 7 bis Nm 10 einschließlich	
(unter 1450 dtex bis 1000 dtex)	± 6 %
über Nm 10	
(unter 1000 dtex)	± 5%

cb) Bei Halbkammgarnen und entsprechenden Rotorgarnen

bis Nm 5 einschließlich	
(2000 dtex und höher)	± 6 %
über Nm 5	
(unter 2000 dtex)	± 5 %

cc) Bei den übrigen Garnen ± 3 %

cc) Bei Effektgarnen sind technisch nicht vermeidbare und angemessene höhere Nummernabweichungen zulässig.

Innerhalb der obigen Toleranzgrenzen findet keine Vergütung statt. Bei etwaigen Abweichungen, die diese Zulässigkeitsgrenze nach unten überschreiten, ist die volle Abweichung von der vereinbarten Garnnummer (Garnfeinheit) zu vergüten.

Wenn
- die Inanspruchnahme einer Vergütung für den Käufer unzumutbar ist
- die Nummern-(Feinheits-)toleranzen nach oben überschritten werden und eine Abnahme unzumutbar ist

kann der Käufer verlangen, dass die bemängelten Mengen innerhalb einer für den Verkäufer und Käufer angemessenen Frist vom Verkäufer spesenfrei gegen Garne der vereinbarten Nummer (Feinheit) umgetauscht werden. Dies gilt für Garne zu cc) unter der Voraussetzung, dass die Abweichung von der vereinbarten Nummer (Feinheit) mehr als ± 5 % beträgt. Falls der Käufer nachweist, dass auch eine Ersatzlieferung für ihn unzumutbar ist, steht ihm das Recht zu, den Kaufpreis zu mindern oder vom Vertrag zurückzutreten.

3. Fehlgewicht und Nummern-(Feinheits-)schwankung
Macht der Käufer bei einer Sendung ein Fehlgewicht oder eine Nummern-(Feinheits-)schwankung geltend, so hat der Verkäufer das Recht, die Bestimmung des Handelsgewichts und/oder der Handelsnummer (Handelsfeinheit) zu verlangen, wobei auch die Einschaltung Dritter als vereinbart gilt (z. B. amtlich anerkanntes Prüfamt).

4. Ketten
Ketten, einfach und gezwirnt, werden nach dem Kalkulationsgewicht verkauft und berechnet, doch muss der Verkäufer dem Käufer ein etwaiges Mindergewicht, soweit es 3 % übersteigt, vergüten.

5. Testfärbung und andere Prüfungen
Um mögliche Fehler zu erkennen, müssen beim Abweben, Anstricken, Antuften, Anwirken, Flechten und weiteren Verarbeitungsstufen hinreichende Mengen der Rohware in einem geeigneten Testverfahren geprüft werden. Bei der Testmenge muss es sich um eine geeignete, kleinstmögliche Produktionsmenge, höchstens jedoch 500 m, handeln. Diesem Test kann sich unmittelbar ein weiterer Test anschließen.

In allen Verarbeitungsbereichen
- müssen gefärbte Garnpartien vor und während der Verarbeitung auf Streifigkeit und sonstige Veränderungen hin geprüft werden,

– muss im Falle der Zusammenverarbeitung von rohweißen und gefärbten Garnen oder von Garnen unterschiedlicher Faserstruktur eine ausreichende Prüfung auf einheitlichen Schrumpf oder sonstige relevante Auswirkungen, die den vorgesehenen Einsatz beeinträchtigen können, vorgenommen werden.

6. Signierung
Die Signierung von rohweißen Garnpartien mit wasserlöslichen Farbstoffen ist dem Verkäufer erlaubt, sofern der Käufer diesbezüglich nicht ausdrücklich widerspricht.

7. Prüfung und Prüfungsgebühren
Für die Prüfung gelten die Bestimmungen der maßgebenden deutschen bzw. Europa-Normen (DIN bzw. EN) unter Einschaltung einer amtlich anerkannten Prüfstelle. Die Prüfungsgebühren, auch jene einer evtl. Nachprüfung einschließlich der Beförderungskosten, hat der unterliegende Teil nur dann zu tragen, wenn dies zwischen den Vertragspartnern ausdrücklich vereinbart wurde.

Teil 3 – Schiedsgerichtsordnung

1. Alle Streitigkelten, die aus Verträgen herrühren, die nach dem Deutschen Garnkontrakt abgeschlossen wurden und bei denen das ordentliche Gericht nicht angerufen wurde, entscheidet ein Schiedsgericht (Teil 1, Ziffer 10 des Deutschen Garnkontrakts).
2. Beide Parteien haben zu dem Schiedsgericht je einen im praktischen Geschäftsleben stehenden oder im Ruhestand lebenden Kaufmann oder Industriellen der Textilwirtschaft als Schiedsrichter zu ernennen.

   Die betreibende Partei hat den von ihr bestellten Schiedsrichter der Gegenpartei schriftlich mit der Aufforderung zu bezeichnen, ihr innerhalb 14 Tagen nach dem Tage des Empfangs des Schreibens den von ihr bestellten Schiedsrichter zu benennen. Leistet die Gegenpartei dieser Aufforderung nicht rechtzeitig Folge, so hat der Präsident der Handelskammer des Bezirks, zu welchem die betreffende Firma gehört, oder wenn sie zu keiner Handelskammer gehört, die ihrem Sitz am nächsten liegt, den betreffenden Schiedsrichter zu ernennen.

   Die Parteien können vereinbaren, dass die Entscheidung eines Streitfalls nur durch einen Schiedsrichter erfolgt.
3. Die von den beiden Parteien bestellten Schiedsrichter haben unverzüglich einen Obmann mit der Befähigung zum Richteramt zu wählen.

   Können sie sich über einen solchen nicht einigen, so hat ihn der Präsident der Handelskammer des Bezirks der betreibenden Partei zu ernennen. Auf die Bestellung eines Obmanns kann seitens der Parteien verzichtet werden. Ebenso sind die beiden Schiedsrichter berechtigt, von der Wahl eines Obmanns abzusehen, falls sie über die Entscheidung des Streitfalls einig sind. Die Vorschriften über das Verfahren finden auch in diesem Fall sinngemäße Anwendung.
4. Falls ein Schiedsrichter sein Amt niederlegt, so hat er dies beiden Parteien schriftlich anzuzeigen. Die Partei, welche den Schiedsrichter ernannt hatte, hat innerhalb 14 Tagen nach dem Empfang der Anzeige einen anderen Schiedsrichter zu ernennen und der Gegenpartei zu bezeichnen.
5. Das Verfahren vor dem Schiedsgericht ist Folgendes:
   Jede der Parteien übermittelt dem von ihr ernannten Schiedsrichter unter Schilderung des Sachverhalts den Vertrag sowie Abschriften des Schriftwechsels, welcher zwischen den Parteien in der strittigen Angelegenheit geführt wurde, samt ihren Anträgen.

   Beide Schiedsrichter übersenden ihre Schriftstücke dem Obmann und bestimmen gemeinsam mit diesem zur eventuellen Vornahme von Besichtigungen oder zu gemeinsamer

Beratung einen Tag, welcher innerhalb zweier Wochen vom Tage der Ernennung des Obmanns liegen muss.

Dem Antrag einer Partei auf Durchführung einer mündlichen Verhandlung des Schiedsgerichtes mit den Parteien ist stattzugeben. Die Schiedsrichter haben ihre Entscheidung mit tunlichster Beschleunigung unparteiisch und nach bestem Wissen und Gewissen zu fällen und dürfen sich nicht als Vertreter einer Partei ansehen. Sie haben ihrer Entscheidung zunächst die vertraglichen Abmachungen der Parteien, sodann das geltende bürgerliche und Handelsrecht und im Übrigen die allgemein anerkannten Gebräuche des Handels zugrunde zu legen.

Der Austausch der oben genannten Schriftstücke kann unterbleiben, wenn beide Parteien damit einverstanden sind.

6. Die Entscheidung im Schiedsgericht erfolgt nach Stimmenmehrheit.
7. Der Schiedsspruch ist von den Schiedsrichtern schriftlich abzugeben. Derselbe soll enthalten:
   a) die genaue Bezeichnung der Parteien nach Name, Stand, Wohnort und Parteistellung
   b) die Namen der Schiedsrichter
   c) eine gedrängte Darstellung des Tatbestands unter Hervorhebung der Anträge der Parteien
   d) die Entscheidungsgründe
   e) die von der Darstellung des Tatbestands und den Entscheidungsgründen äußerlich zu sondernde Entscheidungsformel

   Der Schiedsspruch muss von sämtlichen Schiedsrichtern unter Angabe des Tages der Abfassung unterschrieben werden.
8. Der Schiedsspruch ist durch den Obmann den Parteien in einer von den Schiedsrichtern unterschriebenen Ausfertigung zuzustellen und unter Beifügung der Beurkundung der Zustellung auf der Geschäftsstelle des zuständigen Gerichts niederzulegen.
9. Der Schiedsspruch hat unter den Parteien die Wirkungen eines rechtskräftigen gerichtlichen Urteils.
10. Die Kosten sind von den Schiedsrichtern in der Entscheidungsformel festzusetzen und der Partei aufzuerlegen, gegen welche die Entscheidung ausfällt. Wird ein geltend gemachter Anspruch vom Schiedsgericht nur teilweise anerkannt, so sind die Kosten auf beide Parteien entsprechend zu verteilen.
11. Die in der vorstehenden Schiedsgerichtsordnung vorgesehenen Parteierklärungen haben sämtlich mit eingeschriebenem Brief zu erfolgen.

Textilkennzeichnungsgesetz

Neufassung
vom 14. August 1986 (BGBl. I S. 1285)

§ 1

(1) Textilerzeugnisse dürfen gewerbsmäßig nur

1. in den Verkehr gebracht oder zur Abgabe an letzte Verbraucher feilgehalten
2. eingeführt (§ 4 Abs. 2 Nr. 4 des Außenwirtschaftsgesetzes) oder sonst in den Geltungsbereich dieses Gesetzes verbracht werden, wenn somit einer Angabe über Art und Gewichtsanteil der verwendeten textilen Rohstoffe (Rohstoffgehaltsangabe) versehen sind, d. h. den in den §§ 3 bis 10 berichteten Anforderungen entspricht.

(2) Muster, Proben, Abbildungen oder Beschreibungen von Textilerzeugnissen sowie Kataloge oder Prospekte mit derartigen Abbildungen oder Beschreibungen dürfen gewerbsmäßig letzten Verbrauchern zur Entgegennahme oder beim Aufsuchen von Bestellungen auf Textilerzeugnisse nur gezeigt oder überlassen werden, wenn sie mit einer Rohstoffgehaltsangabe für die angebotenen Textilerzeugnisse versehen sind, die den in den §§ 3 bis 10 bezeichneten Anforderungen entspricht.

(3) Die Absätze 1 und 2 sind auf die Tätigkeit von Genossenschaften auch dann anzuwenden, wenn sie nicht gewerbsmäßig betrieben wird.

§ 2

(1) Textilerzeugnisse sind

1. zu mindestens achtzig vom Hundert ihres Gewichts aus textilen Rohstoffen hergestellte
   a) Waren
   b) Bezugstoffe auf Möbeln, Möbelteilen und Schirmen
   c) Teile von Matratzen und Campingartikeln
   d) der Wärmehaltung dienende Futterstoffe von Schuhen und Handschuhen
2. mehrschichtige Fußbodenbeläge, deren dem gewöhnlichen Gebrauch ausgesetzte Oberschicht (Nutzschicht) die Voraussetzungen nach Nummer 1 erfüllt
3. in anderen Waren eingearbeitete, aus textilen Rohstoffen bestehende Teile, die mit Angaben über die Art der verwendeten textilen Rohstoffe versehen sind

(2) Textile Rohstoffe sind Fasern einschließlich Haare, die sich verspinnen oder zu textilen Flächengebilden verarbeiten lassen, sowie flexible Bänder und Schläuche mit einer Normalbreite von höchstens 5 mm, die aus den in der Anlage 1 Nr. 16 bis 38 genannten Fasern hergestellt werden; die Normalbreite ist die Breite des Bandes oder des Schlauchs in gefalteter, abgeflachter, gepresster oder gedrehter Form oder, bei nicht einheitlicher Breite, die Durchschnittsbreite.

(3) In Verkehr bringen ist jedes Überlassen an andere.

§ 3

(1) In der Rohstoffgehaltsangabe sind die in Anlage 1 festgelegten Bezeichnungen zu verwenden. Für Fasern, die in Anlage 1 nicht aufgeführt sind, ist eine Bezeichnung entsprechend dem Rohstoff, aus dem sie sich zusammensetzen, zu verwenden.

(2) Der Bundesminister für Wirtschaft wird ermächtigt, durch Rechtsverordnung mit Zustimmung des Bundesrats, Bezeichnungen für Fasern in Anlage 1 neu aufzunehmen oder zu streichen, wenn dies zur Erfüllung von Richtlinien der Europäischen Wirtschaftsgemeinschaft erforderlich ist und der Anpassung an die technische Entwicklung oder dem Schutz des Verbrauchers dient.

(3) Die in Absatz 1 und nach Absatz 2 vorgeschriebenen Bezeichnungen dürfen, auch in Wortverbindungen oder als Eigenschaftswort, für andere Fasern nicht verwendet werden. Insbesondere darf die Bezeichnung „Seide" nicht zur Angabe der Form oder besonderen Aufmachung von textilen Rohstoffen als Endlosfasern verwendet werden.

§ 4

(1) Für ein Wollerzeugnis darf die Bezeichnung „Schurwolle" verwendet werden, wenn es ausschließlich aus einer Faser besteht, die niemals in einem Fertigerzeugnis enthalten war und die weder einem anderen als dem zur Herstellung des Erzeugnisses erforderlichen Spinn- oder Filzprozess unterlegen hat noch einer faserschädigenden Behandlung oder Benutzung ausgesetzt wurde.

(2) Die Bezeichnung „Schurwolle" darf für die in einem Gemisch enthaltene Wolle verwendet werden, wenn

1. die gesamte in dem Gemisch enthaltene Wolle den Voraussetzungen des Absatzes 1 entspricht
2. der Anteil der Wolle am Gewicht des Gemisches mindestens fünfundzwanzig vom Hundert beträgt und
3. die Wolle im Falle eines mechanisch nicht trennbaren Gemisches mit einer einzigen anderen Faser gemischt ist

In diesem Falle sind die Gewichtsanteile aller verwendeten textilen Rohstoffe in Vomhundertsätzen anzugeben.

§ 5

(1) Die Gewichtsanteile der verwendeten textilen Rohstoffe sind in Vomhundertsätzen des Nettogewichts, und zwar bei Textilerzeugnissen aus mehreren Fasern in absteigender Reihenfolge ihres Gewichtsanteils anzugeben.

(2) Statt der Angabe aller Gewichtsanteile in Vomhundertsätzen genügt bei einem Textilerzeugnis, das aus mehreren Fasern besteht, von denen

1. eine fünfundachtzig vom Hundert des Gewichts erreicht, die Bezeichnung dieser Faser unter der Angabe ihres Gewichtsanteils in vom Hundert oder unter der Angabe „85 % Mindestgehalt"
2. keine fünfundachtzig vom Hundert des Gewichts erreicht, die Bezeichnung von mindestens zwei Faserarten mit den höchsten Vomhundertsätzen unter der Angabe ihres jeweiligen Gewichtsanteils sowie die Aufzählung der weiteren Fasern in absteigender Reihenfolge ihres Gewichtsanteils mit oder ohne Angabe der Vomhundertsätze

(3) Als „sonstige Fasern" dürfen textile Rohstoffe bezeichnet werden, deren jeweilige Gewichtsanteile unter zehn vom Hundert liegen; der Gesamtgewichtsanteil der als sonstige Fasern bezeichneten Rohstoffe ist anzugeben. Falls die Bezeichnung eines textilen Rohstoffs

angegeben wird, dessen Anteil unter zehn vom Hundert liegt, sind die Gewichtsanteile aller verwendeten textilen Rohstoffe in Vomhundertsätzen anzugeben.

(4) Statt der Angabe des Gewichtsanteils mit hundert vom Hundert kann der Bezeichnung des Rohstoffs der Zusatz „rein“ oder „ganz“ hinzugefügt werden; die Verwendung ähnlicher Zusätze ist ausgeschlossen.

(5) Erzeugnisse mit einer Kette aus reiner Baumwolle und einem Schuss aus reinem Leinen, bei denen der Anteil des Leinens nicht weniger als vierzig vom Hundert des Gesamtgewichts des entschlichteten Gewebes ausmacht, können als „Halbleinen“ bezeichnet werden, wobei die Angabe „Kette reine Baumwolle – Schuss reines Leinen“ hinzugefügt werden muss.

(6) Die Bezeichnungen „diverse Faserarten“ oder „Erzeugnis unbestimmter Zusammensetzung“ dürfen für Textilerzeugnisse verwendet werden, deren Rohstoffgehalt nur mit Schwierigkeiten bestimmt werden kann.

§ 6

(1) Nettotextilgewicht ist das Gesamtgewicht der zur Herstellung eines Textilerzeugnisses, im Falle des § 8 Abs. 1 und 3 der einzelnen Teile, verwendeten textilen Rohstoffe, vermindert

1. bei allen Textilerzeugnissen um das darin enthaltene Gewicht von
   a) nicht textilen Teilen, Webkanten, Etiketten und Abzeichen, Bordüren und Besatz, die nicht Bestandteile des Erzeugnisses sind, mit Textilien überzogene Knöpfe und Schnallen, Schmuckbesatz und sonstigem Zubehör, nicht elastischen Bändern, örtlich begrenzt eingearbeiteten elastischen Fäden und Bändern,
   b) Fettstoffen, Bindemitteln, Beschwerungen, Appreturen, Imprägniermitteln und sonstigen Mitteln textiler Ausrüstung sowie Farb- und Druckhilfsmitteln;
2. bei Fußbodenbelägen und Teppichen um sämtliche Teile außer der Nutzschicht, es sei denn, dass alle Schichten den gleichen Rohstoffgehalt haben
3. bei Möbelbezugstoffen, Vorhängen, Gardinen und Übergardinen sowie Stoffen zu ihrer Herstellung um das darin enthaltene Gewicht der Binde- und Füllketten sowie Binde- und Füllschüsse, die nicht Teil der Nutzschicht bzw. Vorderseite sind
4. bei anderen als den unter den Nummern 2 und 3 genannten Textilerzeugnissen um das darin enthaltene Gewicht der Versteifungen, Verstärkungen, Einlagestoffe und Bespannungen, Näh- und Verbindungsfäden, sofern sie nicht der Kette und/oder den Schuss des Gewebs ersetzen, der Polsterungen, die nicht der Wärmehaltung dienen, sowie, vorbehaltlich des § 8 Abs. 1 Satz 2, der Futterstoffe. Verstärkungen sind Fäden oder Stoffe, die an bestimmten, eng begrenzten Stellen das Textilerzeugnis verstärken, versteifen oder verdicken. Nicht zu den auszusondernden Versteifungen zählen die Grundschichten von Textilerzeugnissen, die als Grundlage für die Nutzschicht dienen, vor allem die Grundgewebe von Decken und Doppelgeweben sowie die Grundschichten von Samten, Plüschen und ähnlichen Stoffen.

(2) Das Nettotextilgewicht ist unter Anwendung der in Anlage 2 vorgesehenen Feuchtigkeitszuschläge auf die Trockenmasse einer Faser zu berechnen. Das Gleiche gilt sinngemäß für die Berechnung des Gewichts nach § 2 Abs. 1, § 8 Abs. 1 Satz 2 und Abs. 3. Der Bundesminister für Wirtschaft wird ermächtigt, durch Rechtsverordnung mit Zustimmung des Bundesrats Feuchtigkeitszuschläge zur Berechnung des Nettogewichts in Anlage 2 neu aufzunehmen oder zu streichen, wenn dies zur Erfüllung von Richtlinien der Europäischen Wirtschaftsgemeinschaft erforderlich ist und der Anpassung an die technische Entwicklung oder der Vereinheitlichung und Verbesserung der Messung dient.

§ 7

(1) Bei Angaben der Gewichtsanteile sind die im Verlauf des Herstellungsprozesses eintretenden Veränderungen im Gewicht der verwendeten textilen Rohstoffe im Rahmen der hierfür bekannten Erfahrungswerte zu berücksichtigen. Bei einem zur Abgabe an den letzten Verbraucher bestimmten Textilerzeugnis ist eine ausreichende Berücksichtigung im Sinne des Satzes 1 anzunehmen, wenn die Abweichungen der angegebenen von den tatsächlichen Gewichtsanteilen nicht mehr als drei vom Hundert betragen. Diese Toleranz findet auch Anwendung auf die Berechnung des Wollanteils gemäß § 4 Abs. 2 Nr. 2 sowie auf die Festlegung der Reihenfolge bei denjenigen Fasern, die gemäß § 5 Abs. 2 Nr. 2 in absteigender Folge ihres Gewichts ohne Angabe der Vomhundertsätze aufgezählt werden. Fremdfasern im Sinne des Absatzes 3 sind bei Ermittlung der zulässigen Herstellungstoleranzen nicht zu berücksichtigen.

(2) Der Bundesminister für Wirtschaft wird ermächtigt, durch Rechtsverordnung mit Zustimmung des Bundesrats die Angabe eines Vomhundertsatzes zu bestimmen, in welchen Fällen über Absatz 1 Satz 2 hinaus eine ausreichende Berücksichtigung im Sinne des Absatzes 1 Satz 1 anzunehmen ist, sofern dies zur Erfüllung von Richtlinien der Europäischen Wirtschaftsgemeinschaft erforderlich ist sowie dem Schutz des Verbrauchers oder der Vereinfachung oder sonstigen Verbesserung der Messung dient.

(3) Ein Anteil bis zu zwei vom Hundert an Fasern, die in der Rohstoffgehaltsangabe nicht genannt sind, ist zulässig, wenn dies herstellungstechnisch bedingt und nicht Ergebnis einer systematischen Hinzufügung ist. Bei im Streichverfahren hergestellten Textilerzeugnissen beträgt dieser Satz fünf vom Hundert, Erzeugnissen, deren Rohstoffgehaltsangabe die Bezeichnung „Schurwolle“ enthält, beträgt dieser Satz 0,3 vom Hundert, auch wenn sie im Streichverfahren hergestellt worden sind.

(4) 1. Bei der Analyse werden die in den Absätzen 1 und 3 aufgeführten Toleranzen getrennt berechnet. Ein Zusammenzählen ist nur dann zulässig, wenn feststeht, dass die bei der Anwendung der Toleranz nach Abs. 3 durch die Analyse festgestellten Fremdfasern von der gleichen chemischen Art sind wie eine oder mehrere der in der Rohstoffgehaltsangabe aufgeführten Fasern.

2. Für besondere Erzeugnisse, deren Herstellungsverfahren höhere Abweichungen erfordern, als in den Absätzen 1 und 3 angegeben, sind höhere Toleranzen nur in Ausnahmefällen und bei entsprechendem Nachweis durch den Hersteller zulässig.
3. Absatz 4 findet keine Anwendung auf Absatz 3 letzter Satz.

§ 8

(1) Bei Textilerzeugnissen, die aus mehreren Teilen unterschiedlichen Rohstoffgehalts zusammengesetzt sind, ist der Rohstoffgehalt der einzelnen Teile jeweils gesondert anzugeben. Angaben über Teile, deren Anteil am Gesamtgewicht des Textilerzeugnisses weniger als dreißig vom Hundert beträgt, können unterbleiben; jedoch ist der Rohstoffgehalt von Hauptfutterstoffen auch anzugeben, wenn deren Anteil am Gesamtgewicht des Textilerzeugnisses weniger als dreißig vom Hundert beträgt. Die Rohstoffgehaltsangabe muss erkennen lassen, auf welche Teile sie sich bezieht.

(2) Bilden mehrere Textilerzeugnisse ihrer Bestimmung nach eine Einheit, so braucht nur eines von ihnen mit einer Rohstoffgehaltsangabe versehen zu werden. Weisen diese Textilerzeugnisse unterschiedlichen Rohstoffgehalt auf, so gilt Absatz 1 Satz 1 und 3 sinngemäß.

(3) Bei folgenden Textilerzeugnissen kann der Rohstoffgehalt des Gesamterzeugnisses oder der jeweils aufgeführten einzelnen Teile bzw. Bestandteile angegeben werden:

1. Miederwaren; Angaben über Teile, deren Anteil am Gesamtgewicht weniger als zehn vom Hundert beträgt, können unterbleiben. Jedoch ist der Rohstoffgehalt folgender Teile auch dann anzugeben, wenn sie weniger als zehn vom Hundert ausmachen:
   a) äußeres und inneres Gewebe der Schalen und des Rückenteils von Büstenhaltern sowie Einteilern (Korsetts und Korseletts)
   b) Vorderteil, Rückenteil und Seitenteile von Unterteilen (Hüfthalter und Miederhöschen) sowie Einteilern
2. ausgebrannte Textilerzeugnisse (Grundmaterial und der Ausbrennung unterworfene Teile)
3. Stickerei-Textilerzeugnisse (Grundmaterial und Stickereifäden); Angaben über gestrickte Teite, deren Anteil weniger als zehn vom Hundert der Oberfläche des Erzeugnisses ausmacht, können unterbleiben
4. Garne mit einem Kern und einer Umspinnung aus verschiedenen Faserarten, die dem Endverbraucher als solche zum Verkauf angeboten werden (Kern und Umspinnung)
5. Textilerzeugnisse aus Samt, Plüsch oder ähnlichen Stoffen, bei denen Grund- und Nutzschicht nicht den gleichen Rohstoffgehalt haben (Grund- und Nutzschicht)
6. Fußbodenbeläge und Teppiche, bei denen Grund- und Nutzschicht nicht den gleichen Rohstoffgehalt haben; bei diesen Textilerzeugnissen braucht die Zusammensetzung nur für die Nutzschicht angegeben zu werden

§ 9

(1) Die Rohstoffgehaltsangabe muss leicht lesbar sein und ein einheitliches Schriftbild aufweisen. Die nach Absatz 3 oder nach §§ 3 bis 5 und 8 vorgeschriebenen oder zugelassenen Angaben dürfen auch in anderen Sprachen hinzugefügt werden. Bei Nähgarn, Stopfgarn oder Stickgarn, das auf Spulen, Fadenrollen, in Strähnen, Knäueln oder in einer sonstigen kleinen Einheit angeboten wird, können die Einzelpackungen in jeder Gemeinschaftssprache etikettiert sein.

(2) Andere als nach Absatz 3 oder nach den §§ 3 bis 5 und 8 vorgeschriebene oder zugelassene Angaben müssen von der Rohstoffgehaltsangabe deutlich abgesetzt sein. Die Verwendung von Marken und Unternehmensbezeichnungen ist auch unmittelbar bei der Rohstoffgehaltsangabe zulässig. Enthält die Marke oder die Unternehmensbezeichnung eine der durch § 3 Abs. 1 oder nach § 3 Abs. 2 vorgeschriebenen oder nach § 4 oder § 5 zugelassenen Bezeichnungen oder Angaben, auch in Wortverbindungen oder als Eigenschaftswort, oder damit verwechselbare Bezeichnungen, so darf dieses Zeichen nur unmittelbar bei der Rohstoffgehaltsangabe mitverwendet werden. Die Rohstoffgehaltsangabe muss auch neben den in den Sätzen 2 und 3 zugelassenen Zeichen leicht lesbar und deutlich sichtbar sein. Die Vorschriften des Rechts gegen den unlauteren Wettbewerb und des Warenzeichenrechts bleiben unberührt.

§ 10

(1) Die Rohstoffgehaltsangabe muss im Falle des § 1 Abs. 1 in deutlich erkennbarer Weise eingewebt oder an dem Textilerzeugnis angebracht sein. Bei Textilerzeugnissen, die in für die Abgabe an Verbraucher bestimmten Verpackungen letzten Verbrauchern gegenüber feilgehalten werden, kann die Rohstoffgehaltsangabe auf der Verpackung angebracht werden.

(2) Wird ein Textilerzeugnis gewerbsmäßig als Meterware feilgeboten, so genügt die deutlich sichtbare Angabe des Rohstoffgehalts an der Aufmachungseinheit. Der Verkäufer ist zusätzlich, ausgenommen im Fall des § 1 Abs. 2, verpflichtet, dem Käufer auf Verlangen eine schriftliche Rohstoffgehaltsangabe auszuhändigen.

(3) Bei Textilerzeugnissen, die zum Zwecke ihrer gewerbsmäßigen Bearbeitung, Verarbeitung oder Weiterveräußerung in den Verkehr gebracht, zur Erfüllung eines Auftrags des Bundes, eines Landes oder einer sonstigen juristischen Person des öffentlichen Rechts geliefert, eingeführt oder sonst in den Geltungsbereich dieses Gesetzes verbracht werden, können Art und Gewichtsanteil der verwendeten textilen Rohstoffe im Lieferschein, in der Rechnung oder in anderen Handelsdokumenten angegeben werden. Die Verwendung von Abkürzungen ist nicht zulässig. Verschlüsselungen dürfen verwendet werden, wenn ihre Bedeutung in demselben Dokument erläutert wird.

§ 11

(1) Dieses Gesetz ist nicht anzuwenden

1. auf Textilerzeugnisse, die anlässlich einer Bearbeitung durch Heimarbeiter oder sonstige im Lohnauftrag arbeitende Gewerbetreibende diesen Personen oder von ihnen ihren Auftraggebern übergeben werden, und
2. auf Textilerzeugnisse und zu deren Herstellung bestimmte Vorerzeugnisse, die
   a) ausgeführt (§ 4 Abs. 2 Nr. 3 des Außenwirtschaftsgesetzes) oder sonst aus dem Geltungsbereich dieses Gesetzes verbracht werden
   b) zum Zwecke der Durchfuhr (§ 4 Abs. 2 Nr. 5 des Außenwirtschaftsgesetzes) in den Geltungsbereich dieses Gesetzes verbracht werden
   c) zur Lagerung in Freihäfen, Zollgutlagern oder Zollaufschublagern eingeführt werden
   d) zur Veredlung unter zollamtlicher Überwachung und Wiederausfuhr eingeführt oder sonst in den Geltungsbereich dieses Gesetzes verbracht werden

(2) Die in Anlage 3 aufgeführten Textilerzeugnisse brauchen nicht mit einer Rohstoffgehaltsangabe versehen zu werden; auch bei den zu ihrer Herstellung bestimmten Vorerzeugnissen brauchen Art und Gewichtsanteil der verwendeten textilen Rohstoffe nicht angegeben zu werden. Wird bei diesen Erzeugnissen jedoch eine Angabe über die Art der verwendeten textilen Rohstoffe gemacht oder werden Marken oder Unternehmensbezeichnungen verwendet, die einer der durch § 3 Absatz 1 oder nach § 3 Abs. 2 vorgeschriebenen oder nach §§ 4 oder 5 zugelassenen Bezeichnungen oder Angaben, auch in Wortverbindungen oder als Eigenschaftswort, oder damit verwechselbare Bezeichnungen enthalten, so müssen die Erzeugnisse nach den Bestimmungen dieses Gesetzes gekennzeichnet sein.

(3) Die in Anlage 4 aufgeführten Textilerzeugnisse dürfen zur Abgabe an letzte Verbraucher feilgehalten werden, ohne mit einer Rohstoffgehaltsangabe versehen zu sein, wenn der Rohstoffgehalt bei der Abgabe auf andere Weise kenntlich gemacht wird. Werden diese Erzeugnisse an letzte Verbraucher gesandt, so genügt es, wenn Muster, Proben, Abbildungen oder Beschreibungen von Textilerzeugnissen sowie Kataloge oder Prospekte mit derartigen Abbildungen oder Beschreibungen, die zur Entgegennahme oder beim Aufsuchen von Bestellungen gezeigt werden, mit einer Rohstoffgehaltsangabe versehen sind.

(4) Der Bundesminister für Wirtschaft wird ermächtigt, durch Rechtsverordnung mit Zustimmung des Bundesrats in den Anlagen 3 und 4 Arten und Gruppen von Textilerzeugnissen

aufzunehmen oder zu streichen, sofern dies zur Erfüllung von Richtlinien der Europäischen Wirtschaftsgemeinschaft erforderlich ist sowie dem Schutze des Verbrauchers und der Vereinfachung des Warenverkehrs entspricht.

§ 12

Unterlagen über Tatsachen, auf deren Kenntnis die Rohstoffgehaltsangabe beruht, sind zwei Jahre lang aufzubewahren. Die Frist beginnt mit Ablauf des Kalenderjahres, in weichem das letzte der Erzeugnisse, auf die sich die Unterlagen beziehen, von deren Besitzer in den Verkehr gebracht worden ist.

§ 13

Der Bundesminister für Wirtschaft wird ermächtigt, durch Rechtsverordnung mit Zustimmung des Bundesrats

1. Verfahren der Probeentnahme und der quantitativen Analyse von Textilfasergemischen festzulegen, sofern es zur Erfüllung von Richtlinien der Europäischen Wirtschaftsgemeinschaft erforderlich ist und der Vereinfachung oder der sonstigen Verbesserung der Nachprüfung der Rohstoffgehaltsangaben dient
2. zu bestimmen, in welchem Umfange Fettstoffe, Bindemittel, Beschwerungen, Appreturen, Imprägniermittel und sonstige Mittel textiler Ausrüstung sowie Färbe- und Druckhilfsmittel in Textilerzeugnissen enthalten sein dürfen, sofern zur Erfüllung von Richtlinien der Europäischen Wirtschaftsgemeinschaft erforderlich ist und dem Schutz des Verbrauchers dient
3. die Anpassungen dieses Gesetzes vorzunehmen, die bei Inkrafttreten des Vertrags über den Beitritt Portugals und des Königreichs Spanien zur Europäischen Wirtschaftsgemeinschaft erforderlich werden

§ 14

(1) Ordnungswidrig handelt, wer vorsätzlich oder fahrlässig

1. entgegen § 1 Abs. 1 Textilerzeugnisse
   a) die nicht mit einer Rohstoffgehaltsangabe versehen sind oder
   d) die mit einer unrichtigen oder unvollständigen Rohstoffgehaltsangabe versehen sind, in den Verkehr bringt, zur Abgabe an letzte Verbraucher feilhält, einführt oder sonst in den Geltungsbereich dieses Gesetzes verbringt
2. entgegen § 1 Abs. 2 Muster, Proben, Abbildungen oder Beschreibungen von Textilerzeugnissen oder Kataloge oder Prospekte mit derartigen Abbildungen oder Beschreibungen,
   a) die nicht mit einer Rohstoffgehaltsangabe der mit ihnen angebotenen Textilerzeugnisse versehen sind, oder
   b) die mit einer unrichtigen oder unvollständigen Rohstoffgehaltsangabe der mit ihnen angebotenen Textilerzeugnisse versehen sind

   letzten Verbrauchern zur Entgegennahme oder beim Aufsuchen von Bestellungen auf Textilerzeugnisse zeigt oder überlässt

3. entgegen § 3 Abs. 3 eine der durch § 3 Abs. 1 oder durch Rechtsverordnung nach § 3 Abs. 2 vorgeschriebene Bezeichnungen, auch in Wortverbindungen oder als Eigenschaftswort, für eine andere Faser verwendet oder
4. entgegen § 11 Unterlagen nicht aufbewahrt

(2) Die Ordnungswidrigkeit kann mit einer Geldbuße bis zu zehntausend Deutsche Mark geahndet werden.

§ 15

§ 1 Abs. 1 Nr. 2 steht der Abfertigung durch die Zolldienststellen nicht entgegen. Die Zolldienststellen sind befugt, Verstöße gegen die Vorschriften dieses Gesetzes, die sie bei der Abfertigung feststellen, den zuständigen Verwaltungsbehörden mitzuteilen.

§ 15a

Textilerzeugnisse, die nach den Vorschriften dieses Gesetzes in der bisher geltenden Fassung gekennzeichnet sind, dürfen noch bis zum 31. Mai 1987

1. in den Verkehr gebracht oder zur Abgabe an letzte Verbraucher feilgehalten
2. eingeführt (§ 2 Abs. 2 Nr. 4 des Außenwirtschaftsgesetzes) oder sonst in den Geltungsbereich dieses Gesetzes verbracht werden

§ 16

Dieses Gesetz gilt nach Maßgabe des § 13 Abs. 1 des Dritten Überleitungsgesetzes vom 4. Januar 1952 (Bundesgesetzblatt I S. 1) auch im Land Berlin. Rechtsverordnungen, die aufgrund dieses Gesetzes erlassen werden, gelten im Land Berlin nach Maßgabe des § 14 des Dritten Überleitungsgesetzes.

§ 17

(Inkrafttreten)

Umrechnungstabelle den/dtex/Nm

$$\text{Titer in dtex} = \frac{\text{Titer in den}}{0{,}9} = \frac{10.000}{\text{Titer in Nm}}$$

den	dtex	Nm	den	dtex	Nm
0,9	**1,0**	**10.000**	**3,7**	**4,2**	2.432
1,0	**1,1**	**9.000**	3,75	**4,2**	**2.400**
1,1	**1,2**	8.182	**4,0**	**4,4**	**2.250**
1,13	**1,3**	**8.000**	**4,2**	**4,7**	2.143
1,2	**1,3**	**7.500**	**4,5**	**5,0**	**2.000**
1,29	**1,4**	**7.000**	**5,0**	**5,6**	**1.800**
1,3	**1,4**	6.923	**5,2**	**5,8**	1.731
1,4	**1,6**	6.429	**5,5**	**6,1**	1.636
1,5	**1,7**	**6.000**	5,63	**6,3**	**1.600**
1,7	**1,9**	5.294	**6,0**	**6,7**	**1.500**
1,8	**2,0**	**5.000**	6,43	**7,1**	**1.400**
2,0	**2,2**	**4.500**	**7,0**	**7,8**	1.286
2,2	**2,4**	4.091	7,20	**8,0**	**1.250**
2,25	**2,5**	**4.000**	**8,0**	**8,9**	1.125
2,3	**2,6**	3.913	8,18	**9,1**	**1.100**
2,4	**2,7**	3.750	**9,0**	**10**	**1.000**
2,5	**2,8**	**3.600**	**10**	**11**	**900**
2,7	**3,0**	3.333	**11**	**12**	818
2,75	**3,1**	3.273	11,3	**13**	**800**
3,0	**3,3**	**3.000**	**12**	**13**	750
3,2	**3,6**	2.812	12,9	**14**	**700**
3,5	**3,9**	2.571	**13**	**14**	692
3,6	**4,0**	**2.500**	**14**	**16**	643

* Die fett gedruckten Zahlenwerte in der Tabelle sind bei Denier (den) und der metrischen Nummer (Nm) die Genauwerte, die der jeweiligen Umrechnung zugrunde liegen, bei Dezitex (dtex) die nach Empfehlungen der BISFA gebildeten zugehörigen Rundwerte.
Bei einigen in der Tabelle aufgeführten dtex-Werten wurden die Rundwerte abweichend von der BISFA-Empfehlung festgesetzt, beispielsweise um bei Vielfachen von wichtigen Grundtitern die alten Relationen zu erhalten, z. B.:
210 den / 420 den / 840 den / 1.680 den
235 dtex / 470 dtex / 940 dtex / 1.880 dtex

den	dtex	Nm	den	dtex	Nm
15	**17**	**600**	**115**	**128**	78,3
17	**19**	529	**120**	**133**	**75**
18	**20**	**500**	**125**	**140**	72,0
20	**22**	450	128,6	**143**	**70**
22	**24**	409	**130**	**145**	69,2
22,5	**25**	**400**	**135**	**150**	66,7
23	**26**	391	138,5	**154**	**65**
25	**28**	360	**140**	**156**	64,3
27	**30**	333	**145**	**161**	62,1
28	**31**	321	**150**	**167**	**60**
30	**33**	**300**	**160**	**178**	56,3
32	**36**	281	163,6	**182**	**55**
34	**38**	265	**170**	**190**	53,0
35	**40**	257	**175**	**194**	51,4
36	**40**	**250**	**180**	**200**	**50**
38	**42**	237	**200**	**220**	**45**
40	**44**	**225**	**210**	**235**	42,9
42	**47**	214	**220**	**245**	40,9
45	**50**	**200**	**225**	**250**	**40**
47	**52**	192	**240**	**265**	37,5
50	**56**	180	**250**	**280**	36,0
52	**58**	173	257,1	**285**	**35**
54,6	**61**	**165**	**270**	**300**	33,3
55	**61**	164	**280**	**310**	32,1
60	**67**	**150**	281,2	**315**	**32**
63	**70**	143	**290**	**320**	31,0
65	**72**	139	**300**	**330**	**30**
66,7	**74**	**135**	321,4	**355**	**28**
67	**74**	134	**350**	**390**	25,7
68	**76**	132	**360**	**400**	**25**
70	**78**	129	**380**	**420**	23,7
72	**80**	125	391,3	**435**	**23**
75	**84**	**120**	**400**	**440**	22,5
80	**90**	113	409,1	**455**	**22**
81,8	**91**	**110**	**420**	**470**	21,4
85	**95**	106	428,6	**475**	**21**
90	**100**	**100**	**430**	**480**	20,9
100	**110**	**90**	**450**	**500**	**20**
105	**117**	85,7	**470**	**520**	19,2
110	**122**	81,8	473,7	**530**	**19**
112,5	**125**	**80**	**500**	**560**	**18**

den	**dtex**	**Nm**	**den**	**dtex**	**Nm**
520	**580**	17,3	2.769	**3.100**	**3,25**
529,4	**590**	**17**	**3.000**	**3.300**	**3,0**
550	**610**	16,4	3.273	**3.600**	**2,75**
562,5	**630**	**16**	**3.300**	**3.700**	2,73
580	**640**	15,5	**3.500**	**3.900**	2,57
600	**670**	**15**	**3.600**	**4.000**	**2,5**
625	**690**	14,4	**4.000**	**4.400**	**2,25**
630	**700**	14,3	4.091	**4.500**	**2,2**
642,9	**710**	**14**	4.286	**4.800**	**2,1**
650	**720**	13,9	**4.500**	**5.000**	**2,0**
690	**770**	13,0	4.737	**5.300**	**1,9**
692,3	**770**	**13**	**5.000**	**5.600**	**1,8**
700	**780**	12,9	5.294	**5.900**	**1,7**
720	**800**	12,5	5.625	**6.300**	**1,6**
750	**830**	**12**	**6.000**	**6.700**	**1,5**
800	**890**	11,3	6.429	**7.100**	**1,4**
818,2	**910**	**11**	6.923	**7.700**	**1,3**
840	**940**	10,7	**7.000**	**7.800**	1,29
870	**970**	10,3	7.500	**8.300**	**1,2**
900	**1.000**	**10**	**8.000**	**9.000**	1,13
1.000	**1.100**	**9,0**	8.182	**9.100**	**1,1**
1.050	**1.170**	8,57	**9.000**	**10.000**	**1,0**
1.100	**1.220**	8,18	**10.000**	**11.000**	**0,90**
1.125	**1.250**	**8,0**	11.250	**12.500**	**0,80**
1.140	**1.270**	7,90	**12.500**	**14.000**	0,720
1.200	**1.330**	**7,5**	12.860	**14.000**	**0,70**
1.250	**1.390**	7,20	**15.000**	**17.000**	**0,60**
1.260	**1.400**	7,14	**18.000**	**20.000**	**0,50**
1.286	**1.430**	**7,0**	**20.000**	**22.000**	**0,45**
1.380	**1.540**	**6,5**	22.500	**25.000**	**0,40**
1.500	**1.670**	**6,0**	25.710	**29.000**	**0,35**
1.650	**1.830**	**5,5**	**30.000**	**33.000**	**0,30**
1.680	**1.880**	5,36	36.000	**40.000**	**0,25**
1.800	**2.000**	**5,0**	45.000	**50.000**	**0,20**
2.000	**2.200**	**4,5**	**50.000**	**56.000**	0,180
2.200	**2.440**	4,09	60.000	**67.000**	**0,15**
2.240	**2.500**	4,02	**75.000**	**83.000**	0,120
2.250	**2.500**	**4,0**	**90.000**	**100.000**	**0,10**
2.400	**2.700**	**3,75**	**120.000**	**133.000**	**0,075**
2.500	**2.800**	3,60	**150.000**	**167.000**	**0,060**
2.571	**2.900**	**3,5**			

Garnbeschreibung (Beispiel)

1. Garnbezeichnung
2. Feinheitsbereich
3. Garntype / Beschreibung
4. Rohstoffe / Mischungen
5. Herstellungsverfahren
6. Drehungskoeffizient / Drehungsbereich
7. Produktionsgeschwindigkeit
8. Festigkeits- und Dehnungsbereich (Reißfestigkeit / Reißdehnung)
9. Aussehen / Optik / Typische Fehler / Garntafelbild bzw. Simulation
10. Haarigkeit
11. Garnaufbau / Struktur / Drehungsaufbau
12. Glanz / Mattierung
13. Volumen / Dichte
14. Einkräuselung
15. Einsatzbereiche / Anwendungen
16. Eigenschaften und Prüfung

    16.1. Stapelfasergarne (Beispiele)
    - a) Festigkeit (Reißfestigkeit) trocken/nass
    - b) Dehnung (Reißdehnung)
    - c) KD-Kennlinie
    - d) Uster-Ungleichmäßigkeit (CV m)
    - e) Optische Gleichmäßigkeit / Garntafel / Simulation
    - f) Drehung
    - g) Haarigkeit
    - h) Dünnstellen / Dickstellen / Nissen (Imperfections)
    - i) Seltene Garnfehler / Batzen usw.
    - j) Aufschiebeneigung / Scheuerung
    - k) Abrieb
    - l) Reibwerte
    - m) Kringelneigung
    - n) Schrumpfwerte
    - o) Schlingenfestigkeit / Knotenfestigkeit
    - p) Biegesteifigkeit / Biegefestigkeit
    - q) Schmelztemperatur
    - r) UV-Stabilität
    - s) Hydrolysebeständigkeit
    - t) Säuren- / Laugenbeständigkeit
    - u) Lösungsmittelbeständigkeit
    - v) Anfärbungskontrolle / Stricktest (Chemiefasern)
    - w) Garndichte
    - x) Konditionierfeuchtigkeit
    - y) Biologische Abbaubarkeit

    16.2. Filamentgarne (Beispiele)
    - a) Nenntiter
    - b) Feinheitsschwankungen

c) Festigkeit und Dehnung (dynamometrisch)
d) KD-Kennlinie
e) Bezugsfestigkeit bzw. Bezugsdehnung
f) Färbetest / Stricktest
g) Interlaces / Entanglements / Garnknoten
h) Filamentbrüche / Kapillarbrüche
i) Einkräuselung / Kräuselkontraktion
j) Schrumpfwerte / Heißluftschrumpf
k) Schrumpfkraft
l) Schmelztemperatur / Glastemperatur
m) Selbstentzündungstemperatur
n) Flammpunkt
o) Limiting Oxygen Index (LOI)
p) Hydrolysebeständigkeit
q) Avivagegehalt
r) Schwachstellenanalyse
s) Reibwert
t) Garnabrieb
u) Gleichmäßigkeit
v) Elastomer-Brüchigkeitstest
w) Dichteprüfung
x) Viskositätsprüfung
y) Schallfortpflanzungsgeschwindigkeit / Kristallinität
z) Fadenspannungschwankungen
aa) Biegesteifigkeit
bb) Spulenaufbau / Spulendichte
cc) Mischungsanalyse
dd) Säuren- / Laugenbeständigkeit
ee) Lösungsmittelbeständigkeit
ff) UV-Stabilität

16.3. Teppichgarne
a) Volumen / Kompressibilität
b) Biegesteifigkeit
c) Abrieb
d) Lichtbeständigkeit
e) Entflammbarkeit
f) Texturierbarkeit / Kräuselbeständigkeit
g) Biegesteifigkeit / Drucksteifigkeit
h) Verrottungsbeständigkeit
i) Elektrostatisches Verhalten
j) Interlaces
k) Färbeverhalten
l) Anschmutzungsverhalten
m) Schnittverhalten / Öffnungswilligkeit

16.4. Monofilamente
a) Bruchdehnung
b) Schrumpf / Thermoschrumpf
c) Schrumpfkraft
d) Thermische Beständigkeit

e) Chemische Beständigkeit
f) Wetter- und Strahlenbeständigkeit
g) Elektrische Eigenschaften
h) Spezifisches Gewicht
i) Schmelzpunkt
j) Wasseraufnahme
k) Limiting Oxygen Index (LOI)
l) Feinheitsfestigkeit
m) Bezugsdehnung
n) Schlingenfestigkeit
o) Biegesteifigkeit

16.5. Zwirne / Nähgarne
a) Drehungsbestimmung Zwirn
b) Nummernschwankungen
c) Festigkeit
d) Gleichmäßigkeit

Typische Garnfeinheitsbereiche bei Verwendung unterschiedlicher Faserstoffe[1]

Rohstoff	Spinnverfahren	Prozess	Garnfeinheit in Ne (CO) sehr fein	fein	mittel	grob
Baumwolle 100 %	Ring	kardiert	50	30	18	12
	Ring	gekämmt	130 (150)	84	46	24
	OE-Rotor	kardiert	40	28	15	10
Baumwolle/ Polyester 65/35	Ring	kardiert	48	40	30	15
	Ring	gekämmt	72	48	32	12
	OE-Rotor	kardiert	40	30	22	14
	Air-Jet-MJS	gekämmt	48	42	28	18
Polyester 100 %	Ring	kardiert	60	48	30	18
Viskose	Ring	kardiert	48	38	30	15
	OE-Rotor	kardiert	42	28	22	14
Wolle 100 %	Ring	gekämmt	60	48	30	18
	Kompakt	gekämmt	72	48	30	18
Polyester/ Wolle	Ring	gekämmt	48	38	24	14
Flachs 100%	Ring (nass)	gehechelt	38	28	15	7
Seide (endlos)			325	180	130	45

[1] Quelle: Topf, W., Hochschule Reutlingen

Ausspinngrenzen

Mit dem konventionellen Ringspinnverfahren mögliche Ausspinngrenzen für Baumwoll- und Wollgarne (100 %). Mit dem Kompaktspinnverfahren sind feinere Garne herstellbar (Verfeinerung ca. 10–20 %, je nach Rohstoff).

Baumwolle	Länge	Micronaire MIC	Faserfeinheit dtex	Garnfeinheit Nm	tex	Faserzahl im Garnquerschnitt
Kurzstapel	< 1 Zoll	6,5	2,56	25	40	156
		6,0	2,38	30	33	139
		5,6	2,22	35	29	131
Mittelstapel	> 1 Zoll	5,4	2,15	40	25	116
		5,3	2,10	45	22	105
		5,0	2,00	50	20	100
		4,8	1,88	60	17	90
		4,5	1,76	70	14	80
		3,9	1,55	80	12,5	81
Langstapel	> 1 1/8 Zoll	3,8	1,50	90	11	74
		3,7	1,46	100	10	68
Extra-Langstapel	> 1 1/4 Zoll	3,5	1,36	150	7	52
		3,1	1,22	200	5	41
		3,0	1,18	250	4	34

Wolle	Airflow-Feinheit (Durchmesser in µm)	Faserfeinheit dtex	Garnfeinheit Nm	tex	Faseranzahl im Garnquerschnitt
Merino	17,5	2,8	100	10	36
	19,2	3,5	78	13	37
	20,0	4,1	64	15	37
	21,0	4,6	52	19	41
	22,5	5,3	44	23	44
	23,5	5,5	40	25	46
Crossbred	24,0	5,8	38	26	45
	25,0	6,3	36	28	45
	26,5	7,2	32	34	45
	28,5	8,3	28	36	44
	31,0	9,9	24	42	42
	32,0	10,5	22	46	43
	35,0	12,7	16	64	51
	38,0	16,0	8	125	78

Ausspinngrenze Chemiefasergarne (Spinnfasergarne, Industriedurchschnitt)

Faserstoff	Faserfeinheit / Länge	Min. Faserzahl im Garnquerschnitt	Garnfeinheitsgrenze (Nm / dtex)
Polyester	1,4 / 40	60	120 / 38
	1,7 / 40	59	100 / 100
	2,2 / 40	65	70 / 145
	3,3 / 40	63	48 / 210
	2,4 / 60	60	70 / 145
	3,3 / 60	61	50 / 200
Viskose	1,4 / 40	65	110 / 91
	1,7 / 40	65	90 / 110
	2,2 / 40	76	60 / 165
	3,3 / 40	76	40 / 250
	2,4 / 60	69	60 / 165
	3,3 / 60	76	40 / 250
Polyamid	1,7 / 40	59	100 / 100
	2,2 / 40	65	70 / 145
	3,3 / 40	63	48 / 210
	2,4 / 60	60	70 / 145
	3,3 / 60	61	50 / 200
Polyacryl	1,7 / 40	65	90 / 110
	2,2 / 40	76	60 / 165
	3,3 / 40	76	40 / 250
	2,4 / 60	69	60 / 165
	3,3 / 60	63	48 / 210

Rohdichte von Garnen

(Annahme: runder Garnquerschnitt, ideale Drehung)

Die Rohdichte eines Garns ist der Quotient aus der Masse (in g) und des Volumens des Garns (in cm^3) einschließlich der Hohlräume.

Der ideale Substanzdurchmesser d eines Garns verhält sich zum tatsächlichen Garndurchmesser wie etwa 0,7 : 1.

Berechnung der Rohdichte:

Gegeben:

Garnfeinheit Nm bzw. Tex
Garndurchmesser (einschließlich der Hohlräume) d in mm

Gesucht: Dichte ρ (g/cm^3) = Rohdichte des Garns

Ansatz:

Masse m der Garnlänge 1 cm (L):

$$\frac{\pi \times d^2}{4 \times L \times \rho} = m \qquad (1)$$

$$L = \frac{4}{Nm \times 100 \times \pi \times d^2} \qquad (2)$$

$$\rho = \frac{4}{Nm \times 100 \times \pi \times d^2} \qquad (3)$$

oder

$$\rho = \frac{Tex}{250 \times \pi \times d^2}$$

Für Mischungen zweier Fasern gilt

$\rho 1$: Rohdichte 1

$\rho 2$: Rohdichte 2

P1: Prozentanteil der Faser 1

P2: Prozentanteil der Faser 2

$$\rho\ gesamt = \frac{100 \times \rho 1 \times \rho 2}{P1 \times \rho 2 + P2 \times \rho 1}$$

Allgemein für n Faserstoffanteile mit n Dichten:

$$\rho\ gesamt = \frac{1}{\frac{P1}{100 \times \rho 1} + \frac{P2}{100 \times \rho 2} + K + \frac{Pn}{100 \times \rho n}}$$

Zwirnberechnungen

Bei glatten Zwirnen, die in entgegengesetzter Richtung zur Drehung der Einzelfäden gezwirnt werden, kann auf die Berechnung der Längenverkürzung (Einzwirnung) verzichtet werden. Die Einzelfäden drehen sich zuerst auf, um dann um den Betrag länger zu werden, der für die Einzwirnung beider Fäden benötigt wird.

Nm 25/2 bedeutet, dass zwei Garne Nm 25 miteinander verzwirnt wurden. In der Tex-Bezeichnung ergibt dies 40 tex × 2, also die Verzwirnung von zwei Garnen der Feinheit 40 tex.

Werden mehr als zwei Garne verzwirnt, ergibt sich die Gesamtfeinheit des Zwirns zu:

$$\text{Nm z} = \text{Nm1} \times \text{Nm2} \times \text{Nm3} / (\text{Nm1} \times \text{Nm2}) + (\text{Nm 1} \times \text{Nm 3}) + (\text{Nm 2} \times \text{Nm 3})$$

Beispiel:

Ein Vierfachzwirn besteht aus Garnen der Feinheit 20 tex, 50 tex, 80 tex und 120 tex.

Die Zwirnfeinheit ergibt sich zu

Tex z = 20 tex + 50 tex + 80 tex + 120 tex = 270 tex

Nach Holtzhausen gilt für die Berechnung der Zwirndrehung Tz:

$$\text{Tz} = \text{alpha (z) m } (1/z)^{1/3} \; (31{,}62/\text{Tt z})^{1/2} - 1/z)$$

wobei:
alpha (z) m = Drehungsbeiwert alpha metrisch des Zwirns
Tt z = die Feinheit des Zwirns in Tex
z = Anzahl der Garne im Zwirn

Die Formel gilt für Baumwollzwirne aus mehr als zwei gleichen Garnen.

Für die Berechnung eines Zwirns aus zwei gleichen Garnen gilt:

$$\text{Tz} = 0{,}794 \times \text{alpha (z) m } (31{,}62/(\text{Tt z})^{1/2} - (1/2))$$

Folgende mittlere Drehungskoeffizienten alpha (z) m sind üblich:

Stick-, Strick- und Stopfgarn	90
Möbelbezugsstoffe	105
Webzwirne	120
Vorzwirne für Häkelgarne	135
Plüschzwirne, Haka-Stoffe	150
Gardinenzwirn	165
Vorzwirn für Nähgarne	165
Vorzwirne für Segeltuche und Zeltplanen	180
Auszwirn für Nähgarne	180
Kreppzwirne	180–240

Einzwirnung

Baumwollzwirne aus gleichen Baumwollgarnen:

Einzwirnung e = (0,008 Tt Garn + 0,05) Tz (Tz / 2) – 3 in %

Wollzwirne aus gleichen Wollgarnen:

Einzwirnung e = (0,0095 Tt Garn – 0,06) Tz (Tz / 2) –1) in %

wobei:

e = Einzwirnung in Prozent

Tt Garn = Garnfeinheit in Tex

Tz = Drehungzahl des Zwirns pro Zentimeter

Wichtige Qualitätskriterien für Garne und ihre Verarbeitung (Auswahl):

1. Rohstoff	Faserlänge		
	Faserfestigkeit		
	Faserdehnung		
	Faserfeinheit		
	Faserkräuselung		
	Reinheit		
	Präparation (Avivage)		
2. Garn	Garnfeinheit		
	Festigkeit		
	Drehung		
	Dehnung		
	Gleichmäßigkeit (Uster-Wert)		
	Imperfections		
	Haarigkeit		
	Seltene Fehler		
3. Garncharakter	hart	–	weich
	rau	–	glatt
	füllig	–	mager
	voluminös	–	kompakt
	unregelmäßig	–	gleichmäßig
	glänzend	–	matt
	rund	–	flach
4. Verarbeitung	Lauflänge		
	Färbeverhalten		
	Schrumpf		
	Laufverhalten / Fadenbrüche / Fehler		
5. Produkteigenschaften	Trageverhalten		
	Optik / Aussehen / Farbechtheit		
	Pilling-Bildung		
	Scheuerverhalten		
	Reißfestigkeit		
	Fall / Griff		
	Pflegeverhalten		

Kurze Geschichte der mechanischen Spinnerei

Bereits 1733 wurde in England von dem Zimmermann John Wyatt eine mechanische Vorrichtung zum Spinnen gebaut. 1738 wurde diese von Wyatts Partner Lewis Paul als Patent angemeldet. Die Erfindung selbst wurde Lewis Paul zugeschrieben, Wyatt war der Unternehmer, der sie „compiliert", also zusammengestellt, hatte. Sie hatte eine Verzugsvorrichtung in Form eines handbetriebenen Zylinderstreckwerks mit umlaufenden Unter- und Oberzylindern mit zunehmender Geschwindigkeit. Danach folgte eine Drallerteilungsvorrichtung, die möglicherweise aus einer Flügelspindel bestand, deren Prinzip ja schon im Handspinnrad verwendet wurde. Nach dem Konkurs der Fabrik von Wyatt und Paul in Northampton geriet die Erfindung in Vergessenheit.

Da die Baumwollverspinnung in England verboten war, wurden zu dieser Zeit nur Wolle und Flachs versponnen. (Der Speaker im House of Lords saß auf einem Wollsack, dem Symbol des Reichtums im damaligen Königreich.)

Erwähnenswert ist auch die berühmte Spinnmaschinenzeichnung von Leonardo da Vinci (1492–1519), die in Madrid in der königlichen Bibliothek aufbewahrt worden war. Die Maschine wurde in der Lehrwerkstatt der Fa. Spinnbau in Bremen zusammengebaut und konnte dort ihre Funktionsfähigkeit beweisen. Sie diente möglicherweise als Vorlage für spätere Erfindungen.

1764 baute Thomas Highs aus Leigh zusammen mit John Kay eine Spinnmaschine mit mehreren Spindeln.

Am bekanntesten ist jedoch die Erfindung von James Hargreaves, der 1767 eine neue Spinnmaschine entwickelte, welche die mühsame Arbeit des Spinnens vom Spinnrad übernahm. Hargreaves nannte seine Maschine nach seiner Tochter „Spinning Jenny". Mit einem Handrad betrieben, konnten beim ersten Modell acht Garne gleichzeitig gesponnen werden, was eine Steigerung der Produktion um das Achtfache bedeutete. Die Garne waren gleichmäßiger und fester als die mit dem Spinnrad hergestellten Garne. Sieben Jahre vorher war das Verbot der Baumwollverarbeitung in England aufgehoben worden. Erstmals waren daher auch Baumwollkettgarne herstellbar. Ein geschickter Handspinner konnte etwa 3.000 Meter Garn am Tag herstellen. Hargreaves verbesserte seine Jenny weiter, und bald liefen 80 Spindeln, später 120 gleichzeitig. Die Jenny bildete vom Prinzip her die Grundlage für die späteren Selfaktor-Spinnmaschinen. Die Produktion stieg auf das 120-Fache dessen, was ein Handspinner herstellen konnte. Die Heimspinner und Weber sahen ihre Arbeitsplätze gefährdet, rotteten sich zusammen, stürmten Hargreaves Haus, zerstörten seine Maschinen und brachten ihn ins Armenhaus.

Zwei Jahre später, 1769, ließ sich der Barbier Richard Arkwright eine Spinnmaschine patentieren, die wesentliche Verbesserungen aufwies. Sie wurde nicht mehr von Hand betrieben, sondern mit Wasserkraft, und wurde deshalb Waterframe genannt. Sie hatte ein Walzenstreckwerk und nutzte das Flügelspinnprinzip und war so erfolgreich, dass ihr Erbauer mehrfacher Millionär wurde. Arkwright war aber sicher nicht der Erfinder, denn er hatte sich 1767 von dem Gehilfen von Thomas Highs, dem Handwerker John Kay, heimlich ein Modell der von Highs erfundenen Spinnmaschine bauen lassen. Er hatte Kenntnis von dieser Maschine, da seine Frau aus Highs Wohnort Leigh stammte. Heute würde man dieses Vorgehen als Industriespionage bezeichnen.

Arkwright war sehr geschäftstüchtig und ein guter Organisator mit kaufmännischen Fähigkeiten. Seine Fabrik in Cromford arbeitete bereits 1771 mit Wasserkraft. Er legte zudem die systematische Arbeitsfolge in der Spinnerei mit den Vorgängen und Maschinenfolgen Auflösen,

Reinigen, Kardieren, Strecken und Verspinnen fest und betrieb später mehrere Spinnereien. Und er hatte weitere gute Ideen. Im Jahre 1772 hatte Lewis Paul bereits die Krempel entwickelt, Arkwright trug dazu mit dem großen Tambourzylinder bei. Arkwright soll auch als Erster den veränderlichen Spulenlauf am Flyer mit Konustrieb angewendet haben.

Bereits 1775 fasste der Weber Samuel Crompton die Vorteile der Spinning Jenny und der Waterframe zusammen und entwickelte die Mule-Jenny, die noch feinere und festere Garne spinnen konnte. Am Ende des 18. Jahrhunderts gab es in England bereits Mule-Spinnmaschinen mit 400 Spindeln.

Nun folgten viele weitere Entwicklungsschritte, 1786 baute Edmund Cartwright den ersten mechanischen Webstuhl in England. Zur besseren Rohstoffversorgung der Baumwollspinnerei trug die in den amerikanischen Kolonien 1794 von Eli Whitney erfundene mechanische Baumwollentkörnungsmaschine, die Saw Gin, bei. Bereits 1769 war von James Watt die erste Dampfmaschine gebaut worden, die später Maschinen, Dampfpflüge, Eisenbahnen und Schiffe antreiben sollte (Patente 1782). Im Jahre 1785 wurde die erste Dampfmaschine in einer Spinnerei aufgestellt.

Die Baumwolle wurde in Amerika angebaut und in Großbritannien zu Fertigwaren verarbeitet, die in die ganze Welt verkauft wurden. England besaß das Monopol der maschinellen Spinnerei und Weberei. Bis 1842 wurde in Großbritannien die Ausfuhr von Spinnmaschinen mit Zuchthaus, Deportation oder Todesstrafe bedroht. Zur Kontrolle gab es einen besonderen Überwachungsdienst.

Aber ein Spinnereiarbeiter, James Slater, prägte sich die Spinnmaschinen im Gedächtnis ein, wanderte nach Amerika aus und baute dort diese Spinnmaschinen nach. Danach war das englische Monopol gebrochen. In den USA und auch in Mitteleuropa wurden die englischen Spinnmaschinen bald nachgebaut und weiterentwickelt. Die erste mechanische Baumwollspinnerei auf dem europäischen Kontinent war die 1784 von Johann Gottfried Brügelmann in Ratingen bei Düsseldorf gegründete, nach ihrem englischen Vorbild benannte „Cromford Mill".

In den USA wurde in der Mitte des 19. Jahrhunderts die Ringspinnmaschine erfunden (Ring Throstle), die sich aber erst im 20. Jahrhundert gegen den Selfaktor (Wagenspinner) durchsetzen konnte. Hersteller von Selfaktor-Spinnmaschinen waren im 19. Jahrhundert z. B. Platt Brothers (Oldham), Dobson und Barlow (Bolton), I. I. Rieter (Winterthur), N. Schlumberger & Co. (Guebwiller, Elsass). Elsässische Maschinenbaugesellschaft (Mühlhausen, Elsass) und R. Hartmann (Chemnitz). Dazu kam später die Spinnereimaschinenbaugesellschaft Ingolstadt und für die Spinnereivorbereitung die Fa. Trützschler und Gey (Krimmitschau, Sachsen). Ab 1880 setzte sich in der Baumwollspinnerei die von Evan Leigh erfundene Wanderdeckelkarde durch.

Alle genannten Maschinenfabriken, vor allem die Firma Rieter in Winterthur, entwickelten das Ringspinnen ständig weiter und verhalfen dem kostengünstigeren Ringspinnprinzip etwa Mitte des 20. Jahrhunderts zum Durchbruch. Erst in den letzten Jahren wurde, basierend auf Patenten des österreichischen Erfinders und Industriellen Dr. Ernst Fehrer, in Zusammenarbeit mit der Rieter AG in Winterthur das Kompaktspinnverfahren auf den Weg gebracht, eine wesentliche Verbesserung des traditionellen Ringspinnverfahrens. Es basiert im Prinzip auf dem Friktionsspinnverfahren (DREF), das ebenfalls von Dr. Fehrer entwickelt wurde. Durch die Reduzierung des Spinndreiecks am Streckwerk wird die Einbindung der Fasern in das Garn deutlich verbessert. Es entsteht ein gleichmäßigeres, festeres und weniger haariges Garn. Daraus resultieren Möglichkeiten der feineren Garnausspinnung, beispielsweise bei Wolle. Neben den ersten Herstellern Rieter AG, Suessen/Rieter und Zinser-Saurer sowie der Maschinenfabrik Altstätten kommen neue Hersteller aus Indien und China auf den Markt.

Das OE-Rotorspinnen wurde etwa ab 1970 zur industriellen Serienreife entwickelt. Als Erfinder gilt Julius Meimberg (1. deutsches Patent 24.11.1949), obwohl Prinzippatente des dänischen Erfinders S.J. Berthelsen 1937 in Großbritannien und des Franzosen J. Hibry 1876 in den USA angemeldet waren, aber nicht realisiert wurden. Meimberg konnte als Erster gemeinsam mit der Fa. Spinnbau, Bremen, und dem dortigen Entwicklungsleiter F. Hadwich sowie G. Schlese eine funktionierende Rotorspinnmaschine mit zwei Spinnstellen entwickeln und öffentlich vorstellen (ITMA 1955, Brüssel). OE steht für offenes (Garn)ende (open end). Er verdeutlicht, dass es keine Verbindung zwischen dem vorgelegten Band und dem neu herzustellenden Garn gibt. Die Garnbildung erfolgt durch ein rotierendes Garnende, das zunächst beim Anspinnen über den Abzugstrichter im Gehäusedeckel in die Rotormitte gelangt und durch die Zentrifugalkraft ebenfalls in die Rotorrille gedrückt wird. Der Rotor sorgt für den Aufbau einer Drehung im Garn, die das Garnende rotieren lässt und damit die Einbindung der in der Rille liegenden Fasern ermöglicht. Der Transport der Fasern erfolgt mittels Luftstrom.

Weltweit werden unterschiedlichste Rotor-Spinnmaschinentypen gebaut, am häufigsten im Einsatz (außerhalb von China) sind vollautomatische Spinnspulmaschinen bzw. Spinneinheiten von Herstellern wie Rieter-Ingolstadt (z. B. R 40, R 20, R1), Schlafhorst-Saurer (z. B. Autocoro 360, 312, 218), Savio, Toyoda, Rieter Elitex (BD 200-Nachfolgemaschinen und Suessen).

Ältere Vorgängermaschinen sind z. B. die BD-200 (erste Serienrotorspinnmaschine, gebaut in der Tschechischen Republik) sowie Maschinen der Firmen Schubert und Salzer, Ingolstadt (RU 14, RL10), Rieter (M1), Suessen, Zinser, Platt (England), Krupp-Spinnbau, Bremen, Houget-Duesberg Boisson, Belgien, SACM, Frankreich, Toyoda, Japan, Howa, Japan u. a.

Das Luftspinnverfahren (Air-Jet-Spinnverfahren) wurde von dem deutschen Erfinder Konrad Götzfried aus Augsburg 1961 patentiert, aber von den großen europäischen Textilmaschinenfabriken nicht aufgenommen und deshalb in Japan von der Firma Murata weiterentwickelt und zur Serienreife gebracht. Das erst in den letzten Jahren neu vorgestellte Vortex-Luftspinnverfahren von Murata ermöglicht heute schon die doppelte Spinngeschwindigkeit, verglichen mit dem OE-Rotorspinnen, und erlaubt zudem die Herstellung feinerer Garne. Dies zeigt, wie dynamisch und ungebrochen auch heute und in Zukunft die Weiterentwicklung der Spinnereitechnologie erfolgt.

Literaturverzeichnis

Artzt, P., Ausheyks, L., Die Vision eines neuen Hochleistungsspulprozesses, 12. Denkendorfer Spinnereikolloquium, 2001

Artzt, P., Rottmayr, H., Nichtkonventionelle Methoden der Garnerzeugung, Vortrag RWTH Aachen, 1978

Artzt, P., Der Einfluss der verschiedenen Spinnverfahren auf die Garne, ITB International Textile Bulletin 1 / 2003, S. 40–43

Artzt, P., Kurzstapelspinnerei: Qualitätssicherung und Produktivitätssteigerung, International Textile Bulletin 6/2003, S. 10–14

Autorenkollektiv, Spinnereitechnische Grundlagen, VEB – Fachbuchverlag Leipzig, 1969

Bachinger, J., Die Entwicklung des Weltfasermarktes in den letzten 20 Jahren, Im Vergleich Stapelfaser zu Filament, Lenzing AG, Österreich, 12. Denkendorfer Spinnereikolloquium, 2001

Bauer, R., Das Jahrhundert der Chemiefasern, Wilhelm Goldmann Verlag, München, 1965

Bischofberger, J., Gesamtkonzept für das Hochleistungskardieren, Rieter AG, Winterthur, Schweiz, 12. Denkendorfer Spinnereikolloquium, 2001

BISFA, Terminologie des fibres chimiques, 1977

Bobeth, W. et. al., Textile Faserstoffe, Beschaffenheit und Eigenschaften, Springer-Verlag, Berlin – Heidelberg – New York, 1993

Bobeth, W., Vollrath, L., Zum Deformationsverhalten von Faserstoffen bei Quetschbeanspruchung, Faserforschung und Textiltechnik 14, 1963, S. 431–439, 489–494

Book of Standards, Standard Manual of Raw Silk Testing and Classification, AIS / ISA 1952–1968

Böttcher, P., Verwertung von Abfällen der Textil- und Chemiefaserindustrie in den fünf neuen Bundesländern, Chemiefasern / Textilindustrie 6/1992, Deutscher Fachverlag, Frankfurt a. M.

Bräcker – Firmeninformationen, Langstapel / Kurzstapel, Bräcker AG, Pfäffikon, Zürich, Schweiz

Brebeck, C., Kommentar zum Textilkennzeichnungsgesetz, Neufassung 1986, Deutscher Fachverlag, Frankfurt a. M., 1987

Bremer Baumwollbörse, Jahresbericht 2004

Buchmann, H., Darstellung von Drallorganen und Verfahren der Garn- und Zwirnherstellung, Melliand-Textilberichte, 6/1975, S. 430

Buttgereit, J., Pneumatisches Spleißen von Faser- und Filamentgarnen, Dissertation RWTH Aachen, 1988

Chabert, J., Diemunsch, J. , Contribution a l`étude de la sorption des fibres textiles, Bulletin Inst. Textiles de France, 19/1965, S. 201

Denkendorfer Fasertafel 1986, Institut für Textil- und Verfahrenstechnik Denkendorf (ITV), Textil-Praxis, Kohlhammer-Verlag, Stuttgart

Die Textilen Fertigungsverfahren, Ausgabe Kammgarnspinnerei, Industrieverband Garne e. V., Frankfurt a. M., 1978

Duan, J., Fadengeschwindigkeitsmessung auf der Grundlage der Fadenladung zur Untersuchung der Fadenbewegung an textilen Prozessen, Dissertation, ITB 2001, Universitätsverlag Dresden

Egbers, G., Zusammenhang zwischen dynamometrischen Eigenschaften und der Struktur eines vorbehandelten Polyamid-6-Monofils, Dissertation RWTH Aachen, 1965

Enka Group, Fasergarne nach neuen Spinnverfahren, Technische Informationen, Spinnovations, Enka Wuppertal, 1979

Eyth, M., Der Kampf um die Cheops-Pyramide, Bastei-Verlag, Bergisch-Gladbach, Nachdruck eines historischen Romans, 1999

Eyth, M., Hinter Pflug und Schraubstock, Skizzen aus dem Taschenbuch eines Ingenieurs, Stuttgart / Leipzig, 1899

Fahrbach, R., Die Geschichte der Streichwoll- und Kammgarnspinnerei, in Johannsen, O., Die Geschichte der Textilindustrie, Leipzig – Stuttgart – Zürich, 1932

Fahrbach, R., Die Kammgarnspinnerei, Konradin-Verlag Robert Kohlhammer, Stuttgart, 1958

Faserstoff-Tabellen Glasfasern, ITA der RWTH Aachen, Deutscher Fachverlag, Frankfurt a. M., 1993

Fauquet, L. G., Histoire de la Rayonne et des Fibres Synthétiques, Paris, 1960

Fehrer, E., Eine Analyse des Friktionsspinnens, Textil Praxis International, 10/1986, S. 1045–1047, Konradin-Verlag, Leinfelden-Echterdingen

Fieles-Kahl, N., Helli, J. G., Zusammenhänge zwischen Luftfeuchte, Temperatur und den Reibungskoeffizienten von Garnen, Textilpraxis 21/1966, S. 332–336, Kohlhammer Verlag, Stuttgart Leinfelden

Fischer-Lexikon Chemie, Fischer Bücherei, Frankfurt am Main, Kupfer, W., Hoechst AG

Flechttechnologie, Schmucktextilien – Technische Textilien, Ausbildungsmittel-Unterrichtshilfen Textiltechnik, Arbeitgeberkreis Gesamttextil / Industrieverband Deutscher Bandwebe und Flechter e. V., Eschborn, 1996

Fleischer, G., Grenzen des stofflichen Recycling, VDI-Berichte Nr. 96/1992

Fräßle, H., Erfahrungen zur Herstellung von Verdichtungsgarnen, Zinser Textilmaschinen GmbH, Ebersbach, 12. Denkendorfer Spinnereikolloquium, 2001

Fräßle, H., Flexibilität des Zinser CompACT-3-Spinnverfahrens in der Kurz- und Langstapelspinnerei, Zinser-Saurer GmbH, Ebersbach, 13. Denkendorfer Spinnereikolloquium, 2004

Frey, M., Die moderne Hochleistungskämmerei, Internationale Bremer Baumwolltagung

Frey, M., Qualitätsmanagement für Garne, Zellweger Uster

Furter, R., Das Problem der elektronischen Reinigung und Haarigkeitserfassung beim Spulen von Compactgarnen, Zellweger-Uster AG, Schweiz, 12. Denkendorfer Spinnereikolloquium, 2001

Gresser, G., Karde C 60 – Technologie und Flexibilität der Zukunft, Rieter AG, Winterthur, Schweiz, 13. Denkendorfer Spinnereikolloquium, 2004

Gries, T., Daumas, A., Fadenverbindungen: Methoden und Anwendungsbereiche, Institut für Textiltechnik (ITA), RWTH Aachen, Euroseil Nr. 3, September 2003, 122. Jg., S. 48–53

Gries, T., Zwirnerei: Stapel-, Filament- und Phantasiegarne, International Textile Bulletin 6/2003, S. 30–31

Grosberg, P., Iype, C., Yarn Production – Theoretical Aspects, The Textile Institute, Manchester, 1999

Gsteu, M., Die DREF-Friktionsspinntechnologie für High-Tech Garne, International Textile Bulletin, Garnherstellung/Vliesstoffe 1/1989

Gulich, B., Anlagen zum Recycling von Textilabfällen, International Textile Bulletin 6/2003, S. 32–36

Hadwich, F., Das Drehstreckwerk als Weiterentwicklung des Drehröhrchens in seiner Auswirkung auf Spinnerei, Weberei und Veredlung, Textil-Praxis 1952, S. 113 (2) und 189 (3)

Hartmannsgruber, M., Schönung, B., Entwicklung und Einsatz von Einzelantrieben in nicht konventionellen Spinnverfahren, SKF Textilmaschinen-Komponenten GmbH, Stuttgart – Bad Cannstatt, 7. Reutlinger OE-Kolloquium, 1988

Hättenschwiler, P., Färber, C., Quality Assurance and Quality Improvement in the Silk Reeling Plant, With the Help of Modern Testing Equipment, 3rd International Silk Conference, Suzhou, China, 1996

Hättenschwiler, P., Qualität in der Fasergarnspinnerei, Melliand-Textilberichte GmbH, 1987

Haudek, W., Viti, E., Textile Fasern und Flächen Band 2, Verlag Johann L. Bondi, Wien

Hearle, J. W. S., Peters, R. H., Moisture in Textiles, The Textile Institute Butterworth Scientific Publications, Manchester, 1960

Hehl, R., Rotor-Coregarn – ein neuer Spinnprozess – Komplexität und Chancen, Rieter AG, Winterthur, Schweiz, 13. Denkendorfer Spinnereikolloquium, 2004

Helli, W., Moderne Ring-Läufersysteme, Reiners und Fürst GmbH, Vortrag Hochschule Reutlingen, März 2005

Hellwig, A., Compactspinnen – die Wirtschaftlichkeit des Rieter-ComforSpun-Prozesses, Rieter AG, Winterthur, Schweiz, 13. Denkendorfer Spinnereikolloquium, 2004

Höchel, B., Öko-Bilanz eines vollstufigen Textilbetriebes, Diplomarbeit Hochschule Reutlingen, 2004

Hoechst Celanese Corporation, Dictionary of Fiber and Textile Technology, Charlotte, NC, USA, 1989

Hofer, A. , Textil- und Modelexikon, Bände A–K und L–Z, Deutscher Fachverlag, Frankfurt a. M., 1997

Hofer, A., Stoffe 1 und Stoffe 2, Deutscher Fachverlag, Frankfurt a. M., 2000

Höffner, K., Textile Warenkunde, Teil 1, MAC-Firmenbroschüre 1993, MAC Mode GmbH, Wald-Roßbach

Holtz-Honig, W., Vater spinnt, Wirtschaftsverlag Langen Müller / Herbig, 1999, Schlafhorst AG, Mönchengladbach

Hyrenbach, H., Erfahrungen in der Vortex-Spinnerei bei der Herstellung von Baumwoll-Polyester-Garnen und deren Verhalten in Weberei und Ausrüstung sowie deren Auswirkungen auf das fertige Gewebe, 13. Denkendorfer Spinnereikolloquium, 2004

Hyrenbach, H., Vorteile der Rotorgarnstruktur im Weiterverarbeitungsverhalten, und Artikeleinsatz, Lauffenmühle GmbH, 12. Denkendorfer Spinnereikolloquium, 2001

International Silk Organization, Raw Silk, Manual for testing, classifying, quality limits grading, Brighton, UK 1995, Sonderdruck Uster Technologies, Zellweger-Uster

Iyer, C., Mammel, B., Schäch, W., Rundstricken, Meisenbach-Verlag, Bamberg, 1991

Johannsen, O., Die Geschichte der Textilindustrie, Leipzig – Stuttgart – Zürich, 1932

Kamarsch, K., Handbuch der mechanischen Technologie, W. u. S. Loewenthal, Berlin, ca. 1900

Kampl, R., Entwicklung einer Lyocell-Faser für das Hochleistungsrotorspinnen, Lenzing AG, Österrreich, 12. Denkendorfer Spinnereikolloquium, 2001

Klein, W., Die Kurzstapelspinnerei, Band 1: Allgemeine Technologie der Kurzstapelspinnerei, The Textile Institute, Manchester, 1999

Klein, W., Die Kurzstapelspinnerei, Band 2: Putzerei und Karderie, The Textile Institute, Manchester, UK, 1999

Klein, W., Die Kurzstapelspinnerei, Band 3: Kämmerei, Strecken, Flyer, The Textile Institute, Manchester, UK, 1999

Klein, W., Die Kurzstapelspinnerei, Band 4: Ringspinnen, The Textile Institute; Manchester, UK

Klein, W., Man-made Fibres and their Processing, Manual of Textile Technology, Short Staple Spinning Series, Volume 6, The Textile Institute, Manchester, 1994

Klein, W., New Spinning Systems, Manual of Textile Technology, Short Staple Spinning Series, Volume 5, The Textile Institute, Manchester, 1993

Kleines Zwirn-Lexikon im Netz, www.Fashion-Base.de

Kleinhans, S., Textile Prüfungen, Textiltechnisches Institut Obernburg, Enka Glanzstoff AG

Knecht, P. et. al., Funktionstextilien, Deutscher Fachverlag, Frankfurt a. M., 2003

Knecht, R., Optimale Wertschöpfung von Kompaktgarnen durch den Autoconer 338, Schlafhorst Winding Systems GmbH, Übach-Palenberg, 12. Denkendorfer Spinnereikolloquium, 2001

Koch, P. A., Freier, G., Hoffmann, B., Untersuchung über die Quersprödigkeit neuer Synthesefasern, Forschungsberichte des Landes NRW Nr. 2298, Westdeutscher Verlag, Opladen

Koslowski, Hans J., Chemiefaserlexikon, Deutscher Fachverlag GmbH, Frankfurt a. M., 1997

Lahaus, W. P., Einfluss der Materialcharakteristik und des Schleifens von Spinnwalzenbezügen auf die Qualität eines Ring- und Kompaktgarnes, ATPG Textile Products Group GmbH, Münster, 12. Denkendorfer Spinnereikolloquium, 2001

Lawson Hemphill, Measuring Instrumentation, Lawson-Hemphill, Inc, Pawtucket, USA

Leigh, E., The Science of Modern Cotton Spinning, Palmer and Howe, Manchester, 1873

Lipson, E., The History of the Woollen and Worsted Industries, London, 1921

Locher, H., Grundsätzliches zur Dickstellenzählung und -Messung, Melliand-Textilberichte, Band 44, Heidelberg (1963), S. 339–343 (4), S. 453–457 (5)

Lösch, J., Fachwörterbuch Textil, Verlag J. Lösch, Frankfurt a. M., 1975

Lübke, A., Weltmacht Textil, Veria Verlag, Dr. Walter Schmid, Stuttgart, 1953

Lünenschloß, J. et al., Die Beeinflussung des Reibungskoeffizienten durch Variation der Spulbedingungen und des Paraffinauftrages sowie die Zusammenhänge zwischen Reibungskoeffizient und Verarbeitungsverhalten in der Maschenwarenherstellung, Wirkerei und Strickerei Technik, Band 21 (1974) S. 192–194 (4), S. 213–216 (5), S. 287–294 (6), S. 465–470 (7)

Lünenschloß, J., Peterfi, M., Die Untersuchung des Aufbaus von Streckzwirncopsen, Textil-Praxis 19, 1964, S. 1179–1183

Mahall, Karl, Qualitätsbeurteilung von Textilien, Verlag Schiele und Schön, Berlin, 1990

Mandl, G., Neue Technologie für bessere Kardierleistung, Mandl Engineering AG, Brütten / Schweiz, Melliand-Textilberichte 3/2005

Markert, D., W. Holthaus, Maschen ABC, Deutscher Fachverlag, Frankfurt a. M., 10. Auflage, 1999

Martindale, J. G., A New Method of Measuring the Irregularity of Yarns, Journal of the Textile Institute, Bd. 36 (1945) T 35

Meyer, U. A., Simulationstechnik für die Analyse und Optimierung des Betriebsverhaltens einer Baumwollspinnerei, Dissertation ETH Zürich, 1993

Milwich, M., Vorlesungsskript Verbundwerkstoffe, Hochschule Reutlingen, 2004

Mogahzy, Y. el, Chewning, C. H., Cotton Fiber to Yarn Manufacturing Technology, Cotton Incorporated 2002, Cary, NC, USA

Morton, W. E., Hearle, J. W. S., Physical Properties of Textile Fibres, Textile Institute Manchester, 1962

Müller, S. et. al., Technologie der Garn- und Zwirnherstellung, VEB-Fachbuchverlag Leipzig, 1981

N. N., Elektronische Fadenzuführung und Kontrolle, BTSR, Olgiate Olona, Italien, Melliand-Textilberichte 5/2003

N. N., Sachsen – Hochburg der klassischen Textilproduktion, Melliand-Textilberichte 2003, S. 444

Naegeli, W., Chemiefasern / Textilindustrie 1972, S. 308–316

Nakajiama, T., Advanced Fiber Spinning Technology, Woodhead Publishing, Cambridge, 1994

Nero, D., Perspektiven des Kompaktspinnens aus der Sicht des Anwenders, Manifattura di Legnano, Legnano, Italien, 12. Denkendorfer Spinnereikolloquium, 2001

Nötzold, H. D., Handbuch der Streichgarn- und Vigognespinnerei, VEB-Fachbuchverlag Leipzig, 1970

Oeser, W., Streichgarnspinnerei, Konradin-Verlag Robert Kohlhammer, Stuttgart, 1961

Offermann, P., Erkenntnisstand zur Fadenreibung und deren Bedeutung für die Verarbeitungseigenschaften von Garnen und Syntheseseiden, Textiltechnik, Leipzig, Band 28 (1978) S. 82–88 (2)

Offermann, P., Finkelmeyer, S., Ulbricht, V., Schirmacher, F., Schnittmechanische Untersuchungen an Fäden, Melliand-Textilberichte 5 / 2003, S. 395–396

Paul, W., Untersuchung über das Kraft-Dehnungsverhalten dreilitziger Seile aus synthetischen Fasern, Dissertation, TH Hannover, 1967

Planck, H., Dauner, M., Primärspinnen und Spulen von Chemiefasern, International Textile Bulletin 6/2003, S. 20–23

Planck, H., Biofunktionale Textilien, High-Tex, Stuttgart, 2000, ITV Denkendorf und Hohensteiner Institute

Pötsch, W., Friedrich Todenhaupts Traum von der synthetischen Wolle, Melliand-Textilberichte 5/2003, S. 444

Pracht, F. I., Spinnen von Wolle und Flachs, Verlagsgesellschaft Rodolf Müller GmbH, Köln 1984 (Rudolf Müller Fachtipps)

Prade, F., Herstellung von Reißspinnstoffen, Verlag Schiele und Schön, Berlin, 1952

Puntoni, P., Eine neue Rotorspinnmaschine mit bekannter Spinntechnologie im umkämpften Markt, Savio Macchine Tessili S. P. A., Pordenone, Italien, 13. Denkendorfer Spinnereikolloquium, 2004

Rieter, Spinnereidokumentation 1999, Maschinenfabrik Rieter AG Winterthur, Schweiz

Rietmüller, C., Spulerei, International Textile Bulletin 6/2003, S. 26–27

Rouette, H. K., Kittan, G., Leitfaden der Wollausrüstung, Konradin-Verlag, Stuttgart, 1990

Rouette, H. K., Textilbarone, Laumann Verlag, Dülmen, 1996

Sahm, G., Der Einfluß der Fadengeschwindigkeit auf die Fadenspannung bei Spulmaschinen, Textil-Praxis 11/1956, S. 452–453

Sahm, V., Schell, W., Nöding, B., Handbuch der Spultechnik, 1. Auflage 1995, Georg Sahm GmbH, Maschinenfabrik, Eschwege

Schäfer, W., Offermann, P., Berührungslose Faden-Lauflängen- und Geschwindigkeitsmessung (low-cost) mit praxistauglichen Eigenschaften, Melliand-Textilberichte 5/2003, S. 413–415

Schäfer, W., Verfahren, Aufnehmer und Einrichtung zur berührungslosen Bewegungsmessung an einem Faden, DE-OS 199 00 581 A1

Schenek, A., Schwippl, H., Verarbeitungseigenschaften von Polyester-Microfasern in der COM-4 Stapelfaserspinnerei, Melliand-Textilberichte, 1-2/2005

Schenek, A., Langstapelspinnerei, International Textile Bulletin 6/2003, S. 16–19

Schenek, A., Maßnahmen zur Vermeidung von Reklamationen bei der Verarbeitung von Baumwolle, Textil-Praxis International, Kohlhammer-Verlag, Stuttgart

Schenek, A., Vorlesungsmanuskript Grundlagen der Werkstoffkunde, Spinnerei / Zwirnerei, SS 2002 FH Reutlingen

Schindler, S., Texturierung und Filamentgarnverarbeitung, International Textile Bulletin 6/2003, S. 24–25

Schlack, P., Kunz, K., Fasern aus Polyamiden, In: Pummerer, R., Chemische Textilfasern, Filme und Folien, Stuttgart, 1953

Schlichter, S., Der Hochleistungskardierprozess – Vision und Realität, Trützschler GmbH, Mönchengladbach, 13. Denkendorfer Spinnereikolloquium, 2004

Schlichter, S., Technologische Erfahrungen mit dem Verbund Karde – Strecke zur Herstellung kardierter Ring- und Rotorgarne, Trützschler GmbH, Mönchengladbach, 12. Denkendorfer Spinnereikolloquium, 2001

Schober, J., Seide und Seidenwaren, Dr. Max Jänecke Verlagsbuchhandlung, Leipzig, 1927

Schöll, J., Verbesserung des Garnablaufverhaltens von Spinncopsen beim Hochleistungsspulen, Diplomarbeit FH Reutlingen, 2004

Scholze, U., Vorlesungsskript Weberei, Hochschule Reutlingen

Schwippl, H., Einfluss der Faservorbereitung auf neue Spinnverfahren, Rieter AG, Winterthur, Schweiz, 12. Denkendorfer Spinnereikolloquium, 2001

Selling, H. J., Twistless Yarns, Merrow Publishing Co. Ltd., Watford, 1971

Semmler, D., Oxidkeramische Fadenführungen für die Chemiefaserindustrie, Chemiefasern 17/1967, S. 928–930

Shiratori, K., Die Vortex-Technologie – ein Prozess für die Zukunft, Murata Machinery Europe GmbH, Willich, 13. Denkendorfer Spinnereikolloquium, 2004

Simon, L., Hübner, M., Vorbereitungstechnik für die Weberei, Wirkerei und Strickerei, Springer-Verlag, Berlin – Heidelberg, 1983

SKF-Taschenbuch, SKF-Textilmaschinen-Komponenten GmbH, Stuttgart, 1991

Söll, F., Belcoro-Autocorogarne in Ringgarnqualität, Schlafhorst Autocoro GmbH, Mönchengladbach, 12. Denkendorfer Spinnereikolloquium, 2001

Speakman, J. B., An Analysis of the Water Adsorption Isotherm of Wool, Trans. Faraday Society 40, 1944, S. 6

Sprenkmann, W., Meßtechnische Beiträge zum Thema Antistatik, Melliand-Textilberichte 35, 1954, S. 307

SSC Study Group, Suggestions for New Grading and Standards for Raw Silk, Congress Krefeld, Germany, 1988

Stalder, H., Aktuelle Spinnverfahren und Visionen für die Zukunft, ITB International Textile Bulletin 1/2003, S. 35–39

Stegmaier, T., Wunderlich, W., Webereivorwerk – Schlichterei, International Textile Bulletin 6/2003, S. 38–39

Stein, H., Ring und Ringläufer, Ermittlung der Fadenspannungen im Spinn- und Aufwindefeld von Ringspinn- und Ringzwirnmaschinen, Textil-Praxis 11, 1956, S. 771–778

Stout, H. P., Fibre and Yarn Quality in Jute Spinning, The Textile Institute Manchester, Manual of Textile Technology, 1988

Strehle, P., Eine neue Kämmtechnologie für die Kammgarnspinnerei, N. Schlumberger & Cie., Guebwiller, Frankreich, 13. Denkendorfer Spinnereikolloquium, 2004

Strehle, P., Neue Entwicklung in der Langstapelverarbeitung – Chance für eine bessere Wertschöpfung und Verfahrenseinkürzung in der Kammgarnspinnerei, N. Schlumberger & Cie., Guebwiller, Frankreich, 12. Denkendorfer Spinnereikolloquium, 2001

Strolz, H., Investieren im übervollen Markt?, ITMF-Zürich, 12. Denkendorfer Spinnereikolloquium, 2001

Taschenbuch Reiners und Fürst, Rings and Travellers, Reiners und Fürst GmbH u. Co. KG, Mönchengladbach

Technische Informationen, Emil Adolff, Papier und Hülsenfabrik Reutlingen

Technisches Taschenbuch INA, INA Wälzlager Schaeffler KG, Herzogenaurach

Terwee, T. H. M., Melliand Textilberichte 57/1976, S. 972–975

Thierron, W., Fortschritte in der Läuferstandzeit – ein Meilenstein für das Ring- und Compactspinnen, Reiners und Fürst GmbH, Mönchengladbach, 13. Denkendorfer Spinnereikolloquium, 2004

Trauter, J., Schneider, W. J., Fettzugabe zur Flotte-Nachwachsen von Ketten, Maßnahmen zur Erzielung einer optimalen Fadenglätte, Melliand-Textilberichte, Heidelberg, Band 56 (1975) S. 869 (11), S. 959 (12)

Trauter, J., Bauer, H., Ruess, B., Die Bedeutung der Flottenaufnahme in der Schlichterei, Melliand-Textilberichte, Heidelberg, Band 59 (1978) S. 524

Trauter, J., Die wichtigsten physikalischen Einflüsse beim Schlichtprozeß in ihren Auswirkungen auf das Webverhalten der Fäden, Textilpraxis, Stuttgart, Band 27 (1972) S. 221, 273, 480, 593, Band 29 (1974) S. 60, 169, 311, 467

Ullrich, C., Umwelttechnik von A–Z, Verlag Cornelsen-Girardet, Düsseldorf, 1991

Uster Statistics, Uster Technologies – Uster / Schweiz, (Zellweger-Uster)

Vogler, H., Band- und Flechtindustrie 36 (1999) S. 43–46

Vogler, H., Textiljubiläen 2003, Melliand-Textilberichte 5/2003, S. 440–443

Wagner, E., Melliand-Textilberichte 53 (1972) S. 243–246

Wagner, Erich, Grundlagen und Verfahren der Garnherstellung, Dr. Spohr-Verlag Nachfahren, Frankfurt a. M., Lorch-Verlag 1974

Wagner, G., Michelson, D. O., Fachwörterbuch Textil, Deutscher Fachverlag, Frankfurt a. M., 4. Auflage, 1987

Walz, F., Gayler, I., Ablaufverhältnisse an Kreuzspulen mit hohen Fadengeschwindigkeiten, Textilpraxis, Stuttgart, Bd. 12 (1957) S. 965–970 (10), S. 1202–1209 (12), S. 36–41 (1, 1958)

Watzl, A., Vom Textilabfall zum Nonwovenprodukt, Nutzen durch Recycling, Melliand-Textilberichte 5/1992

Weber, K.-P., Verfahren und Maschinen der Maschenwarenherstellung, Vorlesungsumdruck RWTH Aachen

Wegener, W., Schuler, B., Beitrag zur Grundlagenermittlung des Reibungskoeffizienten von Fäden, Zeitschrift für die gesamte Textilindustrie, Mönchengladbach 66 (1964) S. 250–254 (4), S. 362–367 (5), S. 458–463 (6)

Wegener, W., Schubert, G., Aufbau der Streckcops und die beim Spulen mit hoher Garnabzugsgeschwindigkeit entstehenden Fadenzugkräfte, Deutsche Textiltechnik 16, Leipzig, 1966, S. 220–229

Wegener, W., Sprenkmann, W., Betrachtungen über das unterschiedliche elektrostatische Verhalten avivierter Fasern und daraus gezogene Folgerungen für die kontinentale Kammgarnspinnerei, Textil-Praxis, 19/1964, S. 47, 163, 241

Wegener, W., Topf, W., Über die Beziehung zwischen der elektrostatischen Aufladung und dem elektrischen Widerstand geschmälzter und avivierter Fasern, Chemiefasern, Bd. 17 1967, S. 281

Wegener, W., Artzt, P., Der Einfluß des Verstreckungsverhältnisses auf die Schwankungen der Fadeneigenschaften und der Ablauffadenzugkraft, Melliand Textilberichte 50, 1969, S. 9–11, 145–148, 261–264

Wegener, W., Betrachtungen über das Raumklima und die elektrostatische Aufladung in Spinnereien, Schweizer Archiv 28, 1962, S. 138, Textil-Rundschau 17, 1962, S. 301

Wegener, W., Coll-Tortosa, L., Nachweis struktureller Ungleichmäßigkeiten nicht texturierter und texturierter Endlosgarne mittels Schallgeschwindigkeitsmessung am laufenden Faden, Wirkerei- und Strickereitechnik 18/1968, S. 363–370

Wegener, W., Die Streckwerke der Spinnereimaschinen, Berlin – Heidelberg – New York, 1965

Wegener, W., Egbers, G., Zusammenhang zwischen dynamometrischen Eigenschaften und der Struktur eines vorbehandelten Polyamid-6 Monofils, Chemiefasern 16/1966, S. 396–406, 488–498, 561–568, 632–637, 720–727, 814–822

Wegener, W., Optimale Verarbeitungsbedingungen für Filamentgarne, Dr. Spohr-Verlag, Stuttgart, 1974, Sonderveröffentlichung aus „Handbuch für Textilingenieure und Textilpraktiker“ von Dr.-Ing. O. Spohr und Prof. Dr.-Ing. W. Wegener

Wegener, W., Schubert, G., Durch Fadenzugkraft-Schwankungen verursachte Anfärbeunterschiede, Wirkerei- und Strickerei-Technik 20/1970, S. 385–388

Wegener, Walther, Topf, W., Das physikalische Verhalten von Schmälzen und deren Wirkung auf Fasern unterschiedlicher Hygroskopizität, Textil-Praxis 1969, S. 15–19 (1), S. 87–92 (2) und S. 144–148 (3), Konradin-Verlag Robert Kohlhammer GmbH, Stuttgart

Weidner-Bohnenberger, S., Rieter: Neue Rotorspinnmaschine R 40, Melliand-Textilberichte 5/2003, S. 401–402

Weidner-Bohnenberger, S., Rotorspinnen – ein Verfahren mit Zukunft, Rieter AG, Ingolstadt, 12. Denkendorfer Spinnereikolloquium, 2001

Weinsdörfer, H., Müller-Probandt, S., Atmungsaktive Stoffkreationen aus Atmofil-Garn mit Selbstverlängerung, Melliand-Textilberichte 4/2005

Wendler, E., Von der Webschule zur Hochschule Reutlingen, Vorabdruck aus Reutlinger Geschichtsblätter, Stadtarchiv Reutlingen, Reutlinger Geschichtsverein e.V., 2005

Wolf, B., Ganzstahlgarnituren im betrieblichen Einsatz, Internationales Textil-Bulletin 1/1974

Wulfhorst, B. et. al., Stand und Zukunft der Texturierung, Deutscher Fachverlag, Frankfurt a. M., 1975

Wulfhorst, B., Textile Fertigungsverfahren, Carl Hanser Verlag, München – Wien, 1998

Wünsch, I., Systematische Darstellung mechanischer Prozesse der Textiltechnik, Dissertation ITB 2000, Universitätsverlag Dresden

Danksagung

Das Lexikon Garne und Zwirne wäre ohne die Anregung von Herrn H. J. Koslowski, dem Autor des Chemiefaser-Lexikons, sowie die Unterstützung vieler Kollegen in der Textilausbildung und zahlreicher Mitarbeiter in den Firmen des Textilmaschinenbaus, in der Textilforschung und in der Textilindustrie nicht entstanden. Besonders danken möchte ich meinem Sohn, Dipl.-Ing. (FH) Niels Hendrik Schenek, der die digitale Bearbeitung der zahlreichen Abbildungen übernommen hat.

Danken möchte ich an dieser Stelle auch Herrn Dipl.-Ing. Manfred Frey, der das Korrekturlesen der wichtigsten Kapitel des Buches übernommen hat und mir viele Anregungen gab, sowie meinen früheren Spinnereikollegen Prof. Kurt Tautenhahn und Prof. Dr.-Ing. Wolfgang Topf sowie Herrn R. Selcuk von der Hochschule Reutlingen für die Überlassung von Spinnereiunterlagen. Herrn Dipl.-Ing. (FH) Wolfgang Dornig möchte ich für seine langjährige Unterstützung der Spinnereiausbildung in Reutlingen herzlich danken.

Weiterhin möchte ich allen beteiligten Firmen und Personen danken, die Abbildungen für das Lexikon zur Verfügung gestellt haben und in den Quellenangaben genannt werden. Aus dem Textilmaschinenbau möchte ich besonders die folgenden Firmen und Mitarbeiter erwähnen: Trützschler GmbH, Mönchengladbach, Jutta Söll und Hermann Selker; Maschinenfabrik Rieter AG in Winterthur, Schweiz, sowie in Ingolstadt, stellvertretend die Herren H. Schwippl, A. Hellwig, J. Müller und Rudolf Hehl; Saurer AG, besonders der Zinser-Saurer GmbH in Ebersbach / Fils, Herrn M. Tuschak und Herrn H. Frässle; Texparts GmbH in Fellbach, Herrn E. Bay; Reiners und Fürst GmbH, Mönchengladbach, Herrn W. Helli und Herrn B. Reiners; Trützschler Card Clothing in Neubulach, Herrn B. Bocht; der Saurer-Fehrer AG in Linz, Österreich, Herrn M. Gsteu; Spindelfabrik Suessen (Rieter AG) und Maschinenfabrik Altstätten, Herrn Stahlecker und Mitarbeiter; Fa. Murata, Japan und ihre deutsche Vertretung. Im Bereich der Forschung gilt mein Dank dem Institut für Textil- und Verfahrenstechnik (ITV) und seinem Direktor, Herrn Prof. Dr.-Ing. H. Planck und Herrn Dr.-Ing. P. Artzt sowie den Mitarbeiterinnen und Mitarbeitern der Spinnereiabteilung und außerdem Herrn Dr. Herwig Strolz, General Director der ITMF Zürich, für die Überlassung der Fremdfaser-Informationen und statistischer Angaben über die Textilindustrie weltweit.

In meinen Dank möchte ich auch Kollegen einbeziehen, die nicht mehr unter uns sein dürfen, besonders Herrn Dr. Dr. Fritz Hadwich (Bremen), Herrn Horst Beator (Bremen), Geoffry Wilde (Liverpool), Herrn Dipl.-Ing. Hans Mengel (Reutlingen), von dem viele Abbildungen der Garne und Filamente zur Verfügung gestellt wurden, Herrn Prof. H. Buchmann (Reutlingen), Herrn Dipl.-Ing. (FH) G. Stechenfinger, dem früheren Leiter des Textilen Materialsprüflabors in Reutlingen und Herrn Dr.-Ing. Bernhard Schönung, der neben seiner Tätigkeit im Textilmaschinenbau auch als beliebter Gastdozent an der Hochschule Reutlingen tätig war.

Hier gilt mein besonderer Dank auch meinen Eltern, Anton Schenek sen. und Julianna Schenek, geborene Fischer, die mir in schwierigen Zeiten eine solide Ausbildung ermöglichten.

Herzlicher Dank gilt auch Herrn Prof. Dr.-Ing Gerhard Egbers, meinem Mentor und Doktorvater und Herrn Dr.-Ing. Peter Artzt sowie den früheren Kollegen am ITR Reutlingen, die mich mit den Grundlagen der Spinnerei und Messtechnik vertraut machten, Herrn Dipl.-Ing. (FH) Heinz Müller, Herrn Dipl.-Ing.(FH) Albert Bausch, der auch eines der Titelfotos zur Verfügung gestellt hat, Herrn Dipl.-Ing. Rudolf Hehl (FH) und Herrn Dipl.-Ing. (FH) Werner Ring.

Danken möchte ich auch dem Deutschen Fachverlag, hier besonders Frau Caroline Schauwienold, sowie Frau Andrea Lindner, für die Übernahme des Lektorats und die Geduld bis zur Fertigstellung des Buches.

Abschließend möchte ich mich noch bei meiner Familie, meiner Gattin Marianne und meinen Söhnen Kai Markus und Niels Hendrik, die ebenfalls mit viel Geduld und Unterstützung zum Gelingen des Lexikons beitrugen, besonders bedanken.

Reutlingen, im Oktober 2005
Prof. Dr.-Ing. Anton Schenek

Firmen, die Unterlagen zur Verfügung stellten:

Adolff AG, Backnang

Amsler-Tex AG, Zürich, Schweiz

Barmag-Saurer GmbH, Remscheid

Bräcker AG, Pfäffikon, Schweiz

CSIRO, Belmont, Australien

Deutsches Forschungsinstitut für die Textilindustrie-Reutlingen – Stuttgart

Dorlastan GmbH, Leverkusen

Enka Technica, Wuppertal

Enka-Akzo AG, Wuppertal

Fehrer / Saurer AG, Linz, Österreich

Gardella I.S.I. SpA., Italien

Gesamttextil e.V., Eschborn

Hochschule Reutlingen

Heberlein Fasertechnolgie AG, Wattwil, Schweiz

Hoechst / Trevira AG, Frankfurt und Bobingen

ICI Deutschland, Talheim

Institut für Textiltechnik, Reutlingen

Institut für Textil- und Verfahrenstechnik, Denkendorf

IWS Düsseldorf

Leuze GmbH, Owen / Teck

Loepfe Brothers Ltd, Wetzikon, Schweiz

Mackie International Ltd., Belfast, Nordirland

Maschinenfabrik Altstätten, Schweiz

Maschinenfabrik Rieter AG, Winterthur

Maschinenfabrik Seydel, Finlane Group, Italien

Maschinenfabrik Trützschler GmbH, Mönchengladbach

Murata Machinery Ltd., Japan

NSC Schlumberger & Cie., Guebwiller, Frankreich

Reiners und Fürst GmbH, Mönchengladbach

Rieter CZ a.s., Usti nad Orlici, Tschechische Republik

Rieter Ingolstadt AG

Sampre SpA, Italien

Saurer AG, Arbon, Schweiz

Saurer Allma GmbH, Kempten

Schlafhorst–Saurer GmbH, Mönchengladbach

Schubert und Salzer / Rieter Ingolstadt

SKF, Stuttgart – Bad Cannstatt

Spindelfabrik Suessen, Süssen

SSM Eltex GmbH, Reutlingen und Du Pont

Temco GmbH, Schweinfurt

Texparts GmbH, Fellbach

TNO Holland

Uster Technologies, Uster, Schweiz

Verband der Baden-Württembergischen Textilindustrie e.V., Stuttgart

Xorella AG, Wettingen, Schweiz

Zinser-Saurer GmbH, Ebersbach / Fils